Lexikon der Luftfahrt

Autorenkollektiv unter Leitung von
Wilfried Kopenhagen

Lexikon der LUFTFAHRT

6., bearbeitete und ergänzte Auflage

transpress

Autoren
Dr.-Ing. Hermann Drumm, Kamenz
Dipl.-Päd. Fritz-Fliegauf, Suhl
Dr. rer. oec., Ing. Joachim Grenzdörfer, Berlin
Dipl.-Journ. Wilfried Kopenhagen, Berlin
Dr.-Ing. Peter Korrell, Teltow
Dr. sc. techn. Egon Schesky, Dresden

unter Mitarbeit von
Dipl.-Ing. Wolfgang Anders, Berlin
Dipl.-Met. Hans-Detlef Bruß, Berlin
Dipl.-Ing. Bernd Feige, Berlin
Dipl.-Ing. Manfred Karber, Berlin
Dipl. oec. Gerd Lünert, Berlin
Dr. med. Dr. med. dent. Jürgen Kressin, Berlin
Dr. rer. oec. Christian Kunack, Dresden
Dipl.-Ing. Peter Lohse, Chemnitz
Rolf Peter, Schönhagen/Trebbin
Dr.-Ing. Karl Regensburger, Dresden
Dr. Dieter Strüber, Schönhagen/Trebbin

Lexikon der Luftfahrt / Autoren-
koll. unter Ltg. von Wilfried
Kopenhagen. – 6., bearb. u. erg.
Aufl.
Berlin : Transpress, 1991. –
744 S. : 1052 Abb., 39 Tab. 1 Anl.
NE: Kopenhagen, Wilfried
[Mitarb.]

ISBN 3-344-70711-6

6., bearbeitete und ergänzte Auflage 1991

Französische Str. 13/14, Berlin, O-1086
Printed in Germany
Satz: Interdruck Leipzig GmbH
Druck und Binden: MAY + CO, Darmstadt
Verlagslektor: Dr. Eberhard Heinze
Einband: Jürgen Schumann
Typografie: Stephanie Profft/Regine Bach

Vorwort zur 6. Auflage

Autoren populärwissenschaftlicher Luftfahrtliteratur hielten es in den 20er Jahren manchmal für angebracht, am Ende ihres Werkes wichtige Begriffe aus dem Inhalt zu erklären. In diesem gelegentlich als «Kleines Fliegerwörterbuch» bezeichneten Kapitel oder Anhang ging es nicht nur um Termini aus der Aerodynamik oder der Flugtechnik. Vielmehr umfaßte dieses ABC teilweise auch den speziellen Wortschatz der Flieger bzw. streifte solche Gebiete wie Flugnavigation und Flugmeteorologie.

In den 30er Jahren erschien in Leipzig erstmals ein Wörterbuch des Flugwesens, das als Lehr- und Nachschlagewerk Auskunft über die in der Luftfahrt gebräuchlichsten Ausdrücke geben sollte. Als in den 50er und 60er Jahren die Fliegerei in unserem Lande wieder eine Rolle zu spielen begann, als in Presse und Literatur, im Rundfunk und Fernsehen in mannigfaltiger Art über den Flugzeugbau und den Luftverkehr, über die militärische und die Sportfliegerei publiziert wurde, ergab es sich, daß nicht alle der publizierten Fachbegriffe in den Medien ausführlich definiert und erläutert werden konnten.

Dem somit entstandenen vielseitigen Bedarf an einem populärwissenschaftlichen Nachschlagewerk trug der VEB Bibliographisches Institut Leipzig Rechnung, indem er das von Heinz A. F. Schmidt erarbeitete «Taschenlexikon Luftfahrt» in zwei Auflagen herausgab. Als «transpress-Lexikon Luftfahrt» übernahm der dam. Berliner transpress Verlag für Verkehrswesen anschließend die Herausgabe dieses Nachschlagewerkes in größerem Format, zweispaltigem Aufbau und genereller Zuordnung der Abbildungen zum Stichwort. Durch zahlreiche neue Stichwörter und Abbildungen und umfassendere Artikel erweiterte sich auch der Umfang. Das Werk enthielt nun die wichtigsten Stichwörter aus den Bereichen Aerodynamik, Flugmechanik, Flugzeugbau, Flughäfen, Flugnavigation und -meteorologie, Fallschirm- und Flugmodellsport, Geschichte der Luftfahrt, Luftfahrzeuge, Luftverkehr, Kunstflug, Militärluftfahrt, Triebwerke und Segelflug.

Um diese Stichwörter aus den wesentlichen Gebieten der Luftfahrt auszubauen und tiefgehender behandeln zu können, wurden geeignete Fachleute als Autoren gewonnen, so daß die 3. Auflage unter Leitung von Heinz A. F. Schmidt im Autorenkollektiv erarbeitet wurde. Stoffliche Erweiterungen erfolgten vor allem auf den Gebieten Luftverkehr, Agrar- und Spezialflug, Allgemeine Luftfahrt, Luftfahrtgeschichte, Biografien, Betriebe der Flugzeug- und Triebwerksindustrie, Avionik, Flugsicherungstechnik, Navigationsausrüstung, Aerodynamik, Flugmechanik, Konstruktion, Modellflug, Flugsport und Kunstflug, Fotogrammetrie. Außerdem wurden die Statistiken und Tabellen auf den neuesten Stand gebracht.

Nach dem Tode von Heinz A. F. Schmidt im Jahre 1974 aktualisierte das Autorenkollektiv unter meiner Leitung den Inhalt der folgenden Auflagen. Die nun vorliegende 6. Auflage ist nicht nur inhaltlich überarbeitet worden. Vielmehr nutzte der Verlag die Möglichkeit, dem internationalen Trend folgend, das Niveau des Sachlexikons durch ein neues Format und eine verbesserte Gestaltung weiter zu heben.

Das Autorenkollektiv weiß die Leserzuschriften zu den früheren Ausgaben des Lexikons zu schätzen und hofft auf weitere Hinweise im Interesse späterer Auflagen. Für die Unterstützung an der vorliegenden Ausgabe danken wir den Verlagsmitarbeitern, Herrn Dr. Eberhard Heinze und Frau Sigrid Roeber. Herzlich bedankt sich das Autorenkollektiv auch bei Herrn Helmut Werl, der dem Lexikon der Luftfahrt seit vielen Jahren als Gutachter eng verbunden ist.

Wilfried Kopenhagen

Hinweise zur Benutzung

Das Sachlexikon «Luftfahrt» ist nach den üblichen lexikographischen Gesichtspunkten aufgebaut. Die Einordnung der Stichwörter erfolgte streng alphabetisch, auch wenn ein Stichwort aus mehreren Wörtern besteht. Solche Stichwörter stehen i. allg. unter dem Anfangsbuchstaben des ersten Worts, z. B. «kritische Höhe» unter «K». Substantive werden in der Regel im Singular gebracht; einzig in den Fällen, in denen sich der allgemeine oder fachliche Sprachgebrauch des Plurals bedient, steht dieser. Die Umlaute ä (ae), ö (oe) und ü (ue) werden wie die Vokale a, o, u behandelt. In der Mehrzahl der Fälle werden zusammengesetzte Begriffe unter dem Grundstichwort abgehandelt. So wird z. B. der «Sprungfallschirm» unter «Fallschirm» beschrieben. In den einzelnen Artikeln ist das Stichwort jeweils abgekürzt, z. B. «A.» für «Achsen des Flugzeugs». Organisationen u. ä. sind i. allg. unter der ausgeschriebenen Originalbezeichnung abgehandelt, nicht unter der Abkürzung, z. B. «FAI» unter «Fédération Aéronautique Internationale». Verweisungen (Verweisstichwörter, Textverweise, Schlußverweisungen) auf Grundstichwörter bzw. korrespondierende Artikel werden generell mit liegendem Pfeil (→) gekennzeichnet. Am Schluß des Lexikons befindet sich eine Übersicht mit wichtigen Ereignissen und biografischen Angaben zur Geschichte der Luftfahrt. Seit der 4. Auflage wird das Internationale Einheitensystem (SI) durchgängig angewendet. Vergleichstabellen zur Umrechnung von in der Luftfahrt verwendeten Maßeinheiten befinden sich auf Seite 677.

a: international gebräuchliches Formelzeichen für → Schallgeschwindigkeit.

A: 1. im ersten Weltkrieg benutzte Bezeichnung für Eindecker- Schul- und Beobachtungsflugzeuge, meist Tauben von → Gotha (z. B. Gotha A II). – **2.** Kurzbezeichnung der Lastensegler und Segelflugzeuge des sowjetischen Konstrukteurs → *Antonow* (z. B. Lastensegler A-7 und A-11 sowie Segelflugzeuge A-13 und A-15). – **3.** Kurzbezeichnung älterer sowjetischer Tragschrauber (Awtoshiro-Autogiro, z. B. A-10 von *Skrshinski* und → *Kamow*). – **4.** Kurzbezeichnung («attack-») für Erdkampf- und → Jagdbomben-Flugzeuge der USA-Marinefliegerkräfte und taktischen Luftstreitkräfte (z. B. Douglas A-4 oder Fairchild A-10). – **5.** Typenbezeichnung für italienische Hubschrauber von → *Agusta* (z. B. A-109). – **6.** von Areal (lat.) abgeleitetes Formelzeichen für Flächen, z. B. A_{TF} (auch A_t) als Formelzeichen für die tragende Fläche eines Flugzeugs. – **7.** häufig für Auftrieb bzw. Auftriebskraft verwendetes Formelzeichen oder Abkürzung.

AA: Abk. für → **A**merican **A**irlines Inc.

AACC: Abk. für → **A**irport **A**ssociation **C**oordinating **C**ouncil.

AACO: Abk. für → **A**rab **A**ir **C**arriers **O**rganisation, Organisation Arabischer Fluggesellschaften.

AAFRA: Abk. für → **A**ssociation of **A**frican **A**irlines, Afrikanische Zivilluftfahrtkonferenz.

A/ANA: Abk. für → **A**nsett **A**irlines of **A**ustralia Ltd., australische Luftverkehrsgesellschaft.

Abac-Skala: früher in der → Flugnavigation benutztes Nomogramm für den Flug auf der → Loxodrome, das eine Beziehung zwischen dem Längenunterschied (Zahl der zu überfliegenden Längengrade), der mittleren Breite und dem Winkel zwischen der → Orthodrome und der Loxodrome, die Abflug- und Zielort verbinden, angibt. Mit Hilfe der Navigationsrechner an Bord heutiger Verkehrsflugzeuge läßt sich der orthodrome Kurs ebensogut fliegen wie der loxodrome, so daß die Loxodrome keinen navigatorischen Vorteil gegenüber der Orthodrome hat und die A. nicht mehr benötigt wird.

Abblasen: 1. Entleeren der Gaszellen von Ballonen oder Luftschiffen zum Vermindern des Auftriebs oder zum Vermeiden zu hohen Innendrucks. – **2.** automatisch gesteuertes Ablassen von Luft aus bestimmten Stufen von → Axialverdichtern bei Turbinentriebwerken, insbes. beim Anlassen, zur Verhinderung → instabiler Betriebszustände.

Abbremsdiagramm: → Abbremsen

Abbremsen, *Bremslauf:* Prüfen eines Flugtriebwerks durch Laufenlassen am Boden zur Kontrolle der Funktionstüchtigkeit des Triebwerks und seiner Anlagen. Hauptphasen: Vorbereitung zum Anlassen (→ Anlassen), Warmlauf, Prüflauf, Abkühlen, Abstellen. Die detaillierte graphische Darstellung des Bremslaufs wird als Abbremsdiagramm bezeichnet. Geprüft werden neben Generator, Kompressor, Luftschraube, Zündanlage und anderen Anlagen bes. die verschiedenen Leistungsstufen des Triebwerks anhand der Geräteanzeigen für Drehzahl, Drehmoment, Ladedruck, der Temperaturen für Schmierstoffe, Abgas, Zylinderkopf, Brennstoffdruck und -verbrauch sowie Schmierstoffdruck. Während des A. werden in der Regel auch Funktionsproben anderer Teile der Flugzeugausrüstung vorgenommen, z. B. von Landeklappen, Bremsklappen, Klimaanlagen u. a.

Abbremsplatz: unter dem Gesichtswinkel geringer Lärmbelästigung sowohl der Flughafenanlieger als auch der auf dem Flughafen Beschäftigten bes. ausgewählte und den Erfordernissen entspr. hergerichtete Flugplatzfläche, auf der Probe- und Bremsläufe der Antriebsaggregate von Luftfahrzeugen durchgeführt werden.

ABC Air Cargo Guide: → Luftfrachthandbuch

ABC World Airways Guide: Weltluftverkehrs-Kursbuch. Das monatlich erscheinende A. enthält die → Verkehrsflugpläne der Linienluftverkehrsgesellschaften der Welt sowie ein Verzeichnis von Flugpreisen einschließlich Anschlußflugpreise des Linienverkehrs, die Buchungsstellen der Luftverkehrsunternehmen u. a.

Abdecken: 1. → Abschirmen. – **2.** kleine Flugzeuge bzw. Flugzeugteile mit Planen überdecken, um sie vor Witterungseinflüssen zu schützen.

Abdrängen: 1. durch Seitenwind verursachtes seitliches Verschieben des Flugzeugs von der beabsichtigten Flugbahn. – **2.** Manöver von Abfangjagdflugzeugen, um ein → Luftziel zu veranlassen, aus einem bestimmten Territorium wieder auszufliegen.

Abdrift: die Strecke, um die ein Luftfahrzeug von der beabsichtigten Weglinie durch den Einfluß des Windes abgetrieben wird, wenn der Windvektor bei der Steuerung unberücksichtigt bleibt. Wird jedoch ein Vorhaltewinkel entspr. Windgeschwindigkeit und -richtung eingenommen, so kann die beabsichtigte Weglinie eingehalten werden. Der A.messer (ein früher übliches Gerät zur Ermittlung der A.) ermöglichte es, den Vorhaltewinkel während des Fluges zu bestimmen. Es handelte sich meist um ein optisches Gerät, mit dem der Winkel zwischen Flugzeuglängsachse und der tatsächlichen Fortbewegungsrichtung gemessen werden konnte. Der A.winkel ließ sich an einer Skala ablesen. Mit einer anderen Skala und mit Hilfe von Tabellen ergab sich auch die Geschwindigkeit über Grund bei bekannter Flughöhe. In modernen Flugzeugen wird die A. durch die Doppler- oder Trägheitsnavigationsanlagen festgestellt.

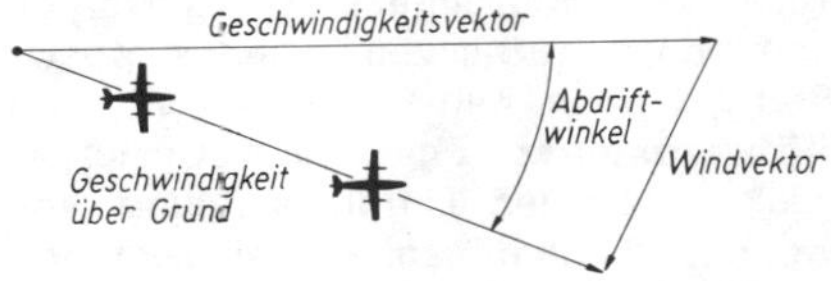

Der Abdriftwinkel ergibt sich aus der vektoriellen Addition von Flugzeug- und Windgeschwindigkeit

Abdriftmesser: → Abdrift

Abendthermik: Aufwind, der kurz vor Sonnenuntergang auftritt, hervorgerufen durch verzögerte Wärmeabgabe von Flächen mit großem Wärmespeichervermögen. Im Gegensatz zu hellen und trockenen Flächen, die sich rasch wieder abkühlen, wird die tagsüber durch die Sonneneinstrahlung empfangene Wärme von Gebieten mit großem Wärmespeichervermögen (Wald, Wasser, dunkle oder feuchte Böden) verzögert abgegeben. A. wird auch als *Umkehrthermik* bezeichnet. → Aufwind, → Thermik

Abfangen: **1.** ein Flugzeug aus einer Sturzflug- oder anormalen Lage in die normale Fluglage zurückbringen. – **2.** bei der → Landung durch kurzzeitige Vergrößerung des Anstellwinkels den Sinkflug beenden; dabei verringert sich gleichzeitig die Geschwindigkeit aufgrund des erhöhten Luftwiderstandes. – **3.** Maßnahme eines → Abfangjagdflugzeuges, um von einem unerlaubt in das Hoheitsgebiet eingedrungenen → Luftziel Nationalität oder Typ festzustellen. Ziel des A. ist es, den Luftraumverletzer abzudrängen (→ Abdrängen), zur Landung zu zwingen oder zu vernichten (→ Abfanglinie). – **4.** Hauptmethode der Jagdfliegerkräfte der Luftverteidigung zur Vernichtung von angreifenden Luftzielen im Luftkampf.

Abfangjagdflugzeug: mit umfangreichen elektronischen Geräten (z. B. Funkmeßvisier) ausgerüstetes Flugzeug zum → Abfangen bemannter und unbemannter Luftangriffsmittel am Tage und in der Nacht sowie bei schwierigen Wetterlagen. Charakteristisch sind weiter: hohe Steig- und Horizontalgeschwindigkeiten, große Manövrierfähigkeit, zweckmäßige Waffenanlagen, darunter verschiedene Luft-Luft-Raketen (→ Raketenwaffen) sowie Bordkanonen.

Abfanglinie: errechnete Linie im Luftraum, an der das → Abfangen eines

Abfangjagdflugzeug MiG-23

Abfangjagdflugzeug Mirage 2000 beim Abschuß einer Luft-Luft-Rakete MATRA SUPER 530F

→ Luftziels durch → Abfangjagdflugzeuge beendet sein muß, um zu verhindern, daß wichtige Objekte von Gegnern beobachtet, fotografiert oder zerstört werden können. Die Lage der A. ist abhängig von den Leistungsdaten der eigenen und der gegnerischen Flugzeuge (Flughöhe und Fluggeschwindigkeit), der verfügbaren Zeit zum Identifizieren des Luftziels und zum Heranführen der Jagdflugzeuge sowie der Art und Weise des Abfangens (Startbereitschaft am Flugplatz oder Heranleiten aus dem Sperreflug).

Abfangwinkel: Winkel zwischen Rumpflängsachse und Landeebene unmittelbar vor dem Aufsetzen zu einer → Landung. → Abfangen

Abfertigung: die Summe aller auf die Fluggäste, die Luftfrachtgüter und die Luftfahrzeuge gerichteten Aktivitäten der Luftverkehrsgesellschaften, des Flughafenhalters und der von ihnen beauftragten Betriebe sowie der Polizei-, Grenz- und Zollorgane im Zusammenhang mit dem Beginn bzw. der Beendigung einer Flugreise. Die Abfertigung umfaßt die Teilprozesse Fluggastabfer-

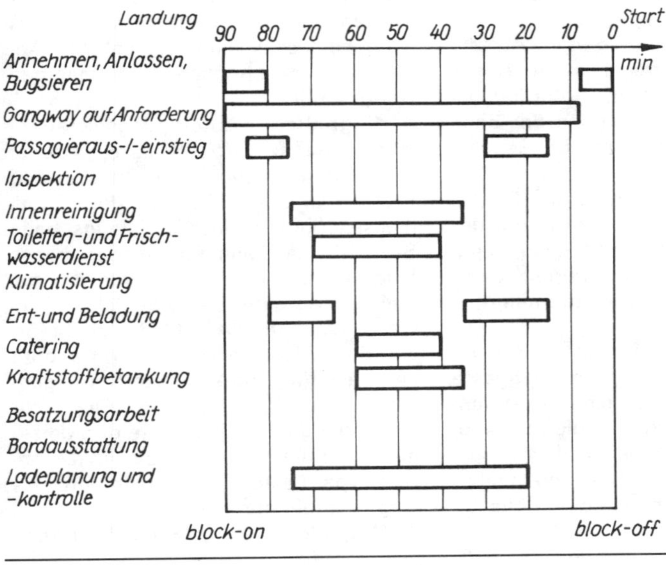

Abfertigungsdiagramm für die Abfertigung eines Verkehrsflugzeugs mit einer Wendezeit von 90 min (Quelle: Abfertigungshandbuch der INTERFLUG)

tigung, Fluggastbetreuung, Gepäckabfertigung, Be- und Entladung der Luftfahrzeuge, Besatzungsabfertigung (Flug- und Wetterberatung; → Briefing), Disposition, Paß-(Grenz-)Abfertigung (im intern. Flugverkehr), Zollabfertigung, Gesundheitskontrolle, Sicherheitskontrolle, Bordausstattung, Luftfahrzeuginnenreinigung, Bordgastronomie (→ Catering), Tankdienst, Vorfelddienst und Prozeßleitung. → Abfertigungsgebäude, → Vorfeld

Abfertigungsgebäude, engl. Terminal Building: Teil des Gebäudekomplexes auf Flughäfen, in dem die → Abfertigung der Fluggäste und des Gepäcks sowie von Luftfracht und Luftpost erfolgt. Auch die → Besatzungsabfertigung wird u. U. im A. vorgenommen.

Abfertigungsgebühr: 1. Gebühr für das Abfertigen von *Verkehrsflugzeugen* auf Flughäfen, die nach der Abflugmasse gestaffelt und für vereinbarte Leistung zu zahlen ist. Über diese hinausgehende Anforderungen werden gesondert in Rechnung gestellt. – **2.** Nebengebühr im Luftfrachttransport für die Abfertigung von Luftfrachtsendungen; vom Frachtzahler zu entrichtendes Entgelt. Die Höhe dieser A. wird i. d. R. in Abhängigkeit von der Masse der Frachtsendung, unterteilt nach ankommender u. abgehender Fracht, festgelegt u. in Nebengebührentarifen der Luftverkehrsfirmen veröffentlicht.

Abfertigungshalle, *Abflughalle:* Voreinfindungs- und Aufenthaltstrakt für Fluggäste, der sich zwischen dem Eingang zum → Abfertigungsgebäude von der Zufahrtsseite und den → Abfertigungsschaltern erstreckt. In der A. befinden sich neben den Abfertigungsschaltern auch Einrichtungen der Bank und der Post, Kioske und ggf. Gepäckaufbewahrungen.

Abfertigungsschalter, engl. Check-in-counter: Arbeitsplatz für die mit der Abfertigung der abfliegenden Fluggäste und deren Gepäck beauftragten Mitarbeiter der Luftverkehrsunternehmen, der Flughafenhalter u. a.

Abfertigungsschlußzeit: Zeitpunkt, an dem die Abfertigung der Fluggäste und ihres Gepäcks für einen bestimmten Flug beendet wird, um die technologisch nachgeordneten Abfertigungshandlungen bis zum Start planmäßig durchführen zu können und den pünktlichen Start zu sichern.

Abfertigungsstandplatz: zumeist betonierte Fläche auf Flughäfen, die für das Abstellen der Flugzeuge ausreichend groß bemessen und mit den für deren technische Abfertigung notwendigen Anschlüssen versehen ist. Jeder A. ist durch eine *Ziffer* oder einen *Buchstaben* gekennzeichnet, die sein Auffinden und Einnehmen (Belegen) eindeutig zulassen. Die A. sind durch Markierungen voneinander getrennt. Das → Bugrad des Flugzeugs muß die auf dem A. markierte Mittellinie einhalten, um Kollisionen mit den auf benachbarten A. abgestellten Flugzeugen zu vermeiden.

Abfertigungszeit: Zeitaufwand für die → Abfertigung der Luftfahrzeuge, Fluggäste, Luftfracht, Luftpost und Besatzungen. Für die Fluggäste ist das die Zeit vom Beginn der → Check-in-time auf dem → Abgangsflughafen bis zum Einsteigen in das Luftfahrzeug. Die A. ist Teil der → Bodenzeit, die in die Gesamtreisezeit des Fluggastes eingeht. Lange A. können, wenn sie in ungünstigem Verhältnis zur Gesamtreisezeit stehen, den Zeitvorteil des Luftverkehrs gegenüber dem Bodenverkehr wesentlich schmälern.

Abflug: Verlassen des → Abgangsflughafens nach vollzogener → Abfertigung. → Abflugzeit

Abflugfläche: ein an Flugplätzen festgelegter Teil einer schiefen Ebene oder einer anderen bestimmten Fläche, der im Grundriß durch die vertikale Projektion des Abflugsektors begrenzt und so gewählt ist, daß die Höhen bestimmt werden können, oberhalb welcher es notwendig sein kann, die unter → Abflugsektor beschriebenen Maßnahmen zu ergreifen.

Abflughalle: → Abfertigungshalle

Abflugmasse, *Startmasse,* früher auch *Abflug-, Flug-* oder *Startgewicht* bzw. *Flugmasse:* Summe der Einzelmassen (in kg) eines Flugzeugs beim Start. Die A. kann für ein gegebenes Flugzeug in Abhängigkeit von der gestellten Aufgabe (erforderliche Flugweite, Zuladung, Anzahl der zu befördernden Passagiere usw.) differieren und beeinflußt stark dessen Starteigenschaften. Für den gegebenen Flug stellt die A. die größte Flugmasse dar, da sie durch Brennstoffverbrauch, evtl. Abwurf von Lasten u. a., während des Flugs ständig abnimmt.

Abflugsektor: ein an Flugplätzen festgelegter Teil auf der Boden- und Wasseroberfläche hinter dem Ende einer Start- und Landebahn oder → Freifläche in Startrichtung, in dem es notwendig sein kann, eine oder mehrere der folgenden Maßnahmen zu ergreifen: den Bau neuer Hindernisse zu beschränken; Objekte zu entfernen oder zu markieren, um ein ausreichendes Maß von Sicherheit und Zügigkeit für den Betrieb von Luftfahrzeugen während der Startsteigphase zu gewährleisten. → Abflugfläche

Abflugzeit: für den → Linienflugverkehr der im Verkehrsflugplan angegebene und i. allg. mit dem Buchstaben «D» bzw. mit «Dep» (→ Departure) bezeichnete Zeitpunkt des Schließens der Kabinentür. Die A. unterscheidet sich von der → Startzeit.

Abfragesender: → DME-Verfahren

Abgangsflughafen: Ausgangspunkt für die Bedienung einer → Fluglinie bzw. für den Beginn einer Flugreise. Der A. wird in den Beförderungsdokumenten immer vermerkt.

Abgas: 1. bei *KTW* durch das → Abgasrohr ausgestoßenes Verbrennungsgas (Wasserdampf, Stickstoff, Kohlenmonoxid, Kohlendioxid), das möglichst restlos aus dem Zylinder entfernt werden muß, um für frische Ladung Platz zu schaffen. A. wird bei manchen Ladermotoren in einer → Abgasturbine ausgenutzt, die ihrerseits den → Lader antreibt. Etwa 1/3 der Brennstoffenergie verläßt in Form von Wärmeenergie mit dem A. ungenutzt den Motor. – **2.** Bei *Gasturbinentriebwerken* durch die Schubdüse abströmendes Verbrennungsgas. Zusammensetzung, Abströmgeschwindigkeit, Temperatur und Menge sind anders als bei KTW. Die Zusammensetzung des A. erlaubt wesentliche Rückschlüsse auf die Qualität der Verbrennung im Triebwerk. Sie wird vorwiegend auf Prüfständen, selten im Flugbetrieb, gemessen.

Abgasrohr: Rohrleitung, durch die die Abgase von Flugtriebwerken in die Atmosphäre ausgestoßen werden. A. sind bei großen Kolbenmotor-Verkehrsflugzeugen düsenförmig ausgebildet; die Austrittsöffnungen befinden sich dann an der Hinterkante der Tragflügel oder hinter der Triebwerksgondel. Der Rückstoß der ausströmenden Gase erzeugt eine zusätzliche geringe Schubkraft. Bei Gasturbinentriebwerken, insbes. Strahltriebwerken, ist das Ende des A. häufig als verstellbare Schubdüse ausgebildet. Die Durchmesser sind hier um ein Vielfaches größer als bei KTW.

Abgasrückstoß: → Schub

Abgastemperatur, Abk. *EGT:* Triebwerksüberwachungsgröße bei Gasturbinentriebwerken, die Rückschlüsse auf die Arbeit des Triebwerks und insb. auf die Turbineneintrittstemperatur des jeweiligen Triebwerks erlaubt. Für jedes Triebwerksregime gibt es eine vorgeschriebene max. A., die nicht überschritten werden darf, z. B. für D-30 bei Startleistung 620 °C. A. wird mit → Abgasthermometer gemessen.

Abgasthermometer: Anzeigegerät zum Überwachen der → Abgastemperatur in der Schubdüse eines Strahltriebwerks. Das A. mißt die Durchschnittstemperatur der Abgase. Als → Geber werden i. allg. mehrere in Reihe geschaltete Thermoelemente benutzt. Die Summe der Urspannungen wird mit einem Voltmeter (in Grad Celsius geeicht) angezeigt.

Abgasturbine: Strömungsmaschine, die die im Abgas von OTTO- oder DIESEL-Motoren enthaltene Energie teilweise in mechanische Arbeit/Wellenleistung zum Antrieb von Kreiselverdichtern/Ladern umwandelt. → Turbine

Abgasturbolader: Aggregat, bestehend aus einem von einer Abgasturbine angetriebenen Verdichter und dazugehörigen Regeleinrichtungen, zur Erhöhung der Leistung von Kolbenmotoren durch Vorverdichtung der den Zylindern zugeführten Ladung. → Aufladung

Abgaszusammensetzung: → Abgas

abgefertigtes Gepäck: von den Fluggästen abgegebene Gepäckstücke, für die der Luftverkehrsbetrieb die Haftung übernimmt. → Warschauer Abkommen

Abhebegeschwindigkeit: Minimalgeschwindigkeit, mit der das → Abheben des Flugzeugs möglich ist. Die A. ist von der Masse des Fluggeräts, von seinen aerodynamischen Kennwerten, von den atmosphärischen Bedingungen und vom Vorhandensein einer vertikalen Schubkraftkomponente abhängig.

Abheben: Lösen des Flugzeugs vom Boden nach Erreichen der → Abhebegeschwindigkeit. A. tritt ein, wenn der → Auftrieb oder die Summe aus Auftrieb und Hubkraft gleich dem Gewicht des Flugzeugs ist. Mit dem A. wird das Anrollen beendet. → Start

Abkippen: plötzliches Querneigen des Flugzeugs bei einseitiger Auftriebsminderung durch → Ablösen der Strömung an einer Tragflügelhälfte im Bereich → kritischer Anstellwinkel. → Durchsacken

Abkippgeschwindigkeit: Geschwindigkeitsgrenze, unter der ein Fliegen mit dynamischem → Auftrieb unmöglich wird, weil das Fluggerät infolge einseitigen → Ablösens der Strömung abkippt. Die A. liegt unterhalb des zulässigen Geschwindigkeitsbereichs. → Geschwindigkeitsbegrenzungen

Abkommen über die internationale Zivilluftfahrt: → Chikagoer Abkommen

Abkommen zur Vereinheitlichung von Regeln über die Beförderung im internationalen Luftverkehr: → Warschauer Abkommen

Ablamowicz, *Andrej:* polnischer Sport- und Versuchsflieger, geb. 15. Mai 1929, gest. 2. März 1985. Erhielt 1947 das Flugzeugführerdiplom für Segel- und Motorflugzeuge sowie die Instrukteurberechtigung für Segelflugzeuge. A. begann 1950 als erster Versuchspilot der Nachkriegszeit im polnischen Luftfahrtinstitut (→ Institut Lotnictwa) für Flugzeuge und Segelflugzeuge. Er flog als Flugzeugführer und Navigator auf mehreren Flugzeugtypen, testete zahlreiche Segelflugzeuge sowie Flugzeuge mit Kolben- und Strahltriebwerken, darunter TS-8 «Bies» (1955), MD-12 (1959), das erste polnische Strahlflugzeug TS-11 «Iskra» (→ TS, 1960). A. stellte mehrere nationale und internationale Rekorde auf; er war Träger staatlicher Auszeichnungen und schrieb mehrere Kinderbücher sowie technische Werke über die Luftfahrt.

Ablaßventil: Einrichtung in der Brennstoffanlage von Flugzeugen; bei kleinen Flugzeugen zur Entnahme von Brennstoffproben, bei großen zum schnellen Entleeren der Tanks, insbes. im Havariefall – dann häufig als *Schnellablaß* bezeichnet.

Ablenkung: → Kompaß

Ablösen der Grenzschicht: svw. → Ablösen der Strömung. → Grenzschicht

Ablösen der Strömung, *Abreißen:* Ablösen der Luftströmung von der Oberfläche eines Profils infolge Rückströmung in der Grenzschicht. Ein A. erfolgt z. B. am Tragflügel bei kritischen Anstellwinkeln. Das A. ist verbunden mit starker Widerstandserhöhung und Auftriebsverlust. Es wird durch → Grenzschichtbeeinflussung eingeschränkt.

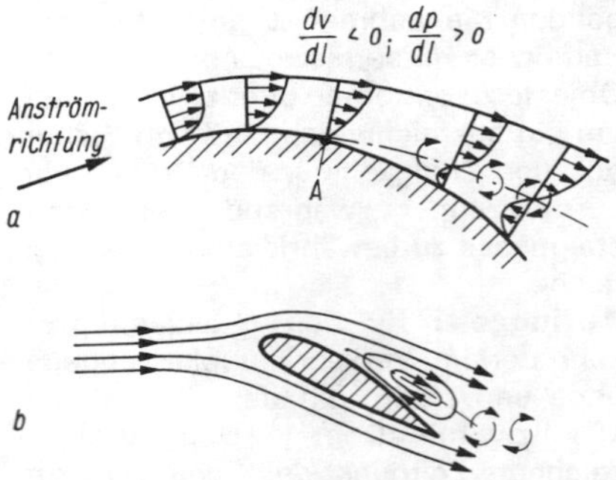

Ablösen der Strömung:
a Ablösevorgang in der Grenzschicht; A Ablösepunkt, $\frac{dv}{dl}$, $\frac{dp}{dl}$ Geschwindigkeits- und Druckgradient, sie charakterisieren die Änderung von Geschwindigkeit und Druck über der Weglänge; b Darstellung der vom Profil abgelösten Strömung

Ablösepunkt: → Grenzschicht; → Ablösen der Strömung

Abnahme: Prüfung von Luftfahrtgerät zwecks Zulassung bzw. Wiederzulassung für den Luftverkehr. In der DDR wurde diese Aufgabe von der → Staatlichen Luftfahrtinspektion (SLI) – jetzt Luftfahrtamt – wahrgenommen.

Abrakadabra: Kunstflugfigur, die so benannt wird, weil sie durch die vielgestaltigen gesteuerten Drehbewegungen um alle Achsen des Flugzeugs wie Zauberei aussieht. Bei einer Ausgangsgeschwindigkeit von mindestens 240 km/h und in der Rückenlage wird aus einem Steigwinkel von 35° bis 40° eine → Rolle gerissen. Dabei dreht sich das Flugzeug um Hoch- und Querachse nach vorn und beschreibt einen Salto. Beim Übergang in den → Sturzflug wird es abgefangen und in den Horizontalflug gebracht. Bei zu geringer Ausgangsgeschwindigkeit gelingt die Figur nicht immer, bei zu großer Geschwindigkeit ist die Belastung sehr hoch. Tschechoslowakische und sowjetische Kunstflieger führten diese Figuren 1960 (Weltmeisterschaften im Kunstflug, Bratislava) erstmalig vor.

Abreißen: ältere Bez. für → Ablösen der Strömung.

Abrufraum: abgegrenzter Raum innerhalb des Transitwarteraumes (→ Tran-

Kunstflugfigur «Abrakadabra»

sitbereich) bzw. diesem nachgeordnet, in dem sich die zum Abflug abgefertigten Fluggäste vor dem Einsteigen in das Luftfahrzeug sammeln.

Abrutschen: Flugzustand, bei dem ein Flugzeug durch falsche Steuerbewegungen oder → Ablösen der Strömung über einen Tragflügel oder nach hinten abrutscht. → Abkippen

Absacken: → Durchsacken

Absaugen der Grenzschicht: → Grenzschichtbeeinflussung

Abschirmen, Abschirmung: starkes Beeinflussen der Umströmung von Teilen des Leitwerks durch andere Teile der Zelle (Abdeckung) bei bes. Fluglagen (z. B. Trudeln), so daß die normale Funktion nicht mehr erfüllt werden

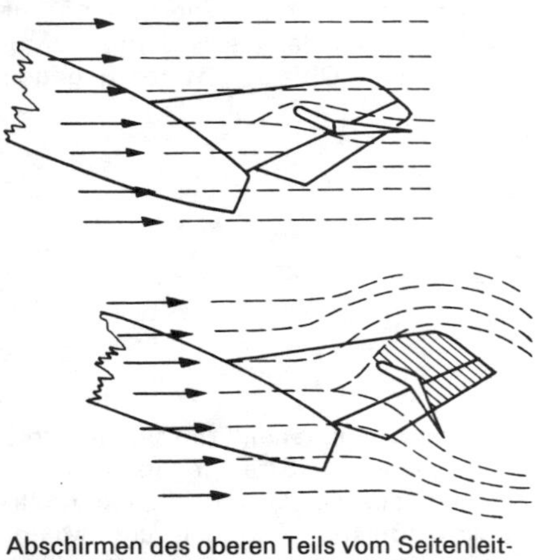

Abschirmen des oberen Teils vom Seitenleitwerk durch Drücken des Steuerknüppels

kann. Zugelassene Flugzeuge müssen durch entspr. Steuerbewegungen bei abgeschirmten Rudern wieder in die Normalfluglage geführt werden können.

Abschotten: Unterteilen des Rumpfes eines Flugboots (eines schwimmfähigen Hubschraubers) oder der → Schwimmer von Wasserflugzeugen durch Einbau von Zwischenwänden (Schotte) in einzelne wasserdichte Kammern, um die Auswirkungen eines Lecks örtlich zu begrenzen und das Sinken des Fluggeräts zu vermeiden. Auch die Tragflügel von Landflugzeugen werden durch A. unterteilt, oder es werden Luftbehälter eingebaut, um die Flugzeuge für Notlandungen auf dem Wasser schwimmfähig zu machen.

Abschwung: Kehrtkurve mit Höhenverlust aus dem Horizontalflug, zu Beginn mit einer halben Umdrehung um die Längsachse und Übergang in den Horizontalflug. → Kunstflug

Absetzen: 1. beim → *Fallschirmsport* Kommando für die Fallschirmspringer zum Verlassen des → Absetzflugzeugs. Das A. erfolgt durch den Absetzer (Lehrer), der am Absetzpunkt das Kommando zum Absprung erteilt. Absetzhöhe und Absetzgeschwindigkeit werden dem Absetzpiloten im → Flugauftrag erteilt. → **2.** in der *Navigation* A. eines Kurses auf der Navigationskarte; → Fliegerkarten. – **3.** Bez. für *Aussondern* ausgedienter Technik aufgrund physischen o. moralischen Verschleißes.

Absetzflugzeug An-2

Absetzflugzeug: Flugzeug, das durch Konstruktion und Flugeigenschaften für das Absetzen von Fallschirmspringern oder Lasten bes. geeignet ist.

Absolutgeschwindigkeit: 1. → Fluggeschwindigkeit. – **2.** Strömungsgeschwindigkeit des Mediums bei Luftschrauben und anderen Strömungsmaschinen relativ zum Flugzeug (bei Luftschrauben) bzw. zum Gehäuse der Strömungsmaschine.

Absprung: Verlassen eines Luftfahrzeugs mit einem → Fallschirm. → Fallschirmsport

Abstand: Entfernung zwischen 2 Flugzeugen beim Verbandsflug, gemessen vom vordersten Punkt des ersten Flugzeugs zum vordersten Punkt des zweiten.

Abstellfläche: markierte Fläche auf einem Flugplatz, die für das Abstellen (Parken) von Flugzeugen oder Hubschraubern bestimmt ist. Auf der A. erfolgen auch die Vor- und Nachflugkontrollen.

Abstreben: Verbinden der Tragflügel oder des Leitwerks mit dem Rumpf, bei Mehrdeckern der Tragflügel untereinander durch Streben, um Festigkeit und Steifigkeit zu erhöhen.

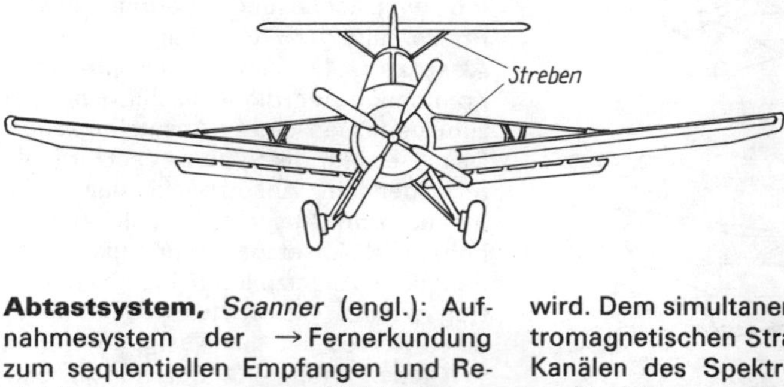

Verstrebungen an Tragflügel und Leitwerk des polnischen Landwirtschaftsflugzeuges PZL-106 «Kruk»

Abtastsystem, *Scanner* (engl.): Aufnahmesystem der → Fernerkundung zum sequentiellen Empfangen und Registrieren der von einem Objekt ausgehenden oder remittierten elektromagnetischen Strahlung. Das Abtasten kann in Ebenen senkrecht zur Flugrichtung (Zeilenabtaster) oder genähert entlang eines Kegelmantels (konischer Abtaster) erfolgen. Die von einem A. aufgenommene Strahlung wird so umgewandelt, daß sie entweder im A. selbst oder nach funktechnischer Übertragung auf die Erde sekundär als Bild des aufgenommenen Objekts wiedergegeben wird. Dem simultanen Erfassen der elektromagnetischen Strahlung in mehreren Kanälen des Spektrums dienen Multispektralabtaster. Thermal- und Mikrowellenabtaster arbeiten demgegenüber

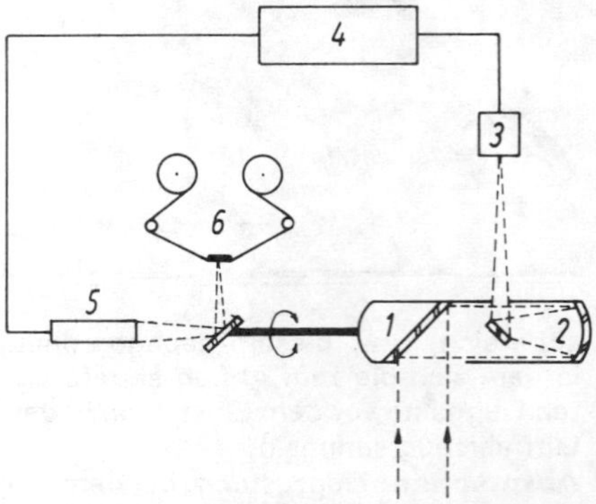

Schema eines Thermalabtasters: 1 rotierender Spiegel, 2 Parabolspiegel, 3 Festkörperdetektor, 4 Verstärker und Modulator, 5 Lichtquelle, 6 Film

nur in einem Bereich des elektromagnetischen Spektrums. Vom Flugzeug aus werden in der Praxis in erster Linie Thermalabtaster zum Erfassen von Temperaturunterschieden der natürlichen oder bebauten Erdoberfläche, der Gewässer und der Atmosphäre sowie zur Lokalisierung von Waldbränden und ähnlichen Aufgaben verwendet.

Abtaugerät: fahrbares Aggregat zum Enteisen und Trocknen von Start- und Landebahnen. Die Verwendung von Streusand ist nicht möglich, da er, von den Triebwerken angesaugt, diese beschädigen würde. Als A. werden nicht mehr flugeinsatzfähige TL benutzt. Sie sind vorn an einem Tankwagen angebracht. Das A. strahlt aus einer 4 oder mehr m breiten Düse Luft von mehreren hundert Grad Celsius nach unten aus. Dadurch verdampfen Eis und Schnee. – Vereiste Flugzeuge werden durch Vorwärmgeräte, durch Abspritzen mit warmem Wasser von etwa 60 °C oder – bei größerer Kälte – mit einer Wasser-Spiritus-Mischung von Eis und Schnee befreit.

Abtriebsprofil: → Profil, dessen Skelettlinie negativ gewölbt ist, so daß es auch bei begrenzt positiven Anstellwinkeln negative Auftriebswerte ergibt.

Abwassern: Starten von Wasserflugzeugen und -Hubschraubern auf Wasserflächen.

abwerfbares Fahrwerk: Fahrwerk, das sich beim Start nach dem Abheben

Abtaugerät für vereiste Pisten, bestehend aus einem nicht mehr luftfahrttauglichen TL

abwerfbares Fahrwerk mit dem Luftziel KT-04, Schleppflugzeug ist eine L-39V (beides ČSFR)

ausklinkt oder ausgekuppelt wird. Das a. F. wurde bei Segel-, Forschungs- und Spezialflugzeugen angewendet, um Masse zu sparen und den Luftwiderstand des Flugzeugs zu verringern.

Abwerfen: Lösen von Teilen oder Lasten vom Flugzeug während des Flugs mit oder auch ohne Fallschirm. → Ausklinken

Abwind: 1. *Meteorologie* – Kleinräumige abwärts gerichtete Luftbewegung im Gegensatz zum → *Aufwind.* A. entstehen durch Leewirkung, Abkühlung am Hang (Hang-A.), Konvektion, insbesondere in Wolken (Wolken-A.), Leewellen. – **2.** *Aerodynamik* – A. entsteht durch den Anstellwinkel und die Profilwölbung hinter dem Tragflügel und beeinflußt die Umströmung des Höhenleitwerks oder anderer hinter dem Tragflügel liegender Teile, was die Berücksichtigung des → Abwindwinkels erfordert.

Abwindwinkel: Winkel zwischen der Anströmrichtung vor und der Abströmrichtung hinter dem Tragflügel.

ACC: Abk. für → **A**rea **C**ontrol **C**entre.

ACCA: Abk. für → **A**ir **C**harter **C**arriers **A**ssociation.

Achsen des Luftfahrzeugs: die konstruktive Längs-, Hoch- und Querachse eines Flugzeugs oder anderer Flugkörper. Die Achsen liegen gewöhnlich im rechten Winkel zueinander. Die Wahl der Richtung, des Ursprungs und der Bezeichnung der einzelnen Achsen ist abhängig von der Wahl des Koordinationsystems. → flugmechanische Koordinatensysteme

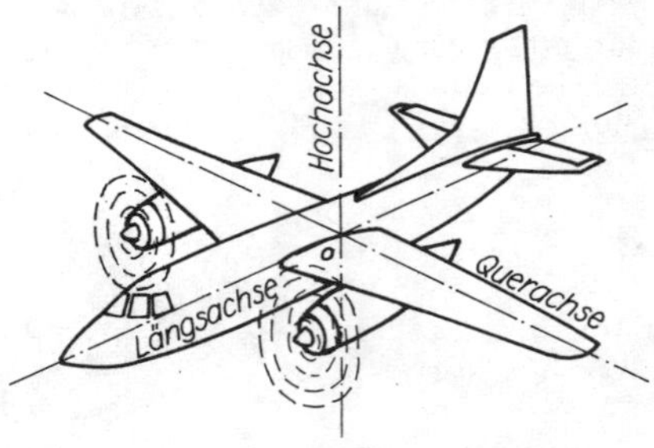

Achsen des Luftfahrzeugs

achsloses Fahrwerk: Begriff für alle Fahrwerke, deren Haupträder keine gemeinsame, d. h. durchgängige Achse haben (früher häufige Ursache von Überschlägen bei Notlandungen); a. F. entstanden bereits in den Anfangsjahren der Motorflugzeuge und sind heute allgemein gebräuchlich. → Fahrwerk

Acht: Kunstflugfigur, bei der das Flugzeug eine liegende oder stehende Acht fliegt. → Kunstflug

ACT: Abk. für **A**ctiv **C**ontrol **T**echnology: → aktive Steuerungstechnologie.

Activ Control Technology; Abk. **ACT:** → aktive Steuerungstechnologie

adaptierender Flugregler: → Flugregler

Adaptivflügel: svw. → Doppelpfeilflügel.

Adcockantenne (nach dem britischen Erfinder): Antenne des Adcockpeilers, die durch konstruktive und schaltungstechnische Maßnahmen keine Ausgangsspannungen für horizontal polarisierte elektromagnetische Wellen liefert. Mittels einer A. wird der Einfluß des Dämmerungseffektes (→ Peilfehler) auf den → Funkpeiler gering gehalten.

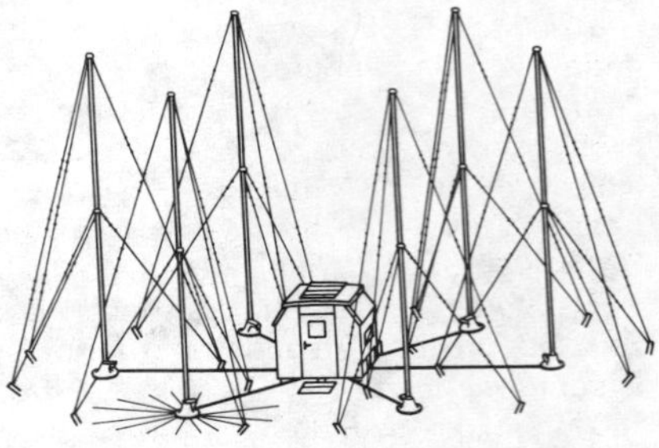

Kurzwellenpeiler mit Adcockantenne

ADD: Abk. für russ. → **A**wiazija **D**alnego **D**ejstwija (Fernbombenfliegerkräfte).

Ader, *Clement:* französischer Flugpionier, geb. 1841 Muret (Haute-Garonne) gest. 3. Mai 1925 Toulouse. In Frankreich als «Vater der Luftfahrt» bezeichnet, ist Schöpfer des französischen Wortes «avion» (Flugzeug). A. erbaute die Flugzeuge «Eole» (1886/88), «Avion» (1892/97). Nach französischen Angaben hat A. am 9. Okt. 1890 einen Sprung in die Luft über 50 m unternommen, 7 Jahre später mit dem von 2 Motoren zu je 15 kW angetriebenen «Avion III» vor einer Armeekommission einen über 300 m. Das französische Kriegsministerium unterstützte zunächst A. Versuche mit Dampfmaschinen, stellte die Zahlungen jedoch ein, als sich dieser Flugzeugantrieb als zu schwer und die Zellenkonstruktion (mit Fledermausflügeln) als verfehlt erwiesen. In Frankreich stellt man aus dem Streben nach Priorität A. oft den Brüdern *Wright* entgegen.

ADF: Abk. für engl. **A**utomatic **D**irection **F**inder. → Funkkompaß

Adiabate: → Zustandsänderung

ADIZ: 1. Abk. für → **A**ir **D**efense **I**dentification **Z**one (engl.), Luftabwehr-Erkennungszone der NATO. – **2.** Abk. für **A**tlantic **D**efense **I**dentification **Z**one (engl.), Atlantische Luftabwehr-Erkennungszone der USA.

Adria Airways/Aviapromet: jugoslawisches Luftverkehrsunternehmen mit Sitz in Ljubljana. 1961 als INEX ADRIA AIRWAYS gegründet, erhielt das Luftverkehrsunternehmen durch Reorganisation 1968 den gegenwärtigen Namen. Der planmäßige Inlandluftverkehr verbindet Ljubljana mit Belgrad, Sarajewo, Titograd und Skopje. Hauptsächlich werden Pauschalreisen und Charterflüge von den verschiedensten Flughäfen Europas zur Adria angeboten.
Am 24. März 1983 wurde die erste internationale planmäßige Fluglinie nach Larnaka, am 7. Dez. 1984 nach München eröffnet. *Flugzeugpark:* 4 MD-80, 2 DC-9-50, 2 DC-9-30, 1 DC-9-30F, 2 Dash 7. Bestellt: 5 A320. 1987 beförderte das Unternehmen 1,73 Mill. Fluggäste. Bei Auslastung der Sitzplatzkapazität von 72% betrug die Personenbeförderungsleistung im Bezugsjahr 1,74 Mrd. PKm; 160 Mill. tkm Gesamtleistung. Die Länge des Streckennetzes beträgt rd. 20 000 km.

ADV: Abk. für → **A**rbeitsgemeinschaft **D**eutscher **V**erkehrsflughäfen e. V.

Advanced Fighter Technology Integration, Abk. **AFTI:** svw. integrierte Anwendung modernster technischer Verfahren und Stoffe bei der Entwicklung und Produktion zukünftiger Kampfflugzeuge. Programm des Pentagon zur Nutzung der Ergebnisse der wissenschaftlich-technischen Revolution zu Beginn der 70er Jahre. Aus den Ergebnissen dieses Forschungs- und Entwicklungsprogramms entstanden Jagd- und Jagdbombenflugzeuge, wie F-15, F-16 und F-18, sowie erste Entwürfe für die → Stealth-Technologie.

Advektionsnebel: → Nebel

Advisory Group for Aeronautical Research and Development, Abk. **AGARD:** dem NATO-Rat unterstehende Abteilung zur Koordinierung der Forschung und Entwicklung in der Luftfahrt der Mitgliedsländer. Sie umfaßt Gruppen für Luftfahrtmedizin, für Verbrennungs- und Antriebsprobleme, für Flugmechanik, für Struktur und Material sowie für Strömungsfragen.

AEA: Abk. für → **A**ssociation of **E**uropean **A**irlines, Assoziation Europäischer Fluggesellschaften.

Aerial Work (engl.): Bez. für → Arbeitsluftfahrt. → Wirtschaftsflug

Aeritalia: italienischer Konzern für Luftfahrzeuge und Zubehör, am 12. Nov. 1969 in Neapel gegr., seit 1. Jan. 1972 unter diesem Namen tätig. Besteht aus den Gruppen → Fiat und IRI Finmeccanica (zu dieser zählen die Firmen Aerfer und Salmoiraghi), denen die Gesellschaft A. je zur Hälfte gehört. 1977 gliederte sich der Konzern in die Bereiche Kampfflugzeuge (Werke in Turin, Bau der G-91, der F-104S sowie von Teilen für → MRCA «Tornado» und G-222, Überholung von F-104G, F-104S und TF-104G), Transportflugzeuge (Werk in Neapel, Bau von Teilen für DC-9, DC-10, G-222, Überholung von Bréguet «Atlantic», G-91R, G-91T und G-91Y) sowie Zubehör und Elektronik (Werke in Caselle-Turin: Raumfahrtinstrumente, Avionik und Elektronik). Seit 1971 Zusammenarbeit mit → Boeing und Luftfahrtindustrie Chinas zur Modernisierung des Jagdbombers A-5 zu A-5M (→ CATI).

Aer Lingus Teoranta – Irish International Airlines, Abk. **ALT:** irisches Luftverkehrsunternehmen mit Sitz in Dublin. 1936 gegr.; erster Flug 27. Mai 1936 mit 5sitziger De Havilland «Dragon» von Dublin nach Bristol. *Flugzeugpark:* 4 Boeing 707, 12 Boeing 737, 3 Boeing 747, 4 BAC 111 und 4 Shorts 360. Verkehrsdaten 1985: 1,83 Mill. beförderte Passagiere, 2,5 Mrd. Pkm; 81,5 Mill. Fracht-tkm; 218 Mill. tkm Gesamtleistung. Länge des Streckennetzes rd. 31 000 km. Hauptstrecken: USA, Kanada, Europa; Inlandflugverkehr. – Mit → Aerlinte Eireann besteht Personalunion; IATA-Mitglied.

Aerlinte Eireann – Irish International Airlines, Abk. **ILA:** irisches Luftverkehrsunternehmen; gegr. 1958. Das Unternehmen mit Sitz in Dublin hat mit der → «Aer Lingus» eine gemeinsame Direktion und den gemeinsamen Handelsnamen «Irish International Airlines».

aero ..., Aero ... (griech.): luft ..., gas ..., z. B. aerostatisch, Aeronautik.

AERO: **1.** Industrievereinigung der tschechoslowakischen Luftfahrtwerke mit Sitz in Prag-Letnany; dazu gehören

Symbole der Flugzeugfirmen AERO und Aero Vodochody

mehrere Luftfahrtwerke sowie die Luftfahrt-Forschungs- und Prüfanstalt. Zu A. zählen die Flugzeugfabrik AERO in Vodochody (Strahltrainer L-39) und Letnany, LET in Kunovice (L-410 UVP-E «Turbolet»), Moravan in Otrokovice (Zlin 43 und 142), die Triebwerksfabrik MOTORLET in Prag-Jinonice, die Fabrik AVIA (Kolbentriebwerke und Luftschrauben) in Prag und verschiedene Firmen für Luftfahrtausrüstung und -zubehör. Hergestellt werden vor allem Sport- und leichte Passagierflugzeuge. – **2.**Kurzbez. für die tschechoslowakischen Flugzeugwerke Aero Tovarna Letadel Dr. Kabes, gegr. 1919, verstaatlicht nach 1945. Fertigte zivile und militärische Flugzeuge: erstes tschechoslowakisches Jagdflugzeug Ae-02 (1920); Bombenflugzeug Ae-24 (1929); Passagierflugzeug Ae-38 (1929); Reiseflugzeug Aero 45 (1947); Hubschrauber HC-2 (1954).

Aero-Club von Deutschland, Abk. **AeCvD:** 1907 in Berlin gegr. Organisation, die die Interessen der Luftfahrt in Deutschland und im Ausland vertrat und der Organisation und Entwicklung des Flugwesens diente. Ab 1910 – mit Unterbrechung von 1914 bis 1926 – Mitglied der → FAI, 1945 aufgelöst.

AERO-Dienst GMBH: BRD-Flugge-

Aero L-39 «Albatros»

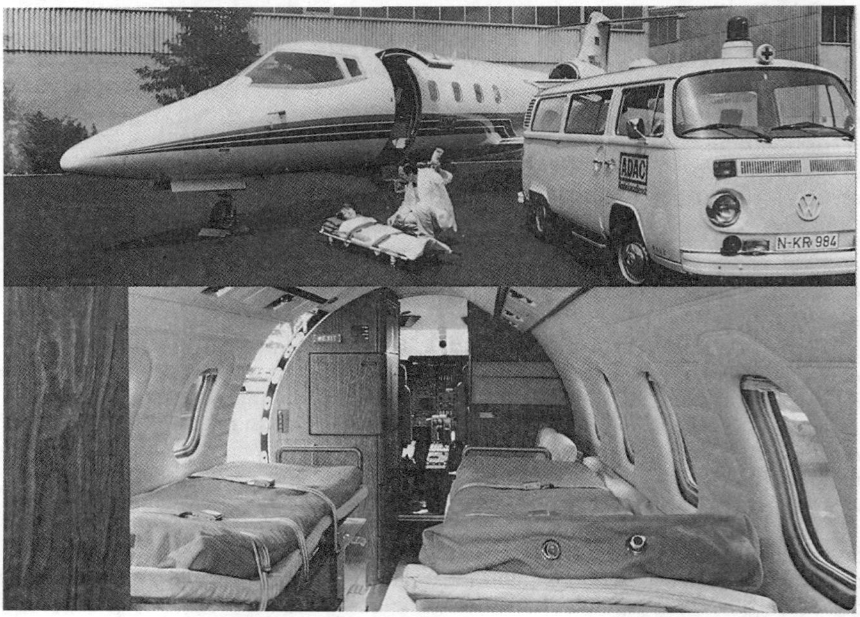

«Learjet 55» der AERO-Dienst GMBH von außen und von innen

sellschaft für Rettungsflüge mit Strahlflugzeugen vom Typ Gates Learjet. Die Firma ist Exklusivpartner des BRD-Automobil Clubs ADAC. Unternommen werden Flüge im nationalen und internationalen Rahmen von den Flugplätzen Nürnberg, München, Düsseldorf, Frankfurt a. M. und Paderborn aus. Allein im Jahre 1983 sind über 480 Ambulanz-Flüge durch A. ausgeführt worden.

Aerodrom (griech.): frühere Bez. für Flugplatz.

Aerodrome Manual (engl.): Flughafen-Handbuch, herausgegeben von der → International Civil Aviation Organization, das Angaben über Anlage, Einrichtung und Ausstattung von Flughäfen enthält.

Aerodynamik: die Lehre von der Bewegung der Luft und deren Beeinflussung durch Störkörper sowie von den kräftemäßigen und anderen Wechselbeziehungen zwischen der Luft und dem Störkörper. Sie ist Teil der Strömungslehre. Man unterteilt sie nach *Strömungsbereichen* in den a) *hydrodynamischen Bereich,* in dem sich die Luft aufgrund unbedeutender Kompressibilität (Zusammendrückbarkeit) wie eine Flüssigkeit verhält ($M < 0{,}2$), → Hydrodynamik, b) *gasdynamischen Bereich,* in dem die Kompressibilität eine bedeutende Rolle spielt. Dieser Bereich wird in den Unterschall- (unterkritischen, subsonischen) Bereich ($0{,}2 < M < M_{krit}$), den Transschall- (überkritschen, transsonischen) Bereich ($M_{krit} < M < 1 \ldots 1{,}2$), den Überschall- (supersonischen) Bereich ($1{,}2 < M < 5$) und den Hyperschall- (hypersonischen) Bereich ($M > 5 \ldots 8$) unterteilt, in denen jeweils ganz spezifische Erscheinungen auftreten. (→ Gasdynamik)

Die wichtigsten Gesetze der A. sind das Gesetz von der Erhaltung der Energie, in Form der → Bernoullischen Gleichung, das Gesetz von der Erhaltung der Masse in Form der Kontinuitätsgleichung (→ Kontinuitätsgesetz) sowie das dynamische Grundgesetz (2. Axiom von *Newton*). Die Lösung der Aufgaben der A. erfolgt durch theoretische Berechnungen. Modellversuche im Windkanal und im Freiflug sowie durch Vergleiche mit physikalischen Analogien, für die die selben Differentialgleichungen gelten. Die Erkenntnisse der A. werden in der Profil- und Tragflügeltheorie, Flugmechanik, Windkanaltechnik, aber auch im Städte- und Maschinenbau (Belüftungsanlagen, pneumatische Förderanlagen u. a.) angewendet. Die A. wurde bes. entwickelt durch *Leonhard Euler* (1707–1783), *Daniel Bernoulli* (1700–1782), *Nikolai J. Shukowski* (1847–1921) und *Ludwig Prandtl* (1875–1956).

aerodynamische Aufheizung: Folge der Entstehung der Bremstemperatur (→ Bremsparameter) an Staupunkten des Flugwerks, insbes. an Rumpf- und Tragflügelnasen. Die a. A. ist abhängig von der Wärmeübertragung und -leitung in solchen Punkten und Ursache für das Vorhandensein einer sog. → Hitzemauer.

aerodynamische Bremsen: Mittel zur Erhöhung des Widerstands, benutzt zur Gleitwinkelsteuerung (-änderung), zur schnellen Verringerung der Geschwindigkeit von Sport- und Jagdflugzeugen beim Kunstflug oder im Luftkampf, zur Verhütung des Überschreitens von zulässigen Maximalgeschwindigkeiten im Sturzflug (→ Geschwindigkeitsbegrenzungen) und zur Verkürzung der Landerollstrecke. Hierzu gehören → Bremsklappen und → Bremsschirme.

aerodynamische Divergenz: statische Erscheinung der → Aeroelastizität. Jedes tragende Bauteil des Flugzeugs/Hubschraubers (Tragflügel, Leitwerk, Rotorblatt) erleidet geschwindigkeitsabhängig eine bestimmte Drillung (Verdrehung) infolge Drehmomentenwirkung zwischen Luft- und Massekräften. Diejenige Geschwindigkeit, bei der die Drillung so groß wird, daß das Bauteil seine → Steifigkeit verliert und zu Bruch geht, wird als kritische Divergenzgeschwindigkeit bezeichnet und muß außerhalb des erfliegbaren Geschwindigkeitsbereichs liegen.

aerodynamische Eigendämpfung: Dämpfung von Schwingungen des Luftfahrzeugs durch Luftkräfte an Tragflächen, Rumpf und Leitwerk. → Flugstabilität

aerodynamische Güte: svw. → aerodynamische Qualität.

aerodynamische Interferenz: gegenseitige Beeinflussung von im Luftstrom liegenden Teilen eines Fluggeräts. Bei der Projektierung von Flugzeugen spielt die a. I. von Rumpf, Tragflügel, Leitwerk, Triebwerksgondeln und Außenanhängungen eine große Rolle. Im Normalfall werden durch die a. I. der

Rumpf-Tragflügel-Integration am USA-Jagdflugzeug F-16

Widerstand des Flugzeugs erhöht (bei ungünstiger Komposition der Teile bis zu 75% gegenüber der Summe der Einzelwiderstände) und der Auftrieb verringert, was seine Ursache im Verdicken der Grenzschicht, verbunden mit zusätzlicher Wirbelbildung und vorzeitigem Ablösen der Strömung, hat. Zum Verringern dieser negativen a. I.-Wirkung sind günstige aerodynamische Übergänge zwischen den Hauptteilen der Flugzeugzelle erforderlich (z. B. Rumpf-Tragflügel-Integration an modernen Jagdflugzeugen). Eine positive a. I.-Erscheinung ist der sog. → Kompressionsauftrieb.

aerodynamische Qualität: Verhältnis von Auftrieb zu Widerstand, meist ausgedrückt durch das Verhältnis von Auftriebsbeiwert zu Widerstandsbeiwert; hat große Bedeutung für die Einschätzung der aerodynamischen Vollkommenheit einer Flugzeugkonstruktion sowie für die Ermittlung von Flugweite und -dauer von Motorflugzeugen. Kehrwert der Gleitzahl. → Polare

aerodynamischer Übergang: Ausbildung des Übergangs zwischen den Großbauteilen des Flugzeugs in einer Form, die Wirbel und damit Auftriebsverlust und erhöhten Interferenzwiderstand vermeidet. Das geschieht z. B. durch Ausrundung des Übergangs zwischen Rumpf und Tragflügel. → aerodynamische Interferenz

aerodynamischer Widerstand: → Widerstand

aerodynamische Waage: Einrichtung zum Messen der Luftkräfte an Profilen, Tragflügel-, Flugzeug- und anderen Modellen oder Originalen im → Windkanal. Die zu untersuchenden Objekte werden in geeigneter Weise in den Luftstrom des Windkanals gebracht. Je nach Geschwindigkeit des Luftstroms und Lage des Untersuchungsobjektes im Luftstrom (bei Flugzeugmodellen durch Anstell- und Schiebewinkel gegeben) wirken auf dieses unterschiedliche Kräfte (→ Luftkräfte), die mit Hilfe der a. W. gemessen und über z. T. komplizierte Hebelsysteme außerhalb des Windkanals angezeigt werden. Die einfachste a. W. mißt 2 Komponenten (Zweikomponenten-Waage), daneben gibt es Dreikomponenten-Waagen und a. W., die bis zu 6 Komponenten messen. Die in der Abb. dargestellte Zweikomponenten-Waage besteht aus einer senkrechten Spindel, die auf einer Stahlstütze gelagert ist und 2 gekreuzte, parallel und rechtwinklig zur Windrichtung stehende horizontale Hebelarme trägt. Eine Drehung um die Spindelachse wird durch eine Arretierung verhindert und

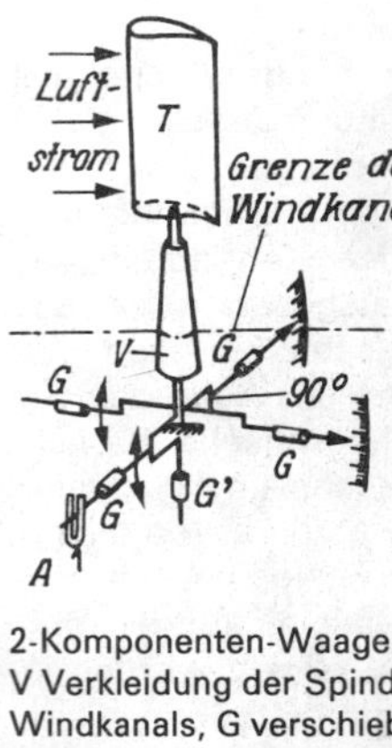

2-Komponenten-Waage; T Tragflügelmodell, V Verkleidung der Spindel innerhalb des Windkanals, G verschiebbare Lasten (zur Verlagerung des Schwerpunkts), A Arretierung

der Druck dagegen kann als dritte Komponente gemessen werden. Das Modell wird am oberen Ende der Spindel symmetrisch angebracht.

Aerodyne: svw. → Hubstrahler.

Aeroelastik, *Aeroelastic:* svw. → Aeroelastizität.

Aeroelastizität: Vorgänge der elastischen Formung, die bes. an Tragflügeln und Leitwerken auftreten und durch das Zusammenwirken von aerodynamischen, mechanischen und Massenkräften hervorgerufen werden. Sie verbiegen und verdrehen den Flügel und führen damit zu einer Änderung der aerodynamischen Eigenschaften, was wiederum zu Änderungen der Luftkräfte führt. Man unterscheidet statische und dynamische Erscheinungen der A. Zu den statischen Erscheinungen gehören die → aerodynamische Divergenz und die → Umkehrung der Ruderwirksamkeit, zu den dynamischen die → Flatterschwingung und das → Buffeting.

Aeroelektrik: → Aerogeophysik

Aeroflot, Abk. **AFL:** staatlicher Luftverkehrsbetrieb der Sowjetunion, größtes Luftverkehrsunternehmen der Welt. Die Anfänge des sowjetischen Luftverkehrs gehen auf einzelne Flüge mit Passagieren und Post mit «Ilja Muromez»-Flugzeugen auf den Strecken Moskau–Charkow und Charkow–Sewastopol (1921) sowie auf die gemeinsame sowjetisch-deutsche Fluglinie Moskau–Königsberg zurück, die am 1. Mai 1922 eröffnet wurde (→ DERULUFT). Am 9. Febr. 1923 wurde die Schaffung der Zivilen Luftflotte beschlossen, im gleichen Jahr wurden 3 Luftverkehrsgesellschaften gegr.: die Russische Gesellschaft der freiwilligen Luftflotte («Dobrolet»), die ukrainische Gesellschaft für Luftverkehr («Ukrwosduchputj») und die Kaukasische Gesellschaft der Luftflotte («Sakavia»). Die «Dobrolet» begann im gleichen Jahr den Verkehr auf der 420 km langen Strecke Moskau–Nishni Nowgorod (heute Gorki) mit Junkers F 13. Durch Verordnung vom 29. Okt. 1930 wurden die Luftverkehrsgesellschaften aufgelöst und die Allunionsvereinigung der Zivilen Luftflotte (WOGWF) beim Sowjet für Arbeit und Verteidigung gebildet, die dann 1931 in

Streckennetz

Jahr	Länge des Streckennetzes km	Jahr	Länge des Streckennetzes km
1925	5 000	1966	467 000
1928	9 300	1967	500 000
1932	36 255	1968	550 000
1937	93 300	1969	600 000
1940	143 900	1970	620 000
1950	295 400	1971	650 000
1955	321 500	1972	733 000
1958	349 200	1973	750 000
1959	355 400	1974	800 000
1960	360 100	1975	880 000
1962	398 600	1980	1 000 000
1963	400 000	1985	1 250 000
1965	435 000	1990	1 500 000

Transportflugzeug Il-76 der Aeroflot

die Hauptverwaltung der Zivilen Luftflotte (GUGWF) beim Rat der Volkskommissare der UdSSR umgewandelt wurde. Am 25. März 1932 wurde der Hauptverwaltung der Zivilen Luftflotte der UdSSR die Kurzbezeichnung «Aeroflot» beigegeben. Am 27. April 1964 entstand aus der Hauptverwaltung das Ministerium für Zivile Luftfahrt der UdSSR. *Flugzeugpark:* Tu-154, Tu-134/134A, Il-86, Il-76, Il-62, Il-62M, Il-18, Il-14, An-24, An-22, An-12, An-2, Jak-42, Jak-40, L-410 und verschiedene Arten von Hubschraubern, wie Mi-10K, Mi-8, Ka-26. Einsatz modernerer Verkehrsflugzeuge wie Il-96-300 und Tu-204, für Anfang der neunziger Jahre geplant. 1987: 120 Mill. Passagiere, 188 Mrd. Pkm, 20,9 Mrd. tkm Gesamtleistung. Hauptstrecken nach Europa, Nord- und Südamerika, Kanada, Afrika, Mittlerer und Ferner Osten; ausgedehnter Inlandflugverkehr.
Die Entwicklung der A. zeigen die beistehenden Statistiken. Das internationale Streckennetz erfaßt 92 Länder (Ende 1989). Die Umstellung auf TL-Flugzeuge begann 1956. Damit war die A. die erste Luftverkehrsgesellschaft der Welt, die erfolgreich den Verkehr mit TL-Flugzeugen aufnahm. 1958 erbrachten die Turbinenflugzeuge 15%, 1962 67%, 1965 80% und ab 1973 mehr als 90% der Transportleistung.
Das Überschallverkehrsflugzeug Tu-144 wurde seit 1975 im Luftfracht- und Luftpostdienst und seit dem 1. Nov. 1977 im Passagierverkehr eingesetzt, jedoch wegen zu geringer Effektivität suspendiert.

Aerofotografie: → Luftbild

Aerofotogrammetrie: Luftbildmessung. → Fotogrammetrie

Aerogeophysik: Sammelbez. für geophysikalische Erkundungen, vor allem geophysikalischer Anomalien (Abweichungen) von Luftfahrzeugen aus; Teilgebiet der → Fernerkundung. Die A. ist sowohl für die geophysikalische Landesaufnahme als auch bei der Suche nach nutzbaren Lagerstätten von Bedeutung. In der *Aeromagnetik* wird das erdmagnetische Feld mittels elektromagnetischer Meßgeräte (*Förster*sonde) bzw. Protonenmagnetometer gemessen. Die *Aeroradiometrie* kombiniert diese Messungen mit der Untersuchung der Gammastrahlung der Erde. In der *Aeroelektrik* werden auch geoelektrische und in der *Aerogravimetrie* Schweremessungen durchgeführt. – Ein wichtiges Problem ist dabei, die Flugroute festzulegen und einzuhalten. Der Vorteil der aerogeophysikalischen Methoden liegt in ihrer Schnelligkeit und Wirtschaftlichkeit sowie in der Möglichkeit, Messungen auch über dem Meer durchzuführen.

Aerogramm: Luftpostleichtbrief, Luftpostfaltbrief (auch mit eingedrucktem Wertstempel).

Aerogravimetrie: → Aerogeophysik

Aeroklub Polskiej Rzeczypospolitej Ludowej, Abk. **APRL:** Aeroklub Polens.

Aerolimnologie (Limnologie: griech. Gewässerkunde): Teilgebiet der Geophysik, das sich mit der Beziehung zwischen Gewässerkunde und Luftfahrt beschäftigt, z. B. mit dem Entstehen von Nebeln an Flugplätzen, dem Einfluß des Grundwassers auf die Atmosphäre, der Überschwemmungsgefahr an Flugplätzen oder Flugsicherungsanlagen usw.

Aerolineas Argentina, Abk. **AR:** argentinisches Luftverkehrsunternehmen mit Sitz in Buenos Aires. 1949 als staatliches Luftverkehrsunternehmen gegr. *Flugzeugpark:* 8 Boeing 707, 12 Boeing 737, 1 Boeing 747, 4 Fokker F 28; Verkehrsdaten 1985: 2,05 Mill. beförderte Passagiere, 3,74 Mrd. Pkm, 87,5 Mill. Fracht-tkm (1981), 446,3 Mill. tkm Gesamtleistung. Hauptstrecken nach Europa, Südafrika, Nord- und Südamerika, Mitglied der IATA.

Aerologie: Teilgebiet der *Meteorologie*, das sich mit der Erforschung der → *Atmosphäre* in ihrer vertikalen Erstreckung befaßt, mit Ausnahme der Schichten, die der Erdoberfläche unmittelbar aufliegen und meßtechnisch durch die meteorologischen Bodenstationen erfaßt werden. Der Terminus wurde offiziell von der «Internationalen Kommission für wissenschaftliche Luftschiffahrt» auf ihrer Tagung 1906 in Genua eingeführt. Alle Beobachtungen und Messungen, die indirekt vom Boden aus geschehen, faßt man unter dem Begriff *indirekte A.* zusammen. Dagegen spricht man von *direkter A.*, wenn ein Flugkörper (Ballon, Drachen, Flugzeug, Radiosonde, Rakete u. a.) als Hilfsmittel eingesetzt wird.

Aeromagnetik: → Aerogeophysik

Aeromexico, Abk. **AM:** mexikanisches Luftverkehrsunternehmen mit Sitz in Mexiko, 1934 mit der Handelsbezeichnung Aeronaves De Mexiko S. A. gegr. *Flugzeugpark:* 5 DC-8, 25 DC-9, 5 DC-10, 8 MD-82. Verkehrsdaten 1985: 6,622 Mill. beförderte Passagiere, 8,3 Mrd. Pkm, 86,7 Mill. Fracht-tkm, 746,8 Mill. tkm Gesamtleistung. Hauptstrecken nach Nord-, Zentral- und Südamerika, Europa; Inlandflugverkehr, Mitglied der IATA.

Aeronaut: ältere Bez. für Flieger und Luftschiffer.

Aeronautical Fixed Service (engl.), Abk. **AFS:** fester → Flugfernmeldedienst.

Aeronautical Information Publications (engl.), Abk. **AIP:** Luftfahrthandbücher, die von allen Staaten herausgegeben werden. Sie enthalten wesentliche Angaben von längerer Gültigkeitsdauer über Flughäfen, Flugfernmeldedienste, Wetterdienst, Luftverkehrsregeln, Flugsicherung, Such- und Rettungsdienst, Karten und Tabellen (z. B. über Funkverbindungs- und Navigationsfrequenzen, Rufzeichen, Maßeinheiten, Betriebszeiten der Dienste usw.), gesetzliche Bestimmungen für Zoll- und Visaangelegenheiten und Gebührenfestlegungen (z. B. Überflug-, Lande- und Standgebühren). AIP werden zwischen den Staaten im wesentlichen im Austausch verbreitet und dienen zur Flugberatung der Besatzungen und der Flugvorbereitung (Fluganmeldungen, Beantragung von Überfluggenehmigungen).

Aeronautical Information Service (engl.), Abk. **AIS.:** Luftfahrtinformationsdienst. Flugsicherungsberatungsdienst. Ein Dienst der → Flugsicherung. Er verteilt oder veröffentlicht Vorschriften und Regeln für die Luftfahrt sowie langfristige Änderungen des Betriebszustands von Funknavigationsanlagen, des Zustands von Flughäfen und dazugehörigen Einrichtungen sowie länger geltende Einschränkungen des Luftraums.

Aeronavigation: → Flugnavigation

Aeronica, Aerolineas Nicaraguenses S. A., Abk. **RL:** nikaraguanische Luftverkehrsgesellschaft mit Sitz in Managua, 1981 als nationale Gesellschaft gegr., die der Regierung direkt untersteht. Zum Flugzeugpark gehören u. a. 1 Boeing 720B und 1 Boeing 727-100. Die Flugzeuge tragen eine regenbogenfarbene Bemalung, weshalb sie auch «Aeronica linea du arcoiris» (Nikaraguanische Fluglinie des Regenbogens) genannt wird.

Aero O. Y., Abk. **AY:** 1923 gegr. finnische Luftverkehrsgesellschaft. 1968 umbenannt in → Finnair O/Y.

Aeropause: Bereich in großen Höhen der → Atmosphäre, in dem dereen Funktionen für Flugzeuge und Besatzung allmählich aufhören und deshalb bei der Konstruktion des Flugzeugs und der Ausrüstung die physiologischen Anforderungen an den Menschen bes. berücksichtigt werden müssen.

Aero Peru, Empresa de Transporte Aero del Peru, Abk. **AP:** peruanische nationale Luftverkehrsgesellschaft mit Sitz in Lima; 1973 gegr. *Flugzeugpark:* 3 Boeing 727, 4 DC-8, 3 Fokker F. 28. Verkehrsdaten 1987: 1,38 Mill. beförderte Passagiere, 1,45 Mrd. Pkm, 16,1 Mill. Fracht-tkm, 150 Mill. tkm Gesamtleistung. Hauptstrecken nach USA, Lateinamerika; Inlandflugverkehr.

Aeroplan: ältere Bez. für Flugzeug.

Aéropostale: → Compagnie Générale Aéropostale

Aeroradiometrie: → Aerogeophysik, → Fernerkundung

Aerosphäre: unterer Bereich der → *Atmosphäre,* in dem die Luftfahrt stattfindet. Obere Begrenzung (Übergangsbereich): → *Aeropause.* Eine höhenmäßige Begrenzung ist infolge der ständigen Weiterentwicklung der Luftfahrt nicht festzulegen, da der Bereich der A. von der Erdoberfläche aus immer größer wird.

Aerostat: Ballon. → Stratostat

Aerostatik: Lehre von den Gleichgewichtszuständen der Gase, bes. der atmosphärischen Luft; sie gibt Auskunft über die Dichteverteilung, etwa im Schwerefeld der Erde unter Berücksichtigung der Kompressibilität und der Temperatur, z. B. über den Aufbau der Atmosphäre unter stark vereinfachenden Annahmen. Ein Ergebnis solcher Überlegungen ist die → barometrische Höhenformel. Arbeitsgebiete der A. sind die kinetische Gastheorie, der Gasdruck, die Druckmessung, die Gasdichte, die Zusammensetzung der Bodenluft, der Partialdruck in Gasgemischen, die Luftdruckschwankungen, die Höhe der homogenen Atmosphäre, die Druckabnahme mit der Höhe, die Barometerreduktion, die Zusammensetzung der Höhenluft, der Ozongehalt, der Querschnitt der Atmosphäre und der Einfluß der Erdrotation. → Auftrieb

Aerotachometer: veraltete Bez. für → Fahrtmesser.

Aerotaxi: → Lufttaxi

AF: 1. Abk. für → **A**ir **F**rance. – **2.** Abk. für → **A**grar**f**lug.

A. F. I. T. A. E.: Abk. für **A**ssociation **F**rançaise des **I**ngénieurs et **T**echniciens de l'**A**éronautique et de l'**E**space.

AFL: Abk. für **AEROFL**OT.

AFP: Abk. für → **A**rbeits**f**lug**p**latz.

AFRAA: Abk. für → Assoziation Afrikanischer Fluggesellschaften.

Afrikanische Zivilluftfahrtkommission, Abk. **AFCAC:** 1969 in Addis Abeba gegründete zwischenstaatliche Luftfahrtorganisation afrikanischer Staaten. Dieser völkerrechtlichen Regionalkonferenz gehören mehr als 30 Staaten an. Sie beschäftigt sich mit allen Fragen der zivilen Luftfahrt, die für die afrikanischen Staaten von Bedeutung sind, z. B. Planung des Luftverkehrs innerhalb und außerhalb Afrikas, Luftverkehrstarife innerhalb Afrikas, Standardisierung von Luftfahrtgerät und Bodeneinrichtungen, Ausbildung von Luftfahrtpersonal. AFCAC arbeitet mit der → ICAO zusammen.

AFS: Abk. für **A**eronautical **F**ixed **S**ervice (engl.); fester → Flugfernmeldedienst.

Aft fan: Bauart von → Zweistromturbinenluftstrahltriebwerken. Gegenwärtig nur noch wenig angewendet. Beispiel: CF-700 von General Electric.

AFTI: Abk. für → **A**dvanced **F**ighter **T**echnology **I**ntegration.

Agaltzow, *Philipp Alexandrowitsch:* sowjetischer Luftmarschall (1962), geb. 8. (20.) Jan. 1900 im Tulaer Gebiet in einer armen Bauernfamilie, gest. 1980. 1915/19 Arbeiter, gehörte seit 1919 der Sowjetarmee und der KPdSU an, nahm am Bürgerkrieg teil. Beendete 1925 die militärpolitische Schule Kiew und 1932 die militärpolitische Akademie «W. I. Lenin»; 1934 Abschluß der Flugzeugführerausbildung. 1935 Leiter der Politabteilung einer Fliegerbrigade, flog selbst verschiedene Flugzeugtypen. 1937/38 freiwilliger Flugzeugführer im Kampf des spanischen Volkes gegen den Faschismus. Im Großen Vaterländischen Krieg zunächst Kommandeur eines Bombenfliegerregiments. 1941/43 Leiter einer Fliegerschule, 1943/45 Kommandeur einer Jagdbombenfliegerdivision und des 1. Polnischen Gemischten Fliegerkorps; 1945/49 Kommandeur eines Fliegerkorps, dann einer Luftarmee, 1949/56 Stellvertreter des Oberkommandierenden der sowjetischen Luftstreitkräfte; 1956/58 Generalinspekteur der Luftstreitkräfte; 1958/62 Stellvertreter des Oberkommandierenden der Luftstreitkräfte. Ab 1962 Befehlshaber der → ADD. 1969 Inspektorat des Verteidigungsministeriums. Träger dreier Leninorden sowie anderer hoher sowjetischer und polnischer Auszeichnungen.

AGARD: Abk. für → **A**dvisory **G**roup for **A**eronautical **R**esearch and **D**evelopment.

Agello, *Francesco:* italienischer Hauptmann, geb. 27. Dez. 1902 Casalpusterlengo, gest. (abgestürzt) 26. Nov. 1942 in Mailand. Beendete 1924 die Flugzeugführerschule, erhielt 1928 das Diplom «Pilot für hohe Geschwindigkeiten», stellte 1933 und 1934 mit einem Wasserflugzeug Macchi-Castoldi MC 72 (Triebwerk Fiat AS 6) mehrere Weltrekorde (682,078 und 709,2 km/h) auf. Ab 1935 Angehöriger des italienischen Flugversuchszentrums. 1936 Hauptmann und Medaille de La Vaux auf 36. Generalkonferenz der → FAI in Warschau.

Agence pour la Sécurité de la Navigation Aérienne en Afrique et à Madagascar (franz.), Abk. **ASECNA:** Behörde für die Flugsicherung in einigen afrikanischen Staaten und in Madagaskar mit Notam-Büros in Dakar, Tananarive. Sie installiert und betreibt Einrichtungen zur Nachrichtenübermittlung, zur Überwachung des Luftverkehrs, zur Flug- und Wetterberatung, für Anflug und Landung auf den Flughäfen der Partnerstaaten. Die Behörde wurde am 12. Dez. 1959 in Saint Louis (Senegal) geschaffen. Der ASECNA gehören an: Benin, Elfenbeinküste, Gambia, Guinea-Bissau, Burkina Faso, Mali, Mauretanien, Niger, Senegal, Togo, Madagaskar, Kamerun, Zentralafrikanische Republik, Kongo (VR), Gabun, Tschad. Hinsichtlich der Flugsicherungsmeldungen über Flughäfen, zu Funknavigationsdiensten und zum mobilen und festen Flugfunkdienst sind die Behörden weiterer afrikanischer Länder angeschlossen (Kapverdische Inseln, Gambia, Guinea, Liberia, Ghana, Nigeria, Äquatorial-Guinea, São-Tomé et Principe, Zaïre).

Agent: im Auftrag einer Luftverkehrsgesellschaft für Kundenwerbung und -beratung sowie den Verkauf von → Beförderungspapieren eingesetzte Personen. Verschiedentlich wird dem A. auch die → Abfertigung von Passagieren und Luftfrachtsendungen übertragen.

Agenturabschnitt: Teil des Flugscheins (→ Beförderungspapiere), der bei der Flugscheinverkaufsstelle verbleibt und dieser als Kontroll- und Abrechnungsbeleg dient.

AGO: Flugzeugwerke GmbH – Abk. für **A**viatiker **G**ustav **O**tto – eine der vor dem ersten Weltkrieg in Berlin-Johannisthal gegr. Flugzeugfabriken, später Oschersleben/Bode. Baute Kurierflugzeug Ago Ao 192.

Agrarflug, *Landwirtschaftsflug:* Einsatz von speziellen Luftfahrzeugen (Flugzeuge und/oder Hubschrauber) für Düngung, Schädlingsbekämpfung, Pflanzenschutz, Aussaat, Überwachung von Anbauflächen und Waldgebieten einschließlich Waldbrandbekämpfung (→ Agrarflugzeug). In der DDR Einsatz von Flugzeugen Z-37, PZL-106A und BR, PZL M-18A sowie Hubschraubern Ka-26.

Agrarflugbrigade: zur Sicherung des rationellen → Agrarflugs gebildete und bewährte Spezialbrigade. A. bestehen aus dem Flugzeug- oder Hubschrauberführer, dem Stationsmechaniker, dem Einsatzleiter und 1 Hilfskraft (ständige Mitglieder der A.) und je nach → Arbeitsart und Arbeitsanfall aus Land- bzw. Forstwirtschaftsspezialisten mit entspr. Bodentechnik (nicht ständige Mitglieder der A.).

Agrarflugleistung: die pro Zeiteinheit (Flugstunde) im Rahmen des → Agrarflugs durch → Agrarflugzeuge und/oder → Agrarhubschrauber bearbeitete land- bzw. forstwirtschaftliche Fläche, gemessen in Hektar. Unterschiedliche → Arbeitsarten werden mit Hilfe von Umrechnungsfaktoren vergleichbar gemacht.

Agrarflugunternehmen: Agrarflugbetriebe, die im Rahmen der Bukarester Vereinbarung zusammenarbeiten: Bulgarien – Betrieb Agrarflug der BALKAN, Sofia; Ungarn – MEM RSz Flugdienst des Ministeriums für Land-, Forst- und Nahrungsgüterwirtschaft, Budapest; DDR – Betrieb → Agrarflug, Berlin; Kuba – EAAC Agrarflugbetrieb Havanna; Polen – → ZUA Betrieb für Agrarflugdienste des Werkes WSK «PZL-Warszawa-Okęcie», Warschau; UdSSR – Ministerium für Zivile Luftfahrt, Verwaltung für den Einsatz von Luftfahrzeugen in der Volkswirtschaft, Moskau; ČSFR – Unternehmen → SLOVAIR, Bratislava.

Agrarflugverfahren: Art und Weise der bei den verschiedenen → Applikationsverfahren angewendeten Methoden. Man unterscheidet 1) Kehrflugverfahren («Webschützenmethode»), 2) Kreisflugverfahren («Beetmethode») und 3) Mehrfelderbearbeitung. Die Wahl des Verfahrens ist von den örtlichen Gegebenheiten abhängig.

Agrarflugzeug: für den → Agrarflug konstruiertes, mit speziellen → aviochemischen Ausrüstungen versehenes und für diesen Zweck zugelassenes Flugzeug. Die Entwicklung des Flugzeugs

Agrarflugzeug PZL M-18A «Dromader» (Dromedar) der INTERFLUG

Typ	Hersteller	Antrieb	Leistung kW	Startmasse kg	Nutzmasse kg	Spannweite m	Flügelfläche m^2
Aero Boero 250 Ag	Argentinien	KTW	194	1 350	500	10,90	17,55
LET Z-37	ČSFR	KTW	230	1 850	600	12,20	23,80
IAR-822	Rumänien	KTW	214	1 900	600	12,80	26,00
Anahrac Tarro 350	Mexico	KTW	261	2 064	870	11,44	20,24
LET Z-37T	ČSFR	PTL	360	2 525	900	13,63	26,69
PZL Kruk 106BR	Polen	KTW	432	3 000	1 050	14,90	31,70
Cessna Ag Husky	USA	KTW	231	1 996	1 060	12,70	19,05
Rockwell Shapel S-350	USA	KTW	298	2 761	1 230	15,24	25,55
PZL Dromader M-18A	Polen	KTW	735	4 200	1 350	17,70	40,00
NDN Fieldmaster	GB	PTL	559	4 535	1 562	15,32	31,40
AYRES S2R-R1820	USA	KTW	895	4 536	1 600	13,54	30,34

für land- und forstwirtschaftliche Zwecke begann bereits 1911. Nach dem zweiten Weltkrieg fand es systematisch Anwendung und Verbreitung. Bekannteste Typen waren zunächst Agrarflugzeugvarianten von Mehrzweckflugzeugen: An-2 und L-60; dann als spezielle Agrarflugzeuge entwickelt: Z-37, Z-37T, PZL-106A u. BR sowie PZL M-18A. Ein den Belangen des Einsatzes in der Land- und Forstwirtschaft genügendes A. muß neben den allgemeinen technischen Grundanforderungen an Flugzeuge spezielle Bedingungen erfüllen, die über die Einsatzfähigkeit als A. entscheiden.

Agrarhubschrauber: für den → Agrarflug konstruierter bzw. umrüstbarer, mit speziellen → aviochemischen Ausrüstungen versehener und für diesen Zweck zugelassener Hubschrauber. Einsatz wegen der höheren Kosten vorzugsweise in Sonderkulturen (Obstbau) und in mit dem Flugzeug nicht befliegbarem Gelände (Hanglagen, Täler). Bekannte Typen sind Mi-2 und Ka-26, beide als spezielle Agrarversionen von Mehrzweckhubschraubern. → Agrarflugzeug

Agusta: Kurzbezeichnung für die 1907 als Şocieta Construzioni Aeronautiche Giovanni Agusta in Cascina Costa-Galla-

Agrarhubschrauber Ka-26 der INTERFLUG mit Zusatzausrüstung zum Sprühen

Hubschrauber Agusta A 106

rate (älteste italienische Flugzeugfabrik) gegr. Firma; baute ab 1908 Flugzeuge, eröffnete bis zum Ausbruch des zweiten Weltkriegs in Albanien und Tripolis Zweigwerke. A. baute auch Sport- und Reiseflugzeuge. Nach dem Krieg zunächst Bau von Straßenfahrzeugen. Seit 1952 Verbindung zur USA-Firma → Bell; 1954 erster italienischer Hubschrauber. Die Entwicklung von A. wurde durch militärische Einrichtungen Italiens gefördert. Ab 1960 Hubschrauber A-102; ab 1961 AB-204. A. baute außerdem folgende Hubschrauber: A-106, AB-206A, AB-206A-1, AB-206B, AB-47 verschiedener Versionen, A-109C, AB-205 (UH-1H), AB-212 (UH-1N), Agusta Sikorsky SH-3D (sowie zivile AS-61 A-4), HH-3F und CH-47C. Eigenkonstruktionen: A. Lizenzmuster von Bell: AB. A. exportiert 60% der Hubschrauber, u. a. nach Iran. Finanzielle Beteiligung an → SIAI Marchetti und Iranian Helicopter Company; Zusammenarbeit mit den USA-Firmen Bell, Boeing Vertol und Sikorsky.

Ähnlichkeitsgesetze: Gesetze zur Umrechnung von Strömungserscheinungen für Modellversuche, um eine gleiche Aussage über die im Modell wirkenden Kräfte wie am Original zu erhalten. Für Flugzeugmodelle gilt, daß das Modell dem Original geometrisch ähnlich und die Reynoldssche Zahl (bei $M < 0{,}2 \ldots 0{,}6$) bzw. die Machzahlen (bei $M > 0{,}6$) gleich sein müssen.

AI: **1.** Typenbezeichnung für Triebwerke des sowjetischen Konstrukteurs A. → *Iwtschenko*. – **2.** Abk. für → **A**ir **I**ndia.

AIA: Abk. für **1.** → **A**erospace **I**ndustries **A**ssociation of **A**merica. – **2.** → **A**ssociazione **I**ndustrie **A**erospaziali.

Aichi: Bez. für Flugzeuge der japanischen Firma Aichi Tokai Denki Kabushii Kaisha, gegr. 1899. Produzierte von 1932 bis zum Ende des zweiten Weltkriegs für die japanische Marine und Luftwaffe zahlreiche Flugzeuge. Zu den bekanntesten Typen gehörten: Bombenflugzeuge Aichi 99 (1939), Wasserflugzeuge Aichi Jake E 13 A 1 (1940) und Aichi E 16 A Zuin (1943).

A. I. C. M. A.: Abk. für → **A**ssociation **I**nternationale des **C**onstructeurs de **M**atériel **A**érospatial.

AIDS: Abk. für → **A**irborne **I**ntegrated **D**ata **S**ystems.

AIP: Abk. für → **A**eronautical **I**nformation **P**ublications.

Air Afrique, Société Aérienne Africaine Multinationale, Abk. **RK:** 1961 gegr. multinationales Luftverkehrsunternehmen mit Sitz in Abidjan (Elfenbeinküste). Es ist das Gemeinschaftsunternehmen der afrikanischen Länder Kamerun (schied 1971 aus), Zentralafrikanische Republik, Kongo, Elfenbeinküste, Benin, Obervolta (jetzt Burkina Faso), Mauretanien, Niger, Senegal und Tschad. Die RK betreibt Luftverkehrsdienste zwischen diesen Staaten. *Flugzeugpark:* 2 DC-8, 3 DC-10, 1 Boeing 747, 3 A 300. Verkehrsdaten 1987: 0,7 Mill. beförderte Passagiere; 2,13 Mrd. Pkm; 169 Mill. Fracht-tkm; 369 Mill. tkm Gesamtleistung. Hauptstrecken nach Europa, USA, Kanada, Mitglied der IATA.

Air Algérie, Compagnie générale de transports Aériens, Abk. **ALG:** algerisches Luftverkehrsunternehmen mit Sitz in Algier. Entstand 1953 durch Fusion der ehemaligen Air Algérie und Compagnie Air Transport. *Flugzeugpark* (1988): 11 Boeing 727, 17 Boeing 737, 8 F-27, 2 A 310. Verkehrsdaten 1987: 1,7 Mill. beförderte Passagiere; 2,3 Mrd. Pkm; 10,6 Mill. tkm; 213,1 Mill. tkm Gesamtleistung. Hauptstrecken nach Europa, Naher Osten, Afrika; betreibt intensiven Inlandflug- und Lufttaxiverkehr sowie Agrarflug. IATA-Mitglied.

Air Almanac: Tabellenwerk für die → astronomische Navigation. Mit Hilfe dieses Werks war es möglich, aus den mit dem Sextanten gemessenen Gestirnshöhen Standlinien auf der Erdoberfläche zu ermitteln. Die Schnittpunkte von 2 oder mehr Standlinien gaben den Standort an. → Astrofix

Air America: 1950 offiziell von der Pacific Corporation gegr. Tochterfluggesellschaft. Technische Basis in Taiwan, Direktion im Regierungsviertel von Washington. Auftraggeber: US-Entwicklungshilfeamt sowie zahlreiche Institutionen, die in Thailand und Laos tätig sind. Operiert zusammen mit der Tochtergesellschaft Air Asia. Umfangreicher *Flugzeugpark:* Militärtransporter Lockheed C-130 «Hercules», Pilatus «Porter» für kurze Startbahnen im Gebirge, Bergungshubschrauber für Verwundetentransport sowie Langstreckenflugzeuge.

Air Asie: französisches Luftverkehrsunternehmen, das 1926 in Indochina gegr. wurde und 1929 in die → Air Orient einging.

Air Baltic: Londoner Luftfrachtbörse.

Airborne Integrated Data Systems (engl.), Abk. **AIDS:** integrierte Borddatenanlagen. Bei AIDS vergleicht ein Digitalrechner an Bord des Luftfahrzeugs die Betriebswerte verschiedener Anlagen (Elektro-, Hydraulik-, Klima-, Steuerungs-, Triebwerksanlage) mit vorgegebenen Sollwerten. Abweichungen von den Sollwerten werden automatisch aufgezeichnet und im Cockpit angezeigt. Diese Anlagen waren Vorläufer der elektronischen Fluginformationssysteme → EFIS.

Airbus: von verschiedenen Ländern entwickeltes Großraumflugzeug, mit dem auf kurzen und mittleren Flugstrecken der Massenverkehr (insbes. Urlauber- und Touristenflugverkehr) organisiert und der Luftraum entlastet wird. Der A. wird auf Strecken mit hohem Passagieraufkommen eingesetzt. Bekannteste Vertreter sind der sowjeti-

Airbus in den Versionen A 300; A 310 und A 320 (S. 29)

A 310

A 320

sche Aerobus Il-86 (350 Sitzplätze, max. Nutzmasse 42 t, max. Startmasse 206 t, Reisegeschwindigkeit 950 km/h, 4 Strahltriebwerke NK 8, Reichweite mit max. Nutzmasse 3 200 km) und der westeuropäische A 300 B, der von der → Airbus Industrie entwickelt wurde (250 Sitzplätze, max. Nutzmasse 28 t, max. Startmasse 125 t, Reisegeschwindigkeit 945 km/h, Reichweite mit max. Nutzmasse 2 200 km).

Airbus Industrie: Am 18. Dez. 1970 nach französischem Recht durch Zusammenschluß von → Sud Aviation (Frankreich, später in Áerospatiale aufgegangen) und Deutsche Airbus GmbH (BRD) als Hauptvertragspartner gegr., in Paris ansässige Gesellschaft; fertigt, finanziert und verkauft den Airbus-Typ der Serie A 300 sowie dessen Weiterentwicklungen. Beteiligt: → Hawker Siddeley Aviation (Großbritannien, inzwischen → British Aerospace; fertigt Haupttorsionsgehäuse der Tragflügel), → Fokker (Niederlande; stellt den zylindrischen Rumpfteil von den Tragflügeln sowie die Tragflügelvorderkanten her), die Aerospatiale (Frankreich; produziert den Vorderrumpf, den unteren Mittelrumpf sowie die Triebwerksaufhängung); → MBB (BRD; baut den hinteren Rumpf, den oberen Mittelrumpf, die Heckflosse und die Klappenführung), und → CASA (Spanien; verantwortlich für horizontale Leitwerksflossen sowie vordere Rumpftür). Die Firma Messier (Frankreich), liefert die Fahrwerke, während → SNECMA/Fra. und → MTU/BRD Teile für die Triebwerke liefern, die bei SNECMA zusammengebaut werden.

Die beiden Prototypen nahmen am 2. Okt. 1972 bzw. am 5. Febr. 1973 die Flugerprobung auf. Inzwischen werden mehrere Airbus-Grundmodelle in mehreren Versionen produziert. Bis Anfang 1986 waren etwa 400 Flugzeuge der Reihen A 300 und A 310 sowie etwa 250 der Reihe 320 bestellt. Ende Febr. 1987 befanden sich 365 A 300 und A 310 im Liniendienst.

Air Canada: kanadisches Luftverkehrsunternehmen mit Sitz in Montreal. Um die Entwicklung von einer nordamerikanischen zu einer internationalen Luftverkehrsgesellschaft zu dokumentieren, erfolgte 1965 die Umbenennung von Trans-Canada Air Lines in Air Canada. *Flugzeugpark* (1988): 25 Boeing 727, 6 Boeing 747, 8 Boeing 767, 6 L 1011, 8 DC 8, 11 DC 9; gemietet sind 8 Boeing 727, 2 Boeing 747, 6 Boeing 767, 2 L 1011 und 25 DC 9. Verkehrsdaten 1987: 11,0 Mill. beförderte Passagiere; 23,1 Mrd. Pkm; 941 Mill. Fracht-tkm; 3,25 Mrd. tkm Gesamtleistung; Streckennetz 402 356 km.

Air Cargo (engl): → Luftfracht

Air Cargo Terminal (engl): → Luftfrachthof

Air Charter Carriers Association, Abk. **ACCA:** Internationale Vereinigung von Bedarfs- (Charter-) Luftverkehrsgesellschaften. Die 1971 in Genf gegr. Vereinigung von 11 Mitgliedern umfaßt im Gegensatz zur → International Air Charter Association Tochterunternehmen von in der IATA zusammengeschlossenen Linienfluggesellschaften. Der Charterflugverkehr, der im wachsenden Tourismus seine eigentliche Quelle hat, ist eine der beachtlichsten Erscheinungen der Entwicklung des Weltluftverkehrs nach dem zweiten Weltkrieg. Die sozialistischen Luftverkehrsgesellschaften führten i. allg. sowohl den Linien- als auch den Bedarfsflugverkehr unter einheitlicher Regie durch.

Air Congo: frühere Bezeichnung für → Air Zaïre.

Aircraft Owners and Pilots Association, Abk. **AOPA:** Vereinigung der Besitzer und Piloten von Privatflugzeugen, die in zahlreichen Ländern besteht. Sie sind international zusammengeschlossen im → International Council of Aircraft Owners and Pilots Association (IAOPA).

Aircraft Radio, Abk. → **AR:** Flugzeug- (UKW-) Funksprechgerät. Die Anzahl der einstellbaren Kanäle des vorgesehenen Frequenzbereichs wird durch Zahlen angegeben, z. B. AR 380: 380 Kanäle.

Air Defence Identification Zone, Abk. **ADIZ:** Luftabwehr-Erkennungszone der NATO. Für das Befliegen dieser Zone gibt es für das fliegende Personal ziviler Luftfahrtgesellschaften und der NATO-Luftstreitkräfte strenge Bestimmungen. Zivile Luftfahrtgesellschaften dürfen in der Identitätszone nur fliegen in den Luftstraßen, zur Benutzung von Flugplätzen in der Identifizierungszone oder nach einem genehmigten Plan nicht näher als 9 km (KTW), 18 km (Strahltriebwerke), 5,5 km (Segelflugzeuge) an die Staatsgrenze. Entspr. den für alle Militärflugzeugführer der NATO geltenen Befehlen haben diese bei Orientierungsverlust in der BRD in Grenz- oder ADIZ-Nähe sofort auf Westkurs oder auf einen Kurs ins Innere der BRD abzudrehen. Die Vorschriften bestimmen weiterhin, daß dabei das Kennungsgerät mit kurzen Unterbrechungen auf Notstellung geschaltet wird und bei betriebsklarem Funkgerät mit Radarstellen Verbindung aufzunehmen ist. Außerdem sind bei Ausfall der Funknavigationsgeräte zur Alarmierung der Radarstellen Dreiecke zu fliegen. Mit dem 5. 11. 1990 «zurückgezogen und durch eine sogenannte Entflechtungszone ersetzt.»

AIREP: Abk. für → **Air-Rep**ort.

Air France, Compagnie Nationale, Abk. **AF:** französisches Luftverkehrsunternehmen mit Sitz in Paris. 1933 entstand die AF durch Zusammenschluß der vorher selbständigen Fluggesellschaften → Société Générale de Transports Aériens (SGTA), → Air Union, → CIDNA, → Aéropostale und → Air Orient. – 1948 wurde die AF durch einen Gesetzesakt in staatliche Verwaltung überführt. *Flugzeugpark* (1988): 6 «Concorde», 13 Airbus A 300, 7 Airbus A 310, ein Airbus A 320, 20 Boeing 747, 8 Boeing 737, 21 Boeing 727; gemietet sind Airbus A 300, 14 Boeing 747, 8 Boeing 737, 5 Boeing 727. Verkehrsdaten 1987: 13,4 Mill. beförderte Passagiere; 31,7 Mrd. Pkm; 29,5 Mrd. Fracht-tkm; 5,9 Mrd. tkm Gesamtleistung. Strecken-

AIR FRANCE

netz von 929196 km. Hauptstrecken: Europa, Süd-, Mittel- und Nordamerika, Mittlerer und Ferner Osten, Afrika; inländischer Luftpostverkehr. Zusammenarbeit mit → UTA, → Deutsche Lufthansa AG, → ALITALIA und → SABENA in → ATLAS, IATA-Mitglied.

Air Guinée, Compagnie Nationale: Luftverkehrsunternehmen Guineas mit Sitz in Conakry, befliegt Inlandlinien und Strecken nach den Nachbarstaaten. *Flugzeugpark* (1988): 3 An 12, 4 An 24, je eine Boeing 737, DHC 7 und Jak 40. Verkehrsdaten 1987: 30400 beförderte Passagiere; 28,8 Mill. Pkm; 2,5 Mill. tkm Gesamtleistung. IATA-Mitglied.

Air Holdings Group: britische Finanzgesellschaft, deren Hauptaktionäre die Blue Star Line, British and Commonwealth, Furness Withy und die P & O Shipping Company sind. Im Besitz der A. befinden sich u. a. die → British United Air Ferries, das Reisebüro Leroy Tours.

AIRIMP: Abk. für **A**TC/**I**ATA **R**eservations **I**nterline **M**essage **P**rocedures. 1965 international eingeführtes, von der → IATA und der Luftverkehrskonferenz Amerikas (Air Traffic Conference of America [ATC]) zusammengestelltes Codesystem zur Vereinheitlichung von Buchungsmitteilungen im Luftverkehr. Das A.-Codesystem dient dem Zweck, Buchungsinformationen zu vereinheitlichen und sie exakt, unmißverständlich und einfach zu gestalten, die Buchungsvorgänge zu rationalisieren und damit das zum Übermitteln von Buchungsanforderungen und -bestätigungen eingerichtete → SITA-Netz effektiv zu nutzen.

Air India, Abk. **AI:** indisches Luftverkehrsunternehmen mit Sitz in Bombay. 1948 gegr.; 1953 verstaatlicht. Monopolstellung im internationalen Linienflugverkehr Indiens. *Flugzeugpark* (1987): 3 Airbus A 300, 6 Airbus A 310, 10 Boeing 747; gemietet sind je eine Boeing 747, DC 8, Il 76 und Il 62. Verkehrsdaten (1987): 1,8 Mill. beförderte Passagiere; 7,7 Mrd. Pkm; 487 Mill. Fracht-tkm; 1,2 Mrd. tkm Gesamtleistung. Streckennetz von 290390 km. Hauptsächliche Strecken: Europa, USA, Afrika, Australasien, Mauritius. IATA-Mitglied.

Air Inter: französische Inland-Luftverkehrsgesellschaft mit Sitz in Paris. Sie wurde 1954 als Studiengesellschaft für Inlandslinien (Lignes Aériennes Intérieures) von Banken und Transportunternehmen gegr. 1955 beteiligten sich die französischen Staatsbahnen und die Luftverkehrsgesellschaften Air France, UAT und TAI. *Flugzeugpark* (1988): 12 «Caravelle», 18 Airbus A 300, 2 Airbus A 320, eine Boeing 747 und 11 «Mercure». Verkehrsdaten 1985: 10,63 Mill. beförderte Passagiere; 5,8 Mrd. Pkm; 29000 t Luftfracht; 493 Mill. tkm Gesamtleistung. Hauptstrecken: Inlandflugverkehr.

Air Jamaica Ltd., Abk. **AJ:** 1968 gegr. jamaikanische Luftverkehrsgesellschaft mit Sitz in Kingston. *Flugzeugpark:* 3 DC-8, 3 DC-9, 4 Boeing 727, 1 Cessna 150. Verkehrsdaten 1985: 0,86 Mill. beförderte Passagiere; 1,49 Mrd. Pkm; 155 Mill. tkm Gesamtleistung. Hauptstrecken: USA, Europa.

Air Lanka: Luftverkehrsgesellschaft der Republik Sri Lanka mit Sitz in Colombo. 1947 als Air Ceylon Ltd. (AIRCEY) gegründet. *Flugzeugpark:* 1 Boeing 747, 5 L-1011, 1 Boeing 737-200. Verkehrsdaten 1985: rd. 0,7 Mill. beförderte Passagiere; 2,5 Mrd. Pkm; 503 Mill. tkm Gesamtleistung.

Air Liban: → Middle East Airlines

Air Liberia, Abk. **NL:** Luftverkehrsgesellschaft der Republik Liberia, Sitz in Monrovia. Jan. 1974 entstanden durch Fusion von Liberian National Airlines mit Ducor Air Transport (Datco). (1949 als Liberian National Airways gegr., die ihren Flugbetrieb 1952 aufnahm.) Planmäßiger Passagierverkehr verbindet Robertsfield International und Spriggs-Payne Airports (Monrovia) mit Greenville (Sinoe), Zwedru (Tchein) und Harper (Cape Palmas). Der *Flugzeugpark* umfaßt 2 «Aviocar», 3 «Cessna», 1 «Trislander» und 3 BN-2A «Islander» (Stand: 1987). Assoziiertes Mitglied der IATA.

Airline (engl): Luftverkehrsgesellschaft, Luftverkehrsunternehmen oder Fluggesellschaft, die im internationalen Linienluftverkehr tätig ist.

Airliner (engl.): im Linienflugverkehr eingesetztes Verkehrsflugzeug.

Air Mail (engl.): → Luftpost

Air Malawi Ltd.: malawisches Luftverkehrsunternehmen mit Sitz in Blantyre (Malawi). Gegr. 1964 im Zusammenhang mit der Auflösung der früheren multinationalen Luftverkehrsgesellschaft → Central African Airways (CAA). *Flugzeugpark:* 2 BAC 1-11, 2BAC-748. Verkehrsdaten 1987: 155 000 beförderte Passagiere; 93,5 Mill. Pkm; rd. 1 Mill. Fracht-tkm; 8,8 Mill. tkm Gesamtleistung. Streckennetz von rd. 9 000 km. Hauptstrecken: Europa, Indien, Ozeanien, Afrika; Inlandflugverkehr. IATA-Mitglied.

Air Mali, Société Nationale Air Mali, Abk. **Mali:** malisches Luftverkehrsunternehmen mit Sitz in Bamako. 1960 als nationales Luftverkehrsunternehmen der Republik Mali gegründet. *Flugzeugpark* (1988): je eine Il 18 D, An 24, Boeing 727, Boeing 737; Verkehrsdaten: etwa 50 000 beförderte Passagiere; 85 Mill. Pkm; 10,1 Mill. tkm Gesamtleistung. Hauptstrecken nach Afrika, Europa; Inlandflugverkehr. IATA-Mitglied.

Air Malta Co Ltd.; Nachfolgegesellschaft (1972) der → Malta Airways Co Ltd., Sitz Floriana (Malta). *Flugzeugpark* (1988): 3 Boeing 720 und 5 Boeing 737; gemietet sind je eine Boeing 707 und Boeing 727. Verkehrsdaten 1987: 400 000 Mill. beförderte Passagiere; 700 Mill. Pkm; 4,4 Mill. Fracht-tkm; 70 Mill. tkm Gesamtleistung; Streckennetz von rd. 19 000 km. Hauptstrecken nach Europa und Nordafrika. IATA-Mitglied.

Air Mauritius, Ltd.; Luftverkehrsgesellschaft der Insel Mauritius, gegr. im Juni 1967, Sitz in Port Louis.

Air Navigation Commission (engl.), Abk. **ANC:** Luftfahrt-Navigationsausschuß. → International Civil Aviation Organization.

Air New Zealand, Ltd.: neuseeländisches Luftverkehrsunternehmen mit Sitz in Auckland. 1940 als Tasman Empire Airways gegr.; seit 1965 firmiert die Gesellschaft neu. *Flugzeugpark* (1987): 15 F 27, 11 Boeing 737, 5 Boeing 747, 1 Boeing 767, 1 DC-8F. Verkehrsdaten: etwa 3,9 Mill. beförderte Passagiere; 7,8 Mrd. Pkm; 350 Mill. Fracht-tkm; 1 Mrd. tkm Gesamtleistung. Streckennetz von 130 000 km. Hauptstrecken: Australien, Pazifische Inseln, Südostasien, USA. Mitglied der IATA.

Air Niugini, Abk. **PX:** nationale Fluggesellschaft von Papua Neu-Guinea mit Sitz in Boroko. Gründung im Jahr 1973 als Aktiengesellschaft; seit 1981 verstaatlicht. *Flugzeugpark* (1988): 2 DHC 7, 5 Fokker F 28; gemietet sind je eine Fokker F 28 und A 300. Verkehrsdaten 1987: 750 000 beförderte Passagiere; 500 Mill. Pkm; 9,7 Mill. Fracht-tkm; 55,6 Mill. tkm Gesamtleistung. Streckennetz von rd. 27 000 km. Hauptstrecken nach Hongkong, Manila, Singapur, Sydney, Brisbane sowie 20 Inlandlinien.

Air Orient: französische Luftverkehrsgesellschaft, gebildet 1929 aus dem Zusammenschluß von → Lignes d'Orient und → Air Asie, die Luftlinien zwischen Frankreich und Indochina organisierten. Anfang 1931 wurden der Passagierverkehr bis Bagdad und der Postdienst bis Saigon aufgenommen. Die A. O. ging 1933 in die → Air France ein.

Airport (engl.): → Flughafen.

Airport Association Coordinating Council, Abk. **AACC:** Interessenvertretung der internationalen Flughäfen, 1970 gegr., seit April 1972 ständiger Sitz in Genf, von einem ständigen Sekretariat mit Generalsekretär geleitet. Hauptaufgaben des AACC sind a) Koordinierung der Bemühungen der Flughafenorganisationen, wie → ICAA, → WEAA und → AOCI, bei deren Einflußnahme auf internationale Luftfahrtorganisationen; b) zielgerichtete Teilnahme an Konferenzen internationaler Luftfahrtorganisationen; c) Information der Partner und Informationsaustausch zwischen den Organisationen; d) Berufung und Betreuung gemeinsamer Arbeitsgruppen, an denen sich ICAA, WEAA und AOCI beteiligen.

Airport Operators Council International, Abk. **AOCI:** Internationaler Verband von Eignern und/oder Betreibern von Verkehrsflughäfen. Sitz des A. ist Washington.

Air Portugal: → TAP

Air Registration Board, Abk. **ARB:**

britische Luftfahrtbehörde. Zulassungs- und Prüfstelle für Luftfahrtgerät in Großbritannien. Zuständig für die → Britisch Civil Airworthiness Requirements.

Air Report (engl.), Abk. **AIREP:** Flugmeldung. Eine während des Flugs durch den verantwortlichen Luftfahrzeugführer vorbereitete Meldung, die den Erfordernissen für die Abgabe von Standort-, Betriebs- oder Wettermeldungen entspr. auf einem vorgeschriebenen Formular (AIREP-Formular) abgefaßt ist.

Air Research Bureau, Abk- **ARB:** Luftfahrt-Forschungs-Büro, Sitz in Brüssel. Mitglieder des ARB sind die Aer Lingus, Air France, ALITALIA, BA, Deutsche Lufthansa AG, Finnair, Iberia, Icelandair, KLM, SABENA, SAS, Swissair, Olympic Airways und TAP. Im Sept. 1973 umgebildet zur → Association of European Airlines.

Air-Shuttle-Dienst, Abk. **ASD:** Luftverkehr ohne Buchungsformalitäten, bei dem der Reisende den Flugschein an Bord erwerben kann. Der ASD wurde auf Pendelstrecken mit starker Nachfrage erprobt und mit hoher Effektivität eingeführt. Anfänglich (1958 und folgende Jahre) war der ASD eine Verlegenheitslösung, als die amerikanischen Luftverkehrsgesellschaften ihre Kolbenmotorflugzeuge nach Beginn des Strahlluftverkehrs nicht mehr konkurrenzfähig einsetzen konnten. Inzwischen hat sich aber gezeigt, daß der ASD eine wichtige Methode zur Beherrschung des Massenverkehrs in der zivilen Luftfahrt ist.

Airspeed: Kurzbez. der britischen Flugzeugfirma Airspeed Limited, gegr. 1934, 1951 in Konzern → De Havilland Ltd. eingegangen als Airspeed Division of the De Havilland Aircraft Company Limited. Zu den bekanntesten Typen gehören: Torpedoflugzeuge AS-10 «Oxford» Mk.1 (1938), Verkehrsflugzeug AS-57 «Ambassador» (1946).

Air Tanzania Corporation: Luftverkehrsgesellschaft der Vereinigten Republik Tansania mit Sitz in Daressalam. Gegr. 1977 im Zusammenhang mit der Auflösung der → East African Airways. Der *Flugzeugpark* besteht aus 2 Boeing 737-200C, 3 F.27-600 und 6 DHC-6 «Twin Otter» 300. Verkehrsdaten (1987): etwa 500000 Mill. beförderte Passagiere; 300 Mill. Pkm; 3,2 Mill. Fracht-tkm; 30 Mill. tkm Gesamtleistung. Streckennetz von etwa 25000 km. Hauptstrecken: Sambia, Moçambique, Madagaskar, Rwanda, Burundi, Seychellen; Inlandverkehr. IATA-Mitglied.

Air-Track-System: Instrumentenlandeverfahren, das zwischen 1930 und 1940 in den USA entwickelt wurde. Das A. war eine Weiterentwicklung des → Diamond-Dunmore-Systems, verwendete jedoch statt der AN-Tastung eine niederfrequente Modulation zur Kennzeichnung des Anflugkurses. Zum A. gehörten → Markierungsfunkfeuer auf der Frequenz 75 MHz, die eine Tonmodulation besaßen. Ein veränderlicher Gleitwinkel war einstellbar.

Air Transport Association of America, Abk. **ATA:** Lufttransport-Vereinigung von Amerika, Verband der Luftverkehrsgesellschaften der USA und Kanadas mit Sitz in Washington.

Air Transport Ratio (engl.), Abk. **ATR:** in der Luftfahrt einiger Länder (z. B. USA) übliches Raummaß für Flugzeugbordgeräte. 1 ATR = Volumen von ca. 15110 cubic inch; Breite (B) = 10,125 inch = 257 mm; Länge (L) = 19,5625 inch = 496 mm; max. Höhe (H) = 7,625 inch = 194 mm.

Air Travel Card (engl.), Abk. **ATC:** international gebräuchliche Kreditkarte im Rahmen des → Universal Air Travel Plan, die der Fluggast gegen Hinterlegung einer bestimmten Geldsumme von einer Luftverkehrsgesellschaft erhalten kann. Gegen Vorlage der ATC erwirbt der Reisende Flug- und Übergepäckscheine entspr. den geltenden Bestimmungen.

Air Union: ehemalige französische Luftverkehrsgesellschaft, 1923 aus dem Zusammenschluß der 1919 gegr. französischen Luftverkehrsgesellschaften → Compagnie des Grands Express Aériens und → Compagnie des Messagéries Aériennes gebildet (beflogen seit 1919 die Strecke Paris–London). 1925 schloß sich auch die Aéronavale an. Die A. U. ging 1933 in die → Air France ein.

AIR TANZANIA

Airway, Abk. **AWY:** → Luftstraße

Airway Bill: → Luftfrachtbrief

Air West Inc.; → Hughes Air West Inc.

Air Zaïre, Abk. **QC:** zaïrisches (kongolesisches) Luftverkehrsunternehmen mit Sitz in Kinshasa, Ndjili Airport. Gegr. 1961 als → Air Congo; umbenannt 1971. *Flugzeugpark* (1985): 3 Boeing 737, 2 DC-8, 1 DC-10, 4 Fokker F. 27. Verkehrsdaten: 151 500 Mill. beförderte Passagiere; 355 Mill. Pkm; 30,5 Mill. Fracht-tkm; 63,0 Mill. tkm Gesamtleistung. Streckennetz von rd. 67 000 km.

Air Zimbabwe, Abk. **RH:** Luftverkehrsunternehmen der Republik Simbabwe (ehem. brit. Kolonie Rhodesien). Sitz in Harare. Gegr. 1961 als Air Rhodesia. Firmiert seit Erreichen der Unabhängigkeit des Landes im April 1980 als Air Zimbabwe. *Flugzeugpark* (1988: 5 Boeing 707, 3 Boeing 737, 3 Vickers «Viscount»; Verkehrsdaten: 460 000 Mill. beförderte Passagiere; 630 Mrd. Pkm; 12,9 Mill. Fracht-tkm; 71,1 Mill. tkm Gesamtleistung. Streckennetz von rd. 35 000 km. Hauptstrecken nach London, Frankfurt/M., Athen; nach Perth und Sydney (mit Boeing 747 SP der → Qantas); Regionaldienste, Inlandflugverkehr (etwa 50 % der bef. Passagiere).

AIS: Abk. für → **A**eronautical **I**nformation **S**ervice.

AK: 1. Typenbezeichnung für sowjetische Flugzeuge von W. L. **A**lexandrow und W. W. **K**alinin (z. B. Verkehrsflugzeug AK-1). – **2.** Abk. für **A**rtilleryski **K**orrektirowtschik (russ.), Artilleriebeobachter, z. B. Bratuchin-Hubschrauber AK (→ Bratuchin), zivile Bezeichnung G-3, von 1947.

Akaflieg: akademische Fliegergruppe an Technischen Hochschulen, bes. in der BRD und Österreich. Sie beschäftigen sich mit der Konstruktion von Segelflugzeugen, Motorseglern und Sportflugzeugen sowie deren Erprobung.

Akquisition: Kundenwerbung durch i. d. R. persönliches Aufsuchen und fachgerechte Beratung der (Transport-) Kunden durch dafür eingesetzte Kräfte (Akquisiteure).

Aktionsradius: Strecke, die ein Luftfahrzeug in einer Richtung fliegen kann, wenn es ohne Zwischenlandung zum Ausgangspunkt zurückkehren soll. Der A. ist stark abhängig vom zu wählenden Flugprofil (Wechsel von Flughöhe und Fluggeschwindigkeit), von der Zuladung und von der Möglichkeit, in der Luft nachzutanken (→ Lufttanken). Die Bezeichnung wird bes. bei Militärflugzeugen gebraucht, für die das Fliegen über gegnerischem Territorium eine Zwischenlandung ausschließt. → Flugweite

aktive Auftriebskraftsteuerung: gleichzeitiger Ausschlag von → Auftriebshilfen mit dem Höhenruder an Flugzeugen mit Höhenleitwerk hinter dem Tragflügel, um ein kurzzeitiges Sinken beim Einleiten eines Steigflugs zu verhindern (Abb.). Die a. A. kann auch für andere Zwecke benutzt werden, z. B. für Sinkflüge mit geringen oder sogar negativen Anstellwinkeln. → aktive Steuerungstechnologie

aktive Belastungssteuerung: differenzierter und gleichzeitiger Ausschlag von Rudern, Spoilern, Manöverklappen u. a. Auftriebshilfen am Tragflügel, um dessen gleichmäßige und möglichst geringe Belastung zu erreichen. So z. B. ist das resultierende Biegemoment einer Flügelhälfte um so geringer, je näher der Angriffspunkt ihres Auftriebsanteils an der Flügelwurzel liegt. Am Rumpf größerer Flugzeuge können andererseits Böenschwingungen mit Hilfe von schnellreagierenden → Kinnrudern gedämpft werden. → aktive Steuerungs-

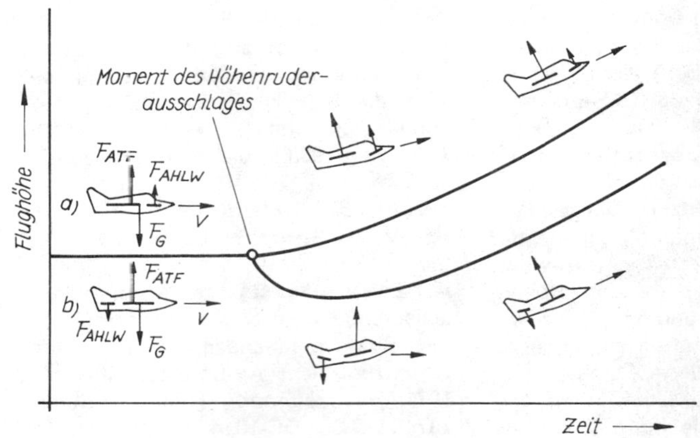

Übergang in den Steigflug nach Höhenruderausschlag a) am Flugzeug mit Entenleitwerk (Beispiel für a.A.) und b) am Flugzeug mit Drachenleitwerk

technologie, → aktive Böenabminderung

aktive Böenabminderung: svw. Verringern der wirksamen → Böenlastvielfachen durch reaktionsschnellen Ausschlag des Höhenruders u. a. Steuerorgane. → aktive Belastungssteuerung, → aktive Steuerungstechnologie

aktive Seitenkraftsteuerung: gleichzeitiger Ausschlag von Seitenruder und zusätzlichen Steuerorganen, wie → Kinn- oder Nackenruder, Spoiler u. a., um bewußt ein starkes Schieben des Flugzeugs (evtl. ohne Schräglage) zu erzielen. Damit wird z. B. ein kurzzeitiges seitliches Versetzen der Flugbahn möglich, ohne die Lage des Flugzeugs zu verändern; a. S. erfordert Seitenlastvielfache, die beim normalen Fliegen nur in geringem Maße auftreten. → aktive Steuerungstechnologie

aktive Steuerungstechnologie: in den 70er Jahren durch neue wissenschaftlich-technische Möglichkeiten entstandene Entwicklungs- und Baukonzeption für Flugzeugsteuerungen. Sie geht davon aus, daß einerseits mit Hilfe schneller Informationsverarbeitung (Bordrechner) und einiger zusätzlicher Steuerorgane (→ Entenleitwerk, → Kinnruder, → Manöverklappen, → Nackenruder, → Spoiler) negative Erscheinungen, wie hohe Böenbelastung und große Biegemomente am Tragflügel mit großer Streckung u. a., bekämpft werden können. Andererseits werden neuartige Flugbewegungen möglich, wie Steigen und Sinken bei horizontaler Lage des Flugzeugs oder Kurvenflug ohne Schräglage des Flugzeugs. Teilelemente der a. S. sind vor allem die → aktive Auftriebskraftsteuerung, die → aktive Belastungssteuerung, die → aktive Böenabminderung, die → Schubvektorsteuerung und die → aktive Seitenkraftsteuerung. Die a. S. wurde und wird u. a. in den USA mit dem → AFTI-Programm und verschiedenen CCV-Programmen (→ CCV) weiter erforscht und erprobt.

aktuelle Startzeit: → Startzeit.

akustische Anzeige: Vermittlung einer Information über Schallwellen. Die Einstellung einer Navigationsanlage oder die Durchführung von Flugbewegungen kann akustisch nach der größten oder kleinsten Lautstärke bzw. nach Dauerton (AN-Verfahren) vorgenommen werden. Im → Segelflug verwendet man → Variometer mit a. A., deren Tonhöhe die Steig- oder Sinkgeschwindigkeit angibt. Eine große Zahl von Warnanlagen (Ausfallsignalisationen, Höhenüberwachungsanlagen) arbeiten mit a. A.

AL: 1. Abk. für Triebwerke des sowjetischen Konstrukteurs **A**. → **L**julka. – **2. A**viation (medical) **L**aboratory, Luftfahrtmedizinisches Laboratorium der USA.

Alarmdienst: Dienst der → Flugsicherung, dessen Aufgabe es ist, den Such- und Rettungsdienst zu benachrichtigen und zu unterstützen, wenn ein Luftfahrzeug dieser Hilfe bedarf.

Albatros-Flugzeugwerke GmbH: eine der größten Flugzeugfabriken, die vor dem ersten Weltkrieg in Berlin-Johannisthal gegr. wurde – zunächst 20. Dez. 1909 als Ikaros-Gesellschaft (Gründer: Dr. Walter Huth), umbenannt in Pilot-Flugtechnische Gesellschaft, die Kunst- und Schauflüge veranstalten

Albatros D III, Baujahr 1916

sollte. Wenig später entstand die Flugzeugbau-Firma Albatros-Werke. Beide wurden im Frühjahr 1910 in die A.-F. umgebildet. Bis 1910 baute man französische Flugzeue nach (Antoinette-Eindekker, Farman- und Sommer-Gitterrumpf-Doppeldecker) und bildete Flugzeugführer aus. Als erster deutscher Heeresflugzeuglieferant konnten die A.-F. mit Hilfe der ab 1914 einlaufenden Rüstungsaufträge die «Ostdeutschen Albatros»-Werke Schneidemühl (mit eigener Fliegerschule) sowie am 1. Sept. 1916 in Friedrichshagen (Seeflugzeuge) eine dritte Fabrik eröffnen. Erste Konstrukteure: Gabriel, Grohmann, → Heinkel; während des Krieges leitete Dipl.-Ing. Schubert das Konstruktionsbüro. Technischer Direktor: Robert → Thelen. Neben den während des Krieges entwikkelten Jagd-, Bomben-, Schlacht-, Aufklärungs- und Torpedoflugzeugen sowie Flugbooten von A.-F. wurde auch nach Lizenzen produziert. Von 86 Flugzeugen (1913) stieg die Produktion auf fast 8500 (1918), einschließlich der seit 1916 im «Militär-Reparaturwerk Warschau» gebauten. 1931 kaufte die Focke-Wulf-Flugzeugbau AG die A.-F. auf.

Albtransport: Luftverkehrsbetrieb der VR Albanien.

Alcock, *John:* britischer Pilot, geb. 5. Nov. 1892 Heaton Moor (bei Manchester), gest. (abgestürzt) 18. Dez. 1919 bei Rouen (Frankreich), 1908 Abschluß einer technischen Schule, Mechaniker im Motorradbau, dann in Flugzeugfabrik, lernte 1911 fliegen (Luftfahrerschein vom 16. Nov. 1911). Inszenierte 1914 Passagierflug London–Manchester und zurück. Testpilot im ersten Weltkrieg, Fluglehrer, ab Dez. 1916 in Mazedonien, wo er in türkische Gefangenschaft geriet. Am 10. März 1919 als Hauptmann demobilisiert. Nach dem Krieg zusammen mit dem Navigator *Arthur Whitten → Brown* in einem 2motorigen Bombenflugzeug Vickers «Vimy» erste Atlantiküberquerung im Ohnehaltflug von West nach Ost (14./15. Juni 1919 von St. John auf Neufundland nach Clifden in Irland, 3041 km in 15 h 57 min; Durchschnittsgeschwindigkeit 190 km/h). Damit Gewinn des «Daily Mail»-Preises von 10000 Pfund Sterling. 1966 Denkmal auf Flugplatz London-Heathrow für erste Atlantiküberquerung.

ALG: Abk. für → Air Algérie.

ALIA Royal Jordanien Airlines Corp.: jordanisches Luftverkehrsunternehmen mit Sitz in Amman. 1963 gegr. *Flugzeugpark:* 2 Boeing 707, 4 Boeing 727, 2 Boeing 747, 8 L-1011. Verkehrsdaten 1985: 1,29 Mill. beförderte Passagiere; 3,55 Mrd. Pkm; 152,1 Mill. Frachttkm; 473,4 Mill. tkm Gesamtleistung. Streckennetz von etwa 102000 km. Hauptstrecken: Europa, Naher und Ferner Osten, Südamerika.

ALITALIA, Compagnia Nazionale Linee Aeree Italiane, Abk. **AZ:** italienisches Luftverkehrsunternehmen mit Sitz in Rom. 1946 gegr.; 1957 Fusion mit LAI-Linee Aeree Italiane. *Flugzeugpark* (1987): 6 ART 42, 8 Airbus A 300, 12 Boeing 747, 25 DC 9, 32 MD 82; gemietet sind 18 DC 9 und eine MD 82. Verkehrsdaten 1987: 14,25 Mill. beförderte Passagiere; 18,1 Mrd. Pkm; 938 Mill. Frachttkm; 2,6 Mrd. tkm Gesamtleistung. Streckennetz von etwa 356000 km. Hauptstrecken: Europa, Süd-, Mittel- und Nordamerika, Afrika, Asien, Australien; Inlandflugverkehr. Zusammenarbeit: mit → Air France, → UTA, → Deutsche Lufthansa und → SABENA in → ATLAS. IATA-Mitglied.

Allegheny Airlines Inc.: USA-Luftverkehrsgesellschaft mit Sitz in Washington. Sie nahm den Liniendienst als All American Airways am 7. März 1949 auf und verband sich am 1. Juni 1968 mit Lake Central Airlines zu Allegheny Airlines.

Alleinflug: Flug ohne Fluglehrer. Der erste A. findet nach erfolgreichem Abschluß der flugpraktischen Grundausbildung statt.

Allgemeine Beförderungsbedingungen: Grundsätze, die, wie von anderen Verkehrsgesellschaften (Eisenbahn, Schiffahrt, Kraftverkehr, städtischer Nahverkehr u. a.), auch von den Luftverkehrsgesellschaften veröffentlicht werden. Nach den A. B. wird die Beförderung von Personen, Gepäck sowie Luftfracht- und Luftpostsendungen durchgeführt. Sie enthalten sowohl die Rechte und Pflichten der Luftverkehrsgesellschaften als auch die der Nutzer von Verkehrsflugzeugen. Um Beförderungen, an denen mehrere Luftverkehrsgesellschaften beteiligt sind, nach einheitlichen Regeln unternehmen zu können, sind die A. B. auf internationaler Ebene abgestimmt und vereinheitlicht. Auszüge aus den A. B. sind in jedem Beförderungsdokument (→ Beförderungspapiere) als die Vertragsbedingungen abgedruckt. Für ihren Inlandflugverkehr erlassen die Luftverkehrsgesellschaften gesonderte A. B.

Allgemeine Luftfahrt, *General Aviation* (engl.): der gesamte außerhalb des Fluglinienverkehrs durchgeführte gewerbliche und nichtgewerbliche Flugbetrieb zur Beförderung von Personen und Sachen bzw. zur Ausführung von Dienstleistungen. Hierzu gehören: 1) Geschäftsreiseflug (Business Flying), 2) Lohnfliegerei (Commercial Flying), zu der Taxi-, Charter-, Landwirtschafts-, Überwachungs-, Vermessungs-, Luftbild- und geophysikalische Flüge rechnen. 3) Schulung und Ausbildung (Instructional Flying), 4) Sportfliegerei (Personal Flying). → Arbeitsluftfahrt.

Allotment (engl.): zeitlich begrenzte Zuteilung von verfügbaren Sitzplätzen und/oder Laderaumkapazitäten der Verkehrsflugzeuge an mehrere Verkaufsstellen zur freien Verfügung. Das A. ermöglicht im zugeteilten Umfang den sofortigen Verkauf ohne Rückfrage in der Zentralbuchung, wodurch der Verkehrskunde schneller bedient werden kann. Das A.-Verfahren entfällt mit dem automatischen Buchungsverfahren, wenn alle Verkehrsstellen in dieses einbezogen sind.

Allwetterflugzeug: Flugzeug für Flüge unter schwierigen Wetterbedingungen am Tage und in der Nacht, das mit umfangreichen elektronischen Geräten ausgerüstet ist.

Allwetter-Landesystem: → Instrumenten-Landesystem

Allwetterlandung: → Instrumentenlandung

ALT: Abk. für → **A**er **L**ingus **T**eoranta, Irish International Airlines.

Altocumulus: → Wolken

Aluminium: Grundelement für leichte, aber hochfeste → Luftfahrtwerkstoffe, die im → Flugzeugbau vor allem für das Flugwerk eingesetzt werden. Rein-A. wird wegen der Korrosionsbeständigkeit seines Oxyds als Deckschicht für A.legierungen verwendet. Wichtigste A.Legierung ist z. Z. noch → Duraluminium, Dural. Neue Perspektiven eröffnen sich durch A.-Lithium-Legierungen.

ALYEMDA-Democratic Yemen Airlines, Abk. **DY:** staatliche Luftverkehrsgesellschaft der ehemaligen Volksdemokratischen Republik Jemen mit Sitz in Aden, die im März 1971 durch Regierungsdekret gegr. wurde. Der *Flugzeugpark* bestand (1985) aus 2 Boeing 707-320 C, 2 Boeing 720 B, 2 Boeing 737-200 C, eine Tu-154, 3 DC-6 B, 3 Dash 7 und 3 DC-3. Planmäßiger Passagier- und Luftfrachtverkehr wurde von Aden (bzw. Mukallā, zweiter internationaler Verkehrsflughafen) nach Kuwait, Abu Dhabi, Jeddah, Sharjah, Mogadishu, Djibouti, Bombay, Addis Abeba und Damaskus; im Inlandverkehr wurden Riyan, Sayhut, At Ghayday, Qishn, Beihan, Socotra und Ataq angeflogen. Über Umfang der Passagierbeförderung und Größe der Beförderungsleistung existieren keine einheitlichen Angaben (etwa 250 000 Fluggäste und 250 Mill. Pkm/Jahr).

AM: 1. Typenbezeichnung der Triebwerke von **A**. → **M**ikulin. – **2.** Abk. für (ital.) **A**eronautica **M**ilitare, Militärluftfahrt. – **3.** Abk. für (franz.) **A**éronautique **M**aritime, Marineluftfahrt. – **4.** Abk. für (engl.) **A**ir **M**inistry, Luftfahrtministerium. – **5.** Abk. für (engl.) **A**ir **M**ail, Luftpost. – **6.** Abk. für (engl.) **A**ir **M**arshal, Luftmarschall. – **7.** Abk. für (amerik.) **A**ir **M**edal, Luftfahrtmedaille.

Ambulanzflug: → Sanitätsflug durch Einsatz geeigneter Luftfahrzeuge (Verkehrsflugzeuge, Hubschrauber, spezielle Ambulanzflugzeuge) mit medizinisch-technischer Ausrüstung zum Transport erkrankter oder verletzter, bereits ärztlich versorgter Personen, die lufttransportfähig sind und zur Weiterbehandlung unter medizinischer Betreuung (Bordarzt, Bordschwester/-pfleger mit notfallmedizinischer und flugmedizinischer Ausbildung) in ein Krankenhaus gebracht werden sollen (auch im grenzüberschreitenden Luftverkehr).

American Airlines Inc., Abk. **AA:** USA-Luftverkehrsgesellschaft mit Sitz in New York, gegr. 1934 als Nachfolgegesellschaft der American Airways. Die AA ist die größte Luftverkehrsgesellschaft der USA in bezug auf die Anzahl der beförderten Passagiere. *Flugzeugpark:* 125 Boeing 727-227, 29 Boeing 727-100, 10 DC-10-30, 45 DC-10-10, 56 MD 80, 15 Boeing 767. Verkehrsdaten 1985: 42,2 Mill. beförderte Passagiere; 71 Mrd. Pkm; 432 Mill. Fracht-tkm; 6,9 Mill. tkm Gesamtbeförderungsleistung. Streckennetz von rd. 373 000 km. US-Inlandflugverkehr; Strecken nach Kanada, Mexiko, Hawaii und der Karibik. Mitglied der IATA.

AA American Airlines

Sultan Amet-Chan

Amet-Chan, *Sultan:* sowjetischer Testpilot, geb. 25. Okt. 1925, Alupka/Krim, gest. 1. Febr. 1971 (Absturz bei Erprobung eines neuen Flugzeugs). Zweifacher Held der Sowjetunion, Oberstleutnant, Verdienter Testflieger der UdSSR, in der Sowjetarmee seit 1939, Mitglied der KPdSU seit 1942, Abschluß der Militärfliegerschule 1940. Als Jagdflieger 603 Gefechtsflüge. Nach Kriegsende zunächst Testpilot in ziviler Luftfahrt, dann wieder bei den Luftstreitkräften. Erprobte nach 1945 über 100 Serien- und Versuchsflugzeugtypen, flog vorwiegend Maschinen der MiG-Serie. 1953 Staatspreisträger, 3 Leninorden, 5 Rotbannerorden sowie andere hohe Auszeichnungen.

Amphibienflugzeug Berijew Be-12

Amiot: Kurzbezeichnung für die französischen Flugzeugwerke Société des Avions Amiot, gegr. 1916 von Felix Amiot. Sie stellten zahlreiche militärische Flugzeugtypen, vor allem Bomber mit der gleichen Bezeichnung (z. B. Amiot-138, 1928, und Amiot-351, 1938) her und exportierten auch, z. B. nach Polen. 1936 verstaatlicht.

Amphibienflugzeug: Flugzeug, das durch entspr. Konstruktion von Rumpf und Fahrwerk auf dem Land und dem Wasser starten und landen kann, z. B. Be-12 (→ Berijew). Neuerdings werden auch Rotorflugzeuge als A. konstruiert.

Amsterdam; Flughafen Amsterdam-Schiphol; Citycode **AMS:** bedeutendster internationaler Flughafen der Niederlande; 52° 18′ n. Br., 04° 47′ ö. L., Höhe 4 m unter NN; 15 km südwestlich von Amsterdam gelegen. 5 Start- und Landebahnen mit 3 453 m, 3 300 m, 3 250 m, 2 014 m Länge und je 45 m Breite. Jahresverkehrsleistung 1985: 11,4 Mill. Fluggäste. Moderne Funk- und Navigationsausrüstungen.

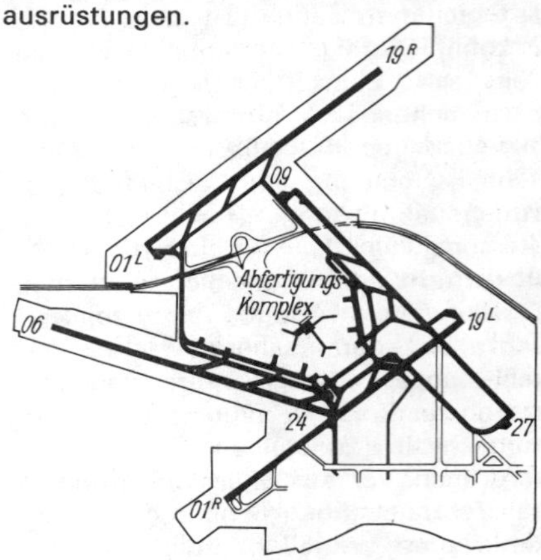

Flughafen Amsterdam-Schiphol

Amundsen, *Roald:* norwegischer Polarforscher, geb. 16. Juli 1872 Borge, seit 19. Juli 1928 bei der Suche nach Besatzung des Luftschiffes «Italia» mit einem Latham-Flugboot und 5 Begleitern verschollen. Ab 1903 Forschungen in der Arktis, ab 1911 in der Antarktis (16. Dez. 1911: Erster am Südpol). Von der Nützlichkeit der Luftfahrzeuge bei der Polarforschung überzeugt, lernte er 1913 in Frankreich das Fliegen. 1922 versuchten

Amphibienhubschrauber Mil Mi-14

A. und *Omdal*, mit einer → Junkers F13 von Barrow nach Spitzbergen zu fliegen. Bei einer Notlandung wurde das Flugzeug zerstört. 1923 erneuter Versuch zu einem Spitzbergen-Flug, bei Landung nach Probeflug ging die Maschine durch Maschinenschaden zu Bruch. 1925 starteten *Ellsworth* und 4 Begleiter mit 2 Dornier «Wal» in der Kings Bai auf Spitzbergen zum Pol. Abbruch des Flugs nach Motorschaden. Am 11. Mai 1926 überflogen *A., Ellsworth* und → *Nobile* mit dem Luftschiff «Norge» den Pol und das Polarbecken von der Kings Bai aus.

An: Typenbez. für die Flugzeuge des sowjetischen Konstrukteurs → *Antonow* (z. B. An-2, An-22, An-12) mit Kolben-, Turboprop- und Strahltriebwerken.

AN-1: erstes sowjetisches Flugzeugdieseltriebwerk, 1931/33 von → A. D. Tscharomsky entwickelt.

Anblasen der Grenzschicht: → Grenzschichtbeeinflussung

Anblasrichtung: Grundrichtung, mit der ein Gegenstand im Windkanal angeblasen wird, analog der → Anströmrichtung.

ANC: Abk. für **A**ir **N**avigation **C**ommission (engl.), Luftfahrt-Navigations-Ausschuß. → International Civil Aviation Organization

Anderthalbdecker: Flugzeug mit 2 übereinanderliegenden Tragflügeln, von denen der obere i. allg. eine größere Spannweite hat als der untere; z. B. An-2.

Andrée, *Salomon August:* schwedischer Wissenschaftler und Polarforscher, geb. 1854, gest. 1897. Startete am 11. Juli 1897 mit den Schweden *Knut Fraenkel* und *Nils Strindberg* in dem Freiballon «Örnen» (Adler) von der Insel Danskö nordwestlich von Spitzbergen zu einem Flug zum Nordpol. Nach 65 Flugstunden strandete der Ballon etwa 800 km vom Ausgangsort entfernt (14. Juli 1897). Die Leichen von A. und *Strindberg* sowie gut erhaltene Tagebücher und Fotonegative der Expedition wurden 1930 auf der Insel Vitö gefunden, nach gezielter Suche auch die Leiche von *Fraenkel*. A.s Interesse an der Ballonfahrt war 1876 bei einem Besuch in den USA geweckt worden. 1882 faßte er bei einer Spitzbergen-Expedition den Plan, eine wissenschaftliche Expedition zum Nordpol im Ballon auszuführen. Deshalb unternahm er 1893–1895 mit dem Ballon «Svea» insgesamt 9 Aufstiege (7. April 1894 skandinavischer Höhenrekord mit 4387 m). Der für 1896 geplante Start mit dem 4300 m^3 großen Ballon «Örnen» mußte wegen ungünstiger Wetterbedingungen verschoben werden. Aus den aufgefundenen Dokumenten geht hervor, daß die Besatzung auf dem Eis niedergehen mußte, weil der für das weitere Steigen notwendige Ballast fehlte. Bei dem anschließend eingeschlagenen Marsch nach Süden kamen die Männer nach kurzer Zeit ums Leben. Lit.: Bonhoff, Otto: Mitternachtssonne, Berlin 1980.

Andrejew, *Jewgeni Nikolajewitsch:* sowjetischer Major, geb. 1926, testete

Fallschirme. Ab 1944 in der Armee. Erster Sowjetbürger, der sich aus Überschallflugzeug katapultierte. 1957 erster Weltrekord, danach noch 7 weitere. Am 1. Nov. 1962 sprang er bei 25458 m Höhe gemeinsam mit Oberst *P. I. Dolgow* aus dem Stratosphärenballon «Wolga» und öffnete den Fallschirm nach über 4 min freiem Fall in 800 m Höhe. Für diese Leistung wurde beiden am 12. Dez. 1962 der Titel «Held der Sowjetunion» verliehen.

Andrücken: Drücken des Steuerknüppels oder der Steuersäule nach vorn, wodurch sich die Fluglage verändert. Das Flugzeug dreht um die Querachse, die Flugbahn neigt sich abwärts, wenn das A. in der Horizontalfluglage erfolgt. Dabei erhöht sich die Fluggeschwindigkeit. A. bedeutet also Fahrt aufholen, z. B. für das Fliegen einer Kunstflugfigur, oder den Übergang in den → Sturzflug.

Anemometer: Gerät zum Bestimmen der Windgeschwindigkeit. Schalenkreuz-A. und Flügelrad-A. dienen zur Feststellung der mittleren Windgeschwindigkeit. Staurohr-A. arbeiten nach dem Prinzip des → Fahrtmessers. Sie messen die momentane Windgeschwindigkeit mit ihren raschen Schwankungen (Böigkeit). Wird das A. mit einer Vorrichtung verbunden, die seine Anzeigen schreibt, so wird diese Geräte-Kombination als Anemograph (Windschreiber) bezeichnet.

Aneroid: → Membrandose

Aneroid-Barometer: → Barometer

Aneroid-Dose: → Membrandose

Anfahrwirbel: Wirbel, der sich an der Hinterkante eines Körpers zu Beginn seiner Bewegung durch ein Medium bildet, und zwar infolge der Trägheit der Luftteilchen über und unter dem Tragflügel und des dadurch entstehenden Druckunterschieds. Beim Ablösen des A. vom Tragflügel bildet sich der tragende Wirbel durch Kompensation aus. → Widerstand, → Zirkulation

Anfahrzeit: bei Gasturbinentriebwerken Zeit für das → Anlassen und Beschleunigen auf Nenndrehzahl.

Anflug: Flugphase vor Erreichen eines bestimmten Ziels, Funkfeuers oder vor der Landung.

Anflug-Befeuerungssystem: Anordnung von Luftfahrtleuchtfeuern, die in der verlängerten Mittellinie einer Landebahn zur optischen Anflugführung aufgebaut ist. → Befeuerung

Anflugfläche: festgelegter Teil einer schiefen Ebene oder einer Verbindung von Ebenen, der im Grundriß durch die vertikale Projektion des → Anflugsektors begrenzt und so gewählt ist, daß die Höhen bestimmt werden können, oberhalb welcher es notwendig sein kann, die unter → Abflugsektor beschriebenen Maßnahmen zu ergreifen.

Anflugkontrolldienst: Flugverkehrskontrolldienst für ankommende und abfliegende Luftfahrzeuge bei kontrollierten Flügen. Der A. lenkt den Luftverkehr in ein Gebiet von etwa 50 km um den Flughafen und fügt diese Flüge in den in diesem Luftraum bestehenden Verkehrsfluß ein.

Anflugkoppler: Gerät, das aus Navigations- (Leit-) Signalen der Landekurs- und Gleitweg-Empfangsanlage (→ ILS,

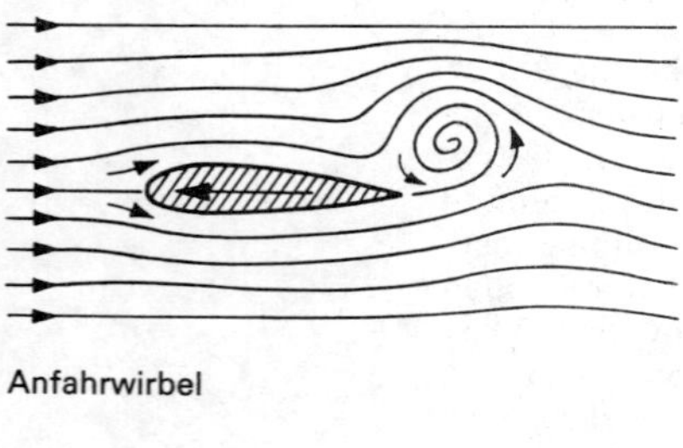

Anfahrwirbel

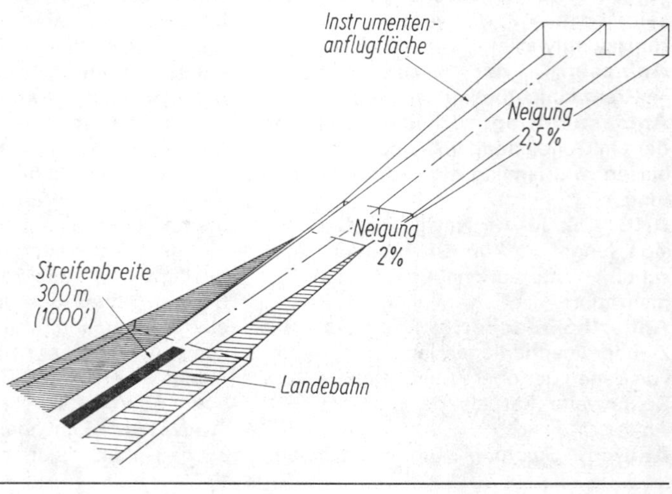

Anflugfläche

→ MLS) entspr. Signale bildet und in den Flugregler einspeist.

Anflugleuchtfeuer: Luftfahrtleuchtfeuer, das auf der verlängerten Mittellinie einer Start- und Landebahn in bestimmtem Abstand von ihrer Schwelle aufgestellt ist. → Befeuerung

Anflugsektor: festgelegte Fläche auf dem Boden vor der Schwelle einer Start- und Landebahn entgegen der Landerichtung mit bestimmtem Öffnungswinkel, in welcher es notwendig sein kann, die unter → Abflugsektor beschrieb. Maßnahmen zu ergreifen.

Angriffsmittelpunkt: → Druckpunkt

Ankermast: zur Zeit der großen Luftschiffe übliche stählerne Gitterkonstruktion auf Schiffen und am Boden, um daran mit Hilfe eines aus dem Luftschiffbug herabgelassenen Kabels das Luftschiff so zu verankern, daß es sich leicht in die Windrichtung drehen konnte.

Ankunft (engl. arrival): Prozeß der Abfertigung der ankommenden Fluggäste. Die A. umfaßt auf internationalen Flughäfen Paßkontrolle, Gepäckausgabe, Zollkontrolle und ggf. Gesundheitskontrolle.

Ankunftszeit: Zeitpunkt des Öffnens der Kabinentür nach der Landung, der im Flugplan ausgedruckt und mit dem Buchstaben A (Abk. für Arrival) bezeichnet wird. Die A. unterscheidet sich von der → Landezeit.

Anlassen: Ingangsetzen eines Triebwerks mit Hilfe eines Energiespeichers (Batterie oder Preßluftflasche), verschiedener Steuer-, Schalt- und Regelorgane, eines Zündsystems und eines Motors (Gleichstrom-Reihenschlußmotor, Preßluftmotor). Otto-Motoren müssen bis zum Selbstlauf durch eine äußere Energiequelle auf etwa 30...50 U/min, Gasturbinen auf etwa 30% ihrer Nenndrehzahl beschleunigt werden. Kleine KTW: elektrische Anlaßanlage wie bei Kraftfahrzeugmotoren. Der elektrische Anlaßmotor arbeitet häufig während des normalen Flugbetriebs als Generator (Startergenerator). Preßluftanlasser: Über einen bes. Preßluftverteiler wird den einzelnen Zylindern im oberen Totpunkt vor dem Arbeitstakt für einen kurzen Zeitraum Preßluft zugeführt und so das Triebwerk auf Anlaßdrehzahl beschleunigt. Preßluftanlasser arbeiten auch bei niedrigen Temperaturen zuverlässig. Mittlere und große KTW: Preßluftanlasser oder Schwungkraftanlasser: Zum Vermeiden der großen und schweren E-Anlasser mit ihren hohen Stromstärken (mehrere hundert Ampère) und demzufolge großen Batterien, wird von einem kleinen E-Motor eine Schwungmasse auf eine Drehzahl von 15000...20000 U/min beschleunigt und danach mit der Kurbelwelle über eine spezielle Kupplung und ein spezielles Getriebe verbunden. Bei allen KTW wird das A. durch eine Summerzündung, die nur während des Anlaßvorgangs wirkt, unterstützt. Gasturbinentriebwerke werden vorwiegend durch E-Anlasser auf Anlaßdrehzahl gebracht. Dieser Vorgang dauert bis zu 60 s. Während des A. und Beschleunigens auf die Leerlauf- oder Nenndrehzahl läuft eine große Anzahl von Steuer-, Schalt- und Regelvorgängen automatisch ab. Bei mittleren und großen Gasturbinentriebwerken werden häufig Druckluftturbinen oder kleine Wellenleistungsgasturbinen mit Leistungen von mehr als 100 kW als Anlasser benutzt. → Anlaßturbine

Anlaßgerät: fahrbares Gerät zur Bereitstellung von Außenbordenergie zum Anlassen von Flugzeugtriebwerken. Häufig auf Kraftfahrzeugen aufgebaute Anlage bestehend aus Kleingasturbine

Ankermast

Sergej Anochin

und Generator sowie Schalt-, Regel- und Sicherheitseinrichtungen.

Anlaßturbine: kleine Luft- oder Gasturbine zum Anlassen großer Flugzeugtriebwerke. Die Druckluft für den Betrieb der Luftturbine wird aus dem Verdichter des → Hilfstriebwerks entnommen.

Annäherungssystem: → Befeuerung

Annullierung: Abbestellen eines bereits gebuchten Sitzplatzes durch den Fluggast. Als A.-Frist gilt die Zeit, bis zu der der Fluggast einen gebuchten Sitzplatz im Flugplatz ohne finanzielle Konsequenzen abbestellen kann, wenn er ihn nicht benötigt. Bei Nichteinhalten der A.-Frist hat der Passagier eine → No-show-Gebühr zu zahlen. Die A.-Fristen werden von den einzelnen Luftverkehrsunternehmen unterschiedlich festgelegt.

Anochin, *Sergej:* Oberst, Verdienter Versuchspilot der UdSSR, Verdienter Meister des Sports der UdSSR, Held der Sowjetunion, geb. 1. April 1910 Moskau, gest. 1986. Begann 1924 mit der Segelfliegerei, ab 1934 Instrukteur an der Höheren Segelflugschule in Koktebel, flog die neuesten Segelflugzeuge ein. Während des Krieges flog er nach 1941 neue Flugzeug- und Lastenseglertypen ein, z. B. den Lastensegler A-7 (von einer SB geschleppt) und den «fliegenden Panzer» A-40 (KT) von → *Antonow*, und versorgte Partisanengebiete. Nach dem Krieg testete er die neuesten Flugzeugtypen, so auch Strahlflugzeuge für Unter- und Überschallbereich. Einer der ersten Flugzeugführer, die die «Schallbarriere» überwanden. Bei einem schwierigen Versuchsflug stürzte er am 17. Mai 1945 ab und verlor dabei ein Auge. Durch zähes Training gelang es ihm, wieder räumlich zu sehen, zunächst eine Li-2 zu fliegen und später als Testpilot weiterzuarbeiten. Als einer der besten Versuchspiloten der UdSSR bildete er zahlreiche Testpiloten aus, so → *Mossolow*. Verheiratet mit der bekannten Segelfliegerin und Fluglehrerin *Margarita Rasenskaja*.

Anreisezeit: Teil der → Bodenzeit, die der Passagier benötigt, um zum Flughafen zu gelangen. Für vergleichende Zeitberechnungen gilt i. allg. die Strecke zwischen dem Mittelpunkt des Einzugsgebietes eines Flughafens (bei Großstadtflughäfen ist das der Ortsmittelpunkt, meist mit dem Hauptbahnhof der Eisenbahn identisch) und dem Flughafen. Die A. kann bei der Wahl des Verkehrsmittels eine wesentliche Rolle spielen. Lange A. können im → Kurzstreckenluftverkehr den Schnelligkeitsvorteil des Luftverkehrs vollständig aufheben. Die A. wird umgangssprachlich auch als *Zubringerzeit* bezeichnet.

Anrollbremsstrecke: Strecke, die benötigt wird, um das Flugzeug vom Stillstand zum Triebwerksausfallpunkt zu beschleunigen und anschließend wieder zum Stillstand zu bringen, falls ein Triebwerk während des Starts ausfällt und dieser abgebrochen wird. Die kritische A. entspricht der → Startstrecke und bestimmt die Lage des kritischen Triebwerkausfallpunkts.

Anrollen: → Start, → Anrollstrecke

Anrollstrecke: als Teil der Startstrecke wichtiges Kriterium der Starteigenschaften. Die Strecke, die zur Beschleunigung des Flugzeugs vom Stillstand bis auf die Abhebegeschwindigkeit erforderlich ist. Angestrebt werden kürzere A., um die kostspieligen Start- und Landebahnen zu verkürzen. Das ist möglich durch Vergrößerung des Schub-Masse-Verhältnisses (evtl.: → Starthilfen), Verbesserung der aerodynamischen Eigenschaften (evtl.: → Auftriebshilfen) und durch vertikale Schubkomponenten. → VTOL

Ansätze zu Flugvorkommnissen: Ereignisse, die zu → Flugvorkommnissen führen können, wie z. B. eine gefährliche Annäherung zweier Flugzeuge. A. werden nach dem Grad der Gefährdung der → Flugsicherheit kategorisiert und nach der Verursachung eingeteilt. Technisch gehören hierzu Ausfälle am Flugzeug, die im Zeitraum vom Anlassen der Triebwerke durch den Flugzeugführer vor dem Flug bis zum Abstellen derselben nach Beendigung des Flugs auftreten können.

Ansaugen: bei Kolbentriebwerken das Füllen der Zylinder mit Brennstoff-Luft-Gemisch, bewirkt durch das Heruntergehen des Arbeitskolbens; wird auch als Ansaugtakt bezeichnet.

Anschlußflugschein: Beförderungsschein, der sich aus 2 oder mehr Flugscheinen der laufenden Nummernfolge zusammensetzt, die für eine in mehreren Etappen durchzuführende Reise fest miteinander verbunden werden und einen Beförderungsvertrag dokumentieren.

Anschlußtarif: Teil eines internationalen → Durchgangstarifs, der nur kombiniert verwendet werden darf. A. sind nur von, nach oder über genau festgelegte Orte (Flughäfen) gültig. Ihre Anwendung ist nur dann gestattet, wenn für eine gewünschte Strecke kein Durchgangstarif veröffentlicht ist.

Anschnallgurt: an Sitz oder Rumpf befestigter Sicherheitsgurt, mit dem sich Besatzung und Fluggäste festschnallen, um Verletzungen zu verhindern, die sonst bei Unfällen durch die Trägheitskraft entstehen können. In *Verkehrsflugzeugen:* meist Bauchgurt, nur bei Start und Landung angelegt. In *Segel-* und *Sportflugzeugen*: Bauch- und Schultergurt, nach dem Anlegen durch Gurtschloß miteinander verbunden. Der A. wird während des gesamten Flugs benutzt, um engen Kontakt zwischen Besatzung und Flugzeug zu gewährleisten. In *Militär-* und *Testflugzeugen:* kombinierter Oberschenkel-Bauchgurt, doppelter Schultergurt, häufig direkt mit den Rettungsschirmgurten verbunden; schützen die Besatzung außerdem vor Verletzungen beim Katapultieren.

Ansett Airlines of Australia Ltd.: private australische Inland-Luftverkehrsgesellschaft mit Sitz in Melbourne. 1968 hervorgegangen aus der Ansett-ANA, die 1936 als Privatunternehmen Ansett Airways gegr. worden war. *Flugzeugpark* (1987): 13 Boeing 727, 12 Boeing 737, 5 Boeing 767, 9 Fokker F 27, 4 Fokker F 50; Verkehrsdaten: 5,64 Mill. beförderte Passagiere; 5,72 Mrd. Pkm; 76,2 Mill. Fracht-tkm; 591 Mill. tkm Gesamtleistung; Streckennetz von etwa 51 000 km.

Anstellwinkel: Winkel zwischen einer in der vertikalen Symmetrieebene eines umströmten Körpers gedachten Geraden und der Anströmrichtung, von dessen Größe Auftrieb und Widerstand des Körpers wesentlich abhängen. Für Profile wird der Anstellwinkel als Winkel zwischen Profilsehne und Anströmrichtung gegeben, für Tragflügel als Winkel zwischen der Sehne eines Profilquerschnitts in Anströmrichtung und dieser sowie für Flugzeuge als Winkel zwischen konstruktiver Längsachse und der Projektion der Anströmrichtung in die vertikale Symmetrieebene des Flugzeugs. → Profilgeometrie

Anstellwinkelbereich: Bereich der → Anstellwinkel vom größten negativen bis zum größten positiven → Auftriebsbeiwert, den das Flugzeug gefahrlos nutzen kann. Theoretisch wird der A. durch den kritischen Anstellwinkel begrenzt, praktisch jedoch durch einen festgelegten zulässigen Anstellwinkel,

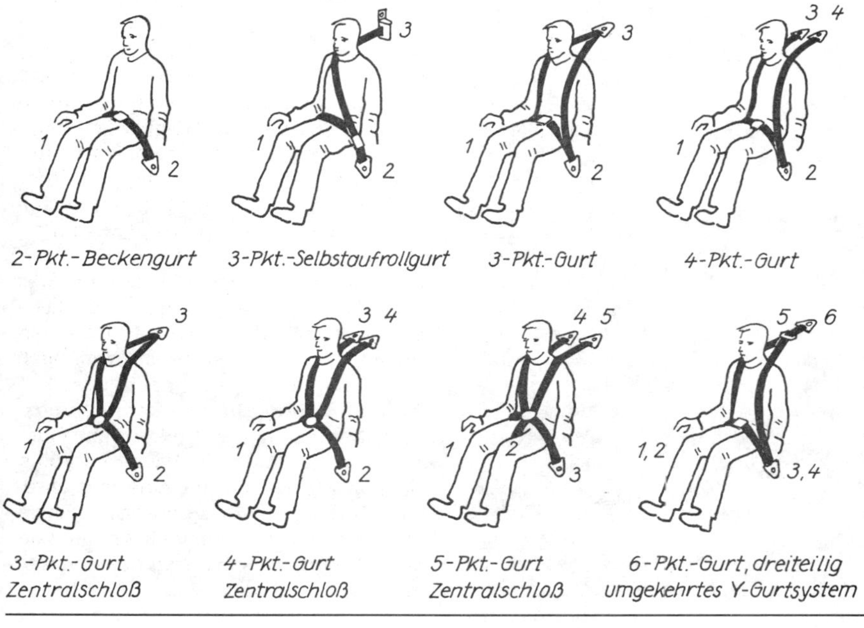

Verschiedene Arten von Anschnallgurten (v.l.o.n.r.u.): 2-Pkt.-Bekkengurt, 3-Pkt.-Selbstaufrollgurt, 3-Pkt.-Gurt, 4-Pkt.-Gurt, 3-Pkt.-Gurt Zentralschloß, 4-Pkt.-Gurt Zentralschloß, 5-Pkt.-Gurt Zentralschloß, 6-Pkt.-Gurt, dreiteilig umgekehrtes Y-Gurtsystem

der aus Sicherheitsgründen gewöhnlich kleiner ist als der kritische. Bei modernen Kampfflugzeugen ist z. T. auch eine Nutzung überkritischer (engl. poststall) Anstellwinkel vorgesehen.

Anstellwinkelschwingung: schwingende Änderung der Größe des Anstellwinkels nach einer Störung. → Längsstabilität

Anstellwinkelstabilität: → Längsstabilität

Anströmgeschwindigkeit: Relativgeschwindigkeit zwischen der Luft und dem umströmten Körper in der → Anströmrichtung. Es ist dabei unwichtig, ob die Luft strömt und der Körper ruht (Windkanal) oder ob sich der Körper in ruhendem oder gleichfalls bewegtem Medium bewegt (Flugzeug im Flug). Bei Rotoren (z. B. Tragschrauben, Luftschrauben u. ä.) kann die *wirksame A.* aus mehreren Komponenten zusammengesetzt sein, z. B. aus Geschwindigkeitskomponenten, die sich aus der Bewegung des Rotorblatts gegenüber dem Flugkörper ergeben (Umfangs-, Schlag- und Schwenkgeschwindigkeit des → Blatts), aus der Geschwindigkeit des Flugkörpers gegenüber der umgebenden Luft (Fluggeschwindigkeit) und aus der induzierten Geschwindigkeit.

Anströmrichtung: Grundrichtung, aus der ein Gegenstand vom Luftstrom getroffen wird. Wird die Strömung durch weiter vorn liegende Teile gestört, so kann jede Stelle des Körpers anders angeströmt werden.

ANT: Bezeichnung der Flugzeugtypen, die von 1922 bis 1939 unter Leitung von A. N. → *Tupolew* konstruiert wurden. Zu den bekanntesten Konstruktionen gehören: ANT-3, 1925 (Aufklärungs- und Mehrzweckflugzeug), ANT-6 «Proletarier», 1930 (als Bombenflugzeug TB-3), ANT-14 «Prawda», 1932, ANT-25, 1933 (Langstreckenrekordflugzeug), ANT-20 «Maxim Gorki», 1934 und ANT-42, 1936 (als Bombenflugz. TB-7 oder Pe-8 → *Petljakow*).

Antarktischer Strahlstrom: → Strahlstrom

Antennen: → Luftfahrzeugantennen

Anthropotechnik: Anpassung von Maschinen an den Menschen, um eine höhere Leistungsfähigkeit des Gesamtsystems zu erreichen. In der Luftfahrt gehören dazu die Einbeziehung des Menschen in regelungstechnische Systeme (Flugregler) und elektronische Anlagen sowie Probleme der Instrumentierung u. der Cockpitgestaltung.

Anti-G-Anzug: Schutzanzug, der die

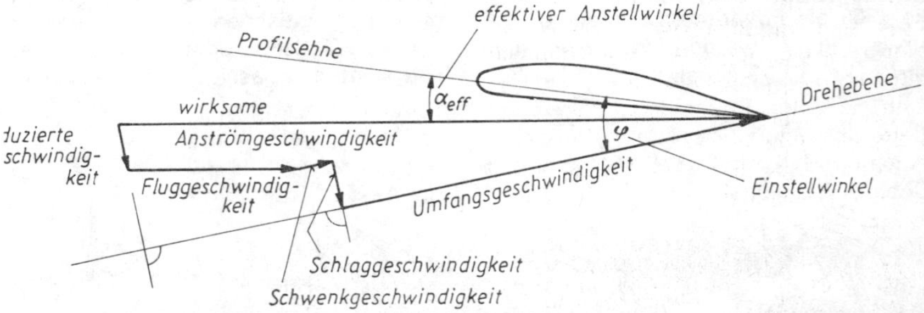

Bildung der wirksamen Anströmgeschwindigkeit am Blattschnitt eines Tragschraubenblatts (Bezugszustand: ruhendes Blatt)

ANT-25 – Langstreckenrekordflugzeug von 1933

Einwirkungen von Beschleunigungen auf den Blutkreislauf von Piloten verringern soll. → Druckanzug

Antilliaanse Luchtvart Maatschappij, Abk. **ALM,** Antillen Airlines: 1964 als Tochtergesellschaft der → KLM gegründet und 1969 als Luftverkehrsgesellschaft der Niederländischen Antillen nominiert. *Flugzeugpark:* 2 MD-80, 2 DC-9-30, 2 «Twin Otter». Verkehrsdaten 1985: etwa 300000 beförderte Passagiere; 3 Mill. Pkm; Streckennetz von rd. 75000 km. Hauptstrecken von Curaçao nach Caracas, Georgtown, Santo Domingo, San Jüan, Port of Spain, Kingston, Port-au-Prince, Panama City und Miami. Linien- und Charterflugverkehr.

Anti Submarine Warfare (engl.), Abk. **ASW:** NATO-Bezeichnung für Kampfmittel zum Aufspüren und Bekämpfen von U-Booten. ASW sind bes. Flugzeuge und Hubschrauber mit spezieller Ausrüstung, wie elektronischen Navigations-, Aufklärungs- und Suchgeräten, Suchscheinwerfern, magnetischen Detektionsmitteln, hydroakustischen Ortungsbojen sowie Bordwaffen, Wasserbomben, Luft-Unterwasser-Raketen, Minen und Zielsuchtorpedos, z. B. Hubschrauber → Westland «Wessex» HAS Mk. 3.

antizyklonal: dem Rotationssinn der Erde entgegengesetzter Drehsinn um eine vertikale Achse, d.h. bei Draufsicht auf die Nordhalbkugel im Uhrzeigersinn, auf der Südhalbkugel entgegen dem Uhrzeigersinn, nicht definiert am Äquator. → Antizyklone, → Hochdruckgebiet, → zyklonal

Antizyklone: Gebiet in der Atmosphäre mit großräumiger → *antizyklonaler* Luftbewegung. Da diese gewöhnlich mit (relativ) hohem Luftdruck verbunden ist, wird im allg. Sprachgebrauch nicht zwischen *Antizyklone* und → *Hochdruckgebiet* unterschieden.

Antoinette: 1. Bez. für einen von den Franzosen *Léon Levavasseur* und *Jules Gastambide* gebauten Flugmotorentyp, mit dem verschiedene Flugzeuge der Pionierzeit ausgestattet wurden. – **2.** Ebenfalls von *Levavasseur* entwickelter Flugzeugtyp aus dem Jahre 1909, den u. a. → Albatros nachbaute.

Antonow, *Oleg Konstantinowitch:* sowjetischer Flugzeugkonstrukteur, Held der sozialistischen Arbeit (1966), Dr. der technischen Wissenschaften und Mitglied der Akademie der Wissenschaften der UdSSR (1968), Deputierter des Obersten Sowjets, geb. 7. Febr. 1906 Troizi (bei Moskau), gest. 4. April 1984. A. entwarf und baute schon als Schüler Segel- und Modellflugzeuge. Nach dem Studium (1930 Abschluß des Leningrader Polytechnischen Instituts «Kalinin») war er in Leningrad von 1931 bis 1938 Chefkonstrukteur eines Segelflugwerks. Er konstruierte den Schulgleiter «Standard» und die Segelflugzeuge «Upar» und «Rot-Front», die Welthöchstleistungen aufstellten. Danach arbeitete er 2 Jahre im → *Jakowlew*-Kollektiv, wo er u. a. ein Sanitätsflugzeug projektierte. Dann leitete er in den ersten Kriegsjahren ein Kollektiv, das spezielle Segelflugzeuge konstruierte und baute. Dabei entstanden Lastensegler (z. B. A-7 und

Oleg Antonow

Mehrzweckflugzeug An-3

Transporter An-8

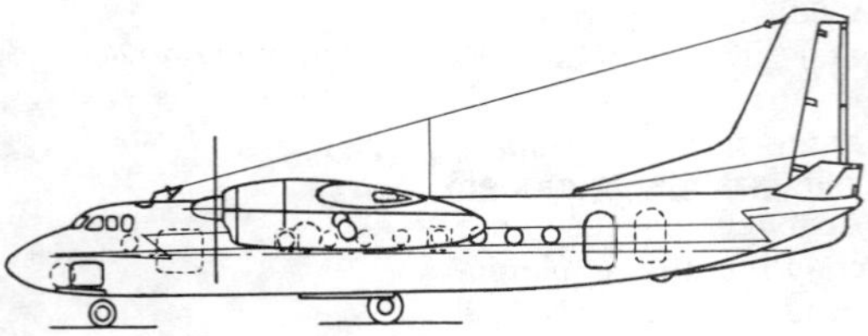

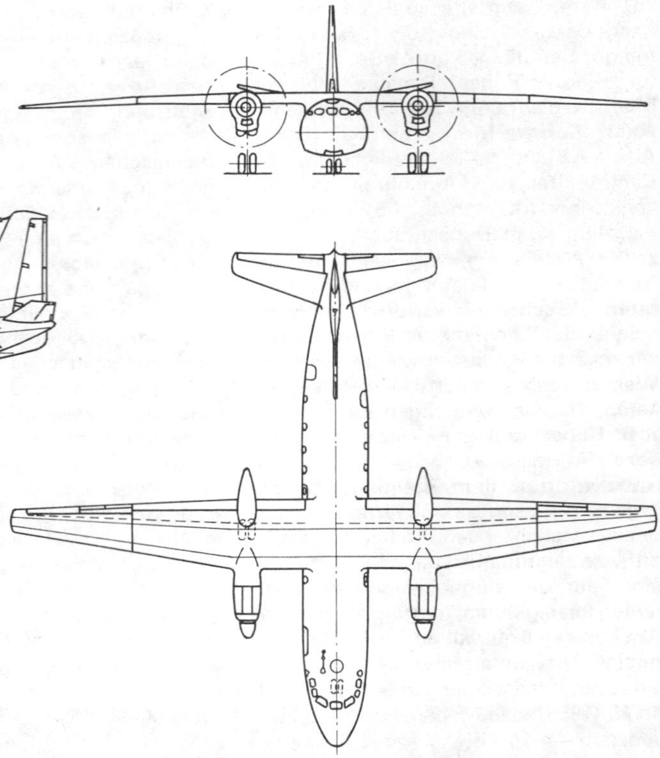

Passagierflugzeug An-24

Mehrzweckmaschine
An-32

Transporter An-124 «Ruslan»

A-11). Außerdem entwickelte A. den «Fliegenden Panzer» A-40 (KT), den → *Anochin* 1942 testete, und nach dem Krieg u. a. das 2sitzige Segelflugzeug A-10, mit dem ein Langstreckenrekord über 830 km erflogen wurde. Ab 1943 war A. im Konstruktionsbüro *Jakowlews* 1. Stellvertreter und arbeitete an Jagdflugzeugprojekten. 1946 wurde er Leiter eines Versuchs- und Konstruktionsbüros (zunächst in Moskau, dann in Kiew). Zu seinen Nachkriegskonstruktionen zählen das Mehrzweckflugzeug An-2 (1947, in den 80er Jahren zur Turboprop-version An-3 weiterentwickelt), die militärischen Transporter An-8 (1955) und An-12 (1956), das Mehrzweck-Kurzstartflugzeug An-14 «Bienchen» (1958) und als Weiterentwicklung die An-28 (1972), das Kurzstrecken-PTL-Verkehrsflugzeug An-24 (1962, daraus entstanden 1968 die An-26, 1973/74 das Fotoflugzeug An-30, 1976 die An-32 mit Il-18-Triebwerken und 1977 die An-72 mit Strahltriebwerken, weiterentwickelt zur An-74 als Arktisflugzeug, 1985/86), das Mittelstrecken-PTL-Verkehrsflugzeug An-10 «Ukraina» (1957) und das bis 1969 größte Flugzeug der Erde: An-22 «Antäus». Am 24. Dez. 1982 hatte das erstmals 1985 in Paris vorgeführte Transportflugzeug An-124 «Ruslan» seinen Erstflug. → Verkehrsflugzeug. Das von Generalkonstrukteur Pjotr Wassiljewitsch Balabujew geführte Konstruktionsbüro trägt den Namen «Oleg Konstantinowitsch Antonow».

Antrieb: Kraft, die zur Änderung bzw. Aufrechterhaltung eines Bewegungszustands entgegen äußeren Widerständen erforderlich ist. Bei Segelflugzeugen ist A. die in Flugbahnrichtung zeigende Komponente der Schwerkraft, bei Motorflugzeugen wird A. durch die → Triebwerke erzeugt. Die Größe des A. bei einem gegebenen Motorflugzeug ist abhängig vom Betriebszustand der Triebwerke, von Flughöhe und Fluggeschwindigkeit.

A-N-Verfahren: → komplementäre Tastung

Anzani, *Alexandre:* französischer Mechaniker italienischer Abstammung, einer der bekanntesten Flugmotorenkonstrukteure, geb. 5. Dez. 1877, gest. Juli 1956 in Paris. A. war Rad- und später Motorradrennfahrer. Konstruierte dafür zu Beginn des Jahrhunderts seine Motoren selbst. Kam dadurch auch zum Bau von Flugmotoren. → *Blériots* Flugzeug war 1909 beim Ärmelkanal-Überflug mit einem A.-Motor ausgerüstet (26 kW). A.-Motoren waren danach auch in anderen Ländern erfolgreich. Seine Fabrik in Courbevoie kaufte später *Henry* → *Potez* auf.

AOCI: Abk. für → **A**irport **O**perators **C**ouncil **I**nternational.

A. O. P.: Abk. für engl. **A**rtillery **O**bservations **P**lane; in den britischen Luftstreitkräften benutzte Bezeichnung für Artilleriebeobachtungs- und Verbindungsflugzeuge, z. B. Auster A. O. P. 9.

AOPA: Abk. für → **A**ircraft **O**wners and **P**ilot **A**ssociation.

AO-Post: → Luftpost

Applikationsanlage, *Avioanlage:* an das → Agrarflugzeug/den Agrarhubschrauber angepaßte Anlage zum Ausbringen spezieller Mittel in der Land- und Forstwirtschaft. Bei Feststoffen (Stäube, Kristalline, Granulate, Saatgut) werden Streu- oder Stäubedeflektoren (Streufächer) und Schleuderradstreuanlagen, bei Flüssigkeiten (wäßrige und ölige F.) werden Sprüh- und Spritzdüsensysteme, bei der Brandbekämpfung werden spezielle Wasserabwurfanlagen (Klappen mit Schnellverschlüssen) verwendet. → Agrarflug

Approach Control (engl.), Abk. **APC:** Flugsicherungs-Anflugkontrolldienst, ein Dienst der → Flugsicherung.

äPS: Abk. für **ä**quivalent-**PS**; vielfach fälschlicherweise als Maßeinheit für die → Wellenvergleichsleistung von PTL benutzt.

APU: Abk. für **A**uxiliari **P**ower **U**nit. → Hilfstriebwerk

äquivalente Fluggeschwindigkeit: → Fluggeschwindigkeit

äquivalente Leistung: → Wellenvergleichsleistung

äquivalenter Auslastungsfaktor: Verhältnis der durchschnittlichen Nutzmasse je Flug zur max. Nutzmassekapazität des Flugzeugs für die voraussichtliche Dauer seiner Einsatzfähigkeit.

Ar: 1. Typenbezeichnung für Flugzeuge des sowjetischen Konstrukteurs A. A. → *Archangelski* (z. B. Bombenflugzeug Ar-2). – **2.** Typenbezeichnung für Flugzeuge von → *Arado*, z. B. Schulflugzeug Ar 96.

AR: Abk. für → **A**ircraft **R**adio (engl.) Flugzeug-Funksprechgerät.

Arab Ari Carriers Organisation, Abk. **AACO:** 1965 gegr. Verband arabischer Luftverkehrsgesellschaften, der im Rahmen der IATA arbeitet; koordiniert die Tarifpolitik der Mitgliedsgesellschaften, strebt die technische Zusammenarbeit und Standardisierung der Ausrüstung an, stimmt den Betrieb der arabischen Gesellschaften ab und hat gemeinsame Langstreckendienste nach Nord- und Südamerika und dem Fernen Osten (Konferenz von Kairo 24./25. Jan. 1970) aufgebaut.

Arado: Kurzbezeichnung für Arado Flugzeugwerke, GmbH, Potsdam-Babelsberg. 1925 als Arado Handelsgesellschaft mbH aus der 1917 gegr. Werft Warnemünde der Flugzeugbau → Friedrichshafen GmbH entstanden. Baute ab 1925 Übungs-, Sport-, See- und Jagdflugzeuge. Im Zuge der Aufrüstung Deutschlands entwickelten die A.-Werke Warnemünde, Anklam, Rathenow, Wittenberge, Brandenburg und Babelsberg vor allem Schul- (Ar 66 und Ar 96 als militärische Standardübungsflugzeuge), See- (Ar 196 als Standardbordflugzeug) und Transportflugzeuge (Ar 232). Nach dem Überfall auf Frankreich nahmen sie die französischen Flugzeugwerke S. I. P. A. und Dewoitin «unter Kontrolle». Direktoriumsmitglied

Arado Ar 196 im Marinemuseum Varna (hintere Kabine gegenüber Originalzustand abgedeckt)

und technischer Leiter war bei A. Prof. Dipl.-Ing. *Blume*, der nach 1945 in der BRD-Luftfahrtindustrie wirkte. Eine nach 1945 in Bulgarien für die Fischereiaufklärung verwendete Ar 196 ist Exponat des Marinemuseums in Varna.

ARB: 1. Abk. für → **A**ir **R**esearch **B**ureau. – **2.** Abk. für → **A**ir **R**egistration **B**oard.

Arbeitsart, *Einsatzart:* Begriff aus dem → Wirtschaftsflug. Hauptsächliche A. sind a) aviochemische Arbeiten in der Land- und Forstwirtschaft (Feststoff- und Flüssigdüngung, Schädlings- und Unkrautbekämpfung, Ausbringen von Wachstumsregulatoren, Aussaat, Überwachung und Bestandsaufnahme); b) Brandschutz und Brandbekämpfung; c) Erkundungs-, Betreuungs- und Versorgungsaufgaben des hydrologischen und meteorologischen Dienstes, der Geologie und anderer Auftraggeber; d) Such-, Bergungs- und Sanitätsdienst; e) Kranflüge im Auftrag des Bau-, Montage- und Verkehrswesens (→ Hubschrauber, → fliegender Kran); f) Werbeflüge; g) Luftbilddienst; h) Fernsehübertragungen (fliegende Relaisstation), Filmaufnahmen u. a. Spezialflüge.

Arbeitsauftrag: Auftrag, der der Luftfahrzeugbesatzung Aufschluß über die laut Leistungs- oder Chartervertrag zu erfüllenden vertraglichen Verpflichtungen des Luftfahrzeughalters gibt. → Flugauftrag

Arbeitsflug: a) Flug zur Ausbringung von Applikationsstoffen (Dünger, Pflanzenschutzmittel, Saatgut) auf Bearbeitungsflächen einschl. des An- und Abfluges sowie der Feldwechsel → Agrarflugverfahren. b) Andere Bez. für → Wirtschaftsflug.

Arbeitsflugplan: von den Luftverkehrsunternehmen für ihre kommerziellen Dienste, Agenturen usw. herausgegebenes verbindliches Arbeitsmaterial, auf dessen Grundlage sie schon in der Zeit vor dem Erscheinen des gedruckten → Verkehrsflugplanes (2.) Buchungen vornehmen und Flugscheine verkaufen können.

Arbeitsflugplatz: Im → Agrarflug Fluggelände, das dem Einsatz von Flugzeugen und Hubschraubern in der Volkswirtschaft dient. Größen: → Grundflugplatz

Arbeitsflugzeug: ein- oder mehrmotoriges Flugzeug, das für Dienstleistungen in der Volkswirtschaft bestimmt ist. Je nach Aufgabe werden Starrflügler oder Rotorflugzeuge eingesetzt, die entspr. konstruiert oder ausgerüstet sind. 1) In der Land- und Forstwirtschaft verwendet man als A. → Agrarflugzeuge und → Agrarhubschrauber mit → aviochemischer Ausrüstung zum Ausbringen von Dünger, Saatgut und Pflanzenschutzmitteln. Außerdem lassen sich mit A. Inspektions- und Überwachungsflüge sowie die → Waldbrandbekämpfung durchführen. A. müssen auf kleinen Arbeitsflugplätzen einsetzbar sein; Betriebsgeschwindigkeit von 100 bis 160 km/h, Manövrierbarkeit, einfachste Bedienung, gute Sichtverhältnisse, Schutz des Piloten im Fall einer Bruchlandung, Feuerschutz durch Anordnen der Brennstoffbehälter in sicherem Abstand vom Piloten, einfache Konstruktion und Wartung sowie Korrosionsschutz gegenüber Chemikalien sind weitere Forderungen. 2) Im Sanitätswesen benötigt man für A. 1 Piloten, 1 bis 2 Mann Sanitätspersonal (und 1 oder mehrere Tragen) zum Transport von Kranken aus entlegenen Gebieten zum Krankenhaus oder zum Heranbringen

Arbeitsflugzeug Z-37T «Agro Turbo» (ČSFR)

Arbeitsflugzeug Turbo Thrush

Arbeitsflugzeug Rockwell Thrush Commander 800

von Ärzten, Blutkonserven und Medikamenten. In Gebieten ohne Bodenverkehrsmittel können nur Luftfahrzeuge Krankentransporte schnell und schonend durchführen. 3) Auch zur Verhütung von Katastrophen und zum Kampf gegen ihre Folgen können A. eingesetzt werden. So lassen sich Waldgebiete bei Waldbrandgefahr aus der Luft gut überwachen. Bei Entdecken eines Brandes sind Löschmannschaften aus Flugzeugen oder durch Hubschrauber unmittelbar am Boden abzusetzen. Können Hubschrauber nicht landen, dann verlassen die Löschmannschaften sie über Strickleitern im Schwebeflug. Aus der Luft lassen sich schließlich auch Löschflüssigkeiten abspritzen (→ Wasserbomber).

Bei Überschwemmungen überwacht man mit A. den Verlauf des Hochwassers und leitet aus der Luft die Maßnahmen zu seiner Eindämmung, den Verkehr im Katastrophengebiet und die Rettungsmaßnahmen. Hubschrauber retten Menschen, die abgeschnitten sind. In Seenotfällen erfolgt die Suche mit *Seenotflugzeugen*, die auch Rettungsgeräte abwerfen und Schiffe oder Hubschrauber herbeirufen können. Bei Schiffsunfällen oder Flugzeugabstürzen über See bergen Hubschrauber die Verunglückten. Auch Menschen in Berg- oder Lawinennot können am besten aus der Luft gesucht werden. Die Bergung erfolgt durch Hubschrauber oder durch eine aus der Luft geleitete Bergrettungsaktion. In Wüsten oder anderen schwer zugänglichen Gebieten werden Rettungseinsätze in gleicher Weise unternommen. 4) In Schiffahrt und Fischerei überwacht man mit A. die Bewegung der Eisberge und sucht Fischschwärme. 5) In schwer zugänglichen Gebieten (Gebirge, Wald, Flüsse ohne Brücken, Land ohne Straßen) überprüft man vom Hubschrauber aus elektrische Leitungen sowie die Masten (auf beschädigte Isolatoren) durch dichtes Vorbeifliegen bzw. Schwebeflug. Störungstrupps und Ersatzteile werden ebenfalls durch Hubschrauber herangebracht. 6) Die Luftbildmessung durch *Vermessungsflugzeuge* ermöglicht schnelle und genaue kartographische Erfassung großer Gebiete. Bes. hat sie sich bewährt beim Beschaffen von Arbeitsunterlagen für Autobahn-, Straßen- und Staudammbau, Flußregulierungen sowie für Aufgaben der Luftbildinterpretation in verschiedenen Wissenschaftsgebieten. 7) Mit *Wetterflugzeugen* werden regelmäßig Wetterflüge zum Sammeln von Meßwerten für Wetteranalyse und -prognose zur Ergänzung der Beobachtungen von Bodenstationen durchgeführt. 8) Durch A. mit Spezialgeräten für die → Aerogeophysik können schnell große Gebiete auf Bodenschätze untersucht werden. 9) Als Luftbauwesen bezeichnet man den Einsatz von Hubschraubern als → fliegender Kran. – Schließlich werden A. auch zum Überwachen und Leiten des Straßenverkehrs (Hubschrauber), für Werbeflüge (als Himmelsschreiber oder zum Bannerschlepp) sowie als Relaisstation für Hör- und Fernsehfunk eingesetzt.

Arbeitsgemeinschaft Deutscher Verkehrsflughäfen e. V., Abk. **ADV:** 1947 gegr. Interessenvertretung zur Beratung der Regierungsbehörden der BRD über gemeinsame Belange des Baus, Betriebs, der Ökonomie sowie der Entwicklung der BRD-Flughäfen. *Ordentliche Mitglieder* der ADV sind vorwiegend die Gesellschaften der großen Flughäfen; als *außerordentliche Mitglieder* gehören der ADV kleinere Flughafengesellschaften, Bundesländer, Gemeindeverbände, Industrie- und Handelskammern, Verkehrsverbände u. a. an. Arbeitsgremien der ADV sind die Fachausschüsse Flughafenbau, Flughafentechnik, Verkehr und Wirtschaft. Sitz des ADV ist Stuttgart.

Arbeitsluftfahrt, engl. *Aerial Work:* → Wirtschaftsflug

Arbeitsturbine: Turbine in Gasturbinentriebwerken, die eine nicht für den Verdichter verwendete Wellenleistung erzeugt, häufig auch als Losturbine oder Nutzleistungsturbine bezeichnet. A. dient in Hubschraubertriebwerken zum Antrieb der Rotoren und in Zweiwellen-PTL-Triebwerken zum Antrieb der Luftschraube.

Archangelski, *Alexander Alexandrowitsch:* sowjetischer Flugzeugkonstrukteur, geb. 18. Dez. 1892, gest. 18. Dez. 1978, Held der sozialistischen Arbeit, Dr. der technischen Wissenschaften, Verdienter Wissenschaftler und Techniker der RSFSR (1947). Arbeitete als Student während des ersten Weltkriegs wissenschaftlich im russischen Flugzeugbau (am Riesenflugzeug «Swatogor» und beim Serienbau des Farman-27 nach französischen Lizenzen). Gehörte zum Kreis der Luftfahrtenthusiasten um N. E. → *Shukowski.* Absolvierte die Moskauer Technische Hochschule 1918 und begann seine Tätigkeit im → ZAGI, dessen Mitarbeiter er bis 1936 blieb. Leitete im Tupolew-Kollektiv (→ *Tupolew*) die Brigade Rumpf, war Mitkonstrukteur von Motorschlitten, Gleitbooten und des ersten sowjetischen Ganzmetallflugzeugs ANT-2 (1922), des Passagierflugzeugs ANT-9, der Bomber TB-1 (ANT-4), und TB-3 (ANT-6) sowie des Riesenflugzeugs «Maxim Gorki». Seit 1936 Chefkonstrukteur und stellvertretender Generalkonstrukteur bei *Tupolew,* Mitarbeiter am Passagierflugzeug PS-35. Konstruierte auch eigenverantwortlich Flugzeuge, so 1934/35 den Bomber SB. Von 1936 bis 1940 schuf die A.-Gruppe zahlreiche Modifikationen und Verbesserungen dieses schnellen Bombenflugzeugs, so 1938 die SB-3 und Ar-2. A. war beteiligt an der Überführung der Tu-2 zum Serienbau, nach 1945 an der Konstruktion der Passagiermaschinen Tu-104, Tu-114, Tu-124, Tu-134, Tu-154 und Tu-144 sowie der raketentragenden Tupolew-Bomber. A. erhielt mehrere Staatspreise sowie zahlreiche hohe Orden.

Archimedisches Prinzip: Lehrsatz, benannt nach dem bedeutendsten Mathematiker, Physiker und Techniker der Antike, *Archimedes,* geb. um 287 und gest. 212 v. u. Z. in Syrakus. Das A. P. besagt: Ein in eine Flüssigkeit oder ein Gas getauchter Körper wird durch seinen Auftrieb scheinbar um soviel leichter, wie das Gewicht des von ihm verdrängten Mediums beträgt. Nach diesem Prinzip schweben Luftschiffe und Ballone in der sie umgebenden Luft, wenn das Gewicht von Hülle, Gerüst, Gasfüllung, Zuladung, Triebwerk und Betriebsstoff so viel beträgt wie das Gewicht der vom Ballon oder vom Luftschiffkörper verdrängten atmosphärischen Luft. → Auftrieb

Arct, *Bogdan:* polnischer Luftfahrtschriftsteller, geb. 1914, gest. 1973, seit 1937 Flugzeugführer. Nach dem Überfall des faschistischen Deutschlands auf Polen im Sept. 1939 kämpfte er als Kommandeur einer Aufklärungsfliegerkette mit RWD-8 (→ RWD) in der Armee «Lodz». Ab 1940 beteiligte er sich in Frankreich, danach in England und in Afrika als Flugzeugführer und Jagdflieger am Kampf gegen den Faschismus. Im Sept. 1944 wurde er während eines Gefechtsflugs abgeschossen; bis

Alexander Archangelski

Kriegsende lebte Hauptmann A. in Gefangenschaft. Insgesamt absolvierte A. mit 50 Flugzeugtypen 2500 Flugstunden und war mit rund 40 Büchern einer der populärsten polnischen Luftfahrtpublizisten. In der DDR erschien seit 1966 sein Buch «Kamikaze».

Area Control Centre (engl.), Abk. **ACC:** Flugsicherungs-Bezirkszentrale. → Flugsicherung

Aresti, *José Luis de:* spanischer Kunstflieger, Verfasser eines Katalogs der Kunstflugfiguren und deren Bewertung (Aresti-Katalog). A. stiftete einen Pokal, der von der → FAI dem absoluten Weltmeister im Kunstflug als Wanderpokal verliehen wird.

ARG: Abk. für → Aerolineas **Arg**entinas.

Argus-Schmidt-Rohr: → Pulsotriebwerk

Ariana Afghan Airlines: *Sitz:* Kabul/Afghanistan. Das Unternehmen wurde am 27. Januar 1955 mit der Bezeichnung *Aryana Afghan Airlines Co. Ltd.* durch die afghanische Regierung mit indischer Kapitalbeteiligung gegründet. Der ursprüngliche Flugzeugpark bestand aus drei Douglas DC 3. Im Jahre 1956 wurde die erste planmäßige Flugverbindung im Inland zwischen Kabul und Mazore Sharif aufgenommen. Dies stellte für das Hochgebirgsland mit seiner wenig entwickelten Verkehrsinfrastruktur einen großen Fortschritt dar, betrug doch die Flugzeit nur 3 h gegenüber der Reisezeit von einer Woche auf dem Landweg. 1956 wurde auch die erste internationale Flugstrecke Kabul–Kandahar–Zahedan–Bahrein eröffnet.

Im Zuge einer Reorganisation des Unternehmens wurde der indische Kapitalanteil durch Pan American übernommen, die fortan auch für die Beratung der Betriebsführung verantwortlich war und technische Hilfe leistete. Gleichzeitig wurde die Schreibweise des Namens in Ariana verändert.

Ab 1959 wurde das Streckennetz in Richtung Europa (zunächst nach Frankfurt a. M. und London) ausgebaut. Für diese Strecken, die als Marco-Polo-Route bezeichnet wurden, kamen Flugzeuge vom Typ DC 4 zum Einsatz. Anfang der 60er Jahre wurden diese durch DC 6 abgelöst. Im Inland- und Nachbarschaftsverkehr wurde die DC 3 durch Maschinen des Typs Convair 340 ersetzt.

Das Strahlzeitalter begann für Ariana 1968 mit dem Einsatz des Typs Boeing 727. Später folgten auch eine Boeing 720 B und eine DC 10. Seit 1971 konzentriert sich die Ariana auf die Bedienung internationaler Strecken und gab alle Inlandlinien ab an die 1967 gegründete zweite Luftverkehrsgesellschaft des Landes, *Bakthar Afghan Airlines*, die ausschließlich im Inland tätig war.

Nach den gesellschaftlichen Veränderungen in Afghanistan endete die Beratertätigkeit der Pan American. Die Verbindungen mit den sozialistischen Ländern wurden intensiviert, und zu den bereits bestehenden Fluglinien nach Moskau und Taschkent kamen Verbindungen nach Prag und zeitweilig auch nach Berlin-Schönefeld hinzu. Im Gefolge der politischen Ereignisse in Afghanistan während der 80er Jahre kam der Luftverkehr nach Westeuropa weitgehend zum Erliegen. Im Jahre 1985 erfolgte eine Vereinigung beider afghanischer Luftverkehrsunternehmen. Der Betrieb wurde zunächst unter dem Namen Bakhtar Afghan Airlines auf den Inlandlinien und auf den verschiedenen internationalen Strecken nach Amritsar, Delhi, Dubai, Moskau, Prag und Taschkent fortgesetzt. Seit 1987 firmiert das Unternehmen wieder als Ariana Afghan Airlines.

Länge des Streckennetzes (1987): 23229 km.

Verkehrsdaten (1987): 217916 Passagiere; 174,68 Mill. Pkm; 8,1 Mill. Frachttkm; 24,62 Mill. tkm Gesamtleistung.

Flugzeugpark (1987): 2 An 24, 4 An 26, 2 Boeing 727, 2 Tu 154 M, 2 Jak 40.

IATA-Mitglied

ARK: Abk. für **A**wtomatitscheski **R**adio **K**ompass (russ.), automatischer → Funkkompaß.

ARK-3: Typenbezeichnung für ein sowjetisches Seekampfflugzeug, das von I. W. Tschetwerikow konstruiert wurde.

Arktischer Strahlstrom: → Strahlstrom

Armaturenbrett: früher übliche Bez. für das Gerätebrett. → Instrumentenbrett

Armée de l'air (franz.): In Frankreich übliche Bez. für Luftstreitkräfte.

Armstrong Siddeley Motors Ltd.: englische Fabrik für Kolben- und Strahltriebwerke in Parkside. 1935 im Zuge

Armstrong Whitworth A.W. «Argosy», Transport- und Passagierflugzeug

des monopolkapitalistischen Konzentrationsprozesses Fusion mit → Hawker Siddeley.

Armstrong Whitworth: Typenbez. für Flugzeuge der britischen Werke W. G. Armstrong Whitworth Aircraft Ltd., die 1920 in Coventry gegr. wurden. 1935 im Konzentrationsprozeß der britischen Flugzeugindustrie Zusammenschluß mit → Armstrong Siddeley Motors Ltd. und A.V. Roe and Co. Ltd. zum Konzern → Hawker Siddeley Aviation. Die bekanntesten der zahlreichen militärischen Flugzeugmuster von A.W. sind: A.W. «Ajax» (1928), A.W. 35 «Scimitar» (1934), A. W. 38 «Whitley» (1936), A.W. 41 «Albemarle» (1940), A.W. «Meteor» N.F. 11 (1950).

Arnold, *Henri Charles:* USA-Luftwaffengeneral und Luftkriegstheoretiker, geb. 25. Juni 1886, gest. 15. Jan. 1950. Beendete 1907 die Militärakademie West-Point. Ab 1944 Oberbefehlshaber der mit B-29 ausgerüsteten und auf dem Fernöstlichen Kriegsschauplatz operierenden 20. Luftarmee, 1944/45 insbes. mit der atomaren Planung gegen Japan sowie der Ausarbeitung von Unterlagen für Atombombenangriffe befaßt. Verfaßte zahlreiche theoretische Arbeiten über die strategische Luftkriegsführung der USA.

Arrachart, *Ludovik:* französischer Flugzeugführer, geb. 1897, gest. 1933. 1925 stellte er einen Entfernungsrekord über 3166 km auf gerader Strecke mit einer Bréguet XIX (→ Bréguet) auf. In den folgenden Jahren unternahm A. gemeinsam mit dem französischen Flugzeugführer *Carol* weitere Langstreckenflüge.

Arrival (engl.), Abk. **A.** oder **Arr.**: in Flugplänen und auf Flughäfen international übliche Bez. für → Ankunft bzw. → Ankunftszeit.

ARTCC: Abk. für → **A**ir **R**oute **T**raffic **C**ontrol **C**enter.

Artillerieflugzeug: Spezialaufklärungsflugzeug zur Leitung des Artilleriefeuers aus der Luft, zur Aufklärung des Geländes im Schußbereich der eigenen Artillerie durch Sichterkundung oder Luftbildaufnahmen sowie zur Kontrolle der Tarnung der eigenen Artillerie, aber auch der Ergebnisse des Artilleriefeuers. Heute überwiegend durch Hubschrauber ersetzt. A. zählten früher zu den Nahaufklärungsflugzeugen (→ Aufklärungsflugzeug).

Artillerieluftaufklärung: Spezialaufklärung durch Flugzeuge oder Hubschrauber, erfolgt visuell, funk- und funkmeßtechnisch oder fotogrammetrisch. Kann unmittelbar vor Zielbekämpfung als Nachaufklärung unternommen werden, um frühere Aufklärungsangaben (Lage, Ausmaße des Ziels) zu präzisieren. Auch Lenkung des Feuers aus der Luft auf Ziele, die von Beobachtungsstellen auf der Erde nicht einzusehen sind sowie Kontrolle der Ergebnisse des Artilleriefeuers. In der BRD wurde für diese Zwecke die → Drohne «Kiebitz» entwickelt.

A. S.: Abk. für engl. **A**nti-**S**ubmarine; Symbol der britischen Luftstreitkräfte für U-Boot-Abwehr-Flugzeuge, z. B. Fairey «Gannet» A. S. Mk.4 (1956).

Asboth, *Oskar:* ungarischer Hubschrauberkonstrukteur, geb. 31. März 1891 Pankota (Ungarn), gest. 27. Febr. 1960 Budapest. Studierte in Arad, Szabacka und Wiener Neustadt. Interessierte sich für die Luftfahrt und begann mit dem Bau von Gleitflugzeugen. 1915 Kommandierung zu den K.u.K.-Flug-

zeugwerken in Fischamend, dort 1916 Leitung der Luftschraubenfertigung. Setzte dabei die Hubschraubertheorie in die Praxis um.
Am 9. Sept. 1928 stieg in Budapest sein Hubschrauber A.H. 1 (Pilot: *Istvan Hoszu*) auf, womit erstmals ein Hubschrauber längere Zeit frei und lenkbar flog. Es folgten über 200 Starts mit Schwebe-, Vor- und Rückwärtsflügen. Da A. in Ungarn keine Unterstützung erhielt, ging er ins Ausland, kehrte aber später zurück. 1954 erhielt er von der FAI das Diplom «Paul Tissandier».

A-SCAN: amerikanisches → Schwenkstrahlverfahren mit Impulskodierung der Kurs- und Gleitebenen, das im Frequenzbereich 15,4…15,7 GHz arbeitete. Es wurde in der Militärluftfahrt zum Instrumentenanflug von Hubschraubern benutzt.

ASch: Kurzzeichen für Triebwerke des sowjetischen Konstrukteurs **A.** → **Sch**wezow, z. B. ASch-82 als Antrieb der Iljuschin IL-14.

ASECNA: Abk. für → **A**gence pour la **Sé**curité de la **N**avigation **A**érienne en Afrique et à Madagascar.

ASIR: Abk. für engl. **A**ir **S**peed **I**ndicator **R**eading, svw. unkorrigiert abgelesene Gerätegeschwindigkeit, die Fehler des Anzeigegeräts, aerodynamische Einbaufehler der Fahrtmeßanlage und Meßfehler infolge Kompressibilität der Luft enthält. Nach Beseitigung dieser Fehler wird die äquivalente → Fluggeschwindigkeit gewonnen.

ASK: Abk. für russ. **A**mphibia **S**ewernowo **K**raja (Amphibium für nördliche Gebiete), sowjetisches Amphibienflugzeug von 1935 mit Doppelrumpf.

ASR: Abk. für engl. **A**utomatic **S**peech **R**ecognition. → vokales Bedienungssystem

Association Internationale des Constructeurs de Matériel Aérospatial, Abk. **A.I.C.M.A.:** Vereinigung der Luft- und Raumfahrtindustrie Belgiens, Dänemarks, der BRD, Frankreichs, Italiens, Großbritanniens, Norwegens, der Niederlande, Schwedens, der Schweiz und Spaniens, Sitz in Paris. Setzt gemeinsame Interessen durch, erforscht technische und wirtschaftliche Probleme.

Assoziation Afrikanischer Fluggesellschaften, Abk. **AAFRA:** 1968 mit Sitz in Kenia gegründete regionale nichtstaatliche Luftfahrtorganisation. AAFRA führt seit 1974 den heutigen Namen. Ihr gehören 26 Luftverkehrsunternehmen aus 25 afrikanischen Staaten an. Die Arbeit der Organisation richtet sich auf die Förderung und Entwicklung eines sicheren, regelmäßigen und effektiven Luftverkehrs von und nach Afrika sowie innerhalb Afrikas. Sie erstreckt sich insbesondere auf entsprechende Forschungsarbeiten, die Ausbildung von Luftfahrtpersonal sowie eine enge Zusammenarbeit auf luftverkehrstechnischem Gebiet. Organe der AAFRA sind die Generalversammlung, das Exekutivkomitee und fünf für die Erfüllung differenzierter Aufgaben zuständige Ausschüsse. AAFRA arbeitet eng mit → ICAO und → IATA zusammen.

Assoziation Europäischer Fluggesellschaften, Abk. **AEA:** 1973 von 19 westeuropäischen Luftverkehrsunternehmen mit Sitz in Brüssel gegründete regionale nichtstaatliche Luftfahrtorganisation. Die AEA ging aus dem 1954 gegr. European Airlines Research Bureau (EARB) hervor. Ihre Aufgaben bestehen in der Förderung der Zusammenarbeit europäischer Luftverkehrsunternehmen. AEA führt zu diesem Zweck Studien, Untersuchungen, statistische Analysen u.a. Forschungsarbeiten im Interesse ihrer Mitglieder durch. Organe der AEA sind die Präsidentenversammlung, der Vorsitzendenausschuß und differenzierte Ausschüsse zur Erarbeitung von Materialien auf den Gebieten der Luftfahrtindustrie und der Ökonomie des Luftverkehrs in Vorbereitung der Präsidentenversammlungen. Im Ergebnis der Tätigkeit entstehen Berichte und Studien. AEA arbeitet eng mit → ECAC und → IATA zusammen.

Assoziation fernöstlicher Fluggesellschaften, Abk. **OAA:** unter der Bez. «Orient Airlines Research Bureau» 1966 mit Sitz in Manila gegründete regionale nichtstaatliche Luftfahrtorganisation, später umbenannt. Die Tätigkeit der OAA richtet sich auf die Beschleunigung der Entwicklung des Luftverkehrs in dieser Region und umfaßt alle Fragen des Luftverkehrs, die für die 11 Mitglieds-Luftfahrtunternehmen von Bedeutung und Interesse sind. Organe der OAA sind die Präsidentenversammlung, das Exekutivkomitee, die Forschungsgruppe und verschiedene Ausschüsse. Die OAA arbeitet eng mit → ICAO und → IATA zusammen.

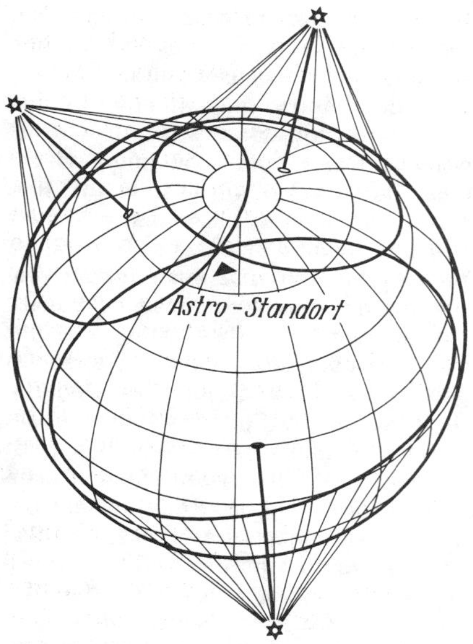

Astrofix: der Standort befindet sich am Schnittpunkt von 2, hier 3 Standlinien

Astrofix: Standortbestimmung mit Hilfe der → astronomischen Navigation. Durch Messen der Gestirnshöhe (Erhebungswinkel zu einem Stern – gemessen gegenüber dem Horizont) von 2 oder 3 Sternen ergibt sich der Standort als Schnittpunkt von 2 oder 3 Standlinien. Die Gestirnshöhe wird mit dem Sextanten gemessen, und die Auswertung der gefundenen Meßwerte erfolgt mit Hilfe von Tabellenwerken. Da die Messung der Gestirnshöhen und die Auswertung der Ergebnisse Zeit erfordern, müssen die Ergebnisse der einzelnen Messungen anhand der Flugzeuggeschwindigkeit und der seit dem Messen verstrichenen Zeit korrigiert werden, was den Zeitbedarf und den Fehler der Standortbestimmung vergrößert. Darüber hinaus ist die Bestimmung eines A. an entspr. Sichtbedingungen gebunden. Diese Nachteile führten dazu, daß diese aus der Seefahrt stammende Art der Standortbestimmung in der Luftfahrt nicht mehr angewendet wird. Stattdessen benutzt man die Methoden der → Funknavigation und der Inertialnavigation.

Astrokompaß: Navigationsanlage, gibt die Nordrichtung in bezug auf ein Gestirn an. → astronomische Navigation

astronomische Navigation: Verfahren zum Standort- und Kursbestimmen von Luftfahrzeugen mittels Winkelmessung zu Gestirnen. Die a. N. war auf transatlantischen Flügen ein wichtiges Navigationsmittel und wurde durch Funkortungs- und Trägheitsnavigationsanlagen (→ LORAN, → OMEGA) abgelöst. Bei den früher üblichen Verkehrsflugzeugen war für Gestirnsbeobachtungen mit dem Handsextanten eine durchsichtige Kuppel in der Flugzeugzelle vorhanden. Mit der Einführung von Druckkabinen ging man zu Periskopsextanten über. Dadurch vermied man die Nachteile der Astrokuppeln: mangelnde Druckfestigkeit, hoher aerodynamischer Widerstand, Beobachtungsfehler durch Lichtbrechung in der Kuppel beim Durchtritt der Lichtstrahlen. Eine a. N. war nur bei guten Sichtverhältnissen möglich. → Flugnavigation, → Astrofix

ASW: Abk. für → **A**nti-**S**ubmarine **W**arfare.

ATA: Abk. für **A**ir **T**ransport **A**ssociation of America.

ATAR Volant: erstmals zum XXII. Luftfahrtsalon in → Le Bourget vorgestellte Versuchseinrichtung der französischen → S.N.E.C.M.A. eines freifliegenden Senkrechtstarters, der aus einer ATAR-Strahlturbine mit Zusatzeinrichtungen besteht; in der ersten Version ferngesteuert, in der zweiten bemannt, in der dritten (A. V. P-3) mit Ringflügeln und Kabine als Prototyp eines → Ringflügelflugzeugs. UdSSR: → Turboljot, Großbritannien: «Fliegendes Bettgestell».

ATC: Abk. für engl. **A**ir **T**raffic **C**ontrol. → Flugsicherung

Atemgerät, *Höhenatmer:* Anlage zur Versorgung von Flugzeuginsassen mit Sauerstoff bei Höhenflügen, wodurch einer Erkrankung oder dem Tod durch Sauerstoffmangel vorgebeugt wird. Die Sauerstoffsättigung des Blutes ist direkt abhängig vom Sauerstoffteildruck in den Lungenbläschen, der vom Druck der Atemluft abhängt. Sinkt dieser Druck unter eine bestimmte Grenze, so kann sich das Blut in der Lunge nicht mehr genügend mit Sauerstoff sättigen. Die dadurch entstandene Herabsetzung der körperlichen und geistigen Leistung wird als → Höhenkrankheit bezeichnet, die tödlich endet, wenn nicht sofort Gegenmaßnahmen ergriffen werden. Besatzungsmitglieder von Flugzeugen, die in großen Höhen fliegen, sind deshalb mit einem A. ausgerüstet, das ihnen aus Hochdruckflaschen medizinischen Sauerstoff (mit bes. Reinheitsgrad) zuführt.

Schon nach wenigen Zügen mit dem A. verschwinden Ermüdungszeichen, sogar schwere Erscheinungen der Höhenkrankheit. Bei Langstreckenflügen wird die regelmäßige Benutzung des A. für 10 min zur Vorbeugung von Ermüdungserscheinungen 15 min vor dem Beginn der Landungsoperation, bzw. regelmäßig alle 2...4 Stunden während des Fluges empfohlen. Die Verbindung zwischen Gerät und Träger wird durch Schlauch und Halbmaske bzw. Vollmaske (in Verbindung mit Rauchschutzmaske) hergestellt. Der Maskenkörper besteht aus Gummi, Metall oder Plast, der Dichtrahmen aus Gummi oder weichem Leder. Halbmasken sind zur Zweiwegatmung eingerichtet (Lungenautomat führt bei jedem Atemzug die benötigte Luft zu, Ausatemluft geht durch ein Ventil ins Freie). Bei A. ohne Maske geschieht das Ein- und Ausatmen durch die Lippen des Geräteträgers, wobei die Nase durch eine Klemme verschlossen wird. Bei Flügen in sehr großer Höhe (beispielsweise mit Jagd-, Bomben- und Aufklärungsflugzeugen) genügen diese Geräte nicht. Die Besatzungen benötigen dann Druckanzüge mit Lungenautomaten (Überdruckatemgerät) oder eine Druckkabine. Während früher bei hochfliegenden Verkehrsflugzeugen (z. B. bei Gebirgsüberquerungen) auch die Fluggäste mit A. ausgerüstet werden mußten, ist dies heute nicht mehr notwendig, da solche Flugzeuge ebenso wie militärische Transporter mit Druckkabine ausgestattet sind.

Atemmaske

Atemmaske: meist aus elastischem Material hergestellte, Mund, Nase und den unteren Teil des Gesichts bedekkende Maske, die dazu dient, einer Person Sauerstoff zur Atmung zu- und die ausgeatmeten Gase abzuführen. Man unterscheidet 1) *Dauerfluß-A.* Sie sind mit dem → Sauerstoffregler über einen dünnen Schlauch verbunden, über den ununterbrochen Sauerstoff in einen am Maskenkörper befestigten Gummibeutel (0,5 l als Volumen, das dem Atemzug eines in Ruhe befindlichen Menschen entspricht) fließt. Wird tiefer geatmet, so lassen luftdurchlässige Schwämme in der A. zusätzlich atmosphärische Luft ein, und der Sauerstoff wird verdünnt. Wird der Sauerstoffregler so eingestellt, daß eine größere Menge Sauerstoff zugeführt wird, so kann fast reiner Sauerstoff geatmet werden. Beim Ausatmen gelangt ein Teil der immer noch sauerstoffreichen ausgeatmeten Luft in den Beutel und vermischt sich mit dem neuzugeführten Sauerstoff, der Rest entweicht durch die Schwämme. Nachteile: Dauerfluß-A. vereisen leicht, sind nicht an lungenautomatische oder Druckbedarfsregler anschließbar. 2) *A. für lungenautomatische Beatmung* haben als einziges mechanisches Bauteil ein Ausatemventil. Ihre Wirkung beruht auf dem beim Einatmen entstehenden geringen Unterdruck, der den Bedarfsregler veranlaßt, Sauerstoff abzugeben. Daher muß diese A. sorgfältig angepaßt werden und dicht sitzen. Beim Ausatmen schließt sich das Bedarfsventil wegen des geringen Überdrucks, und das Ausatemventil öffnet sich. Diese A. lassen sich nicht an Druckbedarfsregler anschließen, da der Sauerstoff wegen des Überdrucks aus dem Ausatemventil abfließen würde. 3) *A. für lungenautomatisches Atmen unter Überdruck* sind mit bes. Abdichtungselementen versehen, welche auf der Haut des Trägers aufliegen. Die A. hat 1 oder 2 Einatemventile und 1 druckkompensiertes Ausatemventil. Das Ausatemventil enthält eine Membrane, die vom Sauerstoffdruck beaufschlagt wird. Diese Membrane hält das Ausatemventil geschlossen, bis beim Ausatmen der Druck in der Maske den im Maskenschlauch übersteigt. Daher ist das Ausatmen mit einem Kraftaufwand verbunden, während das Einatmen zwangsläufig erfolgt. Diese A. darf nur an Sauerstoffregler für Druckatmung oder lungenautomatische Bedarfsregler mit Automatik für Druckatmung angeschlossen werden.

Athen, Flughafen Helenikon, City-Code **ATH:** wichtigster internationaler Flughafen Griechenlands: 37° 53′ 48″ n. Br., 23° 43′ 42″ ö. L., Höhe 27 m. 10 km südlich von Athen gelegen. 2 Start- und Landebahnen mit 3500 m × 60 m und 3150 m × 45 m. Jahresverkehrsleistung 1985: 10,2 Mill. Fluggäste. Moderne Funk- und Navigationsausrüstungen.

ATK: Abk. für **A**viation **T**urbine **K**erosene. → Kerosin

ATLAS: Zusammenschluß von **A**ir France und UTA, Deutsche **L**ufthansa, **A**LITALIA und **S**ABENA aufgrund eines am 14. März 1969 in Paris abgeschlossenen Vertrages über die Zusammenarbeit im Flugbetrieb, in der Technik, der Überholung und Lagerhaltung von Ersatzteilen für die Boeing 747. Die Air France übernimmt alle Arbeiten an der Zelle, die Lufthansa an den Triebwerken, die anderen Partner an den Bordsystemen. In Frankfurt/Main wird ein gemeinsamer Flugsimulator für die Boeing 747 betrieben. UTA kaufte keine Boeing 747 und schied aus der A. aus.

Atmosphäre (griech.) *f*: die im Schwerefeld der Erde festgehaltene, etwa 2000...3000 km mächtige Lufthülle; ein Gemisch von Gasen; mittlere Zusammensetzung in Bodennähe (in Raumteilen für staubfreie Luft): 78,08% Stickstoff, 20,95% Sauerstoff, 0,93% Argon, 0,03% Kohlendioxid, 0,01% Edelgase, Wasserstoff, Ammoniak, Jod, Ozon, Wasserstoffsuperoxid; Wasserdampf stark wechselnd (0...4 Vol.%). Die A. ist in Abhängigkeit von der Temperatur-

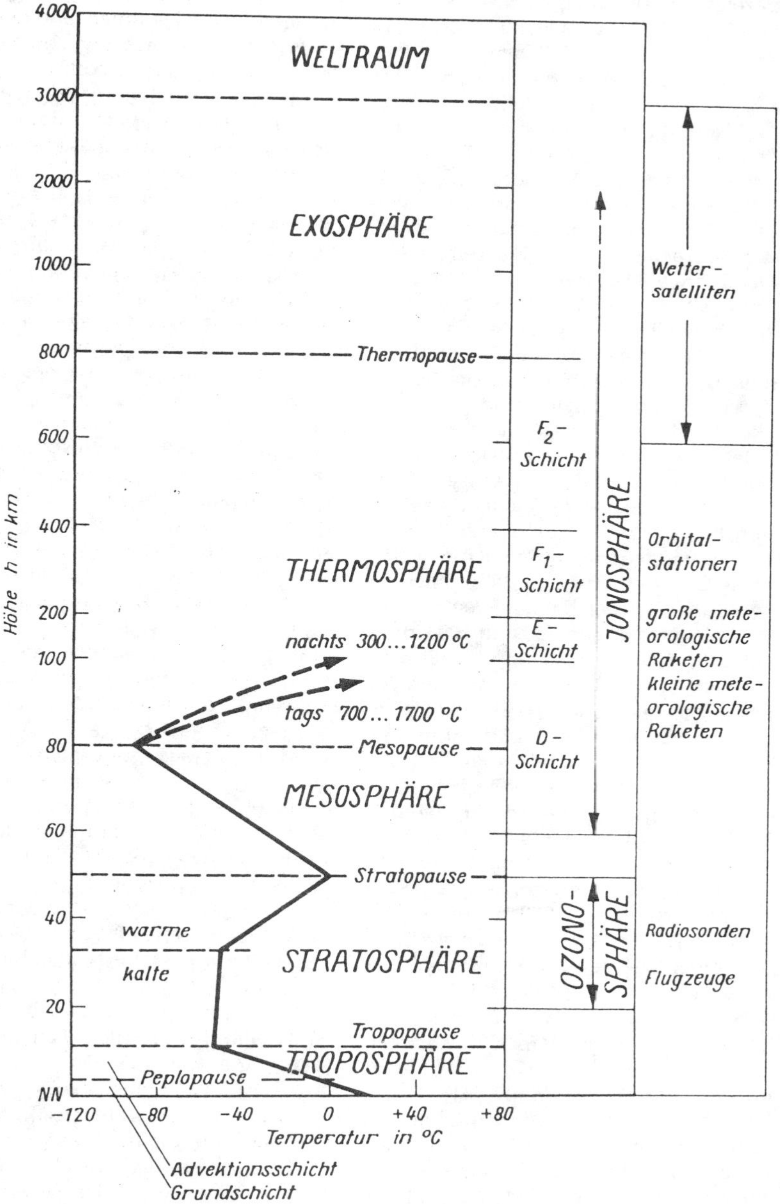

Aufbau der Atmosphäre

schichtung in Stockwerke eingeteilt. Die unterste Schicht, die *Troposphäre*, in der sich hauptsächlich die Wettererscheinungen abspielen, ist gekennzeichnet durch Temperaturabnahme mit der Höhe. In der Troposphäre liegt die Grund- oder Reibungsschicht, deren obere Begrenzung *(Peplopause)* in etwa 1 500 m Höhe häufig durch → Inversionen gebildet wird. Die Obergrenze der Troposphäre, die man als *Tropopause* bezeichnet, unterliegt Schwankungen; im Mittel befindet sie sich an den Polen in 9 km Höhe und am Äquator in etwa 17 km Höhe. An die Tropopause schließt sich eine isotherme Schicht *(kalte Stratosphäre)* bis in etwa 35 km Höhe an, der dann bis in 50 km Höhe die warme *Stratosphäre* mit Temperaturzunahme folgt (größte Ozonkonzentration). Von der Obergrenze der Stratosphäre an, der *Stratopause*, nimmt die Temperatur bis zu etwa 80 km wieder stark mit der Höhe ab. Diese Schicht wird als *Mesosphäre*, ihre Obergrenze als *Mesopause* bezeichnet. Oberhalb der Mesopause befindet sich – gekennzeichnet durch Temperaturzunahme mit der Höhe – die *Thermosphäre*, die bis zur Obergrenze der A. reicht. Der allmähliche Übergang zum interstellaren Raum wird als *Exosphäre* bezeichnet. In Höhe von 60 bis 80 km an aufwärts findet eine Ionisierung der Luftmoleküle statt; diese Schichten werden daher auch als *Ionosphäre* bezeichnet. Ionisationsmaxima liegen zwischen 60 und 100 km *(D-Schicht)*, 100 und 150 km Höhe (*E-* oder *Heaviside-Schicht*) sowie zwischen 200 und 600 km Höhe *(F-Schicht)*. Der → Luftdruck und die → Luftdichte nehmen mit der Höhe ab. Deshalb müssen Flugmotoren in großer Höhe fliegender Luftfahrzeuge aufgeladen werden (→ Aufladung). Wegen der Luftdruckabnahme und der damit verbundenen Verringerung des Sauerstoffgehalts ist bei Flügen oberhalb 4 000 m Höhe ein → Atemgerät oder eine → Druckkabine erforderlich. – Den unteren Bereich der A., in dem sich der Hauptteil der Luftfahrt abspielt, bezeichnet man als → *Aerosphäre*. Ihr oberer Grenzbereich ist die → *Aeropause*, die sich infolge der ständigen Weiterentwicklung der Luftfahrt in immer größere Höhen verschiebt. In ihr hören die Funktionen der A. für Flugzeuge (Auftrieb) und Besatzung (Sauerstoffgehalt, Luftdruck) allmählich auf. Dies muß bei Konstruktion und Ausrüstung der Flugzeuge berücksichtigt werden. – Die → *Norm-A.* oder *Standard-A.* ist eine vereinbarte Bezugsatmosphäre. Sie ist zur einheitlichen Eichung der barometrischen Höhenmesser sowie zum Vergleich der Flugleistungen und Flugeigenschaften verschiedener Luftfahrzeuge erforderlich. In der Luftfahrt wird vor allem die → *ICAO-Standard-A.* verwendet. Von der Internationalen Organisation für Standardisierung (ISO) wurde 1975 die → *ISO-Standard-A.* als neuer Standard angenommen und zur Anwendung für Berechnungen und Untersuchungen von Luftfahrtprojekten empfohlen.

atmosphärische Störung: durch elektrische Entladung in der → Atmosphäre hervorgerufene elektromagnetische Welle. Die a. S. wirken sich auf den Funkverkehr der Luftfahrzeuge und auf die Betriebsweise von Funknavigationsanlagen aus.

atmosphärische Turbulenz: → Turbulenz

Atomantrieb: → Kernenergieantrieb

ATR: Abk. für → **A**ir **T**ransport **R**adio.

Attrappe: täuschend ähnliche Nachbildung. 1) Im *Flugzeugbau* werden A. verwendet, um vor Beginn der Fertigung Untersuchungen anstellen zu können. So kann die Ausstattung des Führerraums, die Einrichtung der Kabine oder die Lage von Ausrüstung und Bewaffnung in einer Holz-A. in natürlicher Größe untersucht werden. 2) Im *Militärwesen* dienen A. von Flugzeugen, Versorgungs- und Flugplatzanlagen zur Täuschung des Gegners, zur Tarnung wirklicher Flugzeuge und Flugplätze und zur Lenkung von Angriffen auf Scheinflugplätze. Sie können behelfsmäßig oder fabrikmäßig gefertigt sein. Unter heutigen Bedingungen müssen A. so beschaffen sein, daß sie auch von den modernsten Aufklärungsmitteln nicht identifiziert werden können. So müssen sie auch Wärme abstrahlen (Infrarot-Aufklärungsgeräte) sowie elektromagnetische Wellen reflektieren (Radar-Aufklärung). → Aufklärungsflugzeug.

AUA: Abk. für **Au**strian **A**irlines.

Aufbäumen: schnelles Heben des Rumpfbugs eines Flugzeugs infolge plötzlich auftretenden hecklastigen Moments; Erscheinung der → Längsstabilität. Folgen sind vor allem starker Geschwindigkeitsverlust und Anwachsen des Anstellwinkels sowie des Hochlastvielfachen. Ursachen können sein a) bei geringen Horizontalfluggeschwindigkeiten und großen Anstellwinkeln: Ablösen der Strömung an der Tragflügelhinterkante, wodurch der Druckpunkt des Tragflügels vor den Schwerpunkt des Flugzeugs gerät; b) bei größeren Geschwindigkeiten und Manövern mit großen Anstellwinkeln: gleiche Erscheinung wie unter a); c) bei Verringerung der Fluggeschwindigkeit aus dem Über- in den Unterschallbereich: Druckpunktwanderung am Tragflügel nach vorn, die eine entsprechende Veränderung des Höhenruderausschlags erfordert; ohne diesen Ausschlag kommt es zum A. Die Verhinderung des A. ist möglich mit Hilfe von Aufbäummeldern (-warnanlagen) bzw. automatisch arbeitenden Aufbäumreglern.

aufgegebenes Gepäck, *abgefertigtes Gepäck:* Reisegepäck, Gepäckstücke, die der Fluggast dem Luftverkehrsunternehmen zur Beförderung übergibt. Das Luftverkehrsunternehmen übernimmt für a. G. die Haftung (→ Warschauer Abkommen). Bestimmte Gegenstände können von der Beförderung als a. G. ausgeschlossen werden (z. B. Behältnisse mit Flüssigkeiten, Chemikalien, lebende Tiere und Pflanzen u. ä.). A. G. kann auch als → Luftfracht befördert werden. → unbegleitetes Gepäck

Aufgleitfront: → Warmfront.

Aufklärungsflugzeug, Aufklärungshubschrauber: mit Aufklärungsmitteln ausgerüstetes Luftfahrzeug. Durch visuelle Beobachtung, Fotokameras, Infrarotaufzeichnungs- und/oder elektronische Geräte zur Registrierung von Funk- und Funkmeßgeräten bzw. Instrumente zum Bestimmen der Kernstrahlungslage, Verseuchung mit chemischen Kampfmitteln oder der Wettersituation werden aus der Luft Informationen über den Land-, Luft- oder Seegegner gesammelt. → Jagdbombenflugzeuge und → Bombenflugzeuge können kurzfristig für bestimmte Aufgaben als A. umgerüstet werden.

Aufladegrad: Verhältnis von Ladedruck zu Außendruck bei aufgeladenen Kolbenmotoren. → Aufladung

Aufladung: Methode, um die Leistung von KTW durch Vorverdichten der dem Triebwerk zugeführten Luft zu steigern. 1) *mechanische A.* – bei *kleinen Triebwerken* zum Erhöhen der Startleistung Vorverdichten durch von der Kurbelwelle über Zahnradgetriebe angetriebenen Radialverdichter (Lader); bei bestimmten Konstruktionen ist er abschaltbar (Ladedruck bis etwa 120 kPa). Bei *großen Triebwerken* zur Kompensation des durch den Dichteabfall der Luft mit wachsender Höhe auftretenden Leistungsabfalls (Höhenlader). Da es ohne bes. Regeleinrichtungen in Bodennähe zur Überlastung des Triebwerks kommen würde, wird der Lader dort automatisch saugseitig gedrosselt und arbeitet mit schlechtem Wirkungsgrad. Mit wachsender Höhe wird die Drosselung verringert, dadurch steigt die Triebwerksleistung (→ Betriebsverhalten) bis auf einen Maximalwert an. Mit weiterer Höhenzunahme normaler Leistungsabfall. Die Höhe, bei welcher der Bodenluftdruck gerade noch vom Lader erzeugt werden kann, heißt Gleichdruckhöhe. Im zweiten Weltkrieg wurde bei Jagdflugzeugen mit KTW sog. *Zweiganglader* verwendet, die beim Erreichen der Gleichdruckhöhe auf eine hö-

Attrappe für Panzerabwehrhubschrauber PAH-2

here Lagerdrehzahl umgeschaltet wurden und so für einen bestimmten Bereich wieder eine Leistungserhöhung ermöglichten. Gleichdruckhöhe etwa 3...6 km, bei Zweigangladern etwa 5...7 km (maximaler Ladedruck bis ca. 200 kPa, in Einzelfällen bis über 266 kPa). – 2) *Abgasturbo-A.* – Antriebsleistung für den Verdichter wird von einer → Abgasturbine erzeugt. Deren Leistung ist häufig größer als die erforderliche Verdichterleistung. Dann wird ein Teil der Leistung der Abgasturbine auf die Kurbelwelle übertragen. Grenzen der A. sind im wesentlichen durch Festigkeit des Triebwerks und → Klopffestigkeit des Brennstoffs gegeben.

Aufrichten: Zurückbringen des Flugzeugs aus einer anormalen in eine normale Fluglage durch Betätigen der Flugzeugsteuerung.

Aufschwung: → Kehrtkurve mit Höhengewinn, aus dem Horizontalflug eingeleitet, mit einer halben Umdrehung um die Längsachse; vor dem Erreichen der Rückenlage Übergang in den Horizontalflug. → Kunstflug

Aufsetzen: Berühren des Bodens durch ein landendes Flugzeug. Der hierbei auf den Boden wirkende Druck wird als *Aufsetzdruck* bezeichnet; er beträgt bis zu 25 daN/cm². → Aufsetzgeschwindigkeit, → Aufsetzwinkel, → Landung

Aufsetzgeschwindigkeit, *Landegeschwindigkeit:* Geschwindigkeit, mit der das Flugzeug bei der Landung auf der Start- und Landebahn aufsetzt. Sie muß so klein wie möglich gehalten werden. Ihr kleinster Wert für ein bestimmtes Flugzeug wird durch die Größe des möglichen Auftriebsbeiwerts bei Einnahme des → Aufsetzwinkels (C_{AAufs}) bestimmt. Ihr Wert läßt sich nach folgender Gleichung ermitteln:

$$V_{Aufs} = \sqrt{\frac{2\,F_{GL}}{\varrho \cdot C_{AAufs} \cdot A_{TF}}}$$

F_{GL} Landegewicht, ϱ Luftdichte am Landeort, A_{TF} tragende Fläche des Flugzeugs. → Landung, → Abfangen, → Auftriebshilfen

Aufsetzwinkel: Anstellwinkel im Moment des Abbruchs der Abfang- oder Gleitphase bei der Landung. Er ist in jedem Fall kleiner als der → Abfangwinkel. Seine Größe wird z. B. bei Flugzeugen mit Bugradfahrwerk durch die Höhe des Hauptfahrwerks bestimmt, um eine Bodenberührung durch das Heck zu vermeiden. → Abfangen, → Landung, → Sporn

Aufstieg: Start von Ballonfahrzeugen. → Ballon

Auftrieb: physikalische Erscheinung an einem festen Körper, der sich in einem flüssigen oder gasförmigen Medium befindet. Der A. ist in Form der A.kraft meßbar. Man unterscheidet statischen und dynamischen A. Der *statische A.* ist unabhängig davon, ob der Körper gegenüber dem ihn umgebenden Medium eine Relativgeschwindigkeit besitzt oder nicht, vorhanden. Die A.kraft ist in diesem Fall der Schwerkraft entgegengesetzt gerichtet und gleich dem Gewicht der durch den Körper verdrängten Flüssigkeits- oder Gasmenge *(Archimedisches Prinzip).* Der *dynamische A.* entsteht zusätzlich zum statischen A., sobald der Körper eine Relativgeschwindigkeit zum Medium hat und eine bestimmte auftriebserzeugende Form besitzt. Er ist von Masse und Volumen des Körpers unabhängig und wirkt in jedem Fall senkrecht zur Anströmrichtung. Die Größe der A.kraft ist abhängig von der Form des Körpers (→ Profil), von seiner Lage im Medium (→ Anstellwinkel) und von seiner Relativgeschwindigkeit zum Medium sowie von der Dichte des Mediums. Er ist ein Ausdruck der Wirkung des Gesetzes von *Bernoulli* (→ Bernoullische Gleichung), wonach bei der Umströmung des Körpers die statischen Druckverhältnisse im Medium verändert werden. Die A.kraft bildet zusammen mit der Widerstands- und Seitenkraft die einheitlich wirkende → Luftkraftresultierende, die die Gesamtheit der am Körper wirkenden Druck- und Reibungskräfte darstellt. Der A. eines Flugzeugs setzt sich aus seinem statischen A., und dem dynamischen A. zusammen. Da der statische A. eines Flugzeugs gegenüber dem dynamischen A. verschwindend klein ist, wird er bei der Untersuchung der Flugbewegung vernachlässigt, so daß man hier unter A. stets nur den dynamischen A. versteht. Für den Unterschallbereich wird der A. aus der Existenz einer → Zirkulation am Tragflügel erklärt, welche Ursache der Druckdifferenz zwischen Profilunter- und -oberseite ist (Druckverteilungsbild). Im Überschallbereich entscheidet die Lage von → Verdichtungsstößen und Verdünnungszonen über die für den A. erforderlichen Druckdifferenzen. Zur Ermittlung der A.kraft am Flugzeug kann die folgende Gleichung benutzt werden

$$F_A = C_A \cdot q_{00} \cdot A_{TF}$$

Hierbei dienen der Auftriebsbeiwert (C_A), der Staudruck der ungestörten Strömung (q_{00}) und die charakteristische tragende Fläche (A_{TF}) zur Darstellung der Abhängigkeit des dynamischen A. von Form und Lage des Körpers. → Beiwert, → Auftriebsbeiwert, → Auftriebshilfen, → Luftkräfte

Auftriebsbeiwert: in der Auftriebsgleichung die dimensionslose Größe c_A. Sie ist charakteristisch für die ganz bestimmte Form eines Körpers und abhängig von Anstellwinkel und Anströmgeschwindigkeit. Die starken Schwankungen im transsonischen Bereich ($M_{krit} < M < 1$) entstehen durch das örtliche Auftreten und die Wanderung von Verdichtungsstößen an der Ober- und Unterseite seines Profils. Die Form eines Tragflügels wird heute wesentlich durch seine Pfeilung (Pfeilwinkel) bestimmt. Bei gleicher Fläche (A_{TF}), gleicher mittlerer Tiefe und gleichem Profil ist der Auftriebsbeiwert wesentlich von der Pfeilung abhängig, was die Ursache für die rasche Entwicklung von Flugzeugen mit veränderlicher Tragflügelgeometrie in der Gegenwart ist. → Beiwert, → Polare, → Auftriebshilfen, → veränderliche Tragflügelgeometrie

Auftriebsgradient: Differentialquo-

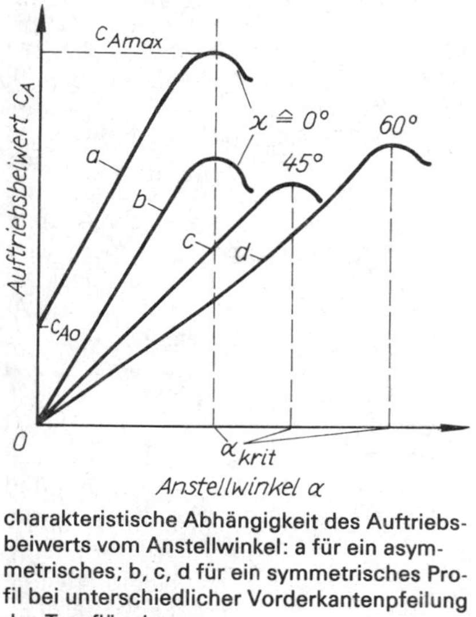

charakteristische Abhängigkeit des Auftriebsbeiwerts vom Anstellwinkel: a für ein asymmetrisches; b, c, d für ein symmetrisches Profil bei unterschiedlicher Vorderkantenpfeilung des Tragflügels

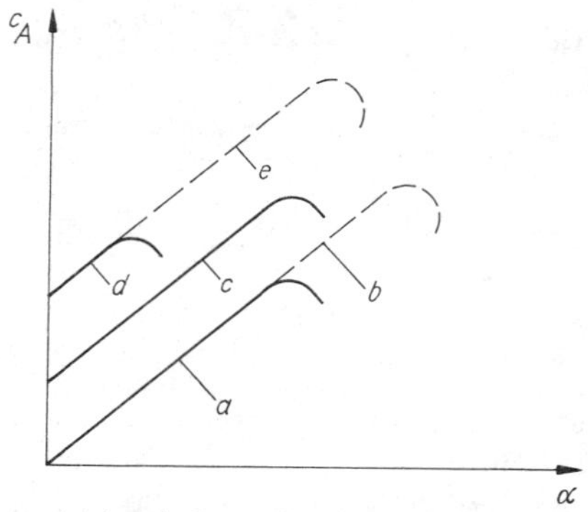

vergleichende Darstellung der Abhängigkeit des Auftriebsbeiwerts von der Größe des Anstellwinkels bei verschiedenen Auftriebshilfen: symmetrisches Profil; a ohne Auftriebshilfen; b mit Kippnase oder Vorflügel; c mit Wölbungsklappe, um ca. 20° ausgeschlagen; d mit Wölbungsklappe, bei ca. 45° Ausschlag; e gleiche Bedingungen wie unter d, aber mit Ausblasen von Druckluft oder Absaugen der Grenzschicht

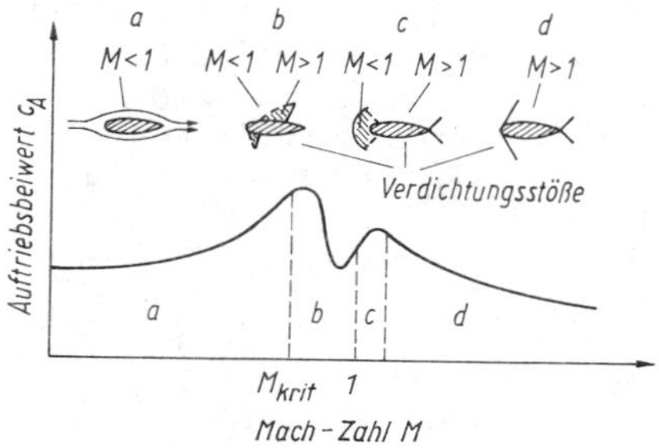

charakteristische Abhängigkeit des Auftriebsbeiwerts von der Mach-Zahl: a Bereich der reinen Unterschallgeschwindigkeit (unterkritischer Bereich); b überkritischer Unterschallbereich mit örtlichen Verdichtungsstößen am Profil; c kritischer Überschallbereich mit abgelöster Kopfwelle und dahinterliegender Unterschallzone; d reiner Überschallbereich

tient; charakterisiert die Abhängigkeit der Auftriebsänderung von der Anstellwinkeländerung. Die Größe des A. bestimmt die Steilheit der Kurven des → Auftriebsbeiwerts in Abhängigkeit vom Anstellwinkel. Er hat großen Einfluß auf die Lage des Ablösepunktes der Strömung am Profil sowie auf die → Längsstabilität; je größer der A., desto eher treten Ablöseerscheinungen auf (der → kritische Anstellwinkel wird kleiner) und desto größer ist die statische Längsstabilität.

Auftriebshilfen, *Landehilfen, Starthilfen:* Einrichtungen, die die Strömungsverhältnisse am Tragflügel so beeinflus-

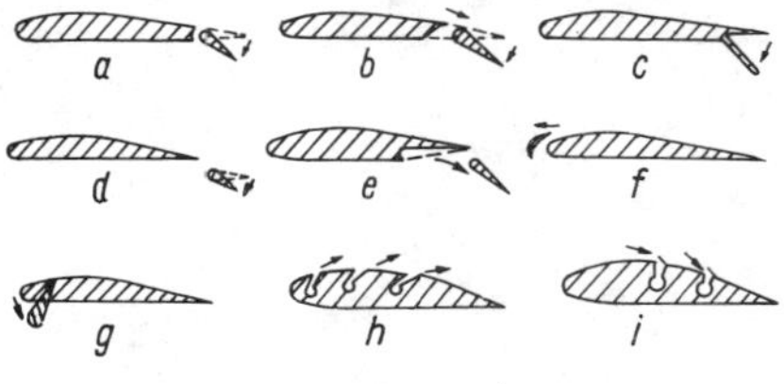

Auftriebshilfen: a Landeklappe, b Spaltklappe, c Spreizklappe, d Junkers-Vorflügel, e Fowlerklappe, f Vorflügel, g Kippnase, h Ausblasen von Druckluft, i Absaugen der Grenzschicht

sen, daß der Auftrieb von Flugzeugen bei Start und Landung erhöht wird, Start- und Landegeschwindigkeit dadurch gesenkt sowie Start- und Landestrecke gekürzt werden. Durch A. dürfen sich die Schnellflugeigenschaften im Normalflug nicht verschlechtern. Die A. verändern entweder die Wölbung des Tragflügelprofils, vergrößern die Flügelfläche, beeinflussen die Grenzschicht oder lenken bei Luftstrahltriebwerken den Triebwerksstrahl ab. Oft werden die einzelnen Methoden kombiniert. A. befinden sich meist am hinteren Teil der Tragflügel zwischen Querruder und Rumpf oder an der Flügelnase. Bei Hochgeschwindigkeitsflugzeugen werden z. T. auch die Querruder als A. mitbenutzt. A. sind bei kleineren Flugzeugen aus einem Stück; bei Flugzeugen mit großer Spannweite bestehen sie dagegen aus mehreren Teilen, um die Beanspruchung des Einzelteils durch die Tragflügeldurchbiegung zu vermindern. Die Aufteilung ist auch notwendig, um ein Verklemmen der mehrfach gelagerten A. bei Tragflügeldurchbiegung zu verhindern. In eingefahrenem Zustand sind die A. meistens verriegelt und nehmen dann nur die an dieser Stelle des Profils wirkenden örtlichen Luftkräfte auf. Einfachste A. ist die *Lande-* oder *Wölbungsklappe*, die wie das Querruder gestaltet ist und wie dieses um einen Drehpunkt nach unten geschwenkt wird. Ihre Wirkung beruht auf der durch den Ausschlag entstehenden stärkeren Wölbung des Tragflügels. Die *Spaltklappe* (auch als Fowler- oder ZAGI-Klappe bezeichnet) ähnelt der Landeklappe, gibt aber im Unterschied zu dieser beim Ausschlag einen Spalt frei, der einen Teil der Luftströmung von der Flügelunterseite nach der Flügeloberseite leitet. Durch die zusätzliche Zuführung von Bewegungsenergie an die Strömung auf der Oberseite wird deren Ablösen verhindert. Eine noch größere Auftriebserhöhung entsteht bei der *Doppelspaltklappe*: 2 Klappen, die beim Ausfahren 2 Spalten erzeugen. Die *Spreizklappe* ist ein Teil des Tragflügels und liegt im Normalflug glatt an. Bei Betätigung klappt sie aus der Tragflügelunterseite hervor, ohne das Profil an der Oberseite zu verändern. Bei dem *Junkers-Doppelflügel* (nach dem Konstrukteur benannt) ist ein kleiner Flügel drehbar unter der Hinterkante des Tragflügels angeordnet, der beim Verstellen die Tragflügelwölbung vergrößert. A., bei denen die Grenzschicht an der Tragflügeloberseite im Bereich vor der Klappe durch eine Vorrichtung entweder abgesaugt oder ihre Bewegungsenergie durch Einblasen von Luft erhöht wird, finden sich vor allem bei modernen Jagd- und Bombenflugzeugen, meist im Zusammenwirken mit einfachen Wölbungsklappen, wobei deren Ausschlag von ca. 20° bis auf ca. 40° erhöht werden kann, ohne daß ein Ablösen der Strömung eintritt. Im Zusammenhang mit der Entwicklung von → STOL-Flugzeugen wird dieser Lösung bes. Beachtung geschenkt. Bei TL-Flugzeugen mit Triebwerken an den Tragflügeln werden zur Auftriebserhöhung *Strahlklappen* (Jet Flaps) verwendet. Sie stellen keine eigentlichen Klappen dar, sondern ein Gasstrahl wird am Tragflügelende fast senkrecht nach unten abgelenkt, so daß er wie eine ausgefahrene Klappe wirkt. Durch das Ausströmen von Gasen (die von den vorhandenen Triebwerken abgenommen oder auch durch spezielle Gasgeneratoren erzeugt werden können) an der Hinterkante des Tragflügels nach unten verändert sich die Umströmung am Tragflügel, ähnlich wie beim Ausfahren einer Spaltklappe. Außerdem wird der Auftrieb durch die Reaktionskraft des Strahls gesteigert. Tragflügel mit A. an der Flügelnase bezeichnet man als *Vor-*, *Spalt-* oder *Schlitzflügel*. Diese Hilfsflügel werden aus der Tragflügelvorderkante ausgefahren, wodurch ein Spalt entsteht, durch den Luft von der Unterseite auf die Oberseite strömt und dort das Ablösen der Strömung verhindert. Hinzu kommt, daß beim Ausfahren die Profiltiefe und damit die Flügelfläche vergrößert werden. In einzelnen Fällen kann das Ausfahren des Vorflügels

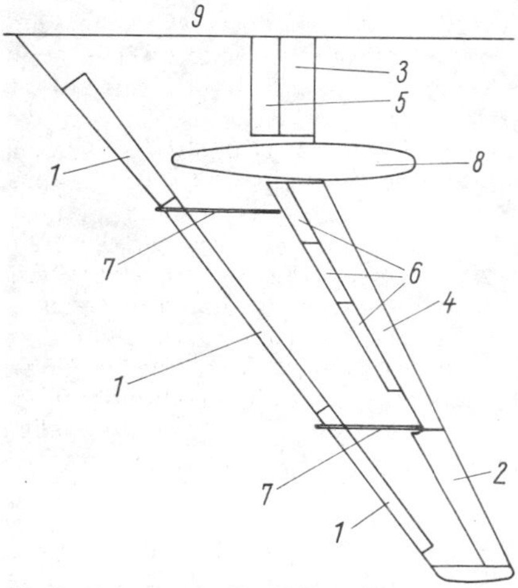

Mechanisierung der Tu-154-Tragflügel: 1 Vorflügel, 2 Querruder, 3 innere Landeklappe, 4 äußere Landeklappe, 5 innere Interzeptoren, 6 äußere Interzeptoren, 7 Grenzschichtzaun, 8 Fahrwerkgondeln

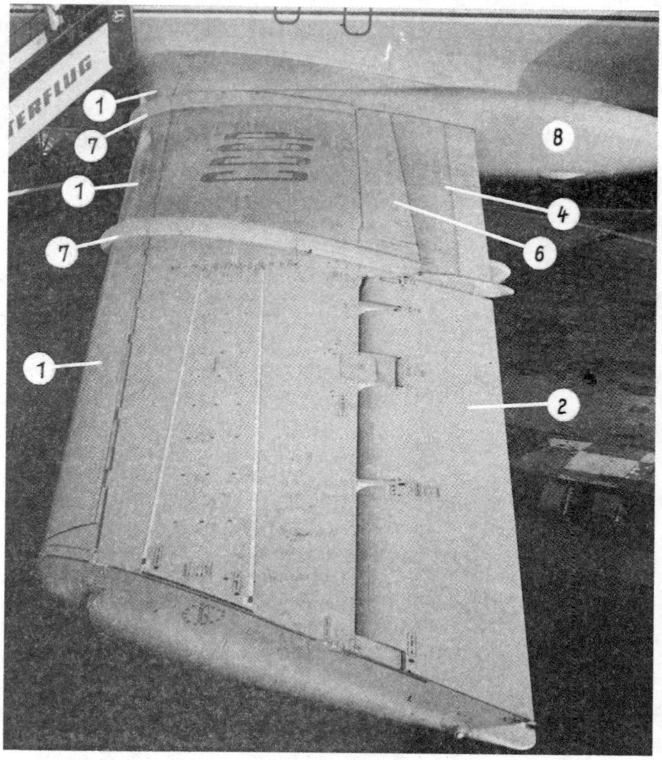

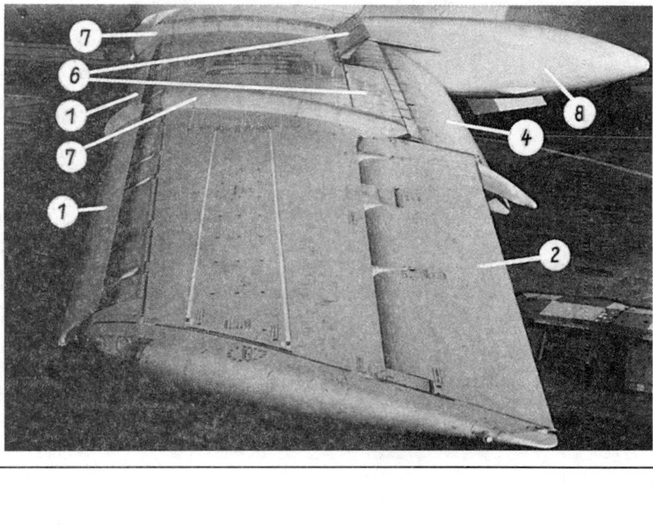

durch den Piloten geschehen, meist fährt er aber automatisch bei einem bestimmten Anstellwinkel infolge einer aerodynamisch entstehenden Saugkraft aus. Bei kleiner werdendem Anstellwinkel drückt die Luftströmung den Vorflügel dann wieder an die Flügelvorderkante. Bei TL-Flugzeugen wird als Mittel zur Auftriebserhöhung auch die *Kippnase* verwendet. Dabei wird der Nasenkasten als Ganzes oder in Teilen nach unten gekippt, so daß eine stärkere Profilwölbung entsteht. Der an der Oberseite entstehende Spalt wird abgedeckt. Die Kippnase wird meist zusammen mit einer anderen A. an der Tragflügelhinterkante, vorwiegend mit einer Spaltklappe angewendet. Zur extremen Verkürzung der Start- und Landestrecken sowie zum Verbessern der Langsamflugeigenschaften gibt es noch die Strahlauslenkung der Haupttriebwerke, den Einbau vertikaler Hubtriebwerke oder Hubgebläse sowie die veränderliche Tragflügelpfeilung. → Grenzschichtbeeinflussung.

Auftriebskörper: flügelloses Gleitgerät mit relativ hoher Gleitzahl bei relativ niedriger Masse. Als geeignet erweisen sich halbkegelförmige A. mit ebener Rumpfober- und gewölbter Rumpfunterseite oder umgekehrt. Sie besitzen 1 oder mehrere Seitenleitwerke (meist aufgesetzt) und Höhenruder auf Ober- und Unterseite des Rumpfhecks, ein-

Auftriebskörper Martin SV 5P

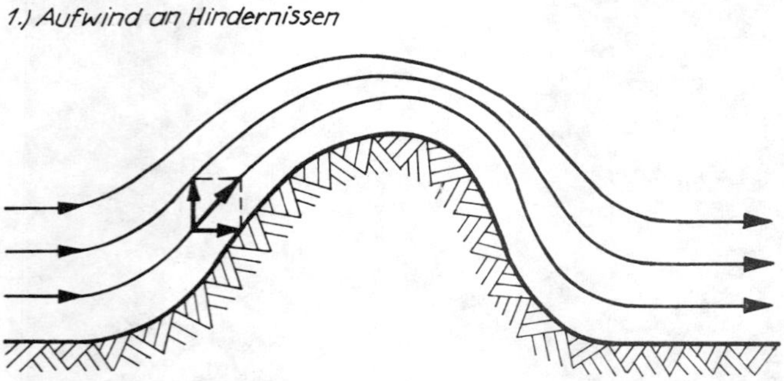

ziehbare Bugradfahrwerke oder Kufen. Mit A. erprobt man Lösungen zum Zurückführen von → Raumflugkörpern durch gesteuerten Landeanflug.

Auftriebsmittelpunkt: → Druckpunkt

Aufwind: kleinräumige aufwärts gerichtete Luftbewegung im Gegensatz zum → *Abwind.* A. werden hervorgerufen durch a) die Ablenkung einer horizontalen Luftströmung an Hindernissen (Gebäude, Hügel, Berge, Gebirge), b) die Erwärmung der einem Hang un-

1 Aufwind an Hindernissen, 2 Hangaufwind, 3 Thermischer Aufwind (Thermik), 4 Wolkenaufwind, 5 Frontaufwind, 6 Wellenaufwind (Leewellen)

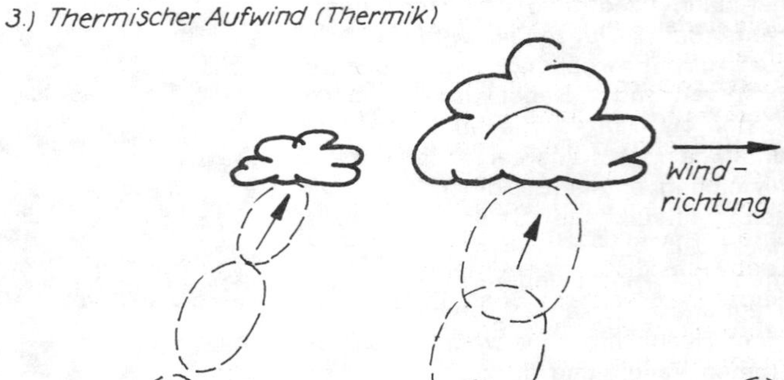

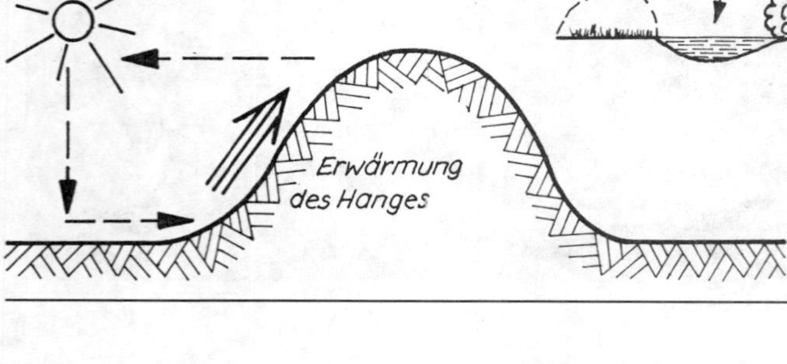

mittelbar aufliegenden Luftschicht (*Hang-A.*) c) Erwärmung der bodennahen Luftschicht und deren blasenförmige oder schlauchartige Ablösung (*thermischer A.* oder → *Thermik*), d) die bei der Wolkenbildung frei werdende Kondensationswärme, die die thermische Konvektion verstärkt *(Wolken-A.)*, e) die erzwungene Hebung von Warmluft unmittelbar vor einer Kaltfront, bei der sich Kaltluft keilförmig unter Warmluft schiebt *(Front-A.)* und f) Wellenschwingungen hinter Gebirgszügen *(Wellen-A., → Leewellen)*.

Aufziehleine: Leine des Fallschirms, die vor dem Absprung am Flugzeug befestigt wird und beim Absprung den Fallschirm automatisch aus dem Verpackungssack herauszieht. Die A. wird oft als *Reißleine* bezeichnet.

Auriol, *Jacqueline:* französische Testpilotin, geb. 5. Nov. 1919 in Challans (Vendée), Pilotenschein 1948, 1950 schwerer Unfall, Militärpilotenschein vom 26. Sept. 1950, Linienflugzeugführerschein vom 25. Nov. 1950 und Hubschrauberschein vom 23. Jan. 1951. Zahlreiche Geschwindigkeitsrekorde für Frauen: 12. Mai 1951 – auf geschlossener 100-km-Strecke mit 818,181 km/h mit «Vampire»; 21. Dez. 1952 – 855,920 km/h mit «Mistral»; 1955 – 1 222 km/h mit «Mystère IVB»; 14. Juni 1963 – auf geschlossener 100-km-Strecke 2 038,70 km/h mit «Mirage IIIR». Als Testpilotin in Brétigny flog A. mehr als 150 verschiedenen Flugzeug- und Hubschraubertypen. 1964 Goldmedaille der → FAI; 1952 Orden der Ehrenlegion.

Ausbrandgrad: → Umsetzungsgrad

Ausbrechen: ungewollte Änderung der Rollrichtung eines Flugzeugs. Ursache des A. können Kreiselmomente bei einmotorigen Flugzeugen, ungleichmäßige Triebwerksleistung oder einseitiger Triebwerksausfall bei mehrmotorigen Flugzeugen, seitliche Böen, Defekte des Fahrwerks oder der Steuerung sein. Flugzeuge mit Bugrad sind bei unbeschädigtem Fahrwerk rollstabil, d.h., die beim A. am Fahrwerk in der Erdebene auftretende Momente wirken der Ausbrechbewegung entgegen. Flugzeuge mit Heckrad dagegen sind rollinstabil, d. h., die auftretenden Momente bewirken eine Verstärkung der Ausbrechbewegung. → Rollstabilität von Fahrwerken

Ausbringkraft: Angabe für die Kraft an Steuerknüppel bzw. Steuerrad und den Pedalen, die zum Ausleiten des getrimmten Flugzustandes erforderlich ist. Die A. ist ein wesentlicher Punkt, um → Flugeigenschaften im Rahmen der → Flugerprobung zu beurteilen.

4.) Wolkenaufwind

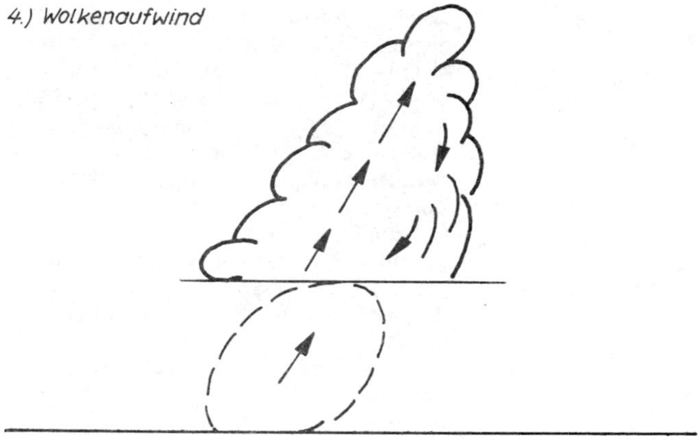

5.) Frontaufwind

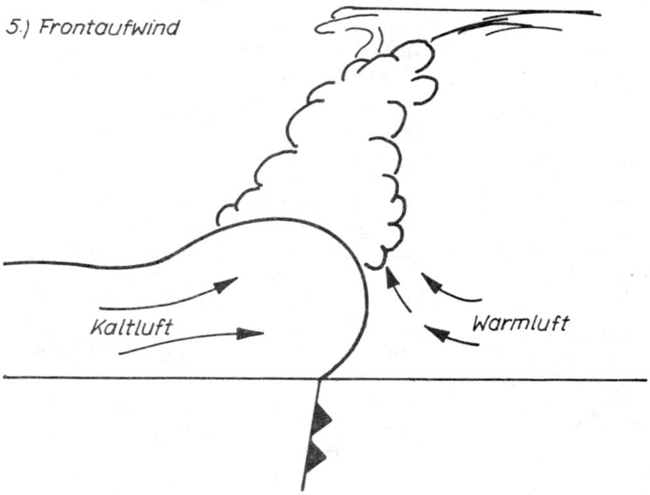

6.) Wellenaufwind (Leewellen)

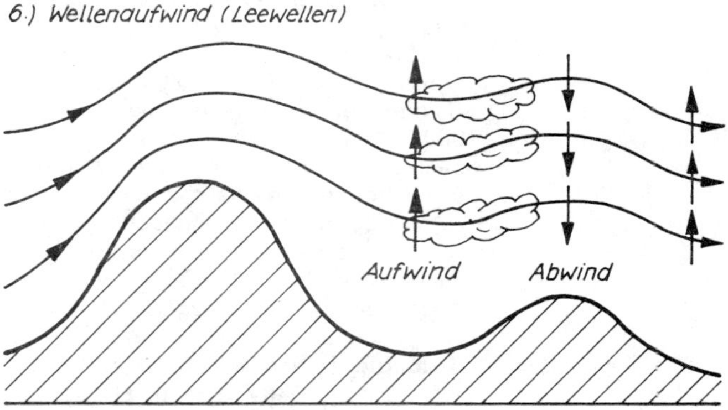

Ausfall der Flugtechnik: Ereignis, welches nicht völlig auszuschließen ist, aber nicht zu einem → Flugvorkommnis führen darf; Wege zur Verhinderung bzw. zur Abminderung der Folgen sind:

Konstruktionsprinzipien wie → Fail safe; höchste Zuverlässigkeit der einzelnen Anlagen, Systeme usw.; → Redundanz; ordnungsgemäße → Nutzung, → Wartung und → Instandhaltung.

Ausgieren: → Gieren

Ausgleichsdose: in magnetische Kompasse eingebaute Dose, welche die infolge Temperaturveränderung hervorgerufene Volumenänderung der Kompaßflüssigkeit ausgleicht. → Kompaß

Ausgleichsfläche: → Ruderausgleich

Ausgleichgefäß: → Variometer

Ausgleichschraube: am Hubschrauber svw. → Heckschraube.

Ausklinken: **1.** Auskuppeln – Lösen des Start- oder Schleppseils vom Segel- oder Motorflugzeug (→ Schleppflugzeug). – **2.** Abwerfen von Lasten bei Transportflugzeugen, Innen- oder Außenlasten, z. B. Bomben, Raketen, Startraketen, Zusatzbehälter von Militärflugzeugen, A. des Bremsschirms nach der Landung u. a.

Ausklinkvorrichtung, *Auskuppelvorrichtung:* bei Segel- und Motorflugzeugen sowie Hubschraubern an Rumpf oder Tragflügeln angebrachte Vorrichtung, die es ermöglicht, das Schleppseil, Außenbordlasten oder Zusatztanks mechanisch, hydraulisch oder elektrisch vom Pilotensitz aus auszuklinken.

Auskreuzung: **1.** kreuzweise in Tragflügeln und Rumpf angebrachte Verstärkung aus Drähten, Holzstreben, Metallrohren oder -profilen, die ein Verwinden (Verdrehen) verhindern soll. – **2.** kreuzweise Verspannung von Doppeldeckertragflügeln.

Auslaufzeit: wichtige Überwachungsgröße des technischen Zustandes von Gasturbinentriebwerken. Jede Gasturbine hat aufgrund ihrer hohen Drehzahl nach dem Abstellen und Absperren der Brennstoffzufuhr eine charakteristische A., die bei sich anbahnenden oder bereits eingetretenen Schäden deutlich kürzer wird. Deshalb wird die A. beim Abstellen eines Triebwerks gemessen und registriert.

Auslegungs-Mach-Zahl: die Mach-Zahl, für die ein Flugzeug, Flugkörper oder Triebwerk vom Konstrukteur ausgelegt wurde und bei der die optimale Erfüllung der gestellten Forderungen gewährleistet ist. Je mehr sich die tatsächlich geflogene M-Zahl von der A. unterscheidet, desto größer werden die Verluste an Flugweite und -dauer, Beschleunigungsvermögen und anderen Parametern. Die A. ist gewöhnlich an eine Auslegungsflughöhe gebunden.

Ausleiten: svw. Beendigung eines Teilmanövers, z. B. A. aus dem Sturzflug, d. h. Übergang aus dem Sturzflug in den Horizontalflug. → Einleiten

Auspuffgas: → Abgas

Ausrollen: Bewegung des Flugzeugs bei der → Landung vom Aufsetzen bis zum Stillstand. → Ausrollstrecke

Ausrollstrecke: Strecke vom → Aufsetzen bis zum Stillstand auf der Start- und Landebahn als Teil der Landestrecke; wichtiges Kriterium der Landeeigenschaften von Flugzeugen. Mit der ständigen Vergrößerung der Aufsetzgeschwindigkeit vergrößerten sich auch die A., was zum Verlängern der erforderlichen Landebahnen führte. Eine Verkürzung der A. wird deshalb heute mit Hilfe wirkungsvoller → Auftriebshilfen, verbesserter Bremsmöglichkeiten (Radbremsen, Schubumkehr, Bremsschirme) oder → Fanganlagen angestrebt.

Ausrüstung: Sammelbegriff für Geräte und → Anlagen sowie für nicht zum Flug- oder Triebwerk gehörende Teile, die keine Geräte sind und auch nicht zu Anlagen gehören. Die A. läßt sich entspr. der benutzten Hilfsenergie in elektrische, elektronische, pneumatische, hydraulische usw. A. einteilen (Einsatzzwecke gehen aus der Abb. hervor). Mit zunehmender Komplizierung der Flugzeuge wächst der Anteil der A. am gesamten Flugzeug. In modernen Flugzeugen repräsentiert die A. über 70 % der Gesamtkosten.

Ausschweben: → Landung

Außenflügel: bei Tragflügeln, die längs der Spannweite unterteilt sind, die auf beiden Seiten außen befindlichen Flügelteile, die entweder an das Tragflügelmittelstück oder einen speziellen, Kräfte und Momente aufnehmenden Abschnitt der Rumpfkonstruktion (z. B. kraftaufnehmende → Spanten) angeschlossen sind. Bei Tragflügeln mit sehr großer Spannweite kann aus fertigungstechnischen und War-

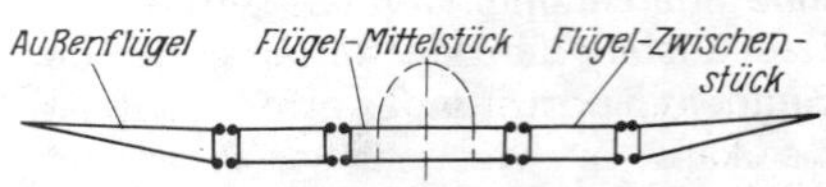

Unterteilung eines Tragflügels längs der Spannweite

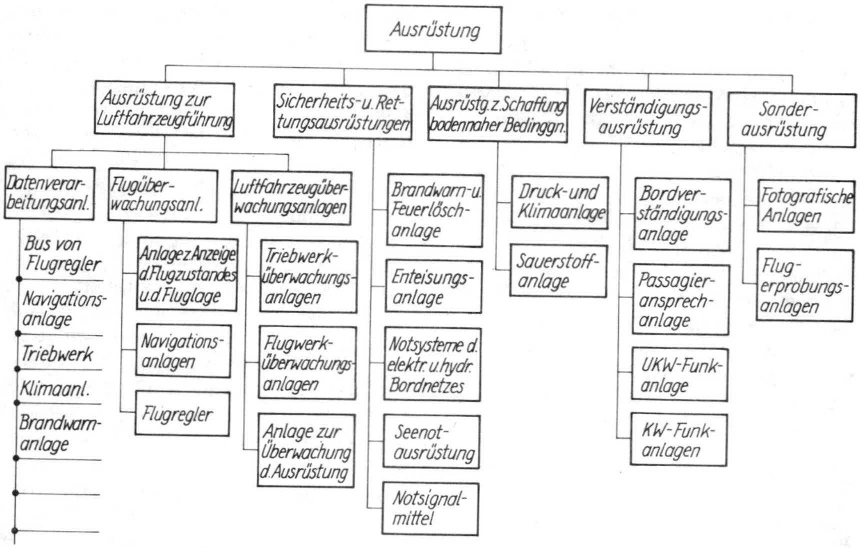

Einteilung der Luftfahrzeugausrüstung nach dem Verwendungszweck

tungsgründen der Tragflügel in Mittelstück, Zwischenstücke und A. unterteilt werden.

Außenhaut: äußere Kontur eines Flugzeugs, bestehend aus jeweils unterschiedlichen Werkstoffen. Je nach Material spricht man von → Bespannung bei Stoff-, von → Beplankung bei Holz- und von → Behäutung bei Metall- oder Plast-A. Die A. hat die Aufgabe, die im Flugzeug untergebrachte Ausrüstung, Besatzung, Passagiere oder Lasten vor den Einflüssen des Luftstroms zu schützen und vor allem, die gewählte aerodynamisch günstige äußere Form des Flugzeugs zusammen mit dem → Festigkeitsverband – unabhängig von Fluggeschwindigkeit, -höhe und Manöver (Belastung) – zu gewährleisten. Bei modernen → Bauweisen ist die A. schubsteif und als tragendes Element in den Festigkeitsverband einbezogen.

Außenlandefeld: 1. in der Nähe von Flugplätzen, vorwiegend Sportflugplätzen, festgelegte Fläche, die aufgrund ihrer Beschaffenheit und Lage für Außenlandungen von Segelflugzeugen geeignet ist. → Notlandefeld – **2.** eine vom Piloten eines Segelflugzeugs während des Flugs ausgewählte und für eine Außenlandung geeignete Fläche. Das A. soll so beschaffen sein, daß ein Segelflugzeug ohne Beschädigung landen kann.

Außenlandung: beabsichtigte Landung eines Segelflugzeugs auf einem durch den Piloten ausgewählten Landefeld. → Außenlandefeld, → Notlandung

Außenlastflug: Lufttransport von Gegenständen, die wegen ihrer Abmessungen nicht im Laderaum untergebracht werden können. In den 30er Jahren in der UdSSR Methode, um die Luftlandetruppen mit schweren Waffen und Fahrzeugen zu unterstützen. In der ČSFR bei der Il-14 angewendet. Heute aber meist bei Hubschraubern üblich, um diese als »fliegenden Kran« zu benutzen. Ein Aufhängen der Last außen geschieht auch dann, wenn das Absetzgelände keine Landung ermöglicht. Heute durchaus in der Volkswirtschaft übliches Verfahren, z. B. Verlegen der Stromkabel durch Hubschrauber Mi-8 bei Elektrifizierung des DDR-Eisenbahnnetzes.

äußere Leistung: → Leistung

äußerer Wirkungsgrad: → Wirkungsgrad

Aussteigen: Verlassen des Flugzeugs in Notfällen ohne Katapultsitz o. ä Rettungseinrichtung.

Ausströmdüse: → Schubdüse

Austrian Airlines, Österreichische Luftverkehrs AG, Abk. **OS:** staatliches Österreichisches Luftverkehrsunternehmen mit Sitz in Wien. 1957 durch Fusion der Fluggesellschaften Air Austria und Austrian Airways entstanden. *Flugzeugpark* (1988): 2 Fokker F 50, ein Airbus A 310, 13 MD 81, 2 MD 87, 3 DC 9. Ver-

AUSTRIAN AIRLINES

kehrsdaten 1987: 2,23 Mill. beförderte Passagiere; 2,49 Mrd. Pkm; 20 Mill. Fracht-tkm; 248 Mill. tkm Gesamtleistung. Streckennetz von 58000 km. Hauptstrecken: Mittlerer Osten, Nordafrika, Europa. Mitglied der IATA.

Austrittsverlust: Verlust bei Gasturbinentriebwerken infolge der nicht nutzbaren kinetischen und thermischen Energie der Abgase.

Ausweichflughafen: für jeden Flug im voraus bestimmter Flughafen, der angeflogen wird, wenn der eigentliche Zielflughafen, insbesondere aus meteorologischen Gründen, nicht benutzbar ist.

Ausweichregeln: Regeln bzw. Vorschriften in der → Luftverkehrsordnung (LVO) oder in den daraus abgeleiteten Flugbetriebsordnungen (MBO, SBO), die das Ausweichen, Kreuzen, Über-, Unterfliegen und Überholen von Luftfahrzeugen verbindlich für alle Kategorien von Luftfahrzeugen festlegen.

Auswiegen: Herstellen des stabilen Gleichgewichts bei Luftfahrzeugen leichter als Luft durch Zuladung oder Abwurf von Ballast.

AUTOFLUG GMBH: BRD-Firma für die Produktion von Luftfahrtausrüstungen. Am 15. Sept. 1919 in Berlin-Johannisthal vom Flugpionier und Rekordinhaber Gerhard Sedlmayr als Spezialunternehmen für das Automobil- und Flugwesen gegr. Impulse dafür gaben die außergewöhnlichen fliegerischen Erfahrungen des Firmengründers. Internationale Vertretungen, Lizenzfertigungen und eigene Entwicklungen ließen A. zu einem führenden Unternehmen in der Branche werden. In Egenbüttel bei Hamburg sowie in Kiel entstanden ab 1960 neue Werksanlagen für vielseitige Entwicklungs- und Produktionsprogramme auf den Gebieten der Kraftfahrzeuge, Schiffahrt, Luft- und Raumfahrt. Neben Rettungs-, Sprung- und Lastenfallschirmen, Sauerstoffausrüstungen, Flugzeuganschnallgurten, automatischen Rettungsinseln und Schwimmwesten gehören zum Produktionsprogramm der A. im Sektor Luftfahrt vor allem vollautomatische Rettungssysteme für zahlreiche Militärflugzeugtypen, so die Schleudersitze Mk.4 sowie die der Baureihe Mk.10 (z. B. Mk.10C für den Typ Alpha Jet). Die Schleudersitze wurden in der Gemeinschaftsarbeit mit der britischen Firma → Martin-Baker hergestellt.

Autogiro: svw. Tragschrauber. → Rotorflugzeug

Autoluftfähre: Luftverkehrslinie, die Kraftwagen und ihre Insassen befördert. Der Hauptvorteil besteht neben der Zeitersparnis im Direktflug unter Vermeidung des gebrochenen Verkehrs (Straße bzw. Bahn-Schiff-Straße bzw. Bahn). A. bestehen zwischen Großbritannien und Holland, Belgien, Frankreich, der Schweiz und den britischen Inseln; ferner zwischen Irland–Großbritannien, Irland–Frankreich, Italien–Sizilien, Frankreich–Korsika, Spanien–Palma de Mallorca.

Automatic Direction Finder, Abk. **ADF:** engl. für Automatischer Richtungsfinder. → Funkkompaß

Automatic Speech Recognition: → vokales Bedienungssystem

Autopilot, *automatischer Pilot, Robotersteuerung, Selbststeuermaschine, Selbststeuerung:* → Flugregler, der je nach Art und Größe des Luftfahrzeugs folgende Aufgaben automatisch ausführt: Kurs-, Lage-, Machzahl-, Höhenhaltung, Fliegen einer Normkurve, Fliegen einer vorgegebenen Flugroute von Wegpunkt zu Wegpunkt, Landeanflug, Abfangen und Landen, Durchstarten, Fliegen eines Werbeverfahrens, Fliegen einer Platzrunde, Rollen, Lagehaltung im Schwebeflug (bei Hubschraubern und VTOL-Flugzeugen). Im allgemeinen Sprachgebrauch wird der A. häufig mit dem Flugregler verwechselt.

Autopilot-Notausschalter: Schalter zum schnellen Abschalten des → Autopiloten bei Gefahrenzuständen.

Autorotation (griech., lat.): **1.** Drehbewegung eines Flugzeugs um die Längsachse, die, wenn sie im überzogenen Flugzustand einmal begonnen hat, sich von selbst fortsetzt, da am steigenden Flügel eine Erhöhung, am fallenden eine Verminderung des Auftriebs eintritt. Im normalen Flugzustand wird die Drehung automatisch gedämpft. – **2.** bei → *Rotorflugzeugen* Betriebszustand der → Tragschraube, bei dem der Antrieb nicht durch das Triebwerk erfolgt, sondern die Energie zum Antrieb des Rotors der anströmenden Luft entzogen wird. Bei → Tragschraubern befindet sich der Rotor immer in A., bei allen anderen Klassen von Rotorflugzeugen nur zeitweilig (z. B. bei Triebwerksausfall). Durch energisches Verringern des → Einstellwinkels wird die Richtung der Luftkraftresultierenden des Blattes so verändert, daß die Drehzahl beibehalten, vergrößert oder vermindert wird. Da bei A. kein Drehmoment von der Tragschraubenwelle übertragen wird, verschwindet das → Rückdrehmoment. Damit, sowie infolge einer geänderten Durchströmrichtung der Tragschraube gegenüber dem normalen Betriebszustand wird die Gleichgewichtslage eines einrotorigen Hubschraubers stark gestört (Buglastigkeit, Schräglage, Einkurven); der Hubschrauberführer muß die normale Fluglage herstellen. Auch mit A. ist eine normale Landung möglich. – **3.** Bez. für einen Betriebszustand von Luftschraubenantriebsanlagen – insbesondere PTL-Triebwerken – bei dem im Fluge kein Leistungsaustausch zwischen der Luftschraube und dem Triebwerk stattfindet. In der Praxis wird der → Windmühlenbetrieb häufig fälschlicherweise mit A. bezeichnet.

Autoschlepp: Startart für Segelflugzeuge; das Segelflugzeug ist durch ein langes Drahtseil mit einem fahrenden Kraftwagen verbunden, der es auf eine der Länge des Drahtseils entspr. Höhe zieht; dort löst sich das Segelflugzeug durch Ausklinken vom Seil. Der A. von Segelflugzeugen ist heute nicht mehr üblich. Neuerdings wird der Autoschlepp auch als Startmöglichkeit für → Drachenflieger und → Ultra-Leicht-Gleitflugzeuge verwendet.

Auto Voice GCA: automatische → GCA-Bodenanlage, die ohne Radarlotsen arbeitet. Je nach Abweichung des Flugziels vom idealen Landekurs und Gleitwinkel sendet die Anlage die auf einem Tonträger vorhandenen Korrekturanweisungen automatisch auf dem vorgesehenen Funksprechkanal.

Auxiliary Power Unit, Abk. **APU:** engl. Bez. für → Hilfstriebwerk.

Avalanche (franz.): Kunstflugfigur. Looping nach oben mit einer gerissenen oder gesteuerten Rolle im Scheitelpunkt. → Kunstflug

Avia: 1. Typenbezeichnung für Flugzeuge der tschechoslowakischen Werke Avia A. S. Prumysl Letecky, gegr. 1919. Zu den bekanntesten A.-Typen gehörte bis zur deutschen Besetzung das Standardjagdflugzeug B-534 (1937). A. baute auch Lizenzmuster, z. B. die Fokker F-VII. Nach dem zweiten Weltkrieg wurden die Werke verstaatlicht und gehören zum Flugzeug- und Automobilkonzern Československé Zavody Automobilove a Letecke. Heute hat der Autobau bei A. die Flugzeugproduktion verdrängt. – **2.** polnische Präzisionsmaschinenfabrik in Warschau, in der zwischen den Weltkriegen Flugzeugmotoren gebaut und repariert wurden.

Aviación y Comercio S. A. Aviaco, Abk. **AVIACO:** spanisches Luftverkehrsunternehmen mit Sitz in Madrid. Es wurde 1940 gegr. und begann den planmäßigen Dienst 1950. *Flugzeugpark:* 21 DC-9, 9 F.27-600. Verkehrsdaten 1985: 1,76 Mill. beförderte Passagiere; 743 Mill. Pkm; 6 Mill. Fracht-tkm; 68,2 Mill. tkm Gesamtleistung im planmäßigen Inlandflugverkehr; 315 Mill. tkm im Charterflugverkehr. Inlandflugverkehr; Charterflüge nach USA.

AVIACO: Abk. für → **Avia**cion y **Co**mercio S. A.

Aviaexport: 1964 gegr. Außenhandelsunternehmen der Sowjetunion zum Export von Flugzeugen und Hubschraubern, Propellerschlitten, Flugzeugtriebwerken, Fallschirmen, Flugzeug- und Flughafenausrüstungen mit Sitz in Moskau. Bis 1975 wurden mit Hilfe von A. 11 800 ausländische Piloten sowie Flugzeug- und Flugplatzmechaniker ausgebildet und qualifiziert. Bis zum gleichen Termin lieferte A. über 3 000 Flugzeuge in 16 Länder Europas, Afrikas, Asiens und Lateinamerikas. Dazu standen allein 1974 900 A.Ingenieure im Auslandsservice zur Verfügung. Der Export begann mit Il-14, es folgten Il-18, bis 1975 20 unterschiedliche Typen. 1987 meldete A. den Verkauf von über 5 200 Flugzeugen und Hubschraubern in 55 Länder der Erde. Zur Frühjahrsmesse 1988 in Leipzig informierte A. über das künftige neue Exportangebot, das die neuen Flugzeugtypen Il-96, Il-114 und Tu-204 sowie die Hubschrauber Ka-126, Mi-26 und Mi-34 umfassen soll. Zum Exportprogramm zählen nach wie vor solche Typen wie Tu-154, Il-62 M und Mi-17.

Avianca, Aerovias Nacionales De Colombia S. A., Abk. **AVN:** kolumbianisches Luftverkehrsunternehmen mit Sitz in Bogotá. Älteste amerikanische Luftverkehrsgesellschaft; Vorläufer war die 1919 von 5 Kolumbianern und 3 Deutschen gegr. SCADTA. Als Avianca besteht die Gesellschaft seit 1940. *Flugzeugpark* (1988): 4 Boeing 707, 9 Boeing 727; weitere 9 Boeing 727 sowie eine Boeing 747 sind geleast. Verkehrsdaten 1987: 3,75 Mill. beförderte Passagiere; 3,4 Mrd. Pkm; 154,1 Mill. Fracht-tkm; 752,6 tkm Gesamtleistung. Hauptstrecken (rd. 77 000 km): Lateinamerika, USA, Europa; Inlandflugverkehr (etwa 1,5 Mill. Passagiere). Ausgeprägter intern. Luftfrachtverkehr. Mitglied der IATA.

Aviasagranpostawka: 1968 gegr. sowjetisches Unternehmen in Moskau, das ausländische Kunden innerhalb von 2 Tagen nach Eingang einer Bestellung mit Ersatzteilen für UdSSR-Luftfahrtgeräte versorgt und für 10 Jahre ab Lieferung eines Hubschraubers oder Flugzeugs dessen Ersatzteilversorgung sichert.

Aviatik (lat. avis, Vogel): **1.** in der Pionierzeit für Flugtechnik, Flugwesen gebräuchlich gewesener Begriff. – **2.** Kurzbezeichnung für die 1910 in Mülhausen/Elsaß von Julius Spengler gegr. Flugzeugfabrik «Automobil- und Aviatik-Werke A.G.», die in Lizenz Hanriot-Eindecker und Farman-Doppeldecker herstellte, 1911 eine Filiale in Johannisthal, 1914 in Österreich eine Tochtergesellschaft gründete und später (1916) in Leipzig-Heiterblick ansässig war. Ab 1912 eigene Konstruktionen. Während des Kriegs Bau von 2609 Militärflugzeugen (vor allem für Schulung und Aufklärung). – **3.** Kurzbezeichnung für die frühere «Österreich-Ungarische Flugzeugfabrik Aviatik», Wien.

Aviatiker: Kenner des Flugwesens, Flieger.

Avioanlage: → Applikationsanlage

Aviochemische Ausrüstung: die Elemente des → Agrarflugzeugs oder → Agrarhubschraubers, die zur Lagerung und Förderung der Chemikalien innerhalb des Flugzeugs sowie zur Ausbringung der Chemikalien dienen. Dazu gehören a) der Chemikalienbehälter (im Flugz. eingebaut, beim Hubschr. i. allg. als 1 oder 2 Außenlastbehälter), b) Förderpumpen einschließlich Antriebsorgane, c) Rohranlagen zur Weiterleitung der Chemikalien, d) Ausbringe- und Verteilungseinrichtungen für feste und flüssige Mittel. → Applikationsanlage

Aviochemischer Flugdienst: Einrichtung, die mit → Agrarflugzeugen und → Agrarhubschraubern zur Düngung, Bekämpfung von Pflanzenkrankheiten und -schädlingen sowie zur Unkrautvernichtung in Land- und Forstwirtschaft tätig ist. Weltweit bearbeiteten 1987 über 26 000 Flugzeuge in 49 Ländern jährlich über 256 Mill. ha Land aus der Luft. → Agrarluftfahrt

Aviochemischer Pflanzenschutz: Schutz von Pflanzen und Bäumen vor Befall durch pflanzliche und tierische Schädlinge, Unkrautbekämpfung und Ausbringung von Wachstumsregulatoren mit Hilfe von → Agrarflugzeugen und → Agrarhubschraubern, die mit → aviochemischen Ausrüstungen versehen, Pflanzenschutzmittel (Chemikalien) in verschiedener Weise (→ Applikationsanlage) ausbringen.

Avion: franz. Bez. für Flugzeug, abgeleitet von lat. avis (Vogel). Erstmalig von

in Leipzig-Möckern g
baut: Aviatic C III

dem französischen Flugpionier → *Ader* bei einer Patentanmeldung vom 19. April 1890 benutzt.

Avionik: Sammelbez. für elektronische, hochfrequenz- und regelungstechnische Geräte und Anlagen der Luftfahrt (z. B. Flugregler, Navigationsanlagen, Datenspeicher- und -verarbeitungsanlagen).

Avions Pierre Robin: französisches Flugzeugwerk in Fontaineles-Dijon Cédex (kurz: Robin), entstanden 1969 durch Umbenennung von → Centre Est Aéronautique (im Okt. 1957 von Pierre Robin gegr., bis 1966 über 400 DR-Maschinen ausgeliefert). Produzierte 1motorige Ganzmetall-Schul- und Reiseflugzeuge mit der Bezeichnung DR (z. B. DR 400/140 B Major, D – Zeichen für die Mitarbeit von *Jean Delemontez,* R – steht für *Pierre Robin*), HR (unter Mitarbeit von Chefkonstrukteur *Christoph Heintz*) oder R. In Produktion befinden sich Versionen der Reihen DR 400 und R 2000.

AVN: Abk. für → Avianca, **A**ero**v**ias **N**acionales de Colombia S. A.

Avro: Typenbezeichnung für Flugzeuge der britischen Firma A. V. Roe and Co. Ltd., gegr. 1910 als erste britische Flugzeugfabrik. 1913 Umwandlung in Company. 1935 Anschluß an die Flugzeugfirmengruppe – Hawker Siddeley Aviation. Als A. W. Roe Canada Limited-Filiale in Kanada. Zu den bekanntesten A.-Typen gehören die Bombenflugzeuge Avro 683 «Lancaster» (1942) und Avro 694 «Lincoln» (1944). Ab 1947 Spezialisierung auf Deltaflügel-Bombenflugzeuge: Avro 698 «Vulcan» (1952).

AVTUR: Abk. für engl. **Av**iation **Tur**bine Kerosene. → Brennstoff

AWACS: Abk. für **A**irborne **W**arning **a**nd **C**ontrol **S**ystem, (engl.) Luftraumüberwachungs- und Leitsystem. AWACS ist die zum militärischen Aufklärungsflugzeug E-3A «Sentry» umge-

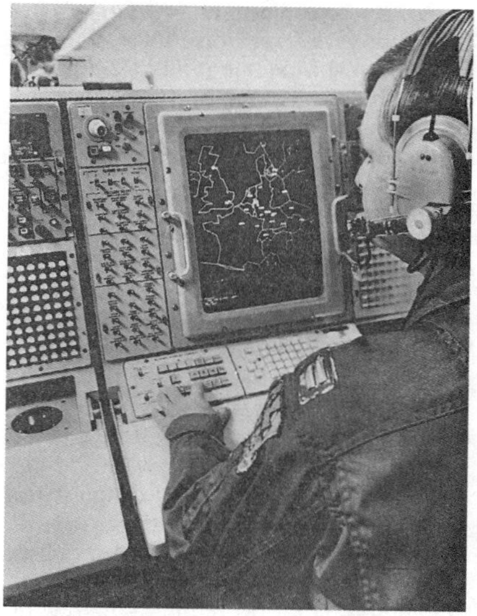

Blick ins Innere einer AWACS-Maschine

Operationszentrum einer AWACS E-3A

rüstete Version der → Boeing 707 (707-320B), auf deren Rumpf sich eine linsenförmige → Radar-Antenne (Durchmesser ca. 9 cm) auf 2 hohen Streben befindet, deren Informationen auf 9 Mehrzweck-Darstellungsgeräten zu erfassen sind. Die als Boeing E-3A bezeichnete Maschine kann mit 1010 km/h Höchstgeschwindigkeit fliegen und bis 11 h ohne Nachbetankung in der Luft bleiben. Die erste Vorserienmaschine flog erstmals am 24. Febr. 1975. 1977 erhielt der Typ die Bez. «Sentry». Die USA-Luftwaffe verfügte 1985 über die bestellten 34 Maschinen; und die NATO hatte die vorgesehenen 18 Flugzeuge ebenfalls erhalten.

Awiazija Dalnego Dejstwija, Abk. **ADD:** sowjetische Fernfliegerkräfte, am 5. März 1942 auf Beschluß des Staatlichen Komitees für Verteidigung der UdSSR aus den Fernbomberfliegerkräften (DBA) im Bestand von 7 Bomberdivisionen, 1 Transportfliegerdivision und 1 selbständigen Fliegerbrigade formiert. Erster Befehlshaber: General *A. E. Golowanow.* Im Mai 1943 umgebildet in 8 Fliegerkorps mit je 2 Fliegerdivisionen zu je 2 Fliegerregimentern; während des Krieges und in den Nachkriegsjahren der jeweiligen Situation entspr. reorganisiert und mit modernerem Fluggerät ausgerüstet. Im Dez. 1944 zur 18. Luftarmee umgebildet; bis dahin dem sowjetischen Oberkommando direkt, danach dem Kommando der UdSSR-Luftstreitkräfte unterstellt. 1946 umbenannt in Dalnjaja Awiazija. Befehlshaber: April 1946–Mai 1948: Hauptmarschall der Flieger *A. E. Golowanow*; bis Sept. 1949: Generaloberst der Flieger *P. F. Shigarew*; bis Aug. 1950; Generalleutnant der Flieger *E. M. Nikolajenko*; bis Juni 1953: Generaloberst der Flieger *S. J. → Rudenko*; bis März 1955: Hauptmarschall der Flieger *A. A. Nowikow*; bis April 1962: Marschall der Flieger *W. A. → Sudez*; bis Jan. 1969: Marschall der Flieger *F. A. → Agaltzow*; ab 20. Jan. 1969: Generaloberst der Flieger *W. W. Reschetnikow.*

AWY: Abk. für → Airway (engl. für Flugstraße).

Axialgelenk: bei → Rotorflugzeugen ein Gelenk an → Trag- und → Heckschrauben, das den Blättern eine Drehung um ihre Längsachse und damit eine Änderung ihres Einstellwinkels ermöglicht (→ Blattverstellung); wesentliches Element des → Steuerwerks von Hubschraubern sowie von → Verstellpropellern.

Axialtriebwerk: → Luftstrahltriebwerk, das vom Arbeitsmedium axial durchströmt wird; bei Gasturbinentriebwerken als Triebwerke mit Axialverdichter (→ Verdichter) und Axialturbine (→ Turbine).

Axialturbine: → Turbine, die vom Strömungsmedium axial durchströmt wird.

Axialverdichter: → Verdichter, der vom Strömungsmedium axial durchströmt wird.

AY: Abk. für → **A**ero O/**Y**.

AZ: Abk. für → ALITALIA.

Azimut: 1. Winkel zwischen der Vertikalebene, in der der Meridian des Standortes liegt, und der Vertikalebene, in der die Verbindungsgerade vom Standort zu einem gewählten Punkt verläuft. – **2.** bei *Rotorflugzeugen* – Winkel zur Angabe der momentanen Stellung eines → Blattes während einer Umdrehung. Der A.winkel ψ (Psi) wird gebildet zwischen der Längsachse der Drehebene (dem nach hinten zeigenden Radiusvektor der Rotorkreisfläche) und der Projektion der Längsachse des Blattes auf die Drehebene. Der A. wird in Drehrichtung des Rotors gezählt.

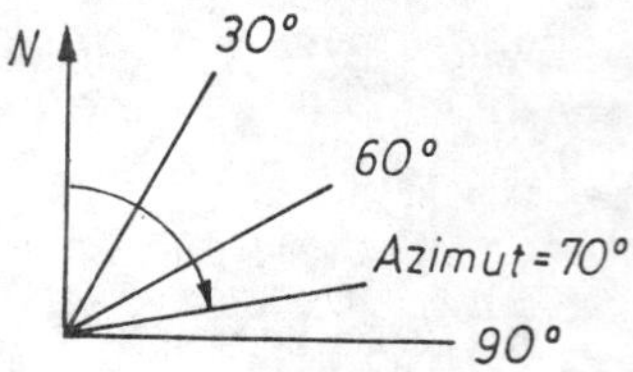

B: 1. Typenbezeichnung für Hubschrauber des sowjetischen Konstrukteurs → *Bratuchin* (z. B. B-5, 1947; B-9, 1947; Aufklärungshubschrauber B-11, 1948). – **2.** Bezeichnung für Bombenflugzeuge der US-Luftstreitkräfte (z. B. B-52 «Stratofortress»). – **3.** im ersten Weltkrieg bis 1915 bei der deutschen Fliegertruppe Bezeichnung für unbewaffnete, 2sitzige Doppeldecker als Aufklärungsflugzeuge, danach bis 1918 als Schulflugzeuge, z. B. Albatros B II.

BABS: Abk. für engl. **B**lind **A**pproach **B**eacon **S**ystem, Blindlandebaken-System. → BABS-REBECCA

BABS-REBECCA: funktechnische Landehilfe aus der Zeit des zweiten Weltkriegs, die man aus dem Verfahren → REBECCA-EUREKA entwickelte. Flugzeuge mit REBECCA-Bordausrüstung konnten mit Hilfe der BABS-Richtsendebake (beantwortete die REBECCA-Impulse links der Landerichtung mit Punkten und rechts mit Strichen, die im Anzeigegerät an Bord abgebildet wurden) eine Landung unter schlechter Sicht einleiten. Das Verfahren hatte keine internationale Bedeutung.

BAC: Abk. für den britischen Flugzeugkonzern → British Aircraft Corporation Limited, 1977 mit anderen Firmen auf Regierungsdruck zur → BAe (→ British Aerospace) zusammengeschlossen.

Bachtschiwandschi, Grigori Jakowlewitsch: sowjetischer Versuchspilot, Hauptmann, Held der Sowjetunion postum 28. April 1973, geb. 7. (20.) Febr. 1909 Staniza Brinkowskaja, Gebiet Krasnodarsk, gest. (abgestürzt) 27. März 1943 in der Nähe von Swerdlowsk. Armeeangehöriger seit 1931. Mitglied der KPdSU 1932, von Beruf Schlosser. – B. absolvierte in der Armee eine fliegertechnische Schule (1933) sowie die Flugzeugführerschule Orenburg (1934) und wurde Versuchsflieger der Luftstreitkräfte. Bei Kriegsausbruch in der Luftverteidigung Moskaus, in 65 Gefechtsflügen 5 Luftsiege (allein und in der Gruppe). 1942 von der Front zur Erprobung von Versuchsflugzeugen mit Raketenantrieb (BI-1, Erstflug B.: 15. Mai 1942) abkommandiert, die *B. F.* → *Bolchowitinow* konstruiert hatte, wobei er 1943 nach 3 erfolgreichen Flügen bei einer Geschwindigkeit um 800 km/h verunglückte. B. erhielt 2 Leninorden und andere Auszeichnungen.

Grigori Bachtschiwandschi

BAe: Abk. für → **B**ritish **Ae**rospace, Luftfahrtkonzern Großbritanniens.

Bahnlinie: → Strömung

Bahnneigung, *Bahnneigungswinkel:*

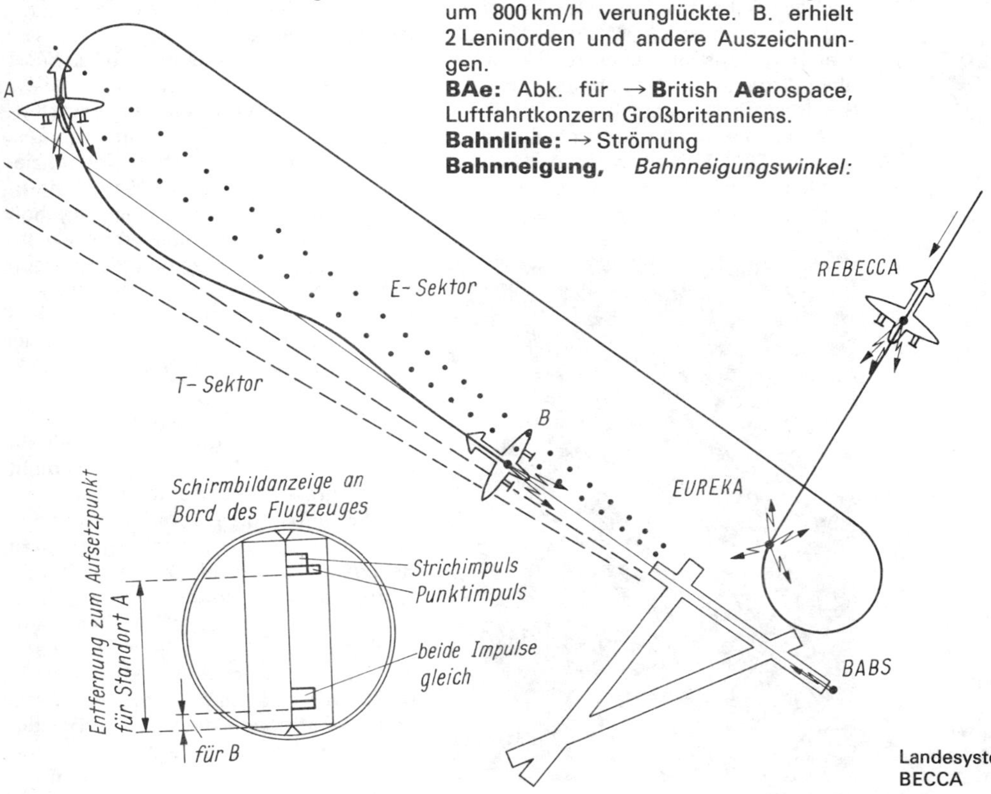

Landesystem BABS-REBECCA

Winkel zwischen der Flugbahn und der Horizontale. Positive B. charakterisiert den Steigflug, negative den Sinkflug des Flugkörpers. → Bahnneigungsflug

Bahnneigungsflug: geradlinige Bewegung eines Flugzeugs auf einer zur Horizontalen geneigten Flugbahn. Geht der B. von der Erde weg, spricht man vom Steigflug, und richtet er sich zur Erde zu, von Sinkflug. Sonderfälle sind der Sturzflug bei einem negativen → Bahnneigungswinkel von 30...90° und der Gleitflug unter der Bedingung, daß am Flugzeug keine Schubkraft angreift.

Bahnneigungswinkel: senkrechter Winkel zwischen dem Geschwindigkeitsvektor und einer erdparallelen Ebene; positive B. charakterisieren Steigflug, negative dagegen Sinkflug.

Bahnparameter: Werte zur Beschreibung einer Flugbahn in einem bestimmten Koordinatensystem. Die Bahn eines Flugzeugs über der Erdoberfläche kann z. B. durch folgende Parameter beschrieben werden: Geschwindigkeit, Flughöhe, Bahnneigung, Kurswinkel u. a.

Baidukow, *Georgi Filipowitsch:* sowjetischer Rekordflieger, Generaloberst der Luftstreitkräfte (1961); geb. 13. (26.) Mai 1907 Tarischta, Omsker Gebiet, in einer Arbeiterfamilie. Arbeiter, ab 1926 Sowjetarmee. Abschluß der 1. Militärfliegerschule. 1931 Versuchsflugzeugführer; 1934/35 Studium an der Militärakademie «N. E. Shukowski» und in Vorbereitung seines Polarfluges Testpilotentätigkeit; 1936 gemeinsam mit *W. A.* → *Tschkalow* und *A. W.*→ *Beljakow* Ohnehaltflug Moskau–Insel Udd. 1937 Rekordflug über den Nordpol nach Portland (USA) mit ANT-25 über 9583 km. Held der Sowjetunion 24. Juli 1936. Frühjahr 1937 mit *N. G. Kastanjew* in DB-2A zwei Rekorde mit 5000 kg Nutzmasse über 1000 und 2000 km. Im sowjetisch-finnischen Krieg 1939/40 Kommandeur eines Fliegerregiments. Ab Nov. 1941 Stellvertreter, dann Kommandeur der 31., darauf der 211. gemischten Fliegerdivision; Befehlshaber der LSK in der 4. Stoßarmee; Kommandeur der 212. Schlachtfliegerdivision (später 4. Garde-), ab Dez. 1943 Kommandeur des 4. Schlachtfliegerkorps. 1947/59 leitende Funktionen in Stäben. Generalstabsakademie-Abschluß 1951, ab 1952 im Verteidigungsministerium. 2 Leninorden, zahlreiche andere Auszeichnungen. Autor der Bücher «Unser Flug nach Amerika» (1937), «Aufzeichnungen eines Piloten» (1938), «Über Tschkalow» (1939), «Amerikanischer Empfang» (1942) und «Als erste in der Welt im Ohnehaltflug von Moskau nach Amerika» (1952) (alle russ.)

Generaloberst Georgi Baidukow erklärt Jugendlichen das Modell des Rekordflugzeugs ANT-25

Baka: → Kamikaze

BAKATAR AFGHAN AIRLINES: → Ariana Afghan Airlines

Bake: Einrichtung, die es gestattet, einen bestimmten Punkt auf der Erdoberfläche unzweideutig zu identifizieren, wenn diese Einrichtung befragt oder eine Auskunft bei ihr eingeholt wird. Die Identifizierung kann mit akustischen, optischen oder funktechnischen Mitteln durchgeführt werden. In der Luftfahrt werden hauptsächlich funktechnische B. verwendet, die früher als Funkbaken bezeichnet wurden. → Funkfeuer

Balance-Chart: Nomogramm zum Ermitteln der Schwerpunktlage an einem beladenen Luftfahrzeug. Das geschieht durch graphische Addition der Momente, die infolge von Massenverteilung der Zuladung um den gedachten Bezugspunkt entstehen. Nach Durchfahren des Nomogramms ergibt sich im unteren Teil ein Ergebnis, das Aufschluß über die Zulässigkeit der Lage des erhaltenen Schwerpunkts liefert.

Baldachin; der über dem Rumpf befindliche Mittelteil des oberen Tragflügels von Doppeldeckern, der durch Streben mit dem Rumpf verbunden ist.

Oft war der Brennstofftank im B. untergebracht.

Balkan-Bulgarian Airlines: Luftverkehrsgesellschaft Bulgariens, die aus der → TABSO hervorging, Sitz Sofia. B. führt als Fluggesellschaft neben dem Passagier- und Frachtflugverkehr auch Aufgaben des → Wirtschaftsflugs, wie Agrar-, Sanitäts-, Erkundungs- und Kranflüge durch. *Flugzeugpark* (1987): 16 TU-154 B, 4 TU-154 M, 9 TU-134 A, 2 IL 18, 2 An 12 (Fracht), 15 An 24 sowie 5 gemietete Jak 40. Verkehrsdaten 1987: 2,8 Mill. beförderte Passagiere; 2 Mrd. Pkm; 50 Mill. Fracht-tkm; 200 Mill. tkm Gesamtleistung. Streckennetz von etwa 100 000 km. Hauptstrecken nach Ländern Europas, Nordafrikas und des Mittleren Ostens; Inlandflugverkehr; ausgeprägter Charterflugverkehr, der etwa die Hälfte der Gesamtleistung ausmacht. Die Leistungen des Agrarfluges der B. belaufen sich auf rd. 6 Mill. ha aviochemisch bearbeiteter land- und forstwirtschaftlicher Nutzfläche. Mitglied der → Berliner Vereinbarung des → Bukarester Abkommens.

Ballast: Zuladung für Ballone und Luftschiffe, meist in Form von Sand oder Wasser. B. dient zum Regeln der Fahrthöhe. Hat der Ballon durch Abkühlung oder Gasverlust an Tragkraft verloren, steigt er nach Ballastabgabe wieder an. B. wird auch bei der Landung zum Herabsetzen der Sinkgeschwindigkeit gebraucht.

Ballon: Luftfahrzeug ohne eigenen Antrieb, das nach dem Prinzip «leichter als Luft» den statischen Auftrieb ausnutzt. Als Füllung der B.-Hülle dienen Leuchtgas, Helium, Wasserstoff oder Heißluft, also Gase mit einer geringeren Dichte als Luft. Als Hüllenstoff benutzt man einfache oder doublierte, durch Kunstkautschuk gasdicht gemachte Baumwollgewebe; Heißluftballone haben Nylonhüllen. Der statische Auftrieb eines B. entspricht der Gewichtskraft der Luftmenge, die von der mit Gas prall gefüllten Hülle verdrängt wird. Ein Heißluftballon (Innentemperatur 100 °C) von 2 400 m³ Inhalt hat bei einer Außentemperatur von 20 °C und 80 m Starthöhe eine Tragkraft von 615 daN. Solange das Gewicht von Hülle, Netz, Korb und Zuladung geringer ist als die Auftriebskraft, steigt der B.; wird die umgebende Luftdichte geringer, nimmt der Auftrieb ab. Sind Tragkraft und Gewicht des B. gleich groß, schwebt der B., ist die Tragkraft kleiner, sinkt er. Diesen Tatsachen trägt man beim B.fahren Rechnung, indem man sandgefüllte Ballastsäcke mitführt, um ungewünschtem Sinken (durch Abwinde, Diffusion, Regenbelastung der Hülle, Abkühlung im Wolkenschatten) zu begegnen. Will man dagegen landen, so verringert man

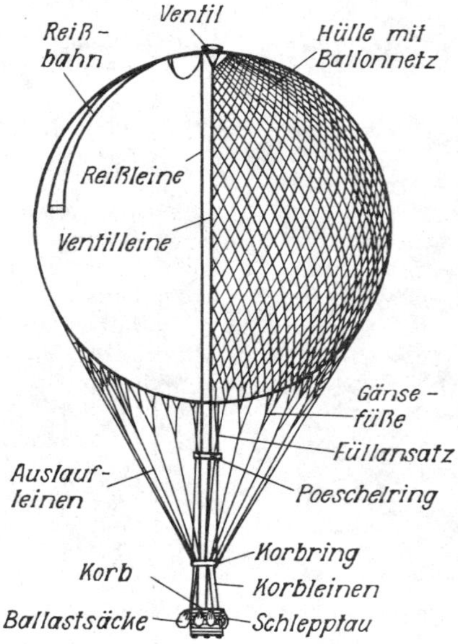

Freiballon

französischer Beobachtungsballon Entreprenant in der Schlacht von Fleurus (26. Juni 1794)

sowjetische Sperrballoneinheit in den 20er Jahren, Transport der Gasbehälter zum Füllen der Ballone

Start zur Ballonwettfahrt in Berlin-Tempelhof am 1. Sept. 1929

beim gasgefüllten B. über ein Ventil den Inhalt der Hülle (der B. sinkt). Beim → Heißluft-Ballonfahren reguliert man Steigen und Sinken über die Zufuhr aus den Gasflaschen zum Brenner. Der erste unbemannte Heißluftballon wurde am 21. Nov. 1783 von den Brüdern → *Montgolfier* (Frankreich) gestartet. Nach Fesselaufstiegen folgte die erste Freifahrt am 21. Nov. 1783 mit Besatzung. Die Wärmequelle in Form offenen Feuers war in einem Korb unter der Hüllenöffnung angebracht – die erhitzte und damit leichtere Luft strömte in die Hülle und ließ den B. steigen. Schon am 1. Dez. 1783 startete der erste Gas-B. Prof. *Charles* (Frankreich) hatte die hervorragende Eignung von Wasserstoff erkannt, der bei gleichem Volumen die vierfache Tragkraft von Heißluft mit 90 °C lieferte. Im Gegensatz zu den ovalen Papierhüllen der Montgolfieren hatten die Charlieren durch Gummierung gasdicht präparierte kugelförmige Seidenhüllen. Später benutzte man gefirnißte Stoffhüllen, denen man Kugelform gab, die im Verhältnis zum Inhalt die kleinste Oberfläche und die ge-

Ballon als stationäre Hochantenne für Funk und Fernsehen (USA)

Gasbehälter für sowjetische Sperrballone im zweiten Weltkrieg

ringste Masse sowie minimalen Gasverlust hat. – Der ungefesselte B. *(Frei-B.)* ist stark wetterabhängig. Im Prinzip hat er bis heute nur geringe Änderungen erfahren. Er wurde bereits zur Zeit Napoleons militärisch als Aufklärungs- und Führungsmittel benutzt, allgemein aber erst in der zweiten Hälfte des 19. Jh. eingesetzt, als alle europäischen Armeen dazu übergingen, B.-Abteilungen zu schaffen. Daneben diente der Frei-B. auch als Sport- und Forschungsgerät. Eine noch heute im zivilen und militärischen Bereich benutzte Variante ist der *Wetter-B.*, mit dessen Hilfe sich verschiedene Wetterelemente bestimmen lassen. Zeitweilig verwendete man *netzlose Frei-B.*, bei denen der Korb direkt an der Hülle angegurtet war. Wegen zu großer Beanspruchung kehrte man zu der üblichen Bauweise zurück, bei der über die Hülle ein Netz gelegt wird und auf diese Weise die Last gleichmäßig über die Hüllenoberfläche verteilt ist. Unter der Hülle endet das Netz in Auslaufleinen, die im Korbring zusammengefaßt werden. Daran hängen die Korbleinen mit dem Korb aus Weiden- oder Rohrgeflecht (→ Gondel). Er nimmt Instrumente, Ballast, Verpflegung, Schlepptau sowie die Besatzung auf, die heute bei Sportballonen aus 2 bis 3 Personen besteht. In der B.-Hülle gibt es eine Reißbahn, mit deren Hilfe beim Landen ein durch starken Wind verursachtes Schleifen über den Boden vermieden werden kann. Über eine Reißleine läßt sich ein großer Schlitz öffnen, durch den das Gas schnell entströmt. Zubehör am Ballon ist der durch den Poeschelring offen gehaltene Füllansatz. Durch ihn entströmt das Füllgas, wenn es sich beim Steigen in dünne Luftschichten oder durch Sonnenbestrahlung stark ausdehnt und die Gefahr des Überdrucks entsteht. Im Gegensatz zum Frei-B. ist der *Fessel-B.* über ein Stahlseil mit dem Boden verbunden. Derartige B. entstanden sehr bald, nachdem die Möglichkeit erkannt worden war, mit ihnen die Schlachtordnung gegnerischer Truppen aufzuklären. Um die längliche Hülle stets prall zu halten, arbeitete man in diese einen kleinen Luftsack *(Ballonett)* ein. Der offene Steuersack am Heck wird vom Wind durchflossen und bewirkt, daß sich der B. immer gegen den Wind dreht. Weil eine genaue Feuerleitung der Artillerie mittels Karte und Telefon (später Funkgerät) in dem vom Wind hin und her gezerrten Fessel-B. (der seinen Auftrieb durch das Füllgas und die Anstellung gegen den Wind erhielt) nicht möglich war, verbesserte man seine Form, so daß er relativ ruhig in der Luft stand. Eingeholt wird der Fessel-B. mittels Motorwinde. Derartige B. wurden im ersten Weltkrieg auch auf Schiffen (Aufklärung gegen U-Boote, Flugzeuge und Schiffe), während des Bürgerkrieges in Sowjetrußland auch auf Flußschiffen sowie auf Panzerzügen verwendet. Unbemannt benutzte man im ersten und zweiten Weltkrieg Fessel-B. auch als Sperren gegen Flugzeuge. In der Mitte des 19. Jh. unternahm man Versuche, den B. mit Antrieb auszurüsten und lenkbar zu machen, was zur Entwicklung des → Luftschiffs führte. Zu wissenschaftlichen Zwecken unternahmen die Schweizer *Auguste* (1931 und 1932) und *Jean Piccard* (1934) in geschlossenen Gondeln (→ Stratostat) unter Riesen-B. Stratosphärenaufstiege (15 781 m, 16 201 m und 17 550 m – dabei Jeanette Piccard als Ballonführerin die erste Frau in der Stratosphäre). Es folgten Höhenfahrten in der UdSSR (1933 «CCCP» auf 18 500 m und 1934 «Osoawiachim» auf 22 000 m) und den USA (1935 «Explorer II» auf 22 066 m, 1957 34 668 m). Die bisher größte Höhe eines unbemannten B. liegt bei 50 550 m. B. werden heute für die Weltraumforschung (B.teleskope), im B.-Sport (1972 erste Europameisterschaft, 1974 erste Weltmeisterschaft) sowie für Forschungszwecke über Land und Meer verwendet. Zum Verdeutlichen der Fahrweiten von Gasballonen hier eine Zusammenstellung der weitesten Fahrten, die von Augsburg aus unternommen worden sind:

1902:	H. Scherle	724 km
1903:	H. Ziegler	1 225 km
1957:	Dr. Ernst Frank	830 km
1957:	Potthast/Eckert	984 km
1971:	Hans Dolpp	801 km
1982:	Wulf Bergner	744 km
1982:	Ulf Weisser	730 km
1984:	Wulf Bergner und Ehefrau Petra	1 075 km

In mehreren Ländern ist man auch damit beschäftigt, B. als fliegende Krane (Holztransport in unwegsamen Gegenden u. a.), in Kombination mit Hubschraubern sowie als stationäre Träger von Funk- und Fernsehantennen zu verwenden. Die Ballon-Föderation der USA hat im Jahre 1987 3962 zivile Ballone registriert – davon in Kalifornien 403, in Neu Mexiko 268, in Michigan 254, in Colorado 268, in Illinois 165 und in Hawai 1.

Ballonett: länglicher Luftsack im Innern von Fesselballonen, unstarren und halbstarren Luftschiffen. Erstmals von *Meusnier* 1784 vorgeschlagen, um so die äußere Hülle straff zu halten.

Ballonpost: mit Freiballon beförderte Postsendung; die B. hatte vor der Erfindung lenkbarer Luftfahrzeuge eine gewisse Bedeutung, z. B. zur Nachrichtenübermittlung aus belagerten Festungen (B.sendungen aus Paris im Krieg 1870/71). Gegenwärtig befördert man B. nur noch aus bes. philatelistischen Anlässen.

Ballonsonde: mit meteorologischen Registriergeräten ausgerüsteter unbemannter Ballon, der früher für Messungen in der Atmosphäre benutzt wurde. Heute Verwendung v. → Radiosonden.

Ballonsperre: passives Luftverteidigungsmittel, erstmals im ersten Weltkrieg angewendet. Fessel-Ballone ohne Korb (Sperr-Ballone) ließ man als B. dicht nebeneinander um wichtige Objekte auf, um gegnerische Flugzeuge durch die Ankerseile zum Absturz zu bringen. Im zweiten Weltkrieg gehörten B. wiederum zu den Luftverteidigungsmitteln, so gab es B. um Moskau, Leningrad und London. Sie gehörten 1944 neben Jagdflugzeugen und Flakgeschützen zu den Sperrkreisen, die verhindern sollten, daß die Flügelgeschosse V 1 Ziele in Großbritannien erreichten (allein durch Sperr-Ballone wurden 232 der nach London fliegenden V 1 vernichtet). Bekannt sind Einzel- und Tandemballone. B. sind gegen Ziele in Höhen bis zu 2000 m wirksam und auch unter modernen Bedingungen nicht ohne Bedeutung, da sie tiefanfliegende Luftziele zwingen, höher zu steigen und so in für die aktiven Luftverteidigungsmittel günstigeren Flughöhen zu operieren.

Ballontheodolit: meteorologisches Gerät zur optischen Verfolgung eines aufgestiegenen → Pilotballons. Die Bewegungen des Fernrohres um die waagerechte und senkrechte Achse werden in regelmäßigen Zeitabständen abgelesen oder automatisch geschrieben. Daraus lassen sich die Windverhältnisse in den entspr. Höhen bestimmen. Gegenüber einem üblichen Theodoliten wurde durch den Einbau von Prismen eine bequemere Zielverfolgung im Zenit des Himmels ermöglicht.

Balsa: in Mittel- und Südamerika wachsendes leichtes Holz mit einer Rohdichte von 0,15 g/cm³ (lufttrocken). B. wird im Flugzeugbau als Dämmstoff und im Flugmodellbau angewendet.

Bambus: Gattungen mehrjähriger tropischer Gräser, deren bis zu 30 m hohe und bis zu 60 cm dicke Halme in 2...3 Monaten hochwachsen und nach 1 Jahr verholzen. B.rohr ist leicht und sehr fest, bei Erwärmung läßt es sich biegen. In der Anfangszeit der Luftfahrt wurde es im Flugzeugbau eingesetzt, jetzt nur noch für Flugmodelle.

Bangladesh Biman Airlines: Luftverkehrsunternehmen, im Januar 1972 als nationale Fluggesellschaft der Volksrepublik Bangladesh gegr. Der Linienluftverkehr begann im Februar 1972. Gegenwärtig ist die Hauptstadt Dacca mit Chittagong, Cox's Bazar, Sylhet, Jessore, Ishurdi und Saidpur in Bangladesh durch Inlandfluglinien verbunden. Internationale Fluglinien führen nach Singapore, Kuala Lumpur, Bangkok, Rangoon, Katmandu, Kalkutta, Bombay, Karachi, Dubai, Abu Dhabi, Kuweit, Muscat, Doha, Dhahran, Jeddah, Tripolis, Athen, Rom, Amsterdam und London. Die B. befördert auf diesem Streckennetz jährlich etwa 600 000 Fluggäste, wobei 600...700 Mill. Pkm geleistet werden; der Umfang der Luftfrachtbeförderung beläuft sich auf 13 000...15 000 t pro Jahr. *Flugzeugpark:* 3 DC-10-30, 4 Boeing 707-320, 2 Fokker F. 28-4000, 3 F. 27-600.

Bannerschlepp: Art der Werbung mit Hilfe von Luftfahrzeugen, wobei in der Regel von Flugzeugen Bänder mit Werbetexten oder Markenzeichen geschleppt werden. Das Banner muß so konstruiert sein, daß es seine Lage im Flug beibehält und bei Bedarf ausgekuppelt werden kann.

Barograph, *Höhenschreiber:* Kombination eines → Barometers mit einem – in der Regel durch ein Uhrwerk angetriebenen – Schreibmechanismus, die den gemessenen Luftdruck auf einem Diagrammpapier fortlaufend aufzeichnet *(Barogramm),* dessen Ordinatenwert den Luftdruck, und dessen Abszissenwert die Zeit angibt.

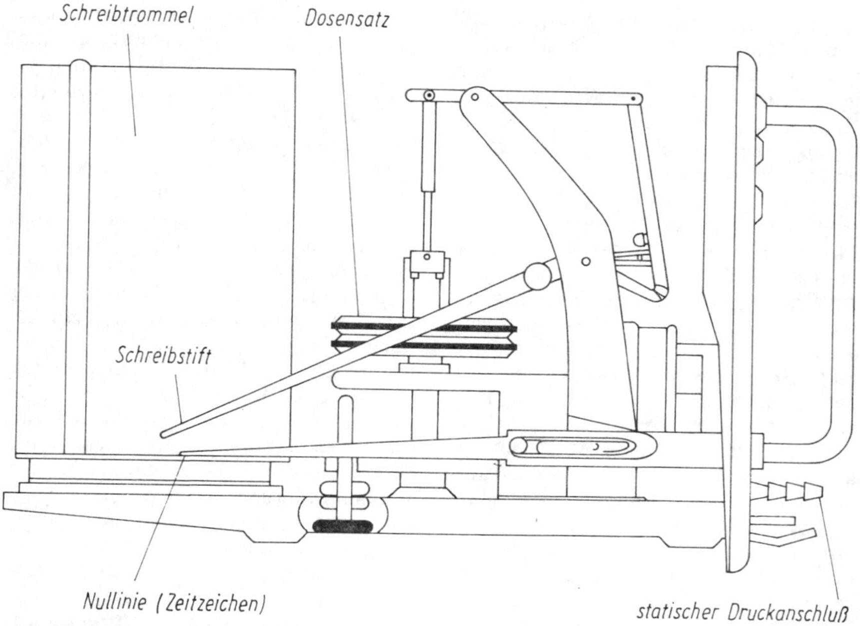

Schema eines Höhenschreibers

Barometer: Meßgerät für den Luftdruck. Neben *Flüssigkeits-B.* (meist *Quecksilber-B.*) werden *Aneroid-B. (Dosen-B., Metall-B.)* verwendet. Bei diesen wird die Ausdehnung einer fast luftleer gepumpten Aneroiddose (→ Membran-Dose) in Abhängigkeit vom Luftdruck als Meßgröße für den Luftdruck benutzt. Der Dosenhub wird über den Übertragungsmechanismus auf den Anzeigeteil gegeben. Wird die Skale nicht in Druck-, sondern in Höheneinheiten beschriftet, so bezeichnet man ein solche Aneroid-B. als → Höhenmesser.

barometrische Dose: → Membran-Dose

barometrische Höhenformel: Formel, die es gestattet, auf der Grundlage der → *ICAO-Standard-Atmosphäre* aus einem gegebenen Luftdruck die Höhe bzw. aus einer gegebenen Höhe den zugehörigen Luftdruck zu berechnen.

Barotrauma: Auswirkung der Veränderung des Gesamtluftdrucks bei jedem Steig- oder Sinkflug als eine Besonderheit fliegerischer Arbeit. Bei Luftdruckänderungen kommt es in den lufthaltigen Körperhöhlen des Kopfes (Nasennebenhöhlen wie Kieferhöhlen, Stirnhöhle, Siebbeinzellen, Mittelohr-Ohrtrompete, mangelhaft gefüllten, defekten oder abgestorbenen Zähnen) zur Volumenerhöhung oder -erniedrigung der enthaltenen Luft (BOYLE-MARIOTTE-Gesetz) bis zum Druckausgleich mit der Umgebungsluft (Kabinenluft) über die Verbindungsöffnungen dieser Höhlen zum Nasen- und Rachenraum. Bei Störungen des Druckausgleichs (Barofunktion) durch Schleimhautverschwellung oder Verlegung der Verbindungsöffnungen bei sehr schnellem Sinkflug oder Defekt der → Druckkabine kommt es zu Druckdifferenzen zwischen Außenluftdruck und Höhleninnendruck, die die heftige Schmerzsymptomatik des B. auslösen können. Rund 90% aller B. betreffen das Innenohr. → Druckkammer

Barrel Roll (engl.): Kunstflugfigur. → Tonnenrolle, → Kunstflug

Bart: in der Segelfliegersprache Bezeichnung für den thermischen Aufwind. → Thermik

Bartel, *Ryszard:* polnischer Diplomingenieur, Flugzeugführer und Konstrukteur, geb. 1897; arbeitete 1922/26 mit kurzen Unterbrechungen in französischen Flugzeugwerken, um praktische Erfahrungen zu sammeln. 1926/30 Oberkonstrukteur in der Fabrik «Samolot» (Poznan); konstruierte dort die Schulflugzeuge BM-2, BM-4, BM-5, BM-6 und BM-7. 1930/32 leitende Position in der Flugzeugversorgung, 1932/37 im PZL-Werk (→ PZL) Nr. 1 in Warschau, wo er die Serienproduktion folgender Militärflugzeuge vorbereitete: P-7 (1930), P-11

(1933), PZL 23 «Karaš» (1936), PZL 37 «Loš» (1937) und PZL 46 «Šum» (1938). 1937 bis 1939 war B. technischer Leiter des Flugzeugwerks → LWS in Lublin. Nach dem zweiten Weltkrieg hielt er Vorlesungen an der Ingenieurschule und am Polytechnikum Warschau.

Bartini, *Rudolf Ludowigowitsch:* sowjetischer Flugzeugkonstrukteur, geb. 14. Mai 1897 Italien in einer Aristokratenfamilie, 1977 gestorben. Trennte sich am Ende des ersten Weltkriegs von seiner Familie, wurde 1921 Kommunist. War nach Abschluß der Fliegerschule Pilot. Studierte am Polytechnischen Institut; betrieb revolutionäre Propaganda in Fabriken. Nach der Machtübernahme der Faschisten in Italien (1923) auf Beschluß des ZK der IKP in die UdSSR emigriert. Arbeit als Ingenieur in einem Flugzeugwerk. Ab 1930 Leiter einer Konstrukteurgruppe bei der zivilen Luftflotte, Beginn der Projektierungsarbeiten am leichten Experimentalflugzeug Stal 6. Lange Zeit Konstrukteur im sowjetischen Flugzeugbau, schuf das erste sowjetische Einziehfahrwerk. Sein bekanntestes Flugzeug war die Stal 7, die ab 1935 entwickelt wurde und im Aug. 1939 auf der Strecke Moskau–Swerdlowsk–Sewastopol–Moskau über 5068 km mit der internationalen Rekordgeschwindigkeit von 400 km/h flog. Veröffentlichte 1975 seine Ansichten über Schwebeflugzeuge mit dynamischem Luftkissen: Ein Teil der für den Horizontalflug verwendeten Triebwerke ist im Bugteil untergebracht. Beim Start und bei der Landung befinden sich diese in Schrägstellung, wodurch das Flugzeug auf einem mächtigen Gas-Luft-Strahl fast senkrecht starten und landen kann.

Basenach, *Nikolaus:* Oberingenieur, geb. 20. April 1875 Mettlach (Kr. Merzig). 1906/15 Ingenieur beim Luftschiffer-Bataillon Berlin und Technischer Leiter der Militär-Luftschiffwerft Berlin, später im Luftschiff- bzw. Motorenbau tätig. Konstruierte mehrere Luftschiffe der halbstarren Bauart, die in Deutschland als M- (Militär-) Luftschiffe bezeichnet wurden. Zusammenarbeit mit *Sperling* und Major *Gross*, nach dem man das erste, mit einem unter den Ballon geschnürten Gerüst und darunterhängender Gondel ausgestattete Luftschiff bezeichnete.

Basisflugpreis: Preis für Transportleistungen im Luftverkehr, der in einer der sog. Basiswährungen veröffentlicht ist. Basiswährung in den Luftverkehrstarifen → EAPT/→ EAGT ist der Rubel; Preisangaben in → IATA-Tarifen basieren auf → FCU bzw. → RCU. Die Angabe des B. dient hauptsächlich als Grundlage für Umrechnungen in die Verkaufswährung. Er bildet auch den Ausgangspunkt aller weiteren Berechnungen (mögliche → Ermäßigungen, Spezialfrachtraten u. ä.). Der B. ist stets der Flugpreis in einer Richtung.

Basisstruktur des Luftverkehrs: → materiell-technische Territorialstruktur (Infrastruktur) des Luftverkehrs.

Batizki, *Pawel Fjodorowitsch:* Marschall der UdSSR (1968), Held der Sowjetunion (7. Mai 1965), geb. 14. (27.) Juni 1910 in Charkow in einer Arbeiterfamilie, gest. 17. Febr. 1984. Sowjetarmee seit 1924, Militärschule 1924/27. Absolvierte 1929 die Kavallerieschule, 1938 die Frunse-Militärakademie; Mitglied der KPdSU seit 1938; Abschluß der Generalstabsakademie 1948. Im Großen Vaterländischen Krieg im Generalstab, Divisions- und Korpskommandeur an verschiedenen Fronten. 1948/50 Chef des Stabes der Luftverteidigung des Moskauer Militärbezirks. Danach Chef des Hauptstabes der Luftstreitkräfte und 1. Stellvertreter des Oberkommandierenden der Luftstreitkräfte (1950/53), 1. Stellvertreter des Komman-

Luftschiffe der Bauart «Basenach»

Nr.	Bezeichnung	Inhalt m³	Länge m	Durchmesser m	Nutzmasse t	Geschwindigkeit km/h	Motoren Anzahl/kW	Propellerzahl
1	Versuchsschiff 1906/07	1800	45	8,2	0,5	32	1 × 18	2
2	MI 1908/09	5000	65	11,3	1,4	46	2 × 110	2
3	MII 1908/09	5000	65	11,3	1,4	46	2 × 110	
4	MIII 1909/10	7800	72	13,1	2,2	60	4 × 220	2
5	MIV 1912/13	13300	99	15,2	3,2	83	3 × 353	4

dierenden der Luftverteidigung des Moskauer Militärbezirks (1953/54). Ab 1954 Kommandierender der Luftverteidigung des Moskauer Militärbezirks, ab 1965 1. Stellvertreter des Chefs des Generalstabes der Sowjetischen Streitkräfte. Ab Juli 1966 bis 1980 Oberkommandierender der Truppen der Luftverteidigung des Landes und Stellvertreter des Verteidigungsministers der UdSSR. Mitglied des ZK der KPdSU seit 1966, Deputierter des Obersten Sowjets in mehreren Legislaturperioden. Träger von 4 Leninorden sowie zahlreicher anderer Auszeichnungen.

Batten, *Jean:* neuseeländische Rekordfliegerin in den 30er Jahren, geb. 15. Sept. 1909 Rotorua. Erwarb 1929 an der Fliegerschule Hatfield in England während des Studiums den Pilotenschein. Erster Langstreckenflug 8. Mai bis 23. Mai 1934 von London nach Port Darwin (Australien) auf der 1motorigen D. H. «Moth» (16000 km in 15 Tagen). 1935 Bezwingung des Südatlantiks von Afrika nach Brasilien mit einer «Percival Gull» in 13 h 15 min; 1936 mit «Percival Vega Gull» von Lympne in England in 5 d 21 h 3 min nach Australien, für die umgekehrte Strecke benötigte sie 5 d 18 h 15 min. Für die interkontinentalen Rekordflüge Auszeichnung durch die FAI mit der «Großen Goldmedaille». «My Life» (1938), «Alone in the Sky» (1979).

Baubeschränkungsbereich: Gebiet in der Flughafenumgebung, in dem aus Gründen der Flugsicherheit die Errichtung von Gebäuden verboten ist bzw. in Abhängigkeit von der Entfernung für bauliche Anlagen Höhenbegrenzungen gelten. Aus Gründen des Lärmschutzes gelten vielfach ebenfalls Beschränkungen.

Baugruppe: aus konstruktiven, funktionellen, fertigungs- bzw. wartungstechnischen Gründen zusammengefaßte Vielzahl verschiedenster Bauelemente und Mechanismen eines Luftfahrzeugs. Mehrere B. werden zu →Hauptbaugruppen zusammengefaßt. →Bauvorrichtung

Baumgarten, *Georg:* deutscher Oberförster und Luftschiffkonstrukteur, geb. 22. Jan. 1837 Johanngeorgenstadt, gest. 23. Juni 1884 Colditz. B. studierte an der Forstakademie Tharandt und leitete ab 1869 die Oberförsterei Pleißa (heute Kreis Chemnitz), die später ihren Sitz nach Grüna verlegte. Unbekannt ist, welche Gründe B. dazu bewogen, in Grüna das zigarrenförmige Modell eines Luftschiffes zu bauen und ihm ein zweites (wiederum etwa 1 m lang und mit 7,5 m^3 Gas gefüllt) folgen zu lassen. Beide Luftschiffe wiesen jedoch einen im Verhältnis zur Masse zu geringen Auftrieb auf. Beim dritten, über 10 m langen Modell trieben zwei Uhrfedern (367,7 W/0,5 PS) zwei Flügel an den Seiten der Gondel an. Da es gelang, das Luftschiffmodell auf eine Höhe von 2 m steigen zu lassen, konstruierte B. ein viertes Modell, von dem keine Daten überliefert sind. Für seine Experimente hatte B. im Rabensteiner Forst eine Halle errichtet, in der er auch das benötigte Gas zum Aufstieg seiner Modelle produzierte. 1879 konnte B. mit seinem fünften Luftschiff (etwa 20 m lang, Luftschrauben mit Handkurbel betrieben, Patentschrift 9137 vom 2. April 1879) aufsteigen, wobei Fahrten durch die begrenzte Muskelkraft nur bei Windstille möglich waren; jedoch wurde die Richtigkeit des Prinzips bewiesen. Über den Tag des ersten erfolgreichen Aufstiegs gibt es widersprüchliche Angaben: genannt werden der 2. Mai sowie der 31. Juli 1879. Da B. und seine Freunde über keine weiteren finanziellen Mittel verfügten, um das Projekt zu vervollkommnen und mit einem stärkeren Antrieb zu versehen, nahm B. die finanzielle Hilfe des Leipziger Verlagsbuchhändlers Dr. Hermann Wölfert für die Weiterentwicklung an. Noch 1879 war in Dresden ein größeres, mit drei hintereinanderliegenden Gondeln versehenes, in seiner Form an die erst 20 Jahre später gebauten Zeppeline erinnerndes Luftschiff fertig. Von seinen Vorgesetzten vor die Wahl gestellt, nahm B. 1882 seinen Abschied vom Forstdienst und entschied sich für das Luftschiff. Da die weiteren Versuche zunehmend unter dem Namen Wölfert liefen und dieser hinter dem Rücken von B. Verhandlungen führte, zudem amtliche Stellen an dem Luftschiff uninteressiert blieben, erkrankte B. nach so vielen Enttäuschungen seelisch. Er wurde in die Landesanstalt Colditz eingeliefert, wo er verstarb.

Dr. Wölfert führte als «illegitimer Rechtsnachfolger» von B. Die Entwicklung allein weiter. Am 12. Juni 1897 kam er bei dem Absturz mit dem zigarrenförmigen Luftschiff «Deutschland» (Länge 28 m, Durchmesser 8,5 m, Tragkraft 900 kg, Antrieb durch Gasmotor) ums Leben. Ferdinand Graf von → Zeppelin knüpfte an die Luftschiffe B./Wölfert an.

Bauvorrichtung: Auflagegerüst zum Zusammenbau, insbes. Zusammenschweißen, Nieten usw., von Flugzeugteilen, das die exakte Einhaltung der geforderten Kontur garantiert. Einzelteile, wie Rippen, Spanten, Träger, Klappen, Nasenkästen u. a., werden in kleinen B. gefertigt. Komplette Hauptbaugruppen, wie Rumpf, Tragflügel und Leitwerk, werden in Großvorrichtungen, die – so bei Rümpfen – mitunter auch als Hellinge bezeichnet werden, zusammengefügt. Um den paßgerechten Anschluß der getrennt gefertigten Einzelteile aneinander zu gewährleisten, sind die einzelnen B. mittels eines Lehrensystems aufeinander abgestimmt. I. allg. werden die Baugruppen von innen nach außen aufgebaut. Dabei können sich Maßabweichungen zum Nachteil der Kontur addieren. Wo exakte Konturtreue gefordert wird, z. B. bei Tragflügeln sehr schneller Flugzeuge, wird statt dessen der Aufbau von außen nach innen (Hohlschablonenbauweise) gewählt, wobei zuerst die Bauelemente der Außenkontur in Formgerüste mit negativen Außenformen eingelegt und befestigt werden.

Bauvorschrift für Luftfahrzeuge: Vorschriften, die im Luftfahrzeugbau die Grundlage für Festigkeit und Sicherheit der Konstruktion bilden. B. werden von den einzelnen Ländern erlassen und können unterschiedlich sein. Sie enthalten die Anforderungen, die bei der Prüfung von Luftfahrzeugen, Triebwerken, Einzelteilen und Ausrüstung zugrunde gelegt werden. Mit der Zunahme des internationalen Luftverkehrs machte sich eine Vereinheitlichung der B. erforderlich. Dieser Aufgabe nahm sich die → International Civil Aviation Organization seit ihrer Gründung an. Es entstand eine Reihe von ICAO-Empfehlungen, die in die B. der einzelnen Länder Eingang fand.

Bauweise der Zelle: Charakteristikum der Hauptbaugruppen (insbes. Tragflügel, Rumpf, Leitwerk) hinsichtlich der verwendeten Werkstoffe und der Gestaltung des Festigkeitsverbandes; hängt hauptsächlich ab von Größe, Verwendungszweck und Geschwindigkeit des Flugzeugs. *Einteilung:* 1) Nach den vorwiegend verwendeten Werkstoffen werden unterschieden *Holz-B.* (nur noch bei kleinen Motor- und Segelflugzeugen), *Ganzmetall-B., Plast-B.* (noch im Versuchsstadium, bisher nur bei kleinen Motor- und Segelflugzeugen). Bei kleinen, leichten Flugzeugen wird aus Gewichtsgründen Metall teilweise durch Holz, zunehmend auch Plast ersetzt, man spricht dann von *Gemischt-B.* 2) Nach der Art des Festigkeitsverbandes unterscheidet man *Fachwerk-B.* (Gerüst-B.), *Träger-B.* (Holm-B.), *Schalen-B., Verbundplatten-B.* (Sandwich-B.). In diesem Falle spricht man manchmal auch von der Bauart.

Das kräfteaufnehmende Gerüst in der → *Fachwerkbauweise* wird durch Stäbe, Spannseile und Knotenbleche gebildet. Zum Formgeben und Versteifen der Außenhaut sind zusätzliche Elemente, wie Spanten, Rippen und Pfetten erforderlich. Die Außenhaut ist in der Regel nicht schubsteif, sie dient lediglich zur Verkleidung und Übertragung der aerodynamischen Kräfte auf das tragende Gerüst. Hauptmerkmal aller modernen Konstruktionen in → *Trägerbauweise* ist die Beteiligung aller Elemente an der Aufnahme der Belastung. Dabei ertragen die → Träger (am Tragflügel: → Holme) Längskräfte, Querkräfte und den größten Teil des Biegemoments, die Spanten (am Tragflügel: → Rippen) hauptsächlich Querkräfte. Die → Pfetten übernehmen einen Teil des Biegemomentes und stützen die Hautfelder, während die Behäutung im Verbund mit

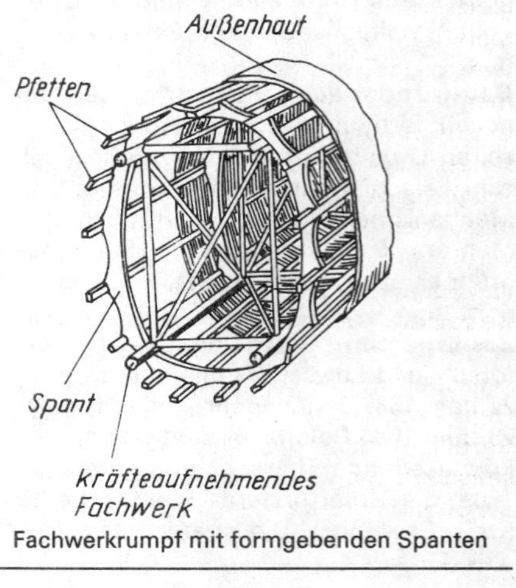

Fachwerkrumpf mit formgebenden Spanten

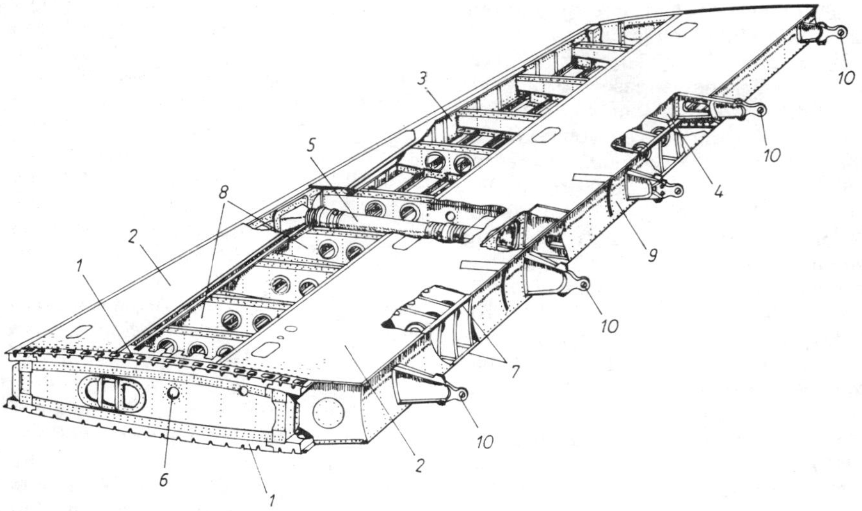

kräfteaufnehmender Kasten (Träger- oder Holmbauweise) im Außenflügel eines Passagierflugzeugs (Innenraum als Kraftstoffbehälter genutzt): 1 Integralfitting, 2 obere Behäutung, 3 vorderer, 4 hinterer Holm, 5 Lagergehäuse für Querruder-Steuergestänge, 6 Flansch für Kraftstoffleitung, 7 Längspfetten, 8 Rippen, 9 Verkleidungsblech, 10 Querruderaufhängung

den Trägern das Torsionsmoment aufzunehmen hat und auch einen geringen Teil des Biegemomentes übernimmt. Die → *Schalenbauweise* wird untergliedert in die Pfettenb. und die Integralschalenb. In der Pfettenb. fehlen die Träger entweder völlig (z. B. in Schalenrümpfen) oder weisen nur noch geringe Querschnittsflächen auf (z. B. Hilfsholme in Tragflügeln). Die Belastung verteilt sich dann proportional zu den Querschnittsflächen auf die übrigen Bauelemente. Die Integralschalenb. wird vorzugsweise bei Tragflügeln geringer Dicke angewendet. Die aus einem Stück gefertigten Integralschalen übernehmen alle Arten von Belastungen und weisen gegenüber traditionellen B. insbes. den Vorteil geringer Masse und hoher Konturgenauigkeit auf. Die bei gleicher Festigkeit und Steifigkeit leichteste B. ist die → *Verbundplattenbauweise*. Das wesentlichste kräfteaufnehmende Element ist die Sandwichbehäutung. Je nach Größe der äußeren Belastung können örtlich Elemente der Trägerbauweise zur Erhöhung der Festigkeit eingesetzt werden. Gelegentlich wird diese Bauweise als dritte Unterart der Schalenbauweise betrachtet.

Bavaria Germanair Fluggesellschaft mbH: private Charter-Fluggesellschaft der BRD mit Sitz in München. Gegr. am 1. Jan. 1977; übernahm die Verpflichtungen der ehem. Bavaria Gesellschaft (gegr. 1957) und der Germanair Bedarfsluftfahrt (gegr. 1964 als Südwestflug). *Flugzeugpark:* 2 Airbus

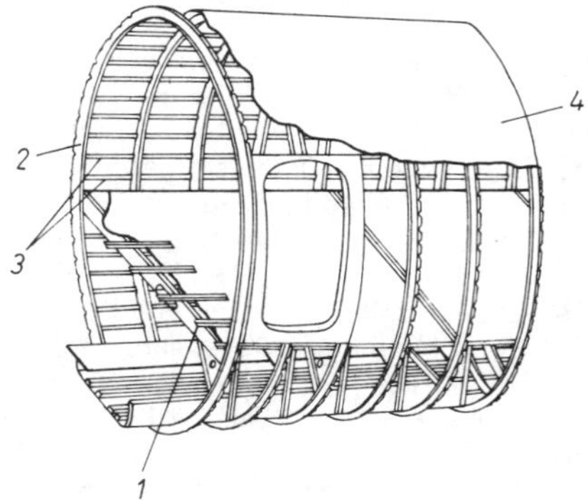

Rumpfabschnitt eines Passagierflugzeugs in Pfettenbauweise: 1 Längsträger des Kabinenbodens, 2 Spant, 3 Längspfetten, 4 Behäutung

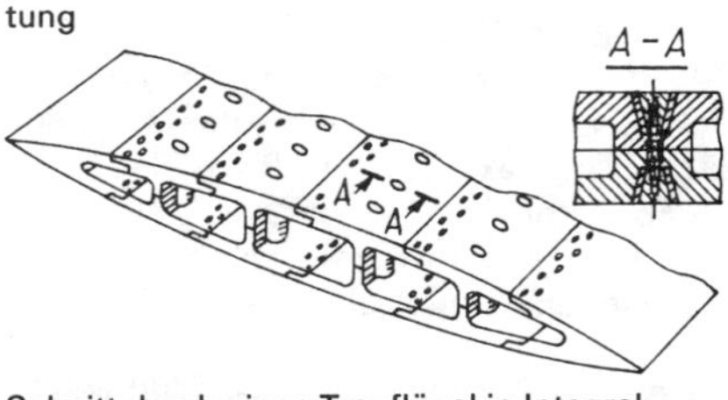

Schnitt durch einen Tragflügel in Integralschalen-Bauweise

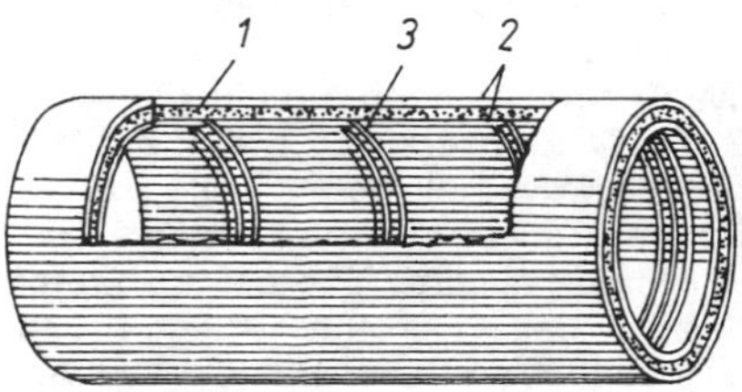

Rumpfabschnitt in Verbundplatten-Bauweise: 1 Füllmaterial, 2 Hautbleche, 3 Spant

A 300 B, 9 BAC 111. Charterflugverkehr nach Nordafrika und in Europa.

Bayerische Flugzeugwerke AG, Abk. **BFW:** ehemaliges Flugzeugwerk mit Sitz in Augsburg, entstand 1927 in den ehemaligen Werken von → *Rumpler* aus dem «Flugzeugbau Messerschmitt» (1923 in Bamberg gegr., 5 Mitarbeiter, Bau von Segel- und kleinen Reiseflugzeugen) und dem Udet-Flugzeugbau Ramersdorf. Entwickelte unter Chefkonstrukteur *W.* → *Messerschmitt* einige kleine Sport- und leichte Verkehrsflugzeuge, die international beachtet wurden: das wirtschaftliche Verkehrsflugzeug M 18, das in Wettkämpfen erfolgreiche Sport- und Kunstflugzeug M 23 sowie die sehr leichte M 19 (1927). Für die Lufthansa entstanden 12 Verkehrsflugzeuge M 20, und als letztes Sport- und Reiseflugzeug folgte die Bf 108 (später Me 108). Sie war 1934 beim Europarundflug erfolgreich. Im Rahmen der Wiederaufrüstung wurde das Werk völlig auf die Entwicklung und Produktion von Kriegsflugzeugen umgestellt: 1935 – Jagdflugzeug Bf 109 (Me 109), 1936 – 2motoriges, 2sitziges Jagdflugzeug Bf 110 (Me 110, daraus Me 210). Ab 1938 → Messerschmitt AG.

BB: Kennzeichnung sowjetischer Nahbomber (russ. **B**lishni **B**ombardirowtschik), z. B. BB-22, als → Jakowlew Jak-4 in Serie.

BCAR: Abk. für → **B**ritish **C**ivil **A**irworthiness **R**equirements.

BDLI: Abk. für → **B**undesverband der **D**eutschen **L**uftfahrt-, Raumfahrt- und Ausrüstungs-**I**ndustrie e. V.

BDP: Typenbezeichnung für sowjetische Sturm-Lastensegler (russ. **B**ojewoi **D**esantnyj **P**lanjer), z. B. BDP-1 von → *Polikarpow.*

Be: Kurzzeichen für Flugzeuge des sowjetischen Konstrukteurs → **Be**rijew, z. B. Be-12.

BEA: Abk. für die ehemalige Fluggesellschaft **B**ritish **E**uropean **A**irways Corporation Ltd. → British Airways

BEAGLE: Kurzbez. für → British Executive General Aviation Aircraft Ltd.

BEA Helicopters Ltd.: Abk. für British Airways Helicopters Ltd.

Beanspruchung: 1. Terminus der → *Festigkeitslehre.* Eine äußere Kraft F belastet den Querschnitt A eines Bauteils und weckt dabei innere Reaktionskräfte, die einer Verformung des Bauteils in Richtung der Kraft F entgegen-

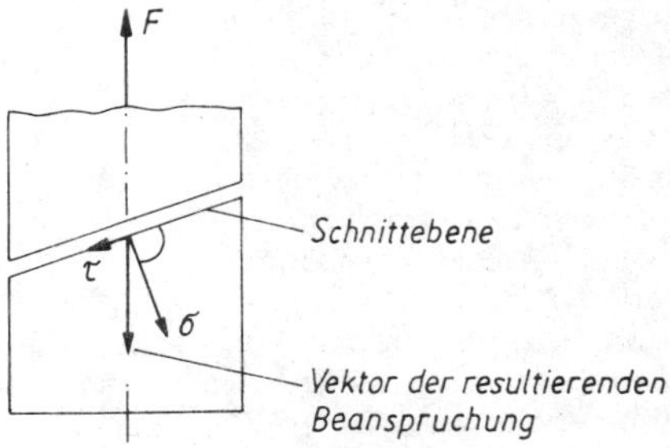

Zerlegung der Beanspruchung in ihre Komponenten

wirken. Der Quotient F/A wird als B. oder Spannung bezeichnet. Da im allgemeinen Fall der Spannungsvektor nicht senkrecht auf der Querschnittsfläche steht, wird die Spannung so in Komponenten zerlegt, daß eine Komponente in Normalenrichtung (senkrecht) zeigt, die andere dagegen in der Ebene der Querschnittsfläche liegt. Die senkrechte Komponente wird als Normalspannung σ, die in der Ebene der Querschnittsfläche liegende Komponente wird als Schubspannung τ bezeichnet. Normalspannungen sind Zug-, Druck- und Biegespannungen; Schubspannungen sind Querkraftschub- und Torsionsschubspannungen. – **2.** Klassifikationsmerkmal für *Fallschirme.* Fallschirme werden nach der max. Fluggeschwindigkeit, bei der der Absprung erfolgt, in B.gruppen eingeteilt.

Beaufortskala: von dem britischen Admiral *Beaufort* 1806 aufgestellte 12teilige Skala zur Schätzung der Windstärken.

beaufschlagen: einen Luft- oder Gasstrom auf die Laufschaufeln einer Turbine oder eines Verdichters einwirken lassen.

Bedarfsluftverkehr: Teil des → Luftverkehrs, der der Beförderung von Fluggästen, Fracht und Post mit Luftfahrzeugen auf der Grundlage von vertraglichen Vereinbarungen (Transportverträgen) zwischen Luftverkehrsunternehmen und Reisenden bzw. Absendern von Gütern (überwiegend mit Organisationen, Institutionen, Betrieben, Transportagenturen und -mittlern, wie Reisebüros usw.) dient. B. führen die Luftverkehrsunternehmen mit eigenen Luftfahrzeugen, jedoch im Gegensatz zum → Linienluftverkehr nicht nach veröffentlichten Verkehrsflugplänen, sondern

zu vereinbarten Zeiten auf vereinbarten Strecken durch. → Charter(flug)verkehr.
Bedek Aircraft Ltd.: → Israel Aircraft Industries LTD
Bedienelemente der Steuerung: → Steuerwerk von Flugzeugen; → Steuerwerk von Hubschraubern
bedingt (zur Beförderung) zugelassene Güter: Waren, die nur unter Einhaltung bestimmter gesetzlicher Bestimmungen oder Geschäftsbedingungen der Luftverkehrsunternehmen zum Transport angenommen werden. Im Interesse der allgemeinen Ordnung und Sicherheit werden einzelne Güter/Gutarten vollständig von der Beförderung mit Luftfahrzeugen ausgeschlossen bzw. nur bei strenger Beachtung bes. Vorschriften zugelassen. Im Luftverkehr gilt für den Transport gefährlicher Güter die → Ordnung über den Lufttransport gefährlicher Güter (OLTG). Andere Beförderungsbeschränkungen sind in den → Allgemeinen Beförderungsbedingungen enthalten.
Beech Aircraft Corporation: Kurz-

Geschäftsreiseflugzeug Beech 1900C

Geschäftsreiseflugzeug Beechjet

Neuentwicklung Beech Starship

Zieldarstellungsflugkörper BQM-126A

form Beechcraft, USA-Konzern für die Produktion von Leichtflugzeugen, Flugkörpern, Teilen von Flugzeugen anderer Werke sowie von Raumfahrtzubehör. 1932 von dem Leichtflugzeugpionier *Walter H. Beech* und *Olive Ann Beech* gegr. als Beech Aircraft Company, 1936 umbenannt. Zu den ersten Erfolgen gehörte der 4sitzige Doppeldecker (als Reiseflugzeug mit geschlossener Kabine) Beech 17, der in großen Serien und zahlreichen Versionen ab 1934 gebaut wurde. Bis Mitte 1977 hatte B. 39 000 Leichtflugzeuge ausgeliefert. Zum gegenwärtigen Bauprogramm zählen neben den militärischen Trainern T-34C und Verbindungsflugzeugen C-12F rund 20 Typen ziviler Sport-, Schul-, Reise- und Kleinverkehrsflugzeuge sowie Zieldarstellungs- bzw. Aufklärungsflugkörper.

Beeinflussung: svw. → aerodynamische Interferenz.

Beese, *Amélie Hedwig:* genannt *Melli:* erste deutsche Fliegerin; geb. 13. Sept. 1886 Laubegast bei Dresden, gest. 22. Dez. 1925 Berlin. Studium an der Stockholmer Königlichen Akademie der freien Künste mit dem Ziel, Bildhauerin zu werden. Seit 1909 wieder in Deutschland, wo sie aufmerksam die Entwicklung der Fliegerei verfolgte. Motiviert durch die Erfolge französischer Fliegerinnen (8. März 1910: *Raymonde de Laroche* erhält vom «Aero Club de France» die Pilotenerlaubnis; 8. Nov. 1910: *Marie Marvingt* besteht die Pilotenprüfung und fliegt auf Antoinette-Eindecker einen Dauerweltrekord für Frauen; 23. Nov. 1910: *Hélène Dutrie* wird die dritte Flugzeugführerin), ging A. B. nach Berlin-Johannisthal. Ab 1910 versuchte sie, eine Pilotenausbildung zu erhalten. Bei → Albatros und Wright wurde sie abgewiesen, bei *Robert* → *Thelen* und

Melli Beese

Hellmuth → *Hirth* erlernte sie das Fliegen und erwarb am 13. Sept. 1911 den Flugzeugführerschein Nr. 115. Nach der Teilnahme an mehreren Flugwettbewerben eröffnete sie in Johannisthal die «Flugschule Melli Beese» und begann mit einer gebrauchten Rumpler-Taube (→ Taube) den Schulbetrieb. Stiller Teilhaber war der Franzose *Charles Boutard*, ihr späterer Ehemann. Sie baute eine Taube nach und beendete 1913 die Konstruktionsarbeiten an einem Flugboot. Der Kriegsausbruch verhinderte den Start. *Boutard* wurde vorübergehend interniert, *Melli B.* des Flugplatzes verwiesen. Als ihr Versuch, nach dem Kriege wieder in der Fliegerei zu beginnen, scheiterte, nahm sie sich das Leben.

Befeuchtungsanlage: Teil der → Klimaanlage eines Luftfahrzeugs, hält die Luftfeuchtigkeit in der Kabine in einem bestimmten Bereich.

Befeuerung: Markierung der für den Flugbetrieb wesentlichen Flugplatzanlagen und Hindernisse durch elektrische Leuchtfeuer. Die *Flugplatz-B.* besteht aus: *Anflug-B., Start- und Landebahn-B., Rollbahn-B.* und *B. von Ortungshilfen.* Die Anflug-B. kann in ihrer Leuchtstärke auf Anforderung des anfliegenden Luftfahrzeugführers in Abhängigkeit von den Sichtbedingungen eingestellt werden. Die in Europa gebräuchlichste Anflug-B. wird nach dem Erfinder *Calvert-System* genannt. Flugplätze, die für den Nachtflug bestimmt sind, besitzen diese Ausrüstung. Für die Hochleistungsfeuer verwendet man Scheinwerfer mit einseitiger Lichtaustrittsöffnung. Daneben gibt es Niederleistungsfeuer, die allseitig rotes oder weißes Licht abstrahlen. Das Calvert-System ist eine Kette von erst einzeln hintereinander, dann zu zweit und zu dritt in der Hauptlanderichtung auf der Anfluggrundlinie stehenden weißen Hochleistungsfeuern. Senkrecht und symmetrisch zur Anfluggrundlinie sind 3 bzw. 6 Querhorizonte aus 5...8 weißen Feuern angeordnet, die dem Luftfahrzeugführer als Horizont dienen und die Kontrolle über die Querneigung und die Entfernung bis zu Landebahnschwelle ermöglichen.

Die Markierung der Aufsetzzone, die Start- und Landebahn-Schwellenmarkierung, die Mittellinien- und Seitenstreifenmarkierung gehören zur *Start-*

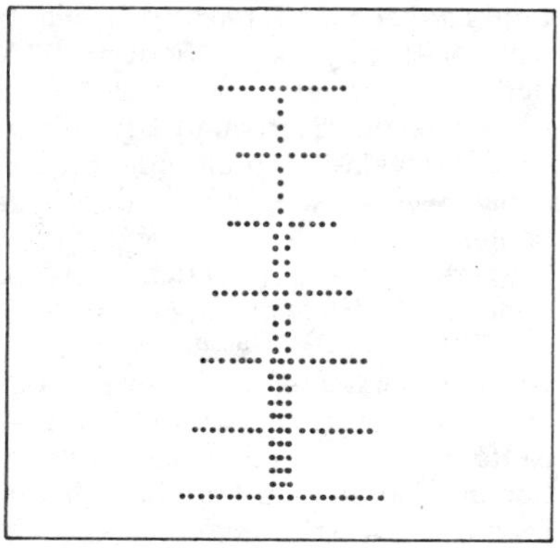

a

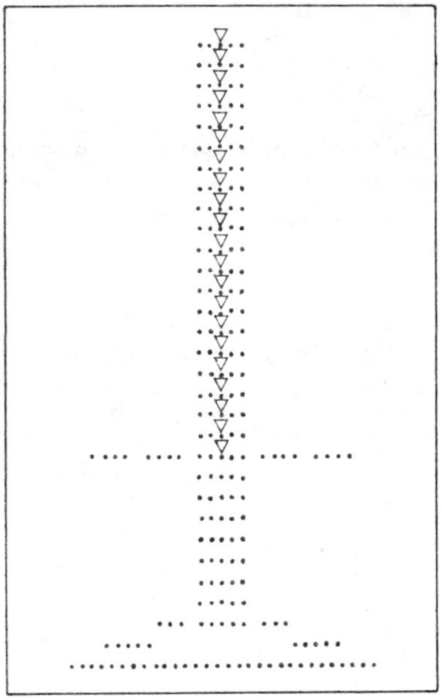

b

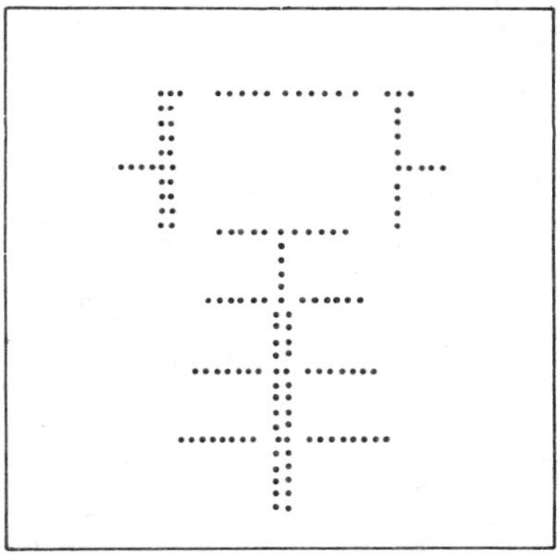

c

Arten der Anflugbefeuerung: a Calvert System, b FAA-Standard, c NATO-Standard

und Landebahnbefeuerung. Auch hier werden Hoch- und im Bedarfsfall Niederleistungsfeuer eingesetzt. Anfang und Ende der Start- und Landebahnen sind durch eine ebenfalls quer zur Bahnachse verlaufende, aus grünen Feuern bestehende Schwellen-B. markiert. Entlang der Start- und Landebahn vorhandene weiße Hochleistungsfeuer dienen zur Sicherung der Bewegungsvorgänge von Luftfahrzeugen auf dem Erdboden, und diese werden häufig durch eine Kette von – im Unterschied zu den bisher genannten Überflurfeuern überrollbaren – Unterflurfeuern in der Startbahnachse ergänzt.
Rollbahnfeuer, zu beiden Seiten der Rollbahnen und/oder auf deren Mittellinien angeordnet, sind Festfeuer niedriger Intensität und gelber, blauer oder grüner Farbe. Die Einmündungen zur Start- und Landebahn sind durch Doppelfeuer gekennzeichnet. Auf dem höchsten Punkt der Flugplatzgebäude ist ein *Erkennungsfeuer* angebracht, das auf weite Entfernung die Lage des Flugplatzes anzeigen soll. Es handelt sich um ein *Drehfeuer* mit 12...30 Blitzen/min und einer 1- oder 2farbigen Kennung. *Hindernisfeuer* sind allseitig sichtbare rote Festfeuer und bezeichnen, vor allem in der Nähe von Flugplätzen, Objekte, die den Luftverkehr in irgendeiner Weise gefährden können. Das Calvert-System und die angegebene Rollbahnbefeuerung entsprechen nicht den Forderungen, die bei der Einführung von Landungen nach Kategorie II und III an eine B. gestellt werden. Für Flugplätze, die für Landungen nach den Minima dieser Kategorien zugelassen sind, wurden spezielle B. für Anflug, Start- und Landebahn und Rollbahnen entwickelt. Mittellinien- und Aufsetzzonen-B. werden von Unterflurfeuern gewährleistet. Außerdem benutzt man häufig auf der Anfluggrundlinie Blitzlampen, die eine zur Landebahnschwelle zeigende wandernde Blitzlinie erzeugen. Die Landebahnschwelle markiert man hier ebenfalls mit Blitzlampen. Mit Hilfe einer Mittellinien-B. auf der gesamten Start- und Landebahn wird die Anflug-B. fortgesetzt und das dunkle Loch, in das bei dem Calvert-System gelandet werden soll, ist damit vermieden worden.

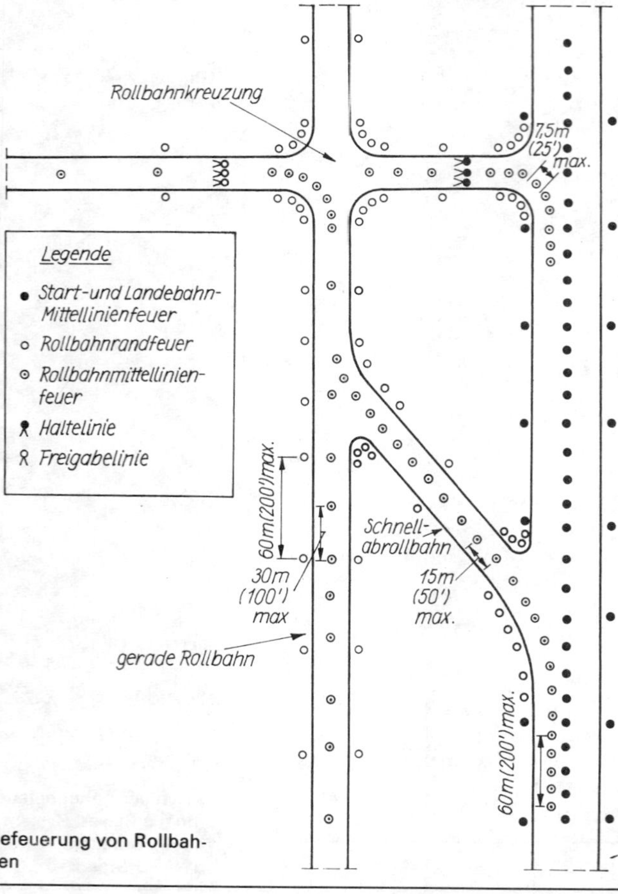

Befeuerung von Rollbahnen

beförderte Personen, *beförderte Fluggäste, Passagiere:* Kenngröße der Transportmenge, des Beförderungsumfanges (-volumens) im Personenluftverkehr. In der Luftverkehrsplanung und -statistik wird die Anzahl der b. P. sowohl insgesamt als auch unterteilt nach → Beförderungsarten (Linienluftverkehr, Bedarfsluftverkehr) sowie nach Linien, Verkehrsrelationen und Luftfahrzeugtypen je Zeiteinheit ausgewiesen.

Beförderung mit Vorbehalt: Transport von nicht entspr. den Vorschriften verpackten Gütern (Fracht, Post, Gepäck) auf ausdrücklichen Wunsch des Auflieferers. B. erfolgt nur, sofern diese Güter nicht die allgemeine Sicherheit und Ordnung gefährden oder nach gesetzlichen Bestimmungen bzw. betrieblichen Festlegungen der Luftverkehrsunternehmen (→ bedingt zugelassene Güter) vom Transport auszuschließen sind. Anspruch auf Schadenersatz aus ungenügender Verpackung kann bei der B. nicht geltend gemacht werden.

Beförderungsart: Unterscheidungsmerkmal der Leistungsarten in der Personenbeförderung. Nach der B. kann die Ortsveränderung erfolgen im → Linien- oder → Bedarfsluftverkehr. Teilweise wird unter B. auch die Untergliederung der Personenbeförderung nach → Beförderungsklassen verstanden. Von der B. sind die Art der → Beförderungspapiere, der Flugpreis und ggf. auch die Flug- (→) Reisezeit abhängig.

Beförderungsbedingungen: Bedingungen für die Beförderung von Fluggästen, Gepäck und Fracht, die dem → Beförderungsvertrag der einzelnen Luftverkehrsunternehmen zugrunde liegen. Sie gelten sowohl für das Luftverkehrsunternehmen als auch für den Fluggast und den Luftfrachtversender. In den Flugscheinen und in den Flugplänen sind jeweils Auszüge aus den B. abgedruckt. In den B. werden z. B. geregelt: Platzbestellung (→ Buchung), Abbestellung von Plätzen, Flugpreise, Erstattung des Flugpreises, Flugzeiten, Gültigkeit des Flugscheins, Mitnahme von Gepäck (→ Freigepäck), Erscheinen der Fluggäste in der → Stadtabfertigung bzw. auf dem Flughafen u. a.

Beförderungsbeschränkung: in den allgemeinen Beförderungsbedingungen getroffene Festlegungen, die die Beförderung von Personen und Gütern einschränken bzw. die Erfüllung dieser Festlegungen vor Annahme zur Beförderung und Abschluß des Transportvertrages fordern. → bedingt zugelassene Güter, → Beförderung mit Vorbehalt.

Beförderungsdokumente: → Beförderungspapiere

Beförderungsgeschwindigkeit, *Transportgeschwindigkeit:* Quotient aus Transportentfernung und zeitlicher Dauer des Transportprozesses, gemessen in km/h, Symbol v_Q. Merkmal der → Beförderungsqualität im Luftverkehr. Die B. wird maßgeblich von der → Fluggeschwindigkeit beeinflußt. Den analogen Zeiten entspr. werden unterschieden: → Blockgeschwindigkeit (v_{QB}), durchschnittliche Fluggeschwindigkeit (v_{QD}), → Flugplangeschwindigkeit (v_{QF}), → kommerzielle Geschwindigkeit (v_{QK}), → Reisegeschwindigkeit (v_{QR}).

Beförderungsklassen: Ausdruck der → Beförderungsqualität im Personenluftverkehr. Die B. unterscheiden sich durch unterschiedliche Ausstattung der Fluggastkabinen (Bequemlichkeit der Sessel, Abstand der Sitzreihen voneinander u. ä.), Bordservice und Gewährung von Freigepäck. Die wichtigsten international gebräuchlichen B. sind → erste Klasse (Bezeichnung F, First Class) und → *Touristenklasse* (Bezeichnung T, Tourist Class) sowie → *Economy-Klasse* (Bezeichnung Y, Economy Class). Letztere entspricht etwa der Touristenklasse.

Beförderungsleistung: → Transportleistung

Beförderungspapiere, *Beförderungsdokumente:* Bezeichnung für die Gesamtheit der schriftlichen Unterlagen, die Flugreisende während der Beförderung mitführen bzw. die die Güter auf dem Transport begleiten müssen, um die Berechtigung zur Beförderung nachzuweisen. B. sind der Luftfrachtbrief und der Flugschein. Sie besitzen als in standardisierter, vorgeschriebener Form ausgefertigte Urkunden über abgeschlossene Transportverträge rechtliche Bedeutung und dienen gleichzeitig als Unterlagen für die Be- und Abrechnung des Transportpreises und anderer Transportentgelte. Aufgrund besonderer gesetzlicher Bestimmungen oder betrieblicher Festlegungen der Luftverkehrsunternehmen für die Aus-, Durch- und Einreise mitzuführende andere Unterlagen, wie ärztliche Atteste, Zollpapiere, Ursprungszeugnisse, Währungsfakturen usw., werden *Begleitpapiere* genannt. Sie zählen nicht zu den B.

Beförderungspreis: → Transportpreis

Beförderungsqualität: Gesamtheit der Eigenschaften einer Beförderungsleistung. Die B. bestimmt den Grad der Eignung von Ortsveränderungsleistungen für die Befriedigung eines bestimmten Transportbedarfs als Annäherungsgrad an die Übereinstimmung der vom Transportkunden geforderten/gewünschten Qualitätsmerkmale mit den vom Luftverkehrsunternehmen angebotenen und realisierten qualitativen Eigenschaften der Transportleistung. Bestimmende Eigenschaften der B. sind in der *Personenbeförderung:* Sicherheit, Schnelligkeit, Bequemlichkeit, Häufigkeit, Regelmäßigkeit, Pünktlichkeit sowie Kontinuität des Leistungangebots. Im *Frachttransport* dagegen ist die Vermeidung von Verlusten und Beschädigungen vorrangiges Qualitätskriterium. Im Fluggastverkehr haben der boden- (orts-) gebundene Komfort und der Flugkomfort (z. B. Sauberkeit, Behei-

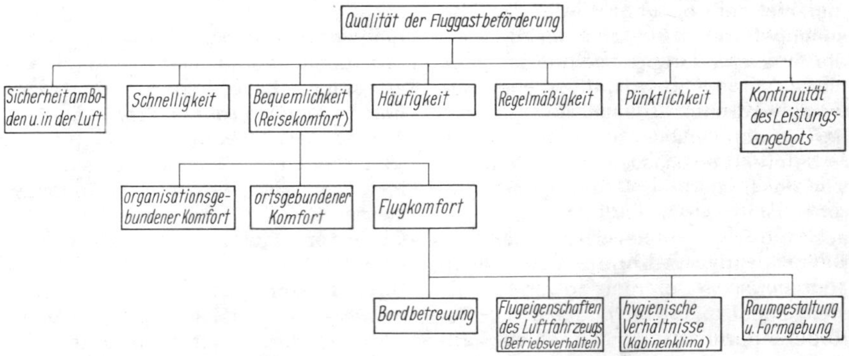

Merkmale der Beförderungsqualität im Luftverkehr (Fluggastverkehr)

zung, Be- und Entlüftung, Druckregulierung, möglichst geringe Lärmbelästigung, erträgliche Beschleunigung und Verzögerung sowie andere Formen des speziellen Bord- und Bodenservices) bes. Bedeutung. Messung und Vergleich der B. sind sehr kompliziert; es gibt noch keine einheitliche Kenngröße. Bestimmungen über die B. sind in der Transportverordnung (TVO) und verschiedenen Anordnungen für die zivile Luftfahrt sowie in betrieblichen Unterlagen der Luftverkehrsunternehmen enthalten.

Beförderungskosten: der durch die Leistungen für die kommerzielle Beförderung von Fluggästen und Gütern mit Luftfahrzeugen verursachte und in Geld bewertete Verbrauch von vergegenständlichter und (in Lohn ausgedrückter) lebendiger Arbeit sowie sonstige bestimmungsgemäß dafür festgelegte Geldausgaben für die Vorbereitung, Durchführung und den Abschluß von Lufttransportprozessen einschließlich der Aufwendungen für den Verkauf der Transportleistungen. Die B. entstehen überwiegend im Luftverkehrsunternehmen und stellen dessen wichtigsten Selbstkostenteil dar. Teile der B. entstehen außerhalb des Luftverkehrsunternehmens (z. B. in Transportmittlerorganen).

Beförderungsvertrag, *Personenbeförderungsvertrag:* Art eines Transportvertrags, der Voraussetzung für eine kommerzielle Beförderung von Personen und deren Gepäck zum → Bestimmungsort ist und die Rechte und Pflichten der Transportbeteiligten auf der Grundlage von → allgemeinen Beförderungsbedingungen und besonderen Vereinbarungen regelt. Der B. wird zwischen dem Fluggast und dem Luftverkehrsunternehmen abgeschlossen; Vertragsurkunde ist der Flugschein (→ Beförderungspapiere). Das Luftverkehrsunternehmen ist danach verpflichtet, den Fluggast und sein Gepäck zu dem im B. vereinbarten Bestimmungsflughafen zu befördern, wofür der Reisende einen bestimmten Flugpreis zahlen muß.

Beförderungsweg: der von Fluggästen oder Luftfracht-/Luftpostsendungen tatsächlich zurückgelegte Weg zwischen Abgangs- und → Bestimmungsort. Der B. ist mit dem Tarifbildungsweg (→ Tarifentfernung) nicht unbedingt identisch. Der B. wird von den Fluggästen und Frachtversendern durch die Wahl des Flugs/der Flugstrecke bei der → Buchung und dem Erwerb des Flugscheins bzw. beim Abschluß des → Transportvertrags selbst gewählt. Einen bestimmten Einfluß auf die Wahl des B. üben im Fluggastverkehr gegebenenfalls die Flugroutenvorschriften der Luftverkehrsunternehmen, im Fracht- und Posttransport die Leitungsvorschriften aus.

Beförderungsweite: Entfernung in Kilometer, die ein Fluggast mit dem Flugzeug zurücklegt. Als *mittlere B.* (auch *mittlere Reiseweite* genannt) eines Fluggastes ist sie als Quotient aus der Personenbeförderungsleistung in Pkm und der Anzahl der → beförderten Personen eine wichtige Kenngröße zur Planung und Analyse der Leistungen im Fluggastverkehr. Sie wird, bezogen auf die Gesamt-Personenbeförderungsleistung eines Luftverkehrsunternehmens und/oder die → Beförderungsarten, getrennt nach Inland- und grenzüberschreitendem Verkehr ausgewiesen.

Beförderungszeit: → Reisezeit

Begleitpapiere: → Beförderungspapiere

Behälter: Bez. für alle Arten von Behältnissen, in denen Flugbetriebsstoffe (Brenn- und Schmierstoffe, Hydraulikflüssigkeiten, Druckluft, Sauerstoff, Stickstoff u. a.) aufbewahrt, aus denen sie entnommen und in die sie ggf. zurückgeführt werden können. In B. sollen Flüssigkeiten beruhigt und entgast werden. Sie sollen ein Sieden der Flüssigkeiten ebenso verhindern wie das Entstehen explosiver Gasgemische. Sie müssen unter extremen Belastungen genauso dicht sein wie unter großen Temperaturunterschieden. Nicht alle Aufgaben können B. selbst erfüllen, deshalb werden sie nach Bedarf mit zusätzlichen Anlagen ausgerüstet bzw. verbunden, so z. B. mit Systemen zur Druckbeaufschlagung, zur Entlüftung, zur Steuerung der Enttankungsreihenfolge usw. B. können als autonome Bauteile in die Flugzeugzelle eingebaut oder aber integraler Bestandteil derselben sein (→ Integralbehälter).

Behäutung: Metall- oder Plastaußenhaut von Luftfahrzeugen. Als metallische Werkstoffe für die B. dienen heute vorwiegend Leichtmetallegierungen, in thermisch hoch belasteten Bereichen bzw. bei Hochgeschwindigkeitsflugzeugen zunehmend auch Titanlegierungen und rostfreier Stahl. → Außenhaut

Beheizung: Erwärmung 1) der *Kabine* zur Gewährleistung der erforderlichen Lebensbedingungen, meist unter Nutzung des Wärmegefälles am Triebwerk (→ Klimaanlage); 2) von *vereisungsgefährdeten Teilen* des Flugzeugs, wie Tragflügelvorderkanten, Kabinenverglasung, Luftschrauben- und Rotorblätter, Eintrittskanäle von Luftstrahltriebwerken u. a., erfolgt entweder elektrisch oder durch Wärme aus dem Triebwerk (Abgaswärme bei Kolbentriebwerken, Warmluft aus dem Verdichter bei Luftstrahltriebwerken). → Enteisung

Behmlot: nach dem Erfinder benannter akustischer → Höhenmesser, der früher häufig in Luftschiffen eingesetzt wurde.

BEIAL: Abk. für → **B**ritish **E**agle **I**nternational **A**irlines **L**td.

Beinhorn, *Elly:* deutsche Sportfliegerin, geb. 30. April 1907 Hannover. Bekannt durch Langstreckenflüge mit Leichtflugzeugen (Klemm, BFW) in verschiedenen Erdteilen, z. B. vom 4. Dez. 1931 bis 26. Juli 1932 Europa–Asien–Australien–Südamerika (37 000 km).

Beiwert: 1. in der *Aerodynamik* verwendete *dimensionslose Größe* zur Charakterisierung der Luftkräfte und deren Momente an Umströmungskörpern. Die Kenntnis der B. unterschiedlichster Umströmungskörper gestattet einen exakten qualitativen Vergleich ihrer aerodynamischen Eigenschaften ohne Kenntnis ihres Aussehens. Die bekanntesten B. sind: der *Auftriebsbeiwert* (C_A), der Widerstandsbeiwert (C_W) und der Momentenbeiwert (C_M). Daneben werden jedoch weitere B. verwendet, wie der Druckbeiwert (C_P) zur Charakterisierung der Druckkräfte oder der Reibungsbeiwert (C_R) zur Charakterisierung der Reibungskräfte u. a. B. werden im Versuch ermittelt. So z. B. wird der Auftriebsbeiwert eines Tragflügels mit der charakteristischen tragenden Fläche (A_{TF}) anhand der Gleichung

$$C_A = \frac{F_A}{\frac{\varrho v^2}{2} A_{TF}} = \frac{F_A}{q \cdot A_{TF}}$$

im Windkanalversuch ermittelt, indem an ihm bei gegebener Anblasgeschwindigkeit (v) und Luftdichte (ϱ) mit Hilfe einer aerodynamischen Waage die Auftriebskraft gemessen wird. Die Luftkräfte und deren Momente und somit auch die B. sind außer von Geschwindigkeit und Luftdichte noch von vielen anderen Faktoren abhängig, so z. B. von der Lage des Körpers im Strom, der Form des Körpers, seiner Oberflächenrauhigkeit u. a. Diese Abhängigkeiten werden in Diagrammen dargestellt. → Auftriebsbeiwert, → Widerstandsbeiwert, → Polare – **2.** *Luftschraubenbeiwerte:* Leistungszahl, Drehmomentenzahl und Fortschrittszahl sind dimensionslose Beiwerte zur Kennzeichnung der Arbeit einer Luftschraube.

Beladungsplan, *Beladeplan:* in Abhängigkeit vom Flugzeugtyp und dem jeweiligen Auslastungsgrad festgelegte Anweisung für die massemäßige Verteilung der Passagiere, des Gepäcks, der Fracht und der Post auf die einzelnen Fluggast- (Salons) bzw. Laderäume des Flugzeugs.

Belastung: 1. Gesamtheit der auf die Konstruktion einwirkenden Kräfte und Momente. Sie führt zur → Beanspruchung der Bauelemente. Am Flugzeug wirken die → Luftkraft, die Schubkraft des Triebwerks (bzw. Vortriebskraft der Luftschraube), die Gewichtskraft sowie durch Druckunterschiede hervorgerufene Kräfte. Die B. wird nach ihrer Verteilung unterschieden in verteilte B. (Flächenlasten, z. B. Luftkraft; Volumenlasten, z. B. Massenträgheitskräfte) und konzentrierte B. (Punktlast, Linienlast). Eine ideal konzentrierte B. ist in der Praxis selten und stellt meist nur eine Abstraktion für technische Berechnungen dar. Außerdem wird die B. nach ihrem Wirkungscharakter unterschieden in *statische* B. (Kraft, die in kurzer Zeit auf einen Maximalwert ansteigt und dann annähernd konstant bleibt; Sonderfall: Stoß, Kraft mit zeitlich sehr eng begrenzter Wirkungsdauer) und *dynamische* B. (Kraft, deren Größe und Richtung sich periodisch, an der Flugzeugzelle häufig auch aperiodisch, ändert). In Anlehnung an Schwingungsvorgänge wird die dynamische B. auch als schwingende B. bezeichnet. Man unterscheidet dabei *schwellende* B. (um einen Mittelwert schwingende B. ohne Vorzeichenwechsel) und *wechselnde* B. (um einen Mittelwert schwingende B. mit Vorzeichenwechsel). – **2.** *Triebwerksbelastung:* Bei Wellenleistungstriebwerken ist das abgegebene Drehmoment ein Maß für die Belastung, bei

Größe des Lastvielfachen n_y und des Staudrucks q für die Hauptbelastungsfälle des Tragflügels

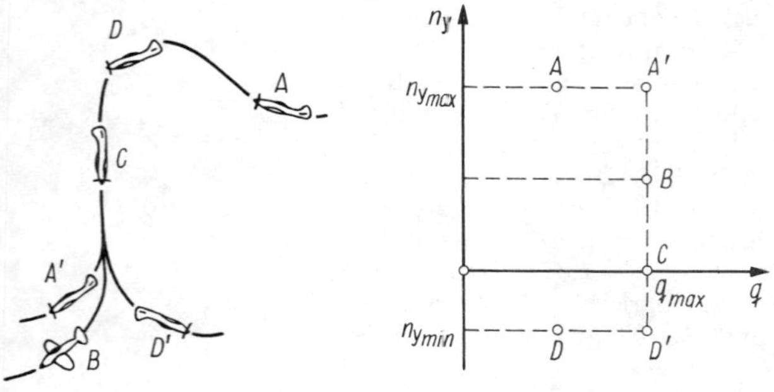

Strahltriebwerken der Schub oder, häufig als äquivalente Größe zum Schub, die Abgastemperatur.

Belastungsfall, *Lastfall:* charakteristischer Flugzustand, der für bestimmte Baugruppen typische Grenzfälle der → Belastung mit sich bringt. Die Belastung wird hierbei durch das Lastvielfache entlang der Hochachse (n_y) und den Staudruck (q) charakterisiert. Für den Tragflügel gibt es z. B. folgende *Haupt-B.*: B. A) Abfangen des Flugzeugs aus dem Sturzflug oder Hochziehen aus dem Horizontalflug mit höchstzulässigem Lastvielfachen n_y; B. B) Flugzustand wie im Fall A, aber mit zusätzlich ausgeschlagenem Querruder, so daß die beiden Tragflügelhälften unterschiedlich und der Rumpf zusätzlich auf Verdrehung belastet werden; B. C) senkrechter Sturzflug, wobei der Gesamtauftrieb und damit das Lastvielfache n_y gleich Null sind. Aufgrund der dabei am Tragflügel herrschenden Druckverhältnisse wird dieser stark auf Verdrehung beansprucht; B. D) Flug mit höchstzulässiger negativer Auftriebskraft, d. h. auch höchstzulässigem negativem Lastvielfachen, z. B. Manöver im Rückenflug oder schroffes Drücken des Flugzeugs in den Sturzflug. Zwischen-B. werden durch größtmöglichen Wert des Staudrucks charakterisiert.

Belastungsimitation: notwendige Maßnahme zur Sicherung des Steuergefühls für den Flugzeug- bzw. Hubschrauberführer bei nichtumkehrbarer → Verstärkersteuerung. → Handkraftcharateristik; → Steuerwerk von Flugzeugen

Beleuchtung: 1) Auf Flugplätzen: mittels starker Scheinwerfer zum Ausleuchten des Abfertigungsvorfelds und der Abstellplätze. 2) An Luftfahrzeugen: neben der vorgeschriebenen → Lichterführung eine Außen-B. bei Start, Landung und beim Rollen und zur Kennzeichnung und Kontrolle des Flugzeugs im Fluge. Mit Hilfe der Scheinwerfer, z. B. zur B. der Triebwerksgondeln und des Höhenleitwerks, kann Eisbildung während des Flugs festgestellt werden.

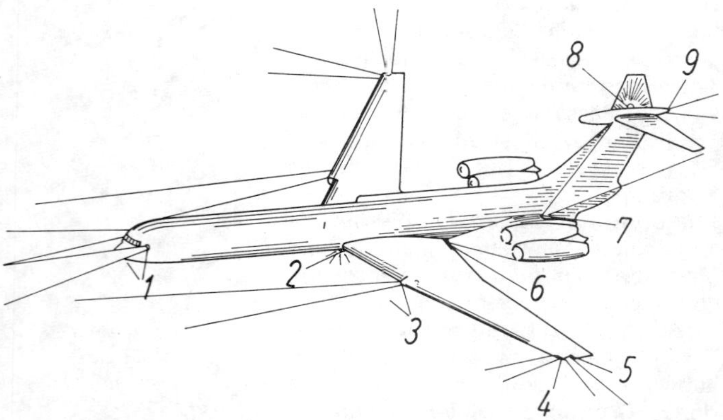

Außenbeleuchtung eines Flugzeugs: 1 Rumpfscheinwerfer, 2 untere Impulsleuchte, 3 Flächenscheinwerfer, 4 Begrenzungsleuchten, 5 Positionslichter, 6 Scheinwerfer für 1. und 2. Triebwerk, 7 Scheinwerfer für Höhenleitwerk, 8 obere Impulsleuchte, 9 Hecklicht

Belgrad, Flughafen Belgrad-Sucrin; City-Code **BEG:** bedeutendster internationaler Flughafen Jugoslawiens 44° 49′ 09″ n. Br., 20° 18′ 44″ ö. L., Höhe 101 m, 20 km westlich von Belgrad gelegen. 1 Start- und Landebahn mit 3 400 m × 45 m. Jahresverkehrsaufkommen 1987: 2,5 Mill. Fluggäste; moderne Funk- und Navigationsausrüstungen.

Beljakow, *Alexander Wassiljewitsch:* sowjetischer Generalleutnant der Luftstreitkräfte (1943), Professor der Geographie, geb. 9. (21.) Dez. 1897 im Dorf Bessubowo im Gouvernement Moskau, gest. 29. Nov. 1982 Moskau. Beendete 1917 eine Infanterieschule. Seit Febr. 1919 in der Sowjetarmee, kämpfte in *Tschapajews* 25. Schützendivision, beendete 1921 eine fotogrammetrische Schule, 1930/35 Lehrstuhlleiter an der Shukowski-Akademie der Luftstreitkräfte. Spezialist für Navigation. Steuermann in der Tschkalow-Besatzung (→ Baidukow) bei Langstreckenrekordflügen. 24. Juli 1936 Held der Sowjetunion, Dienstgrad Brigadekommandeur. 1936/40 Chefsteuermann der Fernbombenflieger sowie der Luftstreitkräfte, 1940/45 Leiter der Hochschule für Navigation in Rjasan. Als Ober-Steuermann einer Luftarmee an der Berliner Operation 1945 beteiligt. 1945/60 Fakultätsleiter der Akademie der Luftstreitkräfte, 1960 in die Reserve versetzt; Autor zahlreicher Titel über Flugnavigation. Deputierter des Obersten Sowjets, Träger zweier Leninorden sowie zahlreicher anderer hoher Auszeichnungen. Am 20. Juli 1975 gemeinsam mit G. Baidukow und dem Sohn von → Tschkalow in Vancouver/USA zur Einweihung eines Denkmals für den USA-Flug.

Bell: Typenbezeichnung für Flugzeuge der Bell Aircraft Corporation, USA, gegr. 1935 von *Lawrence → Bell.* Spezialisierte sich auf das Rüstungsgeschäft, so auf den Bau von Jagdflugzeugen (1938: Bell P-39 «Airacobra», 1942 Bell P-59A «Airacomet» als erstes US-Strahlflugzeug). Nach 1945 Versuche mit Hochgeschwindigkeitsversuchsflugzeugen (1946 Bell X-1, 1953 Bell X-1 A) sowie Hubschraubern (1943 Modell 30) und Senkrechtstartern. Heute einer der größten Hubschrauberproduzenten: Bell Helicopter Textron (Teil der Textron Inc.), produzierte bis 1977 22 000 Hubschrauber. Ende 1977 wurden gebaut: Bell 205 (UH-1 D/H), 205A, 206B «Jetranger II und III» OH-58, 206L, Kampfhubschrauber 209 (AH-1 G, Q, R, S, T, J) 212, 214A/C und B, 222. Darüber hinaus gibt es Versuche mit Senkrechtstartern, z. B. Bell 301 (XV-15). Zum gegenwärtigen Programm zählen weiterentwickelte Versionen dieser Hubschrauber-Reihen.

Bell, *Lawrence:* amerikanischer Konstrukteur, Flugzeug- und Hubschrauberfabrikant, geb. 1894, gest. 1956. Konstruierte 1910 sein erstes Flugzeug, begann in der Flugzeugfabrik Glenn → Martin als Mechaniker, später Meister, Betriebsleiter und Direktor. Ab 1928 verschiedene leitende Funktionen, dann Vizepräsident der Consolidated Aircraft Company (→ Consolidated-Vultee). 1935 eigene Flugzeugfabrik Bell Aircraft Corporation, in der Militärflugzeuge, Hubschrauber und Senkrechtstartflugzeuge gebaut werden.

Bellanca: Typenbezeichnung für Flugzeuge der Bellanca Aircraft Corporation, New Castle, Delaware USA, geg. 1927 von *Guiseppe → Bellanca*; speziali-

im zweiten Weltkrieg in großer Stückzahl auch an die UdSSR geliefert – Jagdflugzeug Bell P-39 «Airacobra»

sierte sich auf den Bau von Sport- und Verkehrsflugzeugen. Auf B.-Flugzeugen wurden vor dem zweiten Weltkrieg mehrere Atlantik-Flüge USA–Europa unternommen (z. B. von den Brüdern *Adamowicz* 1934 mit der 1motorigen Bellanca J «City of Warshaw» von Harbour Grace in Neufundland nach St. André in Frankreich). B. beschäftigte sich nach 1945 mit der Entwicklung von Glasfiber-Bauteilen für die Flugzeugindustrie. 1971 umstrukturiert von Bellanca Aircraft Engineering Inc. in Scott Depot (West Virginia), baut das Flugzeug B. Modell 19-25 «Skyrocket II».
B. ist nicht zu verwechseln mit der Firma Bellanca Aircraft Corp. in Alexandria (Minnesota), die seit 1970 existiert und 1motorige Leichtflugzeuge in 3 Serien produziert (Tiefdecker der «Viking»-Serie, Hochdecker der «Champion»-Reihe und «Scout»-Arbeitsflugzeuge).

Bellanca, *Guiseppe Marie:* amerikanischer Flugzeugkonstrukteur und -fabrikant, geb. 1886, italienischer Abstammung. Beschäftigte sich ab 1906 mit dem Bau von Flugzeugen. Konstrukteur mehrerer Flugzeuge, mit denen von 1918 bis 1939 zahlreiche Rekorde aufgestellt wurden (z. B. Bellanca J, 1927). Gründete 30. Dez. 1927 die Firma Bellanca Aircraft Corporation. Sein bekanntestes Flugzeug ist die ab 1927 gebaute 1motorige, 6sitzige Bellanca Y-300 (Versionen: WB-2, J «Pacemaker»).

Beobachter: 1. ältere Bez. für Besatzungsmitglied von Aufklärungsflugzeugen, das die Erd-, See- oder Luftraumbeobachtung mit bloßem Auge, optischen und Infrarot-Geräten, mit Luftbild oder funktechnischen Mitteln durchführt. – **2.** am Flugbetrieb Beteiligter oder Mitarbeiter der Flugsicherung, der die Aufgabe wahrnimmt, die Flugzeuge in der → Platzrunde, bei der Landung oder beim Kunstflug zu beobachten.

Beplankung: → Außenhaut aus Sperrholz; aus dem modernen Flugzeugbau nahezu völlig verdrängt.

Bequemlichkeit: Qualitätsmerkmal der Personenbeförderungsleistung. → Beförderungsqualität

Berblinger, *Albrecht Ludwig:* genannt *Schneider von Ulm*; geb. 25. Juni 1770 Ulm, gest. 28. Jan. 1829 Ulm. Ahmte → *Degen* nach. Konstruierte 1810 ein Schwingenflugzeug, startete damit am 30. Mai 1811 von einem Gerüst am Donauufer in Ulm, Sturz in den Fluß. B. galt lange nach seinem Tode noch als Betrüger und Scharlatan. Aus Anlaß der 175. Wiederkehr des Flugversuchs veranstaltete die Stadt Ulm einen Flugwettbewerb, um nach Berblingers Vorbild an historischer Stätte die Donau zu überfliegen. Zugelassen waren nur solche Fluggeräte, die in Aussehen und Flugbild weitgehend dem Originalmodell entsprachen. 29 Männer gingen an den Start. Lediglich dem Münchner Schüler Holger Rocholt (19) gelang es, nach sanftem Schwebeflug das andere Donauufer zu erreichen. Er gewann den ausgesetzten Preis von 50 000,– DM.

Beregowoi, *Georgi Timofejewitsch:* sowjetischer Flieger und Kosmonaut, geb. 15. April 1921 Fjodorowka, Gebiet Poltawa, Generalleutnant der Flieger (1977), zweifacher Held der Sowjetunion (26. Okt. 1944; 1. Nov. 1968), Verdienter Testpilot der UdSSR (1961), Doktor der Psychologie (1974). In der Sowjetarmee seit 1938, beendete 1941 die Militärfliegerschule Lugansk, im Krieg Pilot einer Il-2, KPdSU seit 1943, Ausbildung zum Versuchspiloten bis 1948, testete bis 1964 über 60 verschiedene Flugzeugtypen. 1956 Abschluß der Militärakademie. 1964 Eintritt in das

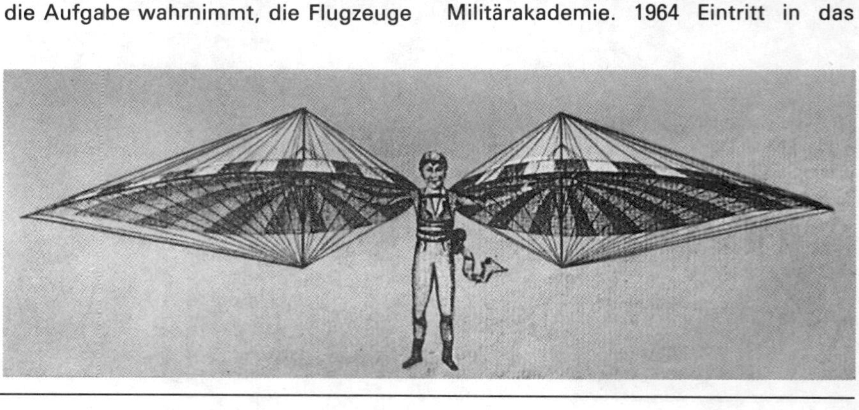

Ansicht des Schwingenflugzeugs von Berblinger

Kosmonautenkorps. 26.–30. Okt. 1968 Flug mit Sojus 3. Verfaßte zahlreiche wissenschaftliche Arbeiten. Deputierter des Obersten Sowjets, Träger zahlreicher hoher in- und ausländischer Orden. Wissenschaftliche Arbeiten zu psychologischen Themen.

Berijew (Beriaschwili), *Georgi Michailowitsch:* sowjetischer Flugzeugkonstrukteur, Generalmajor des ingenieurtechnischen Dienstes (1951), Doktor der technischen Wissenschaften (1961), geb. 31. Jan. (13. Feb.) 1903 Tiflis, gest. 1979. 1930 Abschluß des Leningrader Polytechnischen Instituts «Kalinin». 1934/68 Leiter eines Versuchskonstruktionsbüros. Unter Leitung von B. entstanden u. a. MBR-2 (1932, gebaut: 1 300), MBR-7 (1939), Be-6 (1950); die strahlgetriebenen Flugboote R-1 (1951) und Be-10 (1959), die Amphibienflugzeuge Be-8 (1948) und Be-12 (1960), das Katapultflugzeug Be-4 (1940) sowie das Passagierflugzeug Be-30 (1966). Staatspreisträger (1947, 1968)–; 2 Leninorden und andere hohe Auszeichnungen. In den letzten Lebensjahren Mitglied des Wissenschaftlich-Technischen Rats des Ministeriums für Luftfahrtindustrie.

Berlin-Schönefeld, Code **SXF:** be-

Georgi Berijew

Berijew Be-12

Berijew Be-30

deutender internationaler Flughafen im Südosten Berlins. 52°22′48″ n. Br., 13°31′18″ ö. L., Höhe 47 m, 19 km vom Stadtzentrum gelegen. 2 Start- und Landebahnen mit 3000 m × 60 m und 2700 m × 60 m. Jahresverkehrsaufkommen 1989: 3,4 Mill. Fluggäste. Moderne Funk- und Navigationsausrüstungen.

Berliner Vereinbarung: am 27. Okt. 1965 in Berlin abgeschlossene «Vereinbarung über die Zusammenarbeit der Luftverkehrsunternehmen auf dem Gebiet der betrieblichen, kommerziellen und finanziellen Tätigkeit» zwischen Aeroflot, ČSA, Interflug, LOT, MALÉV, Verwaltung des Mongolischen Luftverkehrs MIAT, TABSO (seit 1968 BALKAN) und TAROM. Jeder Partner übernimmt auf dem Gebiet seines Landes die Generalvertretung aller anderen Teilnehmer sowie die Bodenorganisation und Abfertigung der Flugzeuge der Partner. Die B. V. regelt auch die Verrechnungsverfahren. Die vorher abgeschlossenen Pool-Vereinbarungen (→ Pool) wurden beibehalten. Jedes Luftverkehrsunternehmen, das die Ziele der B. V. anerkennt, kann ihr beitreten.

Berlin-Tegel, Code **TXL:** 52°33′42″ n. Br., 13°17′24″ ö. L., Höhe 37 m. Der Flughafen liegt im Norden des Stadtgebiets. 2 Start- und Landebahnen mit 3023 m × 46 m und 2424 m × 46 m. Jahresverkehrsaufkommen 1988: 5,6 Mill. Fluggäste. Moderne Funk- und Navigationsausrüstungen.

Bermuda-Abkommen: Vereinbarung zwischen den Regierungen Großbritanniens und der USA über den Luftlinienverkehr zwischen beiden Staaten, die am 11. Febr. 1946 auf den Bermuda-Inseln abgeschlossen wurde. Diese Vereinbarung gilt als Modell gegeneinander abgewogener Interessen westlicher Staaten und ihrer Luftverkehrsunternehmen. 1977 erneuert.

Bermuda-Dreieck: Gebiet zwischen den Bermuda-Inseln, Puerto Rico und Florida, in dem sich ungewöhnlich viele Schiffs- und Flugzeugkatastrophen ereigneten. Einige Beispiele: Am 5. Dez. 1945 verschwanden 5 ‹Avenger›-Flugzeuge, ebenso das zur Suche gestartete Flugboot Martin ‹Mariner›; am 30. Jan. 1948 ging eine 4motorige ‹Star Tiger› verloren; 1945 verschwand eine C-119, im August 1973 eine KC-135. Obwohl viele Verluste nachträglich natürlich begründet werden konnten, sind noch

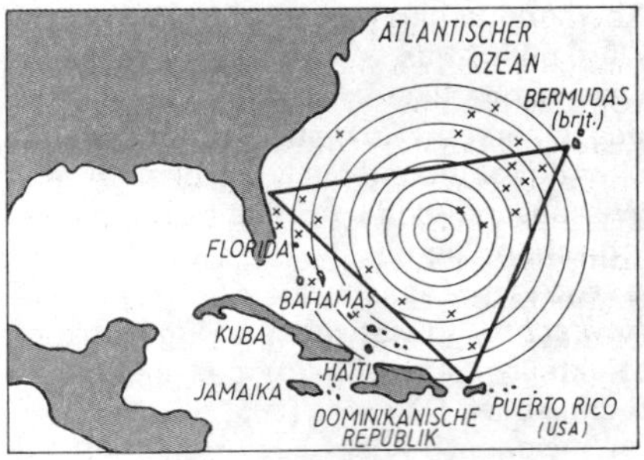

Bermuda-Dreieck

nicht alle Ursachen erforscht. Nach einer Expedition des sowjetischen Forschungsschiffes VIKTOR BUGAJEW im Rahmen des internationalen Experiments «Polymode» in das B. erklärte der Expeditionsleiter, es hätte nicht festgestellt werden können, daß dort «Übernatürliches» vor sich ginge.

Bernhard: Bez. für ein während des zweiten Weltkriegs in Deutschland benutztes Funkfeuer, bei welchem das Antennendiagramm des Bodensenders, das ein Minimum der Strahlungsleistung besaß, gleichmäßig umlief. Mittels eines zweiten Senders mit Rundstrahlung erfolgte eine Information über die Azimutwerte des Minimums. Im Flugzeug wurden beide Sendungen empfangen, so daß beim Durchgang des Strahlungsminimums am Flugzeugstandort der zugehörige Azimutwert bekannt war.

Bernoulli, Daniel: geb. 1700 Groningen, gest. 1782 Basel; Professor in Petersburg und Basel. Er lieferte wesentliche Beiträge zur Theorie der Differentialgleichungen, Reihenlehre und Wahrscheinlichkeitstheorie. Begründer der theoretischen Hydrodynamik und Schöpfer einer kinetischen Theorie der Gase. → Bernoullische Gleichung

Bernoulli-Gleichung, *Bernoullische Gleichung:* von Daniel → *Bernoulli* auf-

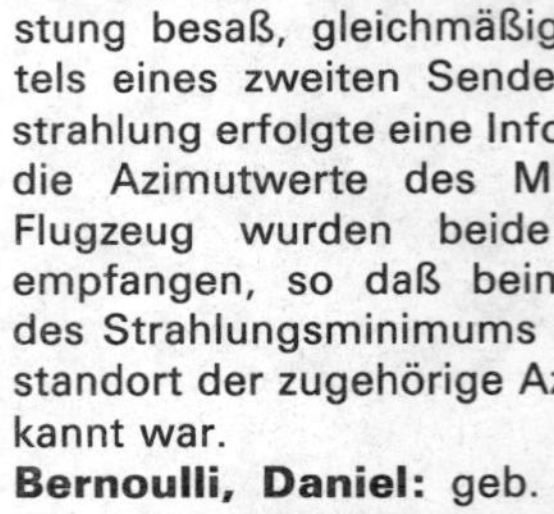

Druckunterschied in einer Venturidüse

gestellte Grundgleichung der → Strömungslehre; Ausdruck des Gesetzes von der Erhaltung der Energie in einem geschlossenen Strömungssystem; ursprünglich als Gleichung der → Hydrodynamik für die stationäre Strömung inkompressibler, reibungsfreier Fluide aufgestellt, sagt sie aus, daß die Summe aus → statischem Druck und dynamischem Druck konstant ist:

$$p + q = p + (\varrho/2)v^2 = p_{ges} = \text{konst.}$$

Demnach muß der Druck p im System sinken, wenn die Geschwindigkeit v wächst und umgekehrt. Wird dem System Energie zu- oder abgeführt, so muß diese als Änderung des Gesamtdrucks berücksichtigt werden, z. B. als Rohrreibungsverluste bei Leitungssystemen, bei der Überwindung von Höhenunterschieden als Schweredruckdifferenz u. a. Eine neue Qualität der Betrachtungen ergibt sich für die → Gasdynamik, weil hier die → Kompressibilität, d. h. die Dichteänderung $\Delta\varrho$ des Gases unter Druckeinfluß mit berücksichtigt werden muß. Die B. ist im engen Zusammenhang mit dem → Kontinuitätsgesetz zu sehen.

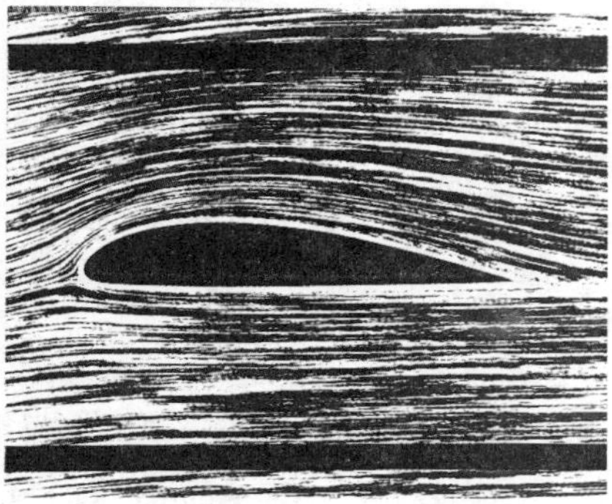

Flügelprofil in einer Wasserströmung: Das Wasser auf der Flügeloberseite muß schneller fließen als an der Flügelunterseite; nach der Bernoullischen Gleichung herrscht an der Oberseite ein geringerer Druck als an der Unterseite

Besatzung, engl. *Crew:* Bordpersonal (→ fliegendes Personal) eines Luftfahrzeugs, im zivilen Bereich Angestellte eines Luftverkehrsbetriebs, die während des Flugs für die Führung und Wartung des Flugzeugs und für die Betreuung der Fluggäste verantwortlich sind. Bei modernen Verkehrsflugzeugen besteht die B. in herkömmlichen Verkehrsflugzeugen aus dem Flugzeugführer (1. Pilot, Kommandant des Flugzeugs), der die alleinige und gesamte Verantwortung für den Flug trägt, dem 2. Piloten (Kopilot), dem Bordingenieur (Flugingenieur), dem Funker und dem Kabinenpersonal (Steward, Stewardeß). Hochtechnologie-Verkehrsflugzeuge mit automatisiertem Cockpit werden i. allg. nur von 2 Flugzeugführern (1. und 2. Pilot) geflogen. Bei Langstreckenflügen sind Wechselbesatzungen an Bord, wenn die Flugzeit die limitierte Einsatzzeit überschreitet. Bei Militärflugzeugen richtet sich die B. nach dem Verwendungszweck. Jagdflugzeuge haben in der Regel 1 bis 2, Aufklärungsflugzeuge 1 bis 4, Bombenflugzeuge und Raketenträger 1 bis 6, Spezialflugzeuge z. T. über 6 Mann B.

Besatzungsabfertigung: → Abfertigung

Besatzungseinsatzplan: innerbetriebliches Dokument, mit dem der Einsatz der → Besatzungen unter Beachtung verbindlicher Erfordernisse (Erlaubnisse, → flugmedizinische Norm u. a.) organisiert wird. Die diese Tätigkeit ausführende Struktureinheit wird i. allg. Besatzungseinsatzplanung genannt.

Beschlag: Metallteil (Blech, Profil beliebiger Form), mit dem Bauelemente aus gleichen oder verschiedenen Werkstoffen im Festigkeitsverband miteinander verbunden werden (z. B. Verbindung zwischen Pfetten und Rippen durch Aufnieten von Winkeln).

Beschleunigung: Änderung der Geschwindigkeit (nach dem Betrag oder nach der Richtung) in der Zeiteinheit, Maßeinheit m/s². Sie tritt überall dort auf, wo Kräfte vorhanden sind und Massen bewegt werden, und stellt physikalisch nach dem dynamischen Grundgesetz für Geschwindigkeiten, die gegenüber der Lichtgeschwindigkeit klein sind, den Quotienten aus Kraft und Masse dar, d. h. die B. a eines Körpers von der Masse m ist der auf ihn einwirkenden Kraft F proportional und ihr gleichgerichtet: $a = F/m$. Bei Abnahme der Geschwindigkeit, d. h. bei negativer B. spricht man von *Verzögerung.* In der Luftfahrt wird die B. oft in Vielfachen der Fallbeschleunigung gemessen ($a = n \cdot g$). Der Proportionalitätsfaktor n wird hierbei als → Lastvielfaches bezeichnet. Ursache der B. eines Flugkörpers sind äußere Kräfte; Folge der B.

sind innere Trägheitskräfte (→ Kräfte am Flugzeug). Die äußeren Kräfte rufen i. allg. sowohl Tangential- als auch Radial-B. des Flugzeugs hervor.

Beschleunigungskollaps: Versagen des Blutkreislaufs. Vorher treten Sehstörungen in Form einer Einschränkung des Gesichtsfelds bis zum Ausfall des Sehvermögens auf. Beschleunigungen (Überlastung «G») oder Verzögerungen (Schwerelosigkeit «– G_z») in der Stärke vom n-Fachen der Fallbeschleunigung wirken auf den Organismus so, als ob er n-mal so schwer oder leicht wird. Dies entsteht bei geradlinigen und Zentrifugalbeschleunigungen in Brust/Rücken- oder Rücken/Brustrichtung bzw. in Bekken/Kopf- oder Kopf/Beckenrichtung des menschlichen Körpers. Gemessen wird die Beschleunigung in Vielfachen der Fallbeschleunigung G. Im Kurvenflug erreichen schnelle Flugzeuge kurzfristige Zentrifugalbeschleunigungen bis 10 G. Durch die Gewichtsvermehrung des Bluts strömt dies in die unteren Körperteile (Steigflug + G_z), da die Blutgefäße elastisch sind, erweitern sie ihren Querschnitt. Durch Ausbleiben des Bluts sinkt der Blutrückstrom zum Herzen. Wenn er ganz aufhört, schlägt das Herz leer. Durch Absinken des Blutdrucks erhält das Gehirn keinen Sauerstoff mehr und Bewußtlosigkeit tritt ein.

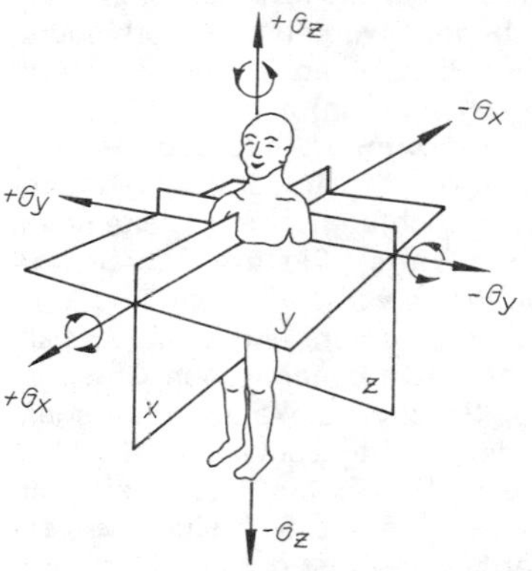

Beschleunigungsebenen und -achsen eines Menschen im Fluge; G Beschleunigungskraft

Beschleunigungsmesser: Gerät oder Anlage zur Anzeige der → Beschleunigung. In Luftfahrzeugen wird i. allg. die vertikale Beschleunigung (in Richtung der Hochachse) gemessen, da diese infolge von → Böen oder Landestößen große Werte annehmen kann. Da eine Kraft das Produkt aus Masse und Beschleunigung ist, wird im B. eine Kraft gemessen: Die Beschleunigung wirkt

Beschleunigungsmesser

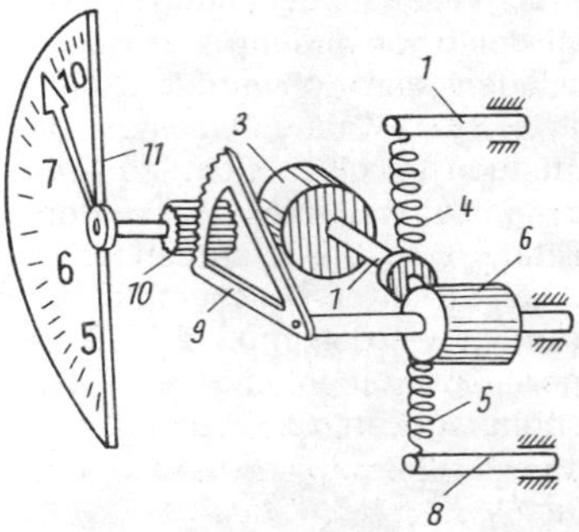

Aufbau eines Beschleunigungsmessers sowjetischer Bauart: 1 Hebel für Belastungskörper, 2 Zahnsegmentachse, 3 Belastungskörper, 4, 5 Feder, 6 Ringstück, 8 Aufhängepunkt der Feder, 9 Zahnsegment, 10 Ritzel, 11 Skale

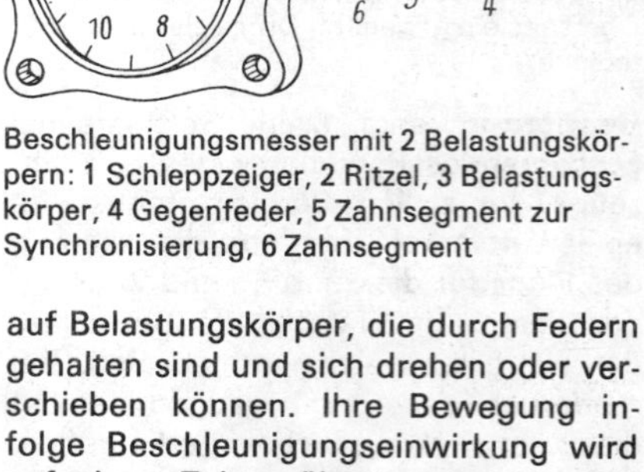

Beschleunigungsmesser mit 2 Belastungskörpern: 1 Schleppzeiger, 2 Ritzel, 3 Belastungskörper, 4 Gegenfeder, 5 Zahnsegment zur Synchronisierung, 6 Zahnsegment

auf Belastungskörper, die durch Federn gehalten sind und sich drehen oder verschieben können. Ihre Bewegung infolge Beschleunigungseinwirkung wird auf einen Zeiger übertragen, der sich über eine in Vielfachen der Erdbeschleunigung geeichte Skale bewegt. Häufig bewegt der Zeiger noch Schleppzeiger, die die Größt- und Kleinstwerte der Beschleunigung während des Flugs festhalten. Zur genaueren Messung verwendet man auch B. mit Fernübertragung. Dabei kann am Beschleunigungsgeber ein erheblich größerer technischer Aufwand getrieben werden, als es bei den ungünstigen Raumverhältnissen für die Geräte, die in der Gerätetafel des Cockpits installiert sind, möglich ist.

Beschleunigungssteuerung: → Lagesteuerung

besondere Vorkommnisse: Ereignisse, die im Zusammenhang mit Luftfahrzeugen, Flugplätzen und anderen den Flugbetrieb gewährleistenden und sichernden Anlagen stehen und Schäden an Personen und Sachen hervorrufen oder den Flugbetrieb gefährden bzw. stören. B. V. unterscheidet man nach Störungen und → Flugvorkommnissen.

Bespannung: → Außenhaut von Segel- und kleinen Motorflugzeugen bzw. einiger Teile ihres Flugwerks aus Gewebe hoher Reißfestigkeit (bei Flugmodellen aus Papier). In beiden Fällen wird der Überzug mit Spannlack gestrichen, um ihn zu straffen und zu imprägnieren.

Besteck: Bez. für die früher übliche Standortbestimmung nach Gestirnen mittels astronomischer Navigation. Das *wahre* oder *astronomische B.* ermittelte man aus den gemessenen Gestirnshöhen, das *gegißte* (d. h. geschätzte) B. aus dem zuletzt gemessenen wahren B., dem geflogenen Kurs, der Zeit und Geschwindigkeit.

Bestimmungsort: beim Abschluß von → Transportverträgen anzugebendes Ziel der Reise bzw. Beförderung.

Bestückung: Ausrüsten bzw. Ausrüstung eines Flugzeugs mit Waffen. → Bewaffnung

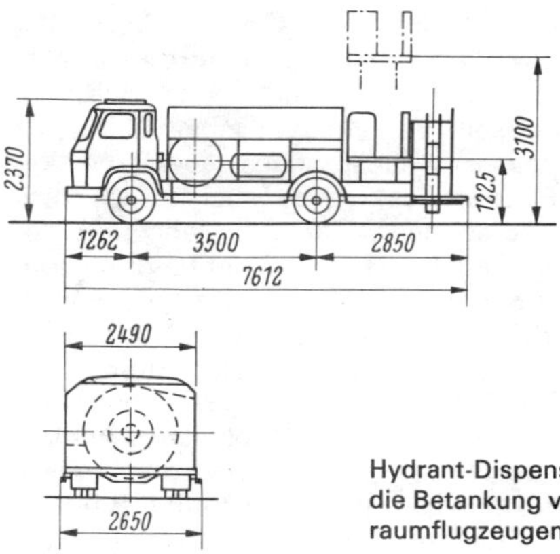

Hydrant-Dispenser-Fahrzeug (Frankreich) für die Betankung von konventionellen und Großraumflugzeugen ab Hydrantanschlüssen

Betankung: Versorgung der Flugzeuge mit Brennstoff. Moderne Flugzeuge benötigen bis zu 190 000 l und mehr Brennstoff. Die B. muß so schnell wie möglich geschehen, damit das Flugzeug nicht zu viel Zeit verliert; trotzdem müssen Qualität, Filterung u. a. gesichert sein. Für die B. gibt es 2 Möglichkeiten: 1) *Groß-Flugfeldtankwagen*, die den Brennstoff vom Tanklager zum Flugzeug bringen, haben den Vorteil der Freizügigkeit des Abfertigungsplatzes, ihre Zahl kann nach Bedarf erhöht werden, und sie ermöglichen das Rücksaugen ohne zusätzliche Fahrzeuge. Nachteile bestehen im Zeitverlust durch die Fahrten und das Auffüllen im Tanklager, durch die hohen Achsfahrmassen, die gute Straßen erfordern, und durch den großen Raum, den diese Fahrzeuge auf dem Vorfeld beanspruchen. 2) Eine *Unterflurtankanlage (Hydrant Refulling System*/Abk. HRS/, *Hydrantentanksystem*) besteht aus unterirdischen, von einem Großtanklager gespeisten Tanks, aus denen die Flugzeuge an festen Positionen über einen vorgeschalteten → Dispenser versorgt werden. Die Leistung eines solchen Systems beträgt bis zu 14 000 l/min (im Unterschied zu 5 000 l/min bei B. durch Tankwagen).

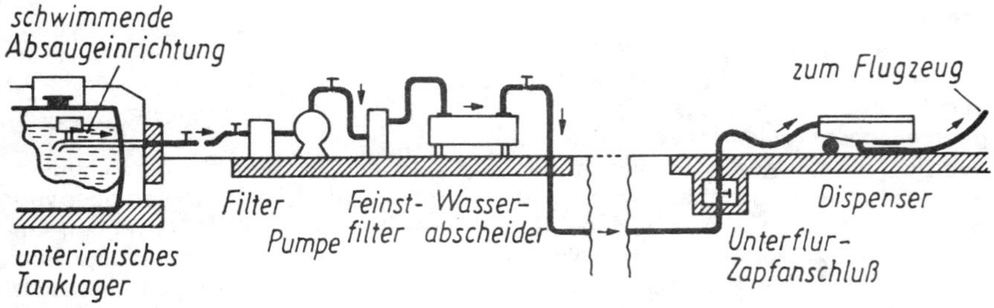

Schema einer Unterflurtankanlage (Hydrant Refulling System) auf einem Flughafen

Eine Hydrantenanlage erfordert allerdings eine lange Planung und Bauzeit und ist deshalb nur für Flughäfen mit starkem Verkehr zweckmäßig. Die Dispenser beanspruchen zwar weniger Platz als Tankwagen, aber für das Rücksaugen sind zusätzliche Fahrzeuge notwendig. Die B. ist von der vom Flugzeug vorhandenen Brennstoffanlage abhängig. Danach lassen sich Anlagen zur freien und zur Druckbetankung unterscheiden. Bei der *freien B.* wird der Brennstoff aus der Tankpistole in einen Tankstutzen am Flugzeug geleitet, von wo er sich auf die Behälter verteilt, bei komplizierter Behälteranordnung sind mehrere Tankstutzen üblich. Bei der *Druckb.*, die wesentlich größere B.geschwindigkeiten zuläßt, wird die Flugzeugbrennstoffanlage fest mit der bodenständigen B.anlage verbunden und der Brennstoff unter Überdruck in die Behälter des Flugzeugs geleitet, wobei ein Sicherheitssystem verhindern muß, daß die Behälter überlastet werden (Gefahr des Aufblasens). Zur Vergrößerung der Reichweite bei Militärflugzeugen wird die B. in der Luft angewendet (→ Lufttanken). Dazu werden spezielle Tankflugzeuge (in der Sowjetunion z. B. Tu-16, Tu-20 und M-4) sowie Lufttankstutzen für die zu betankenden Flugzeuge benötigt.

Betriebsfestigkeit: jüngstes Teilgebiet der Festigkeitslehre, in dem die Probleme der Dauerhaftigkeit von Konstruktionen erforscht werden. Die B. untersucht die Festigkeit von Maschinen, Geräten und Bauteilen unter Berücksichtigung der während des Betriebs auftretenden statistisch wechselnden → Beanspruchungen und der geforderten Lebensdauer. Dabei wird der Einfluß verschiedener Faktoren (z. B. Häufigkeit des Lastwechsels bei schwingender → Belastung, Größe der Belastungsamplituden, Lastwechselfrequenz, Vorhandensein von sprunghaften Querschnittsänderungen und Anrissen u. a.) auf die Verringerung der Materialfestigkeit bei zunehmender Lastwechselzahl (i. allg. als Ermüdung des Materials bezeichnet) mit vorwiegend experimentellen Methoden behandelt. Da die Flugzeugzelle nach den Prinzipien des → Leichtbaus konstruiert wird und darüber hinaus für sie die schwingende Belastung charakteristisch ist, haben die Erkenntnisse der B. große Bedeutung für den Flugzeugbau. → Aeroelastizität

Betriebskategorien der ICAO: → Wetterminima

Betriebsleermasse: Summe der Rüstmasse, der Masse des Schmierstoffs und der Besatzung. → Abflugmasse

Betriebspark: arbeitender Luftfahrzeugpark; Gesamtheit der → Luftfahrzeuge eines Luftverkehrsunternehmens, die im Verkehrs- (und/oder im Wirtschafts-)flug eingesetzt bzw. einsetzbar sind. Ausgesonderte, abgestellte sowie in der Instandhaltung befindliche Luftfahrzeuge gehören nicht zum B.

Betriebssicherheit: in der Luftfahrt svw. Sicherheit im Flugbetrieb. → Flugsicherheit

Betriebsverhalten von Flugzeugtriebwerken und Luftschrauben: **1.** *Flugzeugtriebwerke.* Abhängigkeit der inneren Leistung, der äußeren Leistung, der Schubkraft und der einzelnen Wirkungsgrade von Triebwerksdrehzahl, Fluggeschwindigkeit und Flughöhe.
Dementsprechend wird nach Drehzahl-, Geschwindigkeits- und Höhencharakteristik unterschieden. Je nach der Art

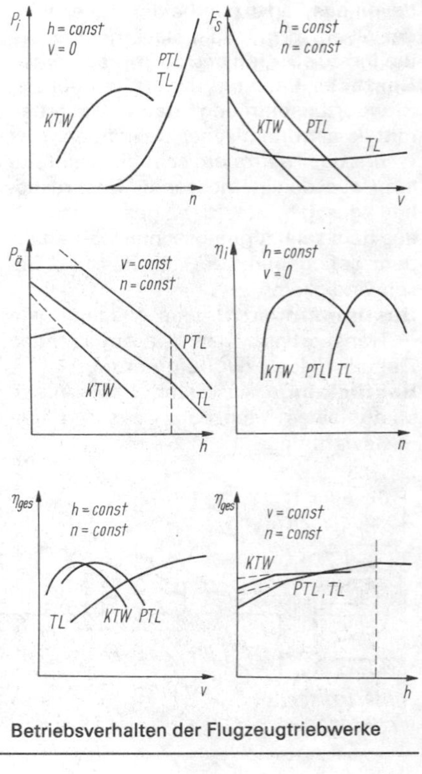

Betriebsverhalten der Flugzeugtriebwerke

des Triebwerks (Kolbentriebwerk, PTL oder TL), nach der Konzeption (Einwellentriebwerk, Mehrwellentriebwerk) und nach der Auslegung (starre oder verstellbare Leitschaufel/Schubdüse) ergeben sich erhebliche Unterschiede im Betriebsverhalten.
Im Beispiel werden ein KTW mit Aufladung und ein PTL mit Leistungsbegrenzung durch Absenken der Turbineneintrittstemperatur unterhalb einer bestimmten Flughöhe verwendet. Die Veränderungen des Betriebsverhaltens mit Drehzahl, Geschwindigkeit und Höhe ergeben sich in erster Linie aus der Veränderung des Massendurchsatzes. Besondere Bedeutung hat das Drehzahlverhalten, dargestellt als Drosselkennlinie eines Triebwerks. – **2.** *Luftschrauben.* Gegenseitige Abhängigkeit von Schubkraft und Wirkungsgrad von Drehzahl, Fluggeschwindigkeit und Triebwerksleistung. Bei einer automatischen Verstelluftschraube mit konstanter Drehzahl und konstanter Leistung verringert sich die Schubkraft bei zunehmender Geschwindigkeit, und der Wirkungsgrad verändert sich in dem üblicherweise benutzten Geschwindigkeitsbereich.

Betriebsvorschrift: → Luftfahrzeughandbuch

Beulung: Ausweichvorgang an einem druck- oder schubbelasteten, dünnwandigen, flächenhaften Bauteil (z. B. Behäutung, Steg eines Holmes u. a.) nach Überschreiten einer kritischen Last (in Analogie zur Knicklast bei der Knickung von Druckstäben als Beullast bezeichnet), bei dem sich je nach Größe der Belastung und in Abhängigkeit von der Beschaffenheit des Bauteils eine oder mehrere Beulen ausbilden. Das Bauteil verliert damit seine statische Stabilität. Die kritische Last kann durch Stützen des Blechfeldes (z. B. Pfetten, Rippen bzw. Spanten) vergrößert werden. Liegt die rechnerisch zu ermittelnde Beulspannung unterhalb der Elastizitätsgrenze des Materials und sind die Stützen an den Rändern des belasteten Blechfeldes hinreichend steif, stellt sich nach Entlastung der Ausgangszustand ein, d. h., die B. erfolgte im elastischen Bereich. Beulen im plastischen Bereich sind in der Regel nicht reversibel und müssen deshalb vermieden werden.

Bewaffnung: Ausrüstung eines Flugzeugs mit Schußwaffen, Luft-Boden- und Luft-Luft-Raketen sowie Abwurfmitteln (Bomben, Napalmbehältern, Minen, Torpedos, akustischen oder hydrodynamischen Bojen). → Bestückung

Bewegliche Signalisation: *Agrarflug.* → Signalisation

Bewegung des Flugzeugs: Gesamtheit der Lageveränderungen des Flugzeugs im Raum unter Wirkung äußerer Kräfte. Entspr. den Gesetzmäßigkeiten

Raketen und Abwurfwaffen einer «Jaguar»

Eingebaute Kanonen und Abwurfkörper einer Mirage zum Zerstören von Start- und Landebahnen

der klassischen Mechanik kann die Gesamtbewegung des Flugzeugs in Translations- (fortschreitende) und Rotations- (Dreh-)bewegung zerlegt werden. Zusätzlich ist es in bestimmten Fällen erforderlich, die Deformationsbewegung des Flugzeugs zu untersuchen, da sie unmittelbare Folgen für seine Translations- oder Rotationsbewegung hat (→ Aeroelastizität, → Flatterschwingung, → Buffeting). → Bewegungsgleichungen, → Flugmechanik

Bewegungsachsen: beim Flugzeug Längs-(Roll-), Quer-(Nick-) und Hoch-(Gier-)Achse. → Achsen des Luftfahrzeugs, → flugmechanische Koordinatensysteme, → Momente am Luftfahrzeug

Bewegungsgleichungen: System mathematischer Gleichungen zum Erfassen und Beschreiben der Bewegung des Flugzeugs im Raum. Grundlage der B. ist das → dynamische Grundgesetz, wonach für die Translationsbewegung die Beschleunigung eines Körpers gleich dem Quotienten aus der geometrischen Summe der auf ihn einwirkenden äußeren Kräfte und seiner Masse ist. Die B. entstehen aus dem dynamischen Grundgesetz durch dessen Modifizierung für einzelne Achsen eines gewählten → flugmechanischen Koordinatensystems. So z. B. läßt sich die B. für die Tangentialbeschleunigung des Flugzeugs im flugkörpergebundenen geschwindigkeitsfesten Koordinatensystem wie folgt formulieren:

$$\frac{dv}{dt} = \frac{1}{m}(F_{Sx} - F_W - F_G \sin \Theta);$$

dv/dt Beschleunigung des Flugzeugs entlang der x-Achse; $m = F_G/g$ Masse des Flugzeugs; F_{Sx} Komponente des Triebwerkschubs entlang der x-Achse; F_W Luftwiderstand des Flugzeugs; $F_G \sin \Theta$ Komponente des Fluggewichts auf die x-Achse bei Vorhandensein einer Bahnneigung mit dem Winkel Θ. Mit Hilfe dieser Gleichung lassen sich die verschiedenen Fälle einer geradlinigen Bewegung eines Flugzeugs untersuchen; $dv/dt = 0$ bedeutet: das Flugzeug führt eine gleichförmige Bewegung aus; $dv/dt < 0$ eine verzögerte Bewegung des Flugzeugs; bei $\Theta = 0$ und somit $F_G \sin \Theta = 0$ geht es um eine Bewegung in der horizontalen Ebene. Im gleichen Koordinatensystem charakterisieren folgende 2 Gleichungen die Radialbeschleunigung entlang der y- und z-Achsen:

$$v\frac{d\Theta}{dt} = \frac{1}{m}(F_A \cos \gamma + F_{Sy} \cos \gamma - F_G \cos \Theta)$$

$$v \cos \Theta \frac{d\Psi}{dt} = \frac{1}{m}(F_A \sin \gamma + F_{Sy} \sin \gamma).$$

Diese Gleichungen gelten für den Fall, daß der Schiebewinkel β gleich Null ist. Mit Ψ ist der Kurswinkel und mit γ der Schräglagewinkel (Querneigungswinkel) bezeichnet. Für die Rotationsbewegung sind äquivalente Beziehungen vorhanden, die auf dem dynamischen Grundgesetz der Rotationsbewegung beruhen, welches folgende vereinfachte Aussage besitzt: Die Winkelbeschleunigung ε ist gleich dem Quotienten aus der geometrischen Summe der auf den Körper einwirkenden äußeren Momente ΣM und dem Massenträgheitsmoment $I_{x,y,z}$ um die betrachtete Rotationsachse.

Bezirkskontrolldienst: Flugsicherungs-Kontrolldienst für kontrollierte Flüge in Kontrollbezirken. → Flugsicherung

Bezugsachse: bei der Konstruktion festgelegte, gedachte Linie, auf die alle Bauhöhen und Winkel (Einstellwinkel) bezogen werden. Meist wird dafür die Rumpflängsachse angenommen.

BFW: Abk. für → **B**ayerische **F**lugzeug**w**erke AG.

Versuchs-Raketenjäger BI-1

BI: Typenbezeichnung für erstes sowjetisches Raketenversuchsjagdflugzeug, konstruiert von dem Flugzeugingenieur Alexander I. **B**eresnjak und dem Triebwerksingenieur Alexej M. **I**ssajew. Unterstützt wurde das Projekt von W. F. → Bolchowitinow, BI-1: Konkurrenzmuster von → *Polikarpows* «Maljutka», *Tichonrawows* I-302. Erstflug 15. Mai 1942 nach Schleppflügen hinter Pe-2 sowie Gleitflügen, Antrieb D-1 A, Flüssigkeitsrakete mit je 10 kN Startschub (→ Raketenflugzeug) von *Duschkin*. Versuchspilot → *Bachtschiwandschi*. Nach der Katastrophe am 27. März 1943 wurden die Flüge mit den beiden anderen BI-1 ausgesetzt. Sie wurden erst wieder aufgenommen, als das verbesserte Triebwerk RD-1 verfügbar war. Als die Erprobung im März 1945 endgültig eingestellt wurde, waren 9 Maschinen verfügbar, darunter einige Einsatzmuster BI-2.
Eine originalgetreue BI-1-Atrappe sowie ein Originaltriebwerk D-1 A-1000 gehören heute zu den Exponaten des Luftfahrtmuseums Monino.

Bider, *Oskar:* Schweizer Flugpionier, geb. 12. Juli 1891 Langebruch, gest. (abgestürzt) 7. Juli 1919 Dübendorf. Landwirtschaftliche Ausbildung Gaucho in Südamerika. Im Nov. 1912 Blériot-Fliegerschule in Pau (Südfrankreich), bereits am 8. Dez. 1912 Pilotenschein. Am 23. Jan. 1913 von Pau mit Blériot-Eindekker erster Flug über die Pyrenäen in 3200 m Höhe, Landung in Madrid nach $5^1/_2$ h. Am 2. Juli 1913 erfolgloser Versuch der Alpenüberquerung, die am 13. Juli 1913 glückte (vom Berner Allmend in 3500 m Höhe über das Jungfraujoch). Nach Zwischenlandung zum Tanken in Domodossala abends Landung in Mailand. Rückflug am 26. Juli 1913. Nach 1914 beteiligt am Aufbau der Schweizer Fliegertruppe, bildete als Chefpilot Flugzeugführer aus. Bis zum Tode Mitarbeit an Vorbereitung des Luftverkehrs in der Schweiz.

BIFAP: Abk. für **B**ourse **I**nternationale de **F**ret **A**érien de **P**aris.

Bildflug: Flug zur Aufnahme von → Luftbildern.

Bildkarte, *Luftbildkarte:* ein zur besseren Interpretierbarkeit durch kartographische Überarbeitung ergänzter → Bildplan. Die B. stellt eine Synthese der Halbtondarstellung des → Luftbildes und der kartograpischen Strichzeichnung in Form von Linienelementen, Signaturen, Beschriftung u. a. dar.

Bildmaßstab: mittlerer Maßstab eines Steilbildes (→ Luftbild). Zwischen dem B., der → Flughöhe über Grund h_g und der Kammerkonstante c_K der → Luftbildmeßkammer besteht die Beziehung $1:m_b = c_K:h_g$.

Bildmessung: → Fotogrammetrie

Bildneigung: Abweichung der Aufnahmeachse von der Lotrichtung bei der Luftbildaufnahme (→ Luftbild).

Bildplan: Montage entzerrter oder differentiell entzerrter → Luftbilder in einem einheitlichen Maßstab. Der B. entspricht bei ebenem Gelände hinsichtlich der Geometrie weitgehend einer topographischen Karte, der Bildinhalt stellt jedoch eine objektive Wiedergabe des sichtbaren Teils der Erdoberfläche dar. → Entzerrung, → Differentialentzerrung

Bildwanderung: Bewegung eines Bildpunkts während der Belichtungszeit, weil sich die Aufnahmekammer bewegt oder vibriert. Bei → Multispekralkammern, → Panoramakammern und → Streifenkammern erfolgt vielfach eine Kompensation der B.

Biorhythmen: zeitliche Ordnung, Periodizität von Funktionsabläufen in lebenden Organismen. Die zeitliche Regelung von Lebensvorgängen ist eine generelle Eigenschaft und eines der wesentlichen Organisationsprinzipien belebter Materie. B. sind Ausdruck für Angepaßtheit des Organismus an Umwelterfordernisse und Ökonomie der Lebensprozesse. Störungen führen zur → Desynchronose. In der Luftfahrt haben die B. im Zusammenhang mit → Transmeridianflügen besondere Bedeutung. Es gibt ausschließlich innere B. und solche, die mit periodischen Vorgängen in der äußeren Natur zusammenhängen (Gezeiten, Tag-/Nacht-Wechsel, Jahreszeitenwechsel). Die Dauer der B. liegt zwischen Millisekunden (Hirnpotentialschwankungen im Hirnstrombild) und Jahren (Reifungsperioden des Menschen).

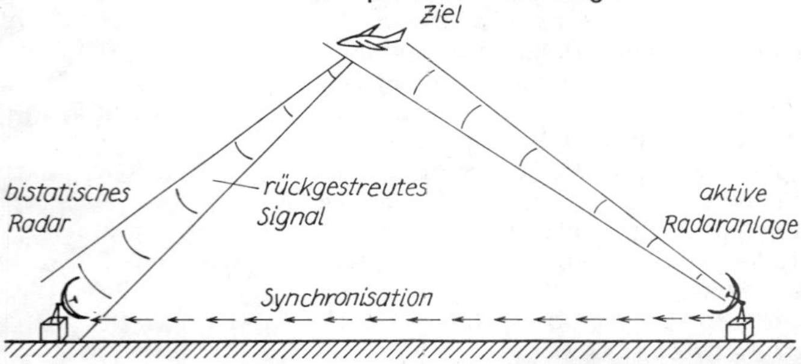

Biplan: svw. → Doppeldecker.

bistatisches Radar: passiver Radarempfänger, der von den Nebenkeulen des Antennendiagramms einer anderen Radaranlage synchronisiert wird und das rückgestreute Signal dieser Radaranlage zur Ortung von Zielen benutzt. Das b. R. hat den Vorteil, daß die Anlage nicht elektronisch aufklärbar ist und daher nicht mit strahlungsansteuernden Flugkörpern bekämpft werden kann.

BiTsch: Typenbez. für Flugzeuge des sowjetischen Konstrukteurs *B. I. Tscheranowski*, insbes. Nurflügelflugzeuge (z. B. BiTsch-7 A, 1932).

BK: Typenbez. für Flugzeuge des sowjetischen Konstrukteurs *Balis Karwelis* (z. B. Segelflugzeug BK-4 «Kaunas» 1957, BK-6 «Neringa» 1960).

Blackburn: Typenbez. für Flugzeuge der britischen Firma Blackburn and General Aircraft Limited. 1909 als Black-

Transporter Blackburn «Beverley»

burn Aeroplane Company von *Robert Blackburn* gegr. 1930 Übernahme des Flugmotorenwerks Cirrus Hermes Engineering Blackburn Aeroplane und Motor Co. Umbenennung 1936 in Blackburn Aircraft Ltd. und Jan. 1949 in Blackburn and General Aircraft Ltd. Vor und nach dem zweiten Weltkrieg bekannt durch militärische Marineflugzeuge: B. «Ripon» (1927), B. «Shark» (1933), B. 24 «Skua» (1937), B. 37 «Firebrand» (1942) und B. 103 N. A. 39 «Buccaneer» (1961). Nach dem Zusammenschluß von 1949 vor allem zivile und militärische Transporter (1953: B. 101 «Beverley»). Im Prozeß der Konzentration aufgegangen in der → Hawker Siddeley Group Ltd.

Bläser: Bez. für 1stufige Niederdruckverdichter großer ZTL mit 2...2,5 m Durchmesser. B. laufen mit Drehzahlen von 3000...4000 U/min und haben bei Startleistung einen Massendurchsatz von 600 bis 700 kg/s. Das Druckverhältnis einstufiger B. erreicht gegenwärtig Werte von etwa 1,5...1,8.

Bläsertriebwerk: → Zweistromturbinenluftstrahltriebwerk

Blatt: wesentlicher Bestandteil einer Trag- oder Heck- bzw. → Luftschraube. Der Aufbau eines Tragschrauben-B. ist dem eines Tragflügels (→ Flugzeugbau) ähnlich. Bei Tragschrauben-B. ist heute an die Stelle der Holm- vorwiegend die Sandwichbauweise getreten. Heck- und Luftschrauben-B. können aus Vollmaterial (Holz, Leichtmetall) oder in Verbundplattenbauweise gefertigt sein. Alle B. sind mit Enteisungsanlage ausgerüstet, moderne Tragschrauben-B. besitzen eine Rißsignalisation. Gelenke an der Rotornabe ermöglichen dem B. außer der Rotation noch weitere Bewegungen: Mit Hilfe eines Axialgelenks kann der Einstellwinkel eines B. verändert werden (→ Blattverstellung, → Steuerwerk von Hubschraubern, → Verstellpropeller); → Schlaggelenke erlauben den Trag- und Heckschrauben-B. von Rotoren herkömmlicher Konstruktion eine Bewegung senkrecht zur Drehebene. Tragschrauben-B. können außerdem infolge der → Schwenkgelenke gegenüber der Rotation der Nabe voreilen bzw. zurückbleiben. – Das Profil eines B. wird i. allg. als B.schnitt oder B.element bezeichnet. Am sog. mittleren B.schnitt, der sich um 70...75% des Rotorradius von der Drehachse des Rotors entfernt befindet, greift die → Luftkraftresultierende (Auftrieb und Widerstand) des B. an. Während der Auftrieb des B. in den Rotorschub eingeht, erzeugt sein Widerstand wegen seines außerhalb der Drehachse befindlichen Angriffspunkts ein Drehmoment, das vom Antriebsmoment überwunden werden muß. Das B. wird außer von den Luftkräften durch die B.masse und die Trägheitskräfte (Fliehkraft, Corioliskraft/ → Schwenkgelenk) belastet. → Tragschraube

Blattantrieb: im Erprobungsstadium befindliche Antriebsart von → Tragschrauben, bei der die Tragschraube nicht durch Leistungsübertragung über eine Welle, sondern die Impulskraft eines Gasstrahls bewegt wird, der an den Blattenden bzw. der Blatthinterkante austritt. Der B. ist zu realisieren durch verschiedene Arten von Strahltriebwerken an den Blattenden oder durch ein zentrales Strahltriebwerk (Gaserzeuger), von dem das Gas den Düsen an den Blattenden zugeführt wird. Verwendbar sind: als Kaltgas verdichtete Luft, als Heißgas die Verbrennungsgase eines Gaserzeugers und als Mischgas Verbrennungsgase und verdichtete Luft (→ Heißgasrotor).
Bei B. läßt sich die Masse des Rotorantriebs erheblich vermindern, ein Rückdrehmoment der Tragschraube (→ Rotorflugzeug) existiert nicht, und bei 1rotorigen Rotorflugzeugen kann auf die Heckschraube verzichtet werden. → Wellenantrieb

Blattspitzenantrieb: Antrieb von Hubschrauberrotoren, bei denen die Antriebskraft an den Blattspitzen angreift. Dadurch kann die sehr komplizierte und aufwendige Kraftübertragung des konventionellen Antriebs vermieden werden. Weiterhin tritt kein Rückdrehmoment auf, so daß die sonst für Einrotorenhubschrauber notwendige Ausgleichsluftschraube entfällt. B. kann in folgenden Varianten realisiert werden: 1) an den Blattspitzen angeordnete kleine Triebwerke (Kolben-, Staustrahl-, Pulsostrahl- oder Strahltriebwerke); 2) Druckgaserzeuger im Rumpf des Hubschraubers (meist Gasturbinentriebwerk), dessen Druckgas über Leitungen zu den Blattspitzen geführt wird und dort nach Umlenkung aus Schubdüsen entgegen der beabsichtigten Drehrichtung ausströmt. B. befinden sich im Versuchsstadium. Das unter 2) genannte

Prinzip hat größere Aussichten auf Anwendung in der Serienproduktion. → Heißgasrotor, → Rotorflugzeug

Blattverstellung: Veränderung des → Einstellwinkels eines → Blatts mit Hilfe eines Axialgelenks, bei → Tragschrauben um 12...15°, bei → Luftschrauben bis 90°. Die B. aller Blätter um den gleichen Wert heißt kollektive B. Bei zyklischer B. werden die Einstellwinkel der einzelnen Blätter um unterschiedliche Werte verändert (nur bei Tragschrauben), der Einstellwinkel eines Blatts ändert sich mit dem → Azimut, d. h. mit jeder Umdrehung verändert sich der Einstellwinkel im eingestellten Bereich. – Bei → Luftschrauben wird durch die (i. allg. automatische) B. ein ständig hoher Wirkungsgrad der Energieumwandlung angestrebt. Bei Trag- und Heckschrauben dient die B. zum Steuern. → Schrägstellautomat, → Steuerwerk von Hubschraubern. Eine Veränderung des Blatteinstellwinkels der Luftschraubenblätter geschieht außerdem in Abhängigkeit von Drehzahl und Fluggeschwindigkeit mit dem Ziel, einen möglichst hohen Wirkungsgrad zu erreichen. B. geschieht i. d. R. automatisch mit Hilfe spezieller Regler und hydraulischer Stellmotoren.

Blaugas: → Treibgas

Blauthermik: → Thermik

BLC: Abk. für **B**oundary **L**ayer **C**ontrol. → Grenzschichtbeeinflussung

Bleitetraäthyl, Abk. **BTA;** engl. **T**etra **E**thyl **L**ead, Abk. **TEL:** Mittel zur Erhöhung der → Klopffestigkeit von Otto-Brennstoffen. Ölige, farblose, stark giftige Flüssigkeit $(Pb|C_2H_5|_4)$ mit Siedepunkt von etwa 200 °C und Dichte von 1,65 kg/dm^3, enthält ca. 64 Gewichts-% Blei. Durch Zusatz von B. ist bei Otto-Brennstoffen eine → Oktanzahl von über 100 zu erreichen. Bei Flugbenzin sind 0,1...1,2 cm^3 B. je dm^3 gebräuchlich.

Blériot, *Louis:* französischer Ingenieur, Pilot (französischer Flugzeugführerschein Nr. 1, damit erster Flugzeugführerschein in der Welt überhaupt) und Flugtechniker, geb. 1. Juli 1872 Cambrai, gest. 1. Aug. 1936 Paris. 1899 baute er ein Schlagflügelflugzeug, 1905 ein Gleitflugzeug. Gründete mit *Gabriele* → *Voisin* die «Werkstatt für Aeroplane», baute zunächst Doppeldecker und seit 1906 nach eigener Konstruktion Eindekker. Im Juli/August 1907 führte er Sprünge über 150 m aus, am 17. Sept. 1907 einen Flug über 186 m. Flog am 6. Juni 1908 mit «Blériot VIII» 8 min. Am 31. Okt. 1908 erster Überlandflug von Toury nach Artenay über 14 km in 11 min. Am 25. Juli 1909 überquerte er als erster den Ärmelkanal von Calais nach Dover mit seinem «Blériot XI» (3-Zylinder-Anzani-Motor mit ca. 18 kW). Der Flug dauerte 37 min, und B. gewann damit den Preis der «Daily Mail» in Höhe von 40 000 Mark. Dieser Flugzeugtyp war von so hervorragender Qualität, daß ein Norweger mit dem gleichen Modell 1914 die Nordsee von England nach Norwegen überqueren konnte. 1955 wiederholte der Pilot Salis den denkwürdigen Flug von B. in dessen Maschine. 1910 erreichte B. als erster eine Geschwindigkeit von über 100 km/h. Er gründete in Frankreich das Flugzeugwerk Blériot Aéronautique S. A., baute im ersten Weltkrieg vor allem Jagdflugzeuge der Spad-Reihe (S VII, 1917; S VIII, 1917–18; S XIII, 1918), nach dem Krieg Militär- und Sportflugzeuge, Verkehrsmaschinen und Flugboote. Zu den bekanntesten Konstruktionen zählten: Blériot 110 (1929), Blériot-Spad 510 (1934). 1936

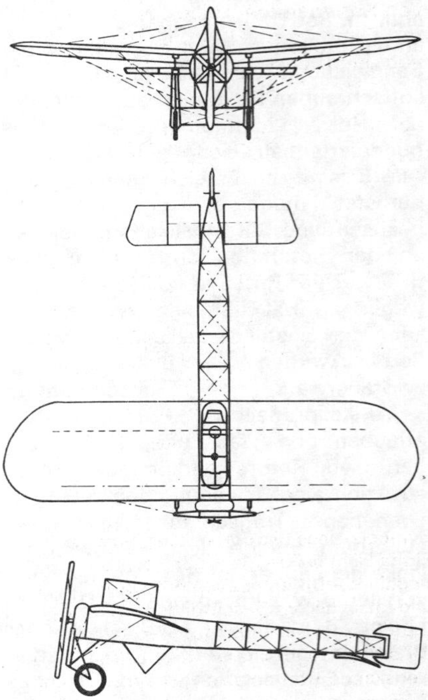

Blériot XI «La Manche»

wurde das Werk verstaatlicht und von der Gruppe Ouest Aviation der Société Nationale de Constructions Aéronautiques (→ Sud-Aviation) übernommen. «Louis-Blériot-Medaille»: Auszeichnung der → Fédération Aéronautique Internationale, seit 1936 zum ehrenden Gedenken an B. als Luftfahrtpionier und ehemaligen Präsidenten der FAI jährlich höchstens dreimal verliehen für Geschwindigkeits-, Höhen- und Entfernungsrekorde von Sportflugzeugen im Vorjahr.

BLEU: Abk. für engl. **B**lind-**L**anding-**E**xperimental-**U**nit, Versuchsgruppe für Blindlandung. Britische Forschungsgruppe zur Entwicklung von Verfahren und Anlagen, nach denen Landungen unter Instrumentenflug-Bedingungen möglich sind. Nach der Gruppe wurde das von ihr geschaffene Instrumenten-Lande-System (Leitkabelanlage) benannt.

Blickfelddarstellungsgerät, engl. *Head-up-Display:* Gerät, das die wichtigsten Flugzeug-Führungsinformationen auf die Cockpit-Frontscheibe projiziert, so daß der Pilot vor allem beim Landeanflug den Blick auf die Landebahn richten kann. In Militärflugzeugen benutzt man das B. auch zum Darstellen von Kommandoanzeigen während anderer Flugphasen (Bombenwurf, Leitung von Jagdflugzeugen usw.).

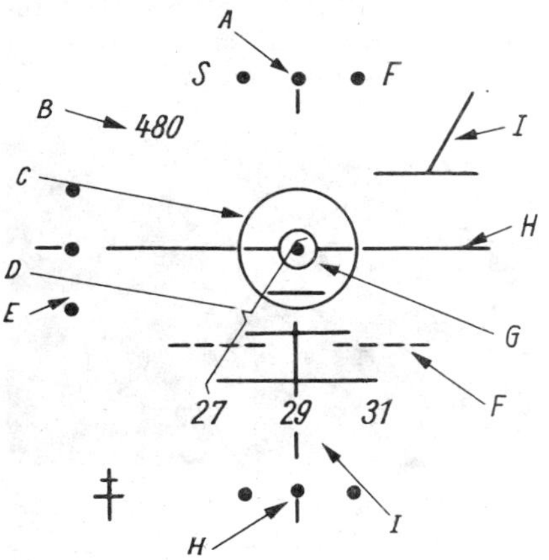

Symbole eines Blickdarstellungsgerätes der Firma Elliot bei der Benutzung als Landeanflughilfe: A Differenz zwischen vorgegebener und tatsächlicher Geschwindigkeit, B Höhe, C Betriebsweise: automatischer Anflug, D Kommandoanzeige für Kurs, E ILS-Gleitwegskala, F Horizontanzeige (Längsneigung), G Flugzeugsymbol, H Horizontbalken, I Betriebsartenanzeige – Landung

Blind Approach Beacon System: → BABS

blinde Strecke: Entfernung vor dem Flugzeug, in der bei hohen Fluggeschwindigkeiten vom Piloten keine optischen Eindrücke aufgenommen werden können. Die b. S. ergibt sich daraus, daß die Zeit zwischen Reizaufnahme durch das Auge und Weiterleitung und Verarbeitung in der Großhirnrinde etwa $^1/_{20}$ s beträgt. Aufgrund der Fluggeschwindigkeit können daher in der Strecke, die das Flugzeug in dieser Zeit zurücklegt, keine Wahrnehmungen gemacht werden.

Blindflug: veraltete Bez. für → Instrumentenflug.

Blindlandung: → Schlechtwetterlandung

Blindnieten: Verfahren zum Verbinden von Flugzeugbauteilen, die nur von einer Seite zugänglich sind (z. B. Reparaturen an der Behäutung). Man unterscheidet im wesentlichen 4 Methoden: 1) *Sprengnieten* – Eine geringe Sprengladung im Innern des Nietschafts wird durch Aufsetzen eines beheizten Kolbens zur Explosion gebracht. 2) *Dornnieten* – Ein Dorn im Innern des hülsenförmigen Nietschafts wird mittels Spezialzange zurückgezogen, wobei dessen verdicktes Ende den Nietschaft aus-

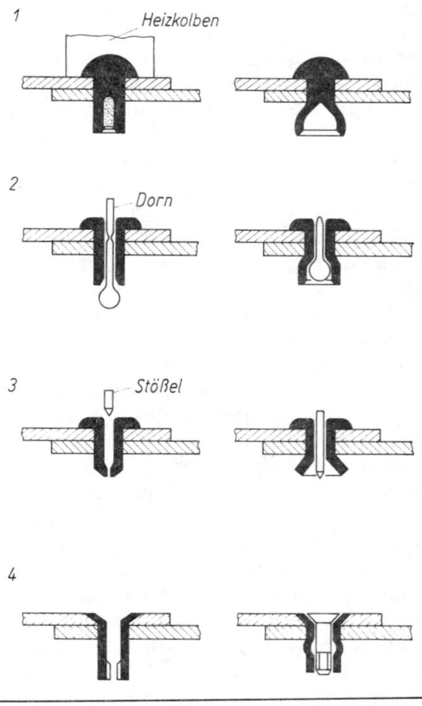

die wichtigsten Blindnietverfahren: links Ausgangszustand, rechts nach beendeter Nietung: 1 Sprengnieten, 2 Dornnieten, 3 Kerpinnieten, 4 Verbindung durch Nietmutter

baucht. Das über den Nietkopf herausstehende Ende des Dorns kann an einer Sollbruchstelle getrennt werden. 3) *Kerpinnieten* – Durch Einschlagen eines Stößels in den hülsenförmigen Nietschaft, dessen Innendurchmesser sich am unteren Ende verjüngt, wird der Nietschaft ausgebaucht. 4) *Verbindung mittels Nietmuttern* – Der hülsenförmige Nietschaft trägt am unteren Ende Innengewinde. Beim Eindrehen einer Schraube in den Niet wird das Mittelteil des Nietschafts gestaucht.

Blink: Einheit für das abwechselnde Aufleuchten der Positionslichter eines Flugzeugs. Unter einem B. versteht man die Zeit vom Aufleuchten bis zum Wiederaufleuchten einer Lichtergruppe, wobei Hell- und Dunkelzeiten gleich lang sind. Die B.frequenz beträgt bei Flugzeugen häufig 85 B./min.

Bloch, *Marcel:* → Dassault, Marcel

Blockgeschwindigkeit, Symbol v_{QB}: Quotient aus der Flugstrecke und der zu ihrer Überwindung benötigten → Block-Zeit. Der Begriff B. wird im Luftverkehr für kommerzielle Zwecke verwendet. B. wird sowohl für Direktflüge zwischen 2 Flughäfen, als auch für Linienflüge mit Zwischenlandungen (unter Einschluß von Elementen der → Bodenzeit, → Standzeit u. ä. im Sinne der Abwesenheit vom Heimatflughafen) oder für Teilstrecken berechnet.

Blockierregler, *Entbremsautomat:* Gerät oder Anlage zum Verbessern der Wirksamkeit von Flugzeug-Radbremsen. Der B. bewirkt das Lösen der Radbremsen, wenn die Bremsverzögerung einen vorgegebenen Wert überschreitet. Ein einfacher B. arbeitet mit Hilfe eines Schwungrads, das vom gebremsten Rad angetrieben wird und bei einer Bremsung schneller als dieses rotiert. Mittels der Drehzahldifferenz bewirkt man das Lösen der Bremse. Über geeignet bemessene Federkonstanten erreicht man ein 2- bis 8maliges Lösen und Wiederanlegen der Bremsen je Sekunde.

Blockzeit, Symbol t_{Block}: Zeitdauer vom Schließen der Kabinentür vor dem Start bis zum Öffnen der Tür nach der Landung, teilweise auch als Zeitspanne zwischen dem Anlassen der Triebwerke vor dem Start und dem Abstellen der Triebwerke auf dem Zielflughafen bezeichnet. Die B. wird für Direktflüge ermittelt als $t_{Block} = t_M + t_F + t_{MC}$, wobei t_M → Triebwerksbodenlaufzeit, t_F → Flugzeit, t_{MC} Triebwerksauslaufzeit. Die B. kann sowohl für Teilstrecken als auch für Direktflüge zwischen 2 Flughäfen oder für eine Linie mit Zwischenlandung (unter Einschluß der Zeit für die Zwischenlandung) ausgewiesen werden.

Blohm und Voß: Kurzbez. für Blohm und Voß Schiffswerft, Abteilung Flugzeugbau, Hamburg-Steinwerder. 1933 stieg die im vorigen Jahrhundert gegr. Werft mit einer Unterabteilung «Hamburger Flugzeugbau GmbH» in das Flugzeuggeschäft ein. Zunächst Lizenzbau von Teilen der Ju 52. Die 1937 in B. u. V. Abt. Flugzeugbau umbenannte Firma spezialisierte sich – neben Schul- und Versuchsmaschinen, so Schuldoppeldecker Ha 135 (Erstflug: 28 April 1934) und Versuchsflugzeug Ha 136, Sturzkampfflugzeug Ha 137 und Postflugzeugen, Atlantik-Postflugzeug Ha 139 – auf den Bau von militärischen Wasserflugzeugen. Zu den bekanntesten Konstruktionen gehörten: Aufklärungsflugboot BV 138 (1938), asymmetrischer Aufklärer BV 141 (1939) und Transportflugboot BV 222 (1942). Im Zuge der verstärkten Wiederaufrüstung in der BRD ab 1956 Aufnahme der Flugzeugproduktion für militärische Zwecke im BV-Nachfolgewerk → Hamburger Flugzeugbau GmbH (HFB), die 1969 mit der → Messerschmitt-Bölkow GmbH zur → Messerschmitt-Bölkow-Blohm GmbH (MBB) fusionierte. Anteil der Blohm-Aktien an der MBB betrug zu Beginn 24,85 %.

Atlantik-Postflugzeug Ha 139 V2

BM: Typenbez. für polnische Flugzeuge des Konstrukteurs → *Bartel.*

BOAC: Abk. für die ehemalige **B**ritish **O**verseas **A**irways **C**orporation. → British Airways

Boarding Pass: → Bordkarte

Bodenbeförderung, *Oberflächentransport:* im Vor- und Nachlauf zur Beförderung mit Luftfahrzeugen notwendige Ortsveränderung von Personen und Gütern mit bodengebundenen Transportmitteln (Omnibus, Lkw, Eisenbahn, Stadtschnellbahn, Untergrundbahn, Straßenbahn, Pkw) zwischen dem Reiseantritts- bzw. Güteraufkommensort und dem Abgangsflughafen sowie zwischen dem Bestimmungsflughafen und dem Reiseziel-/→ Bestimmungsort. Die B. wird im Personenluftverkehr vielfach als *Zu- und Abbringung* (Zu- und Abbringerverkehr), im Luftfrachtverkehr auch mit *Abholdienst, Ablieferungsdienst, Zustelldienst* bezeichnet. Die B. ist i. allg. nicht Bestandteil des zwischen den Transportkunden und dem Luftverkehrsunternehmen abgeschlossenen Transportvertrags. Die Notwendigkeit einer rationellen und schnellen B. ergibt sich aus der Lage der Flughäfen in z. T. erheblicher Entfernung von den Zentren der Flughafenstädte bzw. Erholungsgebiete und dem Bestreben nach kürzestmöglicher → Flugreisezeit (→ Bodenzeit). Zur Sicherung der B. für Flugreisende, Gepäck, Fracht und Post kooperiert das Luftverkehrsunternehmen eng mit anderen Transportzweigen (-betrieben) und offeriert sie den Kunden gemeinsam mit dem Flug. Im kombinierten Verkehr (z. B. → FLEI-Verkehr) ist eine B. auf Teilstrecken (Streckenabschnitten) der Flugreise integrierter Bestandteil der Reise und in einem einheitlichen → Beförderungspapier vertraglich geregelt.

Bodeneffekt: Erscheinung, die bei der Bewegung eines profilierten Körpers in unmittelbarer Nähe einer Wand auftritt (z. B. Tragflügel in Bodennähe). Infolge des zwischen Wand und Profil entstehenden Staus wird ein Teil der Luft zusätzlich über das Profil geleitet, wodurch der Auftrieb vergrößert und der induzierte Widerstand bis zu 50% verringert wird. Diese Erscheinung macht sich besonders bei der Landung von Tiefdeckern durch Verlängerung des Ausschwebens unangenehm bemerkbar. Sie wird aber auch zur Erhöhung der Effektivität spezieller → Bodeneffektfahrzeuge genutzt. → Stauflügelflugzeug

Bodeneffektfahrzeug: speziell für die Ausnutzung des → Bodeneffekts konstruiertes Fahr- bzw. Flugzeug, wie → Luftkissenfahrzeuge und → Stauflügelflugzeuge.

Bodenfreiheit: geringster Abstand zwischen der Blattspitze einer Luftschraube oder einem anderen Teil des Luftfahrzeugs und der Erdoberfläche, der die zulässige Größe von Unebenheiten auf der Rollfläche bzw. am Standplatz von Flugzeugen mitbestimmt.

Bodenfunkstelle: beim Bord-Boden-Funkverkehr (Flugsicherung, kommerzielle Zwecke) die am Boden befindliche, ortsfeste oder bewegliche Funksende- und -empfangsanlage.

Bodengeräte: zus.fassender Begriff für 1) Fahrzeuge für den Transport von Passagieren zwischen → Abfertigungsgebäude und Standplatz des bereitgestellten oder abgestellten Luftfahrzeugs; 2) Geräte für die Abfertigung von Fluggastgepäck, → Luftfracht- und Luftpostsendungen; 3) Geräte für Betriebsstoffversorgung; 4) Geräte für Bordversorgung und -ausstattung; 5) Schleppgeräte für Luftfahrzeuge; 6) Wärme- und Kühlgeräte; 7) Sicherungsgeräte; 8) Sicherheits- und Bergungsgeräte; 9) Hygienedienstgeräte; 10) Flugzeugreinigungsgeräte; 11) Flugzeugenteisungsgeräte; 12) Geräte für die Stromversorgung und das Anlassen von Luftfahrzeugen: 13) Sonderdienstfahrzeuge; 14) Aufbockeinrichtungen; 15) Arbeitsbühnen und Leitern; 16) Ablage-, Montage- und Transporteinrichtungen für Flugzeugbauteile; 17) Hißgeschirre und Zusatzvorrichtungen für Hebezeuge; 18) (fahrbare) Energieübersetzungs- und Beleuchtungseinrichtungen; 19) (fahrbare) Konservierungseinrichtungen. Die Summe aller B. ist der B.-Park, der in B.werkstätten instandgesetzt und gewartet wird.

Bodengeräteeinsatzplan: innerbetriebliches Dokument, nach dem der Einsatz der → Bodengeräte in Übereinstimmung mit den Erfordernissen des Flugbetriebs (→ Tagesflugplan) organisiert wird.

Bodenleistung: höchste → Leistung eines Flugtriebwerks am Boden, in der Regel bei INA-Bedingungen in 0 m Höhe, bei der Geschwindigkeit 0 km/h.

Bodennebel: → Nebel, → flacher Nebel

Bodenorganisation: alle ortsfesten und beweglichen Einrichtungen und Anlagen, die dem Flughafenbetrieb und der Flugsicherung dienen. Dazu gehören Be- und Entladegeräte, Anlaßaggregate, Wasser- und Fäkalienwagen, Kli-

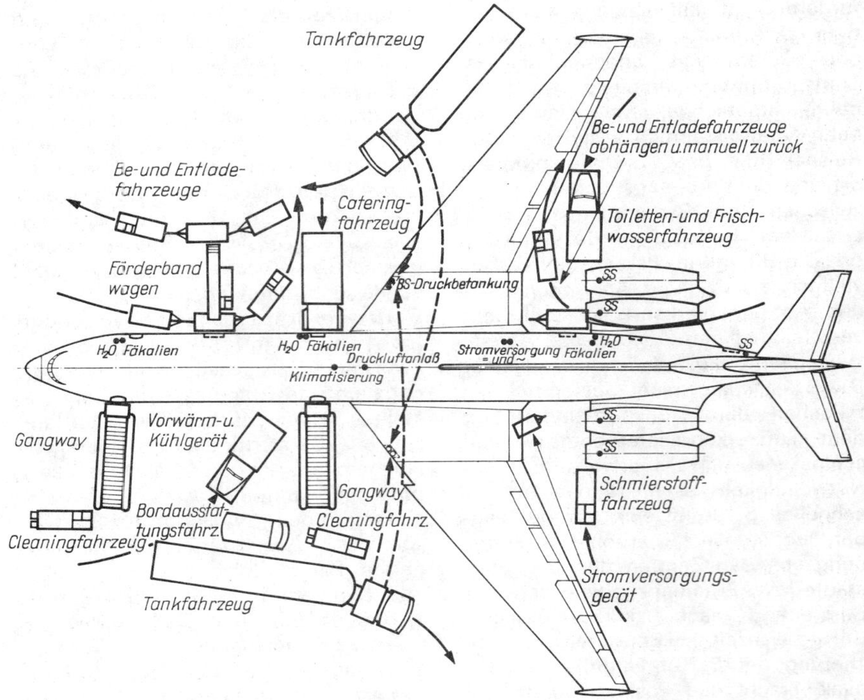

technische Abfertigung einer Il-62: Bodengeräteaufstellung zwischen Start und Landung

mageräte, Tankwagen, Maschinen für die Säuberung, Enteisung und Schneeberäumung der SLB, Absauggeräte, Flugzeugschlepper, Fluggasttreppen, Feuerschutz- und Rettungsgeräte, Anlagen der Befeuerungs- und Signaltechnik, Abfertigungsgebäude, Flugzeughallen, Werkhallen u. a. Zum *Bodenpersonal* gehören alle Personen, die nicht mitfliegen, z. B. Flugsicherungs-, Flugfernmelde-, Flugwetterdienstpersonal, Flugzeugmechaniker, Tankwarte und das sonstige ständige Flughafenpersonal. → Abfertigung

Bodenpersonal: → Bodenorganisation

Bodenservice: → Fluggastbetreuung

Bodenwartezeit, Symbol t_{WB}: unproduktive Zeit im Transportprozeß. Zeitdauer, während der das Luftfahrzeug mit laufenden Triebwerken (z. B. Warten auf Startgenehmigung) keine Ortsveränderung ausführt und an ihm keine Arbeiten durchgeführt werden.

Bodenwelle: in der Funktechnik die von einer Antenne abgestrahlte und sich längs der Erdoberfläche ausbreitende elektromagnetische Welle. Infolge der Beugung kann die B. sehr große Entfernungen über die Erdoberfläche zurücklegen. Mittel- und Langwellen breiten sich tagsüber im wesentlichen als B. aus – nachts zusätzlich auch als Raumwellen. Daher steigt die Reichweite nachts. In der Dämmerung treten Interferenzen zwischen Boden- und Raumwellen auf. Sie können die Funknavigation (z. B. mit dem Funkkompaß) stark stören.

Bodenzeit: 1) allgemeine Bezeichnung für die Zeitspanne, die ein Flugreisender oder eine Luftfrachtsendung/Luftpostsendung (letztere im Bodenvor- und -nachlauf zum eigentlichen Lufttransport und zu Zwecken der kommerziellen Abfertigung) oder ein Luftfahrzeug nicht im Fluge verbringen. Auf das Luftfahrzeug bezogen umfaßt diese allgemeine Definition neben den in 2) bezeichneten Zeitelementen auch die → Standzeit (t_S). 2) Teil der → Lebenszeit (t_L) eines Luftfahrzeugs. Zeitintervall zwischen einer Landung und dem darauffolgenden Start ein und desselben Luftfahrzeugs ausschließlich der → Standzeit. Die B. enthält somit die → Rollzeiten und die einander überlagernden Zeiten für die (kommerzielle und technische) Abfertigung. Die genauere Bezeichnung der B. in bezug auf Verkehrsflugzeuge lautet *Bodenzeit zur*

Flugvor- und -nachbereitung (t_Z) und stellt die Zeitdauer vom Beginn der Abfertigung bis zum Abheben auf der Startbahn bzw. nach dem Aufsetzen auf der Landebahn bis zur Beendigung der Abfertigung dar. Sie tritt als solche auf dem Heimatflughafen (t_{ZH}), auf Wendeflughäfen (t_{ZW}) und auf Zwischenlandeflughäfen (t_{ZZ}) auf $t_Z = t_{ZH} + t_{ZW} + t_{ZZ}$). 3) Teil der → Flugreisezeit für den Passagier (t_P). In dieser Eigenschaft tritt die B. auf als → Passagieranreise-(Zubringer-)Zeit (t_{PA}) und → Passagierabreise-(Abbringer-)Zeit (t_{PZ}), d. h. Zeit, die der Fluggast für die Ortsveränderung zwischen Reiseantrittsort und Flughafen vor Beginn der → Passagierflugzeit (t_{PF}) und nach Abschluß derselben für seine Reise benötigt ($t_P = t_{PA} + t_{PF} + t_{PZ}$); (→ Bodenbeförderung).

Böe, auch *Bö:* einzelner Windstoß. Sowohl in Windrichtung als auch -geschwindigkeit treten Schwankungen von unterschiedlicher Größe auf (bes. in Kaltluft starke Abweichungen von der mittleren Windgeschwindigkeit). Im Sommer häufig Windstöße, die eine Folge der → Thermik sind (Sonnen-B.). Bes. heftige B. sind verbunden mit Schauern oder Gewittern (Schauer-, Gewitter-B.). Die an Kaltfronten auftretenden B. bezeichnet man als Kaltfront-B.

Böenlastvielfaches: durch eine → Böenstörung am Flugzeug zusätzlich erzeugtes → Lastvielfaches. Von Bedeutung sind bes. die B., die durch eine plötzliche Vertikalböe erzeugt werden. Sie können Werte von 2...4 erreichen, was für Transportflugzeuge bereits zulässige Höchstwerte sind. Beim Flug in geringen Höhen treten häufig B. mit ständig wechselnden Vorzeichen auf, die sich als starkes Schütteln des Flugzeugs bemerkbar machen und zu hoher Dauerbelastung von Menschen und Material führen.

Böenstörung: Störung der gleichförmigen Bewegung eines Flugkörpers durch Böen, d. h. Unregelmäßigkeiten und Turbulenz in der umgebenden Atmosphäre. Die Reaktion des Flugkörpers auf eine B. wird durch seine Flugstabilität bestimmt. Die B. kann sich als kurzzeitige Änderung des Anstellwinkels, des Schiebewinkels, und der Geschwindigkeit bemerkbar machen. → Böe, → Stabilität

Boeing, *The Boeing Company;* zunächst B. Airplan Company; größtes

Boeing B-52

Tankflugzeug Boeing KC-135

Unternehmen der USA-Luftfahrtindustrie (jährlich Aufträge von über 3 Mrd. $) mit Sitz in Seattle (Washington), gegr. Juli 1916, 1961 umbenannt, 1972 in heutige Struktur gegliedert; arbeitet eng mit der First National City Bank zusammen. Gehört zu den größten Waffenlieferanten des Pentagon (1941/45: 16000 Flugzeuge). Neben → Verkehrsflugzeugen Boeing 707 mit 4, B. 727 mit 3 und B. 737 mit 2 ZTL, das Großraumverkehrsflugzeug Boeing 747 «Jumbo jet» mit 4 ZTL) wurden Frühwarnflugzeuge → AWACS (EC-137D/E-3A), Tankflugzeuge und Transporter sowie Raketen («Saturn», «Minuteman») hergestellt. Die früher von B. gebauten Bomber B-52H und G werden teilweise für Marschflugkörper umgebaut. Zu dem Konzern gehört seit 1960 auch das Hubschrauberwerk B. Vertol Company in Philadelphia, Pennsylvania (Produktion des Typs CH-47 «Chinook» in Versionen und Weiterentwicklungen, so B. 360). Seit der Einführung der TL-Verkehrsflugzeuge hat Boeing den größten Anteil an diesen Flugzeugen auf dem internationalen Markt. Ende 1976 hatte B. rund 2800 Strahlverkehrsflugzeuge fertiggestellt. Der Konzern gliedert sich in die Commercial Airplane Company (verantwortlich für zivile Verkehrsflugzeuge), in die Aerospace Company, die Wichita Company und in die Vertol Company. B. ist eng mit Rüstungsbetrieben anderer westlicher Länder verflochten, u. a. besitzt er bei → MBB (BRD) eine Kapitalbeteiligung von 8,9% (1972). Nach einer Vereinbarung von 1978 von B. mit der japanischen Luftfahrtindustrie liefern die Unternehmen → Mitsubishi, → Kawasaki und Fuji, außerdem Shin Meiwa und Nippi einen großen Teil der Baugruppen für die Boeing 767 (Konkurrenzmuster für → Airbus-Industrie).

Boeing, *William Edward:* amerikanischer Flugzeugkonstrukteur, geb. 1. Okt. 1881 Detroit, gest. 28. Sept. 1956. Sohn eines begüterten Holzkaufmanns. 1915 Besuch der Fliegerschule Glenn Martin in Santa Monica, Kauf eines Martin-Wasserflugzeugs. Aus Überzeugung, bessere Maschinen bauen zu können, ab Dez. 1915 beschäftigt mit Konstruktion des Wasserflugzeugs B & W mit Marineoffizier *G. C. Westerfeld.* Nach Eintritt der USA in den ersten Weltkrieg gründete B. am 15. Juli 1916 die Pacific Aero Products Company für den Bau von militärischen und zivilen Flugzeugen. Die spätere → Boeing Company spezialisierte sich bald auf große und schwere Bomber, Transport- und Verkehrsflugzeuge, von denen B. zahlreiche selbst konstruierte.

Bogenflug: Flug auf einer horizontalen gleichmäßig oder ungleichmäßig gekrümmten Flugbahn im Rahmen von flugsportlichen Wettkämpfen mit Motorflugzeugen (Navigationsflug, Präzisionsflug, Flugrallye). B. ist eine sehr wichtige und schwierige Disziplin, da sich die Längswindkomponente ständig und ungleichmäßig ändert und neben der Einhaltung von Flugweg und Flugzeit noch Fotoobjekte und Sichtzeichen zu identifizieren und in die Flugkarte einzutragen sind.

Bolchowitinow, *Wiktor Fjodorowitsch:* sowjetischer Flugzeugkonstrukteur, Generalmajor des Fliegeringenieurdienstes (1943), Doktor der technischen Wissenschaften (1947), Professor an der Shukowski-Akademie (1949), geb. 23. Jan. (4. Febr.) 1899 in Saratow, gest. 29. Jan. 1970 Moskau. Befaßte sich seit 1919 mit dem Flugwesen, konstruierte 1924 sein erstes Segelflugzeug. Abschluß der Shukowski-Akademie 1926. Von 1934 bis 1936 baute ein Kollektiv der Ingenieur-Akademie der Luftstreitkräfte unter seiner Leitung das schwere Versuchsbombenflugzeug DB-4, mit dem *M. A. Njuchtikow* im Nov. 1936 folgende Rekorde aufstellte: 10000 kg Nutzmasse auf 7032 m und

Wiktor Bolchowitinow

13000 kg auf 4535 m. 1937 Mitglied der KPdSU und Lehrstuhlleiter an der Shukowski-Akademie. Seit 1938 Entwicklung und Bau von Strahlflugzeugen. 1940 erhielt ein von B. geschaffenes Segelflugzeug ein Flüssigkeitsraketentriebwerk von *Duschkin*. Das vom Testpiloten *Fjodorow* gesteuerte Segelflugzeug war von einer Schleppmaschine auf eine Höhe von 2000 m gebracht worden. Das Triebwerk arbeitete normal. Die nächste Stufe stellten die von B. unterstützten Versuchsjagdflugzeuge → BI dar. B. entwickelte 1940 das leichte Erdkampfflugzeug «S». Er ist Autor zahlreicher Arbeiten über die Flugzeugtechnik. 2 Leninorden und andere hohe Auszeichnungen.

Bölkow GmbH: am 1. Jan. 1965 aus der Bölkow-Entwicklungen KG entstandene Firma. Geschäftsführung und Entwicklungszentrum auf dem Gelände der ehemaligen Luftfahrtforschungsanstalt in Ottobrunn bei München und Produktionswerken in Nabern, Laupheim und Schrobenhausen. Kapitalverteilung: Dipl.-Ing. Ludwig → Bölkow, → Boeing (USA), → Nord Aviation (Frankreich) und Bölkow-Anlagen GmbH. Zum Programm zählten: Entwicklung von Flugzeugen, Hubschraubern, Raumfahrtgeräten, Raketentriebwerken, Regelungsgeräten, Waffensystemen (vor allem Lenkwaffen) und elektronischen Geräten. Im Frühjahr 1968 hatte die Firma 7200 Beschäftigte. Am 6. Juni 1968 fusionierte die B. mit Messerschmitt zur → Messerschmitt-Bölkow GmbH, diese wiederum zur → MBB. Die B. besaß 2 Drittel des Kapitals der Waggon- und Maschinenbau AG, Donauwörth, und von deren Tochtergesellschaften (→ SIAT) sowie 25% vom Entwicklungsring Süd GmbH München (an dem SIAT mit 25% beteiligt war).

Bölkow, *Ludwig:* Dr.-Ing., Flugzeug- und Raketenkonstrukteur, Vorsitzender der Geschäftsführung des → MBB-Konzerns. Geb. 30. Juni 1912 in Schwerin als Sohn eines Werkmeisters der Fokker-Flugzeugfabrik. Abitur 1932. Danach bis 1933 Praktikant im Heinkel-Flugzeugbau Warnemünde und bei den Deutschen Werken in Berlin-Spandau, Studium an der Technischen Hochschule Berlin (Luftfahrttechnik, Maschinen- und Flugzeugbau), 1938/39 Hochschulassistent. Danach im von Wehrwirtschaftsführer → Messerschmitt geleiteten Rüstungskonzern als leitender Konstrukteur und Typenleiter für Entwicklung 1motoriger Jagdflugzeuge mit Strahlantrieb. Nach 1945 in Bauindustrie Stuttgarts; ab 1948 Leiter des sich schnell vergrößernden Ingenieurbüros B. (IBB). Mit Beginn der stärkeren Aufrüstung in der BRD ab 1955 Konstruktion von Flugzeugen (so Umkonstruktion der → Klemm Kl 107) und ferngelenkten Flugkörpern. Gründete am 1. Mai 1956 mit finanzieller Hilfe Bonns in Echterdingen bei Stuttgart die Bölkow-Entwicklungen KG, 1958 Übersiedlung nach Ottobrunn bei München. 1959 Bildung des Entwicklungsrings Süd (→ Entwicklungsring für Luft- und Raumfahrt GmbH; Bölkow, Heinkel, Messerschmitt) für «Spezialaufgaben» der Bundeswehr. Funktionen: Gesellschafter und Geschäftsführer der B. GmbH, Ottobrunn, Geschäftsführer der B.-Apparatebau GmbH, Nabern (Teck), 1968 Geschäftsführer der Messerschmitt-B. GmbH, Gesellschafter und Vorsitzender der Geschäftsführung der MBB-GmbH. Er ist Mitglied des Wehrpolitischen Arbeitskreises der CSU, des Arbeitskreises für Rüstungswirtschaft des Verteidigungsministeriums sowie zahlreicher anderer Institutionen und Aufsichtsräte der BRD-Luft- und Raumfahrtindustrie.

Bombenbewaffnung der Flugzeuge: Teil der → Flugzeugbewaffnung, der aus Bombenträger, Bombenschloß, Bombenwurfautomat, Bombenmasse und Bombenwurfvisier besteht. Verwendet erstmals 1911/12 im italienisch-türkischen Krieg zum Bekämpfen von Erd- und Seezielen. Die Bombe als aktives Mittel ist im Bombenschacht des Flugzeugs, unter dem Rumpf oder den Tragflügeln, untergebracht. Sie ist ein Stahl-, Blech- oder Kunststoffkörper von unterschiedlicher Form, der den oder die Zünder und die Kampfladung (besteht aus Sprengstoff, Brandmasse oder chemischen Kampfstoffen) umschließt. Sprengstoff in Spreng-, Splitter-, Splitter-Spreng-, Minen-, Mehrzweck- und panzerbrechenden Bomben. In Brandbomben: feste, flüssige oder klebrige (z. B. Napalmbomben) Brennstoffladung. Für spezielle Aufgaben: Versorgungs-, Signal-, Leucht-, Blitzlicht-, Nebel-, Rauch- und Agitationsbomben. Bomben werden oft als Kassettenbomben oder Bombenbündel (z. B. bei den Angriffen der USA-Flug-

Bombenbewaffnung eines deutschen Großflugzeugs im ersten Weltkrieg

zeuge in Indochina als Kugel- oder Ananasbomben) abgeworfen. Zur Stabilisierung des Flugs sind Bomben mit entspr. leitwerkartigen Fläche versehen. Für Spezialzwecke erhalten Bomben Raketensätze und Bremsschirme. Kern- und chemische Bomben werden zu den Massenvernichtungsmitteln gerechnet.

Bombenfliegerkräfte, Abk. **BFK:** Gattung der Luftstreitkräfte. Bekämpfen vorrangig Flächenziele in der taktischen, operativen oder strategischen Tiefe des Kriegsschauplatzes. Nach ihrer Bestimmung unterteilt man die BFK in taktische und strategische. Sie können auf große Entfernungen und in kurzen Zeitabschnitten Schläge mit starker Zerstörungskraft führen. Außer herkömmlichen oder Kernladungs-Waffen können sie Luft-Boden-Lenkwaffen großer Reichweite und Zerstörungswirkung anwenden. Ihre Aufgaben erfüllen sie selbständig, im Zusammenwirken mit anderen Gattungen der Luftstreitkräfte oder anderen Teilstreitkräften.

Bombenflugzeug, *Bomber,* im zweiten Weltkrieg auch *Kampfflugzeug:* mehrsitziges Flugzeug zum Bekämpfen von Erd- und Seezielen im Raum der Kampfhandlungen sowie im Hinterland des Gegners. Erste B. wurden im ersten Weltkrieg verwendet, leichte B. (2 oder

schwerer Bomber Staaken R-IV, Deutschland, 1916

schwerer Bomber TB-3, UdSSR, 1932

fliegende Festung B-17F, USA, 1942

Bombenflugzeug und Raketenträger Tu-16, UdSSR, 1955

3 Mann, 1 oder 2 Triebwerke, 145...180 km/h, Gipfelhöhe 5,5 km, Reichweite 500...900 km, 300...500 kg Bomben, 4 MG) oder schwere B. (6...9 Mann, 2...4 Triebwerke, 100...135 km/h, Gipfelhöhe 4 km, Reichweite 750...850 km, 900...2000 kg Bomben, 5...6 MG). Bis zum Ende des zweiten Weltkriegs hatte das B. folgenden Entwicklungsstand erreicht: Front- und

leichte Bombenflugzeuge: 2...4 Mann, 1...2 Motoren, 450...500 km/h, Gipfelhöhe bis 10 km, Reichweite 1000...3000 km, 600...1000 kg Bomben, 4...5 MG, 1...2 Kanonen. Strategische B. (auch Fernbomber): 9...11 Mann, 4 Motoren, 400...640 km/h, Gipfelhöhe 10 km, Reichweite 3000...6000 km, 4000...10000 kg Bomben, 6...12 MG oder Kanonen. Im Zeitraum bis 1970 erreichte die Entwicklung der B. folgenden Stand: Front- od. taktisches Bombenflugzeug 2...3 Mann, 2 Strahltriebw., 900...1800 km/h, Gipfelhöhe bis 18 km, Reichweite bis 5000 km, 3000...4500 kg Bomben (konventionell oder Kernladung), 4 Kanonen, Raketen. Fern- oder strategisches B. 3...6 Mann, 2...4 Strahltriebwerke, 900...2500 km/h, Gipfelhöhe bis 21 km, Reichweite bis 18000 km, bis zu 34000 kg konventionelle oder Kernladungsbomben, 2...7 Kanonen, Raketen. Alle modernen B. sind mit umfangreichen elektronischen Geräten zur Navigation, zur Zielsuche sowie zur Warnung vor gegnerischen → Jagdflugzeugen und zu elektronischen Gegenmaßnahmen ausgestattet. Sie können in Verbänden oder einzeln eingesetzt werden. Mehrere Typen von Bombenflugzeugen wurden nachträglich zu strategischen Raketenträgern umgerüstet.

Bombenmagazin, *Bombenschacht:* Raum im Rumpf von → Bomben-, → Jagdbomben- und Torpedoflugzeugen zur Aufnahme von Bomben, Torpedos, Napalmbehältern und anderen Abwurfwaffen. Meist im Schwerpunktbereich, um Lastigkeitsverschiebungen beim Beladen und Abwerfen zu vermeiden. Das B. ist durch Bodenklappen nach unten abgedeckt. Bei vielen neuen Flugzeugen gibt es kein B. mehr: Die Abwurfwaffen werden von Aufhängevorrichtungen unter den Tragflügeln oder unter dem Rumpf aufgenommen.

Bombenteppich: im zweiten Weltkrieg von den → Bombenfliegerkräften der USA und Englands angewendetes Verfahren, bei dem aus einem großen Bomberverband auf dicht bewohnte Gebiete sehr viele Bomben zum gleichen Zeitpunkt abgeworfen wurden.

Bomber: → Bombenflugzeug

Booking: → Buchung

Booster (engl.): **1.** Bez. für Raketentriebwerke, die auch angewendet wird auf → Startraketen. – **2.** Bez. für hydraulische und andere Kraftverstärker, die vor allem in der Steuerung Anwendung finden. → Hydraulik, → hydraulischer Kraftverstärker

Boot: 1. stromlinienförmige Verkleidung des Rumpfbugs mit Pilotensitz bei Gleitflugzeugen. – **2.** unterer Teil des Rumpfes bei Flugbooten bzw. Amphibienflugzeugen.

Bordaggregat: → Hilfstriebwerk

Bordbuch, *Flugzeugtagebuch:* Tagebuch, das an Bord von Luftfahrzeugen mitgeführt wird, zur Eintragung von Angaben, die zur Kontrolle und technischen Instandhaltung erforderlich sind. Eingetragen wird. z. B.: Gesamtflugzeit der Zelle; Triebwerklaufzeit insgesamt und in den Betriebsarten Startleistung, Nennleistung, Leerlauf; Zahl der Anlaßversuche; Betriebszeit der Hilfsenergieanlage.

Bordbuffet, engl. *Catering:* Einrichtung auf oder in der Nähe von Flughäfen, zur Ausstattung von Verkehrsflugzeugen mit Bordverpflegung. Nach den Vorschriften der Luftverkehrsgesellschaft stellt das B. die Speisen, Getränke, Genußmittel u. a. für jeden Flug zusammen und beschickt damit die zum Start bereitgestellten Flugzeuge (Cateringfahrzeug). Die B.ausstattung wird vom → Kabinenpersonal übernommen.

Bördeln: Methode der spanlosen Formung an dünnwandigen Bauelementen bei Blechen, Beschlägen, Profilen sowie an den Rändern von Aussparungen, die an manchen Bauteilen (z. B. Rippen, Spanten) zum Zwecke der Masseverringerung vorgenommen werden. Durch rechtwinkliges Abkanten werden Festigkeit und Steifigkeit vergrößert. An den Enden von Rohrleitungen entstehen durch B. (Abkanten um 74°) Dichtflächen, in die ein entspr. bearbeiteter Dichtkegel eingepaßt wird, wodurch die druckdichte Verbindung von Rohrleitungsteilen möglich wird.

Bordflugzeug: von Schiffen mittels → Katapult zu startendes Flugzeug, meist mit Schwimmern versehen oder als Flugboot gebaut, um in Schiffsnähe zu landen. Früher bei Ozeandampfern oft als Postflugzeug benutzt. Vielfach auch von Eisbrechern für Hilfszwecke mitgeführt, dort meist von Hubschraubern ersetzt.

Bordfunk: Funk- oder Funksprechverkehr zwischen Luftfahrzeugen untereinander oder mit Bodenfunkstellen. Früher war das mit dem B. beauftragte Besatzungsmitglied der Bordfunker. Mit der vereinfachten Bedienung der B.anlagen war er nicht mehr erforderlich, so daß der B. jetzt von den anderen Mitgliedern der Cockpitbesatzung abgewickelt wird.

Bordgeräte: i. e. S. die im Luftfahrzeug fest eingebauten Geräte für die Kontrolle des Flugzustands und die Überwachung des Luftfahrzeugzustands (Überwachung von Flug- und Triebwerk). 1) Mit *Flugüberwachungsgeräten* werden flugmechanische Größen gemessen und angezeigt, die Auskunft über Fluglage und -zustand geben. Hierzu gehören → Fahrtmesser, → Höhenmesser, → Variometer, → künstlicher Horizont, → Wendezeiger und → Kompaß. 2) *Flugwerküberwachungsgeräte* dienen zur Kontrolle der Parameter von Trag-, Rumpf-, Leit-, Steuer- und Fahr- bzw. Schwimmwerk an Luftfahrzeugen. Zu ihnen gehören z. B. Stellungsanzeiger für Lande- und Trimmklappen, Fahrwerk, Höhenflosse, Druckmesser für Kabinendruck. 3) *Triebwerküberwachungsgeräte* überwachen die Triebwerkparameter und erlauben die Betriebseinstellung. Zu ihnen gehören → Druckmesser, → Drehzahlmesser, Thermometer, Vorrats- und Verbrauchsmesser für Betriebsstoffe. – Die Geräte werden in bestimmten Anwendungsgruppen zusammengefaßt und so geordnet in die Gerätetafeln eingebaut. Der Einbau erfolgt nach Art des Luftfahrzeugs unterschiedlich. An zentraler Stelle vor dem Piloten sind die Flugüberwachungsgeräte untergebracht. Triebwerküberwachungsanlagen befinden sich in einsitzigen Flugzeugen häufig rechts, bei großen Flugzeugen an einem mittleren Zentralpult. B. sollen leicht, klein und unabhängig von Umgebungsbedingungen (Temperatur, Druck, Beschleunigung, Lage, Feuchtigkeit u. a.) sein. Die Überwachung und Bedienung der zahlreichen B. in großen Flugzeugen beanspruchte das fliegende Personal außerordentlich. Daher war man bestrebt, die meßtechnische Ausrüstung weitgehend zu vereinfachen und zu automatisieren. Großflugzeuge der siebziger Jahre besaßen trotz insgesamt komplizierterer Ausrüstung bereits weniger ständig zu überwachende Anzeigen als z. B. die Verkehrsflugzeuge von 1960. Die Flugzeuge der achtziger Jahre besitzen elektronische Fluginformationssysteme (→ EFIS), die mit Hilfe herkömmlicher Geber, digitaler Rechner und Bildschirmanzeigen Abweichungen von vorgegebenen Parametern darstellen und den Piloten Entscheidungsvorschläge anbieten.

Bordingenieur, auch *Flugingenieur:* Besatzungsmitglied eines Flugzeugs, das die Aufgaben des ehemaligen Bordmechanikers bzw. Bordwarts und des Navigators erfüllt. Der B. ist verantwortlich für die Bedienung und Überwachung der Triebwerke und technischen Anlagen des Flugzeugs im Fluge, für Übernahme und Übergabe des Flugzeugs, für Beladung und Betankung, sowie für die Borddokumentation. Der B. eines modernen Verkehrsflugzeugs hat die Qualifikation eines Ingenieurs bzw. Diplomingenieurs.

Bordkarte: dem Fluggast bei seiner → Abfertigung auszuhändigende Karte, die der Kontrolle der erfolgten kommerziellen Abfertigung und der Feststellung der Anzahl der in das Flugzeug eingestiegenen Fluggäste dient. Die B. kann auch zur Zuweisung eines bestimmten Sitzplatzes im Flugzeug genutzt werden.

Bordküche: → Pantry

Bordmechaniker: → Bordingenieur

Bordschütze: bedient die beweglichen Bordwaffen in Militärflugzeugen, war früher gleichzeitig Beobachter, Bordwart oder Bordfunker.

Bordservice: → Fluggastbetreuung

Bordvorräte: Güter, einschließlich Verpflegung, die zum sofortigen Verbrauch geeignet und für die Verwendung oder den Verkauf an Bord eines Luftfahrzeugs während des Flugs bestimmt sind. → Catering

Bordzeit: die dem jeweils überflogenen Längengrad entspr. Tageszeit; die Zeitdifferenz zwischen 2 Längengraden beträgt 4 min.

Boulton-Paul Ltd.: britisches Flugzeugwerk, 1915 gegr. 1917 Aufnahme der Produktion von Militärflugzeugen eigener Entwicklung. 1935 reorganisiert und als Boulton Paul Aircraft Limited bezeichnet. Zu den bekanntesten Flugzeugen gehören die Jagdflugzeuge P. 3 «Bobolink» (1917), P. 29 «Sidestrand» (1927) und P. 82 «Defiant» (1938), das Schulflugzeug P. 108 «Balliol» T-2 (1953). Danach keine Flugzeugfertigung mehr, Übergang auf Flugzeugzubehör. Während des zweiten Weltkriegs Bau von hydraulischen MG-Türmen.

Boundary Layer Control, Abk. **BLC:** svw. Grenzschichtsteuerung. → Grenzschichtbeeinflussung

Bourdonrohr, *Röhrenfeder:* Meßelement in → Druckmessern.

Boxermotor: Flugmotor, bei dem die Zylinder einander gegenüber liegen. Diese Anordnung wird meist nur bei kleineren, luftgekühlten Triebwerken für Schul-, Sport- und Reiseflugzeuge angewandt. Es gibt B. mit 2, 4, 6 und 8 Zylindern. → Triebwerk

Brabazon of Tara, *Lord, John Theodore Cuthbert Moore-Brabazon, Erster Baron of Sandwich:* britischer Flugpionier, geb. 8. Febr. 1884 London, gest. 17. Mai 1964 London. Beginn der Flugausbildung 1908 in Frankreich. Führte am 3. Mai 1909 als erster Brite über englischem Boden einen Flug aus. Besaß den ersten englischen Pilotenschein. 1909: Gewinn des Michelin-Cups sowie des Daily Mail-Preises. Organisierte im ersten Weltkrieg die Fotoabteilung, später Fotoaufklärungseinheit. Im zweiten Weltkrieg: 1940/41 Verkehrsminister, 1942 Minister für Flugzeugproduktion. Schuf 1943 ein Komitee, das sich mit Verkehrsflugzeugen für die Nachkriegszeit beschäftigte. Bis zum Tode Präsident des Royal Aeroklubs und Vorsitzender des Air Registration Board.

Iwan Bratuchin

Brandenburg: Kurzbezeichnung für die Flugzeuge der früheren Hansa- und Brandenburgischen Flugzeugwerke, Brandenburg/H. Von 1914 bis 1918 bauten die Werke rund 40 Typen von Schul-, Aufklärungs-, Bomben-, Jagd- und Torpedoflugzeugen, vor allem aber Seeflugzeuge (Flugboote, Seekampfflugzeuge und Seejagdflugzeuge), z. B. W 18, W 29, W 35.

Brandenburgische Motorenwerke (Bramo): früheres Flugmotorenwerk in Berlin-Spandau, hervorgegangen aus dem Siemens-Flugmotorenwerk. Stellte sehr bekannte luftgekühlte Sternmotoren her, vor allem in Sport- und Schulflugzeuge eingebaut (z. B. Bramo Sh 14A in Fw 44 «Stieglitz»).

	Sh 14 A 4	SAM 322 H 2
Zylinder	7	9
Bohrung/mm	108	154
Hub/mm	120	160
Verdichtung	1:6	1:6,4
Trockenmasse kg	135	485
Leistung kW	94,1/106,6/117,7	382,5/430,3/525,9
Leistungsmasse	1,15	0,92

Brandschott, *Brandspant:* in Flugzeugen mit KTW zwischen diesem und der Zelle (Rumpf oder Tragflügel) angeordnete, mit feuerfestem Material (z. B. Asbest) verkleidete Trennwand, durch die das Übergreifen eines Triebwerkbrands (Vergaserbrand) auf andere Teile des Flugzeugs verhindert wird.

Brandspant: svw. → Brandschott

Brandwarnanlage: Gerät, das den Ausbruch eines Brandes, bzw. unzulässig hohe Temperaturen oder die Rauchentwicklung in bestimmten Teilen des Luftfahrzeugs signalisiert. Zu diesem Zweck sind an brandgefährdeten Stellen, z. B. Triebwerksgondel, Fahrwerksschächte, Hilfsenergieanlage, Temperaturgeber oder Luftüberwachungseinrichtungen angebracht, die bei Überschreiten des Kennwerts eine Alarmeinrichtung bzw. das Feuerlöschsystem auslösen.

Bratuchin, *Iwan Pawlowitsch:* sowjetischer Hubschrauberkonstrukteur, geb. 12. (25.) Febr. 1903 Jaschtschetji (Kirowsker Gebiet). 1926 als Student der Technischen Universität Moskau Mitarbeit in der Hubschraubergruppe der → EAO von Prof. → Jurjew im → ZAGI. Abschluß der Universität 1930. Als Leiter der Brigade B im → OOK in den dreißiger Jahren maßgeblich an der Hubschrauberentwicklung des ZAGI beteiligt. Typenbezeichnung der Bratuchin-Hubschrauber → AK, → B, → G. Ab Jan. 1940 im Moskauer Luftfahrtinstitut (MAI) «Sergej Ordshonikidse» in der Spezialabteilung für Hubschrauberentwicklung. B. Übernahm ab März 1940 *Jurjews* Stelle im → OKB. Bis zur Auflösung dieses OKB 1951 entstanden unter seiner Leitung ab 1946 zahlreiche Experimentalhubschrauber, die wesentliche Erkenntnisse für den Aufschwung des sowjetischen Hubschrauberbaus brachten. 1954 Professor, 1962 Doktor der technischen Wissenschaften, Leninorden. 1934: «Berechnung der Aerodynamik eines Tragschraubers». 1955: «Die Projekierung und Konstruktion von Hubschraubern». Mitherausgeber eines Werks ausgewählter Arbeiten von Prof. Jurjew.

Hubschrauber B-11, 1948

Breda: Typenbez. der Flugzeuge der italienischen Werke Societa Italiana Ernesto B., gegr. 1917. In den 50er Jahren wurde die Flugzeugfertigung dieses Werks liquidiert. Zu den bekanntesten Typen gehörten die Jagdflugzeuge Ba 27 (1934) und Ba 64 (1935) sowie das Bombenflugzeug Ba 88 (1935).

Bréguet, *Louis Charles:* französischer Flugpionier und Flugzeugkonstrukteur, geb. 2. Jan. 1880 Paris, gest. 4. Mai 1955 Saint-Germain-en-Laye; baute 1906 mit Prof. *Richet* das Rotorflugzeug B.-Richet I (29. Sept. 1907 kurzes Abheben im gefesselten Zustand), wandte sich dann den erfolgversprechenden Starrflüglern zu. Baute mit Richet 1909 den Starrflügler B. Nr. 1, der zum Flugmeeting in Reims 1909 flog. Nach dem Bau von weiteren 4 Flugzeugen 1911 mit dem Bruder *Jacques* Gründung des Werkes Société des Ateliers d'Aviation Louis Bréguet. Im gleichen Jahr erreichten Flugzeuge von B. Geschwindigkeitsrekorde über 100 km sowie einige andere Rekorde. Bis zur Verstaatlichung der Werke 1936 entwickelte B. zahlreiche bekannte Militär- und Zivilflugzeuge, so 1916 den Bomber Br. XIV (bis 1926: 8000) und 1922 das Mehrzweckflugzeug Br. XIX (12000). 1919 gründete B. die Luftverkehrsgesellschaft → Air France. B. beschäftigte sich auch wissenschaftlich mit der Theorie des Flugs, z. B. mit Problemen der Tragflügel-Aerodynamik. 1936 kaufte B. die Fabrik → Latécoère, in der er bis zum zweiten Weltkrieg die Arbeit fortsetzte. Dabei entstanden auch zahlreiche Militärflugzeuge, die nicht in Serie gingen. Nach 1945 nahm die Firma unter gleichem Namen die Tätigkeit wieder auf. Neben 4motorigen Verkehrs- und Transportflugzeugen (763 «Deux Ponts», 765 «Sahara») schuf B. die Marineflugzeuge Br 1050 «Alizé» (1958) und Br 1150 «Atlantic» (1962, in

Mehrzweckflugzeug Bréguet Br 14, hier in der Bomberversion 14B-2

den 80er Jahren modernisiert), das militärische Mehrzweckflugzeug «Jaguar» (seit 1969 mit → BAC, Großbritannien gebaut), einige STOL-Transporter (Br 941 und Br 942) sowie Segelflugzeuge. Außerdem fertigten die Werke Baugruppen für «Caravelle», «Mirage III» und → Fokker F. 27 sowie Flugkörper und Bordwaffen an. 1971 Zusammenschluß mit Avions Marcel → Dassault.

Bréguetsche Reichweitenformel: Formel, die die Abhängigkeit der max. Reichweite eines Flugzeugs von seiner Fluggeschwindigkeit, seiner aerodynamischen Qualität und dem spezifischen Brennstoffverbrauch seiner Triebwerke bei gegebener Brennstoffmenge darstellt. Demnach ist die Reichweite proportional dem Quotienten aus der Geschwindigkeit und dem spezifischen Brennstoffverbrauch sowie der aerodynamischen Qualität.

Bremen: **1.** internat. *Flughafen* der BRD; City-Code **BRE** 53°02′54″ n. Br., 08°47′18″ ö. L., Höhe 3 m, 4 km südlich des Stadtzentrums gelegen. 1 Start- und Landebahn mit 2034 m × 45 m. Moderne Funk- und Navigationsausrüstungen. – **2.** *Flugzeugbez.* der 1motorigen Junkers W 33, mit der die Deutschen *Köhl* und *von Hünefeld* sowie der Ire *Fitzmaurice* am 12./13. April 1928 erstmals den Nordatlantik von Ost (Baldonell Irland) nach West (Greenly-Island/Labrador) bezwangen.

Bremsen: **1.** Mittel zum Verringern der Geschwindigkeit von Luftfahrzeugen sowohl in der Luft als auch am Boden. Man unterscheidet aerodynamisch wirkende B., z. B. → Bremsklappen, → Bremsschirme und mechanisch wirkende B., z. B. Radbremsen verschiedener Konstruktion. – **2.** svw. → Abbremsen.

Bremsklappe: zur Geschwindigkeitsminderung mittels Erhöhung des aerodynamischen Widerstandes in den Luftstrom ausfahrbare Klappe (evtl. auch Gitter). B. können am Tragflügel oder Rumpf angebracht sein. Ihre Betätigung darf am Flugzeug keine starken aerodynamischen Momente entstehen lassen, um Gefahren zu vermeiden. → aerodynamische Bremsen

Bremsklotz: Vorlegeklotz für Flugzeug- oder Hubschrauberräder. Er wird vor allem zur Verhinderung des Wegrollens beim → Abbremsen der Triebwerke vorgelegt, aber auch zur Sicherung am Standplatz, wenn hier die Räder nicht gebremst sind. B. können einfache Holzprismen oder komplizierte Stahlkonstruktionen sein.

Bremskoeffizient: → Reibungsbeiwert

Bremskörper: Teil der Radbremse, der die unmittelbare Bremswirkung erzeugt, wobei über die mechanische Reibung kinetische Energie in Wärme umgewandelt wird. Die größte Arbeit leistet der B. bei der Landung des Flugzeugs, wobei nur ein geringer Teil der erzeugten Wärme in der zur Verfügung stehenden Zeit vom Aufsetzen bis zum Stillstand an die Atmosphäre bzw. an angrenzende Teile abgegeben wird, während der größere Teil im B. gespeichert wird. Die Temperatur kann dabei bis über 500 °C steigen. Um zu verhindern, daß angrenzende Teile, z. B. die Bereifung, durch Wärmeabgabe vom B. zerstört werden, ist die zulässige Wärmeaufnahme und damit die Leistungsfähigkeit des B. auch bei Anwendung verschiedener Kühlmaßnahmen begrenzt. Die wichtigsten im Flugzeugbau verwendeten B. sind als Backentrommmel-, Schlauchtrommel- oder als Scheibenbremsen ausgelegt.

Bremslauf: → Abbremsen

Bremsleistung: die von einem Kolbenmotor oder PTL an die Luftschrauben- oder Rotorwelle abgegebene Leistung. Sie wird auf einem → Bremsstand ermittelt (→ Abbremsen) und in kW angegeben.

Bremsluftschraube: spezielle, meist 4flügelige Luftschraube mit starren Blättern und geringem Durchmesser. Sie wird auf dem Bremsstand beim → Abbremsen von Triebwerken verwendet.

Bremsklappen (über dem Zusatzbehälter) und vorn an einer MiG-21

Man geht davon aus, daß die Luftschraube bei einer bestimmten Drehzahl ein bestimmtes Drehmoment aufnimmt. Jede Luftschraubendrehzahl entspricht also einer bestimmten Triebwerksleistung, die aus der Schraubeneichkurve zu entnehmen ist. Dabei sind Abweichungen des Luftzustands von dem für die Eichkurve geltenden zu berücksichtigen.

Bremsparameter, *Total-, Ruheparameter:* Kenngrößen Druck, Dichte und Temperatur einer auf Null abgebremsten Strömung, z. B. in sog. Staupunkten des Rumpfs, Tragflügels oder Leitwerks eines Flugzeugs. Da hier die gesamte kinetische Energie in potentielle umgewandelt wird, steigen die Kenngrößen auf ihren bei diesem Energiepotential möglichen Maximalwert an. B. sind somit Charakteristika der Gesamtenergie einer Strömung. Die Bremstemperatur spielt eine besondere Rolle bei der Untersuchung der → aerodynamischen Aufheizung.

Bremsschirm: → aerodynamische Bremse in Form eines (oder mehrerer) bei der Landung in den Luftstrom ausfahrbaren Schirms großer Festigkeit, der einen beträchtlichen aerodynamischen Widerstand erzeugt. Dadurch wird die → Ausrollstrecke bis zu 40% verkürzt. Die Kappen der B. werden aus kreuzweise verflochtenen elastischen Bändern gefertigt und haben eine Fläche von 10...20 m². Ähnlich wie beim Lastenabwurf werden mitunter auch Kappenbündel von 2...4 Kappen eingesetzt. Japanische Konstrukteure haben den B. auch für die Schiffahrt nutzbar gemacht. Eine Anzahl B. befindet sich in Kapseln unterhalb der Kiellinie eines Schiffs. Beim sog. Not-Stopp-Manöver werden sie ausgelöst. Der Entfaltungsstoß der sich mit Wasser füllenden Kappe des B. erfordert elastische und stabile Materialien und schränkt die Größe der Schirme auf einen Durchmesser von 3 m ein. Die Verkürzung des Bremswegs gegennüber konventionellen Verfahren beträgt mehr als 50%.

Bremsstand: Prüfstand zum Bestimmen der → Bremsleistung und des Brennsstoffverbrauchs von Kolbenmotoren und PTL-Triebwerken unter Last. → Triebwerkprüfstand

Bremswirkung: in Ziffern von 1 bis 5 ausgedrückte Bewertung der Wirksamkeit der Flugzeug-Radbremsen für die Landung (oder den Startabbruch). Diesen Bewertungsziffern können Bereiche von → Reibungsbeiwerten direkt zugeordnet werden.

Brennkammer: wichtiges Bauelement von Gasturbinen- und Raketentriebwerken, in dem die Umwandlung der im Brennstoff in chemischer Form enthaltenen Energie durch Verbrennung in Wärme erfolgt. B. sind aus korrosionsbeständigen hochwarmfesten Stählen hergestellt und bei → Gasturbinentriebwerken entweder als *Ringbrennkammer* mit einzelnen Flammrohren (z. B. AI-20) oder als *Einzelbrennkammer* (z. B. RR «Dart») ausgeführt. Bei modernen großen ZTL gelangt die Luft vom Verdichter mit einer Temperatur von ca. 500 °C in die B. Etwa 40...50% der vom Verdichter in die B. gedrückten Luft dient als Sauerstofflieferant für die Verbrennung des Brennstoffs (in der Brennzone herrscht eine Temperatur von

Jagdbomber Su-7B landet mit 2 Bremsschirmen

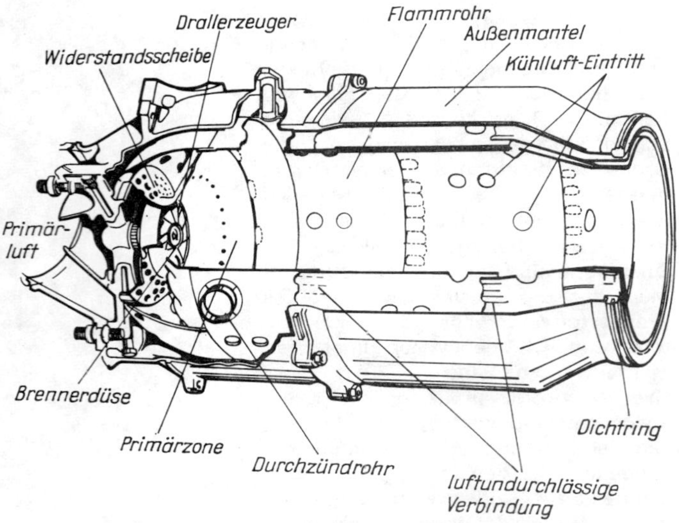

typischer Brennkammeraufbau

ca. 2000 °C), der Rest wird über Bohrungen und Schlitze dem Verbrennungsgas zugemischt, um es auf die für die Turbinenbeschaufelung verträgliche Temperatur von etwa 1200 °C abzukühlen. Das → Luftverhältnis bei Vollast ist bei modernen Triebwerken kleiner als 4.

Brennraum: abgeschlossener Raum im Zylinderkopf eines KTW bei o. T.-Stellung des Kolbens, in dem die Verbrennung des angesaugten Brennstoff-Luft-Gemisches stattfindet.

Brennschluß, Brennschlußgeschwindigkeit: Zeitpunkt, zu dem ein nicht abschaltbares Raketentriebwerk aufhört zu arbeiten, wenn der Treibstoffvorrat verbraucht ist.

Die im Brennschluß erreichte Geschwindigkeit wird mit Brennschlußgeschwindigkeit bezeichnet (wichtige technische Kenngröße von Raketen). Bei Mehrstufenraketen addieren sich die Brennschlußgeschwindigkeiten. Brennschlußgeschwindigkeiten taktischer und strategischer Raketen sind kleiner als 7,9 km/s (erste kosmische Geschwindigkeit), bei Erdsatelliten 7,9 km/s, bei interplanetaren Raumflugkörpern mindestens 11,2 km/s. Die Höhe über der Erdoberfläche, in der der Brennschluß erfolgt, wird Brennschlußhöhe genannt.

Brennstoff: Träger chemischer → Energie, die mit Hilfe von Wärmekraftmaschinen über die Zwischenstufe Wärmeenergie in mechanische Energie umgewandelt wird. Für Flugzeugtriebwerke kommen nur flüssige B. in Frage.

Flugbrennstoffe

		B-78	B-95/130	T-1	TS-1	JP-1 A	JP-5	ETF-5
Dichte	kg/dm^3	0,71...0,74	0,73...0,77	0,80...0,85	0,77...0,79	0,77...0,80	0,79...0,85	0,80...0,85
Siedebereich	°C	40...150	40...180	150...280	150...250	160...250	190...260	185...275
Flammpunkt	°C	−25	−25	30	32	38	65	68
Stockpunkt	°C	−60	−60	−60	−60	−50	−50	−56
Viskosität	(20 °C) cSt	0,5	0,5	1,5	1,3	1,6	1,6	~2
Heizwert	kWh/kg	12	12	11,9	12...12,1	12	12	12
max. Schwefelgehalt	%	0,05	0,05	0,10	0,15	0,2	0,4	0,03
Oktanzahl		78	95					
Gefahrenklasse		A1	A1	A2	A2	A2	A3	A3
Anwendung		Kolbentriebwerke		Gasturbinentriebwerke				

B. für Otto-Motoren, auch Benzin bzw. Flugbenzin genannt, besteht aus leichtsiedenden Anteilen der Erdöldestillation (etwa 86% Kohlenstoff, 12% Wasserstoff, Rest Sauerstoff und Spurenelemente). Er soll eine möglichst hohe Selbstzündungstemperatur bzw. Klopffestigkeit haben. Die Dichte beträgt 0,70...0,75 kg/dm^3 (0,7...0,75 kg/l) und steigt mit der Klopffestigkeit. Dieselbrennstoff besteht aus den Anteilen der Erdöldestillation mit einem Siedebereich von 200...350 °C. Er soll eine möglichst große Zündfreudigkleit (niedrige Selbstzündungstemperatur bzw. Klopffestigkeit) und Mindestschmierfähigkeit haben. Die Dichte beträgt ca. 0,85 kg/dm^3 (0,85 kg/l). Turbinentreibstoff (Abk. T, ATK oder AVTUR = Aviation Turbine Kerosene) für Flugzeugturbinen besteht aus den Anteilen der Erdöldestillation mit einem Siedebereich von 150...250 °C. Turbinenbrennstoff soll eine möglichst große Zündfreudigkeit, geringen Schwefelgehalt, niedrigen Stockpunkt und eine bestimmte Mindestschmierfähigkeit haben. Der untere Heizwert von Flug-B. beträgt etwa 11,8...12 kWh/kg (42,5...43,2 MJ/kg).

Brennstoffanlage: Gesamtheit der im Flugzeug installierten Geräte und sonstigen Baugruppen zur Versorgung der Triebwerke mit Brennstoff. Gewöhnlich wird die B. in eine zellenseitige und eine oder mehrere triebwerksseitige Anlagen getrennt. Während erstere den Brennstoff aus den Behältern zu den Triebwerken befördert, hat letztere den Brennstoff in erforderlicher Menge und unter bestimmtem Druck in die Arbeitszylinder (bei KTW) oder Brennkammern (bei TL) zu transportieren. Die zellenseitige Anlage besteht im wesentlichen aus Behältern, Pumpen, Rohrleitungen sowie verschiedenen Hilfssystemen und Geräten. Sie muß den Brennstoff unter allen Flugbedingungen und bei jeder Fluglage in erforderlicher Menge zur triebwerksseitigen Anlage befördern und die Entnahme aus den Behältern so steuern, daß die → Schwerpunktwanderung des Flugzeugs in zulässigen Grenzen bleibt. Sie gibt dem Flugzeugführer Informationen über Brennstoffvorrat und -verbrauch und gewährleistet die Sicherheit durch Verhüten von Brand oder Explosion. Die triebwerksseitige B. besteht vor allem aus regulierbaren Pumpen, Leitungen und Einspritzdüsen, die zusammen die Aufgabe erfüllen, dem Triebwerk den Brennstoff in erforderlicher Menge in Abhängigkeit von Flughöhe und Fluggeschwindigkeit sowie beabsichtigter Beschleunigung oder Verzögerung zuzuführen.

Brennstoffeinspritzung: bei → Diesel-Motoren übliches Gemischbildungsverfahren. Bei → Otto-Motoren Saugrohreinspritzung oder direkte B., um Leistung und Verbrauch zu verbessern. Bei Gasturbinen kontinuierliche B. in die → Brennkammer.

Brennstoffnullmasse: → Leertankmasse

Brennstoffschnellablaß: Einrichtung in Luftfahrzeugen, die dazu dient, die Brennstoffvorräte bei Gefahr schnell abzulassen. → Ablaßventil

Brennstoffverbrauch: wichtiger Kennwert von Flugzeugtriebwerken und Flugzeugen, der Wirtschaftlichkeit, Reichweite und Zuladung eines Flugzeugs wesentlich beeinflußt. Ziel der Entwicklung ist es, aus einer möglichst geringen Brennstoffmenge eine möglichst große äußere → Leistung zu erzeugen, bzw. mit einem möglichst niedrigen B. eine möglichst große Nettotransportarbeit zu erzielen. B. wird in seiner absoluten Größe in Liter, Kilogramm oder Tonnen pro Stunde – stündlicher Verbrauch – angegeben. Ein Maß für die Qualität der Energieumsetzung im Triebwerk ist der *spezifische B.* (stündlicher B. bezogen auf die Wellenleistung bei KTW, auf die äquivalente Leistung bei PTL oder auf den Schub bei einer bestimmten Geschwindigkeit bei TL). Diese Werte sind nicht direkt untereinander vergleichbar. Vergleichbare Werte sind für Start: stündlicher B. bezogen auf die innere Leistung bei Geschwindigkeit Null; für *Flugbedingungen:* stündlicher B. bezogen auf die äußere Leistung. Dieser Wert ist umgekehrt proportional dem Gesamtwirkungsgrad der Triebwerke.

Bei einem gegebenen Flugzeug sind der stündliche B. und der B. bezogen auf die Nettotransportarbeit abhängig von Flughöhe, Geschwindigkeit und Beladungszustand.

Moderne Großraummittelstreckenflugzeuge erreichen bei voller Auslastung und Reisebetriebszustand einen Verbrauch von etwa 0,15 kg/t Nutzmase und pro Kilometer eine Geschwindigkeit von etwa 850 km/h.

Brennstoffverbrauchsmesser: Anlage zum Messen des von den Triebwerken eines Luftfahrzeugs verbrauchten Brennstoffs. Der Verbrauch hängt von verschiedenen Einflußgrößen (Flugzustand, Geschwindigkeit, Höhe, Temperatur, Luftfeuchte) ab. Ein einfacher, früher angewendeter B. arbeitete mit einer Druckdifferenzmessung an einem → Venturirohr, die der durchfließenden Brennstoffmenge entsprach oder einer Stauplatte, die vom Flüssigkeitsstrom verschoben wurde. Modernere elektronische Anlagen haben ein Flügelrad als Geber, dessen Drehzahl der durchfließenden Brennstoffmenge proportional ist. Durch Drehen des Flügelrads werden elektrische Impulse erzeugt und zum Anzeiger mit Impulszähler übertragen. Diese Anlagen integrieren den Verbrauch des Brennstoffs, so daß dieser von der getankten Menge fortlaufend abgezogen und eine Anzeige des noch vorhandenen Brennstoffs erreicht wird.

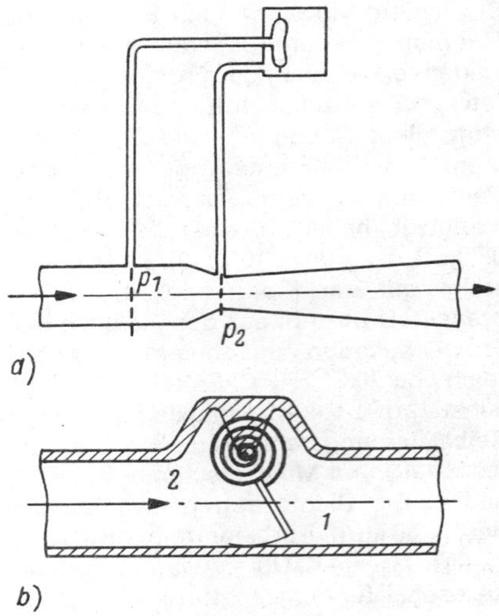

Geber für einfachen Verbrauchsmesser: a Venturirohr, b Stauklappe

Brennstoffverbrauchsmesser

Anzeiger für einen integrierenden Brennstoffverbrauchsmesser

Brennstoffvorratsmesser: → Vorratsmesser

Briefing: engl. für Flugberatung, Vorbereitung der → Besatzung eines Luftfahrzeugs auf den Flug, indem ihr insbes. Informationen über das Wetter auf der zu befliegenden Strecke und auf dem Zielflughafen sowie spezielle Luftfahrtinformationen gegeben werden; im übertragenen Sinn auch der Raum, in dem die Flugberatung stattfindet. → Aeronautical Information Publications, → Aeronautical Information Service

Bristol: Kurzbez. des britischen Konzerns für Flugzeug- und Triebwerksbau The Bristol Aeroplane Co., Ltd. Zu den bekanntesten Werken zählen The → B. Aircraft Ltd. und The → B.-Siddeley Engines Ltd. in Großbritannien, The B. Aircraft Company of Canada (seit 1956, Montreal), The B. Aeroplane Co. in Australien, Neuseeland und USA sowie B. de Mexiko Sa. de CV (Mexiko Stadt). Vor Fusion 1960 Konzept für ein überschallschnelles Transatlantikverkehrsflugzeug Typ 198 mit 6 Triebwerken B. Siddeley Olympus; das Modell sah der späteren «Concorde» recht ähnlich. Seit 1960 Teil der → BAC, der B.-Anteil am Gesamtvolumen der BAC beträgt 20 %.

Bristol Aircraft Ltd.: britischer Flugzeugkonzern, Teil der Konzerngruppe → Bristol. Am 19. Febr. 1910 von dem Flugpionier *Georg White* als eine der er-

Bristol-Fighter aus der Zeit des ersten Weltkriegs

sten Flugzeugfabriken in der Welt gegr., damals als British and Colonial Aeroplane Company bezeichnet, 1919 in B. A. Ltd. umbenannt. Allein bis 1946 bauten die Werke rund 170 verschiedene, hauptsächlich militärische Flugzeugtypen. Das erste Flugzeug von B. war die B. «Boxkite» von 1910. Zu den bekanntesten Mustern des ersten Weltkriegs zählt das Jagdflugzeug F. 2B «Fighter» (4500 Stück). Allein 1918 bauten die Werke 2000 Maschinen verschiedener Typen. Bis 1939 wurden auf B.-Mustern zahlreiche internationale und Weltrekorde geflogen. Im zweiten Weltkrieg baute B. vor allem Kampfflugzeuge, darunter den Bomber «Blenheim» (5400 Stück) sowie die Kampfflugzeuge «Beaufort» (2200 Stück) und «Beaufighter» (5650 Stück). Insgesamt waren es von 1939 bis 1945 über 14000 Flugzeuge und 100000 Triebwerke. Bereits vor dem Krieg hatten andere Länder B.-Triebwerke in Lizenz gebaut, so den 1920 entwickelten «Jupiter»-Motor (16 Staaten). Zu den bekanntesten B.-Triebwerken zählen die KTW «Perseus» (1932) und «Hercules» (1935, 14-Zylinder-Doppelstern), die PTL «Theseus» (1947), «Proteus» (1949) und «Orion» (1955) sowie die TL «Olympus» (1952) und «Orpheus» (1955). Nach 1945 konzentrierte sich B. im Flugzeugbau auf Verkehrs- und Transportmaschinen sowie Hubschrauber. 1960 wurde die Firma dem Konzern → BAC angegliedert.

Bristol-Siddeley Engines Ltd., Abk. **BS:** britischer Konzern für die Produktion von Flugtriebwerken aller Art, Raketenantrieben, Gasturbinen sowie Präzisionserzeugnissen. Entstanden aus der 1955 in der Konzerngruppe → Bristol gebildeten Triebwerksabteilung Bristol Aero-Engines Ltd. (Zusammenarbeit mit → SNECMA, Frankreich; Curtiss-Wright (→ Curtiss), USA und → FIAT, Italien), die sich während des Konzentrationsprozesses in der britischen Luftfahrtindustrie 1958 mit der → Armstrong Siddeley Motors Ltd. und 1959 mit der → Hawker Siddeley Gruppe zur BS zusammenschloß. Ab. 1. Aug. 1962 gehören auch die Firmen der Havilland Engine und Blackburn Engine zum Konzern BS, der 1966 in die → Rolls Royce Ltd. eingegliedert wurde.

British Aerospace, Abk. **BAe:** britischer Luftfahrtkonzern, der im April 1977 durch den Zusammenschluß von → British Aircraft Corporation, Hawker Siddeley Aviation, Hawker Siddeley Dynamics und Scottish Aviation gebildet wurde. Sitz der Verwaltung ist London. Alle Firmen dieses Großkonzerns tragen ab 1977 hinter ihrem Namen die Bezeichnung: (A British Aerospace Company), alle Typen tragen die Bez. BAe, z. B. BAe HS-748 oder BAe (BAC-167) «Strikemaster».

British Aircraft Corporation Ltd., Abk. **BAC:** britischer Flugzeugkonzern, der zwischen 1959 und 1963 durch den Zusammenschluß (A British Aerospace Company) der Firmen Bristol Aircraft Ltd., Vickers-Armstrong (Aircraft) Ltd., English Electric Aviation Ltd. und Hunting Aircraft Ltd. entstanden ist, um ein Gegengewicht zur immer stärker werdenden USA-Konkurrenz zu schaffen. Unterteilt wurde der Konzern in die Commercial Aircraft Division (Verkehrsflugzeuge, 1977 in Produktion: BAC 111, Ersatzteile für → «Concorde»), Military

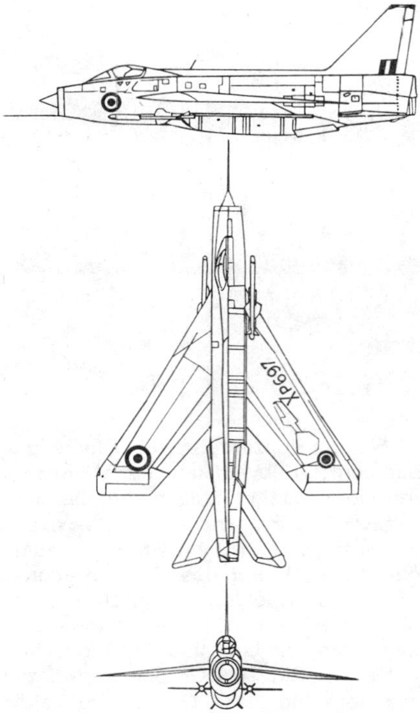

BAC «Lightning»

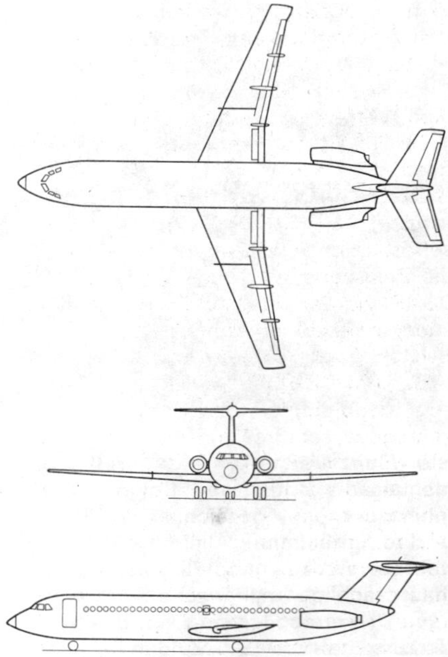

BAC «One Eleven»

Aircraft Division (Militärflugzeuge, 1977: BAC «Jet Provost» und «Strikemaster») sowie Guided Weapons Division (Flugzeugwaffen, → Drohnen). Zweigwerke bestehen in Skandinavien, Australien und in den USA. Eine Zusammenarbeit gibt es mit Bréguet beim Bau des «Jaguar», mit → MBB und → Aeritalia beim Bau des «Tornado» sowie mit dem Iran, wo nach britischen Lizenzen die Fla-Rakete «Rapier» gebaut wird.

British Air Ferries: britisches Luftverkehrsunternehmen mit Sitz in London, Tochterunternehmen der Air Holdings Group. Es entstand aus dem Zusammenschluß der Luftverkehrsgesellschaften Channel Air Bridge und der Silver City Airways und betreibt vorwiegend Autoluftfähren zwischen England, den britischen Inseln und Westeuropa.

British airways

British Airways, Abk. **BA:** britisches Luftverkehrsunternehmen mit Sitz in London, das durch die am 23. Jan. 1973 vollzogene Fusion der ehemaligen Luftverkehrsgesellschaften British Overseas Airways Corporation (BOAC) und British European Airways Corporation (BEA) entstand. Einbezogen wurden ebenfalls die Tochtergesellschaften der BEA sowie British Helicopter Ltd. und British Airways Associated Companie Ltd. Die ehemals selbständigen Luftverkehrsgesellschaften BOAC und BEA brachten in das neue staatliche Luftverkehrsunternehmen je 25000 Beschäftigte ein, die BOAC ein Streckennetz von 516000 und die BEA ein solches von 110000 km Länge (Inland, Europa, Mittlerer Osten, Afrika, Asien, Nord-, Mittel- und Südamerika sowie Australien). Vereinigt wurde folgender *Park von Verkehrsflugzeugen:*

12 Boeing 747	65 HSA «Trident»
29 Boeing 707	18 BAC 111
11 BAC VC-10	9 «Vanguard»
16 BAC Super VC-10	20 «Viscount».

Der Zusammenschluß verfolgte das Ziel, die Konkurrenzfähigkeit des britischen Luftverkehrs insbes. gegenüber den Luftverkehrsgesellschaften der USA und Westeuropas zu erhöhen und den Anteil Großbritanniens am Nordatlantik-Luftverkehr zu vergrößern. *Flugzeugpark:* 7 «Concorde», 44 Boeing 737-236, 40 Boeing 747, 30 Boeing 757-236, 40 BAC 1-11-400, 6 BAe-748, 17 «Tristar», 8 DC 10. Verkehrsdaten 1987: 23,3 Mill. beförderte Passagiere; 46,3 Mrd. Pkm im Linien- und 1,1 Mrd.

Pkm im Charterflugverkehr; 6,9 Mrd. tkm Gesamtleistung. Streckennetz von rd. 530 000 km. Hauptstrecken: Europa, Australien, Asien, Zentralasien, Ozeanien, Afrika; Inlandflugverkehr (etwa 4 Mill. Passagiere/Jahr). IATA-Mitglied.

British Civil Airworthiness Requirements, Abk. **BCAR:** britische Bauvorschriften für zivile Luftfahrzeuge, die für die Zulassung erfüllt sein müssen. Die BCAR werden in zahlreichen Ländern anerkannt bzw. übernommen.

British Eagle International Airlines Ltd., Abk. **BETAL:** eine der größten sog. unabhängigen britischen Luftverkehrsgesellschaften mit Sitz in London. Sie wurde 1948 unter dem Namen «Eagle Aviation» gegr. und erhielt nach mehrfachem Namenswechsel 1963 die jetzige Bezeichnung. Im gleichen Jahr übernahm die Firma die «Starway Ltd.» in Liverpool und benannte sie in «British Eagle» (Liverpool) um.

British Executive General Aviation Aircraft Ltd., Abk. **BEAGLE:** britischer Konzern für die Entwicklung und Produktion von Sport- und Reiseflugzeugen mit Sitz in Shorehamby-Sea, der bis 1971 bestand. Entstanden war die schließlich zu einem Staatsunternehmen umgewandelte Firma aus dem Zusammenschluß der Werke «Auster Aircraft Ltd.», «F. G. Miles Ltd.» und «Lancashire Aircraft Corporation Ltd.».

Britten-Norman Ltd.: britisches Flugzeugwerk in Bembridge (Isle of Wight). Haupterzeugnis ist das 2motorige Zubringerflugzeug für 10 Personen BN-2 «Islander», das außerdem in Rumänien in Lizenz hergestellt wird, daneben die 3motorige «Trislander». Wegen finanzieller Schwierigkeiten aufgelöst und am 23. Nov. 1971 aufgegangen in der Nachfolgefirma «Britten-Norman (Bembridge) Ltd.».

BRO: Typenbez. für Flugzeuge des sowjetischen Konstrukteurs **B. R. O**schkins.

Broadwick: 1. *Charles,* US-amerikanischer Luftschiffer, entwickelte einen am Luftschiff verpackten Fallschirm. Sein als «coat pack» oder Westen-Fallschirm bezeichnetes Gerät wurde mittels einer Aufzugsleine nach eingeleiteter Tornisteröffnung aus der Verpackung gezogen. Von 1906 bis 1913 produzierte er serienmäßig Fallschirme für Ballonsprünge. – **2.** *Georgia Thompson «Tiny»,* geb. 1893. Pflegetochter von Charles B. Im Alter von 15 Jahren startete sie 1908 ihren Ballonsprung über Raleigh/Nordkarolina. Bis 1922 absolvierte sie insgesamt 1 100 Sprünge. Sie war die erste Frau der Welt, die aus einem Flugzeug absprang (1913 über Los Angeles). 1914 führte sie ihren Fallschirm in San Diego der Armee vor. Beim vierten Demonstrationssprung blieb die Aufzugsleine am Leitwerk des Martin-Trainers hängen. Sie zerschnitt die Leine und leitete die Fallschirmöffnung manuell ein. Bei einem weiteren Sprung leitete sie die Öffnung sofort manuell ein.

Brown, *Sir Arthur Whitten:* britischer Navigator, geb. 1886 Glasgow, gest. 5. Okt. 1948 Swansea. Ingenieur, ab Jan. 1915 als Leutnant der Infanterie in Frankreich an der Front; 1916 Übertritt zu den Fliegerkräften, Ausbildung zum Beobachter; als solcher zur 2. Abteilung des Royal Flying Corps (RFC). Flog ab 1917 als Navigator (Dienstgrad Oberleutnant) auf BE-2c. Nach anderen Quel-

Britten-Norman «Islander»

len 1918 in deutscher Kriegsgefangenschaft. An dem ersten Nonstop-Transatlantikflug am 14./15. Juni 1919 (Neufundland–Irland, 3041 km in 15 h 57 min) mit dem Piloten → *Alcock* auf einer Vickers «Vimy» nahm er als Navigator teil.

Bruch: Zerstörung einer Konstruktion bei Überschreiten der Bruchlast, die für eine gegebene → Festigkeit und → Stabilität eines Fluggeräts ermittelt wurde. B. kann als Ursache oder als Folge von → Flugvorkommnissen auftreten. Um das zu verhindern, werden alle wesentlichen konstruktiven Elemente sowie das gesamte Flugwerk dem → Bruchversuch unterzogen.

Bruchlandung: → Flugvorkommnis, bei dem ein Luftfahrzeug im Prozeß der Landung bzw. Notlandung beschädigt oder zerstört wird.

Bruchlast: Last, bei der die inneren Widerstandskräfte des Materials nicht mehr ausreichen, um die → Beanspruchung des Querschnitts zu ertragen, das Bauteil also zu Bruch geht. Im Flugzeugbau ist es üblich, der B., bei der die Zerstörung der Zelle durch Bruch einzelner funktionsentscheidender Bauteile beginnt, das Bruchlastvielfache n_{yB} zuzuordnen. Die B. wird dann bestimmt aus $F_B = n_{yB} \cdot F_G$, worin F_G das Fluggewicht bedeutet. Das Bruchlastvielfache muß hineichend weit vom zulässigen → Lastvielfachen n_{yzul} entfernt sein. → sichere Lasten

Bruchversuch: an der Flugzeugzelle bzw. deren Baugruppen und -elementen durchgeführter Test, um die notwendige Festigkeit nachzuweisen und diese mit der rechnerisch ermittelten Festigkeit zu vergleichen. Der B. ist unerläßlich, da die Berechnungsverfahren nur mehr oder weniger gute Näherungen darstellen und darüber hinaus während des Betriebs schwer erfaßbare Einflüsse (z. B. örtliche Spannungskonzentrationen, während der Fertigung im Material entstandene Vorspannungen) zu berücksichtigen sind. Zum B. werden die einzelnen Flugzeugteile durch Auflegen bzw. Aufhängen von Gewichten oder durch hydraulisch betätigte Vorrichtungen statisch belastet, bis der Bruch eintritt. Die Untersuchung des Einflusses dynamischer → Belastung erfolgt im B. nach vorangegangener Dauerbelastung (→ Ermüdung, → Betriebsfestigkeit).

Bruchzelle: nur aus Tragflügel, Rumpf und Leitwerk bestehende, der laufenden Fertigungsserie entnommene Flugzeugzelle, die zum Festigkeitsnachweis (→ Bruchversuch) bis zum Bruch belastet und dann verschrottet wird.

Brüssel: Flughafen Brüssel, City-Code **BRU.** Bedeutendster internationaler Flughafen Belgiens 50°54′06″ n. Br., 04°29′12″ ö. L., Höhe 55 m, 12 km nordöstlich von B. gelegen. 3 Start- und Landebahnen mit 3638 m × 45 m, 3211 m × 45 m und 2984 m × 50 m. Jahresverkehrsaufkommen 1987: 6,2 Mill. Fluggäste. Moderne Funk- und Navigationsausrüstungen.

BS: Abk. für → **B**ristol-**S**iddeley Engines Ltd.

BTÄ: Abk. für → **B**lei**t**etra**ä**thyl.

Buchung (engl. Booking, Reservation): Platz- bzw. Laderaum-Reservierung für Fluggäste, Fracht- und Postsendungen. Als Buchungsvermerke werden im Fluggastverkehr international verwendet: OK – Platz ist verbindlich zugesagt; RQ – angeforderte Buchung ist noch nicht bestätigt oder die Plätze sind z. Z. ausverkauft; B. wurde in der → Warteliste vorgemerkt; Bestätigung erfolgt ggf. später; OPEN – Platz ist nicht angefordert oder eine Bestätigung wurde abgelehnt. SA – der Tarif oder die Bestimmungen verbieten es, den Platz im voraus zu reservieren. Die Abbestellung einer B. wird → Cancellation, Cancelling genannt (→ Platzannullierung). Im *Frachtverkehr* wird dem Frachtbrief nach erfolgter B. ein B.-Zettel mit Eintrag der Strecke und Flugnummer beigefügt. B. erfolgen weitgehend (teil-)automatisch nach bestimmten Buchungsverfahren. Die B. dient der wirtschaftlichen Ausnutzung des Platz-/Laderaumangebots und gehört zum Service der Luftverkehrsunternehmen. Nach erfolgter Buchungsbestätigung sind die Flugscheine in einer vom Luftverkehrsunternehmen festgelegten Frist zu kaufen. Nach Ablauf dieser Frist ohne Flugscheinkauf werden die entsprechenden Buchungen annulliert.

Buchungsstelle: Einrichtung von → Luftverkehrsunternehmen und Transportmittlern oder Agenturen der Luftverkehrsunternehmen, die Reservierungen von Plätzen oder Laderaum in Verkehrsflugzeugen (→ Buchung) sowie Abbestellungen/Annullierungen derselben (→ Cancellation) vornehmen. Die Ausstattung der B. erfolgt nach ihrer

Zweckbestimmung in Abhängigkeit vom angewandten Buchungsverfahren. B. sind vielfach mit Flugscheinverkaufsstellen gekoppelt oder vereinigt.

Bü: Typenbezeichnung für die Flugzeuge des deutschen Konstrukteurs → **Bü**cker.

Bücker, *Carl Clemens:* deutscher Flugzeugkonstrukteur, geb. 11. Febr. 1895 in Ehrenbreitenstein bei Koblenz, gest. 11. Febr. 1976. Nach der Dienstzeit in der Marineluftwaffe im ersten Weltkrieg arbeitete er nach dem Krieg für die schwedische Marine. 1923 gründete er in Stockholm die «SVENSKA AERO A.B.» und blieb Direktor dieses Unternehmens bis zum Zusammenschluß mit der Firma ASJA. 1932 kehrte er nach Deutschland zurück und gründete 1933 die Firma Bücker Flugzeugbau in Berlin-Johannisthal. 1935 errichtete er die Flugzeugwerke in Rangsdorf und brachte die Sportflugzeuge Bü 131 «Jungmann» (1934) und Bü 133 «Jungmeister» (1935) heraus, die bald in zahlreichen Ländern der Welt als Schul-. Sport- und Übungsflugzeuge geflogen wurden. Nach diesen Doppeldeckern folgten die Tiefdecker Bü 180 «Student» (1937, im April 1938 mit 171,39 km/h Rekord), Bü 181 «Bestmann» (1938/39) und Bü 182 «Kornett» (1940/41). Die «Bestmann» wurde nach dem zweiten Weltkrieg in Ägypten unter der Bezeichnung «Comhouria» 2 und in der ČSR unter der Bezeichnung Zlin Z-281 (mit Triebwerk Toma 4, Bez. als militärisches Schulflugzeug: C-206; C-106 bzw. Z-381 waren Bü 181 mit Walter «Minor» 4-III) weitergebaut, die Bü 131 «Jungmann» als C-104 (C-4 hießen die Maschinen mit Originaltriebwerk). B. übernahm nach 1956 die BRD-Vertretung der schwedischen Firma → SAAB.

Budapest: Flughafen Ferihegy (1 und 2), City-Code **BUD.** Internationaler Flughafen Ungarns. 47°26′18″ n. Br., 19°15′48″ ö. L., Höhe 151 m. Ferihegy 1 ist 16 km und Ferihegy 2 ist 23 km südlich vom Stadtzentrum gelegen. 2 Start- und Landebahnen mit 3707 m × 45 m und 3010 m × 60 m. Jahresverkehrsaufkommen 1988: 2,2 Mill. Fluggäste. Moderne Funk- und Navigationsausrüstungen.

Buffeting (engl. to buffet, stoßen): Schwingungen des Leitwerks, die durch Wirbel erzeugt werden, die an vor dem Leitwerk liegenden Flugzeugteilen, z. B. am Tragflügel, entstehen. Da es sich um erzwungene Schwingungen handelt, die im Unterschied zu den → Flatterschwingungen meist nicht angefacht, d. h. laufend verstärkt werden, führen sie i. allg. nicht zum sofortigen Bruch der Konstruktion, jedoch zu einer beträchlichen Dauerbelastung der Leitwerksteile. Deshalb müssen sie durch verschiedene Maßnahmen, z. B. günstige Lage des Höhenleitwerks gegenüber dem Tragflügel, vermieden werden.

C-104 mit tschechoslowakischem Motor Walter »Minor» 4-III im Luftfahrtmuseum Prag-Kbely

Boris Bugajew

Bug: Rumpfvorderteil von Flugzeugen.

Bugajew, *Boris Pawlowitsch:* Hauptmarschall der Flieger (1977), langjährig Minister für zivile Luftfahrt, Held der sozialistischen Arbeit (1966), geb. 29. Juli 1923 Mankowka, Gebiet Tscherkassow. Absolvierte die Hochschule für zivile Luftfahrt. Seit 1942 zahlreiche Funktionen in der zivilen und militärischen Luftfahrt der Sowjetunion. 1966 Erster Stellvertreter des Ministers für Luftfahrt, von 1970 bis 1987 Minister, 1973 Marschall der Flieger. Mitglied des ZK der KPdSU ab 1971, Abgeordneter des Obersten Sowjets, Verdienter Flugzeugführer der UdSSR, Staatspreisträger (1972), Leninpreis (1980). Unternahm mit Flugzeugen der → Aeroflot zahlreiche Erstflüge, so nach England, Indien, Indonesien, Afrika, USA, Burma und Kuba.

Bügelkante: → Trimmkarte

Bügeln: Form der Grundtrimmung durch Verbiegen von → Trimmkanten, → Trimmung

Bugluke: im Rumpfvorderteil von kleineren Flugzeugen (Jagd- und Sportflugzeugen) meist vor der Flugzeugführerkabine vorhandener Geräteraum, in dem Teile der Elektro-, Funk- und Funkmeß-, Waffen- und anderer Ausrüstung untergerbracht sind.

Bugrad: Teil des → Fahrwerks von Flugzeugen vorn unter dem Rumpf.

Bugradfahrwerk: Fahrwerk, bestehend aus dem Hauptfahrwerk mit gewöhnlich 2 links und rechts hinter dem Schwerpunkt liegenden Fahrwerkbeinen mit Rädern und dem Bugfahrwerkbein am Rumpf vor dem Schwerpunkt. Das Bugfahrwerkbein nimmt dabei ca. 10...15% der Standbelastung des Fahrwerks auf. Das B. ist der heute am weitesten verbreitete Fahrwerkstyp, da er wesentliche Vorteile gegenüber dem → Heckrad- und → Tandemfahrwerk hat. Diese sind vor allem 1) → Rollstabilität; 2) gute Sicht für den Flugzeugführer beim Rollen, Starten und Landen; 3) horizontale Lage des Laderaums. Zur Gewährleistung der Steuerbarkeit am Boden muß das Bugrad bei Steuerung durch unterschiedliche Bremsung der Räder des linken oder rechten Hauptfahrwerks seitwärts frei schwenkbar oder selbst steuerbar sein. → Bugradflattern, → Fahrwerk

Bugradflattern, *Shimmy:* Seitwärtsschwingen des Bugrads, das durch seinen Nachlauf und seine Beweglichkeit um die Hochachse bedingt ist. Die Schwingung kann durch eine beliebige, am Rad seitwärts angreifende Kraft hervorgerufen werden, z. B. beim Überrollen einer Unebenheit. Ihr Verlauf hängt von der Größe der dämpfenden und rückführenden Momente ab. Bei geringer Dämpfung und starker Rückführung kann sich die Schwingung bis zur Zerstörung des Fahrwerks verstärken (Resonanzerscheinung). Um diese Erscheinung zu verhindern, haben Bugradfahrwerke moderner Flugzeuge → Flatterdämpfer (Shimmy-Dämpfer).

Bukarest: City Code **BUH;** *Flughafen Otopeni,* City-Code **OTP**. Wichtigster internationaler Flughafen Rumäniens: 44°34′ n. Br., 26°06′ ö. L., Höhe 95 m. 16 km nördlich von Bukarst gelegen. Eine Start- und Landebahn mit 3500 m × 45 m. Moderne Funk- und Navigationsausrüstungen. *Flughafen Baneasa,* City-Code **BBU**. Wichtigster Flughafen des Inlandverkehrs in Rumänien 44°30′21″ n. Br., 26°06′24″ ö. L., Höhe 90 m, 9 km nördlich von Bukarest gelegen. Eine Start- und Landebahn mit 3200 m × 45 m.

BULAIR: staatliches bulgarisches Unternehmen für Charterflüge zur Mietung und Vermietung von Flugzeugen und zur Beteiligung an Unternehmen im In- und Ausland. Die Gründung erfolgte im Mai 1968, Sitz ist Sofia.

Bullauge, engl. *Bulleye:* rundes, hermetisch abschließendes Fenster im Rumpf von Flugzeugen. Mitunter sind auch Landescheinwerfer hinter B. angeordnet.

Bundesverband der Deutschen Luftfahrt-, Raumfahrt- und Ausrüstungsindustrie e. V., Abk. **BDLI:** Zusammenschluß der BRD-Werke für Zellenbau und Triebwerksbau, für Luftfahrtausrüstung und Geräte sowie für Werkstoffe, Antriebsstoffe und Zubehör. Sitz: Konstantinstr. 90, D-5300 Bonn 2 (Bad Godesberg).

Burma Airways Corporation, Abk. **BAC:** burmesische Luftverkehrsgesellschaft mit Sitz in Rangun; 1972 hervorgegangen aus der ehemaligen Gesellschaft Union of Burma Airways.

Buschflugzeug: einfacher und robuster Transporter mit Kurzstarteigenschaften für Personen, Post und Fracht in Gebieten ohne Bodenorganisation.

BV: Typenbez. für Flugzeuge des Konzerns → **B**lohm und **V**oß.

BWIA International (British West Indian Airways Ltd.), Abk. **BWIA:** Luftverkehrsgesellschaft mit Sitz in Maraval (Trinidad). Der *Flugzeugpark* besteht aus 6 Boeing 707. Die Gesellschaft befliegt Linien im karibischen Raum, nach den USA und Venezuela.

By-pass: engl. Bez. für Nebenstrom. Als B.-Verhältnis bezeichnet man das Verhältnis der Massen der im kalten und im aufgeheizten Gasstrom durchgesetzten Luftmenge bei ZTL. → Nebenstromverhältnis

By-pass-Triebwerk: Bauart von → Zweistromturbinenluftstrahltriebwerken.

Byrd, *Richard Evelyn:* US-amerikanischer Polarforscher, Ozeanflieger und Admiral, geb. 25. Okt. 1888 Winchester (Virginia), gest. 11. März 1957 Boston. B. trat 1912 in die Marineakademie von Annapolis ein und ging anschließend zur Seefliegerei. Am 9. Mai 1926 überflog er angeblich als erster den Nordpol mit einer 3motorigen Fokker F. VII B-3m. Der Überflug des Pols wurde u. a. von → Nobile angezweifelt. Pilot: *Floyd Bennett,* Navigator war B. selbst. Vom 29. Juni bis 1. Juli 1927 überquerte er den Nordatlantik mit der Fokker C-2 «America» – zusammen mit *Bert Acosta, Bernt Balchen* und *George Noville.* Am 29. Nov. 1929 überflog er erstmalig den Südpol von seinem Standlager «Little America» auf dem Ross-Schelfeis aus mit dem Piloten *Bernt Balchen.* Von diesem Lager aus führte er mehrere Forschungsexpeditionen durch (1928/30, 1933/35, 1939/41 und 1946/48). 1930 wurde er zum Konteradmiral ernannt. 1934/35 überwinterte er allein in der Antarktis. 1939 Chef des USA-Antarktis-Dienstes. Im zweiten Weltkrieg war er im Marinestab in Washingtom und im Pazifik; 1946/47 leitete er die Antarktis-Expedition «High Jump», 1955 die Expedition «Deep Freeze». Vor seinem Tod leitete B. noch die Vorbereitung der US-Antarktis-Expedition im Rahmen des Internationalen Geophysikalischen Jahres. Autor mehrerer Bücher.

C

C: 1. engl. Cargo, Fracht, Typenbez. der USA-Luftstreitkräfte für Transportflugzeuge (z. B. C-5A «Galaxy»). – **2.** Bez. für deutsche bewaffnete, 2sitzige Doppeldecker, später auch Eindecker 1915/18 (z. B. DFW C IV).

CAA: Abk. für → **C**ivil **A**eronautics **A**dministration.

CAAC: Abk. für → **C**ivil **A**viation **A**dministration of **C**hina.

CAAK: Abk. für → **C**ivil **A**viation **A**dministration of the People's Democratic Republic of **K**orea.

CAA-Langwellen-Funkfeuer: früher benutztes, dem → VOR verfahrensgleiches Funkfeuer, das aber im Unterschied zu diesem eine Trägerfrequenz im Langwellengebiet benutzte, um Navigationsmöglichkeiten bei größeren Entfernungen zu sichern. Die zum VOR analoge variable Phase wurde auf einer Frequenz von 194 kHz, die Bezugsphase auf 174 kHz übermittelt.

CAA-Verfahren: Abk. für **C**ivil-**A**eronautics-**A**dministration-Verfahren, Instrumenten-Anflugsystem der US-Zivilluftfahrtverwaltung. Vor seiner weltweiten Einführung benutzte Bez. für das → ILS-Verfahren.

CAB: Abk. für → **C**ivil **A**eronautics **B**oard.

Cabral, *Sacadura:* portugiesischer Pilot, der als erster den Südatlantik zusammen mit Admiral *Coutinho* in einem Wasserflugzeug Fairey F. III D überflog. Der Start erfolgte in Lissabon am 30. März 1922 nach Saint-Paul, wo das Flugzeug am 18. April zerstört wurde. Am 11. Mai übernahmen sie ein neues Wasserflugzeug Fairey F-3 in Fernando de Noronha, von wo sie nach Saint-Paul fliegen wollten. Wegen Triebwerksausfall mußten sie im Ozean landen, wobei der Apparat zerstört, die Besatzung aber durch ein britisches Schiff gerettet wurde. Am 5. Juni übernahmen sie ein drittes Flugzeug in Fernando de Noronha und gelangten am 17. Juni bis Rio de Janeiro. Seit dem 14. Nov. 1924 ist C. bei der Überführung eines Wasserflugzeugs von den Niederlanden nach Portugal verschollen. Vermutlich ist er über dem Ärmelkanal abgestürzt.

CACAS: Abk. für **C**ivil **A**viation **C**ouncil of the **A**rabique **S**tates. → Rat für Zivilluftfahrt der Arabischen Staaten

CAL: 1. Abk. für → **C**hina **A**irlines **L**td. – **2.** Abk. für → **C**yprus **A**irways **L**td.

Calibrated Air Speed (engl.), Abk. **CAS:** korrigierte angezeigte → Fluggeschwindigkeit. Anzeige des im Flugzeug eingebauten Anzeigegeräts, korrigiert um dessen eigenen Fehler, außerdem um den aerodynamischen Einbaufehler der Fahrtmeßanlage.

Call Passage: internat. Bez. für → Rufpassage.

CP Air
Canadian Pacific

Calvert-System: nach dem Erfinder benannte Landeanflug-Befeuerungsanlage. → Befeuerung

Camm, *Sir Sidney:* britischer Flugzeugkonstrukteur, geb. 1894, gest. 12. März 1966; schuf in den 20er Jahren für die Hawker-Werke (→ Hawker Siddeley) die Militär-Doppeldecker «Hart», «Fury», «Nimrod», «Audax», «Hector», «Osprey» und «Hotspur». Später entwarf er den Eindecker-Jagdeinsitzer «Hurricane», mit dessen Hilfe die Royal Air Force im zweiten Weltkrieg die sog. «Luftschlacht um England» zu ihren Gunsten entschied. Er konstruierte ferner den Jagdbomber «Typhoon» und das Jagdflugzeug «Fury», nach dem zweiten Weltkrieg die Strahljäger «Seahawk», P. 1081 und «Hunter», zuletzt das VTOL-Flugzeug P. 1127; 1953 wurde er geadelt. 1954/55 war er Präsident der Royal Aeronautical Society.

CAMS: Typenbez. für Flugboote, die in der Zeit zwischen dem ersten und zweiten Weltkrieg von der französischen Firma Sociéte des **C**hantiers **A**éro **M**aritimes de la **S**eine (CAMS) gebaut wurden (z. B. Aufklärungsflugboot CAMS 30 E, 1924; Jagdflugzeug CAMS 38, 1926; Patrouillenflugboot CAMS 55, 1930; Bombenflugzeuge CAMS 51 R-3, 1929 und CAMS 110, 1935). 1939 in die Gruppe SNCAN der staatlichen Flugzeugindustrie übernommen.

Canadair: Kurzbez. der kanadischen Flugzeugfirma Canadair Ltd., gegr. 1944 unter dem Namen Canadian Vickers Ltd. Produzierte in Lizenz US-amerikanische und britische Militärflugzeuge (z. B. ab 1949 F-86 als Sabre-6; 1954 Canadair CL-28 «Argus» als Weiterentwicklung der Bristol 175 «Britannia»), aber auch Eigenentwicklungen (z. B. 1960 Trainer Canadair CL-41 A «Tutor», 1966 Patrouillenflugzeug CL-125). 1976 der Regierung unterstellt.

Canadian Airlines International: *Sitz:* Calgary/Kanada. Das kanadische Unternehmen entstand im Jahre 1934, als die Eisenbahngesellschaft Canadian Pacific Railways zehn kleinere Luftverkehrsfirmen aufkaufte und daraus die Canadian Pacific Airlines bildete. Zunächst erfolgte der Aufbau eines umfangreichen Inlandstreckennetzes, und ab 1949 begann man mit den ersten Überseelinien. Gegenwärtig werden Fluglinien von insgesamt 160 000 km Länge unterhalten, die Nord- und Südamerika umfassen und nach Westeuropa, Japan, Hongkong, den Fidschi-Inseln und Australien führen. Seit 1968 firmierte die Gesellschaft unter dem Kurzzeichen CP AIR.

Länge des Streckennetzes (1987): 211 596 km. *Verkehrsdaten (1987):* 8,04 Mill. Passagiere; 13,29 Mrd. Pkm; 213,7 Mill. Fracht-tkm; 1,73 Mrd. tkm Gesamtleistung. *Sitzladefaktor:* 68,0 %, *Nutzladefaktor:* 62,4 %. *Anzahl der Beschäftigten (1987):* 33 000. *Flugzeugpark (1988):* 60 Boeing 737, 12 DC 10; gemietet sind 12 Boeing 737. IATA-Mitglied.

Canard: franz./engl. svw. Ente. → Entenflugzeug

Cancellation: → Cancelling

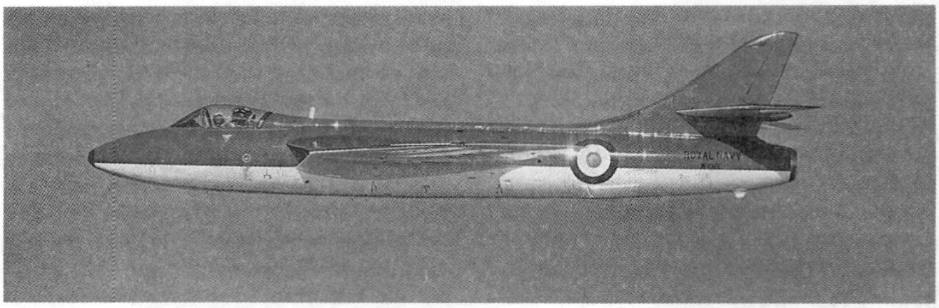

Eine Camm-Konstruktion – das Jagdflugzeug «Hunter», hier in der Version Mk.II

Serienproduktion der Canadair Challenger HS-125

Cancelling, *Cancellation* (engl.): Annullierung, Abbestellung eines gebuchten (→ Buchung) und als reserviert bestätigten, aber vom Fluggast oder Frachtversender nicht benötigten Platzes/Laderaums in einem Verkehrsflugzeug. C. muß bis zu einem festgelegten Zeitpunkt vor dem Start erfolgen. Bei Überschreitung der C.-Frist wird vom Besteller eine → No-show-Gebühr erhoben bzw. der Flugpreis wird nur unter Abzug dieser Gebühr erstattet.

CANT: Typenbez. für Flugzeuge, die zwischen beiden Weltkriegen von der italienischen Firma Cantieri Runiti del' Adriatico, 1923 entstanden aus der Teilung der Flugzeugwerke Centiere Monfalcone, gebaut wurden. Spezialisierung auf den Bau von Wasserflugzeugen (z. B. 1926 Verkehrsflugzeug CANT-22, 1927 Aufklärungsflugboot CANT 25 M, 1937 Bombenflugzeug CANT Z 508, 1940 Aufklärungsflugzeug CANT Z-1007 bis «Alcione»). Im Jahre 1947 ist das CANT-Werk von der Firma S. P. A. Construzioni Aeronautiche übernommen worden.

Caproni, *Gianni:* italienischer Flugzeugkonstrukteur, geb. 3. Juli 1886 Massone d'Arco bei Triest, gest. 27. Okt. 1957 Rom. 1908 Gründung der Firma Aero Caproni Trento. 1910 baute er seinen ersten Doppeldecker, der schon bei der Bodenerprobung zu Bruch ging. 1911 gründete C. mit dem Ingenieur *Agostini* die Firma «Caproni-Agostini». 1914 baute er erstmals in der Welt 3motorige Bombenflugzeuge CA-32, CA-33 und CA-40. Es folgten 1915 das Beobachtungsflugzeug CA-18, 1917 die Bombenflugzeuge CA-42, CA-46 und der 3motorige Dreidecker CA-11. In den folgenden Jahren baute die Firma vorwiegend Bombenflugzeuge (CA-112, CA-133 in den 30er Jahren, 1940 CA-311, ein 2motoriges Beobachtungsflugzeug, und das Bombenflugzeug CA-313). Im Aug. 1940 startete eines der ersten TL-Flugzeuge «Caproni-Campini N-1», bei dem der Verdichter durch einen Kolbenmotor angetrieben wurde. 1950 stellte die Firma ihre Tätigkeit ein. C. gründete die Firma «Aero Caproni Trento», die Schul-, Übungs- und Segelflugzeuge entwickelte.

Cargo: Fracht, Ladung, auch Verzeichnis der Ladung, internat. Bez. für → Luftfracht.

Cargolux Airlines International SA: internationale Luftfrachtgesellschaft mit Sitz in Luxemburg, gegr. 1970. Gesellschafter sind Swedish shipping company Salen, Loftleidir Icelandic Airlines und Luxair. Die «Cargolux» führt weltweit Fracht-Charterflüge aus.

Cargo Manifest: → Frachtliste

Cargo Terminal (engl.): → Luftfrachthof

CARIBAIR: Abk. für → **Carib**bean-Atlantic **Air**lines Inc.

Caribbean-Atlantic Airlines Inc., Abk. **CARIBAIR:** puertorican. Luftverkehrsgesellschaft; Sitz in Puerto Rico.

CARNOT-Prozeß: thermodynamischer Vergleichsprozeß der bei gegebenem Temperaturgefälle den größten Wirkungsgrad erreicht; praktisch nicht realisierbar. → Kreisprozesse

Carrier (engl.): internat. übliche Bez. für Luftverkehrsunternehmen, die Fluggäste, Gepäck, Post und Fracht gewerblich befördern.

CAS: Abk. für → **C**alibrated **A**ir **S**peed.

CASA: Abk. für **C**onstrucciones **A**eronauticas **S. A.**; spanischer Flugzeugkonzern, 7700 Beschäftigte in 6 Werken, einschließlich Triebwerksproduktion, Produktionsfläche: 197000 m², bis 1977 3500 Flugzeuge gebaut und 6000 überholt. – 1923 für die Produktion von Ganzmetallflugzeugen für die spanische Luftwaffe gegr., baute ab 1924 Flugzeuge nach ausländischen Lizenzen. 1926/36 Breguet XIX und Dornier Wal, außerdem Typen von Hawker, Avro sowie Gotha Go 145, Ju 52/3m (CASA 3522), He 111 (CASA 2111), → Bücker «Jungmann» sowie «Jungmeister» und Do 27. Konstruiert und baut seit 1946 vor allem Verkehrsflugzeuge. 1952 CASA C-201 «Alcotan» (erstes spanisches Verkehrsflugzeug), 1952 C-202 «Halcon», 1956 C-207 «Azor», ab 1964 C-212 «Aviocar», ab 1977 Strahltrainer C-101. Seit 1954 bestehen Kontakte mit der Luftwaffe Spaniens und der USA, um deren Flugzeuge und Hubschrauber (F-4, Bell 47 C, 204 und 205, Sikorsky H-19) zu überholen. Nach US-Lizenzen Bau von 70 F-5 A und F-5 B. Langjährige Zusammenarbeit mit → HFB. Beteiligt an → Airbus Industrie.

Cash On Delivery (engl.), Abk. **COD:** auch als *Collect on delivery* bezeichnet; svw. «Kasse bei Ablieferung». Frachtzahlungsklausel im Luftverkehr. Bei COD-Sendungen hat das letzte den Transport ausführende Luftverkehrsunternehmen bei der Auslieferung der Sendung an den Empfänger, von diesem den im Luftfrachtbrief bezeichneten, an den Absender zahlbaren Betrag zu erheben. Dieser Betrag setzt sich i. d. R. aus dem Rechnungsbetrag für den Inhalt der Sendung und dem aus dem Transport entstehenden Fachbetrag zusammen. Je nach Maßgabe der Bestimmungen der Luftverkehrsunternehmen wird COD völlig ausgeschlossen bzw. werden Sendungen (z. B. solche, deren Warenwert unter der Höhe der Transportkosten liegt) nur beschränkt zum COD-Versand zugelassen. Für Inkasso und Überweisung des COD-Betrags erheben die Luftverkehrsunternehmen eine Nachnahmegebühr.

Castoldi, *Mario:* italienischer Flugzeugkonstrukteur, geb. 26. Febr. 1888 Zivido San Giacomo (Provinz Mailand), gest. 31. Mai 1968. 1913 Abschluß des Studiums am Polytechnikum Mailand als Dr.-Ing.; 1914 Arbeit in der Technischen Direktion der Miltärluftfahrt (Turin); 1919 Direktor des militärischen Forschungszentrums auf dem Flughafen Rom-Montecebio, dann in der Luftfahrt-Versuchsanstalt. 1922 Technischer Direktor bei Aeronautica → Macchi, wo C. unter der Typenbezeichnung MC (Macchi/Castoldi) zahlreiche Flugzeuge konstruierte. Zu den bekanntesten gehören seine Rennflugzeuge für Schneiderpokale und Geschwindigkeitsrekorde (1925

CASA C-212 «Aviocar»

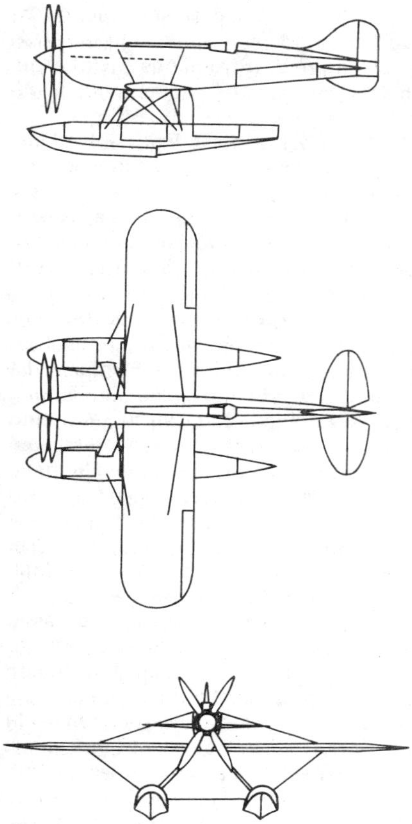

Castoldi MC-72

M 39 und 1933 MC 72, beide Schwimmerflugzeuge, die MC 72 erreichte 1933 682 km/h und 1934 709,209 km/h) sowie die Jagdflugzeuge C 200 (1938), C 202 «Folgore» (1940) und C 205 «Veltro» (1942).

CAT: Abk. für **C**lear-**A**ir **T**urbulence (wolkenfreie →Turbulenz). →Strahlstrom

Catering (engl. to cater for, für Lebensmittel sorgen): Ausstattung von Verkehrsflugzeugen mit Bordvorräten auf dem Flughafen. → Bordbuffet

Cateringfahrzeug: → Bordbuffet

CATIC: Abk. für →**C**hina National **A**ero-**T**echnology **I**mport & Export **C**orporation.

Caudron: Kurzbez. für die Flugzeugfabrik Société Anonyme des Avions Caudron. Ursprüngliche Eröffnung der Flugzeugfabrik durch die Brüder Gaston und René C. im Jahre 1910 in Romiotte (Seine), später mehrmals Standort- und Bezeichnungswechsel, während des ersten Weltkriegs als Aeroplanes C. in Issy-les-Moulineaux. Die Brüder C. zeigten 1910 zum Luftfahrtsalon Paris einen kleinen Doppeldecker, der damals als eine der ausgereiftesten Konstruktionen galt. Bei Kriegsausbruch bezeichnete man die Doppeldecker dieser Firma als die sichersten, einfachsten und billigsten Flugzeuge des Landes. Zu jener Zeit waren C.-Maschinen bereits international bekannt, so wurden sie von britischen Fliegerschulen verwendet, und die britische Marine beschaffte ebenfalls C.-Flugzeuge. René C. hatte 1913 aus seinem Doppeldecker Luftaufnahmen von Peking ausgeführt, worauf die chinesischen Streitkräfte 12 Maschinen als Bombenflugzeug benutzt

als Bombenflugzeug benutzt – Caudron G-IV

der Firma C. erwarben. Zu Beginn des Kriegs war die einmotorige Gitterrumpfmaschine G-3 von C. einer der ersten französischen Bomber. In der zweimotorigen Ausführung entstand die G-IV. Insgesamt 18 C.-Typen verließen bis 1918 die Werkhallen – Bordaufklärer, Schulmaschinen, Aufklärer, Bomber und Schlachtflugzeuge. Nach dem Kriege fertigte die Firma vor allem Sport-, Passagier- und Reiseflugzeuge, 1933 bis 1937 aber auch einige Bomber- und Jagdflugzeugtypen. 1936 Zusammenschluß mit der Firma Amiot und verstaatlicht.

Cayley, *Sir George:* britischer Ingenieur, einer der frühesten bekannten Luftfahrtpioniere, geb. 27. Dez. 1773 Scarborough, gest. 15. Dez. 1857 Brompton. C. wird in vielen Ländern als «Vater der Aeronautik» bezeichnet. – Nach Informationen über die Ballone der Brüder → Montgolfier begann er als 9jähriger, mit Papierballonen und Kerzen zu experimentieren. Beim späteren Bau von Gleitmodellen fand er heraus, daß die V-Form des Flügels Quer-, das Leitwerk hinter den Tragflügeln Längsstabilität erzeugen. Die von ihm zwischen 1809 und 1810 in «Nicholson's Journal» (britische technische Zeitschrift) veröffentlichten 3 Artikel «Über die Luftfahrt» sind oft nachgedruckt worden und hatten auf spätere Luftfahrtpioniere bedeutenden Einfluß. 1804 beendete er das Projekt eines Segelflugzeugs, das 1809 fertigkonstruiert war (tragende Fläche: 30 m^2), und mit dem er einige Flüge am Hang unternommen haben soll. 1816 erschienen Veröffentlichungen über dampfgetriebene Luftschiffe. 1843 entwarf er einen Hubschrauber mit umlaufenden Flügeln, die beim Vorwärtsflug in starre umgewandelt werden sollten. Es fehlte damals jedoch ein leichter Antrieb.

CC: **1.** Typenbez. der kanadischen Luftstreitkräfte für Transportflugzeuge (z. B. CC-106 «Yukon»). – **2.** Abk. für → **C**harges **C**ollect.

CCV: Abk. für → **C**ontrol **C**onfigured **V**ehicle.

CEA: Abk. für → **C**entre **E**st **A**éronautique.

CEAT: Abk. für **C**entre d'**E**ssais **A**éronautique de **T**oulouse.

Centre d'Essais Aéronautique de Toulouse, Abk. **CEAT:** Versuchszentrum für Luftfahrt in Toulouse (Frankreich) mit umfangreichen technisch-wissenschaftlichen Ausrüstungen. Das CEAT betreibt Strömungs- und allgemeine Werkstoff-Forschungen sowie Materialprüfung.

Centre d'Essais en Vol, Abk. **CEV:** Flugversuchszentrum Frankreichs mit Dienststellen an verschiedenen Plätzen. Erprobt Flugzeuge, Triebwerke, Ausrüstungen, Geräte, Waffen und Flugkörper und untersucht Probleme der Luftfahrtmedizin.

Centre d'Exploitation Postale, Abk. **CEP:** französische Nachtflugpost mit Hauptsitz auf dem Pariser Flughafen Le Bourget. Die CEP ist eine Einrichtung der Air France und wurde aufgrund eines Abkommens mit dem gesamten Luftposttransport betraut. Der Flugpostdienst wird nachts abgewickelt, es werden die Flughäfen von Paris, Clermont-Ferrand, Lyon, Montpellier, Toulouse, Marseille, Bordeaux, Poitiers, Pau, Mulhouse, Strasbourg, Rennes, Brest, Lille, Nizza und in Korsika Ajaccio und Bastia angeflogen. Die Flugpost befördert nur Briefe und Tageszeitungen. Die Kosten trägt die Post, die Abwicklung des Flugverkehrs übernimmt die Air France. In Frankreich wird die Nachtflugpost oft als «La Postale de Nuit» oder einfach «La Postale» bezeichnet.

Centre Est Aéronautique, Abk. **CEA:** französisches Unternehmen für den Bau von Schul-, Sport- und Reiseflugzeugen mit Sitz in Dijon, das bis 1971 bestand. Es war 1957 von den Konstrukteuren *Delemontez* und *Robin (DR)* gegr. worden. Das erste Flugzeug war die 3sitzige DR-100 mit 66-kW-Continental-Triebwerk. 1958 entstand die DR-105 «Ambassadeur» mit ca. 74 kW, 1959 die DR-1050 mit Störklappen. Es folgten die Viersitzer DR-250 «Capitain», die Schulflugzeuge DR-220 (2 + 2) und DR-331 «Dauphin». Anschließend wurden Flugzeuge mit Bugradfahrwerk gebaut: DR-253 «Régent» (132 kW), DR-315 «Petit Prince» (85 kW), DR-340 «Major» (103 kW) und DR-360 «Chevalier» (132 kW). 1969 umbenannt in → Avions Pierre Robin.

CENTRUL NATIONAL AERONAUTIC: rumänisches Außenhandelsunternehmen für die Luftfahrtindustrie (→ IAR) sowie für Leistungen auf dem Gebiet der Luftfahrt, Sitz Bukarest. Zum Angebot (1987) gehören: Mittelstrekkenverkehrsflugzeug ROMBAC 1-11 (Lizenz → BAe), Kleinverkehrsflugzeug BN-2 ISLANDER (Lizenz Pilatus Britten-Norman), Schul- und Übungsflugzeuge IAR-825, IAR-831, Landwirtschaftsflugzeug IAR-828, Hubschrauber IAR-316B (Alouette 3) und IAR-330 (Puma, beide Lizenz AEROSPATIALE), Segelflugzeuge und Motorsegler (Baureihe IS in Ganzmetall), Triebwerke für Luftfahrzeuge sowie Ersatzteile, Baugruppen und Ausrüstungen, Vermietung von Landwirtschaftsflugzeugen, technische Unterstützung im Errichten von Schulungszentren für Piloten, für technisches und Hilfspersonal. Know-how sowie Lizenzen und Zusammenarbeit im Luftfahrtbereich.

CEP: Abk. für → **C**entre d'**E**xploitation **P**ostale.

Československé Aerolinie, Abk. **ČSA, OK:** staatlicher tschechoslowakischer Luftverkehrsbetrieb, gegr. 1923, Sitz in Prag. Die ČSA nahm nach der Aeroflot als zweite Luftverkehrsgesellschaft der Welt den Linienverkehr mit TL-Verkehrsflugzeugen (Tu-104) auf. *Flugzeugpark (1988):* 2 IL 18, 4 IL 62, 6 IL 62-M, 13 Tu 134 A, 2 Tu 154 M, 6 Jak 40. *Verkehrsdaten 1987:* 1,02 Mill. Passagiere (Linien- und Charterflugverkehr); 2,1 Mrd. Pkm; 16,5 Mill. Frachttkm; 210 Mill. tkm Gesamtleistung. Streckennetz von etwa 108 000 km. Hauptstrecken in Europa und nach Afrika, dem Mittleren und Fernen Osten, Nordamerika, Kuba.

Cessna Aircraft Company: einer der größten Hersteller von Schul- und Reiseflugzeugen in den USA mit Sitz in Wichita (Kansas), gegr. 1911 durch den amerikanischen Luftfahrtpionier Clyde V. Cessna (1880–1954), als Gesellschaft eingetragen am 7. Dez. 1927 (C.A.C. Incorporated). Bis Jan. 1977 hatte der Konzern 133 872 Flugzeuge, darunter 13 477 militärische, ausgeliefert. 1976 lieferte C. 7 888 kommerzielle Flugzeuge aus. Zu den Tochterunternehmen gehören Aircraft Radio and Control Division (Boonton), McCauly Accessories Division (Dayton), Cessna Fluid Power Ltd. (Glenrothes), C. Finance Corporation and C. International Finance Corporation (Wichita), mit 49 % ist C. an Reims Aviation (Frankreich) beteiligt. Produziert wurden 1977 insgsamt 58 Modelle, von dem 1motorigen, 2sitzigen Hochdecker Cessna 150 bis zu dem 2motorigen Tiefdecker mit Druckkabine Cessna 421, dem TL-Reiseflugzeug «Citation III» und dem TL-Erdkampfflugzeug A-37. C. war am Rüstungsgeschäft beteiligt mit dem Strahltrainer T-37 und militärischen Versionen der Leichtflug-

Aus der umfangreichen Cessna-Typenpalette drei Beispiele: Cessna Skylane (Forts. S. 138)

Cessna Skymaster II

Cessna Golden Eagle III

zeuge als Verbindungs-, Aufklärungs-, Leit- und Erdkampfflugzeuge (z. B. O-2 A; bewaffnete Version der «Super Skymaster»; O-1 E: Aufklärer und Leitflugzeug aus L-19). Außerdem baute C. Bomben- und Raketenträger, Tragflügeltanks und Raketenbehälter für die F-4 «Phantom» II. Bis Mitte 1986 hatte C. über 176 000 Flugzeuge produziert. Mit der Übernahme der Firma durch → General Dynamics verlor das letzte große General-Aviation-Unternehmen der USA seine Selbständigkeit. Im Sept. 1987 wurde die Produktion von Kolbenmotorflugzeugen (Reihen C. 152 bis 172 und 210 bis 402) eingestellt. Erhalten bleibt die Fertigung der Strahl-Geschäftsflugzeuge Citation, Caravan und Conquest. Vorgesehen ist eine größere Beteiligung an militärischen Projekten, so bei der Modernisierung der Strahltrainer T-27. Ein großer Teil der C.-Angestellten wurde entlassen.

Cetanzahl: Maß für die Zündwilligkeit von Diesel- und Gasturbinenbrennstoffen.

CEV: Abk. für → **C**entre d'**E**ssais en **V**ol.

CF: Bez., der kanadischen Luftstreitkräfte für Jagdflugzeuge (**C**anadian **F**ighter, z. B. CF-100 «Canuk»).

CFR-Brennstoff-Prüfmotor, CFR-Motor (CFR Abk. für engl. **C**orporativ **F**uel **R**esearch Comittee). Motor zur Bestimmung der Klopffestigkeit von Otto-Brennstoffen. Bei der Prüfung wird bei genormten Betriebsbedingungen durch kontinuierliche Vergrößerung des Verdichtungsverhältnisses ($\varepsilon = 4...10$) der Verdichtungsgrad ermittelt, bei dem mit dem Prüfbrennstoff klopfende Verbrennung einsetzt. Die Oktanzahl als Maß für die Klopffestigkeit ergibt sich aus der Zusammensetzung jenes Eichbrennstoffs, der im Vergleichsversuch bei dem ermittelten Verdichtungsverhältnis die gleiche Klopfneigung hat. Otto-Brennstoffe für Flugmotoren werden nach besonderen Methoden geprüft. Ihre Oktanzahlen sind deshalb mit den Oktanzahlen für Vergaserkraftstoffe öffentlicher Tankstellen nicht vergleichbar. → Klopfen, → Oktanzahl

CG: Abk. für engl. **C**argo **G**lider; Typenbez. der USA für Lastensegler (z. B. Waco CG-4A im zweiten Weltkrieg).

ChAI: Abk. für **Ch**arkowskij **A**wiazionni **I**nstitut (Charkower Luftfahrt-Institut). Auch Typenbez. für Luftfahrzeuge, die von Angehörigen des Instituts entwikkelt worden sind, z. B. ChAI-24 als leichter Tragschrauber für die Landwirtschaft.

Challenge (franz.): Kurzbez. für das internationale Flugturnier «Challenge internationale des avions de tourisme». Erstmalig 1928 durch den französischen Aeroclub ausgerichtet, 1929/34 unter dem Patronat der → FAI. Die Flugstrecke verlief über mehrere Länder. Zum Programm gehörten auch spezielle fliegerische und technische Aufgaben (z. B. Schnelligkeit bei Demontage und Montage bestimmter Teile, Rollen durch ein Tor usw.). Seit 1935 wird dieses Turnier nicht mehr organisiert.

Chamberlin, *Clarence D.:* amerikanischer Pilot, geb. 1894, gest. 1977 Sheldon (Connecticut), stellte am 14. April 1927 mit seiner → Bellanca WB-2 «Miss Columbia» einen Dauerflug-Weltrekord auf. 4./5. Juni 1927 Überflug des Nordatlantiks mit Ziel Berlin in demselben Flugzeug. Als Passagier flog der Besitzer des Flugzeugs, *Charles Levine,* der einen planmäßigen Passagierverkehr Amerika–Europa anstrebte, mit. Mangels einer Mitteleuropa-Karte Orientierungsverlust über dem Ruhrgebiet, Landung bei Bischofrode, nahe Eisleben, am 6. Juni mit leerem Tank. Nach Treibstoffaufnahme erneuter Orientierungsverlust und Landung bei Klinge, nahe Cottbus. Weiterflug nach Berlin am 7. Juni. Mit einem Flug über 43 h (6283 km) war damit ein neuer Streckenweltrekord aufgestellt und → Lindberghs Rekord gebrochen.

Chance Vought: Bez. für Flugzeuge des US-Konzerns Lewis and Vought

USA-Lastensegler Prototyp XCG-10A

Chamberlin in seiner «Bellanca J»

Corporation, 1917 von dem Flugpionier und Schüler der Gebrüder *Wright, Chance Milton Vought,* und dessen Freund *Birdsey B. Lewis* als Werkstatt für die Konstruktion und den Bau von Flugzeugen gegr. Nach dem Ausbau spezialisierte sich die Firma (1920) als Chance Vought Corporation auf den Bau militärischer Wasserflugzeuge. Ab 1929 gehörte sie zum Rüstungskonzern United Aircraft Corporation (The Chance Vought Aircraft Division of the United Aircraft Corporation). 1939 im Zuge der fortschreitenden Konzentration Vereinigung mit Sikorsky Aircraft Division. Die Konstruktionen dieser Werke trugen die Bezeichnung Vought-Sikorsky. 1943 folgte eine Trennung, und die Firma übernahm die frühere Bezeichnung. Im zweiten Weltkrieg wurden ca. 13 000 C.-Flugzeuge gebaut. Seit 1954 nennt sich der selbständige Kon-

F4U-1D «Corsair»

zern Chance Vought Aircraft Incorporated. Zu den bekanntesten Flugzeugen von Chance Vought gehören: Aufklärungs- und Rettungsflugzeuge OS2U-1 «Kingfisher» (1939), Marinejäger F4U-1 «Corsair» (1940), F7U-1 «Cutlass» (1948) und F8U-1 «Crusader» (1955).

Chandelle (franz.): Kunstflugfigur Kerze, senkrechter Flug nach oben. → Kunstflug

Chanute, *Octave:* US-amerikanischer Eisenbahningenieur französischer Abstammung, Flugpionier und -theoretiker, geb. 18. Febr. 1832 Paris, gest. 24. Nov. 1910 Chicago. Erfuhr durch seinen Assitenten *A. M. Herring* von den Versuchen → *Lilienthals.* Baute 1894–1897 mehrere Gleitflugzeuge nach *Lilienthals* Vorbild, mit denen *Herring* Versuche unternahm. Machte die USA 1894 mit den Arbeiten europäischer Flugpioniere durch sein Buch «Progress in flying machines» (Fortschritte bei den Flugmaschinen) bekannt. Wurde Berater der Brüder *Wright.* Ergebnis seiner theoretischen Arbeiten war, daß er den leichtgewölbten Flügeln seines Doppeldeckers die Form eines länglichen Kastens gab.

Charakteristik von Luftfahrzeugen/Flugkörpern: Kriteriensammlung zu Unterscheidung und Vergleich von Flugkörpern; enthält den Verwendungszweck und die Staatszugehörigkeit, eine aerodynamische, technische und taktische Beschreibung sowie entspr. Daten (→ Daten des Flugzeugs). Die C. enthält die wichtigsten → Flugeigenschaften und → Flugleistungen. Zur Vereinfachung werden oft Klassifizierungen nach unterschiedlichen Merkmalen vorgenommen.

Charges Collect (engl., svw. Gebühren einziehen), Abk. **CC:** «Frei Abgangsflughafen»; Frachtzahlungsklausel im Luftverkehr für «unfrei». Der Absender trägt (nur) die bis zur Verladung der Frachtsendung in das Luftfahrzeug anfallenden Kosten. Die Transportkosten und andere ggf. unterwegs anfallende Kosten und Gebühren gehen zu Lasten des Empfängers. Nach einigen Ländern ist der Unfrei- (CC-) Versand nicht oder nur unter Beachtung besonderer Vorschriften möglich. Bestimmte Gutarten (z. B. lebende Tiere, Pressefotos, Drucksachen, Gegenstände, deren Wert geringer ist als die Frachtkosten) werden nur zum Versand auf CC-Basis angenommen, wenn der Absender schriftlich erklärt, alle entstehenden Kosten zu tragen, falls der Empfänger die Annahme der Frachtstücke verweigert oder die Güter am Bestimmungsflughafen nicht ausgeliefert werden können.

Charges Prepaid (engl., Gebühren vorausbezahlt), Abk. **CP:** Frachtzahlungsklausel im Luftverkehr – frei Bestimmungsflughafen. Der Absender übernimmt alle in ihrer Höhe im voraus bekannten Beträge bis zum Eintreffen der Sendung auf dem Bestimmungsflughafen (z. B. Transportentgelte, Zubringergebühren, Behandlungsgebühren auf Abgangs- und Transitflughäfen). Andere, vorher nicht bekannte Gebühren, die während des Transports oder Gebühren, die auf dem Bestimmungsflughafen anfallen (z. B. Abfertigungsgebühren, Lagergebühren), sind vom Empfänger des Gutes an das Luftverkehrsunternehmen zu entrichten.

Charliere: Parallelentwicklung zum Ballon der Brüder → *Montgolfier,* benannt nach ihrem Erbauer, dem französischen Physiker *Jacques Alexandre César Charles* (1746–1823). Er füllte erstmals einen mit Kautschuk abgedichteten Seidenballon (Inhalt: 60 m³, Durchmesser 4 m) mit Wasserstoff und nannte ihn «Globe». Dem unbemannten Aufstieg vom 27. Aug. 1783 folgte der

die erste Charliére (1783) wird mit Wasserstoff gefüllt

mit 2 Mann Besatzung am 1. Dez. 1783. Dieser Ballon hatte einen Inhalt von 380 m^3. Die C. hatte alle Baugruppen des → Ballons, wie sie noch heute üblich sind: Hülle mit Klappenventil (oben) sowie Füllansatz (unten), Netz und Korb.

Charter, Charterung: 1. *allg.* Inanspruchnahme von (Transport-) Leistungen bzw. Transportraum für eine bestimmte Zeit oder bestimmte Zwecke. Über die C. der Transportkapazität wird ein *Chartervertrag* abgeschlossen. – **2.** *Luftverkehr.* Der Terminus C. wird in zweifacher Hinsicht gebraucht. a) Mietung eines Flugzeugs durch ein Luftverkehrsunternehmen von einem anderen Luftverkehrsunternehmen bzw. Eigner/Betreiber von Luftfahrzeugen auf der Grundlage eines → Chartervertrags (auch Interchange-Vertrag genannt). Die C. geschieht als Zeitcharter für einen bestimmten Zeitabschnitt oder als Reisecharter für einen oder mehrere konkret benannte Flüge. Die Bez. als Naß- oder Trockencharter weist darauf hin, daß das Flugzeug mit allen Kosten einschließlich Besatzung und Treibstoff (naß) oder ohne solche Kosten (trokken) vertraglich gebunden wurde. Eine spezielle Art d. Chartervertrags sind die Mietverträge über Luftfahrzeuge (insbes. in Form von Leasingverträgen). Ihr Gegenstand besteht in der Gebrauchsüberlassung eines Luftfahrzeugs ohne Besatzung. b) Bez. für den Abschluß eines *Transportvertrags* im → Bedarfsluftverkehr; Vertragspartner ist i. d. R. ein Transportmittler (z. B. Reisebüro), der die Transportkapazität eines/mehrerer Verkehrsflugzeuge ganz oder teilweise für eine bestimmte Zeit und/oder einen bestimmten Zweck bindet. → Charterflugverkehr

Charterflugplan: → Verkehrsflugplan

Charterflugverkehr: nach Art. 5 des → Chicagoer Abkommens Bez. für den nichtplanmäßigen Flugverkehr (besser: Bedarfsflugverkehr oder Gelegenheitsverkehr). Für den Gelegenheits- (Bedarfs-) Luftverkehr gibt es zwei prinzipielle Arten der Passage-Charter: Aufgrund eines sog. Chartervertrags (eigtl. Beförderungsvertrags) wird von Luftverkehrsunternehmen a) einem Transportmittler (z. B. Reisebüro) für einen bestimmten Zeitraum und für (eine) bestimmte Strecke(n) [Zeitcharter, Programmcharter] die Transportkapazität eines ganzen Flugzeugs (Ganz- oder Vollcharter) verkauft. Die einzelnen Sitzplätze verkauft dieser weiter an seine Kunden. Teilen sich mehrere Charter in die Plätze eines Flugzeugs, so wird diese Form Split-Charter genannt; b) einer Gruppe von Flugreisenden aus Betrieben, gesellschaftlichen Organisationen usw. (Gruppencharter, Teilcharter) für einen oder mehrere konkret benannte Flüge (Reisecharter) Transportleistung verkauft. Als Teilcharter wird insbes. der Verkauf von Sitzplätzen in einem Linienverkehrsflugzeug an eine «Chartergruppe» bezeichnet. Wird die gesamte Sitzplatzzahl im Linienflugzeug an eine Chartergruppe verkauft, handelt es sich um Blockcharter.

Charterverkehr: → Charterflugverkehr

Chartervertrag: 1. Vertrag zwischen Luftverkehrsunternehmen (Eigner/Betreiber von Luftfahrzeugen), der die zeitweilige Überlassung von Luftfahrzeugen einschl. Besatzung (→ Charter) für Transportaufgaben des charternden Unternehmens und detaillierte Bestimmungen für deren Einsatz im → Charterflugverkehr sowie ihre Abgeltung umfaßt. – **2.** Bez. für den → Transportvertrag als Rechtsgrundlage der Beförderung von Personen (→ Beförderungsvertrag) und Gütern (→ Luftfrachtvertrag) im → Bedarfsluftverkehr.

Chavez, *Geo:* französischer Flieger, geb. 13. Juni 1887 Paris, gest. 28. Sept. 1910 Domodossola. Sohn peruanischer Eltern, lebte in Paris; große Popularität als Leichtathlet (400 m/1 500 m). C. erhielt am 13. Febr. 1910 das Pilotdiplom Nr. 32 des französischen Aeroclubs. Im Sept. 1910 stellte er mit 2 652 m einen Höhen-Weltrekord auf. Als erster überflog er am 23. Sept. 1910 mit einem Blériot-Eindecker die Alpen auf dem Flugweg Brig (Schweiz)–Simplon-Massiv–Domodossola in 42 min. Unmittelbar vor der Landung stürzte das Flugzeug aus 10 m Höhe ab. 5 Tage nach dem Unfall starb C. im Hospital. 10 Jahre später wurde in Brig ein Denkmal für C. errichtet.

Check (engl.), *Kontrolle:* Überprüfung, Kontrolle und Vorbereitung eines Luftfahrzeugs vor dem Rollen, dem Start, im Flug und vor der Landung. Die Besatzung arbeitet anhand der C.-Liste, einer Kontrollkarte, die für jede Flugphase

Checklist für das Flugzeug Tu-134 A vor Start und Landung:

Vor dem Anlassen

Blindverschlüsse	entfernt	2. Pilot
Bordakkumulator	geprüft/ein	Navigator
Energieversorgung (Elektrizität/Druckluft)	geprüft/ein	Navigator
alle Sicherungsautomaten, Bordverständigungsanlage	ein	Besatzung
Feuerlöschanlage	geprüft/ein	2. Pilot/linker Pilot
Brennstoffpumpe Nr. 2 (linkes Triebwerk)	ein	Navigator
Anlaßtafel Hilfsenergieanlage	vorbereitet	Navigator
Anlassen Hilfsenergieanlage		
Generator Hilfsenergieanlage	geprüft/ein	Navigator
Außenbordenergieversorgung	ab	linker Pilot/Navigator
Kabine	enthermetisiert	linker Pilot/rechter Pilot
Luftentnahme Hilfsenergieanlage	ein	rechter Pilot/Navigator
Tonaufzeichnungs- und Bordsprechanlage	ein	linker Pilot
Cockpittüren	geschlossen	Navigator
Leuchtfelder	ein	rechter Pilot
Flugauftrag/Pässe/Zulassung	an Bord	Besatzung
Sonderausrüstung	an Bord	2. Pilot
Sauerstoffversorgung	vorbereitet	Besatzung
Standbremse	unter Druck	linker Pilot
Bremsautomat	ein	linker Pilot
Trimmer	synchron/neutral	linker Pilot
Ruder	frei	linker Pilot
Höhenflosse	Startstellung	linker Pilot
Umformer, Anstellwinkelmeßanlage	ein	Navigator/linker Pilot
Funkhöhenmesser, künstlicher Horizont, Wendezeiger	ein	Navigator
UKW-Navigationsanlage, Navigationsrechner, elektrischer Höhenmesser	ein	Navigator
Schwingungsmeßanlage, Abgastemperaturmeß- und -begrenzungsanlage	ein	Navigator/linker Pilot
zentraler Horizontkreisel und Fernanzeige	abgestimmt	linker Pilot
Betriebsstoffe	vorhanden	2. Pilot
Brennstoffpumpen	ein	Navigator
Brandhähne	geöffnet	linker Pilot
Vereisungsanzeige-EIN-/Triebwerk-Enteisung	aus/ein	Navigator
Höhentrimmer/Gefühlssimulation	ein	linker Pilot
Gierdämpfer/Hydraulikverstärker	ein	linker Pilot
UKW-Funkanlage	ein	linker Pilot
Türen und Luken	geschlossen	linker Pilot
Beladung	geprüft	2. Pilot
Anlaßtafel	vorbereitet	linker Pilot
Anlaßfreigabe	erteilt	
Luftentnahme/Hilfsenergieanlage	geschlossen	rechter Pilot

Nach dem Anlassen

Generatoren	geprüft/ein	Navigator
Stromversorgung/Hilfsenergieanlage	aus	Navigator
Anlaßtafel	geschlossen	linker Pilot

alle Schalter obere Reihe der Elektrotafel (außer Akkuheizung)	ein	Navigator
Umformer	aus	linker Pilot
Brennstoffsystem	ein	Navigator
RADAR/DME/ARK/TRANSPONDER	ein	Navigator
Hilfsenergieanlage	aus	Kommandant/Navigator
Hydraulikpumpe	ein	Navigator
Druck in den Hydrauliksystemen	geprüft	rechter Pilot
autonomes Hydrauliksystem	ein	linker Pilot
Blitzleuchte/Positionsleuchten	ein	Navigator
Passagieranzahl	geprüft	Kommandant
Besatzung	angeschnallt	Besatzung
Rollfreigabe	erteilt	

Beim Rollen zur Vorstartlinie

Haupt- und Notbremsen	geprüft	linker Pilot
Druck in den Hydrauliksystemen	geprüft	rechter Pilot
Höhenmesser	geprüft	Besatzung
Radaranlage	in Ordnung	Navigator
Interzeptoren	eingefahren	linker Pilot
Kabine	hermetisiert	rechter Pilot
Rollfreigabe in Startposition	erteilt	

An der Startlinie

Landeklappe	Startstellung	rechter Pilot
Heizungen, Staurohr, Scheiben	ein	Besatzung
Rudermaschinen	geprüft	linker Pilot
Ruderfreiheit	geprüft	Besatzung
Horizonte (verstellen)	geprüft	Navigator
Kurssystem	geschlossen	Navigator
Luftklappen Hilfsenergieanlage	$v_1/v_R/v_{LOF}$	Navigator
Geschwindigkeit	erteilt	
Startfreigabe		

Vor der Landung

Leuchtfelder	ein	rechter Pilot
Kabinendruck	eingestellt	rechter Pilot
Blitzleuchte	ein	rechter Pilot
Interzeptoren	vorbereitet	linker Pilot
Fahrwerk	aus/verriegelt	Besatzung
Landeklappen	aus	Besatzung
Bremsanlagen	geprüft	Besatzung
QFE/QNH	eingestellt	Besatzung
Luftentnahme	geschlossen	Besatzung
Landeerlaubnis	erteilt	

verbindlich festgelegten Tätigkeiten ab.

Check-In (engl.): Abfertigung für den Abflug mit Registrierung der Fluggäste (Flugscheinkontrolle, Entnahme des Flugscheinabschnitts, Ausgabe der Bordkarte/Einsteigekarte) und Gepäckabfertigung (Wiegen und Deklarieren des Gepäcks, Ausgabe des Gepäckabschnitts an den Fluggast). → Abfertigung

Check-In-Time (engl.): → Einfindungszeit

Chicagoer Abkommen: → Luftrecht, → Freiheiten des Luftverkehrs

Chicago Helicopter Airways Inc.: Hubschrauber-Luftverkehrsgesellschaft, Sitz Chicago. Die C. nahm 1949 unter der Firmenbez. «Helicopter Air Services» den Hubschrauber-Postflugverkehr auf. Der jetzige Firmenname besteht seit Nov. 1956, als ein planmäßiger Fluggastverkehr zwischen den Chicagoer Flugplätzen eröffnet wurde. Die C. betreibt außerdem Liniendienst von der Stadt zu den Flughäfen und in die Gebiete der Umgebung.

China Airlines Ltd., Abk. **CAL:** entstanden durch Umbenennung aus Civil Air Transport, Sitz in Taipeh (Taiwan).

China National Aero-Technology Import & Export Corporation, Abk. **CATIC:** 1979 gegr. Handelsorganisation der Luftfahrtindustrie Chinas für den Import und den Export von Luftfahrzeugen sowie Zubehör, Partner für die internationale Zusammenarbeit auf diesem Gebiet. Zum Angebot (1987) gehören: Strahljagdflugzeuge F-7M AIRGARD (Version des MiG-21-Nachbaus), Jagdbomber A-5C (Version des MiG-19-Nachbaus), Bomber B-6C (Version des Tu-16-Nachbaus), Frachtflugzeug Y-8 (Version des An-12-Nachbaus), Passagierflugzeuge 7-100 (Version des An-24-Nachbaus) und Y-12, Schul- und Übungsflugzeuge, Ultraleichtflugzeuge, Luft-Luft-Raketen, Triebwerke, Werkzeugmaschinen für den Flugzeugbau, Ausrüstungsgruppen, Fallschirme und Heißluftballone. Sitz des Unternehmens ist Beijing (Peking). Angeschlossen sind dem Unternehmen die Werke in Guangzhou, Shenzen, Shanghai, Fuzhou, Gebiet Xiamen und Zhuhai. Repräsentationen des Unternehmens gibt es in London, Paris, Tokio, Kuweit, Abu Dhabi; CATIC-Agenturen befinden sich in Cerritos sowie Stamford/USA und in Hamburg/BRD.

Chireix-Blindlandesystem: französisches Instrumenten-Anflug-System der 30er Jahre. Zur Kursführung dienten 2 in ihrer Frequenz um eine geringe Differenz unterschiedliche Kurzwellensender. Sie waren mit 500 kHz moduliert, wobei die Modulationsspannungen 90° Phasenunterschied hatten. Im Bordempfänger wurden die Spannungen mit der Modulationsfrequenz an die Ablenkplatten einer Katodenstrahlröhre gelegt, auf deren Bildschirm infolge des Phasenunterschieds bei gleichen Sendeleistungen der Bodensender ein Kreis erschien, wenn sich das Flugzeug auf dem idealen Kursweg befand. Abweichungen vom Kursweg führten zur Deformierung des Kreises zu einer Ellipse. Zur Gleitwinkelführung dienten die Linien gleichbleibender Feldstärke, bei deren Einhaltung der Durchmesser des abgebildeten Kreises konstant blieb. Zur Entfernungsinformation benutzte man Einflugzeichen.

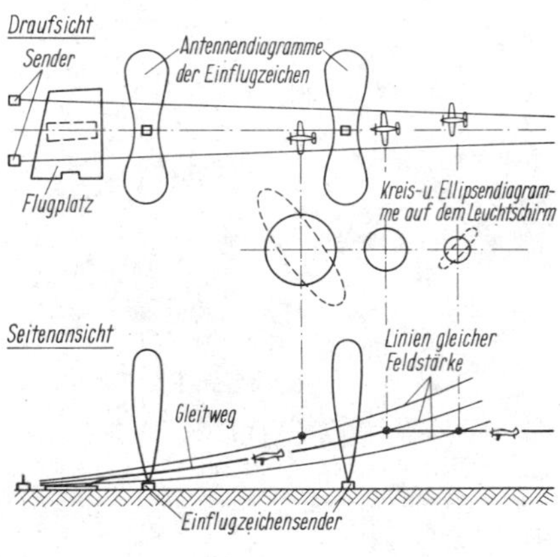

Prinzipskizze des Chireix-Blindlandesystems

C/H-ratio: → Nebenstromverhältnis
CIDNA: Abk. für → **C**ompagnie **I**nternationale de **N**avigation **A**érienne.
Cierva, *Juan de la:* spanischer Ingenieur, Pilot, Flugzeugkonstrukteur und Pionier des Rotorflugzeugs; geb. 21. Sept. 1895 Murcia, gest. (abgestürzt mit DC-2 der KLM) 9. Dez. 1936 London. Baute als Student Segelflugzeuge. Beendete 1913 das Polytechnikum in Madrid, baute danach sein erstes Flugzeug. Konstruierte 1919 ein großes Bombenflugzeug für 14 Besatzungsmitglieder. Um die Kurzstart- und -landeprobleme zu lösen, beschäftigte er sich als erster mit dem Bau von Tragschraubern, die er *Autogiro* nannte. 1919 Bau des ersten Tragschraubers Nr. 1 (noch nicht flugfähig) mit Le-Rhône-Motor (44 kW). 1923 erprobte C. in Madrid seinen Tragschrauber Nr. 4, der aus einem Avro-504-Rumpf und einer horizontalen, frei drehenden, 4blättrigen Schraube bestand; 1925 wurde das neue Modell Nr. 6 in Farnborough vorgeführt. 1926 gründete C. in Hanword/England die Firma The Cierva Autogyro Company Ltd. 1928 übersiedelte er nach Großbritannien. 1929 entstand der bekannte C.-Tragschrauber C.19 (Geschwindigkeitsbereich 45 ... 145 km/h). Es folgten die – teilweise nachgebauten oder exportierten – Muster C.30 (1934) und C.40 (1938). 1932 erhielt C. als Anerkennung die Große Goldmedaille der → FAI. Bis zum Kriegsausbruch setzte die Firma die Entwicklung von Tragschraubern fort. Nach 1945 spezialisierte sie sich als Cierva Weir auf den Bau von Hubschraubern (C. W.9, 1947, C. W.10 «Air Horse», 1948). 1951 wurde die Firma von Saunders-Roe übernommen.
Cilkosz, *Zbyslaw:* polnischer Flugzeugkonstrukteur, geb. 1902, gest. 1960. Nach dem Studium Praktikum in Frankreich, danach Arbeit im Konstruktionsbüro von → PWS. Konstruierte folgende Flugzeuge: Aufklärer PWS-1 (1926) und PWS-19 (1932), Verkehrsflugzeuge PWS-20 (1933) und PWS-54 (1933) sowie das Sportflugzeug PWS-51 (1935 – gemeinsam mit *Uszacki*). Ging von PWS zu den Werken → PZL Warschau. Konstruierte dort das Verkehrsflugzeug PZL-27 (1935) und entwarf das Bomberprojekt PZL-30 «Žubr» (1935). 1935/39 technischer Direktor des Flugzeugwerks → LWS in Lublin, wo er das Sanitätsflugzeug LWS-2 und das Aufklärungsflugzeug LWS-3 «Mewa» konstruierte. Emigrierte nach dem deutschen Überfall nach Westeuropa. Arbeitete nach dem Krieg in den USA, beteiligt an der Konstruktion mehrer Hubschrauber (Konstruktionsbüro *Piasecki* und → *Hiller*).
Circle Trip (engl. Rundreise): Abreise vom und Rückkehr zum selben Ort auf einer durchgehenden Rundstrecke oder aneinander anschließenden Teilstrekken, sofern diese Reise nicht als Return journey zählt. Eine Abart des C. ist der *Open Jaw Trip*, eine Reise mit verschiedenen Abgangs- und Ankunftsorten, die im wesentlichen den Charakter einer Kreisreise hat, deren Abgangsort auf der Hinreise und Ankunftsort auf der

Cierva C-30

Rückreise jedoch nicht identisch sind. Auch der Abgangsort auf der Rückreise und Ankunftsort auf der Hinreise können voneinander abweichen. Feststellungen zum Charakter der Reise sind insbesondere im Zusammenhang mit der Anwendung von Tarifermäßigungen und → Spezialtarifen erheblich.

Cirrocumulus: → Wolken

Cirrostratus: → Wolken

Cirrus: → Wolken

City-Code (engl.): für den zivilen Luftverkehr weltweit festgelegte Abkürzung für Flughafenstädte bzw. für Flughäfen.

City Terminal Service (engl.): internat. Bez. für den Zubringerverkehr; insbes. im Luftfrachttransport gebräuchlich.

Civil Aeronautics Administration, Abk. **CAA:** zivile Luftfahrtbehörde der USA, die zuständig für Planung und Bau von Flughäfen sowie den Betrieb von Navigationshilfen und Flugsicherungsanlagen ist und das fliegende Personal der zivilen Luftfahrt, die Flugzeuge, Flugplätze und Flugsicherungsanlagen kontrolliert.

Civil Aeronautics Board, Abk. **CAB:** oberste Behörde der zivilen Luftfahrt der USA, die für die Genehmigung von Luftverkehrslinien und Luftfahrttarifen sowie für die Untersuchung von Unfällen in der zivilen Luftfahrt zuständig war. Außerdem setzt sie die Vergütung für das Befördern der Luftpost und Subventionen für Luftfahrtgesellschaften fest. Das CAB wurde 1985 im Zusammenhang mit der »Politik des offenen Himmels« (→ Deregulierung) aufgelöst.

Civil Aviation Administration of China, Abk. **CAAC:** Verwaltung der zivilen Luftfahrt der Volksrepublik China und Aufsichtsbehörde des gesamten Luftverkehrs sowie des Wirtschaftsflugs, Sitz Peking. Am 2. 11. 1949 wurde die Hauptverwaltung der zivilen Luftfahrt der VR China (CAAC) gegr. Am 1. 8. 1950 begann auf 12 Strecken der Inlandluftverkehr. Im selben Jahr entstanden zwei Luftverkehrsunternehmen: die staatliche chinesische China Civil Aviation Corporation (CCAC) sowie die zu gleichen Teilen gemischte sowjetisch-chinesische Sovjetsko-Kitaysko Atsionernoje Obschestvo Grashdanskoi Aviazii (SKOGA). Letztere wurde 1954, nachdem China sowjetische Verkehrsflugzeuge in Lizenz baute, aufgelöst.

中国民航
CAAC

Die Aufgaben der CCAC wurden wieder von der CAAC wahrgenommen. Der internationale Luftverkehr begann Anfang der sechziger Jahre auf Linien nach Westasien und Ostafrika, wozu Il-62, «Viscount» und «Trident» beschafft wurden. Im Zusammenhang mit der «Politik der Öffnung» expandierte der Luftverkehr der VR China. Allein 1985 wurden für 1 Mrd. US-Dollar 58 Flugzeuge der Typen Boeing 767, Airbus A310 und Tu-154 gekauft. Zu den 150 Passagierflugzeugen gehören auch unterschiedlich viele Exemplare der Typen Boeing 737 und 747, MD-82 und BAe-146.

Aus eigener Produktion stehen seit 1986 Flugzeuge des Typs Yun-7-100 im Dienst der CAAC.

Im Jahr 1986 wurde mit der Reorganisation des Luftverkehrs Chinas begonnen, in deren Ergebnis China International Airlines (mit Sitz in Peking) sowie fünf weitgehend selbständige Luftverkehrsgesellschaften, die nach territorialen Gesichtspunkten gegliedert sind, entstehen werden: China Southern Airlines (mit Sitz in Quanghau), China Southwest Airlines (mit Sitz in Chengdu), China Southeast Airlines (mit Sitz in Shanghai), China Northern Airlines (mit Sitz in Shenjang) und China Northwest Airlines (mit Sitz in Xian).

Im Jahr 1985 beförderte die CAAC rd. 10 Mill. Passagiere und leistete dabei etwa 10 Mrd. Pkm. In China sind mit Stand von 1986 insgesamt 90 Flughäfen vorhanden, von denen 30 von Großraumflugzeugen angeflogen werden können. Seitdem sind 80 Inlandflughäfen und 22 Flughäfen anderer Staaten in das ausgedehnte Flugliniennetz einbezogen.

Civil Aviation Administration of the People's Democratic Republic of Korea, Abk. **CAAK:** Verwaltung der zivilen Luftfahrt der Koreanischen Demokratischen Volksrepublik und Trägerin des gesamten Luftverkehrs mit Sitz in Pjöngjang. Der *Flugzeugpark* bestand (1987) aus 4 IL 62M, 4 Tu 154, 2 Tu 134, 4 IL 18, 8 An 24 sowie 5 IL 14. Streckennetz von etwa 15000 km.

조선민항
CAAK

CỤC HÀNG KHÔNG DÂN DỤNG VIỆT-NAM
CAAV

Civil Aviation Administration of Vietnam, Abk. **CAAV:** Verwaltung der zivilen Luftfahrt der Sozialistischen Republik Vietnam. Sitz in Hanoi. Luftverkehrsgesellschaft der SRV ist → Hàng Không Viêt Nam.

CL: Bez. für deutsche leichte Aufklärungsflugzeuge im ersten Weltkrieg (C-Aufklärer), z. B. CL I, II und III von BFW (1917/18) sowie für Schlachtflugzeuge, z. B. CL II und CL III a von Halberstadt (1917/18).

CLAA: Abk. für → **C**ouncil of **L**atin **A**merican **A**irlines.

Clear-Air Turbulence: → Strahlstrom

Clipper: nach den Schnellseglern des 19. Jh. benannte Flugzeuge der USA-Luftverkehrsgesellschaft «Pan American World Airways Inc.», z. B. → Martin 130 «China C.» (1934) und → Boeing 314 «Yankee C.» (1938). Warenzeichenrechtlich geschützt.

Clostermann, *Pierre:* französischer Jagdflieger des zweiten Weltkriegs. Geb. 28. Febr. 1921 Curitiba (Brasilien); Leutnant der französischen Luftstreitkräfte, Oberstleutnant der britischen Royal Air Force; Absolvent des Royal Airforce College in Cranwell/Großbritannien. Danach Ausbildung auf dem Jagdflugzeug «Spitfire»; als Sergeant

Beobachter einer Halberstadt CL IV übernimmt geballte Ladungen

S-40 – erster Clipper der Fluggesellschaft Pan American

ab 1942 Jagdflieger in der 341. britischen Jagdfliegergruppe «Alsace», die aus «freien Franzosen» (Anhänger *de Gaulles*) bestand. Erster Luftkampf 1943, wurde Staffel-, Gruppen- und 1945 Geschwaderkommandeur; insgesamt 33 Luftsiege in 432 Gefechtsflügen und etwa 2000 Flugstdn. in 3 Kriegsjahren. Schied 1945 nach 2 schweren Flugzeugunfällen aus der Fliegerei aus. Autor mehrerer Bücher, z. B. «Flames in the Sky» (1946), C. war Direktor der Flugzeugfirma Reims Aviation sowie des Aufsichtsrats von → Cessna Aircraft. Er befand sich etwa 7000 Stdn. als Flugzeugführer in der Luft. Mit hohen Auszeichnungen geehrt.

Coach Service (engl.): internat. Bez. für Zubringerverkehr (→ Bodenbeförderung).

Coanda-Effekt: ablenkende Einwirkung auf eine Strömung durch Eintauchen eines festen Körpers in ihr Randgebiet. Der C. wird bei Turbinentriebwerken ausgenutzt, indem man im Randgebiet des Gasstrahls als Störkörper eine kleine bewegliche Klappe *(Coanda-Klappe)* anbringt, die eine Richtungsänderung des Gasstrahls hervorruft. Angewendet bei der Boeing YC-14 und Antonow An-72/An-74.

Cochran, *Jacqueline:* amerikanische Fliegerin französischer Abstammung, geb. 1909 in Pensocola (Florida). 1932 Abschluß der Fliegerschule von Roosevelt Field und Pilotendiplom. 1934 Teilnahme (einzige Frau) am Luftrennen London–Melbourne; erster weiblicher Teilnehmer im Bendix-Wettbewerb. 1937 erster internat. Rekord mit 470 km/h auf Republic Seversky «Racer». 1938 Gewinn der Bendix-Trophäe. Während des zweiten Weltkriegs 6maliger Überflug des Atlantiks (USA–England) mit schweren Bombern. Als Ausbildungschef der USA-Pilotinnen flog sie Jagd-, Bomben- und Transportflugzeuge. Nach 1945 Versuchspilotin in verschiedenen Werken. Rekorde: 1947 mit → North American «Mustang» 755 km/h, 1953 mit North American F-86 «Sabre» als erste *Pilotin* schneller als der Schall, 1960 mit A3J «Vigilante» Nutzmasserekord. Mit → Lockheed TF-104D am 12. April 1963 über die 15/25-km-Meßstrecke 2048,875 km/h und am 1. Mai 1963 auf geschlossener 100-km-Strecke 1937,15 km/h. 1958/1960 Präsidentin der FAI. Autorin mehrerer Bücher über ihre Karriere als Flugzeugführerin. Besitzerin einer großen Kosmetikfirma.

Cockpit, *Kockpit:* Führerraum eines Flugzeugs.

Cod: Abk. für → **C**ash **O**n **D**elivery.

COIN: Abk. für **Co**unter **In**surgency (Aufstandsbekämpfung). USA-Bez. für «Busch-Kriegsflugzeuge» zum Kampf in wenig erschlossenen Gebieten, bei denen der Gegner keine Luftstreitkräfte besitzt. Es handelt sich um Mehrzweckflugzeuge gegen Bodenziele (meist Truppen), zur visuellen und fotografischen Aufklärung, zur Artilleriebeobachtung, zum Hubschrauber-Geleitschutz, zum Absetzen von Fallschirmjägern und zum Nachschubtransport in die Kampfzone. COIN-Flugzeuge sollen nach Möglichkeit von Behelfsflugplätzen und Straßenabschnitten aus sowie von Hubschrauber-Trägerschiffen ohne Katapult und Fangvorrichtung operieren können, also → STOL-Eignung besitzen.

Coleopter: von → Zborowski entwickeltes → Ringflügelflugzeug, das senkrecht starten und landen konnte.

Collect On Delivery: → Cash On Delivery

Collision Avoidance System: → Kollosions-Warnsystem

Comet: erstes britisches TL-Verkehrsflugzeug. → De Havilland

Commandément Aérien Stratégique, Abk. **CAS:** strategisches Kommando der französischen Luftstreitkräfte, ausgerüstet mit Überschallbombenflugzeugen «Mirage IV», die Kernwaffen tragen und zur Erweiterung des Aktionsradius durch Tankflugzeuge des gleichen Typs oder vom Typ Boeing KC-135F in der Luft aufgetankt werden können. Das CAS ist ein Hauptbestandteil der sog. «Force de frappe» (Abschreckungsstreitmacht) und besteht aus den Bombengeschwadern 91 und 94 (mit je 18 Mirage IV) sowie dem Lufttankergeschwader 93 mit 11 KC-135F.

Common-check-in (engl.): Art der Abfertigung der abfliegenden Fluggäste und ihres Gepäcks. Der Fluggast kann sich unabhängig von der Fluglinie an jedem abfertigungsbereiten (geöffneten) Abfertigungsschalter für den Abflug abfertigen lassen. Das C. ist typisch für die → zentrale Abfertigung.

Compagnie des Grands Express Aériens: 1919 gegr. französische Luftverkehrsgesellschaft, die Pionierleistungen auf den Strecken Paris–London und Paris–Brüssel vollbrachte. Sie ging 1923 in die → Air Union ein.

Compagnie des Messageries Aériennes: 1919 gegr. französische Luftverkehrsgesellschaft, die Linien Paris–London und Paris–Brüssel betrieb und 1923 in der → Air Union aufging.

Compagnie Franco-Roumaine de Navigation Aérienne: 1920 gegr. französische Luftverkehrsgesellschaft für den Betrieb von Strecken nach Mittel- und Osteuropa. 1920 Paris–Straßburg–Prag; 1922 Prag–Breslau–Warschau; 1922 Prag–Wien–Budapest mit Verlängerung nach Belgrad–Bukarest–Konstantinopel. Die Gesellschaft wurde am 1. Jan. 1923 umbenannt in → Compagnie Internationale de Navigation Aérienne.

Compagnie Générale Aéropostale: französische Luftverkehrsgesellschaft, 1927 aus der Compagnie Générale d'Enterprises Aéronautiques (gegr. 1921) hervorgegangen. 1927 wurde im Südatlantik ein Postdienst von Natal nach Buenos Aires betrieben. Am 12. Mai 1930 gelang mit einer «Latécoère 28» (Pilot *Jean Mermoz*) die Überquerung des Südatlantiks von Dakar nach Natal. 1933 ging die Gesellschaft in der → Air France auf.

Compagnie Internationale de Navigation Aérienne, Abk. **CIDNA:** am 1. Jan. 1923 gegr. französisches Luftverkehrsunternehmen, das aus der → Compagnie Franco-Roumaine de Navigation Aérienne entstand und 1933 mit anderen Unternehmen zusammen die → Air France bildete.

Compañia Panameña de Aviation S.A., Abk. **COPA:** panamaisches Luftverkehrsunternehmen mit Sitz in Panama City/Panama. COPA wurde 1944 mit Hilfe der Pan Am gegründet, der Flugbetrieb 1947 aufgenommen. Der *Flugzeugpark* besteht (1985) aus einer «Elektra» und einer Boeing 737-100, mit denen 155 000 Passagiere und etwa 1 000 t Luftfracht befördert wurden. Das Flugstreckennetz verbindet Panama City mit San José (Costa Rica), Managua (Nikaragua) San Salvador (El Salvador), Guatemala City (Guatemala) sowie Kingston (Jamaica).

Compoundmotor: → Verbundmotor

Concorde: von Frankreich (→ SNIAS) und Großbritannien (→ BAC) gemeinsam auf Grundlage eines Regierungsabkommens (29. Nov. 1962) entwickeltes, in Toulouse und Filton zusammengebautes und eingeflogenes Überschallpassagierflugzeug dieses Namens (= Eintracht). Erstflug des Prototyps: 2. März 1969, der ersten Serienmaschine: 6. Dez. 1973. Aufnahme des Liniendienstes durch beide Länder 1976. Der Serienbau wurde nach 16 Flugzeugen eingestellt, da trotz ursprünglicher Euphorie keine Aufträge vorlagen.

Condor Flugdienst GmbH: Gesellschaft für Charter-Luftverkehr mit Sitz in Frankfurt/Main; 1955 als *«Deutsche Flugdienst GmbH (DFG)»* gegr., 1960 von der → «Deutschen Lufthansa AG» übernommen. 1961 in die *«Condor Luftreederei»* eingegliedert. 1961 wurde der heutige Name eingeführt. Am 2. Jan. 1969 wurde die Südflug-International G.m.b.H. eingegliedert.

«Concorde» im Fluge

Consolan: früher in der Luftfahrt benutztes Funknavigationsverfahren, das die Tastung und Leitstrahldrehung des → Consolverfahrens benutzte, aber das Richtdiagramm mittels einer 2-Mast-Antennenanlage herstellte. Die Arbeitsfrequenz betrug ca. 190 kHz. 1958 und 1960 wurden Anlagen in Nantucket und San Francisco in Betrieb genommen.

Consolidated-Vultee: 1923 gegr. US-amerikanisches Flugzeugwerk (Zusammenschluß der Dayton Wright Company und Gallaudet Aircraft Corporation). 20 Jahre später vereinigte sich Consolidated mit Vultee Aircraft Incorporated zur Consolidated Vultee Aircraft Corporation (Abkürzung → Convair). 1954 wurden die Werke im Verlauf der zunehmenden Konzentration Teil des Konzerns → General Dynamics. Zu den bekanntesten Convair-Mustern gehörten: die Schulflugzeuge TW-3 (1923, Doppeldecker) und C. «Courier» (1928), die Flugboote C. «Commodore» (1929), C. P24-1 (1933), C. 28 «Catalina» (PBY, 1935), die Bomber Consolidated B-24 «Liberator» (1939), Convair B-36 (1947) und Convair B-58 «Hustler» (1957/58), das Jagdflugzeug F-102 «Delta Dagger» sowie die Verkehrsflugzeuge Convair 340 (1952) und 440 (1956).

Consolverfahren: früher in der Luftfahrt, gegenwärtig noch in der Seefahrt benutztes Langstrecken-Funknavigationsverfahren, bei dem eine Richtsendeanlage mittels drehbarer Leitstrahlen, die sich durch Punkt- und Strichzeichen voneinander unterscheiden, die → Standlinie (eine Gerade) übermittelt.

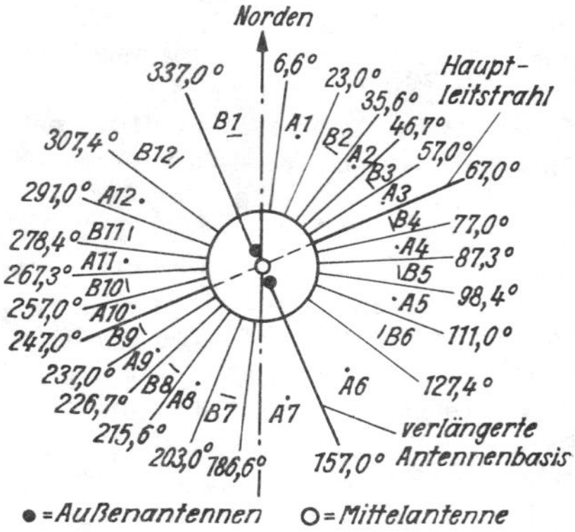

Leitstrahlfächer eines Consol-Funkfeuers

Container (engl.): als Transporthilfsmittel für die Gepäck- und Frachtbeförderung entwickelte große Spezialbehälter. Abmessungen sowie Formen und Bauweisen sind im internat. Luftverkehr standardisiert. C. ermöglichen das Zusammenfassen von einzelnen Gepäck-, Fracht- und Poststücken zu Ladeeinheiten, die mittels → Bodengeräten bewegt werden. C. ermöglichen eine optimale Ausnutzung der Laderäume der Luftfahrzeuge und tragen zur Verkür-

Consolidated B-24 «Liberator»

zung der Zeit für die Be- und Entladung der Luftfahrzeuge und damit der → Abfertigungszeit bei. → Palette.

Continental Airlines, Abk. **CAL:** eine der größten USA-Luftverkehrsgesellschaften mit Sitz in Los-Angeles. 1934 gegr. als «Varney Spead Line». 1937 umbenannt in Continental Airlines. *Flugzeugpark* (1989): u. a. 94 Boeing 727, 84 Boeing 737, 9 DC-10-10, 6 DC-10-30, 15 DC-10, 38 DC-9, 66 MD-80. Verkehrsdaten 1985: etwa 36 Mill. beförderte Passagiere (62,4 Mrd. Pkm; 200 000 t Fracht, 504 Mill. tkm Gesamtleistung). Streckennetz von etwa 250 000 km. Überwiegend kontinentaler Inlandflugverkehr.

CONTINENTAL AIRLINES

Continental Motors Corporation: amerikanische Firma, die als einer der größten Automobilmotorenhersteller 1928 das erste Flugtriebwerk herausbrachte. Zuerst wurden luftgekühlte Motoren von 29...59 kW gebaut. 1923 wurden luftgekühlte Flugtriebwerke von 7...320 kW hergestellt. Seit 1960 baut die britische Firma Rolls-Royce C.-Triebwerke in Lizenz. 1969 wurden die Werke aufgekauft von Teledyne Inc., und seit dieser Zeit heißt die Firma Teledyne Continental Motors. Die Spezialität der Firma sind vor allem leichte 4...6-Zylinder-Motoren für Reise-, Sport- und Geschäftsflugzeuge.

Control Configured Vehicle (engl.), Abk. **CCV:** svw. Flugzeug mit gesteuerter Formgebung; Synonym für → aktive Steuerungstechnologie; unter dieser Bezeichnung wurden unkonventionelle Mittel und Möglichkeiten zur Steuerung von Flugzeugen entworfen und erprobt, so z. B. das kontinuierliche Anpassen eines Flügelprofils an die jeweiligen Erfordernisse des Fluges durch Veränderung seiner Wölbung über eine Vielzahl von Gelenken. Der Anwendung solcher neuen Möglichkeiten steht gegenwärtig noch der hohe technische Aufwand entgegen.

Controlled Visual Flight Rules (engl.), Abk. **CVFR:** Regeln für kontrollierte Sichtflüge. Bei diesen Flügen nach → Sichtflugregeln, die unter Kontrolle einer Flugsicherungsstelle erfolgen, wird durch Vorschreiben des Flugwegs, der Flughöhe und von Zeitbegrenzungen mittels Flugsicherungsfreigaben eine Einstaffelung gegenüber anderen Flügen in einem festgelegten Umfang gewährleistet.

Convair: Flugzeugwerke der USA, Teil der → General Dynamics Corporation. Vollständige Bez. → Consolidated Vultee.

Convertiplan (lat.), *Convertaplan, Konvertiplan, Wandelflugzeug:* Flugzeug, bei dem die Stellung des Trag- oder des Triebwerks oder beider verändert werden kann, so daß es die guten Horizontalflugeigenschaften des Starrflüglers mit den guten Start- und Landeeigenschaften des Drehflüglers in sich vereinigt. Bei einigen Typen sind die starren Tragflügel mit den auf ihnen angebrachten Triebwerken und Rotoren um die Querachse des Flugzeugs drehbar (Kippflügler). Sie werden bei Start und Landung so gedreht, daß die Rotorachsen fast senkrecht zur Erdoberfläche stehen und zum Horizontalflug dann in die Waagerechte geschwenkt werden. Bei anderen Typen des C. sind nur die Triebwerke und Rotoren schwenkbar (Schwenkrotorflugzeuge), und schließlich gibt es auch solche mit Luftschrau-

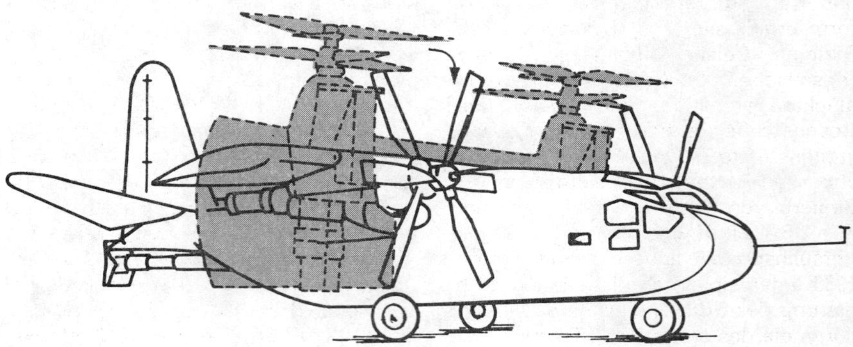

Convertiplan, dessen Tragflügel mit 2 Doppel-Propeller-Turbinen gedreht werden können

ben und einer Tragschraube, die nur zu Start und Landung benutzt und sonst stillgelegt (Stopprotorflugzeuge) bzw. eingezogen (Einziehrotorflugzeuge) wird. Alle diese, teils im Versuchsstadium, teils bereits in Betrieb befindlichen Konstruktionen haben bei fast ebenso kurzer Start- und Landestrecke eine größere Reisegeschwindigkeit als andere → Rotorflugzeuge. → STOL, → VTOL-Flugzeug.

Coordinated Universal Time, Abk. **UTC:** → koordinierte Weltzeit

Corioliskraft: → Schwenkgelenk

Cosim-Variometer: früher im Segelflug benutztes → Variometer. Je nach Steig- und Sinkgeschwindigkeit des Flugzeugs wurde durch den zwischen Ausgleichsgefäß und Außendruck entstehenden Luftstrom je eine Kunststoffkugel zum Schweben gebracht. Eine grüne Kugel zeigte die Steig-, eine rote die Sinkgeschwindigkeit an.

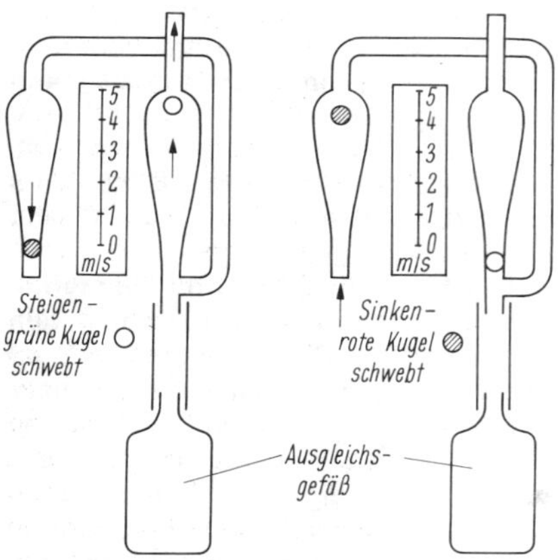

Cosim-Variometer – Prinzipskizze

COSPAS-SARSAT: Bez. für ein internat. Überwachungssystem zur Suche und Rettung Verunglückter. Die Kurzform ergibt sich aus **Ko**smitscheskaja **S**istema **P**oiska **A**viariinych **S**udow (Kosmisches Suchsystem für verunglückte Fahrzeuge) und **S**earch **a**nd **R**escue **S**atellite-**a**ided **T**racking (Satellitengestützte Zielverfolgung für das Suchen und Retten). 1979 wurde von den Regierungen Kanadas, Frankreichs und der USA eine Vereinbarung über ein Versuchsprojekt dieser Art getroffen. 1980 unterzeichneten diese mit der Regierung der UdSSR eine Vereinbarung, durch die das sowjetische Projekt COSPAS in dieses Vorhaben eingeschlossen wurde. 1982 startete der erste Satellit COSPAS-I der UdSSR. Es folgten die Satelliten COSPAS-II (UdSSR) und SARSAT-I (USA). Das System wurde danach erweitert, und andere Staaten beteiligten sich (Bulgarien, Dänemark, Finnland, Norwegen, Schweden, Großbritannien).

Das System benutzt Satelliten in niedrigen, annähernd polaren Umlaufbahnen, um die Abstrahlungen der Notfunksender havarierter Fahrzeuge zu empfangen und diese Abstrahlungen zu einem Netzwerk von festgelegten Bodenstationen zu übertragen. Diese Bodenstationen bestimmen die Position des Notfunksenders und übermitteln sie an zentrale Such- und Rettungszentren, die wiederum die örtlichen Such- und Rettungsdienststellen alarmieren. Die COSPAS-Satelliten empfangen die Notfrequenzen 121,5 und 406 MHz und die SARSAT-Satelliten – 121,5, 243 und 406 MHz. Die empfangenen Signale werden ins 1,5-GHz-Band umgesetzt und an die festgelegten Bodenstationen übertragen. Aufgrund der Bewegung der niedrig fliegenden Erdsatelliten besitzt das empfangene und dann auf 1,5 GHz weitergegebene Notsignal eine Dopplerverschiebung, die beim Vorbeiflug am Notfunksender kurzzeitig verschwindet. Dieser Nulldurchgang der Dopplerfrequenz wird benutzt, um den Standort des havarierten Fahrzeugs zu orten.

Costes, *Dieudonné:* französischer Flugpionier, geb. 14. Nov. 1892 Caussade (Tarn-et-Garonne), gest. 18. Mai 1973. Pilotenbrevet 1912. Während des ersten Weltkriegs Jagdflieger. Nach dem Krieg Verkehrspilot auf der Linie Toulouse–Casablanca der → Latécoère, dann bei der Air-Union auf der Linie Paris–London. Ab 1928 Testpilot bei → Bréguet in Villacoublay. C. gewann die Luftrennen von Paris nach Assuan (4050 km) und Paris–Omsk (4715 km) 1927. Vom 10. Okt. 1927 bis 14. April 1928 unternahm er zusammen mit dem Marineleutnant *Le Brix* einen Weltrundflug mit Bréguet XIX «Nungesser et Coli». Bei dieser Gelegenheit gelang ihm die erste Überquerung des Südatlantiks. Die Überquerung des Nordatlantiks im Juli 1929 mußte er abbrechen. Vom 27. bis 29. Sept. 1929 flog er mit einer Bréguet XIX Langstreckenrekord in gerader

Entfernung mit 7905 km und vom 15. bis 17. Dez. 1929 mit 8029 km in 52 h 34 min. Am 1./2. Sept. 1930 gelang ihm mit der Bréguet XIX die Überquerung des Nordatlantiks von Ost nach West (6700 km in 37 h 17 min). 1929 erhielt er die große Goldmedaille der → FAI.

Council of Latin American Airlines, Abk. **CLAA**: 1968 gegr. Vereinigung der Nationalen Luftverkehrsgesellschaften Mexikos, der mittelamerikanischen Staaten, Kolumbiens, Venezuelas, Argentiniens, Chiles und Perus zur Verbesserung der gegenseitigen Verbindungen, des Tourismus und der weiteren Steigerung des Luftverkehrs in Mittel- und Südamerika.

Court: Flugzeuge der früheren Firma Court und Kühlstein, Berlin-Johannisthal, die Flugzeuge vom Typ Taube baute.

Coutinho, *Gago:* geb. 1870; portugiesischer Admiral, der 1922 mit 52 Jahren an dem ersten Flug über den Südatlantik zusammen mit → *Cabral* teilnahm

CP: 1. Typenbez. der kanadischen Luftstreitkräfte für Patrouillenflugzeuge (**C**anadian **P**atrol), z. B. CP-107 «Argus» von → Canadair. – **2.** Abk. für **C**harges **P**re-paid. → prepaid

CPAL: Abk. für → **C**anadian **P**acific **A**irlines **L**td.

CPILS: Abk. für **C**orrelation **P**rotected **ILS** (engl.), korrelationsgeschütztes → ILS.

CPL: Abk. für **C**ommercial **P**ilot-**L**icence (engl.), Berufsflugzeugführerlizenz. → Erlaubnisschein der Zivilen Luftfahrt

CP-Post: → Luftpost

Crane-Holloman-Verfahren: automatisches Instrumentenlandeverfahren, das zwischen 1930 und 1940 in den USA entwickelt wurde. Beim C.-H.-V. wurde das Ausgangssignal des → Zielflugpeilers auf den → Flugregler geschaltet. Es lehnte sich eng an das → Hegenberger-Verfahren an und hatte keine Gleitwinkelführung. Die automatische Gashebelsteuerung (Schubregelung) erhielt ihre Signale vom barometrischen Höhenmesser und vom Funkempfänger beim Überflug von Einflugzeichen. Es wurden 3...5 Einflugzeichen benutzt.

Crew: → Besatzung

Cruzeiro: Kurzform für → Servicos Aéros Cruzeiro do Sul S. A.

ČSA: Abk. für → **Č**esko**s**lovenské **A**erolinie.

CSR: Typenbez. der kanadischen Luftstreitkräfte für Seenot- und Rettungsflugzeuge (**C**anadian **S**earch and **R**escue), z. B. CSR-100 «Albatros» von → Grumman.

CSS: Abk. für das polnische Flugzeugkonstruktionsbüro **C**entralnego **S**tudium **S**ámolotow, das in Warschau 1946/51 bestand. Dort werden die Schul- und Sportflugzeuge CSS-10 (1948) und CSS-11 (1948), der Prototyp eines Verkehrsflugzeugs CSS-12 (1950) und das Mehrzweckflugzeug CSS-13 (geringfügig veränderte Version der bekannten Po-2 von → *Polikarpow*) entwickelt.

CT: Typenbez. der kanadischen Luftstreitkräfte für Übungs- und Schulflugzeuge (**C**anadian **T**rainer), z. B. CT-114 «Tutor».

CTR: Abk. für engl. Control Zone, Kontrollzone, kontrollierter Luftraum um einen oder mehrere Flugplätze, erstreckt sich vom Boden bis zu einer festgelegten Höhe. Die Größe richtet sich nach den Flugeigenschaften der Luftfahrzeuge, die den Flugplatz hauptsächlich benutzen. Man verwendet in der Regel 2 genormte Typen: Typ 1 hat die Form eines Rechtecks mit den Maßen 6 NM × 10 NM. Typ 2 wird durch einen Luftraum-Zylinder mit einem Durchmesser von 10 NM gebildet, der durch quaderartige Ansätze mit einer Breite von 6 NM (je 3 NM beiderseits

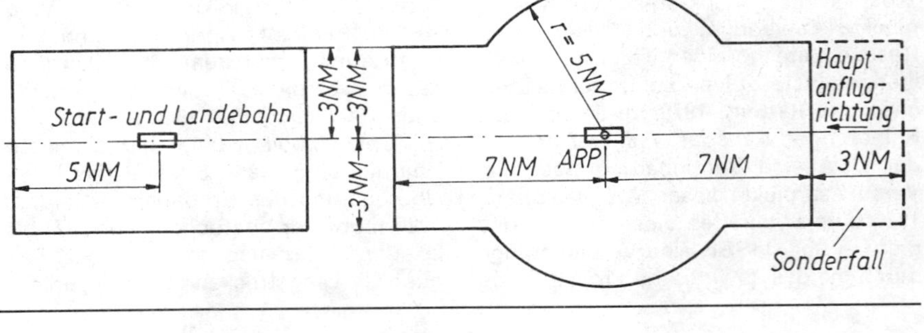

mögliche Grundrißformen von Kontrollzonen (CTR)

der verlängerten Anfluggrundlinie) und einer Länge von 7 bzw. 10 NM (vom Flughafenbezugspunkt) erweitert wird. Die Obergrenze der Kontrollzone ist mindestens so hoch wie die Untergrenze des Nahverkehrsbereichs – beim Typ 2 in der Regel 2500 Fuß.

CUBANA: Kurzform von → Empresa Consolidada Cubana de Aviación.

Cumulonimbus: → Wolken

Cumulus: → Wolken

Curtiss: Kurzbez. für die 1910 gegr. Firma Curtiss Aeroplane and Motor Company Incorporated. Nach 1918 wurden mit C.-Flugzeugen zahlreiche Geschwindigkeitsrekorde aufgestellt (z. B.: C.CR-2 «Racer», 1922 – 358 km/h; CR-3, 1923 – 417 und 429 km/h). 1929, vereinigt mit Wright Aeronautical Corp. zur Curtiss-Wright Airplane Company Incorporated, einer der größten Flugzeugkonzerne, der in den USA zwischen den beiden Weltkriegen zahlreiche Militärflugzeuge baute. Dazu gehörten die Jagdflugzeuge P-5 «Hawk» (1930), F8C «Helldiver» (1932), P-36 «Mohawk» (1938), P-40 «Tomahawk» (1940), die Bomber C.-Wright BT-32 «Condor» (1934), SB2C «Helldiver» (1940) und Transportflugzeug C-46 «Commando» (1938). Allein von 1939 bis 1945 baute man bei C. 23000 Militärflugzeuge. Ende 1945 stornierte man alle militärischen Aufträge, da die Firma den Anschluß an die Strahltriebwerke verpaßt hatte. 1946 wurden bis auf das Werk Columbus alle Produktionsstätten geschlossen. Ab 1947 beschäftigte sich der Konzern mit dem Bau von Experimentalflugzeugen (1947 XP-87, 1962 Senkrechtstarter C.-Wright-200). Mitte der 60er Jahre wurde er mit anderen Flugzeugkonzernen der USA vereinigt (alle Rechte an C. und C.-Wright an → North American Aircraft verkauft).

Glenn H. Curtiss

Curtiss, *Glenn Hammond:* amerikanischer Ingenieur, Flugpionier und Flugzeugkonstrukteur, geb. 1878 Hammondsport (New York), gest. 23. Juli 1930. Inhaber des Pilotenscheins Nr. 2 des Ae-

Eine der frühen Entwicklungen, der Typ Curtiss D

roklubs Frankreich. Mit 15 Jahren Telegrammbote, dann Radrennfahrer und Produzent von Fahrrädern. Baute 1905 mit *Thomas Baldwin* das erste amerikanische Luftschiff. Gründete 1907 mit Dr. *Bell*, Leutnant *Selfridge* u. a. die Aerial Experiment Association, 1908 mit August *Herring* die Herring-Curtiss-Company. Das erste von dieser Firma gebaute Flugzeug «Gold Bug», erhielt die «Scientific American Trophy». Mit dem «Golden Flyer» flog C. 1909 Weltrekord (69,821 km/h, 39 km weit) außerdem gewann er im August des gleichen Jahres vor → *Blériot* den Gordon-Bennett-Pokal in Reims. Ab 1911 konstruierte und baute C. Wasserflugzeuge, die er in den folgenden Jahren ständig verbesserte. 1911 erstes Amphibienflugzeug, 1912 erstes Wasserflugzeug, beide von der Marine gekauft; 1914 erstes Flugboot «America» von C., für die britische Marine zur Atlantiküberquerung gebaut. Nach dem Krieg entwikkelte C. militärische Land- und Wasserflugzeuge. Ab 1920 beschäftigte er sich nicht mehr mit der Entwicklung von Flugzeugen. Die Firma → Curtiss wurde 1929 mit der Wright Aeronautical Corp. zusammengeschlossen.

CVFR: Abk. für → **C**ontrolled **V**isual **F**light **R**ules.

CW-Radar: Abk. für engl. **C**ontinous-**W**ave-**Radar**, Dauerstrichradar. → Radar

C. X.: Typenbez. der britischen Luftstreitkräfte für Lastensegler.

Cyprus Airways Ltd., Abk. **CAL:** zyprische Luftverkehrsgesellschaft mit Sitz in Nikosia; gegr. 1947. *Flugzeugpark* (1988): 3 Airbus A 310, 3 BAC 1-11, 3 Boeing 707. Verkehrsdaten 1987: 870 600 beförderte Passagiere; 2,15 Mrd. Pkm; 21,3 Mill. Fracht-tkm; etwa 175 Mill. tkm Gesamtleistung. Streckennetz von 172 293 km. Hauptstrecken: Europa, Mittlerer Osten und Nordafrika.

D

D: 1. Bez. der deutschen Fliegertruppe für 1sitzige, bewaffnete deutsche Doppeldecker 1916/18 (z. B. Fokker D.VII), 1918 auch für Eindecker (Jagdflugzeuge). – **2.** Typenbez. für französische Flugzeuge von → *Dewoitine*.

Dabrowski, *Jerzy:* polnischer Flugzeugkonstrukteur, geb. 1899, gest. 1967 in den USA. Konstruierte 1924 im Warschauer Werk DWL mit dem Sportdoppeldecker D-1 sein erstes Flugzeug. Arbeitete danach bei der Firma «Plage i

Fokker D VIII von 1918

Laskiewicz» in Lublin als Teilkonstrukteur am Aufklärer Lublin R-VII; 2 Jahre später bei → PZL in Warschau. Konstruierte dort folgende Typen: 1928 mit *Kotte* Verbindungsflugzeug PZL L-2, 1932 Ganzmetallsportflugzeug PZL-19 (mit *Misztal*); 1934 Reiseflugzeug PZL-27; 1936 Bomber PZL-37 «Łos» und 1938 Bomber PZL-49 «Miś». Emigrierte nach dem Überfall durch Hitlerdeutschland nach Frankreich. Arbeitete dort und in England als Konstrukteur an Militärflugzeugen, ab 1948 in den USA an Zivilflugzeugen, ab 1955 beim Konzern → Cessna, ab 1959 im Studienbüro von → Boeing (dort u. a. als Konstrukteur der Kabine für die Gemini-Kapsel).

Dacota: urspr. brit. Bez. für die Douglas DC-3 bzw. C-47 (→ Douglas Aircraft Company Inc.)

Dädalus, griech. *Daidalos:* nach der griechischen Sage erfindungsreicher Baumeister, der für sich und seinen Sohn *Ikarus* Flügel aus Federn und Wachs fertigte, um gemeinsam der Gefangenschaft des Königs *Minos* auf der Insel Kreta zu entfliehen. Da *Ikarus* bei der Flucht trotz der Mahnung des Vaters zu hoch flog, schmolz das Wachs in der Sonne. Der Sohn stürzte ins Wasser (Ikarisches Meer), D. gelang die Flucht nach Sizilien.

Dagnaux, *Jean:* französischer Flugpionier, geb. 28. Nov. 1891 Montbéliard, gest. 17. Mai 1940 Givet. Im ersten Weltkrieg als Beobachter bei der Fliegertruppe. Pilotenschein am 2. Sept. 1918. Nach einer Verwundung mußte ihm ein Bein amputiert werden. 1919 ging er zur Staffel für Langstreckenflüge, 1921 wurde er Professor für Navigation in Versailles. Arbeitete dann bei der Einrichtung afrikanischer Luftlinien und führte verschiedene Langstreckenflüge durch: Paris–Tamanrasset 1920, Paris–Stockholm 1923, Villacoublay–Casablanca–Fez–Laghouat–Tunis und zurück 1924, nach dem Tschad 1925, Paris–Madagaskar 1927. 1928 Direktor von Air Afrique. 1939 bei einer Bomberstaffel, 1940 durch Flak abgeschossen. Bei der Notlandung mit seiner Amiot 354 kam er durch die Explosion der Bomben ums Leben.

Daimler-Benz AG: Motorenfabrik in Stuttgart-Untertürkheim/BRD. 1926 durch Fusion der beiden weltältesten Automobilfabriken (Daimler-Motorengesellschaft, gegr. 1890, und Benz & Cie., Rheinische Motorenfabrik, gegr. 1883) entstanden. Schon 1888 war das erste Luftfahrzeug (Wölfert-Luftschiff → Baumgarten) mit einem Daimler 1-Zylinder-Motor gestartet. Danach wurden zahlreiche weitere Luftschiffe mit Daimler-Motoren ausgerüstet. 1900 wurde der erste spezielle Flugmotor (*Kreß*sches Flugzeug, vor dem Start zerstört) hergestellt. Bis 1910 hatte D. leistungsfähige Flugmotoren entwickelt, so einen 40-kW-4-Zylinder-Motor. *Benz,* der inzwischen ebenfalls mit dem Flugmotorenbau begonnen hatte, konnte 1912 mit einem 4-Zylinder-Reihenmotor den Preis für das beste deutsche Flugtriebwerk gewinnen. – Beide Firmen bauten während des ersten Weltkriegs mehrere Hochleistungs-Flugmotoren in großen Serien (32 900 von insgesamt 45 000 zwischen 1914 und 1918 in Deutschland gebauten). B. konstruierte zu dieser Zeit eines der stärksten Flugtriebwerke, Bz 6 mit 496 kW; D. beschäftigte sich mit dem Problem der Aufladung von Motoren. – Auch im zweiten Weltkrieg wurden zahlreiche Jagd- und Bombenflugzeuge mit DB-Motoren versehen, vor allem 12-Zylinder-V-Motoren mit hängenden Zylindern (DB 600, ab 1932 entwickelt, zunächst 588 kW – in der Version DB 600 Ha 772 kW; Einspritzmotor DB 601 863 kW). Rund 100 000 DB-Triebwerke wurden ab 1930 gebaut. 1955 begann die D.-B. AG mit der Neuentwicklung von Triebwerken (PTL DB 720 mit 1 103 kW Äquivalentleistung; DB 721 mit 1 838 kW Äquivalentleistung; ZTL DB 730/ZTL 6 mit 983 daN Schub). Ende 1968 gründete sie die → Entwicklungsgesellschaft für Turbo-Motoren mbH, heute → Motoren- und Turbinen-Union G.m.b.H. München.
Seit 17. 11. 1989 Kapitalmehrheit bei → MBB.

DAL: Abk. für → **D**eutscher **A**ero **L**loyd AG.

Dämmerungseffekt, *Nachteffekt:* Besonderheit bei der Mittel- und Langwellenausbreitung, die zu Fehlern bei der Funkpeilung (→ Peilfehler) führt. Der D. entsteht durch die nach Sonnenuntergang eintretenden Änderungen der Ionosphärendaten und führt zu Polarisationsdrehungen.

Dämmerungsflüge: Flüge in der Zeit von 30 min vor Sonnenaufgang bis Sonnenaufgang und von Sonnenuntergang bis 20 min danach mit Luftfahrzeugen, die nicht für den *Nachtflug* zugelassen sind.

Dämpfer, *Dämpfungsregler:* **1.** Regler, der die Einwirkung äußerer Störungen (z. B. Böen) auf die Bewegung eines Luftfahrzeugs weitgehend beseitigt. Die Überwachung der Bewegungen des Luftfahrzeugs erfolgt durch Meßfühler (Geber). Die elektrischen Signale der Geber werden in Anpassungsblöcken den Eigenschaften des vorliegenden Luftfahrzeug-Musters angeglichen und mit dem Luftfahrzeug- und Flugzustand koordiniert. Über Motoren gelangen die Korrektursignale in die Antriebsgestänge der entspr. Ruder (Quer-, Höhen- oder Seitenruder). D. werden häufig nach der Bewegung benannt, für deren Dämpfung sie verantwortlich sind: Nick-, Roll-, Gierd. oder Nick-, Roll-, Gierregler. D. sind in den meisten modernen Luftfahrzeugen erforderlich, da diese sich nicht im gesamten Höhen- und Geschwindigkeitsbereich, für den sie zugelassen sind, aerodynamisch stabil verhalten. Die Korrektur der entstehenden Schwingungen würde die Luftfahrzeugführer zu stark ermüden. – **2.** D. werden auch außerhalb der Steueranlage in Luftfahrzeugen vielfältig angewendet, z. B. als → Stoßdämpfer oder als → Flatterdämpfer an Fahrwerksbeinen.

Dämpfung: svw. Schwingungsausgleich, um diese nach einer bestimmten Anzahl von Ausschlägen zu beseitigen. Die D. ist ein Erfordernis der Flugbewegung; sie kann als Folge der natürlichen Flugstabilität (Stabilität 1.) vorhanden sein, wird aber bei modernen Flugzeugen gewöhnlich mit Hilfe von Steuerorganen verstärkt. → Dämpfer, → Stoßdämpfer

Dämpfungsflächen: Flächen am Flugkörper, die seine Drehbewegung um jeweils 1 oder mehrere Achsen behindern (bei schwingender Bewegung dämpfen) und somit Grundlage seiner Flugstabilität sind. Als D. wirken die → Flossen von Seiten- und Höhenleitwerk, der Tragflügel sowie Kielzäune (-flossen, Falschkiele) oder zusätzliche, zur Dämpfung angebrachte Flächen.

Dämpfungskreisel: → Kreisel

Dämpfungsregler: → Dämpfer

Danielak, *Aleksander:* poln. Oberst, Navigator, geb. 1919, gest. 1972. Ab 1937 als Bordschütze in den polnischen Luftstreitkräften. Beim deutschen Überfall im Sept. 1939 Besatzungsmitglied eines Bombers PZL-37 «Łoš». Emigrierte in die UdSSR. Im Verlauf des Großen Vaterländischen Krieges an der Bildung polnischer Militäreinheiten beteiligt. Gehörte zum 2. Geschwader «Krakow», das 1944 auf sowjetischem Territorium aufgestellt wurde. Als Navigator von Bombenflugzeugen an 89 Gefechtsflügen beteiligt, so beim Abwurf von Waffen für den Warschauer Aufstand. Nach Kriegsende blieb D. in den polnischen LSK. Beendete 1950 in der UdSSR die Akademie der Luftstreitkräfte. Träger zahlreicher militärischer Auszeichnungen.

DAR: **1.** Abk. für russ. **D**alnij **A**rktischeskij **R**aswetschik, Arktischer Fernaufklärer, 2 motoriges Flugboot von R. L. → Bartini (1935). – **2.** Abk. für bulg. **D**siershawna **A**eroplanna **R**abotilnica. Staatliches Flugzeugwerk in Sofia-Bojurista. Fertigte 1924/41 mehrere Flugzeugtypen in Lizenz sowie Eigenentwicklungen: DAR-U-1 (Albatros) – 7 Exemplare, DAR-2 (Albatros S-3) – 12, DAR-1 A Garwan – 6, DAR-4 – 1, DAR-5 – 1, DAR-6 – 1, DAR-8 Slawej – 2, DAR-9 und DAR-10.

Dassault, Avions Marcel: französischer Flugzeugkonzern, der sich nach 1945 zunächst Général Aéronautique Marcel Dassault (GAMD) nannte. Nachdem 1945 mehrere hundert 2motorige Mehrzweckflugzeuge MD 315 gebaut worden waren, wurde der erste französische Abfangjäger «Ouragan» hergestellt, auf den die «Mystère», die «Super Mystère» und die «Mirage» folgten. Von der «Mirage» wurden verschiedene Versionen gebaut, ferner das TL-Reiseflugzeug «Fan Jet Falcon» und das PTL-Reiseflugzeug MD 320 «Hirondelle». D. arbeitete auch mit Sud Aviation zusammen und war am Bau des Überschallverkehrsflugzeugs «Concorde» beteiligt. Im Juni 1967 übernahm der Konzern die Aktienmehrheit von Bréguet. Ende 1968 gab es 8 550 und in den Zulieferbetrieben 30 000 Beschäftigte. 1971 erfolgte eine Fusion mit Breguet Aviation (→ Breguet) zur Firma S.A. Avions Marcel Dassault-Breguet Aviation (1986 16 000 Beschäftigte).

Dassault-Breguet: Kurzbez. für den französischen Flugzeugkonzern Avions Marcel Dassault-Breguet Aviation. Er besteht seit dem 14. Dez. 1971, als beide Firmen miteinander vereinigt wurden. In

«Mirage F.1»

17 selbständigen Werken werden von 16000 Mitarbeitern militärische und zivile Flugzeuge, Raktenwaffen sowie Flugzeugzubehör und Bodeneinrichtungen produziert. Zum gegenwärtigen Programm zählen: Jagdflugzeuge «Mirage 3NG», «Mirage 2000», «Super Mirage 4000» und F.1, Jagdbomber «Mirage 5» und «Jaguar» (gemeinsam mit → BAC), Strahltrainer Alpha Jet (mit → Dornier), Mehrzweckmarineflugzeuge «Atlantique 2» (ATL 2), Verkehrsflugzeuge «Mystère-Falcon» 100, 200, 900. Das Hauptwerk liegt in Saint-Cloud, Mérignac ist Testzentrum für Serienmaschinen, Istres das für alle Prototypen, Cazaux für Flugzeugwaffen. In Biarritz wird produziert, modifiziert und überholt.

Dassault, *Marcel:* französischer Flugzeugkonstrukteur, ursprünglicher Name *Marcel Bloch*, geb. 1891, gest. 18. April 1986 Paris. Beendete 1913 die Hochschule für Luftfahrt. Mit der von ihm 1915 entwickelten und an *Caudron* verkauften Luftschraube waren viele französische Flugzeuge des ersten Weltkriegs ausgerüstet. 1918 schuf D. gemeinsam mit *Potez* die SEA-4 (Kampfzweisitzer mit 290-kW-Lorraine-Motor). Nach zeitweiliger Beschäftigung in der Möbelindustrie baute er mit *Blériot* das Flugzeug MB 60. Danach schuf er in seinem 1931 gegr. Werk *Société des*

«Mirage 2000»

Avions Marcel Bloch zahlreiche schwere Bomben- und Verkehrsflugzeuge, die nicht alle in Serie gebaut wurden. Zu seinen bekanntesten Entwicklungen zählen: Bombenflugzeuge MB 130 (1934), MB 200 BN-4 (1934), MB 210 «Verdun» (1935) und Version MB 211 (1935), MB 131 (1936), Verkehrsflugzeuge MB 300 «Pacifique» (1935), MB 160 (1937) und Jagdflugzeuge MB 151 (1937) und MB 152 (1938). 1937 wurde die Firma nationalisiert, in die Gruppe SNCASO übernommen und D. mit ihrer Leitung beauftragt. In den daraufhin von ihm selbst gegr. Werken baute er bis zum Kriegsbeginn vor allem Jagdflugzeuge, aber auch das Schlachtflugzeug MB 174 (1939). 1945 wurde D. aus dem KZ Buchenwald befreit. Sein erstes neues Flugzeug war die Reisemaschine MB 500 (1946). Nach Annahme des Namens D. erschien 1947 die Typenbezeichnung MD: MD 315 «Flamant» (1947, leichte 2motorige Mehrzweckmaschine), MD 450 «Ouragan» (1949, Strahljäger), MD 452 «Mystère» (1951, Strahljäger); es folgte eine Reihe weiterer Strahljäger bis zur «Mirage III», F.1, «Mirage 2000» sowie «Super Mirage 4000». Von den USA erhielt D. 1977 die Guggenheim-Medaille, D. war 1986 Alterspräsident der Nationalversammlung; galt als einer der reichsten Franzosen.

Daten des Triebwerks: Angaben zur Charakterisierung eines Flugzeug-Triebwerks wie Leistung, Schubkraft, Masse, Stirnfläche, stündlicher Brennstoffverbrauch, Anschaffungspreis, Betriebszeit zwischen zwei Grundüberholungen, Zuverlässigkeit, Wartungs- und Ersatzteilaufwand pro Betriebsstunde. Aussagekräftiger als D. (absolute Größen) sind Kennwerte (bezogene Größen), z. B. Leistungs-Masse-Verhältnis oder das Verhältnis Anschaffungspreis zu Leistung.

Daten von Fluggeräten: Einzelkennwerte zur Charakterisierung von Flugzeugen u. a. Fluggeräten. Zu unterscheiden sind einerseits technische Daten, wie Ausmaße und Masse, und andererseits Angaben über → Flugleistungen und → Flugeigenschaften, für militärische Fluggeräte auch taktische Daten. D., wie max. Fluggeschwindigkeit, Gipfelhöhe u. ä. lassen nur eine grobe Bewertung der vorhandenen Eigenschaften zu. Sie stellen Eckpunkte für eine genauere → Charakteristik von Fluggeräten dar.

Dauerleistung: → Leistung

Dauerstrichradar: → Radar

DB: 1. Kurzzeichen für Flugtriebwerke von → Daimler-Benz. – **2.** Abk. für (russ.) **D**alni **B**ombardirowtschik (Bezeichnung für sowjetische Fernbomber), z. B. DB-2.

DC: Abk. für **D**ouglas **C**ommercial. Kurzzeichen für die Verkehrsflugzeuge des USA-Flugzeugkonzerns → Douglas Aircraft Company Incorporated, der nach zahlreichen Militärflugzeugen ab 1932 mit der DC-1 den Bau von Zivilmaschinen aufnahm.

DDM: Abk. für engl. **D**ifferences in **D**epth of **M**odulation, Differenz der Modulationsgrade. Wesentliche und der

heute noch verwendet – DC-3 mit Turboprop-Triebwerken

Anlage eigentümliche Kenngröße bei der Überprüfung und Beurteilung der Signale einer → ILS-Bodenanlage. DDM ist der prozentuale Modulationsgrad des stärkeren Signals, vermindert um den prozentualen Modulationsgrad des schwächeren, dividiert durch 100. DDM-Werte lassen sich unmittelbar den Kurs- und Gleitwinkelablagen von den Sollgrößen (Landekurs- und -gleitwinkel) zuordnen.

Decca-Verfahren: für Mittelstrecken gebräuchliches Verfahren der → Funknavigation, dessen → Standlinien Hyperbeln sind. Zur Bodenanlage gehören 4 Sender (1 Hauptsender sowie Nebensender «Rot», «Grün», und «Purpur»), von denen jeder mit dem Hauptsender auf verschiedenen Frequenzen zusammenarbeitet *(Deccakette)*. Die Frequenzen werden aus einer gemeinsamen Grundfrequenz (f_0) abgeleitet. Die Entfernungen zwischen Haupt- und Nebensendern betragen ca. 200 km (Antennenbasis). Die Phasendifferenz (die der Laufzeitdifferenz und damit der Entfernungsdifferenz der von den Wellen zurückgelegten Strecke entspricht) wird an Bord mit Hilfe von 3 sog. *Decometern* gemessen (Decometer «Rot», «Grün» und «Purpur»). Aus den Decometeranzeigen ergeben sich 3 Hyperbelstandlinien, deren Schnittpunkt der Luftfahrzeugstandort ist. Dieser wird

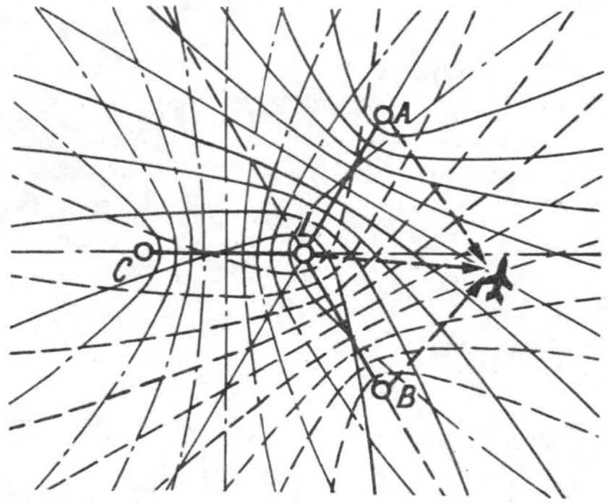

Hyperbelnetz einer Deccakette: L Hauptsender; A, B, C Nebensender; AL, BL, CL Antennenbasen; – Hyperbeln des Senderpaares AL; – – Hyperbeln des Senderpaares BL; – · – Hyperbeln des Senderpaares CL

aus Spezialkarten, auf denen die Hyperbeln eingezeichnet sind, entnommen oder mit Hilfe eines Flugschreibers automatisch aufgezeichnet. – Das Verfahren wurde in der britischen Firma *Decca Navigator Co. Ltd.* entwickelt und nach ihr benannt. Es wurde in der internationalen Luftfahrt nicht als Standardverfahren eingeführt.

Decklandung: Landung eines Flugzeugs oder Hubschraubers auf einem Schiffsdeck. Schiffe mit speziell dafür vorgesehenem Deck bezeichnet man als → Flugzeugträger oder Hubschrauberträger. → Fanganlage (Abb. umseitig)

Dectra: Abk. für engl. **Dec**ca **Tra**cking and Ranging, Decca-Führungs- und Ortungsverfahren. Funknavigationsverfahren, das als Hyperbel-Fernortungsver-

Decca-Anzeigen an 4 Decometern

Decklandung eines Transporters Grumman C-2A «Greyhound» auf einem USA-Flugzeugträger

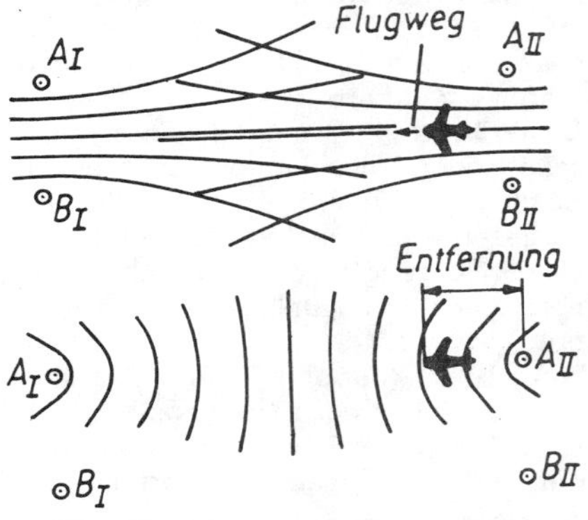

Dectra-Verfahren

fahren für fortlaufende Navigation zwischen 2 Basen im Abstand von 3000 bis 4000 km benutzt werden kann. Der navigatorisch nutzbare Bereich liegt nicht nur auf dem Verbindungsstreifen zwischen den Basen, sondern auch rechts und links von ihm. Beim D. handelt es sich um eine Erweiterung des → Decca-Verfahrens. Daher läßt sich die Decca-Bordanlage auch für D. benutzen. Von den 4 Decca-Bodenstationen lassen sich 2 für D. mitverwenden. Die ersten D.-Bodenlagen wurden 1957 in Schottland (Prestwick) und Neufundland (Gander) in Betrieb genommen. Die Frequenz der Nordatlantik-D.-Anlage beträgt ca. 70 kHz. Das Verfahren wurde nicht in der internationalen Luftfahrt als Standard eingeführt.

Degen, *Jakob:* österr. Luftfahrtpionier, getauft 17. Febr. 1760 Liedertswil (Kanton Basel), gest. 28. Aug. 1848 Wien. Ursprünglich Uhrmacher. Interessierte sich für Flugmaschinen und baute nach 10jähriger Arbeit 1807 ein Flugzeug mit 2 starr verbundenen Flügeln (Spannweite 6,7 m, Flügelfläche 12 m^2), die mit Muskelkraft geradlinig auf und ab bewegt wurden. Der 12 kg schwere, mit Unterstützung eines über Rollen laufenden Gegengewichts senkrecht aufsteigende Flugapparat wurde 1807 in Wien vorgeführt. 1808 hatte D. die Schlagflügel mit einem kleinen Wasserstoffballon verbunden, der den fehlenden Auftrieb liefern sollte. So wurde der Flugapparat in Wien und 1812 in Paris vorgeführt. D. schuf auch ein flugfähiges Hubschraubermodell, dessen Drehflügel von einem Uhrwerk angetrieben wurden.

De Havilland Aircraft of Canada, Abk. **DHC:** 1928 in Kanada gegr. Zweigwerk des britischen Unternehmens → De Havilland Ltd. Die Firma gehörte bis 1974 zur → Hawker Siddeley Ltd., aber im Unterschied zu allen anderen Firmen des Konzerns, deren Flugzeuge die Typenbezeichnung «HS» haben, tragen die kanadischen Flugzeuge die Bezeichnung «DHC». Am 26. Juni 1974 wurde die Firma der Regierung Kanadas unterstellt. Eine Produktionsstätte befindet sich in Chicago/USA. Seit 1947 konzentriert sich das Unternehmen auf Entwicklung und Bau von STOL-Flugzeugen und gehört auf diesem Gebiet zu den führenden Flugzeugherstellern. Die Produktion erstreckt sich auf die PTL-Flugzeuge DHC-5 Buffalo, DHC-6 Twin Otter und die 4motorige DHC-7 mit Nutzmassen von 500 bis 7000 kg. In

DHC-6 «Twin Otter»

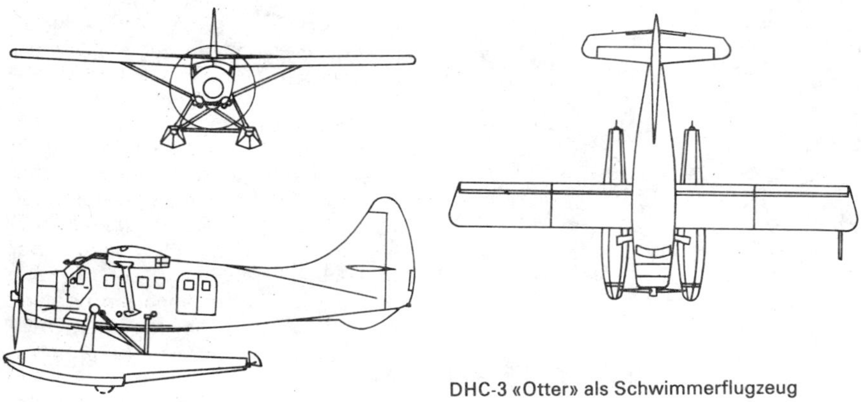

DHC-3 «Otter» als Schwimmerflugzeug

Mehrzweckflugzeug
DASH 7

65 Ländern der Welt fliegen mehr als 2500 Flugzeuge dieser Firma für zivile und militärische Zwecke. Gefertigt wird neben der Dash 7 auch das Verkehrsflugzeug Dash 8 in mehreren Modifikationen. Seit 1986 Tochtergesellschaft von → Boeing.

De Havilland, *Captain Sir Geoffrey:* britischer Flugpionier, Konstrukteur und Pilot, geb. 27. Juli 1882, gest. 21. Mai 1965. Konstruierte und baute 1908 bis 1909 sein erstes Flugzeug – einen 1sitzigen Doppeldecker mit 31-kW-Motor. Piloten-Diplom 1911. Als Chefkonstrukteur der Aircraft Manufacturing Company schuf er während des ersten Weltkriegs die bekannten Flugzeuge DH-4 und DH-9 (Aufklärer), die zu den besten Maschinen jener Zeit zählen. Nach 1918 entwickelte D. H. neben so wirtschaftlichen Maschinen wie denen der «Moth»-Serie (ab 1925 DH-60, DH-60X, DH-60G) zahlreiche Bomben-, Sport- und Verkehrsflugzeuge. Aus dem zweiten Weltkrieg ist bes. die in 42 Versionen gefertigte DH-98 «Mosquito» bekannt. Zu den Nachkriegsmustern zählen mehrere Strahljäger (DH-100 «Vampire», 1945; DH-108 «Swallow», 1946, Versuchsjäger für hohe Geschwindigkeiten; DH-112 «Venom», 1954) sowie das erste britische Strahlverkehrsflugzeug DH-106 «Comet» (ab 1952). D. H. beschäftigte sich auch intensiv mit den Problemen des Überschallflugs. Er erhielt zahlreiche Titel, Orden und Ehrungen.

De Havilland Ltd., Abk. **DH:** briti-

De Havilland DH-4

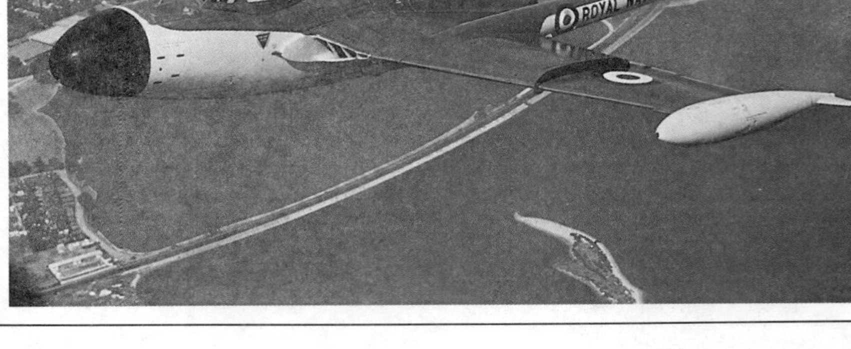

De Havilland «Sea Venom» MK.22

Captain Sir Geoffrey de Havilland

scher Flugzeugkonzern, 1925 von dem britischen Luftfahrtpionier, Konstrukteur und Piloten Sir Geoffrey De Havilland gegr. (erlernte 1909 mit seiner ersten Maschine das Fliegen autodidaktisch). Die Firma wurde mehrmals umbenannt. Nach dem Bau mehrerer Flugzeuge war D. H. während des ersten Weltkriegs Chefkonstrukteur in der Fabrik Aircraft Manufacturing Company, wo er mehrere sehr erfolgreiche, in größerer Stückzahl produzierte Kampfmaschinen entwickelte (1915 DH-1, DH-2; 1916 DH-4; 1917 DH-9; 1918 DH-10). Nach dem Krieg schuf er im gleichen Werk mehrere Verkehrs-Doppeldecker (1920 DH-18; 1921 DH-29; 1922 DH-50; 1925 DH-54), während seine eigene Fabrik ab 1925 durch ihre ökonomischen Sport- (Serie DH-60 «Moth»), Schul- und Verbindungsflugzeuge bekannt wurde. Das berühmteste Flugzeug dieser Firma im zweiten Weltkrieg war das 1941 in 42 Versionen produzierte hölzerne Universalflugzeug DH-98 «Mosquito». Nach dem Krieg folgten große Serien von TL-Jagd- (DH-100 «Vampire», DH-112 «Venom»), Reise- und Verkehrsflugzeugen, darunter die DH-106 «Comet». Die Firma gründete Filialen in Australien, Südafrika, Kanada (DHC) und in den USA. D. H. produzierte neben Flugzeugen auch Triebwerke und Luftschrauben. Nach dem Zusammenschluß mehrer Firmen zum Konzern → Hawker Siddeley trugen die Flugzeuge die Typenbezeichnung HS (z. B. statt DH-121 «Trident» jetzt HS-121 «Trident»).

Deklination: 1. *Geographie* – Mißweisung, der Winkel zwischen der geographischen Nordrichtung (geographisch Nord) und der Richtung, die von einer in einer eisenfreien Umgebung um die senkrechte Achse frei drehbaren Magnetnadel angegeben wird (magnetisch Nord). Die D. wird dadurch hervorgerufen, daß der Nordpol der Nadel nach dem südmagnetischen Pol zeigt, dessen Lage nicht mit dem geographischen Nordpol zusammenfällt. Die D. ist orts- und zeitabhängig. D.-Werte in Richtung Westen bezeichnet man als negative D., östliche Werte als positive D. – **2.** *Astronomie* – der Winkel zwischen dem Himmelsäquator und einem Gestirn, gemessen auf einem durch das Gestirn und die Himmelspole gehenden Kreis, dem D.-Kreis. Die D. kann nördlich oder südlich sein, je nachdem, wie das Gestirn zum Äquator steht.

Dekompression: 1. physiologischer Prozeß, bei dem unter Verminderung des Außendrucks physikalisch gebundene Gase (insbes. Stickstoff) aus dem Blut entweichen und sich unter Schmerzerscheinungen vor allem in den Gelenken sammeln; tritt in der Luftfahrt kaum noch auf, da ein schneller Aufstieg in große Höhe heute nur in Flugzeugen mit Überdruckkabine und im Schutzanzug erfolgt. – **2.** Undichtwerden einer hermetischen Kabine in großer Höhe oder außerhalb der Atmosphäre *(explosive D.)*; der betroffene Mensch hat nur 15 s Zeit zu vernunftvollem Handeln.

DELAG: Abk. für → **De**utsche **L**uftschiffahrts **AG**.

Delphinluftschiff: von U. Queck vorgeschlagenes Luftfahrzeug der Kategorie «leichter als Luft». Es soll durch einen bes. Antrieb (Wellpropeller) eine größere Manövrierfähigkeit und bei gleicher Antriebsleistung eine wesentlich höhere Geschwindigkeit als konventionelle Luftschiffe erreichen.

DELRAC: Abk. für engl. **De**cca **L**ong **R**ange **A**rea **C**overage, Decca-Weitbereichs-Flächen-Überdeckung. Funknavigationsverfahren, das im Wellenbereich 10...14 kHz Hyperbeln als Standlinien lieferte. Die Standlinien ergaben sich aus dem Phasenvergleich synchron abgestrahlter Wellen. Die Vorversuche wurden 1956 begonnen. Das Verfahren erlangte keine internationale Bedeutung.

Delta Air Lines Inc.: eines der größten Luftverkehrsunternehmen der USA mit Sitz in Atlanta (Georgia), das als der Welt erste Agrarflug-Gesellsch. gegr. wurde und bereits 1929 den Fluggastdienst unter der Firmenbezeichnung «Delta Air Service» aufnahm.
Flugzeugpark:
138 Boeing 727, 81 Boeing 737, 24 Boeing 757, 21 Boeing 767, 35 Lockheed TriStar, 13 DC 8, 36 DC 9 und 9 DC 10.
Verkehrsdaten 1989: 39,9 Mill. beförderte Passagiere, 85 Mrd. Pkm; 207 000 t Luftfrachtgüter; 4,9 Mrd. tkm Gesamtleistung. Kontinentaler und Inlandflugverkehr; weitere Strecken nach Venezuela und Kanada zu den Bermudas und in die Karibik.

Deltaflügel: Tragflügel von der Form des griechischen Buchstaben Δ (Delta) in der Draufsicht. Da diese Form einem Dreieck entspricht, wird der D. oft mit dem → Dreieckflügel gleichgesetzt. Manchmal wird von D. gesprochen, wenn am Flugzeug mit Dreieckflügel kein separates Höhenleitwerk vorhanden ist. In diesem Fall ist das Höhenleitwerk Teil des Tragflügels, entweder in Form selbständiger Höhenruder an der Flügelhinterkante oder in Form des → Elevons. Eine weitere Variante der Unterscheidung von Delta- und Dreieckflügel besteht darin, daß als D. ein Flügel verstanden wird, an dem die Außenspitzen des Dreiecks abgeschnitten sind, so daß ein Trapezflügel entsteht, der jedoch aufgrund der starken Pfeilung seiner Vorderkante in seinen aerodynamischen und flugmechanischen Eigenschaften voll dem Dreieckflügel entspricht.

Departure (engl.), Abk. **D.** oder **Dep.**: in Flugplänen und auf Flughäfen international übliche Bez. für Abflug. → Abflugszeit

Deregulierung: Kurzbez. der Maßnahmen des von der US-Administration unter Präsident Carter im Jahr 1978 auf Vorschlag der ehemaligen US-amerikanischen Luftaufsichtsbehörde → Civil Aeronautics Board (CAB) erlassenen «Airline Deregulation Act». Diese Maßnahmen bauten alle «wettbewerbshemmenden» Vorschriften bezüglich des US-Inlandflugverkehrs ab und deregulierten ihn auf diese Weise. So wurden beispielsweise der Zugang zum Markt, die Wahl der Flugstrecken und die Tarife von jeglichen staatlichen Regelungen freigestellt, was den Konzentrationsprozeß beschleunigte. Vor Beginn der D. beherrschten die fünf großen US-Luftverkehrsgesellschaften → Texas International Airlines, → United Air Lines, → American Airlines, → Delta Air Lines und → Northwest Orient Airlines den US-amerikanischen Luftverkehrsmarkt zu etwa 60 %, im Jahr 1985 zu 82,3 %.

DERULUFT: Abk. für → **De**utsch-**Rus**sische **Luft**verkehrsgesellschaft.

Destabilisatoren: kleine, vor dem Tragflügel am Rumpf angebrachte flügelähnliche Flächen zur Verringerung der → Stabilitätsreserve von Flugzeugen im Überschallbereich. Beim Flug im Unterschallbereich erzeugt der D. keinen Auftrieb, da er entweder in den Rumpf eingefahren wird oder auf einer Querachse frei beweglich befestigt ist und sich seine Lage somit dem Luftstrom anpaßt. Beim Übergang zum Überschallflug wird der D. in den Luftstrom ausgefahren oder mit einem bestimmten Einstellwinkel fixiert, so daß eine Auftriebskraftkomponente entstehen kann, die Druckpunkt und Neutralpunkt des Flugzeugs nach vorn verlagert, was ihren natürlichen Wanderungen nach hinten entgegenwirkt. → Neutralpunktwanderung

Desynchronose: Störungen des → Biorhythmus (Tag-Nacht-Rhythmik bzw. 24-Stunden-Rhythmus biologischer Funktionen), die sich beim → Transmeridianflug aus der Differenz zwischen der Uhrzeit am Abflugs- und der am Ankunftsort ergeben. Die innere («biologische») Uhr der Lebewesen folgt nicht mit der gleichen Geschwindigkeit, so daß daraus Phasenverschiebungen der Körperfunktionen, z. B. Nebennierenrindenhormonausschüttungen und Körpertemperatur sowie Veränderungen der Leistungsfunktion des Organismus (z. B. Schlafbedürfnis wie am Abflugsort, Reaktionszeitveränderungen und Ermüdung) resultieren.

DETA: Kurzbez. für → DETA, Linhas Aereas de Moçambique.

DETA, Linhas Aereas de Moçambique, Abk. DETA: frühere Bez. der moçambiquischen Luftverkehrsgesellschaft. Der Vorläufer dieser Gesellschaft war die 1936 gegr. Direcção de Exploração Dos Transportes Aéreos. → LAM, Linhas Aéreas de Moçambique

Deutsche Flugzeugwerke AG, Abk. **DFW:** ehemalige deutsche Flugzeugfirma in Leipzig-Lindenthal, gegr. 1911. Baute während des ersten Weltkrieges zahlreiche Flugzeuge, vor allem Doppeldecker, so den 2sitzigen Aufklärer DFW C-V. Ab 1919: ATG-Maschinenbau GmbH.

Deutsche Forschungs- und Versuchsanstalt für Luft- und Raumfahrt e. V., Abk. **DFVLR:** Wissenschaftsgesellschaft in der BRD, deren Mitglieder der Bund, die Länder Baden-Württemberg, Bayern, Niedersachsen, Nordrhein-Westfalen, mehrere Wissenschaftsorganisationen sowie etwa 40 Firmen sind. Die Gesellschaft besitzt ca. 30 Institute. Die Gründung erfolgte am 27. Aug. 1968. Die DFVLR entstand aus der Deutschen Gesellschaft für Flugwissenschaften e.V. (DGF), dem Dachverband der Vereine Aerodynamische Versuchsanstalt Göttingen e.V. (AVA), der Deutschen Forschungsanstalt für Luft- und Raumfahrt e.V. (DFL) und der Deutschen Versuchsanstalt für Luft- und Raumfahrt e.V. (DVL). Diese Vereine wurden nach Bildung der DFVLR aufgelöst. Die DFVLR bezeichnet sich als die größte ingenieurwissenschaftliche Forschungseinrichtung in der BRD. Sie hat im Verhältnis zur Industrie die Aufgabe, im Vorfeld von Projekten durch multidisziplinäre Forschung und Entwicklung die Voraussetzung für künftige Projekte zu schaffen. Sie stellt der Industrie darüber hinaus für die Durchführung ihrer Entwicklungsprojekte Versuchsanlagen bereit.

Deutsche Gesellschaft für Luft- und Raumfahrt e.V., Abk. **DGLR:** Fachvereinigung, die in der BRD das Gesamtgebiet der Flugtechnik und Weltraumforschung vertritt. Sie hat über 3000 persönliche und korporative Mitglieder. Die Gründung erfolgte am 9. Dez. 1967 in Bad Godesberg durch den Zusammenschluß der Wissenschaftlichen Gesellschaft für Luft- und Raumfahrt (WGLR) und der Deutschen Gesellschaft für Raketentechnik und Raumfahrt (DGRR), deren Mitgliederversammlungen im Okt. 1967 die Fusion beschlossen hatten.

Deutsche Lufthansa AG, Abk. **DLH:** **1.** Deutsches Luftverkehrsunternehmen, am 6. Jan. 1926 gegr. als Deutsche Luft Hansa A.G., ab 1934 Deutsche Lufthansa A.G., hervorgegangen aus der «Deutschen Luftreederei GmbH», später → «Deutscher Aero Lloyd A.G.», und der → «Junkers Luftverkehr AG». Die DLH begann den Luftverkehr am 6. April 1926 mit dem Messeflugverkehr zwischen Berlin und Leipzig. Sie übernahm die 50%ige deutsche Beteiligung an der → Deutsch-Russischen Luftverkehrsgesellschaft («DERULUFT»). Im internationalen Verkehr vollbrachte die DLH einige Pionierleistungen. Am 1. Mai 1926 wurden auf der Strecke Berlin–Königsberg erstmalig in der Welt planmäßig nachts Fluggäste befördert. Im gleichen Jahr begann, gemeinsam mit der sowjetischen zivilen Luftfahrt, die Erkundung des Luftwegs von Deutschland über die Sowjetunion nach China mit zwei 3motorigen Junkers G 24. Am 13. April 1927 wurde erstmalig mit einem Verkehrsflugzeug das Alpenmassiv überflogen. 1928 Einrichtung der Nachtflugstrecken Berlin–Hannover–Essen–Köln–London und Köln–Paris sowie Erkundungsflug mit einer Junkers W 33 nach Irkutsk. 1929 Postflüge mit Katapultanlage vom Dampfer «Bremen» im Nordatlantik. 1930 Entwicklung eines Flugdienstes nach Südamerika. 1931 regelmäßiger Personenluftverkehr über die Alpen. 1932 Blindflugausbildung der Flugzeugbesatzungen und Flugleiter. 1934 Aufnahme des planmäßigen wöchentlichen Luftpostverkehrs zwischen Deutschland und Südamerika. Erkundungsflug einer Junkers Ju 52 von Berlin nach Schanghai. 1936 Versuchsflüge über den Nordatlantik nach Nordamerika mit Flugbooten Dornier Do 18. Da sich die DLH in der bürgerlichen Weimarer Republik und während der Zeit des Hitlerfaschismus als Tarnorganisation für die Aufrüstung mißbrauchen ließ, wurde sie von den Siegermächten nach dem Ende des zweiten Weltkriegs aufgelöst und die deutsche Verkehrsfliegerei vorerst ver-

Lufthansa

boten. – **2.** ; Luftverkehrsunternehmen der BRD mit Sitz in Köln. Am 6.Jan.1953 war in Köln eine Vorbereitungsgesellschaft unter der Bezeichnung «Aktiengesellschaft für Luftverkehrsbedarf» (Luftag) gegr. worden, die am 6. Aug. 1954 offiziell in DLH AG umbenannt wurde. Am 1. März 1955 begann innerhalb der BRD der Probeverkehr. Die Maschinen wurden zuerst von britischen und amerikanischen Piloten geflogen. Der planmäßige Inlandverkehr begann am 1. April 1955 und der Europaverkehr am 15. Mai 1955 mit Linien nach London, Paris, Madrid und Lissabon. die Strecke nach New York wurde am 8. Juni 1955 mit Lockheed «Super Constellation», am 16. Aug. 1956 der Dienst nach Rio de Janeiro eröffnet. Im gleichen Jahr wurden Linien in den Nahen und Mittleren Osten eingerichtet. *Flugzeugpark* (1988): 17 Airbus A 300, 3 Airbus A 310, 24 Boeing 747, 58 Boeing 737, 24 Boeing 727, 11 DC 10; Verkehrsdaten: 19,4 Mill. beförderte Passagiere (davon 7,6 Mill. Inlandpassagiere); 34,1 Mrd. Pkm; 3,7 Mrd. Fracht-tkm; 8,25 Mrd. tkm Gesamtleistung (einschl. Nur-Fracht- und Charterverkehr). Streckennetz (1988) von etwa 722 732 km. Hauptstrecken: Europa, Süd-, Mittel- und Nordamerika, Afrika, Mittlerer und Ferner Osten, Australien; Inlandflugverkehr. IATA-Mitglied.

Deutsche Lufthansa der DDR: Luftverkehrsbetrieb der DDR; gegr. als volkseigener Betrieb im Mai 1954. Die DLH der DDR übernahm 1955 den Flughafen Schönefeld bei Berlin und begann ihren Betrieb mit sowjetischen Verkehrsflugzeugen vom Typ Iljuschin Il-14, die anfangs auch von sowjetischen Besatzungen geflogen wurden, während DDR-Besatzungen in der UdSSR eine Ausbildung erhielten. Am 4. Febr. 1956 wurde die erste internationale Strecke Berlin–Warschau eröffnet. Am 1. Mai 1956 wurden internationale Flugverbindungen von Berlin nach Prag, Budapest, Sofia und am 19. Mai 1956 nach Bukarest aufgenommen. Eine Direktverbindung nach Moskau besteht seit dem 7. Okt. 1956. Am 16. Juni 1957 begann der inzwischen (1978) wegen zu geringer Effektivität eingestellte Inlandverkehr zwischen dem Flughafen Berlin-Schönefeld und den Verkehrsflughäfen Dresden-Klotzsche, Leipzig-Mockau, Erfurt-Bindersleben und Barth. Im gleichen Jahr

Entwicklung des Beförderungsumfangs und der Beförderungsleistungen im Passagier- und Luftfrachtverkehr der Deutschen Lufthansa der DDR

	Anzahl der Passagiere	Verkehrsleistung TPkm	Frachtbeförderung Ttkm
1956	12 553	11 298,4	981,4
1957	81 514	40 662,1	4 047,7
1958	194 669	75 960,0	5 652,3
1959	223 295	198 825,0	7 265,8
1960	292 377	166 797,6	8 328,6
1961	244 469	160 513,3	7 249,0
1962	310 279	299 282,7	9 180,3
1963	333 730	306 459,1	8 231,8

begann der Einsatz von Flugzeugen in der Land- und Forstwirtschaft. Seit April 1960 wurden die Linien Berlin–Belgrad–Tirana und Berlin–Zagreb–Belgrad beflogen. 1958–1962 bestand ein Linienverkehr mit Antonow An-2 zwischen Berlin-Schönefeld und Chemnitz (damals Karl-Marx-Stadt). Ab 1960 wurden auch 4motorige PTL-Flugzeuge Iljuschin Il-18 eingesetzt. Zur Rationalisierung des Luftverkehrs der DDR und um die Kapazitäten der zivilen Luftfahrt in einem einheitlichen Luftverkehrsunternehmen zusammenzufassen, stellte die DLH der DDR am 1. Sept. 1963 ihren Betrieb ein, den zum gleichen Termin die → INTERFLUG, Gesellschaft für internationalen Flugverkehr mbH, übernahm.

Deutsche Luftreederei GmbH, Abk. **DLR:** am 13. Dez. 1917 durch die Initiative der Allgemeinen Elektrizitäts-Gesellschaft (AEG) auf Anregung der Deutschen Bank gegr. Luftverkehrsgesellschaft, die sich laut Gründungsprotokoll die Aufgabe stellte, die Probleme des Luftverkehrs zu studieren und die Durchführung dieser Verkehrsart zu übernehmen. Am 8. Jan. 1919 erhielt sie als erste deutsche Gesellschaft die Zulassung durch das bei der Reichsregierung neu geschaffene Luftamt. Mit umgebauten offenen Militärflugzeugen (vor allem LVG C.VI und AEG) begann sie am 5. Febr. 1919 den ersten regelmäßigen Luftverkehr auf der Strecke Berlin–Weimar (Sitz des Parlaments der Weimarer Republik), später mit Zwischenlandung in Leipzig. *Beginn des deutschen Luftverkehrs und erste Luftverkehrslinie in Europa.* Am 1. März 1919 wurde der Flugverkehr auf der Strecke

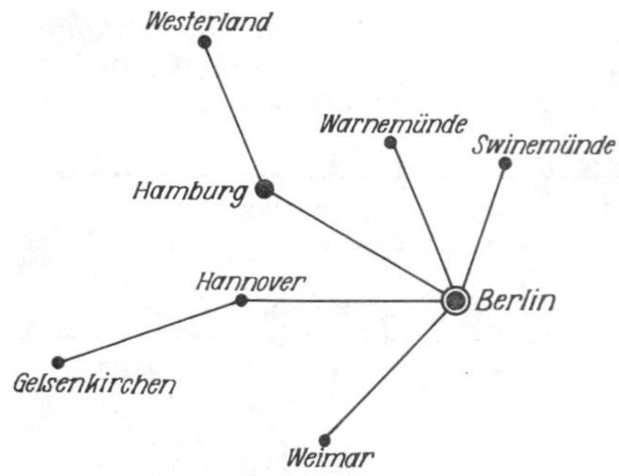

Luftverkehrsnetz von 1918

Berlin–Hamburg und am 15. April die Linie Berlin–Hannover–Ruhrgebiet aufgenommen. Im gleichen Jahr kamen noch Linien von Berlin nach Warnemünde und Swinemünde hinzu. Das Liniennetz wurde dann ausgebaut nach Westerland, Rotterdam, Dresden, Königsberg und Riga. 1923 wurde die DLR in die neugegründete Luftverkehrsgesellschaft «Deutscher Aero-Lloyd» übernommen.

Deutsche Luftschiffahrts AG, Abk. **DELAG:** ältestes Luftverkehrsunternehmen der Welt und das einzige, das vor dem ersten Weltkrieg planmäßigen Luftverkehr mit Luftschiffen durchführte. Im März 1908 bewilligte der Deutsche Reichstag 2,5 Mill. Mark, mit denen Graf → *Zeppelin* ein Luftverkehrsunternehmen mit seinen Luftschiffen organisieren sollte. Am 16. Nov. 1909 wurde die DELAG (Sitz Frankfurt am Main) mit einem Kapital von 3 Mill. Mark gegr. Technischer Leiter war Dr. *Eckener.* Der Luftverkehr wurde bis zum Beginn des ersten Weltkriegs durchgeführt. LZ «Deutschland», LZ «Schwaben», LZ «Sachsen», LZ «Hansa» und LZ «Victoria Luise» beförderten vor dem ersten Weltkrieg 34 228 Fahrgäste und unternahmen in 3167 Flugstunden insgesamt 1588 Fahrten, wobei sie 172 535 km zurücklegten.

Deutscher Aero Club, Abk. **DAeC:** Dachorganisation der Flugsportvereine der BRD, gegr. 1950 in Gersfeld an der Wasserkuppe, erster Präsident *Wolf Hirth.* 1968 gab es 40 000 Mitglieder, davon 1950 weibliche, 5800 besaßen den Privatpilotenschein. Er umfaßte 31 Vereine für Fallschirmsport, 15 für Freiballonsport, 283 für Motorflug, 900 für Segelflug und zahlreiche Modellfluggruppen. Die 11 Landesverbände unterhalten luftfahrttechnische Betriebe zur Instandhaltung und Prüfung von Segelflugzeugen, Motorseglern und Startgeräten, zur Nachprüfung und Wartung von Fallschirmen und von Flugzeugen bis 2000 kg Flugmasse. Zur fachlichen Beratung des Präsidiums besteht ein Sportrat mit den Sportfachgruppen Fallschirmsportspringen, Freiballonsport, Modellflugsport, Motorflug, Segelflug sowie «Luftsportjugend» und mit dem Technischen Ausschuß. Der DAeC stellt Wettkampfregeln und -bestimmungen im Sinne der FAI auf, organisiert internationale und nationale Wettkämpfe und stellt Mannschaften auf. Ferner registriert er nationale Rekorde und meldet Weltrekorde bei der FAI an. Er wirkt bei der Vorbereitung von Verordnungen und Gesetzen mit. Ihm ist die → AOPA als Interessenvertretung der Piloten und Flugzeugbesitzer angeschlossen.

Deutscher Aero Lloyd AG, Abk. **DAL:** Luftverkehrsgesellschaft, die 1923 aus der → Deutschen Luftreederei und einem Teil der vielen kleineren deutschen Luftverkehrsgesellschaften unter Beteiligung der Großbanken, der Großindustrie, des Großhandels und der Schiffahrtsgesellschaften entstand. 1926 fusionierten die DAL und die → Junkers-Luftverkehrs AG zur Deutschen Lufthansa AG.

Deutsch-Russische Luftverkehrsgesellschaft, Abk. **DERULUFT:** 1921

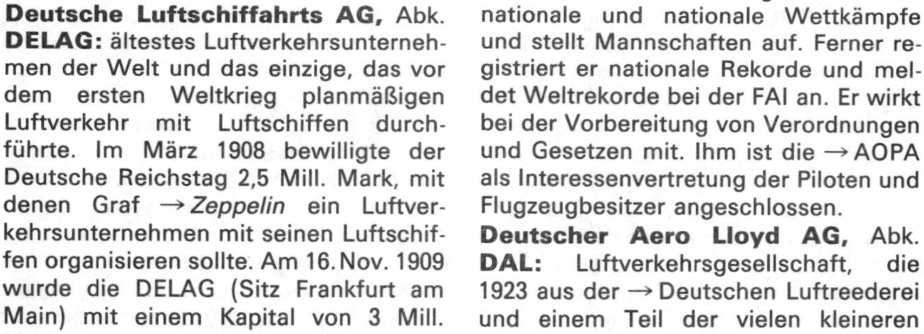

Dornier «Merkur» der DERULUFT in Königsberg

Fahrzeug der DERULUFT

gegr. Luftverkehrsgesellschaft, an der die Sowjetunion und Deutschland gleichberechtigt je zur Hälfte beteiligt waren. Beginn des Streckendienstes am 1. Mai 1922 auf der Linie Königsberg-Smolensk-Moskau (Ost-Expreß). Später kam die Linie Königsberg-Riga-Reval-Leningrad (Ostsee-Expreß) hinzu. Der Flugzeugpark bestand aus Fokker-Flugzeugen, Dornier «Merkur», Rohrbach «Roland», ANT-9, Junkers F 13 und Ju 52/3m. Auch innerhalb der Sowjetunion betrieb die D. zeitweilig einige Strecken. 1937 wurde diese Gesellschaft auf Betreiben des faschistischen Deutschland liquidiert.

Deviation (franz.): Ablenkung der Magnetkompaßanzeige vom magnetischen Meridian infolge eines luftfahrzeugfesten Magnetfelds. Zur Beseitigung der D. befindet sich an Kompaß oder Induktionssonde ein →Kompensator, mit dessen Hilfe ein weitgehender Ausgleich möglich ist. Die noch verbleibende D. wird in einer D.-Tabelle erfaßt. Die D. ändert sich von Zeit zu Zeit und muß daher immer wieder ermittelt und kompensiert werden.

Dewjatajew, *Michael Petrowitsch:* erfolgreicher, sowjetischer Jagdflieger der 15. Luftarmee; Held der Sowjetunion, geb. 1918 als 13. Kind einer Bauernfamilie in Torbjejewo. Als Oberleutnant nach Abschuß in deutscher Gefangenschaft. Fluchtversuche, KZ Sachsenhausen. Mit Hilfe von Genossen auf den Flugplatz Peenemünde versetzt. Konnte am 8. Febr. 1945 mit einer startbereiten He 111 fliehen und 9 Mitgefangenen zur Freiheit verhelfen. Seit 17. Juli 1970 Ehrenbürger von Wolgast. Weitere hohe Auszeichnungen (2 Rotbannerorden). Bis 1973 Kapitän eines Tragflächenboots.

Dewoitine: Bez. für Flugzeuge des französischen Werks Société Aéronauti-

Zivil und militärisch als Passagier- sowie als Frachtflugzeug genutzt – die Dewoitine 338

que Française, das im Oktober 1920 von *E. Dewoitine* für die Produktion von Ganzmetallflugzeugen gegr. wurde. 1927 reorganisiert. Baute vor allem Jagdflugzeuge (1930 D 27, 1933 D 500; 1935 D 513; 1937 D 520), aber auch Verkehrsflugzeuge (1933 D 333; 1935 D 620). Produzierte nach deutscher Besetzung 1940 «unter Kontrolle» von → Arado (so z. B. die Attrappe für das Amphibium Ar 233). Nach dem zweiten Weltkrieg wurde die Produktion nicht mehr aufgenommen.

dezentrale Abfertigung: Variante der technologischen Gestaltung von Abfertigungsanlagen. Dabei sind die Einrichtungen für die Abfertigung der Fluggäste und des Gepäcks auf mehrere Abfertigungsgebäude bzw. -räume verteilt. In der Regel wird damit die Verlagerung der Abfertigungshandlungen in die Nähe der Standplätze der Luftfahrzeuge angestrebt, um den Aufwand und die Zeit für den Bodentransport von Fluggästen und Gepäck am Flughafen zu reduzieren. Gegenteil dazu ist die → zentrale Abfertigung.

DFVLR: Abk. für → **D**eutsche **F**orschungs- und **V**ersuchsanstalt für **L**uft- und **R**aumfahrt e. V.

DFW: Abk. für → **D**eutsche **F**lugzeug-**W**erke AG.

DGLR: Abk. für → **D**eutsche **G**esellschaft für **L**uft- und **R**aumfahrt e. V.

DH: Abk. für → **D**e **H**avilland Ltd.

DHC: Abk. für → **D**e **H**avilland Aircraft of **C**anada.

DI: Typenbez. für sowjetische 2sitzige Jagdflugzeuge (russ. Dwuchmestny istrebitel), z. B. DI-4.

Diagonalverdichter: Bauart eines Turboverdichters (→ Verdichter), bei dem das Laufrad im Gegensatz zum Radial- und Axialverdichter diagonal durchströmt wird. Anwendung vorwiegend bei kleinen Gasturbinentriebwerken.

Diamant: → Gold C

Diamond-Dunmore-Blindlandesystem: 1927/31 in den USA entwickeltes Instrumentenanflugsystem, das eine ständige, selbsttätige Anzeige der Seiten-, Höhen- und Entfernungsverhältnisse des Flugzeugs zum Landeort garantierte. Zur Kursführung benutzte man einen Langwellensender der Frequenz 300 kHz, dessen Sendeenergie abwechselnd (→ komplementäre Tastung) von zwei, an beiden Seiten der Start- und Landebahn stehenden Richtantennen abgestrahlt wurde. Die empfangenen Informationen wurden an Bord sichtbar gemacht. Zur Gleitwinkelführung diente ein UKW-Sender (Frequenz 90 MHz), der ebenfalls eine Richtantenne besaß. Der Gleitwinkel ergab sich aus einer Linie konstanter Feldstärke, die an Bord mittels eines UKW-Empfängers und eines Anzeigers feststellbar war. Die Entfernung zum Aufsetzpunkt wurde durch Feldstärkemessung des Langwellensenders und durch Einflugzeichen-Überflug festgestellt.

DIAN: Abk. für **D**ecca **I**ntegrated **A**irborne **N**avigation System, integriertes Decca-Flugnavigations-System. Eine Kombination aus Decca-Navigator (→ Decca), → DECTRA und → Doppler-Radar.

Dichtekompensation: → Fahrtmesser

Dienstgipfelhöhe, *praktische Gipfelhöhe:* die Höhe, bei deren Überschreitung die Steiggeschwindigkeit eines Luftfahrzeugs unter 0,5 m/s (für Flugzeuge mit Strahlantrieb 5 m/s) sinkt. In dieser Höhe können noch Kurven ohne Höhenverlust geflogen werden.

Diensthabendes System: befohlener Bestand der → Luftverteidigung (Funkmeßstationen, Jagdflieger- und Fla-Raketenkräfte), der ständig einsatz- und feuerbereit ist, um Überfälle auf das eigene Territorium abzuwehren.

Dieselkraftstoff: → Brennstoff

Diesel-Motor: nach seinem Erfinder *Rudolf Diesel,* 1858–1913, benannter 2- oder 4-Takt-Verbrennungsmotor, der im Gegensatz zum Otto-Motor reine Luft verdichtet, in die gegen Ende der Verdichtung zündfreudiger Brennstoff eingespritzt, zerstäubt und aufgrund der Verdichtungstemperatur von etwa 600 °C entzündet wird. D. hat zur Erzeugung der notwendigen Zündtemperatur ein größeres Verdichtungsverhältnis. Er arbeitet bei höheren Drücken, niedrigeren Drehzahlen und höheren Wirkungsgraden im Vergleich zum Otto-Motor. Aufgrund seiner größeren Masse hat er sich als Flugzeugtriebwerk mit wenigen Ausnahmen (z. B. Junkers-Jumo 205) nicht durchsetzen können, selbst häufig in den Anwendungsfällen nicht, wo bei langen Flugzeiten die massemäßige Brennstoffeinsparung größer war als die Mehrmasse des D. gegenüber dem Otto-Motor gleicher Leistung.

Differentialentzerrung: optisches oder elektronisches Verfahren der fotogrammetrischen Bildauswertung, bei dem der Maßstab eines Steilbildes (→ Luftbild) mit Hilfe von Differentialentzerrungsgeräten bei profilweisem Abtasten des Bildes kontinuierlich so verändert wird, daß das entzerrte Bild (Orthofoto) unabhängig von der → Bildneigung und den Höhenunterschieden des aufgenommenen Geländeabschnitts einen einheitlichen, vorgegebenen Maßstab aufweist. Die Firma Carl Zeiss JENA stellt die Differentialentzerrungseinrichtung ORTHO-PHOT her, die in Verbindung mit dem Stereokartiergerät (→ Stereoauswertung) TOPOCART betrieben wird. Spezielle Differentialentzerrungsgeräte erlauben u. a. auch die Beseitigung der Verzerrungen in Bildern, die mit Panoramakammern aufgenommen wurden.

Differentialhöhenruder, *Scherenhöhenruder, Scherenstabilisator, Taileron:* → Höhenruder, das gleichzeitig selbständig oder im Zusammenwirken mit → Spoilern die Quersteuerbarkeit gewährleistet, indem beide Höhenruderhälften mit unterschiedlichem Winkel ausgeschlagen werden können. D. ersetzen die → Querruder bzw. die → Elevone.

Differentialquerruder: → Querruder mit unterschiedlichen Ausschlagwin-

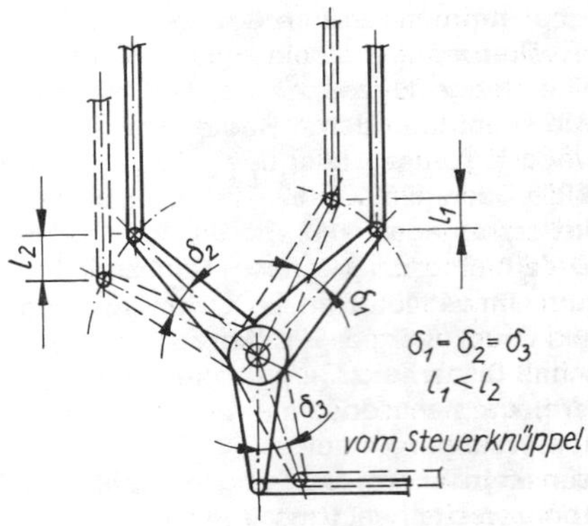

Differentialquerruder: l_1 zum nach unten, l_2 zum nach oben ausgeschlagenen Querruder

keln nach unten und oben, wobei der Winkel nach oben stets größer als der nach unten ist. Sie verringern das → negative Wendemoment, indem das stärker nach oben ausgeschlagene, aber dafür schlechter umströmte Querruder annähernd den gleichen Widerstand erzeugt wie das schwächer nach unten ausgeschlagene, aber besser umströmte gegenüberliegende Querruder.

Diffusor: Strömungskanal mit einem sich in Strömungsrichtung verändernden Querschnitt, in dem die Strömungsgeschwindigkeit sinkt und der Druck steigt, d. h. kinetische in potentielle Energie umgewandelt wird. Bei Unter-

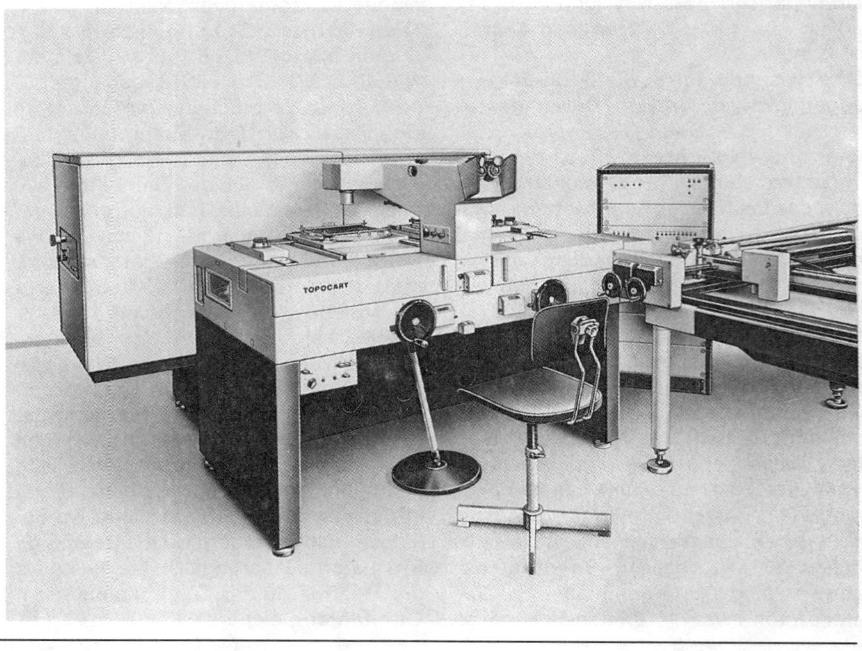

Differentialentzerrungseinrichtung Topocart/Orthophot von Carl Zeiss JENA

schallströmungen ist dazu eine stetige Erweiterung, bei Überschallströmungen eine stetige Verengung des Strömungsquerschnitts in Strömungsrichtung notwendig (Umkehrung der → Düse). D. bilden den Einlaufteil von → Turbinenluftstrahltriebwerken und dienen z. B. in → Verdichtern oder → Windkanälen zum Umwandeln von Geschwindigkeits- und Druckenergie. Der Kanal des Unterschall-D. darf sich nur allmählich erweitern, da sich sonst die Strömung von der Wandung ablöst und die gewünschte Energieumsetzung ausbleibt. Andererseits wachsen mit der Länge des D. auch die Reibungsverluste, so daß der optimale D.-Öffnungswinkel bei etwa 8° liegt. Bei einem Überschall-D., der die Geschwindigkeit bis in den Unterschallbereich möglichst verlustarm abbauen soll, schließt sich der kontinuierlichen Querschnittsverengung eine Querschnittserweiterung für den Unterschallbereich an. *Äußerlich* entspricht dieser D. einer *Laval-Düse* (→ Düse). *Strömungstechnisch* stellt er ihre Umkehrung dar. Im Triebwerksbau wird jedoch für den Unterschallbereich vorwiegend der sog. *Stoß-D.* verwendet: Die mit Überschallgeschwindigkeit anströmende Luft erfährt unmittelbar vor dem Triebwerk einen Verdichtungsstoß. Durch ihn wird die Geschwindigkeit in der Stoßfront bei gleichzeitigem sprunghaftem Druckanstieg auf angenäherte Schallgeschwindigkeit herabgesetzt. Die weitere Umsetzung von Geschwindigkeit in Druck erfolgt im Einlauf-D. des Triebwerks, der entspr. der nun herrschenden Geschwindigkeit mit einem sich erweiternden Querschnitt als Unterschall-D. gestaltet ist. Der sich in der Strömung ausbildende gerade Verdichtungsstoß bringt jedoch relativ große Verluste. (Bei M = 2 liegt der Druckkoeffizient, d. h. erreichbarer Druck im Verhältnis zur idealen Verdichtung, bei etwa 0,7.) Energetisch günstiger ist es, wenn dem geraden Verdichtungsstoß ein oder mehrere schräge Verdichtungsstöße vorgelagert werden. Das ist mit einem dem eigentlichen D. vorgelagertem Kegel möglich. (D. mit 2 schrägen und 1 geraden Verdichtungsstoß erreichen bei M = 2 einen Druckkoeffizienten von etwa 0,9.) Anzahl und Lage der einzelnen Stoßfronten sind von der Anströmgeschwindigkeit abhängig. Um bei verschiedenen Fluggeschwindigkeiten jeweils im D. optimale Energieumsetzung zu erreichen, werden vielfach auch verstellbare D. verwendet. → Eingangsteil

Digitalradar: → Radar

Direct Voice Input: → vokales Bedienungssystem

Direktroute: kürzeste Entfernung zwischen 2 Flughäfen.

Diskoplan: sowjetische Bez. für Luftfahrzeuge mit kreisförmiger Tragfläche.

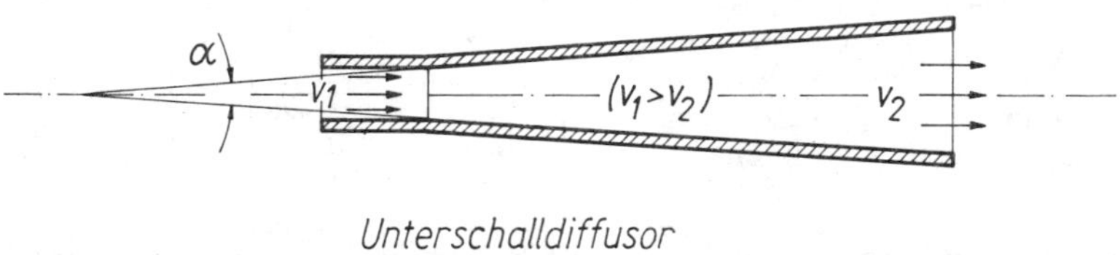

Unterschalldiffusor

Diskoplan im Museum der sowjetischen Luftstreitkräfte Monino

Daten zu «Diskoplan 2»

Fluggerät	Abflugmasse kg	Durchmesser m	Tragflächenbelastung N/m²
«Diskoplan 1»	230	3,5	–
«Diskoplan 2»	240	5,0	+1,2

A. G. Ufimzow konstruierte bereits 1909/10 ein Segelflugzeug mit einer runden Tragfläche, den sog. *Sphäroplan,* den er jedoch nicht beenden konnte. 1949/50 erbaute der sowjetische Konstrukteur *M. W. Suchanow* ein 1sitziges Segelflugzeug, das die Bezeichnung «Diskoplan 1» erhielt. 1962 schuf er «Diskoplan 2». D. haben gute Flugeigenschaften, sind sehr stabil und erlauben durch die Luftkissenwirkung der runden Tragflächen in Bodennähe gefahrlose Starts und Landungen.

Dispatcherturm: → Flughafen

Dispenser, *Servicer:* meistens auf einem Flugzeug montiertes Gerät zum Betanken von Luftfahrzeugen aus Unterflurtankanlagen. Der D. stellt die Verbindung vom Hydranten zu den Betankungsanschlüssen des Luftfahrzeugs her und hat ein Eingangsrohrsystem oder einen Eingangsschlauch vom Hydrantenpit zum D. und 2 bis 30 m lange Abgabeschläuche. Die Abgabeschläuche lassen sich sowohl mit Zapfpistole zum Betanken vom Oberflügel aus als auch für die Druckbetankung mit Schlauchkopplung für den Anschluß unter dem Tragflügel verwenden. Beim Durchgang durch den D. werden der Brennstoff gefiltert, Wasser und Luft abgeschieden und die Menge durch ein Zählgerät gemessen. → Betankung

Dittmar, *Heini:* geb. 30. März 1911 Bad Kissingen, abgestürzt 28. April 1960 Flugplatz Essen-Mühlheim; Segelflieger und Konstrukteur von Segelflugzeugen, war an der Ingenieurschule in Weimar tätig. D. stellte mehrere Weltrekorde auf: bei der Segelflieger-Forschungsexpedition nach Südamerika (1934) Höhenweltrekord mit 4350 m auf dem selbstgebauten «Condor», im selben Jahr Streckenweltrekord mit 375 km von der Wasserkuppe aus auf Fafnir II; 1935 Doppelsitzer-Höhenweltrekord mit 2700 m; 1936 Sieger im internationalen Segelfliegerlager am Jungfrauenjoch; im selben Jahr erster Überflug des Großglockners mit Segelflugzeug. 1937 Weltmeister im Segelflug. Erhielt 1938 als erster Pilot das Goldene Segelflugabzeichen. D. erreichte bei der Erprobung des Raketenflugzeugs Me 163 (→ Raketenflugzeug) als erster die 1000-km/h-Grenze (10. Mai 1941: 1004 km/h). Nach 1945 konstruierte er Segelflugzeuge.

Divergenzgeschwindigkeit: → aerodynamische Divergenz

DLH: Abk. für → **D**eutsche **L**ufthansa.

DLR: Abk. für → **D**eutsche **L**uft**r**eederei GmbH.

DLS: Abk. für → **D**ME-based **l**anding **s**ystem; Landeanflugnavigationsmittel auf der Basis des → DME.

DME: Abk. für engl. **D**istance **M**easuring **E**quipment, Entfernungsmeßanlage an Bord von Luftfahrzeugen. Der Bordsender der Anlage strahlt Abfrageimpulse im Frequenzbereich 960...1215 MHz aus, die von einer Bodenanlage empfangen und zurückgesendet werden. Aus der von der Bordanlage ermittelten Laufzeit ist bei bekanntem Standort der Bodenanlage die

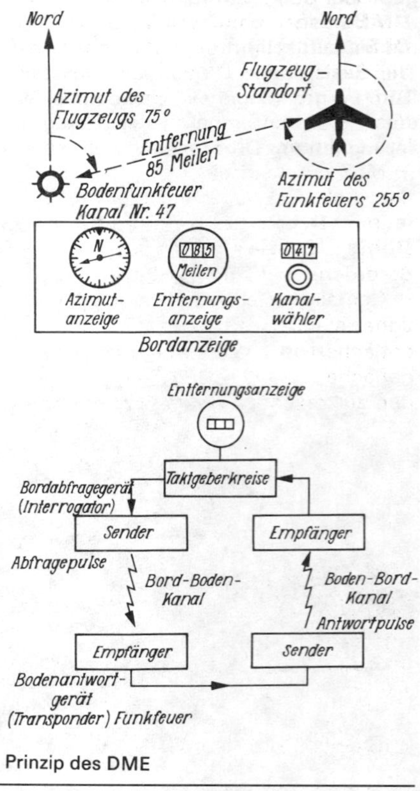

Prinzip des DME

Entfernung des Luftfahrzeugs von der Bodenanlage zu bestimmen. In Verbindung mit einer VOR-Boden- und Bordanlage (→VOR) ist eine Standortbestimmung möglich. Das VOR liefert eine Richtungs-(Standlinie Gerade – «Radial») Information, das DME gibt die Entfernungsinformation (Standlinie Kreis – «Orbit»). Die Navigation mittels VOR-DME-Anlage wird von der ICAO als *Standard-Kurzstreckennavigation* empfohlen. Daher wurden zahlreiche VOR-DME-Bodenanlagen gemeinsam aufgebaut, für die Bordanlagen ist ein gemeinsames Bedienteil vorhanden, so daß bei Einstellung einer VOR-Frequenz der vereinbarte DME-Kanal miteingeschaltet wird. Bei Anflug einer DME-Bodenanlage wird die sich verringernde Entfernung an Bord angezeigt, bis im Moment des Überflugs die Flughöhe abzulesen ist. Beim Weiterflug vergrößert sich die Entfernungsanzeige. In den Flughöhen der heute benutzten Verkehrsflugzeuge beträgt die Reichweite einer DME-Anlage ca. 370 km. Die Überdeckung mit DME-Anlagen ist zur Zeit nur in Gebieten mit starkem Luftverkehr (Europa, USA) gewährleistet.

DME-based Landing System; Abk. **DLS:** Landeanflugnavigationsmittel auf der Basis des →DME. Von Firmen der BRD vorgeschlagenes Nachfolgesystem des →Instrumenten-Landesystems. Das D. konnte sich jedoch nicht gegen →MLS durchsetzen.

Do: Abk. für Flugzeuge des Konstrukteurs →**Do**rnier, z. B. Do X.

Dollie: Spezialanhängerfahrzeug zur Beförderung von →Paletten und →Container. Dollies haben eine international standardisierte Bauhöhe der Ladefläche von 20 Zoll = 508 mm. Die Ladefläche ist mit Rollen- bzw. Kugelboden zur rollenden Bewegung der Paletten bzw. Container ausgerüstet worden.

Dom: bei Hochdecker-Segelflugzeugen und Sportflugzeugen Bauteil zwischen Rumpf und Tragflügeln.

Doppeldecker: 1. Flugzeug mit 2 übereinander angeordneten Tragflügeln (→Flugzeug, →Tragwerk). – **2.** →Spiegelflug.

Doppel-Funkkompaß: →Funkkompaß, der in der Lage ist, 2 verschiedene Funkfeuer gleichzeitig zu peilen. D.-F. arbeiten mit 2 Rahmenantennen und haben gegenüber normalen Funkkompassen den Vorteil, daß 2 →Standlinien gleichzeitig vorliegen. Der D.-F. fand jedoch kaum Anwendung, weil aus Gründen der Ausfallsicherheit in Verkehrsflugzeugen ohnehin 2 Funkkompasse mitgeführt werden, bei denen ebenfalls 2 Standlinien zu ermitteln sind.

Doppelpfeilflügel, *Adaptivflügel:* Grundrißform des starren Tragflügels mit sehr starker Vorderkantenpfeilung im Mittelstück und geringerer Pfeilung der Außenflügel (→Tragflügelgeometrie). Der D. verbindet Vorteile der geringen Pfeilung bei kleinen Geschwindigkeiten (tragende Wirkung des Außenflügels) mit den Vorteilen der großen Pfeilung bei hohen Unterschall- und bei Überschallgeschwindigkeiten und ist dabei weniger aufwendig als der Tragflügel mit →veränderlicher Flügelpfeilung. Eine abgewandelte Form ist die →ogivale Flügelform.

Doppelrumpf: 2 nebeneinander liegende →Rümpfe eines Flugzeugs, die durch ein Tragflügelmittelstück verbunden sind. Diese Bauweise wurde in der Vergangenheit manchmal für Flugboote verwendet, da sie eine größere Querstabilität auf dem Wasser gewährleistete (z. B. Savoia S 55). Z. T. werden auch einfache Rümpfe mit 2 Leitwerksträgern (z. B. Fw 189) als D. bezeichnet.

FW 189 V3 mit Doppelrumpf

Doppelsitzer: Flugzeug mit 2 Sitzen; als D. werden Segel-, Schul-, Kunst- und verschiedene Militärflugzeuge gebaut. Die Sitze können neben- oder hintereinander angeordnet sein.

Doppelspaltklappe: → Landehilfe

Doppelsternmotor: 2 hintereinander angeordnete, gegeneinander versetzte Sternmotoren mit luftgekühlten Zylindern. → Kolbentriebwerk

Doppelsteuerung: an 2 neben- oder hintereinander liegenden Sitzen vorhandene Steuerelemente, die parallel auf die Steuerung einwirken. Die D. wird vor allem in Schul- und Übungs-, aber auch in den meisten Verkehrsflugzeugen verwendet. → Steuerwerk, → Steuerung

doppeltes Leitwerk: 1) *doppeltes Seitenleitwerk;* dient vor allem dem Vergrößern der Kursstabilität, wobei eine gleichgroße Seitenleitwerksfläche eine kleinere Koppelmomentenwirkung ergibt als bei einem einfachen Seitenleitwerk. Bei älteren Flugzeugtypen wurden häufig anstelle eines Seitenleitwerks auf der Rumpfmitte 2 Teilleitwerke an den Enden des Höhenleitwerks angebracht. Doppelte Seitenleitwerke gibt es heute bei Kampfflugzeugen (z. B. F-14, F-15, F-18, MiG-25, MiG-29, Su-27 u. a.). 2) *doppeltes Höhenleitwerk;* heute nicht mehr gebräuchlich. → Leitwerk

Doppler-Navigation: Art der → Funknavigation, bei der der nach dem Entdecker benannte Doppler-Effekt ausgenutzt wird. Der österreichische Physiker und Mathematiker *Christian Doppler* (1803–1853) entdeckte 1842, daß bei einer Relativgeschwindigkeit zwischen Sender und Empfänger die empfange-

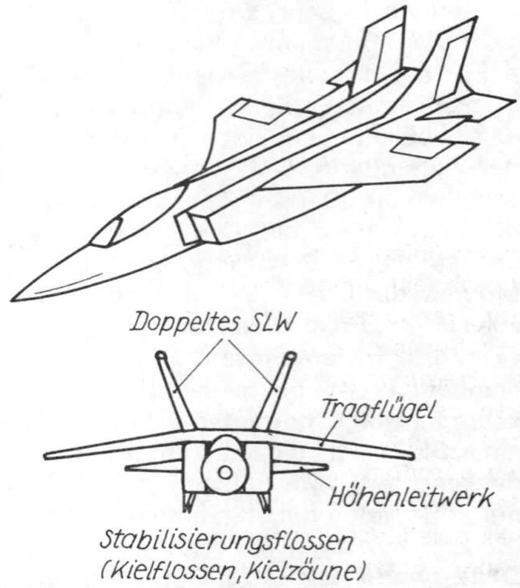

Doppeltes Seitenleitwerk der Northrop YF-17

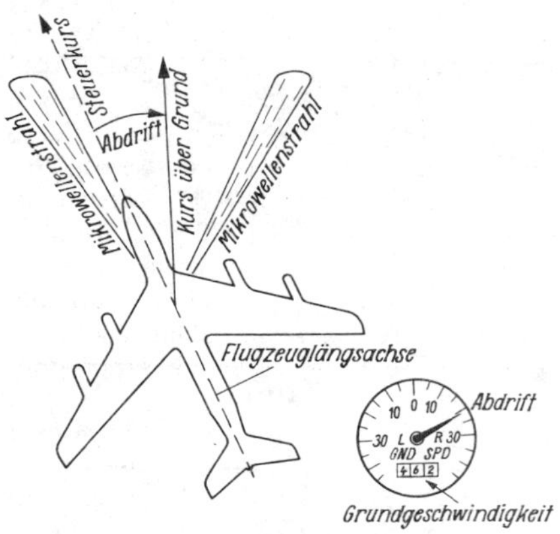

Abdriftmessung mit Doppler-Radar

nen Wellen eine andere Frequenz als die abgestrahlten haben. Die Differenz der Frequenzen hängt von der Relativgeschwindigkeit ab und wird als *Doppler-Frequenz* bezeichnet. In Luftfahrzeugen befindliche *Doppler-Radaranlagen* oder *Doppler-Navigationsanlagen* arbeiten autonom, also unabhängig von Bodenanlagen. Sie senden eng gebündelte Mikrowellenstrahlen von Bord zum Erdboden. Entspr. der Relativgeschwindigkeit zwischen Luftfahrzeug und Erdboden ist beim Auftreffen eine Doppler-Frequenz vorhanden. Ein Teil der am Boden gestreuten Mirkowellenenergie kann nach Durchlaufen der Strecke Erdboden-Luftfahrzeug an Bord wieder empfangen werden. Da auch hier die Relativgeschwindigkeit Erdboden-Luftfahrzeug wirksam wird, entsteht erneut eine Dopplerfrequenz, die sich der erstgenannten addiert. Die größte Frequenzdifferenz ist vorhanden, wenn der Mikrowellenstrahl genau in Flugrichtung zeigt. Durch Abstrahlen in verschiedene Richtungen oder Schwenkungen der Strahlen und Auswertung der Dopplerfrequenzen lassen sich die Abdrift und die Geschwindigkeit über Grund bestimmen. Bei Abdriftmessungen treten Fehler bis zu 0,5°, bei Geschwindigkeitsmessungen bis zu 1% auf. Mit Hilfe der D.-N. vermeidet man falsche Abdriftberechnungen (aufgrund ungenauer Windvorhersagen). Schwierigkeiten bereitet die D.-N. bei sehr niedrigen Fluggeschwindigkeiten (Hubschrauber) und bei Erdboden ohne streuende Unebenheiten (spiegelglatte See). Da bei der D. eine der Geschwindigkeit proportionale Dopplerfrequenz entsteht und der Kurs über Grund ebenfalls bekannt ist, lassen sich durch Integration des Geschwindigkeitsvektors nach der Zeit die zurückgelegte Strecke und damit auch der Standort laufend berechnen. Der Standort kann je nach Auslegung der Anlage auf einem angeschlossenen Flugwegschreiber, einer Kartenprojektion oder Koordinatenanzeigern abgelesen werden. Die Betriebsfrequenzen der Anlagen liegen zwischen 8800 und 10000 MHz und im Bereich 13250...13500 MHz.

Doppler-Radar: → Doppler-Navigation

Doppler-Schwenkstrahlverfahren: in England entwickeltes, funktechnisches Navigations- und Instrumenten-Landesystem, das als Nachfolgesystem für → ILS gedacht war, jedoch nicht in die engere Wahl für die Beratung in der → ICAO kam. Die Bodenanlage besteht aus einem Sender, dessen hochfrequente Energie gleichzeitig von 2 Antennen abgestrahlt wird. Eine Antenne bleibt stets mit ihm verbunden, die zweite besteht aus einer linearen Anordnung von Einzelstrahlern, die der Reihe nach angeschaltet werden. Dadurch bewegt sich die Strahlungsquelle scheinbar in Richtung dieser Linie, und an Bord des Luftfahrzeugs kann eine Doppler-Frequenz zwischen den beiden Strahlungen festgestellt werden. Die Doppler-Frequenz ist dem Kosinus des Winkels zwischen der Antennenlinie

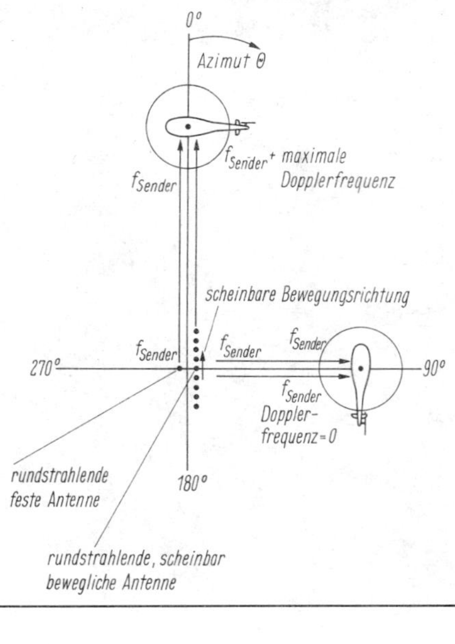

Prinzipskizze einer Blindlandehilfe, die nach dem Doppler-Schwenkstrahlverfahren arbeitet

und der Richtung zum Luftfahrzeug proportional. So kann man den zur Ortung benötigten Winkelwert aus der Doppler-Frequenz ermitteln. Ein analoger vertikaler Aufbau gibt die Möglichkeit der Höhenwinkelbestimmung zu einem Landeort. Die Anlagen arbeiteten im Frequenzbereich 5 GHz.

Dornier, *Claudius (Claude):* Prof. Dr. hc., deutscher Flugzeugkonstrukteur und -bauunternehmer, geb. 14. Mai 1884 Kempten/Allgäu, gest. 5. Dez. 1969 Zug/Schweiz. Gymnasium, Technische Hochschule München, 1907 Dipl.-Ing., zunächst im Brückenbau, ab 1910 bei der Versuchsanstalt des Luftschiffbau Zeppelin tätig: aerodynamische Berechnungen für Ganzmetall-Luftschiffe. 1912 Buch «Beitrag zur Berechnung der Luftschrauben», mehrere Patente, so für drehbare Luftschiff-Hallen. Ab 1913 führte D. im Privatbüro des Grafen → *Zeppelin* Berechnungen für ein

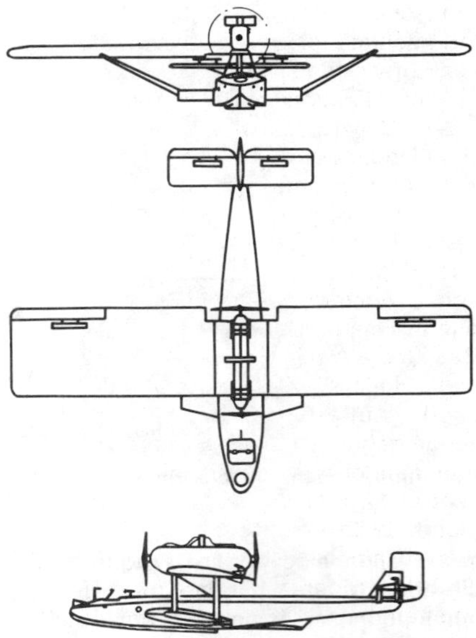

Dornier «Wal»

Dornier «Wal»

Dornier Do 335

Transozean-Stahlluftschiff durch. Ab 1914 selbständige Versuchsabteilung D. zur Entwicklung von Riesenwasserflugzeugen. Pionierarbeit auf dem Gebiet des Ganzmetallbaus (Leichtmetall-Schalenbauweise mit glatten Flächen), Bau der Riesenflugzeuge *Rs*, daneben aber auch kleinerer Maschinen (C-Aufklärer, D-Jäger). Nach 1918 Verlagerung des Flugzeugbaus in Lizenzwerke (Italien – Societá di Costruzioni Meccaniche di Pisa in Marina di Pisa, vor allem Bau des «Wal», Schweiz, Japan, Spanien, Holland). Dort wurden zahlreiche Jagd-, Aufklärungs- und Bombenflugzeuge gebaut, so DoH «Falke», «Libelle» und «Superwal», aus dem das weltbekannte *12motorige Flugboot Do X* entstand. 1922 erhielt das Werk in Lindau den Namen Dornier Metallbauten GmbH. Mehrere D.-Flugboot-Typen spielten beim Überwinden des Südatlantiks (der Do «Wal«, 1922), beim Aufbau des Südamerika-Luftpostdienstes, für Polarexpeditionen (→ *Amundsen*) und beim Aufbau des Passagierverkehrs eine große Rolle. Mehrere Do-Typen der 20er und 30er Jahre bildeten die Ausgangsmuster beim Aufbau der Luftwaffe im faschistischen Deutschland (Do F zu Bombern Do 11 und Do 23). Hinzu kamen mehrere modernere Bomber, Aufklärer und Jäger (Do 17, Do 19, Do 215, Do 335). Nach dem zweiten Weltkrieg schuf D. zunächst in Spanien mehrere Kolbenflugzeuge (Do 25, 27). Als der Flugzeugbau 1955 in der BRD wieder aufgenommen wurde, entstanden dort neben einigen Versuchsmustern mehrere Versionen des Mehrzweckflugzeugs Do 28.

Dornier GmbH: Luft- und Raumfahrtkonzern der BRD. Durch den Zusammenschluß der Dornier-Verwaltungs-GmbH und der Dornier AG im Dez. 1972 erhielt der Konzern die Rechtsform der GmbH mit Sitz in Friedrichshafen. Die 3 wichtigsten Tochtergesellschaften des Konzerns waren: 1) Dornier System GmbH, Friedrichshafen (Raumfahrttechnik, Flugkörpertechnik, Meerestechnik, Auftragsforschung, Planungsberatung). 2) Dornier Reparaturwerft GmbH, Oberpfaffenhofen (Wartung und Instandsetzung von Flugzeugen, Einbau der Elektronik in die Frühwarnflugzeuge E-3A (→ AWACS) sowie Abnahmetest des Systems); 3) Lindauer Dornier GmbH (Textil- und andere Maschinen). 1977 beschäftigte der Konzern 7000 Mitarbeiter. Nach der Beteiligung am Bau des Hubschraubers CH-53 G, der Produktion des → STOL-Transporters Do 28 D-2 «Skyservant» war D. an dem Strahltrainer «Alpha Jet» (230 Serienflugzeuge bis Dez. 1980) mit → Dassault-Bréguet beschäftigt. Gefertigt wird die Mehrzweckreihe Do 128/228. 1985 besaß der BRD-Konzern Daimler 68 % Kapitalanteile an der Dornier-Gruppe (1,6 Mrd. DM Umsatz, davon 20 % Rüstungsanteil). Amphibium «Seastar» in Kleinserie.

Dörr, *W. E.:* Dipl.-Ing., deutscher Luftschiffkonstrukteur, geb. 24. Juni 1882. 1910 Fahringenieur der Deutschen Luftschiffahrts-AG. 1911 Entwurf und Bauleitung des Luftschiffhafens Potsdam,

Mehrzweckflugzeug Do 228 im Arktiseinsatz

Ausbildung zahlreicher militärischer Luftschiffführer und Teilnahme an militärischen Versuchsfahrten. 1914 erweiterte D. den Luftschiffhafen Potsdam zur Werft, ab 1915 Direktor des Luftschiffhafens (Bau von 17 Luftschiffen), gleichzeitig Aufbau der Werft in Staaken. Dort Leitung des Baus weiterer 10 Luftschiffe. Ab 1918 im Zeppelin-Werk Lindau (→ Zeppelin). Mitarbeit an Riesenflugzeugen bei → Dornier. Nach Kriegsende in der Verwaltung des Luftschiffbau Zeppelin, Friedrichshafen, in dessen Auftrag 1920 und 1923/25 in den USA. Danach Leitung des Patentbüros im Zeppelin-Konzern.

DOSAAF: Abk. für die «Freiwillige Gesellschaft zur Unterstützung der Armee, Luftstreitkräfte und Flotte» in der Sowjetunion. D. wurde 1951 gegr., Vorläufer war die Organisation OSOAVIACHIM. D. hat die Aufgabe, zur Stärkung der Verteidigungsbereitschaft des sozialistischen Staats und der Macht der sowjetischen Land-, Luft- und Seestreitkräfte beizutragen. D. ist verantwortlich für die vormilitärische Ausbildung, die Ausbildung von Segel- und Motorfliegern, Fallschirmspringern, Funkern, Fernschreibern, Mechanikern, den Ski-, Tauch- und Seesport, Schiffs-, Auto- und Flugmodellbau sowie für den Motor- und Automobilsport. Weltbekannte Flieger, Kosmonauten, Fallschirmspringer, Sportschützen u.a. sind aus ihr hervorgegangen. Zum Ausbildungspark zählen Strahltrainer L-29 «Delfin» sowie Hubschrauber Mi-1/2. Nach dem bekannten sowjetischen Jagdflieger Marschall → *Pokryschkin* wurde Flottenadmiral Georgi Jegorow im Nov. 1981 zum Vorsitzenden der D. gewählt.

DOTAC: Abk. für **D**oppler-**TAC**AN. → TACAN

Doublierung: einfache → Redundanz; Erhöhung der Betriebssicherheit von Geräten und Anlagen durch Parallelschaltung gleichgearteter Elemente oder kompletter Anlagen. → Fail safe

Douglas Aircraft Company Inc.: USA-Luft- und Raumfahrtkonzern mit Sitz in Santa Monica (Kalifornien), der führend an der Rüstung beteiligt war. Von *D. W.* → *Douglas* 1920 als Werft gegr., die bald eigene Flugzeuge entwickelte. Neben Maschinen für die US-Marine entstanden Post- (bis 1926 M-1...M-4), Sport- (1927 «Ambassador») und Bombenflugzeuge (1932 B-7, 1935 B-18 «Bolo» und TBD-1 «Devastator»). 1932 begann mit der DC-1 die Fertigung von Passagierflugzeugen, von denen die DC-3 (in zahlreichen Versionen, auch militärische Ausführung «Dacota» und in Lizenz gebaut, so in der UdSSR als Li-2) zu den bekanntesten gehört. – Nach 1945 wurden die Langstrecken-Verkehrsflugzeuge DC-6 und DC-7 (je 4 Doppelsternmotoren), ab 1959 die DC-8 (4 TL), ab 1965 die DC-9 (2 TL im Heck)

Douglas DC-4

Douglas DC-9

gebaut. Daneben fertigte D. Ersatzteile, baute Kolbenmaschinen um und entwickelte die verschiedensten Raketen. Am 28. April 1967 fusionierte D. mit der McDonnell Co. zur → McDonnell Douglas Corporation. Seitdem heißt der Konzern Douglas Aircraft Company (a Division of McDonnell Douglas Corp.). In den Werken Long Beach, Palmdale und Torrance wurden gefertigt: DC-9, DC-10 als Passagier- und Frachtflugzeuge sowie das Tiefangriffsflugzeug A-4 «Skyhawk II».

Douglas, *Donald Wills:* amerikanischer Luftfahrtpionier und Flugzeugkonstrukteur, geb. 6. April 1892 Brooklyn (New York), gest. 1. Febr. 1981, studierte 1909/12 Schiffbau, 1912/14 Institut für Technik in Massachusetts. Danach 2 Jahre Arbeit in der Connecticut Aircraft Corporation. Als Chefkonstrukteur bei *Glenn → Martin* (ab 1916) schuf er das erste Bombenflugzeug der USA. 1920 gründete D. mit einem Kapital von 600 Dollar eine eigene Firma, die → Douglas Aircraft Company Incorporated, die ursprünglich Flugzeuge für die US-Marine baute, bis später auch Zivilflugzeuge herausgebracht wurden.

Douhet, *Giulio:* italienischer Fliegergeneral und Luftkriegstheoretiker, geb. 30. Mai 1869 Caserte, gest. 4. Febr. 1930 Rom. Besuchte die Artillerie-Akademie in Turin und die Generalstabsakademie. Kommandeur eines Fliegerbataillons, nach Kriegseintritt Italiens (1915) Stabschef einer Division. Ab 1918 leitete er die Zentrale Verwaltung der italienischen Luftstreitkräfte, 1923 Divisionsgeneral und Versetzung in die Reserve. Beschäftigte sich seit 1910 mit Luftkriegstheorien und schlug 1915 vor, eine 500 Bomber starke Division zu schaffen. In der von ihm begr. Zeitschrift und dem 1921 gedruckten (wiederholt in zahlreichen Sprachen verlegten) Werk «Die Luftherrschaft» vertrat er die Ansicht von der alles entscheidenden Rolle der Fliegerkräfte, bes. der Bomber. Seine umstrittenen Theorien fanden vor allem in die Luftkriegskonzeptionen der USA und Deutschlands Eingang. → Luftkrieg

Douhetismus: → Luftkrieg

downburst: → Windscherung

Dr: im ersten Weltkrieg Typenbez. der deutschen Fliegertruppe für 1sitzige, bewaffnete Dreidecker der Jahre 1917/18 (z. B. Jagdflugzeug Fokker Dr. I). → Dreidecker

Drachen: leichtes Fluggerät aus einem mit Papier, Stoff oder Folie bespannten Holzgerüst, das unter Nutzung des (an einer schräg von unten angeströmten Fläche entstehenden) dynamischen Auftriebs fliegt (→ Drachentheorie). D. werden heute vorwiegend als Kinderspielzeug verwendet. Wahrscheinlich wurden sie zuerst im alten China benutzt. In Deutschland werden D. erstmals um 1450 bezeugt, im 17. Jh. waren sie weiter verbreitet. Konstruktiv unterscheidet man *Spitz-D.* aus einer einfachen Fläche und *Kasten-D.* aus einem quaderförmigen Gerüst, das nur an den Enden rundum mit Stoff bespannt ist. Der Kasten-D. besitzt größere Tragkraft und bessere Flugstabilität.

Drachenflug, *Drachenspringen:* Fliegen mit drachenähnlichen Fluggeräten (→ Rogallo-Gleiter, → Gleitschirm). Der Start erfolgt entweder durch Absprung von einer Erhöhung oder mit Hilfe eines Zugmittels vom Boden aus. → Drachen, → Drachentheorie

Drachenflugzeug: Flugzeuge mit Normalanordnung des Höhenleitwerks, d.h. Leitwerk hinter dem Tragflügel, im Unterschied zum → Entenflugzeug und schwanzlosen Flugzeug (→ schwanzloses Flugzeug).

Drachengleiter: svw. → Rogallo-Gleiter.

Drachenspringen: Sportart, bei der der Fallschirmspringer mit einem Sport- oder Spezialschirm an einer Schleppleine von einem Kraftfahrzeug oder Motorboot auf die entspr. Höhe gezogen wird. Nach deren Erreichen verlangsamt das schleppende Fahrzeug die Geschwindigkeit, so daß der Springer am Schirm zu Boden sinkt, oder er kuppelt nach Erreichen der Höhe das Schleppseil aus und gleitet zur Erde.

Drachentheorie: Lehre vom Entstehen einer Luftkraft an einer schräg im Luftstrom liegenden ebenen Fläche, die mechanisch mit der Erdoberfläche fest verbunden ist. Das Entstehen der Luftkraft erklärt sich dabei als Reaktion auf die Auslenkung des Luftstroms durch die schräg im Luftstrom liegende ebene Fläche. Dieser Effekt wird auch durch Profil und Tragflügel genutzt, wobei hier durch die Formgebung der Wirkungsgrad beim Gewinnen von dynamischem Auftrieben bei gleichzeitigem Senken des Widerstands durch Verringern der Wirbelbildung bedeutend erhöht wird. Der Drachen liegt stabil in einem Punkt, wenn die Kräfte F_R und F_H gleich groß und genau entgegengesetzt gerichtet sind.

Drall: 1. physikalischer Begriff der Rotationsbewegung in Analogie zum → Impuls bei Translationsbewegung. D. ist das Produkt aus Massenträgheitsmoment und Winkelgeschwindigkeit, oft auch als Drehimpuls bezeichnet. D. hat große Bedeutung für die Flugmechanik bei Drehbewegungen von Flugzeugen, Luftschrauben oder Triebwerksrotoren. – **2.** Wirkung von Luftschraube und Luftschraubenstrahl auf das Flugzeug, insbesondere auf das Seitenruder bei einmotorigen Flugzeugen. Bei einer linksdrehenden Luftschraube wird z. B. das Seitenleitwerk von rechts vom Luftschraubenstrahl getroffen. Das führt insbesondere im Start zu einer Kursabweichung des Flugzeugs nach rechts, die vom Flugzeugführer durch Seitenruderausschlag zu verhindern ist. – **3.** Wirkung des Luftschraubendralls beim Kurvenflug. Bei einer Linkskurve z. B. wird durch eine linksdrehende Luftschraube ein Anheben des Flugzeugbuges verursacht, das vom Flugzeugführer durch Höhenruderausschlag zu verhindern ist.

Drallgesetz, *Dralländerungsgesetz:* wiss. Erkenntnis, daß die Änderung des → Dralls pro Zeiteinheit gleich der Summe aller wirkenden äußeren Momente ist; daraus ist z. B. in der Flugmechanik die Wirkung von Ruderausschlägen auf die Drehbewegung des Fluggeräts abzuleiten.

Drallschwimmer: Geberelement in → Vorratsmessern.

Drehbewegung *(Rotationsbewegung)* **des Flugzeugs:** Rollen um die Längsachse, Nicken um die Querachse und Gieren oder Wenden um die Hochachse. → flugmechanische Koordinatensysteme, → Bewegung des Flugzeugs, → Momente am Luftfahrzeug

Drehebene: → Tragschraube

Drehflügel: wenig gebräuchliche Bez. der → Tragschraube oder des Tragschraubenblatts (→ Blatt) eines → Rotorflugzeugs.

Drehimpuls: → Drall

Drehkegel: → Tragschraube

Drehkolbenmotor: → Rotationskolbenmotor

Drehmoment: physikalischer Begriff, Vektorprodukt aus Kraft und Hebelarm. Das D. ist zur Aufrechterhaltung bzw. Erzeugung von Drehbewegungen, zur Überwindung von Drehwiderständen und Massenmomenten erforderlich. Es ist die analoge Größe der Kraft für Rotationsbewegungen. Bei Wellenleistungstriebwerken ist für konst. → Drehzahl die Leistung direkt proportional dem D.

Drehmomentüberwachungsanlage: technische Einrichtung bei großen KTW und PTL zur Überwachung des abgegebenen Drehmoments und damit der Triebwerksbelastung.

Drehzahl: physikalischer Begriff zur Beschreibung der Drehgeschwindigkeit von Wellen; wird in Umdrehungen pro Minute angegeben. Die zeitweilig für D. benutzte Maßeinheit min^{-1} ist die Dimension einer Winkelgeschwindigkeit und mit U/min nicht identisch. Bei Wellenleistungstriebwerken ist für konstantes → Drehmoment die Leistung direkt proportional der D.

Drehzahlcharakteristik: → Betriebsverhalten

Drehzahlmesser: Anzeiger (l.) und Geber (r.)

Drehzahlmesser: Gerät, das in Luftfahrzeugen z. B. zur Anzeige der Kurbelwellendrehzahl von KTW bzw. der Turbinendrehzahl in Strahltriebwerken dient. Nach dem verwendeten Meßprinzip ist eine große Zahl verschiedener D. zu unterscheiden. Als D. mit Fernübertragung wird z. Z. häufig ein Wirbelstrom-D. benutzt, der von einem Synchronmotor angetrieben wird. Die Drehzahl des Synchronmotors entspricht der zu überwachenden Triebwerksdrehzahl, da diese durch einen Synchrongenerator abgenommen wird. Die Generatorfrequenz ist der Drehzahl proportional.

Drei-Achsen-Dämpfer: → Dämpfer, der Störungen, die auf die Bewegung des Luftfahrzeugs in Richtung seiner 3 Achsen (→ Achsen des Luftfahrzeugs) und um diese Achsen wirken, ausgleicht.

Drei-Achsen-Steuerung: → Flugregler

Dreidecker: Flugzeug mit 3 übereinanderliegenden Tragflügeln; angewendet in den ersten Jahren der Fliegerei, so im ersten Weltkrieg als Jagdflugzeug, z. B. Fokker Dr. I.

Dreieckflügel: Tragflügel von der Form eines Dreiecks in der Draufsicht; oft in abgewandelter Form verwendet (→ Deltaflügel, → ogivale Flügelform, → Tragflügelgeometrie). Vereinigt aerodynamische Vorteile des → Pfeilflügels

Dreidecker Sopwith Triplane im Museum der sowjetischen Luftstreitkräfte Monino

mit großer Festigkeit bei relativ geringer Masse.

Dreieckrechner: einfaches Rechengerät (kreisförmiger oder in Normalausführung gebauter Rechenschieber) für Navigationsrechnungen bei der Koppelnavigation (→ Flugnavigation). Der D. besitzt logarithmische Teilungen für den Sinus und die Flugzeit. Da für Rechnungen im Kursdreieck der Sinussatz benötigt wird, lassen sich die anfallenden Rechnungen auf dem D. relativ leicht lösen. Weitere Skalen ermöglichen die Errechnung der Flugzeit aus Weg und Geschwindigkeit und Fahrtmesserkorrekturen. Die auf dem D. vorhandenen Funktionen wurden in die Programme elektronischer Taschenrechner oder zentraler Bordrechner übernommen, mit denen ein komfortableres Arbeiten möglich ist.

Dreiecksflug: Flug auf einer Dreiecksstrecke mit Rückkehr zum Standort. Es müssen 2 vorher festgelegte → Wendepunkte an- oder überflogen werden. D. werden als Wettkampfdisziplinen in verschiedenen Distanzen und bei Motor- und Segel-Rekordflügen ausgeschrieben.

Dreiecksonde: → Kompaß

dreifaches Leitwerk: 3fache Anordnung des Leitwerks, vom Prinzip her ähnlich dem doppelten Leitwerk. → Leitwerk

Dreilettercode: → Zweilettercode

Dreipunktlandung: gleichzeitiges Aufsetzen des Flugzeugs mit den Rädern des Hauptfahrwerks und des Bugrads bei Flugzeugen mit Bugfahrwerk bzw. des Heckrads bei Flugzeugen mit

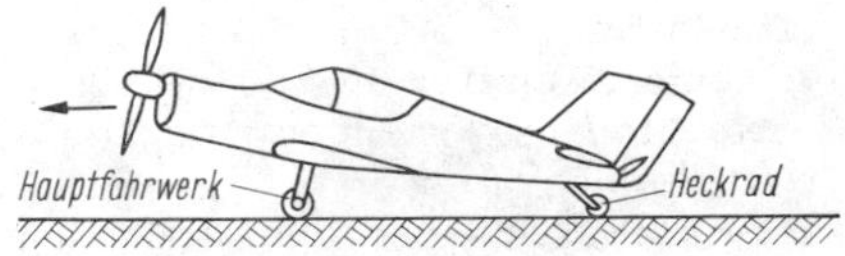

Dreipunktlandung

Heckradfahrwerk. → Landung, → Aufsetzen

Dreizeigergerät: Anzeiger, auf dem 3 physikalische Größen durch die Stellung von Zeigern dargestellt werden. D. benutzt man häufig in Luftfahrzeugen zur Anzeige der Triebwerksparameter Brennstoffdruck, Schmierstoffdruck, Schmierstofftemperatur.

Dresden: Flughafen Klotzsche; City-Code **DRS.** Internationaler Flughafen, Ausweichflughafen für Flughafen Berlin-Schönefeld: 51° 08′ n. Br., 13° 46′ 06″ ö. L., Höhe 230 m. 10 km nördlich des Stadtzentrums gelegen. 1 Start- und

Dreizeigergerät

Alle Maschinen der Reihen Lockheed «Constellation» und «Super Constellation» hatten ein dreifaches Seitenleitwerk

Landebahn mit 2500 m × 80 m. Jahresverkehrsaufkommen 1986 0,3 Mill. Fluggäste. Moderne Funk- und Navigationsausrüstungen.

Drohne: Flugkörper zur Aufklärung oder Zieldarstellung, fern- oder selbstgesteuert, in Form eines kleinen Flugzeugs. Gestartet wird meist vom Katapult, manchmal auch vom Schleppflugzeug. Das Fahrwerk ist einzieh- oder abwerfbar. Als Antrieb werden Kolben-, Strahl- oder Raketentriebwerke verwendet. Auf Kufen, Rädern oder am Fallschirm wird gelandet. Für Aufklärungszwecke führt die D. eine spezielle Ausrüstung (Foto-, Radaraufzeichnungs-, Fernseh-, Infrarot-, seismische oder akustische Auffassungsgeräte) mit. → Flugzieldarstellung

Drosselhebel: Hebel zur Veränderung der Leistung bzw. des Schubs bei Flugzeugtriebwerken, häufig auch als Leistungshebel oder Triebwerksbedienhebel bezeichnet.

Drosselkennlinie: → Betriebsverhalten

Druck: Wirkung einer Flächenkraft senkrecht auf eine Flächeneinheit; in der → Fluidmechanik sind folgende in der → Bernoulligleichung zusammengefaßten Druckanteile von Bedeutung: 1) → statischer D. aus den Bestandteilen a) hydromechanischer D. – Ausdruck innerer Kräfte der Fluide, z. B. für Gase aus der freien Bewegung der Moleküle und für Flüssigkeiten als Reaktion auf äußere Krafteinwirkungen erklärbar, b) Schwere-D. – Ausdruck der Schwerkraftwirkung im Anziehungsfeld der Erde und c) Trägheits- oder Beschleunigungs-D. – Ausdruck z. B. von Radialbeschleunigung bei Kurvenflügen (ist z. T. wesentlich größer als die Erdbeschleunigung); 2) → dynamischer D. aus der Bewegung des Fluids abgeleitet. Die Messung des D. ist im Flugwesen sowohl für die Bestimmung von Flächenkraftwirkungen als auch für die Ermittlung der Fluggeschwindigkeit von Bedeutung. → Fahrtmesser

Druckanzug: Anzug, der so konstruiert ist, daß er auf den Körper des Trägers Druck ausübt, damit Atmung und Kreislauf auch unter stark vermindertem atmosphärischem Druck normal oder fast normal funktionieren. Beim Verlassen des Luftfahrzeugs in großen Höhen schützt der D. vor Sauerstoffmangel, bewahrt vor dem Tod durch Zerreißen der inneren Organe (durch den geringen Außendruck würden sich die Gase im Körper ausdehnen), hindert das Blut am Sieden in den Adern (die Siedegrenze liegt in großen Höhen schon bei normaler Körpertemperatur), schützt vor der Druckkraft der Luftströmung, die z. B. bei einer Fluggeschwindigkeit von 1200 km/h schon 50 000 N beträgt (bei 500 N wird ein Mensch bereits umgeworfen) und vor dem Erfrieren (über 11 000 m Höhe beträgt die durchschnittliche Temperatur −56 °C). Man unterscheidet *Teil-* und *Voll-D.* Beim Teil-D. erstreckt sich der Schutz nicht über den gesamten Körper des Fliegers. Der Kopf wird durch den Teildruckhelm vor den Einflüssen des niedrigen atmosphärischen Drucks in großen Höhen bzw.

Drohne MQM-74A (Northrop)

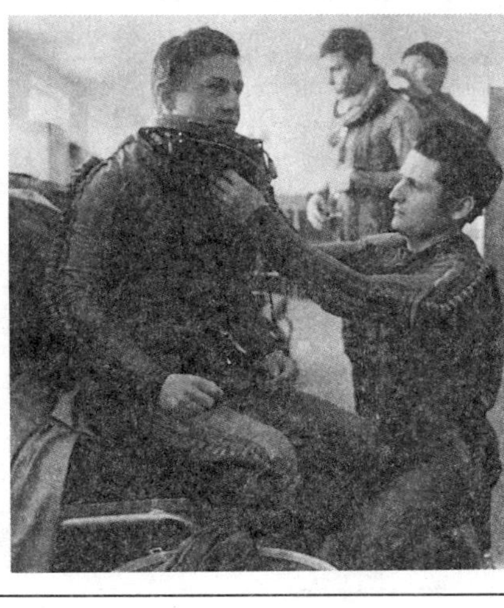

Druckanzug

beim Abfall des Kabinendrucks oder beim Verlassen des Luftfahrzeugs geschützt. Dazu wird durch Unterdrucksetzung des Helms mit Sauerstoff ein Druck auf den Kopf des Fliegers ausgeübt, der dem des Atemsauerstoffs im Körperinnern entgegenwirkt. Der Helm schließt am Hals dicht ab, da er keine Verbindung mit dem Teil-D. hat. So sind Genick und Handgelenke ungeschützt. Auf Körper, Arme und Beine des Trägers wird mechanisch Druck durch Gummiblasen ausgeübt – häufig auch mittels einer Anordnung von Verschnürungen, die durch aufblasbare Schläuche an den Seiten des Körpers sowie an den Außenseiten von Armen und Beinen gespannt werden und den Druck auf Körper, Arme und Beine übertragen. Bei der Druckausübung mit Gummiblasen ist eine Ventilation erforderlich, um überschüssige Körperwärme und Feuchtigkeit abzuführen. Bei Verwendung von spannbaren Verschnürungen ist das verwendete Material porös genug, so daß auf derartige Maßnahmen verzichtet werden kann. Für den längeren Aufenthalt in sehr großen Höhen sind Teil-D. nicht ausreichend. Es müssen *Voll-D.* verwendet werden. Bei diesen sind Helm, Handschuhe und Stiefel mit dem hermetisch abgedichteten Anzug dicht verbunden, so daß im Innern ein höherer Druck als der atmosphärische erzeugt werden kann. Das Hauptproblem der Voll-D. besteht in der Sicherung einer ausreichenden Bewegungsfreiheit des Trägers bei unter Druck stehendem D. Die Beweglichkeit der Gelenke erreicht man durch Harmonikabalgen oder Metallringe. Man unterscheidet *ventilierte* und *regenerative Voll-D.* Beim ventilierten Voll-D. wird eine → Atemmaske verwendet, während der Anzug Druckluft erhält, die durch Leitungen im Anzug verteilt wird. Damit werden die überschüssige Körperwärme und Feuchtigkeit sowie das entstehende Kohlendioxid abgeleitet. Der Druck wird durch Regler aufrecht erhalten. Die erforderliche Luft (100...150 l/min) liefert ein Gebläse. Der regenerative Voll-D. besitzt keine Atemmaske, da er mittels Sauerstoff unter Druck gehalten wird. Durch die beschriebenen Leitungen gelangt der Sauerstoff in den Anzug. Die ausgeatmeten Gase werden regeneriert. Dabei erfolgt die Abtrennung der Verunreinigungen und des Kohlendioxids sowie ein Anreichern mit frischem Sauerstoff. Danach wird dieses Gasgemisch wieder zugeführt.

Druckbarriere: Bez. für das Hindernis zum Erreichen großer Flughöhen, wo dann hohe Überschallgeschwindigkeiten erzielt werden können. Durch den Druckabfall treten in großen Flughöhen im Blut des Menschen Veränderungen auf. Bei schnellem Aufstieg in Höhen über 9000 m oder bei plötzlicher Enthermetisierung der Druckkabine (Havarie) kommt es zu Erscheinungen wie bei der «Taucherkrankheit», bei der durch den Druckabfall im Blut gelöste Gase, in erster Linie Stickstoff, frei werden und Embolien hervorrufen können. Zum Schutz werden Druckanzüge (→ Druckanzug) getragen bzw. die Flugzeuge mit → Druckkabine ausgerüstet.

Druckbeiwert: relative Druckangabe als Basis für → Druckverteilungsbilder; Quotient der Differenz zwischen örtlichem statischen Druck am Profil, Tragflügel usw. und dem statischen Druck der ungestörten Strömung zum → Staudruck.

Druckbetankung: → Betankung

Drücken: Bewegen der Steuersäule bzw. des Steuerknüppels nach vorn, wodurch das Höhenruder nach unten ausschlägt bzw. das Flossenruder die Nase hebt, das Rumpfheck hochgedrückt und eine abwärtsgerichtete Flugbahn eingeleitet wird. → Ziehen

Druckflächennavigation: in der Vergangenheit benutzte Navigationsart, bei der die Bestimmung des Standorts durch Höhenvergleich zwischen barometrischer und absoluter Höhe (→ Höhenmesser) erfolgte. Seitenwindkomponente und → Abdrift wurden mit Hilfe von Höhenwetterkarten bzw. -vorhersagen bestimmt.

Druckkabine: abgedichteter Raum im Innern eines Luftfahrzeugs für Passagiere, Besatzung und eventuell Fracht, in dem der Druck über den Außendruck erhöht werden kann. Der Druck wird mittels Kabinenluftverdichter oder durch die vom Verdichter eines Strahltriebwerks abgezapfte Luft erzeugt, während eine → Klimaanlage für das Einhalten der gewünschten Temperatur sorgt. In der D. können auf diese Weise Umweltbedingungen hinsichtlich des Drucks und der Temperatur geschaffen werden, die den normalen Ablauf der

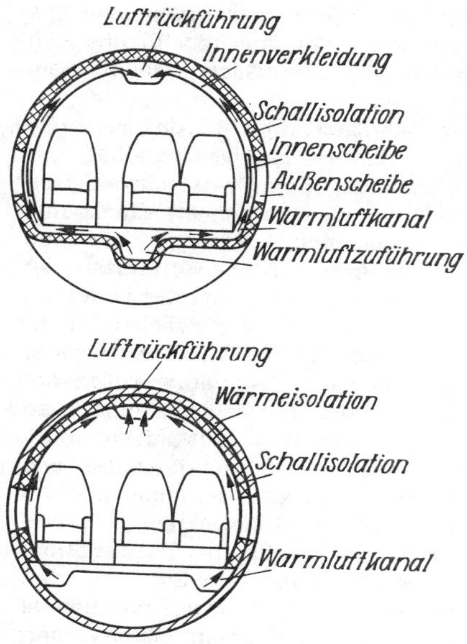

oben doppelwandige, unten einwandige Druckkabine

Atmungs- und Kreislauffunktion auch in großen Höhen gestatten.
Die heute allgemein übliche Unterbringung der D. im Rumpf ist die von der Raumausnutzung und Masseeinsparung her günstigste Lösung. Aus konstruktiver Sicht stellt diese Form der D. einen hermetischen Abschnitt des Rumpfes dar. Er unterliegt der allgemeinen Belastung des Rumpfes und wird darüber hinaus durch Kräfte infolge des Überdrucks belastet. In der Regel ist die Kabinenwandung innerem Überdruck ausgesetzt, jedoch ist in den Fällen, in denen Strahltriebwerke im Rumpf untergebracht sind und der Ansaugkanal an der D. vorbeigeführt wird, auch äußerer Überdruck möglich. Die Kabinenwandung besteht entweder aus normalen Behäutungsblechen, die durch Längs- und Querpfetten versteift sind, oder aus Sandwichschalen (→ Verbundplattenbauweise). Die für gute Sichtverhältnisse erforderliche Verglasung muß druckdicht sein, wobei aber ein starres Befestigen im kräfteaufnehmenden metallischen Rahmen zu vermeiden ist, um Temperaturspannungen auszuschließen. Das Glas wird deshalb in Gummiprofile eingebettet und mit einer speziellen Dichtmasse verklebt.
Druckkammer: abgeschlossener Raum zum Modellieren des Flugfaktors «Höhe». Die D. erlaubt, Veränderungen des atmosphärischen Drucks am Boden herzustellen, wie er in oder um ein Flugzeug in verschiedenen Höhen vorkommt (von 0 m NN bis 20000 m über NN). Die D. dient neben dem Simulieren von Bedingungen für das Auftreten der Höhenkrankheit, der Dekompressionskrankheit (bei plötzlicher Enthermetisierung der Flugzeugkabine), des Höhenmeteorismus und der Funktionsbehinderung beim Belüften der Nasennebenhöhlen und des Mittelohrs zu Tauglichkeits- und Eignungsprüfungen der Flieger sowie zu Trainingszwecken der menschlichen Anpassungsmechanismen an den Flugfaktor Höhe. Durch Hinzufügen veränderlicher Temperaturen und anderer Faktoren des Mikroklimas in der Kammer (→ Klimakammer) können auch die Bedingungen außerhalb der Flugzeugkabine bzw. im nichthermetisierten Teil des Luftfahrzeugs modelliert werden. Die D. dient weiterhin für Versuchszwecke an Tieren, zur Erforschung der Flugfaktoren und zur Materialüberprüfung (Verhalten von Geräten in großer Höhe, bei niedrigen oder hohen Temperaturen, z. B. von Automaten für die automatische Fallschirmöffnung in bestimmten Höhen). Für die Bedingungen der Raumfahrt können in der D. fast Weltraumbedingungen (Druck und Temperatur) erzeugt werden.
Druckluftanlage: Gesamtheit der im Flugzeug installierten pneumatischen Geräte (Kompressoren, Druckluftbehälter, Leitungen, Ventile, Arbeitszylinder, Manometer u. a.), die dazu dienen, Prozesse zu steuern oder energieaufwendige Arbeiten zu verrichten. Die D. kann dazu aus verschiedenen Systemen bestehen, die z. B. Radbremsen betätigen, Fahrwerke ein- und ausfahren bzw. notausfahren, Luken öffnen und schließen, Startraketen abwerfen, Bremsschirme aus- und abwerfen, Enteisungsanlagen betätigen (sowohl Flüssigkeitsenteisung als auch mechanische → Enteisung), aber auch die Enttankungsreihenfolge steuern u. a.
Hauptvorteil von D. ist ihre elastische Wirkungsweise. Problematisch ist die Notwendigkeit, sehr trockene Luft zu verwenden, um einerseits eine Vereisung von Elementen der D. und damit deren Ausfall zu verhindern und andererseits eine Korrosion der Teile der D. zu verringern.

Druckluftenteisung: → Enteisung

Druckluftkrankheit: durch starke Veränderungen des Außendrucks hervorgerufene anomale Gasverhältnisse im Körperinnern von Besatzungsmitgliedern. Durch Nachlassen des Außendrucks und die daraus resultierende → Dekompression können Nasenbluten, Blähungen, Embolien sowie Kopf- und Gelenkschmerzen entstehen. → Höhenkrankheit, → Druckanzug

Druckmesser, *Manometer:* Anlage zum Überwachen des Drucks eines Gases oder einer Flüssigkeit. Das richtige Arbeiten vieler Einrichtungen von Trieb- und Flugwerken verlangt, die vorgeschriebenen Drücke (z. B. → Ladedruck) exakt einzuhalten. D. lassen sich nach dem zu messenden Druck in Differenz- und Absolut-D. einteilen. Differenz-D. messen den Über- oder Unterdruck gegenüber einem Bezugsdruck, der meist der atmosphärische Druck ist. Absolut-D. bestimmen den absoluten Druck, d. h. den Druck in bezug auf das Vakuum. D. lassen sich auch nach dem zu überwachenden Medium in Schmierstoff-, Luft-, Hydraulik-, Brennstoff- und Sauerstoff-D. unterteilen. Ein weiteres Kriterium ist das Meßverfahren: Im Luftfahrzeug werden statt mechanischer meist elektromechanische D. benutzt. Mechanische D. arbeiten mit Bourdonrohr (Röhrenfeder), → Membrandose oder Wellrohr als Meßelement. Durch Einwirkung des zu messenden Drucks entstehen am Meßelement Verformungen, die mit dem Übertragungsmechanismus zum Anzeigeteil übertragen werden. Elektromechanische D. sind im Geberteil prinzipiell ebenso aufgebaut. Die Verformung des Meßelements dient hier jedoch zur Verstellung eines Widerstands oder einer Induktivität. Die Anzeige erfolgt mittels → Quotientenmessers (→ Dreizeigergerät) oder Selsyn (Drehmelder).

Druckmittelpunkt, *Angriffsmittelpunkt, Auftriebsmittelpunkt:* Bez. in der älteren Literatur für den Angriffspunkt der → Luftkraftresultierenden am umströmten Körper. → Druckpunkt

Druckpunkt: gedachter Angriffspunkt der Luftkraftresultierenden an Profil, Tragflügel, Rumpf u. a. Die Lage des D. an Profil, Tragflügel usw. ist von deren Form, von ihrer Lage im Luftstrom (Anstellwinkel, Schiebewinkel) sowie von der Anströmgeschwindigkeit abhängig. Soll am Flugzeug Momentengleichgewicht herrschen, muß der D. des Flugzeugs mit seinem Schwerpunkt zusammenfallen. Die Lageänderung des D. wird als D.wanderung bezeichnet. Bei entspr. Formgebung kann die Lage des D. unabhängig vom Anstellwinkel sein. Solche Profile werden als druckpunktfest bezeichnet. → Neutralpunkt

Druckregler, barometrischer: 1. Vorrichtung an Brennstoff-Förderpumpen für Flugmotoren, die selbsttätig den Förderdruck und die Fördermenge in Abhängigkeit vom atmosphärischen Luftdruck regelt. – **2.** Baugruppe in der Klimaanlage eines Luftfahrzeugs, die den Kabinendruck und die Geschwindigkeit von Druckänderungen (bei Änderung der Flughöhe) regelt.

Druckschmierung: bei Flugzeugtriebwerken angewandtes Schmierverfahren, bei dem den einzelnen Schmierstellen der Schmierstoff ständig von einer Pumpe unter Druck zugeführt wird (Druckumlaufschmierung).

Druckschraube: → Luftschraube

Druckverhältnis: → thermodynamische Kennwerte

Druckverteilungsbild: ebene Darstellung der Druckverteilung am umströmten Profil. Aus der Form des D. lassen sich wichtige Rückschlüsse über die Eigenschaften des Profils bei bestimmten Strömungsverhältnissen ziehen, so über die Größe von Auftrieb und → Widerstand, über die Lage von Druckpunkt, → Neutralpunkt und → Verdichtungsstößen. Anstelle des absoluten Drucks werden im D. meistens relative → Druckbeiwerte dargestellt.

Drzewiecki, *Jerzy:* polnischer Pilot und Flugzeugkonstrukteur, geb. 7. Aug. 1902, gest. 15. Mai 1990 Ottawa. Ab 1921 Maschinenbau-Studium gemeinsam mit → *Wigura* an der Technischen Hochschule Warschau, 1929 Staatsexamen. Einer der Gründer des Aeroklubs Warschau, dort erhielt D. bereits als Student den Flugzeugführerschein. Konstruierte 1924 das Segelflugzeug JD-1, 1926 das Reiseflugzeug JD-2 und 1927 mit *Wigura* und → *Rogalski* das erste gemeinsame Flugzeug → RWD (nach den Anfangsbuchstaben). Die Gruppe RWD schuf bis 1939 noch mehrere Flugzeuge, darunter 1932 die RWD-7, mit der mehrere Langstrecken- und Höhenweltrekorde in ihrer Klasse errungen wurden. Während des zweiten Welt-

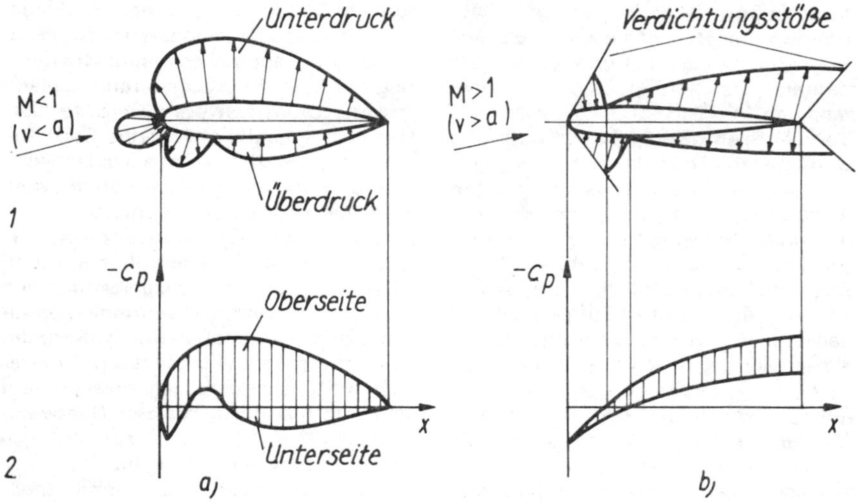

Darstellung von Druckverteilungsbildern am Profil (1) und im Diagramm (2) mit Beispielen für Unterschall- (a) und Überschallströmungen (b)

kriegs flog D. in Großbritannien Transportflugzeuge, danach bei → De Haviland in Kanada.

D-Schicht: → Atmosphäre

Dublin, City-Code **DUB:** bedeut. internationaler Flughafen Irlands 53° 25′ 54″ n. Br., 06° 15′ 12″ w. L., Höhe 68 m. 3 Start- und Landebahnen mit 2286 m × 61 m, 2072 m × 61 m und 1356 m × 61 m. 9 km von Dublin entfernt gelegen. Jahresverkehrsleistung 1985 2,6 Mill. Fluggäste. Moderne Funk- und Navigationsausrüstungen.

Ducted fan: Bauart von → Zweistromturbinenluftstrahltriebwerken, z. B. D 30 der Tu-134.

Düppel: nach dem Ort des erstmaligen Abwurfs benannte Streifen aus Aluminiumfolie, die zur Störung von Radaranlagen aus Flugzeugen abgeworfen wurden. Die Streifenlänge sollte gleich der halben Wellenlänge der Radaranlage sein, um möglichst starke Störungen zu verursachen. D. wurden während des zweiten Weltkriegs häufig angewendet. Sie stellen eine der unter → ECM zusammengefaßten Maßnahmen der Luftkriegsführung dar.

Duraluminium, Dural: Gruppe von Aluminiumlegierungen, die durch Wärmebehandlung gute mechanische Eigenschaften erhalten und wegen ihrer geringen Dichte (2,7 kg/dm³ gegenüber etwa 8 kg/dm³ bei Stahl) im Flugzeugbau häufig verwendet werden. Hauptsächliche Legierungselemente: Magnesium, Kupfer, Mangan, Silizium, Zink. D. wird vorwiegend für tragende Elemente von Rumpf, Tragflügel und Leitwerk verwendet.

Durchflughöhe: im *Agrarflug* die Höhe, in der die → Arbeitsarten ausgeführt werden; die D. liegt in Abhängigkeit von der → Arbeitsart, dem eingesetzten → Agrarflugzeug und den auszubringenden Chemikalien zwischen 3 und 30 m (vorzugsweise 5 bis 15 m).

Durchfluglänge: Begriff aus dem → Agrarflug; die D. ergibt sich aus der Länge der aviochemisch zu bearbeitenden land- bzw. forstwirtschaftlichen Nutzflächen. Die Produktivität und die Kosten des → Agrarflugs werden von der D. und weniger von der Gesamtgröße der zu bearbeitenden Nutzfläche bestimmt; größere D. erhöhen die Produktivität und senken die spezifischen Kosten.

Durchflugrecht: → Überflugrecht

Durchgangsstation: Flughafen, auf dem eine Zwischenlandung planmäßig vorgesehen ist bzw. durchgeführt wird.

Durchgangstarif: 1. Transport-*Tarif,* der von einem Abgangsflughafen zu einem Bestimmungsflughafen über einen oder mehrere Zwischenlandeflughäfen gültig ist. Der Transportpreis ist im D. in einer Summe veröffentlicht. – **2.** *Tarifsatz* (Transportpreis je Person [Through Fare] bzw. je Mengeneinheit Fracht (Durchgangsrate – Through Rate), der von einem Abgangsflughafen über einen oder mehrere Zwischenlandeflughäfen zu einem Bestimmungsflughafen gültig und in einer Summe veröffentlicht ist.

durchgehende Abfertigung: → Abfertigung von Fluggästen und Gepäck zu einem Zielflughafen über einen oder mehrere Transferflughäfen. → Umbehandlung

Durchlaßfähigkeit: **1.** Maß für die Leistungsfähigkeit der → Luftstraßen und Nahverkehrsbereiche der zivilen Luftfahrt, die von den Flugzeugen der Luftverkehrsgesellschaften benutzt werden müssen. Die D. wird bestimmt durch die Menge der Flugzeuge, die pro festgelegter Zeiteinheit Luftstraßen und Nahverkehrsbereiche passieren kann. Sie ist abhängig von der technischen Ausrüstung der Luftstraßen und Nahverkehrsbereiche mit → Funkfeuern und anderen Navigationshilfen, von der Unterschiedlichkeit der Flugzeuge hinsichtlich ihrer Geschwindigkeit und von organisatorischen Maßnahmen (→ Staffelung). – **2.** Maß für die Leistungsfähigkeit der → Flughäfen sowie ihrer Teile/Elemente. Die D. wird ermittelt als Verkehrsmenge (Anzahl der Luftfahrzeuge, Personen, Gütersendungen), die einen Flughafen oder bestimmte Teile davon in der Zeiteinheit passieren kann. Die D. ist u. a. abhängig von der technischen Auslegung der Anlagen sowie organisatorischen Regelungen. Die Größe der D. wird immer vom leistungsschwächsten Teil/Element des jeweiligen Flughafens (Luftstraße) bestimmt.

Durchsacken: svw. schnelles Sinken; plötzliches Abwärtsbewegen des Flugzeugs bei Auftriebsminderung durch → Ablösen der Strömung auf der Tragflügeloberseite beider Flügelhälften beim Erreichen kritischer Anstellwinkel. D. ist auch möglich beim plötzlichen Eintritt des Flugzeugs in eine atmosphärisch bedingte oder durch voranfliegende Flugzeuge erzeugte Abwindzone. → Abkippen

Durchsatzleistung: → Luftbedarf

Durchsatzschub: → Luftbedarf

Durchsatzverhältnis: → Nebenstromverhältnis

durchschnittliche Fluggeschwindigkeit, Symbol v_{QD}: Quotient aus der Länge der Flugstrecke und der Zeit vom Abheben von der Startbahn des → Abgangsflughafens bis zum Aufsetzen auf der Landebahn am → Bestimmungsort; gemessen in km/h.

durchstarten: durch Vergrößerung der Triebwerksleistung einen Landeanflug aufgrund unvorhergesehener Störungen (Hindernis auf der Start- und Landebahn, Nichtausfahren des Fahrwerks u. a.) abbrechen und zum Steigflug wie beim Startvorgang übergehen.

Durchstoßverfahren: 1920/30 für den Instrumentenanflug benutztes Funkpeil- und Leitverfahren. Mittels Funkpeilung wurde der Standort des Flugzeugs vom Peilflugleiter festgestellt und dem Flugzeugführer zum Erreichen des Flugplatzes über Funk mitgeteilt. War auf dem Flugplatz das Motorengeräusch des Flugzeugs hörbar, so wurde die Anweisung zum Durchstoßen der Wolken, deren Untergrenze nicht unter 300 m liegen durfte, gegeben. Die anschließende Landung erfolgte unter Sichtflugbedingungen.

Dürr, *Ludwig:* Dr. Ing. e. h., deutscher Luftschiffkonstrukteur, geb. 1878, gest. 2. Jan. 1956. Ausbildung zum Ingenieur, kam 1898 als Mitarbeiter zu → *Zeppelin,* vom LZ 1 bis zum LZ 130 am Bau aller Zeppelin-Luftschiffe beteiligt. Ab 1917 technischer Leiter der Werft, zuletzt Direktor und Chefingenieur des Luftschiffbau Zeppelin Friedrichshafen.

Duscheneffekt: Verringerung des Drucks auf der Tragflügelunterseite von VTOL-Flugzeugen in Bodennähe aufgrund des nach allen Seiten abströmenden Gasstrahls aus im Rumpf angebrachten Hubtriebwerken. Infolge der Druckminderung entsteht ein Bodensog, der z. B. das Abheben beim Start erschwert. Zur Beseitigung des D. werden mehrere Hubtriebwerke so angeordnet, daß deren Gasstrahlen leicht gegeneinander geneigt austreten, wodurch eine örtliche Druckerhöhung eintritt.

Düse: Strömungskanal mit einem sich in Strömungsrichtung verändernden Querschnitt, in dem die Energie des statischen Drucks (→ Bernoullische Gleichung) in Geschwindigkeitsenergie umgesetzt wird. (Umkehrung eines → Diffusors). Bei Unterschallströmungen ist dazu eine stetige Verengung und bei Überschallströmungen eine stetige Erweiterung des Kanalquerschnitts notwendig. Die sog. verjüngte D. des Unterschallbereichs findet breite Anwendung in der Technik; im Triebwerksbau z. B. als Element zur Energieumsetzung in den Turbinen (Laufrad- bzw. Leitradschaufelkanäle) und als Schub-D. der → Turbinenluftstrahltriebwerke. Die Geschwindigkeit im Austrittsquerschnitt

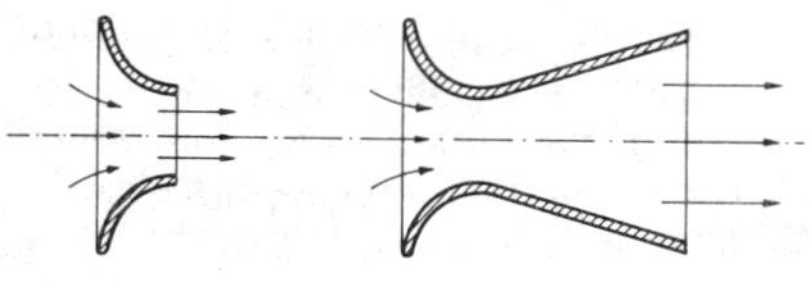

Düse

einer D. wächst mit dem Druckgefälle und der Temperatur des Gases vor der D. Der auf die Austrittsfläche bezogene Massendurchsatz verringert sich dagegen aufgrund der geringeren Dichte mit steigender Gastemperatur. Um den Massendurchsatz von Strahltriebwerken auch bei erhöhter Temperatur vor der Schub-D. (z. B. mit Hilfe eines → Nachbrenners) konstant zu halten, wird anstelle der sog. festen Schub-D. eine verstellbare Schub-D., d. h. eine D. mit verstellbarem Austrittsquerschnitt verwendet. Mit der verjüngten D. kann, auch wenn ein größeres Druckgefälle zur Energieumsetzung verfügbar ist, am Austrittsquerschnitt nur die → Schallgeschwindigkeit für den entspr. Gaszustand erreicht werden. Das bis zum D.-Austritt nicht verarbeitete Druckgefälle trägt zwar auch außerhalb der D. zum → Schub des Triebwerks bei, die Verluste sind aber geringer, wenn auch das restliche Druckgefälle in Geschwindigkeit umgesetzt wird. Das ist mit einer sog. Überschall-D. möglich, bei der sich der Querschnittsverengung im Unterschallbereich eine stetige Querschnittserweiterung für den Überschallbereich anschließt. D. mit kegelförmiger Erweiterung nennt man → Laval-Düse. Die Überschall-D. dient u. a. als Ausströmdüse für → Raketentriebwerke. Bei Strahltriebwerken beschränkt man sich in der Regel auf die feste oder verstellbare verjüngte D., auch wenn bei Vollast der Triebwerke ein höheres Druckgefälle für die Schub-D. vorliegt. Die Austrittsgeschwindigkeit erreicht bei der Umsetzung des Drucks bis zur Schallgeschwindigkeit aufgrund der hohen Abgastemperatur ca. 550...600 m/s. D. werden nicht nur zur Energieumsetzung, sondern auch als Meßgeber bei Mengenstrom- und Geschwindigkeitsmessungen verwendet. → Venturirohr, → Einstromturbinenluftstrahltriebwerk

Düsenantrieb: → Strahlantrieb

Düsenaustrittsgeschwindigkeit: Kenngröße von → Turbinenluftstrahltriebwerken. Mit wachsender D. wächst der → Schub eines Strahltriebwerks, gleichzeitig verringert sich der äußere Wirkungsgrad. Im Standbetrieb ist die D. identisch mit dem spezifischen Schub.

Düsenbeiwert: Faktor, der angibt, wieviel mal größer der Betrag einer mit der Venturidüse gewonnenen Druckdifferenz gegenüber der durch Staurohr gewonnenen ist. Der D. wurde auf Fahrtmessern angegeben, die an Venturidüsen anzuschließen waren, da eine richtige Anzeige nur gewährleistet war, wenn der Anzeiger zusammen mit der geeigneten Düse benutzt wurde.

Düsenflugzeug: umgangssprachliche, aber falsche Bez. für ein Flugzeug, das von einem oder mehreren Luftstrahltriebwerken angetrieben wird. Vgl. auch → Einstromturbinenluftstrahltriebwerk, → Zweistromturbinenluftstrahltriebwerk

Düsseldorf, City-Code **DUS:** internationaler Flughafen der BRD 51° 16′ 54″ n. Br., 06° 45′ 30″ ö. L., Höhe 45 m. 8 km nördlich von Düsseldorf gelegen. 2 Start- und Landebahnen mit 3000 m × 45 m und 1630 m × 50 m. Moderne Funk- und Navigationsausrüstungen. 1985: 7,9 Mill. Fluggäste.

Dutch Roll (engl).: Bez. für eine Art von Roll-Gier-Bewegungen, die bei modernen Hochleistungsflugzeugen auftreten können, weil Pfeilung und Verkleinerung der tragenden Fläche die → Seitenstabilität verringern.

DVI: Abk. für **D**irect **V**oice **I**nput, → vokales Bedienungssystem.

DVOR: Abk. für engl. **D**oppler **V**ery High Frequency **O**mnidirectional **R**ange. → VOR

DVORTAC: Abk. für engl. **D**oppler **V**ery High Frequency **O**mnidirectional **R**ange **Tac**tical Air Navigation, Kombination aus Doppler-VOR (→ VOR) und → TACAN-Anlage.

dynamische Gipfelhöhe: nur unter Nutzung der vorhandenen kinetischen Energie, d. h. durch Umsetzung von Geschwindigkeit in Höhe, erreichbare Flughöhe, in der das Flugzeug jedoch noch voll steuerbar ist. Das Erreichen der d. G. ist an ein genaues Flugprogramm gebunden, das die Einhaltung einer konstanten Energiehöhe H_E während des Manövers gewährleistet.

Der Bereich der d. G. wird zum Aufstellen von Höhenweltrekorden, aber auch

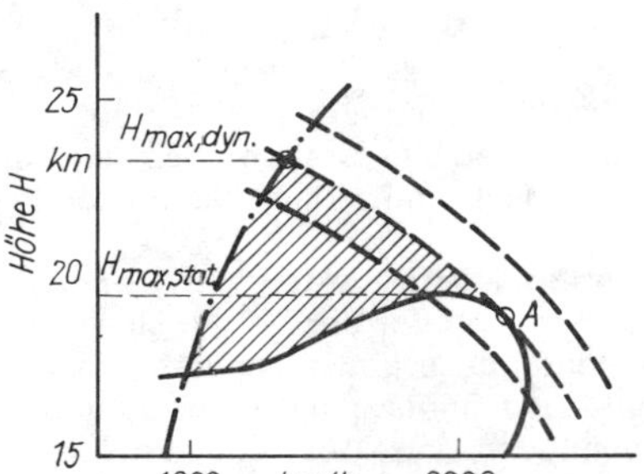

Bereich der dynamischen Gipfelhöhe im Höhen-Geschwindigkeits-Diagramm eines Überschallflugzeugs

für Abfangaufgaben durch Jagdflugzeuge benutzt. → Gipfelhöhe

$$H_E = H + \frac{v^2}{2g} = \text{konst.}$$

dynamischer Auftrieb: → Auftrieb
dynamischer Ausgleich: → Ruderausgleich
dynamischer Druck: Teil des Gesamtdrucks eines strömenden Mediums, der den Anteil der kinetischen Energie an der Gesamtenergie des Mediums charakterisiert, gemessen entgegen der Strömungsrichtung. Der d. D. wächst mit dem Quadrat der Geschwindigkeit und kann mit Hilfe folgender Gleichung ermittelt werden:

$$q = \frac{\varrho \cdot v^2}{2}$$

q dynamischer Druck, *ϱ* Dichte des Mediums, *v* Strömungsgeschwindigkeit. → Bernoullische Gleichung, → Druck, → Fahrtmesser, → statischer Druck, → Staudruck
dynamisches Grundgesetz (auch *2. Newtonsches Gesetz*): grundlegende Gesetzmäßigkeit der Mechanik, wonach die Beschleunigung einer Masse proportional einer auf sie einwirkenden Kraft ist; das d. G. findet seinen Ausdruck in der Grundgleichung

$$m \cdot \vec{a} = \vec{F}$$

m Masse des betrachteten Körpers, *a* Beschleunigungsvektor (Gesamtbeschleunigung), *F* Kräftevektor (Resultierende aller äußeren Kräfte, die auf den Körper einwirken). Das d. G. dient als Grundlage zum mathematisch exakten Erfassen vieler Probleme in der Aerodynamik, Zellenkonstruktion und vor allem der Flugmechanik. → Bewegungsgleichungen, → Drallgesetz
dynamische Stabilität: → Stabilität

E

E: 1. im ersten Weltkrieg Bez. der deutschen Fliegertruppe für 1sitzige, bewaffnete Eindecker 1915/16, z. B. Fokker E III. – **2.** im Konstruktionsbüro → *Mikojan* übliche Bez. für Überschallflugzeuge, bevor sie als Serienmaschine eine Bezeichnung der Luftstreitkräfte erhalten, z. B. E-6 als Prototyp der MiG-21; E-152, nicht in den Serienbau überführtes Höhenabfangjagdflugzeug von 1958, dessen Rekordausführung E-166 weltbekannt wurde.
EAA: Abk. für engl. → **E**ast **A**frican **A**irways.
EAL: Abk. für engl. → **E**astern **A**ir **L**ines Inc.
EAO: Abk. für russ. **E**xperimentalnoje **A**erodynamitscheskoje **O**tdelenije, Aerodynamische Versuchsabteilung des → ZAGI.
Earhart, *Amelia M.:* amerikanische Fliegerin, geb. 24. Juli 1898 Atchinson (Kansas), gest. (im Pazifik verschollen) 2. Juli 1937. Vom 17. bis 18. Juni 1928 überflog sie als erste Frau der Welt den Nordatlantik mit dem Piloten *Wilmer Stultz* am Steuer der Fokker F. VII B-3m. Mit einer Lockheed L-5C «Vega» überflog sie vom 20. zum 21. Mai 1932 als erste Frau allein den Nordatlantik, und am 25. Aug. des gleichen Jahres überquerte sie die USA nonstop (3938 km) von Los Angeles nach New York (Weltrekord). Weitere Langstreckenrekordflüge wa-

Versuchsflugzeug E-166 (1958)

ren: 11./12. Juli 1935 – Alleinflug von Hawaii nach Kalifornien in 18 h 16 min (3860 km); 21. Mai 1937 – Start zum ersten Weltrundflug einer Frau mit Lockheed «Electra» von Florida nach Afrika, Indien, Australien, Neu-Guinea. Dort startete sie von Nae nach der Insel Howland und blieb verschollen.

EAS: Abk. für engl. **E**quivalent **A**ir **S**peed, äquivalente → Fluggeschwindigkeit. Anzeige des im Flugzeug eingebauten Anzeigegeräts, korrigiert um dessen Fehler, außerdem um den aerodynamischen Einbaufehler der Fahrtmeßanlage sowie um den Restfehler infolge Kompressibilität. Der Restfehler ist die Differenz der Kompressibilitätskorrekturen in einer bestimmten Höhe und in Meereshöhe.

East African Airways, Abk. **EAA:** ehem. gemeinsames Luftverkehrsunternehmen von Kenia, Uganda und Tansania. 1945 durch Übernahme der Vorkriegsstrecken der «Wilson Airways» entstanden. Die Liniendienste wurden 1946 aufgenommen. EAA stellte ihre Tätigkeit infolge finanzieller Belastungen im Jan. 1977 ein. Es wurden nationale Luftverkehrsgesellschaften gegr.: → Uganda Airlines, → Kenya Airways und Tansania Airlines.

EAA

Eastern Air Lines Inc., Abk. **EAL:** größte Luftverkehrsgesellschaft der USA mit Sitz in New York, gegr. 1926 als Pitcaru Aviation, die 1928 ihren Betrieb mit der Eröffnung einer Luftpostlinie zwischen New York und Atlanta begann. 1929 änderte diese Gesellschaft ihren Namen in North American Aviation und 1930 in Eastern Air Transport Inc. Seit 1938 trägt sie ihren jetzigen Namen. Die finanzkräftige Fluggesellschaft, die zu den größten der Welt gehört, fusionierte im Verlauf der Jahre mit New York Airways (1931), Lidington Air Lines (1933), Colonial Airlines (1956), Mackey Airlines (1967) und der Caribbean Atlantic Airlines (1974). Die EAL führte als erste Luftverkehrsgesellschaft 1961 den → Air-Shuttle-Dienst ein (zwischen New York, Washington und Boston). *Flugzeugpark* (1987): 28 Airbus A 300, 122 Boeing 727, 25 Boeing 757, 23 L-1011 „Tristar", 2 DC 10 und 83 DC 9. Verkehrsdaten 1987: 44,7 Mill. beförderte Passagiere (davon 38 Mill. Inlandspassagiere); 58,1 Mrd. Pkm; 350 Mill. Fracht-tkm; 5,8 Mrd. tkm Gesamtleistung. Streckennetz von über 500000 km. Hauptstrecken: Inlandflugverkehr; Kanada, Mexiko, Bermudas, Bahamas, Karibik. IATA-Mitglied.

EASTERN

Eastern Provincial Airways Ltd., Abk. **EPA:** Inlandluftverkehrsgesellschaft, Sitz Gander, Neufundland (Kanada). Gegr. 1949, begann die Gesellschaft 1950 den Liniendienst. 1963 übernahm die EPA die Dienste der Maritim Central Airways.

East-West Airlines Ltd.: Luftverkehrsunternehmen mit Sitz in Tamworth (Australien). Gegr. 1947 zur regelmäßigen Durchführung des Passagier- und Luftfrachtverkehrs zwischen Orten in

Neu Südwales, Queensland, Victoria und (seit 1977) Norfolk Irland.

EAT: Abk. für engl. **E**xpected **A**pproach **T**ime, die aufgrund der navigatorischen Berechnung erhaltene voraussichtliche Anfllugzeit.

ECAC: Abk. für engl. → **E**uropean **C**ivil **A**viation **C**onference

Echolot: in der Vergangenheit gebräuchlicher akustischer Höhenmesser für Luftschiffe und Flugzeuge. Ein an Bord vorhandener Schallsender (Knallgeber mit Patronen oder Pfeifenmechanismus) gab Schallimpulse ab und startete gleichzeitig den Zeiger auf dem Anzeigegerät. Bei Ertönen des vom Erdboden reflektierten Echos blieb der Zeiger entweder automatisch stehen oder seine Stellung mußte in diesem Moment abgelesen werden. Die Skale, vor der sich der Zeiger bewegte, war in Metern geeicht. Die Anlage gab die Höhe über Grund an und wurde durch den Funkhöhenmesser (→ Höhenmesser) verdrängt. Erste E. wurden 1913 von *Alexander Behm* erfunden und deshalb *Behmlot* genannt.

Eckener, *Hugo:* deutscher Luftschifführer, Dr. phil., geb. 10. Aug. 1868 Flensburg, gest. 14. Aug. 1954 Friedrichshafen. Gymnasium, Studium in Leipzig (Philosophie, Nationalökonomie, ab 1899 Literatur und verschiedene Wissenschaften). Nach heftiger Kritik der damaligen Entwicklungsarbeiten am Luftschiff Einladung nach Friedrichshafen. Seit 1905 Mitarbeiter des Grafen → *Zeppelin,* ab 1906 einer der ersten Luftschiffführer Deutschlands. 1909 Technischer Direktor der DELAG, 1912 Direktor. Nach Zeppelins Tod Übernahme der Leitung in Friedrichshafen. 1910/14 Passagierfahrten mit den Luftschiffen «Deutschland», «Schwaben», «Viktoria Luise», «Hansa» und «Sachsen». Während des ersten Weltkriegs als Zivilist Ausbilder von Luftschifführern der Marine. Bereitete seit 1922 Transozeanfahrten mit Luftschiffen für Passagiere vor. Führte 1924 das Luftschiff ZR III von Friedrichshafen nach Lakehurst in die USA. Danach zahlreiche Weltfahrten mit Luftschiffen, 1931 Forschungsfahrt mit sowjetischen Wissenschaftlern über Leningrad in die Arktis (in Zusammenarbeit mit dem sowjetischen Eisbrecher «Malygin»), 1936/37 sporadische Teilnahme an planmäßigen Nordamerika-Reisen mit LZ 129 bis zu dessen Zerstörung. E. war im März 1935 als Aufsichtsratsvorsitzender der Deutschen Zeppelin-Reederei kaltgestellt und aus dem Fahrtenbetrieb abgeschoben worden. 1932 Goldmedaille der → FAI, 1937 Guggenheim-Medaille der USA. – 1924/36 war E. Leiter der «Luftschiffbau Zeppelin GmbH». 1945/47 beratende Funktion in den USA beim Konzern → Goodyear Tine and Rubber Co, dann Friedrichshafen. 1953 übernahm E. die Ehrenpräsidentschaft des BRD-Komitees für die Vorbereitung der IV. Weltfestspiele in Bukarest.

ECM: Abk. für engl. **E**lectronic **C**ounter**m**easures, elektronische Gegenmaßnahmen. Zusammenfassender Begriff

ECM-Flugzeug (USA): EA-6B «Intruder» mit Antennen auf dem Seitenleitwerk und ECM-Geräten in Zusatzbehältern

für Verfahren, die die Erfassung von Luftfahrzeugen durch Radaranlagen oder Infrarotdetektoren erschweren, gegnerische Radar-, Funkanlagen und Luftfahrzeuge orten sowie entspr. Anlagen des Gegners stören. ECM lassen sich in *aktive* und *passive* unterteilen. Zu den aktiven ECM gehört der Abwurf von → Düppeln, das Abschießen von Köderraketen zur Irreleitung von Infrarotanlagen und der Einsatz von Störsendern. Passive ECM sind: Verkleinern des Echoquerschnitts von Luftfahrzeugen, Verringerung der Wärmeabstrahlung von Triebwerken, Empfang gegnerischer Signale und deren Verarbeitung für Ausweichbewegungen.

Effective Perceived Noise Decibel: → EPNdB

EFIS: Abk. für **e**lektronisches **F**lug**i**nformations**s**ystem. Bordanlage, die eine große Zahl unterschiedlicher Informationen über Fluglage und Navigationsdaten zusammenfaßt und nicht mehr auf einer Vielzahl von Anzeigern, sondern auf einer einzigen Kathodenstrahlröhre zur Anzeige bringt. Die von den Gebern gelieferten Daten gelangen in den Rechner der Anlage. Vom Symbolgenerator werden die darzustellenden Symbole geschaffen, und ihre Lage wird entsprechend der im Rechner bearbeiteten Daten auf dem Bildschirm verschoben.

EGT: Abk. für engl. **E**xhaust **G**as **T**emperature. → Abgastemperatur

Egyptair: staatliche ägyptische Luftverkehrsgesellschaft, Sitz Kairo; gegr. 1971, Vorläufer war die → United Arab Airlines, die 1932 als Misr Airwork gebildet worden war. *Flugzeugpark* (1988): 9 Airbus A 300, je 6 Boeing 707 und 737, je 3 Boeing 747 und 767. Verkehrsdaten 1987: 2,89 Mill. beförderte Passagiere (davon rd. 1 Mill. Inlandpassagiere); 4,9 Mrd. Pkm; 112 Mill. Fracht-tkm; 565 Mill. tkm Gesamtleistung (einschl. Charterflugverkehr). Streckennetz von 122 595 km. Hauptstrecken: Afrika, Mittlerer Osten, Ferner Osten und Europa. Inlandflugverkehr. IATA-Mitglied.

EICAS: Abk für **E**ngine **I**ndication and **C**rew **A**lerting **S**ystem; Triebwerksanzeige- und Besatzungsalarmierungs-System. Elektronische Bordanlage für die Überwachung der Triebwerke und zur Anzeige von Betriebsstörungen. Die Anlage kann die Aufgaben einer großen Zahl der früher eingesetzten Überwachungsanlagen übernehmen. Ihre Wirkungsweise und die Art der Darstellung ist ähnlich der unter → EFIS erläuterten Anlage.

Eiffel, *Alexandre Gustave:* französischer Erfinder und Konstrukteur, geb. 1832, gest. 1923, schuf den E.-Turm in Paris. Beschäftigte sich mit der Aerodynamik, eröffnete 1912 in Paris das erste aerodynamische Laboratorium, in dem die Formen von Tragflügeln, Luftschrauben, Flugzeugen und Geschossen untersucht wurden.

Eigengeschwindigkeit: → Fluggeschwindigkeit

Eigenpeilung: → Funkpeilung

eigenstabiles Verhalten: Eigenschaft eines Flugkörpers, der die Forderung nach Flugstabilität (→ Stabilität) ohne Zuhilfenahme von automatischen Steuerhilfsmitteln erfüllt.

Eigenverständigungsanlage: Wechselsprechanlage zum Verständigen zwischen verschiedenen Stellen innerhalb eines Luftfahrzeugs.

Einblendverfahren: → Karteneinblendung

Eindecker: Flugzeug mit 1 Tragflügel. → Flugzeug, → Tragwerk

Eindringtiefe: Tiefe des gegnerischen Hinterlands, die durch ein Kampfflugzeug unter Berücksichtigung seines Aktionsradius und der Entfernung seiner Basis von der Frontlinie erreicht werden kann. Die E. kann durch Nachtanken in der Luft oder durch Zwischenlandung in unmittelbarer Frontnähe zum Nachtanken vergrößert werden.

Einfindungszeit, *Voreinfindungszeit* (engl. → Check-in Time): den Flugreisenden durch das Luftverkehrsunternehmen vorgeschriebene späteste Meldezeit vor dem planmäßigen Abflug auf dem Flughafen bzw. im Stadtbüro des Unternehmens. Sie wird entspr. den örtlichen Gegebenheiten festgelegt, im → Verkehrsflugplan mitveröffentlicht und im Flugschein (→ Beförderungspapiere) eingetragen. Die Zeitspanne von der E. bis zum Abflug beinhaltet Abfertigungs- und Wartezeiten. Die Vorgabe der E. ist erforderlich, um eine ordnungsgemäße → Abfertigung und den pünktlichen → Start zu gewährleisten.

Bei Nichteinhaltung der E. geht dem Fluggast der Anspruch auf Beförderung und volle Erstattung des Flugpreises verloren. → No-show-Gebühr

Einfliegen: Erproben neugebauter oder instandgesetzter Flugzeuge auf der Grundlage eines festliegenden Programms. Das E. erfolgt durch dafür berechtigte → Einflieger und unter Anwendung bes. Meßinstrumente, -verfahren und -methoden.

Einflieger: Flugzeug- oder Hubschrauberführer, der für das → Einfliegen zugelassen ist. → Testpilot

Einfluggenehmigung, Überfluggenehmigung: → Überflugrecht

Einflugschneise: Sektor in der Verlängerung der Landebahnen eines Flugplatzes, der für den Einflug in den Flugplatzbereich vorgesehen ist. E. sind befeuert und mit geeigneten Funknavigationsmitteln versehen. Hinsichtlich der Bebauung gelten Einschränkungen, um die für den Luftverkehr erforderliche Hindernisfreiheit zu gewährleisten.

Einflugzeichen: auf der Anfluggrundlinie der Landebahnen im Abstand von 4000...7000 m (Vor-E., Abk. *VEZ*) und 300...1000 m (Haupt-E., Abk. *HEZ*) vor der Landebahnschwelle sowie, seltener, unmittelbar an der Flugplatzgrenze (Platz-E., Abk. *PEZ*) stehende → Markierungsfunkfeuer. Die Antennen sind so aufgebaut, daß das Maximum der Strahlungsdichte vertikal über den Anlagen auftritt. E. dienen als Entfernungskennzeichen zur Landebahnschwelle bei Instrumenten-Anflugsystemen, insbes. beim → Instrumenten-Lande-System. Zum Kennzeichnen der E. werden Modulationsfrequenzen benutzt, die mit der Annäherung an die Landebahnschwelle um etwa 1 Oktave zunehmen. Die Modulationsfrequenzen betragen für VEZ 400 Hz, HEZ 1 300 Hz, PEZ 3 000 Hz. Der horizontale Querschnitt des Strahlungsdiagramms ist elliptisch, Trägerfrequenz 75 MHz.

Einflugzone: Luftraum an der Grenze eines Landes, in den vom Ausland kommende Luftfahrzeuge einfliegen müssen.

Eingangsteil, *Eintrittsteil:* Teil der Flugzeugzelle, das den möglichst verlustlosen Eintritt der atmosphärischen Luft für Luftstrahltriebwerke gewährleisten soll. Je nach Auslegung des Flugzeugs unterscheidet man Unterschall- und Überschalleintrittsteile (Abb.). Bei Unterbringung der Triebwerke im Rumpf kann ein zentrales E. am Rumpfbug, auf der Rumpfunter- oder -oberseite vorhanden sein; es werden aber auch getrennte Eintrittsteile links und

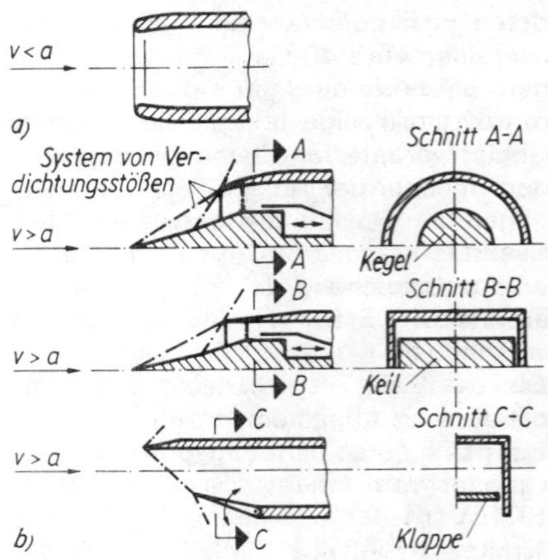

typische Formen von Eingangsteilen: a) Unterschalleingangsteil, b) Überschalleingangsteile

Eingangsteil bei MiG-21 (rechts, Schutzhaube abgezogen) und MiG-23 (links)

rechts des Rumpfes oder in den Tragflügelwurzeln verwendet. Bei großem Abstand zwischen E. und Triebwerk befindet sich zwischen ihnen der Einlaufkanal. Vor allem bei Überschallflugzeugen dienen Eintrittsteile und Einlaufkanal zum Verringern der Strömungsgeschwindigkeit und zum Erhöhen des Drucks (Vorverdichtung) vor den Triebwerken (→ Bernoullische Gleichung), um für diese möglichst gleichbleibende Arbeitsbedingungen zu schaffen (→ Diffusor). Zu diesem Zweck sind sie mit Vorrichtungen zur Regulierung des Eintrittsquerschnitts (z. B. Kegel, Keile, Klappen usw.) sowie mit zusätzlichen Klappenmechanismen zum Ein- oder Abblasen von Luft vor den Triebwerken versehen. → Luftabblaseklappen, → Starterklappen

Einleinensteuerung: → Monoleinensteuerung

Einleiten: svw. Beginn eines Manövers, z. B. E. des Sturzflugs, d. h. Übergang aus dem Horizontal- in den Sturzflug. → Ausleiten

Einradfahrwerk: kurz vor oder hinter der Schwerpunktlage fest oder einziehbar eingebautes Rad, das bei Segelflugzeugen den Start und die Landung verbessert. Die meisten E. sind mit Bremsen ausgestattet.

Einsatzzeit, Symbol t_E: Teil der → Lebenszeit (t_L) eines Luftfahrzeugs, und zwar die Zeit, während der sich das Luftfahrzeug tatsächlich im Einsatz befindet ($t_E = t_U + t_A$), d.h. abgefertigt wird (t_A) oder vom Heimatflughafen abwesend ist (t_U).

Einsitzer: Flugzeug mit 1 Sitz, gebaut als Wirtschafts-, Forschungs- und Jagdflugzeug sowie für den Kunst- und Segelflug.

Einspritzdüse: Bauelement der Brennstoffanlage von Flugzeugtriebwerken, das der Zerstäubung des Brennstoffes bei der Einspritzung in Brennraum, Saugrohr oder Brennkammer und damit der Verbesserung der → Gemischbildung dient.

Einspritzpumpe: Kolbenpumpe zum Einspritzen von Brennstoff in den → Brennraum oder in das Ansaugrohr bei KTW bzw. in die Brennkammern von Gasturbinentriebwerken. Bei letzteren werden wegen der kontinuierlichen Einspritzung teilweise auch kontinuierlich fördernde Zahnradpumpen verwendet.

Einstellwinkel: 1. aus Rumpflängsachse und Wurzelsehne des Tragflügels gebildeter Winkel, meist mit φ (Phi) bezeichnet. → Tragflügelgeometrie. – **2.** beim Luftschraubenblatt Winkel zwischen Profilsehne und Drehebene, verkleinert sich bei einer gegebenen Luftschraube mit wachsendem Radius (→ Verwindung). Luftschrauben für höhere Fluggeschwindigkeiten haben größere E. Bei Verstelluftschrauben ist der E. veränderbar. – **3.** bei Leit- und Laufschaufeln von Axialverdichtern und Axialturbinen: Winkel zwischen Profilsehne und Drehebene. Bei Verdichterleitschaufel dient der E. zur Verbesserung des Betriebsverhaltens und ist deshalb stufenweise verstellbar.

Einstromturbinenluftstrahltriebwerk, Abk. **ETL,** vielfach auch **TL:** Ausgangskonstruktion für Turbinenluftstrahltriebwerke (TL) als Flugzeugan-

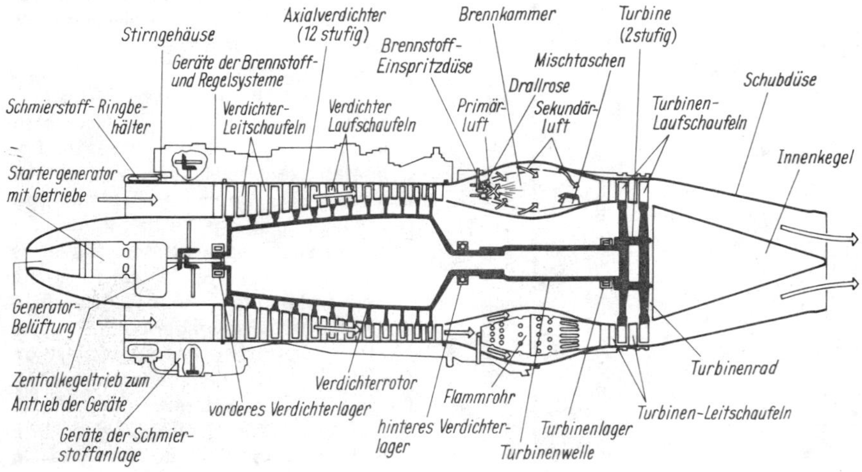

Einstromturbinenluftstrahltriebwerk (schematisch)

Einstromtriebwerke (ETL)

Typ	Hersteller	Bauart	S	n	M	$\dot{m}$	π	T_3	S_M	S_A	b_s
			daN	U/min	kg	kg/s		°C	daN/kg	daN/m²	kg/daNh
Marboré VI	Frankreich	1W; 1R−1A	412	20500	146	9,84	3,8	780	2,82	2900	1,09
M-701	ČSFR	1W; 1R−1A	870	15400	335	16,7	4,4	705	2,6	1400	1,16
JUMO-004B	Deutschland	1W; 8A−1A	890	8700	750	21,6	3,1	780	1,19	1940	1,45
Viper 11	GB	1W; 7A−1A	960	13800	263	20	4,3	825	3,64	2930	1,05
JT12-A6	USA	1W; 9A−2A	1330	16000	198	22	7		6,74		0,91
J34-WE48	USA	1W; 11A−1A	1510	12750	533	28	4,4	795	2,83	2900	1,07
Viper 680	GB	1W; 8A−2A	1980		358	26,5	5,8		5,5	3840	0,99
M45B	GB/Frankreich	2W; 4A+7A−1A+1A	2000	16900	515	30,3	14		3,88	6850	0,8
WK-1F	UdSSR	1W; 1R−1A	2600	11200	990	48,2	4,4	850	2,62	1960	1,17
J47-GE2	USA	1W; 12A−1A	2670	7950	1135	46,7	5,3	865	2,35	3940	1,05
37F2-2S	UdSSR	2W; 3A+3A−1A+1A	3820	11440	1065	65,2	8,9	925	3,58	5880	0,96
ATAR 9K	Frankreich	1W; 9A−2A	4600	8700	1485	72	6,5	950	3,1	5640	1,06
J79-GE-7	USA	1W; 17A−3A	5400	7460	1520	76	12,2		3,55	7250	0,86
RD-3M-500	UdSSR	1W; 8A−2A	9450	4700	3100	164	6,4	850	3,05	6100	1,1
Olympus 602	GB/Frankreich	2W; 7A+7A−1A+1A	16900		2628	187	14,7	1140	6,4	14500	0,89
GE 4	USA	1W; 9A−2A	22400		5100	287			4,4	5500	

S Schub, n Rotordrehzahl, M Masse, $\dot{m}$ Luftdurchsatz, π Druckverhältnis, T_3 Turbineneintrittstemperatur, S_M spezif. Schub (Bezug Masse), S_A spezif. Schub (Bezug Stirnfläche), b_s spezif. Brennstoffverbrauch

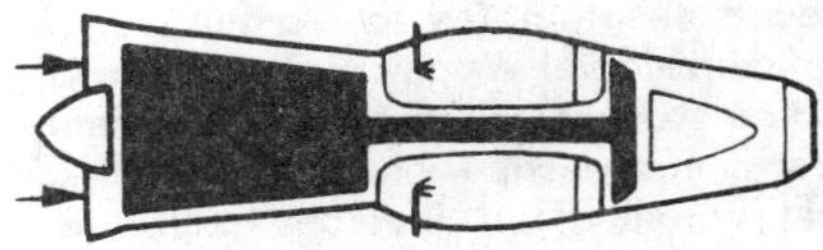

Zweiwellen- oder Doppelverdichter-Strahlturbine

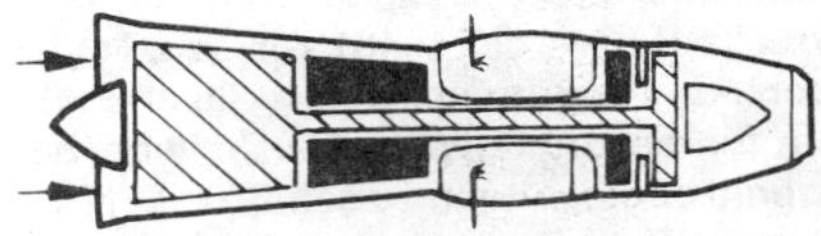

Einwellenstrahlturbine mit Axial-Verdichter

trieb. Beim ETL wird im Gegensatz zum → ZTL die gesamte angesaugte Luft durch Verbrennen des eingespritzten Brennstoffs erhitzt. ETL erzeugen bei geringster Eigenmasse sehr große Vortriebsleistungen, jedoch nur einen relativ geringen Startschub. Die wichtigsten Einflußgrößen auf Schub, Brennstoffverbrauch und Eigenmasse sind das Druckverhältnis und das Temperaturverhältnis des Kreisprozesses. Zur Verbesserung des Betriebsverhaltens werden ETL häufig in Zweiwellenbauart ausgeführt. Militärische ETL erhalten durch einen Nachbrenner die Möglichkeit zu kurzzeitiger Schubverstärkung. Das erste serienmäßig gefertigte ETL war das Jumo 004 (1944). – Seit 1960 sind ETL im kommerziellen Luftverkehr rückläufig (Anwendung: Militärluftfahrt, Überschallverkehrsflugzeuge). *Vorteile des ETL gegenüber KTW:* wesentlich geringeres → Masse-Leistungs-Verhältnis, größere Vortriebsleistung bei Geschwindigkeiten über 700 km/h, Verarbeitung billigerer und weniger feuergefährlicher Brennstoffe, größere Zuverlässigkeit, geringerer Stirnwiderstand. *Nachteile gegenüber KTW:* niedriger Startschub, höherer spezifischer Brennstoffverbrauch bei geringen Geschwindigkeiten, schlechtere Beschleunigungsfähigkeit bei Flugmanövern. *Vorteile des ETL gegenüber PTL:* geringeres Masse-Leistungs-Verhältnis der Gesamtantriebsanlage, größere Zuverlässigkeit, höhere Vortriebsleistung bei Geschwindigkeiten über 700 km/h. *Nachteile des ETL gegenüber PTL:* höherer Brennstoffverbrauch, insbes. unter 700 km/h. *Arbeitsweise des ETL:* Luft strömt dem ETL mit Fluggeschwindigkeit zu. Diese Strömungsgeschwindigkeit wird im Einlaufdiffusor verringert, der Druck also vergrößert. Der nachfolgende Verdichter komprimiert die Luft weiter, sie gelangt in die Brennkammern. Etwa ⅓...½ der vom Verdichter geförderten Luft gelangt in die Brennzonen und liefert Sauerstoff zum Verbrennen des eingespritzten Brennstoffs. Das dabei entstehende Arbeitsgas von ca. 2 000 °C wird durch Zumischen der Kühlluft auf die für die Turbinenbeschaufelung zulässige Temperatur von etwa 800...1 000 °C abgekühlt. Die Turbine des ETL wandelt einen Teil der im Arbeitsgas enthaltenen Wärmeenergie in mechanische Energie um. Die mechanische Energie wird über eine Welle (verbindet Turbine und Verdichter) dem Verdichter zugeführt. Der Rest der Wärmeenergie (etwa ⅔) beschleunigt den Gasstrom in der Schubdüse auf eine möglichst hohe → Düsenaustrittsgeschwindigkeit (hohe Schubkraft!). Der günstigste Geschwindigkeitsbereich für ETL liegt bei M = 2 bis M = 7. → Betriebsverhalten

Einwellentriebwerk: einfachste Bauart von PTL und TL.

Einzelermäßigung: bei Vorliegen an die einzelne Person gebundener Bedingungen im Fluggastverkehr gewährte Reduzierung des Flugpreises (→ Ermäßigung). Die E. wird in Prozenten vom Normalflugpreis ausgedrückt. Typische E. sind die Ermäßigungen für Kleinkinder und Kinder, für Studierende und Reiseleiter.

Einziehfahrwerk: während des Flugs in den Rumpf, in spezielle Fahrwerksgondeln oder die Tragflächen einziehbares → Fahrwerk.

Einzugsbereich, Einzugsgebiet (eines Flughafens): Der E. wird über den betreffenden Flughafen dem Luftverkehr erschlossen. Der E. umfaßt alle Orte, deren Lufttransportbedarf über den zum E. gehörenden Flughafen durch die dort beginnenden, durchlaufenden oder endenden Fluglinien befriedigt wird. Die räumliche Ausdehnung des E. der einzelnen Flughäfen wird beeinflußt vom verkehrlichen Charakter des Territoriums (z. B. Netzdichte der Bodenverkehrsmittel, Anbindung des Flughafens an das Netz der Bodenverkehrsmittel), von der Geschwindigkeit des Bodenverkehrs im Vor- und Nachlauf zu Lufttransporten und der Lage ihrer Verkehrsverbindungen. Beeinflussende Faktoren sind ferner die den Flughafen berührenden Flugverbindungen (z. B. Lang-, Mittel-, Kurzstreckenverkehr), deren Frequenz und zeitliche Lage (sowie Verkehrsrichtung), die Wirtschafts- und Sozialstruktur des Gebiets sowie ökonomische Erwägungen der Verkehrsnutzer (Transportpreise, Zeitaufwände usw.).

Einzugsgebiet: → Einzugsbereich

Eisnebel: zahlreiche, in der Luft schwebende winzige Eiskristalle, durch die die Sichtweite an der Erdoberfläche herabgesetzt wird. → Nebel

Eiswarnsystem: Anlage der Flugplatzausrüstung. Verschiedene Geber messen an und über den Flugbetriebsflächen (Start- und Landebahnen, Rollwege, Abstellflächen) die Boden- und Lufttemperatur, die Windgeschwindigkeit, die Niederschlagsmenge und den Taupunkt. Diese Daten werden ständig an einen Rechner gegeben, der signalisiert, sobald die Gefahr der Eisbildung besteht.

El Al – Israel Airlines Ltd., Abk. **EL AL:** israelisches Luftverkehrsunternehmen, Sitz Tel Aviv. 1948 gegr., 1949 Beginn des Europa- und 1950 des Amerika-Flugverkehrs. Den Inlandflugverkehr führt die der EL AL angeschlossene *Arkia Israel Inland Airlines* durch, die 1950 gegr. wurde. *Flugzeugpark der EL AL:* 8 Boeing 747, 2 Boeing 737, 7 Boeing 707 sowie 4 Boeing 767. Verkehrsdaten 1987: 1,4 Mill. Passagiere; 6,5 Mrd. Pkm; 602 Mill. Fracht-tkm; 1,8 Mrd. tkm Gesamtleistung (einschließlich Nur-Fracht- und Charterleistungen). Streckennetz von etwa 100 000 km. Hauptstrecken: Europa, Nordamerika, Asien, Afrika, Mittlerer Osten.

EL AL ISRAEL AIRLINES

Electronic Countermeasures: → ECM

Electronic Position Indicator: → EPI

Elektra: 1. früher benutztes Richtfunkfeuer im Langwellenbereich, aus dem das → Consolverfahren entwickelt wurde. – **2.** Bezeichnung eines PTL-Flugzeugs von → Lockheed.

Elektrant: Entnahmestelle für Elektroenergie auf einem Flugplatz zur elektrischen Versorgung von Luftfahrzeugen am Boden.

elektrisches Bordnetz: zusammenfassender Begriff für die elektrische Energieversorgungs- und -verteilungsanlage eines Luftfahrzeugs einschließlich aller dazu nötigen Regelungs-, Schalt- und Überwachungsanlagen.

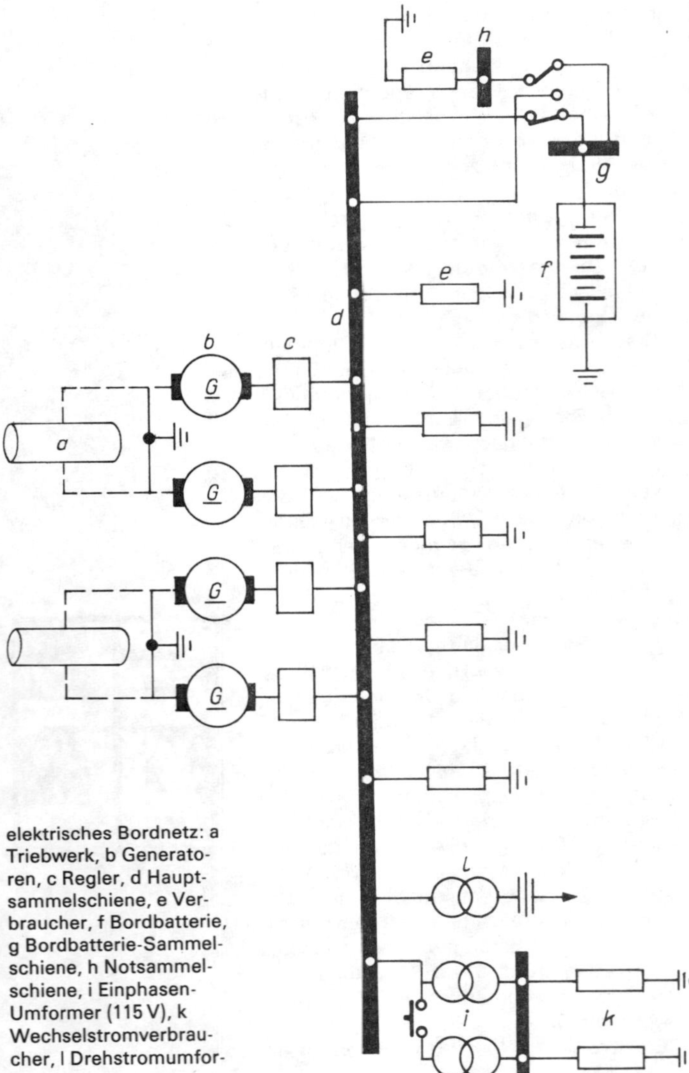

elektrisches Bordnetz: a Triebwerk, b Generatoren, c Regler, d Hauptsammelschiene, e Verbraucher, f Bordbatterie, g Bordbatterie-Sammelschiene, h Notsammelschiene, i Einphasen-Umformer (115 V), k Wechselstromverbraucher, l Drehstromumformer

Das e. B. erstreckt sich vom Generator bzw. der Batterie bis zu den Energieverbrauchern.

Elektrolytlibelle: Geber für die Stützung in Kreiselgeräten (→ Kreisel). Die E. ist ein Flüssigkeitspotentiometer, das den Strom in den Stützmotoren einstellt. Sie besteht aus einem dichten, flachen Metallgehäuse, das so mit einer elektrisch leitenden Flüssigkeit (Elektrolyt) gefüllt ist, daß noch eine Luftblase vorhanden ist. In den Elektrolyten tauchen 4 Kontakte ein. Entspr. der Lage der Luftblase, die von der Stellung der Kreisel- oder Kardanachse gegenüber dem Beschleunigungsvektor abhängt, ändern sich der Widerstand zwischen den Kontakten, die Größe der Ströme zu den Stützmotoren und damit auch die Größe der Stützmomente.

Elektronenkompaß: → Kompaß, in dem die durch das magnetische Feld der Erde bewirkte Ablenkung eines Elektronenstrahls zur Messung benutzt wurde. Der Vorteil bestand in der trägheitslosen, von Druck und Temperatur unabhängigen Anzeige. Nachteilig war das große Volumen der zur Anzeige benutzten Katodenstrahlröhre und ihrer Versorgungseinrichtung sowie die Notwendigkeit, die Röhre stets genau vertikal auszurichten, um Anzeigefehler zu vermeiden.

elektrostatisch aufgehängter Kreisel: → Kreisel

elektrostatische Aufladung: elektrische Ladung der Zelle, die während des Flugs aus der Reibung zwischen Außenhaut und umgebender Luft entsteht. Um elektrische Spannungen zwischen den Teilen des Flugzeugs und damit mögliche Entladungen (Brände, Explosionen) zu verhindern, müssen alle metallischen Teile durch Leiter (Masse-, Erdungskabel, Erdungsanlage) miteinander verbunden sein. Um die Aufladung zu verringern, werden → elektrostatische Entlader verwendet.

elektrostatische Entlader: zur Ableitung der statischen Ladungen eines Luftfahrzeugs in die Atmosphäre benutzte elektrische Leiter. E. E. befinden sich meist an der Tragflügelhinterkante und an den Enden der Ruder. Häufig sind e. E. graphitierte Baumwollfäden, die als Spitzenentlader wirken. Zur Entladung des Luftfahrzeugs beim Landen dienen am Fahrwerk befindliche Erdungskabel. Zum Teil werden auch elektrisch leitende Reifen benutzt. Die Entlader sind mit der Erdungsanlage verbunden.

Eleron: engl. Bez. für das → Querruder (franz., russ. gleiche Bez.).

ELEV: Abk. für **Elev**ation (geographische Höhe).

Elevator: engl. für → Höhenruder.

Elevon: Klappenruder, das die Funktion von Quer- und Höhenruder an Flugzeugen ohne gesondertes Höhenleitwerk erfüllt. Es befindet sich gewöhnlich an der äußeren Tragflügelhinterkante. → Differentialhöhenruder

Ellehammer, *Jacob Christian:* dänischer Flugpionier, geb. 1871 Südseeland, gest. 1946. Baute 1896 nach intensiver Beschäftigung mit Explosionsmotoren ein Flugtriebwerk. Er sah die Zukunft der Luftfahrt bei den Flugzeugen, nicht den Luftschiffen. 1905 baute E. einen Eindecker samt Motor. Bei Versuchen auf der Insel Lindholm erwies sich dieser Motor mit ca. 6,6 kW als zu schwach und die Maschine daher als nicht flugfähig. Der daraufhin entwikkelte, doppelt so starke Motor und sein Vorläufer stellen die ersten luftgekühlten, sternförmigen Triebwerke der Welt dar. E. erster öffentlicher Flugsprung in Europa am 12. Sept. 1906 (42 m weit, 0,75 m hoch) wurde nicht anerkannt, da er nicht unter Kontrolle der FAI stattfand (diese in Paris ansässige Institution war in Dänemark damals gar nicht bekannt). Am 28. Juni 1908 bei einem Flugtag in Kiel gelang es E. als einzigem Piloten aber, in die Luft zu kommen. Aus Geldmangel konnte er den Flugzeugbau (so ein Flugboot und einen Hubschrauber, der am 28. Sept. 1912 mit einem Piloten an Bord durch Motorkraft abhob) nur außerhalb der Arbeitszeit betreiben. Von E. stammen außerdem rund 400 Patente für Feuerlöscher, Feuerspritzen und Vergaser.

Eloka: Kurzbez. für elektronische Kampfführung. → ECM

ELR: Abk. für → **E**ntwicklungsring für **L**uft- und **R**aumfahrt GmbH.

Empfangsortung: Funkortungsverfahren, für das an Bord des Luftfahrzeugs kein Sender, sondern lediglich ein Empfänger erforderlich ist. Beispiel: Standortbestimmung mit Hilfe des Funkkompasses oder des → VOR-Empfängers.

Empresa Consolidada Cubana de Aviación, Abk. **CUBANA:** staatliche Luftverkehrsgesellschaft der Republik Kuba; gegr. 1961. Sitz in Havanna. Vorläufer war die 1929 gegr. Compania Cubana de Aviación. *Flugzeugpark* (1988): 14 An 24, 20 An 26, 4 Il 18, 10 Il 62, 2 Il 76, 7 Tu 154, 9 Jak-40. Verkehrsdaten 1987: 1,08 Mill. beförderte Passagiere; 2,0 Mrd. Pkm; 24,1 Mill. Fracht-tkm; 209 Mill. tkm Gesamtleistung. Streckennetz von etwa 144 589 km. Hauptstrekken: Europa, Kanada, Karibik, Südamerika und Afrika; Indlandflugverkehr. IATA-Mitglied. CUBANA führt auch in erheblichem Umfang Agrarflugeinsätze durch.

Endanflug: Teil eines Landeanflugverfahrens von dem Zeitpunkt an, zu dem das Luftfahrzeug die letzte Kurve, falls eine solche vorgeschrieben ist, vollendet hat, oder einen festgelegten Punkt überflogen hat, oder den letzten für das Verfahren festgelegten Kurs eingenommen hat, bis zum Überfliegen eines in der Nähe des Flugplatzes gelegenen Punktes, von dem aus eine Landung durchgeführt werden kann, oder ein → Fehlanflugverfahren eingeleitet wird.

Endleiste: Bez. für die Hinterkante an Tragflügeln und Leitwerken. Dient als Verbindungselement zwischen oberem und unterem Behäutungsblech sowie als → Trimmkante.

Endorsement: Genehmigung zur Änderung des im Flugschein oder in der → Sammelumtauschanweisung eingetragenen Reisewegs (Routing), des zur Beförderung vorgesehenen Luftverkehrsunternehmens (Carrier) oder der Reiseklasse. Die *Indossierung* (Änderung) ist auf Antrag des Kunden von dem Luftverkehrsunternehmen vorzunehmen, das den Flugschein oder die Sammelumtauschanweisung ausgestellt hat.

Endscheiben: an beiden Enden des Tragflügels oder des Leitwerks in Flugrichtung angebrachte senkrechte Flächen, die das Überströmen der Luft von der Seite des Tragflügels oder Leitwerks mit höherem Druck zu der Seite mit geringerem Druck verhindern sollen. Dadurch werden die Intensität des Randwirbels und somit der induzierte → Widerstand verringert.

Bei manchen Flugzeugen oder Flugzeugmodellen ohne separates Höhenleitwerk (→ Nurflügler) werden die E. oft als Seitenleitwerk ausgebildet. E. werden bei Windkanalversuchen verwendet, um randwirbelfreie Profileigenschaften zu ermitteln. Eine moderne Weiterentwicklung der E. stellen die → Winglets dar.

Endtiefe: → Tragflügelgeometrie

Endwirbel: svw. Randwirbel. → Widerstand

Energie: Arbeitsfähigkeit, die in einem physikalischen System gespeichert ist. Man unterscheidet *kinetische E.* (E. der Bewegung), *potentielle E.* (E. der Lage), *Strahlungs-E.* und *chemische Bindungs-E.*

Für die Luftfahrt sind kinetische E. und chemische Bindungs-E. von bes. Bedeutung. – Die kinetische E. eines Großraumlangstreckenflugzeugs mit 300 t Flugmasse bei einer Reisegeschwindigkeit von 960 km/h ist mit 3000 kWh etwa 18mal so groß wie die eines Expreßzuges mit etwa 600 t Masse bei Reisegeschwindigkeit von 160 km/h. Der E.-Verbrauch der Antriebsanlagen moderner Verkehrsflugzeuge (Brennstoffverbrauch) ist im Vergleich mit anderen Verkehrsmitteln wegen der hohen Fluggeschwindigkeit sehr hoch. Während bei der Eisenbahn ein E.-Verbrauch von etwa 0,1 kWh pro Sitzplatz und Kilometer auftritt, muß bei Großraumlangstrekkenflugzeugen mit etwa 0,4 (entspricht etwa 35 g Brennstoff) gerechnet werden. Die Ursache dafür liegt darin, daß bei etwa 870 km/h Reisegeschwindigkeit eine Triebwerksleistung von ca. 200 kW pro Sitzplatz benötigt wird. Da Luftfahrzeuge auf noch nicht absehbare Zeit auf flüssige Brennstoffe angewiesen und die vorhandenen Vorräte begrenzt sind, kommt der E.einsparung bei diesem Verkehrsmittel eine ganz bes. Bedeutung zu.

English Electric: britischer Luftfahrtkonzern, der 1918 durch den Zusammenschluß mehrerer Flugzeugwerke (das älteste 1911 gegr.) gebildet wurde. Er baute bis 1926 vor allem Flugboote für verschiedene Firmen, ab 1938 Militärflugzeuge für → Handley Page. Nach dem zweiten Weltkrieg produzierte E. eigene Entwicklungen (1949 Bomber «Canberra», ab 1954 Jagdflugzeuge «Lightning») sowie Flugzeuge anderer Firmen. 1963 ging E. E. im Zuge der monopolistischen Konzentration in den Konzern → Hawker Siddeley ein.

Entbremsautomat: → Blockierregler

Enteisung: Befreiung bestimmter Teile des Flugzeugs von Eisansatz, bzw. Verhinderung der Eisbildung (→ Vereisung) an bestimmten Teilen, wie Tragflügel-, Leitwerks- und Luftschraubenvorderkante, Eingangsteilen von Luftstrahltriebwerken, Verglasung von Kabinen, Brennstoff-, Hydraulik- und Druckluftfiltern, Staurohren, Luftbetankungsstutzen u. a. Die zur E. notwendigen Mittel werden unter dem Begriff der E.-Anlagen zusammengefaßt, welche nach folgenden Grundprinzipien arbeiten: 1) thermische E. mit Hilfe warmer Gase, die durch Heizkanäle von den Triebwerken oder von speziellen Gasgeneratoren zu den vereisungsgefährdeten Stellen

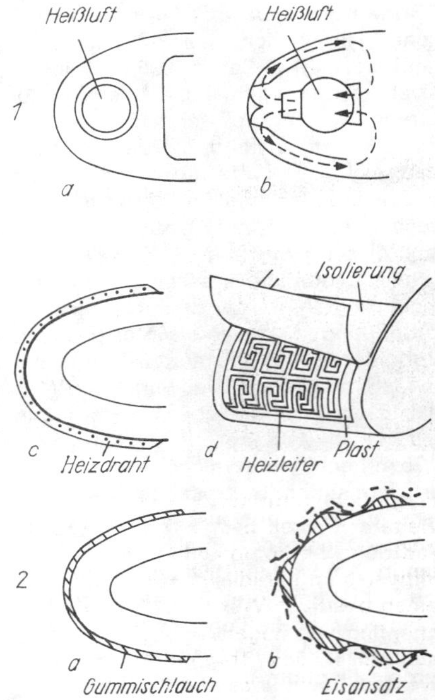

Enteisungsverfahren für Tragflügelnasen: 1 thermische Enteisung; a, b mit Heißluft, die durch eine Rohrleitung geführt wird (a), bzw. im Nasenkasten austritt (b); c durch Heizdraht, d durch aufgedruckten oder aufgespritzten Heizleiter; 2 mechanische Enteisung, a in Ruhestellung, b Schlauch aufgeblasen

gelangen, oder mit Hilfe elektrischer Heizanlagen, die an gefährdeten Stellen fest installiert sind und z. T. eigene Stromquellen besitzen, z. B. meist bei der Beheizung von Luftschraubenblättern; 2) Flüssigkeits-E., bei der gefährdete Stellen mit einer E.flüssigkeit (meist Alkohol) besprüht werden, wodurch der Gefrierpunkt des Wassers herabgesetzt wird; 3) mechanische E., meist Druckluft-E., bei der unter eine über die gefährdete Stelle gespannte Gummihaut Druckluft geblasen wird, so daß durch die Dehnung dieser Gummihaut das Eis abgesprengt wird.

Entenflugzeug, *Ente:* Bauweise von Flugzeugen, bei der das Höhenleitwerk an der Rumpfspitze angebracht ist und einen größeren Einstellwinkel hat als der Tragflügel. Die Konstruktion hat folgenden Vorteil: Wird das Flugzeug unbeabsichtigt überzogen, so reißt die Strömung zuerst am Höhenleitwerk ab, die Rumpfspitze senkt sich und das

Focke-Wulf «Ente»

Flugzeug nimmt wieder Fahrt auf. Ein weiterer Vorteil besteht darin, daß die Auftriebskraftkomponente des Höhenleitwerks im geradlinigen Horizontalflug einen positiven Wert besitzt (beim Drachenflugzeug negativ), wodurch der Anstellwinkel des Tragflügels verringert werden kann, was zur Verminderung des induzierten →Widerstands führt. Aufgrund der genannten Vorteile gibt es auch moderne Hochgeschwindigkeitsflugzeuge in Entenbauweise, z. B. SAAB-37 «Viggen» (Abb. →Jagdflugzeug).

Entenleitwerk: vor dem Tragflügel angeordnetes Höhenleitwerk. →Entenflugzeug

Entfernungsmeßgerät: deutsche Bez. für eine →DME-Anlage.

Entnebelungsanlage: 1) Anlage zur Beseitigung von Nebel auf Start- und Landebahnen, um die Mindestsichtbedingungen (→Wetterminima) für Start oder Landung zu sichern. Wirksame E. sind z. Z. noch im Versuchsstadium begriffen. Bei *kaltem* Nebel werden Propanbrenner an der SLB gezündet, sie sollen eine Sicht von 1 000 m gewährleisten (1971, Paris-Orly). *Warmen* Nebel versucht man mit Chemikalien (1968, USA) bzw. Ultraschall (1969, Polen) zu größeren Tropfen zu verbinden – dabei soll eine Sicht von 400 m erreicht werden. 2) Anlage zur Beseitigung von Nebel zwischen Doppelscheiben an einem Luftfahrzeug: Eine Luftpumpe saugt die nebelhaltige Luft ab und leitet sie über eine hygroskopische Substanz (→Silikagel), wodurch sie dann getrocknet wird.

Entscheidungshöhe, (engl. *Decision Height*): festgelegte Minimalhöhe, in der der Pilot das Durchstarten einleiten muß, wenn der erforderliche Sichtkontakt für die Fortsetzung der Landung nicht gegeben ist. Die E. ist niedriger als die min. zulässige Wolkenuntergrenze. →Fehlanflugverfahren

Entspannungsverhältnis: →thermodynamische Kennwerte

Entwicklungsgesellschaft für Turbo-Motoren m. b .H.: Ende 1968 von der →Daimler-Benz AG und der Maschinenfabrik Augsburg-Nürnberg AG (MAN) gegr. Firma für Zusammenarbeit auf dem Triebswerkssektor, Sitz München. Am 1. Jan. 1970 umbenannt in MTU (→Motoren- und Turbinen-Union GmbH München Allach).

Entwicklungsring für Luft- und Raumfahrt GmbH, Abk. **ELR:** Zusammenschluß (Ende 1963) aus dem früheren «Entwicklungsring Süd» («Bölkow-Entwicklungen K. G.», «Ernst-Heinkel-Flugzeugbau GmbH» und «Messerschmitt AG») und den Entwicklungsabteilungen der Firmen «Bölkow-Apparatebau GmbH» und «Siebelwerke ATG GmbH», um die Position der BRD-Konzerne im internationalen Konkurrenzkampf zu verbessern. In den Konzern →MBB eingegangen.

Entzerrung: Verfahren der fotogrammetrischen Bildauswertung, bei dem die durch die →Bildneigung hervorgerufenen projektiven Verzerrungen eines Steilbilds (→Luftbild) bei gleichzeitiger Veränderung des Maßstabs auf einen vorgegebenen Wert beseitigt werden. Die E. kann graphisch, optisch-mechanisch oder numerisch erfolgen. Mit Hilfe der zur optisch-mechanischen E.

Entzerrungsgerät Rectimat von Carl Zeiss JENA

verwendeten E.geräte wird das Steilbild durch ein Objektiv auf eine entspr. geneigte Auffangebene projiziert und fotografisch festgehalten.

Envelope: svw. Hüllkurven, die im → Höhen-Geschwindigkeits-Diagramm den erfliegbaren Bereich einschränken.

EPI: Abk. für engl. **E**lectronic **P**osition **I**ndicator, elektronischer Standortanzeiger. Funkortungsverfahren (1953), das zur Standortbestimmung 2 Entfernungsmessungen durch Laufzeitbestimmung bordseitig abgestrahlter und von Bodenstationen zurückgesendeter Impulse benutzte.

EPNdB: Abk. für engl. **E**ffective **P**erceived **N**oise **D**ecibel, Einheit zur Lärmmessung, in der Nähe von Flughäfen angewendet. Sie erfaßt neben der *Lautstärke* auch die *Dauer* der Lärmeinwirkung. Lärmmessungen werden in der Nähe großer Flugplätze an festgelegten Stellen durchgeführt. Dabei werden Lärmpegel und Uhrzeit registriert, so daß der Lärm den Verursachern zuzuordnen ist und gegen Luftfahrzeughalter, die die vorgegebenen Höchstwerte nicht einhalten, eingeschritten werden kann.

EPR, Abk. für engl. **e**ngine **p**ressure **r**atio. Triebwerksdruckverhältnis und wichtige Betriebsüberwachungsgröße für die Triebwerke modernerer Strahlflugzeuge.

Equivalent Air Speed: → Fluggeschwindigkeit

Erdbeschleunigung: svw. → Fallbeschleunigung

Erdinduktor-Kompaß: → Kompaß

Erdungsanlage: → elektrostatische Aufladung

erforderlicher Schub: Größe des Triebwerkschubs, der notwendig ist, um einen bestimmten stationären Flugzustand mit einem bestimmten Flugzeugtyp einzuhalten. Im geradlinigen Horizontalflug mit konstanter Geschwindigkeit ist der e. S. gleich dem Luftwiderstand. Die Werte des e. S. in Abhängigkeit von Fluggeschwindigkeit und -höhe werden als Kennlinien des e. S. dargestellt. Diese Kennlinien werden zusammen mit den Kennlinien des *verfügbaren Schubs* im → *Schubkraftdiagramm* zusammengefaßt. Das charakteristische Minimum der Kennlinie des e. S. ergibt sich daraus, daß der Widerstand des Flugzeugs sich aus dem Profilwiderstand, welcher proportional dem Quadrat der Fluggeschwindigkeit und dem induzierten Widerstand, der umgekehrt proportional dem Quadrat der Fluggeschwindigkeit ist, zusammensetzt. → Widerstand, → Höhen-Geschwindigkeits-Diagramm

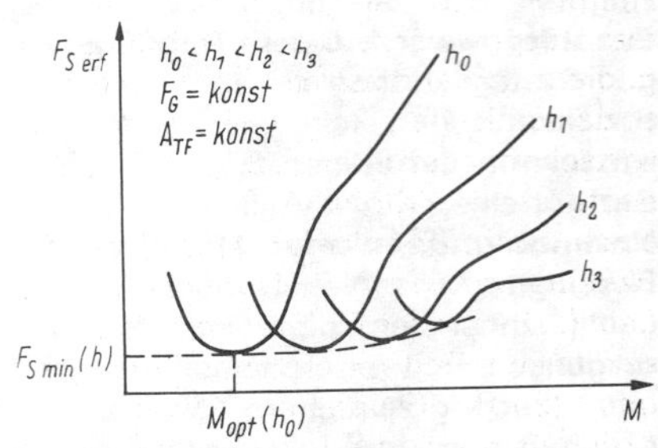

Kennlinie des erforderlichen Schubs

Erfurt; Flughafen Thüringen GmbH, City-Code **ERF:** regionaler Flughafen 50° 58′ 48″ n. Br., 10° 57′ 48″ ö. L., Höhe 315 m. 5 km südlich des Stadtzentrums gelegen. 1 Start- und Landebahn 2 000 × 50 m. Jahresverkehrsaufkommen 1988 0,1 Mill. Fluggäste. Moderne Funk- und Navigationsausrüstungen.

Erika: Bez. für ein während des zweiten Weltkriegs in Deutschland entwickeltes sehr genaues UKW-Drehfunkfeuer (→ Funkfeuer), dessen Nachteil in einer zu umfangreichen Bordanlage bestand. In der Luftfahrt nicht verbreitet.

Erkennungszeichen: elektromagnetische Signale (Impulsgruppen), die auf Abfrage von zivilen (Sekundär-Radar) oder militärischen (Freund-Feind-Kenngerät) Radaranlagen von der Luftfahrzeug-Bordanlage abgestrahlt werden, um das Ziel auf einer Radaranzeige zu identifizieren. → Kennungsgerät

Erkundungsflugzeug: ältere Bez. für → Aufklärungsflugzeug.

Erlaubnisschein der Zivilen Luftfahrt: unter Beachtung internationaler Regeln von den zuständigen nationalen Dienststellen ausgestellte Berechtigungsnachweise für alle an Bord von Luftfahrzeugen tätigen Personen. Für Luftfahrzeuge mit Antrieb gab es z. B. in der DDR E. für 1) Flugzeugführer, 2) Berufsflugzeugführer der Klasse II und I, 3) Verkehrsflugzeugführer, 4) Hubschrauberführer, 5) Berufshubschrauberführer, 6) Motorseglerführer, 7) Flugnavigatoren, 8) Bordingenieure, 9) Bordmechaniker, 10) Bordfunker.

Ermäßigung: im Personenluftverkehr und Luftfrachttransport bei Zutreffen bestimmter Bedingungen den Reisenden oder Frachtversendern von Luftverkehrsunternehmen gewährte Reduzierung des Normaltransportpreises. Die E. wird in Prozent vom anzuwendenden Flugpreis bzw. als gesonderte Frachtrate ausgewiesen. Die Gewährung von E. dient vornehmlich der Verwirklichung sozialpolitischer, kultureller u. ä. volkswirtschaftlicher Interessen und gegebenenfalls der Erhöhung der Kapazitätsausnutzung. E. werden i. allg. 1) im *Fluggastverkehr* in → *Einzelermäßigungen* (z. B. Kinder-E., Studenten-E., Reiseleiter-E.) und → *Gruppenermäßigungen* (z. B. Gruppenpauschalreise-E., Affinitätsgruppen-E.) 2) im *Luftfrachttransport* in → *Spezialfrachtraten*, → *Klassifikationsraten* und *Mengenrabattraten* unterschieden.

Ermüdung: 1. auch als Alterung bezeichnete Eigenschaft von Werkstoffen und Konstruktionen bei Langzeitbelastung; → Betriebsfestigkeit. – **2.** physiologische Erscheinung, die großen Einfluß auf die Tätigkeit des fliegenden Personals sowohl bei Langstreckenflügen als auch bei häufig wiederholten Flügen (z. B. im Agrarflug) hat. Normaler physiologischer Folgezustand des Organismus nach geistig-seelischer und/oder körperlicher Beanspruchung. Sie beruht auf Funktionsänderungen im Zentralen Nervensystem und geht mit Einschränkungen der funktionellen Möglichkeiten des Menschen einher. Als objektive Zeichen treten Senkung der Arbeitsfähigkeit und Störung der Arbeitsbewegungen, als subjektive Hinweise Müdigkeit, gesteigertes Anstrengungsgefühl und abnehmende Arbeitsfreudigkeit auf. E. stört vor allem die senso-motorischen Handlungsvollzüge spezieller Arbeitsfertigkeiten bei der fliegerischen Tätigkeit. Verstärkt wird die E. durch fliegerische Extremfaktoren, Alkoholeinnahme (Restalkohol) und «beruhigende» Medikamente.

Erprobungsflieger: Flugzeugführer, von einer Erprobungsstelle oder vom Flugzeugwerk mit der Aufgabe betraut, → Erprobungsflüge zu unternehmen. → Einflieger, → Testpilot

Erprobungsflug: Flug zur Erprobung von Luftfahrtgerät (Muster oder Stück einer Serie, gesamtes Luftfahrzeug oder Teile davon). Es werden Muster-E. und Stück-E. unterschieden. Das zu erprobende Luftfahrzeug oder der zur Erprobung von Teilen dienende Erprobungsträger muß, soweit es staatlich gefordert wird, eine Unbedenklichkeitsbescheinigung und eine vorläufige Fluggenehmigung besitzen. → Flugerprobung

Erstattung: Rückzahlung des entrichteten Flugpreises oder Frachtbetrags bzw. eines Teils davon an den Verkehrskunden infolge Nichtbenutzung eines Flugscheins (→ Flugschein), einer → Sammelumtauschanweisung oder Nichtinanspruchnahme der Leistungen aus einem abgeschlossenen Frachtvertrag auf Antrag des Kunden. Die vollständige oder teilweise Rückzahlung erfolgt i. d. R. gegen eine *Erstattungsgebühr.* Bei Nichtbenutzung eines gebuchten, aber nicht in Anspruch genommenen und/oder nicht rechtzeitig annullierten Platzes wird vom Erstattungsbetrag eine → No-show-Gebühr abgezogen.

Erstattungsgebühr: → Erstattung

E-Schicht: → Atmosphäre

Espenlaub, *Gottlob,* gen. **Espe:** deutscher Segelflieger, Konstrukteur von Segel- und Motorflugzeugen, geb. 1901, gest. 1972. Startete 1920 auf der Wasserkuppe und erreichte 1924 als erster am Südhang in Grunau/Riesengebirge mit Gummiseil ein Aufwindgebiet (heute als → Leewelle bekannt). E.

baute 1925 ein Segelflugzeug mit Hilfsmotor. 1929 startete er als erster mit einem Segelflugzeug, das mit einem Raketentriebwerk ausgerüstet war.

Ethiopian Airlines Inc.; 2-Letter-Code **ET:** 1945 gegr. staatliche äthiopische Luftverkehrsgesellschaft, Sitz Addis Abeba. Die Gesellschaft besitzt eine der größten Flugzeugwerften Afrikas, die sämtliche Flugzeuge und Triebwerke des Unternehmens u. a. afrikanischer Luftverkehrsgesellschaften überholt. *Flugzeugpark* (1988): 2 ART 42, 2 Boeing 707, je 3 Boeing 727 und 767, 1 Boeing 737, 5 DHC 6, 2 DHC 5, 8 DC 3. Verkehrsdaten 1987: 550 800 beförderte Passagiere; 1,13 Mrd. Pkm; 90,0 Mill. Frachttkm; 210 Mill. tkm Gesamtleistung (einschließlich AU-Cargo und Charter Services). Streckennetz von rd. 91 198 km. Hauptstrecken: Afrika, Europa, Mittlerer und Ferner Osten; Inlandflugverkehr. Beratervertrag mit der → TWA. IATA-Mitglied.

ETO: Abk. für engl. **E**stimated **T**ime of **O**verfly, voraussichtliche Überflugzeit. Bei der Navigation für Flugsicherungszwecke errechneter Zeitpunkt des Überflugs über einen markanten Punkt (z. B. → Funkfeuer).

Etrich, *Igo:* österreichischer Pilot und Flugzeugkonstrukteur, geb. 25. Dez. 1879 Oberaltstadt bei Trautenau/Böhmen (heute Trutnov), gest. 4. Febr. 1967 Salzburg; entwickelte nach dem Vorbild des Flugsamens einer palmenartigen Pflanze aus Java (Zanonia-Samen mit hervorragenden Flugeigenschaften) ab 1904 mit seinem Vater *Ignaz E.* sowie den Konstrukteuren *Wels* und *Illner Lilienthals* Gleitflugzeug weiter. Nach mehreren Versuchen entstand schließlich die *E.-Taube*, die am 30. Juli 1909 erstmals in Wiener Neustadt flog. Das sehr flugtüchtige Flugzeug wurde ab 1910 von → *Rumpler* in Lizenz gebaut, vielfach aber auch einfach kopiert.

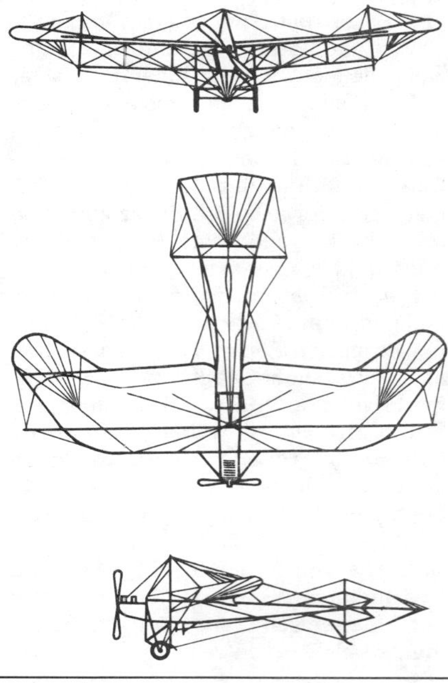

Etrich-Taube

Euler, *August*, ursprünglich **Reith:** Ingenieur und Flugzeugbauer, Altmeister des deutschen Motorflugs, geb. 20. Nov. 1868 Oelde/Westfalen, gest. 1. Juli 1957 Feldberg/Schwarzwald. 1919 Dr. h. c. der Technischen Hochschule Braunschweig. – 1908 erwarb E. die Lizenz zum Bau des Voisin-Doppeldeckers und konstruierte und baute später selbst mehrere erfolgreiche Ein- und Doppeldecker in den E.-Werken, Frankfurt/Main. Am 1. Febr. 1910 wurde ihm das deutsche Flugzeugführerzeugnis Nr. 1 ausgehändigt. Am 10. Juni 1912 startete auf seine Initiative hin der E.-Doppeldecker «Gelber Hund» mit 20 000 Luftpostkarten zum Postflug Frankfurt/Main–Darmstadt. Dazu hatte die Post Erstluftpostmarken (50 Pfennig bis 3 Mark) herausgegeben, damit erste *amtliche* Flugpost der Welt. 20. Nov. 1918 Unterstaatssekretär im Reichsluftfahrtamt, erster deutscher Staatssekretär für das Luftfahrtwesen. In E. Amtszeit aufgestellt: erste Luftverkehrsordnung und erste Luftverkehrsgesellschaft in Deutschland. Aber auch erste Polizei-Fliegertruppe als Keim für geheime Wiederaufrüstung zur Luft. Zog sich später von der aktiven Fliegerei zurück.

EUREKA: → REBECCA-EUREKA

Eurocontrol: Kurzbez. für «Europäische Organisation zur Sicherung der Luftfahrt». Am 13. Dez. 1960 wurde in Brüssel das Internationale Übereinkommen über Zusammenarbeit zur Sicherung der Luftfahrt «Eurocontrol» von den Bevollmächtigten der Staaten Holland, Belgien, Luxemburg, BRD, Frankreich und England abgeschlossen. Am 1. Jan. 1965 wurde Irland Mitglied. Zwischen Dänemark, Norwegen, Schweden, den USA, der Schweiz, Italien, Por-

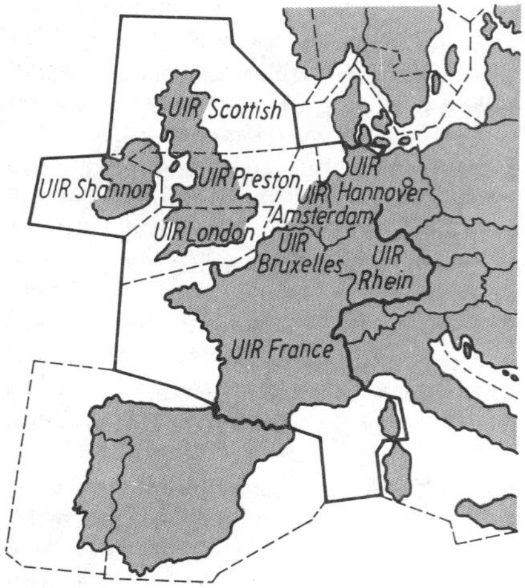

Luftverkehrs-Sicherungsdienste im Bereich der Eurocontrol-Mitgliedsstaaten (dick umrandet)

tugal und Eurocontrol bestehen Abkommen über eine Zusammenarbeit. E. ist nach Struktur, Rechtsbeziehungen und Aufgaben ein internationaler öffentlicher Dienst. Die Organisation besteht aus der *Ständigen Kommission* und der *Agentur*; ihr Sitz ist Brüssel. Die Kommission beschäftigt sich mit den politischen Entscheidungen von E., überwacht die Tätigkeit der Agentur und genehmigt den Haushalt. Die Agentur hat Flugverkehrskontrolldienste im oberen Luftraum (beginnend mit Flugfläche 250) aktiv auszuüben. Ihr unterstehen die Außenstellen (regionale Flugsicherungsdienste; Versuchsstätte Bretigny in Frankreich; Institut für Aus- und Weiterbildung von Flugsicherungspersonal in Luxemburg; Kontrollzentrale für den Bereich Benelux/BRD-Nord in Maastricht/Holland; später soll eine Kontrollzentrale in Karlsruhe für den Bereich BRD-Süd folgen).

European Civil Aviation Conference, Abk. **ECAC:** Europäische Zivilluftfahrtkonferenz, die 1954 von westeuropäischen Mitgliedern der → ICAO als zwischenstaatliche internationale Organisation gegr. wurde. Sie ist eine auf den westlichen Teil Europas begrenzte völkerrechtliche Regionalkonferenz. Sie hat keine supranationalen gesetzgebenden Befugnisse, sondern ist nur beratend tätig. Empfehlungen bedürfen der Zustimmung der zuständigen staatlichen Organe der Abkommenspartner. Ihre Hauptaufgabe besteht in der Koordinierung spezieller westeuropäischer Luftfahrtinteressen in technischer, ökonomischer und juristischer Hinsicht. Das oberste Organ der ECAC ist die *Vollversammlung* (tritt i. d. R. alle 3 Jahre zusammen). Weitere Organe sind die *Versammlung der Leiter der Luftfahrtbehörden* und der *Ausschuß für Koordinierung und Liberalisierung* (COCOLI). Zur Behandlung einzelner Themen werden von der ECAC Arbeitsgruppen gebildet. ECAC arbeitet mit der → ICAO zusammen. Sitz des ECAC-Büros ist Paris.

Europlane Ltd.: am 16. Febr. 1972 in Großbritannien durch → BAC, → MBB (BRD) und → SAAB Scania AB (Schweden) gegr. Unternehmen mit dem Ziel, ein geräuscharmes, kurzstartendes Verkehrsflugzeug (QSTOL) zu entwickeln, zu produzieren und zu verkaufen. 1972 trat der spanische Flugzeugkonzern → CASA der E. L. bei.

Everest, *Frank:* US-amerikanischer Versuchspilot, Oberst der US-Luftwaffe, geb. 1922. Erhielt 1938 das Piloten-Diplom. Im zweiten Weltkrieg ab 1943 in der 314. Jagdfliegerdivision. Nach dem Krieg Absolvent der Schule für Versuchspiloten. 1953 mit F-100 «Super Sabre» internationaler Geschwindigkeitsrekord: 1 215 km/h. Erprobte 1954 die Raketenflugzeuge → Bell X-1 und X-1 A.

Excess Baggage (engl.): internationale Bez. für → Übergepäck.

Excursion Fare (engl.): internationale Bez. für → Exkursionstarif.

Exkursionstarif: Bez. für einen → Tarif im Fluggastverkehr, der – u. a. durch Flugpreisermäßigung (→ Ermäßigung) – zur Förderung des Touristenverkehrs in bestimmten Verkehrsrelationen, auf bestimmten Strecken angewandt wird. E. sind stets als Retourtarife gestaltet und an eine festgelegte Mindestaufenthaltsdauer, einen spätesten Rückreisetermin, teilweise auch an einzelne Wochentage und/oder Jahreszeit(en) gebunden.

Exosphäre: → Atmosphäre

F

F: 1. in älterer Literatur verwendetes Zeichen für Fläche (Flügel- oder Leitwerksfläche), Einheit m²; die Fläche wird häufig (von Area abgeleitet) durch den Buchstaben *A* bezeichnet. – **2.** Zeichen für alle Kräfte (von engl. **F**orce), wobei zur Erläuterung Indizes verwendet werden, z. B. für die Auftriebskraft F_A. – **3.** Typenbezeichnung der britischen Luftstreitkräfte für Jagdflugzeuge (engl. **F**ighter), z. B. «Hunter» F. Mk. 6. – **4.** Typenbezeichnung der USA-Luftstreitkräfte für Jagdflugzeuge (von engl. **F**ighter), z. B. McDonnell F-4 «Phantom II», Grumman F-14A «Tomcat», Lockheed F-80C «Shooting Star», Republic F-84F «Thunderstreak». – **5.** Zeichen für Grad Fahrenheit.

FAA: 1. Abk. für → **F**ederal **A**viation **A**dministration. – **2.** Abk. für → **F**leet **A**ir **A**rm.

F-Abzeichen: von der → FAI registriertes Abzeichen → «Gold C mit 3 Diamanten».

Fächerfunkfeuer, *Fan Marker-Beacon:* → Markierungsfunkfeuer, kennzeichnet die Eintrittsstellen von Luftstraßen in Nahverkehrsbereiche, Kreuzungen von Luftstraßen und Pflichtmeldepunkte. Das Strahlungsdiagramm hat einen hantelförmigen Horizontalquerschnitt, dessen größte Ausdehnung quer zur Flugrichtung auf der Luftstraße liegt, um deren gesamte Breite zu überdecken. Modulationsfrequenz 3 kHz.

Fächerturn: Kunstflugfigur. → Kunstflug

Fachwerkbauweise, *Gerüstbauweise:* historisch älteste Form des Festigkeitsverbands des Flugwerks; dem Brückenbau entlehnte Art und Weise der Verbindung einzelner Stäbe zu einem tragenden System, das alle auftretenden Kräfte und Momente aufzunehmen hat. Es werden ebene (z. B. Fachwerkholm) und räumliche Fachwerke (z. B. Rumpf in F., → Gitterrumpf) unterschieden. → Bauweisen

Facom: Bez. des Entfernungsmeßteils der ersten Navarho-Anlagen (→ Navarho).

fadenförmige Strömung: → Laminarströmung

Fahnenstellung: svw. Segelstellung. → Luftschraube

Fahrgast: Insasse (Reisender) eines Ballons oder Luftschiffs, im Unterschied zu → Fluggast.

Fahrt: → Fluggeschwindigkeit oder Fortbewegung mit einem → Luftschiff.

Fahrtanzeigefehler: → Fahrtmesser

Fahrtmesser: Gerät, das die Geschwindigkeit eines Luftfahrzeugs gegenüber der umgebenden Luft anzeigt (Relativgeschwindigkeitsmesser). Die *relative Geschwindigkeit* des Luftfahrzeugs gegenüber der Luft wird als *Fahrt* bezeichnet und ist zum Erzeugen der Luftkräfte (→ Auftrieb, → Beiwerte) erforderlich. Demgegenüber ist die *absolute Geschwindigkeit* die Geschwindigkeit des Luftfahrzeugs gegenüber der Erde – die Geschwindigkeit über Grund. Nach Art des verwendeten Druckgebers unterscheidet man F. mit *Staurohr* (Staudruckmesser, Pitot-, Prandtl-, Hakenrohr) und mit *Venturirohr* (Saugdüsenmesser, Fahrtmeßdüse). Am Staurohr kann ein Über-, am Venturirohr ein Unterdruck gegenüber dem statischen Druck (atmosphärischer Druck der entspr. Höhe) abgenommen werden. Beim Staudruck-F. wirkt an der vorderen Staurohröffnung der Gesamtdruck, der sich aus Staudruck und statischem Druck ergibt. Er wird über eine Leitung

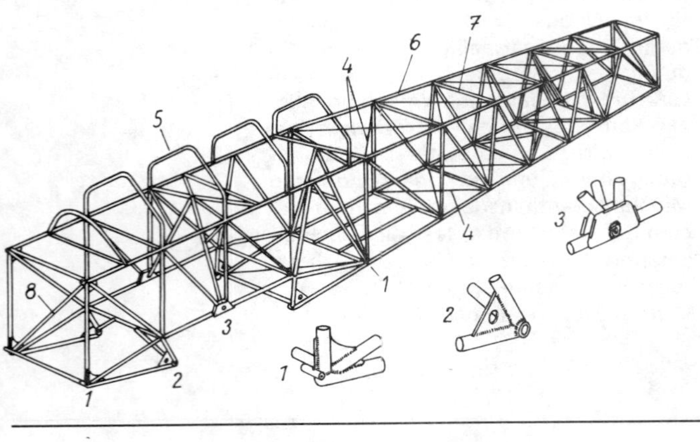

Rumpf in Fachwerkbauweise: 1 Knotenpunkte, 2, 3 Anschlußbeschläge, 4 Spannseile, 5 Kabinendachrahmen, 6 Längsstäbe, 7 Querstäbe, 8 Diagonalstäbe

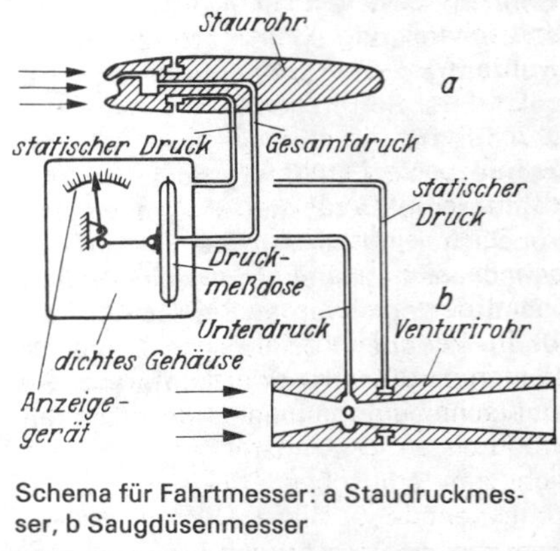

Schema für Fahrtmesser: a Staudruckmesser, b Saugdüsenmesser

Fahrtmesser

zu der im dichten Anzeigergehäuse befindlichen Membrandose geführt. Von den seitlichen Staurohröffnungen wird der statische Druck abgenommen und ins dichte Anzeigergehäuse geleitet. Die auf die Membrandose wirkende Druckdifferenz aus Gesamtdruck und statischem Druck heißt dynamischer Druck, der in nicht zusammendrückbaren Medien (→ Kompressibilität) dem Staudruck entspricht. Der Staudruck ist ein Maß für die Strömungsgeschwindigkeit der Luft und damit für die Fluggeschwindigkeit. Entspr. der Staudruckgröße erfolgt eine Verformung der Membrandose. Der Dosenhub wird vom Übertragungsmechanismus in eine Drehbewegung umgewandelt und zum Anzeigeteil übertragen: Die Anzeige ist unabhängig von der absoluten Größe des statischen Drucks. Staurohre werden so angebracht, daß sie sich möglichst in der ungestörten Strömung befinden. – Der F. mit Venturirohr zeigt ebenfalls eine Druckdifferenz zwischen statischem und Gesamtdruck an. Er wurde früher in Segelflugzeugen benutzt, da keine empfindlichen Staudruck-F. für die geringen Geschwindigkeiten zur Verfügung standen. Dieser F. besitzt einen Druckgeber (Venturirohr) in Form eines Rohrs, dessen Querschnitt sich wie ein Trichter verengt (nach dem italienischen Gelehrten des 18. Jh. *Venturi* benannt). Die vorn eintretenden Luftteilchen werden durch die Querschnittsverengung beschleunigt, wodurch an der engsten Stelle zusätzlich zum statischen Druck ein Unterdruck entsteht. Diese Drücke werden über eine Leitung zur Membrandose geleitet. Über die zweite Leitung gelangt der statische Druck ins dichte Gehäuse. Auch hier ist die Druckdifferenz der Geschwindigkeit proportional und sorgt für eine Verformung der Membrandose, die auf den Zeiger übertragen wird.
Bei der Fahrtmessung ergeben sich einige Meßfehler, die unter dem Begriff *Fahrtanzeigefehler* zusammengefaßt werden. Zunächst hat der F. einen bestimmten Systemfehler. Einen weiteren Fehler hat der Druckgeber (Staurohr oder Venturidüse). Beide Fehler lassen sich ermitteln und beim Ablesen der Anzeige berücksichtigen. Da der Membranhub der Dose nicht nur von der Geschwindigkeit der Luftfahrzeuge, sondern auch vom Luftdruck abhängt, ergeben sich Fehler, wenn der Luftdruck nicht mit dem bei Eichung vorhandenen übereinstimmt. Dieser Fehler läßt sich durch eine Korrekturrechnung kompensieren. Bestimmte F. kompensieren ihn jedoch automatisch durch den Einbau von barometrischen (Quasidichtekompensation) und temperaturabhängigen Dosen (Dichtekompensation). Je nach Art der Korrektur für die F.-Anzeige unterscheidet man → IAS, → EAS, → CAS, → TAS. Flugzeuge, die mit Geschwindigkeiten fliegen, die gegenüber der Schallgeschwindigkeit nicht vernachlässigt werden können, sind zusätzlich mit → Machmetern ausgerüstet.

Fahrtregler: → Flugregler

Fahrwerk: Gesamtheit derjenigen Teile von Luftfahrzeugen, die der Fortbewegung am Boden dienen. Daneben dient das F. in der Regel auch dazu, die Wirkung des Landestoßes und der Rollstöße auf die Flugzeugkonstruktion durch Federung und Dämpfung zu vermindern sowie die Landestrecke durch Bremswirkung zu verkürzen. Das F. gehört zu den höchstbeanspruchten Teilen des Flugzeugs und arbeitet vor allem während des kompliziertesten Flugabschnitts, der Landung, woraus die Forderung nach höchster Zuverlässigkeit folgt. Gleichzeitig stellt das F. während des gesamten übrigen Flugs Ballast dar, woraus sich die Forderung nach minimaler Masse ergibt. Die Lösung des Widerspruchs zwischen diesen beiden Forderungen wird heute durch Einsatz erstklassiger Werkstoffe und höchste Qualität der Fertigung von F. erreicht. F.

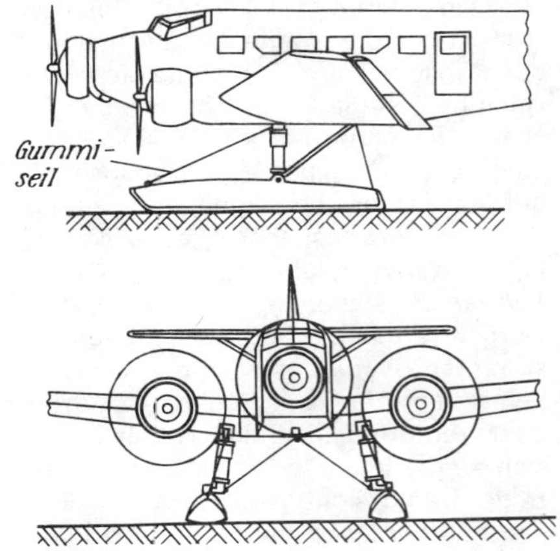

Kufenfahrwerk

Raupenfahrwerk

bestehen meist aus mehreren F.beinen, die an Rumpf oder Tragflügeln starr oder einfahrbar angebracht sind. Nach der Verteilung der F.beine unterscheidet man → Heckrad-, Bugrad- und Tandem-F. Das Ein- und Ausfahren der F. erfolgt mit Hilfe hydraulischer, pneumatischer oder elektrischer Anlagen, die gewöhnlich durch 1 oder mehrere Notanlagen gesichert sind (→ Doublierung). An den F.beinen sind die Fortbewegungsorgane angebracht. Nach deren Art lassen sich Rad-, Kufen- oder Raupen-F. unterscheiden; *Rad-F.* haben gewöhnlich gebremste Laufräder mit Schlauch- oder schlauchloser Gummibereifung; zur Verringerung des Bodendrucks bei gleichzeitig kompakter Bauweise werden die Haupt-F. bei größeren Flugzeugen als *Wagen-F.* mit 4...8 Rädern ausgelegt. *Kufen-F.* finden für Flugzeuge vor allem in Schnee- und Eisregionen Anwendung, werden jedoch auch für Hubschrauber verwendet und können sich auch für senkrecht startende und landende Flugzeuge als günstig erweisen. *Raupen-F.* haben, trotz des vorteilhaft geringen Bodendrucks für Start und Landung auf unbefestigten Plätzen, bisher keine breite Anwendung gefunden, da sie kompliziert im Aufbau und somit bei den üblichen Landegeschwindigkeiten relativ störanfällig sind. Große Flugzeuge werden mitunter mit → *Querwindfahrwerken* für Start und Landung bei starkem Seitenwind ausgerüstet. Leistungssegelflugzeuge, Forschungs- und Spezialflugzeuge haben häufig ein F., das nach dem Start ausgeklinkt und abgeworfen wird. Sie landen dann meist auf einer oder mehreren am Rumpf angebrachten Kufen. Segelflugzeuge haben häufig ein vor, in oder hinter dem Schwerpunkt eingebautes oder einziehbares, meist bremsbares Rad (→ Einradfahrwerk).

Fahrwerkbein: Teil des → Fahrwerks,

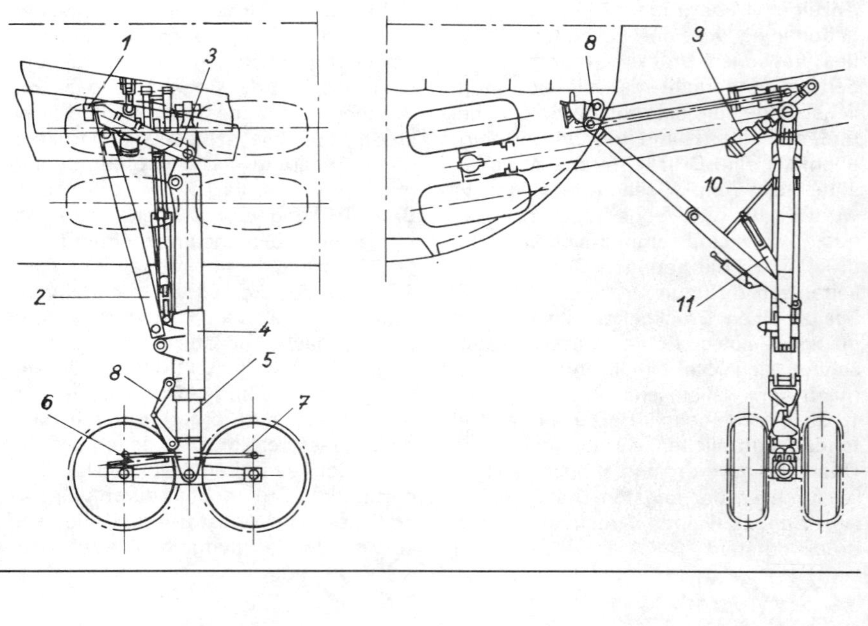

Wagenfahrwerk: 1 vorderes Schwenklager, 2 Längsstrebe, 3 oberer Schwenkarm, 4 Federbein, 5 Teleskoprohr, 6 Nickdämpfer, 7 Bremsgestänge, 8 Spurgelenk

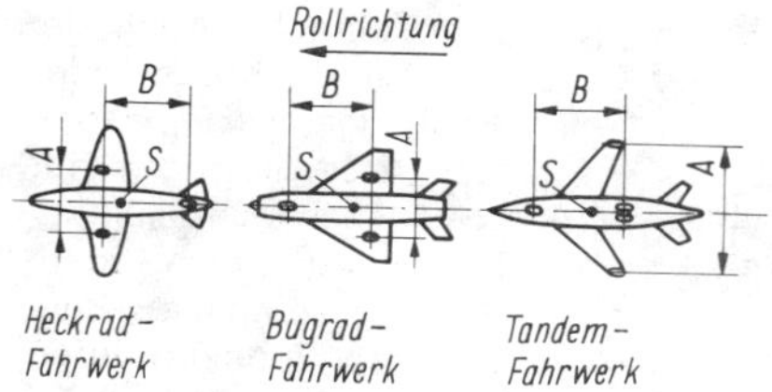

mögliche Anordnung der Fahrwerkbeine: A Spurweite, B Basisabstand, S Schwerpunkt

das die Verbindung zwischen Fortbewegungsorgan (Rad, Kufe, Raupe) und Zelle (Rumpf, Tragflügel) herstellt. Es nimmt die Hauptkräfte bei der Landung und beim Rollen auf. Am F. werden auch andere Bauteile des Fahrwerks befestigt, z. B. Stoßdämpfer, Spurgelenke, Wendemechanismen, Flatterdämpfer. → Federbein

FAI: Abk. für → **F**édération **A**éronautique **I**nternationale.

Fail safe (engl. für *ausfallsicher*): bei der Dimensionierung von Bauelementen des Festigkeitsverbands angewendetes Prinzip, welches das Auftreten von dynamischen Schäden (z. B. Anrissen) während der gesamten Lebensdauer nicht generell ausschließt. Es wird lediglich gefordert, daß solche Schäden nicht die Ursache für das völlige Versagen der Struktur werden dürfen. Zweckmäßige Kontrolltechnologien und rechtzeitige Schadenseingrenzung sind Voraussetzungen für die Anwendung der F.-Methode. → No Fail

Fairchild Industries Inc.: Großkonzern der USA (Germantown, Maryland) für die Fertigung von Flugzeugen, Teilen von Flugzeugen anderer Firmen, Luftfahrtzubehör verschiedenster Art, von Teilen für Raumfahrzeuge sowie Avionik und Elektronik. In Lizenz der Pilatus Flugzeugwerke (Schweiz) wird die «Porter» als militärisches Mehrzweckflugzeug AU-23A gebaut. Zu den wichtigsten Zweigen gehören: F. Republic Co. (ist Hauptauftragnehmer für den Bau des militärischen Schulflugzeuges T-46A), F. Aircraft Service Division, F. Space and Electronics Corp., F. Stratos Division. Die F. Republic Co. mit Sitz in Farmingdale (New York) ist hervorgegangen aus der 1925 gegr. F. Aircraft Corp. 1931 vereinigte sie sich mit der Seversky Aircraft Co. Republic zur Republic Aviation Corp. Nach verschiedenen Umgliederungen und Umbenennungen des Konzerns (z. B. 1965 F. Hiller Corporation) erhielt er seinen heutigen Namen. Produzierte Teile der F/RF-4, der → Boeing 747 sowie des Space Shuttle (USA-Raumfähre) und das Tiefangriffsflugzeug A-10A. F. Aircraft (früher Swearingen) baut Geschäftsreiseflugzeuge «Merlin» und «Metro».

Fairey: Kurzbez. für die britischen Flugzeugwerke *Fairey Aviation Company Ltd.* Sie wurden 1915 gegr. und produzierten Militär-, vor allem Seeflugzeuge. Zu den bekanntesten Typen gehören: Seeaufklärer F. 17 «Campania» (1917); Flugboot N. 4 «Atlanta» (1924); Torpedoflugzeuge «Swordfish» (1934), «Albacore» (1938) und «Barracuda» (1940); Marinejagdflugzeug «Firefly» (1941); Bombenflugzeug «Battle» (1936) und Rotorflugzeug «Rotodyne» (1955). Tochterunternehmen: 1931 Société Anonyme Belge Avions Fairey (produzierte Fairey «Firefly» und «Fox» für die belgische Luftwaffe, nach 1945 → Gloster «Meteor», → Hawker «Hunter» und F-104G für die belgische sowie andere NATO-Luftstreitkräfte) und 1948 Fairey Canada Ltd. (überholt für die NATO-Streitkräfte Marineflugzeuge). F. spezialisierte sich nach dem zweiten Weltkrieg (F. «Gannet»); der Konzern wurde im Zuge des Konzentrationsprozesses Teil des → Hawker Siddeley.

Fairchild Republic A-10A «Thunderbold II» (zweite Vorserienmaschine)

Fairey «Gannet» A.S.Mk.4

Fairey, *Sir Richard:* britischer Flugzeugkonstrukteur, geb. 5. Mai 1887 Hendon, gest. 1957. Er begann seine Tätigkeit 1912/13 als Manager der Blair Atholl Aeroplanes, war dann 1913/15 Chefingenieur der Flugzeugwerke Short und gründete 1915 die Fairey Aviation Ltd. (→ Fairey). Von 1922 bis 1924 war er Präsident der British Society of Aircraft Constructors.

Fallbeschleunigung, Zeichen *g*: Beschleunigung eines frei, d. h. ohne Luftwiderstand, in Richtung Massezentrum der Erde fallenden Körpers. Sie besteht aus der Schwerebeschleunigung, die sich aus der Anziehungskraft zwischen der Erde und dem betrachteten Körper ableitet, und der ihr entgegengesetzt wirkenden Zentrifugalbeschleunigung, wenn der betrachtete Körper eine Tangentialgeschwindigkeit besitzt. Beide Größen sind abhängig vom Abstand des Körpers vom Erdmittelpunkt. Während jedoch die Schwerebeschleunigung mit dem Quadrat dieses Abstandes abnimmt, nimmt die Zentrifugalbeschleunigung nur linear ab, was für die Raumfahrt von Bedeutung ist. Für Körper, auf die lediglich die Erddrehung wirkt, wird die F. in Meereshöhe für den 50. Breitengrad mit 9,81 m/s^2 gemessen. Für den Höhen- und Geschwindigkeitsbereich, in dem Flugzeuge heute operieren, wird dieser Wert annähernd als konstant angenommen. → Lastvielfaches

Fallschirm: Gerät, mit dem Menschen oder Lasten (z. B. Post, Proviant, Fahrzeuge, Waffen, wissenschaftliche Geräte) aus Luftfahrzeugen im Flug abgesetzt werden, außerdem Rettungsmittel für das fliegende Personal. Zum Abwurf schwerer Lasten über 1 000 kg werden mehrere F. zu einer F.-Traube gekoppelt. – Als Material dienen Naturseide, Baumwolle, Papier, Chemiefaserstoffe. Der Körper bzw. die Last hängt in einem Gurtzeug, das durch Fangleinen mit der F.-Kappe verbunden ist.

Runde oder geschlitzte Öffnungen im Scheitel der F.-Kappe mildern den Entfaltungsstoß, verringern das Pendeln und beeinflussen die Fallgeschwindigkeit. Die in Bahnen oder Felder unterteilte Kappe wölbt sich halbkugelförmig, rechteckig, quadratisch oder dreieckig, je nach Typ. Für den Einsatz werden die F. in tornisterähnlichen Verpackungssack eingelegt, der fest mit

Übungsfallschirm RS-8 (DDR)

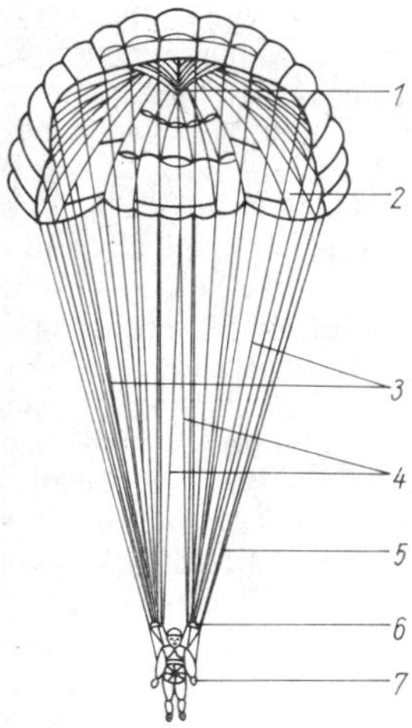

Konstruktion eines Fallschirms: 1 Pol des Fallschirms, von ihm führen 2 Polleinen zu den Gurtenden; 2, 3, 7 Steuerleinen zur Veränderung der in der Fallschirmkappe befindlichen Schlitze für Steuerung und Abbremsung der Vorwärtsgeschwindigkeit; 4 Polleinen, die vom Pol der Fallschirmkappe zu den Gurtenden führen; 5 Fangleinen, führen von der Kappe zu den Gurtenden, mit denen der Fallschirm am Gurtzeug des Sportlers befestigt ist; 6 Gurtenden; 7 Enden der Steuerleinen mit den Knebeln, die der Springer in der Hand hält

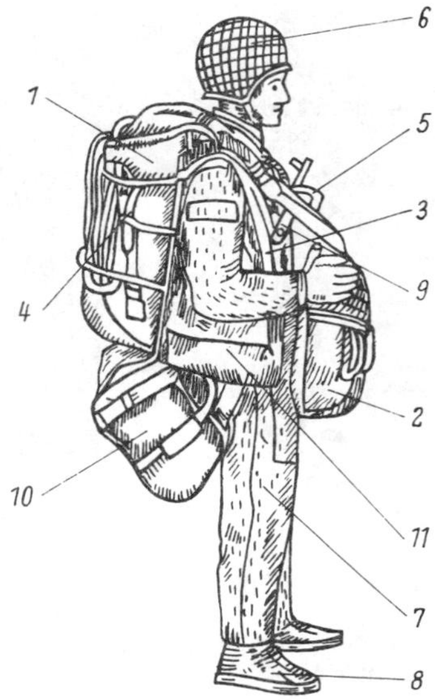

Ausrüstung eines Fallschirmjägers: 1 Haupt-, 2 Rettungsfallschirm, 3 Gurtzeug, 4 Aufzugsleine für automatische Öffnung: bei Ausstattung des Fallschirms mit einem Stabilisator wird durch die Aufzugsleine nach dem Absprung der Stabilisierungsschirm freigegeben, 5 Öffnungsgriff für manuelle Öffnung; beim Sprung mit Stabilisierungsfallschirm wird mit dem Griff die Öffnung des Hauptfallschirms ausgelöst, 6 Sprunghelm, 7 Kampfanzug, 8 Sprungstiefel, 9 Maschinenpistole, 10 Lastbehälter (z.B. für Funkgerät oder Sprengmittel), 11 Magazintasche

Sportfallschirm UT-15 (UdSSR); ein Schlitzsystem garantiert hohen Eigenvortrieb, gute Steuer- und Bremseigenschaften sowie einen leichten Entfaltungsstoß

dem Gurtzeug verbunden ist. Alle Arten von Sprung- und Rettungsfallschirmen für Flugzeugbesatzungen haben einen Verzögerungssack, d. h. die Kappe befindet sich in einer schlauchförmigen Hülle, die den eingeleiteten Öffnungsvorgang des F. verzögern soll. Die beim Entfaltungsprozeß auftretenden Kräfte werden dadurch auf ein für Körper und Last erträgliches Maß herabgesetzt. Der sich im freien Fall befindliche Springer kann somit gefahrlos innerhalb 2,5...3,5 s von 50 m/s auf 3,5...6,5 m/s abgebremst werden. Ohne Verzögerungssack vollzieht sich die F.öffnung innerhalb 0,8...1,2 s. F. werden nach

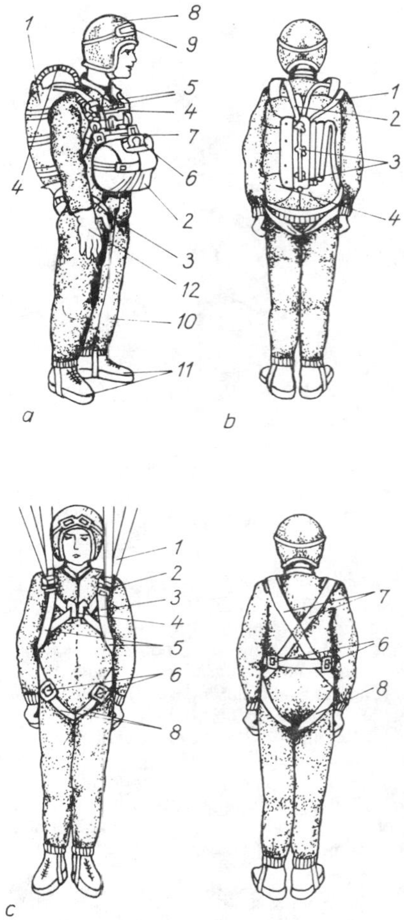

Ausrüstung eines Fallschirmspringers: a 1 Sprungfallschirm, 2 Rettungsfallschirm, 3 verstellbares Gurtzeug, an dem beide Fallschirme befestigt werden, 4 Aufzugsgriff und Aufzugskabel, 5 Schnelltrennverschlüsse, 6 Aufzugsgriff des Rettungsfallschirms, 7 Schutzkasten für Stoppuhr und Höhenmesser, darunter Kappmesser, 8 Sprunghelm, 9 Schutzbrille, 10 Kombination, 11 Sprungstiefel, 12 Handschuhe
b Sprungfallschirm mit Vorrichtung zur automatischen Öffnung; 1 Aufzugsleine, 2 Notaufzugskabel (zum manuellen Öffnen), 3 Verschlußstifte, die in den Bohrungen der Kegel stecken und damit den Verpackungssack geschlossen halten, 4 Spanngummis
c Gurtzeug eines Sprungfallschirms; 1 freie Gurtenden, 2 Schnelltrennverschluß, 3 Tasche zur Aufnahme des Aufzugsgriffs, 4 Brustriegel, 5 Haupttragegurt, 6 Steckschlösser, 7 Rückengurte, 8 Beingurte

Einzelabsprung aus dem Absetzflugzeug An-2

sowjetische Luftlandepanzer unter Lastenfallschirmen (F.-Trauben)

dem Verwendungszweck, der Trageart, der Art und Weise der Öffnung sowie der Steuerbarkeit klassifiziert. Vom Verwendungszweck ausgehend erhalten die F. bei der Konstruktion die dafür günstigsten technischen Leistungsparameter und Eigenschaften. Sie unterscheiden sich bei den verschiedenen F. bes. in der unterschiedlichen minimalen Öffnungshöhe, Sinkgeschwindigkeit, Tragfähigkeit, Vortriebsgeschwindigkeit und Steuerbarkeit.

Trageart: Die Trageart ist abhängig vom Verwendungszweck des F., den Forderungen nach einer möglichst großen Bewegungsfreiheit des Benutzers und den räumlichen Bedingungen. *Sprung-F.* und *Rettungs-F.* für Segelflieger werden auf dem Rücken getragen; Rettungs-F. für Flugzeugbesatzungen werden gewöhnlich im Sitz untergebracht. F.springer tragen ihren Rettungs-F. vor der Brust oder auf dem Rücken.

Öffnungsart: Je nach Verwendungszweck haben F. unterschiedliche Öffnungseinrichtungen. a) *automatische F.öffnung.* Der F. wird nach dem Absprung von einer Aufzugsleine geöffnet; der F.springer greift dabei nicht manuell ein. Die Aufzugsleine ist mit dem Flugzeug verbunden. Beim Absprung strafft sie sich und setzt die Öffnungseinrichtung in Gang. Sie ist an *Übungs-F.* und *Segelflugrettungs-F.* angebracht. Beide Typen haben zusätzlich eine manuelle Öffnungsmöglichkeit. Bei Übungs-F. ist die automatische Öffnung eine Voraussetzung für die sichere Ausbildung, bes. für Anfänger. b) *manuelle F.öffnung.* Der F. wird vom F.springer bzw. Flugzeugführer mit einem Handaufzug geöffnet. Die manuelle F.öffnung ist an *Übungs-, Sport- und Rettungs-F.* vorgesehen. Zur Sicherheit wird bei Sprung-F. mit manueller Öffnung ein F.sprungautomat (Höhenauslöser) angebracht. Dieser Automat öffnet nach Ablauf einer bestimmten Zeit bzw. nach Passieren der einstellbaren Höhe, unabhängig vom Springer, im Notfall den F. c) *halbautomatische F.öffnung.* Der F. wird mittels eines Automaten nach einem eingestellten Wert (Höhe oder Zeit) geöffnet. Der Springer greift nicht ein. Dieses Verfahren benutzen Luftlande-F. mit Stabilisierungseinrichtung.

Steuerbarkeit: a) *steuerbare F.* Hierzu gehören Sport- und Übungs-F. Diese besitzen durch ihre bes. Kappenkonstruktion eine Vortriebsgeschwindigkeit von mehr als 2 m/s bis derzeitig max. 8 m/s. Durch Änderung der Ausströmrichtung der angestauten Luft in der Kappe – mittels spezieller Steuerleinen kann die Kappensymmetrie beeinflußt werden – sind diese F. entspr. den Windverhältnissen steuerbar. Bei modernen *Sport-F.* ist zudem die hohe Vortriebsgeschwindigkeit bremsbar, wodurch z. B. exakte Ziellandungen ohne Richtungsänderungen möglich sind. b) *teilweise steuerbare F. Rettungs-* und *Luftlande-F.*, die keinen Eigenvortrieb besitzen, sind nach dem Prinzip des Gleitens teilweise steuerbar. Das Gleiten wird durch einseitiges Herunterziehen der F.kappe mittels Fangleinen bewirkt und dadurch eine Positionsänderung im Sinkvorgang, z. B. zum Ausweichen von Hindernissen, herbeigeführt. c) *nicht steuerbare F.*, Mehrzahl der *Lasten-* und *Spezial-F.*

Im zivilen Sektor hat insbes. das sportliche F.springen zu einer raschen Entwicklung der F.technik beigetragen. Die militärischen Erfordernisse und die Herausbildung der Kosmonautik haben das Gebiet der Lasten-F. erweitert.

Die F. gliedern sich somit in Personen- und Lasten- bzw. Spezial-F., die Personen-F. wiederum in Sprung-F. und Rettungs-F. Zu den *Sprung-F.* gehören Übungs-, Sport- und Luftlande-F. Zu den *Rettungs-F.* zählen solche für Besatzungen und solche für F.-Springer.

Geschichte: Aus Anlaß der Thronbesteigung des Kaisers *Fo-Kien* (1306) sprangen chinesische Artisten mit F. von hohen Türmen, um die Gäste der Feier zu unterhalten. Von 1495 stammt der erste schriftlich fixierte Entwurf eines F. von → *Leonardo da Vinci* mit einer einwandfreien Beschreibung der Wirkungsweise. 1617 unternahm *Fausto Veranzio* in Venedig F.-Versuche. 1779 erprobte *Joseph* → *Montgolfier* (er erfand 1782 den Heißluftballon) seinen selbstgebauten F. bei einem Sprung vom Dach seines Elternhauses. 1783 experimentierte *Sebastian Lenormand* und sprang mehrmals von Türmen und hohen Gebäuden ab. Nach der Erfindung der Heißluft- und Wasserstoffballone konnten die Höhen gesteigert werden. 1785 rettete der verspottete «Rettungsring der Luft» dem Ballonfahrer *Blanchard* das Leben. Den ersten freiwilligen Absprung aus größerer Höhe unternahm 1797 *Jacques Garnerin.* Die Adoptivtochter seines Bruders, *Elisabeth Garnerin,* war die erste Frau der Welt, die (1814) mit dem F. absprang. – Der moderne Rundkappen-F. in seiner heutigen zusammenlegbaren Form ist eine Erfindung von *Hermann Lattemann* (1852–1894) und *Käte Paulus* (1868–1935). 1911 entwickelte *Gleb* → *Kotelnikow* einen brauchbaren Fliegerrettungs-F. 1917 konstruierte *Otto Heinecke* einen Fliegerrettungs-F. mit automatischer Öffnungseinrichtung, der in der ganzen Welt eingesetzt wurde. *Hofmann* und *Irvin* entwickelten den ersten F. mit manueller Öffnungseinrichtung. *Irvin* sprang 1919 mit diesem F. aus 600 m ab und öffnete ihn erst in 200 m Höhe. Durch seine Zuverlässigkeit eroberte sich das Irvin-F.system das Vertrauen der Luftfahrtsachverständigen in aller Welt. 1930 begann in der Sowjetunion die Entwicklung des F.springens zum Massensport und der Aufbau von Luftlandeeinheiten. 1951 beschloß die → FAI die regelmäßige Durchführung von Weltmeisterschaften.

Fallschirmjäger, Fallschirmlandetruppe: → Luftlandetruppen

Fallschirmsport: sportlich betriebener Absprung mit dem → Fallschirm; erstreckt sich auf die Einzeldisziplinen *Ziel-, Figuren-* und *Höhensprünge* sowie auf die Mannschaftsdisziplinen *Ziel-, Formations-* und *Kappenformations-* und *Höhensprünge.*

durch einen kräftigen Ruck am Anfzugsgriff beendet der Springer den freien Fall und leitet die Fallschirmöffnung ein

nach Einleiten der Fallschirmöffnung streckt der Hilfsschirm zur Unterstützung den Verzögerungssack; in der rechten Hand befindet sich der Griff mit dem Aufzugskabel

Landung beim Einzelsprung: Bis zur Landung hat die Springerin die Steuerleinen bedient

Rundklappengleitfallschirm PTCH-8 (ČSFR) 1968

In der Grundausbildung wird mit automatischer Fallschirmöffnung gesprungen. In der Weiterbildungsperiode bis zum Erwerb der Fallschirmsprungerlaubnis werden die ersten Sprünge mit manueller Auslösung der Fallschirmöff-

EFA «Olympic» (Frankreich) 1968

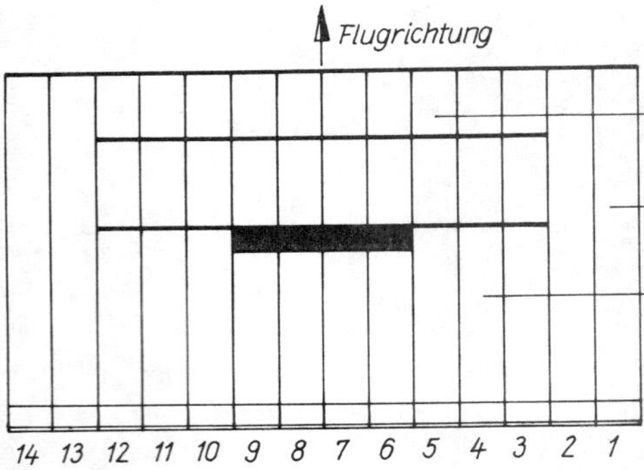

Fallschirmkappe RL-12/2 von oben gesehen (schematisch)

Schülerfallschirm PD-47 und Rettungsfallschirm PS-41a – mit beiden UdSSR-Typen begann 1956 das Fallschirmspringen in der DDR

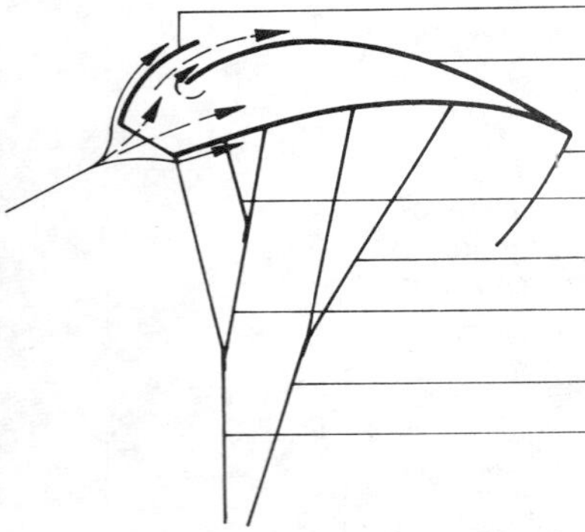

Fallschirmkappe RL-12/2 im Schnitt (schematisch)

nung trainiert. Sportsprünge erfolgen ausschließlich mit manueller Öffnung. Die Fluggeschwindigkeit der Absetzmaschinen (Hubschrauber bzw. Flugzeuge) bewegt sich zwischen 80 und 140 km/h. Die internationale Mindestöffnungshöhe für Sprungfallschirme beträgt 400 m über Grund. Bei Zielsprüngen

Ziellandung am Strand (Albena-Pokal 1986)

Zielsprungtraining

Kappenformationsspringen (Zweier-Stapel)

Kappenformationsspringen (Zweier-Stapel)

Gleitfallschirm-Rettungsgleiter RG-2 (DDR)

Kamera-Springer (für Auswertung des Trainings im Formationsspringen und Nachweis von Rekordleistungen)

wird das Ziel durch eine Plastikscheibe mit 5 cm Durchmesser dargestellt. Zur höheren Sicherheit der Springer ist der Zielkreis in einem Radius von 25 m mit einer Sand- oder Keisaufschüttung versehen. Dieser Zielkreis und ein zusätzlicher 100-m-Kreis dienen gleichzeitig als Orientierungsmittel. Ein Windsack zeigt den Springern in der Luft die Richtung

Ziellandung im Stadion (4-Weltpokal 1987)

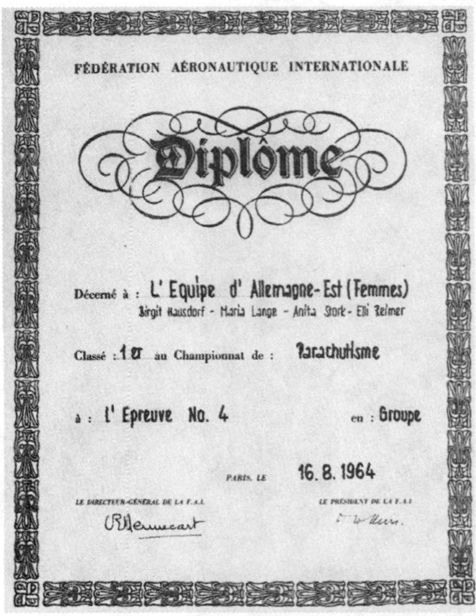

FÉDÉRATION AÉRONAUTIQUE INTERNATIONALE

Diplôme

Décerné à : L' Equipe d' Allemagne-Est (Femmes)
Birgit Hausdorf - Maria Lange - Anita Stork - Elli Reimer

Classé : 1 er au Championnat de : Parachutisme

à : l' Epreuve No. 4 en : Groupe

PARIS, LE 16. 8. 1964

LE DIRECTEUR-GÉNÉRAL DE LA F.A.I. LE PRÉSIDENT DE LA F.A.I.

Urkunde für den ersten Sieg bei der WM für den DDR-Fallschirmsport (1. Platz im Gruppenzielspringen der Frauen VII. WM 1964 in Leutkirch/BRD)

und ungefähre Stärke des Bodenwinds an, die bis zu 7 m/s betragen darf. Als Landeentfernung gilt die Differenz zwischen dem Rand der Nullscheibe und dem ersten Berührungspunkt des Springers mit der Oberfläche. Bei Weltmeisterschaften oder anderen bedeutenden Wettkämpfen wird auch eine elektronische Nullscheibe (Meßbereich bis 15 cm) benutzt.

Die F.-Weltrekorde werden bei der → FAI unter der Bezeichnung G registriert und in verschiedenen Kategorien und Klassen geführt. Der seit dem 1. 1. 1986 gültige Sporting Code der internationalen Fallschirmsport-Kommission enthält folgende Einteilungen:

Rekordklassen:

G-1-a Einzel-Höhensprung
G-1-b Einzelzielsprung
G-1-c Einzel-Figurensprung
G-2-a Mannschafts-Höhensprung
G-2-b Gruppen-Zielsprung
G-2-c Formations-Springen
  G-2-c-1 Längste Sequenz
  G-2-c-2 Größte Formation
G-2-d Kappen-Formations-Springen
  G-2-d-1 Vierer-Rotation
  G-2-d-2 Längste Sequenz
  G-2-d-3 Achter-Geschwindigkeits-Formation
  G-2-d-4 Größte Formation

Rekordkategorien:

a) Allgemeine Kategorie:
   Beste erreichte Leistung
b) Frauen-Kategorie:
   Beste Leistung einer Frau oder einer Frauenmannschaft

Die Mannschaftsstärke bei Rekorden beträgt 4 oder 8 Personen. Im Zielspringen und beim Höhensprung überbietet eine bessere Leistung mit 8 Personen die Leistung der Vierermannschaft. Zielsprungrekorde werden nach Rekordleistungen «am Tage» und «in der Nacht» unterteilt. Zielsprungleistungen müssen mit einem automatischen Meßsystem ermittelt werden.

In den Rekordklassen «Größte Formation» müssen die Teilnehmer nicht von gleicher Nationalität sein.

Höhensprung-Rekorde (Klassen G-1-a und G-2-a)

Die Rekordleistung bei Höhensprüngen ist die Freifallstrecke, gemessen in Metern, nach der Aufzeichnung des → Barographen bestimmt. Vor allen Höhensprung-Rekordversuchen müssen sich die Springer (4 oder 8 Personen) 6 Monate vor dem Rekordversuch einer ärztlichen Kontrolle mit *Unterdrucktest* unterziehen. Das ärztliche Attest muß den Rekordunterlagen beigelegt werden. Ein Barograph, der mindestens 5 min vor der festgesetzten Absprungzeit in Gang gesetzt und frühestens 5 min nach der

Fallschirmsport-Weltmeisterschaften (klassische Disziplinen)

I.	Lesce-Bled	Jugoslawien	1951	6 Länder
II.	Saint Yan	Frankreich	1954	7 Länder
III.	Moskau-Tuschino	UdSSR	1956	10 Länder
IV	Bratislava	ČSFR	1958	14 Länder
V.	Musatschewo	Bulgarien	1960	12 Länder
VI.	Orange/Mass.	USA	1962	25 Länder
VII.	Leutkirch	BRD	1964	29 Länder
VIII.	Leipzig	DDR	1966	18 Länder
IX.	Graz-Thalerhof	Österreich	1968	26 Länder
X.	Lesce-Bled	Jugoslawien	1970	28 Länder
XI.	Tahlequah/Okl.	USA	1972	31 Länder
XII.	Szolnok	Ungarn	1974	31 Länder
XIII.	Guidonia-Rom	Italien	1976	26 Länder
XIV.	Zagreb	Jugoslawien	1978	27 Länder
XV.	Kazanlik	Bulgarien	1980	26 Länder
XVI.	Lucenec	ČSFR	1982	26 Länder
XVII.	Vichy	Frankreich	1984	30 Länder
XVIII.	Ankara	Türkei	1986	27 Länder
XIX.	Nyköping	Schweden	1988	Länder

Fallschirmsport-Weltmeisterschaften (Formationsspringen)

I.	Warendorf	BRD	1975	20 Länder
II.	Gatton	Australien	1977	19 Länder
III.	Chateauroux	Frankreich	1979	21 Länder
IV.	Zephyrhills	USA	1981	21 Länder
V.	Sun City	Südafrika	1983	8 Länder
VI.	Losinj	Jugoslawien	1985	20 Länder
VII.	Iguacu	Brasilien	1987	25 Länder

Fallschirmsport-Europameisterschaften (klassische Disziplinen)

I.	Portoroz	Jugoslawien	1975	15 Länder

Fallschirmsport-Weltmeisterschaften (Kappen-Formationsspringen)

I.	Gatton	Australien	1986	11 Länder
II.	Vichy	Frankreich	1988	Länder

Fallschirmsport-Weltmeisterschaften (Para-Ski-Kombination)

I.	Sarajevo	Jugoslawien	1987	Länder

Weltpokal-Wettbewerbe (klassische Disziplinen)

I.	Siena	Italien	1981	10 Länder
II.	Siena	Italien	1983	8 Länder
III.	Siena	Italien	1985	12 Länder
IV.	Seoul	Südkorea	1987	31 Länder

Mannschaftsweltmeister und DDR-Plazierung (Klassische Disziplinen)

Jahr	Frauen	Männer
1954	–	UdSSR
1956	UdSSR	ČSR
1958	UdSSR	UdSSR
1960	ČSSR	UdSSR
1962	USA	ČSSR
1964	USA	ČSSR
	2. DDR	4. DDR
1966	UdSSR	UdSSR
	6. DDR	4. DDR
1968	UdSSR	USA
	4. DDR	3. DDR
1970	ČSSR	ČSSR
	8. DDR	4. DDR
1972	UdSSR	UdSSR
	2. DDR	6. DDR

Jahr	Frauen	Männer
1974	UdSSR	ČSSR
	2. DDR	3. DDR
1976	USA	UdSSR
	3. DDR	6. DDR
1978	UdSSR	DDR
	3. DDR	
1980	DDR	UdSSR
		2. DDR
1982	ČSSR	DDR
	3. DDR	
1984	UdSSR	UdSSR
	2. DDR	3. DDR
1986	UdSSR	UdSSR
	2. DDR	4. DDR

Absoluter Weltmeister und beste DDR-Plazierung (Klassische Disziplinen)

Jahr	Frauen	Männer
1951	–	Pierre Lard (Frankreich)
1954	–	Iwan Fedtschischin (UdSSR)
1956	Josefa Maxova (ČSSR)	Gustav Koubek (ČSSR)
1958	Nadja Prjachina (UdSSR)	Pjotr Ostrowski (UdSSR)
1960	Bozena Rejzlova (ČSSR)	Zdenek Kaplan (ČSSR)
1962	Muriel Simbro (USA)	James Arender (USA)
1964	Tee Taylor (USA)	Richard Fortenberry (USA)
	5. Birgit Hausdorf	11. Heinz Schaal
1966	Lidia Jeremina (UdSSR)	Wladislaw Krestjannikow (UdSSR)
	8. Birgit Hausdorf	6. Günter Gerhardt
1968	Tatjana Woinowa (UdSSR)	Jewgeni Tkatschenko (UdSSR)
	5. Barbara Bürger	13. Walter Greschner
1970	Marie-France Boulez (Frankreich)	Alexej Jatschmenew (UdSSR)
	19. Inge Kleinjung	11. Wolfgang Rieding
1972	Barbara Karkoschka (DDR)	Clayton Schoepple (USA)
		7. Walter Greschner
1974	Natalia Sergejewa (UdSSR)	Nikolai Uschmajew (UdSSR)
	9. Sonja Schuroff	18. Andreas Partsch
1976	Walentina Zakoretzkaja (UdSSR)	Grigori Surabko (UdSSR)
	9. Irina Klabuhn	15. Bernd Wiesner
1978	Cheryl Stearns (USA)	Igor Tjorlo (UdSSR)
	5. Irina Walkhoff	2. Andreas Partsch
1980	Irina Walkhoff (DDR)	Nikolai Uschmajew (UdSSR)
		20. Gerd Harzbecker
1982	Larissa Koritschewa (UdSSR)	Bernd Wiesner (DDR)
	2. Irina Walkhoff	
1984	Barbara Harzbecker (DDR)	Ronald Eilenstein (DDR)
1986	Terry Vares (USA)	Josef Pavlata (ČSSR)
	2. Heike Glaw	6. Bernd Wiesner
	Juniorinnen	*Junioren*
	Kvetoslava Lnenitschkova (ČSFR)	Hong Chen (China)
	2. Kerstin Steinmeier	ohne DDR-Beteiligung

Anm.: 1951/62 noch keine DDR-Beteiligung

Absoluter Europameister und beste DDR-Plazierung (Klassische Disziplinen)

Jahr	Frauen	Männer
1975	Maja Kostina (UdSSR)	Wladimir Gurni (UdSSR)
	8. Irina Klabuhn	10. Andreas Partsch

Mannschaftseuropameister und beste DDR-Plazierung (Klassische Disziplinen)

Jahr	Frauen	Männer
1975	UdSSR	UdSSR
	2. DDR	4. DDR

Landung abgeschaltet wird, ist an der Ausrüstung des Springers befestigt. Rekorde gelten nur bei einer Differenz von mindestens 2% zum bestehenden Rekord als überboten.

Zielsprung-Rekorde (Klassen G-2-a und G-2-b)

Zielsprünge dürfen aus Höhen über 700 m über Grund ausgeführt werden, wobei die Absprunghöhe von einem an Bord befindlichen Schiedsrichter bestätigt werden muß. Die Mannschaftsgröße für Rekorde liegt bei 4 oder 8 Personen. Die Rekordleistung besteht aus der Anzahl der aufeinanderfolgenden Nullsprünge, addiert um die Entfernung des nächstfolgenden, der kein Nullsprung ist. Bei einem Mannschaftszielsprung ist die Rekordleistung die Anzahl der aufeinanderfolgenden Nullsprünge der gesamten Mannschaft, addiert um die Gesamtentfernung des nächstfolgenden, der kein Nullsprung ist. Die Sprünge müssen innerhalb von 14 Tagen ausgeführt werden. Rekordsprungserien dürfen durch andere Sprünge unterbrochen werden (z. B. Figurensprünge während eines Wettkampfes), wenn der jeweilige Springer vor dem Sprung eindeutig seine Absicht bekannt gibt.

Figurensprung-Rekord (Klasse G-1-c)

Die Rekordleistung bei Figurensprüngen ist die Zeit für eine Serie von Figuren. Einer der 4 international verbindlichen Figurenkomplexe umfaßt z. B. nachstehende Bewegungsfolgen: 360°-Drehung links, 360°-Drehung rechts, Salto rückwärts, 360°-Drehung links, 360°-Drehung rechts, Salto rückwärts. Für die Rekordleistung werden nur Sprünge ohne technische Fehler (ausgedrückt durch Strafzeiten) berücksichtigt. Rekorde können nur bei offiziellen Wettkämpfen, wie Nationalen Meisterschaften, Kontinental- und Weltmeisterschaften oder internationalen Wettbewerben aufgestellt werden. Für die Leistungsbewertung ist ein Boden-Luft-Videosystem zu verwenden. Die Sprünge werden aus max. 2000 m (30 s verzögerte Fallschirmöffnung) bzw. min. 1800 m Absprunghöhe (25 s) über Grund durchgeführt.

Formationssprung-Rekorde (Klasse G-2-c mit den Unterklassen c-1, c-2)

Vorläufer der Formationssprungdisziplinen ist das Staffelspringen, das seit 1965 zu den internationalen Wettbewerbsdisziplinen gehört. Seit etwa 1970 sind die Formationssprünge in rascher Entwicklung begriffen und wurden von der → FAI bereits offiziell anerkannt. Nach 2 Weltpokalwettbewerben wurde 1975 die I. Weltmeisterschaft ausgerichtet.

Die Rekordleistung für die längsten Sequenzen ist die Anzahl der Formationen in einer Folge, wobei die Formationen und ihre Reihenfolge aus einem internationalen Katalog vor dem Sprung ausgelost werden. Die Absprunghöhen und zulässigen Arbeitszeiten betragen 2750 m über Grund und 35 s (für Vierer-Mannschaften) bzw. 3500 m und 50 s (für Achter-Mannschaften). Rekorde können nur bei offiziellen Wettkämpfen (Nationale Meisterschaften, internationale Wettbewerbe sowie Kontinental- und Weltmeisterschaften) aufgestellt werden. Die Leistungen sind durch Boden-Luft-Video-Aufnahmen nachzuweisen.

Die Rekordleistung für die größte Formation ist die Anzahl der Personen in der Formation. Ein schriftlicher Plan der Formation ist vor dem Sprung den Schiedsrichtern zu übergeben. Die Rekordleistung muß dem schriftlichen Plan/der Grafik entsprechen und über einen Zeitraum von mindestens 3,0 s vollständig zusammengehalten werden. Bildliche Nachweise der Leistung sind vorzulegen.

Kappen-Formationssprungrekorde (Klasse G-2-d mit den Unterklassen d-1 bis d-4)

Die Rekordleistung für Vierer-Rotation ist die Anzahl der Stapel, die durch vertikale Rotationen der jeweils oberen Fallschirmkappe nach unten gebildet werden. Die Arbeitszeit beträgt 3 min. Die Rekordleistung für die längste Sequenz einer Vierer-Gruppe entspricht der beim Formationsspringen, nur werden die einzelnen Formationen mit geöffneten Fallschirmen geflogen. Die Rekordleistung in der Achter-Geschwindigkeits-Formation ist die Zeit, die vom Absprung des ersten Springers vom Flugzeug bis zum Einflug des achten Springers in die Stapel-Formation benötigt wird. Die Rekordleistungen in den genannten drei Unterklassen können nur bei offiziellen Wettkämpfen erfüllt werden. Die Rekordleistung der größten Kappen-Formation ist die Anzahl der Personen mit vollständig geöffneten

Medaillengewinner der Weltmeisterschaften im Formationsspringen

Jahr	Disziplinen	Gold	Silber	Bronze
1975	Zehnerstern	USA	Australien	Frankreich
	Viererformation	USA	Frankreich	BRD
1977	Vierer-Sequenzen	Kanada	Schweden	BRD
	Achter-Sequenzen	USA	BRD	Frankreich
1979	Vierer-Sequenzen	Kanada	Großbritannien	Australien
	Achter-Sequenzen	USA	Kanada	Frankreich
1981	Vierer-Sequenzen	USA	Kanada	Großbritannien
		USA	Kanada	Australien
1983	Vierer-Sequenzen	Schweiz	USA	RSA
	Achter-Sequenzen	USA	Schweiz	RSA
1985	Vierer-Sequenzen	USA	Kanada	Frankreich
	Achter-Sequenzen	USA	Frankreich	Kanada
1987	Vierer-Sequenzen	Frankreich	USA	Österreich
	Achter-Sequenzen	USA	Frankreich	UdSSR

Medaillengewinner der Weltmeisterschaften im Kappenformationsspringen

Jahr	Disziplinen	Gold	Silber	Bronze
1986	Vierer-Rotationen	China	USA	Niederlande
	Achter-Geschwindigkeit	Frankreich	Großbritannien	Australien
	Vierer-Sequenzen	Frankreich	USA	Australien

Weltpokalsieger und beste DDR-Plazierungen (Klassische Disziplinen)

Jahr	Frauen	Männer	Mannschaften
1981	–	Martin Schnyder (Schweiz)	–
1983	Rongrong Li (China) 2. Cornelia Fischer	Axel Lukas (DDR)	–
1985	Cornelia Fischer (DDR)	Jens-Uwe Lasotta (DDR)	–
1987	Terry Vares (USA)	Bulent Gorgec (Türkei)	Frankreich

Mindestbedingungen für Internationale Fallschirmsport-Leistungsabzeichen, die vom Nationalen Aeroklub in Übereinstimmung mit den FAI-Regeln ausgestellt werden (gültig ab 1. 1. 1986)

Kategorie	Gesamtsprünge	Sprünge mit verzögerter Öffnung	Zielsprünge m	Figurensprünge	Formationssprünge	Kappen-Formationssprünge	Wassersprünge s	Nachtsprünge m
1	2	3	4	5	6	7	8	9
A	10	–	50,00	–	–	–	–	–
B	25	10 × 10 s	25,00	–	–	–	–	–
C	50	10 × 15 s	10,00	–	–	–	–	–
D	100	10 × 20 s	5,00	–	–	–	–	–
				3 Sprünge			5 Sprünge	
E	200	10 × 30 s	20 × 1,00	14,0 s	4.	4.	30	10,00
F	300	5 × 40 s	10 × 0,50	11,0 s	6./2	6.	15	5,00
G	500	5 × 60 s	20 × 0,00	9,0 s	8./3	8.	5	1,00

Kategorien der Abzeichen:
A, B, C (Silber, D (Gold), E (Gold mit 1 Diamanten), F (Gold mit 2 Diamanten), G (Gold mit 3 Diamanten). Die Leistungsabzeichen werden auf Lebenszeit verliehen.
Minimalanforderungen sind:
Abzeichen A–D:
Alle Forderungen der Spalten 2–4 müssen erfüllt sein; im Zielspringen ist die angegebene Landeentfernung bei mindestens 5 Sprüngen (A) bzw. 10 Sprüngen (B–D) zu erfüllen.
Abzeichen E–G:
Alle Forderungen der Spalten 2 und 3 erfüllt sein; zusätzlich müssen drei der anderen sechs Bedingungen (Spalten 4–9) erfüllt werden, jedoch müssen Figurenspringen oder Formationsspringen enthalten sein. Im Formationsspringen wird das Einfliegen in die Formation als 4., 6. oder 8. Springer bzw. das Fliegen einer 4-Springer-Sequenz mit 2 Formationen (F) oder 3 Formationen (G) verlangt. Die beim Wasserspringen geforderte Zeit ist die Zeit vom Moment des Eintauchens der Füße bis zum Berühren des Zielpunkts.

Fallschirmkappen innerhalb einer Formation. Ein Diagramm der geplanten Formation ist vor dem Rekordversuch dem Schiedsrichtergremium vorzulegen. Die Rekordleistung muß dem Diagramm entsprechen und mindestens 10 s gehalten werden.
Die Entwicklung des F. der letzten 10 bis 15 Jahre ist durch neue, leistungsfähigere Fallschirmtypen mit Trend zum → Gleitschirm gekennzeichnet. Letzterer eröffnet dem Springer weitaus günstigere taktische und steuertechnische Möglichkeiten und ein hohes Maß an Sicherheit. Neben geringer Sink- und hoher Eigengeschwindigkeit der Fallschirme hat sich die stabile Bremsbarkeit der Eigengeschwindigkeit als bes. leistungsförderndes Element der Steuerbarkeit entwickelt. Mit Hilfe spezialisierter Sportfallschirme steigerte sich das internationale Leistungsniveau in den Zielsprungdisziplinen derart, daß das seit 1951 gültige Rekordsystem in den letzten Jahren mehrmals verändert werden mußte.
Die FAI verleiht seit 1968 jährlich durch ihre Internationale Fallschirmsport Kommission (CIP) für eine außergewöhnliche Leistung die FAI-Fallschirmsport-Goldmedaille und/oder das → «Leonardo-da-Vinci-Diplom». Die Leistung kann sportlicher Art, aus dem Gebiet der Sicherheit oder der Erfindung sein. Zur Medaille gehört eine Geldsumme für die Ausbildung des Preisträgers oder, wenn die Ausbildung beendet ist, wird sie nach Entscheidung des Preisträgers seinem Aeroklub oder der FAI zur Verfügung gestellt. Das «Leonardo-da-Vinci-Diplom» für 1987 wurde an den DDR-Fallschirmsportler Bernd Wiesner vergeben, der in seiner leistungssportlichen Laufbahn insgesamt 6 Weltmeistertitel in den klassischen Disziplinen erkämpft hatte.

Fallschirmsprunggelände: dem Fallschirmsport dienender Landeplatz. Aufbau und Ausrüstung richten sich nach den Festlegungen der jeweiligen Flug- oder Landeplatzordnung.
Die Landefläche ist mit Zielkreis, Wind-

richtungsanzeige (Windsack), Windmeßgerät, Fernglas, pyrotechnischen Mitteln und einer Ausstattung für Erste Hilfe ausgerüstet. Die Grenze der Rückrollbahn von Absetzluftfahrzeugen ist gegenüber der Landefläche markiert. Auf der Vorbereitungsfläche sind folgende Zonen eingerichtet: Pack-, Abstell- und Kontroll- sowie Aufenthaltszone und Abstellplatz für Fahrzeuge. Alle Anzeigevorrichtungen, Lampen, Scheinwerfer und Markierungen müssen gut sichtbar und konstruktiv so beschaffen sein, daß sie Personen und Luftfahrzeuge nicht gefährden können.
Der Landeplatz für Wassersprünge ist nach spezifischen Bedingungen verändert. Der Zielpunkt ist durch einen farbig gekennzeichneten elastischen Schwimmkörper dargestellt. Motorboote für den Fallschirmsprunglehrer am Landeplatz und den Rettungsschwimmer sowie Bergungsboote für die Fallschirmspringer und deren Ausrüstungen sind wichtige Hilfsmittel. An der Anlegestelle sind folgende Bereiche eingerichtet: Zone für Wartung und Pflege der Fallschirme und Ausrüstungen, Zone für Abstellplatz von Fahrzeugen. Die Wassertemperatur muß im Bereich der Landefläche mindestens 16 °C, die Wassertiefe mindestens 2,5 m betragen.
Für Nachtsprünge sind zusätzlich verschiedenfarbige Scheinwerfer und Lampen für die Beleuchtung der Landefläche und das Markieren der Windrichtung, der Start-, Lande- und Rückrollbahnen sowie zum Kennzeichnen der Abstellplätze und eingeteilten Zonen vorhanden.

Fallschirmsprungturm: bis zu 50 m hohe Konstruktion aus Stahl, Beton oder Holz, die zum Üben des Fallschirmsprungs dient. Der bereits geöffnete Fallschirm hängt an einem Ausleger, der Springer steht auf einer Plattform und springt auf Kommando ab. Der Schirm wird auf Befehl ausgelöst, bzw. der Springer gleitet mit dem Schirm, der an der Kappe mit einer Leine versehen ist, zur Erde.

Fallschirmwart: Person, die für Wartung, Pflege und das Packen der Fallschirme verantwortlich ist, sofern sie nicht von den Fallschirmspringern gepackt werden. Der F. packt in erster Linie die Rettungsfallschirme für Segel- und Motorflieger. Er übt seine Tätigkeit im Rahmen der ihm erteilten staatlichen oder Organisationserlaubnis aus. Neben der Prüfung zum Erwerb der Berechtigung muß er sich jährlich einer Nachprüfung unterziehen.

Fallschirmsprungturm der polnischen Luftstreitkräfte

Falschfarbenfotografie, *spektrozonale Fotografie:* fotografische Bildwiedergabe in falschen, dem menschlichen Auge ungewohnten, nicht natürlichen Farben. Der Hauptzweck derartiger Filme besteht im Hervorheben von Kontrasten. Die Speicherung von Informationen aus verschiedenen Spektralbereichen erhöht bei gemeinsamer Auswertung den Aussagewert des fotografierten Objekts. Die Anwendung erfolgt in der geologischen Forschung, zur Herstellung von Spezialkarten, in der Forst- und Landwirtschaft, im militärischen Bereich zur Unterscheidung von künstlicher und natürlicher Tarnung. → Luftbild

Familientarif: von verschiedenen Luftverkehrsunternehmen auf bestimmten Fluglinien gewährte Ermäßigung für mitreisende Familienmitglieder.

Fanganlage, *Fangvorrichtung:* Anlage auf Flugzeugträgern und manchen Flugplätzen, mit deren Hilfe landende, not-

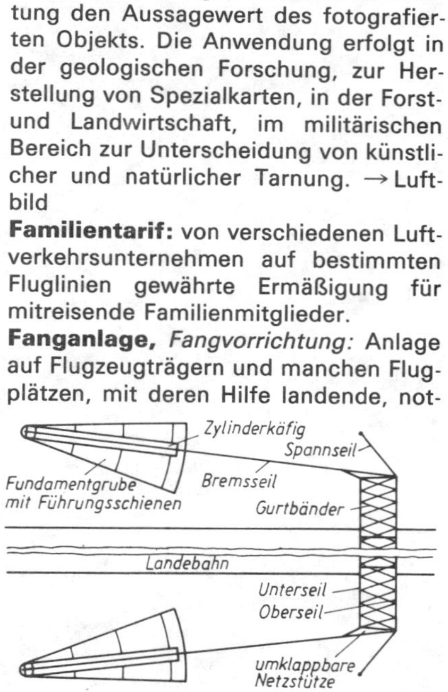

Konturenfanganlage (Draufsicht)

falls auch startende Flugzeuge auf sehr kurzer Distanz zum Stillstand gebracht werden können, ohne daß Flugzeug und Besatzung zu Schaden kommen. Dabei wird die kinetische Energie des Flugzeugs in einem auf dem Flugdeck oder der Landebahn fest installierten Bremssystem in Wärme umgesetzt. Das Bremssystem arbeitet meist auf der Grundlage mechanischer oder hydraulischer Reibung. Ein grundsätzliches Problem ist die Kopplung des Flugzeugs mit der F. Verbreitet sind folgende Arten: a) Ein im Flugzeug installierter *Fanghaken* greift ein Fangseil, das quer zur Landerichtung gespannt ist und das Bremssystem betätigt. b) Ein *Seil*, das nach dem Überrollen durch das Bugfahrwerk vor das Hauptfahrwerk geschleudert wird, fängt das Flugzeug. c) Ein *Fangnetz* aus oberem und unterem Fangseil mit dazwischengespannten Fangbändern hält das Flugzeug an der Tragflügelvorderkante und anderen Flugzeugteilen fest (Konturenfang).

Fanghaken: Teil von Flugzeugen, die zur Landung mit einer entspr. → Fanganlage vorbereitet sind.

Fan Marker-Beacon: → Fächerfunkfeuer

Farman: Typenbez. für Flugzeuge der 1912 gegr. französischen Firma Avions, H. et M. Farman. F. entwickelte sich zu einem der größten Flugzeugkonzerne Frankreichs und produzierte eine große Anzahl ziviler und militärischer Flugzeuge; dazu gehörten: Aufklärer F. 19 (1912) und M. F. 29 (1914); Bomben- und Schulflugzeug F. 60 «Goliath» (1918) sowie Bomber F. 420 (1935) und Torpedoflugzeuge F. 271 (1930). Als 1936 die größten französischen Flugzeugwerke durch das Wirken der Volksfront verstaatlicht wurden, schloß man den Konzern der Gruppe SNCAC an und stellte ihn nach dem deutschen Überfall »unter

Fanghaken unter dem Heck eines USA-Trägerflugzeugs aus der Zeit des zweiten Weltkriegs (bei Landung abgeklappt)

Passagierflugzeug und Transporter Farman F.222.3 (1941)

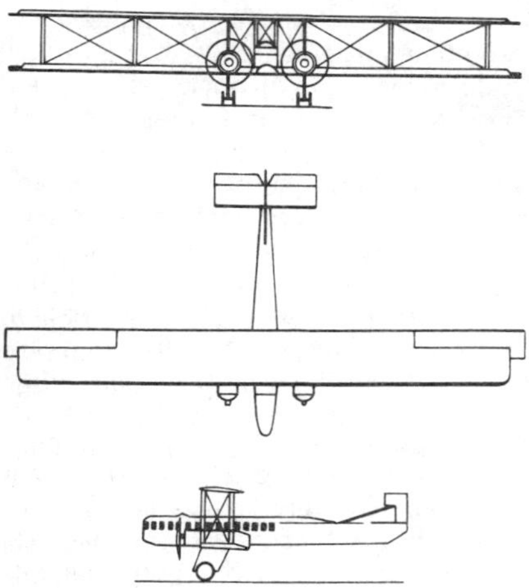

Farman F-60 «Goliath»

Kontrolle« der → Heinkel-Werke. Nach dem zweiten Weltkrieg entstand die Firma Société Anonyme des Usines Farman, die sich bis zum Beginn der 60er Jahre mit dem Bau einiger Leichtflugzeugtypen beschäftigte.

Farman: 1. *Henri;* französischer Flieger und Flugzeugkonstrukteur, geb. 26. Mai 1874, gest. 17. Juli 1958 Paris; F. flog 1907 mit einer «Voisin» 80 m weit, am 13. Jan. 1908 gelang ihm als erstem in Europa ein Kreisflug von 1 km, wodurch er den Großen Luftfahrtpreis Deutsch de la Meurthe gewann. Bereits vor dem ersten Weltkrieg war er einer der erfolgreichsten Flieger und führte die ersten größeren Überlandflüge durch. Am 30. Okt. 1908 flog er als erster von Stadt zu Stadt (Mourmelon-Reims). Auf der Flugwoche in Reims 1909 gewann er den Streckenpreis (180 km) und den Dauerpreis (3 h 4 min). Er gründete 1908 eine Flugzeugwerkstatt, die er 1912 mit seinem Bruder *Maurice* (→ **2.**) ausbaute als «F.-Flugzeugwerke» in Boulogne-Billancourt, deren Erzeugnisse mehrere Weltrekorde errangen. Das erste F.-Flugzeug, ein 1sitziger Doppeldecker, entstand 1909. Mit ihm legte F. eine Strecke von 180 km zurück. – **2.** *Maurice;* französischer Flugzeugkonstrukteur, Bruder von **1.** geb. 21. März 1877 Paris, gest. 25. Febr. 1964 Paris. Gründete 1908 eine Flugzeugwerkstatt und begann, Flugzeuge zu konstruieren. Baute 1911 einen Doppeldecker, mit dem der Pilot Fourny einen Langzeitrekord (11 h 1 min 29 s in der Luft) aufstellte. Legte 1912 seine Werkstatt mit der seines Bruders zusammen (Grundstein für späteren Konzern Farman). F. unternahm 1911 erstmals in der Welt den Versuch, ein Flugzeug mit einer Funkstation auszurüsten. Die Reichweite dieses Gerätes betrug 50 km.

Farnborough: Stadt in der südenglischen Grafschaft Hampshire, auf deren Flugplatz im Wechsel mit dem Pariser Salon der Luft- und Raumfahrt alle 2 Jahre eine Flugschau der britischen Luftfahrtindustrie stattfindet, die international stark beachtet wird. Hier befindet sich auch das → Royal Aircraft Establishment.

Faserverbundwerkstoffe: Werkstoffe, deren Herstellung durch Fortschritte in der Festkörperphysik möglich wurde. Sie entstehen durch die Einbettung fadenförmiger Einkristalle (engl. «whiskers»), die in Faserrichtung ein Vielfaches der Festigkeit des Ausgangswerkstoffs besitzen, in metallische oder nichtmetallische Werkstoffe, wodurch diese eine Erhöhung ihrer Festigkeit erfahren, ohne andere wünschenswerte Eigenschaften (z. B. Elastizität, Schwingungsunempfindlichkeit, geringe Dichte) zu verlieren. Als Faserwerkstoffe finden hauptsächlich Kohlenstoff, daneben auch Bor und Aluminiumoxid Verwendung. So entsteht z. B. durch Einbettung von Graphitfasern in Kunstharz ein Verbundwerkstoff, der sich je nach Faserdurchmesser und -anteil durch eine erhebliche statische und Dauerfestigkeit auszeichnet. Gegenwärtig werden F. zunehmend im Flugzeugbau als Behäutung eingesetzt. Nach Überwinden einiger technologischer und ökonomischer Probleme sind sie auch für Tragflügel- und Leitwerksvorderkanten bei Hochgeschwindigkeitsflugzeugen und für Triebwerksteile, insbes. Verdichter- und Turbinenschaufeln, vorgesehen.

Faßrolle: → Tonnenrolle

F. A. W.: Typenbez. der britischen Streitkräfte für Allwetterjäger (**F**ighter **A**ll-**W**eather), z. B. Gloster «Javelin» F. A. W. Mk. 9.

F. B.: 1. Typenbez. der britischen Streitkräfte für Jagdbomber (**F**ighter-**B**omber), z. B. De Havilland D. M. 100 «Vampire» F. B. 5. – **2.** Typenbez. der USA-Streitkräfte für Flugzeuge, die als Jagd- und Bombenflugzeuge verwendet werden, z. B. FB-111 A.

FBW: Abk. für → **Fly By Wire** (auch Fly-by-wire).

Federal Aviation Administration, Abk. **FAA:** Bundesluftfahrtbehörde der USA, die zum Departement of Transportation (DOT), Verkehrsministerium, gehört und zuständig für alle Fragen der zivilen Luftfahrt und der Flugsicherung ist.

Fédération Aéronautique Internationale, Abk. **FAI:** Internationale Organisation für Luftfahrt und Flugwesen, 1905 gegr. Sitz des Generalsekretariats ist Paris. Die FAI hat sich die Aufgabe gestellt, die Entwicklung des Flugsports in allen Ländern zu fördern. Sie ist die einzige internationale Körperschaft zur Aufstellung von *Regeln für die Sportluftfahrt*, zur *Kontrolle* und *Registrierung* von *Weltrekorden* und zur *Organisation internationaler Wettkämpfe*. Das höchste Organ der FAI ist die jährlich stattfindende Generalkonferenz (mit Wahl des Präsidenten und der Vizepräsidenten) in einem Mitgliedsland. Die höchste FAI-Auszeichnung ist die *Goldmedaille* für außerordentliche Leistungen in der Luft- und Raumfahrt. Es werden weiter verliehen:
- die → *Lilienthal-Medaille* für außergewöhnliche Leistungen im Segelflug;
- die Louis-Blériot-Medaille (→ Blériot) für außergewöhnliche Leistungen bzw. Weltrekorde mit Leichtflugzeugen (Sportflugzeugen);
- die *Fallschirmsport-Goldmedaille;*
- die FAI-Bronzemedaille (seit 1962 für hervorragende Verdienste in der FAI-Arbeit);
- das FAI-Ehrendiplom (seit 1965 für Gruppen, wie Konstruktionsbüros, wissenschaftliche Gesellschaften, Fliegerschulen, -zeitschriften, Verlage, die bes. zur Entwicklung der Luft- und Raumfahrt beigetragen haben);
- das FAI-1000-km-Diplom im Segelflug;
- die De-la-Vaulx-Medaille;
- das → Leonardo-da-Vinci-Diplom;
- das Diplom → Montgolfier;
- das Diplom → Paul Tissandier.

1968 wurde auf der 61. Generalversammlung beschlossen, den 12. April – Tag des ersten Raumflugs durch *Juri Gagarin* – als «Internationalen Tag der Luft- und Raumfahrt» zu begehen. Die «Juri-Gagarin-Medaille» wird seitdem für außergewöhnliche Leistungen im Raumflug vergeben.

Fédération Internationale des Transports Aériens Privés, Abk. **FITAP:** 1946 gegr. internationale Vereinigung privater Luftverkehrsunternehmen, die von der → International Air Transport Association (IATA) unabhängig sind. Die FITAP koordiniert die Tätigkeit nationaler Vereinigungen privater Luftverkehrsunternehmen mit den zuständigen staatlichen Stellen und internationalen Organisationen. – Außerdem führt sie Studien zu technischen, ökonomischen und rechtlichen Problemen des Luftverkehrs durch. – Sitz Paris.

Federbein: → Fahrwerkbein mit gedämpft federnder Aufhängung der Räder (Kufen, Raupen). Die Federung wird durch Stahlfedern, Gummipuffer, Luft- oder Flüssigkeitspolster, die Dämpfung durch mechanische Reibung fester Bauteile oder durch Flüssigkeitsreibung aufgrund von Drosselung erreicht. Am gebräuchlichsten sind heute Gas-Flüssigkeits-Stoßdämpfer, die im oder am Fahrwerkbein in Teleskop- oder Schwingenanordnung angebracht sind. → Stoßdämpfer

Fedotow, *Alexander Wassiljewitsch:* sowjetischer Testpilot, Held der Sowjetunion (1966), Verdienter Versuchspilot der UdSSR (1969), geb. 1932 Stalingrad als Sohn eines Malers, gest. 1984 (beim Versuch, mit havarierter Testmaschine zu landen). Besuchte nach der Schule einen Fliegerklub, arbeitete als Fluglehrer, schloß die Testflieger-Schule ab und arbeitete ab 1958 im Konstruktionsbüro von → *Mikojan* als Versuchspilot. Stellte 18 international beachtete Rekorde auf, darunter 1961 mit E-166 Weltrekord auf geschlossener 1000-km-Strecke mit 2401 km/h, 1965 mit E-266 (MiG-25) auf geschlossener 2000-km-Strecke mit 2000 kg Nutzmasse 2320 km/h. Absolvierte im Moskauer Luftfahrtinstitut ein Ingenieurstudium. F. war Generalmajor der Flieger und Träger hoher Orden (Rotbanner-Orden).

Fehlanflugverfahren: Verfahren, das zu befolgen ist, wenn ein Luftfahrzeug den Endanflug nicht vollenden kann, sondern a) bis auf die Entscheidungshöhe gesunken ist und keine Erdsicht hat oder b) durch den Flugsicherungskontrolldienst angewiesen wird, den Anflug zu wiederholen oder c) aufgrund äußerer Einwirkungen, technischer Be-

dingungen oder Bedienungsfehler die sichere Landung nicht möglich ist.
Der Verlauf des F. ist auf den Anflugkarten (Instrumenten-Anflugkarten) für jeden Flugplatz vorgeschrieben. Entschließt sich ein Luftfahrzeugführer vor Erreichen des Fehlanflugpunktes zu einem F., so muß er den Landekurs bis zu dessen Überflug beibehalten. Danach ist ein Steigflug auf eine festgelegte Höhe durchzuführen.

Feinhöhenmesser: → Höhenmesser

Feinortung: Orientierung, die die größtmögliche Genauigkeit eines Ortungsverfahrens ausschöpft. Mittels Grobortung stellt man den Bereich, in dem sich der Standort befindet, annähernd fest, die anschließende F. bestimmt ihn genau. Anwendungsbeispiele: Grob- und Feinortung mittels → Decca, da die zur F. benutzten Decca-Standlinien mehrdeutige Ergebnisse liefern oder Grobortung mittels → Funkkompaß und F. mit → Consol.

Ferber, *Ferdinand:* französischer Flieger und Luftfahrtpionier, Kapitän, geb. 8. Febr. 1862 Lyon, abgestürzt 22. Sept. 1909 Boulogne-sur-Mer. Er beendete das Polytechnikum, wurde Artillerieoffizier und Professor in Fontainebleau. Er setzte die Gleitflugversuche *Lilienthals* in Frankreich fort (ab 1898 Versuche mit Gleitern und Bau von Segelflugzeugen) und stand in Verbindung mit → *Chanute*, der ihn über die Versuche der Brüder → *Wright* unterrichtete. Sein sechstes Gleitflugzeug versah er mit einem Antoinette-Motor (17,65 kW). Vor den Flugversuchen wurde der Flugapparat durch einen Sturm zerstört. Da F. vom Militär keine Unterstützung erhielt, verließ er die Armee und wurde Mitarbeiter der Antoinette-Werke. Mit seinem Flugzeug Nr. 9 gelang ihm dann am 14. Juni 1909 der erste Flug.

Fernerkundung, engl. *Remote Sensing of Environment:* Sammelbegriff für physikalische Verfahren der Informationsgewinnung ohne direkten Kontakt zwischen Objekt und dem die Informationen erfassenden Sensor. Als Informationsträger dienen Kraftfelder (elektromagnetische Energie, Schwerkraft, Schall). Innerhalb des elektromagnetischen Spektrums werden folgende Bereiche für die F. genutzt: γ-Strahlen, Röntgenstrahlen, UV-Strahlen, sichtbares Licht, Infrarotstrahlung, Mikrowellen. Als Empfänger registrieren *passive Sensoren* die vom Aufnahmeobjekt ausgehende elektromagnetische Strahlung. *Aktive Sensoren* erzeugen demgegenüber eine elektromagnetische Strahlung und empfangen sie nach Reflexion am Aufnahmeobjekt wieder. Die Informationsgewinnung kann in einem Kanal, aber auch simultan in mehreren Kanälen erfolgen. Zu den mit passiven Sensoren arbeitenden Fernerkundungsverfahren gehören u. a. Aufnahmen von → Luftbildern, Aufnahmen mit Multispektral- oder Thermalabtastern (→ Abtastsystem), Verfahren der → Aerogeophysik. Das wichtigste Verfahren der F., das mit einem aktiven Sensor arbeitet, ist das Side-Looking-Airborne-Radar (→ Radar). Die F. von Luftfahrzeugen aus spielt eine große Rolle im militärischen Bereich, sie gewinnt aber zunehmend an Bedeutung für die Lösung volkswirtschaftlicher und wissenschaftlicher Aufgaben.

Fernerkundung, Industrie- und Forschungsflug GmbH: Name des ehemaligen Betriebs der INTERFLUG, der als deren Rechtsnachfolger bezüglich der bisherigen Geschäftsfelder spezielle Leistungen auf den Gebieten Luftbild- und -filmaufnahmen, Kran-, Inspektions-, Erkundungs-, Rettungsflüge u. ä. erbringt. F. nutzt Flugzeuge An-2 u. L-410 sowie Hubschrauber Mi-8.

FES: Abk. für Forschungs- und Entwicklungsstelle für Segelflug der DDR. – Typenbez. der von ihr konstruierten Segelflugzeuge, z. B. FES 530 «Lehrmeister». Inzwischen wurde die FES aufgelöst.

Fesselflug: 1. Flug eines an 2 Stahldrähten – Steuerdrähten – gefesselten Flugmodells mit Motor- oder Strahlantrieb. Das Modell fliegt im Kreis, wobei auch Kunstflugfiguren möglich sind. Im F. können Flugmodelle Geschwindigkeiten bis zu 300 km/h erreichen. Der Modellflieger steht im Kreismittelpunkt, hält und steuert das Modell mit den Händen. – **2.** Erprobungsflüge von Hubschraubern und Senkrechtstartern (→ VTOL), die aus Sicherheitsgründen mit Seilen an den Boden gefesselt sind.

Festigkeitslehre: Teilgebiet der Mechanik, das die Grundlagen für die Dimensionierung von Bauelementen liefert, wobei die erforderlichen Querschnittsflächen so bemessen sind, daß die durch die äußere Belastung hervorgerufenen → Beanspruchungen ertragen werden können. Daneben spielt

meist die infolge der Belastung eintretende Formänderung eine Rolle. Der Zusammenhang zwischen Belastung und Formänderung wird durch Stoffgesetze (z. B. *Hookesches Gesetz*) beschrieben. Die theoretischen Voraussetzungen der F. wurden in der Elastizitätstheorie und der Plastizitätstheorie geschaffen. Da beide Theorien mit erheblichem mathematischem Aufwand verbunden sind, wurden mit der technischen F., gestützt auf die Erkenntnisse der Werkstoffkunde, Berechnungsgrundlagen geschaffen, die unter vereinfachenden Annahmen eine schnelle Lösung praktischer Probleme gestatten.
Geschichtliches: Erste theoretische und experimentelle Untersuchungen über das Verhalten fester Stoffe bei Krafteinwirkung unternahmen u. a. *Galilei* (1564–1642) und *Hooke* (1635–1703), wobei *Hooke* das Gesetz des linearen Zusammenhangs zwischen Spannung und Verformung formulierte. Darauf aufbauend waren bes. *J.* → *Bernoulli* mit der Biegetheorie des Balkens, *Navier* (1795–1836) mit den allgemeinen Elastizitätsgleichungen, *de Saint-Venant* (1797–1886) mit der Torsionstheorie, *Kirchhoff* (1824–1887) mit der Plattentheorie und *Euler* (1707–1783) mit der Theorie der Knickung bedeutsam. Mit dem allgemeinen technischen und wirtschaftlichen Aufschwung im 19. Jh. wurde die F. zunehmend durch namhafte Mathematiker und Ingenieure (*Castigliano, Grashof, Bauschinger, Bach* u. a.) bereichert und für die Praxis nutzbar gemacht. Die gegenwärtige Entwicklung ist auf immer besseres Ausnutzen der Werkstoffe gerichtet (→ Leichtbau), wobei der Flugzeugbau und die Raumfahrttechnik eine führende Rolle spielen. Neue Erkenntnisse, insbes. beim Bau von Raumflugkörpern, gehen aus der Raumfahrtforschung in die F. ein.

Festigkeitsverband: zweckmäßige Anordnung der Elemente einer Flugzeugbaugruppe bzw. -hauptbaugruppe zur Aufnahme und Übertragung der auf sie wirkenden Kräfte und Momente. Die Art des F. und der verwendeten Bauelemente wird wesentlich durch Verwendungszweck und → Bauweise bestimmt. In modernen Bauweisen sind alle Bestandteile des F. an der Kräfteaufnahme beteiligt, d. h., es gibt keine allein formgebenden Elemente mehr. Bei manchen Bauweisen (z. B. Trägerbauweise) ist eine Unterteilung in Längsverband (Träger) und Querverband (Rippen, Spanten) üblich.

Festigkeit von Flugkörpern: in den → Bauvorschriften formulierte technische Forderung an die Beschaffenheit von Flugkörpern. Sammelbegriff für die statische Festigkeit (bei ruhender → Belastung) und die Dauerfestigkeit (→ Betriebsfestigkeit) des Flugkörpers in seiner Gesamtheit, wobei die je nach Verwendungszweck unterschiedlichen → sicheren Lasten zugrunde gelegt werden. So muß die F. z. B. bei Militärflugzeugen weitaus größere → Lastvielfache zulassen als bei Passagierflugzeugen. Die F. ist ausreichend, wenn während der vorgeschriebenen Betriebszeit das zulässige Lastvielfache beliebig oft auftreten kann, ohne bleibende Formänderungen oder Brüche zur Folge zu haben. Der Nachweis der F. erfolgt im → Bruchversuch.

Feststehende Signalisation: *Agrarflug.* → Signalisation

Feststoffapplikation: Ausbringung von festen Stoffen (Granulate oder Pulver) mit Agrarflugzeugen zum Düngen und/oder Sanieren land- und forstwirtschaftlicher Nutzflächen. → Stäuben, → Streuen.

Feststoffraketentriebwerk: → Raketentriebwerk

Festzeichenlöschung, *Festzeichenunterdrückung, Moving Target Indication (MTI):* Löschung aller Radarechos (→ Radar) auf dem Schirmbild, die nicht von bewegten Rückstrahlern stammen. Dadurch werden nur die den Radarkontrolleur interessierenden Luftfahrzeuge abgebildet und keine festen Ziele, wie Schornsteine, Berge usw.

Festzeichenunterdrückung: → Festzeichenlöschung

FFA: Abk. für schwed. → **F**lygtekniska **F**örsöks-**A**nstalten.

F. G. A.: Typenbez. der britischen Streitkräfte für Erdkampfflugzeuge (**F**ighter **G**round-**A**ttack).

Fh: Abk. für **f**light **h**our; → Flugstunde.

FIAT: Abk. für **F**abrica **I**taliana **A**utomobil **T**orino, einer der größten Konzerne Italiens, der u. a. Fahrzeuge, Flugzeuge, Flugtriebwerke und Hubschrauber produziert. 1916 gegr. als Societa Anonima per Construzione Ing. O. Pomilio & Co., 1920 umbenannt in Aeronautica Ansaldo und Teil des Konzerns Ae-

Fiat CR-32, Jagdflugzeug bis 1940

In Zusammenarbeit mit Rolls Royce entwickelte Fiat das Strahltriebwerk Viper 600

ronautica d'Italia, seit 1926 Societa per Azioni FIAT, dessen Flugzeugproduktionsbereich die Bezeichnung FIAT-Stabimento AVIO trug. Zu den bekanntesten Entwicklungen der Chefkonstrukteure *Celestino* → *Rosatelli* bzw. später *Giuseppe Gabrielli* zählen: Jagdflugzeug CR. 30 (1932), Jagdflugzeug CR. 42 (1937, letzter italienischer Doppeldecker des zweiten Weltkriegs) und Jagdbomber G. 91 (neuere Version: Aeritalia G. 91Y), der ursprünglich als NATO-Standardjagdbomber vorgesehen war (nicht realisiert: aus Kostengründen baute fast jeder NATO-Staat einen eigenen Jagdbomber). Die Flugzeugsektion von F. wurde am 12. Nov. 1969 mit Finmeccanica zur Aeritalia zusammengeschlossen. Dieser Konzern baut jetzt Raketen, Luftfahrtausrüstungen sowie zivile und militärische Flugzeuge, z. B. statt ehemals F. G-222 jetzt Aeritalia 222. Außerdem produziert F. Triebwerke.

FID: Abk. für → **F**lieger**i**ngenieur**d**ienst.

Fieseler, *Gerhard:* Flieger und Flugzeugkonstrukteur, geb. 15. April 1896 Glesch (Rheinland), gest. 1987, Buchdrucker, Jagdflieger im ersten Weltkrieg; entwickelte die notwendigen technischen Vorrichtungen und führte im Jan. 1927 den ersten Motorflugzeugschlepp von Segelflugzeugen in Kassel durch, als Fluglehrer tätig, wurde 1928/34 5mal Deutscher Meister im Kunstflug, 2facher Europa- und Weltmeister; Kunstflugweltmeister, gründete 1930 die F.-Flugzeugbau GmbH in Kassel (Segelflugzeuge Kassel 12, 17, 20, 25, 28, Doppeldecker F 1 «Tigerschwalbe» und F 2 «Tiger»), die 1939 in

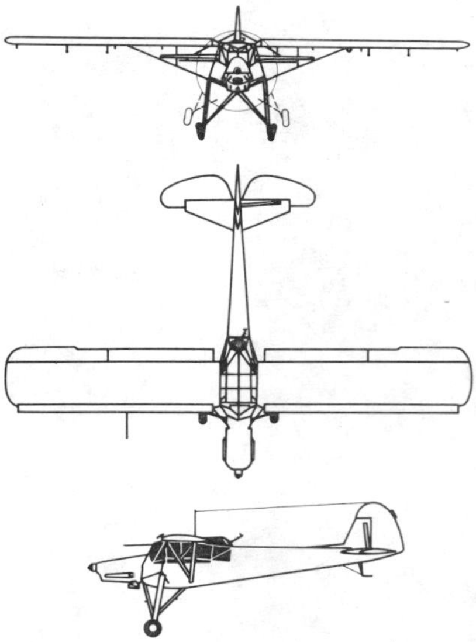

Fieseler Fi 156 «Storch»

Gerhard Fieseler Werke G.m.b.H. umbenannt wurde. Diese baute u. a. das Sportflugzeug F 5 und 1937 das erste Kurzstart- und Langsam-Flugzeug der Welt, den F.-«Storch» (Fi 156), einen 3sitzigen Schulterdecker, der nur 38 km/h Landegeschwindigkeit aufwies und daher mit Rollstrecken bis zu 50 m auskam (Konstruktion *Mewes* und Prof. *Winter*). Ab 1933 arbeiteten die erheblich vergrößerten F.-Werke vorwiegend an Aufträgen der Luftwaffe Deutschlands. Später baute die Firma das Flügelgeschoß Fi 103 (Erststart 1. Sept. 1942) mit Pulsostrahltriebwerk (600 km/h), das als V 1 (1 000 kg Sprengladung) bekannt wurde.

FIF: Abk. für → **F**ernerkundung, **I**ndustrie- und **F**orschungsflug.

Filter: 1. Gerät zur Funkentstörung in elektrischen Bordanlagen, das aus Bauelementen besteht, die die Ströme mit störenden Frequenzen ableiten und für deren Ausbreitung ins Bordnetz einen hohen Widerstand darstellen. Mit Hilfe von F. werden die gegenseitigen Beeinflussungen der zahlreichen elektrischen und hochfrequenztechnischen Anlagen an Bord eines Luftfahrzeugs gering gehalten. – **2.** Bestandteil aller Anlagen zur Versorgung mit Flugbetriebsstoffen (Brenn- und Schmierstoffe, Druckluft, Hydraulikflüssigkeit, Sauerstoff, Stickstoff u. a.). Seine Aufgabe besteht vor allem in der Reinigung dieser Stoffe von mechanischen Beimengungen (Sand, Abrieb u. a.), um zu verhindern, daß Steuerschieber, Ventile u. a. Teile (hohe Paßgenauigkeit) festfressen. – **3.** F. dienen auch zum Reinigen gasförmiger und flüssiger Medien, z. B. Luftfilter für Kabinenluft von Agrarflugzeugen und für Verbrennungsluft von Kolbentriebwerken und Hubschraubertriebwerken.

Finger: → Flughafen

Finnair O/Y; 2-Letter-Code **AY:** finnische Luftverkehrsgesellschaft mit Sitz in Helsinki. Bis 1968 bekannt als Aero O/Y. 1923 gegr. Als eine der ersten europäischen Luftverkehrsgesellschaften 1924 Aufnahme des Liniendienstes. *Flugzeugpark* (1988): 5 ATR 52, 2 Airbus A 300, 1 EMB 110, 5 DC 10, 18 DC 9, 3 MD und 2 MD 87. Verkehrsdaten 1988: 4,7 Mill. beförderte Passagiere (davon 1,8 Mill. Inlandpassagiere), 3,54 Mrd. Pkm (Linienflugverkehr, 2,1 Mrd. Pkm Charterverkehr); 90 Mill. Fracht-tkm; rd. 413 Mill. tkm Gesamtleistung. Liniennetz von 104 000 km. Hauptstrecken und Charterflugverkehr in Europa und nach Nordamerika; Inlandflugverkehr. Mitglied der IATA.

FIR: Abk. für **F**light **I**nformation **R**egion. → Fluginformationsgebiet

FITAP: Abk. für → **F**édération **I**nternationale des **T**ransports **A**ériens **P**rivés.

Fitting: an Anschluß- oder Trennstellen von Tragflügeln, Rumpf und Leitwerk verwendetes Bauelement, mit dessen Hilfe die Kraftübertragung zwischen den tragenden Elementen des Festigkeitsverbands erfolgt. So werden z. B. an der Trennstelle zwischen Außenflügel und Tragflügelmittelstück Holme und Pfetten häufig mittels paarweise angeordneter Integralfittings lösbar verbunden.

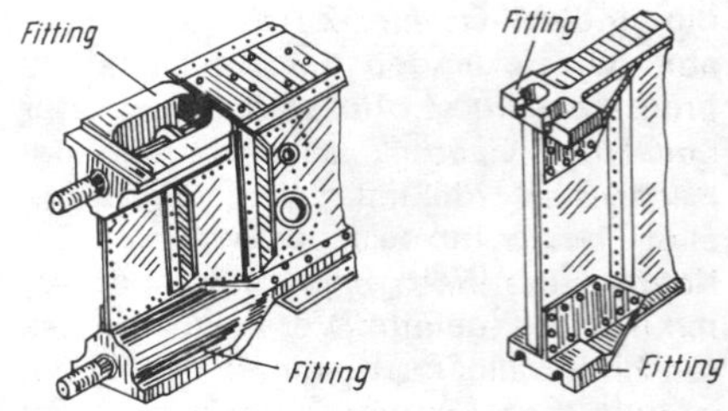

Fittingkonstruktion an Tragflügelholmen

Fitzmaurice, *James:* irischer Fliegeroffizier, geb. 6. Jan. 1898 Dublin, gest. 26. Sept. 1965 Dublin; im Sept. 1927 mißglückte der Versuch, von Dublin aus zusammen mit dem irischen Piloten

Mac Intosh den Atlantik mit einer 1motorigen Fokker F. VII «Princess Xenia» zu überqueren. Am 12./13. April 1928 nahm F. zusammen mit *Köhl* und *v. Hühnefeld* an der ersten Ost-West-Überquerung des Nordatlantiks (Baldonnel in Island bis Greenly Island/ Insel von Neufundland, 37 h 30 min) mit der Junkers W 33 «Bremen» teil.

Fkm: Abk. für → **F**lug**k**ilo**m**eter.

Fla: Abk. für **F**lieger**a**bwehr.

Fläche: svw. Tragflügel. → Tragwerk

Flächenbelastung: Maß für die Belastung der Tragflügel von Flugzeugen (Einheit N/m²); Quotient aus dem Gewicht und der tragenden Fläche eines Flugzeugs.

$$p_{TF} = \frac{F_G}{A_{TF}}$$

Da das Gewicht von Motorflugzeugen während des Flugs veränderlich ist, verändert sich auch die F. Flugzeuge mit größeren Maximalgeschwindigkeiten haben größere F. Vergrößerung der F. bei gleichen sonstigen Voraussetzungen führt zur Verringerung der Manövrierfähigkeit und der Gipfelhöhen.

Flächenleistung, *Flächenschub:* Quotient aus Startleistung bzw. Startschub und tragender Flügelfläche (P/A_{TF}; F_S/A_{TF}); Einheiten: kW/m²; N/m².

Flächennavigation: Navigationsmethode, die es gestattet, ein Luftfahrzeug zu jeder Zeit zu einem beliebigen Punkt innerhalb des Überdeckungsbereichs einer Bodennavigationsanlage oder mit Hilfe eines autonomen Bordsystems oder einer Kombination von beiden zu steuern. Bodenstationen werden nicht mehr direkt überflogen, sondern nur als Orientierungspunkte benutzt. Notwendig für die F. ist ein spezieller Bordrechner, der für die zu fliegende Strecke programmiert ist. Außerdem ist seitens der Flugsicherung ein umfangreicher Rechner erforderlich, der die Flugwege aller Luftraumbenutzer verfolgt und Konfliktsituationen signalisiert. Weiterhin ist für die Einführung der F. die Bereitschaft aller Luftraumbenutzer notwendig, sich von einer zentralen Flugsicherungsstelle leiten zu lassen. Durch Einführung der F. sind erhebliche Zeit- und andere Gewinne im Luftverkehr möglich.

Flächenregel: Gesetz der Strömungslehre, wonach im Bereich des schallnahen und des Überschallflugs der Wider-

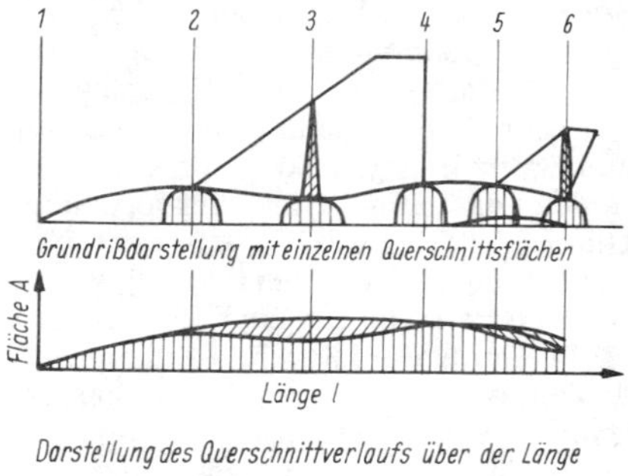

Darstellung des Querschnittsverlaufs über der Länge

stand eines Flugkörpers stark von dessen Querschnittsverteilung abhängig ist. Ein Körper, dessen Querschnittsfläche von (in Flugrichtung gesehen) vorn stetig, d. h. ohne Sprünge zunimmt und dann gleichbleibt oder stetig abnimmt (Geschoßform), hat den kleinstmöglichen Widerstand. Die F. wurde 1944 von den deutschen Wissenschaftlern *Hertel, Frenzel* und *Hempel* bei Windkanalversuchen am Modell eines Strahlflugzeugs für hohe Unterschallgeschwindigkeiten entdeckt und zum Patent angemeldet. Aus der F. erklärt sich die Anwendung der sog. *Wespentaille* bei Hochgeschwindigkeitsflugzeugen.

Durch die Verjüngung des Rumpfquerschnitts im Tragflügelbereich wird hierbei erreicht, daß der Gesamtquerschnitt in diesem Bereich unter Einbeziehung des Tragflügelquerschnitts annähernd konstant bleibt. Für hohe Überschallflüge wird die sog. *Überschall-F.* verwendet, bei der die Querschnittsverteilung nicht auf die Flugzeuglängsachse, sondern auf den → Mach-Kegel bezogen wird. Neu entwickelt wurde in den letzten Jahren die sog. *Integral-F.* bei der die Flächenmittellinie gekrümmt ist, um zusätzlich zur Verringerung des Widerstands einen Auftriebsgewinn zu erzielen.

Flächentiefe: Tiefe des Tragflügels entspr. der Profilsehne. → Tragflügelgeometrie

flacher Nebel: bis höchstens in Augenhöhe reichende Nebelschicht, in einzelnen Schwaden oder mehr oder weniger zusammenhängend. F. N. entsteht infolge Ausstrahlung. → Nebel

Flak: Abk. für → **Fl**ieger**a**bwehr**k**anone.

Flammrohr: → Brennkammer

Flaperon: engl. svw. → Landeklappe mit gleichzeitiger Funktion eines → Querruders.

Fla-Rakete: zur Klasse der Boden-Luft-Raketen gehörende Waffe, die dazu dient, Luftangriffsmittel zu vernichten. Sie kann 1- oder 2stufig sein und wird stabilisiert und gelenkt durch den Flugregler, der über Funk ausgesendete Lenkkommandos auf die Ruder überträgt. Möglich ist es auch, die F.-R. mit einem Infrarotzielsuchkopf auszustatten (z. B. Einmann-F.-R.). F. werden nach Lenkungssystemen und Verwendungszweck (gegen → Luftziele in geringen oder großen Höhen) unterschieden.

sowjetischer Fla-Raketenkomplex der Truppenluftabwehr auf Schützenpanzerwagen BRDM-2

Fla-Raketenkomplex: umfaßt alle baulich-technischen Mittel, um die Startrampe der → Fla-Rakete zu beladen, das Ziel aufzufassen, die Rakete zu richten, abzuschießen und zum Ziel zu lenken, um das → Luftziel zu vernichten. Dazu gehören: Versorgungs-, Zubringer- und Befehlseinrichtungen, Startrampen und Raketen, Funkmeßstationen, Rechner und Kommandosender.

Fla-Raketentruppe: Waffengattung der Luftverteidigungstruppen. Ihre Aufgabe ist es, im Zusammenwirken mit anderen Teilstreitkräften und Waffengattungen die ihnen zugewiesenen Räume oder Objekte vor dem Angriff gegnerischer Luftangriffsmittel zu decken.

Flatterdämpfer, *Shimmy-Dämpfer:* Bauteil des Bugfahrwerks, das die Aufgabe hat, ein → Bugradflattern durch Dämpfung auftretender seitlicher Schwingungen zu verhindern. Im allg. handelt es sich um hydraulische oder elektromagnetische Dämpfer. Bei hydraulischen Dämpfern wird ein Kolben, in dem sich 1 oder mehrere Drosselbohrungen befinden, durch die Seitwärtsbewegung des Bugrads in einem mit Flüssigkeit gefüllten geschlossenen Zylinder hin- und herbewegt. Dabei wird die Flüssigkeit durch die Drosseln gedrückt, wodurch eine der Bewegung entgegengesetzte Kraft entsteht und über die Flüssigkeitsreibung die Bewegungsenergie in Wärme umgewandelt wird.

Flattern, Flatterschwingung: Schwingung von Flugzeugteilen (Tragflügeln, Leitwerkteilen und Rudern), die sich bei ungünstigem Zusammenwirken von aerodynamischen, elastischen und Massekräften entwickelt, zur Klasse der selbsterregten und angefachten Schwingungen gehört und zum Bruch der entspr. belasteten Teile führen kann. Die kritische Geschwindigkeit, bei der F. auftritt, muß außerhalb des durch das Flugzeug erflogenen Geschwindigkeitsbereichs liegen. Bekämpft wird F. u. a. durch Anbringen von Flattermassen (Ausgleichsmassen) vor dem Drehpunkt des durch F. bedrohten Teils. → Aeroelastizität; → Buffeting

Fleet Air Arm, Abk. **FAA:** britische Marineflieger, die von Küstenflugplätzen, Flugzeug- und Hubschrauberträgern aus zur Unterstützung der britischen Flotte eingesetzt werden.

Flettner, *Anton:* Ingenieur, geb. 1. Nov. 1885 Eddersheim bei Frankfurt/Main, gest. 1961. Er beschäftigte sich mit drahtloser Fernsteuerung von Flugzeugen. F. ist Erfinder des Flugzeugruders mit Hilfssteuerfläche. → Flettner-Ruder

Flettner-Ruder: Hilfsruder, das vom Luftfahrzeugführer über die Steuerung ohne den Einsatz von Kraftverstärkern betätigt wird. Mittels des F. werden Kräfte erzeugt, die das eigentliche Ruder bewegen bzw. im Momentengleichgewicht halten. → Ruderausgleich

Fliegen: jede Form der Fortbewegung im Raum über der Erdoberfläche. Das F. kann nach folgenden *Prinzipien* erfolgen: a) unter Nutzung des statischen Auftriebs in der Erdatmosphäre (Ballon, Luftschiff); b) unter Nutzung des dynamischen Auftriebs in der Erdatmosphäre (Starrflügel- und Rotorflugzeuge sowie andere Flugkörper mit tragenden Flächen); c) unter Nutzung des Rückstoßes ausströmender Gase (ballistische Rakete im aktiven Bahnabschnitt u. ä. Flugkörper, senkrechtstartende Flugzeuge mit Strahltriebwerken im Start- und Landeprozeß, wenn noch kein dynamischer Auftrieb wirkt); d) auf einer ballistischen Flugbahn (geworfener Stein, ballistische Rakete im passiven Bahnabschnitt, Geschoß u. ä.); e) unter Wirkung der Gravitationsgesetze außerhalb der Erdatmosphäre (Satelliten, Raumflugkörper u. a.); i. e. S. wird unter F. manchmal nur der Fall b) betrachtet.

Fliegende Doktoren: Kurzbez. für den «Dienst der fliegenden Doktoren» Australiens (seit 1955 Königlich Ärztlicher Flugdienst), dessen erste Station im Mai 1928 gegr. wurde. Die Idee, die Bevölkerung eines 1,3 Mill. km^2 großen Gebiets in Nordaustralien aus der Luft medizinisch zu betreuen, wurde von Reverend *John Flynn* und dem Techniker *Alfred Traeger* ins Leben gerufen. Durch sie entstand eine Kombination von Krankenbetreuung, Flugdienst und Funknetz (Funkstation zunächst mit Dynamo betrieben, den die Pedalen eines Fahrrads in Gang setzten). Bis Mai 1929 hatte der erste Arzt der F. D., Dr. *Welch*, bei 50 Einsätzen 30000 Flug-km zurückgelegt und 225 Patienten versorgt. Anfang 1983 verfügte die Organisation über 100 Ärzte und Schwestern sowie 22000 Vorposten, die von 14 Stationen aus mit 24 Flugzeugen jährlich 5 Mill. km bewältigen (bei Notwendigkeit kann am Ort operiert werden) und rund 65000 Kranke behandeln. An das auch Schulzwecken und dem Katastrophen-Warndienst dienende Funknetz sind 5000 entlegene Siedlungen, geologische Forschungsgruppen, Missionen und Farmen angeschlossen.

Fliegende Festung: Bez. aus dem zweiten Weltkrieg für schwerbewaffnete Bombenflugzeuge, z. B. B-17 «Flying Fortress» und B-29 «Superfortress» (USA) mit bis zu 13 MG 12,7 mm.

Fliegender Kran: svw. → Kranhubschrauber.

Fliegender Prüfstand: als Erpro-

Eine von 6 Nomad N 24 – hergestellt vom Flugzeugwerk Government Aircraft Factories in Australien – der fliegenden Doktoren

Superfestung B-29

bungsträger für Triebwerke, Baugruppen, Geräte und Anlagen bes. hergerichtetes Flugzeug.

Fliegender Stuhl: → Turboljot

fliegendes Personal: Teil des → Luftfahrtpersonals, Angehörige der zivilen Luftfahrt, die ein → Luftfahrzeug führen, während des Fluges technisch bedienen oder in anderer Weise während des Fluges im Luftfahrzeug Dienste leisten und zur Ausübung ihrer Tätigkeit einer staatlichen oder sonstigen gesetzlich vorgeschriebenen Erlaubnis bedürfen (Flugzeugführer, Hubschrauberführer, Flugnavigatoren, Bordfunker und Stewards/Stewardessen). → Kabinenpersonal; → Besatzung

«Fliegende Untertasse»: → unbekanntes Flug-Objekt

Flieger: **1.** Flugzeugführer. –**2.** i. w. S. Mitglied einer Flugzeugbesatzung. – **3.** früher militärische Dienstgradbezeichnung für einen Soldaten der Luftstreitkräfte.

Fliegerabwehrkanone, Abk. **Flak:** spezielles Geschütz (große Rohrerhöhung, hohe Feuergeschwindigkeit, sehr manövrierfähig) zur Abwehr von Flugzeugen, im Verlauf des ersten Weltkriegs aus der BAK (Ballonabwehrkanone – erstmals 1871 von deutschen Truppen vor Paris verwendet) entwikkelt. Nach Kaliber in leichte (20...60 mm) und mittlere (60...100 mm) Flak unterteilt. Die Aufgabe der schweren Flak (über 100 mm) wurde von → Fla-Raketen übernommen. Die Treffgenauigkeit der Flak wird durch Geschützrichtstationen und Kommandogeräte vergrößert. Automatische und halbautomatische Munitionszuführungen erhöhen die Feuergeschwindigkeit. Auf Fahrgestellen von Panzern oder gepanzerten Fahrzeugen montierte F. werden als Fliegerabwehr-Selbstfahrlafetten (Fla-SFL) bezeichnet.

Fliegerdivision: taktischer Verband der Fliegerkräfte. Zu ihm gehören mehrere Geschwader (Regimenter), Stab und Divisionsleitung. Löst Aufgaben im Bestand von → Fliegerkorps oder selbständig im Rahmen einer Luftarmee. Die erste F. entstand 1918 in Frankreich

Sowjetische Fliegerabwehrkanonen 57 mm, 85 mm und 100 mm (v. l. n. r.)

Fla-SFL ZSU-23 der NVA (mit 4 Kanonen im Kaliber 23 mm)

und bestand aus 2 Luftbrigaden. 1938/39 formierte man in der UdSSR gemischte F., die aus mehreren Jagd-, Schlacht- und Bombenfliegerregimentern bestanden. 1940 wurden sie jedoch wieder in reine F. umgebildet, in deren Bestand sich jeweils nur eine Flugzeuggattung befand.

Fliegerernährung: bes. zusammengesetzte blähungsarme Nahrung für das fliegende Personal unter Berücksichtigung von Veränderungen der Kabinenatmosphäre. F. beugt dem Höhenmeteorismus (Blähungen), einer durch Kinetosereize und Sauerstoffmangel veränderten Magen-Darm-Tätigkeit und Störung des Gesamtstoffwechsels, vor und sorgt für ausreichende Deckung des Energie- und des Vitaminbedarfs.

Fliegeringenieurdienst, Abk. **FID:** in den Luftstreitkräften für die ingenieurtechnische Sicherstellung verantwortlicher Bereich, z.B. Wartung und Instandsetzung der Flugzeuge und Hubschrauber. Hauptzweige: Zelle, Triebwerk, Spezialausrüstung, Funk- und Funkmeßausrüstung, Waffenanlagen.

fliegerisches Gefühl: Ausdruck für die sich im Bewußtsein widerspiegelnde Tätigkeit des Zentralnervensystems, die durch die Reizungen, vorwiegend der Aufnahmeorgane des Druck- und Eigenbewegungssinns, hervorgerufen wird. Das f. G. entwickelt sich mit zunehmender Flugpraxis. Es hat vor allem Bedeutung, weil es den Piloten hilft, die Steuerbewegungen zu koordinieren und sich in den Flugvorgang, die Lage des Flugzeugs im Raum, einzufühlen. Das fliegerische Gefühl wird durch das Sehen, Hören und durch das Gleichgewichtsorgan wesentlich beeinflußt. Mit zunehmender Automatisierung der Flugzeugführung ist der Erhalt fliegerischer Fertigkeiten des Piloten, seines f. G., durch Intensivierung des Trainings auf → Flugsimulatoren erforderlich.

Fliegerkarten: winkel- oder flächentreue Landkarten in verschiedenen Maßstäben, in der Regel 1:200 000, 1:500 000 oder 1:1 000 000. Sie werden bes. für die → Navigation als Bord- und Bordnotkarten unter Sichtflugbedingungen (→ Sichtflugregeln) verwendet. F. enthalten Besonderheiten, wie Flugplätze, Sperrgebiete, markante Orientierungspunkte und Linien sowie Höhenangaben und Standorte der → Funkfeuer.

Fliegerkorps: Verband der → Fliegerkräfte, der aus mehreren Fliegerdivisionen besteht.

Fliegerkräfte: Gesamtheit der fliegenden Militäreinheiten eines Staats. Sie bilden in ihrer Masse den wichtigsten Teil der Luftstreitkräfte; daneben gibt es in modernen Streitkräften F. der See- und Landstreitkräfte sowie der Luftverteidigung, soweit diese selbständige Teilstreitkräfte bilden. Man unterscheidet nach Einsatzmöglichkeiten *strategische* und *taktische F.* und darin wieder Aufklärungs-, Bomben-, Schlacht-, Jagd- und Transport-F. als Waffengattungen. Die F. sind gegliedert in *Paare, Ketten, Staffeln, Geschwader, Fliegerdivisionen, -korps* und *-armeen*. Die F. entstanden während des ersten Weltkriegs vor allem für Aufklärungszwecke, zur Unterstützung der Erdkämpfe und zum Niederhalten gegnerischer Kriegsflugzeuge, insbes. der Jagd- und Schlachtflugzeuge. Danach entwickelten sie sich aufgrund der gewaltigen Fortschritte in Luftfahrt und Waffentechnik rasch weiter und spielten im zweiten Weltkrieg eine wichtige Rolle, indem sie vor allem zum Bombenabwurf auf dem Gefechtsfeld, im rückwärtigen Frontgebiet, aber auch auf Industriezentren sowie – im Widerspruch zum Kriegs- und Völkerrecht von den faschistischen und anglo-amerikanischen Führungskräften hierzu mißbraucht – auf Wohngebiete verwendet wurden. Gegenwärtig sind sie noch ein bedeutendes Mittel der modernen Kriegführung, doch werden einige ihrer Waffengattungen in den modernsten Streitkräften teilweise durch die Raketenwaffen ersetzt.

Fliegerpsychologie: Zweig der angewandten Psychologie; untersucht die für das Fliegen notwendigen psychischen Leistungen und Eigenschaften, das beim Fliegen auftretende psychische Erleben und die psychologisch bedeutsamen äußeren Gegebenheiten des Luftverkehrs und der Flugtechnik (psychische Belastungen bei Störungen und schwierigen Wetterlagen, Zusammenarbeit der Flugzeugbesatzungen, Flugvorgang, Flugzeugausrüstung und -instrumentierung, z. B. Anordnung und Beleuchtung der Instrumente, Farbgestaltung des Cockpits). Die F. ist für Ausbildung, Leistungserhaltung und -verbesserung von Bedeutung. Bei der Auslese der Pilotenanwärter geben fliegerpsychologische Untersuchungen Hinweise auf die zu erwartende → Fliegertauglichkeit.

Fliegerschütze: → Bordschütze

Fliegertauglichkeit: physische und psychische Voraussetzung zur Ausübung der sportlichen oder beruflichen Führung von Luftfahrzeugen. Zu ihrer Feststellung muß sich der Flugzeugführer regelmäßig einer gründlichen und umfassenden, nach internationalen Richtlinien erfolgenden medizinischen Untersuchung unterziehen.

Fliegertechnische Truppen: technische Einheiten der Luftstreitkräfte zur Versorgung der fliegenden Einheiten mit Treibstoffen, Schmiermitteln, technischen Gasen, Ersatzteilen u. a. sowie zur Wartung und Instandsetzung der Flugplätze und anderer Einrichtungen.

Fliegertrainingsgerät: Sportgerät zum speziellen Taining für das fliegende Personal zur Reaktionsschulung, Festigung des Vestibularapparats und zur Anpassung an alle Flugbedingungen. F. sind z. B. Batude, Überschlagschaukel, stehendes Rhönrad, Triplex und Zentrifuge.

Fliegerverbindungsoffizier: Offizier der Luftstreitkräfte, der zeitweilig bei anderen Teilstreitkräften oder Waffengattungen handelt, um das Zusammenwirken mit den Fliegerkräften abzustimmen und zu leiten.

Flight Director: → Flugkommandoanlage

Flight Level: → Flugfläche

Flight-Management-System, Abk. **FMS:** elektronische Datenverarbeitungsanlage an Bord eines Luftfahrzeugs zur Flugoptimierung. Die Anlage erhält Eingangssignale z. B. von den Luftwerte-Gebern, wie → TAS, Geschwindigkeit über Grund, Flughöhe, Kurs, oder durch die Besatzung, wie meteorologische Bedingungen in anderen Höhen, und errechnet unter Benutzung der eingespeicherten Luftfahrzeugeigenschaften optimale Werte für die einzelnen Flugphasen (Steig-, Horizontal- und Sinkflug). Die errechneten Werte gelangen automatisch in den → Flugregler und werden dort weiter verarbeitet. Das Luftfahrzeug fliegt dann beispielsweise mit einer vom Kraftstoffpreis, von den Windbedingungen und von den flugzeitbezogenen Kosten abhängigen optimalen Geschwindigkeit in einer vorgegebenen Höhe und ändert diese Geschwindigkeit automa-

Flossenruder der MiG-23

tisch nach einer weiteren Optimierungsrechnung, wenn beispielsweise aus Gründen der Flugsicherung in einer anderen Höhe geflogen werden muß.

Flight Operations Manual: → Flugbetriebshandbuch

Flosse: feststehender Teil des → Leitwerks.

Flossenruder, *Pendelruder, Pendelleitwerk, Stabilisator:* um eine Achse bewegliche Ruderfläche ohne voranliegende Flosse, die sowohl die Aufgabe einer Dämpfungsfläche (Flosse) als auch eines Ruders erfüllt, z. B. bei dem ersten sowjetischen Überschalljagdflugzeug MiG-19; häufigste Anwendung als Höhenleitwerk. → Leitwerk

Flug: selbständig fliegend zurückgelegter Streckenabschnitt. → Fliegen

Flugauftrag: 1. bei der fliegerischen Ausbildung dem Flugschüler vom Fluglehrer erteilter schriftlicher oder mündlicher Auftrag für eine fliegerische Aufgabe. – **2.** vom Halter des Luftfahrzeugs an die Besatzung erteilte Flugaufgabe, für die der Kommandant des Luftfahrzeugs verantwortlich ist.

Flugausfall: → Flugunregelmäßigkeit

Flugausfallquote: Quotient aus der Zahl der laut Flugplan vorgesehenen, aber ausgefallenen und der Zahl der nach Plan durchgeführten Flüge. Kenngröße zur Charakterisierung der Regelmäßigkeit der Verkehrsdurchführung im Luftverkehr (→ Beförderungsqualität). Die F. kann für unterschiedliche Zeiträume (Flugplanperiode, Quartal, Jahr usw.) für bestimmte Verkehrsrelationen, Linien, Verkehrsarten und Luftfahrzeugtypen ermittelt werden. Einfluß auf die F. haben technische, technologische und organisatorische, vor allem aber meteorologische Bedingungen. → Flugunregelmäßigkeit

Flugbegrenzungen: Einschränkungen der Fluggeschwindigkeit, Flughöhe und Manövrierfähigkeit von Flugzeugen aufgrund der Belastbarkeit von Mensch und Material sowie meteorologischer und anderer Bedingungen. Zu den F. gehören auch Begrenzungen der Start- und Landemasse, der Wetterminima für Start und Landung u. a. → Geschwindigkeitsbegrenzungen. → Lastvielfaches

Flugbelaster: → Gefühlssimulation

Flugbenzin: → Brennstoff

Flugberatungsdienst: → Flugsicherung

Flugbereich: Gebiet, in dem ein Flugzeug aufgrund seines → Aktionsradius vom Startflugplatz aus und mit Rückkehr zu diesem ohne Zwischenlandung operieren kann. → Flugweite

Flugbetrieb: 1. Betreiben von Luftfahrzeugen (Durchführung von Flügen einschließlich der Bewegung von Luftfahrzeugen auf → Rollflächen und Start- und Landebahnen zur unmittelbaren Vorbereitung und Beendigung von Flügen). – **2.** Durchführung der Lufttransportprozesse bzw. der Leistungen im → Wirtschaftsflug.

Flugbetriebsfläche: die Gesamtheit aller für Start und Landung sowie für Rollbewegung und Abstellen von Luftfahrzeugen bestimmten Teile eines Flugplatzes einschließlich der zugehörigen Sicherheitsstreifen.

Flugbetriebshandbuch, *Flight Operations Manual* (engl.), Abk. *FOM:* ein von der → ICAO für die Anwendung in allen Luftverkehrsunternehmen empfohlenes Handbuch, das alle für die sichere und ökonomische Abwicklung des Flugbetriebs notwendigen administrativen und technologischen Festlegungen sowie wichtige Unterlagen und Hilfsmittel für das fliegende Personal, vornehmlich die vom Flugzeugtyp unabhängigen, allgemeingültigen Verhaltensregeln, enthält. Darüber hinaus können in diesem Handbuch technologische Anweisungen, wie die Verteilung der Pflichten und Verantwortlichkeiten bei der fliegerischen Tätigkeit, enthalten sein. Das F. wird von den Luftverkehrsgesellschaften selbständig zur Regelung des innerbetrieblichen Dienstes herausgegeben. Durch die von der ICAO angeregte Herausgabe konnte für das im Flugbetrieb beschäftigte Luftfahrtpersonal eine weitgehende Rechtsvereinheitlichung auf internationaler Ebene erreicht werden, ohne daß unmittelbare rechtliche Verpflichtungen internationaler Art hierzu bestanden.

Flugbetriebsplan: zusammenfassende Bez. für 1) → Flugzeugeinsatzplan; 2) → Besatzungseinsatzplan; 3) → Flugzeuginstandhaltungsplan; 4) Flugzeugabfertigungsplan und 5) Flugsicherungsflugplan.

Flugbetriebsstoffe: zusammenfassende Bezeichnung für → Brennstoff, → Schmierstoff und Hydraulikflüssigkeiten.

Flugbetriebsvorschrift: gesetzliche Grundlage für den Flugbetrieb im kommerziellen Luftverkehr, im Werft-, Agrar- und Spezialflug. Sie enthält Bestimmungen für die Sicherheit und Ordnung sowie erforderliche Vorschriften für die Tätigkeit von Luftfahrtpersonal. Die Herausgabe innerbetrieblicher Bestimmungen muß auf der Grundlage der F. geschehen.

Flugbewegungen: 1. Bez., die vor allem in bezug auf die Kapazität von Flughäfen verwendet wird und sowohl Starts als auch Landungen umfaßt. Wird für einen Flughafen eine Kapazität von 45 F/h angegeben, so bedeutet dies, daß auf ihm je Stunde 45 Starts oder Landungen möglich sind. – **2.** → Flugbetrieb – **3.** svw. → Bewegungen des Flugzeugs

Flugboot: → Wasserflugzeug

Flugdatenregistriergerät, *Flugschreiber:* Gerät, das während des Flugbetriebs ständig Aufzeichnungen verschiedener Parameter vornimmt, die nach bes. Vorkommnissen zur Aufklärung dienen bzw. eine Auswertung des technischen Zustands des Luftfahrzeugs und der Arbeit der Besatzung ermöglichen. Mit älteren F. wurden Zeit, Kurs, Höhe, Beschleunigung und angezeigte Geschwindigkeit aufgezeichnet. Modernere Geräte registrieren außerdem noch Anstellwinkel, Nickgeschwindigkeit, Querneigung, Rollgeschwindigkeit, Kurs, Giergeschwindigkeit, Längstrimmung, Stellung von Steuersäule und Steuerhorn bzw. der Nick- und Rollsteuerflächen, Pedalstellung oder Stellung des Seitenruders, Triebwerksschub, Stellung der Hochauftriebshilfen, Umgebungstemperatur, u. a.

Flugdauer: 1. Zeit zwischen Start u. Landung, während der ein Flugzeug unter ganz bestimmten Bedingungen in der Luft bleiben kann. Für motorlose Flugzeuge ist die F. von der aerodynamischen Qualität (→ Gleitflug) der Flugzeugkonstruktion, den meteorologischen Bedingungen und der Kunst des Flugzeugführers abhängig; für Motorflugzeuge zusätzlich und in erster Linie vom spezifischen Brennstoffverbrauch der Triebwerke unter den gegebenen Bedingungen (Flughöhe und Fluggeschwindigkeit) sowie von der mitgeführten Brennstoffmenge und der Anzahl der Triebwerke. Zur Erzielung einer größtmöglichen Flugdauer ist die Einhaltung bestimmter optimaler Bedingungen erforderlich, so z. B. beim Flug in Wartezonen oder bei Patrouillenflügen von Flugzeugen der Seefliegerkräfte. Man unterscheidet a) *mögliche Flugdauer* – Zeitdauer, während der ein Luftfahrzeug in der Luft bleiben kann, ohne nachzutanken (einschließlich der Navigations- u. a. festgelegter Brennstoffreserven). b) *zulässige Flugdauer* – Zeitdauer, während der ein Luftfahrzeug in der Luft bleiben kann, ohne die Navigations- u. a. festgelegte Brennstoffreserven zu benutzen. **2.** umgangssprachliche Bez. für *Flugzeit* (→ Flugzeit t_F) oder → *Flugreisezeit.* → Flugweite

Flugdeck: 1. wenig gebräuchliche Bez. für den Besatzungsraum eines Flugzeugs mit mehrköpfiger Besatzung. – **2.** Oberdeck eines Flugzeug- oder Hubschrauberträgers mit Start- und Landebahn, Katapult- und Fanganlagen u. a. für den Flugbetrieb notwendigen Einrichtungen. → Flugzeugträger

Flugdeckkreuzer, Flugdeck-Schlachtschiff: heute nicht mehr übliche Kriegsschiffsklasse, die den Kampfwert des schweren Kreuzers und Schlachtschiffs mit der weitreichenden und schnellen Aufklärung und dem Jagdschutz eines Flugzeugträgers vereinte. Erste Versuche in England im ersten Weltkrieg mit dem Kreuzer «Vindictive» erwiesen sich als Fehlschlag. 1932 stellte Schweden mit der «Gotland» ein solches Schiff als Flugzeugkreuzer, Minenleger und Kadettenschulschiff in Dienst.

Flugeigenschaften: Eigenschaften, die das Verhalten des Flugzeugs bei allen möglichen Flugzuständen und Manövern charakterisieren. Dazu gehören vor allem die statische und die dynamische → Stabilität und die → Steuerbarkeit des Flugzeugs. → Charakteristik von Flugkörpern, → Flugleistung

Flugeigenschaftsvorschriften: Normen für die → Flugeigenschaften eines Luftfahrzeugs, die für die Erteilung einer staatlichen Zulassung einzuhalten sind. Die F. umfassen z. B. die max. Steuerkräfte, die zum Ausleiten des getrimmten Flugzustands erforderlich sind, oder das Verhalten des Luftfahrzeugs bei Störungen (Böen), das Verhalten beim Ausleiten aus dem Trudeln usw.

Flügel: Kurzform von → Tragflügel. → Tragwerk

Flügelendtank: → Tiptank

Flügelfahrwerk: ältere Fahrwerkbauweise für Flugzeuge, bei der die aus

Blick auf das Flugdeck eines sowjetischen Großen U-Jagd-Kreuzers der KIEW-Klasse (insgesamt 4 Einheiten), eingerichtet zum Flugbetrieb mit Hubschraubern sowie Senkrechtstartern Jak-38

Flügelfahrwerk der Fokker Dr.I

dem Rumpf ragenden Achsstummel (oder die Achse) des Hauptfahrwerks aerodynamisch verkleidet wurden und somit Flügelform erhielten. Dadurch wurden ihr Widerstand verringert und zusätzlicher Auftrieb erzeugt.

Flügelfläche: Fläche des Tragflügels in der Draufsicht. → Tragflügelgeometrie, tragende Fläche

Flügelformen: → Tragflügelgeometrie; → Deltaflügel, → Doppelpfeilflügel, → Dreieckflügel, → ogivale Flügelform, → Pfeilflügel

Flügelgeschoß: unbemannter Flugkörper mit den aerodynamischen Eigenschaften eines Flugzeugs, dient zur Bekämpfung von Land- und See-, seltener Luftzielen. Zu den Hauptbauteilen zäh-

Luft-Boden-Flügelgeschoß der Tu-16

len *Gefechtskopf, Lenkeinrichtung, Start-* (oft Raketentriebwerk) und *Marschantrieb* (Strahl- oder Raketentriebwerk, dann Flügelrakete), *Zelle* mit Tragflügeln und *Leitwerk* am Heck. Bei → Bombenflugzeugen haben F. häufig die herkömmliche Bewaffnung verdrängt, weil mit ihnen Ziele auf größere Entfernungen zu bekämpfen sind, so daß nicht in den Bereich der gegnerischen Luftverteidigung eingeflogen werden muß. F. lassen sich auch von mobilen Rampen oder Schiffen starten. Ihre Flughöhen liegen zwischen 100 m oder darunter und mehreren Kilometern. Von den Flugzeugen wird das F. unter den Tragflügeln oder dem Rumpf getragen.

Flügelohren: → Winglet

Flügelseitenverhältnis: → Tragflügelgeometrie

Flügelstiel: → Stiel

Flügelstreckung: → Tragflügelgeometrie

Flügeltiefe: → Tragflügelgeometrie

Flügelwurzel: Teil des Tragflügels am Übergang vom Tragflügel zum Rumpf oder von Tragflügel zu Tragflügel (z. B. bei Hochdeckern). → Tragflügelgeometrie

Flugenvelope: → Envelope

Flugerprobung: Testen eines neuen Flugzeugtyps in der Luft. Dabei werden seine → Flugeigenschaften, seine → Flugleistungen, die Funktionsfähigkeit aller Teile und Anlagen u. a. überprüft und mit den vorausberechneten Werten verglichen. Die Ergebnisse der F. entscheiden gewöhnlich endgültig über die Brauchbarkeit eines neuen Flugzeugtyps und damit über die Aufnahme seiner Produktion. → Erprobungsflug

Flugfelag Island HF, Icelandair; 2-Letter-Code **FI:** isländische Luftverkehrsgesellschaft mit Sitz in Reykjavik, gegr. 1937, Aufnahme des Flugdienstes 1938. *Flugzeugpark:* 2 Boeing 727, 4 Fokker F.27, 3 DC-8 (zusätzlich 2 geleaste DC-8). Verkehrsdaten 1985: 730 000 beförderte Passagiere, 2,2 Mrd. Pkm; 16 Mill. Fracht-tkm; 223 Mill. tkm Gesamtleistung. Streckennetz von 86 000 km. Hauptstrecken in Europa; Inlandflugverkehr. IATA-Mitglied.

Flugfernmeldedienst: für alle Zwecke der Luftfahrt benutzbarer Fernmeldedienst. Man unterscheidet zwischen *festem F.* und *beweglichem Flugfunkdienst.* Der F. wird zwischen festen F.stellen zur Gewährleistung eines sicheren, leistungsfähigen und ökonomischen Luftverkehrs abgewickelt. Der bewegliche Flugfunkdienst findet zwischen Luftfahrzeugen und Bodenfunkstellen statt. Das feste Flugfernmeldenetz stellt ein weltweites System zusammengeschlossener fester Flugfernmeldeverbindungen dar, das dem Austausch von Nachrichten innerhalb des Netzes dient. Dabei kann jede Flugfernmeldestelle innerhalb des Netzes an jede andere Nachrichten übermitteln. Der Fernschreibverkehr im festen Flugfernmeldenetz ist an ein festes Nachrichtenformat gebunden. Es gelten Einschränkungen bezüglich der Art von Meldungen, die über dieses Netz befördert werden dürfen.

Flugfigur: → Flugbewegung mit exakt festgelegtem Ablauf; spezielle Formen sind → Kunstflugfiguren.

Flugfläche, *Flight Level* (engl.), Abk. *FL:* für die Höhenstaffelung von Flugzeugen durch die Flugsicherungsbehörden festgelegte Fläche, in der die Flug-

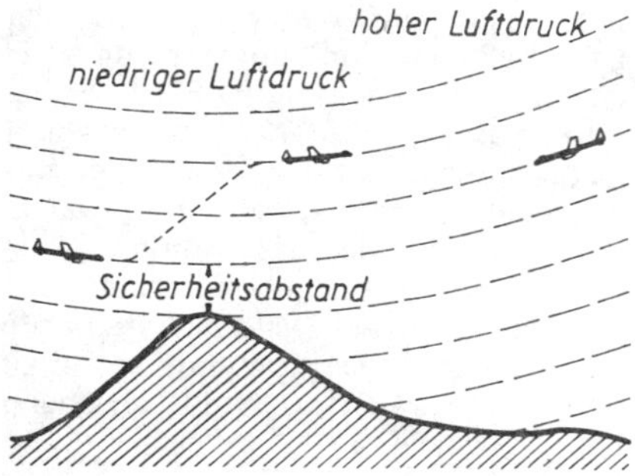

Streckenflug nach dem Flugflächen-System

höhe als Höhendifferenz gegenüber NN angegeben wird. Der Bezugsdruck für die Höhenmessung ist der Wert 1013,25 mbar (nach den Festlegungen für die Internationale Normalatmosphäre [→ Atmosphäre]); Angabe in 100 Fuß, z. B. Flugfläche 250 bedeutet 25000 Fuß.

Fluggast, *Passagier, Flugreisender:* jede Person, die mit Zustimmung des Luftverkehrsunternehmens unter Einhaltung der Beförderungsbedingungen entgeltlich oder unentgeltlich in einem Luftfahrzeug befördert wird oder werden soll, ausgenommen die Mitglieder der → Besatzung.

Fluggastauslastungsgrad, *Sitzladefaktor:* prozentuale Angabe des Verhältnisses aller durch Fluggäste belegten («gekauften») Sitzplätze zu den im Flugzeug vorhandenen Plätzen.

Fluggastbetreuung, *Passagierbetreuung, Passagier-Service:* Gesamtheit der Maßnahmen des Luftverkehrsunternehmens zur Sicherung einer hohen → Beförderungsqualität im Fluggastverkehr. Die F. erfolgt sowohl vor dem Start und nach der Landung *(Bodenservice)* als auch während des Flugs *(Bordservice).* Zur Bordbetreuung setzen die Luftverkehrsunternehmen Stewardessen/Stewards (Bordbetreuer) ein. Im Bodenservice sind Bodenstewardessen (Groundessen, Hostessen) und andere Beschäftigte des Luftverkehrsbetriebs tätig. → Kundendienst

Fluggastbrücke: allseitig geschlossener, meist ausziehbarer, schwenkbarer und höhenverstellbarer, rohrartiger Verbindungsgang zwischen Fluggastabfertigungsgebäude und dem Flugzeug, der das Ein- und Aussteigen der Fluggäste ohne Wechsel der Ebene gestattet.

Fluggastgebühr, (engl.: *Passenger Service Charge*): durch verschiedene Flughafenbetreiber (Flughafen[betriebs]gesellschaften) oder Luftverkehrsunternehmen von Fluggästen für die Benutzung ihrer Flughafeneinrichtungen und -dienste erhobenes Entgelt. Die Höhe der F. ist unterschiedlich geregelt. Sie wird entweder als fester Satz oder in Abhängigkeit vom Flugpreis bzw. unter Berücksichtigung gebührenpolitischer Belange festgelegt. F. sind i. d. R. in den Transporttarif eingearbeitet, werden von den Luftverkehrsunternehmen mit dem Beförderungsentgelt eingezogen und mit den Flughafenbehörden verrechnet. F. sind ein Bestandteil der Geldeinnahmen von Flughäfen.

Fluggastverkehr, *Fluggastbeförderung, Passagierverkehr:* bedeutendster Teil des → Luftverkehrs; öffentliche, kommerzielle (entgeltliche) Personenbeförderung mit Luftfahrzeugen, Beförderung von Personen auf der Grundlage von → Beförderungsverträgen und verbindlichen → Beförderungsbedingungen und geltenden → Tarifen. F. wird als typische Leistung von → Luftverkehrsunternehmen als → Linien- oder → Bedarfsluftverkehr im internationalen oder nationalen Rahmen durchgeführt (→ internationaler Luftverkehr, → Inlandluftverkehr). Die ökonomische Bedeutung des F. besteht vor allem in der erzielbaren Zeiteinsparung proportional zur → Beförderungsweite auf der Grundlage der im Vergleich zu herkömmlichen Beförderungsmitteln (Schiff, Eisenbahn, Kraftfahrzeug) hohen → Beförderungsgeschwindigkeit der Verkehrsflugzeuge. Die erzielbaren Zeiteinsparungen, die im → Langstrecken- und → Mittelstreckenluftverkehr erheblich sind, haben sowohl für den einzelnen als auch für die Gesellschaft als zusätzliche Arbeitszeit oder erholungswirksame Freizeit bes. Bedeutung. Wichtige volkswirtschaftliche und betriebliche Kenngrößen des F. sind der Personenbeförderungsumfang, d. h. die Anzahl der beförderten Personen, die Personenbeförderungsleistung (Pkm) und die mittlere Reise- bzw. mittlere Beförderungsweite eines Fluggastes.

Fluggastverzeichnis: → *Passagierliste,* die als offizielles Dokument während des Flugs von Verkehrsflugzeugen mitzuführen ist. Das F. enthält die Namen der Fluggäste (→ Fluggast), die im betreffenden Luftfahrzeug befördert werden. Das F. und die → Frachtliste bilden gemeinsam das → *Flugmanifest*.

Fluggelände: Gelände, auf dem Luftfahrzeuge starten und landen können, sofern es durch die dafür zuständige Stelle für den Flugbetrieb zugelassen worden ist. → Flugplatz, → Flughafen

Fluggerät: Gerät, welches bemannt oder unbemannt, gesteuert oder ungesteuert Aufgaben durch → Fliegen erfüllt. Man unterscheidet F., die an die Atmosphäre gebunden sind (→ Luftfahrzeuge), von solchen, die vorrangig außerhalb der Erdatmosphäre fliegen (Raumfluggeräte). Nach der Geschwindigkeit unterscheidet man a) F., deren Geschwindigkeit kleiner ist als die Minimum-Kreisbahngeschwindigkeit von etwa 7,9 km/s; b) F., deren Geschwindigkeit gleich oder größer als diese aber kleiner als die Fluchtgeschwindigkeit aus dem Schwerefeld der Erde von ca. 11,2 km/s ist, und c) F., deren Geschwindigkeit die Fluchtgeschwindigkeit erreicht oder übertrifft. → Flugkörper, → Flugzeug

Fluggeschwindigkeit: i. w. S. Geschwindigkeit, mit der sich ein → Fluggerät in einem ausgewählten Bezugssystem bewegt; i. e. S. die Geschwindigkeit v (V) eines Luftfahrzeugs im Luftraum über der Erdoberfläche, wobei als Bezugssystem entweder die als ruhend betrachtete Atmosphäre oder die Erde dienen kann. Dem entsprechend unterscheidet man die wahre F. (Relativ- oder Eigengeschwindigkeit, Fahrt, → TAS), die auf die umgebende Luft bezogen wird, und die F. über Grund (Absolut- oder Grundgeschwindigkeit), bezogen auf die Erdoberfläche und aus wahrer F. und Windgeschwindigkeit geometrisch addiert. Da die Messung der F. i. allg. indirekt über die Messung des → Staudrucks (→ Fahrtmesser) erfolgt, ist sie mit Fehlern behaftet, die durch Korrekturen behoben werden können. Demnach unterscheidet man die unkorrigiert angezeigte F. (ASIR), die angezeigte F. (→ IAS), die korrigiert angezeigte F. (→ CAS) und die äquivalente F. (→ EAS, Gerätegeschwindigkeit); in diesen vier Fällen wird jeweils nur eine auf die Dichte der Luft in Höhe Null bezogene F. angezeigt ($v = \sqrt{2q}/\varrho_0$, wobei q der gemessene Staudruck und ϱ die Luftdichte ist); die unkorrigiert angezeigte F. enthält Fehler aus dem Kompressibilitätseinfluß der Luft, aus der Fahrtmeßanlage und aus dem Anzeigegerät; bei der angezeigten F. ist der Gerätefehler beseitigt, bei der korrigiert angezeigten zusätzlich der Fehler der Fahrtmeßanlage und bei der äquivalenten noch zusätzlich der Kompressibilitätsfehler. Wird nun ergänzend noch der Fehler aus der Dichteänderung pro Höheneinheit berücksichtigt, so erhält man die wahre F., wobei die Beziehung gilt

$$v_ä = v_w\sqrt{\varrho_H/\varrho_0}$$

In Beziehung zur → Schallgeschwindigkeit wird die F. als → Mach-Zahl M (Ma) angegeben; ist $M < 1$, spricht man von Unterschall-F., ist dagegen $M > 1$, von Überschall-F.; zwischen beiden liegt ein Übergangsbereich, der Bereich der → Wellenkrisis, in dem der Luftwiderstand sehr stark wächst; dieser Bereich beginnt mit der kritischen Mach-Zahl ($M_{krit} \approx 0{,}6 \ldots 0{,}9$) und endet bei $M \approx 1{,}2 \ldots 1{,}5$. Der Bereich der möglichen wahren F. ist stark höhenabhängig und schwankt zwischen Minimalwerten von 50...300 km/h und Maximalwerten von ca. 250 km/h für Sportflugzeuge, Hubschrauber u. ä. bis über 300 km/h für verschiedene Militärflugzeuge. Passagierflugzeuge fliegen mit wenigen Ausnahmen (Concorde, Tu-144) mit Unterschall-F., wobei ihre Start- und Landegeschwindigkeiten zwischen 150 und 250 km/h liegen. Alle hier gemachten Angaben beziehen sich auf die wahre F.; die F. über Grund kann hieraus errechnet werden, wenn die Windgeschwindigkeit bekannt ist; sie kann aber auch unter Nutzung des Dopplereffekts mit Hilfe der Funk- oder LASER-Technik gemessen werden. Im kommerziellen Bereich werden anstelle der F. sogenannte → Beförderungsgeschwindigkeiten genutzt.

Fluggewicht: → Abflugmasse

Flughafen (engl. Airport): Flugplatz, der durch entspr. Anlagen und Einrichtungen für Start- und Landung sowie für die → Abfertigung, die Wartung und das Abstellen von Luftfahrzeugen geeignet ist. Internationale F. als Grenzübergangspunkte für in Luftfahrzeugen zu befördernde Personen, Fracht- sowie Postsendungen besitzen Einrichtungen für Paß-, Zoll-, Gesundheits- und sonstige Kontrolle. Das → *Abfertigungsgebäude* ist der Ort des Personen-, Gepäck- und Frachtübergangs von den Landverkehrsmitteln zu den Luftfahrzeugen und umgekehrt. Es enthält alle notwendigen Einrichtungen für die Fluggäste und F.besucher, ferner Räume für Flug- und Flugsicherungsleitung, Flugwetterwarte, Flugberatung u. a. sowie für betriebs- und Verwaltungsstellen. Ein weiterer Bestandteil des Flughafengeländes ist der *Kontroll-* oder → *Dispatcherturm*, von dem aus der F.betrieb überwacht und geleitet wird. Vor dem Abfertigungsgebäude liegt das *Abfertigungsvorfeld*, eine Betonfläche, auf der das Zu- und Aussteigen der Fluggäste, das Ver- oder Entladen von Post, Gepäck und Luftfracht, das Auftanken der Luftfahrzeuge aus Unterflurtanks oder Tankwagen, das Verproviantieren (→ Catering) u. a. erfolgen. Der wichtigste Teil jedes F. ist die → *Start- und Landebahn* (SLB) oder *Piste*, wegen des hohen Bodendrucks moderner Flugzeuge betoniert. Sie soll in der Regel so angelegt sein, daß sie unter Berücksichtigung der jeweils herrschenden Windverhältnisse zu wenigstens 95% der Betriebszeit benutzt werden kann. Wechselt auf einem F. der Wind nach Richtung und Stärke, so müssen außer einer in der häufigsten Windrichtung liegenden *Haupt-SLB* eine oder mehrere Querwindbahnen *(Neben-SLB)* angelegt werden. Von den Maßen und der Belastungsmöglichkeit der Haupt-SLB hängt es im wesentlichen ab, welche Flugzeugtypen einen F. anfliegen können. Die F. sind daher international klassifiziert, wobei es Unterschiede zwischen den Richtlinien und Empfehlungen der → International Civil Aviation Organization und denen des → Rates für Gegenseitige Wirtschaftshilfe gibt. Die Klasse wird im ersten Fall durch einen Kennbuchstaben und eine Kennzahl, im zweiten Fall durch eine Ordnungszahl angegeben. An beiden Enden der SLB befindet sich aus Sicherheitsgründen je eine präparierte Fläche von 60 bis 150 m Breite und 100 bis 300 m Länge für den Fall, daß ein Flugzeug zu zeitig aufsetzt oder beim Starten nicht abhebt und gebremst werden muß (Stoppfläche). Die Verbindung zwischen Abfertigungsvorfeld und SLB sowie auf großen F. zwischen den Haupt- und Neben-SLB, ferner zu den Hangars, Werkstätten u. a. wird durch betonierte → *Rollbahnen* hergestellt. Die gesamte, von Luftfahrzeugen nutzbare Fläche einschließlich aller Betonbahnen bezeichnet man auch als → *Rollfeld*. Für Schlechtwetterlandungen ist auf jedem F. ein hindernisfreier Sektor in der Hauptanflugrichtung festgelegt, dessen Mittellinie in Verlängerung der SLB-Mittellinie liegt und als Anfluggrundlinie bezeichnet wird. Alle Betonbahnen sind von *Leuchtfeuern* begrenzt, auch Anfluggrundlinie und alle Hindernisse im F.bereich sind befeuert (→ Befeuerung). Außer mit den bisher genannten Einrichtungen sind F. mit verschiedenen Funkanlagen, wie Vor- und Haupteinflugzeichen, Funkpeiler, Landekurs- und Gleitwegsender, Lande- und Rundsichtradar, ferner mit Feuerlöscheinrichtungen und -fahrzeugen, Abtaugeräten, Rollbahn-Kehrmaschinen, u. a. ausgerüstet. Infolge des zunehmenden Luftfracht- und Luftpostverkehrs sind auf vielen F. auch besondere Anlagen dafür vorhanden. Schließlich gibt es auf F. Tanklager, Werkstätten, Flugzeugwartungshallen, Garagen u.a. Wasser-F. haben anstelle des Rollfelds eine entspr. Wasserfläche mit Verankerungsmöglichkeiten und Verbindungsstegen.

RGW-Standards und Empfehlungen für Flughäfen

	Länge m	Breite m	Radbel. kN
Sonderklasse	mind. 3250	60	mind. 350
1. Klasse	2600...3249	60	mind. 250
2. Klasse	1800...2599	45	mind. 170
3. Klasse	1400...1799	45	mind. 120

Geschichtliches: Die Entwicklung des F. folgte der Entwicklung der Flugzeuge und des Luftverkehrs. Ursprünglich waren die F. Rasenplätze. Dieses *Rasenplatzsystem* hatte die Vorteile, daß es wenig Kosten für Anlage und Unterhaltung erforderte und daß man den Veränderungen der Windrichtung durch einfaches Umlegen der Signaltücher (Landekreuz) Rechnung tragen konnte. Die Vergrößerung der Flugzeuge und ihrer Abflugmasse (Ju 52 z. B. 10 t, IL-62 dagegen 145 t) machte jedoch allmählich eine Verlängerung der Start- und Landebahnen und ihre Befestigung erforderlich. Den höheren Anforderungen kam man in Deutschland durch die Entwicklung des *Randbahnsystems* entgegen; am Rollfeldrand wurde eine bis zu 100 m breite befestigte Bahn angelegt, die als Rollbahn und als Startbahn verwendet wurde. Dem sich später erge-

ICAO-Regionen	Internationale Flughäfen	Ausweich-Flughäfen	IGA-Flughäfen	Insgesamt
Afrika/Indischer Ozean	140	13	19	172
Mittel- und Südamerika	137	16	49	202
Europa	257	21	114	392
Mittlerer Osten/Asien	146	34	1	181
Nordatlantik/Nordamerika/Pazifik	63	43	10	116
insgesamt	743	127	193	1 063

benden Anspruch an einen F., bei jeder Jahreszeit betriebsfähig zu sein, genügte das Randbahnsystem nicht. Deshalb ging man, bes. nach dem zweiten Weltkrieg, dazu über, in den Hauptwindrichtungen befestigte Start- und Landebahnen anzulegen. Betrug die Fläche eines F. 1927 noch etwa 90 ha und 1939 etwa 400 ha, so wuchs sie bis 1950 bereits auf über 1 000 ha an und erreichte z. B. 1956 bei dem New Yorker F. Idlewild etwa 2 000 ha. In Moskau verteilt man den Verkehr auf mehrere F. (Wnukowo, Scheremetjewo, Domodedowo, Bykowo). Folge der zunehmenden Größe ist, daß die F. heute weit außerhalb der Städte gebaut werden. Der Trend geht dahin, Flughäfen in schienengebundene Verkehrssysteme der Stadt bzw. der Region einzubeziehen oder sie direkt an das Eisenbahnnetz anzuschließen. Der höchstgelegene F. ist der von La Paz (Bolivien) mit 4 080 m, der tiefstgelegene der von Amsterdam-Schiphol (−4,2 m).

Ende 1985 betrug die Zahl der regulären und Ausweichflughäfen für den internationalen Luftverkehr 1 063. In dieser Zahl sind 193 Flugplätze für die Internationale Allgemeine Luftfahrt (IGA) enthalten. Die Verteilung der Flughäfen auf die einzelnen ICAO-Regionen nach dem Stand Dez. 1985 zeigt die Tabelle links oben.

Flughäfen europäischer Staaten	
Berlin	Schönefeld, Tegel
Leipzig	Schkeuditz
Dresden	Klotzsche
Erfurt	Bindersleben
Heringsdorf	Heringsdorf
Amsterdam	Schiphol
Athen	Hellenikon
Belgrad	Surčin
Berlin (West)	Tegel
Bremen	Neuenland
Brüssel	National
Budapest	Ferihegy I und II
Bukarest	Otopeni, Bâneasa
Dublin	
Düsseldorf	Lohausen
Frankfurt/Main	Rhein-Main-Flughafen
Genf	Cointrin
Hamburg	Fuhlsbüttel
Hannover	Langenhagen
Helsinki	Vautaa
Istambul	Atatürk
Köln-Bonn	Wahn
Kopenhagen	Kastrup
Larnaca	
Leningrad	Pulkowo
Lissabon	Portela da Sacavem Alverca
London	London Heathrow, London Gatwick, Stansted
Luxemburg	Findel
Madrid	Barajas
Mailand	Malpensa, Linate
Moskau	Scheremetjewo I und II, Wnukowo, Domodedowo, Bykowo
München	Riem
Nicosia	Nicosia
Nürnberg	
Oslo	Gardermoen, Fornebue
Paris	Charles de Gaulle, Orly
Prag	Ruzyné
Rom	Ciampino, Leonardo da Vinci
Sofia	Vrajdebna
Stockholm	Arlanda, Bromma
Stuttgart	Echterdingen
Tirana	Rinas
Warschau	Okecié
Wien	Schwechat
Zürich	Kloten

Flughafengebühr (engl. *Airport Charge*) *Start- und Landegebühr*, auch «Flughafentarif» genannt: durch Flughafenbetreiber (Flughafen[betriebs]gesellschaften) für die Benutzung von Flughafenanlagen und -einrichtungen zum Starten und Landen sowie Abstellen der Luftfahrzeuge (auch Hangarbenutzung) erhobenes Entgelt. Über die F. werden auch die technische und Teile der kommerziellen Abfertigung der Luftfahrzeuge abgegolten. Die Höhe der F. wird unterschiedlich, i. allg. in Abhängigkeit von der max. Startmasse des Flugzeugs und auf der Grundlage gebührenpolitischer Erwägungen, ermittelt. F. sind Haupteinnahmequelle der Flughäfen.

Flughöhe: vertikaler Abstand des → Flugkörpers zu einer Bezugsebene.

Je nach Notwendigkeit sind das: der Meeresspiegel (Bezugspunkt Amsterdamer Pegel, Höhe über Normalnull), wonach die *absolute* Höhe bestimmt wird; beliebige Punkte der Erdoberfläche, welche die *relative* Höhe (Höhe über Grund) bestimmen; Ebenen gleichen Luftdrucks, wonach die *barometrische Höhe* bestimmt wird sowie der senkrecht unter dem Flugzeug liegende Erdpunkt, welcher die wahre Flughöhe bestimmt. Unter taktischen Gesichtspunkten gilt folgende Höhenunterteilung: extrem geringe (geringste) Flughöhen bis 200 m über der örtlichen Oberfläche, geringe von 200...1 000 m, mittlere von 1 000...4 000 m, große von 4 000...12 000 m und Stratosphäre über 12 000 m. Gemessen wird mit Hilfe von barometrischen, Funk- und neuerdings Laserhöhenmessern. Die F. beeinflußt beim → Bildflug den → Bildmaßstab der → Luftbilder. → Gipfelhöhe, → dynamische Gipfelhöhe

Fluginformationsgebiet, engl. *Flight Information Region*, Abk. *FIR:* Um Luftfahrzeugbesatzungen Informations-, notfalls Alarmdienste leisten zu können, hat man den Luftraum über der Erdoberfläche (soweit er sich über den Regionen der ICAO-Mitgliedstaaten und den Weltmeeren befindet) in F. und Obere F. eingeteilt. Ihre Ausdehnung richtet sich nach der Möglichkeit, das entspr. Gebiet von einer Zentrale aus mit Ultrakurzwellensendern überdecken zu können und den Verkehr zu übersehen. Die FIR beginnen am Erdboden, umfassen den gesamten Luftraum (kontrollierten und unkontrollierten Teil) und erstrecken sich bis zu einer festgelegten Flugfläche. Ihre Grenzen müssen nicht mit den Staatsgrenzen übereinstimmen. Große Länder bilden mehrere, kleine Länder (z. B. Belgien, Niederlande, Luxemburg) zusammen 1 FIR. Für die oberen F. sind obere Flugverkehrsberatungsdienste eingerichtet.

Flugkapitän: Titel, der bewährten Piloten mit langjähriger Flugerfahrung, Verdiensten und großem Können verliehen werden kann.

Flugkilometer, Abk. **Fkm:** Maß für die vom Luftfahrzeug und von Besatzungsmitgliedern im Flug zurückgelegte Entfernung. Der Ermittlung der Betriebsleistung des Luftverkehrsunternehmens liegt die zurückgelegte → Navigationsentfernung (Navigations-km) des gesamten Luftfahrzeugparks zugrunde. Daneben erfolgt (z. B. zur Ermittlung der Transport-[Verkehrs-]leistung) die Enfernungsmessung auf der Basis von → Tarifentfernungen.

Flugkommandoanlage, engl. *Flight Director:* Flugführungsanlage, die aus Eingangssignalquellen, wie Vertikalkreisel, Kompaßanlagen, Funk- und Navigationsanlagen sowie Signalen aus anderen Quellen, Kommandosignale liefert. Diese Anzeigeanlage für den halbautomatischen Flug entlastet den Luftfahrzeugführer von einem Teil geistiger Routinearbeit bei Einhaltung eines vor-

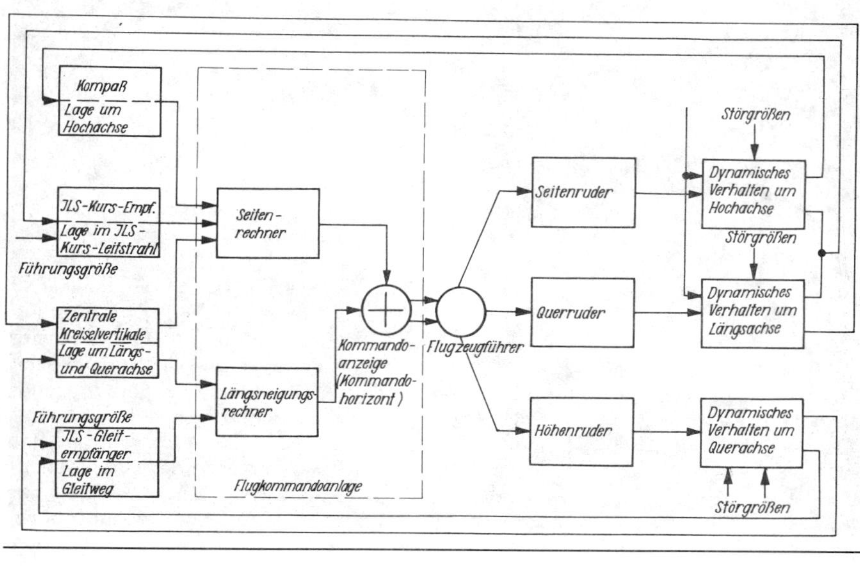

Blockschaltbild des halbautomatischen Landeanflugs unter Verwendung einer Flugkommandoanlage

gegebenen Flugwegs (Koordinierung zwischen Soll- und Ist-Flugweg) und überträgt ihn einem elektronischen Rechner, der mit einem speziellen Anzeiger verbunden ist. Der Anzeiger ist eine Kombination von künstlichem Horizont und den Kommandobalken eines Kreuzzeigers. Die F. wird häufig für ILS-Anflüge benutzt, in der militärischen Luftfahrt auch im Horizontalflug. → Instrumenten-Lande-System

Flugkörper: in der Regel unbemanntes → Fluggerät. Diese Bez. wird vor allem im militärischen Bereich angewendet. So unterscheidet man hier nach der Start-Ziel-Charakteristik Luft-Luft-F., Luft-Boden-F., Boden-Luft-F. und Boden-Boden-F. Nach dem physikalischen Prinzip des Fliegens unterscheidet man diese wieder in aerodynamische, in aerodynamisch-ballistische und in rein ballistische F. Weiterhin kann in ungelenkte und gelenkte F. unterschieden werden. Letztere können ferngelenkt oder selbstgelenkt sein, wobei eine Vielzahl spezieller Verfahren angewendet wird, wie Funk-, Laser-, Infrarot-, Trägheitslenkung u.a.m. mit aktiver oder passiver Wirkungsweise.

Fluglage: Lage des Flugzeugs im Raum über der Erdoberfläche. Sie wird bestimmt durch die Größe der Lagewinkel des Flugzeugs, d.h. durch den Flugzeug-Längsneigungswinkel ϑ, den Flugzeug-Schräglagenwinkel (-Querneigungswinkel) γ und den Flugzeug-Azimutwinkel (-Kompaßwinkel) ψ. Die Winkel ϑ und ψ sind nicht zu verwechseln mit dem aerodynamischen Längsneigungswinkel $\vartheta_a = \vartheta \pm \alpha$ und dem aerodynamischen Kurswinkel $\psi_a = \psi \pm \beta$, wobei α der Anstellwinkel und β der Schiebewinkel sind. Eine Änderung der Fluglage durch Drehen des Flugzeugs um seine Achsen ist durch den Flugzeugführer nur visuell feststellbar, da der Gleichgewichtssinn durch die Wirkung der Trägheitskräfte irritiert wird. Deshalb ist für Nacht- oder Blindflug unbedingt eine Lagemessung mit Hilfe von Kreiselgeräten und deren Anzeige auf der Gerätetafel der Flugzeugführerkabine erforderlich. Vor allem bei jungen Flugzeugführern können bei mangelndem Vertrauen in die Geräteanzeige Fluglage-Illusionen entstehen, die zu falschen Handlungen und im ungünstigen Fall zu Katastrophen führen können. Um derartige Fälle zu vermeiden, sind in automatisierten Steuerungssystemen moderner Flugzeuge Rückführungskanäle eingebaut, die nach Auslösung das Flugzeug aus einer beliebigen Fluglage automatisch in die normale Horizontalfluglage zurückführen.

Fluglärm: Oberbegriff für alle Geräusche, die von einem Flugzeug am Boden bei laufenden Triebwerken oder im Flug ausgehen, einschließlich des Überschallknalls. F. entsteht durch Geräusche der Triebwerke (Motor, Verdichter, Luftschraube, Rotor, Schubstrahl),

Flugkörper gegen Seeziele – entwickelt von Aerospatiale und MBB

durch das aerodynamische Umströmungsgeräusch sowie durch den sich beim Überschallflug ausbildenden Verdichtungsstoß (→ Schallmauer). Die Höhe der Lärmbelästigung durch F. wird durch die akustischen Pegelmaße max. Schalldruckregler L_{max} (Einheit dB[AI]) und äquivalenter Dauerschallpegel L_{eq} (Einheit dB[A]) gekennzeichnet. Zur Angabe der Stärke des Überschallknalls benutzt man die Amplitude des max. Überschalldrucks p_{max} (Einheit N/m^2) und die Einwirkungszeit τ (Einheit s). Bei der Zulassung von Luftfahrzeugen für den zivilen Luftverkehr wird auch die Lärmemission des Flugzeugs bei Start, Landung und Überflug berücksichtigt. Die Höhe der Lärmabstrahlung wird durch den *Effectiv Perceived Noise Level, EPNL* («effektiver empfundener Lärmpegel», Einheit EPNdB) ausgedrückt.

Flugleistung: Gesamtheit der charakteristischen Kennwerte eines Flugzeugs, die seine fliegerischen und ökonomischen Möglichkeiten beschreiben, wie der erfliegbare Geschwindigkeitsbereich, Flugweite und Flugdauer unter verschiedensten Bedingungen, die Gipfelhöhe, Start- und Landegeschwindigkeiten und -strecken, Nutzmassen u. a. → Charakteristik von Flugkörpern, → Flugeigenschaften

Flugleiter: der für den Roll- und Flugbetrieb auf dem Flugplatz und in dem zugewiesenen Luftraum verantwortliche und weisungsberechtigte Beauftragte. Zur Ausübung ihrer Tätigkeit müssen F. im Besitz einer staatlichen Berechtigung sein.

Fluglinie: 1) Fluggesellschaft (engl. *Airline*) – gemäß dem Artikel 96 des Abkommens über die internationale Zivilluftfahrt (Chicagoer Abkommen) jedes → Luftverkehrsunternehmen, das einen planmäßigen internationalen Fluglinienddienst anbietet oder betreibt. Der Begriff «Airline(s)» wird häufig als Bestandteil der Bezeichnung von Luftverkehrsunternehmen verwendet. 2) auch kurz *Linie* (engl. Flight Line) oder *Flug* (engl. Flight) genannt. Kennzeichnung der planmäßig auf den → Flugstrecken abzuwickelnden konkreten Verkehrsverbindungen im Fluggast- und/oder Luftfrachtverkehr; sie besteht i. allg. aus der Kurzbezeichnung (Code) des durchführenden Luftverkehrsunternehmens und einer von diesem festgelegten Kennzahl für den betreffenden Flug. Die Einheit von Unternehmens-Code und Kennzahl wird vielfach mit *Flugnummer* (engl. *Flight Number*) bezeichnet.

Fluglinienlänge: → Linienlänge, → Flugliniennetz

Flugliniennetz: System der auf dem → Flugstreckennetz bedarfsabhängig von einem Lurfverkehrsunternehmen oder allen Beteiligten abzuwickelnden konkreten Luftverkehrsverbindungen (→ Fluglinie).

Durch Addition der entfernungsmäßigen Ausdehnung der einzelnen Fluglinien (unter Einschluß bzw. ausschließlich der einander überdeckenden Fluglinienabschnitte) wird die *Flugliniennetzlänge* des Unternehmens als Kenngröße der F.-Ausdehnung ermittelt. Durch Gegenüberstellen der Flug*linien*länge und der Flug*strecken*länge, bezogen auf ein bestimmtes Verkehrsgebiet, sind Aufschlüsse über die Durchlaßfähigkeit der → Luftstraßen und ihre Ausnutzung zu erlangen.

Flugliniennetzlänge: → Linienlänge, → Flugliniennetz

Fluglinienverkehr: regelmäßiger Flugverkehr zu festgelegten Zeiten. → Linienflugverkehr

Fluglog: für Flugversuche und -erprobungen angewendete hochgenaue Luftwerte-Meßanlage, deren Geber außerhalb der durch das Luftfahrzeug gestörten Strömung installiert wird. Der kombinierte Geber liefert Meßwerte über Anstell- und Schiebewinkel, statischen Druck, Staudruck, Lufttemperatur usw. Die anfallenden Daten lassen sich unmittelbar auf Anzeigen darstellen oder in Rechnern weiterverarbeiten und speichern.

Flugmanifest: → Fluggastverzeichnis, → Frachtliste

Flugmanöver: beliebige Änderung eines gegebenen → Flugzustands durch Verändern der Triebwerksleistung, der Ruderausschläge oder anderer technischer Parameter eines Fluggeräts. Man unterscheidet räumliche und Geschwindigkeitsmanöver. F. können zur Korrektur sowie zur Einnahme neuer Bahnparameter geflogen werden. Bei Militärflugzeugen gibt es F. zum Einleiten von Angriffen auf gegnerische Luft-, Erd- und Seeziele, zum Ausweichen vor dem Angriff eines gegnerischen Jagdflugzeugs, zum Überwinden, Täuschen oder Stören der gegnerischen Luftverteidi-

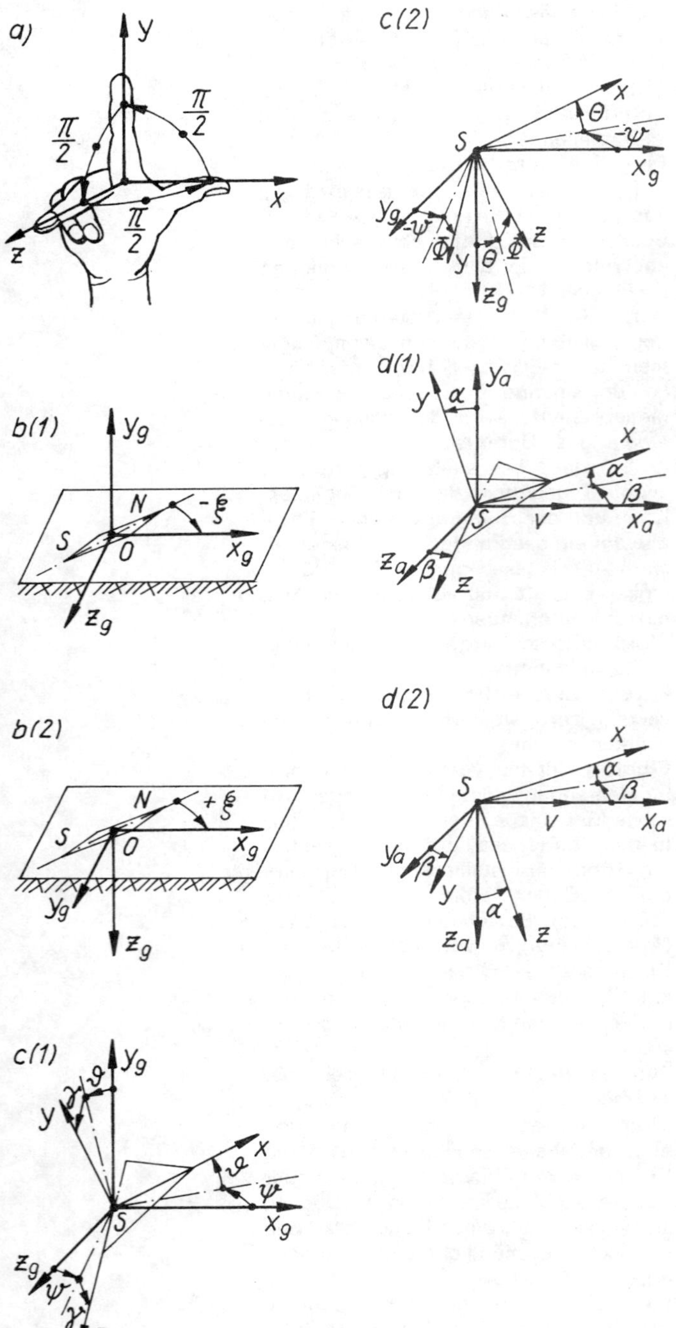

flugmechanische Koordinatensysteme (1) angelehnt an GOST und (2) an ISO

gung u. a. F. mit genau festgelegtem und räumlichem Bewegungsablauf bezeichnet man als Flugfigur. → Kunstflugfigur, → Manövrierfähigkeit

Flugmasse: → Abflugmassse

Flugmechanik: Lehre von der Bewegung eines Flugkörpers unter Einfluß von Schwerkraft, Luft-, Schub- und Massenkräften. Ausgehend von den grundlegenden Gesetzmäßigkeiten der klassischen Mechanik werden → Bewegungsgleichungen des Flugkörpers im Raum abgeleitet. Zum leichteren Untersuchen werden für bestimmte Probleme Vereinfachungen zugelassen, da die Gesamtbewegung des Flugzeugs unter Wirkung der o. g. Kräfte sehr kompliziert ist. Für Flugbahnbetrachtungen (nur Translationsbewegung) wird das Fluggerät als Punktmasse angenommen, bei der alle Kräfte im Schwerpunkt angreifen und somit keine Momentenwirkung ergeben. Zur Untersuchung allgemeiner Probleme der → Stabilität u. → Steuerbarkeit des Fluggeräts (Translation und Rotation) wird dieses als absolut starrer, d. h. nicht deformierbarer Körper betrachtet. Spezielle Probleme, wie das → Buffeting, das → Flattern, die → aerodynamische Divergenz oder die Umkehrung der Ruderwirksamkeit, die bei Pfeilflügeln auftreten kann, erfordern die zusätziche Betrachtung der Deformationsbewegung des Fluggeräts. In der F. werden sowohl stationäre (zeitlich unveränderliche) als auch instationäre Flugzustände betrachtet. Außerdem befaßt sich die F. auch mit der Bewegung des Fluggeräts bei Start und Landung sowie mit dem Problem der Flugweite und -dauer unter den verschiedensten Bedingungen. Ergebnis der flugmechanischen Untersuchungen ist das Bestimmen oder Begründen verschiedener → Flugleistungen und → Flugeigenschaften. → flugmechanische Koordinatensysteme

flugmechanische Koordinatensysteme: in der Flugmechanik zum mathematisch exakten Erfassen der Bewegung eines Fluggeräts angewandte Bezugssysteme. Die Anzahl verwendeter f. K. ist sehr groß; am gebräuchlichsten sind jedoch rechtwinklige Rechtssysteme, bei denen die 3 Dimensionen des Raumes durch 3 senkrecht aufeinanderstehende Achsen (meist mit x, y und z bez.) dargestellt werden, deren positive Richtungen mit der «Rechte-

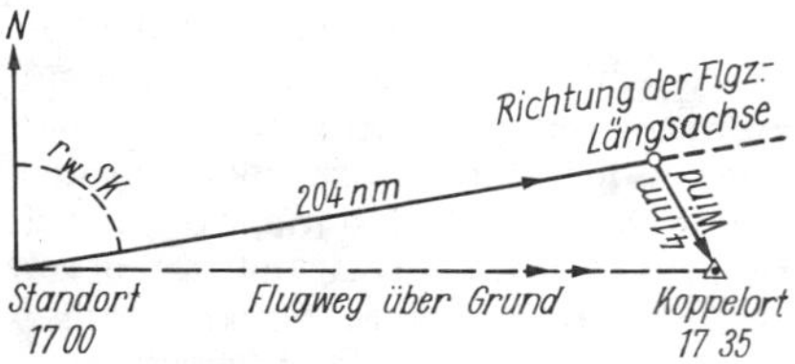

Bestimmung des Standorts (Koppelort): rechtsweisender Steuerkurs 080°, Eigengeschwindigkeit 350 kn. Flugzeit 35 min, zurückgelegte Entfernung (ohne Windeinfluß) 204 sm, Wind 330°/70 kn, Windversetzung in 35 min: 41 sm

Hand-Regel» (Bild a) bestimmt werden können. Für die Definition eines solchen f. K. ist es notwendig, a) die Lage des Koordinatenursprungs, b) die Richtung einer Achse (meist x) und c) die Lage einer Ebene zweier Achsen festzulegen. Von diesen Merkmalen ausgehend, unterscheidet man in der Flugmechanik folgende *Grundsysteme:* 1) *erdfeste f. K.*; Koordinatenursprung in einem festzulegenden Punkt der Erdoberfläche, Lage der x-Achse unter einem Winkel zur Nord-Süd-Richtung in der Erdoberfläche und Lage der x-y-Ebene entweder senkrecht zur Erdoberfläche (z. B. nach GOST) oder in der Erdoberfläche (z. B. nach ISO) (Bild b); 2) *erdparallele f. K.*; unterscheiden sich vom erdfesten nur durch die Verlegung des Koordinatenursprungs in den Schwerpunkt des Fluggeräts, wodurch sie sich stets mit diesem mitbewegen, ohne ihre prinzipielle Lage zur Erde zu verändern (Bild c); 3) *körperfeste* (konstruktive) *f. K.*; Koordinatenursprung im Schwerpunkt, Achsen entsprechend der konstruktiv festgelegten Längs-, Hoch- und Querachse (Bild c); Unterscheidung vom erdparallelen durch die Lagewinkel des Fluggeräts: Längsneigungswinkel ϑ(Ⓗ), Richtungswinkel 4°(−4°) und Querneigungswinkel $\gamma(\Phi)$; 4) *geschwindigkeitsfeste* (strömungsfeste, aerodynamische, flugwindfeste) *f. K.*; Koordinatenursprung ebenfalls im Schwerpunkt, x-Achse in Flugrichtung und y- bzw. z-Achse in der vertikalen Symmetrieebene des Fluggeräts; Unterscheidung vom körperfesten durch den Anstell- und den Schiebewinkel (α und β; Bild d). Jedes f. K. besitzt seine konkrete Zweckbestimmung: erdfeste und erdparallele dienen vor allem der Untersuchung der Flugbahn und der Lage des Fluggeräts im Raum, körperfeste vor allem der Untersuchung der Kräftewirkungen auf die Konstruktion des Fluggeräts und geschwindigkeitsfeste der Ermittlung der Luft- und sonstigen Kräfte, die die Bewegung des Fluggeräts hervorrufen.

Flugmedizin: → Luftfahrtmedizin

flugmedizinische Expertise: zusammenfassende luftfahrtmedizinische Begutachtung der Tauglichkeit und Eignung eines Piloten oder Besatzungsmitglieds für die Anforderungen des Arbeitsplatzes (Signalerkennung und -verarbeitung, Höhenarbeit) sowie der geistigen und körperlichen Voraussetzungen für die Tätigkeit des Piloten, seiner Fähigkeit zur → Raumorientierung, der Entwicklung → fliegerischen Gefühls und fliegerischer Arbeitsfertigkeiten. Die Begutachtung erfolgt auf der Basis fachärztlicher Einzelgutachten unter Bewertung der Methoden der speziellen funktionellen Diagnostik (SFD), der Modellierung von Einzelelementen fliegerischer Faktoren und Tätigkeiten im Labor, auf dem → Simulator oder während des realen Flugs in gemeinsamer Beratung der Luftfahrtmediziner in einer Flugmedizinischen Kommission (FMK).

Flugmeteorologie: Zweig der praktischen Meteorologie, der sich mit den für den Luftverkehr wichtigen meteorologischen Elementen und Erscheinungen befaßt. Bes. Interesse gilt dabei den Wettererscheinungen, die für den Luftverkehr eine direkte oder indirekte Gefahr darstellen, wie *Gewitter, Vereisung, Turbulenz, Nebel, tiefe Wolken.* Als meteorologisches Element hat die *Sichtweite* (→ Sicht) große Bedeutung. Das Unterschreiten einer bestimmten Sichtweite führt häufig zu Verspätungen im Luftverkehr. Ähnlich behindernd wirkt sich eine tief liegende Wolkendecke aus. Meist handelt es sich dabei um *tiefen Stratus* bzw. → *Hochnebel.* Daher beziehen sich die → *Wetterminima* auf Sichtweite und Wolkenuntergrenze.

Dank technisch vervollkommneter Anlagen ist die → Vereisung keine ernste Gefahr mehr für moderne Verkehrsflugzeuge. Noch immer kann jedoch → Gewitter dem Luftverkehr gefährlich werden. Obwohl moderne Luftfahrzeuge Gipfelhöhen von 9000 m bis 12000 m erreichen, können sie nicht immer hochreichende Gewitter überfliegen. – Nach dem zweiten Weltkrieg erforschte die F. bes. die Strahlströme und die damit verbundene → *Clear-Air Turbulence*. Die F. als Wissenszweig der praktischen Meteorologie hilft, die Voraussetzungen für eine optimale meteorologische Betreuung der Luftfahrt durch die → Flugwetterdienste zu schaffen.

Flugmillionär: umgangssprachl. Bez. für Angehörige des → fliegenden Personals, die über 1 Mill. km im Flug (Flugkm, Fkm) zurückgelegt haben.

Flugmodell: flugfähiges, unbemanntes, nach den Gesetzen der Flugstabilität gebautes kleines Fluggerät, das nach internationalem Luftrecht höchstens 5 kg Masse haben darf. F. werden aus Balsaholz, Plast, Holz oder Metall angefertigt und mit Folie, Papier oder Seide bespannt. → Modellflug, → Flugzeugmodell, → Modellflugzeug

Flugmodellmotor: kleines KTW, meist in 1-Zylinder-Ausführung, mit einem Hubvolumen von 1...10 cm^3 zum Antrieb von → Flugmodellen. F. sind luftgekühlte Zweitaktmotoren mit Glühzündung, selten mit Selbstzündung. Ihre Leistungen liegen bei 0,1...1,0 kW, die Drehzahlen bei 20000 U/min (kleine F.) und 12000 U/min (große F.). F. arbeiten ohne Getriebe, ihr Leistungs-Masse-Verhältnis erreicht in Einzelfällen Werte bis zu 2,6 kW/kg. Von Amateuren werden auch Viertaktmotoren in Ein- und Mehrzylinderausführung als Reihen-, Boxer- und Sternmotoren gebaut. → Modellflug

Flugmotor: → Kolbentriebwerk

Flugnavigation: zusammenfassender Begriff für alle Maßnahmen, die zur sicheren Führung eines Luftfahrzeugs von einem Start- zu einem Zielort erforderlich sind. Dazu gehören: navigatorische Flugvorbereitung der Luftfahrzeugbesatzung und der Navigationsanlagen, Flug auf der vorher festgelegten Strecke, Standortbestimmung, Berechnung der voraussichtlichen Flug- und Überflugzeiten, Luftfahrzeugführung in der Nähe des Zielorts (→ Warteverfahren und Landeanflugführung). Im Interesse einer effektiven Flugsicherung müssen an die F., insbes. bei Flügen unter → Instrumentenflugbedingungen, sehr hohe Anforderungen gestellt werden, da bei Abweichungen von geplanten Flugstrecken und -zeiten der Erfolg der Flugsicherungsmaßnahmen in Frage gestellt ist. Zur F. wurde eine große Anzahl von Verfahren, Anlagen und Geräten entwickelt. Man unterscheidet *autonome* und *kooperative F.-Verfahren*. Autonom sind alle Verfahren, die während des Flugs ohne Hilfen von außerhalb arbeiten, bei einigen ist die Erdoberfläche in ihrem Verhalten gegenüber auftreffenden elektromagnetischen Wellen bzw. die Erde als Ganzes eine unentbehrliche Grundlage. Autonome F.-Verfahren haben folgende Vorteile: weitgehende Unbeeinflußbarkeit

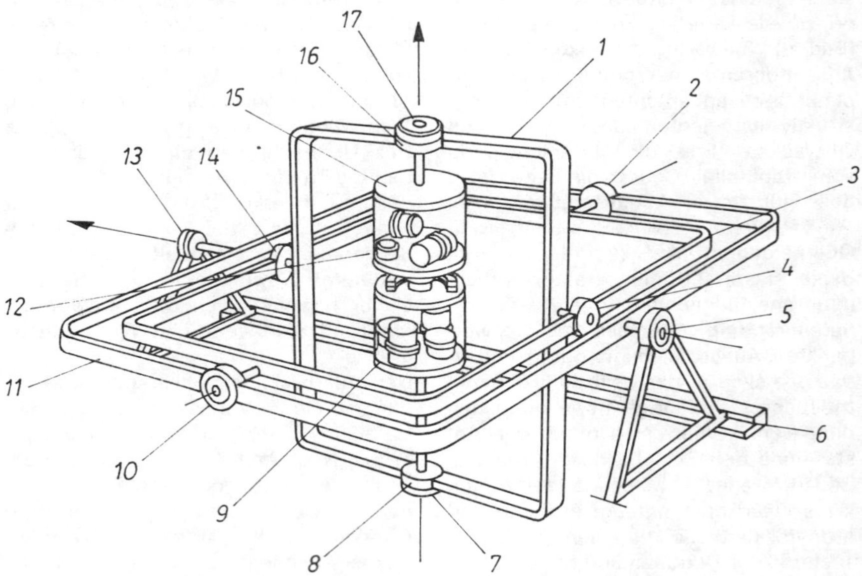

Aufbau der stabilisierten Plattform einer Trägheitsnavigationsanlage: 1 innerer Kardanrahmen; 2 mittlerer Drehmelder; 3 mittlerer Kardanrahmen; 4 innerer Momentengeber; 5 äußerer Momentengeber; 6 Bezugskante im Flugzeug; 7 Koordinaten-Funktionsdrehmelder; 8 xy-Plattform-Funktionsdrehmelder; 9 xy-Plattform; 10 mittlerer Momentengeber; 11 äußerer Kardanrahmen; 12 Synchronmotor; 13 äußerer Drehmelder; 14 innerer Funktionsdrehmelder für sin-cos (± 10°); 15 z-Plattform; 16 Plattform-Momentengeber; 17 Plattform-Drehmelder

durch atmosphärische oder technische Störungen, Unabhängigkeit von Witterung, Tages- und Jahreszeit, Eignung für globalen, zeitlich unbegrenzten Einsatz, Unabhängigkeit von der Flughöhe, Vermeidung oder Einschränkung von Energieabstrahlung durch Bordanlagen (erschwert oder verhindert die Zielerfassung durch Gegner). Die wichtigsten Verfahrensgruppen der autonomen F. sind 1) → *astronomische Navigation*, 2) *Bordradarverfahren* (→ Radar), 3) → *Dopplernavigation*, 4) *Infrarotverfahren*, bei denen die Technik der → Fernerkundung (→ Abtastsystem) zu navigatorischen Zwecken angewendet wird, 5) *reine Koppelnavigationsverfahren*. Bei letzteren werden Messungen der Luftdaten (statischer Druck, Staudruck, Lufttemperatur) zu Rechnungen von Hand oder automatisch über den Standort benutzt. 6) *Inertial-* oder *Trägheitsnavigation*, z.Z. bei fast allen Langstreckenflugzeugen angewendet, beruht auf dem Grundgedanken, Beschleunigungen zu messen und daraus durch zweifache Integration über die Zeit die von einem Luftfahrzeug zurückgelegte Strecke festzustellen. Die Beschleunigungsmessung erfolgt auf einer in der Ebene des örtlichen Horizonts stabilisierten Plattform. 2 in der Horizontalebene mit ihren Achsen senkrecht zueinander angebrachte Kreisel wirken während des Flugs als richtunghaltende Kreisel. 2 Beschleunigungsmesser messen die Beschleunigungen in 2 zueinander senkrechten Richtungen, wobei in einem Rechengerät unter Berücksichtigung der Erddrehung und der Coriolis-Beschleunigung (durch zweifache Integration) die in beiden Teilrichtungen zurückgelegten Wegkomponenten ermittelt werden. Aus den Geschwindigkeitskomponenten werden unter Berücksichtigung der Erddrehung die Winkelgeschwindigkeiten berechnet, mit denen die Plattform nachgedreht werden muß, um laufend horizontal und azimutal orientiert zu bleiben. Die Winkelgeschwindigkeiten werden den Momentengebern der Plattform zugeführt, wodurch die Kreisel zu Präzessionsbewegungen veranlaßt werden, was zum Nachdrehen der Plattform führt.

Zur Gruppe der *kooperativen F.-Verfahren* gehören die Geräte und Anlagen der *Funknavigation*. An Bord und außerhalb des Luftfahrzeugs benutzt man Sender und Empfänger, die je nach Art des Verfahrens zusammenarbeiten und eine *Eigenortung* (Ortung an Bord des Luftfahrzeugs) oder *Fremdortung* (Ortung in einer Stelle außerhalb des Luftfahrzeugs) ermöglichen. Durch die Zusammenarbeit der Anlagen ergibt sich eine → Standlinie. Im Schnittpunkt von 2 Standlinien muß sich das Luftfahrzeug befinden. Angewendet werden elektromagnetische Wellen im gesamten Bereich des z. Z. technisch nutzbaren Spektrums. Die Verfahren lassen sich in folgende Hauptgruppen unterteilen: 1) *Richtsende-Verfahren*, bei denen die Bodenanlage Richtungsinformationen sendet, die an Bord über Antenne und Empfänger entgegengenommen werden (→ Consol, → VOR, → Svod); 2) *Richtempfangsverfahren* (Peilverfahren), wie → Peilung, → Funkkompaß; 3) *Entfernungs-Differenz-Verfahren* (→ LORAN, → OMEGA, → DECCA); 4) *Entfernungsmeßverfahren* (→ DME, → Satellitennavigation). In der Regel werden einzelne Verfahren mit anderen kombiniert, so daß sich aus 2 verschiedenartigen Standlinien unmittelbar der Standort ergibt (→ VOR-DME, → TACAN). Bei Flügen mit Segel-, Sport- und Arbeitsflugzeugen ist die *Sichtnavigation* üblich, d. h. die Orientierung nach markanten Stellen des Erdbodens, wie Gewässern, Orten, Straßen, Eisenbahnlinien, Wäldern usw. durch Vergleich mit der Karte. Da die Möglichkeiten der Sichtnavigation stark von den meteorologischen Bedingungen abhängen, kann sie im kommerziellen Luftverkehr nicht angewendet werden.

Flugnavigator: → Besatzung

Flugnummer: → Fluglinie

Flugparameter: Kennwerte zur Beschreibung eines Flugs, wie → Geschwindigkeit, → Höhe, → Kurs, → Bahnneigung u. a. m.

Flugplangeschwindigkeit (Symbol v_{QF}): Quotient aus der tarifmäßigen Flugstrecke (km) und der benötigten Zeit (h), die vom Türschließen vor Antritt des Flugs bis zum Türöffnen nach der Landung zählt. Die F. wird für kommerzielle Zwecke verwendet.

Flugplanperiode: Zeitraum der Gültigkeit eines Verkehrsflugplans. Durch zeitliche und räumliche Ungleichheit der Transportanforderungen im Luftverkehr gegenüber dem durchschnittlichen kontinuierlichen Transportablauf im Ergebnis des berufsbedingten (Auslandseinsatz, Kongreßreisen, Gastspielreisen usw.), erholungsbedingten (Erholungsreisen, Tourismus und Kurverkehr) und sonstigen Fremdenverkehrs (individuelle Besuchsreisen usw.) und deren saisonale Schwankungen entsteht die Notwendigkeit, den Luftverkehr langfristig planmäßig diesen periodischen Verkehrsschwankungen anzupassen. Ausdruck dessen sind Flugpläne für die *Sommerflugplanperiode* (Sommerflugplan, in der Regel gültig vom 1. April bis 31. Okt.) und für die *Winterflugplanperiode* (Winterflugplan, in der Regel gültig vom 1. Nov. bis 31. März).

Flugplatz: Oberbegriff für alle Land- und Wasserflächen mit den darauf befindlichen Einrichtungen, die für Start und Landung von Luftfahrzeugen bestimmt und behördlich zugelassen sind. Als zivile F. gelten → *Flughäfen, Fluggelände,* → *Fallschirmsprunggelände* und → *Arbeitsflugplätze.* Bei militärischen F. unterteilt man in *ständige* (stationäre Einrichtungen, ausgebaute Start- und Landebahnen, künstliche Bedeckungen der Bahnen, ausgebaut für Tag- und Nachtflüge sowie für Flüge unter allen meteorologischen Bedingungen) und *Feld-F.* (bewegliche Anlagen, Bahnen mit natürlichen Bedeckungen oder aus Metall bzw. mit künstlicher Verfestigung). Darüber hinaus gibt es Einsatz-F. (dienen militärischen Fliegerverbänden als Unterkunft und Start- und Landeplatz für Einsatzflüge), Ausweich-F. (festgelegt für den Fall, daß Einsatz-F. aus Gründen der militärischen Luftlage, wegen Zerstörung, zeitweiliger Sperrung durch Hindernisse – z. B. beschädigte Flugzeuge – oder aus Wettergründen nicht zu benutzen sind), Schein-F. (Flächen mit Attrappen von Flugplatzbauten und Flugzeugen, die einen F. vortäuschen und dadurch die Aufmerksamkeit und Angriffe des Gegners von dem wirklichen F. ablenken) und F. des Zusammenwirkens (dienen der Zusammenarbeit zwischen den Luftstreitkräften u. a. militärischen Einheiten).

Flugplatzanlagen: bauliche und versorgungstechnische Einrichtungen eines → Flugplatzes.

Flugplatzausrüstungen: stationäre und/oder montierbare Geräte und Maschinen, die für den Betrieb eines → Flugplatzes erforderlich sind.

Flugplatzbefeuerungsanlagen: Teil der Flugplatzausrüstung, der die gesamte Befeuerungsanlage einschließt. Dazu gehören die Anflug-, Start- und Landebahn-, Rollbahn-, Vorfeld- und Hindernisbefeuerung.

Flugplatzbetriebsminima: durch den Luftfahrzeughalter festzulegende Grenzwerte für Start oder Landung sowie zu Planungszwecken in Abhängigkeit von der Kategorie des Luftfahrzeugs, der verfügbaren Navigations- und Befeuerungssysteme sowie unter Beachtung der festgelegten Hindernisfreigrenze.

Flugplatzbezugstemperatur: zur Ermittlung der erforderlichen Länge einer Start- und Landebahn benötigter Temperaturwert. Da die Länge einer Startstrecke nicht nur von der Höhenlage eines Flugplatzes, sondern auch von der Temperatur abhängt, wird beim Bau einer Start- und Landebahn die mögliche mittlere Maximaltemperatur mit in die Berechnung der erforderlichen Länge einbezogen. Die F. ist darüber hinaus auch ein Anhaltspunkt für die mögliche Abflugmasse an einem Flughafen. Die F. ergibt sich aus dem Mittel der täglichen Temperaturmaxima über eine Reihe von Jahren für den wärmsten Monat des Jahres.

Flugplatzkontrolldienst: Dienst der → Flugsicherung, der die Luftfahrzeugbewegungen auf den Start- und Landebahnen, sowie den Rollwegen lenkt. Der F. unterstützt den Luftfahrzeugführer vor dem Start beim Rollen (vom Abfertigungsplatz zum Startplatz und nach der Landung vom Abrollen von der Landebahn bis zum Abstellplatz). Diese Unterstützung ist erforderl., weil das Gesichtsfeld des Flugzeugführers begrenzt u. er oft mit dem Flugplatz nicht vertraut ist.

Flugplatzleuchtfeuer: → Luftfahrtleuchtfeuer

Flugplatztechnische Sicherstellung, Abk. **FTS:** Aufgabe der → Fliegertechnischen Truppen, um die Einsatzbereitschaft der Flugplätze unter allen meteorologischen Bedingungen zu gewährleisten. Dazu gehören: Bereitstellen der Startausrüstung, der Nachrichten- und Flugsicherungstechnik sowie die Versorgung mit Flugzeugersatzteilen, mit Anlaßmitteln, Treibstoff und technischen Gasen. Die FTS erfolgt in enger Zusammenarbeit mit dem → Fliegeringenieurdienst.

Flugplatzzone: Bereich, dessen Luftraum für den Flugbetrieb eines → Flugplatzes bestimmt ist und der mit dem Erteilen der Genehmigung zum Betrieb des Flugplatzes festgelegt wird.

Flugpost: → Luftpost

Flugpreis: → Transportpreis, der entweder als Preis für Beförderungsleistungen im Fluggastverkehr (Beförderungspreis, *Flugpreis* i. e. S.) oder Preis für Transportleistungen im Luftfrachttransport (Frachttransportpreis, auch kurz *Fracht* genannt) auftritt.

Flug-Rallye: motorflugsportlicher Wettkampf, bei dem eine Vielzahl fliegerischer und navigatorischer Aufgaben zu lösen sind. F. wird in Besatzung (Flugzeugführer und Navigator) geflogen. → Navigationsflug

Flugrechte: die ersten beiden der → Freiheiten des Luftverkehrs. → Verkehrsrechte

Flugregelung: automatisches Einhalten von vorgegebenen physikalischen Größen (Regelgrößen), die den Flugweg bestimmen. Die Einhaltung dieser Größen wird von Gebern (z. B. Höhe durch Höhengeber, Kurs durch Mangetfeldsonden, Geschwindigkeit durch Staudruckmesser, Lagen durch Lage- und Wendekreisel) festgestellt, deren Signal die Arbeit von Stellgliedern (z. B. die Ruder des Luftfahrzeugs) beeinflußt. → Flugregler

Flugregime: **1.** durch spezielle Anforderungen hinsichtlich Wirtschaftlichkeit und Flugsicherheit bestimmte Kombination charakteristischer → Flugzustände. Das jeweils einzuhaltende F. wird bestimmt durch Kriterien, wie min. Reisekosten, min. Brennstoffverbrauch, min. Flugzeit, die schwer gleichzeitig realisiert werden können. Auf der Grundlage der jeweils gestellten Forderung werden für gegebene Eigenschaften des Flugzeugs (Brennstoffverbrauch, aerodynamische Eigenschaften), zu erwartende meteorologische Bedingungen und die notwendige Flugweite charakteristische Fluggeschwindigkeiten und -höhen, notwendige Brennstoffmenge, mögliche kommerzielle Zuladung u. a. festgelegt. – **2.** *flugdynamisch* – zwei Geschwindigkeitsbereiche ober- bzw. unterhalb der aerodynamisch günstigsten Fluggeschwindigkeit, in denen sich das Flugzeug bei Gleichheit des erforderlichen und des verfügbaren Schubs (→ Schubkraftdiagramm), bzw. der erforderlichen und der verfügbaren Leistung (→ Leistungsdiagramm), dynamisch völlig unterschiedlich verhält. Im *I. F.*, das auf die höheren Geschwindigkeiten bezogen ist, reagiert das Flugzeug bei Störung der Geschwindigkeit mit Rückkehr zum Zustand vor der Störung, d. h. stabil. Dieses Regime bietet hohe Flugsicherheit. Im *II. F.*, das den geringeren Geschwindigkeiten entspricht, reagiert das Flugzeug auf eine zufällige Änderung instabil (auf eine Verringerung der Geschwindigkeit mit deren weiterer Verringerung u. ä.). Es besteht die Gefahr des Unterschreitens der min. zulässigen Fluggeschwindigkeit, was zum → Abkippen des Flugzeugs führen würde. Dieser Umstand erfordert erhöhte Aufmerksamkeit des Flugzeugführers und exakte Einhaltung der für dieses F. charakteristischen Steuerregeln. Deshalb meiden Zivilflugzeuge diesen zweiten Bereich, während Kampf-, aber auch Sportflugzeuge ihn nutzen. Das I. F. entspricht aerodynamisch dem *normalen Flugzustand* und das II. F. dem *gezogenen Flugzustand*, weil dabei größere als der günstige → Anstellwinkel erforderlich sind.

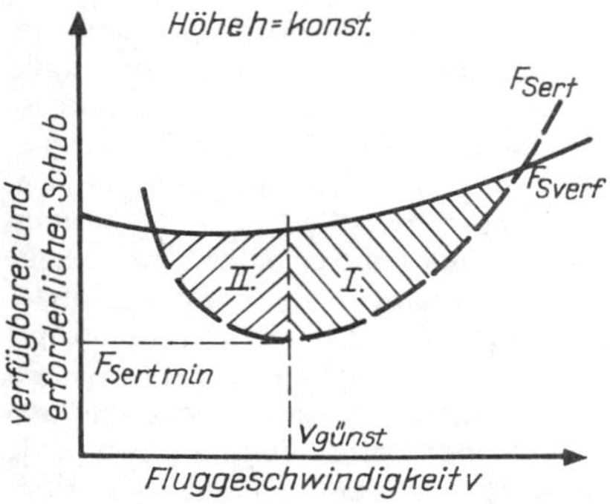

Darstellung der Bereiche des I. und II. Flugregimes im Schubkraftdiagramm

Flugregler: regelungstechnische, programmgesteuerte Anlage im Luftfahrzeug, die Stabilität und für den Luftfahrzeugführer angenehme Flugeigenschaften sichert sowie bestimmte Flugaufgaben (Einhalten von Flugbahn, Lage und Geschwindigkeit nach vorbestimmtem Programm) selbsttätig durchführen kann, wobei von ihr die aerodynamischen bzw. flugmechanischen Eigenschaften des Luftfahrzeugs und das Betriebsverhalten der Triebwerke berücksichtigt werden. Dem Aufgabenbereich

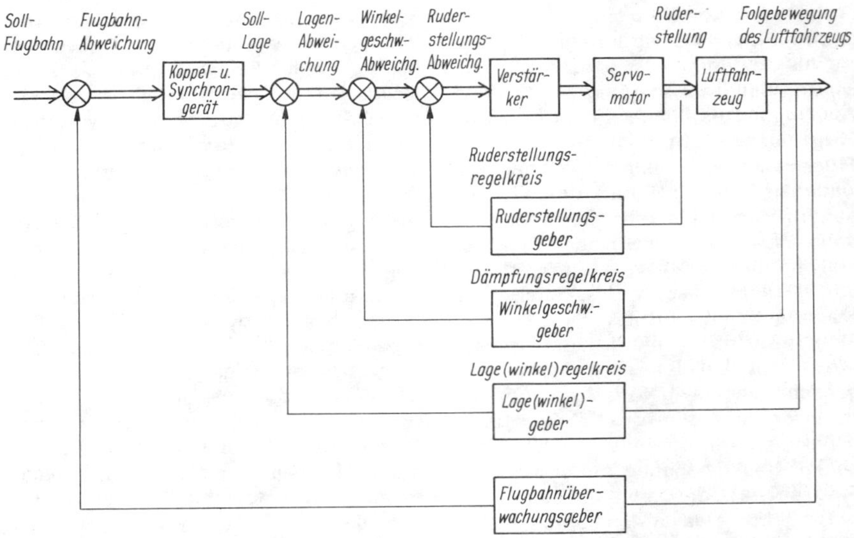

Regelkreise eines Flugreglers

entspr. unterteilt man F. in → *Autopiloten* und → *Dämpfer,* wobei der Autopilot meist mit dem Dämpfer gekoppelt ist. Da sich die flugmechanischen und aerodynamischen Eigenschaften von Luftfahrzeugen mit Flughöhe und Mach-Zahl ändern, entwickelte man adaptierende F., die diese Änderungen in ihrem Regelverhalten berücksichtigen. Als Beginn der F.-Entwicklung kann der 1907 von → *Bréguet* entwickelte Regler für einen Hubschrauber betrachtet werden. 1911 folgten Versuche von *Sperry.* Wesentliche Fortschritte ergaben sich nach der Erfindung des Wendekreisels durch *Schuler* (1916). Moderne Passagier- und Militärflugzeuge sind nicht im gesamten Höhen- und Mach-Zahl-Bereich aerodynamisch eigenstabil und müssen F. erhalten.

Flugregler-Anflugkoppler: Kombination eines → Anflugkopplers mit einem → Flugregler.

Flugreisezeit, Symbol t_P: Dauer der prinzipiell mehrfach gebrochenen Reise des Fluggastes (→ gebrochener Verkehr) vom Stadtzentrum (Stadtabfertigung, Stadtbüro) des Reiseantrittsorts bis zum Zentrum des Reisezielorts.

Flugroute: 1) Kennzeichnung des *Flugwegs (Kurses)* eines Luftfahrzeugs in seiner Projektion auf die Erdoberfläche; 2) festgelegter Flugweg (→ Luftstraße) oder bei der Flugbetriebsdurchführung vom Luftfahrzeugführer in Abstimmung mit der Flugberatung bzw. mit den Flugsicherungsdienststellen bestimmter Flugweg vom Start- zum Bestimmungsflugplatz. Einige internationale Luftverkehrsverbindungen werden z. B. nach (Vorzugs-)Routen bezeichnet: Transsibirien-, Polar-, Nordatlantik-Route; 3) umgangssprachl. Bez. für → Beförderungsweg.

Flugroutenvorschrift: interne Vorschrift eines Luftverkehrsunternehmens, nach der unter dem Gesichtswinkel der Valutaeffektivität Beförderungswege für den dem eigenen Staat angehörenden Fluggast ausgewählt werden. (→ Beförderungsweg). Analoge Regelungen für den Fracht- und Posttransport sind in den Leitungsvorschriften enthalten.

Flugschein, engl. *Ticket:* auf den Namen des Fluggastes ausgestellte, nicht übertragbare Urkunde über einen zwischen dem Reisenden (Fluggast) und einem bzw. mehreren Luftverkehrsunternehmen abgeschlossenen Beförderungsvertrag. Der F. besitzt zugleich die Funktion eines Gepäckscheins und ist eine wichtige Unterlage für Buchungs-, Verrechnungs-, Abrechnungs- und Kontrollzwecke der Luftverkehrsunternehmen. F. sind vor Reiseantritt beim Luftverkehrsunternehmen bzw. einer anderen F.-verkaufsstelle (z. B. Reisebüro) zu erwerben; sie geben den Fluggästen nach bestätigter Platzreservierung ein Anrecht auf Beförderung zu den im F. angegebenen Bedingungen betr. Flugstrecke, Flugzeit, Reiseklasse usw. F. zu normalen Flugpreisen sind im internationalen Flugverkehr – vom Tage des Flugantritts gerechnet – 12 Monate gültig und müssen innerhalb dieses Zeitraums abgeflogen werden. Eine begrenzte Verlängerung der Gültigkeitsdauer ist unter bestimmten Bedingungen möglich. Bei F. ohne Buchungseintragung (offene Flugscheine) muß die Flugreise auf dem ersten Abschnitt spätestens 12 Monate nach dem Ausstellungsdatum angetreten werden. F. werden als Dokument mit 1 Flugabschnitt (Reisen über eine Teilstrecke), 2 Flugabschnitten (Reisen über 2 Teilstrecken) bzw. 4 Flugabschnitten (Reisen über 3 und mehr Teilstrecken) ausgegeben. Jeder F. enthält je einen Kontrollabschnitt (Audit Coupon), Agenturabschnitt (Passenger Coupon) und die o. g. Anzahl erforderlicher Flugabschnitte (Flight Coupon). Im F. sind gleichzeitig die Vertragsbedingungen des jeweiligen Luftverkehrsunternehmens für den internationalen Luftverkehr angegeben. F.formulare sind international weitgehend vereinheitlicht.

Flugscheinsteuer, engl. *Ticket Tax:* in einigen Ländern erhobene Gebühr für die Ausstellung bzw. den Verkauf von Flugscheinen (→ Beförderungspapiere). Die Berechnung der F. geschieht nach der Anzahl der ausgestellten Flugscheine bzw. in Abhängigkeit vom Flugpreis. F. werden teilweise auch für Sammelumtauschanweisungen und Übergepäckscheine erhoben. Analog zur F. sind auch → Luftfrachtbriefgebühren (engl. *Air Waybill Tax*) üblich.

Flugschrauber: → Rotorflugzeug

Flugschreiber: → Flugdatenregistriergerät, → Flugnavigation

Flugsicherheit: 1) Charakteristik des *Luftverkehrs.* F. wird bestimmt durch den Entwicklungsstand und die Zuverlässigkeit der Flugtechnik, den Ausbildungsstand des fliegenden und technischen Personals, den Zustand der → Flugsicherung u. a. Kennwerte der F. → Sicherheit, relative. 2) Eigenschaft eines *Luftfahrzeugs,* während eines Flugs in einem bestimmten Zeitintervall bei vorgegebenen Einsatzbedingungen mit einer bestimmten Wahrscheinlichkeit keinen Ausfall zu erfahren, der zu einer Gefährdung von Menschenleben führt. Die F. wird in hohem Maß durch die körperlichen und geistigen Eigenschaften der Besatzungsmitglieder und des Flugsicherungspersonals bestimmt. Die luftfahrtmedizinische Tauglichkeitsbegutachtung (→ Fliegertauglichkeit) muß nachweisen, daß die medizinischen und psychologischen Leistungsvoraussetzungen für die Anforderungen am Arbeitsplatz Flugzeug/Flugsicherungskontrolle vorhanden sind. Ein ganzjähriges spezielles medizinisches Betreuungs- und Überwachungssystem sichert weitgehend, daß gesundheitliche Beeinträchtigungen oder Leistungsmängel frühzeitig festgestellt werden.

Flugsicherung: Gesamtheit der Einrichtungen und Verfahren zur sicheren Durchführung aller Bewegungen von Luftfahrzeugen in der Luft und auf dem Boden, eingeteilt in einen *F.-Kontrolldienst,* einen *Fluginformationsdienst* und einen *Alarmdienst.* Die Wahrnehmung der F. ist grundsätzlich eine staatliche Tätigkeit. Die erste Aufgabe der F. ist die Freigabe eines Flugs und die Genehmigung der gewählten Flugstrecke, der zu benutzenden Luftstraßen oder Kurse, der Steig- und Sinkprofile und der Reiseflughöhen. Dabei wird sorgfältig auf die → Staffelung geachtet, um Kollisionen zu vermeiden. Während des Flugs erfolgt die Sicherung durch die Kontrolle der Flugbewegungen in den von der F. überwachten Lufträumen. Dieser Tätigkeit liegen zugrunde: die Angaben des Flugplans, die Standortmeldungen der Luftfahrzeugführer, errechnete Ankunfts- und Überflugzeiten und die Auswertung der Radarschirmbilder. Dazu dienen zahlreiche Nachrichtenverbindungen sowohl vom Boden zum Luftfahrzeug als auch zwischen den Bodenstellen. Innerhalb der → Fluginformationsgebiete bestehen F.-

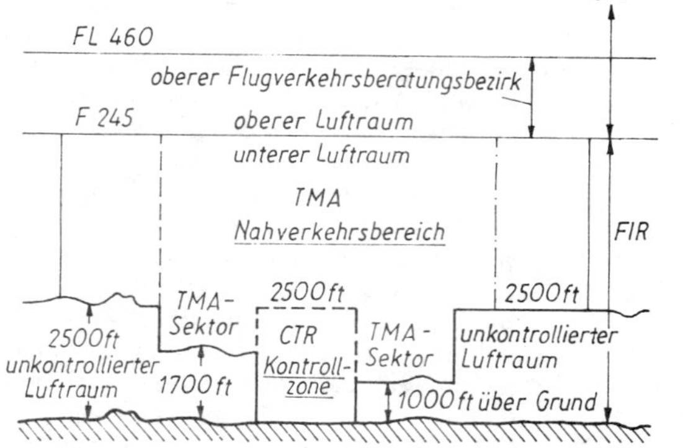

Einteilung des Luftraums

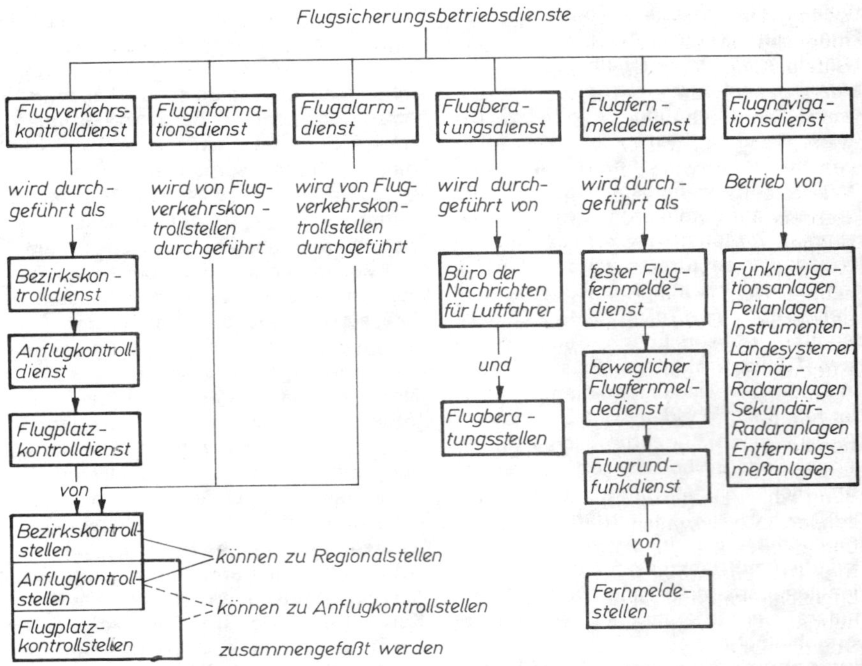

Einteilung der Flugsicherungsbetriebsdienste

Kontrollbezirke. Diese umfassen *Luftstraßen* und *Nahverkehrsbereiche*. Die Nahverkehrsbereiche stellen das Bindeglied zwischen Kontrollzonen (→ CTR) und den Luftstraßen dar. Sie gewährleisten einen geordneten Verkehrsfluß unter F.-Kontrolle in der Nähe eines oder mehrerer Flughäfen, wo das Zusammentreffen mehrerer Luftstraßen und/oder die Luftverkehrsdichte die Einrichtung eines Nahverkehrsbereichs erforderlich machen. Sie sind so bemessen, daß die Flugwege der nach Instrumentenflugregeln fliegenden Luftfahrzeuge während des gesamten Flugs im kontrollierten Luftraum bleiben. Die horizontalen und vertikalen Grenzen eines Nahverkehrsbereichs sind abhängig von der geographischen Lage zugehöriger Flughäfen und den vorhandenen Navigationsanlagen sowie der Streckenführung von einmündenden Luftstraßen. Die Obergrenze liegt häufig bei der → Flugfläche 245, die Untergrenze ist von der Entfernung zu den innerhalb liegenden Flugplätzen abhängig.
Die Luftstraßen werden zum Schutz der Luftfahrzeuge auf den vom Luftverkehr regelmäßig benutzten Strecken eingerichtet und kontrolliert. Sie verbinden Nahverkehrsbereiche bzw. Kontrollzonen ziviler Flughäfen. Ihre Breite beträgt – einer Empfehlung der → ICAO entspr. – ±5 NM oder ±4 NM beiderseits der Mittellinie. Ihre Höhen beginnen häufig 2500 Fuß über Grund. F.-Kontrolldienst wird geleistet für alle Flüge nach Instrumentenflugregeln, alle Flüge nach Sichtflugregeln in festgelegten Teilen des kontrollierten Luftraums, für den gesamten Flugplatzverkehr und für bestimmte Arten von Sichtflügen. Die F. stützt sich dabei vor allem auf → Radar und die gemeldeten Überflugzeiten der Besatzungen.
Zweck der Kontrolle sind die *Verhinderung* von *Zusammenstößen* in der Luft, von *Unglücksfällen beim Rollen* und ein *flüssiger Ablauf* im Luftverkehr. Außerdem vermittelt der *Informationsdienst* Daten über wichtigen Verkehr, kurzfristige Änderungen der Arbeit von Funknavigationsmitteln, Änderungen im Zustand von Flugplätzen und dazugehörigen Einrichtungen, einschließlich evtl. begrenzt benutzbarer Flugbetriebsflächen; Flugwettermeldungen und Flugplatzwettervorhersagen für den Startflugplatz. Bestimmungs- und Ausweichflugplätze; für kontrollierte Sichtflüge Informationen über Wetterbedingungen, die den Flug nach Sichtflugregeln nicht gestatten; sonstige Angaben über Gefahren für die Luftfahrt. Die *Überwa-*

chung des Luftraums bezieht sich auf mögliche Notfälle und Maßnahmen für Hilfeleistung (Alarmdienst). Dieser Alarmdienst muß sowohl für alle Flüge unter Kontrolle des F.-Dienstes als auch – soweit möglich – für alle anderen angekündigten oder auf andere Weise bekannten Flüge gewährleistet werden. Für die Übermittlung aller Meldungen zwischen den Bodenstellen sowie zwischen diesen und den Luftfahrzeugen ist der F.-Fernmeldedienst verantwortlich. Dazu dienen Fernschreib-, -sprech- und Funkverbindungen. Die Flughäfen sind durch ein eigenes Fernschreibnetz (AFTN) mit der F.-Zentrale verbunden, die ihrerseits an das internationale F.-Fernschreibnetz angeschlossen ist. Zur F. gehört ferner die Festlegung der → Lichterführung bei Luftfahrzeugen, der Ausweichregeln in der Luft und der Verkehrsregelung auf Flughäfen. Die internationale F.-Sprache ist Englisch. Höhen werden in Fuß, Entfernungen in NM angegeben (einzelne Staaten haben abweichende Regeln).

Flugsicherungsberatungsdienst: → Aeronautical Information Service

Flugsimulator: → Simulator

Flugsport: Luftfahrt zu sportlichen Zwecken auf den Gebieten 1) → Modellflug, 2) → Segelflug, 3) Motorflug, 4) → Fallschirmsport, 5) Ballonfahrt. In diesen Sportdisziplinen werden Wettkämpfe durchgeführt und die dabei erzielten Rekorde von den nationalen Aeroklubs und der → FAI registriert. Wettkampfdisziplinen sind u. a. Geschwindigkeitsflüge über verschiedene Distanzen, Zielstreckenflüge, Zielstreckenflüge mit Rückkehr zum Startort, Dreiecksflüge, Zielsprünge, Einzel- und Gruppenzielsprünge, Figurensprünge, Formationssprünge. *Weltrekorde* und *internationale Rekorde* werden in folgenden Klassen registriert:

Klasse A Ballone
Klasse B Luftschiffe
Klasse C Flugzeuge (unterteilt nach Flugzeugtypen, Triebwerken, Wasser- und Land- oder Amphibienflugzeugen)
Klasse D Segelflugzeuge
Klasse E Rotorflugzeuge (Hubschrauber)
Klasse F Modellflugzeuge
Klasse G Fallschirmsport-Rekorde.

Die Rekordlisten werden für Männer und Frauen getrennt geführt. Überbietet eine Frau den entspr. Rekord der Männer, so wird sie in beiden Rekordlisten geführt. → Fédération Aéronautique Internationale

Flugstabilität: → Stabilität 1)

Flugsteig: → Vorfeld

Flugstrecke: 1. in räumlicher Begrenzung (→ Luftstraße) entspr. den Flugbetriebsvoschriften festgelegter Verbindungsweg zwischen 2 Flugplätzen. – **2.** *Flugsicherung* – festgelegter oder von einem Luftfahrzeugführer gewählter Flugweg vom Start- zum Bestimmungsflugplatz. Die Länge der F. wird in → Navigations-km ausgewiesen.

Flugstreckenlänge: → Streckenlänge, → Flugstreckennetz

Flugstreckennetz: Gesamtheit der über einem Verkehrsgebiet befindlichen oder von einem Luftverkehrsunternehmen beflogenen → Flugstrecken. Das F. gliedert sich in das *Inland-F.* und das *internationale F.* Die Gesamtheit der Flugstrecken aller Luftverkehrsunternehmen bildet das *Welt-F.* Kenngröße der Ausdehnung des F. ist die Flugstreckenlänge (km). Sie wird (unter Einschluß oder ausschließlich der einander überdeckenden Streckenabschnitte) ermittelt als Summe der Längen aller Flugstrecken (Navigations-km), auf denen die betreffende Luftverkehrsgesellschaft Flugbetrieb durchführt oder die sich über dem betreffenden Territorium befinden.

Flugstunde, Abk. **Fh:** Maßgröße der → Flugzeit, damit auch der zeitlichen Ausnutzung der Luftfahrzeuge und des Einsatzes des → fliegenden Personals; es wird unterschieden in a) *produktive Fh (kommerzielle Fh)* als wichtigstem Bestandteil, die im Linien- und Bedarfsflugverkehr sowie im Agrar- und Spezialflug geleistet werden und b) *unproduktive Fh,* bei Werkstatt-, Erprobungs-, Schulflügen usw. Wichtige von den Fh abgeleitete Kenngrößen sind: tägliche (monatliche, jährliche usw.) bzw. durchschnittliche kommerzielle Fh je Flugzeug und Zeiteinheit, Fh je Besatzungsmitglied und Zeiteinheit sowie das Verhältnis von unproduktiven Fh zu produktiven Fh.

Flugtauglichkeit: → Fliegertauglichkeit

Flugtouristik: 1. i. e. S. Teil des Fremdenverkehrs/Tourismus, der auf die Wiederherstellung, Erhaltung und Förderung der physischen und psychischen

Leistungsfähigkeit des Menschen gerichtet und ausschließlich bzw. zum überwiegenden Teil durch sportliche Elemente charakterisiert ist. Luftfahrzeuge werden dabei als «Sportgerät» benutzt. – **2.** Erholungsverkehr unter Benutzung von Verkehrsflugzeugen im Linien- bzw. Charterflugverkehr, durchgeführt als Einzel- oder Gruppentourismus, vorwiegend Auslandsflüge zu Erholungsorten (Urlaubsreisen).

Flugtrainer: → Linktrainer, → Simulator

Flugtriebwerk: → Triebwerk

Flugunfall: svw. → Flugvorkommnis.

Flugunregelmäßigkeit: Störung des geplanten Ablaufs der Beförderung von Fluggästen und Luftfracht. F. treten auf als Nichteinhalten der Abflug-, Flug- oder Landezeit, der Flugstrecke und/ oder des Startorts, Landeorts sowie als Ausfall eines Flugs. F. werden durch technische, betriebliche, technologische oder meteorologische Ursachen ausgelöst. Auch das Fehlen von Versand- (Begleit-)papieren und die damit evtl. notwendig werdende Zolleinlagerung von Sendungen im Luftfrachtverkehr können zu F. führen. Um durch F. im Luftfrachtverkehr mögliche Annahmeverweigerung durch den Empfänger der Sendung zu vermeiden, haben Luftverkehrsunternehmen bei Eintreten von F. den Versandflughafen über eine Unregelmäßigkeitsmeldung (engl. Irregularity Report; Abk. IRP) zu benachrichtigen, der seinerseits den Absender zwecks Erteilung einer Verfügung informiert.

Flugunterbrechung: auf dem Flugschein vermerkte, vom Fluggast vorgesehene und von der Luftverkehrsgesellschaft im voraus akzeptierte Reiseunterbrechungen auf einem oder mehreren Flughäfen zwischen Abflugs- und Bestimmungsort.

Flugverkehr: → Luftverkehr

Flugverkehrsdienst für den oberen Luftraum: Dienst der → Flugsicherung für die Sicherung des Luftverkehrs oberhalb der → Flugfläche 250. In Luftverkehrsregionen mit relativ kleinen → Fluginformationsgebieten wird dieser Dienst (i. allg. Beratungsdienst) von internationalen Flugsicherungsagenturen (→ Eurocontrol) wahrgenommen.

Flugvorkommnis: Sammelbegriff für alle Ereignisse während des Flugs, die durch Ausfall der Technik, Fehlverhalten der Besatzung oder des Bodenpersonals, durch meteorologische und andere Einflüsse (z. B. Vogeleinflug) hervorgerufen werden können. Im Ergebnis eines F. kann ein Bruch, eine Havarie oder eine Katastrophe (Flugunfall) eintreten. Als *Bruch* bezeichnet man ein F. ohne Personenschäden, bei dem das Luftfahrzeug so beschädigt wird, daß es repariert werden kann. Eine *Havarie* ist ein Bruch, bei dem eine Reparatur nicht mehr möglich oder zweckmäßig erscheint. Von einer *Katastrophe* spricht man, wenn ein Luftfahrzeug beschädigt oder zerstört wurde und Personen dabei ums Leben kamen.

Flugweg: → Flugroute

Flugwegschreiber: → Flugnavigation, → Kartendarstellungssystem

Flugweite: Oberbegriff für die Strekken, die ein Flugzeug unter verschiedenen Bedingungen zurücklegen kann. Als Unterbegriffe gehören dazu die → Reichweite und der → Aktionsradius. Für beide Begriffe unterscheidet man 1) den *theoretischen Wert* – bei idealen Bedingungen und theoretisch vollständigem Brennstoffverbrauch –, 2) den *technischen Wert* – praktisch vollständiger Brennstoffverbrauch und Flug bei realen, aber gleichzeitig optimalen Bedingungen (Geschwindigkeit und Höhe), – 3) den *maximalen praktischen Wert* – Sicherheitsbrennstoffreserve (meist 7...10%) bei der Landung und ebenfalls Flug unter optimalen Bedingungen, sowie – 4) den *allgemeinen praktischen Wert* – Flug unter beliebigen Bedingungen (wechselnde Höhe und Geschwindigkeit) und eine Sicherheitsbrennstoffreserve.

Flugwerk: aus der funktionellen Zusammenfassung mehrerer Hauptbaugruppen des Flugzeugs hervorgegangener Begriff; besteht aus den unmittelbar dem Luftstrom ausgesetzten und für das Entstehen der Luftkraft maßgeblichen Hauptbaugruppen Rumpf, Tragflügel und Leitwerk sowie dem Steuerwerk. In der Literatur häufig mit der → Zelle gleichgesetzt.

Flugwerküberwachungsanlagen: zusammenfassender Begriff für alle Anlagen, die zur Überwachung der Parameter von Trag-, Rumpf-, Leit-, Steuer- und Fahr- bzw. Schwimmwerk an Luftfahrzeugen dienen. Zu den F. gehören z. B. Stellungsanzeiger für Lande- und Trimmklappen, Fahrwerk, Höhenflosse,

Lampensignalisation für den Zustand des Fahrwerks (ein- oder ausgefahren)

Anzeiger für Klappenstellung

Druckmesser für Kabinendruck. Gegenüber früher üblichen mechanisch oder pneumatisch arbeitenden F. benutzen die heutigen F. elektronische Geber und Anzeiger (z. B. Drehmelder und → Quotientenmesser).

Flugwetterberatung: meteorologische Beratung der Besatzungen von Luftfahrzeugen, um diese vor Wettergefahren zu sichern und die Effektivität der Flüge zu erhöhen. Die F. wird durch den → *Flugwetterdienst* des jeweiligen Landes wahrgenommen. Sie schließt die meteorologische Betreuung in der Phase der Vorflugplanung, bei der unmittelbaren Vorbereitung der Besatzungen vor dem Start und während des Flugs ein. Darüber hinaus stellt sie für die Vorflugplanung Höhenwindprognosen und Flugplatzwettervorhersagen für 18 oder 24 h (TAF) bereit, die den Fluggesellschaften zum Abschätzen der Planmäßigkeit ihrer Flüge dienen. Zur F. zählen weiter:

– unmittelbar vor dem Start die *mündliche* Erläuterung bestehender und/oder erwarteter meteorologischer Bedingungen *(Briefing)* bzw. eine Diskussion hierüber *(Consultation)* zwischen dem Kommandanten des Luftfahrzeugs oder einem von ihm bzw. seiner Gesellschaft beauftragten Mitarbeiter und einem Meteorologen oder einer entspr. qualifizierten Person;

– Aushändigung einer *schriftlichen F.*, heute meist in Form der *Flugdokumentation* (Karte mit signifikanten Wettererscheinungen *[Significant Weather Chart]*, Höhenwetterkarten der nahe der voraussichtlichen Flughöhe liegenden Druckflächen mit Höhenwind- und Temperaturangaben sowie eine Zusammenstellung benötigter Flugplatzwettervorhersagen [TAF]);

– während des Flugs die Übermittlung meteorologischer Informationen (*MET REPORT* und *SIGMET*) durch *VOLMET*-Ausstrahlung und *ATIS (Automatic Terminal Information Service)*-Sendungen sowie auf Anfrage.

Auf größeren Flughäfen erfolgt die F. auch im «Self-Briefing»-Verfahren ohne direkten Kontakt zum beratenden Meteorologen. Die erforderlichen Informationen werden über Terminals, ein TV-System und Aushänge sowie Auslagen bereitgestellt. Die Beratung der *Allgemeinen Luftfahrt (General Aviation)* erfolgt entweder durch die Bereitstellung von *Gebietsvorhersagen (General Aviation Forecast)*, die fernschriftlich, über Bildfunk oder automatische Anrufbeantwortungssysteme verbreitet werden.

Flugwetterdienst: Zweig des praktischen Wetterdienstes, dem die meteorologische Betreuung der Luftfahrt obliegt. Zu diesem Zweck unterhält der F. → *Flugwetterwarten* und *Flugwetternebenstellen*, deren Verantwortungsbereiche und Dienstleistungen nach internationalen Vereinbarungen und Erfordernissen festgelegt sind. Für die Überwachung des Wetters in einem → *FIR* oder → *CTA* ist eine festgelegte, ständig besetzte Flugwetterwarte *(Meteorological Watch Office)* verantwortlich. Sie gibt zu diesem Zweck für ihren Verantwortungsbereich internationale Warnungen

(*SIGMET*-Informationen) heraus. Eine der Hauptaufgaben des F. ist die *Wetterbeobachtung* auf Flugplätzen. Diese erstreckt sich vor allem auf folgende Beobachtungen
– Windrichtung und Windgeschwindigkeit am Boden
– horizontale Sichtweite am Boden (meteorologische Sichtweite und Landebahnsichtweite)
– gegenwärtiges Wetter (Regen, Schnee, Gewitter u. a.)
– Menge, Art und Höhe der Bewölkung
– Lufttemperatur und Taupunkt
– Luftdruck.

Die laufende Überwachung des Wetters am Flugplatz geschieht durch die Abgabe regelmäßiger Wettermeldungen (MET REPORT), wenn notwendig, ergänzt durch zwischenzeitliche Meldungen *(SPECIAL REPORT)*. Für die internationale Verbreitung wird die routinemäßige Wettermeldung kodiert *(METAR)*. Alle 3 Stunden werden Flugplatzwettervorhersagen *(TAF)* für einen 9stündigen Zeitraum (von bestimmten Flughäfen für 18 oder 24 Stunden) herausgegeben. Die Verbreitung der Flugwettermeldungen und Flugplatzwettervorhersagen erfolgt über ein Flugwetterfernmeldenetz, in Europa das *Meteorological Operational Telecommunications Network Europe (MOTNE)*.

Eine weitere Aufgabe des F. ist die umfassende meteorologische Information der Besatzungen in schriftlicher und mündlicher Form (→ *Flugwetterberatung*). Dabei werden die Flugwetterwarten durch ihr zuständiges Regionalzentrum für Gebietsvorhersagen (→ RAFC) unterstützt, das Vorhersagen über Bildfunk, meist in Kartenform verbreitet.

Die meteorologische Betreuung der *Flugsicherungsdienste* erfolgt nach örtlichen Vereinbarungen, insbes. durch Abgabe von routinemäßigen Flugwettermeldungen *(MET REPORT)* und speziellen Meldungen beim Über- oder Unterschreiten bestimmter Schwellenwerte meteorologischer Elemente *(SPECIAL REPORT)* sowie durch die Ausgabe von *SIGMET*-Informationen und Wetterwarnungen für den Flughafen.

Für Planungszwecke werden flugklimatologische Unterlagen bereitgestellt. Die internationale Koordinierung der Arbeitsweise der F. erfolgt durch die *World Meteorological Organization (WMO)* mit Sitz in Genf in enger Zusammenarbeit mit der *International Civil Aviation Organization (ICAO)*.

Flugwetterwarte: Dienststelle auf einem Flugplatz zur meteorologischen Betreuung der Luftfahrt. → Flugwetterdienst

Flugwirkungsgrad: → Wirkungsgrad

Flugzeit: 1. *allg.* Bez. für die gesamte Dauer einer Flugreise (Reisedauer). – **2.** Zeit vom Abheben eines → Luftfahrzeugs vom Abgangsflughafen bis zur Landung auf dem Zwischen- bzw. Zielflughafen. Die F. enthält Zeitelemente für den Steig-, Horizontal-, Sink- und Landeanflug.

Flugzeitnorm: Leistungszeitfestlegung auf nationaler Ebene oder durch Fluggesellschaften, die für den Einsatz des → Luftfahrtpersonals (→ fliegendes Personal) verbindlich ist. Anzahl der Stunden pro Tag, Monat, Vierteljahr oder Jahr entsprechend den Empfehlungen der → ICAO. Die Flugzeitnorm ist Teil der Flugdienstzeit (Vorbereitungszeit, Flugstunden, Nachflugbereitungszeit).

Flugzeug: → Luftfahrzeug, dessen Gewicht größer ist als das Gewicht der Luftmenge, die es verdrängt, und das die Schwerkraft mit Hilfe eines dynamischen (d.h. durch Bewegung erzeugten) → Auftriebs überwindet. Das F. nimmt heute in Verkehrswesen, Landwirtschaft, Sport und Militärwesen eine wichtige Stellung ein. Seine stürmische Entwicklung, vor allem in den letzten Jahrzehnten, brachte eine Vielzahl von Typen hervor, die man nach verschiedenen Gesichtspunkten klassifizieren kann. I.e.S. versteht man unter F. nur noch den Starrflügler (Drehflügel-F. → Rotorflugzeug).

Erste Ansätze einer wissenschaftlichen Betrachtung des Fliegens finden sich bereits in den Schriften *Roger Bacons* (um 1250). Bes. intensiv beschäftigte sich um 1500 → *Leonardo da Vinci* mit dem Flugproblem, wobei er seiner Zeit weit vorauseilte und Flugapparate entwarf, die auf wissenschaftlichen Versuchen beruhten. Seine Arbeiten brachten jedoch keinen realen Fortschritt im Flugwesen, da er alle Erkenntnisse aus Furcht vor der kirchlichen Inquisition geheimhielt. Die Arbeiten über den Vogelflug wurden erstmals 1893 veröffentlicht. Auf der Grundlage des allgemeinen wissenschaftlichen und technischen Fortschritts im 15.–18. Jahrhundert nahm das F. immer konkretere Gestalt an, wobei Versuche mit flugfähigen Modellen eine große Rolle spielten. 1842 meldete der Engländer *W. W. Henson* ein Motorflugprojekt zum Patent an. An ihm waren bereits alle Hauptbaugruppen der später erfolgreichen Starrflügelflugzeuge vorhanden: Tragwerk, Leitwerk, Rumpf, Fahrwerk und Steuerwerk. Der Antrieb des F. sollte durch Hochdruckdampfmaschinen über zwei 6blättrige Druckschrauben erfolgen. Das Projekt scheiterte aus technischen und finanziellen Gründen. Weitere Versuche, den Flug mit Motor-F. zu verwirklichen, scheiterten ebenso wie z. B. die Versuche des russischen Marineoffiziers *A. F. Moshaiski* (1881) oder des amerikanischen Industriellen H. *Maxim* (1894) an der ungenügenden wissenschaftlichen Erforschung des Flugproblems und der noch unzureichenden

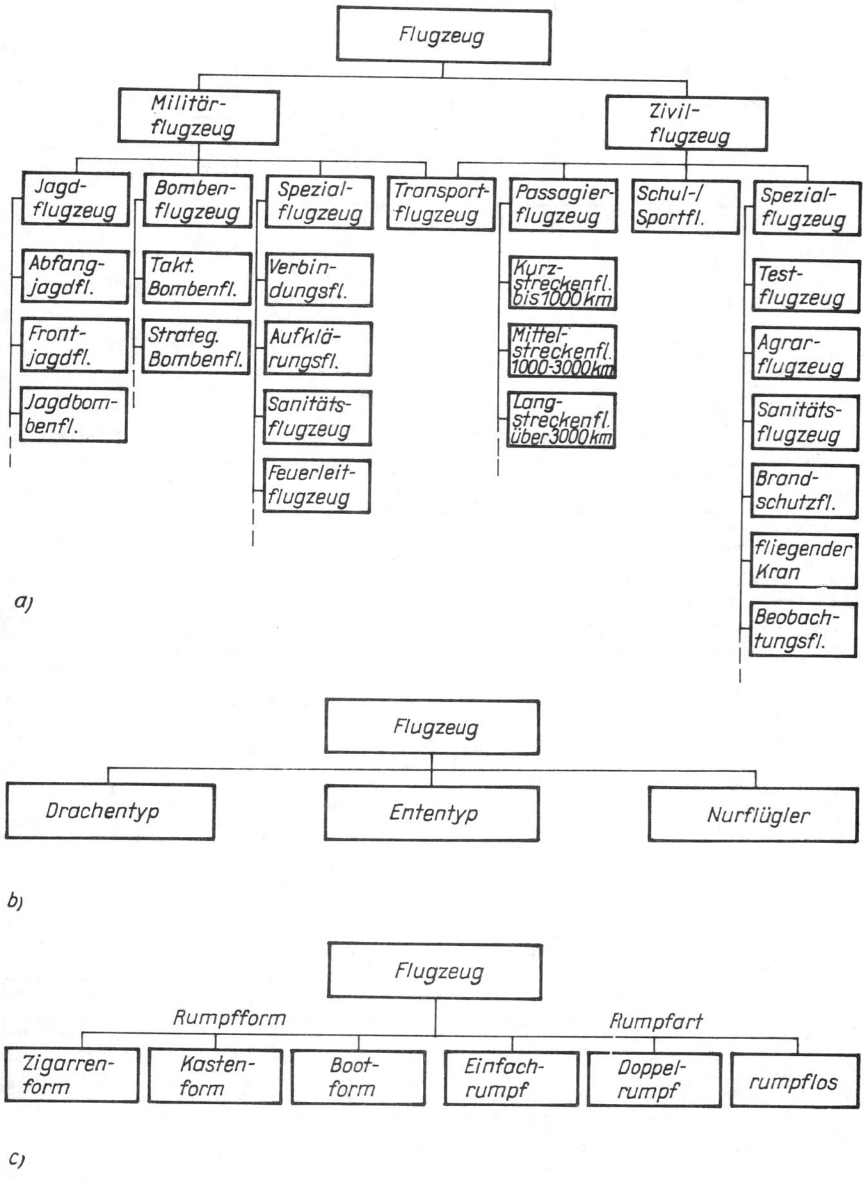

Klassifizierung der Flugzeuge a nach dem Verwendungsweck, b nach der aerodynamischen Komposition, c nach konstruktiven Merkmalen des Rumpfes, d nach konstruktiven Merkmalen des Tragwerks: TF Tragflügel, HS Hubschrauber, Fl Flugschrauber, TS Tragschrauber, e nach konstruktiven Merkmalen des Leitwerks: LW Leitwerk, HLW Höhenleitwerk, SLW Seitenleitwerk, f nach konstruktiven Merkmalen des Fahrwerks (FW), g nach konstruktiven Merkmalen des Triebwerks: SSTW Staustrahltriebwerk, RTW Raketentriebwerk, h nach Start- und Landeeigenschaften, i nach Bauweisen,

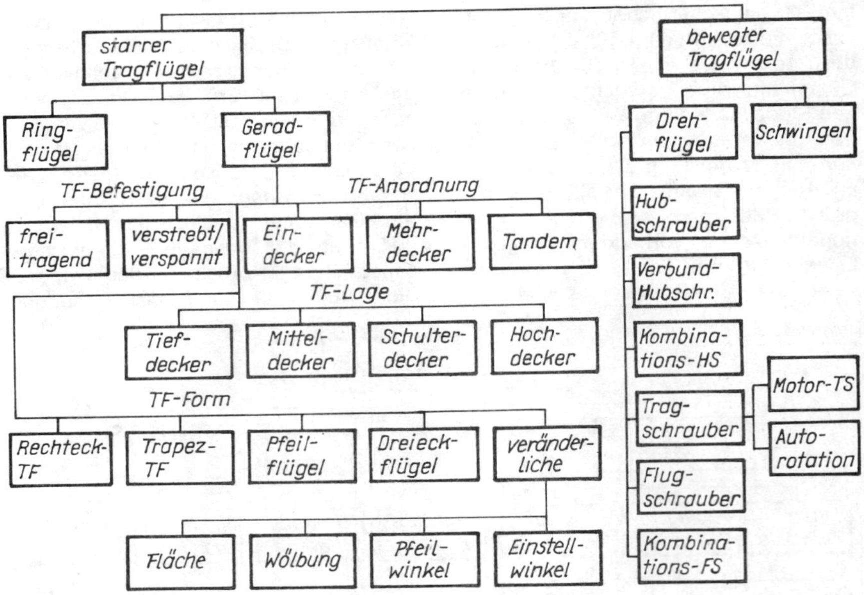

d)

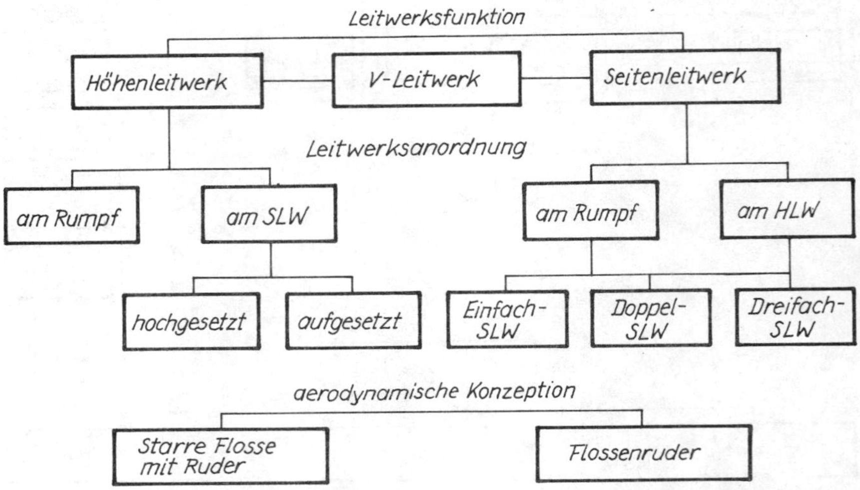

e)

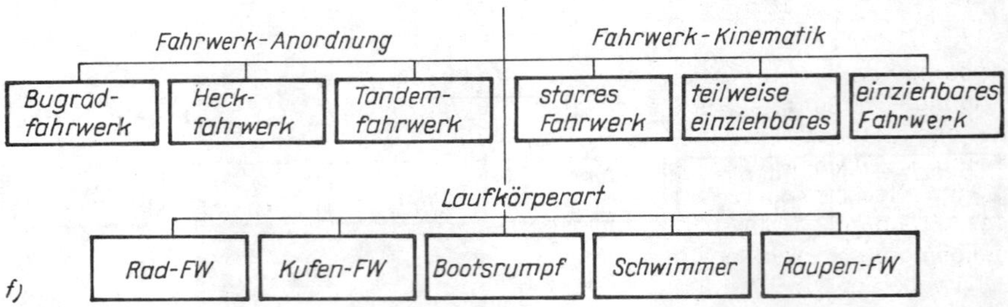

f)

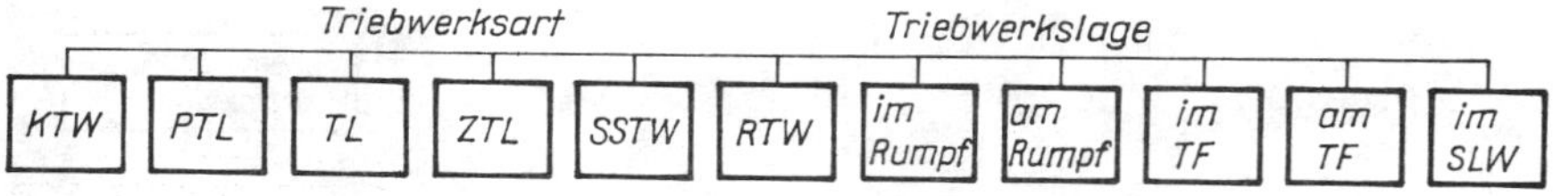

g)

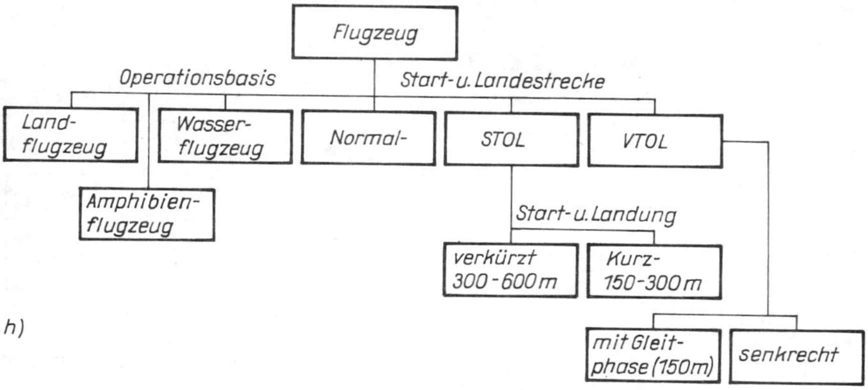

h)

i)

Otto Lilienthal mit Gleitflugzeug

Leistung der verwendeten Antriebe. Wichtige Fortschritte wurden dagegen mit den motorlosen Gleitflugzeugen der Brüder → *Lilienthal* 1891–1906 gemacht. Nach deren Erfahrungen und der Erfindung brauchbarer Verbrennungsmotoren konnten die Brüder → *Wright* am 17. Dez. 1903 mit einem selbstgebauten Doppeldecker, der durch einen 4-Zylinder-4-Takt-Motor mit 8,8 kW angetrieben wurde, den ersten Motorflug (11 s Dauer) durchführen. Seit diesem Zeitpunkt hatte sich das F. in Form, Ausrüstung und Leistung rasch entwickelt ohne eine generelle Veränderung des Flugprinzips. 1915 wurde be-

Orville Wright fliegt (1909)

reits das erste Ganzmetall-F. (J 1) von *H.*→ *Junkers* gebaut, mit der F 13 (Abb. → Junkers) 1919 das erste Ganzmetall-verkehrs-F. 1931 entstand als erstes Verkehrs-F. mit einziehbarem Fahrwerk die «Orion» bei → Lockheed. Bis Ende der vierziger Jahre wurde das F. mit KTW voll entwickelt, aber bereits seit den dreißiger Jahren arbeitete man intensiv am zukünftigen Antrieb des F., dem Luftstrahltriebwerk. Als erstes F. dieses Antriebs flog am 27. Aug. 1939 die von → *Heinkel* gebaute He 178.

Der zweite Weltkrieg führte durch die Zerstörung von Produktivkräften, durch Material- und Brennstoffmangel zur Stagnation der Entwicklung im F.bau. Erst seit dem Ende des Krieges brachte die Verwendung von Strahltriebwerken einen weiteren großen Fortschritt in der Entwicklung des F. 1947 wurde mit dem USA-Versuchs-F. X-1 erstmals die → Schallgeschwindigkeit überschritten. 1954 begann der Einsatz des ersten strahlgetriebenen Verkehrsflugzeugs, der englischen «Comet», der jedoch aufgrund technischer Mängel für längere Zeit unterbrochen werden mußte. Ab 1956 bis Ende der sechziger Jahre verkehrte zuverlässig die 2strahlige sowjetische Tu-104. In den sechziger Jahren begann die Entwicklung von Überschallverkehrs-F. (Tu-144 und «Concorde»), die den Liniendienst aufgenommen haben, sich aber bei Brennstoffverteuerung als ökonomisch unterlegen erwiesen. Parallel hierzu wurden Großraum-F. mit Unterschallgeschwindigkeit entwickelt, die 300...500 Passagiere befördern können (Boeing 747, Il-86, DC-10) und effektiver sind als Überschall-F. Fluggeschwindigkeiten von über 3000 km/h und größte Flughöhen von über 30000 m werden heute

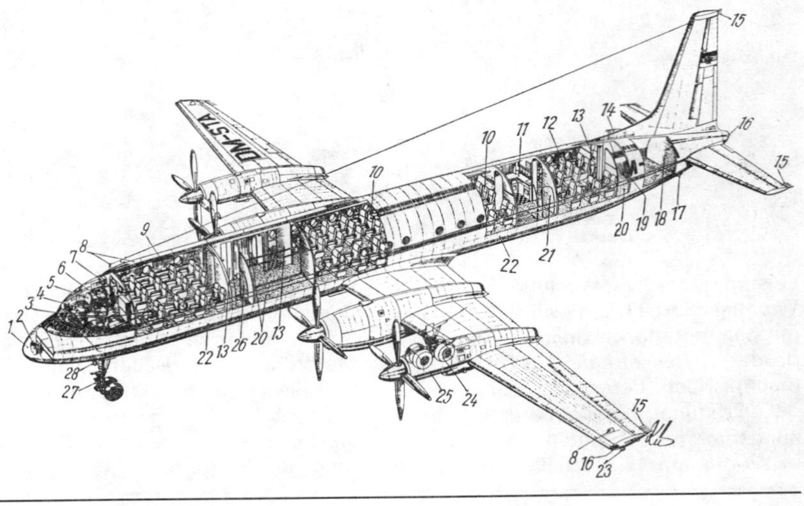

PTL-Verkehrsflugzeug Iljuschin Il-18: 1 Radarnase; 2 Radargerät; 3 Sichtscheiben; 4 Platz des 1. Piloten; 5 Platz des 2. Piloten; 6 Bordfunkerplatz; 7 Navigatorplatz; 8 Antenne; 9 vorderer Fluggastraum (20 Plätze); 10 mittlerer Fluggastraum (50 Plätze); 11 Bordküche; 12 hinterer Fluggastraum (14 Plätze); 13 Toilette; 14 Frachtraumtür; 15 elektrostatischer Ableiter; 16 Kennleuchte; 17 Notsporn (einziehbar); 18 hinterer Frachtraum; 19 Druckspant; 20 Garderobe; 21 hintere Fluggast-Einstiegtür; 22 unterer Frachtraum; 23 Landescheinwerfer (einziehbar); 24 Hauptfahrwerk; 25 PTL Iwtschenko AI 20; 26 vordere Fluggast-Einstiegtür; 27 Bugfahrwerk; 28 Rollscheinwerfer (einziehbar)

TL-Verkehrsflugzeug Tupolew Tu-154

Überschallverkehrsflugzeug Tupolew Tu-144

Endfertigung der Boeing 727

Endmontage des Airbus A 300 in Toulouse

Produktionslinie des Passagierflugzeugs ATR 42

Überschallverkehrsflugzeug Tu-144 in der Montage

durch Militärflugzeuge (MiG 25, F-15) erzielt. Die Entwicklung des modernen F. ist neben der Leistungserhöhung durch komplexe Entwicklung der → Ausrüstung im Interesse größerer Sicherheit, Wirtschaftlichkeit und Zuverlässigkeit gekennzeichnet, wobei die Elektronik eine entscheidende Rolle spielt. → Verkehrsflugzeug, → Flugzeugbau

Flugzeugantenne: → Luftfahrzeugantennen

Flugzeugantriebsanlage: Baugruppe zur Erzeugung der Antriebskraft bei Flugzeugen. Sie besteht aus dem → Triebwerk (→ Kolbentriebwerk oder → Gasturbinentriebwerk), das die Leistung erzeugt und dem Schubwandler (Luftschraube oder Schubdüse) zur Erzeugung des Vortriebs, der Schubkraft.

Flugzeugbau: i.w.S. die Herstellung aller → Baugruppen und → Hauptbaugruppen einschließlich ihres Zusammenbaus zum betriebsfähigen Flugzeug, also die Arbeit des gesamten Industriezweigs; i.e.S. der Bau der → Zelle. Um die Forderungen nach Betriebssicherheit, Wirtschaftlichkeit und Leistungsfähigkeit der Luftfahrzeuge zu erfüllen, werden im F. *ausgewählte Werkstoffe* (→ Luftfahrtwerkstoffe), bes. → *Bauweisen* und *Fertigungsverfahren* angewendet.

Neben anderen in der Technik üblichen Methoden der spanenden Formung hat im F. für viele komplizierte Formteile das *Fräsen*, insbes. das *Kopierfräsen* Bedeutung erlangt. Bauteile, deren Formgebung durch Zerspanen schwer oder gar nicht möglich ist, werden durch chemisches Abtragen hergestellt. Von den spanlosen Formverfahren hat sich im F. hauptsächlich das *Pressen* (Tunnel-, Strang-, Gesenkpressen) durchgesetzt, daneben sind nach wie vor *Walzen, Gießen* und *Gesenkschmieden* üblich. Die meistangewendeten Verbindungsarten sind *Niet-* und *Schraubverbindungen*; mit Weiterentwicklung der Schweiß- und Klebetechnik nahmen jedoch auch *Schweißverbindungen* (kontinuierlich und punktförmig) und die früher nur im Holzflugzeugbau üblichen *Klebeverbindungen* zu. Nach neueren Angaben entfallen auf die Montagearbeiten etwa 40 ... 60 % des Gesamtarbeitsaufwands für Flugzeuge. Um möglichst rationelle Montagetechnologien anwenden zu können, wird eine Aufgliederung des Flugzeugs in Hauptbaugruppen und Sektionen (Abschnitte von Hauptbaugruppen, z. B. Rumpfsektionen, Außenflügel) vorgenommen, die voneinander unabhängig montiert werden. Damit bleibt der Aufwand für → Bauvorrichtungen in vertretbaren Grenzen.

Geschichtliches: Die ersten Flugzeuge wurden in mühsamer handwerklicher Arbeit aus Holz, Bambus und Leinwand gebaut. Die ersten Flugzeugwerke entstanden 1907 in Europa, so das von *H. → Farman* in Frankreich. Bereits 1915 baute → *Junkers* das erste → freitragende Ganzmetallflugzeug, die J 1, in dem die Grundgedanken der späteren *Schalenbauweise* verwirklicht waren. Zwischen den Weltkriegen stiegen die Flugleistungen (insbes. durch leistungsstarke Triebwerke und aerodynamisch günstige Flugzeuggestaltung) und die Anwendung moderner Bauweisen rasch an. Die Flugzeuge mit Strahltriebwerken, bes. solche mit Überschallgeschwindigkeiten, warfen neue Probleme auf. Neben denen der aerodynamischen Gestaltung waren das bes. Festigkeitsprobleme der Zelle, die inzwischen wegen großer Flughöhen erforderlichen → Druckkabinen, der Einsatz neuer Werkstoffe, die der starken Aufheizung in Staupunktnähe standhielten u. a. Anfang der 60er Jahre waren diese Probleme soweit gelöst, daß auch Überschallverkehrsflugzeuge gebaut werden konnten, von denen als erstes am 31. Dez. 1968 die → *Tupolew* Tu-144 (UdSSR) flog. Am 2. März 1969 folgte der Erstflug der → «Concorde» (Frankreich/England).

Flugzeugbewaffnung: Kampfmittel der Flugzeuge einschließlich der dazugehörigen Leit- und Zieleinrichtungen. Die F. wird i. allg. in Kanonen- bzw. MG-Bewaffnung, Bombenbewaffnung, gelenkte und ungelenkte Raketen- und Spezialbewaffnung (Torpedos, Minen, Elektonik) unterteilt.

Flugzeugbordgeräte: → Ausrüstung, → Bordgeräte

Flugzeugeinsatzplan: innerbetriebliches Dokument, nach dem der Einsatz der Flugzeuge auf der Grundlage des → Tagesflugplans organisiert wird. Die den Flugzeugeinsatz planende Struktureinheit wird *Flugzeugeinsatzplanung* genannt.

Flugzeugführer: → Besatzung

Flugzeughandbuch: Nachschlagewerk, das alle für den sicheren Betrieb der Flugzeuge notwendigen Beschränkungen und Instruktionen für normale und außergewöhnliche Bedingungen enthält. Es ist für alle Besatzungsmitglieder, die mit dem entspr. Flugzeugtyp fliegen, verbindlich.

Flugzeuginstandhaltungsplan: innerbetriebliches Dokument, nach dem die Wartung und Instandhaltung der Flugzeuge in Übereinstimmung mit den Erfordernissen des → Flugzeugeinsatzplans auf der Grundlage des Tagesflugplans mit dem Ziel organisiert wird, daß die Verkehrsflugzeuge typen- und termingerecht sowie technisch einsatzfähig bereitgestellt werden. Diese Aufgabe wird von der *Flugzeugeinsatzplanung* wahrgenommen. Bei Agrar- und Spezialflugzeugen erfolgt die Flugzeuginstandhaltungsplanung in Übereinstimmung mit den Erfordernissen des Leistungsplans.

Flugzeugkommandant: → Besatzung

Flugzeugkonstrukteur: Ingenieur für Entwurf und Bau von Flugzeugen. An Entwicklung und Bau moderner Flugzeuge arbeiten gegenwärtig große Kollektive aus Fachleuten verschiedener Wissenschaftsdisziplinen, Forschungs- und Fertigungsbetrieben. Aus den Namen ihrer Leiter oder Gründer (Chef- oder Generalkonstrukteur) wurden und werden in vielen Fällen die Bezeichnungen für den dort entwickelten Flugzeugtyp abgeleitet, z. B. wurden in Deutschland Flugzeuge nach ihren Konstrukteuren benannt, z. B. nach → Junkers u. a.

Flugzeugmasse: i. w. S. Rüstmasse plus Zuladung; kann für jeden Flug variieren durch Änderung der zusätzlichen Ausrüstung und der Zuladung. Die F. verändert sich während des Flugs durch Brennstoffverbrauch, Abwurf von Lasten u. ä. Größter Wert während eines Flugs ist die → Abflugmasse, kleinster die → Landemasse. → Leermasse des Flugzeugs

Flugzeugmechaniker: Facharbeiter in Flugzeugbau, -wartung und -instandsetzung. F. sind gewöhnlich auf die → Hauptbaugruppen des Flugzeugs und seine Ausrüstung spezialisiert.

Flugzeugmodell: naturgetreue, maßstabsgerechte eventuell, flugfähige Nachbildung eines Originalflugzeugs für Anschauungszwecke, Forschungen oder Erprobungen. → Flugmodell, → Modellflugzeug

Flugzeugmutterschiff: heute nicht mehr übliches Transportschiff (ohne Flugdeck) und Versorgungszentrum für

Flugzeugmodell im Windkanal

Wasserflugzeuge und Flugboote, die mit Hilfe eines auf dem Schiff befindlichen Katapults (Schleudereinrichtung) starteten, auf dem Wasser niedergingen (wasserten) und durch einen Kran vom F. aufgenommen wurden (→ Flugzeugträger). – Dem F. ähnelten die deutschen *Flugzeugstützpunkte*, teils umgebaute Schiffe, teils Spezialschiffe, die um 1935 im Nord- und Südatlantik stationiert waren, um den Luftpostverkehr zwischen Europa und Amerika zu ermöglichen.

Flugzeugpark: Gesamtheit der Flugzeuge (differenziert nach Flugzeugtypen und dem Stand der Betriebsbereitschaft), die ein Luftfahrzeughalter oder eine Vereinigung von Luftfahrzeughaltern (z. B. → IATA) betreibt oder zum Betrieb anbietet.

Flugzeugschlepp: Startart und Startmethode für den Segelflug. → Schleppflugzeug

Flugzeugstatiker: Ingenieur, der sich mit den Kräften am Flugzeug und seinen Bauteilen beschäftigt und die Abmessungen der Bauteile in Abhängigkeit von deren Beanspruchung bestimmt.

Flugzeugtagebuch: → Bordbuch

Flugzeugtechniker: technisches Personal mit mittlerer oder höherer techn. Ausbildung zur Wartung von Flugzeugen und deren Ausrüstung. Gewöhnlich sind F. aufgrund der Kompliziertheit moderner Flugzeuge in bestimmten Fachrichtungen spezialisiert, z. B. für Zelle und Triebwerk, für Funk- und Funkmeßausrüstung, für Elektro-, Geräte- u. a. Ausrüstung oder für Bewaffnung. F. sind meist Leiter von Kollektiven aus Flugzeugmechanikern.

Flugzeugtorpedo, *Lufttorpedo:* vom Luftfahrzeug gegen Seeziele abzuwerfender Torpedo. Seit den 60er Jahren durch Luft-Boden-Raketen bzw. → Flugkörper abgelöst.

Flugzeugträger: Klasse der Überwasserschiffe, bewegliche Einsatzbasis für → Seefliegerkräfte. Es gibt heute *Angriffs-F., U-Boot-Abwehr-F.* und *amphibische Hubschrauberträger*. Der erste reine F. war die britische «Hermes» (10850 t, 1919). Im zweiten Weltkrieg hatten die USA und Japan die größten F.-Verbände. Gegenwärtig verfügen die USA über eine Flotte von über 20 F., England besitzt 3, Frankreich 4, Australien 2, Brasilien, Spanien und Indien je 1 (F. und Hubschrauberträger zusammengefaßt). Die UdSSR verfügt über 2 U-Abwehr-Kreuzer («Moskwa», «Leningrad») mit speziellem Hubschrauberdeck hinter den Aufbauten, 4 U-Abwehr-Schiffe (darunter «Kiew», «Minsk») mit Schrägdeck für Senkrechtstarter sowie einer starken Kanonen- und Raketenbewaffnung und über 2 Träger mit Sprungschanzendeck. An Bord der Angriffs-F. befinden sich ne-

Zwei sowjetische Flugzeugtorpedos Typ 45–36 (Kaliber 450 mm, Jahr der Übernahme in die Bewaffnung 1936) neben einem von Schiffen verwendeten 533-mm-Torpedo (r.)

ben Bomben-, Jagdbomben- sowie Aufklärungs- und Verbindungsflugzeugen auch Jagdflugzeuge zur eigenen Luftsicherung. U-Boot-Abwehr-F. verfügen über Flugzeuge und Hubschrauber zur U-Boot-Suche und -Bekämpfung. Sie können ebenfalls Jagdmaschinen mitführen. Amphibische Träger sollen die Landungstruppen hinter den ersten Linien des Gegners an der Küste absetzen.

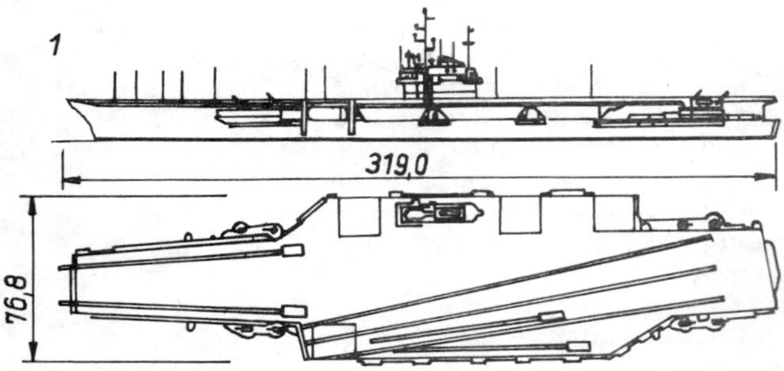

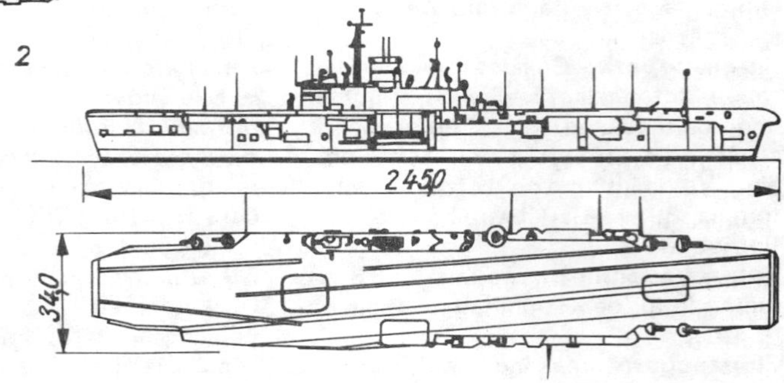

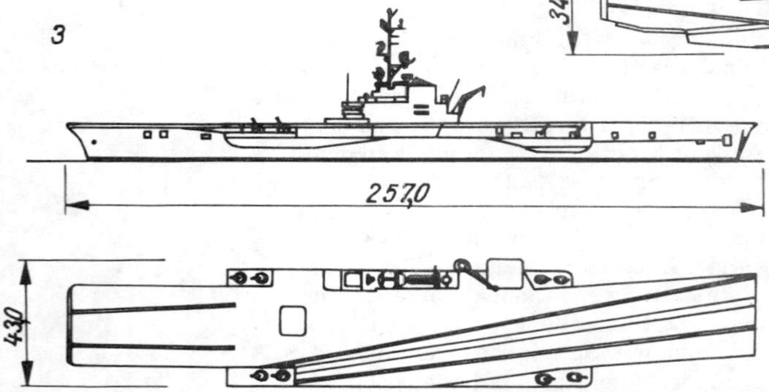

Flugzeugträger: oben «Forrestal» (USA), Mitte «Ark Royal» (Großbritannien), unten «Clémenceau»-Klasse (Frankreich)

Flugzeugtransportschiff: Kriegsschiffsgattung, die aus dem früheren → Flugzeugmutterschiff entstand. F. können Landflugzeuge mitführen und mit Katapult starten, aber nicht wieder aufnehmen. Seeflugzeuge werden dagegen durch Kran oder Ladebaum zum Start vom Wasser ausgesetzt und nach der Landung auf dem Wasser wieder an Bord genommen.

UAW-Kreuzer «Moskwa» der sowjetischen Seekriegsflotte

Flugzeugvisier: technische Einrichtung zum genauen Zielen mit der Flugzeugbewaffnung. Unterteilt in *optische* und *Kreiselvisiere* (nur bei guter Sichtbarkeit des Ziels zu verwenden), *Infrarotvisiere* (auch nachts bei einfacher Wetterlage) und *Funkmeßvisiere* (bei allen Wetterbedingungen, oft mit Rechengerät gekoppelt).

Flugzieldarstellung: Geräte zur Ausbildung im 3dimensionalen Schießen für Fliegerkräfte und Luftabwehr. Die F. in der Luft ist wesentlich komplizierter als die Zieldarstellung am Boden. Zur F. werden → Schleppziele (→ abwerfbares Fahrwerk), Drohnen und Sonderzieldarstellungsmittel benutzt.

Flugzustand: Bewegungszustand, in dem sich ein Flugkörper während des Flugs befinden kann. F. werden charakterisiert durch → Fluglage und -geschwindigkeit. Man unterscheidet stationäre F. mit konstanter und instationäre F. mit veränderlicher Geschwindigkeit. Charakteristische F. sind z. B. der geradlinige Horizontalflug in Normal- oder Rückenlage, der geradlinige Steig- oder Bahnneigungsflug, der horizontale Kurvenflug sowie Teilzustände vertikaler oder räumlicher Manöver. → Flugmanöver

Fluidmechanik: zusammenfassende Bez. für die Mechanik der Flüssigkeiten und Gase. Bestandteile der F. sind u. a. die → Hydrostatik, → Hydrodynamik und → Gasdynamik.

Flüssigkeitsapplikation: Ausbringung von flüssigen Stoffen (Wasser, Pflanzenschutzmittel, Schädlingsbekämpfungsmittel, Dünger) mit Agrarflugzeugen zur Brandbekämpfung. Schädlingsbekämpfung oder Düngung in der Land- und Forstwirtschaft. → Spritzen, → Sprühen

Flüssigkeitskühlung: → Kühlung

Flüssigkeitsraketentriebwerk: → Raketentriebwerk

Flüssigkeits-Statoskop: → Statoskop

Fluxgate-Kompaß: → Kompaß

Fly and Drive: zur Erleichterung des Reisens im Luftverkehr geschaffene Einrichtung zur Vermittlung von individuell nutzbaren Pkw. Der Passagier bucht dabei mit dem Platz im Flugzeug zugleich einen Mietwagen am Zielort, der bei der Ankunft auf dem Bestimmungsflughafen für ihn bereitsteht.

Fly by wire, Abk. **FBW:** svw. Fliegen per Draht, womit die elektrische Signalübertragung im → Steuerwerk des Flugzeugs vom Bedienelement zum Stellmotor gemeint ist. Als Bedienelement tritt hier an die Stelle des Steuerknüppels bzw. der -säule ein kardanisch gelagertes Griffstück. FBW ist eine wesentliche Voraussetzung zur Anwendung der → aktiven Steuerungstechnologie. → Seitengriffsteuer

Flying Tiger Line: → The Flying Tiger Line Inc.

Flygtekniska Försöks-Anstalten, Abk. **FAA:** flugtechnische Versuchsanstalt Schwedens in Stockholm-Bromma, die u. a. einen Hyperschall-Windkanal für große Blasgeschwindigkeiten bis Mach 7 besitzt.

FM-Höhenmesser: Abk. für → Höhenmesser mit **F**requenz**m**odulation. Funkhöhenmesser für kleine Höhen, der zum Landeanflug benutzt wird; er gibt die Höhe über Grund an.

FMS: Abk. für → **F**light **M**anagement **S**ystem.

Focke, *Henrich:* Dr.-Ing. e.h., Flugzeugkonstrukteur, geb. 8. Okt. 1890 Bremen, gest. 1978, ab 1931 Professor; F. (Konstruktion) gründete 1924 zusammen mit *Georg Wulf* (technische Leitung und Einfliegen, 1927 gest.) und Dr. *Naumann* (kaufmännischer Geschäftsführer, 1952 in der BRD gest.) die F.-Wulf Flugzeugbau AG (→ FW) in Bremen, entwickelte mit seinem älteren Bruder *Wilhelm F.* und dem Flugtechniker *Alberti*, auf ein 1909 an Wilhelm F. erteiltes Grundpatent aufbauend, das → Entenflugzeug, ferner zahlreiche andere Starrflügler («Sperber, «Kiebitz», «Bussard», «Falke» u. a.), insgesamt in 10 Jahren 29 Flugzeugmuster. Er konstruierte den *trudelsicheren F.-Wulf-Flügel.* 1932 schied er als technischer Direktor und Vorstandsmitglied des Werks aus der Firma aus und beschäftigte sich nur noch mit der Entwicklung von Rotorflugzeugen. 1937 gründete er mit dem Kunstflieger *Gerd Achgelis* die Firma Focke, Achgelis & Co. in Delmenhorst. 1937 baute er den ersten verwendungsfähigen Hubschrauber, der damals alle Weltrekorde errang, Fw 61, dann als Fa 61 bezeichnet. Erstmalig konnten bei diesem Hubschrauber die Rotoren bei Motorausfall auf *Autorotation* umgeschaltet werden. 1940 wurde der 2motorige Hubschrauber Fa 223 zugelassen, dessen Leistungen erst 1954 überboten

Focke-Achgelis Fa 223

Focke-Wulf FW 58 «Weihe»

werden konnten. Nach dem zweiten Weltkrieg (arbeitete nach 1945 auch in den Niederlanden und England) konstruierte F. in Frankreich Hubschrauber und arbeitete später in Brasilien an einem Verwandlungshubschrauber. 1956 setzte er diese Arbeiten in Bremen für die Automobilfirma Borgward fort, mußte sie aber durch deren Konkurs einstellen. Mit über 80 Jahren arbeitete er weiter an dem bisher nicht gelösten Problem der völligen Stabilisierung des Hubschraubers um die Längsachse.

Focke-Wulf-Flugzeugbau GmbH Bremen: am 1. Jan. 1924 von *Henrich → Focke, Georg → Wulf* und dem Bremer Kaufmann Dr. *Naumann* (Anfangskapital 200000 RM) als AG gegr. Flugzeugwerk. In den ersten 8 Jahren Bau von kleinen Schul-, Sport- und Verkehrsflugzeugen (1924 A 16, später A 17 «Möwe», A 21, A 29 und A 38 für Inlandverkehr der Lufthansa, 1927 F 19 «Ente»). Sept. 1931 Ankauf der → Albatros Flugzeugwerke. 1936 Umbenennung in GmbH, Kapital 1938 auf 2500000 RM erhöht, um im Rahmen der Kriegsvorbereitung Deutschlands die Luftrüstung stärker ausbauen zu können. Neben neuen Außenbetrieben entstanden die Werke Hastedt und Hemelingen. Ab 1933 unter Leitung von *Kurt → Tank* Entwicklung und Bau von Übungs- (Fw 44 «Stieglitz», Fw 55, Fw 56 «Stößer», Fw 58 «Weihe»), Aufklärungs- (Fw 189), Jagd- (Fw 190) und Bombenflugzeugen (Fw 191, Fw 200). 1951 Wiederaufbau des Werks und Fertigung von Hochleistungssegelflugzeugen. Ab 1955/56 wieder Produktion von militärischen Flugzeugen, zunächst als Arbeitsgemeinschaft *Focke-Wulf* und Ingenieurbüro *Blume*: Lizenzbau von 190 italienischen Schul-, Übungs- und Reiseflugzeugen Piaggio P. 149D bis 1961. Aufbau dieses Rüstungswerks mit erheblicher Bundesfinanzierungshilfe. Auch am Lizenzbau der F-104G «Starfighter» beteiligt. 1963 Fusion mit Weser-Flugzeugbau GmbH zu → Vereinigte Flugtechnische Werke GmbH. 1969 Gründung der → Zentralgesellschaft VFW-Fokker m.b.H.

Fokker, *Anthony Herman Gerard:* niederländischer Flugzeugkonstrukteur, geb. 6. April 1890 Kediri (Djawa), gest. 23. Dez. 1939 New York; erlernte in Mainz-Gonsenheim das Fliegen, am 7. Juni 1911 Flugzeugführererlaubnis Nr. 88. 1 Jahr lang dort Fluglehrer und Einflieger. Gründete 1912 in Berlin-Johannisthal den A.H.G. Aeroplanbau, 1913 umbenannt in F. Aeroplanbau m.b.H. Verlegte 1913 die Produktionsstätten nach Görris bei Schwerin (F. Flugzeugwerke), die von ihm konstruierten Jagdflugzeuge (Ein-, Doppel- und Dreidecker) für die kaiserlich-deutsche Armee fertigten. Zweigwerke: Flugzeugwaffenfabrik in Berlin-Reinickendorf, Flugzeugwerft in Travemünde, Filiale Mago-Mobil in Budapest, 1917 die Junkers-F.A.B. Am 21. Juli 1919 gelang es ihm, einen großen Teil seines Profits sowie Baumaterial, Pläne, Flugzeuge, Patente und Flugmotoren nach Holland zu bringen. Dort gründete er 1919 die *N. V. Koninklijke Nederlandse Vliegtuigenfabriek Fokker* in Amsterdam-Schiphol. Es entstanden zahlreiche Verkehrs-, Jagd-, Bomben- und Wasserflugzeuge. Zu den bekanntesten Modellen gehören die durch Langstreckenflüge berühmten 1- und 3motorigen Hochdecker F. VII. Nach dem zweiten Weltkrieg bauten die F.-Werke u. a. das 2motorige PTL-Verkehrsflugzeug F. 27 «Friendship», einen Hochdecker, und das 2strahlige Mittelstreckenverkehrsflugzeug F. 28 «Fellowship», einen Tiefdecker, in Serie (→ Verkehrsflugzeug). An der Rüstung beteiligte sich die Firma durch die Teilnahme an der Lizenzproduktion der Lockheed F-104G. Aktionäre von F. sind der niederländische Staat, Konzerne in Belgien und die USA-Firmen Fairchild-Hiller (→ Fairchild Industries Inc.) und → Northrop. 1969 erfolgte Zusammenschluß mit BRD-Konzern → VFW GmbH zur → Fokker-VFW, 1980 wieder aufgelöst. Produktion: Verkehrsflugzeuge F. 50 und F. 100.

Fokker-VFW b.v., Amsterdam: 1969 gegr. Gesellschaft mit den Werken Schiphol, Drechtsteden, Hoogeveen, Ypenburg, Woensdrecht (1978 in Betriebsgesellschaft Amsterdam 7000 Beschäftigte). F.-VFW Amsterdam baute F-16-Rumpf- und Tragflügelkomponenten und führte die Endmontage von F-16

Fokker-Eindecker (1914)

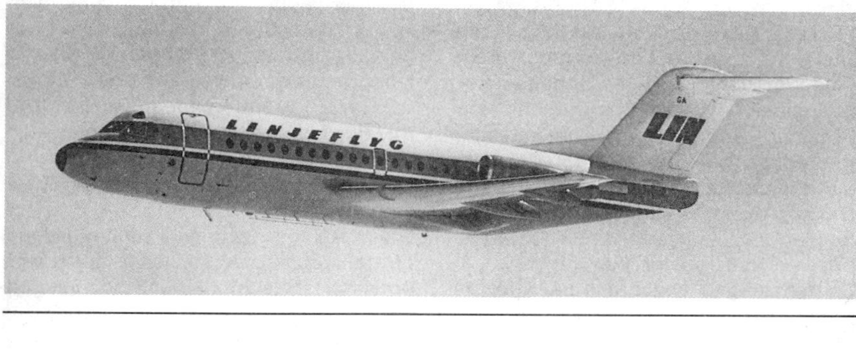

Fokker F. 28 «Fellowship» Mark 1000

Als Folland Fo. 141 «Gnat» entwickelt – Strahltrainer HS «Gnat» TMk. 1

für die niederländische und norwegische Luftwaffe durch. Das Passagierflugzeug F. 27 «Friendship» wird als Küstenwachmaschine geliefert, die F. 28 «Fellowship» gebaut. → Zentralgesellschaft VFW-Fokker mbH, 1980 aufgelöst.

Folland: Typenbez. für Flugzeuge des britischen Werks Folland Aircraft Ltd., das ab 1935 unter der Bezeichnung British Marine Aircraft Ltd. Flugzeuge für die britische Marine baute. 1937 in F. umbenannt. Nach 1945 Zulieferung von Teilen für andere britische Flugzeugwerke. Bekanntester eigener Flugzeugtyp Fo. 141 «Gnat». 1963 in den → Hawker Siddeley-Konzern eingegangen.

«Follow-me»-Fahrzeug (engl. für «folge mir»): von → Lotsen auf Flughäfen benutzte Fahrzeuge mit der Kennzeichnung «Follow me».

FOM: Abk. für engl. **F**light **O**perations **M**anual, → Flugbetriebshandbuch.

Fonck, *René:* französischer Jagdflieger des ersten Weltkriegs, Oberstleutnant; geb. 27. März 1894 Sauley-sur-Meurthe, gest. 18. Juni 1953 Paris. Erste Flüge 1915, erste Luftkämpfe Anfang 1916. Versuchte 1926 den Südatlantik zu bezwingen. Arbeitete als Direktor einer Fluglinie. Bei Ausbruch des zweiten Weltkriegs im Stab der französischen Luftstreitkräfte tätig. Minister in der Regierung Vichy. Lebte nach dem Krieg in Belgien.

Förderdüse: in der Vergangenheit an Luftfahrzeugen angebrachtes → Venturirohr zur Erzeugung einer Druckdifferenz, die zum Antrieb pneumatischer Kreiselgeräte (→ Kreisel) benötigt wurde.

Formwiderstand: → Widerstand

Fortschrittsgrad: Produkt aus π und → Fortschrittszahl; als Betriebsgröße einer Luftschraube in der anglo-amerikanischen und sowjetischen Fachliteratur üblicher Terminus. Der F. ist die wesentliche Einflußgröße auf → Schub und Wirkungsgrad einer Luftschraube. Bei stehendem Flugzeug und Windstille ist F. immer Null.

Fortschrittszahl: Betriebsgröße einer Luftschraube; Verhältnis von Fluggeschwindigkeit zu Umfangsgeschwindigkeit der Blattspitzen einer Luftschraube.

Forward looking infrared-system: optisch-elektronische Bordanlage mit in Flugrichtung orientiertem infrarot-empfindlichem Geber, der Informationen über das Vorhandensein und den Standort von Wärmequellen liefert. Diese Anlagen arbeiten häufig im Wellenbereich von 8...12 μm und benutzen Quecksilberkadmiumtellurid-Detektoren, die mit komprimiertem Argon auf einer Temperatur von −129 °C gehalten werden. Die Anzeige geschieht auf gesonderten Bildschirmen, oder sie wird in die Anzeige des → Blickfelddarstellungsgeräts eingeblendet.

Diese Anlagen werden in militärischen Luftfahrzeugen zur Zielsuche bei Nacht oder bei schlechten Sichtbedingungen benutzt. Die F. lassen sich in vielen Fällen schwenken, so daß sich trotz des relativ geringen Gesichtsfeldes der Optik (ca. 20°) ein breiter Bereich darstellen läßt. Durch Umschaltung auf eine Teleoptik läßt sich eine Vergrößerung auf Kosten der Breite des Gesichtsfelds erreichen. Bei vielen Anlagen ist eine Umschaltung auf Positiv- und Negativdarstellung möglich, ebenso eine Überlagerung mit dem optischen Bild.

Fotogrammetrie, *Bildmessung:* indirektes physikalisches Meßverfahren zum Bestimmen der Form, Größe und Lage von Objekten aus fotografischen Bildern. Die F. umfaßt die Aufnahme, fotografische Bearbeitung und meßtechnische Auswertung der Bilder. Sie findet vor allem bei der Herstellung von Karten und Plänen, aber auch bei der Beschaffung von Projektierungsunterlagen im Verkehrswegebau sowie in der Architektur, im Bergbau, in der Land- und Forstwirtschaft, im meßtechnischen Versuchswesen u. a. Anwendung. Nach dem Standpunkt des fotogrammetrischen Aufnahmegeräts wird zwischen *terrestrischer F.* (Erdbildmessung) und *Aero-F.* (Luftbildmessung) unterschieden. Zur Aufnahme der → Luftbilder dienen i. allg. → Luftbildmeßkammern. Die wichtigsten *Auswertungsverfahren* der F. für Luftbilder sind die → Entzerrung, die → Differentialentzerrung und die → Stereoauswertung.

Fowlerklappe: → Auftriebshilfen

F.R.: Bez. der britischen Streitkräfte für Jagdaufklärer (**F**ighter **R**econnaissance), z. B. Hawker «Hunter» F.R. 10.

Fracht: 1. umgangssprachl. Bez. für den → Transportpreis im Gütertransport mit Luftfahrzeugen. (→ Luftfrachtverkehr). Zur besseren Abgrenzung von 2. ist es angebracht, dafür zumindest die Begriffe *Frachtbetrag* bzw. *Frachtsumme* zu verwenden. – **2.** umgangssprachl. Bez. für → Frachtsendung bzw. Frachtstück.

Frachtabfertigung: 1. Teilprozeß der Abfertigung mit Annahme und Ausgabe der Fracht (Ausstellen der Frachtdokumente, Zollabfertigung, Wiegen und Deklarieren der Fracht), Lagerung (Ein- und Auslagern, Sortieren nach Bestimmungsflughäfen bzw. Empfängern, Zusammenstellen und Auflösen von Transport- bzw. Ladeeinheiten), Bereitstellen zum Abflug, Dokumentenabfertigung, Reklamation, Veterinärschutz, Pflanzenschutz (→ Abfertigung). – **2.** Frachtabfertigungsanlagen bestehend aus Gebäuden und Freiflächen einschließlich Straßen- und ggf. Schienenanschluß, Teil der Anlagen und Einrichtungen

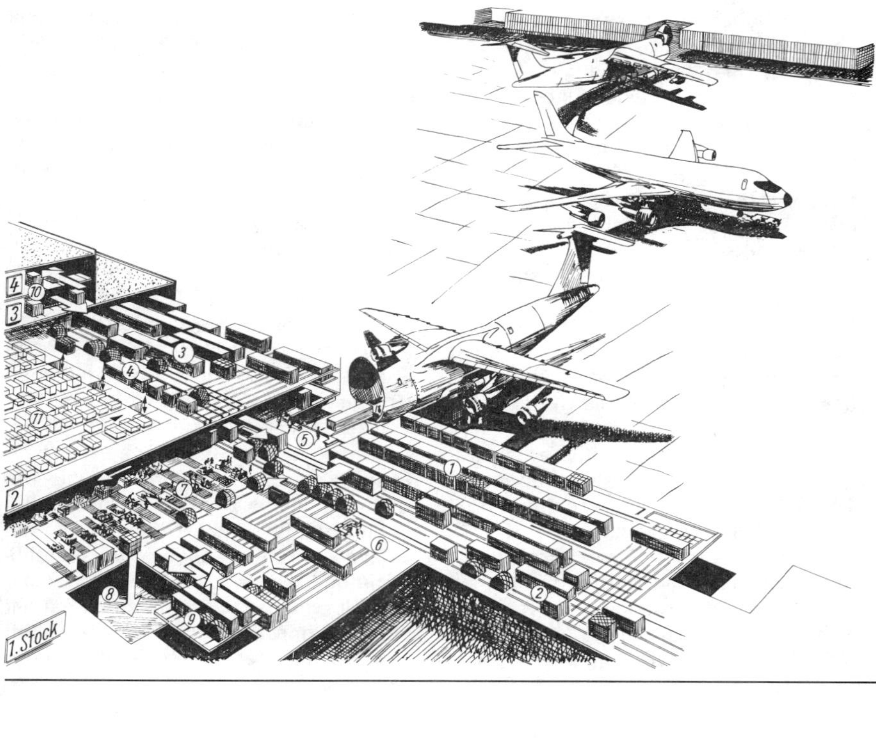

mechanisierte Abfertigung von Frachtflugzeugen; Ausladung: 1 Zwischenlagerung, 2 Transport; Einladung: 3 Zwischenlagerung, 4 Transport, 5 Kontrollpunkt für Be- und Entladung, 6 Kontrollpunkt für Import, 7 Bearbeitung (Paletten und Container), 8 Aufzug, 9 Aufzug, Transfer, 10 Transfer, 11 Systemlager eines → Flughafens. Die F. ist ein wichtiges Bindeglied zwischen Land- und Lufttransport. → Abfertigungsgebäude

Frachtabfertigungsgebäude: → Frachtabfertigung, → Frachthof, → Abfertigungsgebäude

Frachtagent: ein vom Luftverkehrsunternehmen ermächtigter Vertreter, der in dessen Auftrag Luftfrachtgeschäfte durchführt. Der F. berät Luftfrachtkunden, fertigt → Luftfrachtbriefe aus, kassiert die Transport- und Nebengebühren usw. Eine spezielle Kategorie der F. bilden die von der International Air Transport Association geprüften und zugelassenen *IATA-Frachtagenten.* → Luftfrachtmakler

Frachtbrief: → Luftfrachtbrief

Frachthof, *Luftfrachthof:* Teil der Anlagen und Einrichtungen eines → Flughafens, Umschlagszentrum im → Luftfrachtverkehr. Der F. gewährleistet die zweckmäßige, rationelle und sichere Frachtbehandlung auf dem Flughafen von der Frachtübernahme durch das Luftverkehrsunternehmen bzw. dessen Beauftragte bis zum Abschluß der Frachtverladung in die Luftfahrzeuge und/oder Transportmittel des Bodenvor- und nachtransports. Der F. ist mit Einrichtungen und Geräten für die entspr. Tätigkeiten (einschließlich der Frachtverlagerung) ausgerüstet. Er ist Verbindungsglied zwischen Straßen-, Schienen- und Luftfahrzeugen (i. allg. Frachtflugzeuge). Seine Einbeziehung in das Territorium geschieht vorwiegend über die Straße. Bei großen F. ist auch ein Gleisanschluß erforderlich.

Frachtliste, (engl. *Cargo Manifest*): während des Flugs von Verkehrsflugzeugen mitzuführende Aufstellung aller im Flugzeug befindlichen Transportgüter (→ Luftgütertransport). Die F. enthält Angaben über → Luftfracht (z. B. Nummern der Frachtbriefe), → Luftpost und/oder → (Über-)Gepräck. Die F. und das → Fluggastverzeichnis werden zum → *Flugmanifest* vereinigt. Die F. dient der Abfertigung und Identifizierung der Güter, der Nachweisführung über den Verbleib der Sendungen und den Aufgaben der Zollverwaltung.

Frachtrate, *Luftfrachtrate, Frachtsatz:* Bez. für den → Transportpreis je Einheit frachtpflichtiger Menge Transportgut. Luftfrachtraten werden in Währungseinheiten einer Basiswährung (im → EAGT: Rubel) bzw. → RCU je kg angegeben. Die F. bildet die Grundlage für die Berechnung des Transportpreises (Frachtbetrag). Sie gliedert sich in 1) → *Mindest-Frachtrate* (für kleinere Sendungen unter 5 kg), 2) *Normal-Frachtrate* (für Sendungen bis 45 kg) und 3) *Mengenrabattraten* (für Sendungen über 45 kg). Für den Transport bestimmter Gutarten auf bestimmten Strecken werden → *Spezialfrachtraten* bzw. → Klassifikationsraten angewandt. Für F. wird häufig unexakt die Bez. Luftfrachttarif verwendet. F., die für die Beförderung vom Abgangs- zum Bestimmungsflughafen über einen oder mehrere Transitflughäfen veröffentlicht sind, werden *Durchgangsraten* genannt.

Frachtsatz: 1. Bez. für den je Einheit eines Tarifbildungsfaktors festgelegten → Transportpreis bzw. Teilpreis (z. B. Pf je tkm, DM je h), F. findet Verwendung u. a. bei Tarifanalysen. – **2.** im Güterverkehr → Frachtrate.

Frachtsendung, *Luftfrachtsendung:* die mit einem → Beförderungspapier aufgegebene Frachtmenge. Eine F. im Luftgütertransport kann aus einem oder mehreren Frachtstücken bestehen, die zur gleichen Zeit von einem Absender oder Verlader dem Luftfrachtführer mit einem Luftfrachtbrief zur Beförderung an einen Empfänger übergeben wurden. Zu einer F. dürfen auch verschiedene Güter zusammengefaßt werden, sofern nicht gesetzliche Bestimmungen die Zusammenladung verbieten (z. B. bestimmte gefährliche Güter) oder deren Art und Zustand dies verhindern.

Fracht-Tonnenkilometer: → Frachttransportleistung

Frachttransportleistung: → Transportleistung (tkm), die bei der Beförderung von → Luftfracht und → Übergepäck erbracht wird. Z. T. wird der F. auch die Leistung im Luftpostverkehr (Post-tkm) zugerechnet. Die F. wird in Fracht-tkm als Produkt aus der Menge (t) der beförderten Fracht und der Transportweite (km) gemessen.

Frachtvertrag: → Luftfrachtvertrag

Frachtzahlung: Verfahren für die Bezahlung der Transportentgelte im → Luftfrachtverkehr. Generell ist die Zahlung durch Absender oder Empfänger möglich. Soweit der Absender die Bezahlung nicht zu übernehmen hat, ist die Erklärung des Absenders im → Beförderungspapier (Freivermerk oder

Lieferklausel, z. B. → Cash On Delivery, → Charges Collect, → Charges Prepaid) dafür maßgebend, ob und welche Beträge der Absender und/oder Empfänger zu zahlen hat. Zur Begleichung der Beträge werden die üblichen Abrechnungsverfahren angewendet.

Frankfurt/Main: Flughafen Rhein-Main; City-Code **FRA:** bedeutendster internationaler Flughafen der BRD: 50° 02′ 06″ n. Br., 08° 34′ 18″ ö. L., Höhe 111 m. 10 km südwestlich des Stadtzentrums gelegen. 3 Start und Landebahnen mit 4000 m × 60 m, 4000 m × 45 m und 4000 m × 45 m. Jahresverkehrsaufkommen 1988 24,34 Mill. Fluggäste. Moderne Funk- und Navigationsausrüstungen.

Luftbildaufnahme des Rhein-Main-Flughafens (Frankfurt)

freifahrende Turbine, *Losturbine, Nutzleistungsturbine:* → Arbeitsturbine, die mit der Welle des → Gaserzeugers nicht mechanisch gekoppelt ist. Wird bei modernen PTL, z. B. M 601, und bei Hubschrauberantriebsanlagen angewendet.

Freifläche: in Startrichtung auf dem Boden am Ende einer Start- und Landebahn von den zuständigen Behörden festgelegte rechteckige Fläche, die so hergerichtet ist, daß darüber ein Luftfahrzeug einen Teil seines Anfangssteigfluges durchführen kann.

Freiflugbahn: Teil der Bahn einer Rakete, den sie nach dem Brennschlußpunkt als freifliegender Körper zurücklegt.

Freiflughafen: internationaler Flughafen, auf dem Besatzung, Fluggäste, Gepäck, Fracht, Post und Bordvorräte – wenn sie bis zum Abflug nach einem Ort außerhalb des Hoheitsgebiets in einem festgelegten Bereich verbleiben – aussteigen oder ausgeladen werden, bleiben, umsteigen oder umgeschlagen werden dürfen, ohne irgendwelchen Zollgebühren oder Zöllen und, bes. Umstände ausgenommen, irgendeiner Kontrolle zu unterliegen.

Freiflugschein: → Beförderungspapiere

Freigepäck: Gegenstände, die der Flugreisende entspr. den → Beförderungsbedingungen kostenlos während des Flugs mitführen kann. I. allg. beträgt das F. 20 kg, in der Ersten Klasse 30 kg. Zusätzlich können folgende Gegenstände unentgeltlich mitgenommen werden *(Kabinengepäck)*: u. a. 1 Mantel, Umhang oder eine Reisedecke, 1 Schirm oder Spazierstock, 1 Tasche, Fotoapparat, Fernglas, Lesestoff für den Flug, für Kleinkinder Babykorb und Verpflegung. Gepäck, das über die Gewichtsgrenze des F. hinausgeht, wird als *Übergepäck* bezeichnet und muß bezahlt werden. Als F. kann sowohl aufgegebenes Reisegepräck als auch nichtaufgegebenes Hand-(Kabinen-)Gepäck gelten.

Freiheiten der Luft: in der Fachliteratur wird von «8 Freiheiten der Luft» gesprochen. Dabei handelt es sich um die 5 → «Freiheiten des Luftverkehrs», 6. um den «Absaugeverkehr», d. h. das Luftverkehrsunternehmen des Landes A nimmt im Lande B Passagiere nach der 4. Freiheit auf, befördert sie in das Land A und von dort in das Land C (wohin sie von Anfang an wollten) unter Ausnutzung der 3. Freiheit weiter. Als 7. Freiheit gilt der Verkehr ausschließlich zwischen Drittstaaten, als 8. gilt die → Kabotage.

Freiheiten des Luftverkehrs: nach dem Grundsatz der Freiheit der Meere entstand auch der Gedanke der F. d. L. Auf der Internationalen Luftverkehrskonferenz, die vom 1. Nov. bis 7. Dez. 1944 in Chicago stattfand, sollten die «Fünf F. d. L.» angenommen werden: 1) Das Recht, das Gebiet der Vertragsstaaten ohne Landung zu überfliegen; 2) das Recht auf Landung zu nichtkommerziellen Zwecken (z. B. Betriebsstoffaufnahme, Reparaturen u. a.); 3) das Recht, Fluggäste, Post und Fracht abzusetzen, die in dem Gebiet des Staats aufgenommen wurden, dessen Staatszugehörigkeit das Luftfahrzeug besitzt; 4) das Recht, Fluggäste, Post und Fracht aufzunehmen mit Bestimmung für das Gebiet des Staats, dessen Staatszugehörigkeit das Luftfahrzeug besitzt; 5) das Recht, Fluggäste, Post und Fracht mit Bestimmung für das Gebiet irgendeines anderen Vertragsstaats aufzunehmen, und das Recht, Fluggäste, Post und Fracht, die aus irgendeinem Vertragsstaat kommen, abzusetzen. Da im Verlauf des zweiten Weltkriegs nur der Luftverkehr der USA nicht beeinträchtigt war, hätte die Annahme der «5 Freiheiten» den USA die Möglichkeit geboten, den Weltluftverkehr zu beherrschen. Deshalb wurde diese allgemeine Vereinbarung von der überwiegenden Mehrheit aller Staaten abgelehnt und hat keine praktische Bedeutung. In den Luftverkehrsabkommen zwischen einzelnen Staaten werden jedoch die Freiheiten festgelegt, die sich die vertragschließenden Parteien gegenseitig einräumen.

Freiheitsgrad: Bewegungsmöglichkeit eines Körpers in einem festzulegenden Bezugssystem. So hat z. B. das sich frei über der Erde im Luftraum bewegende starre Fluggerät 6. F., 3. F. der *Translations*bewegung (der Körper kann sich in 3 Richtungen des Raums fortbewegen) und 3 F. der *Rotations*bewegung (er kann sich um seine 3 Achsen drehen).

freitragende Konstruktion: Eigenschaft von Tragflügeln und Leitwerken, die ihre Festigkeit und Steifigkeit durch den inneren Festigkeitsverband erhalten. Der Wegfall von äußeren Verspannungen und Verstrebungen mindert den Luftwiderstand des Flugzeugs erheblich.

Freund-Feind-Gerät: → Kennungsgerät

Friedrich, *Alfred:* deutscher Flugpionier, geb. 18. März 1891 Berlin, gest. 13. Okt. 1968 Bad Kissingen. Ab 1909 Techniker in der Wright-Flugzeugfabrik in Berlin-Adlershof. Am 11. Jan. 1911 erwarb F. in Teltow bei Berlin das Flugzeugführerzeugnis Nr. 149 auf Wright-Doppeldecker. Am 13. Sept. 1913 flog er als erster Deutscher mit einer Etrich-Rumpler-«Taube» nach Paris. Begleiter war sein Freund Dr. *Elias.* Am 14. Sept. 1913 flog er mit *Igo Etrich* von Paris nach London. Einen Rekordflug mit 615 km führte er von Berlin-Johannisthal nach Insterburg durch. 1927/30 war er einer der Mitbegründer der Gemeinschaft «Alte Adler».

Friedrichshafen: Bez. für die Flugboote, Seekampf-, Seeaufklärungs-, Bomben- und Torpedoflugzeuge der früheren Firma Flugzeugbau Friedrichshafen AG, Friedrichshafen am Bodensee. Gegr. am 25. Juli 1912 von Dipl.-Ing. *Kober.* Vorbild für die ersten Konstruktionen war das Curtiss-Flugboot (→ Curtiss). Mit Werft in Warnemünde, aus der 1925 das → Arado-Werk entstand. Zu den bekanntesten Typen zählt das Seeflugzeug FF 19.

Frischgastemperatur: → Turbineneintrittstemperatur

Front: Trennfläche zwischen zwei Luftmassen; insbes. die Schnittlinie dieser Trennfläche mit der Erdoberfläche. → Kaltfront, → Warmfront, → Okklusion

Front fan: Bauart von → Zweistromturbinenluftstrahltriebwerken. Bes. bei sehr großen Triebwerken angewendet, z. B. RB. 211 von → Rolls-Royce Ltd. (1971) und JT 9 D von Pratt & Whitney.

Frontgewitter: → Gewitter

Frontier Airlines Inc.: USA-Inland-Luftverkehrsgesellschaft mit Sitz in

Friedrichshafen FF 33

Denver (Colorado). Entstand 1950 aus dem Zusammenschluß von Monarch, Challenger, Arizona Airways und Central Airlines. F. ist eine der größten US-amerikanischen Inlandfluggesellschaften. Verkehrsdaten 1985: 7 Mill. beförderte Passagiere; 7,25 Mrd. Pkm; 15 Mill. Fracht-tkm; 676 Mill. tkm Gesamtleistung. Hauptstrecken: Inlandflugverkehr und Kanada.

F-Schicht: → Atmosphäre

Fuji: Kurzbez. für den japanischen Flugzeugkonzern Fuji Jukogyo Kabushiki Kaisha (engl.: FUJI HEAVY INDUSTRIES LTD). Ab 1953 Nachfolger des 1919 gegr. Flugzeugkonzerns → Nakajima, der vor dem zweiten Weltkrieg maßgeblich an der Aufrüstung Japans zur Luft beteiligt war. Mit US-amerikanischer Kapitalbeteiligung gegr. Baute zunächst 1motorige Schul- und Mehrzweckflugzeuge (Cessna L-19 Z, Beech «Mentor» B-45, davon abgeleitet Schul- und Verbindungsflugzeuge KM-2 und LM-1) sowie Hubschrauber (Bell-204 B, UH-1 B) in Lizenz. Ab 1958: Strahltrainer Fuji (T-1 F) «Hatsutaka». Zum Produktionsprogramm zählen: Leichtflugzeuge der FA-200-Serie, F./Rockwell Commander Model 700, KM-2 B/T-3 (modifizierte Beechcraft T-34), Hubschrauber F./Bell 204 B-2 und 205 A-1/UH-1 H.

Füllgas: Gas zum Füllen von Ballonen und Luftschiffen, das leichter als die atmosphärische Luft ist und daher einen statischen Auftrieb erzeugt. Als F. werden Helium, Heißluft, Leuchtgas und Wasserstoffgas verwendet. 1 m³ Wasserstoffgas als F. erzeugt einen Auftrieb von etwa 1 daN. Wasserstoff wird wegen großer Brandgefahr nicht mehr verwendet. Helium ist sehr teuer und steht nur in begrenzter Menge zur Verfügung.

Funkalphabet: → Morsealphabet

Funkbake: → Funkfeuer

Funkbeschickung, *Funkfehlweisung, Funkdeviation:* Sammelbegriff für die Korrektur von Fehlern (→ Peilfehler) eines → Funkpeilers und für das Verfahren, mit dem korrigiert wird. Durch Einwirken der zur Funkpeilung benutzten elektromagnetischen Wellen auf die Luftfahrzeug-Zelle werden Wirbelströme induziert, die ihrerseits zu einem elektromagnetischen Feld führen, das sich dem vom Sender hervorgerufenen überlagert. Dadurch entsteht ein Peilfehler (Funkdeviation), der mittels der F. beseitigt wird. Benutzt werden elektrische oder mechanische Kompensatoren, die zur Funkpeilanlage gehören.

Funkdeviation: → Funkbeschickung

Funkdienst: → Flugfernmeldedienst

Funkfehlweisung: → Funkbeschikkung

Funkfeuer, *Funkbake:* Sendeanlage, die zum Zweck der Navigation elektromagnetische Wellen abstrahlt. F. befinden sich je nach Einsatzbereich und Aufgabe in Luftstraßen und Nahverkehrsbereichen bzw. an anderen festgelegten Standorten. Ungerichtete (rundstrahlende) F. (→ Non Directional Beacon) strahlen ihre Energie gleichmäßig in alle Richtungen. Dem gesendeten Dauerstrich wird einige Male in der Minute eine Folge von Morsezeichen als

UKW-Drehfunkfeuer (Standard Elektrik Lorenz) bei Salzburg

Kennung eingeblendet. Die Sendungen ungerichteter F. werden an Bord mit dem → Funkkompaß empfangen, der den Winkel zwischen der Richtung zum Funkfeuer und der Luftfahrzeug-Längsachse angibt (→ Funkpeiler). Ungerichtete F. kennzeichnen Einmündungen und Kreuzungen von Luftstraßen und stehen als Anflug-F. auf den Anfluggrundlinien von Flughäfen. Die früher benutzten Mittelwellen-Vierkurs-F. *(Medium-Frequency-Radio-Range)* hatten 2 gekreuzte Antennensysteme und → komplementäre Tastung (A-N). UKW-Vierkurs-F. *(Very-High-Frequency-Aural-Range)* wurden in der Vergangenheit benutzt und besaßen einen Hör- (durch A-N-Tastung) und einen Sichtkurs, dessen Einhaltung an einem Zeigergerät ablesbar war. Drehfunkfeuer sind z. B. → Consol-Bodenanlagen oder → VOR-Stationen (→ Funknavigation). → Markierungs-F. kennzeichnen bestimmte Orte und Entfernungen (z. B. Entfernungen von der Landebahnschwelle).

Funkhalbkompaß: vereinfachter → Funkkompaß, der nur die Abweichung vom Kurs zum oder vom Funkfeuer anzeigt. Der F. wird in kleinen Sport- und Übungsflugzeugen eingesetzt.

Funkhöhenmesser: → Höhenmesser

Funkkompaß, *Radiokompaß, Automatic-Direction-Finder,* Abk. **ADF:** Anlage, die automatisch den Winkel zwischen der Luftfahrzeug-Längsachse und der Einfallsrichtung der von einem selbsttätig angepeilten Sender abgestrahlten elektromagnetischen Wellen anzeigt (→ Funkpeiler). Vorläufer bzw. vereinfachte Anlagen sind das Zielfluggerät und der Funkhalbkompaß. Der F. ist zusammen mit der VOR-Anlage das wichtigste Funknavigationsmittel im Luftfahrzeug. Neuere Navigationsanlagen, deren Fehlergrößen und Einsetzbarkeit günstiger als beim F. liegen, drängen zurück. In wenig erschlossenen Luftverkehrsregionen ist der F. immer noch eine wichtige Navigationsanlage.

Anzeiger für den Funkkompaß

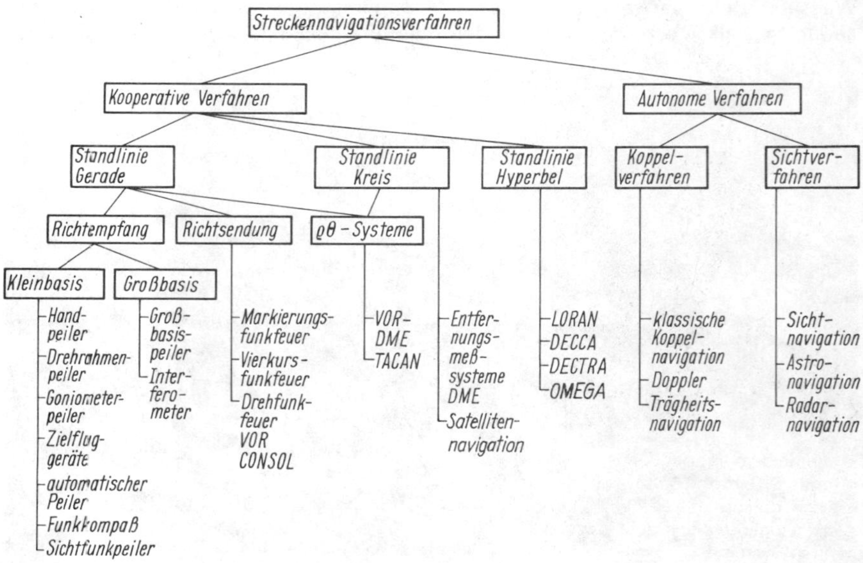

Einteilung der Verfahren zur Streckennavigation

Funkmeßgerät: → Radar

Funkmeßstation: Bez. für eine Radaranlage. → Radar

Funkmeßtechnik: Gebiet der Funktechnik, das sich mit dem Vermessen von Objekten unter Ausnutzung ihrer Reflexionseigenschaften für elektromagnetische Wellen befaßt. → Radar

Funknavigation: Ermittlung des Standorts und des Kurses von Luftfahrzeugen unter Ausnutzung elektromagnetischer Wellen. Nach der Anwendung unterscheidet man *Strecken-* und *Landeanflug-Navigation.* Beide Arten werden wiederum in *kooperative* und *autonome Verfahren* eingeteilt. Bei kooperativen F.-Verfahren arbeiten Bord- und Bodenanlagen gemeinsam, in autonomen nur eine Bordanlage. Die kooperativen F.-Verfahren lassen sich nach Art der benutzten → Standlinie sowie nach der Verwendung von Richtantennen an Sende- oder Empfangsanlage unterteilen. Als Landeanflug-Verfahren benutzt man z.Z. *Leitstrahl-* (→ ILS), *Radar-* (→ GCA-Verfahren) und *Schwenkstrahlverfahren* (→ MLS). Die Einteilung der Streckennavigations-Verfahren geht aus der Abb. hervor. Die international am häufigsten angewendeten F.-Verfahren auf Kurz- und Mittelstrecken sind das → VOR und die Kombination von → Funkkompaß und → Non Directional Beacon. Auf Langstrecken werden → LORAN und → OMEGA am häufigsten benutzt. In den letzten Jahren ging man zu anderen F.-Verfahren über. → Doppler-Anlagen, → Satelliten-Navigation

Antenne des Breitbandpeilers NP 12 (Rohde & Schwarz): vorn die 2 vertikal polarisierten, dahinter die beiden horziontal polarisierten logarithmisch-periodischen Dipolantennen-Systeme

Funkorter: Angehöriger der Luftstreitkräfte/Luftverteidigung, der in einer → Funkmeßstation auf dem Radar-Bildschirm Luftziele «ortet», d. h. ihre Entfernung, Flugrichtung und -höhe feststellt.

Funkortung: Bestimmung des Standorts eines See- oder Luftfahrzeugs unter Ausnutzung der Ausbreitungseigenschaften elektromagnetischer Wellen. Die F. wird in Schiffahrt und Luftfahrt zur Navigation sowie zur Luftraumüberwachung im Rahmen der Flugsicherung angewendet, ferner für militärische Zwecke, z. B. Zielermittlung. Verfahren der F. sind *Empfangs-* und *Rück*strahlortung. Für die F. wurde eine große Anzahl von Ortungsanlagen und -einrichtungen entwickelt; man unterscheidet ortsfeste und bewegliche Boden- und Bordanlagen in See- und Luftfahrzeugen sowie in Raketen bzw. Raumfahrzeugen. → Funknavigation

Funkpeiler: zusammenfassender Begriff für die Verbindung von Antennen mit bes. Empfängern, die es ermöglicht, die Einfallsrichtung elektromagnetischer Wellen zu bestimmen und danach den Standort zu ermitteln bzw. den Kurs festzulegen. Der einfachste F. ist der *Drehrahmenpeiler* mit drehbarer Rahmenantenne. Beim Drehen des Rahmens ändert sich die Lautstärke des angepeilten Senders, der nur schwach oder gar nicht zu hören ist, wenn die Rahmenebene senkrecht zu den ausgestrahlten Funkwellen steht *(Minimumpeilung).* Zeigt die Rahmenebene auf den Sender, so ist er am stärksten zu hören *(Maximumpeilung).* Der *Adcock-Peiler* (→ Adcock-Antenne) hat ein aus 2...6 Vertikalantennen bestehendes System, von dem nur die vertikal polarisierte Komponente der einfallenden Strahlung aufgenommen wird. Beim Goniometerpeiler tritt an die Stelle des Drehrahmens ein senkrechter, feststehender Kreuzrahmen. Wie beim Drehrahmenpeiler wird zur Seitenbestimmung und zur Schärfung des Minimums zusätzlich eine vertikale Hilfsantenne verwendet. Das zur Richtungsbestimmung dienende Goniometer ist zwischen Kreuzrahmen und Empfänger geschaltet. Es besteht aus 2 feststehenden, rechtwinklig zueinander angeordneten Feldspulen und einer innerhalb der Feldspulen angeordneten drehbaren Suchspule, mit der sich ebenso peilen läßt wie mit einer Drehrahmenantenne. Der *Sicht-F.* enthält zur Peilanzeige eine Elektronenstrahlröhre, die mit einer Kompaßrose versehen ist. Als Antenne dient wie beim Goniometerpeiler ein Kreuzrahmen, dessen Längsrahmenebene mit der Flugzeuglängsachse zusammenfällt. Ein Leuchtstrich auf der Röhre zeigt die Richtung des einfallenden Funkstrahls zur Flugzeuglängsachse an, wenn das Minimum des Senders ermittelt ist. → Funkkompaß

Funkpeilung: Richtungsbestimmung mit Hilfe elektromagnetischer Wellen durch Messen der Einfallsrichtung der von einem Sender abgestrahlten elektromagnetischen Wellen. Dabei kann die Bezugsrichtung geographisch Nord oder Kompaßnord sein. Bei der *Eigenpeilung* wird an Bord des Luftfahrzeugs mit einem → Funkkompaß der eigene Standort – durch Messen der Welleneinfallsrichtung von 2 Sendern (→ Funkfeuer) mit bekanntem Standort – festgestellt. Bei der *Fremdpeilung* peilen Bodenstationen den Sender des Luftfahrzeugs. Dazu wird i. allg. die UKW-Funksprechfrequenz benutzt (→ UKW-Sichtfunkpeiler). Die Eigenpeilung mit dem Funkkompaß (meist mit 2 gleichzeitig arbeitenden Funkkompassen) dient zur Standortbestimmung in Luftverkehrsgebieten mit wenigen Funknavigationsmitteln, während die Fremdpeilung auf der Sprechfunkfrequenz zur Leitung von Luftfahrzeugen zu Flugsicherungszwecken in der Nähe von Flugplätzen benutzt wird.

Funktionsattrappe: im Flugzeugbau benutztes Modell eines Flugzeugs, der neuen Variante eines schon vorhandenen oder eines Luftfahrzeugteils im Maßstab 1 : 1, an dem Probleme der Raumverteilung, Beladung, Ein- und Aussteigemöglichkeiten für Passagiere u. a. gelöst werden können.

Fw: Abk. für **F**ocke **W**ulf. → Focke-Wulf-Flugzeugbau

FW: Abk. für engl. **F**ighter **W**ing, Jagdgeschwader.

G

***g*:** physikalisches Formelzeichen für die → Fallbeschleunigung; 3 *g* bedeutet z. B. die 3fache Fallbeschleunigung, also $3 \cdot 9{,}81\ m/s^2$ (fast $30\ m/s^2$).

G.: 1. sowjetische Bez. für Hubschrauber von → *Bratuchin*, z. B. G-2 «Omega» (1944) oder G-3 (1945). – **2.** Bez. der deutschen Fliegertruppe für «Großflugzeug», 2motorige, mehrsitzige und bewaffnete Doppeldecker, die 1915/18 gebaut wurden. Außerdem von → *Junkers* als Typenbezeichnung für das Passagierflugzeug G 38 verwendet. – **3.** Abk. bei amerikanischen Triebwerksbezeichnungen für *Geared* (Untersetzungsgetriebe zwischen Motor- und Luftschraubenwelle).

GAFOR: Abk. für engl. **G**eneral **A**viation **For**ecast, Gebietsvorhersage für die Allgemeine Luftfahrt. → Flugwetterberatung

Mark Gallai

Gallai, *Mark Lasarewitsch:* Oberst, Verdienter Testpilot der UdSSR, Held der Sowjetunion, geb. 1914. Als Schüler bereits im Aeroklub; studierte im Luftfahrtinstitut Leningrad, wo er auch einen Fallschirmkurs absolvierte und die Berechtigung zum Führen von Segel- und Motorflugzeugen erwarb. Nach dem Studium erhielt er 1936 das Diplom eines Flugzeugingenieurs. Ab 1937 arbeitete er im → ZAGI als Versuchspilot. Während seiner Versuchsfliegerlaufbahn testete er bis 1957 über 125 neue Jagd-, Schlacht-, Bomben-, Transport-, Passagier- und Segelflugzeugtypen sowie Hubschrauber, darunter die ersten sowjetischen Strahlflugzeuge. 1941/43 kämpfte G. als Flugzeugführer und Einheitskommandeur; danach wurde er von der Front abberufen, um wieder neue Militärflugzeuge zu testen. 1952 erhielt er den Titel «Kandidat der Technischen Wissenschaften»; G. ist Autor von über 20 wissenschaftlichen Arbeiten auf den Gebieten Aerodynamik, Steuertechnik und Einfliegen von Flugzeugen. G. schrieb 2 Bücher: «Die unsichtbare Barriere» (1960 deutsch, Berlin 1978: «Über unsichtbare Barrieren») und «Erprobung am Himmel» (1963).

Gangway (engl.): aus der Schiffahrt übernommene Bez. für die zum Ein- und Aussteigen in das bzw. aus dem Luftfahrzeug benutzten Fluggasttreppen. G. haben eigenen Antrieb oder werden als Anhängerfahrzeuge geschleppt. Moderne Verkehrsflugzeuge verfügen z. T. über bordeigene G., z. B. das sowjetische Großraumflugzeug Il-86.

Ganzcharter: → Charterflugverkehr

Ganzmetallbauweise: → Bauweisen

Garnerin: **1.** *Andre Jacques* (1769–1823), französischer Berufsluftschiffer, ehemaliger Schüler des Ballon-Pioniers Professor → Charles und Inspekteur der 1. Militär-Ballon-Abteilung unter Napoleon Bonaparte. Benutzte den Fallschirm nicht nur als Rettungsgerät bei den Ballonfahrten, sondern sprang mit ihm freiwillig ab. Am 22. Oktober 1797 Ballonaufstieg im Park Monceaux in Paris zu einem freiwilligen Absprung aus großer Höhe. In 1000 m Höhe platzte die Ballonhülle, und G. landete unverletzt mit dem Fallschirm. Wiederholte am 23. Sept. 1800 auf dem Pariser Marsfeld seinen Fallschirmsprung, der ohne Zwischenfälle verlief. G. empfing hohe Auszeichnungen der Regierung und unternahm eine «Kunstreise» durch Europa, die ihm hohe Honorare einbrachte. – **2.** *Jean Baptiste* (1766–1843), Bruder von 1. Als hervorragender Physiker erkannte er die Mängel an den Fallschirmen seinen Bruders und konstruierte als erster einen stiellosen Fallschirm. Trotz Vergrößerung des Kappendurchmessers auf 12 m konnte er eine Massereduzierung von 120 kg auf 12 kg erreichen. G. ist nie selbst mit Fallschirmen gesprungen. – **3.** *Elisabeth* (geb. 1791) Adoptivtochter von 2., verwendete als erste Fallschirmspringerin der Welt dessen Fallschirmkonstruktion. Sie wagte am 4. April 1814 anläßlich der Einsetzungsfeierlichkeiten Ludwigs XVIII über dem Pariser Marsfeld ihren ersten Absprung. Mit dem 28. Sprung von insgesamt 42 gelang ihr in der Nähe von Venedig der erste gewollte Wassersprung einer Frau.

Garros, *Roland:* französischer Flugzeugführer und Erfinder, geb. 6. Okt. 1888 La Réunion, gest. 5. Okt. 1918 (gefallen im Luftkampf) studierte nach Abschluß einer Mittelschule in Paris Rechtswissenschaften. G. begann seine Fliegerlaufbahn 1910 mit der «Demoiselle», einem → *Santos-Dumont*-Eindecker. Später schloß er sich einem Luftzirkus an und reiste mit ihm nach Mexiko und in die USA. 1911 kehrte er nach Frankreich zurück, stellte mehrere Höhenrekorde auf (1911 3910 m, 1912 4900 m und 5616 m) und unternahm Langstreckenflüge. Überflog als erster das Mittelmeer (Trasse: St. Raphael-Bizerta) in 8 h. Konstruierte eine Vorrichtung, mit dessen Hilfe man mit dem Maschinengewehr nach vorn durch den Luftschraubenkreis schießen konnte.

Garuda-Indonesian Airways, Abk. **GARUDA:** indonesisches Luftverkehrsunternehmen mit Sitz in Djakarta, entstand 1950 als Luftverkehrsgesellschaft der indonesischen Regierung unter Beteiligung der → KLM; Nationalisierung 1954. *Flugzeugpark:* (1988): 9 A 300, 6 Boeing 747, 6 DC 10, 18 DC 9 und 34 Fokker F 28; Verkehrsdaten: 1987: 6,2 Mill. beförderte Passagiere (davon 3,7 Mill. Inlandpassagiere); 12,1 Mrd. Pkm; 360 Mill. Fracht-tkm; rd. 1,5 Mrd. tkm Gesamtleistung (einschl. Charterverkehr). Länge des Flugstreckennetzes 94000 km (davon 63000 intern. Linien). Hauptstrecken: Europa, Australien, Ferner Osten; Inlandflugverkehr. Mitglied der IATA.

garuda
indonesian airways

Gasdynamik: Teil der Strömungslehre, der sich mit der strömenden Bewegung von Gasen in dem Geschwindigkeitsbereich beschäftigt, in dem deren Kompressibilität (Dichteänderung bei Druckänderung) zu einer Änderung der grundlegenden Gesetzmäßigkeiten im Vergleich zur Hydrodynamik führt. Aufgrund der Kompressibilität ist in der G. im Unterschied zur Hydrodynamik beim Anwenden des Gesetzes von der Erhaltung der Energie die innere Energie des Mediums zu berücksichtigen (→ Bernoullische Gleichung), wozu die Grundgesetze der Thermodynamik verwendet werden. Eine entscheidende Rolle spielt in der G. die Beziehung zwischen der Strömungsgeschwindigkeit des Gases und der Geschwindigkeit der Ausbreitung des Schalls im Gas, d. h. die → Mach-Zahl der Strömung. Bei Strömungsgeschwindigkeiten, die kleiner als die Schallgeschwindigkeit sind (Unterschallströmung), pflanzen sich alle Störungen, die von einem Körper ausgehen, im Medium ähnlich den Schallwellen fort, d.h., die Zustandsgrößen des Mediums (Druck, Dichte und Temperatur) ändern sich stetig; sobald jedoch die Strömungsgeschwindigkeit die Schallgeschwindigkeit überschreitet, rufen Störungen unstetige, d. h. plötzliche Änderungen der Zustandsgrößen hervor, was sich in der Existenz von Verdichtungsgrößen und Verdünnungszonen (→ Kopfwelle) ausdrückt. Sofern sich die G. mit der Luft als strömendem Medium beschäftigt, ist sie Teil der → Aerodynamik.

Gaserzeuger: Bez. für eine Maschinengruppe bei Gasturbinentriebwerken, die ein Arbeitsgas mit möglichst hoher Temperatur und möglichst hohem Druck erzeugt. Gaserzeuger bestehen aus → Verdichter, → Brennkammer, → Turbine sowie Anlagen für die Brenn- und Schmierstoffversorgung, für Regelung und Sicherheitseinrichtungen.
Das vom G. bereitgestellte Arbeitsgas wird entweder in der Schubdüse (Schubwandler) beschleunigt zur Erzeugung einer Schubkraft oder in einer Nutzleistungsturbine weiter entspannt, um ein Drehmoment zum Antrieb von Bläser, Luftschraube oder Tragschraube bei Hubschraubertriebwerken zu erzeugen.

Gaskreisel: → Kreisel

Gasturbinentriebwerk: Flugzeugtriebwerk, das im wesentlichen aus Einlaufdiffusor (→ Diffusor), → Verdichter, → Brennkammer, → Turbine, → Schubdüse sowie den dazugehörigen Brenn-, Schmierstoff- und Regelanlagen besteht und eine Wellenleistung, eine Schubkraft (TL) oder beides (PTL) erzeugt. Gasturbinentriebwerke erreichen im Vergleich mit Kolbentriebwerken wesentlich höhere absolute → Leistungen bei kleineren Stirnflächen und niedrigeren Massen. Zuverlässigkeit und Laufzeit sind bei Gasturbinentriebwerken größer als bei Kolbentriebwerken. Bei gleicher Leistung sind sie allerdings wesentlich teurer als Kolbentriebwerke.

Gate (engl.): Ausgang vom → Transitraum bzw. → Abrufraum zum → Vorfeld.

Gateway (engl.): Bez. für Flughäfen diesseits und jenseits des Atlantiks, auf denen Transozeanflüge im Luftverkehr beginnen oder enden, z. B. New York, Montreal, Chicago, London, Paris, Frankfurt/Main.

GCA-Verfahren: Abk. für (engl.) **G**round **C**ontrolled **A**pproach, bodenseitig kontrollierter Anflug. Überwachung und Leitung des Landeanflugs von einer Bodenstelle bei Anflügen nach → Instrumentenflugregeln. Das Flugzeug wird zunächst mit Hilfe einer Rundsicht-Radaranlage im Nahverkehrsbereich eines Flughafens erfaßt und bei größerer Verkehrsdichte in einen Warteraum geleitet, um sich von dort zum Landeanflug abrufen zu lassen. Der Anflug erfolgt nach den Angaben der Präzisions-Anflug-Radaranlage (PAR). Der Kontrolleur am PAR steht mit dem Flugzeugführer über die UKW-Funksprechanlage in Kontakt und informiert diesen laufend über Abweichungen des Flugzeugs vom idealen Anflugweg, bzw. übermittelt Kurs und Höhenkorrekturen und die laufende Entfernung zum idealen Aufsetzpunkt. Die Landung muß unter Sichtflugbedingungen durchgeführt werden. Der Flugzeugführer ist also beim G. ganz von den Instrumenten und Anweisungen der Bodenstelle abhängig im Unterschied zum ILS- bzw. MLS-Verfahren, bei dem er nach der Anzeige seiner Instrumente selbständig steuert. Das G. wurde ur-

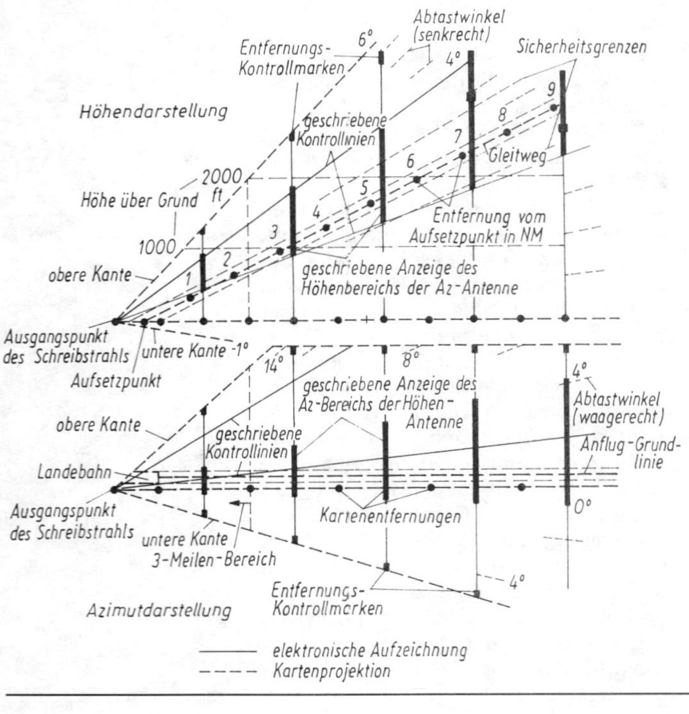

Azimut- und Höhendarstellung auf der Schirmbildanzeige für das GCA-Verfahren

sprünglich in der Militärluftfahrt eingeführt und später auch in den zivilen Luftverkehr übernommen. Es hat gegenüber dem ILS- bzw. MLS-Verfahren den Vorteil, daß keine bes. Instrumentenausrüstung nötig ist und jedes Flugzeug mit entspr. UKW-Funkausrüstung danach landen kann. Auch bei Ausfall der ILS- bzw. MLS-Anlage kann immer noch nach dem G. gelandet werden.

Gebecoma: Abk. für → Groupement Belge des Constructeurs de Matériel Aérospatial.

Geber: Gerät, das eine zu überwachende physikalische Größe unter Einhaltung eindeutiger Zuordnung so in eine andere umwandelt bzw. aufbereitet, daß eine Übertragung der umgewandelten oder aufbereiteten Größe über eine Übertragungsstrecke möglich ist. G. spielen eine bedeutende Rolle bei der in Luftfahrzeugen angewendeten elektrischen Fernübertragung von Meßwerten. Nach der Wirkungsweise lassen sich die am häufigsten benutzten G. als Widerstands-G., induktive G., kapazitive und thermoelektrische G. bezeichnen.

gebrochener Verkehr, *gebrochener Transport:* Ortsveränderung von Personen und/oder Gütern unter Benutzung verschiedener Transportmittel des gleichen oder eines anderen Transportzweigs für aufeinanderfolgende Streckenabschnitte. Der Transportmittelwechsel und die damit verbundenen Unterbrechungen des Ortsveränderungsprozesses sind aus *technischen Gründen* oder aus *ökonomischen Erwägungen* notwendig. Bedingt durch die Anlage der Flughäfen (häufig weit außerhalb der Städte) und die damit verbundenen langen An- und Abtransportwege, die vor Flugbeginn mit Bodenverkehrsmitteln bewältigt werden müssen, sind Flugreisen und Luftgütertransporte nur im g.V. durchführbar. Zur Sicherung durchgängiger Reisemöglichkeiten bzw. Transportketten mit möglichst einheitlichen Bedingungen bei Gewährleistung min. Aufenthalts- und Übergangs- bzw. Umschlagszeiten, günstigen Anschlüssen sowie kürzestmöglichen Gesamtbeförderungszeiten treffen die Transportunternehmen Fahrplan/Flugplanabsprachen u. a. Koordinierungsvereinbarungen.

Gebühr für die Benutzung von Strecken- und Flugnavigationseinrichtungen und- diensten, engl. *Charge for Air and Route Navigation Facilities:* Geldbetrag, der von Flughafenbetreibern (Flughafen[betriebs]gesellschaften) für die Benutzung von Flugsicherungs- und flugmeteorologischen Diensten, Flugsicherungsfernmeldeeinrichtungen, Navigationshilfen sowie Such- und Rettungsdiensten zur (teilweisen) Abgeltung der durch ihre Einrichtungen und ihren Betrieb verursachten Kosten erhoben wird.

GEE-Verfahren: britisches Funknavigationsverfahren des zweiten Weltkriegs im Frequenzbereich 20...85 MHz zur Kurz- und Mittelstreckennavigation, dessen Standlinien Hyperbeln waren. Eine Gruppe von min. 3 Bodenanlagen strahlte synchronisierte Signale aus, deren Laufzeiten an Bord der Flugzeuge gemessen wurden. Aus den Laufzeitdifferenzen ergab sich der Standort auf einer Spezialkarte.

gefährliche Güter: Güter, von denen aufgrund ihrer Eigenschaften und Wirkungen eine besondere Gefahr beim Transport, Umschlag und bei der Lagerung ausgeht. Für den Luftfrachttransport von g. G. wurden von der IATA Vorschriften über bedingt zum Luftfrachttransport zugelassene Güter (Restricted Articles Regulations) herausgegeben. Sie sind auch die Grundlage der nationalen Gesetzgebung. In der DDR galt die → Ordnung über den Lufttransport gefährlicher Güter (OLTG). In ihr wurden die vom Transport ausgeschlossenen Güter erfaßt sowie solche, die nur unter besonderen Bedingungen transportiert werden dürfen. Die OLTG enthält ferner die Klassifizierung der g. G., Bestimmungen über Außenverpackung, Höchstgewicht, Kennzeichnung, Vermerke in den Frachtpapieren u. ä.

Gefechtsstand, Abk. **GS:** Führungsstelle für die Jagdflugzeuge oder andere Mittel der Luftverteidigung. Hier laufen die von den → Funkmeßstationen übermittelten Angaben über Standort, Geschwindigkeit, Flughöhe und -richtung von → Luftzielen ein, und von hier aus wird der Einsatz der Abwehrmittel veranlaßt und geleitet.

gefesselter Kreisel: → Kreisel

Gefühlssimulation, *«künstliches Gefühl»:* an den Steuerknüppel bzw. die Pedale angeschlossene mechanische (mit Federn und Gewichten arbeitende) oder hydraulische Einrichtung (auch kombinierte Anlage), die dem Piloten

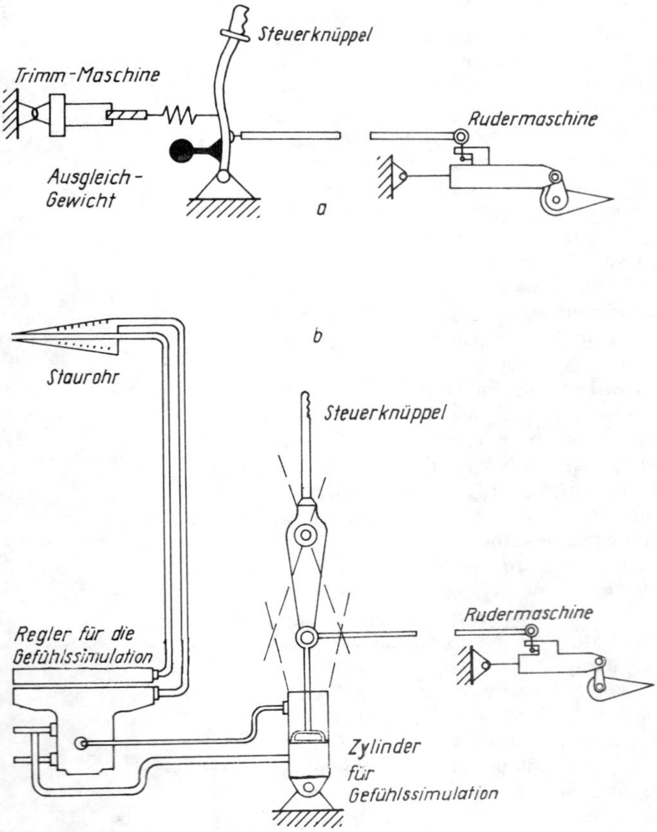

Anlagen zum Erzeugen eines «künstlichen Gefühls»: a mechanisches System mit Ausgleichsgewicht, b System mit staudruckgeregelter hydraulischer Gefühlssimulation

das Gefühl des direkten Eingriffs in die Luftfahrzeugsteuerung vermittelt. Die G. ist in modernen Luftfahrzeugen nötig, da dort wegen der verwendeten Kraftsteuerungsmaschinen oder der elektrischen Signalübertragung (→ fly by wire) kein direkter Kontakt zwischen den Rudern und deren Betätigungsorganen (Steuerknüppel, Pedalen) vorhanden ist.

Anlagen zur Geländestruktursimulation

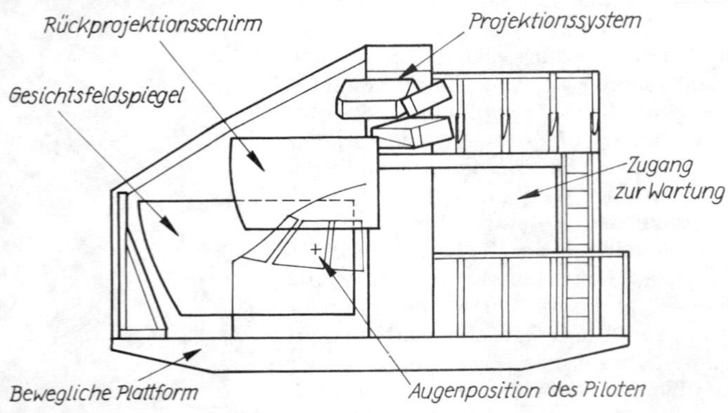

Geiger, *Hermann:* Schweizer «Gletscherpilot», geb. 27. Okt. 1914 im Bergdorf Savièse (Kanton Wallis), gest. (abgestürzt bei Zusammenstoß mit einem Segelflugzeug während eines Rettungsflugs) 26. Aug. 1966 Sion (Rhônetal). Spezialisierte sich nach dem Diplom für Segel- und Motorflugzeuge auf die Gletscherlandung, um in Bergnot geratenen Menschen zu helfen. Landete am 10. Mai 1952 erstmals auf dem Kander-Gletscher (Kanton Bern). G. entwickelte die heute allgemein bekannte hochalpine Start- und Landetechnik für Starrflügler, auf 30...40 m langen Flächen mit einer Neigung bis zu 40° zu landen und bildete auch andere Flugzeugführer dazu aus. 1953/1966 rettete G. mit Flugzeugen und Hubschraubern 574 in Not geratenen Alpinisten das Leben.

Geister-Echo: scheinbares Ziel auf dem Bildschirm von Radaranlagen. Die Ursachen von G.-E. können Insekten- bzw. Vogelschwärme oder Störungen, die durch andere Anlagen hervorgerufen werden, sein.

Geländestruktursimulation: Teil der in → Simulatoren eingesetzten Sichtsimulationsanlage, mit deren Hilfe strukturierte Bodenoberflächen dargestellt werden können. Diese ermöglichen beim simulierten Flug über weite, ebene Gebiete eine deutliche Verbesserung der Tiefenwahrnehmung, des Geschwindigkeits- und Richtungseindrucks. Sie sind beispielsweise für wirklichkeitsnah simulierte Hubschraubereinsätze notwendig. Die Anlagen arbeiten mit rechnergesteuerten Bilddarstellungen, bei denen mehrere 32-Bit-Rechner mit umfangreichen Speichern zusammengeschaltet sind. Die Darstellung geschieht mit mehreren Fernsehbildröhren über mehrere gekrümmte Spiegel und erreicht Gesichtsfelder mit einer Breite bis zu 200°.

Gelegenheitsverkehr: → Bedarfsluftverkehr

Gemeinschaftsliniendienst: gemeinsam von 2 oder mehr Luftverkehrsunternehmen betriebener Linienluftverkehr zur Fluggast- und/oder Luftfrachtbeförderung. Der G. dient dem Ziel, durch Zusammenlegung der Leistungsnachfrage aller Beteiligten eine gute Auslastung der Transportmittel auf den Gemeinschaftslinien zu erreichen und den Bedarf zeitgerecht zu befriedigen.

Gemischbildung: Herstellung einer

für die Verbrennung in einer Verbrennungskraftmaschine erforderlichen Mischung aus Luft und Brennstoff. Bei Kolbentriebwerken (Otto-Motor) wird das Gemisch durch die Zerstäubung des Brennstoffs im Vergaser oder durch eine Einspritzdüse beim Einspritzen in den Ansaugkanal gebildet. Bei Strahltriebwerken wird der Brennstoff über Düsen in den kontinuierlichen Luftstrom am Brennkammereingang eingespritzt und mit der Luft vermischt. Die verschiedenen Betriebszustände zwischen Leerlauf und Vollast erfordern unterschiedliche Mischungsverhältnisse (→ Luftverhältnis). Außerdem ist der Luftdurchsatz sehr stark von der → Triebwerksbelastung, Fluggeschwindigkeit und Flughöhe abhängig. (Schwankung um den Faktor 10). Deshalb ist eine regelbare Brennstoffdosierung erforderlich. → Gemischregler, → Vergaser

Gemischregler: Regeleinrichtung in der Brennstoffanlage zur Beeinflussung des → Luftverhältnisses. Bei Kolbentriebwerken werden Außenzustand der Luft (Flughöhe) und Betriebszustand (Startleistung: fettes Gemisch, Reiseleistung: mageres Gemisch) berücksichtigt. Bei PTL Verringerung der Brennstoffzufuhr ab einer bestimmten Höhe mit abnehmender Höhe zur Vermeidung der Überlastung des Luftschraubengetriebes (→ Betriebsverhalten). Bei TL wird die Brennstoffzufuhr mit wachsender Höhe verringert.

Gemischtbauweise: → Bauweisen

General Dynamics Corporation: eine der USA-Gesellschaften für die Produktion von Militär- und Passagierflugzeugen, Lenkgeschossen, Raketen, elektronischen Aufklärungs- und Nachrichtengeräten mit Hauptsitz in St. Louis, Missouri. Nach einer Umgliederung entstanden 1974 aus vorher 7 folgende 4 Zweigfirmen: Convair Division in San Diego, Kalifornien (Fertigung großer Teile für → McDonnell-Douglas DC-10, Wartung und Umbau der Serie Convair 240/340/440 sowie Convair 880/990, Bau der Cruise Missile

Mehrzweckjagdflugzeuge F-16 (v.l.n.r.: Versuchsausführung CCV, zwei Prototypen YF-16, eine serienmäßige F-16A)

Triebwerk F 110 (verwendet z.B. für F-16C und F-16D)

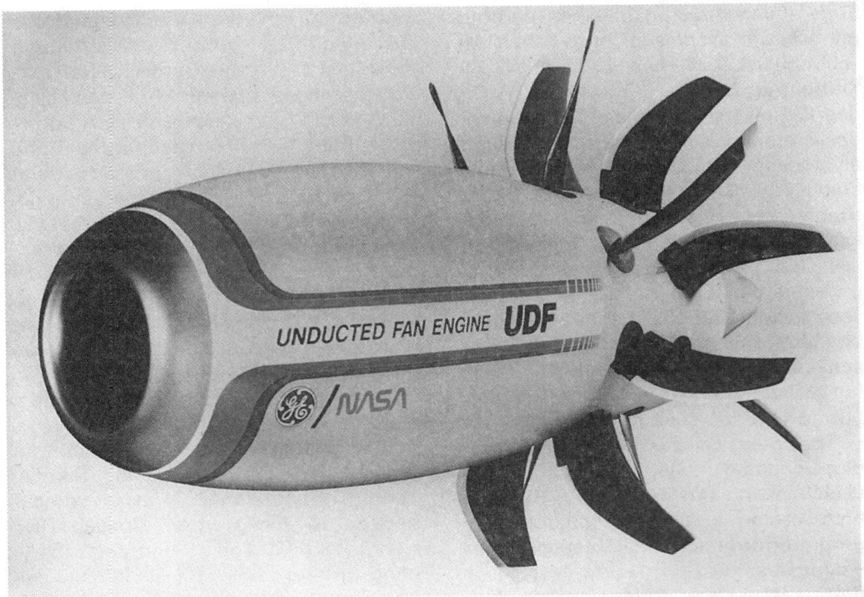

Versuchstriebwerk UDF

«Tomahawk» für die USA-Marine); Fort Worth Division in Forth Worth, Texas (Projektion, Entwicklung und Bau von Militärflugzeugen, z. Z. Serienbau von F-16 und Modifikation von F-111); Pomona Division in Pomona, Kalifornien (taktische Raketen und andere Flugkörper); Electronics Division, San Diego und Orlando, Florida (Radargeräte, Rechner, Navigationssysteme, U-Bootbekämpfungsmittel, Nachrichtengeräte).

General Electric Company, Abk. **GECO:** USA-Konzern mit ausgedehnter Struktur. Besteht u. a. aus einer Raumfahrt-Gruppe in Philadelphia und einer Triebwerk-Gruppe (GECO Aircraft Engine Group), Hauptsitz West Lynn, Massachusetts. Am Bau von Triebwerken seit 1895 beteiligt, seit 1918 verstärkter Bau von Flugmotoren, größte Produktionssteigerung während des zweiten Weltkriegs, als GECO die USA-Luftwaffe mit Antrieben für Jagd- und Bombenflugzeuge belieferte. In den Atomwerken der GECO wurde die erste Atombombe entwickelt. Neben zahlreichen Triebwerken für zivile und militärische Maschinen fertigt der Konzern heute Führungssysteme, Fernmeldeanlagen, Raumfahrtgeräte, Rechner, Flughafenausrüstungen sowie Bahnverfolgungs- und Beobachtungssysteme.

Generalverkaufsagenturabkommen: Abkommen zwischen 2 Luftverkehrsgesellschaften, in dem festgelegt wird, daß sie ihre Beförderungsdokumente gegenseitig anerkennen, sich in ihren Heimatländern vertreten und füreinander werben, dafür wird eine erhöhte (Super-) Provision gezahlt.

Genf, Flughafen Cointrin, City-Code **GVA:** internationaler Flughafen, 46° 14′ 24″ n. Br., 06° 06′ 24″ ö. L., Höhe 430 m. 4 km nördlich des Stadtzentrums gelegen. 1 Start- und Landebahn mit 3900 m × 50 m und eine Grasbahn für Kleinflugzeuge mit 675 m Länge. Jahresverkehrsaufkommen 1988 5,1 Mill. Fluggäste. Moderne Funk- und Navigationsausrüstungen.

Geoffré, *Francois de:* französischer Flugzeugführer aus dem Geschwader → Normandie-Njemen, geb. 8. Aug. 1919 Paris. Erwarb 1936 den Flugzeugführerschein und trat in die französischen Luftstreitkräfte ein. Ab 1942 – nach Bildung der frei-französischen Streitkräfte – in der Staffel «Lafayette» in Casablanca, flog einen Jäger P-40 «Tomahawk». G. begab sich 1943 in die UdSSR, um aktiv in den Luftkampf einzugreifen und wurde Angehöriger des Geschwaders Normandie-Njemen. 1945 kehrte er mit dem Geschwader nach Frankreich zurück. G. schrieb mehrere Bücher, u. a.: «Normandie-Njemen». Er ist Träger französischer und ausländischer Auszeichnungen.

Georgii, *Walter:* Pionier des Segelflugs und der Flugmeteorologie, Prof. Dr. phil. Dr. Ing. e. h., geb. 12. Aug. 1888 Meiningen, gest. Juli 1968. Studierte in Leizpig Mathematik, Physik und Geographie. 1913 Dr. phil., Arbeit in Berlin, dann Lehrer für Flugwetterkunde an der Technischen Hochschule Darmstadt. Ab 1921 ständiger meteorologischer Berater auf der Wasserkuppe, gründete 1924 die Rhön-Rossitten-Gesellschaft. Ab 1926 Leiter des Deutschen Forschungsinstituts für Segelflug, leitete 1926–1934 die Rhön-Segelflug-Wettbewerbe. Widmete sein Leben der Untersuchung von Wechselbeziehungen zwischen Segelflug und meteorologischer Forschung. Hat wesentlichen Anteil an der Entwicklung des Segelflugs.

GEOSTAR: → Satellitennavigation

Gepäck: alle Gepächstücke und sonstigen persönlichen Gegenstände des Fluggastes, die für ihn in Verbindung mit seiner Reise notwendig sind. Dazu gehört *aufgegebenes G.* (→ abgefertigtes Gepäck), d. h. das G., das das Luftverkehrsunternehmen für die Beförderung «annimmt». Dafür werden eine G.marke ausgegeben und im → Gepäckschein Stückzahl und Gewicht vermerkt. Der Gepäckschein (Baggage Check) ist das Beförderungsdokument für das G., wobei kein Unterschied gemacht wird zwischen Frei-G. und bezahltem Über-G. Der Gepäckschein ist in den Flugschein eingearbeitet, und die Eintragungen umfassen das zulässige Freigepäck und das tatsächlich aufgegebene G. Zum → *Kabinen-G.* gehören alle G.stücke, die in die Passagierkabine mitgenommen werden dürfen. Das Kabinen-G. (Hand-G.) kann aus dem nichtaufgegebenen G. bestehen, das im G.abschnitt nur massenmäßig erfaßt wird, und aus den Gegenständen, die zusätzlich zum Frei-G. kostenlos befördert werden, wie 1 Handtasche, 1 Mantel, Regenmantel oder Decke, Regenschirm oder Spazierstock, Fotoapparat und Fernglas, Lektüre für den Flug, Babynahrung und -tragekorb, zusammenklappbarer Krankenfahrstuhl und Krükken. Das Kabinengepäck wird unter dem Sitz oder, wenn es leicht ist, über dem Sitz untergebracht. *Frei-G.* (Free Baggage) wird von dem Luftverkehrsunternehmen kostenlos befördert. Dazu gehören aufgegebenes und nicht aufgegebenes G. I.allg. stehen dem Fluggast der Ersten Klasse 30 kg und dem der Touristen- bzw. Economy-Klasse 20 kg Frei-G. zu. Das über diese Menge hinausgehende G. wird als Über-G. (Excess Baggage) bezeichnet. Für jedes kg Über-G. ist eine festgelegte Gebühr zu entrichten. Als Gebührenbeleg für Über-G. stellt das Luftverkehrsunternehmen einen Über-G.-Schein (Excess Baggage Ticket) aus. Dieser ist kein Beförderungsdokument und auch nicht der G.abschnitt. Der Über-G.-Schein enthält einen Kontrollabschnitt, 1...4 Flugabschnitte und einen Fluggastabschnitt. Nicht aufgenommenes G. ist das Kabinen- oder Hand-G., das der Fluggast während des Flugs bei sich behält. Es wird nur massenmäßig im G.abschnitt vermerkt. Einen G.*anhänger* (Baggage Tack) befestigt das Luftverkehrsunternehmen an dem aufgegebenen G., einen Teil des G.anhängers – G.marke genannt – erhält der Fluggast. Jeder Fluggast hat das Recht, sein Gepäck als → Luftfracht befördern zu lassen.

Gepäckabfertigungsanlagen: in → Abfertigungsgebäuden installierte technische Anlagen zur Beförderung, zum Wiegen, Sortieren, Kontrollieren sowie zur Ausgabe des Gepäcks an die Fluggäste bestehend aus Förderbändern, Waagen, Sortieranlagen, Kontrolleinrichtungen und Gepäckausgabeeinrichtungen wie rotierenden Gepäcktellern, Schuppenbändern u. a.

Gepäckanhänger: Abfertigungsmittel zum Identifizieren des → aufgegebenen Gepäcks. Aufgegebenes Gepäck wird bei der Übernahme zur Beförderung vom Luftverkehrsunternehmen mit einem 2teiligen G. versehen. Den unteren Teil (Gepäckmarke) erhält der Fluggast, der obere (G. i. e. S.) wird am Gepäck befestigt, beide haben die gleiche Serien Nr. Der G. enthält Flugnummer, Anzahl und Masse der aufgegebenen Gepäckstücke sowie den Bestimmungs- oder Umladeort des Gepäcks. Ist Gepäck zur Erreichung seines Ziels zur Umladung auf Zwischenlandeflughäfen im → Transfer vorgesehen, wird es mit einem *Interline*-G. versehen. Dieser Interlinie-G. ist durch zusätzliche Abschnitte mit Umladeort und Nummer des Flugs dorthin erweitert.

Gepäckaufbewahrung: Bezeichnung für die befristete Hinterlegung von Gepäckstücken auf Hinterlegungsschein in einer Aufbewahrungsstelle und für diese Stelle selbst. Die G. befindet sich in der Nähe oder im Abfertigungsgebäude.

Gepäckschein: a) allg. Beförderungspapier für die Gepäckbeförderung im Luftverkehr. Der G. beweist u. a. die Aufgabe des Reisegepäcks und enthält die Bedingungen des Beförderungsvertrags. Er ist im internationalen Verkehr in den → Flugschein eingearbeitet und enthält sowohl die zulässige Freigepäckgrenze (in kg, lb bzw. als Anzahl zulässiger Gepäckstücke), das aufgegebene → Freigepäck als auch das → Übergepäck, und zwar Handgepäck stückzahlmäßig, aufgegebenes Gepäck stückzahl- und massenmäßig. – b) i. allg. der Teil des → Flugscheins, der die Eintragungen über das Gepäck enthält. Der G. gilt mit den Eintragungen der o.g Angaben in den Flugschein als ausgefüllt. Luftverkehrsunternehmen geben i. d. R. zusätzlich zur Eintragung in den Flugschein eine Gepäckmarke aus. Sie dient lediglich der Feststellung der Identität des Gepäcks.

Gerätebeleuchtung: Beleuchtung, die es ermöglicht, in Luftfahrzeugen auch nachts die Anzeiger abzulesen. Ihre Lichtstärke muß durch den Luftfahrzeugführer beeinflußbar sein, um eine Anpassung der Augen an die Helligkeit der Objekte außerhalb des Luftfahrzeugs nicht zu beeinträchtigen. Früher wurde eine ultraviolette G. benutzt, die die Leuchtfarbe der Zeiger, Skalen, Bedienteile usw. zu einer Emission im sichtbaren Spektralbereich anregte. Neuere Anlagen arbeiten mit Rotlicht, da hier relativ große Lichtstärken ohne Blendung nutzbar sind. Bei Rotlichtanlagen werden die Geräte einzeln beleuch-

Geschäftsflugzeug «Hustler», American Jet Industries (USA)

Cessna 421A mit Druckkabine (USA)

tet, in UV-Anlagen beleuchten einige UV-Strahler das gesamte → Instrumentenbrett.

Gerüstbauweise: svw. → Fachwerkbauweise.

Gesamtenergievariometer: → TEVAR

Geschäftsflugzeug: 1- oder 2motoriges kleines Reiseflugzeug oder Passagiermaschine bis zu mittlerer Größe mit Kolben- oder Strahlantrieb, die Firmen, Dienststellen oder Organisationen unabhängig von Zeit und Streckenführung des *Luftverkehrs* verwenden. G. sind mit Arbeitsmöglichkeiten, Funkverbindungen und Allwetterflugausrüstung versehen. Die Kabinen fassen 4...10 Fluggäste. Auch Hubschrauber werden als G. benutzt.

Geschwindigkeit: Veränderung des Orts, der Richtung und ggf. der Form eines Körper pro Zeiteinheit, wonach man auch Translations-, Rotations- und Deformationsgeschwindigkeiten unterscheiden kann. → Fluggeschwindigkeit; → Rotationsgeschwindigkeit

Geschwindigkeitsbegrenzungen: Begrenzungen der zulässigen gleichförmigen Horizontalfluggeschwindigkeit von Flugzeugen (Flugkörpern) aus aerodynamischen, flugmechanischen und konstruktiven Gründen. Die wichtigsten G. sind 1) die zulässige *Mindestgeschwindigkeit* ($v_{min\,zul}$), bei der ein geradliniger Horizontalflug gerade noch mit größtem unterkritischem Anstellwinkel möglich ist; eine weitere Verringerung der Geschwindigkeit führt zum Durchsacken oder Abkippen des Flugzeugs; 2) die *Evolutionsgeschwindigkeit* (auch Evolutivgeschwindigkeit) ($v_{evol} > v_{min\,zul}$), bei der das Flugzeug ausreichende Stabilitäts- und Steuerbarkeitsreserven hat, um unklare Flugzustände beseitigen zu können; 3) die *höchstzulässige Geschwindigkeit* für die Festigkeit der Konstruktion, die durch einen max. Staudruck gekennzeichnet ist ($v_{q\,max}$); diese Begrenzung wird gewöhnlich für Überschallflugzeuge bei geringen Flughöhen wirksam, sie kann aus Gründen der → Betriebsfestigkeit, der → aerodynamischen Aufheizung, der → aerodynamischen Divergenz, der zulässigen → Böenlastvielfachen u. a. m. festgelegt sein; 4) die *höchstzulässige Geschwindigkeit* für die Flugstabilität (gewöhnlich Seitenstabilität), die durch eine max Machzahl festgelegt wird ($v_{M\,max}$), bei deren Überschreiten das Flugzeug unkontrollierte Schwingungsbewegungen macht. Andere G. können für bestimmte Manöver oder auch für das Rollen am Boden festgelegt sein. → Flugbegrenzungen

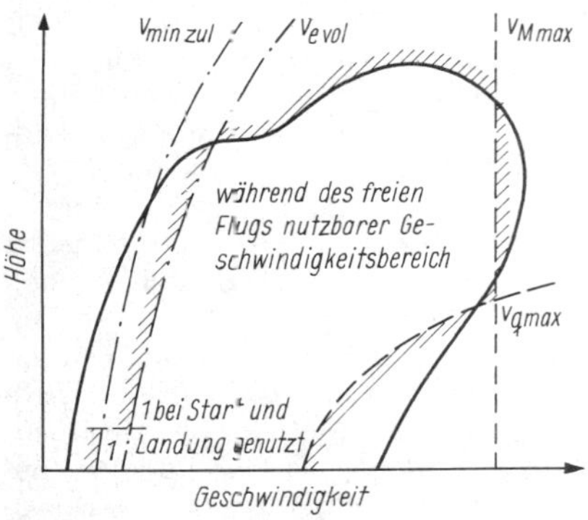

Begrenzungen im Höhen-Geschwindigkeits-Diagramm eines Überschallflugzeugs

Geschwindigkeitscharakteristik eines Flugzeugtriebwerks: → Betriebsverhalten.

Geschwindigkeitsdreieck: 1) Dreieck aus Eigengeschwindigkeit, Windgeschwindigkeit und Windwinkel (zur Flugbahn) zur Berechnung des Flugkurses (Kursdreieck). 2) beim Steig- oder Bahnneigungsflug Dreieck aus Bahngeschwindigkeit, vertikaler Steiggeschwindigkeit und horizontaler Geschwindigkeit über Grund. 3) an der Beschaufelung von Strömungsmaschinen, z. B. Verdichter und Turbine von Gasturbinentriebwerken, Dreieck aus Relativ-, Umfangs- und Absolutgeschwindigkeit des Gases in den Schaufelkanälen. 4) am gepfeilten Tragflügel (Pfeilflügel) Dreieck aus Anströmgeschwindigkeit sowie deren Bestandteilen senkrecht und parallel zur Tragflügelvorderkante.

Geschwindigkeitskreisel: Wendekreisel. → Kreisel

Geschwindigkeitsmessung: → Fahrtmesser, → Fluggeschwindigkeit, → Mach-Meter

Geschwindigkeitsstabilität: → Längsstabilität

Geschwindigkeitssteuerung: → Steuerung

Geschwindigkeit über Grund: Geometrische Summe aus den Projektionen der wahren → Fluggeschwindigkeit und der Windgeschwindigkeit in eine erdparallele Ebene. Der Winkel zwischen der

Projektion der wahren Fluggeschwindigkeit und der G. wird als Abdriftwinkel (→ Abdrift) bezeichnet.

Gesundheitskontrolle: durch staatliche Organe bei ein- oder ausreisenden Fluggästen durchgeführte Kontrolle über die Vollzähligkeit der staatlich vorgeschriebenen Eintragungen über Impfungen (Vaccination) im Impfausweis oder – bei Gefahr einer Epidemie – von Fall zu Fall konkret angeordnete Untersuchungen der Fluggäste.

getrennte Achsenaufschaltung: Art der Anwendung des Flugreglers, wobei das Luftfahrzeug um 1 oder 2 Achsen vom Flugregler und um die verbleibenden Achsen von Hand gesteuert wird.

Getriebeturbine: Turbine, die ihre Leistung über ein Getriebe auf einen Bläser (ZTL), auf eine Luftschraube (PTL) oder bei Hubschraubertriebwerken auf eine Trag- und Heckschraube überträgt. Das Übersetzungsverhältnis des Zahnradgetriebes ist immer größer als 1.

Gewitter: eine oder mehrere luftelektrische Entladungen, die sich durch ein kurzes Aufleuchten (Blitz) und ein krachendes oder rollendes Geräusch (Donner) äußern. Bei der Entstehung der G. werden 3 Stadien unterschieden. 1) *Aufbaustadium* – Die am oberen Ende eines Thermikschlauchs bzw. einer Thermikblase (→ Thermik) entstandene Cumuluswolke (→ Wolken) nimmt rasch an vertikaler Ausdehnung zu (in der Wolke herrscht überall Aufwind). Die entstehenden Niederschlagströpfchen werden noch in der Schwebe gehalten, die Wolke beginnt im oberen Teil oberhalb der 0 °C-Grenze zu vereisen. 2) *Reifestadium* – In eng begrenzten *Schloten* treten Aufwinde von 30 bis 40 m/s auf. Die Niederschlagselemente (fest und flüssig) können aufgrund ihrer Masse nicht mehr durch den Aufwind gehalten werden. Der Niederschlag beginnt wolkenbruchartig auszufallen, die oberen Teile der Wolke breiten sich amboßartig aus (Cirrusschirm). Unterkühlte Wassertropfen frieren an Eiskristalle an und bilden *Graupeln,* die bei mehrfachem Hoch- und Niedergehen in der Wolke zu *Hagel* anwachsen. – Die starken vertikalen Umlagerungen, die Vergraupelung und weitere meteorologische Prozesse in der Wolke bewirken die Bildung und Trennung elektrischer Ladungen in positive und negative *Ladungszentren.* Überschreitet deren Feldstärke einen bestimmten Höchstbetrag, so erfolgt der *Ladungsausgleich (Blitz).* Als Folge kommt es durch die starke Erhitzung und explosionsartige Ausdehnung der Luft zu Schallwellen *(Donner),* deren mehrfache Reflexion das charakteristische «Rollen» hervorruft. 3) Ist die Labilitätsenergie der Wolke aufgebraucht, so tritt sie in das *Auflösungsstadium* ein. Die Aufwindzone dehnt sich über die ganze Wolke aus. Es setzt das Ausregnen ein, die Wolke löst sich auf.

Ein G. besteht aus zahlreichen einzelnen Zellen unterschiedlicher Entwicklungsstadien. Nach Entstehung und Auftreten unterscheidet man *Luftmassen*-G., die in einer einheitlichen → Luftmasse entstehen, wozu auch *Wärme*-G. und *Polarluft*-G. rechnen; *Front*-G., die im Grenzbereich verschiedener Luftmassen auftreten, wie *Warmfront-* und *Kaltfront*-G.; Nacht-G., die durch Abkühlung der oberen Wolkenpartien durch nächtliche Ausstrahlung entstehen; *Warmlufteinschub*-G., die durch das Einfließen von Warmluft in den unteren Luftschichten der Troposphäre an Warmfronten entstehen. Die Zahl der G. auf der Erde wird auf 16 Mill. pro Jahr, die Zahl der Blitze auf 100 pro Sekunde geschätzt.

GFK: Abk. für **G**las-**F**aser-**K**unstoff. → glasfaserverstärkte Plaste

GFP: 1. Abk. für → **g**las**f**aserverstärkte **P**laste; auch → GFK üblich. – **2.** Abk. für → **G**rund**f**lug**p**latz.

Ghana Airways Corporation: staatliches Luftverkehrsunternehmen der Republik Ghana mit Sitz in Accra. Gegr. 1958 als Ersatz für die ehemalige West African Airways Corporation. *Flugzeugpark:* 1 DC-10, 1 DC-9, 2 F 28 und eine F 27. Verkehrsdaten 1987: 224 000 beförderte Passagiere; 286 Mill. Pkm; 12,1 Mill. Fracht-tkm; rd. 38 Mill. tkm Gesamtleistung. Hauptstrecken: Westafrika, Mittlerer Osten, Europa; Inlandflugverkehr, Mitglied der IATA.

Gierdämpfer, Gierregler: → Dämpfer

Gieren: Drehen eines Luftfahrzeugs um die Hochachse, z. B. durch einen Seiten- oder Querruderausschlag, durch unsymmetrisches Fahren von Klappen. Die zum G. führenden Luftkräfte rufen ein Moment um die Hochachse hervor, das als Gier- oder Wendemoment bezeichnet wird. → Bewegungsachsen, → Momente am Luftfahrzeug, → negatives Wendemoment

Giersteuerbarkeit: → Steuerbarkeit
Gipfelhöhe: Höhe, die ein Flugzeug unter gegebenen Bedingungen max. zu erreichen vermag. Man unterscheidet die *statische* G., die größte Höhe, in der ein Flugzeug im gleichförmigen Horizontalflug fliegen kann, und die → *dynamische* G., die durch Umsetzen der kinetischen Energie des Flugzeugs in potentielle erreicht wird. Weiterhin unterscheidet man im Bereich der statischen G. die Begriffe der → *Dienst*-G., die dann erreicht ist, wenn die Steiggeschwindigkeit noch 0,5 m/s bzw. bei Strahlantrieb noch 5 m/s beträgt, und die *Reiseflug*-G., die für den zivilen Luftverkehr und das militärische Transportwesen von größerer Bedeutung ist. Die Reiseflug-G. stellt im Unterschallflug die Höhe dar, bei der optimale aerodynamische Bedingungen und optimaler Brennstoffverbrauch weitgehend übereinstimmen, so daß beim Flug größte Reichweiten erzielt werden. Die Dienst-G. moderner Unterschallverkehrsflugzeuge betragen 10000 bis 12000 m, die statischen G. moderner Jagdflugzeuge 18000...22000 m und die dynamischen G. gleicher Flugzeuge 25000 bis 30000 m. → Höhen-Geschwindigkeits-Diagramm
Gitternavigation: Navigationsart, bei der statt eines auf Nord bezogenen Koordinatensystems auf den Karten ein Gitternetz benutzt wird. Die G. verwendet man bei *Polflügen*. Das Gitternetz ist ein rechtwinkliges Koordinatensystem, das statt des konvergierenden geographischen Koordinatensystems benutzt wird.
Gitterrumpf: Rumpf einfacher Übungssegelflugzeuge (Gleitflugzeuge) und mancher leichter Hubschrauber in Form gitterartig miteinander verbundener Streben (→ Fachwerkbauweise) ohne Außenhaut. In den Anfängen des Flugzeugbaus war der G. die ausschließlich angewendete Bauform des Rumpfes. In Frankreich und England waren derartige Flugzeuge mit Druckpropeller noch während des ersten Weltkriegs als Kampfmaschinen üblich.
GL: Bez. der deutschen Fliegertruppe für leichte Großflugzeuge, die 1917/18 gebaut wurden. → G
glasfaserverstärkte Kunststoffe, Abk. **GFK:** svw. → glasfaserverstärkte Plaste.
glasfaserverstärkte Plaste, Abk. **GFP:** organische Plaste (Polyester- und Epoxidharze), deren Festigkeit durch Glasfaservlieseinlagen erhöht wird. Das Vlies wird mit flüssigem Kunstharz getränkt, das beim Pressen zwischen 2 Platten oder bei normaler Temperatur aushärtet. GFP werden für Kleinteile, Verkleidungen (z. B. Antennenverkleidungen), Türen, in letzter Zeit auch für Teile des Flugwerks kleiner Flugzeuge verwendet.
Gleichdruckhöhe: **1.** Flughöhe, bei der ein mit mechanischer → Aufladung ausgerüstetes KTW gerade noch seine Bodenleistung erreicht. – **2.** Flughöhe, bei der der Lader eines KTW gerade noch den Bodenluftdruck erzeugt. – **3.**

Ago-Flugzeug (vor 1914) mit Gitterrumpf

Höhe, bis zu der bei einer bestimmten Drehzahl der am Boden eingestellte Ladedruck durch Verringern der Drosselung konstant gehalten werden kann. Diese G. ist von Drehzahl und Ladedruck des Triebwerks abhängig.

Gleichdruckturbine: Turbine, bei der vor und hinter dem Laufrad der gleiche Druck herrscht. Der Wärmeinhalt des Gases wird im Leitrad in kinetische → Energie umgewandelt. Im Lufrad erfolgt die Erzeugung des Drehmoments nur durch Umlenkung des Gasstroms in den Schaufelkanälen. Der theoretische → Reaktionsgrad ist Null.

Gleichdruckverbrennung: Verbrennung eines Brennstoff-Luft-Gemischs bei nahezu konstantem Druck, wie sie in den Brennkammern von Gasturbinentriebwerken abläuft, im Gegensatz zur Gleichraumverbrennung beim Otto-Prozeß. In der Praxis tritt in der Brennkammer einer Gasturbine bei der G. ein Druckverlust bis zu 5 % auf.

Gleichgewicht: in der Mechanik Zustand eines starren Körpers, der sich in Ruhe oder gleichförmiger Bewegung befindet. G.bedingung eines frei fliegenden Körpers ist, daß die Summe aller äußeren Kräfte und der durch sie erzeugten Momente gleich Null ist. Teilgleichgewichtszustände können durch Untersuchen der Kräfte entlang einer Achse bzw. der Momente um eine Achse des Flugkörpers ermittelt werden. Das G.kann *stabil, labil* oder *indifferent* sein. Für Luftfahrzeuge wird allgemein bei normalen Flugzuständen und gleichförmiger Bewegung stabiles G. erwartet, d. h. → Stabilität der Flugbewegung.

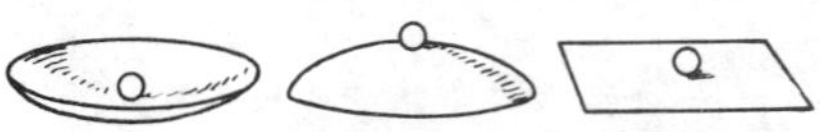

a *b* *c*

Eigenschaften des Gleichgewichts: a Kugel in einer Schale = stabil; b Kugel auf einer Schale = instabil (labil); c Kugel auf einer horizontalen Ebene = indifferent

Gleitflug: Flug auf einer geneigten Bahn ohne zusätzlichen Antrieb. Der Bahnneigungswinkel wird in diesem Fall als *Gleitwinkel* bezeichnet. Bei konstanter Geschwindigkeit werden der Kotangens des Gleitwinkels als → aerodynamische Qualität, der Tangens des Gleitwinkels als Gleitzahl bezeichnet. Je größer die aerodynamische Qualität eines Flugzeugs ist, desto geringer ist der notwendige Gleitwinkel, bei dem die Geschwindigkeit konstant gehalten werden kann, und desto größer somit bei gleicher Gleithöhe die mögliche G.weite.

Gleitflugzeug, *Gleiter:* einfaches Segelflugzeug von geringer aerodynamischer Güte, das nur für die Anfängerschulung benutzt wird. Sein Seitenverhältnis (Quotient aus Tiefe und Spannweite der Tragflügel) liegt unter 1:9; G. haben meist einen offenen Führersitz und → Gitterrumpf. Die ursprüngliche Form ist der *Hängegleiter* von *O. Lilienthal,* in den dieser sich durch Aufstützen der Arme kurz vor dem Tragflügel «hängte» und durch Verlagerung des Rumpfes und der Beine zur Flugstabilisierung beitrug. → Rogallo-Gleiter

Gleitkufe: unter dem Rumpfvorderteil mancher Segelflugzeugtypen angebrachte Kufe aus Holz mit Gummifederung zwischen Kufe und Rumpf. Bei Start und Landung rutscht das Flugzeug kurzzeitig auf der G.

Gleitpfad: Vorgabe für den Flugweg eines Luftfahrzeugs in der vertikalen Ebene, um Anflüge und Landungen bei schlechter Sicht und niedrigen Wolkenuntergrenzen zu ermöglichen. Diese Vorgabe wird i. allg. durch hochfrequenztechnische und elektronische Anlagen hergestellt (→ Instrumenten-Landesystem). Für Verkehrsflugzeuge übliche Gleitpfade sind 2...4° gegen die horizontale Ebene geneigt und stoßen am idealen Aufsetzpunkt auf die Landebahn.

Gleitschirm: Schirm, der aus dem → Fallschirm für den Leistungssport entwickelt wurde und seit 1964 verwendet wird. Da sein Eigenvortrieb stärker ist als seine Sinkgeschwindigkeit – er also mehr gleitet als fällt – trägt er die Bezeichnung G. Die modernsten G. nähern sich in ihren technisch-taktischen Parametern, insbes. im Gleitverhältnis, denen älterer Segelflugzeuge an. Bedingt durch luftundurchlässiges Material (Chemiefaserstoffe) haben G. eine geringe Kappenfläche (30...45 m^2) und sind ausgezeichnet manövrierfähig. In letzter Zeit wurden zahlreiche Versuche mit 1- und 2flächigen Kappen für G. unternommen. Diese Konstruktionen haben nur noch 15...22 m^2 Fläche. Seit 1964 haben sich 3 Generationen von G.

entwickelt: Rundkappen-, Flügel- und Stauluft-G.

Rundkappen-G.: Erster Vertreter war der US-amerikanische Para-Commander von 1964. Auffälligstes Konstruktionsmerkmal war die durch eine Zentralleine heruntergezogene Polregion. Dadurch spreizte sich die Fallschirmkappe und nahm eine flachere Form an. Der Druck der gestauten Luft stieg unter der luftundurchlässigen Kappe stark an, wurde durch ein Schlitz- und Steuersystem abgeleitet und verlieh dem G. einen hohen Eigenvortrieb. Das Gleitverhältnis stieg auf 1:1,8. Die hohe Geschwindigkeit ließ sich gut abbremsen und führte zu günstigen Steuereigenschaften. Diese G.-Generation fand Nachfolgemuster in den verschiedensten Ländern, z. B. den UT-15 (UdSSR) und den RL-8 (DDR). Rundkappen-G. sind im internationalen Sportgeschehen kaum noch vertreten.

Flügel-G.: Ausgangspunkt dieser Typenreihe ist der Rogalloflügel (→ Rogallo-Gleiter), mit dem ursprünglich schwere Lasten, z. B. Raumflugkörper, weich gelandet werden sollten. Der erste Personensprung wurde mit dem Barish-Flügel unternommen. Flügel-G. bestanden aus relativ kleinen Flächen mit ausgezeichneten Gleiteigenschaften, die jedoch praktisch nicht ausreichend beherrscht wurden. Das größte Problem war der schnelle und sehr harte Öffnungsvorgang. Bei Kurvenflug und Landephase traten Stabilitätsprobleme auf. Einige Baumuster überschritten das Experimentierstadium nicht. Im internationalen Sportspringen spielten Flügel-G. keine Rolle. Typische Vertreter waren neben dem Barish-Flügel das Folgemuster RL-6 (DDR) sowie der Delta-II-Flügel. Das Gleitverhältnis betrug etwa 1:3,5.

Stauluft-G.: 1970 erschien mit dem Para-Plane der erste Vertreter dieser Kategorie. Die Kappe besteht aus 2 übereinanderliegenden Gewebeflächen, durch Rippen und Spanten (wesentlich bestimmend für das Profil der Kappe) auf Distanz gehalten. Die hinteren Kanten der Flächen sind miteinander verbunden. Nach dem Entfaltungsvorgang werden die einzelnen Zellen durch die sich an der Vorderkante stauende Luft aufgeblasen. Dieser aerodynamische Vorgang gab dem G. den Namen. Der Widerstandsbeiwert des Stauluft-G. ist

dreieckiger Gleitschirm Delta-II-Wing (USA, 1970)

rechteckiger Gleitschirm Volplane (USA, 1970)

RL-10 (DDR, 1977)

RL-10 bei der Landung

RL-6 (DDR, 1968)

«Strato-Star» (USA, 1974)

sehr gering. Das tragflächenähnliche Profil der Kappe erzeugt einen großen Auftrieb, wodurch sich das Gleitverhältnis 1:2,6 ergibt. Seit den I. Europameisterschaften (1975) bestimmt der Stauluft-G. das internationale Sportgeschehen und zwang zu wiederholten Änderungen des Rekordreglements. Weitere Vertreter dieser Kategorie sind: Vol-Plane, Para-Sled, Strato-Star, Strato-Cloud und Para-Foil (alle USA), RL-10, RL-10/2, RL-12/2 und RL-16 (alle DDR), PO-9 (UdSSR), Magnum (Frankreich), YUN-8 (China) und CLUZ-1 (Jugoslawien).

Stauluft-G. werden in allen Disziplingruppen des Fallschirmsportspringens verwendet und ermöglichten aufgrund

ihrer besonderen aerodynamischen Eigenschaften überhaupt erst die Entwicklung des Kappen-Formationsspringens. Für die unterschiedlichen Einsatzforderungen werden Stauluft-G. mit fünf, sieben oder neun Zellen verwendet. Jede Zelle besteht aus einer Doppelkammer, die von jeweils zwei Ober- und Unterkappenbahnen und Innenspanten gebildet wird.
Seit einigen Jahren werden Stauluft-G. auch im militärischen Bereich verwendet. In den USA und in der DDR wurden auch Rettungsfallschirme für Fallschirmsportler nach dem Prinzip des Stauluft-G. produziert. Bekannteste Vertreter sind die Swift-Reserve (USA) und der RG-2 (DDR).

Gleitverhältnis, Gleitzahl: → Gleitflug

Gleitweg: Sinkprofil, das für die vertikale Führung des Endanflugs beim Landen bestimmt ist.

Gleitwinkel: Winkel zwischen → Gleitweg und Horizontalebene, gemessen in der Vertikalebene.

Gleitzahldiagramm: zeichn. Darst. der Abhängigkeit von Fluggeschwindigkeit (v in m/s) und (meist) reziproker Gleitzahl (→ Gleitflug). Das G. erhält man durch Errechnen der Werte für alle markanten Punkte der Sinkgeschwindigkeitspolare, es wird meist gleich in diese miteingezeichnet. → Polare

Glissada: sowjetischer Vorschlag für eine optische Landeanflug-Führungsanlage. Bei ihr wird die übliche Anflugbefeuerung (→ Befeuerung) durch rot leuchtende Strahlen von Rubinlasern ergänzt. 2 dieser Strahlen markieren die Landebahn, 3 Strahlen gestatten eine Einschätzung der Lage des Luftfahrzeugs gegenüber dem vorgebenen Anflugpfad. An Bord ist für dieses Verfahren keine Ausrüstung erforderlich. Die Reichweite beträgt ca. 30 km. Die Anlage ist auch bei schlechter Sicht (z.B. Nebel) verwendbar.

global positionnig system: → Satellitennavigation

Glonas: sowjetisches → Satellitennavigationssystem, das eine kontinuierliche Standortbestimmung und die Ermittlung von zweidimensionalen Geschwindigkeitsangaben ermöglicht. Das System benutzt bis zu 12 Satelliten, die in Höhen von etwa 20 000 km mit einer Inklination von 64° stationiert sind. die Sendefrequenzen betragen etwa 1 250 MHz. Die ersten Satelliten für das System wurden im Oktober 1982 gestartet (Kosmos 1413, 1414 und 1415). Die Umlaufdauer beträgt etwa 12 Stunden. Mit Hilfe von 2 Satelliten ist eine Standortbestimmung möglich. Die Signale eines dritten Satelliten werden benutzt, um die hochgenaue Uhr an Bord des Fahrzeugs zu korrigieren.

Gloster: Typenbez. für Flugzeuge der britischen Firma Gloster Aircraft Company Ltd., gegr. 1917. Produzierte Militärflugzeuge, vor allem Jäger. Zu den bekanntesten gehören: G. «Gladiator» (1934), G. E. 28/39 (1941, erstes britisches Strahlflugzeug für Versuchszwecke), «Meteor» (1943) und G.A.5 «Javelin» (1951). Ging in den Konzern → Hawker-Siddeley ein.

GMT: Abk. für (engl.) **G**reenwich **M**ean **T**ime. → MGZ

Gnômemotor: nach der französischen Herstellerfirma benanntes KTW. → Triebwerk

Goddard Award *(Goddard-Preis):* jährlich von «The American Institut of Aeronautics and Astronautics» verliehener Preis für «eine hervorragende Erfindung oder eine Reihe hervorragender Beiträge zur Ingenieurwissenschaft oder zum Antrieb oder zur Energieumwandlung».

Goedecker, *Jacob:* Ing., Flugzeugkonstrukteur, geb. 6. Jan. 1882 Warschau, studierte 1902/06 Schiffs- und Maschinenbau an den Technischen Hochschulen Aachen und Charlottenburg, gründete 1909 die Firma Jacob G., Flugzeugbau, Mainz. G. konstruierte 1910 einen taubenähnlichen Eindecker mit 37 kW, «Argus», wobei erstmalig bei dem Fahrwerk (3 Räder) Ballonbereifung verwendet wurde. 1911 eröffnete er eine Flugschule mit von ihm gebauten Schulflugzeugen mit Stahlrohrflügeln, im gleichen Jahr konstruierte und baute er für → Fokker die «Spinne» (insgesamt 25 Stück). 1913 baute er schnelle Eindecker als Rennflugzeuge, seit 1914 unbewaffnete 2sitzige Doppeldecker für militärische Zwecke. Da er von der kaiserlichen Armee keine Flugzeugaufträge erhielt, führte er ab 1915 nur noch Reparaturen aus. Ab 1920 beschäftigte er sich mit der Entwicklung des Segelflugs.

Gold C: Segelflugleistungsabzeichen, das auf blauem Grund 3 von einem Goldkranz umgebene weiße Möwen

zeigt. Nach den Bestimmungen der FAI wird das Abzeichen an Segelflieger verliehen, die folgende Leistungen nachweisen können: 1) Flug von mindestens 5 h Dauer; 2) Flug von mindestens 300 km Länge (mit spezifizierten Anforderungen hinsichtlich der Streckenführung und der Anzahl der Wendepunkte); 3) Flug mit einer Startüberhöhung von mindestens 3000 m. Inhabern der G. C oder Silber C kann je 1 Diamant verliehen werden für folgende Leistungen: Flug von mindestens 500 km Länge in freier Strecke oder Zielstrecke – Zielstrecke mit Rückkehr – oder Dreiecks-Strecke. Die Rückkehr zum Startort ist nicht erforderlich *(Entfernungsdiamant)*; Flug von mindestens 300 km Länge auf Dreieckskurs oder Zielflug mit Rückkehr zum Abflugpunkt *(Zielstreckendiamant)*; Startüberhöhung von mindestens 5000 m *(Höhendiamant)*. – Die Diamanten werden im oberen Teil des Gold- oder Silberkranzes im Leistungsabzeichen angebracht. Inhaber der G. C mit 3 Diamanten werden von der internationalen Flugsportorganisation FAI registriert. → Fédération Aéronautique International, → Silber C

Gondel (ital.): **1.** veraltete Bez. für den an einem Frei- oder Fesselballon hängenden Korb oder die (bei Höhenflü-

Gondel des Statostaten «Wolga», ebenfalls in Monino

Gondel eines russischen Ballons (um 1920 noch in der UdSSR verwendet) im Museum der sowjetischen Lufttreitkräfte in Monino

Unstarres Luftschiff «Pilgrim» von Goodyear

gen) luftdicht abgeschlossene kugelförmige Kabine für Personen, Instrumente und Ballast. – **2.** mit der Hülle eines Luftschiffs direkt oder durch Streben verbundener Besatzungs- und Fluggastraum (Führer-G.). – **3.** svw. →Triebwerksgondel.

Goodyear Tire & Rubber Co.: USA-Kautschukkonzern, der eine führende Rolle im Flugzeug- und Luftschiffbau, bei Lenkwaffen und Simulatoren spielt. In der Luftfahrt firmiert er seit 1941 mit *Goodyear Aircraft Corporation,* jetzt G. Aerospace. Der Konzern wurde 1898 gegr., Sitz Akron (Ohio). Seit 1917 wurden 296 Prall-Luftschiffe, sog. *Blimps,* davon 52 für kommerzielle Zwecke, gebaut. Die durchschnittlich 60 m langen, 15 m hohen Luftfahrzeuge (v_{max} = 80 km/h, v_{REISE} = 56 km/h, einschließlich Besatzung von 7 Mann) wurden vor allem für Seeüberwachungsaufgaben im Rahmen der US-Streitkräfte verwendet. Im zweiten Weltkrieg baute der Konzern auch Flugzeuge anderer Firmen, so die →Chance Vought «Corsair». Ab 1980 Produktion von Ballonschirmen für 227-kg-Bomben zum Abwurf aus dem Tiefflug.

Gordon-Bennett-Preis: von dem nordamerikanischen Verleger *J. Gordon-Bennett* 1899 für Automobilrennen gestifteter Preis. 1906 auf Freiballon- und Luftschiffs-, 1909 auf Flugzeugwettbewerb ausgedehnt.

Gosslau, *Fritz:* Dr. Ing., Triebwerkskonstrukteur, geb. 25. März 1898 Berlin, gest. 1. Dez. 1965 Grünwald bei München. Studium an der Technischen Hochschule Berlin, Diplom 1923, Dr.-Ing. 1926. Seit 1923 bei Siemens (Konstruktion von Höhenflugmotoren); anschließend bei der Argus-Motoren GmbH, Berlin (Entwicklung von luftgekühlten Reihenmotoren). Seit 1939 Entwicklung ferngesteuerter Zielflugzeuge und unbemannter Aufklärer, ab 1942 Mitarbeit an der V 1 (→ Fieseler). Nach 1945 Entwicklung von Motorrädern, ab 1954 bei Heinkel wieder in der Triebwerksentwicklung, die 1958 an die Junkers Flugzeug- und Motorenwerk GmbH in München überging, wo G. zum technischen Direktor berufen wurde. Dort arbeitete er an modernen Strahltriebwerken,bis er mit 65 Jahren ausschied. Im Ruhestand beschäftigt mit dem Bau von Flugmodellen.

Gotha: Flugzeuge der Gothaer Waggonfabrik, Abteilung Flugzeugbau, Gotha. Ab Anfang 1913 Bau der «Taube» (von *Kaspar*). Anschließend Produktion der LE 2 (von *Böhnisch-Bartl*), als «Gotha-Taube» vor allem an die Fliegertruppe geliefert. Ab 1915 Konstruktion und Bau von vorwiegend 2mo-

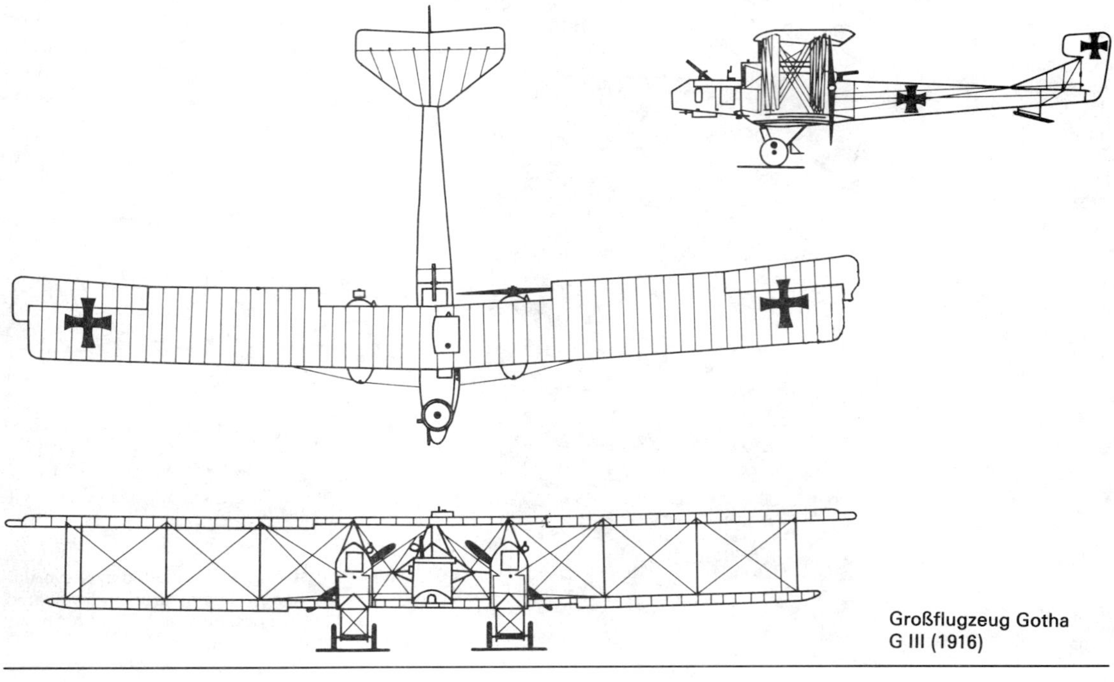

Großflugzeug Gotha G III (1916)

torigen See- und Großflugzeugen G I bis G X, wobei die G 1 von *O. Ursinus* konstruiert wurde. Bis 1918 wurden 582 Flugzeuge gebaut (50A-, 37 B-, 305 G-Flugzeuge; 92 1motorige, 96 2motorige und zwei 4motorige Seeflugzeuge). Konstrukteure waren *Grulich, Büchner, Bartl, Burkhard, Schmieder* und *Klaube*. Der Vertrag von Versailles legte die Zerstörung der Gothaer Flugzeugwerke fest. 1933 wurde der Flugzeugbau wieder aufgenommen (mit Gotha Go 145, einem Schul-Doppeldecker). 1942 wurden Lastensegler Go 242 in großer Serie sowie Flugzeuge anderer Firmen in Lizenz gebaut.

gotischer Flügel: → ogivale Flügelform

GPS: Abk. für **G**lobal **P**ositioning **S**ystem, Globales Ortungssystem. → Satellitennavigation

GR: Abk. der Royal Air Force für **G**round-attack/**R**econnaissance (Erdkampf-Aufklärungsflugzeug), z. B. «Jaguar» GR Mk 1.

Grade, *Hans:* Flugzeug- und Flugmotorenkonstrukteur, Altmeister des deutschen Motorflugs (erwarb am 1. Febr. 1910 als Pilot Nr. 2 die Flugzeugführererlaubnis), geb. 17. Mai 1879 Köslin, gest. 22. Okt. 1946 Borkheide; studierte Maschinenbau an der Technischen Hochschule Berlin-Charlottenburg, gründete im Herbst 1905 in Magdeburg die «Grade Motorenwerke», 1907 konstruierte und baute er während des Militärdienstes in Magdeburg seinen berühmten Dreidecker einschließlich Motor (6 Zylinder, 27 kW), mit dem ihm am 28. Okt. 1908 als erstem Deutschen ein Motorflug auf dem Magdeburger Exerzierplatz glückte. Er konstruierte dann einen Eindecker als Ein- und Doppelsitzer (Spannweite 10,50 m, Länge 8,50 m, Flügelfläche 20,00 m², Leermasse 100 kg, G.-4-Zylinder-2-Takt-Motor mit 12 kW). Pilot und Fluggast saßen in Hängematten unter dem Tragflügel. Mit dem Eindecker gewann er am 30. Okt. 1909 den «Lanz-Preis der Lüfte» (40 000 Mark). Damit baute er 1909 die «Grade Fliegerwerke» in Bork/Mark auf. Dort betrieb er ab 1910 seine Fliegerschule und ließ am 18. Febr. 1912 das erste «Postflugzeug» mit *Hermann Pentz* nach Brück starten. 1913 baute G. das erste für den Rückenflug geeignete deutsche Flugzeug. Ein G.-Flugzeug ist heute im Magdeburger Museum zu besichtigen.

Greenwich Mean Time: → MGZ, → UTC

Greenwich Zeit: → MGZ, → UTC

Grenzschicht: dünne Schicht Flüssigkeit oder Gas an der Oberfläche eines von diesen Medien umströmten Körpers, in der sich die Strömungsgeschwindigkeit aufgrund Haftreibung

Hans Grade

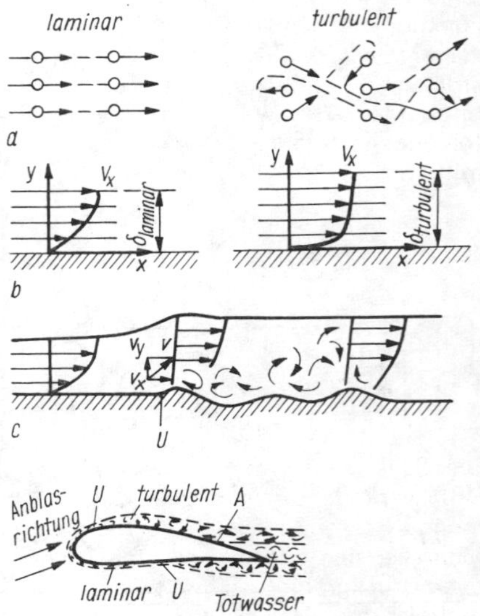

a Strömungsbilder, b Geschwindigkeitsverteilung, c Übergang von laminarer in turbulente Strömung, d Grenzschicht am Profil, A Ablösepunkt, U Umschlagpunkt

zwischen Körper und Medium sowie innerer Reibung im Medium von v = 0 auf die Geschwindigkeit der unbeeinflußten Strömung erhöht. Außerhalb der G. kann die Strömung ohne große Fehler als reibungsfrei (ideal) angesehen werden. Die Strömung in der G. ist meist über eine gewisse Strecke *laminar* (geschichtet) und nach Erreichen des Umschlagpunkts *U turbulent* (verwirbelt). Ursache des Übergangs von laminarer zu turbulenter Strömung in der G. ist die Störung der tangentialen Bewegung der Flüssigkeits- oder Gasteilchen durch radiale Impulse aufgrund der Oberflächenrauhigkeit des Körpers oder anderer Faktoren. Die Stabilität der laminaren G. ist abhängig von der → Reynoldsschen-Zahl (Re-Zahl). Bei Erreichen der kritischen Re-Zahl ist ihre Stabilität so gering, daß bereits kleinste Störungen den Umschlag in eine turbulente G. bewirken. Die turbulente G. ist dicker und energiereicher als die laminare; dadurch hat sie eine bessere Haftfähigkeit (geringere Ablöseempfindlichkeit) aber auch einen höheren Reibungswiderstand. Die Dicke der G. ist i. allg. relativ gering (sie erreicht z. B. an modernen Jagdflugzeugen bei einer Geschwindigkeit von 2 Mach eine Stärke von 5...10 cm), wenn man ihre äußere Grenze bei Erreichen einer Geschwindigkeit $v = 0{,}99\, v_\infty$ festlegt. Sie ist eine Funktion der Zähigkeit des Mediums, seiner Geschwindigkeit und der überstrichenen Länge des Körpers. Für geringe Mach-Zahlen läßt sie sich nach folgenden Näherungsgleichungen ermitteln:

$$\delta_{\mathrm{lam}} \cong \frac{5 \cdot l}{\sqrt{\frac{v \cdot l}{\nu}}} = \frac{5 \cdot l}{\sqrt{\mathrm{Re}}}$$

$$\delta_{\mathrm{turb}} \cong \frac{0{,}2 \cdot l}{\sqrt[7]{\frac{v \cdot l}{\nu}}} = \frac{0{,}2 \cdot l}{\sqrt[7]{\mathrm{Re}}}$$

Die G. ist sehr empfindlich gegenüber Druckveränderungen entlang der Strömung. Bei zu großer Druckerhöhung (charakerisiert durch einen großen positiven Druckgradienten dp/dl) kann es innerhalb der G. zu einer allgemeinen Rückströmung kommen, was zum → Ablösen der Strömung vom umströmten Körper im Punkt A führt. Diese Erscheinung zu verhindern, ist Aufgabe der → Grenzschichtbeeinflussung am Flugzeug. Den Begriff der G. führte *Ludwig Prandtl* 1904 in die Strömungslehre ein. Durch seine Arbeiten sowie durch die Arbeiten anderer führender Aerodynamiker, wie *N. E. Shukowski* und *S. A. Tschalpygin* in der UdSSR, wurde nachgewiesen, daß ohne Existenz der G. am Tragflügel keine → Zirkulation und somit auch kein Auftrieb entstehen würde. Erst die Untersuchung der G. gestattet exakte Begründungen für solche aerodynamischen Erscheinungen, wie das Ablösen der Strömung und die Wirbelbildung an Profilen.

Grenzschichtbeeinflussung, *Grenzschichtsteuerung:* Methoden zur Beeinflussung der Grenzschicht, um Ablösen der Strömung am Profil (Tragflügel) bei großen Anstellwinkeln, und damit verbunden, großen positiven Druckgradienten zu verhindern. Dazu ist es erforderlich, die Grenzschicht mit kinetischer Energie anzureichern. Das ist möglich 1) durch Absaugen der energiearmen unteren Schicht der G. oder 2) durch Einblasen energiereicher Gase in die G. Letztere Methode ist heute vor allem bei Jagdflugzeugen der 2-Mach-Klasse weit verbreitet, um ein Ablösen der Strömung bei Ausfahren der Landeklappen über 30...40° zu verhindern (→ Auftriebshilfen). Konstruktiv wird das Absaugen der Grenzschicht mit Hilfe spezieller Ventilatoren oder unter Zuhilfenahme des Ejektorprinzips gelöst. Zum Einblasen in die Grenzschicht wird Gas entweder durch bes. Gasgeneratoren erzeugt, durch Kompressoren aus der Atmosphäre verdichtet (nur bei größeren Flugzeugen zweckmäßig) oder von den im Flugzeug vorhandenen Triebwerken abgenommen (starke Leistungsminderung, somit im wesentlichen nur zur Auftriebserhöhung im Landeanflug geeignet, bei dem die Triebwerke normalerweise gedrosselt sind).

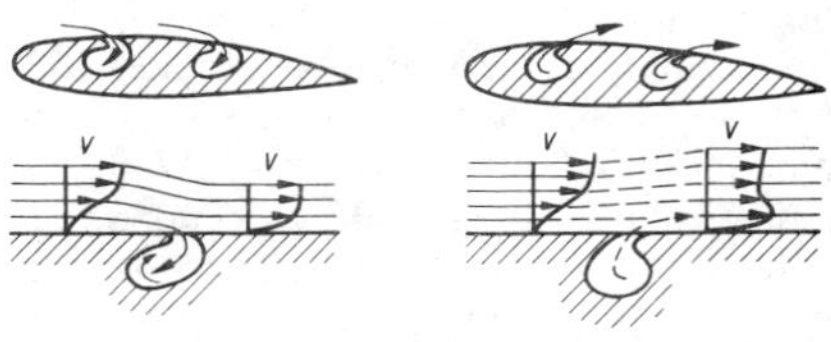

links: Absaugen der Grenzschicht; rechts Anblasen der Grenzschicht; V Geschwindigkeitsverteilung in der Grenzschicht

Grenzschichtschneide einer MiG-23

Grenzschichtschneide: dünne Metallfläche am Lufteinlauf eines Strahltriebwerks, um die turbulente Grenzschichtströmung des Flugzeugs fernzuhalten.
Grenzschichtsteuerung: svw. → Grenzschichtbeeinflussung.
Grenzschichtzaun: 10...20 cm hoher, in Flugrichtung auf gepfeilten Flügeln (Pfeilflügel, Deltaflügel) angebrachter Blechsteg, der ein Abwandern der Grenzschicht in Richtung der Tragflügelenden verhindert. Bei Fehlen des G. am gepfeilten Tragflügel tritt ein örtliches Ablösen der Strömung an den Tragflügelenden bereits bei kleinen Anstellwinkeln (5...8°) auf, was, infolge der nie exakt vorhandenen Symmetrie der Erscheinung, zum Abkippen des Flugzeugs nach der Seite führt.
Grigorowitsch, *Dimitri Pawlowitsch:* sowjetischer Flugzeugkonstrukteur, geb. 25. Jan. (6. Febr.) 1887 Kiew, gest. 27. Juli 1938 Moskau. G. beendete 1909 das Polytechnikum von Kiew als Ingenieur. Begann schon als Student (1908) mit seinem ersten Flugzeugprojekt. 1911 baute er sein erstes Flugzeug, kurz darauf folgten 2 weitere Projekte. Seine Ziele konnte er jedoch erst verwirklichen, als er Technischer Direktor des Werks «Erste Russische Luftfahrt-Gesellschaft S. S. Schtschetinin Petersburg» wurde. Dort baute er 1913 sein erstes Wasserflugzeug M-1. G. unter-

Grenzschichtzaun einer Suchoi Su-7B

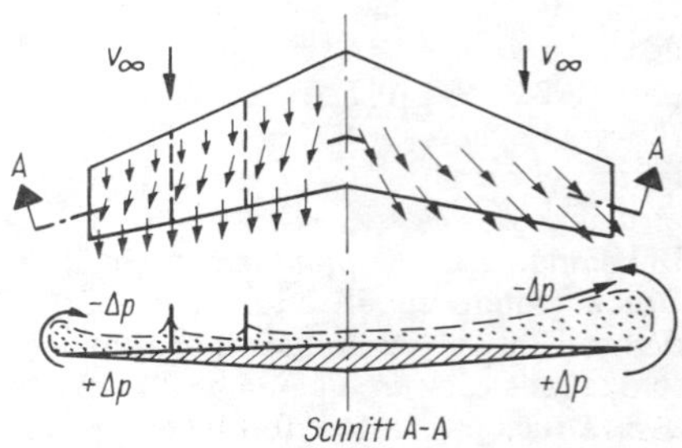

Wirkung von Grenzschichtzäunen: oben Bewegung der Grenzschicht auf einem gepfeilten Flügel, links mit, rechts ohne G., unten Stärke der Grenzschicht am gleichen Tragflügel, mit Darstellung der entspr. Randwirbel

Grigorowitsch-Flugboot M-4

nahm zahlreiche Experimente und arbeitete intensiv an der Entwicklung der Flugtechnik, insbes. von leistungsfähigen Wasserflugzeugen in Doppeldekkerbauweise. Dem Wasserflugzeug M-4 für die russische Ostsee- und Schwarzmeerflotte folgte 1914 das bekannte Flugboot M-5. Als erstes Wasserflugzeug erhielt die M-9 (mit einem solchen Flugzeug flog auch →Nagorski) 1916 eine Kanone, unter den Tragflügeln trug es mehrere Bomben. Die M-9 wurde auch an England, Frankreich, Italien und die USA verkauft. 1916 projektierte G. mit der M-11 das erste Wasserjagdflugzeug der Welt. In den 20er Jahren folgten zahlreiche Projekte. So entwikkelte er die ersten Schlachtflugzeuge sowie zahlreiche Experimental-(PI-1..PI-4), Mehrzweck- und Sportflugzeuge. Sein letztes M-Flugboot war die M-24 (1922) bzw. die verbesserte M-24 bis (1924), die sich an das Bauschema der früheren M-Typen anlehnte. G. baute auch Jagdflugzeuge, so die I-2 bis 1924 und 1928 mit → *Polikarpow* die berühmte I-5, aus der später die I-15 abgeleitet wurde. Ab 1922 war G. Chefkonstrukteur des Werks «Krasny Lotschik» in Leningrad sowie Leiter des maritimen Versuchsflugzeugbaus OMOS (Otdel Morskowo Opytnogo Samoljotostrohenija).

Grivation: Kunstwort, das aus engl. *Grid variation* (Gradnetzabweichung) gebildet wurden. In Navigationskarten, die ein Gradnetz anstelle eines auf Nord bezogenen Koordinatensystems benutzen, gibt die G. den Winkel zwischen der Gradnetzlinie und dem magnetischen Meridian an. → Gitternavigation

Grizewetz, *Sergei Iwanowitsch:* sowjetischer Jagdflieger, geb. 6. (19.) Juli 1909 Borowitz, Gebiet Brest, gest. 16. Sept. 1939 Balbasow. Eintritt in Armee und KPdSU 1931, absolvierte 1932 die Militärfliegerschule und 1936 die Luftkampfschule. Befehligte eine Jagdfliegerkette, eine Staffel und ein Geschwader. Freiwilliger in Spanien (1936–1939), Teilnehmer an den Kämpfen in der Mongolei (Chalchin Gol) gegen die Japaner. 1938 Major, zweifacher Held der Sowjetunion. Kam bei einer Flugzeugkatastrophe ums Leben.

Grobhöhenmesser: → Höhenmesser

Grobortung: → Feinortung

Gromow, *Michail Michailowitsch:* sowjetischer Flieger, geb. 12. (24.) Febr. 1899 Twer, gest. 22. Jan. 1985 Moskau, Generaloberst, beendete 1917 einen Kurs der Technischen Hochschule. 1918 Armeeeintritt und Abschluß der Fliegerschule. Kämpfte im Bürgerkrieg an der Ostfront. Nach dem Krieg Fluglehrer und Versuchspilot, 1937 Professor, Verdienter Testpilot der UdSSR, unternahm 1925 Fernflug mit ANT-3 «Proletarier» Moskau-Peking (über 7000 km), 1926 mit dem gleichen Typ Fernflug Moskau-Paris-Rom-Wien-Warschau-Moskau. 1929 mit ANT-9 «Flügel des Sowjets» Fernflug Moskau-Berlin-Paris-Rom-Marseille-Rom-Paris-Warschau-Moskau. 1934 mit der 1motorigen ANT-25 Weltrekord auf geschlossener Strecke ohne Zwischenlandung (12411 km), 1937 mit ANT-25 (Besatzung

Michail Gromow (1., 3.v.r.: Klement Woroschilow, dahinter Andrej Tupolew)

S. Danilin und *A. Jumaschew*) 10148 km von Moskau in 62 h 17 min über den Nordpol und Kanada nach San Jacinto (Kalifornien/USA). Dieser Rekord bestand bis 1946. G. war im zweiten Weltkrieg Kommandierender einer Luftarmee. Held der Sowjetunion. 1946/49 Stellvertretender Kommandierender der Fernfliegerkräfte, dann Arbeit im Luftfahrtministerium. Deputierter des Obersten Sowjets. Träger hoher Auszeichnungen. 1955 in die Reserve versetzt.

Gronau, *Wolfgang von:* deutscher Flugpionier, geb. 25. Febr. 1893 Berlin, gest. 18. März 1977 Trasdorf, Oberbayern. G. war Marineflieger im ersten Weltkrieg, seit 1925 Ausbilder für Seeflieger an der Deutschen Verkehrsfliegerschule (DVS) Warnemünde. 1928 eröffnete er eine weitere Seefliegerschule in List auf Sylt, wo er neben der Ausbildung neues Fluggerät erprobte. Juli 1926 mit Schwimmerflugzeug Heinkel HE 5 Gewinn des Deutschen Seeflugwettbewerbs in Warnemünde, 2. Nov. 1926 mit HE 5 erster deutscher Höhenweltrekord nach dem ersten Weltkrieg (1000 kg Nutzmasse – 4492 m Höhe). Vom 18. bis 26. Aug. 1930 mit Dornier «Wal» (Besatzung: Flugzeugführer *Eduard Zimmer,* Funker *Fritz Albrecht* und Bordmechaniker *Franzl Hack*) Flug über die Färöer-Inseln, Island, Grönland, Labrador nach New York. 1931 überquerte er mit einem Dornier «Wal» Grönland; erreichte über Kanada und Chicago New York. Vom 22. Juli bis 9. Nov. 1934 mit Dornier «Wal» Weltflug über 44000 km von List auf Sylt nach Island, Grönland, Kanada, USA, Alaska, die Aleuten, Japan, Shanghai, Hongkong, Indonesien, Rangun, Ceylon, Karatschi, Bagdad, Athen, Rom, Friedrichshafen zurück nach List. Nach 1933 wurden ihm hohe Funktionen übertragen: 1934 Vizepräsident und 1935 Präsident des Aero-Clubs von Deutschland, 1939 Luftfahrtattaché in Tokio. Dort nach Kriegsende interniert, 1947 nach Westdeutschland. War als Vertreter der USA-Flugzeugwerke → Lockheed in der BRD tätig.

Groenhoff, *Günther:* Flugsportler, geb. 7. April 1908, gest. (abgestürzt) 23. Juli 1932 in der Rhön; einer der ersten Segelflugpioniere (1923), 1926/29 Ausbildung zum Verkehrspiloten, seit 1929 Fluglehrer auf der Wasserkuppe; Segelforschungsflüge sowie eine Segelflugexpedition zum Jungfraujoch.

Großbasispeilanlage: Peilanlage, bei der die Antennenabmessung gegenüber der verwendeten Wellenlänge groß ist. G. liefern genauere Peilungen als → Kleinbasispeilanlagen. Ihr Bau wurde erst nach Benutzen kürzerer Wellen (z. B. UKW) möglich, weil im Mittel- und

Langwellenbereich der Aufwand zum Aufbau der Antennen zu hoch gewesen wäre. Zu den G. gehören → Interferometer und Dopplerpeiler.

Grotte, Tunnel: auf den Rumpf aufgesetzte tunnelförmige Verkleidung zur Unterbringung von Steuergestängen, Kabeln und Rohrleitungen, die insbes. bei kleinen Flugzeugen keinen Platz innerhalb der Rumpfkontur gefunden haben. Die Nutzung von G. vereinfacht den konstruktiven Aufbau von Lufteinlaufkanälen, Kraftstoffbehältern und Triebwerksräumen im Rumpf wesentlich und bringt nur einen relativ geringen Zuwachs an Luftwiderstand. Gleichzeitig wirken sich G. durch zusätzliche stabilisierende Momente günstig auf die → Seitenstabilität aus.

Groundeß: → Fluggastbetreuung

Groupement Belge des Constructeurs de Matériel Aérospatial, Abk. **Gebecoma:** Vereinigung belgischer Konstrukteure von Luft- und Raumfahrtmaterial, Mitglied der → Association International des Constructeurs de Matérial Aérospatial.

Grumman Corporation: USA-Konzern für den Bau militärischer und ziviler Flugzeuge, für Raum- und Luftfahrzubehör sowie elektronische Geräte. 1929 als The Grumman Aircraft Engineering Corporation gegr., entwickelte die Firma zahlreiche Marineflugzeuge, darunter Schwimmer- (G. «Duck», 1933) und Flugzeugträgermaschinen (G. «Wildcat», 1939, «Hellcat», 1942) sowie Flugboote (G. G-44 «Widgeon», 1938, G-64

Grotte auf dem Rumpfrücken einer MiG-21; auf früheren MiG-21-Versionen war die Grotte schmal, durch die Aufnahme zusätzlicher Kraftstoffbehälter hinter der Kabine wurde sie immer breiter

Grumman F-14

«Albatros», 1949), von 1939 bis 1945 über 17000 Flugzeuge verschiedener Typen. Nach 1945 baute G. weiterhin vorwiegend maritime Militärmaschinen, gegenwärtig das Jagdflugzeug F-14 «Tomcat», die Elokamaschine EA-6 B «Prowler» und den maritimen Aufklärer E-2 C «Hawkeye» der Gruppe G. Aerospace Corp., während die G. American Aviation Corp. zivile Flugzeuge («Gulfstream», «American Lynx» und «Cougar» als Passagier- und Sportmaschinen sowie «Super AG-CAT» als Landwirtschaftsflugzeug) baut. Diese Tochtergesellschaft für den Unternehmensbereich Geschäfts- und Leichtflugzeuge wurde am 2. Jan. 1973 gegr.

Grundflugplatz: im → Agrarflug Fluggelände, das dem Einsatz von Flugzeugen und Hubschraubern in der Volkswirtschaft dient und das mit Anlagen ausgerüstet ist, die den staatlichen Sicherheitsanforderungen bei der Stationierung der genannten Luftfahrzeuge entsprechen. Größe und Hindernisfreiheit richten sich nach Luftfahrzeugtyp, Startverfahren und geogr. Höhenlage. Mindestgröße bei günstigen Verhältnissen 50 m × 410 m; bei normalen Verhältnissen 50 m × 710 m; im Extremfall 70 m × 810 m; für Hubschrauber 50 m × 75 m.

Grundgeschwindigkeit: → Fluggeschwindigkeit, → Geschwindigkeit über Grund

Grundschicht: → Atmosphäre

Grundüberholung: umfangreiche planmäßige Instandsetzungsmaßnahme am Luftfahrtgerät beim Erreichen seines technischen Einsatzlimits, wodurch die Eigenschaften und Leistungen wiederhergestellt werden, die denen des Neuzustands nahekommen.

Gruppencharter: → Charterflugverkehr

Gruppenermäßigung: → Ermäßigung

G.T.: Abk. für **G**lider **T**ug; brit. Bez. für Schleppflugzeuge von → Lastenseglern.

GUGWF: Abk. für **G**lawnoe **U**prawlenie **G**rashdanskowo **W**osduschnowo **F**lota; frühere Hauptverwaltung der Zivilen Luftflotte, deren Aufgaben nunmehr vom Ministerium für Zivilluftfahrt der UdSSR wahrgenommen werden.

Guillaumet, *Henri:* französischer Pilot, geb. 29. Mai 1902 Boiy/Marne, gest. (gefallen) 27. Nov. 1940. Im ersten Weltkrieg Flugzeugführer, bis 1925 Dienst in französischen Luftstreitkräften. Arbeitete in der Flugzeugfirma → Latécoère, die auch französische Verkehrslinien bediente. G. flog auf der Strecke Casablanca–Dakar, unternahm 1927 in Südamerika 393 Andenflüge. Bezwang 1934 mit *Mermoz* den Atlantik nach Südamerika. Es folgten weitere 82 Flüge Europa-Südamerika. G. stellte 1937 mit 10000 und 15000 kg Nutzmasse über 1000 km (Wasserflugzeug Latécoère 521) 4 Weltrekorde in dieser Flugzeugklasse auf. 1938/39 überquerte er 12mal den Nordatlantik. Am 27. Nov. 1940 wurde er mit einem 4motorigen Postflugzeug über dem Mittelmeer abgeschossen.

Gulf Air Company G.S.C., Abk. **Gulf Air:** gemeinsames Luftverkehrsunternehmen von Bahrain, Oman, Qatar und den Vereinigten Arabischen Emiraten. *Flugzeugpark* (1988): je 8 Boeing 737 und L 1011; gemietet sind 1 Boeing 747, 2 Boeing 767 und 3 L 1011. Verkehrsdaten 1987: 2,5 Mill. beförderte Passagiere; 4,5 Mrd. Pkm; 130,2 Mill. Frachttkm; 570 Mill. tkm Gesamtleistung, die ausschließlich im intern. Linienflugverkehr erbracht wird. Hauptstrecken: Europa (London, Paris, Frankfurt/M., Athen), Indien, Sri Lanka, Ferner Osten. Länge des Streckennetzes beträgt (1987) 159402 km.

Gültigkeitsdauer von Flugscheinen: Zeitraum, innerhalb dessen erworbene Flugscheine benutzt werden müssen. Auf Flugscheine ohne Buchungseintragungen (offene Flugscheine) muß die Flugreise auf den ersten Flugabschnitt spätestens 12 Monate nach Ausstellungsdatum angetreten sein; vom Zeitpunkt des Reisebeginns an läuft die normale Gültigkeitsdauer von 12 Monaten: Flugscheine zu normalen Flugpreisen sind im internationalen Flugverkehr vom Tage des Flugantritts 12 Monate gültig und müssen innerhalb dieses Zeitraums abgeflogen sein, die letzte Teilstrecke (lt. letztem Flugabschnitt) muß innerhalb der Gültigkeitsdauer angetreten werden. Bei Anwendung bestimmter Tarife kann eine kürzere als die o.g. G. vorgeschrieben werden. Die G. kann aus bestimmten, beim Luftverkehrsunternehmen oder beim Flugreisenden liegenden Gründen vom Aussteller auf Antrag verlängert werden. Werden Flugscheine innerhalb der G. nicht ausgenutzt, können sie zur → Erstattung eingereicht werden.

Gummifederung: ältere Bauweise des Federbeins von Fahrwerken, bei der die Abfederung des Landestoßes bzw. der Rollstöße mit Hilfe von Gummikabeln oder Gummipuffern gewährleistet wurde.

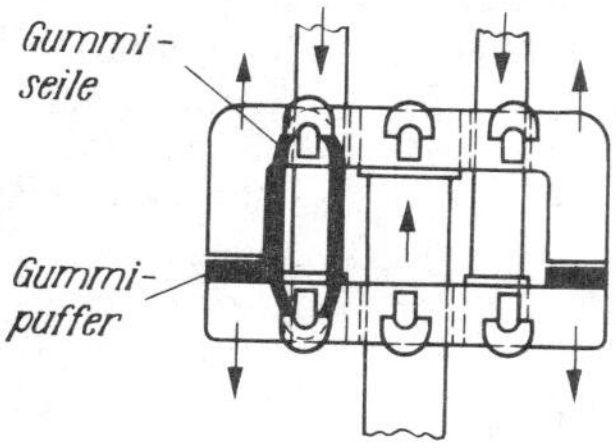

Prinzip der Gummifederung älterer Fahrwerke

Gummimotor: Antriebsmittel für extrem leichte Flugmodelle. Ein Bündel von Gummisträngen wird mit einem Ende am Rumpf, mit dem andern an der Luftschraube befestigt und dann durch Drehen der Luftschraube entgegen deren Drehsinn miteinander verdrillt. Nach dem Loslassen wird die Luftschraube angetrieben. Mit außergewöhnlich leichten Saalflugmodellen (weniger als 1 g ohne Gummimotor) wurden bei einmaligem Aufziehen Flugzeiten von nahezu einer Stunde erreicht.

Gummiseilstart: heute nur noch wenig gebräuchliche Startart für Gleit- und Segelflugzeuge am Hang mit Hilfe eines an der Rumpfspitze eingehakten Gummiseils. Das Flugzeug wird von der Haltemannschaft am Rumpfende festgehalten, während das 2strängige Gummiseil von der Startmannschaft ausgezogen wird. Kommandos: Ausziehen, Laufen, Los! Auf das Kommando «Los» gibt die Haltemannschaft das Flugzeug frei, und durch die Zugkraft des Seils schnellt das Flugzeug in die Luft.

Gurewitsch, *Michail Jossipowitsch:* sowjetischer Flugzeugkonstrukteur, geb. 31. Dez. 1892 (12. Jan. 1893) Rubanschtschina, Gebiet Kursk, gest. 25. Nov. 1976 Moskau; schloß 1925 sein Studium (Physik, Mathematik) an der Technischen Hochschule Charkow ab, anschließend studierte er in Frankreich Aeronautik. Seit 1929 in der sowjetischen Luftfahrtindustrie, zunächst im Konstruktionsbüro → *Polikarpow.* Konstruierte bis 1924 auch verschiedene Segelflugzeuge. Ab 1938 als Stellvertretender Chefkonstrukteur Zusammenarbeit mit → *Mikojan* (MiG), 1957–1964 Chefkonstrukteur. 1964 Doktor der technischen Wissenschaften. Vor allem als Mathematiker führend am Erfolg der gesamten MiG-Reihe beteiligt. Staatspreise 1941, 1947, 1948, 1949. Leninorden, Held der sozialistischen Arbeit.

Gurt: 1. Bez. für zweiflächenhafte Tragwerke (oberer und unterer G.) mit vielfältigen Querschnittsformen, die zusammen mit dem meist senkrecht zu ihnen angeordneten → Steg einen → Holm oder → Träger bilden. Häufig werden G. als selbständige Bauelemente – bes. im

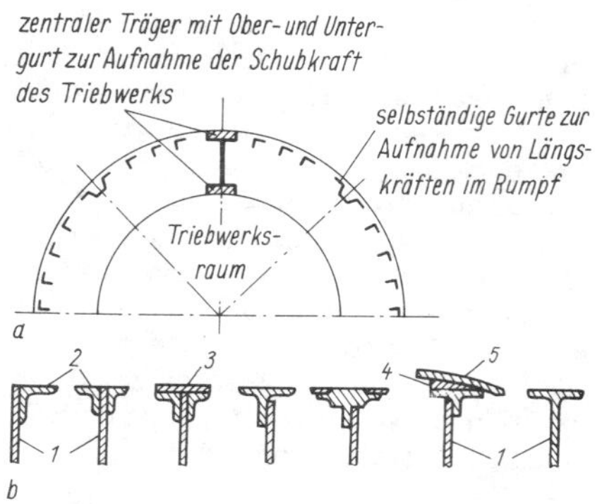

a Lage von Gurten im Rumpf, b Auswahl möglicher Gurtprofile: 1 Steg, 2 Winkelprofile, 3 Band, 4 Stützprofil, 5 Hautblech

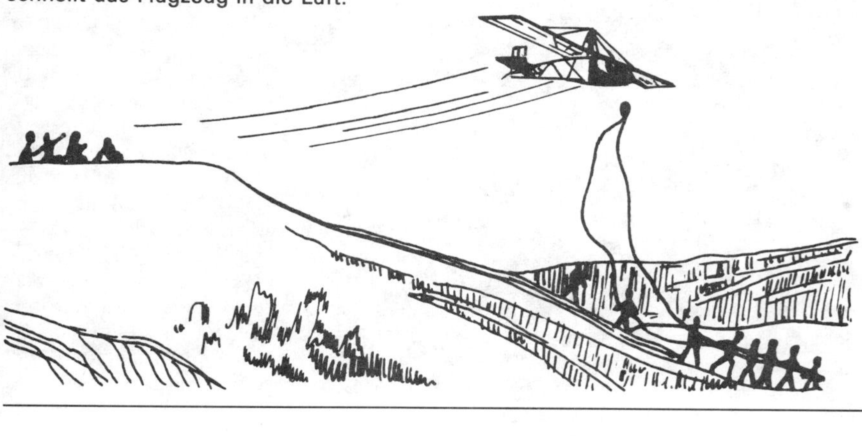

Gummiseilstart

Rumpf – verwendet, wobei dann die Behäutung zwischen den G. die Rolle des Stegs übernimmt. – **2.** → Anschnallgurt

Guynemer, *Georges:* französischer Jagdflieger des ersten Weltkriegs, Ritter der Ehrenlegion, geb. 24. Dez. 1894 Paris, gefallen 11. Sept. 1917. War vor dem Krieg Mechaniker. Ab 1915 Jagdflieger, Kapitän (Hauptmann); zeichnete sich durch bravouröse Flugleistungen aus. Baute sich als erster Pilot eines Jagdflugzeugs eine Kanone in die Maschine ein. 755 Flugstunden.

Gyrorektor: früher übliche Bez. für den → künstlichen Horizont.

Gyrosynkompaß: Firmenbez. für einen Kreisel-Induktionskompaß. → Kompaß

H

H: 1. ältere Typenbez. der britischen und USA-Luftstreitkräfte für Hubschrauber (engl. Helicopter). – **2.** Formelzeichen für → Flughöhe (z. T. auch h).

Haager Protokoll: Protokoll vom 28. Sept. 1955 zur Änderung des → Warschauer Abkommens. → Luftrecht

Haftung: Verantwortlichkeit des Halters von Luftfahrzeugen für Schäden, die bei deren Betrieb durch gesundheitliche Schädigung, körperliche Verletzung oder Tötung von Personen sowie durch Beschädigung oder Zerstörung von Sachen entstehen. Er ist verpflichtet, diese Schäden zu ersetzen. Die juristischen Regelungen sind in den Luftverkehrsgesetzen der einzelnen Länder getroffen worden. Für den internationalen Verkehr gelten das «Abkommen zur Vereinheitlichung von Regeln über die Beförderung im internationalen Luftverkehr» (→ Warschauer Abkommen vom 12. Okt. 1929) und «Protokoll zur Änderung des Warschauer Abkommens» (Haager Protokoll vom 28. Sept. 1955). Für Reisen von und nach den USA gelten z. T. bes. Bestimmungen aufgrund von Beförderungsverträgen, die von den Luftverkehrsgesellschaften, die von und nach den USA fliegen, abgeschlossen und in den gültigen Tarifen veröffentlicht sind.

HAL: Typenbez. für Flugzeuge der indischen Werke **H**industan **A**eronautics **L**td. in Bangalore. Weitere Fertigungsstätten in Kanpur, Nasik, Koraput, Hyderabad und Lucknow. Am 1. Okt. 1964 durch Zusammenschluß der Werke Hindustan Aircraft Ltd. (1940 gegr.) und Aeronautics India Ltd. (1963 entstanden) gebildet. 1984 über 40 000 Mitarbeiter, davon 19 000 in Bangalore. Bauten zunächst kleine Schul- und Verbindungsflugzeuge in Lizenz. Das Bauprogramm umfaßt Lizenz- und Eigenentwicklungen. Kanpur: Lizenzbau von Transportern Hawker-Siddeley H. S. 748 sowie Segelflugzeugen. Nasik, Koraput und Hyderabad fertigten MiG-21 in Lizenz. Lucknow baut britische, französische

Ein Foto vom Febr. 1973 – die erste MiG-21M von HAL ist fertig

Halberstadt CL II

und USA-Flugzeuge nach Lizenzen. In Bangalore werden Triebwerke, Jagdflugzeuge (zunächst HAL MF-24, HAL HJT. MK II «Kiran»), Landwirtschaftsflugzeuge und Hubschrauber (SA 315 B «Lama», SA 316 B «Alouette II») hergestellt. HAL produziert in Lizenz MiG-27 und MiG-29 sowie Jagdbomber «Jaguar».

Halberstadt: Bez. für die Flugzeuge der früheren Halberstädter Flugzeugwerke GmbH, die 1913 aus den 1912 gegr. Deutschen Bristol-Werken in Halberstadt entstanden waren. 1914/18 wurden 1 717 C- und CL- sowie 85 D-Flugzeuge gebaut. Konstrukteure waren *Burkhardt* (später bei → Gotha), *Voigt* und *Theiß*.

Halbkompaß: früher verwendete Anlage zur Kursüberwachung, meist ein → Kurskreisel, der von Hand in eine Solllage eingestellt wurde. H. zeigten nur die Abweichung von einem vorgegebenen Kurs an, für das Meßelement wurde kein von der Erde hervorgerufenes Richtmoment benutzt.

Halterakte: Zusammenstellung staatlicher und betrieblicher Dokumente aus Konstruktion und Fertigung, Instandhaltung und -setzung sowie Prüfung, die für Betrieb und Instandsetzung von Luftfahrtgerät notwendig und bei den staatlichen Prüfungen des Luftfahrtgeräts vorzulegen sind.

Haltetau: beim Landemanöver eines Luftschiffs aus etwa 50 m Höhe abzuwerfende Leine, mit der es an die Erde gezogen werden konnte. Zum Landen eines Luftschiffs von der Größe des LZ 127 «Graf Zeppelin» wurden etwa 70...80 Mann benötigt.

Hamburg, Flughafen Fuhlsbüttel, City-Code **HAM:** internationaler Flughafen der BRD, 53° 37′ 54″ n. Br., 09° 59′ 24″ ö. L., Höhe 16 m. 12 km nördlich des Stadtzentrums gelegen, Anzahl der (1988) abgefertigten Personen: 5,7 Mill. 2 Start- und Landebahnen mit 3 665 m × 46 m und 3 250 × 46 m. Moderne Funk- und Navigationsausrüstungen.

Hamburger Flugzeugbau GmbH, Abk. **HFB:** 1933 als Unterabteilung der

Die C-160 «Transall», an deren Bau HFB beteiligt war

damals größten deutschen Schiffswerft Blohm & Voß gegr. Firma. Zunächst Lizenzbau von Teilen für Ju 52, ab 1934 nach der Entwicklung eines Übungsdoppeldeckers (Ha 135) hauptsächlich Konstruktion großer Flugboote (1938 BV 138 und BV 222) und Langstrecken-Schwimmermaschinen (1935 Ha 139) sowie asymmetrischer Flugzeuge (1941 BV 141). 1937 Umbenennung in Blohm & Voß, Abt. Flugzeugbau. 1941 Verlagerung des Flugzeugbaus in ein eigenes Werk nach Finkenwerder, das 1945 von der englischen Besatzungsmacht übernommen wurde. Ab 1954 mit Weser Flugzeugbau und Siebel ATG als Flugzeugbau Nord GmbH Lizenzbau von 1929 Nord 2501 Noratlas für die BRD-Luftstreitkräfte (wieder unter dem Namen HFB). Anfang der 60er Jahre Entwicklung des Reiseflugzeugs HFB 320 «Hansa», Beteiligung am Bau des Transporters «Transall», des Versuchsflugzeugs Do 31 und des Verkehrsflugzeugs → Fokker F. 28. Zweigwerk in Stade. Seit 1969 Tochtergesellschaft von → MBB.

Handgepäck: → Kabinengepäck

Handkraftcharakteristik: Verlauf der Kraft am Steuerknüppel im geradlinigen Horizontalflug als Funktion der Fluggeschwindigkeit. Sie kann direkt als Folge der Wirkung von Kräften an den Rudern oder infolge der Arbeit von Belastungsimitatoren entstehen. → Steuerwerk, → Trimmung

Handkraftgradient, *Knüppelkraftgradient:* Änderung der Handkraft am Steuerknüppel bzw. Handrad im Verhältnis zur Veränderung der Geschwindigkeit. Anstieg der Kurve in der → Handkraftcharakteristik. Der H. ist eine wesentliche Größe bei der Beurteilung der Steuerbarkeitseigenschaften eines Luftfahrzeugs im Rahmen der Flugerprobung. Bes. wichtig ist der H. im Bereich der getrimmten Fluggeschwindigkeit.

Handley Page Ltd.: britisches Luftfahrtunternehmen mit Sitz in Radlett (Hertfordshire) und Werken in Radlett und Cricklewood. Das Unternehmen gehört zu den ältesten Flugzeugwerken der Welt und wurde bereits am 17. Juni 1909 gegr. Mit Übernahme der Firma Miles Aircraft Ltd. im Juni 1948 umbenannt in H. P. (Reading) Ltd. In den 50er Jahren Produktion des Strahlbombers H. P. 80 «Victor» in mehreren Versionen. Außerdem taktischer Transporter «Hastings». H. P. widersetzte sich der britischen Regierung zum Zusammenschluß mit anderen Firmen zu zwei Großkonzernen. Keine militärischen Aufträge mehr, deshalb Spezialisierung auf den zivilen Markt. In Produktion befanden sich zuletzt das PTL-Verkehrsflugzeug «Herald» und das PTL-Kleinverkehrs- und Reiseflugzeug «Jetstream». Konnten sich gegen Fokker F-27 und Avro 748 nicht durchsetzen. 1969 mußte die Produktion wegen finanzieller Schwierigkeiten eingestellt werden. 1970 wurde die Firma liquidiert.

Handley Page, *Sir Frederick:* britischer Flugzeugkonstrukteur, geb.

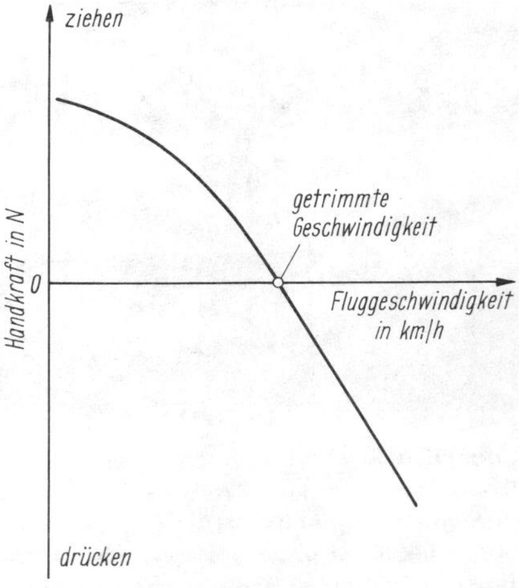

Handkraftcharakteristik

Handley Page H. P. 137 «Jetstream»

Bombenflugzeug Handley Page HP 0/400

15. Nov. 1885 Cheltenham, gest. 21. April 1962. Studierte Elektrotechnik, begann 1906 mit dem Bau eines Fluggeräts, wurde Mitglied der Englischen Aeronautischen Gesellschaft und konstruierte mit 2 anderen Mitgliedern 1909 den Typ A «Blue Bird» als erstes Flugzeug der am 17. Juni 1909 gegr. → Handley Page-Werke in Barking bei London. Zog 1912 in die größeren Werke in Cricklewood im Nordwesten Londons um. Hier entstanden die weltberühmten Großflugzeuge, so die 2motorige O/100 (1915); die O/400, von der 250 Stück zwischen 1917 und 1918 gebaut wurden. Im Juni 1919 gründete H. die Handley Page Transport Ltd., die 1924 in der Imperial Airways aufging. Nach 1918 wurde er bekannt durch mehrmotorige Verkehrsflugzeuge (H. P. 42 «Hannibal», 1930) und Bombenflugzeuge (H. P. 33 «Hinaidi», 1927, H. P. 28 «Heyford», 1930 und H. P. 52 «Hampden», 1936). Während des zweiten Weltkriegs stellte er das 4motorige Bombenflugzeug H. P. 57 «Halifax» her, nach dem Krieg die Verkehrsflugzeuge H. P. 67 «Hastings» und die H. P. 82 «Hermes». 1952 wurde das 4strahlige Bombenflugzeug H. P. 80 «Viktor» herausgebracht.

Handling (engl.): Bez. für technische und kommerzielle Abfertigung der Flugzeuge sowie von Passagieren und deren Gepäck, Luftfracht- und Luftpostsendungen auf Flughäfen durch Luftverkehrs- und Flughafengesellschaften oder darauf spezialisierte Handlungsunternehmen. → Abfertigung

Handloch: Öffnung in der Zelle, die eine Kontrolle der Schmierung wichti-

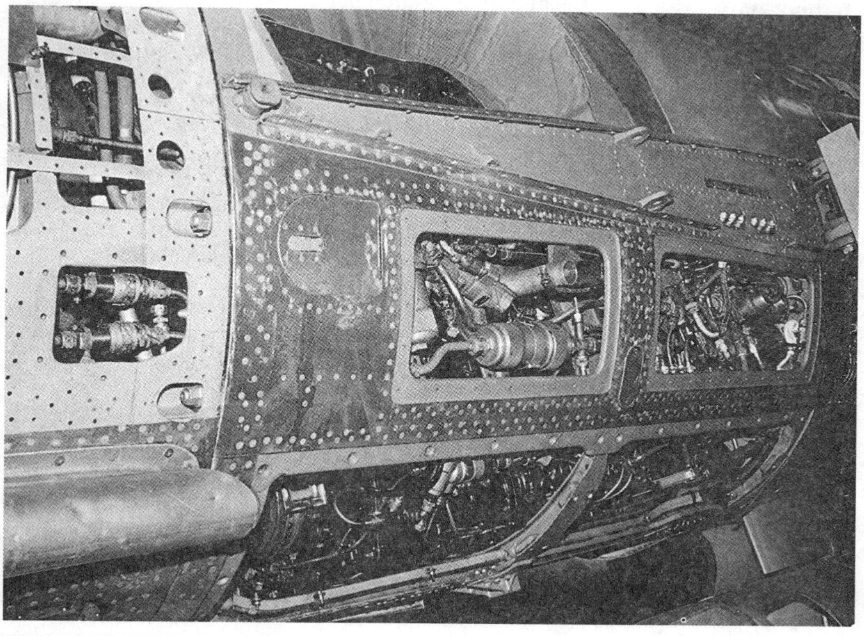

Handlöcher im Rumpf einer MiG-21, Deckel abgenommen

ger Teile oder auch Reparatur von Elementen der Zelle durch Hindurchfassen mit der Hand ermöglicht, so daß es nicht notwendig ist, größere Teile zu demontieren. H. werden durch H.deckel mit Schraub- oder anderen Verschlüssen abgedeckt. Bei schubübertragender Außenhaut erfordern H. bes. Versteifungsmaßnahmen der Behäutung, da sie die geschlossene Kontur zerstören.

Handradsteuerung: Element der Handsteuerung, das zur Betätigung der Querruder dient und sich am oberen Ende der Steuersäule befindet. Aus dem ursprünglich geschlossenen Handrad, ähnlich dem Lenkrad von Kraftfahrzeugen, hat sich das heute weit verbreitete Steuerhorn mit 2 Griffen und nur 1 geschwungenen Speiche entwickelt. → Steuerwerk

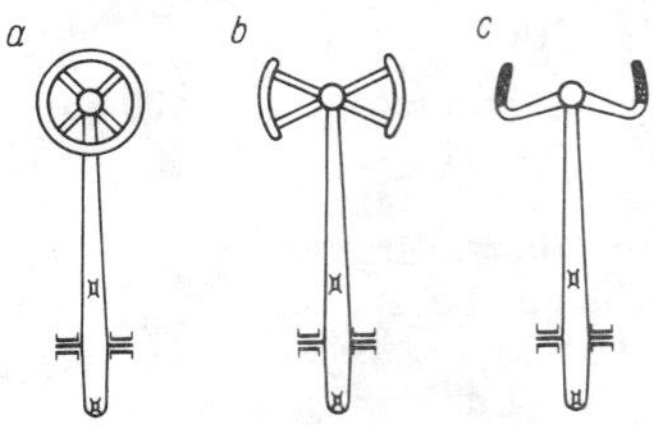

Entwicklung der Handradsteuerung: a geschlossenes Handrad, b Handradsektoren an 2 Speichen, c Steuergriffe an einer Speiche (Steuerhorn)

Handsteuerung: i. w. S. Synonym für nichtautomatische → Steuerung; i. e. S. handbediente Teile des → Steuerwerks von Flugzeugen oder Hubschraubern.

Hangar (engl.): Flugzeughalle.

Hängegleiter: einfaches, superleichtes Gleitflugzeug mit starrem oder flexiblem Tragflügel (letzterer nach seinem Erfinder «Rogallo-Gleiter» genannt). Das Gerät ist so leicht, daß der Flieger es selbst tragen kann. Der Start mit dem H. erfolgt meist am Hang durch Laufen gegen den Wind. Nach dem Start hängt der Flieger in Gurten unter dem Gerät. Modernere Ausführungen sind so konstruiert, daß der Flieger nach dem Start eine waagerechte Lage einnehmen kann. H. haben eine gute Eigenstabilität. Flugbahnänderungen werden mit Hilfe eines Steuerbügels durch Körpergewichtsverlagerungen verursacht oder korrigiert.

Hang Khong Viet Nam: staatliche Luftverkehrsgesellschaft der Sozialistischen Republik Vietnam mit Sitz in Hanoi; gegr. 1975. – *Flugzeugpark:* 3 Boeing 707, 3 DC-6, 2 DC-4, 3 IL-18, 5 Tu-134A, 11 An-24 und 4 Jak-40. Verkehrsleistung 1987: 1,1 Mill. beförderte Passagiere, 1,1 Mrd. Pkm Beförderungsleistung, 0,33 Mrd. tkm Gesamtleistung. – Die Fluggesellschaft unterhält ein ausgedehntes Inland-Flugstreckennetz, dessen Zentren Hanoi und Ho-Chi-Minh-Stadt sind. Internationale Hauptstrekken vom Flughafen Hanoi-Gialem nach Vientiane, Phnom-Penh und Bangkok.

Hangsegelflug: Segelflug im Hangaufwind eines Bergzugs.

Hangstart: → Gummiseilstart

Hannover, Flughafen Langenhagen, City-Code **HAJ:** internationaler Flughafen der BRD, 52° 27′ 42″ n. Br., 09° 41′ 06″ ö. L., Höhe 53 m. 11 km von Hannovwer entfernt gelegen, 2,3 Mill. abgefertigte Passagiere (1988). 2 Start- und Landebahnen mit 2 700 m × 45 m und 2 340 m × 45 m. Moderne Funk- und Navigationsausrüstungen.

Hanriot, *Marcel:* französischer Pilot und Konstrukteur, geb. 8. Juni 1894 Champlitte (Haute Savoie), gest. März 1961 Nizza. Als Sohn des Fahrrad- und Automobilindustriellen René H. erwarb er mit 16 Jahren das Pilotenzeugnis und nahm für die Firma seines Vaters an allen großen Luftfahrtveranstaltungen teil. 1912 wurde er Direktor der Firma. Ein von ihm konstruiertes Flugzeug überquerte 1913 die Alpen. 1915/18 wurden 5 000 Flugzeuge für die französischen und belgischen Streitkräfte gebaut. Zu den bekanntesten Typen gehörten das Schul- und Sanitätsflugzeug H-14 (1926/27) und das Jagdflugzeug H-130 (1934). Eine seiner letzten Konstruktionen war die H-220, das erste 2motorige französische Militärflugzeug, das schneller als 500 km/h flog. 1936 wurde die Firma nationalisiert.

HARCO: Abk. für engl. **H**yperbolic **Ar**ea **Co**verage Navigation System, hyperbolisches Flächennavigationssystem. Weiterentwicklung des → Decca-Verfahrens, das Vereinfachungen für den Luftfahrzeugführer (z. B. fliegbare Anzeigen, automatische Umrechnung von Hyperbelkoordinaten in kartesische, Anzeigegeräte mit bewegter Karte, automatische Datenübertragung für die Flugsicherung) enthält.

Häufigkeit: wichtiges Qualitätsmerkmal der Transportleistung im Luftverkehr (→ Beförderungsqualität). Die H.

des Verkehrsangebots wird in der Anzahl der geplanten Flüge (je Zeiteinheit und Verkehrsrelation), die der Verkehrsdurchführung in der Anzahl der in der Zeiteinheit und Verkehrsrelation absolvierten Flüge gemessen.

Hauptbaugruppen: vorwiegend aus funktionellen Gründen zusammengefaßte Anzahl von → Baugruppen. Im Flugzeugbau werden die H. Rumpf, Tragwerk, Leitwerk, Kabine (zuzüglich der in Militärflugzeugen üblichen → Rettungseinrichtungen), Steuerwerk, Fahrwerk, Triebwerk und Ausrüstung unterschieden.

Hauptholm: Teil des Festigkeitsverbands von Tragflügeln und Leitwerken in Träger- und Holmbauweise. Als H. wird oft bei Mehrholmern der → Holm bezeichnet, der am stärksten dimensioniert ist und i. allg. in Druckpunktnähe angenordnet ist. Der H. erträgt den größten Teil von Querkraft und Biegemoment und nimmt zusammen mit den übrigen Holmen (meist schwach dimensioniert, als Hilfsholme bezeichnet) das Torsionsmoment auf. → Torsionskasten

Hauptpleuel: bei Sternmotoren Verbindungsglied zwischen Kolben und Kurbelwelle, an dem die Pleuel (Nebenpleuel) der anderen Zylinder angreifen (gelagert sind), so daß nur 1 Kröpfung der Kurbelwelle nötig ist. Die Bewegungsgesetze (Weg, Geschwindigkeit und Beschleunigung) der an den Nebenpleuel angelenkten Kolben unterscheiden sich von denen des am H. angelenkten Kolbens. → Triebwerk

Hauptträgheitsachsen: → Trägheitshauptachsen

Havarie: → Flugvorkommnis

Hawaiian Airlines Inc., abk. **Hawaiian Air:** Luftverkehrsgesellschaft mit Sitz in Honolulu, die 1929 als Inter-Island Airways gegr. wurde und seit 1941 die heutige Bezeichnung trägt; sie leistete bei der Entwicklung des Luftverkehrs auf Hawaii Pionierarbeit. *Flugzeugpark:* 2 DC-8-62, eine DC-8-62 CF, 6 MD-81, 2 DC-9-50 und 5 Dash 7. Verkehrsdaten 1987: etwa 3 Mill. beförderte Passagiere; 0,5 Mrd. Pkm; 6,5 Mill. Fracht-tkm; 56,5 Mill. tkm Gesamtleistung. Hauptstrecken zwischen den Hawaii-Inseln (von Honolulu nach den Inseln Kauai, Molonai, Maui und lanai) sowie auf Hawaii.

HAWAIIAN

Hawker, *Harry:* britischer Pilot und Konstrukteur, geb. 1886 Moorabbin (Australien), gest. (abgestürzt) 1921. Im Alter von 12 Jahren verließ er sein Elternhaus und arbeitete als Mechaniker in Autowerkstätten. 1911 ging er nach England und erwarb am 17. Sept. 1912 das Pilotenzeugnis. Für die Firma → Sopwith nahm er an Flugwettbewerben teil, während des ersten Weltkriegs war er Testpilot bei Sopwith. 1919 entwickelte er für einen geplanten Flug nach Europa ein Spezialflugzeug Sopwith «Atlantic». Mit einem Marineoffizier als Navigator startete er am 18. Mai 1919 in Amerika. Ein dänisches Frachtschiff ohne Funkausrüstung rettete die Besatzung 900 km vor Irland, nachdem sie 8 Tage über dem Atlantik verschollen war. Aus der Firma Sopwith entstand 1920 die Hawker Engineering Company Limited. → Hawker Siddeley Group Ltd.

Hawker Siddeley Group Ltd., Abk.

Reiseflugzeug Hawker Siddeley HS 125-600

HSG: britischer Konzern der Luft- und Raumfahrtindustrie, im Rahmen der Konzentration unter dem Druck der britischen Regierung entstanden, britisches Gegengewicht zu den USA-Konzernen. Zur HSG gehören die Hawker Siddeley Aviation Ltd. mit Sitz in Kingston (Surrey). In diese Firma gingen die früheren Flugzeugwerke «Sir W. G. → Armstrong Whitworth», → «Gloster», «Hawker», «A. V. Roe» (AVRO), → «Folland» und → «De Havilland» mit Flugzeug-, Triebwerks- und Propellerfabriken und → «Blackburn» mit Flugzeug-, Motoren- und Elektronikwerken ein. Alle von HSG gebauten Typen tragen die Bezeichnung HS. 1977 befanden sich in Produktion das V/STOL-Kampfflugzeug «Harrier», der Tiefangriffsjagdbomber «Buccaneer», der Strahltrainer «Hawk» und das Hochseeaufklärungsflugzeug «Nimrod». Als zivile Flugzeuge wurden hergestellt: das PTL-Verkehrsflugzeug H. S. 748, das 2strahlige Geschäftsflugzeug H. S. 125 und das 3strahlige TL-Verkehrsflugzeug H. S. 121 «Trident». Die Flugzeugwerke befinden sich in Kingston, Hatfiel, Manchester, Brough, Chester und Hamble. Zu der HSG gehört außerdem die Hawker Siddeley Dynamics Ltd. mit Sitz in Hatfield (Hertfordshire) und Werken in Hatfield, Bolton, Cheadle Hulme, Stevenage. Die Werke stellen Luft-Luft-, Schiff-Luft- und Luft-Boden-Lenkwaffen, Raketen, Satelliten und Luftfahrt- und Industrieausrüstungen her. Der Mammutkonzern bemüht sich darum, stärker als bisher von den internationalen Verflechtungen der westlichen Luftfahrtindustrie zu profitieren. So gibt es beispielsweise Verbindungen zu der Firma → McDonnel Douglas und zur → Airbus-Industrie. Im Jahre 1977 ging der Konzern in der → BAe auf. 1985 wurde die australische Firma Hawker de Havilland aufgekauft und mit der zweiten großen Luft- und Raumfahrtfirma Commonwealth Aircraft Corporation zusammengeschlossen.

HD: Abk. für → **H**einkel **D**oppeldecker.

He, HE: Abk. für Flugzeuge, die von → *Heinkel* bzw. in den Heinkel-Flugzeugwerken konstruiert wurden. HE bedeutete früher Heinkel-Eindecker, solange noch Doppeldecker gebaut wurden.

Head-up Display: Darstellen der wichtigsten Fluglageninformationen auf der Frontscheibe des Cockpits. → Blickfelddarstellungsgerät

Heaviside-Schicht: → Atmosphäre

Heckbewaffnung: Waffenstand (Kanonen oder Maschinengewehre, ferngesteuert oder bemannt, heute meist mit Radar versehen) hinter dem Leitwerk oder zwischen dem geteilten Seitenleitwerk zur Abwehr von Flugzeugen, die von hinten angreifen. Im sowjetischen Flugzeugbau auch bei militärischen

Heckstand der Tupolew Tu-16 mit 23-mm-Zwilling

Transportern (z.B. An-8, An-12, Il-76) üblich.

Hecklastigkeit, *Schwanzlastigkeit:* → Lastigkeit

Heckradfahrwerk: → Fahrwerk

Heckschraube, *Ausgleichsschraube, Steuerschraube:* Rotor am Heck von 1rotorigen Drehflüglern (→ Rotorflugzeuge) mit → Wellenantrieb. Die H. besitzt einen ähnlichen Aufbau wie die → Tragschraube. An der Nabe der H. befinden sich Axial- und Schlaggelenke. Bei modernen Ausführungen ist die Nabe mit den → Blättern kardanisch auf die Antriebswelle gelagert (keine Schlaggelenke). Die Axialgelenke dienen der kollektiven → Blattverstellung. Eine zyklische Blattverstellung wird

Heckschraube des Mi-4 (rechts angebracht)

Heckschraube des Mi-24 (l.)

nicht vorgenommen. Der Antrieb der H. ist starr mit der Tragschraubenwelle gekuppelt: bei Triebwerksausfall wird die H. durch die in → Autorotation befindliche Tragschraube angetrieben. Der Schub der H. dient zum Ausgleich des → Rückdrehmoments. Gleichzeitig ist sie Steuerorgan der Seitensteuerung (→ Steuerwerk von Hubschraubern). H. sind oft als Druckluftschrauben ausgelegt (→ Luftschraube).

Heckstarter: Art der → VTOL-Flugzeuge

Hecktriebwerk: am Rumpfheck montierte Triebwerke, die gegenüber der Anordnung an den Tragflügeln den Vorteil haben, daß an der Vorder- und Hinterkante der Tragflügel durchgehende Auftriebshilfen angebracht und Verwirbelungen am Tragflügel («sauberer Tragflügel») vermieden werden können. Weitere Vorteile sind die größere Sicherheit bei Bauchlandungen, das geringere Risiko von Triebwerksbeschädigungen durch Fahrzeuge der Bodendienste, verminderte Gefahr des Ansaugens von Vögeln und anderen Fremdkörpern, geringere Lärmbelästigung in der Kabine, bessere Seitenwindlandeeigenschaften und leichtere Kurssteuerung bei asymmetrischem Schub durch Triebwerksausfall. Als Nachteile sind festzustellen: größere Massen durch bauliche Verstärkungen des Rumpfhecks, der Tragflügel und ihrer Anschlüsse und schlechter Wartbarkeit vom Boden aus durch die höhere Anordnung.

Hegenberger-System: um 1930 entwickeltes Instrumentenlandeverfahren (USA). Zur Kursführung dienten 2 ungerichtete Mittelwellenfunkfeuer unterschiedlicher Frequenz, die an der Flugplatzgrenze und in 3...5 km Abstand stationiert waren. Durch Erreichen der stehenden Peilung von beiden Funkfeuern mit dem → Funkkompaß gewann der Pilot die Anfluglinie. Beim Überflug der Mittelwellensender drehte sich die Kursanzeige am Funkkompaß um 180°, so daß der Überflug signalisiert wurde. Vom Piloten waren an diesen Punkten die vorgeschriebenen Überflughöhen eventuell durch mehrmaligen Anflug zu erreichen. Eine Gleitwinkelführung war im System nicht enthalten. In einer späteren Ausführung des Verfahrens wurden die Mittelwellenfunkfeuer mit Einflugzeichensendern kombiniert.

Heiligtageffekt: ein nach dem Entdecker benannter Effekt, der einen → Peilfehler von fast 90° zur Folge hat. Bedingung für den H. ist das Eintreffen elektromagnetischer Wellen gleicher Frequenz, aber unterschiedlicher Richtung, wobei zwischen ihnen ein Phasenunterschied von 180° vorhanden sein muß.

Heinkel, *Ernst Heinrich:* Flugzeugkonstrukteur, Prof. Dr. phil. h. c., geb. 24. Jan. 1888 Grumbach (Württ.), gest. 30. Jan. 1958 Stuttgart. Noch als Student der Technischen Hochschule Stuttgart (1907/11) baute H. von 1909 bis 1911 sein erstes Flugzeug (verbesserter Farman-Doppeldecker), mit dem er nach einigen erfolgreichen Flügen am 19. Juli abstürzte und sich schwer ver-

Die französische Falcon 50 mit 3 Hecktriebwerken

Schwimmerflugzeug Heinkel HE 8

Jagdflugzeug Heinkel He 112

letzte. 1911/13 war H. Konstrukteur bei den → Albatros-Flugzeugwerken in Berlin-Johannisthal, 1913/14 Chefkonstrukteur und Technischer Direktor der Hansa- und Brandenburgischen Flugzeugwerke in Brandenburg/Havel. Am 1. Dez. 1922 gründete er die «Heinkel-Flugzeugwerke» in Warnemünde (1935 nach Rostock übersiedelt), wo er für die Luftwaffe Schwedens die HE 1 und HE 2 (in Lizenz in Schweden als S 1 und S 2 in großer Stückzahl gebaut) schuf. Mit der HE 3 und HE 5 wurden zahlreiche Wettbewerbe gewonnen. Die UdSSR kaufte bei H. Flugzeugkatapulte und Flugboote. Von den zahlreichen Land- und Wasserflugzeugen für zivile und militärische Zwecke wurden bes. bekannt: He 70 «Blitz», das erste europäische Schnellverkehrsflugzeug (1932 das schnellste Verkehrsflugzeug der Erde), die He 111, ein 2motoriges Schnellverkehrsflugzeug (1935), das gleichzeitig als Bomberversion gebaut und im zweiten Weltkrieg eingesetzt wurde; die He 178, das erste TL-Flugzeug und die He 176, das erste Raketenflugzeug der Erde. Der Hauptausbau der «Heinkel-Flugzeugwerke» erfolgte nach 1933 im Interesse der Luftrüstung und Kriegsvorbereitung. 1955 begann H. wieder mit dem Flugzeugbau in der «E. Heinkel Flugzeugbau GmbH»/Speyer, die 1965 von den → Vereinigten Flugtechnischen Werken übernommen wurde.

Heißgasrotor: spezielle Form des → Blattspitzenantriebs von Rotoren (→ Rotorflugzeug). Das von einem Gas-

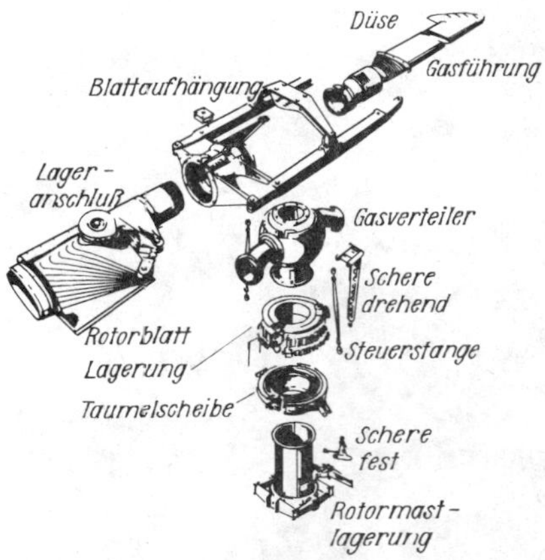

Dornier-Heißgasgenerator

erzeuger (Gasturbinen-TW) gelieferte Heißgas gelangt durch Rotorkopf und -blätter zu Düsen an den Blattenden, wo es umgelenkt und in Umfangsrichtung zur Schuberzeugung entspannt wird. Beim Blattspitzenantrieb entfallen gegenüber dem konventionellen Wellenantrieb Getriebe, Kupplungen und Wellen, es tritt kein Rückdrehmoment auf, und die Heckschraube ist nicht mehr erforderlich. Durch die Erwärmung des Blatts gibt es keine Vereisungsprobleme, es müssen jedoch hohe Temperaturen beherrscht werden.

Heißluftballonfahren: Luftsportart mit → Ballonen, die im Unterschied zu Ballonen mit Gasfüllung den Auftrieb durch Aufheizen der Luft erhalten. Ein Heißluftballon besteht aus Hülle, Einfach- oder Doppelbrenner, Propangas-

Heißluftballon

flaschen, Korb, Instrumentenkasten und Verpackungssack. Steigen, Sinken und Horizontalfahren werden mit Hilfe der stärker oder schwächer gespeisten Gasflamme gesteuert. Das H. ist eine von der FAI anerkannte Luftsportart, in der nationale und internationale Rekorde aufgestellt werden können. Der Heißluftballon ersetzt nicht den Gasballon, aber er bietet die Möglichkeit billiger, kurzer Fahrten und damit geringerer Ausbildungskosten. Das H. begann mit dem Aufstieg der Montgolfiere (→ Montgolfier) am 21. Nov. 1783 in Frankreich. Die *1. Weltmeisterschaft der Heißluftballonfahrer* fand vom 10. bis 17. Febr. 1973 in Albuquerque, New Mexico (USA), statt. Folgende Wettfahrtaufgaben sind heute üblich: 1) Selbstgewähltes Ziel – Der Wettbewerber versucht, einem selbstgewählten Ziel möglichst nahezukommen. 2) Vorgegebenes Ziel – Alle Teilnehmer versuchen, dasselbe Ziel zu erreichen. 3) Qual der Wahl – Die Konkurrenten versuchen, eines von mehreren vorgebenen Zielen zu erreichen. 4) Ellbogen – Der Teilnehmer versucht, während der Fahrt die größte Richtungsänderung zu erzielen. 5) Fuchsjagd – Die Wettbewerber versuchen, dem Fuchsballon möglichst nahe zu landen. 6) Fly in – die Konkurrenten suchen sich einen Startplatz, um von dort aus das gemeinsame Ziel zu erreichen. 7) Fuchsjagd mit Anlauf – Die Teilnehmer starten dazu von einem anderen Platz als der Fuchsballon. 8) Fly on – Die Wettbewerber fahren nach dem ersten Ziel ein selbstgewähltes zweites an. 9) Schnellfahrt zu einer Linie – Die Teilnehmer versuchen, eine vorgegebene Linie möglichst schnell zu erreichen. 10) Gordon-Bennett-Gedächtnisfahrt – Der Wettbewerber versucht, in einem begrenzten Wertungsgebiet so nahe wie möglich am Ziel zu landen. 11) Begrenzte Weitfahrt – Die Konkurrenten versuchen, in einem begrenzten Wertungsgebiet die größte Strecke zurückzulegen. HL-Ballone werden auch zu wissenschaftlichen Zwekken (Tierforschung in Afrika, aerologische Messungen) verwendet.

Heizbekleidung: Spezialanzüge für Luftfahrtpersonal, die durch Anschluß an das elektrische Bordnetz des Luftfahrzeugs beheizbar sind. H. wird angewandt, wenn die Luftfahrzeug-Kabine nicht klimatisiert ist.

Heizwert: Energieinhalt, der in 1 kg des Brennstoffs enthalten ist und beim Verbrennen in Form von Wärme frei wird. Im Zusammenhang mit Flugzeugtriebwerken ist der sog. *untere H.* – ohne Rückgewinnung der Verdampfungswärme des beim Verbrennen entstehenden Wasserdampfes nutzbare Wärmemenge – wichtig. Der untere H. der flüssigen Brennstoffe beträgt ca. 11,9 kWh/kg. Der Gemisch-H. eines Brennstoff-Luft-Gemischs bei einem → Luftverhältnis von 1 beträgt ca. 0,7 kWh/kg.

Helicopter: Fremdwort für Hubschrauber. → Rotorflugzeug

Helikoplan: Kombination von Hubschrauber und Starrflügler zum Kombinationsflugschrauber. → Rotorflugzeug

Helmvisier: optisch-elektronische Anlage der militärischen Luftfahrzeugausrüstung mit der der Pilot Luft-Luft- oder Luft-Boden-Kampfmittel dadurch auf ein Ziel aufschaltet, daß er in die betreffende Richtung blickt. Mit Hilfe optoelektronischer Einrichtungen im Cockpit und im Pilotenhelm wird die Kopfhaltung und so die Richtung zum Ziel bestimmt. Diese Information gelangt in andere elektronische Anlagen und je nach gewählter Betriebsart läßt sich das Navigations- oder ein Waffensystem in die Zielrichtung einsteuern, wodurch die Bekämpfungszeit verkürzt wird. Gleichzeitig können wichtige Ziel-, Waffenbetriebs- oder Flugführungsinformationen in das H. eingespiegelt werden.

Helsinki, *Flughafen Vantaa,* City-Code **HEL:** bedeutendster internationaler Flughafen Finnlands, 60° 19′ n. Br., 24° 58′ ö. L., Höhe 51 m. 19 km nördlich von Helsinki gelegen. 2 Start- und Landebahnen mit 3 440 m × 60 m und 2 900 m × 60 m. Jahresverkehrsleistung 1985 4,7 Mill Fluggäste. Moderne Funk- und Navigationsausrüstungen.

Henschel-Flugzeugwerke AG: Tochtergesellschaft für Flugzeugbau der 1848 in Kassel gegr. Lokomotivfabrik Henschel & Sohn AG in Kassel. *Henschel* beabsichtigte 1931 die Übernahme der Junkers-Flugzeugwerke, die sich damals in einer Krise befanden. Als dies nicht gelang, wurde am 30. März 1933 die Firma Henschel-Flugzeugwerke GmbH gegr. und bald darauf in eine AG umgewandelt. Im gleichen Jahr wurden Werkstätten in Berlin-Johannisthal erworben und das 1sitzige Übungsflugzeug Hs 121 entwickelt. Für den Serienbau von Flugzeugen wurde am 15. Okt. 1934 mit dem Bau des Werks und des Flugplatzes in Berlin-Schönefeld begonnen. Ab 22. Dez. 1935 begann in dem modernen Werk die Produktion von Nahaufklärern, Schlacht- und Höhenflugzeugen sowie Fernlenkwaffen für die deutsche Luftwaffe. Der Rüstungsbetrieb wurde 1945 vernichtet. 1958 wurde das Unternehmen in Kassel aufgebaut zur Überholung und Instandsetzung von Hubschraubern, zur Herstellung von Ausrüstungen, Prüfgeräten und Prüfständen für Hubschrauber und zum Verkauf von USA-Sport- und Reiseflugzeugen. 50 % des Aktienkapitals befanden sich im Besitz der → Vereinigten Flugtechnischen Werke.

Henson, *William Samuel:* englischer Erfinder, geb. 1805 Leicester, gest. 1888 USA. 1842 projektierte H. ein Flugzeug (tragende Fläche 400 m², Startmasse 1 360 kg, Motorleistung 17 kW), für das er am 28. März 1843 das Patent Nr. 9 478 erhielt. Diese Erfindung war ihrer Zeit weit voraus. H. hatte einen Eindecker vorgesehen, der bereits Seiten- und Höhensteuer besaß. Zum Antrieb sollte eine Hochdruckdampfmaschine mit Luftschrauben dienen. Sein Versuch, eine Luftverkehrsgesellschaft zu gründen, schlug fehl. Er arbeitete dann mit dem jungen Ingenieur *Stringfellow* zusammen und baute ein Modell seines Flugapparats. Die Flugversuche (1847) mißlangen ebenfalls. H. gab auf und wanderte nach den USA aus.

hermetische Kabine: Flugzeugkabine, die im Unterschied zur → Druckkabine von der Atmosphäre abgeschlossen und unabhängig ist. Sie enthält eine eigene Atmosphäre und Geräte zur Reinigung der Atemluft und zur Ergänzung des von den Insassen verbrauchten Sauerstoffs. Die gesamte Ausrüstung muß beim Start mitgenommen werden. Der verbrauchte Sauerstoff wird aus Behältern ersetzt. Das ausgeatmete Kohlendioxid wird – ebenso wie andere physiologisch entstehende Gase (Methan, Schwefelwasserstoff, Wasserdampf) – entfernt. Neuerdings versucht man, zur Sauerstoffgewinnung und Kohlendioxidentfernung Pflanzen (Algen) zu verwenden. Z. Z. werden h. K. vor allem in der Raumfahrt verwendet. In Kriegsflugzeugen soll durch h. K. ein

Schutz der Besatzung vor Verseuchung mit chemischen, biologischen oder radioaktiven Stoffen erreicht werden.

HEZ: Abk. für **H**aupt**e**influg**z**eichen. → Einflugzeichen

HF: Abk. für **H**och**f**requenz. → Funkfeuer

HFB: Abk. für → **H**amburger **F**lugzeug**b**au GmbH.

Hilfsruder: → Leitwerk

Hilfstriebwerk, *Auxiliary Power Unit,* Abk. *APU:* kleines, vorwiegend im Rumpfheck eingebautes Gasturbinentriebwerk für Bordversorgung mit Elektroenergie, Druckluft und Hydraulikenergie am Boden (bei abgestellten Haupttriebwerken) sowie für Versorgung der Klimaanlage und Energiebereitstellung zum Anlassen der Haupttriebwerke (Elektroenergie oder Druckluft). In Einzelfällen arbeiten H. als Strahltriebwerke, z. B. bei An-26, zum Verkürzen der Startstrecke. H. machen das Flugzeug am Boden unabhängig von Außenbordeinspeisung. Sie arbeiten häufig auch im Start, wenn die volle Leistung der Haupttriebwerke für Startbeschleunigung benötigt wird, und bei Sink- und Landeanflug, wenn die Drehzahl der Haupttriebwerke zum Erzeugen einer ausreichenden Bordspannung zu gering ist. Im Reiseflug sind H. abgeschaltet. H. an modernen Großraumverkehrsflugzeugen sind meist als Einwellenmaschine mit 1stufigem Radialverdichter und mehrstufiger Axialturbine ausgeführt. Sie treiben einen Elektrogenerator mit ca. 200 kW Leistung an. H. haben eine autonome Brennstoff-, Anlaß- (elektrisch mit Hilfe der Bordakkumulatoren) und Feuerlöschanlage. Sie werden mit dem gleichen Brennstoff wie die Haupttriebwerke betrieben. Ihr Wirkungsgrad (ca. 10%) ist relativ gering. H. moderner Großraumlangstreckenflugzeuge erreichen Leistungen von nahezu 2000 kW.

Hiller, *Stanley:* amerikanischer Hubschrauberkonstrukteur, geb. 15. Nov. 1924 San Francisco. Nach dem Studium gründete er die Hiller Industries Inc., die Wagen herstellte. H. verkaufte diese Firma 1941, um sich nur noch der Entwicklung von Hubschraubern zu widmen. 1944 flog erstmalig der von ihm entwickelte koaxiale Hubschrauber XH-44. H. leitete die Hubschrauberabteilung der Kaiser Cargo Inc., gründete aber 1945 eine eigene Hubschrauberfirma. Im Zuge der zunehmenden Konzentration wurde das Unternehmen ab Mitte der 60er Jahre Teil des Konzerns Fairchild-Hiller. → Fairchild industries Inc.

«Himmelslaus»: nach der franz. Bez. «Pou du Ciel»; billig herzustellende, leicht zu fliegende Konstruktion von H. → *Mignet*, eines der kleinsten Flugzeuge überhaupt. Typisch sind die tandemartig angeordneten Tragflügel mit verstellbaren Vorderflügeln.

«Himmelslaus» von Mignet im Luftfahrtmuseum Prag-Kbely

Hindernisbefeuerung: Aufbau von Luftfahrtleuchtfeuern zum Kennzeichnen von Luftfahrthindernissen.

Hindernisfreiheit: geforderter vertikaler Mindestabstand zwischen einem Luftfahrzeug im Flug und allen festen und/oder beweglichen Hindernissen, bezogen auf den jeweiligen Teil des Luftraums.

Hindernismarkierung: Kennzeichnung von Luftfahrthindernissen durch Flaggen, Farbmarkierungen oder → Befeuerung.

Hindustan Aeronautics Ltd.: → HAL

Hinterkantenwinkel: → Profilgeometrie

Hirth: 1. *Hellmuth,* deutscher Flugpionier und Flugmotorenkonstrukteur, geb. 24. April 1886 Heilbronn, gest. 1. Juli 1938 Karlsbad. Mit der Nr. 79 (27. März 1911) einer der ersten deutschen Motorflieger. 1912 erster größerer Fernflug Berlin–Wien. Konstruierte ab 1916 Motoren für Sportflugzeuge, gründete 1931 die H.-Motoren GmbH in Stuttgart-Zuffenhausen. – **2.** *Kurt Erhard Wolfram (Wolf),* Motor- und Segelflieger, Flugzeugbauer, Bruder von 1., geb. 28. Febr. 1900 Stuttgart, gest. (abgestürzt) 25. Juli

1959 Dettingen unter Teck (Kr. Nürtingen). Nachdem H. die Bedeutung der Thermik (→ Aufwind) entdeckt hatte, stellte er mehrere Rekorde mit Segelflugzeugen im Strecken- und Dauerflug auf; seit 1925 auch Motorflieger. Unternahm im In- und Ausland zahlreiche beachtenswerte Flüge. Erhielt neben anderen Auszeichnungen auch die Goldmedaille der → FAI. H. leitete die Segelfliegerschulen in Grunau und am Hornberg (Schwäbische Alb) von 1931 bis 1935 und entwarf die Segelflugzeuge «Grunau-Baby», «Übung», «Moazagotl» und «Minimoa» (Leistung).

Hispano: Bez. für Flugzeuge der spanischen Firma La Hispano-Aviacion SA (Teil des Hispano-Konzerns), Tochtergesellschaft der → CASA und des deutschen Konzerns → MBB (27% Anteil). Fertigte im zweiten Weltkrieg Me 109 sowie Schulflugzeuge. War nach dem zweiten Weltkrieg ein Sammelpunkt für Flugzeugkonstrukteure aus Deutschland. Produzierte bis Anfang der 70er Jahre die Strahlflugzeuge HA-200 E und HA-220.

Hispano-Suiza: Teil des französischen Luftfahrtkonzerns → SNECMA; produziert u. a. Schleudersitze für die «Mirage»-Familie, für «Jaguar» sowie «Alpha Jet»; außerdem Fahrwerke.

Hitzebarriere: → Hitzemauer

hitzebeständige Legierungen: Werkstoffe, die auch bei länger anhaltenden hohen Temperaturen noch über ausreichende Festigkeit verfügen. Sie sind für den Bau thermisch hoch beanspruchter Bauelemente in Strahltriebwerken und in Staupunktnähe befindlicher Flugwerkteile von Überschallflugzeugen (→ Hitzemauer) unerläßlich. Als Legierungsbestandteile, durch die die Hitzebeständigkeit von Aluminiumwerkstoffen, Stählen und Titan erhöht werden kann, werden z. Z. Chrom, Nickel, Mangan, Molybdän, Wolfram, Kobalt u. a. Element verwendet. → Luftfahrtwerkstoffe

Hitzemauer, *Hitzebarriere, Wärmemauer, Wärmebarriere:* bildhafte Bez. der durch aerodynamisches Aufheizen bedingten Begrenzung der Fluggeschwindigkeit. Die für die H. charakteristische Geschwindigkeit hängt von der Hitzebeständigkeit der betrachteten Konstruktion ab und kann bei gegebener aerodynamischer Aufheizung durch Verwenden mehr oder weniger hitzebeständiger Materialien verschoben werden (→ hitzebeständige Legierungen). Die aerodynamische Aufheizung selbst ist eine Funktion der Fluggeschwindigkeit, der Flughöhe und auch der Art der Konstruktion (Wärmeleitfähigkeit, Wärmeisolierung, vorhandene Kühlung u. a.). Eine wichtige Rolle spielt dabei die sog. Bremstemperatur der anströ-

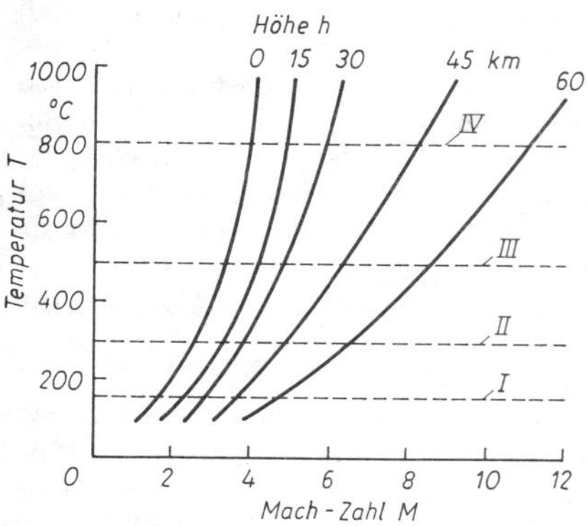

Anwendungsbereiche hitzebeständiger Legierungen abhängig von Flughöhe und -geschwindigkeit: I Grenze bei Aluminiumlegierungen, II Grenze bei temperaturbeständigen Aluminiumlegierungen, III Grenze bei Titanlegierungen, IV Grenze der Anwendung von nichtrostendem Stahl. Die durchgezogenen Linien zeigen die Abhängigkeit der Lufttemperatur in Staupunkten der Flugzeugkontur von der Flughöhe und der Mach-Zahl

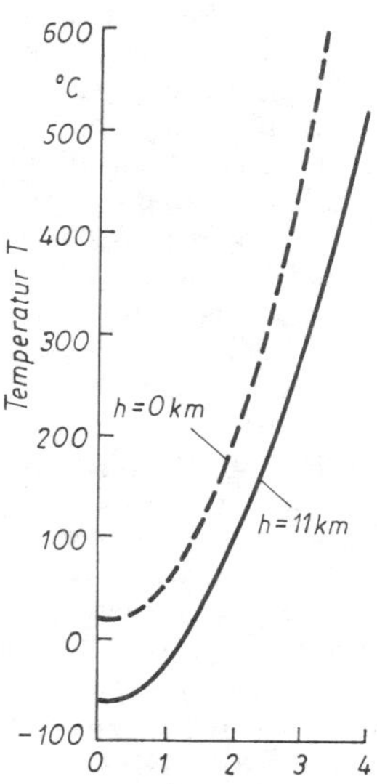

Abhängigkeit der Bremstemperatur von Fluggeschwindigkeit (Mach-Zahl) und Flughöhe

menden Luft, das ist die Temperatur, auf die sich die Luft erwärmt, wenn sie plötzlich von der gegebenen Geschwindigkeit auf Null abgebremst wird.
H-Motor: → Kolbentriebwerk
Hoch: umg.sprachl. für → Hochdruckgebiet.
Hochachse: → Achsen des Flugzeugs
Hochdecker: → Tragwerk
Hochdruckgebiet, Abk. **Hoch,** *Antizyklone:* Gebiet in der Atmosphäre, in dem der Luftdruck im gleichen Niveau relativ zur Umgebung *hoch* ist. Ein solches Niveau ist für die Bodenwetterkarte das Meeresniveau. Ein H. wird in einer Bodenwetterkarte durch ein System von *Isobaren* dargestellt, die relativ hohe Werte des Luftdrucks umschließen. Im Zentrum des H. herrscht i. allg. geringe Luftbewegung. Vom Zentrum strömt die Luft in den unteren Luftschichten langsam → *antizyklonal* nach außen. Zum Ausgleich sinkt Luft aus höheren Luftschichten nach, die in der Höhe durch das Einströmen von Luft aus der Umgebung des H. ersetzt wird. Mit dem Absinken im H. ist eine Erwärmung der Luft verbunden, die zum Abtrocknen und damit zur *Bewölkungsauflösung* führt. H. sind daher i. allg. mit heiterem Wetter verbunden. Das Absinken der Luft führt außerdem zur Bildung einer *Inversion* (Temperaturumkehrschicht), die den Luftaustausch mit höheren Luftschichten vom Boden aus verhindert und im Winter Schichtbewölkung bewirkt. Die Folge sind starke *Dunstanreicherung* und *schlechte Sicht* unter der Inversion. Im Sommer führt die Erwärmung der Erdoberfläche zur Bildung flacher Quellwolken, die die Inversion nicht durchbrechen. – Dynamisch gesehen sind H. mächtige *Luftwirbel* um eine nahezu vertikale Achse, die sich aufrichtet, wenn das H. stationär wird, so daß sie häufig bis in die Stratosphäre reichen. Neben dynamisch bedingten H. gibt es sog. *kalte* H., die von arktischen oder polaren Kaltluftmassen gebildet werden (häufig nur als rasch wandernde Zwischenhochkeile zwischen 2 Tiefs). Zwischenformen sind *Hochdruckkeil* (keilförmige Isobarenausbuchtung) und *Hochdruckbrücke* (brückenförmige Verbindung zwischen 2 H.). H. werden auf Bodenwetterkarten mit *«H»*, Zwischenformen mit *«h»* gekennzeichnet.
Hochdruckturbine: in Strömungsrichtung gesehen die erste von mindestens 2 hintereinander angeordneten → Turbinen eines Gasturbinentriebwerks.
Hochdruckverdichter: in Strömungsrichtung gesehen letzter von mindestens 2 hintereinander angeordneten → Verdichtern eines Gasturbinentriebwerks.
Hochnebel: sich auflösender Nebel, der an einer Inversion in eine Schichtwolkendecke (Stratus) übergeht oder sich an dieser durch Ausstrahlung bildet.
Hochsaison: Zeitabschnitt innerhalb eines Jahres (in der Regel bestimmte Monate), der durch einen bes. starken, regelmäßig wiederkehrenden Bedarf an Lufttransportleistungen im Fluggastverkehr gekennzeichnet ist. Für bestimmte Zeiträume und Flüge auf bestimmten internationalen «Saisonstrecken» (15. Juni bis 14. Oktober über den Nordatlantik und 1. Juni bis 14. September von Amerika aus über den Atlantik) erheblich erhöhte, sog. *H.-tarife.* Für den Mittelatlantik wird die H. mit Juli/August/September (in westlicher Richtung) und Juni/Juli/August (in östlicher Richtung) angegeben.
Höchstdruck: → thermodynamische Kennwerte
Höchsttemperatur: → thermodynamische Kennwerte
Höhe des Flugzeugs: größte Entfernung zwischen dem tiefsten und dem höchsten Punkt der horizontal liegenden Flugzeugkonstruktion, meist zwischen Fahrwerk und Seitenleitwerk bei voll ausgefederten Fahrwerksbeinen. Die Standhöhe des Flugzeugs ist i. allg. geringer, da die Fahrwerksbeine aufgrund der Eigenmasse des Flugzeugs einfedern.
Hoheitszeichen: → Nationalitätszeichen
Höhenatmer: → Atemgerät
Höhenbarriere: Höhengrenze, nach deren Überschreiten die → Höhenkrankheit auftritt. Sie liegt bei etwa 4000 m.
Höhencharakteristik von Flugzeugtriebwerken: → Betriebsverhalten
Höhenflosse: → Leitwerk
Höhen-Geschwindigkeits-Diagramm: Darstellung der im stationären geradlinigen Horizontalflug möglichen Geschwindigkeit eines Flugzeugs. Es entsteht durch Übertragen aller Schnittpunkte der Kurven des *erforderlichen* und des *verfügbaren Schubs* (der erfor-

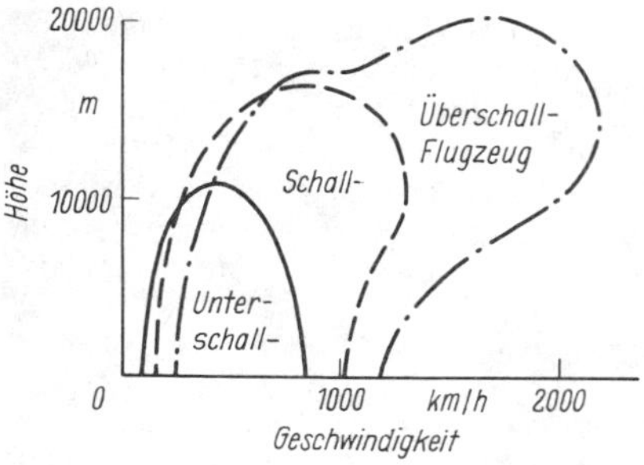

Höhen-Geschwindigkeits-Diagramm für verschiedene Flugzeugkategorien (ohne Begrenzungen)

derlichen oder verfügbaren Leistung) für verschiedene Flughöhen aus → Schubkraftdiagramm (→ Leistungsdiagramm) in ein Diagramm mit den Koordinaten Höhe und wahre Geschwindigkeit (oder Mach-Zahl). Die entstehenden Linien werden als Hüllkurven oder Envelopen bezeichnet. Im H. werden → Geschwindigkeitsbegrenzungen, statische und dynamische → Gipfelhöhen u. a. flugtaktische Größen dargestellt.

Höhenhaltung: → Autopilot

Höhenkorrektur: automatische oder manuell zu betätigende Einrichtung an Flugzeugtriebwerken, die es ermöglicht, den Einfluß der mit der Höhe veränderlichen Luftdichte auf das → Luftverhältnis zu kompensieren.

Höhenkrankheit, *Fliegerkrankheit, Ballonfahrerkrankheit, Bergsteigerkrankheit:* durch Druckminderung, Verringerung des Sauerstoffgehalts der Atemluft (hypoxische Hypoxie) und Veränderung der physiologischen Daten (bei 1000 m Höhe Beschleunigung der Herztätigkeit, Pulssteigerung auf 140...180 Schläge/min, Vergrößerung der Blutdruckamplitude; bei 1200...1500 m Höhe Verschlechterung des Sehvermögens im Dunkeln) in Höhen über 3000 m einsetzende Störung des Allgemeinbefindens mit Herzklopfen, Kopfschmerzen, Übelkeit, hochgradiger Ermüdung, Ohnmachtsanfällen. Die H. ist bis in Höhen über 4000 m durch langsames Akklimatisieren zu vermeiden. Bei Arbeiten in Höhen über 4000 m ist das Benutzen von → Atemgeräten gesetzlich vorgeschrieben. Die bes. Gefahr der H. für den Piloten liegt darin, daß er sie selbst nicht erkennen kann und dadurch Gefahren für Insassen und Flugzeug entstehen. → Druckluftkrankheit

Höhenleistung: Abnahme der Leistung bei nicht aufgeladenen KTW mit zunehmender Höhe (→ Betriebsverhalten). Bei KTW mit → Aufladung steigt mit zunehmender Höhe die Leistung zunächst an (der Max.wert wird H. genannt) und nimmt dann wieder ab.

Höhenleitwerk: → Leitwerk

Höhenmesser: Gerät im Luftfahrzeug, das die Flughöhe angibt. Nach dem Bezugspunkt unterscheidet man *absolute Höhe* und *relative Höhe* sowie *Höhe über Grund.* Die absolute Höhe ist die über Normal Null (Seehöhe). Relative Höhe ist der senkrechte Abstand des Luftfahrzeugs von einem Bezugspunkt (häufig der Start- oder Landeflugplatz); die Höhe über Grund ist der Abstand über dem momentan überflogenen Gelände. Zum Messen der absoluten und relativen Höhe dient der barometrische H. Im dichten Gehäuse des H. befindet sich eine fast luftleer gepumpte Aneroiddose, die über einen Übertragungsmechanismus mit dem Anzeigeteil verbunden ist. Der statische Druck wird in das Gehäuse geleitet und je nach (von

barometrischer Höhenmesser (Zweizeigergerät)

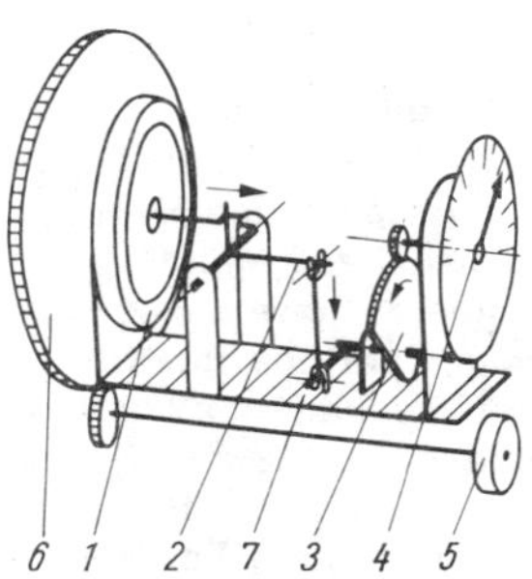

Aufbau des barometrischen Höhenmessers: 1 Aneroiddose, 2 Hebelwerk, 3 Zahnsegment, 4 Anzeigeteil, 5 Verstellschraube, 6 Zahnscheibe, 7 Chassis

Membrandosenpaket des Zweizeigerhöhenmessers

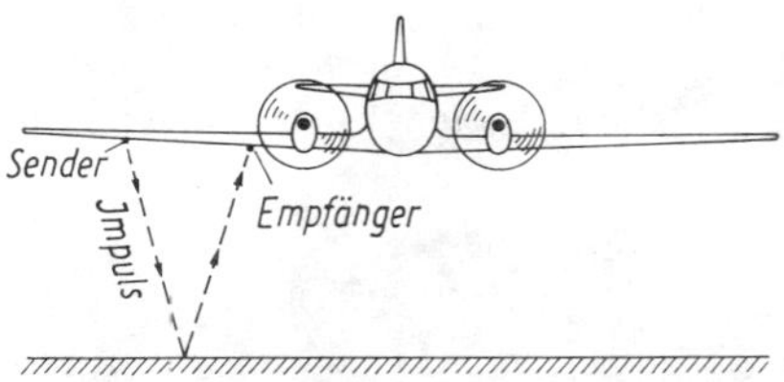

Funkhöhenmesser

der Höhe abhängig) Druckgröße ergibt sich ein Dosenhub, der angezeigt wird. Entspr. dem Meßbereich unterschied man früher *Grob-* und *Fein-H.* Heute gibt es H. mit 2 oder 3 Zeigern. Zur Vermeidung von Ablesefehlern werden gegenwärtig H. mit Zeiger und Trommelskalen oder Digitalanzeige benutzt. Der H. ist nach ISA (→ Atmosphäre) geeicht. Durch Einstellen des Bezugsdrucks für die Anzeige Null Meter läßt sich die Anzeige von absoluter oder relativer Höhe erreichen. Folgende Bezugswerte sind üblich 1) Standarddruck 1 013,25 mbar (oberhalb der → Übergangshöhe); 2) Bodenluftdruck des Flugplatzes mit Anzeige der Flughöhe über der Flugplatzhöhe; 3) der auf Meeresspiegel umgerechnete Flugplatzdruck mit Anzeige der Höhe über NN.

Die *Höhe über Grund* wird von *Funk-H., akustischen* und *kapazitiven H.* festgestellt. Beim Funk-H. wird die Höhe aus der Laufzeit der von einem Bordsender ausgestrahlten und nach Reflexion an der Erdoberfläche wieder aufgenommenen Wellen ermittelt. Nach der Art der Abstrahlung unterscheidet man *Impuls-* und *CW* (oder → *FM-*) H. Impuls-H. sind für größere Höhen (über ca. 200 m) geeignet. CW-H. dienen zum Landeanflug. Die Differenz zwischen Funk-H.-Anzeige und der des barometrischen H. wird häufig als D-Wert bezeichnet. *Akustische H.* wurden 1920/30 in der Luftfahrt benutzt (→ Behmlot); *kapazitive H.* sind für Höhen unter 50 m verwendbar. Sie messen die Kapazität (der Höhe umgekehrt proportional) zwischen Teilen der Luftfahrzeuge und der Erde. Neueste H. sind *Radioisotopen-H.* und *Laser-H.*

Höhenmotor: spezielles, bes. während des zweiten Weltkriegs für Aufklärungsflugzeuge entwickeltes → Kolbentriebwerk. H. sind im Hubvolumen und bes. bezüglich der → Aufladung stark überdimensioniert und müssen, um Überbelastungen zu vermeiden, in Bodennähe gedrosselt werden. H. sind häufig mit mehrstufigen Ladern, die je nach Flughöhe mit unterschiedlichen Drehzahlen betrieben werden, ausgerüstet. Als H. wurden häufig Dieselmotoren verwendet, da sie sich gut für die Aufladung eignen. Während des zweiten Weltkriegs wurden mit H. Gipfelhöhen bis zu 15 km erreicht.

Höhenruder: → Ruder zum Steuern des Flugzeugs um seine Querachse; gewöhnlich mit Höhenänderung.
Höhenruderwirksamkeit: → Ruderwirksamkeit
Höhensignalisator: Signalanlage, die an den → Höhenmesser im Luftfahrzeug oder den Druckgeber des statischen Drucks angeschlossen ist und das Erreichen oder Unterschreiten einer vorgegebenen Höhe optisch oder akustisch signalisiert.
Höhensteuerung: → Steuerung, → Steuerwerk von Flugzeugen, → Nicksteuerung
Holm: → Träger, der (je nach → Bauweise des Flugzeugs mehr oder weniger stark dimensioniert) im Festigkeitsverband von Tragflügeln und Leitwerken Querkräfte, Biege- und Torsionsmomente aufzunehmen und an den Anschlußstellen in die Rumpfkonstruktion überzuleiten hat. Nach ihrem Anteil an der Kräfteaufnahme werden *Haupt-* und *Hilfs-H.*, nach ihrer Lage im Festigkeitsverband → *Nasenholm* (bzw. vorderer H.), *End-H.* (bzw. hinterer H.) u. a. unterschieden. Hinsichtlich der Form haben sich in modernen Konstruktionen die *Steg-H.* durchgesetzt, früher waren auch *Rohr-* und *Fachwerk-H.* üblich. Der Steg-H. besteht aus oberem und unterem Gurt, beide werden mit dem Steg (häufig durch Stützprofile verstärkt) vernietet; mitunter wird auch die → Integralbauweise angewendet. In Richtung der Spannweite nimmt mit verringerter Profildicke die → Holmhöhe ab; außerdem ist aus Massegründen eine stetige Verjüngung der Gurtquerschnitte über der H.länge unter Berücksichtigung der nach außen hin abnehmenden Belastung zweckmäßig. Die Belastung des H. ruft in seinen Bestandteilen spezifische Beanspruchungen hervor: durch die Querkraft entstehen im Steg Schubspannungen (→ Schubwandträger), während das Biegemoment (M_b) in den Gurten ein Kräftepaar (je nach Richtung von M_b in einem Gurt Zug, im anderen Druck) und damit Normalspannungen erzeugt. Darüber hinaus hat der Steg noch zusätzliche Schubspannungen zu ertragen, die infolge des Torsionsmoments entstehen. → Torsionskasten
Holmabstand: Abstand der → Holme im Tragflügel voneinander. Wegen der Verjüngung des Tragflügels meist keine konstante Größe.

1

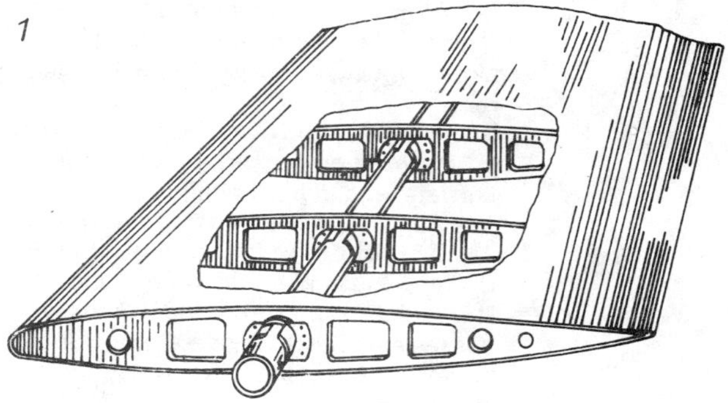

2

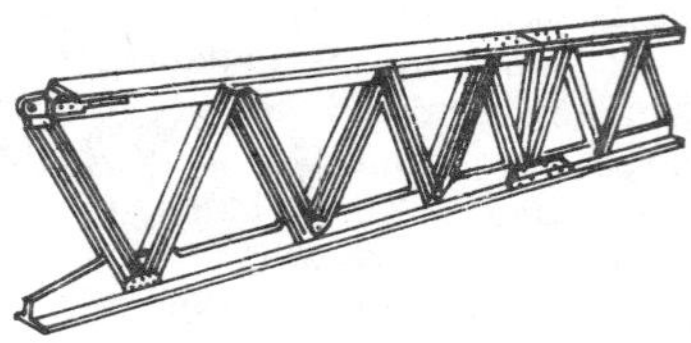

3

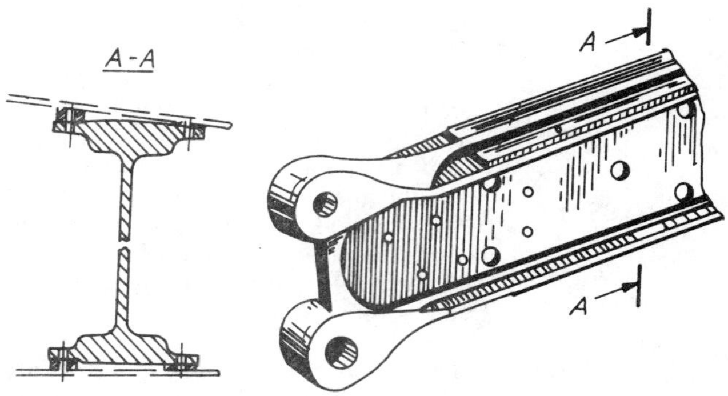

verschiedene Holmkonstruktionen: 1 Rohrholm, 2 Holm in Fachwerkbauweise, 3 Stegholm in Integralbauweise

Holmbauweise: → Trägerbauweise
Holmhöhe: Abstand zwischen den Flächenschwerpunkten beider Gurtquerschnitte eines → Holms oder → Trägers. Die H. ist maßgebend für die Größe der Längskräfte in den Gurten bei vorgegebenem Biegemoment. Die H. hängt ab von der Lage des Holms im Profil und von der Profilform. Da für schnellfliegende Flugzeuge Profile geringerer Dicke notwendig sind, müssen unter Berücksichtigung der hohen Belastung außerordentlich kräftige Gurtquerschnitte gewählt werden. Häufig wird deshalb die Belastung auf mehrere schwächere Holme verteilt.
Homing: → Zielflugverfahren
Horizontalflugzeit (Symbol t_{HF}): Teil

der Flugzeit (t_F), während der das Luftfahrzeug keine Höhenveränderung vornimmt (ausgenommen Höhenkorrekturen).

horizontal situation indicator, Abk. **HSI:** Anzeiger der Navigationsdaten im Luftfahrzeug mit Darstellung der Lage des Fahrzeugs in der Horizontalebene. Je nach Art des Luftfahrzeugs und dem Umfang seiner Ausrüstung kann der HSI lediglich die Anzeige des Funkkompasses enthalten oder die Daten komplizierter rechnergestützter Anlagen darstellen, wie z. B. von Flächennavigationsanlagen, kombiniert mit der Wetterradaranzeige.

Horizontanzeiger: Anzeigegerät für die Längs- und Querneigung des Luftfahrzeugs, das im Gegensatz zum → künstlichen Horizont keinen Kreisel enthält, sondern seine Signale aus der Baugruppe des → Vertikalkreisels, der zum Flugregler gehört, erhält.

Horizont, künstlicher: → künstlicher Horizont

Hornausgleich: → Ruderausgleich

Hosenverkleidung: bei nicht einziehbaren Fahrwerken zur Widerstandsverringerung früher verwendete stromlinienförmige Verkleidung, die von der Tragflügel- bzw. Rumpfkontur bis zur Radachse reichte.

Hosteß (engl.): **1.** bei manchen Luftverkehrsgesellschaften übliche Bez. für → Stewardeß. – **2.** Bez. für Bodenstewardessen, die auf Flughäfen zur Betreuung der Fluggäste eingesetzt werden (Groundessen). – → Fluggastbetreuung

HP: 1. Abk. für Flugzeuge der englischen Firma → **H**andley **P**age. – **2.** Abk. für **H**orse **P**ower, engl. Pferdestärke. 1 HP = 1,0139 PS = 0,745 kW.

HRS: Abk. für **H**ydrant **R**efuelling **S**ystem. → Betankung

HRG: Abk. für → **H**awker **S**iddeley **G**roup Ltd.

HSI: Abk. für → **h**orizontal **s**ituation **i**ndicator.

HSU: Abk. für **H**artridge **S**moke **U**nit. Maßeinheit für die Rauchentwicklung von Triebwerken.

Hubgebläse: → Hubtriebwerk für VTOL-Flugzeuge mit extrem hohem → By-pass-Verhältnis. Sie sind mit senkrecht stehender Welle in den Tragflügeln eingebaut und erzeugen bei relativ niedriger Drehzahl und entspr. großem Durchmesser und Luftdurchsatz eine große Hubkraft. Die Rotoren der H. können von einem bes. Triebwerk über eine Welle angetrieben werden, oder die langen Gebläseschaufeln sind an ihren Spitzen als Turbinenschaufel ausgebildet. Sie werden dann mit einem, in einem bes. Gaserzeuger erzeugten Arbeitsgas beaufschlagt. Bei Horizontalflug werden die Ober- und Unterseiten der H. durch jalousieartige Klappen abgedeckt, um die aerodynamische Qualität des Flugzeugs zu verbessern. Der Auftrieb wird dann nur von den Tragflügeln erzeugt. H. gibt es bisher nur bei Versuchsflugzeugen.

Hubraumleistung: umg.sprachl. *«Literleistung»:* bei KTW das Verhältnis von → Leistung zu Hubvolumen. Die H. hochgezüchteter, kurzlebiger KTW beträgt bis zu 60 kW/dm³, bei KTW von Verkehrsflugzeugen etwa 30...35 kW/dm³, bei KTW von Sportflugzeugen etwa 20...30 kW/dm³. Modellflugmotoren mit 1...3 cm³ Hubvolumen erreichen bei etwa 20000 U/min 100...150 kW/dm³ H.

Hubschrauber: wichtigste Gruppe der → Rotorflugzeuge.

Hubschrauberträger: → Landedeck, → Flugzeugträger

Hubschraubertriebwerk: Antriebsanlage von Hubschraubern, häufig paarweise angeordnet. Bei kleinen Hub-

Triebwerke des Hubschraubers Mi-8

Hubschraubertriebwerke (Gasturbinen)

Typ	Hersteller	P	n_I	M	$\dot{m}$	π	T_3	P_M	b
		kW	U/min	kg	kg/s		°C	kW/kg	g/kWh
GTD 350	UdSSR/Polen	295	45 000	135	2,2	5,9	950	2,19	502
Artouste 3B	Frankreich	405	34 000	130	4,2	5,2	950	3,11	475
GEM. 2	GB	620		150	3,1	12	965	4,1	326
TWD-10W	UdSSR/Polen	662	29 600	144	4,6	7,4	950	4,6	330
Nimbus	GB	720	34 000	177	5,0	6,5	910	4,1	420
MTM 380	International	770		145	3,0	13	1 125	5,3	302
T 58 GE-5	USA	1 030	19 500	152	6,2	8,3	865	6,78	377
TW-2-117	UdSSR	1 100	21 000	300	8,0	6,0	880	3,66	388
Turmo III C-3	Frankreich	1 100	33 500	220	6,05	5,9	935	5,00	368
RTM 321	International	1 290		180		14		7,2	280
T 58 GE-16	USA	1 380	20 880	200	6,2	8,3	1 025	6,90	346
T 64 GE-16	USA	2 530	18 230	313	12,7	12,6	1 025	8,08	293
JFTD 12-1	USA	2 980	9 000	400	22,0	6,85		7,45	418
Allison-501	USA	5 959	15 050	534	20,1	12,8	1 250	11,1	291
D-136	UdSSR	8 500		1 050	40	18,3	1 205	8,1	270

P Leistung
n_I Rotordrehzahl des Gaserzeugers (Hochdruckrotordrehzahl)
M Masse
$\dot{m}$ Luftdurchsatz
π Druckverhältnis
T_3 Turbineneintrittstemperatur
P_M Leistungs-Masse-Verhältnis
b Brennstoffverbrauch

schraubern werden häufig noch → Kolbentriebwerke verwendet, bei mittleren und großen nahezu ausschließlich → Gasturbinentriebwerke. H. erzeugen eine Wellenleistung, die über komplizierte Getriebe auf gegenläufige koaxiale Tragschrauben (Ka-26) oder auf Trag- und Heckschraube (Mi-8) übertragen wird.

Hubschrauber-Weltmeisterschaft: erstmals von der → FAI vom 16. bis 19. Sept. 1971 in Bückeburg (BRD) veranstaltet. Teilnehmer: 31 Besatzungen aus 11 Nationen. Der Wettbewerb bestand aus 1) *Pünktlichkeitsanflug*; 2) *Hubschrauberslalom* in 2 Durchgängen, wobei ein 5 kg schwerer Beutel an einer Leine durch 12 Slalomtore aus je 2,2 m hohen Stangen mit 1 m Zwischenraum durchflogen werden mußte; 3) *simulierte Rettungsaufgabe*; 4) *Stilfliegen*; 5) *Überlandflug* mit Rettungs-, Such- und Schätzaufgaben und Pünktlichkeitsanflug. Sieger: Brauer/Koepke (BRD) auf «Alouette II». Die zweite H. fand vom 23. bis 28. Juli 1973 in Middle Wallop Army Air Station, Hants (Großbritannien) statt. An ihr nahmen auch Damen teil. Sieger der Herren: Alex Kapralow (UdSSR) auf Mi-1; Damen: Tamara Egorkina (UdSSR) auf Mi-1. Die dritte H. fand vom 28. Juli bis 6. Aug. 1978 in Witebsk (UdSSR) statt; in der Länderwertung siegte die Mannschaft UdSSR I vor den USA und der BRD. Vorher hatten seit 1959 Hubschraubermeisterschaften der UdSSR, 1963, 1965 und 1969 der BRD und 1967, 1969 und 1971 Polens stattgefunden.

Hub-Schub-Triebwerk: Triebwerk für → VTOL- und → STOL-Flugzeuge, das sowohl eine Hub- als auch eine Schubkraft abgibt. Dabei erfolgt durch symmetrisch zum Schwerpunkt nach der Seite abgewinkelte Schwenkdüsen ein Ablenken des Gasstrahls. Da meist nur ein Triebwerk verwendet wird, ist die Betriebssicherheit beim Start geringer als bei getrennten Hub- und Schubtriebwerken. → Hubtriebwerk (Abb. S. 328)

Hubstrahler, *Turboplan, Aerodyne, Flugstrahler:* Luftfahrzeug, das im Unterschied zu einem Starr- oder Drehflügler seinen Auftrieb nur durch die Schubkraft eines oder mehrerer Luftstrahltriebwerke erhält. H. starten und landen senkrecht, können sich mit Hilfe von Strahlrudern und Steuerdüsen nach allen Richtungen bewegen, in der Luft am Ort schweben und sich auch drehen. H. sind z. B. der → «ATAR Volant» (Frankreich), der «Fliegende Stuhl» von Rafaeljanz (UdSSR, → Turboljot) und das «Fliegende Bettgestell» (Großbritannien). All diese Konstruktionen dienten zu Versuchszwecken und haben keine praktische Bedeutung erlangt. → VTOL

Hubtriebwerk: Triebwerk für den

Rolls Royce/MAN RB.193 mit Schwenkdüsen für Senkrechtstarter

Senkrechtstart von VTOL-Flugzeugen, das zusätzlich zum Marschtriebwerk vorhanden ist. Zur Erhöhung der Sicherheit beim Start sind H. mehrfach (bei großen Flugzeugen bis zu 20) angeordnet. H. haben nur kurze Laufzeiten. Sie können deshalb mit extrem hohen Turbineneintrittstemperaturen betrieben werden und erreichen dadurch bes. hohe Schub-Masse-Verhältnisse (ca. 20 daN/kg). Tab. S. 331

Hubvolumen: wesentliche technische Angabe bei Kolbentriebwerken. Das Hubvolumen (V_h) eines Zylinders ergibt sich aus dem Produkt aus Zylinderquerschnittsfläche und Kolbenweg; es liegt bei Flugzeugtriebwerken zwischen 1 und 3 dm^3. Das H. (V_H) des Gesamttriebwerks ergibt sich aus dem Produkt von Zylinderzahl und Zylindervolumen, es liegt zwischen 1,5 und 70 dm^3 und ist die Hauptbestimmungsgröße für die Leistung des Triebwerks.

Huckepackflugzeug, *Zwillingsflugzeug, Mistelflugzeug, Vater-und-Sohn-Flugzeug:* ein großes Flugzeug zum Tragen (unter oder über dem Rumpf sowie unter oder über den Tragflügeln) eines oder mehrerer kleiner Flugzeuge. So wurden ab 1931 in der UdSSR unter der Bezeichnung «Sweno» Versuche gemacht, unter der TB-1 sowie unter der TB-3 (bzw. auf den Flügeln dieser Flugzeuge) Jagdflugzeuge mitzuführen, um deren Reichweite für Angriffe auf wichtige Punktziele zu vergrößern oder den eigenen Jagdschutz trotz dessen geringer Reichweite verfügbar zu haben. 1938 unternahm man in Großbritannien Versuche mit einem kleinen Schwim-

mit Hubtriebwerken versehener Senkrechtstarter-Prototyp Jak-36 – steht heute im Museum in Monino

Hubtriebwerke

Typ	Hersteller	Bauart	F_S	M	$\dot{m}$	π	F_{SM}	b_s
			daN	kg	kg/s		daN/kg	kg/daNh
RB. 108	Großbritannien	ETL	1 045	129	17,6	5,5	8,1	1,08
JR. 100	Japan	ETL	1 430	146	27,5	3,9	10,2	1,15
JR. 120	Japan	ETL	1 770	104	33,0		17,0	
CAE-365	USA	ETL	1 780	91		6,0	19,5	
RB. 162-1	Großbritannien	ETL	1 850	125		4,25	14,8	1,20
JR. 220	Japan	ETL	2 240	156	37,2	4,4	14,3	1,13
RB. 162-31	Großbritannien	ETL	2 450	131	38,0	4,5	18,7	0,96
RB. 162-81	Großbritannien	ETL	2 720	170	38,5	4,5	16,0	1,27
CAE-465	USA	ETL	2 900	161		6,0	18,0	0,68
RB. 202	Großbritannien	ZTL ($\Lambda = 10$)	3 600	216	16,4/164		16,7	0,45
RB. 189	Großbritannien	ETL	4 080	216	47,5	8,0	18,9	1,20
RB. 202-25	Großbritannien	ZTL ($\Lambda = 10$)	5 800	370			15,7	0,46

F_s Schub
M Masse
$\dot{m}$ Luftdurchsatz
π Druckverhältnis
F_{SM} Schub-Masse-Verhältnis
b_s spezifischer Brennstoffverbrauch

merflugzeug auf dem Rücken eines großen Flugbootes. Das kleine trennte sich nach längerem Flug von dem großen Flugzeug und war auf diese Weise bereits damals in der Lage, den Atlantik zu überfliegen. Mit H. wurde auch in Deutschland bis 1945 zu militärischen Zwecken experimentiert, man gelangte aber nicht über das Versuchsstadium hinaus. Das Huckepack-Verfahren hat man auch in anderen Ländern wiederholt erprobt, durch den Bau von eigenstartfähigen Langstreckenflugzeugen sind H. aber nicht mehr von großer Bedeutung.

HUD: Abk. für → **h**ead-**u**p **d**isplay.

Hughes Airwest: frühere USA Luftverkehrsgesellschaft mit Sitz in San Francisco. Sie entstand 1968 durch Fusion von Bonanza Air Lines, Pacific Air Lines und West Coast Airlines als Air West. Den Namen H. A. führte die Gesellschaft seit April 1970.

Hughes Helicopters: Tochtergesellschaft der Hughes-Dachorganisation Summa Corporation, von *Howard Robard Hughes* gegr. weitverzweigtes Unternehmen. *Hughes* stellte in jungen Jahren einige Geschwindigkeitsrekorde auf, riskierte spektakuläre Abstürze, unternahm 1939 mit einer Verkehrsmaschine → Lockheed Model 14 einen Rekordflug rund um die Welt, besaß Ende

abgewandeltes Huckepackprinzip – Beförderung eines An-124-Tragflügels zur Endmontagestätte auf einer umgebauten An-22

U-Jagd-Hubschrauber Hughes (OH-6A)

der 30er Jahre insgeheim die Aktienmehrheit der USA-Luftverkehrsgesellschaft TWA, beeinflußte in dieser Funktion die Entwicklung des Verkehrsflugzeugs Lockheed Model 749 «Constellation». Zu H. H. zählt auch die H. Aircraft Company mit Hauptsitz in Culver City (Kalifornien), bei der Flugzeug-Feuerleitsysteme, Luft-Luft-Raketen, Radar- und Datenverarbeitungsgeräte, Panzerabwehrwaffen, Fernmeldesatelliten, Mondsonden, Lader- und Infrarotgeräte sowie Führungsleitsysteme hergestellt werden. Nach der Reorganisation des Konzerns fertigt die H. Aircraft Co. weiterhin Raumflugkörper, Luft-Boden-Raketen, Panzerabwehrraketen, während die H. H. Hubschrauber produziert, für die Lizenzen an → Kawasaki (Japan), RACA (Argentinien) und Breda Nardi (Italien) erteilt wurden. In Herstellung sind mehrere Modelle militärischer sowie ziviler Leichthubschrauber sowie der Kampfhubschrauber AH-64 (515 Exemplare). Anfang 1984 kaufte der Luftfahrtkonzern → McDonnell Douglas Corp. das Howard-Hughes-Imperium auf. Der Geschäftssitz der neuen Firma McDonnell Douglas Helicopter Company (MDHC) ist Mesa/Arizona.

Hünefeld, *Ehrenfried, Günther Frhr. v.:* geb. 1. Mai 1892 Königsberg, gest. 5. Febr. 1929 Berlin. Organisierte die Finanzierung des ersten Nordatlantik-Überflugs von Ost nach West (12./13.April 1928 mit Junkers W 33 «Bremen»), an dem er mit *Hermann → Köhl* und *J. → Fitzmaurice* (Irland) teilnahm.

Hunting: Flugbahnschwingung mit annähernd konstanter Schwingungsweite.

Hurrican: → tropischer Wirbelsturm

hybrides Raketentriebwerk: → Raketentriebwerk, das sowohl Konstruktionselemente eines Flüssigkeits- als auch eines Feststoffraketentriebwerks enthält. Der Sauerstoffträger oder Oxydator (meist Wasserstoffperoxid) wird in flüssiger Form mitgeführt und durch Pumpen oder Druckgas gefördert. Als fester Brennstoff wird häufig Polyäthylen verwendet.

Hydraulik: Anwendung der Hydromechanik, d.h. der Lehre von den Gesetzen ruhender und bewegter Flüssigkeiten (Öl, Wasser u. a.), in der technischen Praxis unter vereinfachenden Annahmen und Verwendung von Erfahrungswerten. Als *Elektro-H.* bezeichnet man die gleichzeitige Anwendung der Elektrik und der H., als *Pneumo-H.* oder *Hydropneumatik* die Anwendung der Pneumatik (Druckluftwirkung) und H. in einem Gerät oder in einer Anlage. Bei solchen Kombinationen fällt der H. i. allg. die Arbeitsfunktion, der Elektrik bzw. Pneumatik dagegen die Steuerfunktion zu. → Hydraulikanlage

Hydraulik-Akkumulator, *Hydraulikspeicher:* Gerät zum Energiespeichern in hydraulischen Anlagen. Es handelt sich dabei um 2, durch eine bewegliche Wand (Kolben, Gummiblase) getrennte Räume, von denen einer mit der Druckseite der Hydraulikpumpe in Verbindung steht, der andere jedoch durch eine Stahlfeder oder ein Druckgaspolster eingenommen wird, welche die bewegliche Wand belasten. Solange die Hydraulikpumpe mit einem bestimmten

Druck fördert, werden die Feder oder das Luftpolster zusammengedrückt und eine gewisse Menge Flüssigkeit im Akku gespeichert. Sobald die Pumpe aufhört zu arbeiten, dehnen sich Feder oder Gaspolster aus und geben bis zum Druckausgleich Hydraulikflüssigkeit in das System. H. werden als Puffer zum Glätten der Unregelmäßigkeiten bei der Förderung von Flüssigkeit durch die Pumpen, zum Abdecken von Leistungsspitzen, wenn mehrere Hydrauliksysteme gleichzeitig arbeiten, sowie zum Notbedienen wichtiger Teilsysteme beim Ausfall der Pumpen verwendet. Als Druckgas wird heute meist Stickstoff verwendet.

Hydraulikanlage: Gesamtheit der im Flugzeug installierten hydraulischen Geräte, wie Pumpen, Hydraulik-Akkumulatoren, Leitungen, Ventile, Arbeitszylinder, Manometer u. a. Die H. kann verschiedene Aufgaben erfüllen und besteht dazu aus einer Reihe von Hydrauliksystemen (Haupt-, Neben- und Notsysteme). Manchmal werden Hydraulikhauptsysteme mit mechanischen, elektrischen oder auch Druckluftnotsystemen gekoppelt. Sie werden verwendet zum Ein- und Ausfahren von Fahrwerken, Landeklappen, Bremsklappen, Einströmkegeln oder -keilen, zur Kraftübertragung in der Steuerung auf Quer-, Höhen- und Seitenruder, zum Öffnen und Schließen von Frachtraumluken u. a. H. haben ein günstiges Masse-Leistungs-Verhältnis; sie erlauben hohe Leistungsübertragungen, sind relativ wartungsarm und funktionssicher. Heute arbeiten H. mit Drücken bis 25 MPa. Problem: Gewährleistung der inneren und äußeren Dichtheit.

Hydraulikbehälter: Vorrats- und Ausgleichsbehälter in hydraulischen Anlagen (i. w. S. in Hydraulik-, Kraftstoff- und Schmierstoffanlagen). Sie gewährleisten den erforderlichen Flüssigkeitsvorrat sowie die Arbeitsbedingungen für die entspr. Anlage am Boden und in der Luft unter allen möglichen Flugbedingungen, so z. B. auch im *Rückenflug* oder bei *negativen Lastvielfachen.* Um das Sieden der Flüssigkeit in großen Höhen zu verhindern, ist Überdruck in den H. Oft befinden sich in den H. Vorrichtungen zum Kühlen, Entschäumen und Entlüften der Flüssigkeit.

Hydraulik-Booster: → hydraulischer Kraftverstärker

Hydraulikmotor: → Servomotor, der die Energie einer unter Druck stehenden oder bewegten Flüssigkeit in geradlinige Bewegung eines Arbeitskolbens oder in Drehbewegung einer Antriebsachse umsetzt. H. finden in → Hydraulikanlagen von Luftfahrzeugen vielfältige Anwendung, da sie hohe Leistungsübertragung bei relativ kleiner Masse und geringem Volumen sowie hohe Zuverlässigkeit gewährleisten. → hydraulischer Kraftverstärker, → Steuerwerk

Hydraulikspeicher: → Hydraulikakkumulator

hydraulischer Kraftverstärker, *Hydraulik-Booster:* Gerät, das hydraulisch die Kräfte verstärkt, die der Flugzeugführer zur Steuerung des Flugzeugs aufwendet. So bewegt der Flugzeugführer bei der hydraulischen Verstärkersteuerung lediglich ein Steuerventil, das den Zu- und Abfluß der Hydraulikflüssigkeit zu einem Hydraulikmotor (Arbeitszylinder, Plungerkolbenmotor o. a.), steuert, der mit dem Ruder verbunden ist. Relativ einfache Form eines → Servomechanismus; regelungstechnisch gesehen sind h. K. hydraulische Stellmotoren.

Hydrodynamik: Lehre von der strömenden Bewegung inkompressibler Medien, insbes. der Flüssigkeiten, und somit Teilgebiet der Strömungslehre. Die Gesetze der H. sind auch auf Gase anwendbar, solange deren Kompressibilität als unbedeutend vernachlässigt werden kann. Der entspr. Geschwindigkeitsbereich wird durch die erforderliche Genauigkeit der Untersuchung eingeschränkt ($0 < M < 0{,}2 \ldots 0{,}8$). Gleichzeitig ist die H. zusammen mit der → Hydrostatik Teil der → Hydromechanik. Wichtigste Gesetze der H. sind das *Kontinuitätsgesetz* (Form des Gesetzes von der Erhaltung der Masse), das *Ber-*

Servosteuerung mit hydraulischem Kraftverstärker

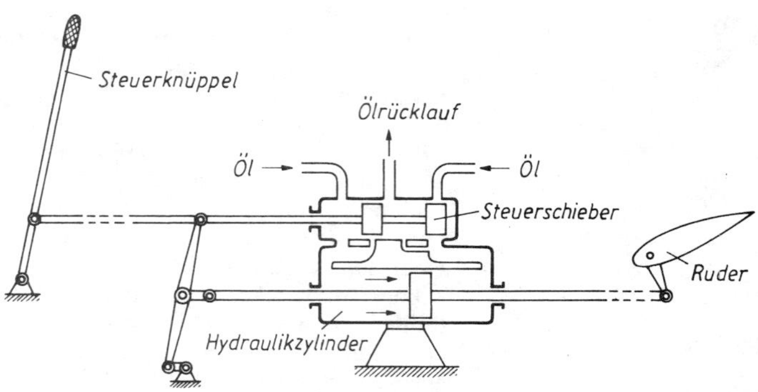

noullische Gesetz (Ausdruck des Gesetzes von der Erhaltung der Energie) und das *dynamische Grundgesetz.* Die Gesetze der H. wendet man bei der Untersuchung von freien Strömungen und Rohrströmungen von Flüssigkeiten (→ Hydraulik) sowie in entspr. Geschwindigkeitsbereichen der → Aerodynamik an.

Hydromechanik: Lehre vom Gleichgewicht (Hydrostatik) und von der Bewegung (Hydromechanik) inkompressibler Medien, bes. von Flüssigkeiten unter Einwirkung äußerer Kräfte. Anwendungsgebiet der H. im Flugwesen sind vor allem die Hydraulik, der Ballon- und Luftschiffbau, der Bau von Schwimmern und Rümpfen für Wasser- und Amphibienflugzeuge.

Hydroplan: Fremdwort für Wasserflugzeug.

Hydrostatik: Teilgebiet der → Hydromechanik, Lehre vom Gleichgewicht der Kräfte in ruhenden Flüssigkeiten. Sie geht von dem Grundgesetz aus, daß sich der Druck im Innern einer ruhenden Flüssigkeit nach allen Seiten gleichmäßig ausbreitet. Eine der ältesten Erkenntnisse der H. ist das → Archimedische Prinzip. Im Flugwesen wendet man die Hydrostatik vor allem bei der Konstruktion von → Hydraulikanlagen an. → Hydrodynamik

Hyperbelnavigation, *Hyperbelverfahren:* Sammelbegriff für Verfahren der → Funknavigation, deren → Standlinien Hyperbeln sind. Dabei befinden sich an bestimmten Standorten Sender, die miteinander synchronisiert, elektromagnetische Wellen kontinuierlich oder als Impulse abstrahlen. Aufgrund der konstanten Ausbreitungsgeschwindigkeit der Wellen ergeben sich Laufzeitunterschiede der einzelnen Signale, wenn der Ortungspunkt von den Sendern nicht gleichweit entfernt ist. Die Laufzeitdifferenz läßt sich als Impulsabstand oder Phasendifferenz messen. Geometrische Orte mit gleichen Laufzeitdifferenzen sind Hyperbeln. Die Laufzeitdifferenzen sind auf Spezialkarten eingetragen, auf denen der Standort feststellbar ist. In modernen Bordanlagen sind Rechner vorhanden, die den Standort in geographischen oder in Gitterkoordinaten ausgeben. Ein Impulsverfahren ist → LORAN-A. Dauerstrichverfahren sind → Decca, → Omega, → Dectra. → Flugnavigation

Hyperbolic Area Coverage Navigation System: → HARCO

hypersonische Geschwindigkeit: Geschwindigkeitsbereich mit Machzahlen M > 5...8, auch Hyperschallbereich. Charakteristisch ist die eintretende Dissoziation der in der Luft enthaltenen Stickstoff-, Sauerstoff- und anderen Moleküle, wodurch die Luft andere physikalische Eigenschaften erhält, die sich unmittelbar auf die Bildung der Luftkräfte, die Erwärmung von Flugkörpern und andere aerodynamische Erscheinungen auswirken. → Aerodynamik, → Fluggeschwindigkeit, → sonic speed

I

I: 1. Bis etwa 1941 Bez. für Jagdflugzeuge der UdSSR, die in Serie gebaut und den Luftstreitkräften zugeführt wurden, (russ.) Istrebitel, z. B. I-16. Später oft für Versuchsmuster gebraucht (z. B. I-75F – Überschall-Versuchsjagdflugzeug von → *Mikojan*, 1957), während Serienmaschinen die Anfangsbuchstaben des (der) Konstrukteurs(re) mit einer Zahl erhielten. – **2.** Bei amerikanischen Triebwerken Bez. für *injection* (Einspritzmotor). – **3.** Im ersten Weltkrieg Bez. für deutsche 2sitzige, gepanzerte Doppeldecker, die 1917/18 zur Unterstützung der Infanterie dienten, z. B. Junkers I 1 (Werkbezeichnung: J 4).

IA: Typenbez. für Flugzeuge der 1927 gegr. argentinischen Firma Fabrica Militar de Aviones, 1952 umbenannt in **I**ndustrias **A**eronauticas y Mecanicas del Estado, 1957 verstaatlicht als Direccion Nacional de Fabricaciones e Invéstigaciones Aeronauticas (DINFIA). 1968 reorganisiert zur heutigen FMA Area de Material Cordoba als Abteilung der argentinischen Luftwaffe. Bekannteste Typen: TL-Jagdflugzeug IA-33 «Pulqui» (1950), Verkehrsflugzeug IA-55 (1954),

Tiefangriffsflugzeug IA-58 «Pucara» (noch in Produktion. Weiterentwicklung: IA-66). In Lizenz werden → Cessna-Maschinen gebaut. Neuestes Modell ist der mit → Dornier entwikkelte Strahltrainer IA-63 «Pampa».

IAAC: Abk. für → International Agricultural Aviation Centre, das 1976 seine Arbeit einstellte. Neugründung 1978.

IAC: Abk. für → Indian Airlines Corporation.

IACA: Abk. für → International Air Carriers Association.

IAI: → Israel Aircraft Industries Ltd.

IAOPA: Abk. für → International Council of Aircraft Owner and Pilot Associations.

IAR: Abk. für → Industria Aeronautica Romana (→ CENTRUL NATIONAL AERONAUTIC).

IAS: Abk. für engl. Indicated Air Speed, angezeigte Fluggeschwindigkeit. Anzeige des im Luftfahrzeug eingebauten Anzeigegeräts, korrigiert um dessen Fehler. Da die IAS dem dynamischen Druck und damit auch den Luftkräften proportional ist, werden für den parktischen Flugbetrieb Betriebsbegrenzungen oder Flugleistungen in IAS-Angaben ausgedrückt.

IATA: Abk. für **1.** → International Air Traffic Association. – **2.** → International Air Transport Association.

IATA-Tarif: für die Mitglieder der → International Air Transport Association (IATA) nahezu umfassend angewendete → Tarife für den → internationalen Luftverkehr. Diese Tarife werden in Abhängigkeit von der jeweiligen Marktsituation durch die IATA-Tarifkonferenzen festgelegt.

IBERIA, Lineas Aéreas de España, S.A., 2-Letter-Code **IB:** staatliches spanisches Luftverkehrsunternehmen mit Sitz in Madrid. 1940 als Nachfolgerin der LAPE gegr., 1944 verstaatlicht. *Flugzeugpark* (1988): 6 Airbus A 300, 35 Boeing 727, 6 Boeing 747, 8 DC 10 und 28 DC 9. Verkehrsdaten 1987: 14,1 Mill. beförderte Passagiere (davon 4,1 Mill. Inlandpassagiere); 19,5 Mrd. Pkm (einschließlich 0,4 Mrd. Pkm Charterverkehr); 523 Mill. Fracht-tkm; 2,31 Mrd. tkm Gesamtleistung. Die Länge des Flugstreckennetzes beträgt rd. 386 000 km.
Hauptstrecken: Europa, Süd-, Mittel- und Nordamerika, Afrika; Inlandflugverkehr.

IBERIA IB
INTERNATIONAL AIRLINES OF SPAIN

ICAA: Abk. für → International Civil Airport Association.

ICAF: Abk. für → International Committee on Aeronautical Fatigue.

ICAO: Abk. für → International Civil Aviation Organization.

ICAO-Standard-Atmosphäre: von der Internationalen Zivilluftfahrt-Organisation (ICAO) 1964 angenommene *Norm-Atmosphäre* (ICAO-Doc. 7486/2), die für den Höhenbereich von 2 km bis 32 km definiert ist. Sie basiert u. a. auf folgenden Annahmen (vgl. Tabelle S. 336): 1) Luftdruck im Meeresniveau 1 013,25 hPa. 2) Lufttemperatur im Meeresniveau 15 °C. 3) Temperaturabnahme von 6,5 K/km zwischen 2 km und 11 km. 4) Konstante Temperatur von –56,5 °C zwischen 11 km und 20 km. 5) Temperaturzunahme von 1,0 K/km zwischen 20 km und 32 km. → Atmosphäre

Icelandair: → Flugfelag Island H/F

Icelandic Airlines: → Loftleidir H/F

IDAFLIEG: Abk. für Interessengemeinschaft Deutscher Akademischer Fliegergruppen e. V., Zusammenschluß der Fliegergruppen an den Universitäten, Hoch- und Ingenieurschulen der BRD.

IF: Abk. für → INTERFLUG GmbH.

IFALPA: Abk. für → International Federation of Air Line Pilots Associations.

IFATCA: Abk. für → International Federation of Traffic Controllers Associations.

IFR: Abk. für Instrument Flight Rules. → Instrumentenflugregeln

Ikarus, Ikaros (griech.): in der griechischen Sage der Sohn des → Dädalus.

Il: Typenbez. für Flugzeuge des sowjetischen Konstrukteurs → *Iljuschin*, z. B. Il-62.

ILA: **1.** Abk. für engl. International Language for Aviation, Internationale Luftfahrtsprache. – **2.** Abk. für Internationale Luftfahrt-Ausstellung. Die erste ILA fand 1909 in Frankfurt/Main statt und dauerte 100 Tage. Sie war die erste europäische Zusammenführung aeronautischer Bemühungen und technischer Anstrengungen für die Luftfahrt. Später wurden ILA in Berlin durchgeführt. Die Luftfahrtschau in Hannover wurde ab 1978 ebenfalls als ILA (ILA'78) bezeichnet. Sie findet alle zwei Jahre statt.

Iljuschin: 1. *Sergej Wladimirowitsch:* sowjetischer Flugzeugkonstrukteur, geb. 18. (30.) März 1894 Diljalewo (Gouv. Wologda), gest. 10. Febr. 1977 Moskau. Generaloberst-Ing. der Flieger (1967); seit 1948 Professor an der Luftfahrt-Mili-

Höhe[1]	Temperatur		Luftdruck		Luftdichte	Erdbeschleunigung			Schallgeschwindigkeit
H	T	t	p	p	ϱ	g	p/p_0	ϱ/ϱ_0	a
m	K	°C	hPa	mm Hg	$kg \cdot m^{-3}$	$m \cdot s^{-2}$			$m \cdot s^{-1}$
0	288,15	15,00	1013,25	760,00	1,225	9,8066	1,000	1,000	340,29
1	281,65	8,50	898,75	674,11	1,111	9,8036	0,886	0,907	336,43
2	275,15	2,00	794,95	596,26	1,006	9,8005	0,784	0,821	332,52
3	268,65	−4,50	701,08	525,85	0,909	9,7974	0,691	0,742	328,57
4	262,15	−11,00	616,40	462,33	0,819	9,7943	0,608	0,668	324,57
5	255,65	−17,50	540,19	405,18	0,736	9,7912	0,533	0,600	320,52
6	249,15	−24,00	471,81	353,88	0,659	9,7881	0,465	0,538	316,42
7	242,65	−30,50	410,60	307,98	0,589	9,7851	0,405	0,481	312,27
8	236,15	−37,00	355,99	267,02	0,525	9,7820	0,351	0,428	308,06
9	229,65	−43,50	307,42	230,58	0,466	9,7789	0,303	0,380	303,79
10	223,15	−50,00	264,36	198,28	0,412	9,7758	0,260	0,336	299,46
11	216,65	−56,50	226,32	169,75	0,363	9,7727	0,223	0,297	295,06
12	216,65	−56,50	193,30	144,99	0,310	9,7697	0,190	0,253	295,06
13	216,65	−56,50	165,10	123,83	0,265	9,7666	0,162	0,216	295,06
14	216,65	−56,50	141,01	105,77	0,226	9,7635	0,139	0,185	295,06
15	216,65	−56,50	120,44	90,34	0,193	9,7604	0,118	0,158	295,06
16	216,65	−56,50	102,87	77,16	0,165	9,7573	0,101	0,135	295,06
17	216,65	−56,50	87,86	65,90	0,141	9,7543	0,086	0,115	295,06
18	216,65	−56,50	75,04	56,29	0,120	9,7512	0,074	0,098	295,06
19	216,65	−56,50	64,09	48,07	0,103	9,7481	0,063	0,084	295,06
20	216,65	−56,50	54,74	41,06	0,088	9,7450	0,054	0,071	295,06
21	217,65	−55,50	46,77	35,08	0,074	9,7420	0,046	0,061	295,75
22	218,65	−54,50	39,99	30,00	0,063	9,7389	0,039	0,052	296,42
23	219,65	−53,50	34,22	25,67	0,054	9,7358	0,033	0,044	297,10
24	220,65	−52,50	29,30	21,98	0,046	9,7327	0,028	0,037	297,78
25	221,65	−51,50	25,11	18,83	0,039	9,7297	0,024	0,032	298,45
26	222,65	−50,50	21,53	16,14	0,033	9,7266	0,021	0,027	299,12
27	223,65	−49,50	18,47	13,85	0,028	9,7235	0,018	0,023	299,79
28	224,65	−48,50	15,86	11,89	0,024	9,7204	0,015	0,020	300,46
29	225,65	−47,50	13,62	10,22	0,021	9,7174	0,013	0,017	301,13
30	226,65	−46,50	11,71	8,78	0,018	9,7143	0,011	0,014	301,80
31	227,65	−45,50	10,08	7,56	0,015	9,7112	0,009	0,012	302,46
32	228,65	−44,50	8,68	6,51	0,013	9,7082	0,008	0,010	303,13

[1] Alle Werte der Tabelle sind in Abhängigkeit von der geopotentiellen Höhe angegeben. Die geopotentielle Höhe (H) weicht geringfügig von der geometrischen Höhe (h) ab. (Einer geopotentiellen Höhe H = 11 000 m entspricht z. B. eine geometrische Höhe h = 11 019 m.)

Sergej Iljuschin

Iljuschin Il-2

Iljuschin Il-18

Iljuschin Il-62 (l.) und Il-76 (r.)

tärakademie «Professor N. E. Shukowski»; seit 1968 Mitglied der Akademie der Wissenschaften der UdSSR. Ab 1914 Militärdienst. 1917 als Pilot ausgebildet, trat 1919 in die Rote Armee ein, im Bürgerkrieg bis 1921 Flugzeugmechaniker. Absolvierte 1926 die Fliegeringenieurakademie Moskau. Hier projektierte und baute er im Segelflugzirkel die Gleitflugzeuge «Mastjashart» und «Rabfakowez» sowie das Segelflugzeug «Moskwa». 1926–1931 war I. im Wissenschaftlich-Technischen Komitee der Luftstreitkräfte beschäftigt, seit 1931 als Flugzeugkonstrukteur und Leiter eines eigenen Konstruktionsbüros tätig. Seine Flugzeuge trugen damals die Typenbezeichnung ZKB (Zentrales Konstruktions-Büro). 1933 war I. am Bau des Stratosphärenballons SSSR beteiligt. 1936 schuf er das 2motorige Flugzeug ZKB-30 (später Fernbomber Il-4), mit dem *W. K. Kokkinaki* mehrere Höhenweltrekorde mit Zuladung aufstellte und 1938/39 Fernflüge von Moskau nach dem Fernen Osten und Nordamerika durchführte. 1939 entstand das gepanzerte Erdkampfflugzeug Il-2, daraus die Schlachtflugzeuge Il-10, Il-16 und Il-40; 1946 das 2motorige Verkehrsflugzeug Il-12. 1948 begann die Serienfertigung des Bombers Il-28. Aus der Il-12 wurde das ebenfalls 2motorige Mittelstrecken-Verkehrsflugzeug Il-14 entwickelt, das ebenso wie das moderne Turboprop-Verkehrsflugzeug Il-18 für Mittel- und Langstrecken bei allen sozialistischen und mehreren ausländischen Luftverkehrsgesellschaften eingesetzt war. Eine Weiterentwicklung der Il-14, die Il-14P. wurde in 80 Exemplaren in der DDR in Serie gebaut. Das Langstrekken-Strahlverkehrsflugzeug Il-62 besticht vor allem durch die äußere Form und die Triebwerke am Rumpfende (Daten der genannten Typen beim Artikel Verkehrsflugzeug). Am 25. Mai 1971 flog erstmalig das 4strahlige Fracht- und Transportflugzeug Il-76. 1970 begannen die Entwicklungsarbeiten für das Großraumflugzeug Il-86 «Aerobus». – I. erhielt 8mal den Leninorden und 7mal den Staats- bzw. Leninpreis; 1941, 1957 und 1974 wurde er Held der Arbeit. Insgesamt wurden bis Ende 1968 mehr als 57000 Il-Flugzeuge hergestellt. Chef des Konstruktionsbüros «S. W. Iljuschin» ist seit einigen Jahren Prof. Dr. *Genrich W. Nowoshilow*. Unter seiner Leitung entsteht das Kurzstreckenverkehrsflugzeug Il-114. – **2.** *Wladimir*, Sohn von 1., geb. 1925. Sowjetischer Testpilot, Generalmajor, Verdienter Testpilot der UdSSR, Held der Sowjetunion (1960), Verdienter Meister des Sports, Leninpreisträger, Stellvertretender Generalkonstrukteur. Kämpfte im Krieg als Jagdflieger. Flog danach zahlreiche neue Strahlflugzeuge ein, stellte mehrere Weltrekorde auf. Zog sich 1957 bei einem Flugunfall schwere Verletzungen zu. Nach der Genesung (1959) brach I. den Höhenweltrekord (aufgestellt im Mai 1958 mit F-104 durch *Johnson:* 27811 m) mit der 1strahligen Suchoi-Maschine T-431, als er am 14. Juli 1959 28852 m erreichte. Einen weiteren Weltrekord stellte I. 1962 auf, als er mit einer T-431 im Horizontalflug in 21300 m Höhe über eine 25-km-Teststrecke mit 2100 km/h flog. Testete und flog 110 Typen von Flugzeugen und Hubschraubern.

Wladimir Iljuschin

illegale Störungen: Entführung von Flugzeugen, Sabotage oder bewaffneter Überfall auf Zivilflugzeuge (Definition des ICAO-Luftpiraterie-Ausschusses).

ILM: Abk. für (engl.) **I**ndependent **L**anding **M**onitor, autonomer Landungsmonitor. Von der → NASA entwickeltes radiometrisches Instrumentenlandeverfahren. Am Boden befindet sich ein 37-GHz-Sender. Im Gegensatz zu Radargeräten ist der Empfänger nicht am Boden, sondern an Bord des Luftfahrzeugs. Auf einer an den Empfänger angeschlossenen Bildröhre erkennt der Pilot eine Abbildung des Bodens, wie er sie bei gutem Wetter optisch sehen würde. Ähnliche Verfahren wurden auch von verschiedenen Flugzeugfirmen entwickelt.

ILS: Abk. für **I**nstrument **L**anding **S**ystem. → Instrumentenlandesystem

ILS-Kategorien: nach der Genauigkeit der Anlagen des → Instrumenten-Landesystems seitens der → International Civil Aviation Organization festgelegte Kategorien: *Kategorie I:* Es wird ein Anflug bis zu einer Entscheidungshöhe von 60 m und einer Sicht von 800 m (bzw. 550 m RVR) sichergestellt. *Kategorie II:* Die betreffenden Werte betragen 30 m Entscheidungshöhe und RVR 350 m. *Kategorie III A:* keine Angabe der Entscheidungshöhe und 200 m RVR. *Kategorie III B:* keine Angabe der Entscheidungshöhe und 50 m RVR. *Kategorie III C:* keine Angabe der Entscheidungshöhe und RVR.

ILS-TAC: Systembezeichnung für eine TACAN-Variante (→ Tactical Air Navigation System), bei der eine TACAN-Bodenstation mit dem → ILS in Verbindung steht.

Iltschenko, *Wiktor:* sowjetischer Segelflieger, geb. 1910; fliegt seit 1926 auf Segelflugzeugen aller Typen, errang seine größten Erfolge nach dem zweiten Weltkrieg. Er stellte zahlreiche Landes- und internationale Rekorde auf und flog 1953 mit einer 2sitzigen A-10 (mit Passagier) über eine Entfernung von 829,8 km (Strecke Moskau–Wolgograd). I. ist Instrukteur für Segelflug, Träger der → Lilienthal-Medaille, verdienter Meister des Sports der UdSSR.

Imitation: Bez. einer Disziplin bei motorflugsportlichen Wettkämpfen. Die Aufgabe besteht darin, daß aus einer bestimmten Höhe und Position des Flugzeugs bei vollständig gedrosseltem Triebwerk eine genaue Ziellandung durchzuführen ist. Abweichungen des Aufsetzpunktes vom sog. Nullfeld werden je nach Größe und Lage der Abweichung mit Strafpunkten belegt. → Navigationsflug

Immelmann: Kunstflugfigur, die von dem im ersten Weltkrieg gefallenen deutschen Jagdflieger *M. Immelmann* erstmalig ausgeführt wurde und in zahlreichen Sprachen als I. oder → *Turn* bezeichnet wird. Es handelt sich um eine hochgezogene (180°) Kehrtkurve, bei der das Flugzeug sich rechts oder links um einen Punkt außerhalb der dabei steil (senkrecht) stehenden Tragflächen dreht und danach abgefangen wird. → Kunstfiguren

Impuls: physikalischer Begriff der Translationsbewegung in Analogie zum → Drall bei Rotationsbewegung. I. ist das Produkt aus Masse und Geschwindigkeit, bzw. aus Kraft und Zeit. Die Erzeugung der Schubkraft bei allen Luftfahrt- und Raketentriebwerken beruht auf der zeitlichen Änderung des Impulses; der Impulssatz lautet $I = m \cdot V$.

Impuls-Doppler-Radar: → Radaranlage, die außer der Impulslaufzeit auch die Dopplerfrequenz (→ Doppler-Navigation) des rückgestreuten Signals in die Auswertung einbezieht und daraus Informationen über die Geschwindigkeit des Ziels gewinnt.

IMTNE: Abk. für engl. **I**nternational **M**eteorological **T**eleprinter **N**etwork in **E**urope. Wetterfernschreibnetz für Europa, bestehend aus Fernschreibverbindungen zwischen den Meteorologischen Diensten der Staaten Europas.

Inclusive Tours, Abk. **IT:** (Flug)pauschalreisen. Von einem Reisebüro für Gruppen oder für einzelne Reisende organisierte Touristenreisen, die alle wichtigen Leistungen, z. B. Ortsveränderung, Übernachtung, Verpflegung, in sich einschließen. I. werden mit planmäßig verkehrenden Maschinen der internationalen Liniendienste durchgeführt. Bei I. bestimmt der Reisende selbst Abflugtag, Reisedauer, Streckenführung und hat Verlängerungsmöglichkeiten am Urlaubsort. Eingeschlossen in den Preis des touristischen Vorgangs (inklusive) sind neben dem Flugpreis die Hotelunterkunft, Mahlzeiten nach Wunsch, Hin- und Rückfahrt zwischen Flughäfen und Hotels, Rundfahrten oder Ausflüge. Bei diesen Reisen werden seitens des Luftverkehrs i. d. R. erhebliche Ermäßigungen gewährt. Die Buchung kann nicht bei Luftverkehrsgesellschaften, sondern nur beim Reiseveranstalter oder bei einem Reisebüro erfolgen.

Independent Landing Monitor: → ILM

Indian Airlines Corporation, Abk. **IAC:** indisches Luftverkehrsunternehmen mit Sitz in Neu-Delhi. Gegr. 1953. *Flugzeugpark* (1987): 10 A 300, 26 Boeing 737, 2 Fokker F. 27, 7 HS 748. Verkehrsdaten 1987: 10,3 Mill. beförderte Passagiere (davon 8,6 Mill. Inlandpassagiere); 8,5 Mrd. Pkm; 111,4 Mill. Frachttkm; 823 Mill. tkm Gesamtleistung. Länge des Streckennetzes 99 000 km. Subkontinentaler Inlandflugverkehr.

Indossierung: Änderung des im Flugschein oder der → Sammelumtauschanweisung eingetragenen Reisewegs und/oder des zur Beförderung vorgesehenen Luftverkehrsunternehmens und/oder der → Beförderungsklasse. Die I. muß – auf Antrag des Kunden – grundsätzlich durch das Luftverkehrsunternehmen erfolgen, das den Flugschein bzw. die Sammelumtauschanweisung ausgestellt hat.

Induktionskompaß: → Kompaß

Induktionssonde: → Kompaß

Industria Aeronautica Romana, Abk. **IAR:** urspr. Bez. für das zweite rumänische Flugzeugwerk, 1925 als Aktiengesellschaft in Brașov gegr. (1924 entstand als erstes rumänisches Flugzeugwerk die Firma Societatea pentru exploatari technice, Abk. SET, zunächst Umbau von de Havilland-Maschinen zu Passagierflugzeugen; später zahlreiche Eigenentwicklungen und Lizenzbauten.) Da die Firmen Blériot-Spad und Loraine-Dietrich/Frankreich zeitweilig Teilhaber von IAR waren, wurden zunächst Flugzeuge nach französischen Lizenzen, später auch nach USA- und polnischen Lizenzen sowie Eigenentwicklungen gefertigt. Vor dem zweiten Weltkrieg hat die Firma in 18 Jahren mehr als 20 verschiedene Flugzeugtypen produziert. Nach 1945 mehrere Eigenentwicklungen, aber auch Fertigung nach französischen (Hubschrauber) und britischen (Strahlverkehrsflugzeuge, Kurzstreckenmaschinen) Lizenzen. Mit Jugoslawien Gemeinschaftsentwicklung des Strahltrainers «Orao». → CENTRUL NATIONAL AERONAUTIC

Inertialnavigation: svw. Trägheitsnavigation. → Flugnavigation

Inex Adria Airways: → Adria Airways

Infrarotsichtgerät, *Nachtsichtgerät:* Apparatur, die mit elektronenoptischen Bildwandlern ausgerüstet ist und die von einem Objekt reflektierten Infrarotstrahlen auf einem Bildschirm sichtbar werden läßt. Bei *aktiven I.* wird das Objekt durch einen Infrarotstrahler beleuchtet (älteres, unkomplizierteres Gerät, leicht aufzuklären), bei *passiven Anlagen* (moderner, komplizierter, teurer – aber nicht aufzuklären) werden mittels eines Kaskadenbildverstärkers die vom Objekt aufgrund der Resthelligkeit der Nacht reflektierten Infrarotstrahlen verstärkt und eine Bildwiedergabe ermöglicht. In der Luftfahrt benutzt man die Infrarottechnik zur Nachtortung, zur Lenkung von Raketen, als Aufklärungsmittel sowie als Zielgerät.

Infrastruktur des Luftverkehrs: → materiell-technische Territorialstruktur des Luftverkehrs

ingenieurtechnische Sicherstellung, Abk. **ITS:** umfassender Begriff für alle technischen, technologischen und organisatorischen Maßnahmen zur Gewährleistung einer ständig hohen Betriebssicherheit und Zuverlässigkeit der Flugtechnik. Die i. S. besteht im Wesentlichen aus den Aufgabenbereichen Nutzung und Instandhaltung und ist selbst ein Bestandteil des umfangreichen Systems zur Sicherstellung der Flüge.

INI: Abk. für Aerolineas **Ini** y Cia Sa.

Inklination: Neigung der erdmagnetischen Feldlinien gegenüber der Horizontalebene. Durch die I. ergeben sich Fehler in der Kompaßanzeige bei geneigter Kursrose (z. B. Norddrehfehler).

Inklinationsnadel: um eine waagerechte Achse drehbare Magnetnadel zum Messen der → Inklination.

inkompressibel: → Kompressibilität

Inlandflughafen: → Flughafen des → Inlandflugverkehrs

Inlandluftverkehr, engl. *Domestic Service:* → Luftverkehr innerhalb der Grenzen eines Staats. Der I. wird als → Linienflugverkehr und → Bedarfsluftverkehr unternommen. I. w. S. gehört auch der → Rundflugverkehr zum I.

Inmarsat: Kurzbez. für **I**nternational **Mar**itime **Sat**ellite Organization, internationale Organisation für den Betrieb von Satelliten für die Seefahrt. Eine 1979 gegründete Organisation mit Sitz in London, die im Oktober 1987 50 Staaten umfaßte. Sie beschäftigt sich mit dem Einsatz eines globalen Satellitensystems (1987 – 9 Satelliten) für Nachrichtenverbindungen zwischen Land-, Luft- und Wasserfahrzeugen und festen Funkstellen. 1987 wurde seitens I. erstmals der Versuch unternommen, für Flugzeugpassagiere eine Telefonverbindung aus einem Flugzeug in ein nationales Telefonnetz zu schaffen.

innere Leistung: → Leistung

innerer Wirkungsgrad: → Wirkungsgrad

instabiler Betriebszustand: 1. Betriebszustand einer Antriebsanlage, bei dem sich nach einer von außen aufgebrachten Störung das Gleichgewicht nicht wieder von selbst einstellt. I. B. kann z. B. eintreten, wenn im Zusammenhang mit einer Drehzahlerhöhung die Drehmomenterhöhung des verfügbaren → Drehmoments größer als die des erforderlichen ist. – **2.** kritischer Betriebszustand bei Strömungsmaschinen, insbes. Verdichtern, beim Anlassen von Flugzeugtriebwerken. Kommt zustande, wenn durch erhöhten Gegendruck in der Brennkammer die Axialgeschwindigkeit der Luft im Verdichter zu gering ist. Dadurch vergrößert sich der → Anstellwinkel der Laufschaufeln so weit, daß es zu Ablösungserscheinungen kommt, die mit starker Verringerung der Fördermenge einhergehen. Kann zum Zerstören des Verdichters und zum Überhitzen der Turbine führen. Dieser Betriebszustand wird häufig mit *«Pumpen»* bezeichnet. Die Verbindungslinie aller Punkte der verschiedenen Drehzahlen im → Kennlinienfeld, bei denen aufgrund des jeweiligen Gegendrucks ein i. B. auftritt, wird mit *«Pumpgrenze»* bezeichnet.

Instandhaltung: Gesamtheit aller Maßnahmen zum Erhalten und/oder Wiederherstellen der technischen Einsatzbereitschaft von Luftfahrzeugen. Dazu gehören die Pflege und → Wartung, die Kontrolle (Überprüfung) und die → Instandsetzung. Die I. ist eine wesentliche Aufgabe der ingenieurtechnischen Sicherstellung. Ihre besondere Bedeutung für die Luftfahrt besteht in der Notwendigkeit, eine möglichst 100%ige → Zuverlässigkeit der Flugtechnik zu gewährleisten, um technisch bedingte → Flugvorkommnisse bzw. Ansätze zu diesen mit höchster Wahrscheinlichkeit auszuschließen.

Instandsetzung: wesentliches Element der → Instandhaltung; dient dazu, die Einsatzbereitschaft eines Luftfahrzeugs vorbeugend oder nach Beschädigung durch Beseitigen von Fehlern und/oder durch Erreichen von vorgeschriebenen Normen, Parametern usw. wiederherzustellen. Man unterscheidet eine laufende von einer mittleren und einer Hauptinstandsetzung, die sich durch den Umfang der durchzuführenden Arbeiten und der dafür erforderlichen Mittel unterscheiden.

instationäre Strömung: → Strömung

Institut du Transport Aérien, Abk. **ITA:** 1944 mit Sitz in Paris gegründete, internationale nichtstaatliche Organisation; Forschungszentrum des Luftverkehrs mit dem Charakter einer Arbeitsgemeinschaft, die auch für andere Transportzweige und den Tourismus Forschungsarbeiten betreibt. Dem ITA gehören Mitglieder aus allen Teilen der Welt an, darunter Vertreter Polens, der ČSFR, Ungarns, Rumäniens und der SFRJ. Die Mitglieder können Ehrenmitglieder, ordentliche, aktive oder korrespondierende Mitglieder sein. Sie setzen sich zusammen aus Regierungsvertretern, Vertretern von Luftverkehrsgesellschaften, von Flughäfen und der Luftfahrtindustrie, von Universitäten, Instituten, Bibliotheken usw. Außerdem benutzen internationale Organisationen, wie ICAO, ECAC, IATA, SITA u. a. die Dienste der ITA. Organe des ITA sind die Generalversammlung der Ehrenmitglieder, ordentlichen und aktiven Mitglieder (tritt einmal jährlich zusammen), der Verwaltungsrat (9...21 Mitglieder; wählt aus seiner Mitte den Präsidenten und zwei Vizepräsidenten sowie den Schatzmeister) sowie Ausschüsse. Ergebnisse der ITA-Forschungsarbeit werden in den ITA-News zusammengefaßt. Das ITA finanziert sich aus Beiträgen der Mitglieder (Höhe entsprechend dem Status der Mitgliedschaft), aus dem Vermögen des I., durch Erlöse aus dem Verkauf von Leistungen u. ä.

Instrumentenanflugverfahren: Folge von vorgeschriebenen Flugbewegungen zum ordnungsgemäßen Führen eines Luftfahrzeugs unter → IFR-Bedingungen vom Beginn des Anflugs bis zur Landung oder zu einem Punkt, von dem aus eine Landung nach → VFR erfolgen kann.

Instrumentenbrett: an den Arbeitsplätzen der Besatzungsmitglieder in Luftfahrzeugen angebrachte Tafeln mit Anzeigern und Bedienelementen. Insbes. die im → Cockpit vorhandenen I. werden bei der Neuentwicklung von Luftfahrzeugen einer intensiven Bearbeitung unterzogen, da ihre Gestaltung und Plazierung Sicherheit und Effektivität der Luftfahrzeugführung stark beeinflussen können.

Instrumentenflug: nach → Instrumentenflugregeln (IFR) durchgeführter Flug, bei dem das Luftfahrzeug vollständig oder teilweise nach Instrumenten gesteuert wird. I. werden grundsätzlich von den Flugsicherungsstellen überwacht und geleitet (→ Flugsicherung, → Wolkenflug). Ursprünglich war der Instrumentenflug ein Flug ohne Erdsicht und ohne Sicht des natürlichen Horizonts, was ohne Flugüberwachungsgeräte nicht möglich ist. Der Pilot würde das Raumgefühl verlieren und nicht mehr in der Lage sein, den Flugzustand des Flugzeugs festzustellen. Flüge im kommerziellen Luftverkehr erfolgen grundsätzlich auch unter Sichtflugbedingungen im I.

Instrumentenflugregeln, Abk. IFR; engl. Instrument Flight Rules: Regeln für Flüge bei Instrumentenflug-Wetterbedingungen (bei denen die für den

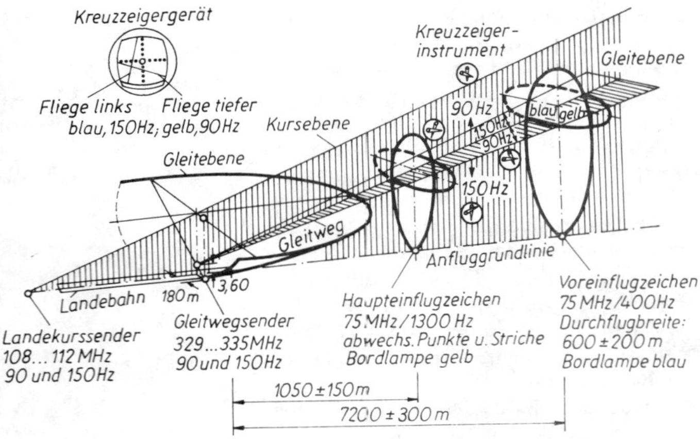

Instrumenten-Lande-System (perspektivisch)

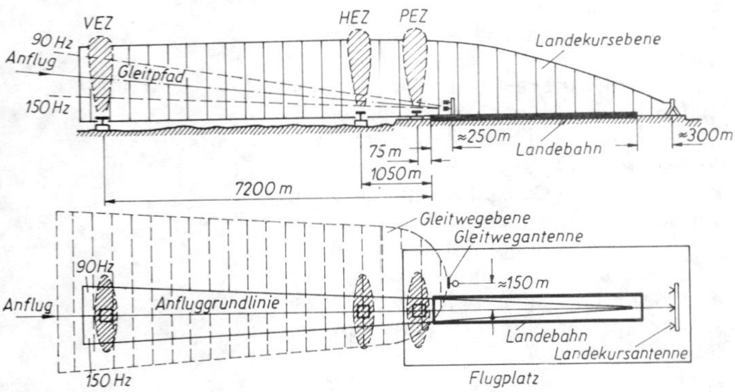

schematische Darstellung des Instrumenten-Lande-Systems in der Vertikal- und Horizontalebene

Sichtflug festgelegten Mindestwerte unterschritten sind). Der Flug nach I. erfolgt mit Hilfe der Flugführungsanlagen und -geräte (→ Wendezeiger, → künstlicher Horizont, → Kompaß usw.) Die → Flugsicherung muß die Besonderheiten der Staffelung und Leitung der nach I. fliegenden Luftfahrzeuge beachten. Flüge im kommerziellen Luftverkehr werden auch unter Sichtflugbedingungen fast ausnahmslos nach den I. abgewickelt.

Instrumentenflugzeit, Symbol t_{F_L}: Teil der → Flugzeit (t_F), während der ein Luftfahrzeug ausschließlich nach Instrumentenflugregeln geführt wird.

Instrumenten-Lande-System, Abk. **ILS;** engl. *Instrument-Landing System:* Funknavigationseinrichtung zur Erleichterung des Anflugs vor der Landung mit seitlicher und vertikaler Führung einschließlich der Entfernungsanzeige zum Landepunkt durch Markierungsfunkfeuer. Ein Landekurssender strahlt über eine spezielle Antenneneinrichtung Signale so ab, daß rechts (150 Hz) und links (90 Hz) vom Sollkurs ein amplitudenmoduliertes Signal vorhanden ist. Auf dem Landekurs ist die Differenz der Modulationsgrade Null. Analog wird unter einem Erhebungswinkel von 2 bis 4° ein Gleitwegsignal abgestrahlt, das oberhalb des Sollgleitwegs mit 90 Hz, unterhalb mit 150 Hz moduliert ist. Das Verhältnis der empfangenen Modulationsspannungen ist auf einem → Kreuzzeigergerät zu erkennen. Die Schnittlinie von Kurs- und Gleitebene stellt den

Antennen einer ILS-Anlage (Northrop-Wilcox)

vorgeschriebenen Anflugweg dar. Zum ILS gehören ferner das Vor- und das Haupt- (mitunter auch das Platz-)Einflugzeichen, die 2 (bzw. 3) Entfernungen vom Aufsetzpunkt durch Aufleuchten von Lampen beim Überflug anzeigen. Die Kurssignale werden im Frequenzbereich 108...112 MHz und die Gleitwegsignale mit 328...336 MHz abgestrahlt. Das ILS wurde 1942 in den Luftverkehr eingeführt und hat weltweite Bedeutung. Aufgrund seiner Nachteile (Verzerrung des Anflugpfades durch Reflexionen am Boden; nur 1 Anflugweg verfügbar, der für konventionelle Flugzeuge gedacht ist; keine kontinuierliche Entfernungsinformation) bemühte man sich seit 1969, das Verfahren zu verbessern oder durch ein neueres zu ersetzen (→ MLS, → Schwenkstrahlverfahren, → Doppler-Schwenkstrahlverfahren, → KLR). Eine vorgeschlagene Verbesserung war das *korrelationsgeschützte ILS,* (engl.) *Correlation Protected-ILS,* Abk. *CPILS,* das durch Benutzen eines Impulsverfahrens und einer bes. Antennentechnik mehrere Anflugkurse und Gleitwege für verschiedene Luftfahrzeugarten herstellte. Die Sendefrequenz lag bei 5 GHz.

Instytut Lotnictwa (poln. Luftfahrtinstitut): staatliche wissenschaftliche Institution in Warschau zur Erforschung aerodynamischer Probleme, neuer Triebwerke, Geräte und Materialien sowie zur staatlichen Erprobung von Luftfahrgeräten usw. 1918 gegr., über verschiedene Entwicklungsstufen 1936 in ein Technisches Luftfahrtinstitut umgebildet. Während des zweiten Weltkriegs zerstört, 1945 wieder aufgebaut; mehrmals umbenannt; Institut Techniczni Lotnictwa (ITL), Głowny Instytut Lotnictwa (GTL) und 1952 – I. Lot.

Integralbauweise: Herstellen von Zelle-Bauteilen (z. B. Tragflügel-, Leitwerks- und Rumpfschalen, Holme, Spanten u. a.) aus einem Stück durch Zerspanen, Gießen, Pressen, chemisches Abtragen u. a. Fertigungsverfahren. Notwendige Versteifungen sind dabei Bestandteile des Bauelements.

Integralbehälter, *Integraltank:* durch Verwenden von Integralschalen und Dichtnieten im Tragflügel oder Rumpf gebildeter Kraftstoffbehälter. Da I. zusätzlich eingebaute Behälter aus Metall oder Gummi erübrigen, verringern sie die Masse des Luftfahrzeugs.

Intercept: Differenz zwischen der errechneten und der gemessenen Gestirnshöhe, die in Bogenminuten angegeben wird. → astronomische Navigation

Interferenz: 1. physikalische Erscheinung, daß sich mehrere Wellen beim Zusammentreffen an einem Ort gegenseitig beeinflussen. Haben 2 sich überlagernde Wellen gleiche Frequenz, so verstärken sie sich am betrachteten Ort max., wenn sie mit gleicher Phase eintreffen, d. h. wenn Wellenberg mit Wellenberg und Wellental mit Wellental zusammenfallen. Max. Schwächung bzw. – bei gleicher Amplitude der beiden Wellen sogar Auslöschen – tritt auf, wenn ihr Phasenunterschied 180° beträgt, d. h., wenn Wellental und Wellenberg zusammenfallen. In der → Funknavigation spielt die I. zwischen elektromagnetischen Wellen eine wichtige Rolle (→ Interferometer). – **2.** → aerodynamische Interferenz.

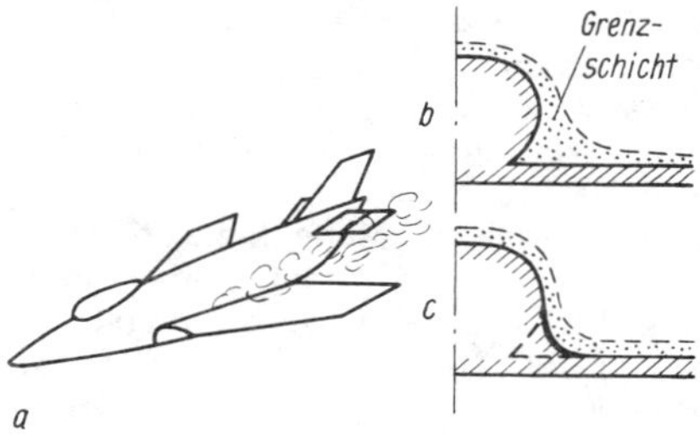

a Wirbelzone durch Interferenz zwischen Rumpf und Tragflügel, die eine normale Funktion des Höhenleitwerks verhindern kann; b ungünstige Komposition von Rumpf und Tragflügel eines Tiefdeckers; c günstigere Komposition am gleichen Flugzeug durch Verwendung einer Spaltverkleidung

Interferenzaufnahme: in der Windkanalmeßtechnik angewendete fotografische Registrierung von Strömungsbildern. Die Meßkammer wird von Paaren kohärenter Lichtstrahlen mit kleinen Abständen und Phasendifferenzen durchsetzt und mit diesen fotografiert. Die Strahlenpaare überlagern sich auf der Fotoschicht. Bei konstanter Dichte in der Meßkammer beobachtet man parallele Interferenzstreifen. Änderungen der Gasdichte machen sich durch Streifenverschiebungen bemerkbar. → Windkanal

Interferenzwiderstand: → aerodynamische Interferenz, → Widerstand

Interferometer: die Überlagerung (Interferenz) von Wellen ausnutzende Meßanordnung. In der Funkortung ist das I. ein → Großbasispeiler, der mindestens aus 2 Antennen besteht und aus der Phasendifferenz der Antennenspannungen die Peilinformation liefert.

INTERFLUG GmbH, Abk. **IF:** deutsches Luftverkehrsunternehmen mit Sitz in Berlin, Flughafen Berlin-Schönefeld. Die IF wurde am 10. Sept. 1958 als Bedarfs-Luftverkehrsgesellschaft der DDR gegr. Sie übernahm am 1. Sept. 1963 alle Rechte und Pflichten der damaligen → Deutschen Lufthansa der DDR. Zur Erfüllung seiner Aufgaben wurden (1989) die Typen Airbus A 310, IL 62, IL 62 M, Tu 134 A, IL 18 und L 410 UVP eingesetzt. Neben dem Flughafen Berlin-Schönefeld sind die Verkehrsflughäfen Sachsen GmbH (Dresden, Leipzig-Schkeuditz) und Thüringen GmbH (Erfurt) in den internationalen Linien- und Bedarfsluftverkehr einbezogen. IF betreibt → Fluglinien (1990) von Berlin-Schönefeld nach Amsterdam, Athen, Bangkok, Beijing (Peking), Brüssel, Budapest, Bukarest, Burgas, Damaskus, Dubai, Hanoi, Havanna, Helsinki, Istanbul, Kairo, Kiew, Larnaka, Leningrad, Mailand, Malta, Monastir, Moskau, Paphos, Prag, Rom, Sofia, Stockholm, Tripolis, Tunis, Varna, Warschau, Wien; von Dresden nach Budapest, Hamburg, Köln, Paris; von Leipzig nach Budapest, Düsseldorf; von Erfurt nach Budapest. IF arbeitet auf der Grundlage von 50 → Generalverkaufsagenturabkommen, 113 → Interlineabkommen und 14 Poolabkommen mit zahlreichen Luftverkehrsgesellschaften zusammen. Eine Reihe weiterer Generalverkaufsagenturverträge sowie Verkaufsagenturverträge besteht mit ausländischen Reiseagenturen. IF ist Mitglied der → IATA (seit 1. 7. 1990).
Für den Sonderflugverkehr anläßlich der Leipziger Messen hat der Flughafen Leipzig-Schkeuditz bes. Bedeutung. Die Länge des internationalen → Streckennetzes beträgt mehr als 100 000 km. Im Inlandflugverkehr waren (1977) bis zu seiner Einstellung im Jahr 1978 Berlin mit Erfurt und Heringsdorf sowie Erfurt, → Dresden und → Leipzig jeweils mit Heringsdorf verbunden. Die Länge des Inlandstreckennetzes betrug 1977 rd. 1 500 km. Seine Wiederbelebung wird seit 1990 angestrebt. Abfertigungs- und Beförderungsleistungen sowie Leistungen im Agrarflug der IF von 1963 bis 1989 zeigt nachstehende Tabelle.
Der Flughafen Berlin-Schönefeld ist Mitglied der → ICAA.

Interline-Abkommen: Abkommen zwischen 2 oder mehreren Luftverkehrsgesellschaften zum Zweck einer Vereinfachung bei der gegenseitigen Buchungsreservierung und einer gegenseitigen Anerkennung der Transportdokumente. Dadurch ist es möglich, mit dem Flugschein einer Luftverkehrsgesellschaft alle von der bzw. den anderen Gesellschaften angeflogenen Flughäfen zu erreichen.

intermittierendes Luftstrahltriebwerk: → Pulsotriebwerk

International Agricultural Aviation Centre, Abk. **IAAC:** ehemaliges internationales Zentrum für Landwirtschaftsflug mit Sitz in Wageningen (Nieder-

Jahr	Anzahl der abgefertigten Fluggäste	Anzahl der beförderten Fluggäste	Beförderungsleistung im Pass.-Verkehr 1 000 Pkm	Anzahl der abgefertigten Flugzeuge	Größe der aviochemisch bearbeiteten Fläche 1 000 ha	Anzahl der Spezialflugstunden
1963	556 352	335 349	306 459	23 388	287	920
1965	773 930	440 366	374 647	24 027	470	994
1967	1 117 500	680 840	609 710	30 190	513	1 079
1969	1 519 448	826 319	846 962	35 063	899	1 045
1971	1 485 900	923 367	1 073 062	36 100	1 833	1 590
1973	1 588 814	911 685	1 119 619	36 182	2 539	2 122
1975	1 972 084	1 139 333	1 489 000	38 888	3 100	2 333
1977	2 000 222	1 300 333	1 600 666	39 999	3 666	2 555
1979	2 392 300	1 242 600	1 847 800		3 899	
1981	2 478 800	1 243 600	2 129 700		4 143	
1983	2 696 700	1 358 700	2 307 100		3 459	
1985	3 134 800	1 446 100	2 541 100		4 516	
1989	3 417 080	1 616 394	3 323 575		4 441	

lande). Sollte den Einsatz von Luftfahrzeugen in der Land- und Forstwirtschaft sowie im Gartenbau fördern. IAAC organisierte internationale Kongresse und Arbeitsgruppen und führte technische Beratungen durch. IAAC wurde 1958 gegr. als The European Agricultural Aviation Centre, 1960 umbenannt in IAAC. 1976 löste sich die IAAC selbst auf. Neugründung 1978. Mitarbeit von RGW-Ländern.

International Air Carriers Association, Abk. **IACA:** internationale Vereinigung, in der (1976) 17 westliche Luftverkehrsgesellschaften, die etwa 70% des Bedarfs-(Charter)flugverkehrs innerhalb des westlichen Luftverkehrs durchführen, zusammengeschlossen sind. Die 1972 in Genf gegr. Vereinigung will die Stellung der Charterfluggesellschaft im Konkurrenzkampf mit den in der → IATA zusammengeschlossenen → Liniengesellschaften festigen. Hauptsächliches Konkurrenzmittel ist die Preisunterbietung. Der → Bedarfsluftverkehr, der seine eigentliche Quelle im wachsenden Tourismus hat, ist eine der beachtlichsten Erscheinungen der Entwicklung des Weltluftverkehrs nach dem zweiten Weltkrieg. Die sozialistischen Luftverkehrsgesellschaften führten i. allg. sowohl den Linien- als auch den Bedarfsluftverkehr unter einheitlicher Regie durch. → Air Charter Carriers Association

International Airlines Technical Pool, Abk. **IATP:** spezifische Form eines → technischen Pools im Luftverkehr. Zusammenschluß von Luftverkehrsgesellschaften, um gemeinsam Ersatzteillager für bestimmte Flugzeugtypen (z.B. Boeing, Caravelle, DC, VC-10), Avionik sowie Triebwerke und Bodeneinrichtungen auf bestimmten Strecken zu unterhalten. Den ersten derartigen Pool bildeten 1958 KLM, Sabena und Swissair. 1959 schlossen sich Air France, BOAC (jetzt BA), Pan American, TWA und Qantas zu einem Boeing-Ersatzteil-Pool zusammen. Im Rahmen der IATA entstand der IATP, dem Ende der 70er Jahre bereits über 60 Luftverkehrsgesellschaften angehörten. Zwischen den sozialistischen Luftverkehrsunternehmen nahm die → SSTO vergleichbare Aufgaben wahr.

International Air Traffic Association, Abk. **IATA:** Internationale Luftverkehrsvereinigung, am 28. Aug. 1919 in Den Haag von Luftverkehrsunternehmen Europas, die internationale Liniendienste durchführten, gegründet. Sie verfolgte das Ziel, eine einheitliche Betriebsdurchführung im Linienluftverkehr der angeschlossenen Unternehmen von internationaler Bedeutung zu schaffen. 1920 wurde in Den Haag ein ständiges Zentralbüro eingerichtet. Ab 1928 wurden jährlich Flugplankonferenzen in Berlin abgehalten. Die 38. und letzte Hauptversammlung fand vom 30. Juni bis 2. Juli 1939 in Budapest statt. Mit dem Ausbruch des zweiten Weltkriegs stellte die IATA ihre Arbeit ein.

International Air Transport Association, Abk. **IATA,** Internationaler Lufttransportverband: größte internationale nichtstaatliche Organisation der Weltluftfahrt. Vereinigung von rund 200 Luftverkehrsunternehmen mit dem Zweck, für den Betrieb internationalen Linienluftverkehrs einheitliche Regeln, Bestimmungen, Dokumente u. a. zu schaffen. Als Nachfolger der 1919 in Den Haag gegr. «alten» IATA (→ International Air Traffic Association) wurde die neue IATA 1945 in Havanna durch Luftverkehrsunternehmen verschiedener Länder ins Leben gerufen. Sie ist eine nichtstaatliche internationale Organisation, arbeitet aber eng mit der → Internationalen Civil Aviation Organization zusammen. Ordentliche Mitglieder können Luftverkehrsgesellschaften werden, die internationale Linien betreiben und ihren Sitz in Staaten haben, die Mitglieder der ICAO sind oder in diese aufgenommen werden können. Aktive Mitglieder müssen Linien betreiben, die das Gebiet von mindestens zwei ICAO-Vertragsstaaten berühren. An passive Mitglieder werden keine zusätzlichen Anforderungen gestellt. In der Generalversammlung, die jährlich abgehalten wird, hat jedes Mitglied 1 Stimme. Es bestehen ständige Ausschüsse für Finanzen, Technik und Verkehr. Das Sekretariat leitet die laufenden Verwaltungsarbeiten der IATA. Zu den Organen der IATA gehören auch die *Verkehrs- und die Technischen Konferenzen.* Seit Mai 1968 unterhält die IATA, neben Montreal, dem Hauptsitz, ein weiteres Büro in Genf, um die Verbindungen mit den Mitgliedern in Europa, Afrika, im Mittleren Osten und in Asien zu vereinfachen und die interne Verwaltung zu erleichtern. Die *Ver-*

kehrskonferenz Nr. 1 umfaßt die westliche Hemisphäre, Grönland und Hawaii, die *Nr. 2* Europa, Afrika, den Mittleren Osten einschl. Iran, die *Nr. 3* Asien, Australasien, Australien und die Inseln im Pazifik. Die *Agenturverwaltung* (Agency Administration Division), die mit Reisebüros verhandelt und sie als IATA-Partner zuläßt, ist von Genf aus für die östliche und von Montreal aus für die westliche Hemisphäre zuständig. Die *IATA-Verrechnungsstelle* (Clearing House) hat ihren Sitz in Genf. Im Rahmen der IATA entstand ein *«Multilateral Interline Traffic Agreement»*, dessen Mitglieder die Beförderungsdokumente gegenseitig anerkennen. Die IATA wirkte bis in die 70er Jahre als Preiskartell, jetzt insbes. für die Abstimmung der Flugpläne, als Organisator vereinheitlichter Beförderungsbestimmungen und -dokumente sowie anderer kommerzieller Regeln. Seit 1978 existieren zwei Arten von IATA-Mitgliedern: a) Mitglieder, die nicht an den Tarifbildungsmechanismus der IATA gebunden sind, sich aber an der Behandlung technischer, allgemeiner ökonomischer, juristischer u. a. Fragen beteiligen und am Clearing House sowie den Interline Abkommen der IATA teilnehmen; b) Mitglieder, die sich (wie seither) an den Tarifbildungsmechanismus der IATA gebunden fühlen. Als Gegenpol zur IATA gründeten Luftverkehrsgesellschaften, die ausschließlich Bedarfsluftverkehr durchführen, 1972 in Genf die → International Air Carrier Association (IACA).

International Civil Airport Association (Internationale Flughafen-Vereinigung), Abk. **ICAA:** Vereinigung von Flughäfen und Unternehmen, die Bodendienste durchführen. Sie wurde 1962 unter dem Namen «International Committee of Airport Assistance» gegr., 1965 umbenannt, Sitz Paris. Die Vereinigung organisiert Konferenzen, Kurse, Studienkommissionen, Ausstellungen und fördert den Austausch von Informationen auf technischem, wirtschaftlichem, juristischem und sozialem Gebiet. Die ICAA gibt Handbücher und andere Unterlagen für den Betrieb von Flughäfen aus und bemüht sich um eine internationale Zusammenarbeit bei der Verbesserung der Einrichtungen des Luftverkehrs. Ein *Technisches Büro (Airport Equipment Advisory Office)* fördert den Erfahrungsaustausch zwischen Herstellern und Nutzern technischer Flughafeneinrichtungen, regt damit zur Schaffung neuer und Verbesserung vorhandener Ausrüstung an. Der Flughafen Berlin-Schönefeld ist Mitglied der ICAA.

International Civil Aviation Organization, Abk. **ICAO:** Internationale Zivilluftfahrt-Organisation; Spezialorganisation der UNO; Zusammenschluß zahlreicher – gleichberechtigter Staaten zur Förderung der internationalen Zivilluftfahrt sowie zur Herausgabe internationaler Standards für Sicherheit, Zuverlässigkeit und Regelmäßigkeit des Luftverkehrs. Die ICAO beschäftigt sich mit Fragen der Luftnavigation, der ökonomischen Entwicklung der Luftfahrt, der Vereinfachung von Zoll-, Paß- und gesundheitspolizeilichen Formalitäten sowie der Devisenkontrolle, ferner mit der Weiterentwicklung des internationalen Luftrechts. Insbes. auf letztgenanntem Gebiet hat sich die ICAO seit Bestehen für einheitliche Normative eingesetzt. Ihre Aufgabe ist es, einheitliche technische, ökonomische, juristische und organisatorische Grundsätze und Richtlinien für den Bau und Betrieb von Luftfahrzeugen sowie den Luftverkehr zu schaffen; weiterhin Richtlinien für gesundheitliche Leistungsvoraussetzungen (→ Fliegertauglichkeit) von Luftfahrtpersonal zu geben. Vor allem obliegt es ihr, eine größtmögliche Sicherheit im Luftverkehr zu erreichen. In Ländern, in denen die Luftverkehrsorganisation noch nicht genügend ausgebaut ist, gibt sie Unterstützung durch Delegierung von Fachleuten, Ausbildung von Spezialisten, Ausbau der Navigations- und Bodendienste. Die ICAO ist auch am UNO-Programm für technische Hilfe beteiligt. Sitz der ICAO ist Montreal (Kanada), Regionalverwaltungen befinden sich in Montreal für Nordamerika, in Paris für Europa und Afrika, in Kairo für den Mittleren Osten, in Bangkok für den Fernen Osten und den Pazifik-Raum und in Lima für Südamerika. Die ICAO wurde 1944 unter Teilnahme von 54 Staaten in Chicago gegr. und nahm 1947 ihre Tätigkeit auf, am 10. April 1977 wurde Angola als 138. Staat Mitglied der Organisation. Die ICAO besteht aus der *Versammlung*, in der jeder Staat 1 Stimme hat und dem Rat als ständigem Exekutiv-Organ, der alle 3 Jahre gewählt wird. Bei der Zusammensetzung des Rats (30 Mit-

Verkehrsflugzeugpark der in der ICAO zusammengeschlossenen Staaten (nach Antriebsarten)

Jahr	TL	PTL	KTW		
			4motorig	4 + 2motorig[1]	
1958	12	418	1 736	2 438	
1959	130	639	1 723	2 449	
1960	388	723	1 621	2 282	
1961	609	847	1 428	2 238	
1962	766	897	1 306	2 244	
1963	872	933	1 296	2 222	
1964	1 044	944	1 270	2 203	
1965	1 311	997	1 186	2 136	
1966	1 688	1 139	1 061	1 943	
1967	2 216	1 311	945	1 742	
1968	2 934	1 365	829	1 643	
1969	3 472	1 478	246	2 276	
1970	3 757	1 521	164	1 813	
1971	3 998	1 541	326	1 478	
1972	4 233	1 562			1 669
1973	4 533	1 538			1 545
1974	4 847	1 512			1 448
1975	5 145	1 512			1 456
1976	5 343	1 505			1 398
1977	5 516	1 475			1 348
1978	5 695	1 416			1 269
1979	5 943	1 404			1 113
1980	6 242	1 454			1 004
1981	6 335	1 470			945
1982	6 596	1 485			906
1983	6 732	1 513			878
1984	6 818	1 540			809
1985	7 039	1 590			736
1988	8 100	1 910		590	
1989	...	...		...	

[1] Bei den 2motorigen Flugzeugen sind ab 1965 auch Taxi-Flugzeuge erfaßt.
Quelle: ICAO-Bulletin, Vol. 33 – Nr. 5, Mai 1978

Entwicklung des Gesamt-Flugzeugparks

1958	1959	1960	1961	1962	1963	1964	1965
4 604	4 941	5 014	5 122	5 213	5 223	5 461	5 630
1966	1967	1968	1969	1970	1971	1972	1973
5 831	6 214	6 771	7 062	7 276	7 343	7 454	7 616
1974	1975	1976	1977	1978	1979	1980	1981
7 857	8 113	8 246	8 339	8 380	8 460	8 700	8 700
1982	1983	1984	1985	1988	1989		
8 970	9 123	9 167	9 365	10 600	...		

glieder) wird nach folgendem Modus gewählt: 10 Mitglieder von Staaten, die im Luftverkehr eine wichtige Rolle spielen; 10 nicht anderweitig vertretene Staaten, die den größten Beitrag für die Verwaltung von Einrichtungen für die internationale Zivilluftfahrt leisten; 10 nicht anderweitig vertretene Staaten, deren Mitgliedschaft Gewähr dafür bietet, daß alle wichtigen geographischen Gebiete der Erde im Rat vertreten sind. Zu den Aufgaben des Rates gehören

u. a.: Ausarbeitung der Jahresberichte; Einsatz des Luftverkehrsausschusses; Informationen über Fortschritte in der Luftfahrt und den Betrieb des internationalen Fluglinienverkehrs zu sammeln, zu prüfen und zu veröffentlichen. Zur Unterstützung der Tätigkeit des Rates wurden *ständige Organe* geschaffen, so die *Luftfahrtkommission*, der *Luftverkehrs-*, der *Finanz-* und der *Rechtsausschuß*. Der Rat nimmt Empfehlungen *(Recommended Practices)* und Richtlinien *(Standards)* zur Weiterentwicklung der zivilen Luftfahrt an, wozu eine $^2/_3$-Mehrheit erforderlich ist. Diese «Standards and Recommended Practices» sind Anhänge (bis jetzt 17) zum Chicagoer Abkommen. Richtlinien sind verbindlich; Anhänge zum Chicagoer Abkommen setzt jedes ICAO-Mitglied eigenständig innerstaatlich in Kraft. Die Koordinierung der Arbeit aller ICAO-Institutionen erfolgt durch das *Sekretariat*, das von dem *Generalsekretär* geleitet wird. Im Sekretariat sind (1987) etwa 1 000 Mitarbeiter aus 75 Mitgliedsländern in 5 Büros *(Navigation, Luftverkehr, Recht, Technische Hilfe* und *Verwaltung)* tätig.

Entwicklung des planmäßigen Luftverkehrs der ICAO-Mitgliedsländer von 1966 bis 1985 (gestrichelte Linien = Angaben ohne UdSSR) Quelle: ICAO-Bulletin Juni 1986, S. 21

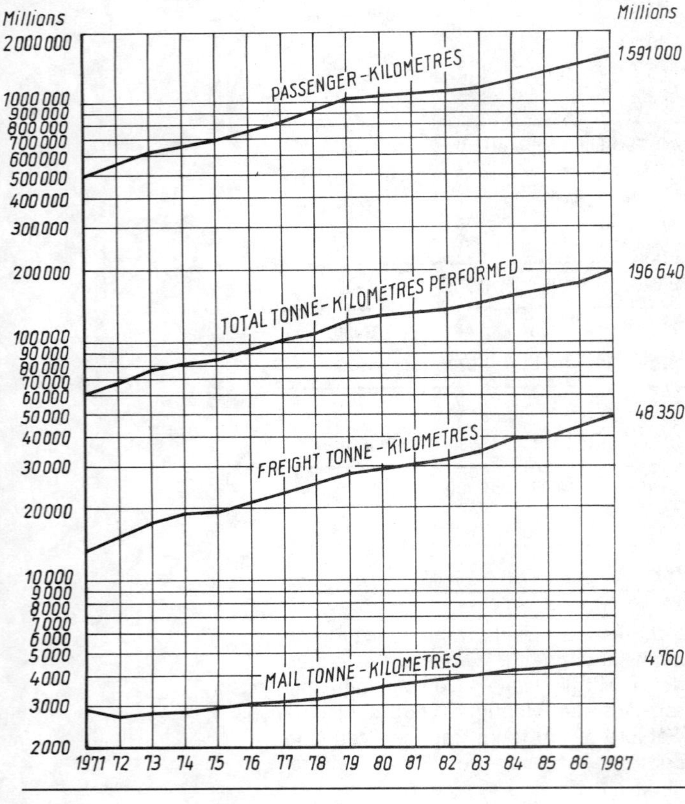

Ferner unterhält das Sekretariat 6 *Regionalbüros* (für Afrika in Dakar, für Europa in Paris, für den Fernen Osten und den Pazifik in Bangkok, für den Mittleren Osten und Nordafrika in Kairo, für Nordamerika und die Karibik in Mexiko, für Südamerika in Lima). In Verbindung mit den Mitgliedsstaaten unterhält die ICAO ein System von Nachrichtenverbindungen, Wetterdienst- und Funkleitstellen, Verkehrskontrollen sowie Such- und Hilfsdiensten. Für meteorologische, navigatorische und Rettungszwecke werden z. B. an 9 festgelegten Stellen im Nordatlantik Stationen unterhalten. Die 21 Schiffe, die diesen Dienst versehen, werden von 18 am Luftverkehr über den Nordatlantik beteiligten Mitgliedsstaaten entweder gestellt oder durch finanzielle Zuschüsse mitunterhalten. Von den Luftverkehrsunternehmen der 160 ICAO-Mitgliedsländer wurden im Jahr 1989 weltweit 1 116 Mill. Fluggäste befördert – 3,4 Prozent mehr als 1988. Zur Bewältigung der Reisewünsche mußten 1 797 Mrd. Passagierkilometer (Pkm) geleistet werden, woraus sich auch ergibt, daß jeder Fluggast im Durchschnitt 1 610 km weit (mittlere Reiseweite) befördert wurde. Die Passagierbeförderungsleistung der Luftverkehrsunternehmen wuchs 1989 im Vergleich zum Vorjahr um 5,5 %, was absolut 93 Mrd. Pkm entspricht. Die Auslastung der angebotenen Personenbeförderungskapazität des Weltluftverkehrs betrug im Berichtsjahr 67 % (1984 65 %), was besagt, daß sich die angebotene Kapazität auf 2 517 Mrd. Platzkilometer (Plkm) belief – das sind 548 Mrd. Plkm mehr als 1984. Das Anwachsen der Nachfrage bei Luftverkehrsbeförderungsleistungen hat seit einigen Jahren diesen Trend. Die Beförderung von Luftfracht und Luftpost erreichte 1989 einen erheblichen Umfang, und die dafür erforderliche Transportleistung belief sich auf 62,62 Mrd. tkm. Auch hierbei gab es in den vergangenen Jahren stabile Zuwachsraten.

Die Luftverkehrsaufgaben der Fluggesellschaften der 160 ICAO-Mitgliedsländer wurden mit insgesamt 10 600 Verkehrsflugzeugen (ohne UdSSR und China) bewältigt, davon sind 8 100 (76,4 %) TL-, 1910 (18,0 %) PTL- und 590 (5,6 %) Kolbenmotor-Verkehrsflugzeuge. Obwohl schon 1976 die Düsenverkehrsflugzeuge weltweit dominierten, haben sie in den letzten zehn Jahren ihren Siegeszug zu Lasten der KM-Flugzeuge fortgesetzt (damals waren die Anteile 64,8% – 18,3% – 16,9% bei einem Gesamtbestand von 8246 Verkehrsflugzeugen).

International Committee on Aeronautical Fatigue, Abk. **ICAF:** internationales Komitee für Flugzeugermüdungsprobleme. Es wurde 1952 aufgrund der Erkenntnis gegr., daß die Probleme der Ermüdungsfestikeit eine internationale Zusammenarbeit erfordern. Aufgaben der ICAF sind die Organisation von Konferenzen (alle 2 Jahre) und Symposien über Fragen der Flugzeugfestigkeit und der Austausch diesbezüglicher Dokumente. In der ICAF sind nationale Forschungsanstalten folgender Länder Mitglied: Australien, Belgien, Frankreich, BRD, Italien, Holland, Schweden, Schweiz, Großbritannien, USA, Kanada. Außerdem ist die NATO-Organisation → AGARD-Mitglied.

International Council of Aircraft Owner and Pilot Associations, Abk. **IAOPA:** internationaler Rat der Vereinigungen der Besitzer und Piloten von Flugzeugen mit Sitz in Washington. Der Rat ist der internationale Zusammenschluß der → Aircraft Owner and Pilot Associations vieler Länder.

Internationale Luftfahrt-Ausstellung: → ILA

Internationale Norm-Atmosphäre, Abk. **ISA** von engl. **I**nternational **S**tandard **A**tmosphere: von der Weltorganisation für Meteorologie (WMO) angenommene *Norm-Atmosphäre.* Sie ist von 2 km bis 50 km definiert und mit der *ICAO-Standard-Atmosphäre* und der *ISO-Standard-Atmosphäre* für den Höhenbereich von 2 km bis 32 km identisch. → Atmosphäre

internationaler Luftverkehr: Staatsgrenzen überschreitender → Luftverkehr; Luftverkehr, der durch den Luftraum über dem Gebiet von mehr als 1 Staat führt. Der i. L. ist eine Form wirtschaftlicher Verbindungen eines Staats mit anderen Staaten. Die am i. L. beteiligten Staaten können – wie im Nachbarschaftsluftverkehr – nebeneinander liegen oder durch natürliche Grenzen (Weltmeere, Polargebiete usw.) getrennt sein. Transporte im i. L. sind solche, bei denen lt. Transport-/Beförderungsvertrag der Bestimmungsort/Reisezielort oder mindestens 1 (Zwischenlande-) Umschlagsort in einem anderen Staat als der Abgangsort liegt. Grundformen des *internationalen Fluggastverkehrs* sind: 1) Ausreise (in- und ausländische Staatsbürger), 2) Einreise (in- und ausländische Staatsbürger), 3) Transit, Durchgangsverkehr (fremde Staatsbürger), 4) Tansfer (wie 3., aber mit Unterbrechung der Beförderung und Transportmittelwechsel). Im *internationalen Luftfrachtverkehr* sind die Grundformen: 1) Exporttransport (eigene Güter, Empfänger im Ausland, Versender im Inland), 2) Importtransport (fremde Güter, Empfänger im Inland, Versender im Ausland), 3) Transittransport (fremde Güter über das eigene Staatsterritorium hinweg, Empfänger und Versender im Ausland), 4) Transfertransport (wie 3. jedoch mit Zwischenbehandlung auf dem eigenen Territorium und Wechsel des Flugzeugs). Der i. L. wird als internationaler → Linienflugverkehr und internationaler → Bedarfs(Charter-)Luftverkehr durchgeführt. Die Beteiligung eines Staats am i. L. ist u. a. abhängig von Umfang, Struktur und Marktbereich des Außenhandels, Teilnahme an internationalen Integrationsprozessen, von Niveau und Struktur des nationalen Transportwesens und von seiner geographischen Lage. Die rechtlichen Grundvoraussetzungen für den i. L. sind entspr. internationale verkehrsrechtliche sowie flugbetriebliche, kommerzielle u. a. Abkommen, Verträge, Vereinbarungen und Regeln (z. B. zwischenstaatliche Luftverkehrsabkommen). Zur Sicherung grenzüberschreitender Transporte schließen die Luftverkehrsunternehmen untereinander sowie mit Flughafenbetrieben, → Agenten usw. kommerzielle Verträge ab, so z. B. → Interline-Abkommen, → Generalverkaufsagenturabkommen, Verkaufsvertrag, Bodenabfertigungsvertrag. Die Grundlage des i. L. sind die internationalen luftverkehrspolitischen Beziehungen.

Internationaler Tag der Luft- und Raumfahrt: Gedenktag, der jährlich am 12. April (1961: *Gagarin* als erster Mensch im Weltraum) auf Beschluß der 61. Generalversammlung der → Fédération Aéronautique Internationale im Nov. 1968 in allen Mitgliedsstaaten begangen wird.

Internationale Vereinigung für Luftfahrt und Flugwesen: → Fédération Aéronautique Internationale

International Federation of Air Line Pilots Associations, Abk. **IFALPA:** internationale Vereinigung der Luftverkehrspiloten-Verbände mit Sitz in London. Die IFALPA vertritt die Interessen der Verkehrspiloten gegenüber den Luftverkehrsgesellschaften und der Öffentlichkeit.

International Federation of Air Traffic Controllers Associations, Abk. **IFAICA:** Internationale Vereinigung der Luftverkehrslotsen-Verbände, gegr. 1961 in Amsterdam zum Koordinieren von Fragen der Lenkung und Sicherung des Luftverkehrs auf internationaler Ebene, zur Förderung des Fluglotsenberufs und zur Auswertung von Erfahrungen der einzelnen Flugsicherungskontrollstellen. Die Hauptgeschäftsstelle befindet sich in East Twickenham (Großbritannien), regionale Geschäftsstellen gibt es in Wien, St. James, Man (Kanada), Wellington (Neuseeland) und Montevideo (Uruguay).

International Language for Aviation, Abk. **ILA:** von Flugsicherungsstellen benutzte Weltluftverkehrssprache, die i. allg. aus Englisch besteht, das durch bes. Redewendungen und Fachwörter ergänzt ist. → Lautalphabet

International Organization for Standardization, Abk. **ISO:** Organisation für internationale Zusammenarbeit auf dem Gebiet der Standardisierung. Sitz des Generalsekretariats Genf. Die Ausarbeitungen werden in 95 Technischen Komitees (TC) vorgenommen; diese geben *ISO-Empfehlungen (ISO-Recommandations)* heraus, die vom ISO-Rat angenommen werden müssen. Die Herausgabe von *ISO-Standards* erfordert die Zustimmung aller Mitgliedsstaaten. Unter den Technischen Komitees befindet sich auch das TC-20 «Flugzeugbau».

International Telecommunication Union, Abk. **ITU:** Internationale Vereinigung für Fernmeldewesen; Unterorganisation der UNO zur Regelung internationaler Abkommen auf den Gebieten des Rundfunks, Fernschreibens und -sprechens sowie zur Koordinierung der Bemühungen um Kostensenkung. Die ITU wurde 1868 in Bern unter der Schirmherrschaft der schweizerischen Regierung als «Internationale Telegraphenunion» gegr. 1947 wurde der Sitz aufgrund einer Vereinbarung mit den Vereinten Nationen nach Genf verlegt. Die zwischenstaatliche Luftfahrt ist einer der Hauptbenutzer der internationalen Fernmeldeverbindungen, z. B. für Flugsicherung, Platzbuchung, Flugwetterdienst.

International Union of Aviation Insurers, Abk. **IUAI:** internationale Vereinigung der Luftfahrt-Versicherer mit Sitz in London. Dieser nichtstaatlichen Organisation gehören zahlreiche staatliche und private Versicherungsunternehmen sowie Vereinigungen von Versicherungsgesellschaften an. Die IUAI führt jährlich einmal eine Generalversammlung durch. Auf ihr werden der Präsident und zwei Vizepräsidenten gewählt. Weitere Arbeit in Arbeitsausschüssen.

Interrogator: → DME-Verfahren

Interzeptor: **1.** engl. Bez. für Abfangjäger, → Jagdflugzeug. **2.** → Spoiler

Ionenstrahlantrieb: in Entwicklung und Erprobung befindlicher Antrieb, vorwiegend für die Raumfahrt. Gehört zur Gruppe der elektrischen Antriebe. Die Schubkraft entsteht durch Ausstoßen schneller elektrisch geladener Teilchen. Die erreichbaren Schubkräfte sind im Vergleich mit chemischen Raketentriebwerken sehr gering wegen des außerordentlich geringen Massendurchsatzes, 0,01 daN bis etwa 0,3 daN in Versuchsanlagen. Es werden Wirkungsgrade bis zu 80 % erreicht, ohne Berücksichtigung des Wirkungsgrads der Elektroenergieerzeugung, und Ausströmgeschwindigkeiten in der Größenordnung von 10^5 m/s. Unter Raumfahrtbedingungen (keine äußeren Widerstände) können bei genügend langer Antriebszeit (Monate bis Jahre), elektrische Antriebe sowohl für präzise Bahnkorrekturen, als auch für die Erzeugung sehr hoher Geschwindigkeiten eingesetzt werden. Zur Erzeugung der notwendigen elektrischen Primärenergie wird häufig Kern- oder Sonnenenergie eingesetzt.

Ionosphäre: → Atmophäre

IP: Typenbez. für sowjetische Jagdflugzeuge mit Kanonenbewaffnung (russ. istrebitel s puschkami), z. B. I-16P.

IR: Abk. für **I**nfra-**R**ot, die bes. bei Geräten und Lenkwaffen gebraucht wird. → Infrarotsichtgerät

Iran Air, *Iran National Airlines Corporation,* persisch *Sherhat Havapeymai Iran:* iranisches Luftverkehrsunternehmen mit Sitz in Teheran; am 24. Febr. 1962 durch Zusammenschluß der Gesellschaften «Iranian Airways» und

IRAN AIR

«Persian Air Services» entstanden. *Flugzeugpark* (1988): 10 Boeing 747, 3 Boeing 737, 7 Boeing 727, 4 Boeing 707, 6 A 300 zusätzlich je eine B 747 Cargo und B 707 Cargo. Verkehrsdaten 1987: 4,7 Mill. beförderte Passagiere (davon 2,35 Mill. Inlandpassagiere); rd. 5 Mrd. Pkm (einschl. Charterflugverkehr mit 1,12 Mrd. Pkm); 138 Mill. Fracht-tkm; 578,7 Mill. tkm Gesamtleistung. Flugstreckennetz von rd. 100 000 km Hauptstrecken: Mittlerer Osten, Europa, Asien, Afrika, Nordamerika; ausgedehnter Inlandflugverkehr. IATA-Mitglied.

Iraqi Airways: staatliches Luftverkehrsunternehmen des Irak mit Sitz in Bagdad. 1945 unter Schirmherrschaft der Irakischen Staatsbahn gegr. *Flugzeugpark* (1988): 5 An 12, 6 An 24, 2 Boeing 707, 6 Boeing 727, 2 Boeing 737, 3 Boeing 747, 28 IL 76. Länge des Liniennetzes von 75 800 km. Hauptstrecken: Europa, Mittlerer und Ferner Osten. IATA-Mitglied.

Irish International Airlines: → Aer Lingus, → Aerlinte Eireann

IR-Täuschkörper: Flugkörper, der infrarote Signale abstrahlt, um eine Infrarot-Ortung des Luftfahrzeugs durch den Gegner zu erschweren. Der Abschuß von I. gehört zu den unter → ECM geschilderten Maßnahmen.

ISA: Abk. für engl. **I**nternational **S**tandard **A**tmosphere. → Internationale Norm-Atmosphäre. → Atmosphäre

Isentrope: → Zustandsänderung

ISO: Abk. für → **I**nternational **O**rganization for **S**tandardization.

Isobare: **1.** *Meteorologie* – Verbindungslinie der Punkte gleichen Luftdrucks in einer gegebenen Fläche. – **2.** *Thermodynamik* → Zustandsänderung.

Isochore: → Zustandsänderung

Isodyname: Linie gleicher magnetischer Horizontalfeldstärke.

Iso-Echo: → Radar

Isogone: Linie gleicher → Deklination.

Isogrive: Linie gleicher → Grivation.

Isokline: Linie gleicher → Inklination.

Isooktan: flüssiger Kohlenwasserstoff der Paraffinreihe, 1 Oktan mit verzweigter Kette, 2,2,4-Trimethylpentan; Bezugsbrennstoff für die Klopffestigkeit von Benzinen mit der festgesetzten Oktanzahl 100; während für Heptan die Oktanzahl mit 0 festgelegt ist. I. wird großtechnisch aus Isobutylen gewonnen und ist Bestandteil besonders hochwertiger Flugbenzine.

Isophasen: → Radio-Mailles

ISO-Standard-Atmosphäre: von der Internationalen Organisation für Standardisierung (ISO) 1975 angenommene *Norm-Atmosphäre* (ISO-Standard 2533). Die I. wurde vom Technischen Komitee *«Luft- und Raumfahrzeuge»* in Zusammenarbeit mit der Internationalen Zivilluftfahrt-Organisation (ICAO) und der Weltorganisation für Meteorologie (WMO) vorgeschlagen und ist inzwischen von vielen Ländern, u. a. von der UdSSR und den USA angenommen worden. Die Werte der I. für den Höhenbereich von −2 km bis 50 km wurden auf der Basis der *ICAO-Standard-Atmosphäre* und der *US-Standard-Atmosphäre* berechnet, deren Werte als gegenwärtig repräsentativ angesehen werden. Die I. ist für den Bereich von −2 km bis 80 km definiert. Die Angaben für den Bereich von 50 km bis 80 km gelten als vorläufig. Für den Höhenbereich von 2 km bis 32 km ist die I. mit der *ICAO-Standard-Atmosphäre* und der *Internationalen Norm-Atmosphäre (ISA)* der WMO identisch. → Atmosphäre

Isotherme: **1.** *Meteorologie* – Verbindungslinie der Punkte gleicher Temperatur in einer gegebenen Fläche. – **2.** *Thermodynamik* → Zustandsänderung.

Isotow, *Sergej Petrowitsch:* sowjetischer Triebwerkskonstrukteur, geb. 1917, gest. 1983. Held der sozialistischen Arbeit, Doktor der technischen Wissenschaften. Nach Studium am Leningrader Polytechnischen Institut Tätigkeit im Versuchskonstruktionsbüro von → Klimow, dessen Leitung I. 1960 nach dem Ausscheiden von Klimow übernahm und wo er sich speziell mit Gasturbinentriebwerken für → Mil-Hubschrauber beschäftigte. I. konstruierte z. B. Hubschraubergasturbinentriebwerke TW 2-117 mit 1 103 kW bei 330 kg Eigenmasse (Mi-8), GTD-350 mit 294 kW bei 135 kg Eigenmasse (Mi-2).

ISP: Abk. für **I**nternational **S**ociety for **P**hotogrammetry. Internationale wissenschaftlich-technische Vereinigung der auf dem Gebiet der → Fotogrammetrie und → Luftbildinterpretation tätigen

Serienmaschinen IAI «Kfir»

Länder. Die DDR war seit 1960 Mitglied der ISP. → FIF

Israel Aircraft Industries LTD, Abk. **IAI:** israelischer Flugzeugkonzern, hervorgegangen aus dem 1953 gegr. Bedek Aircraft LTD, zunächst vom Kriegsministerium finanziert. Anfänglich Wartung und Reparatur des fliegenden Geräts der Luftwaffe, später auch der Charterfirmen Israels. Werke: Bedek Aviation – Service- und Umbauzentrum für zivile und militärische Flugzeuge; Aircraft Manufacturing Division – Bau des Jagdflugzeugs «Kfir», des Transporters «Arava» und des Reiseflugzeugs «Westwind» (auch als Militärversion), Engineering Division – Reparatur der A-4 und F-4, Umbau, Entwicklung; 10 weitere Werke sind mit Zubehör-, Triebwerks- und Ersatzteilbau beschäftigt. 1967 Umbenennung in IAI. Enge Zusammenarbeit mit USA-Flugzeugkonzernen. Letzte Eigenentwicklung: Jagdflugzeug «Lavi».

Istambul: *Flughafen Atatürk,* City-Code **IST:** bedeutendster internationaler Flughafen der Türkei: 40° 58′ 36″ n. Br., 28° 48′ 54″ ö. L., Höhe 48 m. 24 km südwestlich von Istambul entfernt gelegen. 2 Start- und Landebahnen mit 3000 m × 45 m und 2300 m × 45 m. Verkehrsleistung 1988 5,4 Mill. Fluggäste. Moderne Funk- und Navigationsausrüstungen.

ISTUS: Abk. für **I**nternationale **Stu**dienkommission für **S**egelflug. Vorgängerin der → OSTIV. Die ISTUS wurde 1930 in Darmstadt gegr. und hatte ihren Sitz in Frankfurt/Main. Präsident war Prof. → *Georgii.* Der I. gehörten Belgien, Brasilien, Deutschland, England, Frankreich, Holland, Italien, Polen, die Schweiz, Spanien, Ungarn und die USA an.

IT: Abk. für → **I**nclusive **T**our.

ITA: Abk. für → **I**nstitut du **T**ransport **A**érien.

ITS: Abk. für → **i**ngenieur**t**echnische **S**icherstellung.

ITU: Abk. für → **I**nternational **T**elecommunication **U**nion.

Iwtschenko, *Alexander Georgewitsch:* sowjetischer Triebwerkskonstrukteur, geb. 23. Nov. 1903 Tokmak (Ukraine), gest. 30. Juni 1968, 2facher Held der Sozialistischen Arbeit, Mitglied der Akademie der Wissenschaften der Ukraine. 1920 begann I. als Gießer, studierte seit 1930 am Maschinenbauinstitut Charkow und arbeitete nach Beendigung des Studiums als Konstrukteur im Flugzeugmotorenbau. Seit 1946 war er Leiter eines Versuchs- und Konstruktionsbüros für Flugzeugtriebwerke. Bekannt sind seine KTW für Schul- und Sportflugzeuge sowie Hubschrauber (AI-4W für *Kamow*-Hubschrauber Ka-10, AI-26W für *Bratuchin*-Hubschrauber B-5, B-9, B-10 und B-11 und 1947 für Mil-Hubschrauber Mi-1), die PTL AI-20 und AI-24 für Verkehrs- und Transportflugzeuge sowie das TL AI-25.

J

J.: 1. Bez. der schwedischen Luftstreitkräfte für Jagdflugzeuge (z. B. J-35 = SAAB-35). – **2.** Bez. für Junkers-Flugzeuge (z. B. J 1).

Jagdbombenfliegerkräfte: Gattung der Luftstreitkräfte zur Bekämpfung kleiner und beweglicher oder plötzlich aufgetauchter Ziele (Erd- und Seeziele) – dazu gehören vor allem auch Kernwaffeneinsatzmittel – im unmittel-

Jagdbombenflugzeug LIM-6

baren Frontgebiet oder in der Tiefe der gegnerischen Gefechtsordnung. J. können selbständig oder im Zusammenwirken mit anderen Waffengattungen (z. B. Raketentruppen und Artillerie oder Fliegerkräften) handeln. Es ist auch möglich, mit J. Luftangriffe abzuwehren oder Luftaufklärungsaufgaben zu erfüllen.

Jagdbombenflugzeug: → Jagdflugzeug, das vorwiegend dazu bestimmt ist, die Land- und Seestreitkräfte unmittelbar zu unterstützen, indem es mit Kanonen, Bomben, Brandbehältern sowie ungelenkten oder gelenkten Luft-Boden-Raketen unterschiedlicher Kaliber Erd- oder Seeziele bekämpft. J. übernehmen mehr und mehr Aufgaben taktischer → Bombenflugzeuge. Im zweiten Weltkrieg wurden sie als *Schlachtflugzeuge* bezeichnet.

Jagdfliegerkräfte, Abk. **JFK:** Waffengattung der Luftstreitkräfte und Luftverteidigungskräfte; JFK haben vor allem feindliche Flugzeuge und unbemannte Luftangriffsmittel abzuwehren, die eigenen Bomben- und Transportflugzeuge sowie Schiffseinheiten vor feindlichen Luftangriffen zu schützen und die Landstreitkräfte durch Bekämpfung von Erdzielen und durch Luftaufklärung zu unterstützen. Die JFK verfügen über → Jagdflugzeuge sowie entspr. Kommando- und Leitgeräte. Sie werden meist vom Gefechtsstand geleitet.

Jagdbombenflugzeuge Su-20

Jagdflugzeug, *Jäger:* sehr schnelles 1- oder 2sitziges Flugzeug zum Bekämpfen gegnerischer Flugzeuge, unbemannter Flugkörper u. a. J. haben heute 1 oder 2 Luftstrahltriebwerke. Die Spitzengeschwindigkeit liegt bei etwa 3 500 km/h, die Steiggeschwindigkeit in Bodennähe bei 200 m/s und die Dienst-

Mikojan MiG-25u

Avions Marcel Dassault «Mirage IIIS» der Schweizer Luftwaffe (Herstellerland Frankreich)

Lockheed F-104G «Super Starfighter» (USA)

SAAB-37 «Viggen» (Schweden)

McDonnell Douglas F-4 «Phantom II» (USA)

gipfelhöhe bei 30000 m. Die Bewaffnung besteht aus 2 bis 3 starren Maschinenkanonen mit einem Kaliber von 2,0 bis 3,7 cm und ferngelenkten oder selbstlenkenden Luft-Luft-Raketen sowie aus ungelenkten Raketen oder Abwurfwaffen, so daß J. auch als → Jagdbombenflugzeug verwendet werden können. Außerdem verfügen J. häufig über umfangreiche elektronische Ausrüstungen, wie → Radar, → Kennungsgerät u. a. – Da im Rumpf kein Platz vorhanden ist, sind die Bomben, Raketen und Zusatztanks unter den Tragflächen und an deren Enden aufgehängt. Während man früher für die Nachtjagd bes. *Nacht.-J. (Nachtjäger)* verwendete, die mit Blindfluginstrumenten ausgerüstet waren, sind heute die meisten J. *Allwetterjäger,* d. h., sie können auch bei schlechtem Wetter (Nebel, dichte Wolkendecke) und nachts eingesetzt werden. Häufig sind Allwetter-J. 2sitzig und haben 2 Triebwerke. Als *Abfang-J. (Abfangjäger, Interzeptor)* bezeichnet man J. mit bes. großer Steigfähigkeit und Geschwindigkeit, die bei Überraschungsangriffen schnell aufsteigen und den Gegner → abfangen können. Sie werden vor allem in der Nähe von Landesgrenzen, Industriezentren und anderen zu sichernden Objekten stationiert. J. werden an das Ziel meist über Funk von einem Gefechtsstand (→ *Jägerleitung*) aus herangeleitet.

Jägerleitung: Heranleiten von Jagdflugzeugen mit Hilfe von Funkmeßstationen (als Mittel zur ständigen Information über die Luftlage sowie über die Standorte der eigenen Jagdflugzeuge) und Nachrichtengeräten (Verbindung zu den Funkmeßstationen, Funkstationen, Flugzeugen usw.) durch Leitstellen (→ Abfangen von Luftzielen) zur Vernichtung von Luft-, Erd- und Seezielen. J. wird in manuelle, halbautomatische und automatische unterteilt.

Jähn, *Sigmund:* Kosmonaut der DDR, geb. 13. Febr. 1937 Rautenkranz (Klingenthal), Generalmajor Dr. rer. nat., nahm vom 26. Aug. bis 3. Sept. 1978 als Forschungskosmonaut im Dienstgrad Oberstleutnant mit *Bykowski* in «Sojus 31»/«Salut 6» am Raumflug der dritten gemischten «Interkosmos»-Besatzung teil. – J. wurde in der Nationalen Volksarmee der DDR an der Offiziershochschule der Luftstreitkräfte/Luftverteidigung «Franz Mehring» als Jagdflieger ausgebildet. Seit 1958 war er Offizier in verantwortlichen Dienststellungen und absolvierte ein mehrjähriges Studium an der Militärakademie der sowjetischen Luftstreitkräfte «Juri Gagarin». 1976 kam er als Kosmonauten-Anwärter ins sowjetische Raumfahrt-Trainingszentrum.

Generalmajor Dr. rer. nat. Sigmund Jähn

Jak: Typenbez. für Flugzeuge des sowjetischen Konstrukteurs → *Jakowlew.*

Jakowlew, *Alexander Sergejewitsch:* sowjetischer Flugzeugkonstrukteur, geb. 19. März (1. April) 1906, gest. 22. Aug. 1989. Generaloberst der Flieger, Professor J. betätigte sich am Bau von Schul- und Sportflugzeugen bereits während des Ing.-Studiums, das er an der Luftfahrt-Militär-Akademie Moskau 1931 abschloß. Anschließend arbeitete er als Konstrukteur in einem Flugzeugwerk. 1934 wurde er zum Chef-, 1937 zum Generalkonstrukteur des Versuchs-Konstruktionsbüros ernannt. 1940/48 war er Stellvertreter des Volkskommissars, dann Minister für die Luftfahrtindustrie. Sein Schaffen war außerordentlich vielseitig. Neben Schul- und Sport-

Alexander Jakowlew

Jakowlew Jak-18A

Jakowlew Jak-6

Strahltrainer Jakowlew Jak-30

Verkehrsflugzeug Jakowlew Jak-42

flugzeugen konstruierte er Verkehrsflugzeuge, Jäger, Bomber und Hubschrauber. Zu seinen Konstruktionen zählen die Schul- und Sportflugzeuge UT-1, UT-2, Jak-11, Jak-18, Jak-50, Jak-52, Jak-53 und Jak-55, das Verbindungs- und Reiseflugzeug Jak-12, die Jagdflugzeuge Jak-1, Jak-3, Jak-7, Jak-9, die leichten Transporter Jak-6, Jak-8, der Lastensegler Jak-14. 1945 entwarf er das TL-Jagdflugzeug Jak-15, das 1947 die staatliche Musterprüfung bestand (mit der MiG-9 zusammen die ersten sowjetischen Strahlflugzeuge). Die Strahljagdflugzeuge Jak-17 und Jak-23 stammen ebenso von ihm wie Überschall-Jagdflugzeuge (z. B. Jak-28). Zu den neueren Konstruktionen gehörten das Kurzstreckenverkehrsflugzeug Jak-40 mit 3 TL am Rumpfheck sowie das größere Passagierflugzeug Jak-42. Insgesamt entstanden in den 62 Jahren des Wirkens von J. mehr als 100 Serientypen bzw. Modifikationen von Flugzeugen. Von J. stammen auch die Senkrechtstarter Jak-36 und Jak-38. J. erhielt 7mal den Leninorden, 6mal den Staatspreis, das Kreuz der französischen Ehrenlegion für Jak-Flugzeuge, mit denen das in der UdSSR eingesetzte französische Jagdgeschwader → «Normandie-Njemen» ausgerüstet war. Autor mehrerer Bücher, darunter «Ziel des Lebens» (in mehreren deutschen Auflagen).

JAL: Abk. für **J**apan **A**ir **L**ines Company Ltd.

Janus-System: nach dem mit 2gesichtigem Kopf dargestellten römischen Gott *Janus* bezeichnetes Abstrahlungsverfahren für Doppler-Navigations-Anlagen. → Doppler-Navigation

Japan Air Lines Company Ltd., Abk. **JAL;** japanisch *Nihon Koku K. Kaisha:* japanisches Luftverkehrsunternehmen mit Sitz in Tokio, 1951 als private Gesellschaft gegr., 1953 unter Regierungsbeteiligung reorganisiert. *Flugzeugpark* (1988): 12 Boeing 767–200, 55 Boeing 747, 14 DC-10-40, 5 geleaste Boeing 747 und 2 767. Verkehrsdaten 1988; 18 Mill. Passagiere (davon 9,1 Mill. Inlandpassagiere); 45,9 Mrd. Pkm; 3,29 Mill. Frachttkm; rd. 7,6 Mill. tkm Gesamtleistung. Flugstreckennetz von rd. 330 000 km. Hauptstrecken: Nordamerika, Asien, Australien, Europa; Inlandflugverkehr. IATA-Mitglied.

JAR: Abk. für → **J**oint **A**irworthiness **R**equirements.

Jasta: Abk. der deutschen Fliegertruppe im ersten Weltkrieg für **Ja**gd**sta**ffel.

JAT: Abk. für → **J**ugoslovenski **A**ero**t**ransport.

Jatho, *Karl:* deutscher Flugpionier; geb. 3. Febr. 1873 Hannover, gest. 8. Dez. 1933 Hannover. J. begann 1896 mit dem Bau eines Flugzeugs nach eigenen Entwürfen. 1900 mißlangen die Flugversuche mit einem Dreidecker. Am 18. Aug. 1903 gelang ihm mit einem selbstgebauten Zweidecker in der Vahrenwalder Heide bei Hannover ein Luftsprung von 18 m Länge und 75 cm Höhe (Motor: 9 kW). J. gründete den Jatho-Flugzeugbau, der am 26. Nov. 1913 von der Hannoverschen Flugzeugwerke GmbH übernommen wurde.

JATO: Abk. für engl. **J**et **A**ssisted **T**ake **O**ff, Raketen-Startunterstützung. → Startrakete

Jefimow, *Michail, Nikiforowitsch:* russischer Flieger, geb. 13. Nov. 1881 Apolje bei Smolensk, gest. (ermordet durch Weißgardisten) Aug. 1919 Odessa. Nach Besuch der Eisenbahn-Fachschule wurde er Telegrafenmechaniker bei der

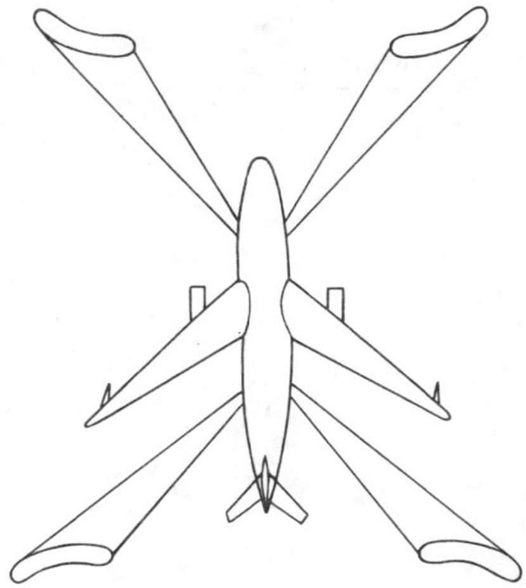

Abstrahlung der Mikrowellenenergie beim Janus-System

Südwest-Eisenbahn in Odessa und betätigte sich als Rad- und Motorradrennfahrer. Im Aeroklub Odessa begann er mit Gleitflügen, ging dann nach Frankreich zu *Henry* → *Farman* zur Motorflugausbildung. Franz. Pilotendiplom vom 15. Febr. 1910. J. gewann zahlreiche Preise und stellte Weltrekorde für Geschwindigkeit, Dauer und Weite auf. Am 8. März 1910 führte er in Odessa erste öffentliche Motorflüge vor. Im Nov. 1910 wurde die Katschinsker Militär-Fliegerschule in Sewastopol eröffnet, wo er als Fluglehrer tätig war. Im ersten Weltkrieg diente er als Militärpilot, und im Bürgerkrieg flog er auf der Seite der Bolschewiki.

Jetliner: engl. Bez. für TL-Verkehrsflugzeuge.

Jetstream: → Strahlstrom

Jodel: Bez. für französische Schul-, Sport- und Reiseflugzeuge der Konstrukteure *E. Joly* und *J. Delemontez.* Sie werden von verschiedenen französischen Werken, außerdem in Lizenz und auch im Selbstbau, hergestellt. Die erste Maschine startete 1946. Bis Ende 1967 wurden über 5 200 Stück gebaut. Das bes. Merkmal der J.-Flugzeuge sind → Knickflügel und perfektionierte Holzbauweise. Diese Entwicklungsrichtung setzt die Firma Avions Pierre Robin mit der DR-Reihe fort. (Abb. S. 358)

Johnson, Amy: britische Fliegerin, gest. (abgestürzt) 5. Jan. 1941. Sie wurde bekannt durch Langstreckenflüge mit Leichtflugzeugen, wie Eng-

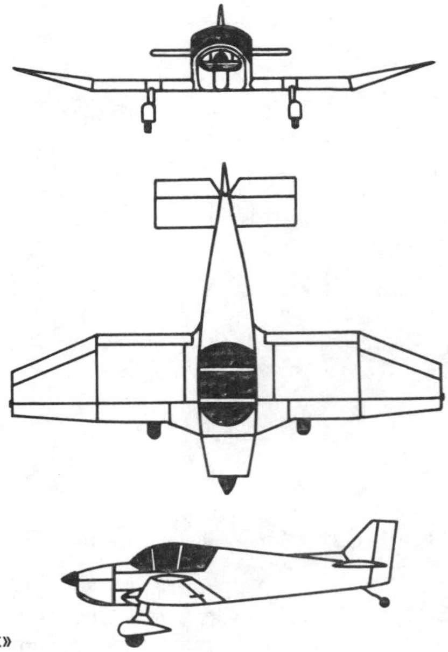

SAN Jodel D-150 «Mascaret»

land–Australien (Mai 1930), England–Südafrika (Nov. 1932) und zurück (Dez. 1932), England–USA (Juli 1933 mit Ehemann *Jim Mollison*). Im Mai 1936 flog sie von England nach Südafrika in 3 d 5 h und 26 min. Am 5. Jan. 1941 fand sie den Tod am Steuer eines Transportflugzeugs der Royal Air Force.

Joint Airworthiness Requirements, Abk. **JAR:** Lufttüchtigkeitsbestimmungen, die für die Länder Westeuropas einheitliche Normen schaffen sollen und von der → Association Internationale des Constructeurs de Matériel Aérospatial ausgearbeitet werden.

Jordanov, *Assen:* bulgarischer Pilot und Flugzeugkonstrukteur, geb. 1896 Sofia, gest. 18. Okt. 1967 USA. Sohn eines Ingenieurs, versuchte in seiner Jugend, Drachen und Flugzeugmodelle zu bauen. 1912 Besuch der Fliegerschule → Blériot in Frankreich. Als Freiwilliger im Balkankrieg, Mechaniker in der 1. Aeroplanabteilung in Svilengrad. Baute 1915 ein Flugzeug, besuchte eine bulgarische Fliegerschule, führte in Bulgarien erstmals Kunstflugfiguren vor. Aufgrund des Vertrages von Neuilly (1918, u. a. Verbot des Flugzeugbaus für Bulgarien) zog sich J. für immer von der bulgarischen Luftfahrt zurück. Ein Wettbewerb zur Weltumkreisung mit dem Flugzeug zog ihn 1921 in die USA. Zunächst als Testpilot bei → *Curtiss Wright*, dann in dessen Konstruktionsbüro tätig. Studierte Physik, Chemie, Flugzeugbau und Funkwesen. Chefkonstrukteur bei *Curtiss*, Mitglied der Konstruktionskollektive von → *Lockheed*, → *Douglas*, → *Boeing*, und → *Piper*. J. ist Konstrukteur der DC-3 sowie der Bomber Boeing B-17 «Fortress» und B-29 «Superfortress».

Hugo Junkers

JOULE-Prozeß: → Kreisprozeß

JP-1: engl. Bez. für einen vor allem in der Zivilluftfahrt verwendeten Turbinenbrennstoff. Aus einer Tonne Erdöl lassen sich 90 kg gewinnen. → Brennstoff

JP-4: engl. Bez. für einen vor allem in der Militärluftfahrt verwendeten Turbinenbrennstoff. Aus einer Tonne Erdöl lassen sich 400 kg gewinnen.

Ju: Abk. für Flugzeuge der früheren «Junkers-Flugzeugwerke« und «Junkers-Flugzeug- und Motorenwerke». → Junkers

Jugoslovenski Aerotransport, Abk. **JAT:** 1947 gegr. Luftverkehrsunternehmen der Sozialistischen Föderativen Republik Jugoslawien mit Sitz in Belgrad. *Flugzeugpark* (1988): 9 DC-9, 2 DC-10, 2 Boeing 707, 8 Boeing 727 und 9 Boeing 737. Verkehrsdaten 1987: 3,98 Mill. beförderte Passagiere (davon 1,9 Mill. Inlandpassagiere); 4,94 Mrd. Pkm (einschl. 0,6 Mrd. Pkm Charterleistungen); 98,7 Mill. Fracht-tkm, 573,5 Mill. tkm Gesamtleistung. Streckennetz von 159 525 km. Hauptstrecken: Süd-, Mittel- und Nordamerika, Asien, Australien, Afrika und Europa; Inlandflugverkehr. Mitglied der IATA.

Jumbo-Jet: Bez. für Großraum-TL-Verkehrsflugzeuge; erstmalig gebraucht für die Boeing 747.

Junkers, *Hugo:* Flugzeugkonstrukteur, Luftfahrtpionier und Industrieller. Professor, geb. 3. Febr. 1859 Rheydt, gest. 3. Febr. 1935 Gauting bei München; Reifeprüfung 1878, Studium an den Technischen Hochschulen in Berlin, Karlsruhe und Aachen, Abschluß 1883 Aachen. Danach in verschiedenen Maschinenfabriken als Konstrukteur; ab November 1888 in Dessau als Konstrukteur bei Wilhelm v. Oechelhäuser. Im Frühjahr 1890 Gründung der «Versuchsstation für Gasmotoren von Oechelhäuser und Junkers». Dort Arbeit am ersten Gegenkolben-Zweitakt-Gasmotor (73,5 kW). 1892 erste eigene Firma in Dessau und erstes Patent, dem bald

zweiter Prototyp der J2 mit Mercedes-Motor D III

Die erste Ju 10 vor dem Erstflug am 4. März 1918

Junkers F 13

Ju 52/1m – Vorläufer der Ju 52/3m

weitere auf dem Gebiet der Heizwertmessung (Kalorimeter) sowie des Gasbadeofens (Flüssigkeitserhitzer) und später zahlreiche der Bereiche Wärmetechnik, Motorenbau sowie auf dem Luftfahrtgebiet folgten. 1897 als Professor für Lehraufgaben an die Technische Universität Aachen berufen. Lehre in der Thermodynamik und Leitung von zwei hochschuleigenen Maschinenlaboratorien; Lehrtätigkeit bis 1912. Im Okt. 1897 hatte J. in Aachen die «Versuchsanstalt Prof. J.» gegr., die mit der Entwicklung eines Ölmotors beschäftigt war. Finanziert wurde die Anstalt von der am 2. Juli 1895 in die Handelsgesellschaft «Junkers & Co» (Ico) umgebildeten Firma in Dessau. Im Sept. 1907 meldete J. ein Grundlagenpatent für den Schwerölmotor an, von dem 1908 eine erste Versuchsausführung (Leistung 110/147 kW) entstand, die zur Tandemversuchsanordnung weitergeführt wurde und 1910 735 kW leistete. 1913 Gründung der «J.-Motorenwerke» in Magdeburg, 1915 geschlossen, als J. in Dessau das Forschungspotential auf den Ganzmetallflugzeugbau konzentrierte. 1919 in Dessau Gründung der «J. Motorenbau GmbH» (Jumo). Mit dem Flugzeugbau ab 1908 in Berührung durch Anregung von Prof. Hans Reißner (Flugversuche bei Aachen). Bau von Tragflügeln aus gewelltem Eisenblech durch J. für Reißner-Flugzeug. Danach Patent (1. Febr. 1910 als DRP-Nr. 253788) für einen Flugzeugflügel, auch durch J.-Mitarbeiter fälschlich als Patent für «Nurflügelflugzeug» bezeichnet. Ließ 1913 bei Aachen einen eigenen Windkanal errichten, dem kurz darauf ein zweiter in Dessau folgte (in beiden von 1914 bis 1919 mit etwa 400 Modellen rund 4000 Versuche für Tragflügelprofile und Flügelformen). Damit Bestätigung der These von den Vorteilen dicker Flügelprofile. Erste praktische Schritte zum Ganzmetallflugzeug mit verspannungslosem dickem Tragflügel im Frühjahr 1914. Pionierleistung mit dem Bau der J 1 im Jahre 1915, – dem ersten flugfähigen verspannungslosen Ganzmetallflugzeug in der Geschichte des Motorflugs (nur 1 Exemplar gefertigt). Es folgten im ersten Weltkrieg mehrere Ganzmetallflugzeuge, von denen nur der Anderthalbdecker J 4 mit 227 Exemplaren in größerem Umfang gebaut wurde. Im Oktober 1917 Gründung der J.-Fokker A.G. (Ifa), am 24. April 1919 in J.-Flugzeugwerk A.G. umbenannt, Abk. Ifa wurde beibehalten. J. schuf 1919 nach den Erfahrungen mit den Ganzmetallflugzeugen 1919 mit der F 13 das erste Ganzmetall-Verkehrsflugzeug, das als Grundkonzeption für alle modernen Verkehrsflugzeuge anzusehen ist. Er gründete nach 1919 im In- und Ausland mehrere Firmen und konstruierte zahlreiche Passagier- und Militärmaschinen. Als einziger deutscher Flugzeugindustrieller ging J. mit der Sowjetregierung eine vertraglich vereinbarte Zusammenarbeit ein, wonach von 1922 bis 1927 in Fili (damals Vorort von Moskau, ab 1919 Sitz der Russisch-Baltischen Fabrik für den Bau von Autos und Flugzeugen) mehrere Typen von J.-Flugzeugen montiert oder in Serie gebaut wurden. J. brachte in den Vertrag ein Betriebskapital von 500...600 Mill. Mark, Fabrikationsmaterial, ausgebildetes Personal sowie fertige Konstruktionsunterlagen ein. J. hielt bis zum Ende seiner Tätigkeit als Konstrukteur an seiner Bauweise (freitragende Flügel in räumlicher Fachwerkbauweise aus Duralrohren mit tragender Außenhaut aus Duralblech) fest. 1930 wurde in den «J.-Flugzeugwerken» das Großverkehrsflugzeug G 38 mit zweistöckigem Rumpf und Fluggastkabinen in den Tragflügeln für 38 Personen (Startmasse 23 t) gebaut, ab 1932 die 3motorige Ju 52 (war jahrelang das verbreitetste Verkehrsflugzeug). 1933 mußte J. die Aktienmajorität an seinen Firmen unter Druck des faschistischen Staates aus der Hand geben, wonach er aus Dessau entfernt wurde. Sein Name, der Weltruf hatte, wurde für die Werke beibehalten. 1936 schloß man die «J.-Flugzeugwerke Dessau» mit dem «J.-Motorenbau Dessau» zu den «J.-Flugzeug- und Motorenwerken» zusammen, die hauptsächlich Militärflugzeuge bauten (Sturzkampfflugzeug Ju 87, Bomber Ju 86, Ju 88, Ju 288).

Junkers-Doppelflügel: → Auftriebshilfen

Junkers-Luftverkehrs AG, Abk. **JLAG:** Luftverkehrsgesellschaft, die am 13. Aug. 1924 durch Umwandlung der im Dez. 1921 gegr. Luftverkehrsabteilung der «Junkers-Flugzeugwerke AG» entstand. Diese Gesellschaft sollte vor allem der Junkers-Flugzeugwerke AG und der Junkers-Motorenbau GmbH

erster sowjetischer Hubschrauber ZAGI-1EA

einen besseren Absatz schaffen. Die Gesellschaft beteiligte sich an verschiedenen Unionen, z. B. Transeuropa-Union (TREU), Osteuropa-Union, die ab 1924 als Nordeuropa-Union (NEU) bezeichnet wurde. Ende 1925 geriet die Gesellschaft in finanzielle Schwierigkeiten, die nur durch die Übernahme der Aktien durch das ehemalige Deutsche Reich überwunden werden konnten. Das ergab dann die Möglichkeit zum Zusammenschluß mit dem Unternehmen → Deutscher Aero-Lloyd im Jan. 1926 zur → Deutschen Lufthansa AG.

Jurjew, *Boris Nikolajewitsch:* sowjetischer Flugwissenschaftler und Hubschrauberkonstrukteur, geb. 29. Okt. (10. Nov.) 1889, gest. 14. März 1957. Schüler von → *Shukowski.* Entwickelte bereits 1910 das Projekt eines Hubschraubers, löste theoretisch die Hauptprobleme (Steuerung, Landesicherheit, Vorwärtsbewegung). Konstruierte 1912 den ersten russischen Hubschrauber. Beschäftigte sich nach 1918 intensiv mit dem Flugwesen. 1925 Professor an der Technischen Hochschule in Moskau. Begeisterte als Leiter des → EAO im → ZAGI junge Mitarbeiter für den Hubschrauberbau. Inspirierte stark den sowjetischen Rotorflüglerbau, wodurch es möglich wurde, 1930 mit dem ersten sowjetischen Hubschrauber ZAGI 1-EA zu starten. Mehrere Funktionen an Lehreinrichtungen (so Leiter des Lehrstuhls für Aerodynamik an der Akademie der Luftstreitkräfte in Moskau) und auch im Luftfahrinstitut in Moskau. 1943 Mitglied der Akademie der Wissenschaften, Generalleutnant des Ing.-Technischen Dienstes, 2 Staatspreise, 2 Leninorden. Schrieb zahlreiche Arbeiten über experimentelle Aerodynamik, Autor mehrerer Bücher.

K

K: 1. Typenbez. für Flugzeuge des sowjetischen Konstrukteurs *Kalinin,* z. B. Verkehrsflugzeuge K-1 ... K-5. – **2.** Typenbez. der US-amerikanischen Streitkräfte für Tankflugzeuge (z. B. KC-135).

Ka: 1. Typenbez. für Hubschrauber des sowjetischen Konstrukteurs → *Kamow.* – 2. Typenbez. für Segelflugzeuge des Konstrukteurs → *Kaiser* (dort Abb.).

Kabine: offener oder geschlossener Abschnitt eines Luftfahrzeugs, der als Arbeits- und Aufenthaltsraum für Besatzung oder Passagiere dient. Eine offene K. wird heute kaum noch verwendet. Die geschlossene K. wurde in der Zeit zwischen beiden Weltkriegen entwikkelt, da nur sie bei höheren Fluggeschwindigkeiten und größeren Flughöhen die erforderlichen Lebensbedingungen (Mindestdruck, Temperatur, Sauerstoffgehalt und Reinheit der Luft) gewährleistet. Dazu wurde die K. hermeti-

Passagierkabine der Il-62

Cockpit der Tu-154A

Frachtkabine der An-26

siert und mit → Klimaanlage ausgerüstet. Um die erforderlichen Arbeitsbedingungen für die verschiedenen Besatzungsmitglieder zu gewährleisten, gibt es eine umfangreiche → Kabinenausrüstung.

Kabinenausrüstung: Teil der Luftfahrzeugausrüstung, der sich in den Kabinen befindet. Die Zusammensetzung der K. wird durch den Luftfahrzeugtyp bestimmt. *Flugzeugführerkabinen* enthalten die Anzeige- und Betätigungsorgane 1) der Steuerung (Steuerknüppel oder -säule/Seitenruderpedale, Hebel und Schalter zur Klappen- und Störklappensteuerung); 2) der Triebwerke und 3) der → Ausrüstung (Hydraulik und Elektroumschalter, Sicherungsautomaten usw.). In Militärflugzeugen kommt dazu noch die spezielle Zusatzausrüstung.

Für die K. gilt generell die Forderung nach Übersichtlichkeit und Beschränkung der Vielfalt der Geräte sowie deren Anordnung nach ihrer Bedeutung für die → Flugsicherheit. Im modernen Flugzeugbau ist dieses Problem jeweils neu – auch mit Hilfe der → Fliegerpsychologie – zu lösen. Häufig wird der Begriff K. auch ausschließlich auf den Teil der Ausrüstung angewendet, der dem Passagierkomfort dient.

Kabinen-Differenz-Druckwähler: Geber der Luftfahrzeug-Klima-Anlage, an dem die Druckdifferenz zwischen atmosphärischem Druck und dem Druck innerhalb des Luftfahrzeugs vorwählbar ist. Das Ausgangssignal des K. steuert den Kabinendruckregler.

Kabinendruckmesser, *Kabinenhöhenmesser:* → Druckmesser zur Anzeige des Luftdrucks innerhalb der Druckkabine des Luftfahrzeugs. Der K. entspricht im Aufbau einem einfachen barometrischen Höhenmesser.

Kabinengepäck, *Handgepäck, nicht aufgegebenes Gepäck:* durch Vorschriften in Art, Umfang, Größe und Masse begrenztes → Gepäck, das vom Fluggast eigenhändig in die Fluggastkabine mitgenommen wird und während des Flugs unter seiner Aufsicht verbleibt. K. wird kostenlos befördert. → Freigepäck

Kabinenhöhenmesser: → Kabinendruckmesser

Kabinenhöhenwähler: Gerät der Luftfahrzeug-Klimaanlage, an dem die Höhe einstellbar ist, bei der die Arbeit des Kabinendruckreglers einsetzt bzw. aufhört. Mit dem K. ist es möglich, den Druck in der Luftfahrzeugkabine dem jeweiligen Start- oder Landeort annähernd anzugleichen.

Kabinenpersonal: Teil des → Luftfahrtpersonals, Mitarbeiter(innen) von Luftverkehrsunternehmen mit der Aufgabe, Flugreisende an Bord zu betreuen bzw. Fracht- und Postsendungen zu beaufsichtigen und zur Gewährleistung von Ordnung und Sicherheit an Bord beizutragen. Zum K. gehören Stewardessen, Stewards, Hostessen u. a. Flugbegleiter. Das K. bedarf für seine Tätigkeit einer staatlich vorgeschriebenen Erlaubnis. Diese wird unter Beachtung internationaler Regeln von den zuständigen staatlichen Stellen erteilt. → Erlaubnisschein der Zivilen Luftfahrt

Kabinensicherheitsventil: Gerät der Luftfahrzeug-Klimaanlage, das bei Ausfall des Kabinendruckreglers den Kabinendruck auf einen für Besatzung und Passagiere sicheren Wert begrenzt.

Kabinenversorgungsanlage: → Klimaanlage

KAI: Typenbez. für sowjetische Segelflugzeuge des **K**asaner **A**erodynamischen **I**nstituts (z. B. KAI-17).

Kaiser, *Rudolf:* Segelflugzeugkonstrukteur der BRD, geb. 10. Sept. 1922 Waldsachsen bei Coburg. Erbaute mit 12 Jahren (1934) seinen ersten Hängegleiter. 1949/52 Studium an der Staats-Bauschule Coburg, Abschluß als Tiefbauingenieur. 1951 Selbstbau des Übungseinsitzers Ka-1 mit 10 m Spannweite, mit dem er 1952/54 das silberne Leistungsabzeichen erflog. Seit 1953 ist er als Konstrukteur im Flugzeugbau «Alexander Schleicher» in Oppenhausen tätig. Dort entstanden 1952/53 der Leistungsdoppelsitzer Ka-2 und andere Flugzeuge, darunter 1955 die weltberühmte Ka-6, die 1958 den → OSTIV-Preis erhielt und von der weit über 1 000 Stück in 50 Ländern der Erde fliegen; 1957 entwickelte er den Motorsegler AS-K-14 (Ka-12).

Kaltfront: → *Front*, durch deren Verlagerung an einem festen Ort wärmere Luft durch kältere ersetzt wird, jedoch nicht durch → Okklusion entstanden; häufig mit typischen Wettererscheinungen (Schauer, Gewitter, Regen bzw. Schnee). Das Erscheinungsbild der K. hängt vom *Stabilitätsgrad* der zusammentreffenden Luftmassen und der Änderung der *frontsenkrechten Windkomponente* ab. 1) *Labile K.* (labile Schichtung der Luftmassen, Wind nimmt mit der Höhe zu) zeichnet sich durch mächtige Quellwolken (→ Wolken) aus, deren Höhe oft 12...15 km beträgt. Im Frontbereich kommt es zu *Schauern* und *Gewittern*. Der Wind frischt bei Frontdurchgang auf *(Frontböe)* und ändert schroff seine Richtung *(Windsprung)*.

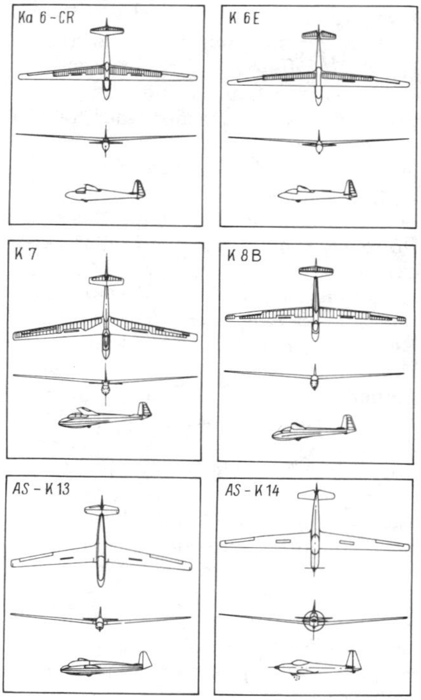

Segelflugzeugkonstruktionen von Rudolf Kaiser

Temperatursturz und plötzlicher Druckanstieg, der mit einer markanten Druckstufe *(Gewitternase)* beginnt, ihr folgt ein langsamer Druckanstieg, zeigen im Sommer das *«Einbrechen»* der Kaltluft an. Im Gegensatz zur Warmfront hat die labile K. nur eine Tiefe von 50...70 km. 2) Bei *stabiler K.* (stabile Schichtung der Luftmassen, Wind nimmt mit der Höhe ab) schiebt sich die Kaltluft langsam unter die Warmluft. Die Warmluft gleitet passiv auf die Kaltluft auf. Es bildet sich *Schichtbewölkung* aus. Das Bewölkungsbild ähnelt dem einer Warmfront, nur treten die Wolken in umgekehrter Reihenfolge (Nimbostratus, Altostratus, Cirrostratus, Cirrus) auf. Die Wettererscheinungen im Frontbereich sind weniger markant als bei einer labilen K. Auch bei mit der Höhe zunehmendem Wind und sehr stabil geschichteten Luftmassen, gewöhnlich im Winter, kommt es im Frontbereich nicht zu einer Labilisierung. Je nach den Feuchteverhältnissen tritt mehrschichtige stratiforme Bewölkung auf, aus der Regen oder Sprühregen, im Winter Schnee, fallen. K. werden auf Bodenwetterkarten durch eine blaue ausgezogene Linie, auf einfarbigen Wetterkarten durch eine ausgezogene Linie mit aufgesetzten Dreiecken dargestellt.

Kamanin, *Nikolai Petrowitsch:* sowjetischer Generaloberst der Flieger (1967), geb. 5. (18.) Okt. 1909 in Melenki, gest. 11. März 1982 in Moskau. Ab 1927 in der Sowjetarmee. Absolvierte 1928 die Leningrader Fliegerschule. Als Staffelkommandeur Teilnehmer der Flugzeughilfsexpedition für die «Tscheljuskin»-Besatzung 1934. Am 20. April 1934 für diese Leistung Held der Sowjetunion, danach Hörer an der Akademie der Luftstreitkräfte, die er 1938 absolvierte. Kommandeur einer Brigade leichter Bomber. Im zweiten Weltkrieg Kommandeur eines Schlachtfliegerkorps. 1953/58 leitende Funktion in der → DOSAAF, Kommandierender einer Luftarmee, Stellvertreter des Chefs des Stabes der Luftstreitkräfte. 1966 erster Leiter der sowjetischen Kosmonautengruppe. Träger von 3 Leninorden sowie anderer hoher Auszeichnungen. Schrieb mehrere Bücher, darunter «Flieger und Kosmonauten».

Nikolai Kamanin

Kamikaze: Bez. aus dem zweiten Weltkrieg für japanische Selbstopferpiloten. K. bedeutet so viel wie «göttlicher Wind» (nach der Überlieferung soll ein heftiger Taifun in Vorzeiten die das Inselvolk angreifenden mongolischen Schiffe «verschlungen» haben). Unter Ausnutzung religiöser Vorstellungen und Opferbereitschaft junger Menschen unternahmen die militaristischen Kreise Japans den Versuch, die sich abzeichnende Niederlage aufzuhalten. Dazu wurde unter der Bezeichnung K. (von den Amerikanern Bakas – Verrückte genannt) spezielle Flügelbomben *(Okha – Kirschblüte)* konstruiert, die ein sich dem Tenno (jap. Kaiser, gottgleich) weihender Flugzeugführer bestieg. Die be-

Okha-11

mannte Bombe (erste Version MXY-8 Okha M-11: Spannweite 5,0 m, Länge 6,06 m, Flugmasse 2 140 kg, davon 800 kg Sprengladung im Bug; Leistung des Raketenmotors: 800 daN für 8... 10 s) wurde von einem Bombenflugzeug G-4-M 2-E in etwa 8 000 m Höhe in den Zielraum getragen und 40... 80 km vor dem Ziel (vor allem Schiffsverbände) ausgeklinkt. Mit einer Geschwindigkeit von 280... 320 km/h glitt die Okha-11 in Zielrichtung. In der letzten Phase schaltete der Pilot das Raketentriebwerk ein, wodurch sich die Geschwindigkeit bis auf 855 km/h, unter einem Sturzwinkel von 50° auf max. 990 km/h, erhöhte. Erstmals wurden K. im Herbst 1944 verwendet. Bei der Landung der Alliierten auf Okinawa kam es am 6. April 1945 zu einem Masseneinsatz. Durch den Angriff von 355 K. sanken 2 Zerstörer und 2 Transportschiffe, 12 weitere Zerstörer und 10 Transportschiffe wurden beschädigt. Nach amerikanischen Angaben waren die K. nicht sehr wirksam, da sie von der Luftabwehr der Schiffe, die dazu noch ständig manövrierten, relativ leicht zu bekämpfen waren, während die Piloten die äußerst geringe Brenndauer der Triebwerke ausnutzen mußten. Insgesamt sollen bei K.einsätzen etwa 5 000 japanische Piloten ihr Leben gelassen haben. Da die Flügelbomben nicht ausreichten, setzte man auch mit Sprengladung versehene herkömmliche Flugzeuge als K. ein. In Deutschland schlug *Hanna Reitsch* ein ähnliches Projekt vor. Danach wurde die von → *Fieseler* entwickelte Fi 103 (V 1) als bemannte Reichenberg-Bombe zu Selbstmordeinsätzen umkonstruiert, jedoch nicht mehr eingesetzt.

Kamow, *Nikolai Iljitsch:* sowjetischer Hubschrauberkonstrukteur, geb. 1. (19.) Sept. 1902 Irkutsk, gest. 24. Nov. 1973. Held der sozialistischen Arbeit, Professor Dr.-Ing., absolvierte 1923 das Technologische Institut/Tomsk, danach Arbeit in einem Flugzeugwerk in Moskau. Konstruierte bereits 1929 mit *Skrshinski* den ersten sowjetischen Tragschrauber KaSkr-1 (Ka und Skr.). Leiter der 2. Arbeitsbrigade in der Tragschrauberabteilung des → OOK (*Skrshinski* leitete die 6.). Begann mit Projektierungsarbeiten am Tragschrauber ZAGI 7-EA, der zum erfolgreichsten Tragschrauber (als A-7) der 30er Jahre und gleichzeitig zum ersten bewaffneten Tragschrauber werden sollte (die verbesserte Version A-7bis wurde im zweiten Weltkrieg von einer Einheit, in der auch → *Mil* diente, für militärische Aufgaben im Raum Smolensk verwendet). K. schuf die Hubschrauber Ka-8 (1945), Ka-10, Ka-15 und Ka-18 mit koaxialen Rotoren, die bes. in der Marine und für landwirtschaftliche Arbeiten eingesetzt wurden, sowie den 2motorigen Mehrzweckhubschrauber Ka-26. Als U-Jagdhubschrauber verwendete die sowjetische Marine auf großen Schiffen den Ka-25, den es auch als zivile Kranversion Ka-25K gibt. Eine bes. Konstruktion ist der Kombinations-Flugschrauber (Schraubenflügler) Ka-22

Nikolai Kamow

Kamow Ka-15

Kamow Ka-26

Blick in das Cockpit des Kamow-Hubschraubers Ka-32

«Wintokryl» mit 2 PTL an den Tragflügelenden, die für Senkrechtstart und Steigflug (4,6 m/s) 2 Rotoren und für Geradeausflug 2 Luftschrauben antreiben. Der Typ Ka-18 errang auf der Brüsseler Weltausstellung 1958 eine Goldmedaille. K. schuf den Motorschlitten Ka-30; er war Staatspreisträger und erhielt den Leninorden. Autor von «Flugmaschinen mit Luftschrauben» (Moskau 1958). Leiter des Konstruktionsbüros ist heute *Sergej Michejew.* Unter seiner Leitung entstanden die Hubschraubertypen Ka-126 sowie Ka-27/28/29 (zivile Ableitung: Ka-32) als Weiterentwicklungen von Ka-26 bzw. Ka-25. Das Konstruktionsbüro trägt heute den Namen «Nikolai Iljitsch Kamow».

Kampfhubschrauber: militärisches Rotorflugzeug, speziell zur Feuerführung gegen Ziele auf dem Boden; mit MG, Kanonen, beweglichen Granatwerfern, gelenkten und ungelenkten (z. B. Panzerabwehr-) Raketen sowie entspr. Zielgeräten ausgestattet, meist gepanzert.

Kampfhubschrauber Mil Mi-24D

Kampfhubschrauber Mil Mi-8TB

Kaniewska, *Irena:* polnische Sportfliegerin und Flugzeugingenieur, geb. 1914, gest. 1963. Absolvierte das Polytechnikum Warschau. Mitkonstrukteurin der Segelflugzeuge «Mucha», «Czapla», «Kaczka», «Nietoperz» und «Wampir». Arbeitete ab 1954 im → Institut Lotnictwa. Flog Sport- und Segeflugzeuge, wirkte als Fluglehrerin. Trägerin hoher sportlicher und staatlicher Auszeichnungen.

Kantenwinkel: svw. Hinterkantenwinkel. → Profilgeometrie

Kanzel: verglaste Rumpfnase, in der meist der Navigator untergebracht ist.

kapazitiver Höhenmesser: → Höhenmesser

kardanische Aufhängung: Konstruktion zum Einbau von Geräten, die um mehrere Achsen frei drehbar sein sollen (Kreisel, Raketentriebwerke) oder für empfindliche Geräte, von denen Schwankungen des Gehäuses ferngehalten werden sollen (Uhren, Kompasse). Die k. A. besteht aus 3 ineinan-

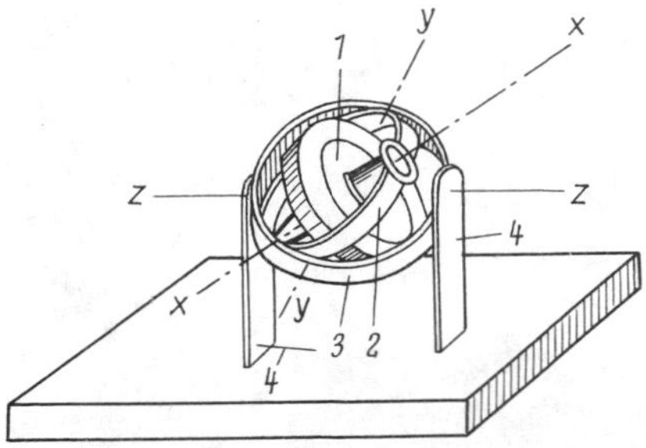

kardanisch aufgehängter symmetrischer Kreisel (1) mit 3 Freiheitsgraden; 2, 3 Rahmen, 4 Lagerbock

der drehbar gelagerten Rahmen, den Kardanrahmen, deren Drehachsen aufeinander senkrecht stehen.

Theodor von Kármán

Kármán, *Theodor von:* Aerodynamiker, geb. 11. Mai 1881 Budapest, gest. 7. Mai 1963 Aachen, Schüler → *Prandtls,* 1912/29 Professor für Mechanik und Aerodynamik an der Technischen Hochschule Aachen, wo er das Aerodynamische Institut gründete, das Weltruf erlangte. Berater von → *Junkers* und → *Zeppelin.* 1930/45 Leiter des Flugwissenschaftlichen Instituts der Technischen Hochschule Pasadena (Kalifornien). Einer der führenden Wissenschaftler der USA auf den Gebieten der angewandten Mathematik und Mechanik sowie in Festigkeits- und Elastizitätsfragen. In der Luft- und Raumfahrt war er Leiter oder Mitglied zahlreicher nationaler und internationaler Organisationen. Während des zweiten Weltkriegs Vorsitzender im obersten Luftfahrtforschungsrat der USA (bis 1954). Nach 1951 war K. Präsident der «Advisory Group for Aeronautical Research and Development (AGARD)», des Luftfahrtforschungsbeirats der NATO. K. erhielt von mehr als 25 Universitäten und Hochschulen die Ehrendoktorwürde. Seine aero-, hydro- und thermodynamischen Forschungen förderten bes. die Luftfahrt-, Raumfahrt- und Raketenforschung. Er entwickelte entscheidende Theorien auf dem Gebiet der Strömungsmechanik und zum Verhalten von Flugkörpern unter verschiedenen Belastungen sowie das Prinzip der Raketenstarthilfe.

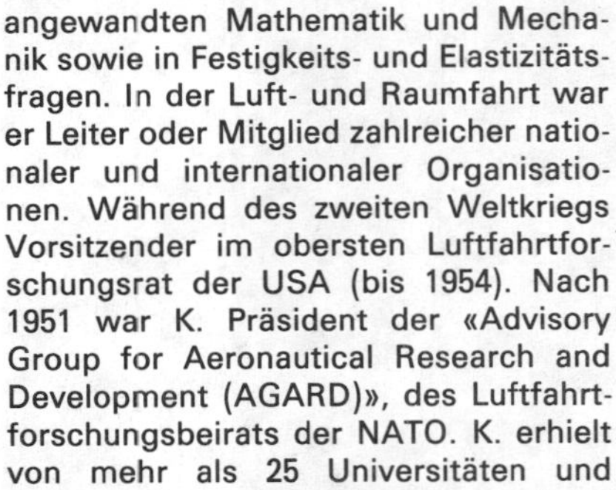

Kármánsche Wirbelstraße

Kármánsche Wirbelstraße: nach von → Kármán benannte Erscheinung in gestörten Strömungen. Dabei lösen von umströmten Körpern unter bestimmten Bedingungen in regelmäßigen Abständen Wirbel mit wechselnder Drehrichtung ab.

Kartendarstellungssystem: in der Flugnavigation angewendete Einrichtung zum Darstellen des Luftfahrzeugstandorts. Die Ausgangssignale von Navigationsanlagen gelangen über Rechner zu Antriebsmotoren, die entweder einen Stift über einer Karte oder ein durchleuchtetes Kartendiapositiv gegenüber einem Fadenkreuz verschieben, so daß der Standort unmittelbar auf der Karte abgelesen werden kann. Die K. lassen sich entspr. der benutzten Anzeige als *Bilddarstellungssystem* oder als *Flugwegschreiber* bezeichnen. Bilddarstellungssysteme benutzt man meist in 1- oder 2sitzigen Militärflugzeugen. Die ersten dieser Anlagen arbeiteten nach dem → Decca-Navigationsverfahren. K. werden heute auch für Trägheits- und andere Navigationsanlagen benutzt.

Karteneinblendung, *Einblendverfahren,* (engl.) *Video Mapping:* Darstellung stilisierter Landkarten auf Radarbildschirmen in der → Flugsicherung. Für den Flugleiter besteht die wesentliche Schwierigkeit im Koordinieren der veränderlichen Radarinformationen zu überwachender Luftfahrzeuge mit dem kontrollierten Luftraum. Eingeblendete Karten erleichtern diese Arbeit, sie sollen Luftstraßen, Ab- und Anfluggrundlinien im Nahverkehrsbereich, Grenzen kontrollierter Lufträume, Gefahrengebiete u. a. enthalten.

Kartenkurs: früher übliche Bez. für den geographischen → Kurs.

Kartenroller: einfaches Hilfsmittel zum Benutzen einer Flugstreckenkarte an Bord. Der K. besteht aus 2 drehbaren, in einem Gestell gelagerten Walzen mit der aufgewickelten Flugstreckenkarte. Zwischen den Walzen befindet sich ein Fenster für den interessierenden Kartenabschnitt.

Katapult, Startschleuder, Flugzeugschleuder: vor allem auf Deck von Flugzeugträgern verwendete Anlage, die einen extremen Kurzstart von Flugzeu-

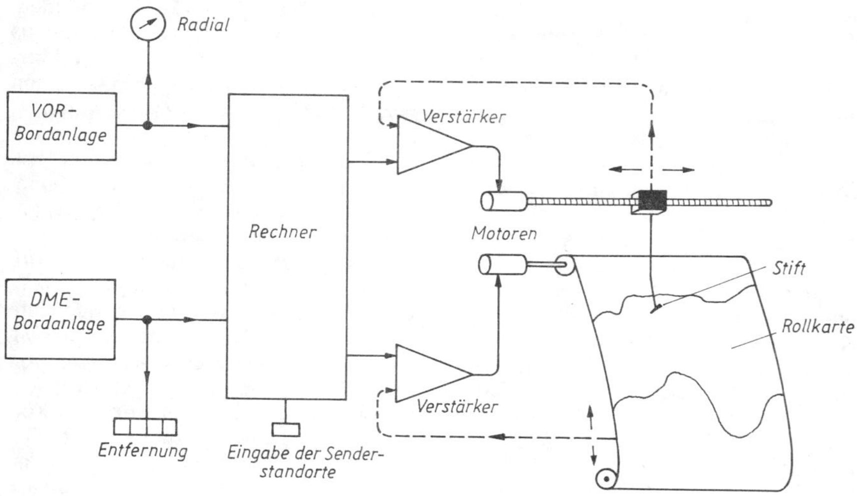

Arbeitsweise eines Kartendarstellungssystems nach VOR-DME-Signalen

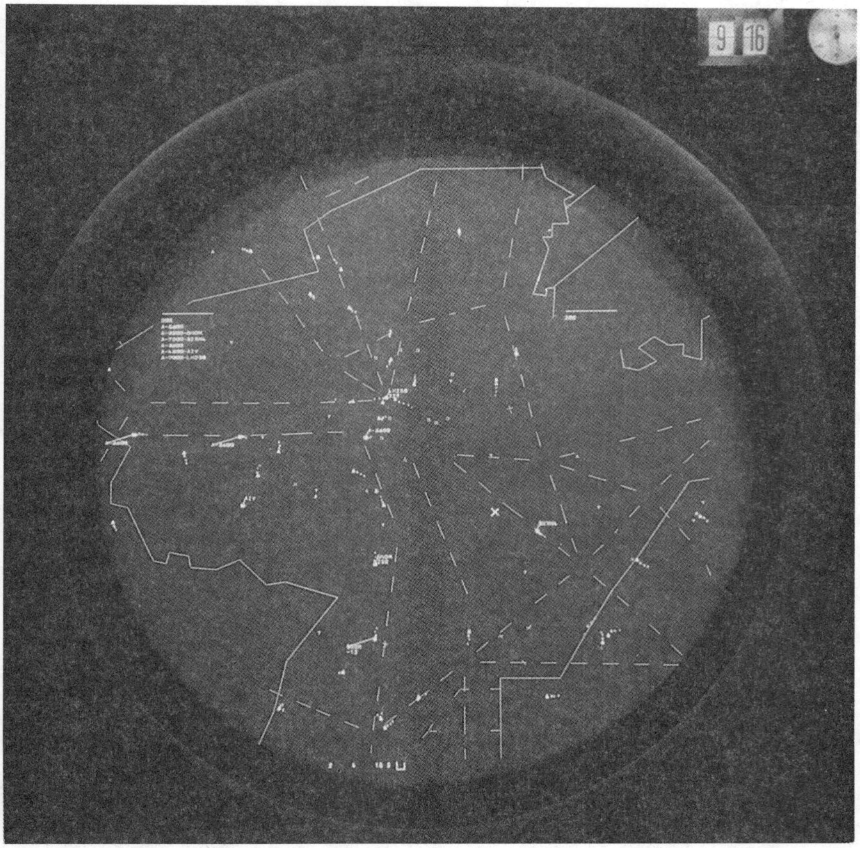

Darstellung extrahierter Radardaten in einem Flugsicherungssystem mit automatisierter Radardatenverarbeitung (Telefunken)

gen ohne VTOL-Eigenschaften ermöglicht. Die erforderliche Beschleunigung wird mit Hilfe von Druckluft, Hochdruckdampf oder pyrotechnischer Mittel (→ Startrakete) erzeugt. Dabei ist eine Führung des Flugzeugs durch Leitschienen oder durch einen Startschlitten, auf den es aufgesetzt wird, möglich.

Katapultflugzeug: Flugzeug, das für den Start mit Hilfe eines → Katapults festigkeitsmäßig ausgelegt und mit den dazu erforderlichen Vorrichtungen versehen ist.

Katapultieren: 1. Flugzeugstart durch → Katapult. – **2.** Verlassen des Flugzeugs mit dem Katapult-(Schleuder-)sitz.

Katapultsitz: → Schleudersitz

Katapultstart: 1. Start von → Katapultflugzeugen mit Hilfe des → Katapults. – **2.** svw. → Rampenstart.

Kawanishi: Kurzbez. für den japanischen Flugzeugkonzern Kawanishi Kokuki Kabushiki Kaisha, 1928 gegr. Baute bis 1945 für die japanische Kriegsmarine vor allem Großflugzeuge: Bomben- und Aufklärungsflugboote H 6K (1938) und H 8K2 (1942), Marinejagdflugzeuge N 1K1 «Kyofu» (1942) und N 1K2-J «Shiden» (1943). Im Rahmen der japanischen Wiederaufrüstung 1949 als → Shin Meiwa neugegr.

Kawasaki: Kurzbez. für den japanischen Flugzeugkonzern Kawasaki Kokuki Kogyo Kabushiki Kaisha, gegr. 1928. Baute neben Kriegsschiffen auch Kriegsflugzeuge; zunächst Lizenzbauten (Salmson), später Eigenentwicklung von Flugzeugen, darunter: Bombenflugzeug Kawasaki 88-1 (1928), Jagdflugzeuge Kaw.92 (1932), Ki-45 «Toryu» (1942) und Ki-61 «Hien» (1943). Im März 1954 neugebildet, ab 1955 Nachbau von T-33A, ab 1959 der P2V-7 «Neptun», daraus 1965 japanischer Typ P-2J abgeleitet. Hubschrauberbau seit 1953, zunächst Bell-47 in Lizenz, später Eigenentwicklung KH-4 sowie Boeing-Vertol-109-II und Hughes OH-6A. Außerdem Teile für F-104J und NAMS YS-11. 1970 2strahliger Truppentransporter C-1A.

Kehlkopfmikrofon: für die Schallabnahme am Kehlkopf konstruiertes Mikrofon. Kohlemikrofon, das nicht von Schallwellen, die sich in der Luft ausbreiten, getroffen wird, sondern als Körperschallempfänger arbeitet. Die Geräusche der Umgebung (Triebwerkslärm) werden daher nicht aufgenommen.

Kehrflugverfahren: → Agrarflugverfahren

Kehrtkurve mit Höhenunterschied: → Kunstflugfigur. Richtungsänderung des Flugzeugs um 180°. Aus dem Horizontalflug mit Geschwindigkeitsüberschuß wird in der Kurve ein Höhengewinn erzielt. Die K. wird auch als Kampfkurve bezeichnet. → Kunstflug

Keldysch, *Mstislaw Wsewolodo-*

Kawanishi NiK2-J «Shiden Kai»

Kawasaki P-2J

witsch: sowjetischer Mathematiker, Gelehrter, Mitglied der Akademie der Wissenschaften, geb. 28. Jan. (10. Febr.) 1911 Riga, gest. 24. Juni 1978 Moskau. Nach Abschluß physikalisch-mathematischer Studien an der Universität Moskau (1931) Arbeit im → ZAGI, danach an der Moskauer Universität, 1937 Professor. Tätigkeit als Mathematiker, 1938 Dr. der Wissenschaften, 1946 Akademiemitglied, ab 1953 im Präsidium der Akademie der Wissenschaften. 1960/61 deren Vizepräsident, 1961/75 Präsident. Seit Ende der 30er Jahre war K. mit mathematischen und physikalischen Problemen des Hochgeschwindigkeitsflugs beschäftigt (z. B. Flattern), womit er wesentliche Voraussetzungen für die Entwicklung der sowjetischen Strahlflugzeuge schuf, außerdem an Problemlösungen im Bereich Fahrwerke tätig (Arbeit über den «Shimmy»-Effekt am Bugrad). Führend beteiligt war K. auch an der Entwicklung der sowjetischen Kosmoswissenschaft und -technik. Veröffentlichte mehrere wissenschaftliche Arbeiten.

Kennfeuer: Luftfahrtleuchtfeuer, das eine Kennung ausstrahlt, mit deren Hilfe ein bestimmter Bezugspunkt ausgemacht werden kann.

Kennlicht: → Lichterführung

Kennlinienfeld: komplexe graphische Darstellung der Betriebseigenschaften von Luftschrauben, Turbinen, Verdichtern, KTW oder Gasturbinentriebwer-

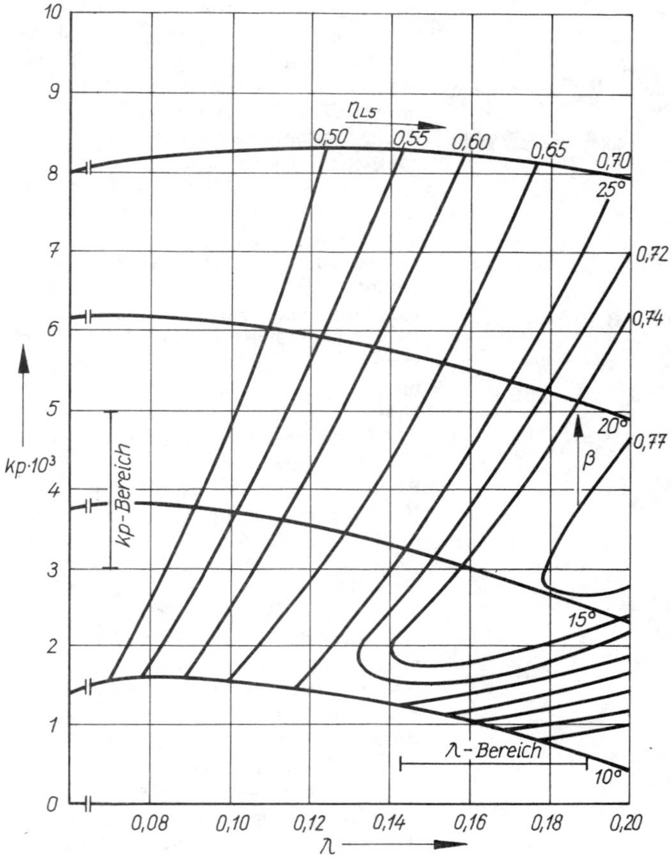

Kennlinienfeld einer Luftschraube

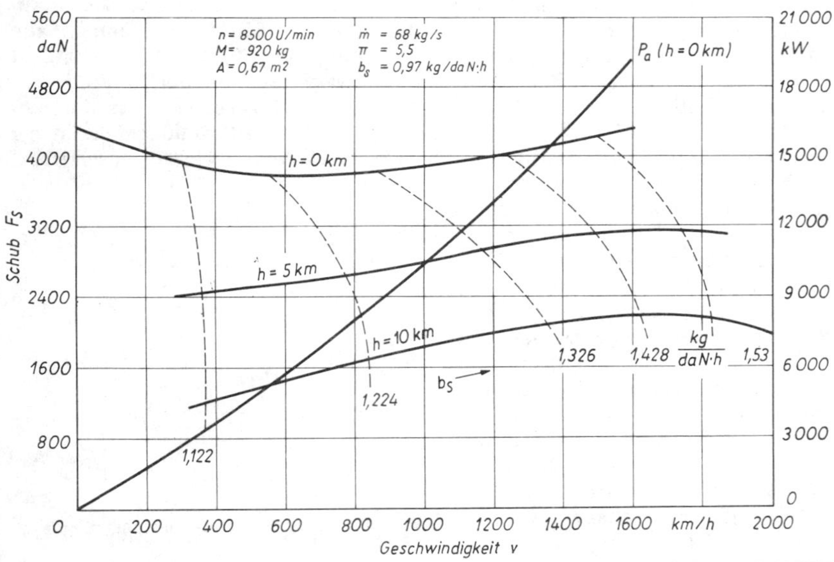

Kennlinienfeld einer ETL

Kenya Airways

ken. Die Art der Kennlinien bzw. Parameterkurven richtet sich nach der Art der Maschine. K. werden meist experimentell auf Prüfständen ermittelt. *K. eines KTW:* in einem Drehmoment-Drehzahl-Koordinatensystem (→ Drehzahl) sind Linien konstanten Ladedrucks bzw. konstanter Drosselklappenstellung, Linien konstanten → spezifischen Verbrauchs, konstanten → Luftverhältnisses u. a. eingetragen. *K. eines TL:* In einem Schub-Fluggeschwindigkeits-Diagramm sind Linien des max. Schubs in verschiedenen Höhen, Linien konstanten spezifischen Verbrauchs u. a. eingetragen. *K. einer Luftschraube:* In einem Diagramm → Leistungszahl über → Fortschrittszahl sind Linien konstanten Wirkungsgrads und konstanten Blatteinstellwinkels eingetragen.

Kennung: optisches oder elektromagnetisches Signal, das die Identifizierung eines Punktes im Raum, z. B. Funk- oder Leuchtfeuer, ermöglicht. Durch → Erkennungszeichen lassen sich Luftfahrzeuge auf einer Radaranzeige lokalisieren. → Kennungsgerät

Kennungsgerät, *Freund-Feind-Gerät:* Funkempfangs- und Sendegerät an Bord von Militärflugzeugen. K. dienen zur Feststellung der Identität von Flugzeugen. Flugzeuge senden ein Signal (Kennung) zurück, wenn sie von einem mit ihnen in einem Kennungssystem verbundenen Boden- oder Bord-Funkmeßgerät (→ Funkmeßstation, FMS) erfaßt werden. Ein «nichtantwortendes» Flugzeug muß als feindlich betrachtet werden. Vom eigenen Flugzeug (Hubschrauber) wird die Antwort synchron mit dem Zielzeichen auf dem Bildschirm dargestellt. → Radar

Kennzeichen: an den Tragflügeln und/oder am Rumpf ziviler Luftfahrzeuge angebrachte Zeichen aus 2 Teilen, dem international festgelegten → *Nationalitätszeichen* und einer Registriernummer. Die *Registriernummer* ist eine Gruppe von Buchstaben oder Ziffern, die von den Zulassungsstellen der einzelnen Länder festgelegt werden; sie kann unterschiedlich aufgebaut sein und unterliegt nicht einheitlichen Bestimmungen.

Kennzeichnung von Luftfahrthindernissen: Maßnahme zur Sicherung des Flugverkehrs vor *natürlichen* (Bodenerhebungen, Bewuchs, Anpflanzungen) und *künstlichen* (bauliche, zeitweilige mobile Anlagen) Luftfahrthindernissen.

Kenya Airways Ltd.: staatliches Luftverkehrsunternehmen der Republik Kenia; gegr. 1977 im Zusammenhang mit der Auflösung der → East African Airways. *Flugzeugpark:* 2 Boeing 707-320, eine Boeing 720, eine DC-9-30, 2 Fokker F 27, zusätzlich je eine DC-10-30 u. Boeing 707 sowie 2 Airbus A 310-200. Verkehrsdaten 1988: 779 000 beförderte Passagiere (Davon 255 000 Inlandpassagiere); 57 Mill. Fracht-tkm; 213 Mill. tkm Gesamtleistung. Streckennetz von rd. 95 000 km. Hauptstrecken: Europa; Inlandflugverkehr. Mitglied der IATA.

Kernenergieantrieb: Antrieb und Energiequelle auf der Basis der Kernenergie in stationären Anlagen, Schiffsanlagen und in der unbemannten Raumfahrt. In den 50er Jahren insbesondere von Pratt & Whitney durchgeführte Arbeiten zur Entwicklung eines Flugzeugantriebs auf Kernenergiebasis mit dem Strahltriebwerk J-58 und J-91 wurden 1961 eingestellt. Die Anwendung nuklearer Fusionsenergie auf der Grundlage des MHD-Verfahrens erscheint zur Jahrtausendwende möglich.

Kerntechnische Lande- und Rollhilfe, Abk. **KLR:** Projekt eines Verfahrens zur Übermittlung von Landeinformationen an Luftfahrzeuge durch Gammastrahlen. Über Anfluggrundlinie und Start- und Landebahn wird ein Strahlungsfeld aufgebaut, das von im Boden eingebauten radioaktiven Präparaten stammt. Aus der Intensität der Strahlung läßt sich die Höhe bestimmen, aus der Differenz der Strahlungsintensität in den Meßgeräten an den Außenseiten der Tragflügel ergibt sich das Kursführungssignal. Das Strahlungsfeld ist bis zu einer Höhe von 1 000 m auswertbar.

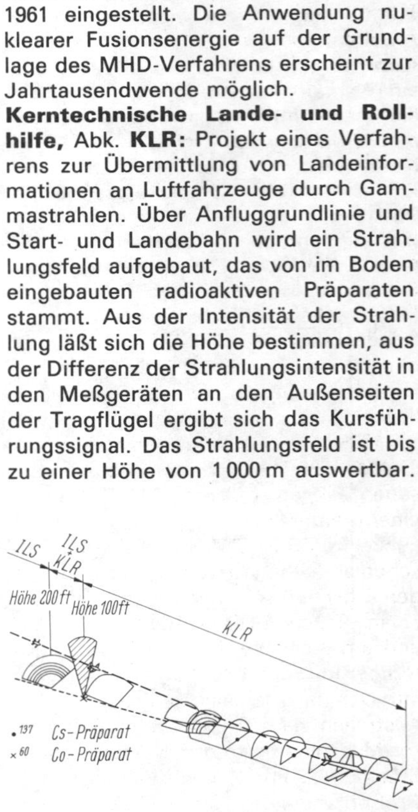

Wirkungsweise der kerntechnischen Lande- und Rollhilfe

Obwohl die KLR sehr billig ist, wurde sie bisher nicht realisiert.

Kerosin: Brennstoff für Turbinentriebwerke; im Unterschied zu hochwertigem Flugbenzin für KTW ein Erdölderivat, das durch einfache Destillation gewonnen wird. K. besteht aus etwa 87% Kohlenstoff und 13% Wasserstoff, durch einen Schwefelgehalt von max. 0,2...0,3% (4mal höher als bei Flugbenzin) hat es einen typischen stechenden Geruch. Die Dichte beträgt 0,775...0,825 g/cm³, der Siedebereich liegt zwischen 160 und 250 °C. der Gefrierpunkt bei −40...−60 °C; mit einem Flammpunkt von +38 °C ist es bedeutend ungefährlicher als Flug- oder Autobenzin. Die Vorteile des K. gegenüber Flugbenzin liegen in der um etwa 10% größeren Wärmeenergie je Volumeneinheit, geringerer Verdunstung und Brandgefahr sowie niedrigeren Herstellungskosten. K. wird in der Luftfahrtsprache auch *ATK* oder *AVTUR (Aviation Turbine Kerosene)* genannt.

Kerze: → Kunstflugfigur, bei der das Flugzeug senkrecht nach oben gesteuert wird. → Kunstflug

Kette: Einheit der → Fliegerkräfte. Besteht in Jagdflieger- und Jagdbombenfliegertruppenteilen aus 2 → Paaren, bei Bomben- und Transportfliegern aus 3 Flugzeugen. Mehrere K. bilden eine Staffel.

KFK: Abk. für **K**ohlenstoff-**f**aserverstärkte **K**unststoffe

Kingdom of Libya Airlines: frühere Luftverkehrsgesellschaft mit Sitz in Bengasi (Libyen): 1969 erfolgte die Umbenennung in → Libyan Arab Airlines.

Kingsford-Smith, *Sir Charles:* australischer Pilot, geb. in Brisbane, verschollen 1935 über dem Indischen Ozean. Am 31. Mai 1928 flog K.-S. mit dem australischen Piloten *Charles T. P. Ulm* und einem amerikanischen Navigator und Funker von Oakland/Kalifornien mit Zwischenlandungen in Honolulu und auf den Fidschi-Inseln nach Australien, wo er am 9. Juni 1928 in Brisbane landete und am nächsten Tag bis Sydney weiterflog. Im Sept. 1928 flog er zusammen mit *Ulm* mit demselben Flugzeug von Australien nach Neuseeland. Die Fokker-Maschine hatte den Namen «South Cross». 1929 flog K. von Australien nach Großbritannien in 12 d 14 h und 18 min. 1930 überquerte er den Atlantik, (ebenfalls mit der «South Cross») mit dem KLM-Piloten Evert van Dijck und einem Navigator und Funker. Im Okt. 1930 flog er von London nach Darwin mit Avro «Avian» in 9 d 21 h 40 min. Seit einem neuen Flug von Australien nach England (1935) ist er mit dem Copiloten *Ulm* mit einer Lockheed «Altair» im Indischen Ozean verschollen.

Kinnruder: zusätzlich zu anderen → Steuerorganen unter dem Rumpfbug seitlich oder zentral angebrachte Steuerflächen zur Realisierung der → aktiven Steuerungstechnologie.

Kippflügler: → Convertiplan, → Rotorflugzeug, → VTOL

Kippnase: **1.** → Landehilfen. – **2.** absenkbare → Rumpfnase

KLA: Abk. für → **K**ingdom of **L**ibya **A**irlines.

Klappenruder: → Ruder, die eine an der hinteren Kante von Tragflügeln oder Leitwerksflossen gelenkig befestigte Fläche (mit oder ohne Profil) darstellen und durch Betätigen der Steuerung nach oben oder unten, links oder rechts ausgeschlagen werden können. → Flossenruder

Klareis: → Vereisung

Klassifikationsrate: Gruppe der internationalen → Frachtraten; für bestimmte Güter, z. B. für den Versand von Zeitungen, Drucksachen, lebenden Tieren, Wertgegenständen u. a. geltende Frachtrate. Die K. sieht Ab- bzw. Zuschläge vor, deren Höhe in den → Verkehrsgebieten unterschiedlich ist. → Luftfahrtberechnung; → Frachtrate

Kleinbasispeilanlage: Peilanlage, bei der die Antennenabmessungen klein gegenüber der verwendeten Wellenlänge sind. (→ Zielfluggeräte, automatische Funkkompasse).

Klemm, *Hans:* Flugzeugkonstrukteur, geb. 4. April 1885 Stuttgart, gest. 30. April 1961. Studierte Bauwesen an der Technischen Hochschule Stuttgart. Marinebaumeister in Danzig, 1917 Mitarbeiter von → *Dornier,* dann bei seinem Studienkollegen → *Heinkel* als Chefstatiker, 1918 Leiter der von der «Daimler-Motoren-Gesellschaft» in Sindelfingen gegr. Abteilung Flugzeugbau. Dort entwickelte er 1918/19 die L 15 (erstes Leichtflugzeug der Welt, auch mit Schwimmern auszurüsten), mit einem Motorradmotor von 6 kW das erste Leichtflugzeug der Erde, zunächst motorlos erprobt, Flugversuche 1922 auch mit Motor erfolgreich. Daraus entwik-

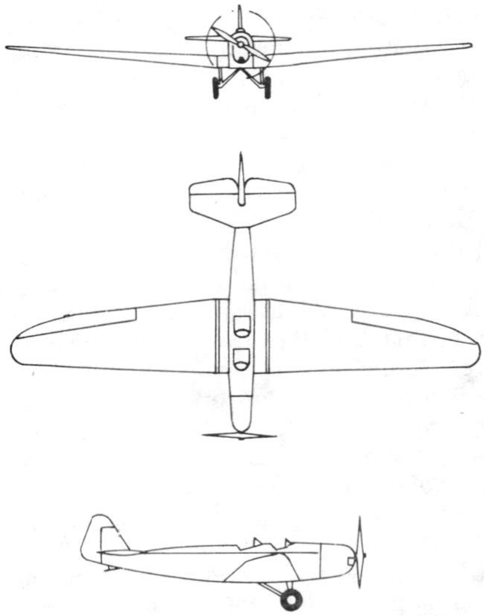

Klemm Kl 250DVII (1929)

kelte er 1923 die L 20, einen 2sitzigen Tiefdecker mit 16-kW-Daimler-Motor. Die L 20 bildete das Ausgangsmuster aller anderen K.-Flugzeuge sowie vieler Kleinflugzeuge überhaupt. 1926 gründete K. eine eigene Firma, die «Leichtflugzeugbau Klemm» in Stuttgart-Böblingen. Hier entstand das 2sitzige Schul- und Sportflugzeug Kl 25 mit Triebwerken von 44...59 kW, das sich in der ganzen Welt durchsetzte. Es folgten Schul-, Sport- und Reiseflugzeuge, ab 1930 die Kl 31 (4sitzig) und Kl 32 (3sitzig). Die Kl 35 wurde zum ersten Standard-Schulflugzeug der deutschen Luftwaffe sowie der Luftstreitkräfte Rumäniens und Schwedens. Bis 1941 über 2 500 K.-Flugzeuge. Nach dem zweiten Weltkrieg wurde eine der letzten Konstruktionen K., das Kabinenflugzeug Kl 107, von den «Bölkow-Werken» in 30 Exemplaren gebaut.

Klemperer, *Wolfgang:* Luftfahrtwissenschaftler und Segelflieger, gab. 18. Jan. 1893 Dresden, gest. 25. März 1965; baute und flog bereits als Student der Technischen Hochschule Dresden sein erstes Flugzeug. Gehört zu den Begründern der Rhön-Wettbewerbe. An der Technischen Hochschule Aachen Assistent von Prof. von → *Kármán.* Entwarf und baute Gleit- und Segelflugzeuge, u. a. den «Schwarzen Teufel» (freitragender Eindecker, an Prinzipien von → *Junkers* angelehnt). Damit Sieg im ersten Rhön-Wettbewerb auf der Wasserkuppe am 4. Sept. 1920 (1 830 m in 2 min 22 s). Etwa 1 min Flug mit → Startüberhöhung – damit erster wirklicher Segelflug in der Rhön (bis dahin nur Gleitflüge von der Starthöhe als höchstem Punkt). Die Aachener Gruppe führte damals den → Gummiseilstart ein, während vorher Wäscheleinen zum Hochziehen der Flugzeuge benutzt wurden. 1921 gelang K. mit einer verbesserten Version («Blaue Maus») der erste Überlandflug über 5 km in 13 min von der Wasserkuppe nach Gersfeld. Dafür erhielt er die Segelflugerlaubnis Nr. 1. 1922 Leiter der Forschungsabteilung des «Luftschiffbau Zeppelin», 1927 Leiter der Forschungsabteilung der «Goodyear Zeppelin Corporation» in Acron (Ohio); 1936/58 Leiter der Forschungsabteilung für Raketen der → Douglas Aircraft Company in Santa Monica, danach Direktor für Produktionsentwicklung und Assistent des Vizepräsidenten. K. war einer der Pioniere des Segelflugs in den USA. In der amerikanischen Segelflugorganisation «The Soaring Society of America» war er seit 1951 Vizepräsident, außerdem Direktor der → OSTIV.

Klemperer-Prämie: → OSTIV

Klimaanlage: Anlage zur Aufrechterhaltung der Lufttemperatur, des Luftdrucks und der Luftfeuchtigkeit in der Flugzeugkabine. Moderne Verkehrsflugzeuge fliegen in Reisehöhen von 6 000 bis 12 000 m, Überschallverkehrsflugzeuge 15 bis 20 km hoch. Da das Allgemeinbefinden bereits in über 3 000 m

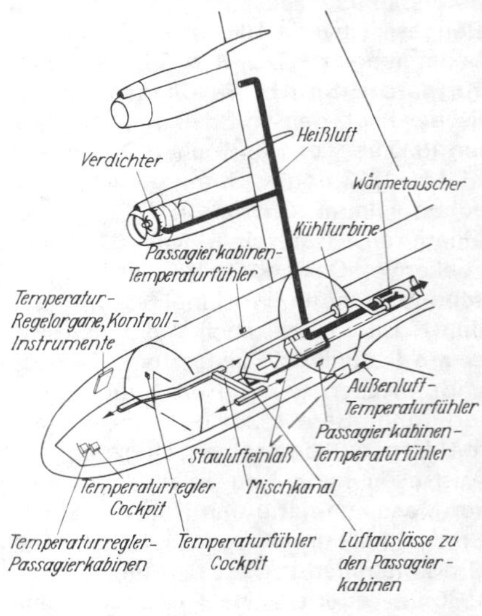

Klimaanlage

Höhe durch Druckminderung, Verringerung des Sauerstoffgehalts und Kälte gestört wird (→ Höhenkrankheit), müssen moderne Flugzeuge mit K. ausgerüstet sein. Bei Flugzeugen mit TL wird Heißluft hohen Drucks aus dem Verdichter entnommen und über mehrere Wärmetauscher auf die erforderliche Temperatur gekühlt. Die Kühlluft erhält man aus den ersten Verdichterstufen, oder man verwendet die Stauluft aus bes. Luftleinläufen. Die entnommene Heißluft wird durch Regler geleitet, die Druck und Luftmenge begrenzen. Nach ausreichender Kühlung gelangt die Luft zu Mischkammern, in denen Warm- und Kaltluft entspr. der vorgewählten Temperatur gemischt werden. In den Anlagen befinden sich außerdem Befeuchtungs- und Trocknungseinrichtungen, um die angestrebte Luftfeuchtigkeit zu sichern. Bei Flugzeugen mit KTW sind an den Triebwerken Verdichter zum Betrieb der Klimaanlage installiert, die verbrauchte Luft entweicht über Abluftregler. Die Kabinenluft wird etwa 15...20mal je Stunde erneuert.

Klimakammer: abgeschlossenes Volumen, in dem bestimmte Klimafaktoren hergestellt werden können. In der Luftfahrt dienen K. häufig zum Nachbilden des Klimas in größeren Höhen, Luftdruck und -temperatur können entspr. der gewählten Höhe eingestellt werden. Diese K. dienen der medizinischen Untersuchung von Luftfahrtpersonal auf Höhentauglichkeit. Man bezeichnet sie als *Unterdruckkammern*. Außerdem setzt man K. zum Prüfen der Luftfahrtausrüstung ein (Eignung unter Höhenbedingungen, im Seeklima, in tropischem und Wüstenklima). Bes. K. werden als *Kältekammern* bezeichnet und dienen zur Erprobung von Luftfahrzeugausrüstungen und ganzen Luftfahrzeugen unter arktischen Bedingungen.

Klimow, *Wladimir Jakowlewitsch:* sowjetischer Triebwerkskonstrukteur, geb. 11. (23.) Juli 1892 Moskau, gest. 9. Sept. 1962, ab 1944 Generalmajor der Flieger (Ing.). – Beendete 1917 die Technische Hochschule Moskau. 1918 Mitbegründer der Shukowski-Luftfahrtakademie. K. arbeitete seit 1918 als Luftfahrtingenieur in wissenschaftlichen Forschungsinstituten und Flugzeugwerken sowie als Dozent an der Moskauer Technischen Hochschule, an der Luftfahrt-Militär-Akademie «Prof. N. E. Shukowski» und am Moskauer Luftfahrtinstitut. 1923 Mitbegründer des 1. Wissenschaftlichen Instituts für Motoren und Traktoren (NATT). 1926/28 Chef des Forschungsinstituts für Flugmotoren. 1925/27 leitete er den Bau der Triebwerke M-12 und M-23. 1935 wurde er zum Chefkonstrukteur für Luftfahrttriebwerke ernannt. Unter seiner Leitung entstanden verschiedene starke Flugmotoren, die sich hervorragend bewährten. Das bekannteste Triebwerk war der M-105 (später als WK-105 bezeichnet) mit einer Leistung von 735...882 kW, mit dem die überwiegende Zahl der sowjetischen Jagd- und Bombenflugzeuge während des zweiten Weltkriegs ausgerüstet war. Nach dem Krieg schuf K. die ersten sowjetischen TL WK-1 (27 000 N) für MiG-15 und Il-28. K. erhielt 5mal den Leninorden und 4mal den Staatspreis, war 2facher Held der sozialistischen Arbeit und Mitglied der Akademie der Wissenschaften der UdSSR.

Klinometer: frühere Bez. für Neigungsmesser. → künstlicher Horizont

KLM: Abk. für → **K**oninklijke **L**uchtvaart **M**aatschappij NV.

Klopfbremsen: Zusatzstoffe zum Erhöhen der Klopffestigkeit (→ Oktanzahl) von Brennstoffen für Otto-Motoren. Am verbreitetsten ist → Bleitetraäthyl. → Klopfen

Klopfen: Verbrennungsgeräusch bei KTW, das je nach Intensität einem Klingeln oder dem Geräusch beim Nageln ähnelt. Die Ursachen liegen im Verbrennungsablauf. Im Otto-Motor breitet sich die Verbrennung, ausgehend vom Zündfunken in einer den Zylinderraum durchlaufenden Flammenfront auf das gesamte Brennstoffluftgemisch aus. Dabei verdichtet und erhitzt das brennende Brennstoffluftgemisch durch Expansion und Strahlungswärme das vor der Flammenfront liegende unverbrannte Brennstoffluftgemisch. Sobald dieser Gemischrest die Bedingungen für Selbstzündung erreicht, wird er nicht mehr, wie erwünscht, von der Flammenfront bei gleichmäßigem Druckanstieg, sondern schlagartig entzündet. Dadurch entstehen Druckwellen, die an die Zylinderwände laufen und dort das metallische Klopfgeräusch erzeugen. Die klopfende Verbrennung ist wegen der höheren mechanischen und thermischen Belastung der Bauteile für den Motor schädlich. Sie kann durch geringere Verdichtung, niedrigere thermische Belastung (hohe Ladedrücke bzw. große Drosselklappenstellungen bei niedrigerer Drehzahl, d. h. große Luftschraubensteigungen müssen vermieden werden) und durch Verwendung klopffesterer Brennstoffe unterdrückt werden. → Klopfbremsen, → Oktanzahl

Klopffestigkeit: → Klopfen.

KLR: Abk. für → **K**erntechnische **L**ande- und **R**ollhilfe.

Knickflügel: Bauart des Tragflügels mit veränderlicher V-Form über der Spannweite. Die verschiedensten Formen von K. ergeben sich entweder aus dem Bestreben, die → Seitenstabilität in einem bestimmten Geschwindigkeitsbereich zu verbessern oder bei Wasser- und Amphibienflugzeugen mit TL aus dem Bemühen, das Eintrittsteil der Triebwerke möglichst hoch über der Wasseroberfläche anzubringen (z. B. → Berijew Be-12), manchmal auch zur Sichtverbesserung für den Piloten.

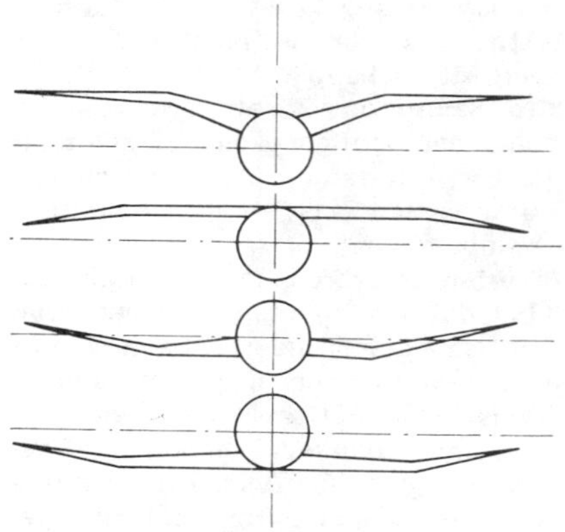

mögliche Formen von Knickflügeln

Knickung: Ausweichreaktion von Stabelementen (Pfetten, Gurte; Holme usw.) bei Längsdruck und Überschreiten der als Knicklast bezeichneten → Bruchlast. → Beulung

Knüppel: allseitig frei bewegliches Stahlrohr mit Griff zum Bedienen der Höhen- und Querruder kleinerer Flugzeuge. → Steuerwerk

Knüppeldynamik: zusammenfassender Begriff für die Kräfte am Steuerknüppel, ihre Abhängigkeiten und Änderungen und die durch sie hervorgerufenen Bewegungen der Ruder. Die K. ist eine Bewertungsgröße für die vom Standpunkt der → Anthropotechnik günstige Auslegung von Luftfahrzeug-Steuerungen und → Flugreglern. In die K. gehen die Ruder- und Steuerwerkskineumatik, Knüppel- und Ruderwege sowie die Knüppelkräfte ein.

Knüppelkraft: → Knüppeldynamik, → Handkraftcharakteristik, → Handkraftgradient

Knüppelkraftgradient: → Handkraftgradient

Köderflugkörper: unbemannter → Flugkörper, der zur Täuschung der gegnerischen Luftverteidigung von dem eindringenden Flugzeug gestartet wird und seitwärts oder vorausfliegt. Radargeräte und Verteidigungsmittel sollen damit «geködert» werden. Die Reichweite beträgt 500 ... 1 000 km, die Spannweite meist 1,5 ... 2,5 m, die Länge 3,5 ... 5 m.

Köhl, *Hermann:* deutscher Flieger, geb. 15. April 1888 Neu-Ulm, gest. 7. Okt. 1938 München; nach dem ersten Weltkrieg Postflieger, dann Pilot bei der Deutschen Lufthansa. Spezialist für Nachtflugstrecken. Am 12./13. April 1928 überflog er in einer Junkers W 33 erstmals den Nordatlantik von Ost nach West mit dem irischen Fliegeroffizier *J.* → *Fitzmaurice* und *E. G.* Freiherr *von* → *Hünefeld.* Nach dem Atlantikflug bekam das → Nurflügelflugzeug «Delta 1» von A. Lippisch den Namen «Hermann Köhl».

Kohledruckregler: Spannungsregler für Luftfahrzeug-Generatoren. Bei ihm wird die druckabhängige Veränderung des Überganswiderstands zwischen Kohleelektroden ausgenutzt. Der Wider-

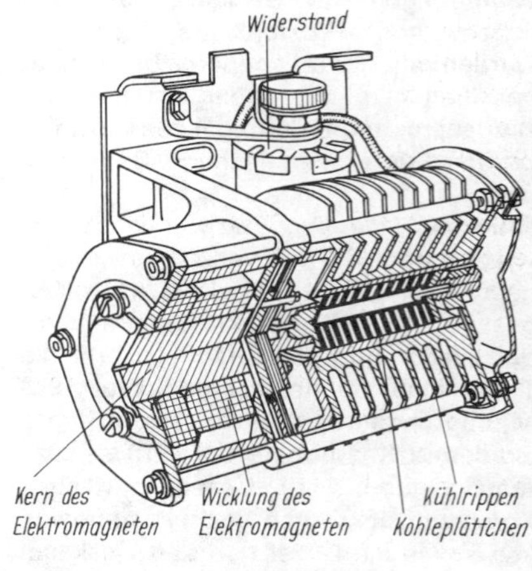

Kohledruckregler

stand einer aus bes. präparierten Kohleringen geschichteten Säule wird durch einen Elektromagneten, dessen Zugkraft von der Generatorspannung abhängt, kontinuierlich eingestellt. Die Kohlesäule liegt mit der Erregerwicklung des Generators in Reihe. Der K. ist nur für kleine Generatoren geeignet. Zur Regelung großer Generatoren benutzt man → Tirrill-Regler.

Kokkinaki, *Wladimir Konstantinowitsch:* Generalmajor der Flieger (1943), Verdienter Versuchspilot der UdSSR, 2facher Held der Sowjetunion, geb. 12. (25.) Juni 1904 Noworossisk, gest. 6. Jan. 1985. Ab 1925 in der Armee, 1928 Abschluß der Leningrader, 1930 der Borisoglebskier Fliegerschule, 1931 in der 11. Jagdfliegerstaffel; ab 1932 Versuchspilot. Flog u. a. das Versuchsschlachtflugzeug TSch-3 (1932/23) ein. Verbesserte am 21. Nov. 1935 mit einem Doppeldecker I-15 (von → *Polikarpow*) den Höhenweltrekord von 14 000 m (*Donati*, Italien) auf 14 575 m. 1936 stellte er mit einer ZKB-26 mit 11 005 m einen Höhenweltrekord mit 2 000 kg Nutzmasse auf. Weitere Rekorde im gleichen Jahr: mit 500 kg auf 13 110 m, mit 1 000 kg auf 12 101 m. Am 28. April 1939 startete K. mit einer ZKB-30 – Prototyp der Bomber DB-3 und DB-3F (→ Il-4) – von Moskau zum 8 000-km-Flug in die USA, den er in 22 h 56 min bewältigte. Zahlreiche weitere Langstreckenflüge vor dem zweiten Weltkrieg. Im Krieg Testpilot neuer Militärflugzeuge. Letzte Rekordflüge: 1959 mit Il-18 (mit 15 t Ladung 2 000 km in 2 h 47 min – 719,5 km/h; 1960 mit 10 t Ladung über 5 018 km mit 693 km/h). K. erprobte über 40 unterschiedliche Flugzeugtypen. Er ist Leninpreisträger und Verdienter Meister des Sports. 1958/66 Funktionen in der sowjetischen Flugsportorganisation. 1961 Vizepräsident, 1966 Präsident der FAI (Goldmedaille der FAI).

Kolba: 1941 in der Sowjetunion entwickeltes Funkfeuer, das ein drehbares Antennendiagramm besaß. Das Diagramm wurde mit 1 U/min gedreht. Nach jeweils 10° wurde die Drehung unterbrochen und ein für diesen Drehwinkel festgelegter Kennbuchstabe im Morse-Code abgestrahlt. An Bord des Luftfahrzeugs ergab sich der Winkel zur K.-Anlage aus dem am leisesten empfangenen Kennbuchstaben der vorgegebenen Reihenfolge. K. arbeitete mit

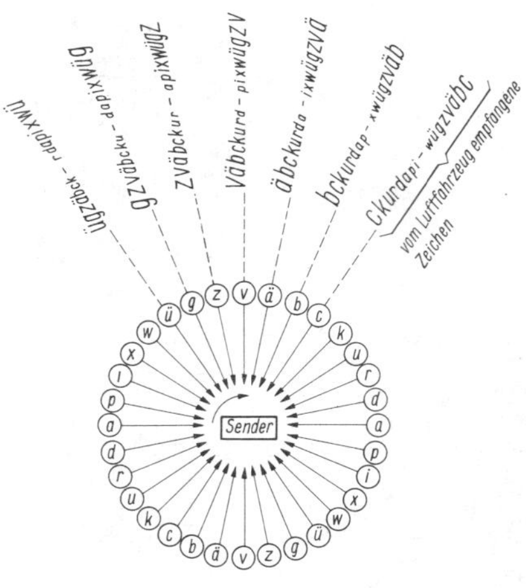

Zuordnung der Kennbuchstaben beim sowjetischen Funkfeuer Kolba

Wladimir Kokkinaki

600 ... 1 100 m Wellenlänge und war für Entfernungen bis 350 km benutzbar. Spätere Ausführungen mit geänderten Antennenanlagen hatten Reichweiten bis zu 500 km.

Kolbentriebwerk, Abk. **KTW:** Verbrennungsmotor zum Antrieb der Luftschraube bei Luftfahrzeugen. KTW bildeten bis etwa 1940 die einzige brauchbare Antriebsquelle für Luftfahrzeuge. *Arbeitsverfahren* – 4-Takt: 2 Kurbelwellenumdrehungen/Arbeitsspiel; 2-Takt: 1 Kurbelwellenumdrehung/Arbeitsspiel. *Arbeitsprinzipien: Otto:* Verdichtung eines Brennstoff-Luftgemischs; *Diesel:* Verdichtung von reiner Luft. Sowohl Otto- als auch Dieselmotoren können nach dem 2- oder 4-Takt-Verfahren arbeiten. Ottomotoren zeichnen sich durch niedrige Masse, Dieselmotoren durch niedrigen Brennstoffverbrauch aus. Mit Ausnahme des JUMO-205 haben sich Dieselmotoren als Flugzeugtriebwerke nicht bewährt (gegenwärtig ausschließlich 4-Takt-Otto). Nach der Zylinderanordnung werden 2 Grundarten – *Reihen-* und *Sternmotoren* unterschieden. Für beide Ausführungsarten gibt es die Ein- und Mehrfachanordnung der Zylinderreihen bzw. Zylindersterne (bis zu 4fach in beiden Fällen). Sternmotoren zeichnen sich gegenüber Reihenmotoren bes. durch Eignung f. Luftfkühlung aus, sie haben außerdem durch eine bes. hohe Materialausnutzung des Kurbelgehäuse- und Kurbelwellenmaterials eine geringere Masse als Reihenmotoren, bei Einfachanord-

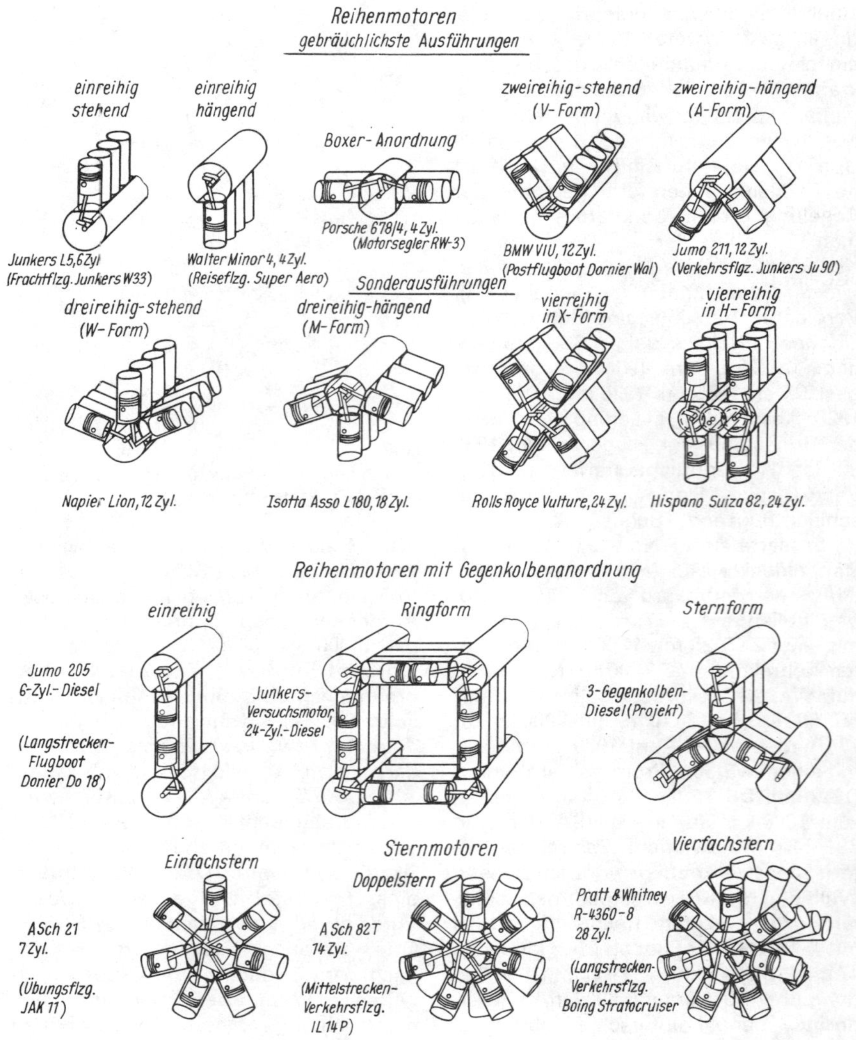

Zylinderanordnung der Flugmotoren

nung haben sie jedoch eine niedrigere spezifische Leistung (bezogen auf das Hubvolumen und auf die Stirnfläche). Flüssigkeitsgekühlte Motoren zeichnen sich durch eine höhere spezifische Leistung (bezogen auf das Hubvolumen oder die Stirnfläche) aus, werden aber heute nicht mehr verwendet. Luftgekühlte Motoren (geringeres Masse-Leistungsverhältnis, höhere Einsatzbereitschaft, geringerer Wartungsaufwand) werden gegenwärtig ausschließlich angewendet. Zur Herstellung des richtigen Luft-Brennstoff-Gemisches für die verschiedenen Leistungsstufen sind KTW mit Vergasern oder speziellen Brennstoffeinspritzpumpen ausgerüstet.

Große KTW (ab ca. 1000 kW) sind ausschließlich als Einspritzmotoren ausgerüstet, sie zeichnen sich durch geringeren Verbrauch und gleichmäßige Belastung der Einzelzylinder sowie größere Gesamtleistung aus. Die Leistung eines KTW ist abhängig von der Dichte (spezifische Masse) der in die Arbeitszylinder gelangenden Luft. Demzufolge sinkt die Leistung eines Saugmotors (Gemisch gelangt lediglich durch die Saugwirkung des Kolbens beim Ansaugtakt in den Zylinder) mit wachsender Höhe proportional zur Abnahme der Luftdichte (vgl. INA-Tab. → Atmosphäre). Zur Erhöhung der Startleistung und zur Verringerung des Leistungsabfalls

Kolbentriebwerke

Typ	Hersteller	Bauart	P	n	M	V_H	ε	P_M	P_A	b	i
			kW	U/min	kg	dm³		kW/kg	kW/m²	g/kWh	
SL-1700 EC	BRD	4 BL	50	3600	73	1,68	8	0,68	166	318	1
IOL-300	USA	6 BF	127	2700	132	4,93	11,4	0,96	290	250	1
M-137 A	ČSSR	6 RL	132	2750	137	5,97	6,3	0,97	217	320	1
M-462 RF	ČSSR	9 SL(A)	232	2450	218	10,16	6,2	1,06	300	360	1,27
M-14 P	UdSSR	9 SL(A)	265	2900	214	10,16	6,3	1,24	343	390	1,52
IO-720-A1A	USA	8 BL	298	2650	271	11,84	8,7	1,10	610	280	1
TIGO-541-D	USA	6 BL(A)	335	3200	319	8,88	7,3	1,05	658	280	
Leonides 514	GB	9 SL(A)	412	3000	367	11,8	6,5	1,12	430	300	2,0
PZL-3sR	VR Polen	7 SL(A)	441	2200	446	20,66	6,4	0,99	346	370	1,43
Thunder TE 495	USA	8 VF(A)	522	4400	324	8,12		1,61	1079	270	2,14
R-1830-90 D	USA	14 SL(A)	892	2700	666	29,87	6,7	1,32	745	313	1,78
DB-603 A	Deutschland	12 VF(A)	1290	2700	910	44,5	8,3	1,41	1340	306	1,88
ASCH-82 T	UdSSR	14 SL(A)	1400	2600	1020	41,2	6,9	1,36	1050	292	1,74
Griffon 57	GB	12 VF(A)	1850	2750	950	36,7	6	1,86	2500	258	2,26
Centaurus 661	GB	18 SL(A)	1930	2800	1570	53,6	7,2	1,23	1230	258	2,5
R-4360 B 3	USA	28 SL(A)	2570	2700	1670	71,6	6,7	1,54	1720	265	2,66

P Leistung
n Drehzahl
M Masse
V_H Gesamthubvolumen
ε Verdichtungsverh.
P_M spezif. Leistung
P_A spezif. Leistung (Bezug Stirnfläche)
b Brennstoffverbrauch
i Getriebeübersetzungsverhältnis

mit wachsender Höhe werden größere KTW häufig mit sog. → «Ladern» (Kreiselverdichter) ausgerüstet, die die Luft auf einen bestimmten Druck vorverdichten, bevor sie in die Arbeitszylinder gelangt. Diese Lader werden entweder über Zahnradgetriebe von der Kurbelwelle angetrieben (Drehzahl 15000...20000 U/min) – mechanische → Aufladung – oder von einer Abgasturbine – Turboaufladung (Drehzahl 20000...30000 U/min). Um hohe spezifische Leistungen – bezogen auf Masse, Hubvolumen und Stirnfläche – zu erzielen, laufen moderne KTW mit Drehzahlen zwischen 2000 und 3000 U/min. Die Luftschrauben dürfen jedoch mit Rücksicht auf den Wirkungsgrad 1000...2000 U/min (je nach Durchmesser) nicht wesentlich überschreiten. Deshalb ist zwischen KTW und Luftschraube ein Zahnraduntersetzungsgetriebe eingeschaltet (→ Luftschraubengetriebe). Im Verlauf einer 50jährigen Entwicklung konnte die absolute Leistung der KTW von 9 auf 2600 kW und die spezifische Leistung von ca. 0,07 auf 1,8 kW/kg erhöht werden. Außerdem konnten Laufzeit und Zuverlässigkeit trotz wachsender Kompliziertheit wesentlich erhöht werden (→ Betriebsverhalten). Gegenwärtig werden die KTW vorwiegend bei Sport-, Agrar- und Schulflugzeugen, Motorseglern und Ultraleichtflugzeugen sowie bei kleinen Reise- und Zubringerflugzeugen angewendet.

Schwezow ASch-82T; luftgekühlter 4-Takt-14-Zylinder-Doppelsternmotor

Avia M-337; hängender, luftgekühlter 4-Takt-6-Zylinder-Reihenmotor mit Brennstoffeinspritzung

Koleopter: → Coleopter

Kollisions-Warnsystem, engl. **Collision Avoidance System,** Abk. **CAS:** Bordanlage zum Verhüten von Luftfahrtzusammenstößen. Das CAS soll feststellen, ob die Gefahr einer Kollision besteht, soll den Grad der Bedrohung ermitteln und den Piloten eine Anzeige für geeignete Ausgleichmanöver geben. Als Elemente zum Ermitteln eines Kriteriums für die Gefahrensituation dienen Geschwindigkeiten, Abstand und Flughöhen der möglichen Kollisionspartner. Aus zahlreichen Untersuchungen hat

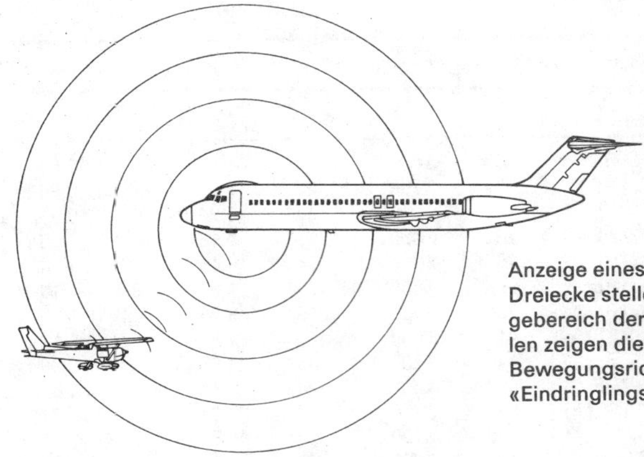

Die Antenne unter dem Flugzeug sendet Abfragesignale in alle Richtungen; treffen die Signale auf ein anderes Flugzeug, so antwortet dessen Transponder mit Höhenangaben; der Rechner überprüft die Daten und löst, falls notwendig, das Warnsystem aus

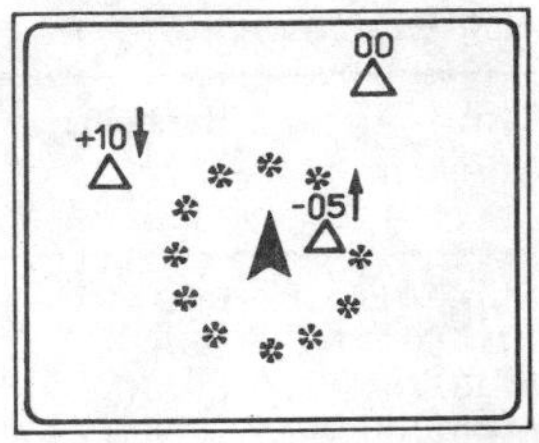

Anzeige eines Kollisions-Warnsystems: die Dreiecke stellen «Eindringlinge» in den Abfragebereich der eigenen Maschine dar; die Zahlen zeigen die Höhe, die Pfeile die vertikale Bewegungsrichtung und das ± die Lage des «Eindringlings»

man die → Tauzeit als bestes Kriterium erarbeitet. CAS sind in der internationalen Luftfahrt nicht allgemein eingeführt, sondern werden im Erprobungsbetrieb von Luftfahrzeugherstellern und militärischen Luftfahrzeughaltern betrieben. In den 60er Jahren waren Systeme verbreitet, die mit Zeittor-Verfahren über Einweg-Ortungsverbindungen arbeiteten. Neuere Anlagen verwenden Abfragesender, die die Transponder der in der Nähe befindlichen Luftfahrzeuge aktivieren und von diesen Transpondern Angaben über Entfernung, Flugrichtung, Höhe und Annäherungsgeschwindigkeit erhalten. Da fast alle Verkehrsflugzeuge mit Transpondern für Sekundärradar ausgerüstet sind, können die zusätzlichen Ausgaben für CAS relativ gering gehalten werden. Die ermittelten Daten werden mit den Daten über das eigene Luftfahrzeug verglichen und auf einem Bildschirm zur Anzeige gebracht.

Köln-Bonn, Flughafen Wahn, City-Code **CGN:** internationaler Flughafen der BRD, 50° 52′ n. Br., 07° 08′ 36″ ö. L., Höhe 91 m. 15 km südöstlich von Köln und 20 km nördlich von Bonn gelegen. 3 Start- und Landebahnen mit 3800 m × 60 m, 2459 m × 46 m und 1866 m × 50 m. Verkehrsleistung 1988: 2,3 Mill. Fluggäste. Moderne Funk- und Navigationsausrüstungen.

Kombinationsflugschrauber: → Rotorflugzeug

Kommandant: → Pilot; → Flugzeugführer; → Luftfahrzeugkommandant; Besatzungsmitglied eines Luftfahrzeugs, das die volle Verantwortung für das Luftfahrzeug, den Flug, Besatzung und Fluggäste gegenüber dem Luftfahrzeughalter trägt und im Besitz der erforderlichen Erlaubnis ist. In Verkehrsflugzeugen ist der Kommandant der Luftfahrzeugführer. → Erlaubnisschein der Zivilen Luftfahrt

Kommandantenminima: Wettermindestbedingungen für Schlechtwetterlandungen, die im Unterschied zu den von der staatlichen Flugsicherung festgelegten → Wetterminima von den Luftverkehrsbetrieben unter Berücksichtigung des Luftfahrzeugtyps nach der jeweiligen Qualifikation des Luftfahrzeugführers festgelegt werden.

kommerzielle Abfertigung: Bestandteil der Abfertigung, Aufgabengebiet des → kommerziellen Verkehrs zur Einleitung, Beendigung und teilweise zur Durchführung des Transportprozesses. Die k. A. wird von flughafenbetreibenden Einrichtungen oder von Luftverkehrsunternehmen durchgeführt. Aufgaben der k. A. sind: Abschluß von → Beförderungsverträgen und → Luftfrachtverträgen, → Buchung, Flugschein- und Bordkartenkontrolle, Zulassung der → Frachtsendungen zum Transport, Berechnen der → Transportpreise sowie Buchen und Abrechnen der Beträge, Erfassen, Melden (und möglichst auch Beheben) von Transportunregelmäßigkeiten, Erteilen von Auskünften, Zusammenarbeit mit staatlichen Kontrollorganen.

kommerzielle Geschwindigkeit, Symbol v_{QK}: Quotient aus der tarifmäßigen Flugstrecke und der benötigten Zeit, die vom Zeitpunkt des Registrierens eines Fluggastes auf dem Ausgangsflughafen bis zum Ende der Abfertigung des Fluggastes auf dem Bestimmungsflughafen zählt. → Geschwindigkeit

kommerzielle Nutzlast: → kommerzielle Nutzmasse

kommerzielle Nutzmasse; *Ladefähigkeit,* früher auch *kommerzielle Nutzlast:* Bestandteil der Abflugmasse eines Luftfahrzeugs, der zur Nutzung für den Transport von Personen und Gütern zur Verfügung steht. Die k. N. wird in Masseeinheiten (t) angegeben. In Abhängigkeit von der Länge der Flugstrecke, den Eigenschaften der zu benutzenden Start- und Landebahnen, der Eigenart der Transportobjekte usw. kann eine Einschränkung der k. N. zugunsten anderer Bestandteile der Abflugmasse von Luftfahrzeugen notwendig sein. Typ- und streckenspezifisch wird vom Luftfahrzeughersteller oder/und Luftverkehrsbetrieb eine Nutzmassengrenze festgelegt. Der erreichte Ausnutzungsgrad der k. N. wird u. a. durch die Kennziffer → Nutzladefaktor (1) dargestellt. Zur Durchführung des Flugverkehrs mit hohem ökonomischen Nutzen ist die höchstmögliche Ausnutzung der k. N. anzustreben.

kommerzieller Verkehr, *Verkehrsdienst:* Sammelbez. für die Aufgabengebiete im Luftverkehrsunternehmen, die direkt mit den Transportkunden zusammenwirken und/oder innerbetrieblich bei der Vorbereitung, Einleitung und Beendigung sowie teilweise bei der Vorbereitung, Einleitung und Beendigung sowie teilweise bei der Durchführung des Transportprozesses mit dem Ziel wirksam werden, die Ortsveränderung von Personen und Gütern in hoher Qualität und Effektivität sicherzustellen. Der k. V. hat in enger Verbindung von Technologie und Ökonomie 1) die zweckmäßige Kooperation mit den Transportkunden und den anderen Transportzweigen zu sichern (z. B. Einführung und Weiterentwicklung von Technologien und Arbeitsverfahren, Sicherung durchgehender Beförderungsmöglichkeiten, Schaffung entsprechender Vorschriften); 2) die Personenbeförderung und den Gütertransport (insbes. durch die operative Transportplanung, Planung der Transportdurchführung, den Abschluß von langfristigen Transportverträgen, die Auswahl der günstigsten Verbindungen/Transportwege) vorzubereiten; 3) die technologisch-ökonomische Einleitung und Beendigung der Transportprozesse vorzunehmen (insbes. die Abfertigung von Flugreisenden, Gepäck, Luftfracht und Luftpost in Form des Abschlusses von Transportverträgen, der Buchung, Transportpreisberechnung, Einziehung und Abrechnung der Transportentgelte, Ablieferung der Frachtsendungen, Bodenbetreuung der Fluggäste (kommerzielle Abfertigung); 4) die Kontrolle und Überwachung der Transportobjekte – in erster Linie bei Transportunregelmäßigkeiten – auszuüben (Flugschein- und Bordkartenkontrolle, Laufverfolgung von Frachtsendungen); 5) den → Kundendienst zu entwickeln und zu betreiben; 6) im → internationalen Luftverkehr und beim Transport bes. Sendungen (z. B. lebende Tiere) mit den staatlichen Kontrollorganen (Zollverwaltung, veterinärmedizinischer Dienst, Pflanzenschutzdienst usw.) zusammenzuarbeiten. Neben den Tätigkeiten zur Gewährleistung des Absatzes von Transportleistungen obliegen dem k. V. in der Regel auch Aufgaben der Marktarbeit, insbes. der Marktbearbeitung.

Kompaß: Gerät zum Bestimmen des → Kurses. Das klassische Gerät ist der *Magnet-K. (Erdfeld-K.),* bei dem sich eine Magnetnadel durch die gegenseitige Beeinflussung von erdmagnetischem Feld und Magnetfeld der Nadel in die Richtung des magnetischen Meridians, d. h. in die angenäherte Nord-Süd-Richtung einstellt (→ Deklination). Beim einfachen *Flüssigkeits-K.,* der hauptsächlich in kleinen Sport- und Übungsflugzeugen benutzt wird (in gro-

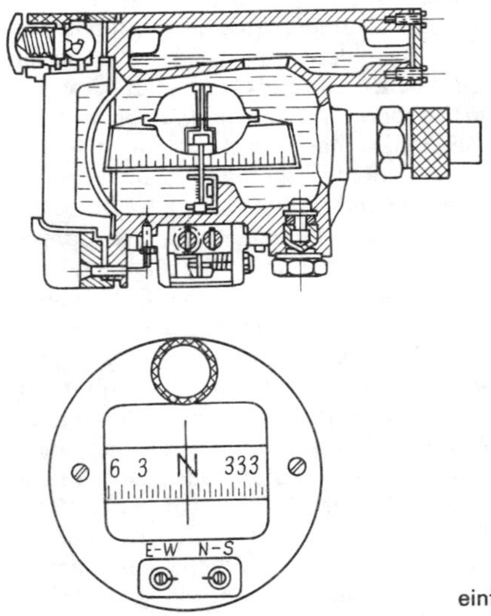

einfacher Flüssigkeitskompaß

ßen Verkehrsflugzeugen nur als Notkompaß), sind meist 2 fest mit der Kompaßrose verbundene Magnetstäbe auf einer Stahlspitze beweglich gelagert und zum Schutz vor Stößen abgefedert. Zur Dämpfung des Systems ist dieses innerhalb des Gehäuses (K.kessel) von einer Flüssigkeit umgeben. Der Kurs wird an der K.rose gegenüber dem gehäusefesten Steuerstrich abgelesen. Das luftfahrzeugfeste magnetische Störfeld kann durch am K. befindliche verschiebbare Dauermagnete weitgehend kompensiert werden, so daß die → Deviation kleinste Werte annimmt. Wegen der nicht vollkommen kompensierbaren zahlreichen magnetischen Störfelder in der Nähe der Gerätetafel im Cockpit werden große Luftfahrzeuge mit einem *Fern-K.* ausgerüstet. Der Mutter-K. oder Geber befindet sich im Rumpfheck oder einer Tragflügelspitze (magnetische Störfeldstärke gering). Der Geber entsprach bei früheren Anlagen im Aufbau einem vergrößerten Flüssigkeits-K., an dessen Kursrose ein Fernübertragungssystem angeschlossen war. Das Fernübertragungssystem arbeitete bei den ersten Anlagen mechanisch oder pneumatisch, später ausschließlich elektrisch. Der Anzeiger wird häufig als Tochter-K. bezeichnet. Diese Fern-K. hatten jedoch im Prinzip die gleichen Fehler wie die Flüssigkeits-K. Durch Reibungskräfte zwischen K.kessel und drehbarem System, die über die K.flüssigkeit übertragen werden, tritt eine Mitschleppung beim Drehen des K.kessels auf. Weitere Fehler ergeben sich bei Neigung (Neigungsablenkung) und Beschleunigungen sowie Kurven auf Nord- und Südkurs (Norddrehfehler). Moderne Fern-K. benutzen kein bewegliches Magnetsystem sondern eine sog. Induktionssonde (Magnetsonde, Dreiecksonde, Sternsonde). Diese K. werden als *Induktions-K.*, *Fluxgate-K.* oder *Erdinduktor-K.* bezeichnet. Die Wirkungsweise einer Induktionssonde beruht auf dem Ändern der Permeabilität von Magnetstäben in Abhängigkeit von ihrer Richtung zum Erdmagnetfeld. Die Induktionssonde besteht häufig aus 6 Magnetstäben, die jeweils paarweise geordnet einen Stern oder ein Dreieck bilden. Auf den 3 Stabpaaren sind Spulen angebracht, von denen die Primärspulen an eine Wechselspannungsquelle angeschlossen sind. Je nach

Anzeiger für einen Fernkompaß

Lage der 3 Stabpaare zum Erdmagnetfeld werden in den Sekundärspulen Spannungen induziert. An diese Spulen sind die Feldspulen eines Drehtransformators angeschlossen. Entspr. den Spannungen werden Ströme durch den Drehtransformator getrieben, die durch Überlagerung ihrer Magnetfelder das Erdfeld nachbilden. Eine drehbare Suchspule wird von einem Servomotor automatisch in die Stellung eingedreht, in der keine Spannung in ihr induziert wird, womit eine auf Nord orientierte Bezugslage geschaffen ist. Der Geber der Fernübertragung ist an die Suchspule angeschlossen. Die Anzeige erfolgt wie bei anderen Fern-K. Sofern die Induktionssonde nicht automatisch immer die horizontale Lage einhält, ergeben sich hier auch Fehler beim Kurvenflug. Um diese zu eliminieren, wurde der *Kreisel-Magnet-K.* oder *Gyrosyn-K.* entwickelt. Er ist ein → Kurskreisel, dessen Anzeige bei Normalfluglage durch die Signale eines Induktions-K. korrigiert wird. Reine *Kreisel-K.* beruhen auf dem Prinzip, daß ein Kreisel mit 2 Freiheitsgraden seine Achse (nur in der Horizontalebene beweglich) parallel zur Erdachse einstellt. Diese im Vermessungswesen angewendeten K. waren zunächst für die Luftfahrt wegen der Anforderungen an die Lagerung des Kreisels nicht realisierbar. Beim *Projektions-K.* wird die Anzeige vom empfindlichen Element optisch auf eine Sichtscheibe übertragen. Der *Funk-K.* besitzt keinen nordsuchenden Geber, sondern ist ein → Funkpeiler.

Kompaßkurs: der Kurs, den der im Luftfahrzeug eingebaute Kompaß an-

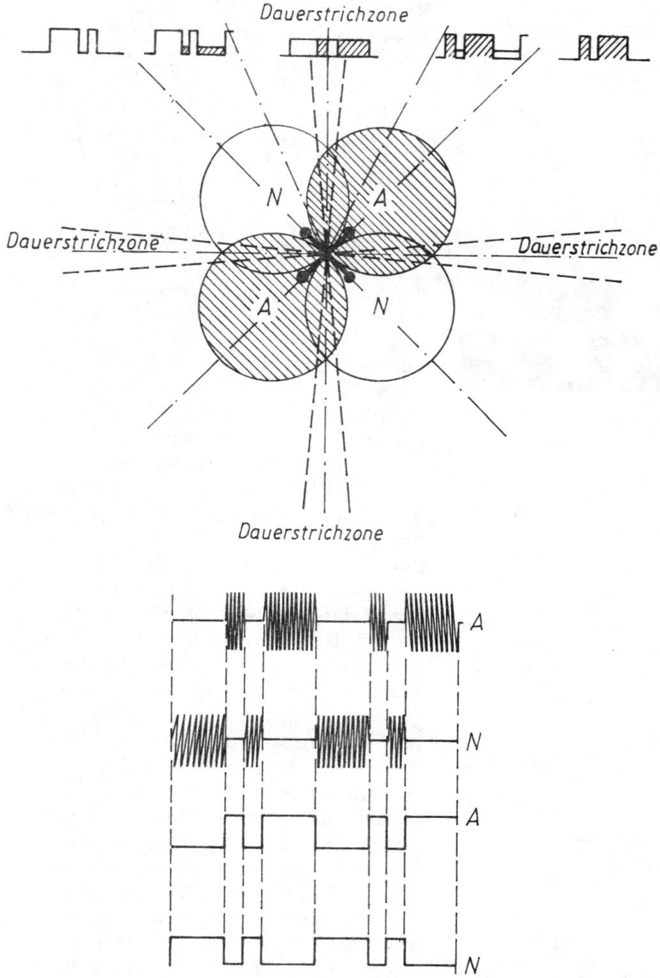

die Entstehung von Leitstrahlen bei komplementärer Tastung (A-N-Verfahren)

zeigt. Der K. ergibt sich aus dem Magnetkurs (→ mißweisender Kurs) unter Einwirkung der → Deviation (Kompaßablenkung).

Kompensation: svw. → Ruderausgleich

Kompensator: Einrichtung am Magnet- und Funkkompaß, mit der sich die Anzeigefehler, die durch das Vorhandensein des Luftfahrzeugs entstehen, beseitigen lassen. Am Magnetkompaß enthält der K. verschiebbare Magnete, mit deren Hilfe das luftfahrzeugfeste Magnetfeld kompensiert wird. Am Funkkompaß wird mit Hilfe des K. eine Winkeldifferenz zwischen der Antennenstellung und dem Selsyngeber eingestellt.

Kompensieren: **1.** Beseitigen der durch luftfahrzeugfeste Magnetfelder entstehenden Fehler an Magnetkompassen oder Kompaßanlagen (→ Kompensator). – **2.** Beseitigen der → Funkdeviation.

Kompensierfläche: auf Flugplätzen bes. ausgewählte und hergerichtete Fläche, auf der ein Kompensieren der magnetfeldempfindlichen Geber (Induktionssonde und Kompaß) und in der Regel auch der → Funkdeviation des → Funkkompasses möglich ist.

komplementäre Tastung: Art der Signalabstrahlung von Navigationsanlagen, so daß in bestimmten Richtungen zur Bodenanlage die Einzelsignale verschwinden und ein Dauersignal vorhanden ist. Die Erzeugung der k. T. kann unterschiedlich sein. Als Signalformen dienten A-N (A-N-Verfahren), D-U, F-L, E-T im Morsecode. Die k. T. wurde bereits 1907 vorgeschlagen. Moderne Funknavigationsanlagen haben keine k. T.

Kompressibilität: Zusammendrückbarkeit von Gasen; für diese gilt das *Boyle-Mariottesche Gesetz*, nach dem Druck und Volumen umgekehrt proportional sind. Flüssigkeiten sind dagegen erst bei sehr hohen Drücken komprimierbar. Für geringe Strömungsgeschwindigkeit werden Gase als inkompressibel angesehen; bis zur Geschwindigkeit von 50 m/s (= 180 km/h) bleiben die Volumenänderungen infolge Druckänderung nach der → Bernoulli-Gleichung unter 1 %. Die Berücksichtigung der K. bei der mathematischen Erfassung aerodynamischer Probleme kompliziert die Aufgabe bedeutend. Deshalb werden in Abhängigkeit von der erforderlichen Untersuchungsgenauigkeit bis zu einer Machzahl $M = 0{,}2 \ldots 0{,}8$ die Gesetze der → Hydrodynamik angewendet, die die K. des Mediums unberücksichtigt lassen. Bei Geschwindigkeiten entsprechend $M > 0{,}8$ ist der Fehler bei Anwendung der Hydrodynamik-Gesetze bereits so groß, daß die Aussagen prinzipiell falsch werden, was auf das Auftreten örtlicher Verdichtungsstöße zurückzuführen ist, deren Erscheinung nur aus der K. der Gase erklärt werden kann. → Aerodynamik, → Gasdynamik

Kompressionsauftrieb, *Stoßwellenzusatzauftrieb:* positive → Interferenz zwischen verschiedenen umströmten Teilen eines Flugkörpers. Durch die sich hinter einem → Verdichtungsstoß bil-

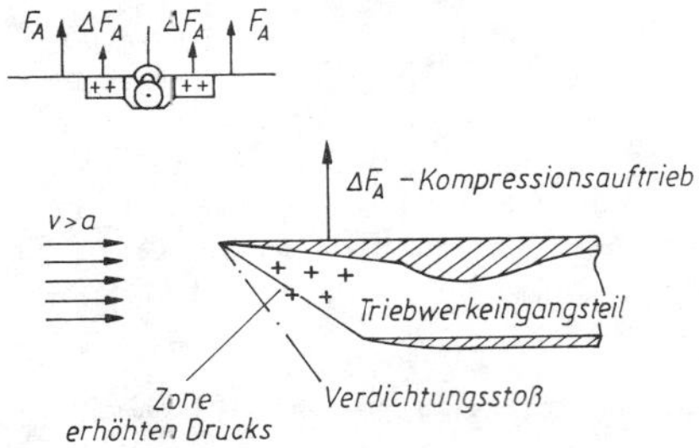

Entstehung von Kompressionsauftrieb an entspr. gestalteten Triebwerkseingangsteilen

dende Zone erhöhten Drucks wird, wenn diese Zone eine günstige Lage am Tragflügel oder Rumpf einnimmt, zusätzlicher Auftrieb erzeugt, wobei gleichzeitig der Widerstand sinken kann. Z. B. können beim Flug mit M = 3 in 21 000 m Höhe bis zu 30 % des erforderlichen Auftriebs als K. erzeugt werden. Bei gegebener Flügelfläche bedeutet es, daß sich der → Anstellwinkel und damit der induzierte → Widerstand verringert. Dadurch werden der erforderliche Schub und der Brennstoffverbrauch der Triebwerke kleiner, was entweder in größere mögliche Flugweite oder in höhere Nutzmassen umzusetzen ist (realer ökonomischer Nutzen).

Kompressor: Kolbenmaschine, die bei relativ geringem Durchsatz ein hohes → Druckverhältnis erzeugt. Dient als Hilfsaggregat bei Flugzeugtriebwerken zur Erzeugung von Druckluft für die Bordversorgung. In älterer und ausländischer Literatur wird K. vielfach als Bezeichnung für Kreiselverdichter (Lader bei KTW und Radial- und Axialverdichter bei TL) verwendet.

Kondensatorentladungsfeuer: Lampe, in der Blitze hoher Leuchtdichte von kurzer Dauer durch eine elektrische Entladung hoher Spannung über ein in der Lampe eingeschlossenes Gas erzeugt werden. Verwendet als Blinkleuchte an Flugzeugen.

Konferenzgebiet, *Verkehrsgebiet:* von der → IATA vorgenommene Aufteilung der Erdoberfläche in territorial begrenzte Gebiete (Zonen). Diese von der geographischen abweichende Aufteilung dient insbes. der Tarifgestaltung. Es wird nach 3 K. (auch als Verkehrsgebiete bezeichnet) unterschieden: 1) Der *nord-* und *südamerikanische* Kontinent einschließlich der benachbarten Inseln; Grönland, Bermuda-Inseln, West-Indien, Inseln der Karibischen See und Hawaii-Inseln, einschließlich Midway und Palmyra. 2) *Europa* einschließlich des europäischen Teils der UdSSR, Island, Azoren, Afrika und Mittlerer Osten. 3) *Asien* (mit Ausnahme der zu 2) gehörenden Teile); Ostindische Inseln, Australien, Neuseeland; Inseln im Pazifischen Ozean (mit Ausnahme der zu 1) gehörenden Inseln).

Koninklijke Luchtvaart Maatschappij NV, *Royal Dutch Airlines,* Abk. **KLM**: staatliche Fluggesellschaft der Niederlande mit Sitz in Den Haag. Als eines der ältesten Luftfahrtunternehmen der Welt (1919 gegr.) eröffnete die KLM 1920 die erste internationale Fluglinie Amsterdam–London. *Flugzeugpark* (1988): 19 Boeing 747 (in den Versionen B, D, M und 300), 10 Boeing 737, 5 DC-10-30, 9 DC-9-30, 10 A 310-200. Verkehrsdaten 1988: 6,63 Mill. beförderte Passagiere (ausschl. intern. Flugverkehr); 22,8 Mrd. Pkm; 1,8 Mrd. Fracht-tkm; 3,97 Mrd. tkm Gesamtleistung. Streckennetz von 384 546 km. Hauptstrecken: Europa, Afrika, Süd-, Mittel- und Nordamerika, Asien und Australien. IATA-Mitglied.

Kontinuitätsgesetz, *Stetigkeitsgesetz:* grundlegendes Gesetz der Hydro-, Gas- und Aerodynamik; abgeleitet aus dem Gesetz von der Erhaltung der Masse: Bei einer stationären (stetigen) Strömung muß der sekundliche Massendurchfluß durch beliebige Querschnitte eines geschlossenen Systems konstant sein. Mathematischer Ausdruck ist die Kontinuitätsgleichung:

$$\dot{m} = \varrho \cdot v \cdot A = \text{konst.}$$

$\dot{m}$ Massendurchfluß pro Zeiteinheit
ϱ Dichte des Mediums
v Strömungsgeschwindigkeit
A Querschnittsfläche.

Für Flüssigkeiten und den hydrodynamischen Bereich der Aerodynamik gilt ϱ = konst. und somit $v \cdot A$ = konst., d. h. wenn sich ein Querschnitt vermindert, muß die Geschwindigkeit der Strömung wachsen und umgekehrt. Im gasdynamischen Bereich verändert sich diese Gesetzmäßigkeit infolge der → Kompressibilität und kehrt sich schließlich bei Überschallströmung um, d. h., hier kann eine Strömungsgeschwindigkeit nur wachsen, wenn gleichzeitig der Querschnitt wächst. → Diffusor, → Düse, → Lavaldüse

Kontrollflug: **1.** Flug zur Prüfung der Luftfahrttauglichkeit eines Flugzeugs nach einer Reparatur, zur Prüfung einzelner Geräte oder Baugruppen. → Werkstattflug – **2.** Flug zur Überprüfung der Leistungen eines Flugschülers in einer bestimmten Ausbildungsetappe. – **3.** Flug zum Überprüfen bestimmter Geländeabschnitte oder Überlandleitungen, Gewässer, Waldgebiete u. a. – **4.** Flug zum Überprüfen fliegerischer Fertigkeiten unter Realflugbedingungen (durch Ärzte), der Kompensation von Leistungs- oder Körpermängeln nach Erkrankung, Unfall oder Operation eines Piloten für die Flugtauglichkeitsbegutachtung. Flug zur flugmedizinisch-psychologischen Einschätzung fliegerischer Anforderungen und Belastungen.

Kontrollkarte: deutsche Bez. für Check-list. → Check

Konturgenauigkeit: möglichst exaktes Einhalten der vom Standpunkt aerodynamischer Eigenschaften zweckmäßigsten äußeren Form des Flugkörpers. Die K. kann bereits bei der Herstellung durch geeignete Bauvorrichtungen gesichert werden. Sie unterliegt Beeinträchtigungen während des Flugs (→ Aeroelastizität, Beulung) sowie im Prozeß der Wartung.

Konvention über die Bekämpfung der rechtswidrigen Inbesitznahme von Luftfahrzeugen: internationale Übereinkunft vom 15. Nov. 1971. In dieser Konvention wird jede Gewaltanwendung oder Gewaltandrohung mit dem Ziel der Entführung von Luftfahrzeugen als Straftat deklariert, die von jedem Vertragsstaat mit schweren Strafen zu ahnden ist; auch die Modalitäten zur Verfolgung von Luftpiraten sind in der Konvention geregelt.

Konvention zur Bekämpfung rechtswidriger Handlungen gegen die Sicherheit der Zivilluftfahrt: Konvention, die am 23. Sept. 1971 den Staaten zur Unterzeichnung vorgelegt wurde, deren Vertreter an der Internationalen Konferenz über Luftverkehrsrecht vom 8. bis 23. Sept. 1971 in Montreal teilnahmen. Dispositärstaaten sind UdSSR, Großbritannien, USA. Seit dem 10. Okt. 1971 steht sie allen Staaten zur Unterzeichnung in Moskau, London oder Washington offen. Die DDR trat ihr am 15. Mai 1972 bei (vgl. GBl. der DDR, Teil I 1972 Nr. 8). Die Teilnehmerstaaten dieser Konvention haben in Anbetracht der Tatsache, daß rechtswidrige Handlungen gegen die Sicherheit der Zivilluftfahrt die Sicherheit von Personen und Eigentum gefährden sowie ernsthafte Auswirkungen auf den Flugverkehr haben und das Vertrauen in die Sicherheit der Zivilluftfahrt untergraben, vereinbart, die entspr. (in der Konvention genannten) strafbaren Handlungen mit schweren Strafen zu belegen.

Konvertiplan: → Convertiplan

Koolhoven: Typenbez. für Flugzeuge der holländischen Firma Koolhoven Vliegtuigen N. V., die 1910 gegr. und 1934 in eine Kapitalgesellschaft umgewandelt wurde. Gründer *Frederick K.* baute bis zum zweiten Weltkrieg Schul-, Militär- und Passagierflugzeuge.

Koordinaten: **1.** geographische Breite und Länge eines Punkts auf der Erdoberfläche. In der Flugnavigation lassen sich damit Stand- und Zielorte eindeutig festlegen. – **2.** digitale Größe zur Angabe der Lage eines Punkts in einem entspr. ebenen oder räumlichen Koordinatensystem. → flugmechanische Koordinatensysteme

Koordinatensysteme, flugmechanische: → flugmechanische Koordinatensysteme

Koordinierte Weltzeit, engl. **Coordinated Universal Time,** Abk. **UTC:** zur Vereinheitlichung der Zeitangaben in international verbreiteten offiziellen Dokumenten und Publikationen sowie im internationalen Schriftverkehr gebildete Zeitbasis. Die UTC ist die auf der Sekunde beruhende Zeitskala, wie sie vom Internationalen Zeitbüro (Abk. BIH) bewahrt wird. Für die praktische Anwendung in der zivilen Luftfahrt ist die UTC äquivalent mit der mittleren Sonnenzeit am Nullmeridian (0°-Länge). Sie war die Basis für die Normalzeit der DDR (UTC plus 1 Stunde). Die Normalzeit der DDR entsprach der Mitteleuropäischen Zeit. Die UTC ersetzt die bisherige Zeitbasis «Mittlere Greenwicher Zeit» (GMT), die innerstaatliche Anwendung der UTC bleibt auf den Umfang beschränkt, in dem bisher die GMT angewendet wurde.

Kopenhagen, *Flughafen Kastrup,* City-Code **CPH:** bedeutendster internationaler Flughafen Dänemarks, 55°37′06″ n. Br., 12°39′24″ ö. L., Höhe 5 m. 10 km südöstlich von Kopenhagen gelegen. 3 Start- und Landebahnen mit

3 600 m × 46 m, 3 300 m × 46 m und 2 365 m × 46 m. Verkehrsaufkommen 1988 11,3 Mill. Fluggäste. Moderne Funk- und Navigationsausrüstungen.

Kopf-an-Kopf-Flug: → Spiegelflug

Kopflastigkeit: svw. Buglastigkeit. → Lastigkeit

Kopfwelle, *Machscher Kegel:* kegelförmiger Verdichtungsstoß, der von einem mit Überschallgeschwindigkeit fliegenden Körper ausgeht; entsteht als Einhüllende sämtlicher von dem Körper K zu früheren Zeitpunkten ausgesandten Kugelwellen (Huygenssches Prinzip), (Abb. a); der halbe Öffnungswinkel μ, Machscher Winkel, ergibt sich aus der Beziehung

$$\sin\mu = \frac{a}{v} = \frac{1}{M}$$

a Schallgeschwindigkeit
v Strömungsgeschwindigkeit (Fluggeschwindigkeit)
M Machzahl.

Je nach Form und Geschwindigkeit des Körpers kann die K. abgehoben oder anliegend sein (Abb. b). Das Auftreffen einer K. auf das Ohr wird als Knall empfunden. → Verdichtungsstoß, → Schallmauer

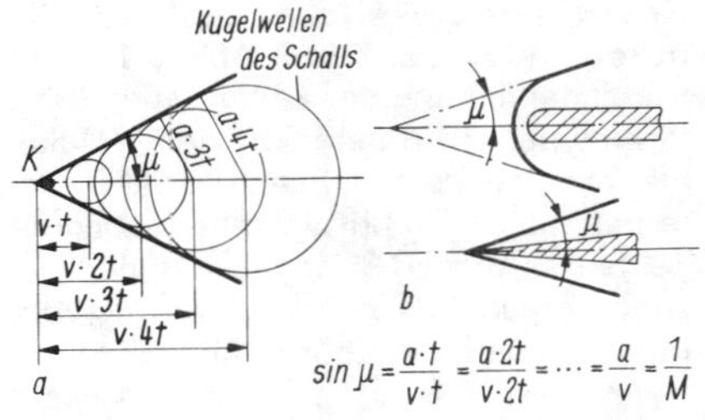

a Bildung der Kopfwelle (Machscher Regel), b abgehobene und anliegende Kopfwelle

Kopilot, *Co-Pilot:* der zweite Pilot großer Verkehrsflugzeuge.

Koppelmomente: Sammelbegriff für → Momente am Luftfahrzeug, die infolge Asymmetrie der Form, z. B. durch auf den Rumpf aufgesetztes Seitenleitwerk am Flugzeug, entstehen und gleichzeitig um zwei Achsen wirken; dazu gehören u. a. → Roll-Giermoment, → Schiebe-Rollmoment, → Wende-Rollmoment

Koppelnavigation: → Flugnavigation

Koppelort: → Flugnavigation

Iwan Koshedub

Koshedub, *Iwan Nikitowitsch:* einer der bekanntesten sowjetischen Jagdflieger des zweiten Weltkriegs, Marschall der Flieger (1985), Ehrenbürger von Kaluga, geb. 8. Juni 1920 in Obrashejewka (Gebiet Sumy). Absolvierte als Schüler eines chemisch-technologischen Technikums einen Flugzeugführerkurs des Aeroklubs. 1940/41 Ausbildung an der Fliegerschule Tschuschtschewo, 1942 zur Front versetzt. Erste Luftkämpfe Ende 1942 als Obersergeant; Juni 1943 Leutnant, 3facher Held der Sowjetunion: 4. Febr. 1944 als Oberleutnant und Staffelkommandeur im 240. Jagdfliegerregiment, 19. Aug. 1944 als Hauptmann und stellvertretender Kommandeur im 176. Gardejagdfliegerregiment; am 18. Aug. 1945 als Major in der gleichen Dienststellung und im gleichen Truppenteil. Über 300 Kampfeinsätze mit La-5 und La-7, 120 Luftkämpfe, 62 Luftsiege darunter einer über Strahljäger Me 262. Seine La-5 ist im Zentralen Luftfahrtmuseum in Moskau ausgestellt. K. absolvierte die Shukowski-Akademie 1949, die Generalstabsakademie 1956. 1951 Kommandeur einer sowjetischen Jagdfliegerdivision im Korea-Krieg. Mehrmals Deputierter des Obersten Sowjets. Ab 1961 1. Stellvertreter des Kommandierenden der Fliegerkräfte im Moskauer Militärbezirk, 1970 Generaloberst, seit 1971 im zentralen Führungsbereich der Luftstreitkräfte. Autor von «Sluhu rodine» («Ich greife an»), Moskau 1950 (deutsch: Berlin, 1956), «Erzählungen eines Jagdfliegers» (russ., Moskau 1975).

Kosmičeskaja Sistema Poiska Avariinych Sudov: → COSPAS-SARSAT

KOSPAS: → COSPAS-SARSAT

Kotelnikow, *Gleb Ewgenjewitsch:* sowjetischer Fallschirmkonstrukteur, geb. 18. (30.) Jan. 1872 Petersburg, gest. 22. Nov. 1944. Beschäftigte sich als Reserveleutnant der Artillerie intensiv mit dem Bau eines Tornisterfallschirms, nachdem er 1910 bei Flugvorführungen in Petersburg den Absturz eines der ersten russischen Flugzeuge erlebt hatte. Seine Bemühungen um ein Rettungsgerät führten 1911 bereits zu einem Resultat. Ausgehend von seinen Forderungen, daß sich der Fallschirm ständig beim Piloten befinden und sich je nach der Situation automatisch oder manuell öffnen lassen müßte, unternahm K. Mo-

dellversuche. Da K. mittellos war, mußte er beim Unternehmer Lommatsch Kredit aufnehmen, um seinen Rettungfallschirm RK-1 (Russki Kotelnikow-1) bauen zu können. Die Rechte an der Erfindung mußte er an den Unternehmer abtreten, der den RK-1 am 3. 1. 1912 in Frankreich patentieren ließ und ein Jahr später die Typenbez. eigenmächtig in «Lommatsch-Kotelnikow-Fallschirm» änderte. K. führte eine mustergültige Erprobung seines Fallschirms durch. Festigkeitsversuchen der Fallschirmkappe im Juni 1912 hinter einem fahrenden Automobil folgten im Sept. in Petersburg Abwürfe mit einer 76 kg schweren Puppe von einem Fesselballon. Puppenabwürfe vom Flugzeug wurden durch zaristische Beamte abgelehnt.
Der erste Personensprung mit dem RK-1 – diese Typenbez. hatte nur in Rußland Gültigkeit – fand 1913 statt. Während einer Werbetournee in Frankreich sprang der Russe Ossowski von der 53 m hohen Seinebrücke in Rouen. Erst 1915 konnte der RK-1 von einem Flugzeug aus erprobt werden.
1923 entstanden der Rettungsfallschirm RK-2 und 1924 der Rettungsfallschirm RK-3, die nach ihrer erfolgreichen Erprobung ab 1927 in Serie produziert worden sind.
Der RK-3 rettete dem Testflieger Michael Gromow 1927 das Leben. Gromow war es auch, der im Juni 1927 den ersten freiwilligen Absprung mit dem RK-3 von einem Flugzeug unternahm. 1924 ausgezeichnet mit dem Orden Roter Stern. Später entwickelte K. Lastenfallschirme.

Kr: Typenbez. für sowjetische Begleitjagdflugzeuge (russ. wosduhny kreiser, Luftkreuzer), z. B. Kr.-6.

Kräfte am Luftfahrzeug: lassen sich in äußere und innere einteilen: Zu den *äußeren* gehören die *Luftkräfte*, die *Schwerkraft* (Gewichtskraft) und die *Schubkräfte* von Triebwerken sowie bei Bewegung bzw. Stand am Boden die *Reaktionskräfte* vom Boden. Sie rufen die Bewegung des Luftfahrzeugs hervor. Gleichgewicht dieser Kräfte bedeutet stationäre Bewegung; Störung des Gleichgewichts bedeutet Änderung des Bewegungszustands. Zu den *inneren* Kräften gehören → *Massenkräfte*, die eine Folge der Bewegungsänderung des Luftfahrzeugs sind (Trägheitskräfte), sowie Kraftwirkungen, die sich aus Deformations- oder Temperaturspannungen ergeben. Nach ihrem Angriffsort unterscheidet man Punkt-, Oberflächen- und Volumenkräfte. → Momente am Luftfahrzeug

Kraftstoff: → Brennstoff, → Brennstoffanlage, → Schnellablaß, → Brennstoffverbrauch

Kraftstoffverbrauchsmesser: → Brennstoffverbrauchsmesser

Kraftstoffvorratsmesser: → Vorratsmesser

Kranflug: umg.sprachl. Bez. des Einsatzes von Hubschraubern als fliegender Kran (→ Kranhubschrauber). Zweig der → Arbeitsluftfahrt bzw. des → Wirtschaftsflugs.

Kranflugtechnologie: Zusammenfassung von Einsatzverfahren für Hubschrauber als fliegender Kran (→ Kranhubschrauber); z. B. für Montage- und Demontagearbeiten, Versetzen von Behältern, Ziehen von Oberleitungen (Elektrifizierung von Bahnen).

Kranhubschrauber, *Fliegender Kran:* Hubschrauber, der mit entspr. Vorrichtungen zum Aufnehmen, Transportieren und Absetzen von sperrigen Lasten ausgerüstet ist. Er wird vorwiegend zur Montage von Schornsteinelementen, von Dach- und anderen Konstruktionen an schwer zugänglichen Orten und zur Bahnelektrifizierung verwendet, wo das Aufstellen anderer Krane nicht möglich oder ökonomisch nicht vertretbar ist. Als K. können sowohl gewöhnliche Transporthubschrauber mit Zusatzausrüstungen als auch speziell entwickelte

Kamow Ka-26

Mil Mi-8 als fliegender Kran

Hubschrauberkonstruktionen verwendet werden (z. B. Mil Mi-10).

Krassowkij, *Stepan Akimowitsch:* sowjetischer Luftmarschall (seit 1959), geb. 8. (20). Aug. 1897. Seit 1918 Angehöriger der Sowjetarmee, Mitglied der KPdSU. Absolvierte 1936 die Shukowski-Akademie. 1942 Befehlshaber der 17. Luftarmee, ab 1943 der 2. Luftarmee. In dieser Funktion wurde K. als Generaloberst am 29. Mai 1945 Held der Sowjetunion. Ab 1956 Leiter der Akademie der Luftstreitkräfte, 1966 Professor. Ab 1968 im Generalinspektorat des Verteidigungsministeriums. Orden der Oktoberrevolution. Autor von «Shisn w awiazii» («Ein Leben für die Luftfahrt»), Moskau 1960.

Kreisel: in der klassischen Luftfahrzeugausrüstung ein rotationssymmetrischer Körper, der um seine Symmetrieachse rotiert. Physikalisch als *symmetrischer K.* bez. Entspr. dem Hauptsatz der Kreisellehre ist die erste Ableitung des Drehimpulsvektors nach der Zeit gleich dem einwirkenden äußeren Moment. Bei einem kräftefreien Kreisel ist kein äußeres Moment vorhanden, daher bleibt der in der Drehachse liegende Drehimpuls nach Betrag und Richtung konstant. Diese Eigenschaft wird im → *künstlichen Horizont* und im → *Kurskreisel* ausgenutzt, bei denen der K. wegen der vollkardanischen Aufhängung stets seine Lage behält und das Luftfahrzeug sich um den durch Trägheitskräfte festgehaltenen K. dreht. An luft-

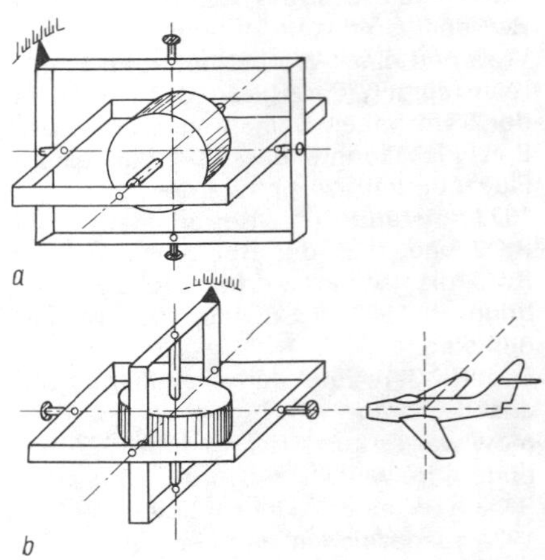

kardanisch aufgehängter, kräftefreier, symmetrischer Kreisel; a Kreisel mit horizontaler Achse (Kurskreisel); b Kreisel mit vertikaler Achse (→ künstlicher Horizont)

fahrzeugfesten Marken lassen sich die interessierenden Winkel (Quer- und Längsneigung, Kurs) ablesen. Bei dem im Flugregler und Wendezeiger angewandten *Wende.-K.* (in Dämpfungsreglern als *Dämpfungs-K.* bezeichnet), bewirkt eine Drehung des Luftfahrzeugs um eine seiner Achsen ein äußeres Moment auf den K., da dieser hier nur 2 Freiheitsgrade hat und in einer senkrecht zur Drehachse liegenden Ebene festgehalten wird. Infolge des Moments kommt es zu einem Verändern des Drehimpulsvektors nach Betrag und

Richtung, so daß der K. unter Einwirkung des Präzessionsmoments eine Präzessionsbewegung ausführt, die einen Präzessionswinkel zur Folge hat und auf einer Skale angezeigt oder elektrisch zur weiteren Verarbeitung fernübertragen wird. Wende-K. werden auch als *gefesselte K.* bezeichnet. Bei Horizont- und Kurs-K. ist häufig eine Einrichtung vorhanden, die den K. selbsttätig in die Sollage einstellt, so daß die durch Lagerreibung und Unwucht hervorgerufenen Fehler klein gehalten werden. Diese Einrichtung wird als *Stützung* bezeichnet (Kreiselstützung, Kreiselrückführung). Die Momentengeber der Stützung bezeichnet man als Stützmotor. In Wendekreiseln werden die abgegebenen Signale der Bewegungsgröße (Winkelgeschwindigkeit) entweder proportional oder ihrem Integral oder dem Differential nach der Zeit entspr. abgenommen. Nach der Signalabgabe teilt man die Wendekreisel entspr. den in der Regelungstechnik üblichen Bezeichnungen als P-K., I-K. oder D-K. oder nach Kombinationen, z. B. PID-K., ein. Die am häufigsten benutzten K. sind *Asynchron-Motoren*, deren Kurzschlußanker den K.körper bildet. Dieser ist so geformt, daß ein großes Trägheitsmoment um seine Symmetrieachse entsteht. Der Motor wird mit Spannung einer Frequenz von 400 Hz betrieben. Damit ergeben sich Drehzahlen von ca. 23000 U/min. Moderne K. mit sehr hoher Genauigkeit sind kryogenische, elektrostatisch aufgehängte und Gas-K. Diese Bezeichnungen geben die Art der Lagerung für die K. an. Der *kryogenische K.* ist eine Hohlkugel, die im Vakuum durch einen supraleitenden Motor (Kühlung durch flüssiges Helium) angetrieben wird. Der *elektrostatisch aufgehängte K.* besteht aus einer Hohlkugel, die im Vakuum zwischen elektrischen Feldern frei schwebt. Der Antrieb erfolgt durch ein Drehfeld. *Gas-K.* haben auch keine mechanischen Lager, sondern liegen auf einem Gasstrahl. Als *optischen K.*, (→ Laserkreisel), Ringlaser bezeichnet man ein optisches Gerät, das die Frequenzdifferenz zwischen 2 gleichzeitig von einem Laser abgestrahlten Lichtwellen in einer ringförmigen Anordnung mißt. Die Frequenzdifferenz ist von der Drehgeschwindigkeit abhängig.

Kreisflug: Kurvenflug, bei dem die Kurve solange gesteuert wird, bis eine Richtungsänderung um 360° erreicht ist. Der K. dient im Segelflug zum Ausnutzen der Aufwinde für den Höhengewinn. Schräglage und Kurvengeschwindigkeit sind ausschlaggebend für die Größe eines gesteuerten Kreises.

Kreisflugverfahren: → Agrarflugverfahren

Kreisprozeß: Begriff aus der Thermodynamik der Wärmekraftmaschinen. Der K. stellt einen geschlossenen Linienzug aus verschiedenen → Zustandsänderungen im Druck-Volumen- bzw. Temperatur-Entropie-Diagramm dar. K. für Flugzeugtriebwerke werden als reine Luftprozesse zur theoretischen Untersuchung der Eigenschaften und Möglichkeiten der verschiedenen Energieumformungsarten benutzt. CARNOT-Prozeß: Adiabate-Isotherme – Adiabate-Isotherme. Für die technische Realisierung wegen geringer Arbeitsleistung trotz hohen Wirkungsgrads nicht geeignet. Der Wirkungsgrad hängt vom Temperaturverhältnis ab. OTTO-Prozeß: Adiabate-Isochore – Adiabate-Isochore. Für die technische Realisierung gut geeignet. Der Wirkungsgrad ist vom → Verdichtungsverhältnis abhängig. DIESEL-Prozeß: Adiabate-Isobare – Adiabate-Isochore. Für die technische Realisierung geeignet. Wirkungsgrad abhängig vom Temperatur- und Druckverhältnis. JOULE-Prozeß: Adiabate-Isobare – Adiabate-Isobare. Für die technische Realisierung gut geeignet. Wirkungsgrad abhängig vom Druckverhältnis, Gasturbinen-Prozeß. ERICSON-Prozeß: Isotherme – Isobare – Isotherme – Isobare. Für die technische Realisierung in Flugzeugtriebwerken nicht geeignet. Wirkungsgrad abhängig vom Temperaturverhältnis bei Abgasverwertung.

Kreß, *Wilhelm:* Ing., österreichischer Flugpionier, geb. 29. Juli 1836 Petersburg, gest. 24. Febr. 1913. 1877 Drachenflugmodell mit Höhen- und Seitensteuer; 1898 Drachenflugzeug mit 370 kg Masse. Die Flugerprobung auf einem See am 3. Okt. 1901 scheiterte an der zu großen Masse des Motors. Auch der Test mit einem weiteren Flugzeug auf dem Neusiedler-See wurde ein Mißerfolg. K. stellte aus Geldmangel seine Forschungen ein. Neben *Pénaud* baute er die ersten flugfähigen Modelle. K. war Schüler *Pénauds* und hat *Lilienthal* und *Chanute* beeinflußt.

Kreuzzeigergerät

Kreuzzeigergerät: Anzeiger mit 2 Zeigern, die sich unter dem Winkel von 90° schneiden, wenn keine Spannungen anliegen. K. werden als Anzeiger des → Instrumenten-Landesystems benutzt. Während man früher K. benutzte, deren Meßwerke Mikro-Amperemeter waren und die direkt an den ILS-Empfänger angeschlossen waren, betreibt man sie heute über Rechner und benutzt Geräte, die mit weiteren Navigationsanlagen und dem künstlichen Horizont kombiniert sind.

kritische Belastung: 1. Belastung am Flugzeug, an dessen Baugruppen oder -elementen, die in der Nähe der Bruchlast liegt. Die k. B. kann während des Flugs auftreten, wenn das zulässige → Lastvielfache so weit überschritten wird, daß der Sicherheitsfaktor Null ist. – **2.** bei Stabilitätsproblemen (Beulung, Knickung) die Last, bei welcher der Ausweichvorgang am Bauteil beginnt. – **3.** Grenze der Belastbarkeit der Flugzeugbesatzung, hängt stark von dem Trainingszustand, ihrer Lage im Flugzeug und der Wirkungsdauer der Belastung ab.

kritische Drehzahl (der Kurbelwelle bei KTW bzw. des Rotors bei Gasturbinentriebwerken): Drehzahl einer Welle, bei der eine Eigenfrequenz des Wellensystems (meist Dreh- oder Biegeschwingungseigenfrequenz) mit einer von den Gas- oder Massenkräften herrührenden Erregerfrequenz in Resonanz kommt. Bei geringer Dämpfung entstehen große Amplituden, die die aufgrund der Dauerfestigkeit mögliche Lastwechselzahl herabsetzen und dadurch zum vorzeitigen Ausfall des Bauteils führen können. Die entstehenden großen Schwingungsamplituden beeinflussen weiterhin Laufruhe, Lagerbelastung und bei KTW auch die Steuerung negativ. Jedes Wellensystem hat eine Vielzahl k. D., von denen jedoch nur wenige wirklich gefährlich und deshalb zu vermeiden sind.

kritische Mach-Zahl: Geschwindigkeit der ungestörten Strömung, bei der an einem Profil (Tragflügel, Flugkörper) erstmals an einem Punkt die örtliche Schallgeschwindigkeit erreicht wird und in der Regel ein örtlicher Verdichtungsstoß auftritt. Das Erreichen der k. M. führt zu einer starken Veränderung der aerodynamischen Charakteristiken. → Auftriebsbeiwert, → Widerstandsbeiwert, → Neutralpunktwanderung

kritischer Anstellwinkel: Anstellwinkel eines Profils (Tragflügel, Flugkörper) α_{krit}, bei dem aufgrund einer Rückströmung in die Grenzschicht die Strömung am Profil ablöst. Vergrößerung des Anstellwinkels bis α_{krit} bedeutet Vergrößern des Auftriebs- und des Widerstandsbeiwerts; nach Überschreiten von α_{krit} sinkt der Auftriebsbeiwert, während sich der Widerstandsbeiwert weiter vergrößert (→ Polare). Überschreiten des k. A. im Flug führt zum Durchsacken bzw. bei unvollkommener Symmetrie zum seitlichen Abkippen des Flugzeugs, was bes. beim Flug in geringen Höhen (bei Start, Landung und Flugmanövern) gefährlich ist. → Abkippgeschwindigkeit, → Auftriebsbeiwert

kritischer Triebwerks-Ausfallpunkt: Punkt auf der Startstrecke, von dem ab der Start bei Ausfall eines Triebwerks bei mehrmotorigen Flugzeugen nicht mehr problemlos abgebrochen werden kann, weil die notwendige Strecke bis zum Stillstand des Flugzeugs größer wird als die verbleibende Länge der Start- und Landebahn. Meist wird bei Ausfall eines Triebwerks nach Überschreiten des k. T. der Start fortgesetzt. Bei einmotorigen Flugzeugen, oder wenn die Schubkraft der verbleibenden Triebwerke nicht ausreicht, um den Start fortzusetzen, wird versucht, das Flugzeug mit Hilfe von → Fanganlagen, weichen Boden- oder Sandstreifen, die sich an die Start- und Landebahn anschließen, mit geringem Risiko zum Stillstand zu bringen. → kritische Triebwerks-Ausfallgeschwindigkeit

kritische Triebwerks-Ausfallge-

schwindigkeit, engl. *Critical Engine Failure Speed:* Grenzgeschwindigkeit beim Start, unterhalb derer bei Ausfall eines Triebwerks bei mehrmotorigen Flugzeugen der Start abgebrochen und oberhalb derer er fortgesetzt wird. Die k. T. ist für jeden Flugzeugtyp festgelegt. → kritischer Triebwerks-Ausfallpunkt

Kronfeld, *Robert:* österreichischer Segelflieger, geb. 5. Mai 1904 Wien. Meister des Wolkenflugs, Inhaber zahlreicher Rekorde. Mit Segelflugzeug «Wien» Geschwindigkeitsrekord (164,51 km/h, 24. Aug. 1930) und Höhenrekord (2 509 m, 30. Juli 1929). Am 20. Juli 1929 flog er als erster eine Strecke von über 100 km in gerader Linie (142,5 km) und am selben Tag als erster eine Höhe von über 2 000 m (2 281 m). Am 3. Juli 1963 überquerte er den Ärmelkanal im Segelflugzeug in beiden Richtungen, damit Gewinn des Tausend-Pfund-Preises der «Daily Mail».

Krügerklappe: Nach dem Erfinder benannte → Auftriebshilfe (ähnlich der Kippnase), die am Flugzeug Boeing 707 benutzt wird.

Krügerklappe eingefahren, Krügerklappe ausgefahren

KSSU-Gruppe: Gruppe, die als KSS am 13. Jan. 1969 von **K**LM, **S**AS und **S**wissair gebildet wurde. Nach Beitritt der französischen Luftverkehrsgesellschaft UTA wurde die Bezeichnung in KSSU geändert. Die Vereinbarungen über technische Zusammenarbeit beziehen sich auf die einheitliche Ausrüstung der bestellten Boeing 747, den Austausch von Flugzeugen und Besatzungen und den gemeinsamen Betrieb eines Simulators in Amsterdam-Schiphol. Die KLM überholt die Boeing 747-Zellen für Swissair und SAS; SAS die Triebwerke für Swissair; KLM, UTA und Swissair überholen die DC-9-Zellen der KLM. Der Vertrag galt von 1. Mai 1968 bis 31. Dez. 1980. Im Juni 1969 beschloß die KSSU, die Mc-Donnell-Douglas DC-10-30 zu beschaffen u. im Febr. 1970 die Zusammenarbeit auf den Einsatz und Unterhalt dieses Musters auszudehnen. → ATLAS

Kugellibelle: → Wendezeiger, → Querneigungsmesser

Kühlturbine: Bauelement der Klimaanlage (Temperaturregelanlage) eines Verkehrsflugzeugs. Die aus den Verdichtern der Triebwerke für die Klimaanlage entnommene Heißluft wird in der K. entspannt und dabei abgekühlt. Die dabei entstehende Leistung dient zum Antrieb eines Lüfters, der bei stillstehendem Flugzeug einen Wärmetauscher mit Kühlluft versorgt.

Kühlung: erforderliche Wärmeabfuhr bei KTW, Kompressoren, Generatoren, Pumpen, Turbinenschaufeln usw., um betriebsgefährdende Temperaturen zu vermeiden. Bes. KTW müssen mit Rücksicht auf Brenn-, Schmierstoff- und Konstruktionsmaterial gekühlt werden. Etwa 20...30 % der mit dem Brennstoff zugeführten Wärme werden durch die K. entweder unmittelbar *(Luft-K.)*, oder über eine Flüssigkeit mittelbar *(Flüssigkeits-K.)*, an die Umgebungsluft abgegeben. Die Gesamtantriebsanlage ist bei Luft-K. leichter, Triebwerke und Stirnfläche sind bei Flüssigkeits-K. kleiner. Gegenwärtig wird bei KTW aller Zylinderanordnungen nur noch Luft-K. angewendet (Kühlluftbedarf etwa 40 kg/h je kW). Erforderliche Druckdifferenz zum Fördern der Kühlluft wird vom Staudruck erzeugt, der Leistungsaufwand für K. ist gering. Moderne Gasturbinentriebwerke benötigen zum Verringern der in der Brennzone der → Brennkammer entstehenden hohen Temperatur von ca. 2 000 °C geringere Kühlluftmengen (etwa 5,5...8 kg/h je kW innerer Leistung). Die erforderliche Druckdifferenz zur Förderung *(Mischungs-K.)* muß durch den Verdichter erzeugt werden. Der Leistungsaufwand für K. ist deshalb bei TL und PTL wesentlich höher als bei KTW.

Kundendienst, *Service:* im Luftverkehr Maßnahmen des Luftverkehrsunternehmens oder der von ihm Beauftragten (Reisebüros, Agenten usw.), die 1) den Kauf von Transportleistungen und die Entscheidung zum Kauf von Transportleistungen mit Luftfahrzeugen erleichtern (z. B. Information, Beratung über das Transportangebot sowie die Voraussetzungen und Bedingungen, → Tarife des Luftverkehrs u. ä.; Unterhaltung von Informations-. Buchungs- und Flugscheinverkaufsstellen in günstiger Lage zu Ballungsgebieten; Frei-Haus-Lieferung von Flugscheinen; Schaffen günstiger Zahlungs- und Verrechnungsbedingungen sowie Ausstellen von → Beförderungs- und Begleitpapieren); die 2) → Abfertigung (→ kommerzielle Abfertigung) und den Transport/Flug erleichtern bzw. bequemer gestalten und die → Beförderungsqualität erhöhen (z. B. Verkürzung der Laufwege des Flugreisenden in den Abfertigungsgebäuden, Ausstattung der Abfertigungsanlagen mit zweckmäßigen optischen und akustischen Leiteinrichtungen, Bodenbetreuung und Bordbetreuung für Fluggäste (→ Fluggastbetreuung), Schaffen von Abfertigungserleichterungen, Vorhaltung von Verkaufsstellen, Bank- und Postschaltern in Flughafengebäuden, Luftfrachtservice (z. B. Abholung und Zustellung), Ankündigung von Sendungen beim Empfänger, Organisierung des Zu- und Abbringerverkehrs); die 3) der Erfüllung von (Sonder-)Wünschen der Transportkunden dienen (z. B. Auskunft über Anschlußverbindungen, Beschaffung von Hotelunterkunft, Stadtführung, Mietwagen, besonderen Mahlzeiten an Bord sowie Dienstleistungen anderer Art); die 4) die Erledigung von Änderungswünschen (→ Endorsement), Reklamationen, → Erstattungen, Nachforschungen nach fehlgeleitetem Gepäck oder fehlgeleiteter Fracht usw. betreffen.

Kunstflug: absichtliches Ausführen von Flugbewegungen, die gekennzeichnet sind durch plötzlichen Wechsel von Fluglage, Flugrichtung und Geschwindigkeit (→ Kunstflugfiguren). K. wird mit Motor- und Segelflugzeugen durchgeführt. Die Grundausbildung eines Motorfliegers umfaßt einige Figuren des K. Die K.ausbildung ist unerläßlich für einen Jagdflieger. Der K., oft als «Hohe Schule des Fliegens» bezeichnet, erfordert ein hervorragendes fliegerisches Können und befähigt den Piloten, das Flugzeug in allen Fluglagen sicher zu beherrschen. Für den K. als Wettkampfdisziplin wurden spezielle Kunstflugzeuge entwickelt. Die ersten Meisterschaften im Motorkunstflug wurden im Jahr 1928 in Düsseldorf durchgeführt. Die offiziellen 1. Weltmeisterschaften fanden 1960 in Bratislava (ČSFR) statt.

Kunstflugfiguren: Bewegungsbilder im Kunstflug (lt. *Zollinger*): (s. Abb. S. 393, 394, 395)

Kunstflugprogramm: Zusammenstellung von Figuren des Kunstflugs zu einem geschlossenen Programm. Bei Kunstflugwettbewerben werden auf der Grundlage der Ausschreibung folgende Programme vorgeschrieben: Pflichtprogramm, unbekanntes Pflichtprogramm, Kürprogramm. Für die Darstellung werden besondere Symbole verwendet. → Aresti

Kunstflugraum: 1) Luftraum über einem Flugplatz oder im Flugplatzgebiet (Zone), in dem der Kunstflug innerhalb einer festgelegten Höhenbegrenzung gestattet ist. 2) abgegrenzter und am

Kunstflug-Flugzeug Z-50 L

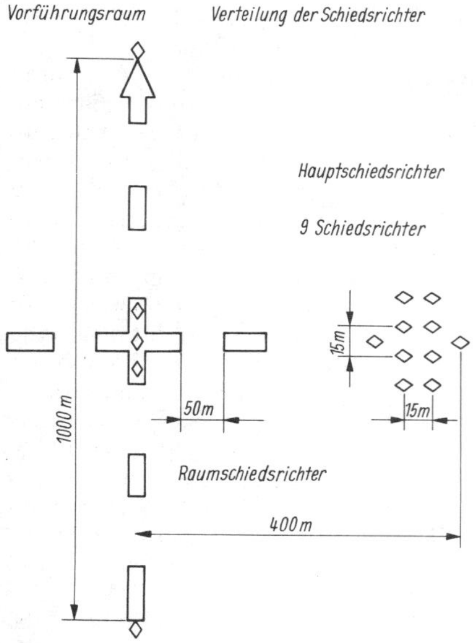

Kunstflugraum

Boden markierter Vorführungsraum für ein Kunstflug-Programm über dem Flugplatz. Das Einhalten dieses K. wird durch Schiedsrichter bei Wettkämpfen bewertet.

künstlicher Horizont: Kreiselgerät, das dem Luftfahrzeugführer beim Instrumentenflug den nicht sichtbaren natürlichen Horizont ersetzt. Der k. H. enthält einen Kreisel mit vertikaler Achse und 3 Freiheitsgraden. Mit dem Kreisel bzw. dem Kardanrahmen ist ein Flugzeugsymbol oder ein Horizontbalken verbunden, der gegenüber einer luftfahrzeugfesten Skale oder einem luftfahrzeugfesten Symbol Längs- und Querneigung angibt. Aus der relativen Lage von Luftfahrzeug-Symbol und Horizontbalken bzw. Neigungsskalen ergibt sich die Lage des Luftfahrzeugs im Raum. Im Wendehorizont sind der k. H.

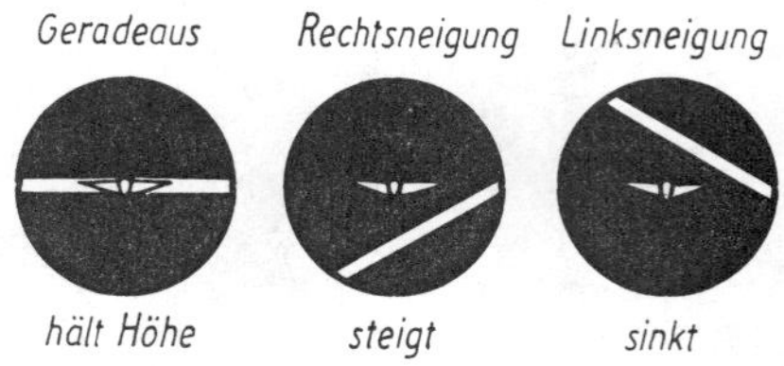

künstlicher Horizont

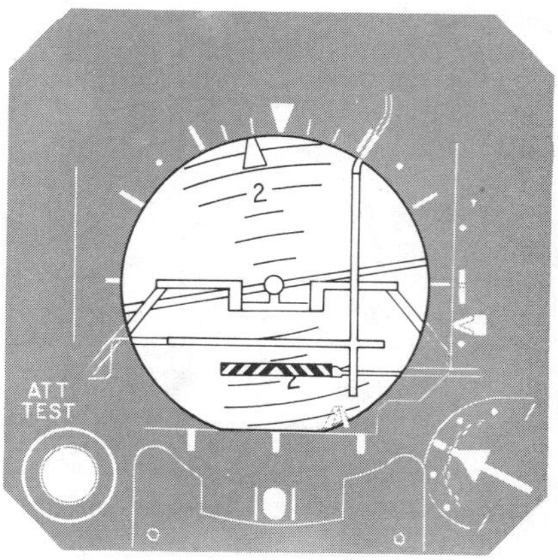

künstlicher Horizont (nach Foto Sperry)

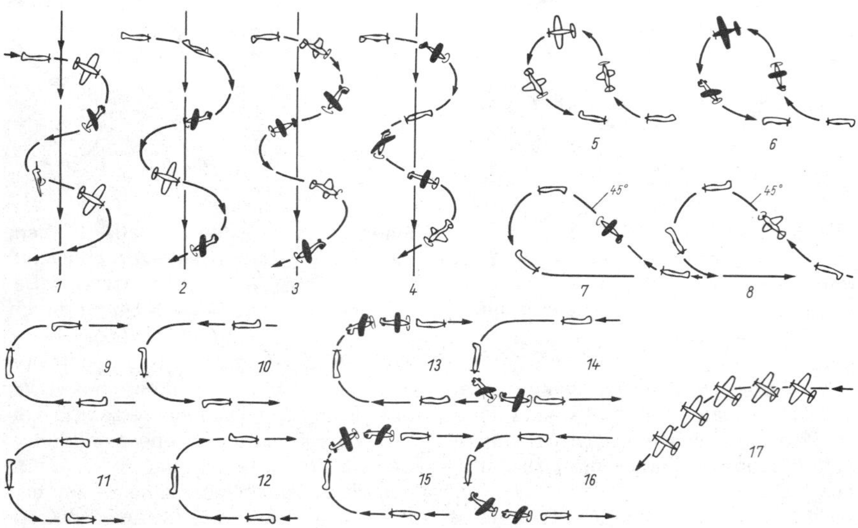

1 Spirale (Unterseite außen); 2 Spirale (Unterseite innen); 3 Rückenzugflugspirale (Unterseite innen); 4 Rückflugspirale (Unterseite außen); 5 hochgezogene Kehrtkurve; 6 hochgezogene Kehrtkurve in Rükkenlage; 7 hochgezogene Rollenkehre; 8 hochgezogene Rollenkehre in Rückenlage; 9 Übergang in den Rükkenflug durch halben Überschlag, Unterseite außen; 10 Übergang in den Rückenflug durch halben Überschlag, Unterseite innen; 11 Übergang vom Rückenflug in Normalflug durch halben Überschlag, Unterseite außen; 12 Übergang vom Rückenflug in Normalflug durch halben Überschlag, Unterseite innen; 13 halber Überschlag, halbe Rolle (Aufschwung); 14 halber Überschlag, halbe Rolle – Unterseite innen; 15 halber Überschlag, halbe Rolle – aus der Rückenlage; 16 halber Überschlag, halbe Rolle – aus der Rückenlage, Unterseite außen; 17 Messerflug

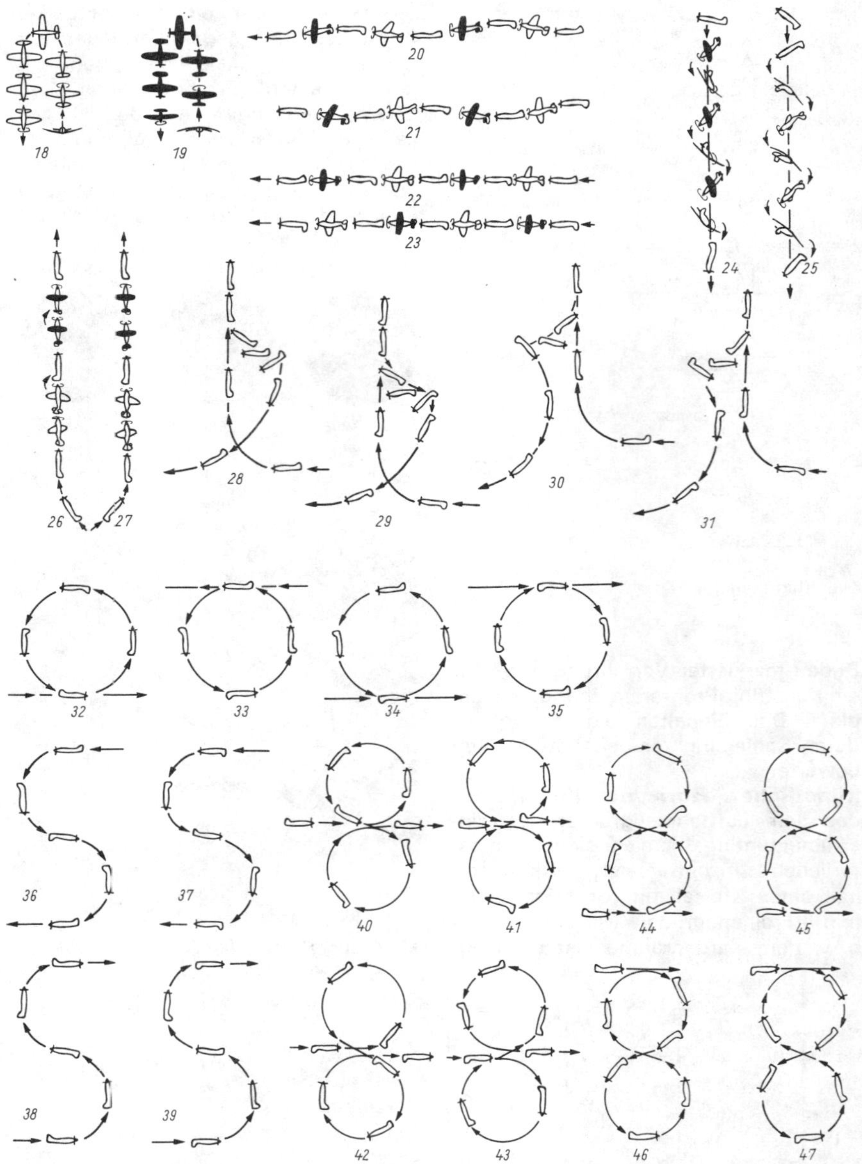

18 Turn; 19 Turn in Rückenlage; 20 schnelle (gerissene) Doppelrolle; 21 schnelle (gerissene) Doppelrolle in Rückenlage; 22 gesteuerte Doppelrolle, mehr als 25 s; 23 gesteuerte Doppelrolle, mehr als 25 s in Rückenlage; 24 Trudeln; 25 Rückentrudeln; 26 senkrechte Schraube; 27 senkrechte Schraube aus Rückenlage; 28 Männchen von vorn; 29 Männchen nach vorn in Rückenlage; 30 Männchen nach hinten; 31 Männchen nach hinten in Rückenlage
32 normaler Überschlag; 33 Überschlag, Unterseite nach innen; 34 Überschlag aus der Rückenlage, Unterseite nach innen; 35 Überschlag aus der Rückenlage, Unterseite nach außen; 36 stehendes «S» aus Normalflug, abwärts; 37 stehendes «S» aus Rückenflug, abwärts; 38 stehendes «S» aus Normalflug, aufwärts; 39 stehendes «S» aus Rückenflug, aufwärts; 40 stehende 8 in der Mitte durch Überschlag beginnend; 41 stehende 8 in der Mitte durch Überschlag – Unterseite innen – beginnend; 42 stehende 8 in der Mitte aus der Rückenlage – Unterseite innen – beginnend; 43 stehende 8 in der Mitte aus der Rückenlage durch Überschlag – Unterseite außen – beginnend; 44 stehende 8 von unten begonnen; 45 stehende 8 von unten aus der Rückenlage beginnend; 46 stehende 8 von oben begonnen; 47 stehende 8 von oben aus der Rückenlage begonnen

und der → Wendezeiger vereinigt. Zur Aufrechterhaltung der vertikalen Lage der Kreiselachse ist im k. H. eine Hilfseinrichtung, die Stützung, eingebaut.

künstliches Gefühl: → Gefühlssimulation

künstliche Stabilität: bei unzureichender oder fehlender natürlicher → Stabilität von Flugkörpern durch reaktionsschnelle Steuerung erreichbare Flugstabilität.

Kurbeltrieb: wichtige Baugruppe eines KTW, bestehend aus Kolben, Pleuel und Kurbelwelle zur Umwandlung der oszillierenden Kräfte und Bewegungen des Kolbens in Drehmoment und Drehbewegung der Kurbelwelle.

Kurbelwelle: Statisch und dynamisch hochbeanspruchtes Bauteil eines KTW, das die in den Zylindern erzeugte Leistung an die Luftschraube weiterleitet. Beim *Sternmotor:* Anzahl der Kröpfungen gleich Anzahl der Reihen. Beim einfachen *Reihenmotor:* Anzahl der Kröp-

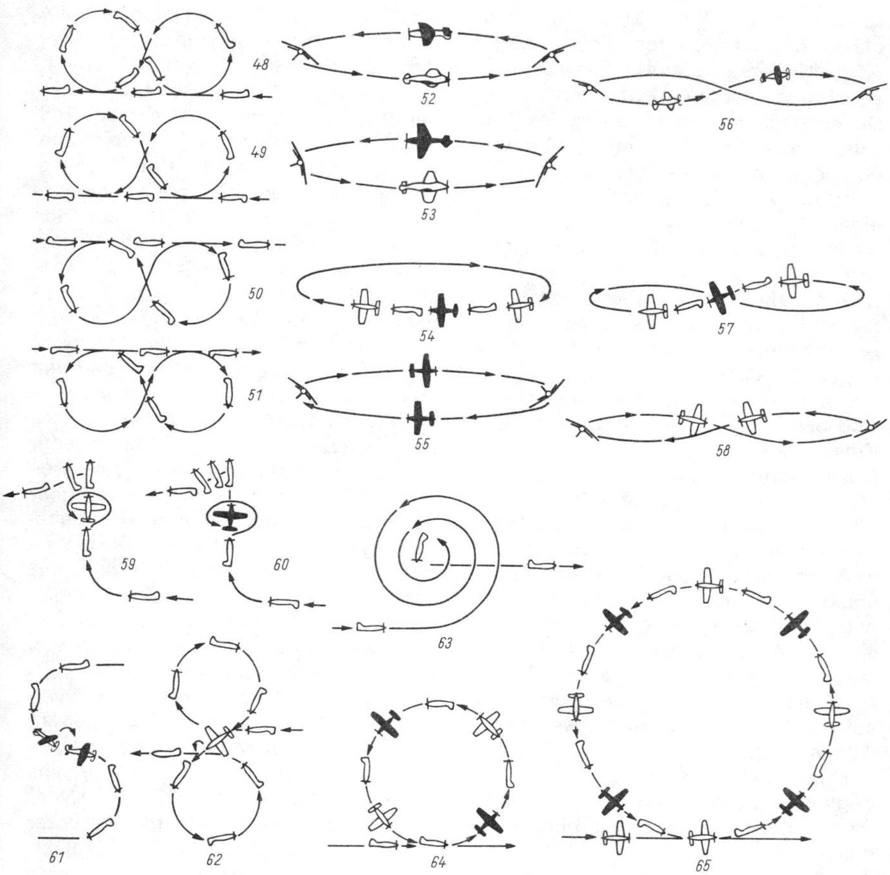

48 Schleife aus Normalflug, begonnen nach oben; 49 Schleife aus Rückenflug, begonnen nach oben; 50 Schleife aus Normalflug, begonnen durch Überschlag nach unten; 51 Schleife aus Rückenflug, begonnen durch Überschlag nach unten; 52 Rückenkreis; 53 Kreis mit Unterseite nach innen; 54 Rollenkreis; 55 Kreis, bestehend aus einer langsamen Rolle; 56 Rückenacht; 57 Rollenacht; 58 8 aus Rückenlage durch Fliegen einer langsamen Rolle
59/60 Pirouette (Normal-/Rückenlage); 61 stehendes «S» nach unten mit halber Rolle; 62 stehende 8, Unterseite in beiden Kreisen nach innen; 63 Schnecke; 64 normaler Überschlag mit 2 Rollen; 65 Rollenkreis mit 4 Rollen links; die Kunstflugfiguren werden, wenn nicht anders vermerkt, aus der Normallage begonnen.

fungen gleich Anzahl der Zylinder. Anordnung der Kröpfungen bei Reihenmotoren richtet sich nach Arbeitsverfahren, Zylinderzahl und Zündfolge. Die Stirnansicht der K. wird als Kurbelstern bezeichnet (→ Kolbentriebwerk). K. sollen wegen der Schwingbeanspruchung möglichst biege- und torsionssteif sein.

Kurs: Winkel zwischen der Vertikalebene, in der die Luftfahrzeug-Längsachse liegt und einer Vertikalebene, die durch die Kompaßanzeige bestimmt oder von ihr abgeleitet wird. Der K. wird in Grad im Uhrzeigersinn gerechnet. – Der *geographische K.* ist auf den geographischen, der *magnetische K.* auf den magnetischen Meridian und der *Kompaß-K.* auf den Kompaßmeridian (d.h. auf die Richtung der Magnetnadel) bezogen. Der *Gitterk.* bezieht sich bei der Verwendung von Gitterkoordinaten auf den Gittermeridian.

Kursablage: Differenz zwischen Soll- und Ist-Kurs. Die K. kann am → Halbkompaß, → Zero-Reader oder der → Flugkommando-Anlage unmittelbar abgelesen werden.

Kurshaltung: → Autopilot

Kurskreisel: Gerät zur Kursüberwachung, das aus einem → Kreisel mit 3 Freiheitsgraden und horizontaler Achse besteht, der durch Stauluft oder elektrisch angetrieben wird und auf dessen Kardanrahmen eine Kursskala angebracht ist. Gegenüber dem Magnetkompaß besitzt der K. keine Anzeigefehler bei Beschleunigungen und Neigungen des Luftfahrzeugs. Es trat jedoch bei früher benutzten Anlagen ein Fehler durch Auswanderung des K. aus der eingestellten Lage auf, der mit der Betriebszeit wuchs. Daher mußte der K. manuell nach der Anzeige des Magnetkompasses korrigiert werden. Bei der Weiterentwicklung des K. zum Kreisel-

Magnet-Kompaß (→ Kompaß) wird diese Korrektur automatisch ausgeführt. Moderne K. sind außerordentlich stabil und werden nicht nachgestellt. Die scheinbare Auswanderung des Kreisels infolge der Erdrotation wird von den angeschlossenen Rechnern berücksichtigt, bzw. die Navigation erfolgt in einem Koordinatensystem, dessen Nullpunkt auf dem Meridian des Startorts liegt.

Kursstabilität: svw. Richtungsstabilität. → Stabilität 1), → Seitenstabilität

Kurssteuerung: → Flugregler, der die Regelung der Luftfahrzeugbewegung um die Hochachse vornimmt. Geber sind bei der K. Fernkompaß, Kurs- und Wendekreisel.

Kurssystem: zusammenfassender Begriff für einen Anlagenkomplex im Luftfahrzeug, zu dem Induktionskompaß, → Kurskreisel, → Wendekreisel, → Astro-Kompaß und Funknavigationsanlagen (→ Funknavigation) zählen können. Durch gegenseitige Korrektur wird ein min. Anzeigefehler für den Kurs erreicht. Wahlweise kann auch die Anzeige einzelner Anlagen des Komplexes auf den Anzeiger geschaltet werden.

Kurvenflugzeit, Symbol t_{FK}: Teil der → Flugzeit (t_F) des Luftfahrzeugs vom Beginn bis zum Beenden einer Richtungsänderung (ausgenommen Richtungskorrekturen).

Kurzbalken: 3 oder mehr Luftfahrtbodenfeuer, die in querlaufender Linie eng nebeneinander stehen, so daß sie aus der Entfernung wie ein kurzer Lichtbalken aussehen.

kurzperiodische oder **Oszillatorschwingung:** Form der gestörten → Längsbewegung eines Fluggeräts, bei der sich vorrangig der → Anstellwinkel periodisch verändert. Diese Änderung geschieht so schnell, daß Geschwindigkeit, Bahnneigung und Flughöhe dadurch kaum beeinflußt werden. Die k. o. O. steht in engem Zusammenhang mit der langperiodischen oder → Phugoidschwingung.

Kurzstart: 1. Start, bei dem nur eine kurze Strecke zum Anrollen gebraucht wird und anschließend das Flugzeug in steilem Winkel steigt. Moderne Flugzeuge mit hoher Start- und Landegeschwindigkeit, bedingt durch die hohe Flächenbelastung, benötigen sehr lange Start- und Landebahnen. Deshalb entstand die Forderung nach Verkürzung der Start- und Landestrecken. Der Begriff K. ist jedoch nicht eindeutig festgelegt. Bei kleinen Flugzeugen spricht man bei 60...200 m Rollstrecke von K., bei großen Militärtransportern bei Rolllängen bis zu 600 m. Als *K.flugzeuge* bezeichnet man Typen, die zum K. geeignet sind, was konstruktiv durch geringe Flächenbelastung, auftrieberzeugende Mittel (Landehilfen) und starke Triebwerke erreicht wird. → STOL – **2.** Startart, bei der der Pilot das Flugzeug schon nach kurzer Strecke vom Boden abhebt, dann zur Aufnahme höherer Geschwindigkeit knapp über dem Boden hält und schließlich steigen läßt. Der K. ist bes. bei Wasserflugzeugen erforderlich, weil der Widerstand der Schwimmer oder des Bootsrumpfs im Wasser eine weitere Erhöhung der Gechwindigkeit über die unbedingt erforderliche → Abhebegeschwindigkeit hinaus stark behindert. – **3.** früher in der Militärluftfahrt schnelles Starten von Motorflugzeugen ohne langes Warmlaufenlassen des Motors; dies wird durch Beimischen von Brennstoff zum Schmieröl erreicht.

Kurzstreckenluftverkehr: → Luftverkehr auf Strecken mit 300...1 500 km Länge. Verschiedentlich werden die Begrenzungen des Kurzstreckenbereichs auch mit 120...500 sm (200 bis 950 km) angegeben. Verkehr auf Strecken unter 300 km bzw. unter 120 sm (200 km) erfolgt im *Ultrakurzstreckenbereich.* Technisch-ökonomisch für den K. ausgelegte Flugzeuge sind *Kurzstreckenflugzeuge.*

Kurzzeitleistung: Höchstleistung des Flugmotors, die nur beim Start oder in bes. Fällen kurzzeitig betrieben werden darf. Bei längerem Betrieb entsteht Bruchgefahr. K. ist meist auf 5 min, in Einzelfällen auf 3 min begrenzt.

Kuznezow, *Nikolai Dmitrejewitsch:* sowjetischer Triebwerkskonstrukteur, geb. 10. (23). Juni 1911 Aktjubinsk. Seit 1933 in der Sowjetarmee. 1938 Abschluß der Fliegeringenieur-Akademie «N. E. Shukowski», dort Lehrstuhlleiter, Arbeit an Flugtriebwerken. Ab 1946 Chefkonstrukteur für Strahltriebwerke. Seit 1939 Mitglied der KPdSU. 1957 Held der sozialistischen Arbeit. 1968 Generalleutnant (Ing.), Generalkonstrukteur, Dr. Ing.; spezialisiert auf den Bau von Turboprop- und Strahltriebwerken großer Leistung. Zu den bekanntesten K.-Triebwerken gehören NK-12MV (11 MW, in

Tupolew Tu-114, Tu-20 und An-22), die Zweikreistriebwerke NK-8 (10300 daN Schub, in Il-62) und NK-8-2 (9500 daN, in Tu-154) sowie NK-144 (13000 daN in Tu-144).

Küstenbrechung: → Küsteneffekt

Küsteneffekt, *Küstenbrechung:* → Peilfehler, der beim Übergang elektromagnetischer Wellen von Land zu Meer oder umgekehrt entsteht, da sich die elektrischen Werte des Bodens, über dem die Welle fortschreitet, an dieser Stelle stark ändern. Der K. ist bei streifendem Einfall der Welle über die Küstenlinie am größten. Er beeinflußt wesentlich die Anzeige des Funkkompasses.

Kutachow, *Pawel Stepanowitsch:* Hauptmarschall der Flieger (1972), Held der Sowjetunion, Verdienter Militärflieger der UdSSR (1966), geb. 3. (16.) Aug. 1914 Malokirsanowka, Gebiet Rostow, gest. 3. Dez. 1984. 1938 Abschluß der Militärfliegerschule, 1957 der Generalstabs-Akademie, 1942 Mitglied der KPdSU. 1935 Kommandeur einer Jagdfliegerkette. Gefechtsflug im sowjetisch-finnischen Krieg 1939/40. Im Krieg an der Leningrader und Karelischen Front Stellvertreter, dann Kommandeur einer Staffel (1943 als Major Held der Sowjetunion), ab Mai 1944 Kommandeur eines Gardejagdfliegergeschwaders. Nach 1945 verschiedene Kommandostellen, ab März 1969 Chef der Luftstreitkräfte und Stellvertreter des Ministers für Verteidigung, ab 1971 Mitglied des ZK der KPdSU, Deputierter des Obersten Sowjets, 2 Leninorden, Orden der Oktoberrevolution und weitere hohe Auszeichnungen. Bestimmte maßgeblich die Entwicklung der sowjetischen Luftkriegstheorie sowie der Ausrüstung der Luftstreitkräfte mit neuer Technik, hat große Verdienste um die Ausbildung der sowjetischen Kosmonauten.

Pawel Kutachow

Kutta, *M. Wilhelm:* deutscher Wissenschaftler, geb. 1867, gest. 1944; gehört zu den Begründern der modernen Aerodynamik. Gleichzeitig und unabhängig von → Shukowski schlug er vor, die Kraftwirkung einer Strömung auf einen Körper in der sich bildenden Zirkulation zu suchen. Der Satz über den Zusammenhang von Auftriebskraft und Zirkulation ist bekannt als Satz von *Kutta-Shukowski.*

Kuwait Airways Corporation: staatliches Luftverkehrsunternehmen von Kuweit mit Sitz in Kuweit. Gegr. wurde diese Gesellschaft 1953 als Kuweit National Airways; den jetzigen Namen trägt sie seit 1958. *Flugzeugpark:* 3 Boeing 767, 4 Boeing 747-200B, 4 Boeing 727-200, 3 Airbus A 300-C4-600, 5 Airbus A 310-200, 2 HS-125-700. Verkehrsdaten 1987: 1,51 Mill. beförderte Passagiere (ausschließlich internationaler Flugverkehr); 3,8 Mrd. Pkm; 243,9 Mill. Fracht-tkm; 596,6 Mill. tkm Gesamtleistung. Streckennetz von rd. 111000 km. Hauptstrecken: Europa und Indien, Mitglied der IATA.

L

L: 1. (von franz. Liaison, Verbindung) Typenbez. der USA-Luftstreitkräfte für Verbindungsflugzeuge. – **2.** Bez. für deutsche Marineluftschiffe vom Typ «Zeppelin» im ersten Weltkrieg. – **3.** Abk. für die ersten Leichtflugzeuge von → Klemm (z. B. L 20, L 25). – **4.** Typenbez. für Flugzeuge des tschechoslowakischen Flugzeugwerks → LET, z. B. L-29, L-200 «Morava».

La: 1. Typenbez. für Flugzeuge des sowjet. Konstrukteurs → *Lawotschkin,* (La-5 FN. – **2.** Typenbez. für Flugzeuge des dt. Konstrukteurs *Landmann* (La-16, La-17).

labiler Gleichgewichtszustand: In der Mechanik Gleichgewichtslage, die bei kleiner Störung zugunsten einer beschleunigten Bewegung in eine stabile Gleichgewichtslage aufgegeben wird. → Gleichgewicht, → Stabilität

LACAC: Abk. für → Lateinamerikanische Kommission der Zivilluftfahrt.

Lachmann, *Gustav Viktor:* Dr.-Ing., Flugzeugkonstrukteur, geb. 1896 Dresden, gest. 30. Mai 1966 Charley Woods (Hertfordshire). Flugzeugführer im ersten Weltkrieg, 1921 Abschluß der Technischen Hochschule Darmstadt, Tätigkeit im Aeronautischen Forschungsinstitut Göttingen, Kontakte mit F. → *Handley Page*, der sich wie L. mit der Vorflügel-Theorie beschäftigte, spätere Zusammenarbeit. 1925 arbeitete L. in den → Albatros-Werken, 1926 in Japan, seit 1929 als Aerodynamiker in den → Handley Page Ltd.-Flugzeugwerken, wo er die Bomber «Hampden» und «Harrow» entwickelte.

Lackierung von Luftfahrzeugen: Auftragen von Farbe, die a) dem Schutz der verwendeten Oberflächenwerkstoffe vor Witterungseinflüssen und anderen äußeren Einwirkungen; b) dem Verringern der Oberflächenrauhigkeit, um den → Widerstand herabzusetzen; c) der Kennzeichnung von Flugzeugen bestimmter Staaten- oder Eigentümerzugehörigkeit; d) der Tarnung von Militärflugzeugen und e) der Verschönerung von Sport- und anderen Flugzeugen dient. – Die L. unterliegt bes. hohen Anforderungen, da sie sowohl stark wechselnden atmosphärschen Einflüssen (Temperaturschwankungen zwischen −50 °C und +50 °C, starke Schwankungen der Luftfeuchtigkeit, hohe Intensität der UV-Strahlung u. a.), als auch hohen mechanischen Belastungen aufgrund der elastischen Bauweise von Luftfahrzeugen unterworfen wird. Daneben wird eine hohe Beständigkeit gegen die im Luftfahrzeug selbst verwendeten Treib- und Schmierstoffe, Hydraulik- und Enteisungsflüssigkeiten, gegen Waschmittel u. a. verlangt.

zweistufiger Zentrifugallader: 1 Lufteinlaß für erste Verdichterstufe, 2 Ring-Sammelleitung; 3 erste Verdichterstufe, 4 zweite Verdichterstufe, 5 Drosselklappe, 6 Luftleitung zu den Zylindern, 7 Kurbelwelle, 8 Lufteinlaß für zweite Verdichterstufe

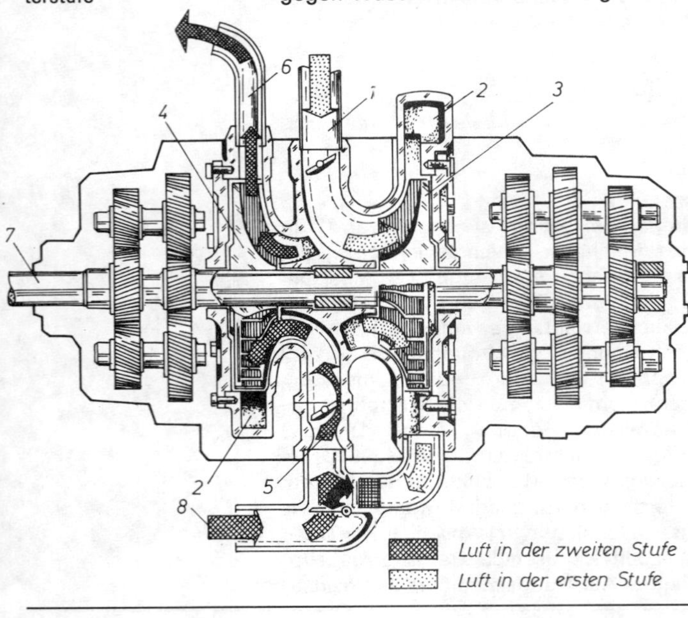

Ladeco: Abk. für → **L**ines **A**érea **Del** **Co**bre Ltda.

Ladedruck: Druck in der Ansaugleitung von KTW, gemessen mit → Ladedruckmesser in N/cm² (meist in Torr). L. hochaufgeladener KTW beträgt bei Startleistung bis zu 2 000 Torr.

Ladedruckmesser: → Druckmesser zur Anzeige des → Ladedrucks.

Lader: von der Kurbelwelle eines KTW (mechanische Aufladung) oder der Abgasturbine (Abgasturboladung) angetriebener ein- oder mehrstufiger Radialverdichter, um die Dichte der in die Zylinder gelangenden Luft zu erhöhen (Leistungssteigerung bzw. Kompensation des Leistungsverlustes mit zunehmender Flughöhe). → Aufladung, → Kolbentriebwerk

Ladungsnachweis: (engl. *Load Sheet*, Beladeliste): Aufstellung detaillierter Angaben über die Abflugmasse (Startmasse) des eingesetzten Luftfahrzeugs nach Betriebs- oder Dienstmasse (unterteilt in Leermasse, Masse der Treib- und Schmierstoffe sowie Besatzung) und nach der verfügbaren sowie tatsächlichen Nutzmasse in ihrer räumlichen Verteilung innerhalb des Luftfahrzeugs. Der L. dient als Grundlage der Ermittlung von Zuladungsmöglichkeiten sowie für Berechnungen zur Sicherung der Schwerpunktlage des Luftfahrzeugs und trägt zum Einhalten der Beladenorm bei. Der L. wird je Flug gesondert vom Disponenten ausgefertigt, vom Luftfahrzeugkommandanten gegengezeichnet und ist beim Flug mitzuführen.

Lagehaltung: → Autopilot

Lagerzeit (Symbol t_D): Bez. für die Zeitdauer von der Einlagerung bis zur Entnahme konservierten Luftfahrgeräts aus dem Lager.

Lagesteuerung: Bez. für eine Steuerungsart. Die L. gibt an, daß die Reaktion des Luftfahrzeugs auf ein konstantes Signal am vom Piloten betätigten Steuerorgan (z. B. Steuerknüppel) eine konstante Lage ist. Analoge Bedeutung haben die Bezeichnungen Beschleunigungs- und Geschwindigkeitssteuerung, d. h. als Reaktion auf konstante Signale am Steuerorgan ergibt sich eine konstante Beschleunigung bzw. Geschwindigkeit (z. B. Drehgeschwindigkeit) des Luftfahrzeugs.

LaGG: Typenbez. für sowjetische Flugzeuge der Konstrukteure → *Lawotsch-*

kin, Gorbunow und *Gudkow*. Von ihnen wurden die LaGG-1 und LaGG-3 gebaut. Beim nächsten Typ, der La-5, bestand dieses Kollektiv nicht mehr.

LAM, Abk. für **Linhas Aéreas de Moçambique:** nationale Luftverkehrsgesellschaft der Volksrepublik Moçambique mit Sitz in Maputo. Vorläufer → DETA, Linhas Aéreas de Moçambique. *Flugzeugpark* (1988): 3 Boeing 737, 1 DC10 und 1 Il62. Verkehrsdaten: 208 000 beförderte Passagiere (davon 150 000 im Inland befördert); 468 Mill. Pkm; 9,1 Mill. Fracht-tkm; 53 Mill. tkm Gesamtleistung. Flugstrekkennetz von etwa 31 000 km. Inlandflugverkehr. Intern. Hauptstrecken: Zentral- und Ostafrika. IATA-Mitglied.

Laminarprofil: → Profil mit einer größten Dicke bei 50...60 % der Profiltiefe, während sie für klassische Profile bei nur 30 % liegt. Diese Form bewirkt, daß die → Grenzschicht über einen großen Teil des Profils laminar strömt, wodurch vor allem bei Unterschallgeschwindigkeiten ein geringerer → Widerstand gewährleistet wird. Die Grenze der Dickenrücklage wird durch den kleinen Hinterkantenwinkel gegeben, der erforderlich ist, um einen wirbelfreien Abgang der Strömung zu gewährleisten. Außerdem verringert sich der → kritische Anstellwinkel, wenn der Hinterkantenwinkel vergrößert wird, was die Manövrierfähigkeit von Flugzeugen mit L. verschlechtert. Fertigungsmäßig bringen L. einige Erleichterungen, fordern jedoch eine hohe Konturgenauigkeit und Steifigkeit der Konstruktion.

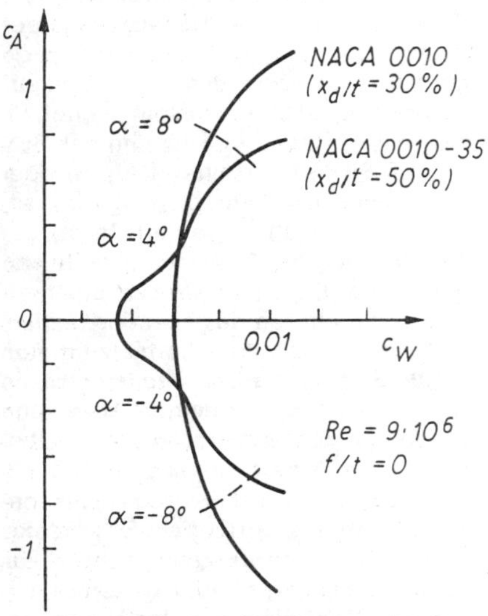

Polarenvergleich eines Normalprofils (30 % Dickenrücklage) mit einem Laminarprofil (50 % Dickenrücklage)

Laminarströmung, *schichten-* oder *fadenförmige Strömung:* Luftströmung, bei der im Unterschied zur → turbulenten Strömung keine Verwirbelung entsteht. Die Luftteilchen strömen in parallelen Bahnen. Wichtiger Begriff bei der Untersuchung der → Grenzschicht.

Lanchester, *Frederik William:* englischer Aerodynamiker, geb. 1878, gest. 1946. L. beschäftigte sich vor allem mit dem Wirbelschema der Flügelströmung, konnte aber keine vollständige Theorie entwickeln.

LAN: Abk. für → **L**inea **A**érea **N**acional

LAN-Chile, Abk. für **Linea Aérea Nacional des Chile S.A.:** staatliches Luftverkehrsunternehmen Chiles mit Sitz in Santiago de Chile. 1932 gegr. bei gleichzeitiger Übernahme der Linea Aeropostal Santiago Arica. *Flugzeugpark:* 3 Boeing 707, 2 Boeing 737, 2 geleaste DC-10-30. Verkehrsdaten 1985: 387 000 beförderte Passagiere (davon 177 000 Inlandpassagiere); 1,28 Mrd. Pkm; 93 Mill. Fracht-tkm; 210,5 Mill. tkm Gesamtleistung. Streckennetz von 53 000 km. Hauptstrecken: Lateinamerika, USA, Europa, Südpazifik; Inlandflugverkehr.

Landebahn: svw. Start- und Landebahn (SLB). → Flughafen

Landebahnschwelle: Beginn des für die Landung benutzbaren Teils der Start- und Landebahn.

Landebahnsichtweite, engl. **R**unway **V**isual **R**ange, Abk. **RVR:** Entfernung, über die der Luftfahrzeugführer auf der Mittellinie einer Start- und Landebahn deren Oberflächenkennzeichnung oder Feuer, die sie begrenzen bzw. ihre Mittellinie kennzeichnen, sehen kann.

Landedeck: oberes, glattes Deck auf Flugzeugträgern, wo meist alle Deckaufbauten an eine Bordseite verlegt worden sind, um eine hindernisfreie Start- und Landebahn zu schaffen. → Flugzeugträger

Landeenergie: Energie des Flugzeugs oder Hubschraubers, die beim Landevorgang aufgebraucht wird; sie besteht aus einer horizontalen Komponente, die vor allem durch den Luftwiderstand (evtl. mit Bremsschirm), die Radbremsen und durch Schubumkehr in Wärme umgewandelt wird, und einer vertikalen Komponente, die vor allem über die Stoßdämpferarbeit der Fahrwerksbeine verbraucht wird. → Landestoß, → Landung

Landegebühr: → Flughafengebühr

Landegeschwindigkeit: → Fluggeschwindigkeit, → Aufsetzgeschwindigkeit

Landehilfen: 1. → Auftriebshilfen. – **2.** Funknavigationsanlagen (→ Funknavigation) für die Landeanflugnavigation.

Landeklappen: klappenförmige → Auftriebshilfen, die vor allem die Landeeigenschaften der Flugzeuge verbessern.

Landekreuz: Landezeichen aus 2 Stoffbahnen, gebildet in der Form eines «T». Es markiert den Aufsatzpunkt links oder rechts in der Landebahn. Das Landezeichen zeigt mit seinem Längsbalken die Richtung an, welche die Luftfahrzeuge bei Start oder Landung einzuhalten haben. Farbige Landezeichen bedeuten: weiß – für Motorflugzeuge, gelb – für Segelflugzeuge, schwarz – bei Schnee – für Motorflugzeuge, orange – bei Schnee – für Segelflugzeuge. → Sichtzeichen, → Startaufbau

Landekurssender, engl. *Localizer:* Richtfunkfeuer des → Instrumentenlandesystems. mit dessen Hilfe einem Luftfahrzeug beim Landeanflug sein Standort gegenüber der zugehörigen Landegeraden angezeigt wird.

Landemasse: Massebegrenzung für Flugzeuge im Landeanflug, deren Maximalwert aus Sicherheitsgründen (bei maximaler Landegeschwindigkeit, zulässiger Höchstbelastung der Fahrwerke u. a.) festgelegt ist. Daraus ergibt sich u. a. die Notwendigkeit zum → Brennstoffschnellablaß, wenn es aus Gefahrengründen erforderlich ist, unmittelbar nach dem Start wieder zu landen.

Landeorgane: die Teile des Flugkörpers, die vor allem zur → Landung dienen, dazu gehören in erster Linie → Fahrwerk, → Auftriebshilfen und → Bremsschirme.

Landeradar: → Radar

Landerichtungsanzeiger: auf Flugplätzen benutztes Sichtzeichen, das die für Start und Landung jeweils festgelegte Richtung sichtbar anzeigt.

Landerollstrecke: → svw. Ausrollstrecke

Landerollzeit (Symbol t_{ROL}): Zeitdauer vom Moment des Aufsetzens eines Luftfahrzeugs bis zum Stillstand der Triebwerke auf dem Standplatz.

Landestoß: Kraftwirkung von der Erdoberfläche über das Fahrwerk auf die Zelle beim Aufsetzen. Die Größe des L. wird bestimmt durch die Landeeigenschaften des Flugzeugs, seinen technischen Zustand, die meteorologischen Bedingungen und die Fertigkeiten des Flugzeugführers. Ist der L. gering, spricht man von einer *weichen*, ist er vergleichsweise stark, von einer *harten* Landung. Der Aufnahme des L. und der dabei umzusetzenden Energie dienen → Stoßdämpfer; → Landeenergie, → Landung

Landestrecke: → Landung

Landezeit: 1) *allgemein* Zeitpunkt, zu dem ein Luftfahrzeug auf der Landebahn aufsetzt. 2) *aktuelle Landezeit*, Symbol *ATA* (Abk. für actual time of arrival), Zeitpunkt, zu dem das Luftfahrzeug tatsächlich auf der Landebahn aufsetzt. 3) *voraussichtliche Landezeit*, Symbol *ETA* (Abk. für Estimated Time of Arrival), Zeitpunkt, zu dem das Luftfahrzeug voraussichtlich auf der Landebahn aufsetzen wird.

Landung: Vorgang, bei dem das Flugzeug aus dem Flugzustand in der freien Atmosphäre in den Ruhezustand auf der Erdoberfläche gebracht wird. Er dient dazu, dem Flugzeug die potentielle und kinetische Energie zu nehmen, die es vorher als freifliegender Körper besitzt. Der Landevorgang wird lange vor dem Aufsetzen des Flugzeugs auf die Start- und Landebahn eingeleitet, indem das Flugzeug in Richtung der SLB bis auf Sicherheitshöhe (10,7, 15 oder 25 m) sinkt. Darunter beginnt die Landestrecke, welche erforderlich ist, um das Flugzeug am Boden zum Stillstand zu bringen. Die *Landestrecke* unterteilt sich in die Phasen des *Gleitens, Abfangens* und *Ausschwebens* bis zum *Aufsetzpunkt* und die *Landerollstrecke.* In der ersten Phase werden die kinetische und die potentielle Energie des Flugzeugs so weit herabgemindert, daß der → Landestoß das Flugzeug nicht beschädigt und die verfügbare Strecke der SLB nach dem Aufsetzen noch größer ist als die erforderliche Landerollstrecke. Diese dient zum Umsetzen der restlichen kinetischen Energie (nur horizontale Komponente) mit Hilfe des aerodynamischen Widerstands (evtl. mit →Bremsschirm) und der Radbremsen (Kufenreibung, hydraulischer Widerstand der Schwimmer) in Wärme. Bei Wasserflugzeugen nennt man den Landevorgang «wassern». Rotorflugzeuge setzen senkrecht auf, wobei allerdings aus Sicherheitsgründen, soweit es die Geländeverhältnisse ermöglichen, vorher ein geneigter Landeanflug erfolgt, damit sie bei Ausfall des Triebwerks in den Autorotationsflug übergehen können, bei dem die Rotorblätter vom Fahrtwind angetrieben werden. Kurz vor dem Aufsetzen erfolgt in jedem Fall der Übergang zum Schwebeflug. Aus diesem Grund haben viele Hubschrauber nur ein Kufenfahrwerk. Bei *automatischer L.* übernimmt der automatische Pilot (→Autopilot) den Landevorgang, den der Flugzeugführer selbst nur überwacht. Als *Blindl.* bezeichnet man eine vom automatischen Piloten durchgeführte L. unter Bedingungen, bei denen der Flugzeugführer keinerlei Sicht hat. Alle Verkehrsflugzeuge sind mit →Instrumentenlandesystemen (ILS) ausgerüstet. Ein Teil kann bereits heute L. durchführen, wobei der Autopolit auf das ILS aufgeschaltet ist. Die Besatzung ist dadurch nicht mit der fliegerischen Führung der Maschine belastet und kann sich vollständig auf die Überwachung des Anflugs konzentrieren. Sie hat jedoch die Möglichkeit, sich jederzeit in den Ablauf der L. einzuschalten. Für die automatische L. muß die Anlage des Autopiloten erweitert werden. →Außenlandung, →Bruchlandung, →Dreipunktlandung, →Notlandung, →Schlechtwetterlandung

Landwirtschaftsflug: svw. Agrarluftfahrt. →Agrarflug

Landwirtschaftsflugzeug: →Agrarflugzeug

Lange Welle: Bez. für den untersten Wellenzug an der Obergrenze der Rotoren. Häufig auch auf die →Leewellen in ihrer Gesamtheit angewandt.

langperiodische Schwingung oder **Phugoidschwingung:** Form der gestörten Längsbewegung eines Fluggeräts, bei der sich vorrangig Geschwindigkeit, Bahnneigung und Flughöhe ändern; sie stellt in der Regel die Folge eines Anstellwinkelfehlers nach einer →kurzperiodischen oder Oszillatorschwingung dar. Die Änderung der Flughöhe kann im Extremfall bis zu

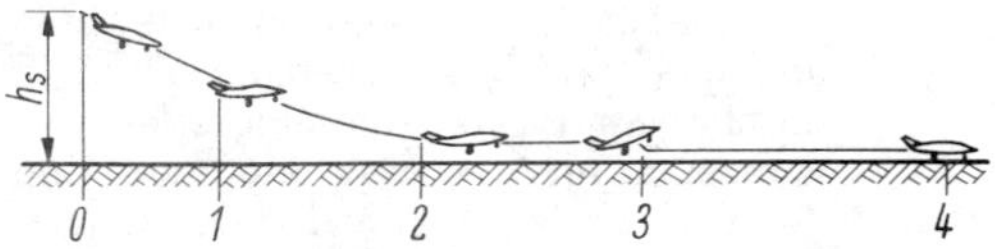

normaler Landevorgang: h_s Sicherheitshöhe, 0...1 Gleitphase, 1...2 Abfangen, 2...3 Ausschweben, 0...3 Gleit- und Abfangphase bei modernen Flugzeugen, 3 Aufsetzen, 3...4 Ausrollen (→Landerollstrecke), 0...4 gesamte erforderliche Landestrecke

2500 m betragen, wenn nicht mit der Steuerung entgegengewirkt wird. Automatische Höhenregler dämpfen die l. S. und stabilisieren damit die Flughöhe.

Längsachse: →Achsen des Luftfahrzeugs

Längsbewegung: Summe aus Translationsbewegung in der vertikalen Symmetrieebene des Fluggeräts und seiner Drehung um die Querachse. Von einer ungestörten L. spricht man, wenn der Flugzustand dabei unverändert bleibt, von einer gestörten L., wenn sich wesentliche Parameter aperiodisch oder periodisch ändern. Wichtige Formen der gestörten L. sind die →kurzperiodische oder Oszilatorschwingung (auch als *kleine L.* bez.) und die →langperiodische oder Phugoidschwingung (auch als *große L.* bez.).

Längsmoment: →Momente am Luftfahrzeug

Längsneigungsmesser: Gerät im Luftfahrzeug, das den Winkel zwischen der Längsachse und einer Bezugsebene mißt. Je nach Wahl der Bezugsebene unterscheidet man *Relativ-* und *Absolut-L.* Relativ-L. messen die Längsneigung gegenüber der Ebene, die auf dem (auf das Luftfahrzeug wirkenden) resultierenden Beschleunigungsvektor senkrecht steht. Relativ-L. sind Pendel oder Flüssigkeiten in U-förmig gebogenen Rohren. Absolut-L. messen die Längsneigung gegenüber der Horizontalebene. Ein Absolut-L. ist der →künstliche Horizont.

Längspfettenbauweise: Art der →Schalenbauweise. Anordnung von →Pfetten vorzugsweise in Längsrichtung zur Aufnahme von Druckkräften.

Längsstabilität: Stabilität eines Luftfahrzeugs in bezug auf Drehmomente um die Querachse. Man unterscheidet *Anstellwinkel-* und *Geschwindigkeits-* oder *Staudruckstabilität.* Anstellwinkelstabilität ist vorhanden, wenn eine zufällige Änderung des Anstellwinkels (z. B. durch eine Böe) ohne Eingreifen des Flugzeugführers solche Momente um die Querachse hervorruft, die die Anstellwinkeländerung beseitigen. Staudruckstabilität ist vorhanden, wenn eine zufällige Änderung der Fluggeschwindigkeit Momente um die Querachse hervorruft, welche die Geschwindigkeitsänderung beseitigen. Voraussetzung für die Staudruckstabilität ist die Anstellwinkelstabilität. Beide werden natürlicherweise durch Lage des → Neutralpunkts hinter dem Schwerpunkt des Flugzeugs sowie durch Vorhandensein bestimmter Dämpfungsflächen (Tragflügel, Flossen des Höhenleitwerks) gewährleistet, können aber künstlich mit Hilfe des Höhenruders gesichert werden. → Stabilität, → Momente am Luftfahrzeug

Längssteuerbarkeit: → Steuerbarkeit

Längssteuerung: → Steuerung

Langstreckenluftverkehr: → Luftverkehr im Entfernungsbereich über 3000 km Streckenlänge. Verschiedentlich wird die untere Grenze des Langstreckenbereichs auch mit 1500 sm (2780 km) angegeben; die obere Grenze ist durch die Einsatzreichweite der Langstreckenflugzeuge gegeben. Luftverkehr auf kürzeren Strecken wird dem → Mittelstreckenluftverkehr oder dem → Kurzstreckenluftverkehr zugeordnet.

Lanzpreis der Lüfte: 1908 durch den Industriellen Dr. *Karl Lanz* (Mannheim) zur Förderung der Fliegerei in Deutschland gestifteter Preis, der an folgende Bedingungen gebunden war: Das Flugzeug mußte von der 100 m langen Startlinie zwei 11000 m voneinander entfernte Marken umfliegen, davon die zweite Marke im entgegengesetzten Drehsinn wie die erste, und dann zur Startlinie zurückkehren, die 500 m entfernt parallel zur Verbindungslinie der Marken lag. Es mußte von einem Deutschen konstruiert, in allen seinen Teilen in Deutschland hergestellt sein und von einem Deutschen geführt werden. Den ersten Preis (40000 M) gewann am 30. Okt. 1909 → *Grade*. *Behrend* gewann am 29. April 1910 den zweiten (7000 M), *Dorner* am 11. Juli 1910 den dritten (3000 M), *Jeannin* am 6. Aug. 1910 den vierten (2000 M), *von Heidenreich* am 15. Okt. 1910 den fünften (1500 M) und *R. Eyring* am 13. Dez. 1910 den sechsten Preis (1000 M). Half Prof. → Schütte finanziell beim Luftschiffbau.

Lärmminderungsverfahren: Folge von festgelegten Flugbewegungen, die geeignet sind, die auf dichtbesiedelte Gebiete in der Nähe von Flugplätzen auftreffende Lärmemission zu verringern. Für den Start benutzt man in der Regel Verfahren, die mit relativ spätem Einsatz der Landeklappe arbeiten, so daß das Flugzeug über einer kurzen horizontalen Distanz eine möglichst große Flughöhe erreicht. Für die Landung versucht man Verfahren einzuführen, die ein möglichst spätes Fahren von Landeklappe und Fahrwerk ermöglichen, damit das Flugzeug lange in Reiseflugkonfiguration bei leerlaufenden Triebwerken verbleibt. Zu diesen Maßnahmen kommt noch die Verlegung von An- und Abflugwegen, so daß diese möglichst nicht über dichtbesiedelten Gebieten verlaufen.

Larnaca, City-Code **LCA:** intern. Flughafen der Republik Zypern seit der Schließung des Flughafens Nikosia. 34°52′42″ n. Br., 33°37′48″ ö. L., Höhe 2 m. 8 km von Larnaca entfernt gelegen. Eine Start- und Landebahn mit 2700 m × 45 m. Moderne Funk- und Navigationsausrüstungen. Jahresverkehrsleistung 1988: 2,23 Mill. Fluggäste

Laserentfernungsmesser: Anlage der militärischen Luftfahrzeug-Ausrüstung. Ein mit der Impulsfrequenz von 1 bis 20 Hz modulierter Infrarot-Laser strahlt in Richtung auf das Ziel. Aus der Zeitdifferenz zwischen Abstrahlung und Empfang des rückgestreuten Impulses läßt sich die Entfernung zum Ziel feststellen. Der L. ist häufig mit dem → Laserzielbeleuchter in einer Anlagenkombination vereinigt.

Laserkreisel: → Kreisel

Laserzielbeleuchter: Anlage der militärischen Luftfahrzeug-Ausrüstung. Die Strahlung eines Infrarot-Lasers wird auf das zu bekämpfende Ziel gerichtet. Die auf das Ziel abgefeuerte Lenkwaffe oder die Zielsucheinrichtung der Rohrwaffe faßt das vom Ziel rückgestreute infrarote Licht auf und steuert die Waffe so, daß die «beleuchtete» Stelle getroffen wird.

Laserzielsuchkopf: Teil einer Lenkwaffe, die vom Ziel gestreute Signale des → Laserzielbeleuchters verfolgt.

Lastensegler Jak-14, UdSSR (Nachkriegszeit)

Lastensegler: seit etwa 1925 für militärische Transportzwecke entwickeltes großes Gleitflugzeug (bis zu 50 t Abflugmasse) zur Beförderung von Truppen, Waffen, Geräten, Nachschub. Der L. wurde von 1 oder 2, meist mehrmotorigen Flugzeugen in die Nähe des Ziels geschleppt und landete dann nach dem Ausklinken dort. L. wurden im zweiten Weltkrieg von Deutschland, Großbritannien, den USA und der UdSSR sowie Italien und Japan eingesetzt, danach mehr und mehr von modernen Transportern und Hubschraubern verdrängt.

Lastfall: svw. → Belastungsfall.

Lastigkeit: Charakteristik des Längsgleichgewichts eines Flugzeugs, die durch die Lage des Schwerpunkts zum Auftriebsmittelpunkt bei Höhenruder in Nullstellung bestimmt wird. Fallen beide zusammen, so herrscht *Gleich-L.* Liegt der Schwerpunkt vor dem Auftriebsmittelpunkt (das Flugzeug will «auf den Kopf gehen»), spricht man von *Kopf-* oder *Bug-L.*, im umgekehrten Fall von *Heck-* oder *Schwanz-L.* Um *Gleich-L.*, d. h. eine stabile Fluglage zu erreichen, muß ein kopflastiges Flugzeug durch Höhenruderausschlag nach oben, ein schwanzlastiges durch Höhenruderausschlag nach unten ausgetrimmt werden. Der Ruderausschlag vergrößert den Widerstand; deshalb wird eine gute Lastverteilung angestrebt. Bei sehr großer Kopf- und Schwanz-L. ist eine zusätzliche Belastung des Rumpfendes bzw. -buges nötig. Alle Motorflugzeuge sind in dem Maße buglastig konstruiert, daß sie bei Ausfall des Triebwerks aus dem Geradeausflug selbsttätig in den Gleitflug übergehen.

Lastvielfaches: dimensionslose gerichtete Größe, die das Verhältnis zwischen der Summe aus Luft- und Schubkräften und der Gewichtskraft bzw. zwischen der allgemeinen Beschleunigung eines Fluggeräts und der Fallbeschleunigung darstellt:

$$\vec{n} = \frac{\vec{F}_L + \vec{F}_S}{F_G} = \frac{\vec{F}_R}{F_G} = \frac{m\vec{a}_R}{mg} = \frac{\vec{a}_R}{g}$$

wobei

F_L Luftkraftresultierende
F_S Gesamtschubkraft
F_G Gewichtskraft
F_R Resultierende der äußeren Luft- und Schubkräfte
a_R die durch F_R verursachte Gesamtbeschleunigung und
g die Fallbeschleunigung ist.

Das L. wird gewöhnlich in Komponentenschreibweise verwendet, wobei die gebräuchlichsten vereinfachten Formen (Schiebwinkel Null, Schubkraft entlang des Geschwindigkeitsvektors) im geschwindigkeitsfesten Koordinatensystem abgeleitet werden können:

$$n_x = \frac{F_S - F_W}{F_G}$$

$$n_y = \frac{F_A}{F_G} \quad \text{(nach ISO } n_z\text{)}$$

$$n_z = \frac{F_Z}{F_G} \approx 0 \quad \text{(nach ISO } n_y\text{)}$$

wobei

F_S Schubkraft
F_W Widerstandskraft
F_A Auftriebskraft
F_Z Seitenkraft

Latécoère: Typenbez. für Flugzeuge der französischen Firma Société Industrielle d'Aviation Latécoère, 1919 von *Pierre L.* (1882–1943) gegr. Spezialisierte sich auf den Bau großer Flugboote. Zu den bekanntesten gehörten: Aufklärungsboote L-38 (1933) und L-611 «Achernar» (1940) sowie die Bombenflugboote L-302 (1935) und 582 (1935). L. baute aber auch 1motorige Marineflugzeuge, so 1939 die Late 299. 1939 wurde die Firma mit dem Konzern → Bréguet vereinigt. Sie entstand 1948/51 nochmals unter dem alten Namen.

Lateinamerikanische Kommission der Zivilluftfahrt, Abk. **LACAC:** 1970 gegr. regionale zwischenstaatliche Organisation von 20 luftfahrtbetreibenden lateinamerikanischen Staaten. Das Aufgabengebiet der LACAC umfaßt alle mit der zivilen Luftfahrt lateinamerikanischer Staaten verbundenen Fragen, z.B. Flugnavigation, Sicherheit und Ordnung in der zivilen Luftfahrt, Taufe und Namen ihrer Bildung sowie Bestätigung, Passagier- und Frachtbeförderung, Bedingungen für Serviceleistungen auf regionaler Ebene, Probleme der Geldverrechnung. Ihr Ziel ist eine abgestimmte Politik und die Koordinierung der Handlungen ihrer Mitglieder zum Schutz der eigenen Interessen sowie der Förderung, Entwicklung und Vervollkommnung des Luftverkehrs in Lateinamerika; Zusammenarbeit mit der → ICAO.

Läufer: Bez. für das rotierende Hauptbauteil von Gasturbinenwerken, meist bestehend aus Verdichter- und Turbinenrotor.

Laufrad: 1. Bez. für das rotierende Bauelement einer Verdichter- oder Turbinenstufe. – **2.** Rad. → Fahrwerk

Laufschaufel: hochbeanspruchtes Bauelement des → Laufrades von Verdichtern und Turbinen mit einem bestimmten Profil, das einer möglichst verlustarmen Umwandlung von mechanischer Arbeit in Druckenergie (Verdichter) oder Wärme- bzw. kinetischer Energie in mechanische Arbeit (Turbine) dient. L. der ersten Turbinenstufen moderner Gasturbinentriebwerke werden häufig durch Luft gekühlt.

Laufverfolger, engl. *Tracer:* internat. vereinheitlichtes Formular des → kommerziellen Verkehrs, mit dem bei eingetretenen Unregelmäßigkeiten im Luftfrachttransport der Lauf (Transportweg) einer → Frachtsendung mit dem Ziel der Wiederauffindung der Partie bzw. der Feststellung des Orts, an dem sie oder Teile davon (einzelne Frachtstücke) verloren ging, verfolgt wird. Von den 3 Exemplaren des L. verbleibt eins in der Versandabfertigung, während 2 den Umladestationen entlang dem Transportweg nacheinander zugestellt werden.

Laufzahl: Turbinenkennwert, Verhältnis zwischen Umfangsgeschwindigkeit der Laufschaufel und absoluter Zuströmgeschwindigkeit zur Laufschaufel. Gleichdruckturbine: optimale L. = 0,5, Überdruckturbine: optimale L. = 1.

Lavaldüse: → Düse

Lautalphabet: in der internat. Luftfahrt seit 1. März 1956 gültiges Merkwortalphabet für den Flugfunksprechverkehr, das von der Flugsicherungskommission der ICAO ausgearbeitet wurde, um Schwierigkeiten im internationalen Luftverkehr zu vermeiden.

A	Alpha	N	November
B	Bravo	O	Oscar
C	Charlie	P	Papa
D	Delta	Q	Quebec
E	Echo	R	Romeo
F	Foxtrott	S	Sierra
G	Golf	T	Tango
H	Hotel	U	Uniform
I	India	V	Victor
J	Juliett	W	Whisky
K	Kilo	X	X-ray
L	Lima	Y	Yankee
M	Mike	Z	Zulu

Semjon Lawotschkin

Lawotschkin, *Semjon Alexejewitsch:* sowjetischer Flugzeugkonstrukteur, geb. 29. Aug. (11. Sep.) 1900 Smolensk, gest. 9. Juni 1960 Moskau, 1944 Generalmajor der Flieger (Ing.), Korrespondierendes Mitglied der Akademie der Wissenschaften. – Ab 1918 in der Armee. Absolvierte 1927 die Moskauer Technische Hochschule. Im → OKB → *Tupolew* an der Serienvorbereitung des ersten sowjetischen Bombers ANT-4/TB-1 beteiligt, nach 1929 im ZAGI tätig. 1935 wurde er Chefkonstrukteur in der Luftfahrtindustrie, ab 1939 Leiter eines Konstruktionsbüros. 1940 entwikkelte er das hervorragende Jagdflugzeug LaGG-1 (La = *Lawotschkin*, G = *Gorbunow*, G = *Gudkow*), später eine verbesserte und mit Zusatztanks versehene Ausführung unter der Bezeichnung LaGG-3. Eine Weiterentwicklung mit stärkerem, luftgekühltem Motor wurde ab 1942 als La-5 in großer Serie gebaut und ständig weiter verbessert (La-7, La-9, La-11). Während des Kriegs verließen 6528 LaGG-3, 10000 La-5 und 5753 La-7 die Werkhallen. Bereits 1945

Lawotschkin La-5

Lawotschkin La-15

Lawotschkin La-250

begann L. mit der Konstruktion von TL-Flugzeugen mit Pfeilflügeln. Nach dem Erstflug 1947 entstand aus diesem Versuchsmuster der TL-Jäger La-15. L. wurde 2mal als Held der sozialistischen Arbeit sowie jeweils 4mal mit dem Staatspreis und dem Leninorden ausgezeichnet. Seine letzte Konstruktion war das Überschall-Versuchsjagdflugzeug La-250. Eine Maschine dieses Typs ist heute Exponat im Museum der sowjetischen Luftstreitkräfte in Monino.

Lawrentjew, *Michail Alexejewitsch:* sowjetischer Mathematiker und Hydrodynamiker, geb. 1900. 1931/41 und ab 1951 Professor an der Universität Moskau, Leiter des Lehrstuhls für Mathematik am Institut «W. A. Steklow» der Akademie der Wissenschaften der UdSSR, 1939/48 Direktor des Intituts für Mechanik der Akademie der Wissenschaften. Hervorragende wissenschaftliche Ergebnisse erzielt er auf den Gebieten der Mathematik, Physik und bes. der Hydrodynamik.

L_{BLOCK}: Symbol für Blockstreckenlänge.

LC-Post: → Luftpost

Leasing, Leasingvertrag (engl. für Mietung, Mietvertrag): → Charter, Charterung

Lebenszeit eines Luftfahrzeugs, Symbol t_L: Gesamtzeit (h) oder kalendermäßige Zeit (Jahre, Monate), während der ein Luftfahrzeug vom Beginn seiner Luftfahrttauglichkeit bis zur endgültigen Luftfahrtuntauglichkeit zugelassen und für den Luftverkehr/Flugbetrieb zur Verfügung steht. Sie setzt sich aus der *Einsatzzeit* (t_E) und der *Standzeit* (t_S) zusammen: $t_L = t_E + t_S$.

Le Bourget: ältester der 3 Pariser Flugplätze, 1977 aufgelöst. Veranstaltungsort einer in regelmäßigem Turnus stattfindenden internationalen Luftfahrtausstellung (seit 1909 «Pariser Luftfahrtsalon»), der ältesten und größten Luftfahrtausstellung der Welt. Seit 1963 Bezeichnung «Internationaler Salon der Luft- und Raumfahrt», findet gegenwärtig alle 2 Jahre statt. L. B. ist auch Standort des französischen Luftfahrtmuseums.

Leduc: Typenbez. für französische Versuchsflugzeuge mit Staustrahltriebwerken, die von der Firma *René Leduc et Fils* konstruiert wurden. Die bekanntesten Konstruktionen sind Leduc 010 (1947), 021 (1953) und 022 (1957).

Lee: die dem Luftstrom abgewandte Seite von Hindernissen (z. B. Gebirgszüge, Küstenstreifen, Waldgebiete). Im L. wird der Luftstrom nach unten abgelenkt und verwirbelt. → Rotor, → Luv, → Leewelle

Leerlauf: 1) bei *KTW* – geringste Kurbelwellendrehzahl, bei der das Triebwerk bei kleiner Luftschraubensteigung gerade noch gleichmäßig arbeitet, etwa 600 U/min; 2) bei *Einwellen-PTL* – geringste Drehzahl des Triebwerksrotors bei kleiner Luftschraubensteigung, von der aus noch eine sichere Beschleunigung auf Nenndrehzahl möglich ist, L.-Drehzahl etwa 80 % der Nenndrehzahl; 3) bei *TL* – geringste Drehzahl des Triebwerksrotors (bei ZTL des Hochdruckrotors), von der aus noch eine sichere Beschleunigung möglich ist, L.-Drehzahl etwa 70 % der Nenndrehzahl.

Leermasse: Summe der Massen (in kg) von Zelle (Flugwerk), Triebwerk und ständiger Ausrüstung. → Abflugmasse

Leertankmasse, *Brennstoffnullmasse:* Summe von Rüstmasse und max. Nutzmasse. Die Differenz von L. zur Startmasse kann durch Brennstoff aufgefüllt werden. → Zero Fuel Weight

Leewelle: im Lee von Bergen oder Gebirgen auftretende quasistationäre wellenförmige Auf- und Abwindfelder. Wird ein quer zur Strömungsrichtung liegendes Gebirge angeströmt, so kommt es unter bestimmten Voraussetzungen zur Bildung stationärer atmosphärischer Wellen, den L. Die über das Gebirge hinwegströmende Luft wird durch das Gebirge angehoben und sinkt hinter ihm wieder ab, so daß eine *Grundwelle* entsteht, die sich durch den ständig wirkenden Störimpuls zu einer Wellenschwingung aufschaukelt (Abwechselung von *Wellenbergen* und *Wellentälern*). Hinter dem Gebirge schwächt sich die Wellenbewegung allmählich ab. L. wurden noch in über 90 km Höhe beobachtet. – Im aufsteigenden Luftstrom der L. kommt es durch Kondensation bei ausreichendem Wasserdampfvorrat zur Bildung von linsen- oder fischförmigen Wellenwolken (*Moazogot*-Wolken). Während die Wolke im aufsteigenden Ast der Welle ständig neu gebildet wird, löst sie sich im absteigenden Ast immer wieder auf. Sie bleibt daher ortsfest.

Die von der Windgeschwindigkeit abhängige *Länge* der L. liegt zwischen 3 und 50 km (bei 10...20 m/s Windgeschwindigkeit 5...10 km Wellenlänge). I. allg. nimmt die Wellenlänge mit der Höhe zu, während die *Amplitude* abnimmt.

Begünstigend für die Ausbildung von L. wirkt ein dem Hauptkamm leeseitig vorgelagerter (gewöhnlich niedriger) Gebirgszug im Abstand einer oder des Vielfachen einer Wellenlänge. Eine derartige Konfiguration schafft gleichzeitig günstige Voraussetzungen für die Bil-

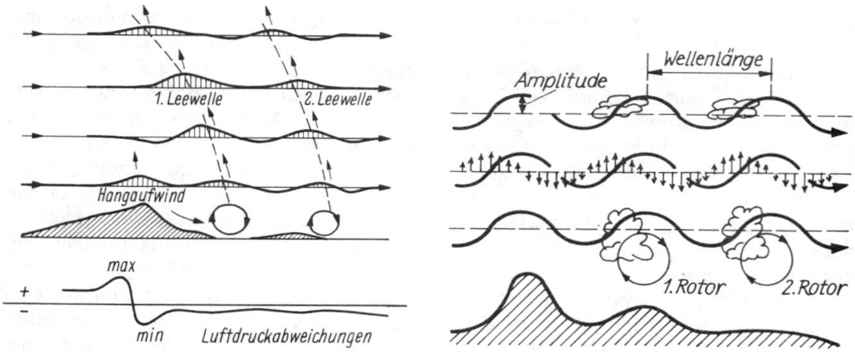

schematische Darstellung der Leewellen

dung von *Rotoren* (im Lee des Gebirges auftretende Wirbel mit horizontaler Achse). Sie entstehen unter den Wellenbergen durch die von den L. hervorgerufenen Luftdruckschwankungen. Meist liegen mehrere Rotoren hintereinander. Ist die im Rotor aufwärts bewegte Luft feucht genug, so bilden sich an seiner Oberseite (Vorderseite) walzenförmige Wolken *(Rotorwolken)*. – L. werden von Segelfliegern für *Wellensegelflüge* ausgenutzt, wobei beachtliche Höhen erreicht werden können. L. treten zu allen Jahreszeiten auf, werden im Sommer durch die Konvektion aber meist zerstört, so daß Okt. bis März die günstigsten Monate für L.-Segelflug sind. *Wellenstreckenflüge* größerer Reichweite sind in Wellenfluggeländen möglich, wenn dem Hauptkamm leeseitig weitere Gebirgszüge vorgelagert sind und die L. im Zusammenhang mit einem *Strahlstrom* stehen. Abgesehen von der Turbulenz in der Rotorströmung, ist die L. für den Segelflug meist ruhig (turbulenzfrei). Bei schnellen Flugzeugen verursachen die Auf- und Abwindfelder jedoch → *Turbulenz*, die um so stärker ist, je größer die Fluggeschwindigkeit und je kürzer die Wellenlänge der L. bzw. der den L. überlagerten kurzen Wellen ist. Zerfaserte Ränder von L.-Wolken sind oft Anzeichen von Turbulenz.

Leichtbau: i. w. S. Methode, um technische Probleme bei optimalem Verhältnis zwischen Masse und Ökonomie zu lösen; i. e. S. Prinzip der Produktion technischer Erzeugnisse in ausgewählten Industriezweigen (z. B. Luftfahrzeugbau, Raumfahrttechnik), die bei geringster Masse die fortschrittlichsten physikalisch-technischen Arbeitsprinzipien realisieren und höchste Leistungsparameter aufweisen. Der L. wird vorwiegend durch die Bereiche Entwurf, Dimensionierung und Fertigung gesichert, wobei es u. a. gilt, nach neuartigen Bauweisen zu suchen, hochfeste bzw. Werkstoffe geringerer Dichte einzusetzen, die optimale Auslasltung der Bauelemente durch genauere Berechnungen und Versuche zu sichern, die Schwingungsempfindlichkeit der Konstruktion zu mindern und Spannungsspitzen zu vermeiden.

Leipzig, *Flughafen Sachsen GmbH, Schkeuditz,* City-Code **LEJ:** internat. Flughafen, besondere Bedeutung als Messe-Flughafen, 51° 24′ 54″ n. Br., 12° 13′ 48″ ö. L., Höhe 142 m. 12 km westlich von Leipzig entfernt gelegen. 1 Start- und Landebahn mit 2 500 m × 60 m. Verkehrsaufkommen 1989 0,3 Mill. Fluggäste. Moderne Funk- und Navigationsausrüstungen.

Leistung: physikalischer Begriff, Quotient aus Arbeit und Zeit. Für geradlinige Bewegung: Produkt aus Kraft und Geschwindigkeit, für Drehbewegungen: Produkt aus Drehmoment und Winkelgeschwindigkeit. Bei Flugzeugantriebsanlagen Unterscheidung zwischen innerer L. und äußerer L. *Innere L.:* die vom Triebwerk erzeugte L., bei KTW identisch mit der von der Kurbelwelle abgegebenen mechanischen L. (der Schub der Abgase ist sehr klein). Bei PTL ist die L. die Summe aus Wellen-L. und Differenz der kinetischen Energie der aus- und eintretenden Gasmasse pro Zeiteinheit, bei Luftstrahltriebwerken Differenz der kinetischen Energie der aus- und eintretenden Gasmasse pro Zeiteinheit (innere L. großer ZTL beträgt beim Start bis zu 40 000 kW). *Äußere L.:* bei allen Triebwerksarten das Produkt aus Schubkraft der gesamten Antriebsanlage und der jeweiligen Geschwindigkeit in Richtung der Schubkraft (äußere L. großer ZTL beträgt bei Reiseflug bis zu 15000 kW). Zum Vergleich von Triebwerken verschiedener Art und Größe kann sowohl die innere als auch die äußere L. auf bestimmte Größen bezogen werden (Masse, Stirnfläche, Hubvolumen, Luftdurchsatz, Brennstoffdurchsatz). Man erhält dann die jeweilige spezifische L. Bei Flugzeugtriebwerken Unterscheidung verschiedener L.stufen: 1) *Maximal-* oder *Start-L.:* beim Start max. innere L. (max. 5 min), bei Höchstgeschwindigkeit max. innere und äußere L. ohne Rücksicht auf den Brennstoffverbrauch. Triebwerk wird mit ca. 20% überlastet. 2) *Nenn-L.:* (etwa 30% der Gesamtbetriebszeit möglich) Auslegungs-L. Wird für Steigflug benutzt; bei geringer Startmasse und ausreichender Länge der Startbahn auch Start mit Nenn-L. möglich. 3) *Dauer-L.:* (ohne Zeitbegrenzung) wird für Steig- oder Reiseflug mit erhöhter Geschwindigkeit benutzt. Etwa 75% der Nenn-L. 4) *Reise-L.:* (ohne Zeitbegrenzung) günstiger Betriebszustand bei Reiseflug bzgl. Beanspruchung, Brennstoffverbrauch und Laufzeit für eine bestimmte Flugstrecke. Etwa 50...70% der Nenn-L., beim Flug mit Strahlflugzeugen in großer Höhe über 90% der Höhennenn-L. Günstigste Reise-L. schwankt je nach Flughöhe, Flugstrecke und Beladungszustand in einem bestimmten Bereich. 5) *L. der größten Reichweite:* L.stufe mit dem geringsten Streckenbrennstoffverbrauch. 6) *Sparflug-L.:* L. mit dem geringsten stündlichen Brennstoffverbrauch bei Horizontalflug (größte Flugdauer); etwa 40% der Nenn-L. 7) *Äquivalente L.* bei PTL: gedachte Wellenleistung, die notwendig wäre, um den Gesamtschub eines PTL aus Luftschraubenschub und Schubdüsenschub nur mit der vorhandenen Luftschraube zu erzeugen; dient zum Vergleich von PTL und KTW bzgl. der Leistung.

Leistungsbelastung: für Flugzeuge mit Luftschraubenantrieb – Verhältnis von Abflugmasse zu Wellenleistung bei KTW bzw. zu äquivalenter Leistung bei PTL. Für TL-Flugzeuge wird als analoge Größe die Schubbelastung verwendet. – Verhältnis von Abflugmasse zu Startschub. Sportflugzeuge: 7...8 kg/kW; Hubschrauber: 4...7 kg/kW; PTL-Flugzeuge: 4...7 kg/kW; ZTL-Flugzeuge: 3,0...4,5 kg/daN; Überschallverkehrsflugzeuge: 1,5...2,5 kg/daN; TL-Jagdflugzeuge: 1,0...1,5 kg/daN.

Leistungsdiagramm: Diagramm, das den Vergleich der erforderlichen und der verfügbaren Leistung eines Fluggeräts unter konkreten Bedingungen (Flughöhe, Flugzustand) in Abhängigkeit von der Fluggeschwindigkeit ermöglicht. Unter erforderlicher Leistung versteht man die Leistung der Triebwerksanlage, die notwendig ist, um den gegebenen Flugzustand bei gegebener Höhe und Geschwindigkeit beizuhalten. Die verfügbare Leistung ist die unter den gegebenen Bedingungen max. erreichbare Leistung der Triebwerksanlage. Ein Flug mit konstanter Geschwindigkeit kann notfalls durch Drosseln der Triebwerksleistung hergestellt werden. Liegt die erforderliche über der verfügbaren Leistung, ist nur ein Flug mit Geschwindigkeitsminderung bzw. Höhenverlust möglich. Das L. wird im Unterschied zum → Schubkraftdiagramm vor allem für Flugzeuge mit Luftschraubenantrieb verwendet. → Flugregime

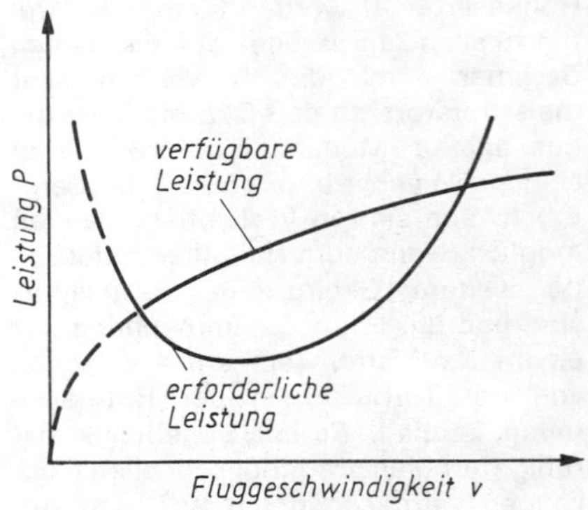

Leistungsdiagramm

Leistungsmasse, *Leistungsgewicht:* bei Flugzeugtriebwerken → Masse-Leistungsverhältnis.

Leistungssegelflugzeug: Segelflugzeug, das ein hohes Gleitverhältnis, günstige Geschwindigkeitsbereiche und Flugeigenschaften aufweist. L. werden vorwiegend bei Wettbewerben und Meisterschaften sowie für Rekordflüge eingesetzt. Man unterscheidet: L. der Standardklasse, max. Spannweite von 15 m als einzige Begrenzung (15-m-Klasse); L. der Standardklasse mit Beschränkungen, 15 m Spannweite, verboten sind u. a. auftriebserhöhende Vorrichtungen

SZD-37 «Jantar» (Polen)

SZD-43 «Orion» (Polen)

und Veränderungen des Tragflächenprofils; L. der offenen Klasse ohne jegliche Beschränkung. → Standardklasse

Leistungsverfahren: Verfahren zur Ermittlung von Flugleistungen für Flugzeuge mit Propellerantrieb durch Vergleich der verfügbaren mit der erforderlichen Leistung. → Leistungsdiagramm

Leistungszahl: 1. Maß zur Beurteilung des Klopfverhaltens von Brennstoffen für KTW; engl. Performance Number, Abk. PN. Der PN-Wert kennzeichnet die relative Motorleistung, die bei vorgegebenen Grenzen für Klopfintensität und thermischer Belastung im Prüfmotor mit dem Brennstoff im Vergleich zum Betrieb mit Isooktan, das den Wert PN = 100 zugesprochen erhielt, erreicht wurde. Versuchseinrichtung und Eichbrennstoffe entsprechen denen bei der Bestimmung der Oktanzahl. Es werden jedoch im Gegensatz zur Oktanzahlbestimmung dem Flugbetrieb besser angepaßte Versuchsbedingungen angewendet. Man untersucht den Brennstoff beim Betrieb mit brennstoffarmen, dem *Reiseflug* entspr. Gemischen und mit brennstoffreichen, dem *Steigflug* angepaßten Gemischen. Beide Untersuchungsbedingungen ergeben unterschiedliche PN-Werte, die zur Charakterisierung angegeben werden und häufig in der Brennstofftypenbez. enthalten sind. – **2.** Dimensionsloser Luftschraubenkennwert, gebildet aus dem Verhältnis von Luftschraubeneingangsleistung zu dem Produkt aus Luftschraubenfläche, Umfangsgeschwindigkeit der Blattspitzen der Luftschraube und Staudruck an den Blattspitzen der Luftschraube.

Leitrad, Leitapparat: Bez. für das stillstehende Bauelement einer Verdichter- oder Turbinenstufe.

Leitschaufel: Bauelement des → Leitrads mit einem bestimmten Profil, das einer möglichst verlustarmen Umwandlung von Wärme in kinetische Energie dient bzw. einer möglichst verlustarmen Umlenkung einer Strömung.

Leitstrahl: *Funknavigation* – durch elektromagnetische Wellen gebildete Vorgabe für einen Flugweg oder eine Flugrichtung. Die Art der Bildung eines L. kann unterschiedlich sein, z. B. durch Kombinationen von Modulationen und Antennendiagrammen oder auch nur durch Antennendiagramme.

Leitweg, Leitungsweg, engl. *Routing:* von Luftverkehrsunternehmen unter Beachtung von Wirtschaftlichkeit und Transportgeschwindigkeit im voraus getroffene Festlegung über mögliche Transportwege. L. enthält eine oder mehrere Flugstrecke(n), die von Flugreisenden oder für Frachtsendungen zwischen dem gewünschten Abgangs- und Zielflughafen bei Zahlung des gleichen veröffentlichten → Tansportpreises benutzt werden können. Die L. werden in → Flugroutenvorschriften zusammengefaßt.

Leitwerk: Hauptbaugruppe des Flugzeugs (Fluggeräts), die die Aufgabe hat, zusammen mit dem Tragflügel und dem Querruder (→ Tragwerk) die Stabilität und → Steuerbarkeit des Flugzeugs zu gewährleisten. Es besteht gewöhnlich aus dem Seiten- und Höhenleitwerk. Das *Seitenleitwerk* gewährleistet die Richtungsstabilität und -steuerbarkeit und bestimmt zusammen mit dem Tragflügel die Querstabilität und -steuerbarkeit. Das *Höhenleitwerk* dient der Längsstabilität und -steuerbarkeit. Konstruktiv bestehen Leitwerksteile entweder aus der Kombination von → Flosse und → Ruder oder aus einem → Flossenruder. Die L.-Formen sind sehr unterschiedlich. Für Flugzeuge hat sich das einseitige auf dem Rumpfheck oben aufgesetzte Seitenleitwerk aus einer

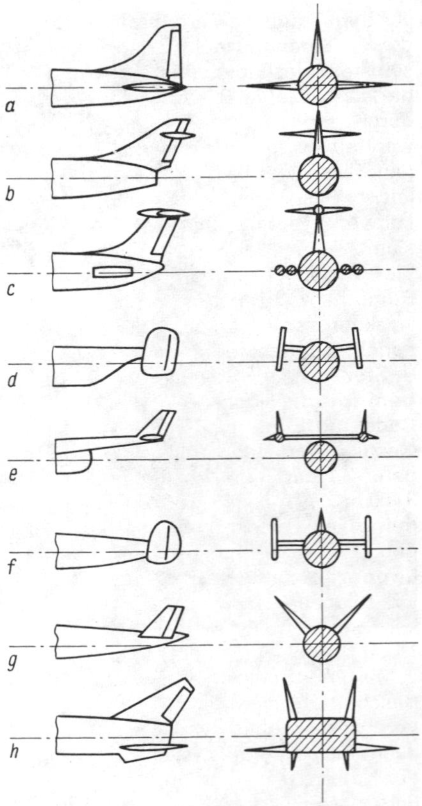

Beispiele für Aufbau und Form von Heckleitwerken: a einfaches Seitenleitwerk mit Höhenleitwerk am Rumpfheck (Il-18), b einfaches gepfeiltes Seitenleitwerk mit Höhenleitwerk in der Mitte des Seitenleitwerks (MiG-15), c einfaches, gepfeiltes Seitenleitwerk mit oben liegendem Höhenleitwerk (Il-62), d doppeltes Seitenleitwerk an den Enden der am Rumpf befestigten Höhenleitwerksflossen (An-22), e doppeltes Seitenleitwerk mit dazwischen liegendem Höhenleitwerk an 2 Rumpfbalken (Hawker Siddeley AW-66), f dreifaches Seitenleitwerk mit einfachem Höhenleitwerk als Kombination von a und b («Super Constellation»), g V-Leitwerk, bei dem Höhen- und Seitenleitwerk zu einer Einheit verschmolzen sind (Segelflugzeug A-15), h doppeltes Seitenleitwerk, auf dem Rumpf aufgesetzt, mit am Rumpf tiefliegend befestigtem Höhenleitwerk und Hilfsflossen unter dem Rumpfheck (MiG-25)

bzw. mehreren Flossen mit Klappenruder durchgesetzt. Das Höhenleitwerk befindet sich meist ebenfalls am Flugzeugheck, entweder unmittelbar am Rumpf oder am Seitenleitwerk (→ Drachenflugzeug.). Es kann sich aber auch vor dem Tragflügel am Rumpfbug befinden (→ Entenflugzeug), oder es fehlt als selbständiges Element überhaupt, wenn die Längsstabilität und -steuerbarkeit durch den Tragflügel ausreichend gewährleistet sind (→ Elevon). In einzelnen Fällen werden Höhen- und Seitenleitwerk zu einem sogenannten → V-Leitwerk vereint. Für Raketen haben sich L. in X- oder X-Form durchgesetzt, die entweder am Rumpfbug oder Rumpfheck zu finden sind. Die Konstruktion von L.flossen und Rudern entspricht derjenigen von Tragflügeln. → Steuerung, → Steuerwerk

Leningrad, *Flughafen Pulkowo,* City-Code **LED:** internat. Flughafen. 17 km westlich von Leningrad entfernt gelegen. 2 Start- und Landebahnen mit 3400 m × 70 m und 2500 m × 60 m. Moderne Funk- und Navigationsausrüstungen.

Leonardo da Vinci: italienischer Maler, Bildhauer, Baumeister, Mathematiker, Schriftsteller und Forscher, geb. 15. April 1452 Anchiano bei Vinci, gest. 2. Mai 1519 Schloß Cloux bei Amboise. Beschäftigte sich als genialer Künstler und Wissenschaftler der Renaissance auch mit experimentellen Grundlagen der Naturwissenschaften, der Mechanik und des Flugwesens. Projektierte in Form von Skizzen und Beschreibungen den Fallschirm und den Hubschrauber. Er baute auch kleine Heißluftballone, die erst wesentlich später wiederentwickelt wurden.

Leonardo-da-Vinci-Diplom: von der → Fédération Aéronautique Internationale 1970 eingeführtes Diplom, das jährlich einmal verliehen wird an Fallschirmsportler (Männer und Frauen), die eine der folgenden *Bedingungen* erfüllt haben: 1) mindestens 3mal hintereinander den Titel eines nationalen Meisters (Männer und Frauen) im Fallschirmsport erhielten; 2) mindestens 1mal den Titel eines absoluten Weltmeisters im Fallschirmsport (Männer und Frauen) und wenigstens 2mal den Titel eines kombinierten Meisters (Männer und Frauen) bei einem internationalen Fallschirmsportwettkampf erlangten; 3) wenigstens 2mal erfolgreich die Funktion eines Hauptschiedsrichters bei internationalen Wettkämpfen und wenigstens 1mal bei einer Fallschirmsport-Weltmeisterschaft ausübten; 4) wenigstens 3mal hintereinander die Funktion eines internationalen Schiedsrichters bei einer Fallschirmsport-Weltmeisterschaft ausübten; 5) wenigstens 3 Fallschirmsportweltrekorde aufstellten; 6) wenigstens 2mal die Funktion eines Wettkampfdirektors bei einem internationalen Fallschirmsportwettkampf und wenigstens 1mal bei einer Fallschirmsportweltmeisterschaft ausübten; 7) zum Ehrenpräsidenten der Internationalen Fallschirmsport-Kommission ernannt wurden; 8) wenigstens 10 Jahre hintereinander nationale Delegierte der Internationalen Fallschirmsport-Kommission waren und es noch sind. Nur 1 Diplom wird jährlich verliehen.

Lesnaja Awiazija (russ.): Forstfliegerei von → Aeroflot zum Überwachen des Waldbestands sowie zum Schutz vor Feuer eingerichtet.

LET: Flugzeugwerk der ČSFR in Kunovice, 1951 erbaut. Hier wurden die 2motorigen Reiseflugzeuge Aero-45, Aero-45 «Super Aero», Aero-145 und L-200 «Morava» hergestellt. 1953 Lizenzproduktion der Jak-11. Das Werk fertigte die Ganzmetallsegelflugzeuge L-13 «Blanik», das Landwirtschaftsflugzeug Z-37 «Čmelak» (Hummel) und den Strahltrainer L-29 «Delfin». In Produktion ist das Passagierflugzeug L-410. Vorbereitet wird der Bau des Nachfolgetyps L-610.

Letov: Typenbez. für Flugzeuge des ältesten tschechoslowakischen Flugzeugwerks, 1918 als Letadla Tovarna Vojenska gegr. Stellte zahlreiche Jagd-, Aufklärungs- und Schulflugzeuge her. Zu den bekanntesten zählen die Jagdflugzeuge S-20 (1928) und S-231 (1934) sowie die Schulflugzeuge S-218 (1927) und S-239 (1935). Nach der deutschen Okkupation mußte das Werk für die Hitlerwehrmacht produzieren. 1945 verstaatlicht und der Československe Závody Automobilove a Letesce angeschlossen.

Levasseur: Bez. für Wasserflugzeuge der französischen Firma Etablissements P. Levasseur, Paris. Zu den bekanntesten Flugzeugen gehören: P. L. 15 (Torpedoflugzeug, 1933) und P. L. 200 (Seeaufklärer, 1935).

LFG: Abk. für → **L**uft-**F**ahrzeug-**G**esellschaft.

Lfz: Abk. für → **L**uft**f**ahr**z**eug.

Li: Abk. für *Lisunow,* Typenbez. (Li-2) für den DC-3-Lizenzbau in der UdSSR (bis Sept. 1942 als PS-84 bezeichnet).

Gebaut wurden mehrere Tausend Li-2 in verschiedenen Versionen, so auch als bewaffnete Transporter und Hilfsbomber. Einige Maschinen versahen noch nach 40 Jahren ihren Dienst, so in der sowjetischen Polarluftflotte mit Schneekufen statt des Fahrwerks. Der Flugzeugkonstrukteur Boris Pawlowitsch Lisunow war mit dem Lizenzbau der Li-2 betraut.

Libellensextant: früher benutztes Gerät zum Messen der Gestirnshöhe bei der → astronomischen Navigation, in dem gleichzeitig das anzupeilende Gestirn und eine Flüssigkeitslibelle beobachtet wurden. Die Lage der Flüssigkeitslibelle gab bei der Beobachtung die Horizontalebene an.

Libyan Arab Airlines, Abk. **LAA:** staatliches libysches Luftverkehrsunternehmen, gegr. 1964 als Kingdom of Libya Airlines, seit 1969 unter der heutigen Bezeichnung firmierend. *Flugzeugpark* (1988): 6 Boeing 707, 10 Boeing 727, 14 Fokker F. 27, 3 Fokker F 28, 20 IL 76. Verkehrsdaten 1987: 1,52 Mill. beförderte Passagiere; 5400 t Fracht-tkm; 1,45 Mrd. Pkm; 125,5 Mill tkm Gesamtleistung. Hauptstrecken: Nordafrika, Europa.

Lichter: Kennlicht, → Lichterführung

Lichterführung: Kenntlichmachung von Position und Bewegungsrichtung eines Luftfahrzeugs durch Lichter. Dabei unterscheidet man *Positions-* und zusätzliche *Warnlichter.* Positionslichter sind rot-, grün- und weißleuchtend (als Dauer- oder Blinklicht). Luftfahrzeuge mit über 5700 kg Startmasse sollen Blinklichter führen. Die roten Positionslichter sind in Flugrichtung gesehen am Luftfahrzeug ganz links angebracht und müssen nach vorn links strahlen – die grünen ganz rechts, sie müssen nach vorn rechts strahlen. Das weiße Positionslicht ist möglichst weit hinten angebracht und strahlt entgegengesetzt zur Flugrichtung. Bei Blinklichtern ist zusätzlich zu den roten und grünen Positionslichtern noch je 1 weißes Blinklicht vorgeschrieben, das in der Nähe der beiden Positionslichter anzubringen ist und mit diesen abwechselnd aufleuchtet. Zu dem weißen Positionslicht ist zusätzlich ein rotes Blinklicht zu führen, das entgegengesetzt zur Flugrichtung strahlt. – Die Zahl der Lichtwechsel beträgt bei Blinklichtern 36...60/min. Die Lichtwechsel erfolgen bei allen Positionslichtern gleichzeitig. Zusätzliche Warnlichter erzeugen rote Lichtblitze, die aus allen Richtungen unter einem Winkel von ± 30° zur Horizontalebene sichtbar sind. – Die L. darf die Besatzungen anderer Luftfahrzeuge nicht blenden oder in anderer Weise behindern.

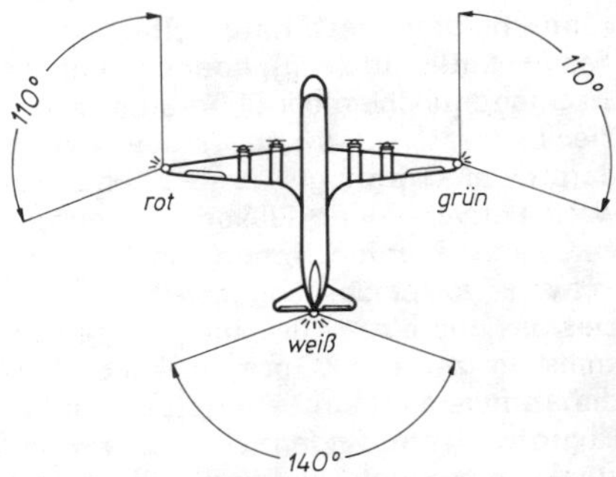

Anordnung der Positionslichter und Strahlungswinkel

Lichtlandeteppich: vorgeschlagenes System zur Verbesserung der optischen Landeanflugführung. Der L. entsteht durch eine am Anfang der Start- und Landebahn in der Hauptlanderichtung im Beton bodengleich eingebaute hochintensive Unterflurbefeuerung, die sich in Form eines Netzes von Lichtpunkten über die gesamte Breite der Bahn in einer Länge von 900 m erstreckt und bei Schlechtwetter oder bei Nacht wie ein Lichtteppich wirkt.

LIDAR: Abk. für **LI**ght **D**etection **a**nd **R**anging, Lichterfassung und Entfernungsmessung. Verfahren, die vom → Radar bekannten Signalverarbeitungsmaßnahmen auf die Arbeit mit Lichtwellen zu übertragen. Als Sender werden bei L. in der Regel Laser benutzt. L. können zur militärischen Verwendung (wie Radar) oder z. B. zur Kontrolle der Umweltverschmutzung eingesetzt werden. Geräte zur → Windscherungsmessung sind häufig L.-Anlagen.

Liefergrad: Kennwert von Kolbentriebwerken. Verhältnis der tatsächlich pro Arbeitsspiel angesaugten Luftmasse zur theoretisch möglichen Luftmasse. L. beträgt bei Motoren ohne Aufladung bei Vollast max. etwa 0,95.

Lignes Aériennes Farman: 1919 gegr. französische Luftverkehrsgesellschaft, gehört zu den Pionieren des Luftverkehrs. Erste internationale Luftlinie der Welt am 8. Febr. 1919 von Paris

(Toussus-de-Noble) nach London mit Farman «Goliath»; 1921 umbenannt in → Société Générale des Tansports Aériens.

Lignes d'Orient: 1927 gegr. französische Luftverkehrsgesellschaft zum Aufbau einer Luftverkehrsverbindung zwischen Frankreich und Indochina über das östliche Mittelmeer und Syrien (damals französische Kolonie). Die Gesellschaft fusionierte 1929 zur → Air Orient.

Ligroin: Mittelbenzin mit einem Siedepunkt zwischen 120 °C und 135 °C. Es wird neben Mineralöl, Alkohol und Erdöldestillaten als Dämpfungsflüssigkeit in → Kompassen benutzt, um die Schwingungen der Kompaßrose zu dämpfen.

Lilienthal: 1. *Gustav*, Ingenieur, geb. 9. Okt. 1849 Anklam, gest. 1. Febr. 1933 Berlin; erforschte mit seinem Bruder *Otto* die Grundlagen des Fliegens mit Luftfahrzeugen schwerer als Luft und unterstützte ihn bei seinen Flugzeugkonstruktionen. Er beschäfigte sich bis zu seinem Tod mit dem Bau eines motorgetriebenen Schwingenflüglers. – **2.** *Otto*, Flugpionier, geb. 23. Mai 1848 Anklam, gest. (abgestürzt bei Stölln-Rhinow) 10. Aug. 1896 Berlin; Ingenieur, Bruder von 1. Schon als Schüler studierte L. den Vogelflug und stellte in Versuchen den Vorteil des gewölbten Flügels fest. Gewerbeschüler, Ingenieurpraktikant, erforschte den Auf- und Vortrieb. Versuche an Umlaufgeräten, Modell- und Schlagflugzeugen. Aufgrund seiner Forschungen wendete er sich vom Schlagflügelprinzip ab. Hatte die Gesetze der Stabilität im Fluge erkannt und baute die ersten Gleitflugzeuge. 1891 flog er als erster Mensch 15 m weit mit einem Luftfahrzeug schwerer als Luft. Stürzte nach weiteren Gleitflügen bis zu 350 m tödlich ab. Seine Versuche vermittelten das erste gesicherte Wissen über das Fliegen. An seine Erkenntnisse knüpften die Brüder *Wright* u. a. Pioniere der Flugtechnik an. Hauptarbeit «Der Vogelflug als Grundlage der Fliegekunst» (1889). In seiner Heimatstadt Anklam gibt es ein L.-Museum. Mehrere L.-Gleiter sind Exponate bekannter Luftfahrtmuseen der Welt. An der Absturzstelle gibt es ein L.Denkmal.

Lilienthal-Medaille: von der → Fédération Aéronautique Internationale (FAI) alljährlich auf ihrer Generalkonferenz verliehene Auszeichnung für den im Vorjahr erfolgreichsten und verdienstvollsten Segelflieger. Die Auszeichnung wurde im Jahre 1938 erstmalig vergeben (Tadeuzs Gora, Polen).

Otto Lilienthal

Lilienthal-Gleitflugzeug

LIM: Abk. für poln. **L**icencyjny **m**ysliviec – Lizenzjagdflugzeug; Bez. für Jagdflugzeuge, die ab 1952 nach sowjetischen Lizenzen in Polen gebaut wurden. LIM-1: MiG-15; B LIM-1: MiG-15 Uti; LIM-2: MiG-15 bis; LIM-5: MiG-17 F; LIM-5 F: MiG-17 PF; LIM-5 M, LIM-6, LIM-6 bis: von der MiG-17 F abgeleitete Jagdbombenflugzeuge.

Lindbergh, *Charles Augustus:* US-amerikanischer Postflieger schwedischer Abstammung, geb. 4. Febr. 1902 Little Falls (Minnesota/USA); gest. 26. Aug. 1974 Mani (Hawaii); führte am 20./21. Mai 1927 in 33,5 h allein den ersten Nonstopflug von New York nach Paris (5 809 km) mit seinem Flugzeug Ryan NYP «Spirit of St. Louis» (mit 147-kW-Wright-Motor, NYP für New York–Paris) durch. L. vertrat die faschistische Ideologie (er sympathisierte mit den deutschen Faschisten) und wurde deshalb von *F. D. Rossevelt* scharf kritisiert. 1940 Hauptsprecher der faschistischen Bewegung des «American First Committee» («Amerika über alles») und 1941 gegen den Kriegseintritt der Vereinigten Staaten von Amerika. Während des Kriegs Berater der Ford-Werke (für den Lizenzbau der B-24) sowie der → United Aircraft Corporation (bei den Vought-Sikorsky-Werken mit Forschungs- und Entwicklungsauftrag für Marine-Jagdbomber). 1944 auf dem pazifischen Kriegsschauplatz; flog als Zivilist die F. 4 U-1 «Corsair» in Kampfeinsätzen gegen die Japaner. Erforschte nach der Kapitulation Hitlerdeutschlands im Frühjahr 1945 im Auftrag der «Technischen Marinemission für Europa» den damaligen Entwicklungsstand der Flugzeug- und Raketenrüstung Deutschlands. Unternahm dabei Anstrengungen, Spezialisten aus der zukünftigen sowjetischen Besatzungszone in den amerikanischen Machtbereich zu schleusen, so ehemalige Junkers-Mitarbeiter in Dessau. Bis zur Kapitulation Japans Berater bei United Aircraft. Danach über 1 Jahrzehnt militärische Tätigkeiten (Projekt des Heereszugamtes an der Universität Chicago, Berater des Luftwaffenstaatssekretärs in Washington, bei der Reorganisation des SAS, dann in der Air Force sowie im Pentagon in Ausschüssen für Ballistik und Raketenwesen). Seit 1954 Brigadegeneral.

Linea Aérea Del Cobre Ltda., Abk. **LADECO:** privates Luftverkehrsunternehmen Chiles, gegr. 1958 *Flugzeugpark:* 2 Boeing 727, 5 DC-6, 1 Beech «Baron». Verkehrsdaten: 255 000 beförderte Passagiere (davon 216 000 Inlandpassagiere); 337 Mill. Pkm; 36,8 Mill. tkm Gesamtleistung. Hauptstrecken: Inlandflugverkehr.

Ling-Temco-Vought Incorporated: USA-Konzern mit Sitz in Dallas (Texas). Die Tochtergesellschaft LTV Aerospace

Lindberghs Flugzeug

Ling-Temco-Vought LTV A-7

Corporation fertigt (seit 1977 Vought Corporation) das Marinejagdbombenflugzeug A-7 «Corsair II» sowie Teile der S-3A «Viking». Außerdem produzierte der Konzern Raketen, Ausrüstungen für die Luft- und Raumfahrt, Lenkwaffen, elektronische Geräte sowie andere Ausrüstungen der Streitkräfte.

Liniendienst: → Linienflugverkehr

Linienflüge: Flüge im → Linienverkehr

Linienflugplan, Verkehrslinienflugplan: → Verkehrsflugplan

Linienflugverkehr, *Linienluftverkehr, Linienflugdienst, Fluglinienverkehr, Fluglinienverkehr, Flugliniendienst,* engl. *Scheduled Service:* Leistungsbereich im → Luftverkehr. Bez. für den Teil des → Luftverkehrs, der planmäßig (regelmäßig, zu bestimmten Zeiten), nach vorher veröffentlichten (Flug-)Plänen und Bedingungen, Preisen usw. von Luftverkehrsunternehmen zur öffentlichen Beförderung von → Fluggästen, → Luftfracht und → Luftpost auf festgelegten Flugstrecken unternommen wird. Der L. ist die wichtigste Verkehrsart im Luftverkehr. Luftverkehrsgesellschaften, die ausschließlich L. durchführen, werden als Liniengesellschaften bezeichnet.

Liniengesellschaft: Luftverkehrsunternehmen (-gesellschaft), (-betrieb), das ausschließlich → Linienflugverkehr betreibt.

Linienlänge, *Fluglinienlänge:* 1) *allgemein* – Distanz (Entfernung) zwischen 2 Orten (Stationen) eines Verkehrsnetzes, über die als planmäßige Verkehrsverbindung auf einem festgelegten Transportweg Tansportmittel zur Bedienung einer bestimmten Linie (→ Verkehrsverbindung) eingesetzt werden. 2) *Fluglinienlänge* – neben der entspr. Anwendung nach 1) für die Länge einer → Fluglinie wird 2) der Begriff L. verwendet für die entfernungsmäßige Ausdehnung (Navigationskilometer) aller von einer Luftverkehrsgesellschaft betriebenen Verkehrsverbindungen (→ Fluglinie). Die Gesamtfluglinienlänge (auch mit *Fluglíniennetzlänge* bezeichnet) umfaßt (im Gegensatz zur → Flugstreckenlänge) bei mehreren, auf denselben Strecken eingerichteten Fluglinien die jeweiligen Streckenabschnitte mehrfach. Die Gesamtlinienlänge ist somit zumindest gleich, meist aber größer als die Gesamtstreckenlänge. Die Fluglíniennetzlänge ohne die dublierenden Abschnitte ist gleich der Flugstreckennetzlänge (soweit nicht stillgelegte/nicht benutzte Streckenabschnitte in die Berechnung eingehen). Die *mittlere Fluglinienlänge* wird als Quotient aus der Länge aller Fluglinien des Unternehmens und der Anzahl der Fluglinien ermittelt.

Liniennetz: → Flugliniennetz

Link-Trainer, *Flugtrainer:* ältere Einrichtung zum Üben des Instrumentenflugs und der Schlechtwetter- Landeverfahren am Boden, die von dem österreichischen Orgelbauer *Link* erfunden

Link-Trainer im Luftfahrtmuseum Prag-Kbely

wurde. Die Ausbildung im L. war unabhängig vom Wetter und von unvorhergesehenen Ereignissen und billiger als im Flugzeug. Der L. bestand aus der Nachbildung einer Flugzeugführerkabine mit allen Steuereinrichtungen und Bordgeräten sowie mehreren Motoren, die die Kabine entspr. den Steuerbewegungen des Schülers drehen und kippen. Der L. ist eine einfache Form des → Simulators.

Lioré et Oliver, Abk. **LeO:** Typenbez. für Flugzeuge der französischen Firma Société Anonyme des Etablissements Lioré et Olivier, 1906 gegr., ab 1918 Bau eigener Typen. Spezialisierte sich auf den Bau schwerer Flugzeuge, vor allem von Bombern. Zu den bekanntesten gehörten die Bomber LeO 20 (1932), LeO 45 (1937) und das Aufklärungs-Amphibium LeO H 232 (1933). Nach der Verstaatlichung der Rüstungsindustrie (1936) gemeinsam mit den Firmen Marcel Bloch (→ Dassault) und → Blériot Zusammenschluß in der Gruppe Sud-Ouest. → Sud-Aviation

Lippisch, *H. Alexander Dr.:* deutscher Flugzeugkonstrukteur, 1894–1976. Experimentierte 1928 auf der Wasserkuppe mit schwanzlosen Segelflugzeugen, die der Raketenpionier Opel mit Pulverraketen ausstattete. L. spezialisierte sich auf Segler und Flugzeuge nach dem Enten-Prinzip (→ Entenflugzeug). Er war auch an der Entwicklung des Raketenflugzeugs Me 163 beteiligt. Zu seinen bes. Leistungen zählt die systematische Erforschung der Probleme des Nurflügels. Ein Ergebnis vieler Modellversuche ist das Nurflügel-Segelflugzeug «Storch» mit 6,6-kW-Motor und Druckschraube, das 125 km/h Geschwindigkeit erreichte. L. entwickelte die schwanzlosen Flugzeuge zum Deltaflügler weiter. Später stellte sich heraus, daß diese Form aus aerodynamischen Gründen bes. für Flugzeuge im Schallbereich günstig ist. L. beschäftigte sich außerdem mit Schwingenflugzeugen.

LIS: Abk. für Licencyjny Silnik – Lizenztriebwerk, Bez. für Strahltriebwerke, die nach sowjetischen Lizenzen in Polen gebaut wurden. LIS-2A: WK-1 der MiG-15bis (LIM-2); LIS-5: WK-1A (LIM-5). → LIM

Lissabon: *Flughafen Lissabon International,* City-Code **LIS:** wichtigster internationaler Flughafen Portugals, 38° 46′ 24″ n. Br., 09° 08′ ö. L., Höhe 114 m. 7 km nördlich des Stadtzentrums gelegen. 2 Start- und Landebahnen mit 3 805 m × 45 m und 2 400 m × 45 m. Jahresverkehrsaufkommen 1988 3,64 Mill. Fluggäste. Moderne Funk- und Navigationsausrüstungen.

Literleistung: → Hubraumleistung

Ljulka, *Archip Michailowitsch:* Pionier des sowjet. Strahltriebwerkbaus, geb.

24. März 1908 Sawarka bei Kiew. Absolvierte 1931 in Kiew das Polytechnikum, danach Arbeit im Turbogeneratorenwerk/Charkow und 1933/39 am Luftfahrtinstitut dieser Stadt. Begann 1934 mit Entwürfen für TL, ab 1937 eigenes Kollektiv für die Entwicklung von Triebwerken. Entwickelte bis 1940 erstes experimentelles Strahltriebwerk RD-1 (Reaktiwni Dwigatel) mit Axialverdichter und Ringbrennkammer für 700 daN Schub, das jedoch durch den Überfall Deutschlands auf die UdSSR nicht praktisch erprobt werden konnte. L. arbeitete während des Krieges in verschiedenen Forschungs- und Konstruktionseinrichtungen. Konstruierte 1943/44 das Strahltriebwerk S-18 (1 250 daN Schub); nach dessen 2jähriger Erprobung entstand 1945 das Triebwerk TR-1 (1 300 daN Schub). Ab 1958 Doktor der Technischen Wissenschaften und Professor, ab 1960 Korrespondierendes Mitglied der Akademie der Wissenschaften der UdSSR. Generalkonstrukteur für Flugzeugtriebwerke. Staatspreisträger (1948 und 1951), Held der sozialistischen Arbeit (1957), Leninorden.

L_{LV}: Symbol für die tarifmäßige Entfernung zwischen Flughäfen (km).

LN: Kurzbez. für → Air Liban.

Load Sheet: → Ladungsnachweis

Localizer: → Landekurssender

Lockheed Aircraft Corporation: USA-Luft- und Raumfahrtkonzern mit Sitz in Burbank (Kalifornien). 1916 gegr. als Loughead Aircraft Manufacturing Co. (von den Brüdern *Allan* und *Malcolm Loughead*), 1926 umbenannt in Lockheed Aircraft Co. 1941 wurde die 1937 gegr. Vega Aircraft Corporation aufgekauft und 1943 mit L. verschmolzen. Neben dem Großraumflugzeug L-1011 «Tri Star», dem militärischen Transportflugzeug C-5A, dem Kampfhubschrauber AH-56A baute der Konzern U-Boot-Lenkwaffen Poseidon, Lenkwaffen, Raketenmotoren, Raketen, elektronische Ausrüstungen usw. 1976 waren 55 000 Angestellte von L. im Flugzeugbau beschäftigt. Produziert wurden: Fernaufklärer SR-71A, U-Bootsuchflugzeuge P-3 «Orion» und S-3A «Viking», Passagierflugzeug L-1011 verschiedener Modifikationen, Transporter «Hercules» und C-141B sowie «Jetstar II».

Archip Ljulka

Lockheed YC-141B

Lockheed Jet Star II

Loftleidir H/F, Icelandic Airlines: private isländische Luftverkehrsgesellschaft mit Sitz in Reykjavik. Sie wurde im März 1944 gegr. *Flugzeugpark:* 3 DC-8. Hauptstrecken: Europa und Nordamerika.

Loginow, *Jewgeni Fedorowitsch:* sowjetischer Luftmarschall, geb. 10. (23.) Okt. 1907 Helsingfors (Helsinki), gest. 7. Okt. 1970 Moskau. – Ab 1923 Arbeiter in einem Leningrader Werk. Ab 1926 Ausbildung in einer Fliegerschule der Luftstreitkräfte. Im Krieg Kommandeur einer Fliegerdivision, später eines Fliegerkorps. Generaloberst; ab 1954 Chef der Hauptverwaltung der Zivilen Luftflotte → Aeroflot und ab 1964 Minister für Luftfahrt; 1968 Luftmarschall, Leninorden 1963 und 1968. Ab Mai 1970 im Ministerium für Verteidigung.

Loire: Typenbez. für Flugzeuge der französischen Firma Société des Constructions Aéronautiques de Loire. 1918 gegr., 1935 mit → Nieuport zur Firma Ateliers Chantiers de la Loire Nieuport vereinigt. 1937 von der Volksfront verstaatlicht. Baute vor allem Militärflugzeuge. Zu den bekanntesten gehörten: Jagdflugzeuge Loire 46 C-1 (1935) und Loire 250 (1935), Bombenflugboot Loire 70 (1934) und Aufklärer Loire 130 (1935).

Lokaltarif, engl. *Local Fare:* in der Anwendbarkeit territorial begrenzter → Tarif (meist nur → Tansportpreis) im Fluggastverkehr; Tarif der (nur) für eine bestimmte, auf einem Flugabschnitt (→ Beförderungspapiere) des Flugscheins dokumentierte Flugstrecke (Abschnitt der Flugreise) gilt. Bestehen für die gleiche Flugstrecke noch andere Tarife (z. B. → Durchgangstarif, → Anschlußtarif), ist der L. nur unter Beachtung festgelegter Einschränkungen anwendbar.

London, City-Code **LON:** 1) *Flughafen Gatwick,* City-Code **LGW.** Internationaler Flughafen, 51° 09′ 12″ n. Br., 00° 11′ 24″ w. L., Höhe 62 m. 46 km südlich von London gelegen. 2 Start- und Landebahnen mit 3 159 m × 46 m und 2 565 m × 46 m. Jahresverkehrsaufkommen 1988 20,8 Mill. Fluggäste. Moderne Funk- und Navigationsausrüstungen. – 2) *Flughafen Heathrow,* City-Code **LHR.** Wichtigster internationaler Flughafen Großbritanniens und bedeutendster internationaler Flughafen der Welt, 51° 28′ 12″ n. Br., 00° 27′ 06″ w. L., Höhe 24 m. 21 km westlich von London gelegen. 3 Start- und Landebahnen mit 3 902 m × 45 m, 3 658 m × 45 m und 2 357 m × 45 m. Jahresverkehrsaufkommen 1988 37,5 Mill. Fluggäste. Moderne Funk- und Navigationsausrüstungen.

Long Range Accuracy System: → LORAC

Long Range Navigation, Abk. **Loran:** Langstrecken-Navigationsverfahren. → Loran-Anlagen

Looping: → Kunstflugfiguren

LORAC: Abk. für engl. **L**ong **R**ange **Ac**curancy System, genaues Langstrecken-(Navigations-)System. Früher übliches Funkortungsverfahren, dessen Standlinien Hyperbeln waren. Es beruht auf der Phasendifferenzmessung bewegter Hyperbeln im Mittelwellenbereich.

Loran-Anlagen: Einrichtungen zur Langstreckennavigation – insbes. über See. Von 2 i. allg. 400...800 km voneinander entfernten Sendern werden Impulse, die einander zeitlich fest zugeordnet sind, abgestrahlt. Zwischen den Sendern und dem Empfänger im Flugzeug haben die Impulse verschiedene Laufzeiten. Bei konstanter Ausbreitungsgeschwindigkeit für elektromagnetische Wellen entspricht der Zeitunterschied zwischen dem Eintreffen des ersten und zweiten Impulses dem Laufwegunterschied. Da die Hyperbel der geometrische Ort für alle Punkte ist, die von 2 Punkten – den Brennpunkten – die gleiche Entfernungsdifferenz besitzen, ergeben sich Hyperbeln mit den Loran-Stationen als Brennpunkten, wenn alle Orte mit dem gleichen Laufzeitunterschied miteinander verbunden werden. Die Laufzeitunterschiede maß man bei den ersten Anlagen an Bord entweder durch eine Impulsverschiebung von Hand bei Anzeige auf einer Katoden-

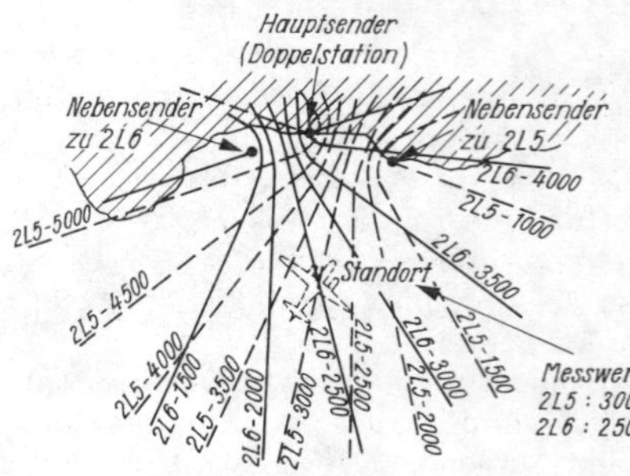

Loran-Kette mit 2 Stationspaaren (2L5 und 2L6)

strahlröhre oder später mittels automatisch arbeitender elektronischer Anlagen. Zur Auswertung der Messung und zur Standortbestimmung ist eine Karte mit eingedruckten Hyperbeln erforderlich. L. gibt es auch in der Schiffart. Ein Teil der Loran-Bordanlagen wurde außer Betrieb gesetzt. Ihre Aufgaben übernahm das System → Omega.

Lorenz-Blindlandeverfahren: 1934 in Europa eingeführtes Instrumentenanflug-Verfahren, das rechts vom Sollkurs eine Strich- und links eine Punktzone mittels spezieller, getasteter Antennen herstellte. Auf dem Sollkurs war ein Dauerstrichsignal zu empfangen. Zur Gleitwegführung benutzte man die Linien konstanter Feldstärke. Die Entfernungsinformation vom Aufsetzort ergab sich aus der Feldstärke des UKW-Signals und beim Überflug von Einflugzeichen.

Lorin-Düse: → Staustrahltriebwerk

Löschflugzeug: Flugzeug, das zur Wald- und auch Feldbrandbekämpfung reines oder mit Chemikalien (Netzmittel, Schaumbildner u. ä.) versetztes Wasser konzentriert im Tiefflug abwirft. Die hohe Bekämpfungsgeschwindigkeit, Schlagkraft und gute Annäherung insbes. an Brandherde bei Entstehungsbränden soll die Brandschäden verringern. Meist werden dazu → Agrarflugzeuge benutzt. Die eingebauten Behälter werden bei stehendem Flugzeug gefüllt. Mehrzweckhubschrauber nutzen in der Regel Außenlastbehälter, die entweder ebenfalls am Boden mittels Pumpen gefüllt werden oder aber selbstaufnehmend sind (Hubschrauber schwebt mit angehängtem Behälter über Wasseroberfläche). Größere Flugzeuge, meist Wasserflugzeuge, die im Tiefflug über Gewässern das Löschwasser aufnehmen können, finden seit etwa 1953 insbes. in westlichen Ländern (USA, Kanada, Frankreich) und in der UdSSR Anwendung; sie werden auch als Wasserbomber bezeichnet.

LOT: Abk. für → Polskie Linie **Lot**nicze.

Loth-System: französisches Instrumenten-Anflugverfahren der 30er Jahre, das als Antennen 20 konzentrische, in die Erde verlegte Kabel benutzte, an die eine niederfrequente Wechselspannung gelegt wurde. Über dem Flugplatz entstand auf diese Weise ein elektromagnetisches Feld, das als Informationsträger für eine Landung benutzbar war.

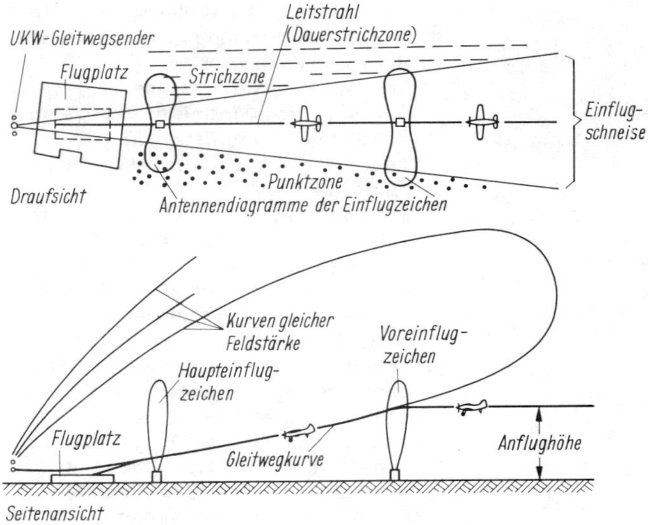

Prinzipskizze des Lorenz-Blindlandeverfahrens

Die äußeren Ringkabel lieferten ein starkes Feld, dessen außen liegender Teil die Annäherungszone bildete. Der äußere Ring war mit D (–..) getastet, der innere mit U (..–). Die inneren Ringkabel besaßen I (..)-Tastung. Im Anflug mußte bei Empfang der D-Tastung (Außenkomponente) die Anflughöhe eingenommen werden. Ein Dauerstrichsignal informierte über den Überflug der äußeren Ringkabel. Bei Empfang der U-Tastung war der Endanflug zu beginnen. Die Höheninformation ergab sich aus der Feldstärke der I-Tastung.

Lotkreisel: → Vertikalkreisel

Lotse: **1.** Angehöriger des → Bodenpersonals auf → Flughäfen, der startende Flugzeuge beim Anlassen der Triebwerke und beim Rollen zum Start sowie gelandete Flugzeuge von der → Rollbahn zum → Standplatz einweist. Zur Erhöhung ihrer Beweglichkeit benutzten die L. bes. gekennzeichnete und mit Funk ausgerüstete Lotsenfahrzeuge. → «Follow-me» Fahrzeuge. – **2.** Angehöriger der → Flugsicherung, der insbes. die im Nahverkehrsbereich des je-

Prinzipskizze des Loth-Systems

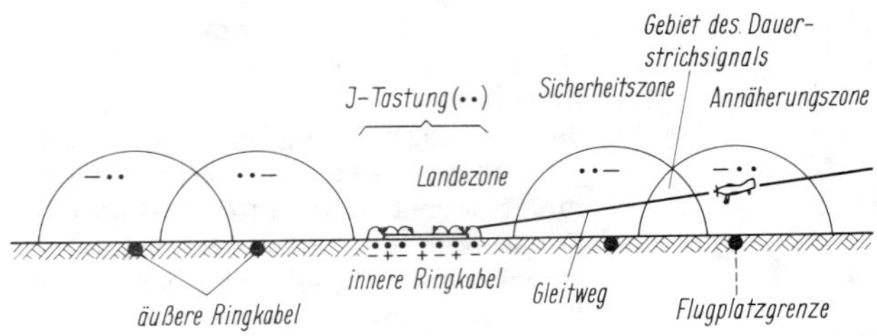

weiligen Flughafens befindlichen Flugzeuge bei Landung und Start über Sprechfunk einweist.

Lotsenfahrzeug: → Lotse

Louis-Blériot-Medaille: → Fédération Aéronautique Internationale

Low-Drag-Approach: → Lärmminderungsverfahren

Loxodrome, *Kursgleiche:* Verbindungslinie zwischen 2 Punkten auf der Erdkugel, die jeden Meridian unter dem gleichen Winkel schneidet. Sie ist also die Kurve eines gleichbleibenden Kurses, d. h. beim Fliegen auf der L. braucht man im Unterschied zur → Orthodrome den Kurs nicht zu ändern, muß jedoch einen größeren Weg in Kauf nehmen, was aber bei kürzeren Flugstrecken wegen der leichteren Navigation unbedeutend ist. Auf Nord-Süd-Kurs fallen L. und Orthodrome zusammen, auf Ost-West-Kurs ist der Unterschied zwischen beiden am größten. Durch den Einsatz von digitalen Navigationsrechnern, die mit dem Flugregler gekoppelt sind, ergeben sich aus der Benutzung der L. bei modern ausgerüsteten Flugzeugen keine navigatorischen Vorteile mehr.

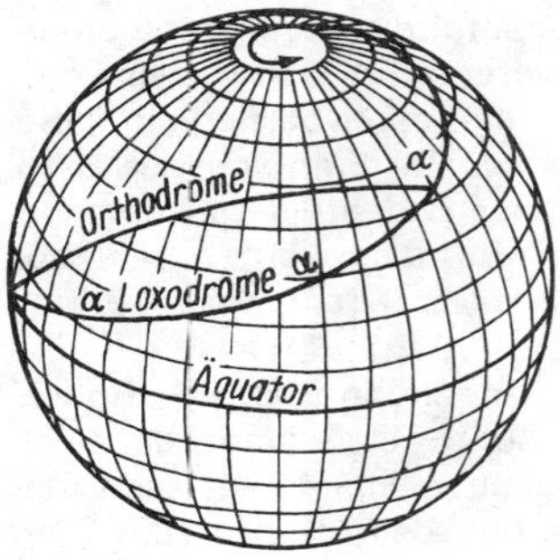

Großkreis und Loxodrome

LS: Abk. für → **L**uft**s**chutz, → **L**asten**s**egler oder → **L**uft**s**chiff.

LSK: Abk. für → **L**uft**s**treit**k**räfte.

LTV: Abk. für → **L**ing-**T**emco-**V**ought Incorporated.

Lubelska Fabryka Samolotow: älteste polnische Flugzeugfabrik, nach dem ersten Weltkrieg unter dem Namen E. Plage und T. Laśkiewicz gegr. Produzierte ab 1920 italienische Ansaldo und französische → Potez in Lizenz. Nach der Verstaatlichung baute das Werk (umbenannt in Lubelska Wytwornia Samolotow, → LWS) Flugzeuge polnischer Konstrukteure. Zunächst erhielten alle Flugzeuge die Typenbezeichnung Lublin (z. B. Seeaufklärer Lublin R-XIII, 1930, und Sanitätsflugzeug Lublin R-XVIbis, 1936), später LWS (z. B. LWS «Mewa» und LWS «Czapla»).

Luft: ein die Erde umgebendes Gemisch verschiedener Gase. Zusammensetzung und Eigenschaften der Luft sind für die Luftfahrt (Aerodynamik/Flugmechanik und Antriebsmaschinen) von ausschlaggebender Bedeutung.

Zusammensetzung der Luft in %

	Volumenanteil	Masseanteil
Sauerstoff	21	23,2
Stickstoff	78	75,5
Argon	0,9	1,3

Weiterhin sind in Spuren enthalten: Kohlensäure, Neon, Wasserstoff und Helium. Je nach Temperatur und relativer Luftfeuchtigkeit enthält die L. eine bestimmte Menge Wasserdampf. Die prozentuale Zusammensetzung bleibt bis zu einer Höhe von etwa 20 km konstant. *Eigenschaften:* durch Stoffwerte charakterisiert, die teilweise abhängig sind von Druck, Temperatur und relativer Feuchte.

Für 0 m Höhe gelten:

Druck
1,013 bar

Dichte
1,2255 kg/m^3 (+15 °C)

Schallgeschwindigkeit
341 m/s (+15 °C)

Gaskonstante
28,7 daNm/kg grd; oder 287 Nm/kg grd.

Adiabatenexponent
1,40

dynamische Zähigkeit
16,19.10^{-6} Ns/m^2 (−20 °C);
18,15.10^{-6} Ns/m^2 (+20 °C)

relative Zähigkeit
11,6.10^{-6} m^2/s (−20 °C);
15,1.10^{-6} m^2/s (+20 °C)

Luftabblaseklappen, *Luftablaßklappen:* von bes. Reglern gesteuerte Klappensysteme an → Eingangsteil und → Verdichter von Gasturbinentriebwerken zur Verhinderung → instabiler Betriebszustände.

LUFTAG: Abk. für Luftverkehrsbedarfs-Aktiengesellschaft. → Deutsche Lufthansa AG

Luftangriff: Angriff von Flugzeugen auf Erdziele. Als *massierten L.* bezeichnet man einen Angriff auf ein bestimmtes Erdziel durch eine große Anzahl von

Luftkampfmitteln, entweder gleichzeitig oder in dicht aufeinanderfolgenden Einsätzen.

Luftangriffsoperation: mehrere Luftangriffe nach einheitlichem Plan zum Lösen bestimmter Aufgaben. Daran können 1 oder mehrere Gattungen der Fliegerkräfte selbständig oder im Zusammenwirken mit anderen Teilstreitkräften oder Waffengattungen teilnehmen.

Luftarmee, *Luftflotte:* für bestimmte operative oder strategische Zwecke zeitweilig je nach den zu lösenden Aufgaben aus mehreren Fliegerkorps bzw. -divisionen zusammengestellter oder ständiger Verband der Luftstreitkräfte. Die organisatorische Form entstand im Verlauf des zweiten Weltkriegs. Die UdSSR verfügte damals über 17 Luftarmeeen der Front- und 1 der Fernfliegerkräfte. → ADD

Luftaufklärung: Aufklärung aus der Luft durch alle Teile der Luftstreitkräfte, bes. aber der Aufklärungsfliegerkräfte in Form von Luftbeobachtung, Luftbildaufklärung, Infrarotaufklärung und Aufklärung mit Hilfe funktechnischer Mittel im Interesse aller Teilstreitkräfte. Je nach ihrer Aufgabe unterscheidet man strategische, operative und taktische L. → Aufklärungsflugzeug

Luftbedarf: wichtiger Kennwert «luftatmender» Flugzeugtriebwerke, der Masse, Bauvolumen und Stirnwiderstand von Triebwerken wesentlich beeinflußt. *Ziel der Entwicklung:* Erzeugen einer möglichst hohen äußeren → Leistung mit einer möglichst geringen Luftmenge. L. wird angegeben in kg/s und ist abhängig von Drehzahl, Leistung, Höhe und Geschwindigkeit. Spezifischer L. ist der Luftdurchsatz, bezogen auf die Wellenleistung bei KTW, auf die → äquivalente Leistung bei PTL, auf den Schub bei TL (Durchsatzschub). Die 3 Werte sind nicht direkt untereinander vergleichbar. Bei KTW wird nur der Verbrennungs-L. berücksichtigt, der Kühl-L. dagegen nicht. Bei Gasturbinentriebwerken wird der Gesamt-L. berücksichtigt. KTW haben etwa 0,001 4 kg/s Verbrennungs-L. je kW innere Leistung; Gasturbinentriebwerke etwa 0,004 kg/s Gesamt-L. je kW innere Leistung bei hohen Turbineneintrittstemperaturen. Der Luftbedarf der Gasturbinentriebwerke ist auch in Tab. PTL, ETL und ZTL dargestellt.

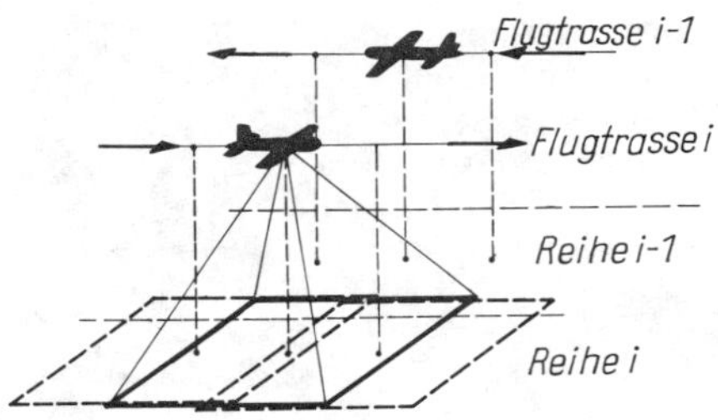

Aufnahmeanordnung bei der Luftbildaufnahme (reihenweise Befliegung)

Luftbild: fotografisches Bild eines Teils der Erdoberfläche, das i. allg. im Rahmen eines → Bildflugs mit speziell dafür eingerichteten Kammern von Luftfahrzeugen (Flugzeug oder Hubschrauber) aus aufgenommen wurde. Das typische Aufnahmegerät für L. ist die *Luftbildmeßkammer* für fotogrammetrische Aufgaben. Das *Steilbild* mit einer → Bildneigung von genähert 0° ähnelt hinsichtlich seiner Geometrie einer topographischen Karte. Es weist bei nahezu ebenem Gelände einen fast einheitlichen Maßstab auf. Das *Schrägbild* gibt eine anschaulichere Darstellung des Geländeabschnitts, ist aber vordergrundbetont und besitzt keinen einheitlichen Maßstab. Die Aufnahme von *Einzelbildern* eng begrenzter Objekte (Werbeaufnahmen, Postkartenaufnahmen u. a.) spielt eine untergeordnete Rolle. Meist werden L. reihenweise mit einer bestimmten Längs- und Querüberdeckung aufgenommen, um die vorgegebenen Teile der Erdoberfläche lükkenlos zu erfassen. Eine Längsüberdekkung von etwa 60% ermöglicht eine stereoskopische Betrachtung der sich überdeckenden *L.-Paare* bzw. des entstehenden optischen Modells. Die fotogrammetrische Auswertung (→ Fotogrammetrie) der L. erfolgt entweder durch → *Entzerrung*, → *Differentialentzerrung* oder → *Stereoauswertung.* Das Haupteinsatzgebiet der L.auswertung sind die Kartenherstellung und die Ableitung der Raumkoordinaten diskreter Objektpunkte für Zwecke der Verkehrswegeprojektierung, Liegenschaftsdokumentation, Massenermittlung u. a. Darüber hinaus haben L. auch für die geographische, geologische, hydrologische, bodenkundliche, land- und forstwirtschaftliche sowie archäologische Forschung und Praxis Bedeutung, da sie einen ausgezeichneten Einblick in die räumliche Gliederung des aufgenommenen Geländes geben und auf ihnen

Luftbild, aufgenommen mit Luftbildmeßkammer MRB 15/2323 durch BEL-Fotop, Tielt/Belgien. Objektiv Larnegon Pl 14,5/150, ungefährer Maßstab 1:5000

funktionale Zusammenhänge und Erscheinungen sichtbar werden, die bei einer terrestrischen Begehung nicht oder nur sehr schwer zu erkennen sind. Besonders wichtig sind L. ferner für die → Luftaufklärung im militärischen Bereich. Die Auswertung des L. für die genannten Aufgaben bezeichnet man als → Luftbildinterpretation. – Als fotografisches Aufnahmematerial für L. werden panchromatisch oder infrarot sensibilisierte Einschichtenfilme, Farbfilme oder die aus 2 oder 3 für unterschiedliche Spektralbereiche sensibilisierten Schichten aufgebauten Spektrozonalfilme verwendet (→ Falschfarbenfotografie). Als Aufnahmegeräte für L. werden neben den Reihenmeßkammern Handkammern, → Panoramakammern, Streifenkammern und → Multispektralkammern eingesetzt.

Luftbildinterpretation: wissenschaftlich-technische Methode zum Erfassen

Interpretoskop von Carl Zeiss JENA

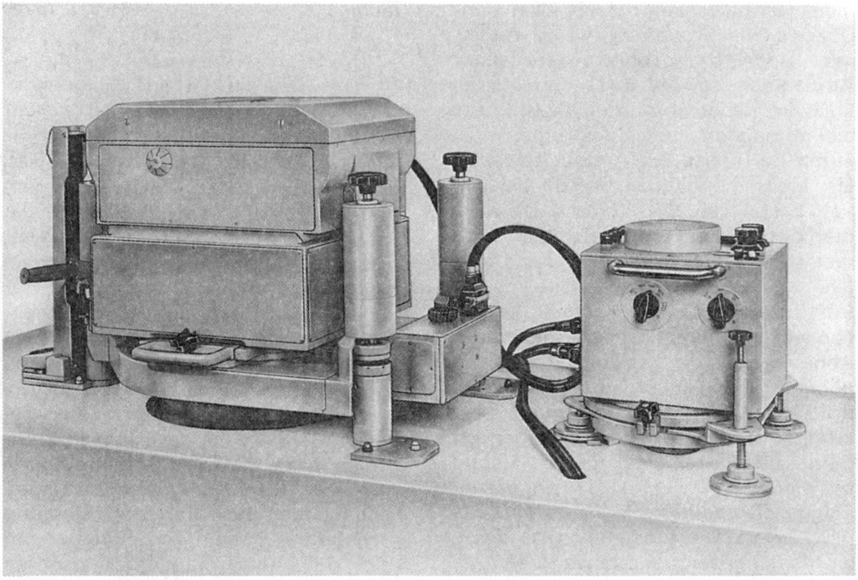

Luftbildmeßkammer MRB 15/2323 von Carl Zeiss JENA

der in einem → Luftbild enthaltenen Informationen über natürliche oder künstliche Merkmale der aufgenommenen Erdoberfläche auf der Grundlage qualitativer und quantitativer Analysen, logischer Kombination und individueller Erfahrung des Auswerters. Für die stereoskopische Betrachtung der Luftbilder werden spezielle Geräte, wie das INTERPRETOSKOP von der Firma Carl Zeiss JENA eingesetzt.

Luftbildmeßkammer: Spezialkamera für die Aufnahme von Luftbildern zum Zweck der fotogrammetrischen Auswertung (→ Fotogrammetrie) bzw. für Aufnahmen der → Luftbildinterpretation. Eine L. zeichnet sich durch eine exakt definierte und bekannte Zuordnung des Projektionszentrums zur Bildebene sowie einen automatisch ablaufenden Kammerzyklus des Transports, des Planlegens und der Belichtung des fotografischen Materials aus. Als Aufnahmematerial wird nahezu ausschließlich Film verwendet. Jede L. besteht im Prinzip aus Kammerkörper, Kassette, Kammeraufhängung und Steuergerät. Der Kammerkörper verbindet das abbildungsfehlerfreie Objektiv starr mit dem die Bildebene definierenden Anlegerahmen. Er enthält außerdem die Antriebsmechanismen für den Filmtransport sowie die Einrichtungen für das pneumatische Planlegen des Filmmaterials im Moment der Belichtung. Der temperaturunabhängige Drehscheibenverschluß besitzt einen hohen Lichtwirkungsgrad und erlaubt Belichtungszeiten zwischen $^1/_{50}$ s und $^1/_{1000}$ s. Der Anlegerahmen enthält vier, meist in den Mitten der Formatseiten angeordnete Rahmenmarken, die das für die fotogrammetrische Auswertung erforderliche Bildkoordinatensystem definieren. Die auf den Kammerkörper aufsetzbaren Rollfilmkassetten besitzen eine Kapazität von 60 bis 120 m Filmmaterial. Die Aufhängevorrichtung stellt die Verbindung zwischen Kammer und Flugzeug her. Sie soll die von den Triebwerken verursachten Vibrationen der Flugzeugzelle weitgehend abfangen und außerdem die gewünschte Ausrichtung der Aufnahmeachse und die Berücksichtigung der Abdrift ermöglichen. Die L. ist deshalb horizontierbar und azimutal drehbar in der Aufhängung gelagert. Die Bedienung erfolgt vom Steuergerät aus, das an einer beliebigen Stelle im Flugzeug angeordnet sein kann. Durch manuelles Abstimmen der Geschwindigkeit bewegter Wandermarken und der Richtung der Kurslinie mit dem auf einer Feldlinse vorüberziehenden Bild des überflogenen Geländeabschnitts wird die gewünschte Längsüberdeckung der Luftbilder eingestellt und die Abdrift berücksichtigt. Das übliche Bildformat von L. beträgt 23 cm × 23 cm. Entspr. der Größe des Bildwinkels 2α unterscheidet man Normalwinkel-, Weitwinkel- und Überweitwinkelkammern. Die modernen Hochleistungsobjektive erlauben Aufnahmen sowohl im sichtbaren als auch im nahen infraroten Bereich des elektromagnetischen Spektrums. – Die Firma Carl Zeiss JENA stellt folgende, als Meßreihenbildner (MRB) bezeichnete L. her (Tab. S. 425 unten). Die Kammerkonstante entspricht bei L. im allgemeinen etwa der Brennweite des Objektivs.

Luftdaten-Rechner: Rechner, der die von verschiedenen Gebern gelieferten Angaben über die das Luftfahrzeug umgebende Luft (→ Luftwerte), z. B. Luftdruck, Lufttemperatur, Staudruck, verarbeitet und Informationen über die barometrische Höhe, wahre Fluggeschwindigkeit (→ TAS), angezeigte Fluggeschwindigkeit (→ IAS), Machzahl usw. liefert. Die Ausgangswerte des L. werden angezeigt und in weiteren Anlagen (Flugregler, Navigationsrechner usw.) verarbeitet.

Luftdichte: Verhältnis der Masse Luft zu dem von ihr eingenommenen Raum. Bei 15 °C und 1 013,25 hPa enthält 1 m³ 1,225 kg Luft. Die L. nimmt ebenso wie der Luftdruck mit der Höhe logarithmisch ab. → ICAO-Standard-Atmosphäre

Luftdruck: aerostatischer Druck der unter dem Einfluß des Schwerefeldes der Erde befindlichen Luft. Die Messung des L. geschieht i. allg. durch *Kräftevergleich*, indem man die Kraft einer vom Niveau der Druckmessung bis zur Obergrenze der Atmosphäre reichenden Luftsäule auf ihre Unterlage mit derjenigen einer *Quecksilbersäule* gleichen Querschnitts auf ihre Unterlage vergleicht. Im Meeresniveau hält der Luftsäule von 1 m² Querschnitt eine Quecksilbersäule gleichen Querschnitts von etwa 0,76 m Höhe das Gleichgewicht. Die Quecksilbersäule übt auf ihre Unterlage bei 0 °C und Normalschwere entspr. der Beziehung *Druck = Kraft/Fläche* einen Druck von $0{,}76\,m^3 \cdot 13\,595{,}1\,kgm^{-3} \cdot 9{,}806\,65\,ms^{-2}/m^2 = 1{,}013\,250 \cdot 10^5\,N/m^2 = 1{,}013\,250 \cdot 10^5\,Pa = 1\,013{,}250\,hPa$ aus. Gegenwärtig wird neben der SI-Einheit *Pascal* (Pa) in der Meteorologie noch die SI-fremde Einheit *Bar* (bar) bzw. ihr 1 000. Teil – *Millibar* (mbar) – verwendet, wobei $1\,bar = 10^5\,Pa$ bzw. $1\,mbar = 10^2\,Pa$. Die Messung des L. erfolgt i. allg. mit *Quecksilberbarometern* oder *Aneroidbarometern*. – Der L. nimmt mit der Höhe logarithmisch ab und unterliegt räumlichen und zeitlichen Schwankungen. Diese höhenabhängige Abnahme des L. nutzt man in der Luftfahrt zur *Höhenmessung*. Luftfahrzeuge sind zu diesem Zweck mit nach der ICAO-Standardatmosphäre geeichten Aneroidbarometern *(Höhenmessern)* ausgerüstet. Diese werden bei Start und Landung entweder auf *Platzdruck (QFE)* oder den nach der ICAO-Standardatmosphäre auf Meeresniveau reduzierten L. *(QNH)* eingestellt. Bei Einstellung auf QFE zeigt der Höhenmesser nach der Landung die Höhe *Null*, bei Einstellung auf QNH nach der Landung die *Flugplatzhöhe* über HN an. Bei Streckenflügen wird der Höhenmesser i. allg. auf *Standarddruck* 1 013,25 hPa (1 013,25 mbar) eingestellt.

Lufteinfallswinkel: bei *Rotorflugzeugen* Winkel, welcher die Lage der Drehebene einer → Tragschraube gegenüber

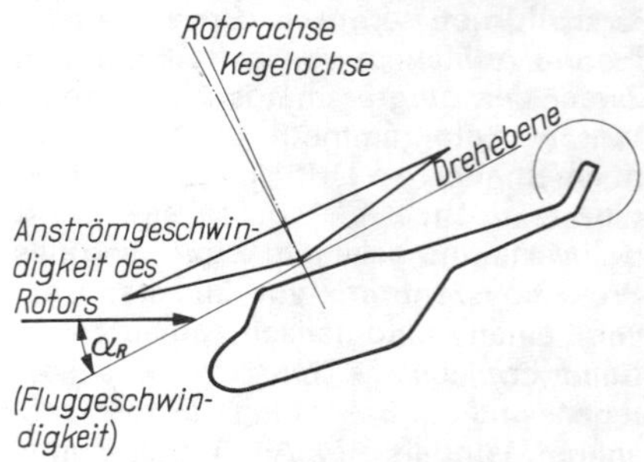

zur Definition des Lufteinfallwinkels x_R (negativ)

Bezeichnung	Objektiv	Kammerkonstante mm	Bildformat cm	Typ
MRB 30/2323	Lamegor PI 5,6/300	300	23 × 23	Normalwinkel
MRB 15/2323	Lamegon PI 4,5/150	150	23 × 23	Weitwinkel
MRB 9/2323	Superlamegon PI 5,6/90	90		Überweitwinkel

der Flugrichtung kennzeichnet. Der L. α_R wird gebildet von der Drehebene und der Anströmgeschwindigkeit des Rotors (Fluggeschwindigkeit des Rotor-Flugzeuges). Der L. ist negativ, wenn die Anströmgeschwindigkeit die Drehebene von oben trifft (Horizontal-, Steig- und Schwebeflug, Bahnneigungsflug mit geringen Sinkgeschwindigkeiten), und positiv, wenn die Drehebene von unten angeströmt wird (Bahnneigungsflug mit großen Sinkgeschwindigkeiten, Autorotationsflug).

Luftfahrermeldung, Abk. *AIREP:* Flugmeldung, die während des Flugs durch den verantwortlichen Luftfahrzeugführer in Übereinstimmung mit den Erfordernissen für Standort-, Betriebs- oder Wettermeldungen auf einem AIREP-Formular vorbereitet wird.

Luftfahrt, *Aeronautik:* Benutzung des Luftraums durch den Menschen mit Hilfe von → Luftfahrzeugen. Nach den Auftriebsarten unterscheidet man Luftfahrzeuge vom Prinzip *leichter als Luft* mit statischem Auftrieb (→ Ballon, → Luftschiff) und *schwerer als Luft* mit dynamischem Auftrieb. L. ist nur möglich in dem mit Luft erfüllten Raum, der die Erde umgibt: In Höhen über etwa 70 km fehlt der Auftrieb, dort beginnt die Raumfahrt (Astronautik). Ballone und Luftschiffe werden heute vorwiegend für die Forschung sowie für Sport- und Reklamezwecke verwendet. In mehreren Ländern beschäftigt man sich theoretisch wieder mit Luftschiffen für die Volkswirtschaft, aber auch für das Militärwesen; einige kleinere Typen wurden gebaut. Flugzeuge und Hubschrauber werden im → Luftverkehr, in der Militärluftfahrt, im Wirtschaftsflug, in der Wissenschft und in der Sportfliegerei benutzt.

Geschichtliches: Der Mensch hat sich schon seit Jahrtausenden mit der Eroberung des Luftbereichs beschäftigt. Davon zeugen zahlreiche Sagen und Märchen aus dem Altertum. Auch die großen Denker des Mittelalters befaßten sich mit dem Flugproblem (→ *Leonardo da Vinci*) bzw. damit zusammenhängende Problemen, wie Wesen und Masse der Luft (*Evangelista Torricelli* und *Otto von Guericke*). Diese Erkenntnisse gehören zu den wissenschaftlichen Grundlagen für die L. leichter als Luft. 1783 stiegen in Frankreich zum ersten Mal Menschen mit einem Warmluftballon, der «Montgolfière» der Brüder → *Montgolfier,* auf. Kurz darauf fand, ebenfalls in Frankreich, der erste Start eines Wasserstoffballons statt, der «Charlière» des Physikers *Charles* und der Brüder *Robert.* Da Ballone an die jeweilige Windrichtung gebunden sind, versuchte man bald, sie lenkbar zu machen. Dies geschah durch Vortriebsmittel (Dampfmaschine, später Verbrennungsmotor mit Luftschraube) und Lenkeinrichtungen. Es wurden verschiedene Bauarten von Luftschiffen entwikkelt. Luftschiffe haben jedoch einen großen Luftwiderstand und dadurch eine nur geringe Geschwindigkeit; außerdem sind ihre Betriebskosten relativ hoch. Die Entwicklung des Flugzeugs beschäftigte seit langem zahlreiche Erfinder, denen jedoch bis zur Jahrhundertwende die wissenschaftlichen und technischen Voraussetzungen zur Lösung des Problems fehlten. Bis 1900 wurden zahlreiche Patente für Flugzeuge erteilt, die sich jedoch nicht in die Luft erheben konnte. Der erste Mensch, der nach dem Prinzip schwerer als Luft im Luftraum segelte, war *Otto* → *Lilienthal.* Er sammelte 1891/96 die ersten brauchbaren Flugerfahrungen, und seine Veröffentlichungen zeigten den Flugpionieren in der Welt die Wege. Hatte *Lilienthal* noch kein leichter Verbrennungsmotor zur Verfügung gestanden, so gelang es 1903 den amerikanischen Brüdern → *Wright,* die ersten Motorflüge auszuführen. Darauf setzte eine stürmische Entwicklung der Flugtechnik ein. Der erste Motorflug in Europa wurde 1906 von *A.* → *Santos-Dumont* in Frankreich ausgeführt. Führend waren dann die französischen Flugpiloten, wie *H.* → *Farman* und *L.* → *Blériot,* der als erster mit einem Motorflugzeug den Ärmelkanal von Calais nach Dover überquerte, sowie *H.* → *Grade* und *I.* → *Etrich.* Auch die Wissenschaft begann zu Anfang dieses Jahrhunderts mit theoretischen Forschungen auf dem Gebiet der Flugtechnik (*F. W.* → *Lanchester, Wilhelm* → *Kutta, N. J.* → *Shukowski, L.* → *Prandtl, G.* → *Eiffel* u. a.) Schon im ersten Weltkrieg wurde das Flugzeug für militärische Zwecke verwendet und als Kampfmittel eingesetzt.

Durch die Verwendung hochfester Leichtmetalle und den Bau leistungsfähiger Flugmotoren wurden rasche Fortschritte in der Flugtechnik erzielt. Nach dem ersten Weltkrieg unternahmen kühne Piloten die ersten Langstreckenflüge, die die Grundlagen für den heutigen Luftverkehr legten. Mit einem Vikkers-«Vimy»-Landflugzeug überquerten 1919 *John William* → *Alcock* und *Arthur Whitten-Brown* zum ersten Mal den Atlantik von West nach Ost (Neufundland–Irland). Die erste Überquerung in der umgekehrten Richtung (Irland–Labrador) wurde 1928 von *H.* → *Köhl, E. G. von* → *Hünefeld* und *James* → *Fitzmaurice* mit einer Junkers W 33 durchgeführt. Aufsehen erregte 1927 der Alleinflug von New York nach Paris (ohne Zwischenlandung) des amerikanischen Postfliegers *C.* → *Lindbergh* mit dem 1motorigen Ryan-Hochdecker «Spirit of Saint Louis». 1929 wurde der erste Flug ohne Sicht, nur nach Instrumenten, von *James Harals Doolittle* ausgeführt. Durch die Verbesserungen bei den Navigations- und Nachrichtenmitteln wurde das Flugzeug als Verkehrsmittel immer sicherer. Eine bemerkenswerte fliegerische Leistung war auch (1929) der Flug der ANT-4 «Land der Sowjets» mit der Besatzung → *Schestakow* von der UdSSR nach den USA. Sowjetische Piloten erkundeten Flugstrecken über das Nordpolargebiet. 1937 flogen sowjetische ANT-25 unter Führung von W. P. → *Tschkalow* und *M. M.* → *Gromow* von Moskau aus über das Nordpolargebiet nach den USA und schufen damit die Grundlagen für den Transpolarverkehr. Der erste leistungsfähige Hubschrauber der Welt, der Fw 61 von *H.* → *Focke*, wurde im gleichen Jahr in Deutschland herausgebracht. Die Leistungsgrenze für Flugzeuge mit Kolbenmotoren und Luftschrauben war bereits 1933 erkennbar, und die Konstrukteure suchten neue Möglichkeiten zur Geschwindigkeitssteigerung; bereits 1939 konnten die bei → *Heinkel* gebauten He 178 mit TL und He 176 mit Flüssigkeitsraketenantrieb, ihren Probeflug absolvieren. Nach dem zweiten Weltkrieg entstand der Weltluftverkehr (→ Luftverkehr). Verkehrsflugzeuge mit Kolbenmotoren wiesen bereits Druckkabinen auf. Forschungs- und Militärflugzeuge flogen mit TL, PTL und Raketentriebwerken. Die «Schallmauer» wurde erstmalig 1947 durch den USA-Piloten Charles Yeager mit dem Raketenflugzeug → Bell-X 1 durchbrochen. Der französische Konstrukteur → *Leduc* brachte 1949 das erste Flugzeug mit Staustrahltriebwerken heraus. 1952 wurde das britische Strahlverkehrsflugzeug De Havilland «Comet»-1 in Betrieb genommen. Um die amerikanische Konkurrenz zu schlagen, war es jedoch übereilt fertiggestellt worden, was zu zahlreichen Abstürzen führte, so daß sein Einsatz durch eine Periode langwieriger Untersuchungen der Unfallursache unterbrochen werden mußte. Mit der Tu-104 begann die UdSSR 1956 den ersten ununterbrochenen und sicheren Luftverkehr mit TL-Flugzeugen. Die Konstrukteure arbeiten weiterhin an der Steigerung der Fluggeschwindigkeit, wobei jetzt die «Hitzemauer» bewältigt werden muß. Flugzeuge mit mehrfacher Schallgeschwindigkeit für den Luftverkehr kamen in der UdSSR (Tu-144) sowie Großbritannien und Frankreich («Concorde») zum Einsatz. Die Tu-144 flog erstmalig am 31. Dez. 1968, die «Concorde» am 2. März 1969. Außerdem beschäftigte sich die L. mit der Entwicklung von Großraumflugzeugen, VTOL- und STOL-Flugzeugen sowie mit dem Problem des Kernenergieantriebs für Flugzeuge.

Luftfahrtgerät: Gesamtheit der Luftfahrzeuge, Luftfahrzeugantriebe sowie Bord- und Bodenausrüstungen, die der Vor- bzw. Nachbereitung der Flüge, den Flügen selbst sowie deren Sicherstellung dient.

Luftfahrtinformationsdienst: → Aeronautical Information Service

Luftfahrtleuchtfeuer: Lichtquelle, die als Hilfe für die Flugnavigation an einem bestimmten Punkt des Erdbodens angebracht ist und aus allen Richtungen ständig oder periodisch leuchtend sichtbar ist.

Luftfahrtmedizin: eigenständige Wissenschaftsdisziplin, Teilgebiet der allgemeinen medizinischen Wissenschaft, die sich mit 2 Richtungen des psychophysiologischen und pathologischen Verhaltens des Menschen unter den Bedingungen des Fliegens befaßt; 1) der medizinischen Gewährleistung der Flüge, um eine hohe Flugsicherheit zu garantieren: Untersuchung des Verhaltens von Menschen bei (mit der Höhe) rasch sinkendem Luftdruck, dem damit verbundenen Sauerstoffmangel, der Kälteeinwirkung, der Beschleunigungsreizwirkung; von Funktionsabläufen in der geistigen Tätigkeit bei fliegerischer Arbeit unter hohem Arbeitstempo, großer nervlich-emotioneller Anspannung und bes. Flugbedingungen (z. B. Nachtflüge). – 2) Untersuchungen zur Reisefähigkeit gesunder, aber auch erkrankter Passagiere (z. B. Rettungsflüge, Krankentransport auf dem Luftweg). Die L. entwickelt geeignete Schutzmaßnahmen (→ Atemgerät, → Druckanzug u. a.). → Fliegerpsychologie, → Fliegertauglichkeit

Luftfahrtpersonal: Oberbegriff für spezifische Beschäftigtenkategorien der zivilen Luftfahrt. Das L. umfaßt 1) *fliegendes Personal:* Hierzu gehört, wer ein Luftfahrzeug führt (→ Luftfahrzeugführer), wer es technisch bedient oder in anderer Weise während des Flugs im Luftfahrzeug Dienste leistet und zur Ausübung seiner Tätigkeit eines staatlichen oder sonstigen gesetzlich vorgeschriebenen → Erlaubnisscheins bedarf (Flugzeugführer, Hubschrauberführer, Bordmechaniker/Bordingenieure, Flugnavigatoren und Bordfunker als Besatzung und Stewards/Stewardessen, als → Kabinenpersonal). 2) *sonstiges Luftfahrtpersonal:* Hierzu gehört, wer außer dem fliegenden Personal in der Luftfahrt eine unmittelbar mit dem Flugbetrieb zusammenhängende und flugtechnische oder flugbetriebliche Kenntnisse voraussetzende Tätigkeit ausübt und zur Ausübung seiner Tätigkeit einer staatlichen oder sonstigen gesetzlich vorgeschrieben Erlaubnis bedarf (Flugsicherungspersonal, Flugleiter, ingenieur-technisches Wartungspersonal, Stationsmechaniker, Fernschreibpersonal, Rettungspersonal u. a.).

Luftfahrtregister: Verzeichnis der staatlich zugelassenen zivilen → Luftfahrzeuge, des fliegenden Personals und der → Flugplätze des betreffenden Staats. Durch einen Eintragungs- und Zulassungsschein wird z. B. dem Luftfahrzeug das → Kennzeichen zugewiesen. Das L. enthielt neben den Daten der Luftfahrzeuge, des fliegenden Personals und der Flugplätze auch die der zugelassenen Sprungschirme.

Luftfahrtwerkstoffe: Werkstoffe, die u. a. aus Gründen des → Leichtbaus vorwiegend beim Bau von Luftfahrzeugen eingesetzt werden. L. müssen hervorragende mechanische Eigenschaften bei geringer Dichte auch unter erhöhter thermischer Belastung (→ hitzebeständige Legierungen) haben, sollten gut bearbeitbar und möglichst wenig korrosionsanfällig sein. Zu den am häufigsten verwendeten L. zählen heute wegen ihrer guten mechanischen und technologischen Eigenschaften die *Aluminiumlegierungen,* bei denen durch Wärmebehandlung hohe Festigkeit erreicht werden kann (→ Dural). Aus Aluminiumlegierungen wird die überwiegende Anzahl von Flugwerkteilen (Behäutung, Holme, Spanten, Pfetten u. a.) gefertigt. Bauteile, für die höhere Festigkeiten erforderlich sind, z. B. Schraubverbindungen, Anschlußbeschläge, kräfteaufnehmende Teile des Fahrwerks sowie thermisch hoch beanspruchte Teile der Zelle und des Triebwerks, werden aus *Stählen* hergestellt, deren Eigenschaften in weiten Grenzen durch Wärmebehandlung verändert werden können. *Magnesiumlegierungen* sind vorwiegend ihrer geringen Dichte wegen von Bedeutung; da ihre Festigkeit aber relativ gering ist, können sie nur für weniger beanspruchte Teile, wie Steuerknüppel, Umlenkhebel, Armaturen u. a. Verwendung finden. Das hochwarmfeste *Titan* und seine Legierungen bleiben Bauteilen vorbehalten, die Temperaturen um 400 °C ausgesetzt sind. *Holz* findet in natürlicher Form oder veredelt (Sperrholz, Furnier u. a.) Anwendung für Zellebauteile, allerdings ist seine Bedeutung als L. heute auf kleine, leichte Flugzeuge beschränkt. Neben den traditionellen L. werden zunehmend *Kompositions-* und *Plastwerkstoffe* (→ Faserverbundwerkstoffe, → glasfaserverstärkte Plaste) verwendet.

Luftfahrzeug: nach internationalem Luftrecht jedes Fluggerät, das 1) infolge des statischen Auftriebs in der Luft schwebt *(L. leichter als Luft, gasgetragene L.),* wie Ballone und Luftschiffe, oder das 2) durch den im Flug erzeugten dynamischen Auftrieb in der Luft fliegt *(L. schwerer als Luft, strömungsgetragene L.),* wie Flugzeuge, Fallschirme, Hängegleiter, Drachen, sowie Flugmodelle mit mehr als 5 kg Masse. L. sind in ihrer Bewegungsmöglichkeit im Unterschied zu Raumfahrzeugen an die Lufthülle der Erde gebunden.

Luftfahrzeugantennen: zur Abstrahlung oder Aufnahme elektromagnetischer Wellen dienende Teile am Luftfahrzeug, die die aerodynamischen Verhältnisse am Luftfahrzeug nicht stören dürfen. Der Frequenzbereich der abzustrahlenden bzw. zu empfangenden Wellen reicht von Längst- bis zu Zentimeterwellen und (in der Militärluftfahrt) Infrarot. Dementspr. sind die L. außerordentlich vielgestaltig. Nachdem frühere Antennen häufig aus der Kontur heraustraten, werden an modernen Luftfahrzeugen zunehmend Schlitzantennen benutzt, die durch Plastüberzüge abgedeckt werden. Moderne Großflugzeuge haben etwa 20 verschiedene Antennen. Art und Anbringung der L. hängen auch davon ab, ob *Rundempfang* bzw. *-sendung* oder *Richtwirkung* erwünscht ist. Am Luftfahrzeug sind die Strahlungsdiagramme in 3 Ebenen zu berücksichtigen. In bestimmten Frequenzbereichen (Mittel- und Kurzwelle) dienen Antennen nur als Erreger für die Luftfahrzeugzelle, die dann insgesamt als Antenne wirkt. Bei höheren Frequenzen benutzt man häufig Dipole. Eine bes. günstige Anordnung für Frequenzen vom UKW-Bereich an ist ein von der übrigen Zelle isoliertes Stück der Seitenflosse.

Luftfahrzeugeinsatzplan: → Flugzeugeinsatzplan

Luftfahrzeugführer: Pilot, Flugzeugführer, Mitglied der → Besatzung. Person, die die Steuerungsorgane des Luftfahrzeugs bedient, für den Flug verantwortlich ist und die gesetzlich vorgeschriebene Erlaubnis hierfür besitzt. Der Kommandant ist der vom → Luftfahrzeughalter eingesetzte und mit der Ausübung der Kommandogewalt betraute Luftfahrzeugführer. Er ist der Vorgesetzte der Besatzungsmitglieder.

Luft-Fahrzeug-Gesellschaft, Abk. **LFG:** früheres deutsches Flugzeugwerk, gegr. 1908 in Berlin-Charlottenburg. 1914/15 wurden von der LFG die Wright-Werke in Berlin-Adlershof übernommen und ausgebaut (1916 durch Brand vernichtet). Die Produktion wurde in eine Ausstellungshalle nach Charlottenburg verlegt. Neben der Halle starteten die Maschinen auf einem kleinen Platz zum Einfliegen nach Adlershof. Die Firma begann 1909 mit dem Bau von Parseval-Luftschiffen, 1912 mit dem Flugzeugbau, wobei die Flugzeuge die Bezeichnung «Roland» erhielten. 1914 wurde eine Fliegerschule eingerichtet, ab 1915 wurden Albatros-Flugzeuge in Lizenz gebaut. Das bekannteste Flugzeug war der 1915 entwickelte und in größerer Stückzahl gebaute Aufklärer Roland C.II «Walfisch».

Luftfahrzeughalter: staatliches Organ, gesellschaftliche Organisation, Unternehmen oder Person, auf dessen/deren Namen ein Luftfahrzeug zugelassen ist und denen die Genehmigung zum Betrieb des Luftfahrzeugs erteilt wurde. Er muß nicht immer der Eigentümer des Luftfahrzeugs sein. Der L. ist für die Einhaltung der staatlichen Vorschriften und technischen Bedingungen bei der Nutzung eines Luftfahrzeugs verantwortlich. Er besitzt die Verfügungsgewalt über das Luftfahrzeug.

Luftfahrzeugkommandant: der vom → Luftfahrzeughalter eingesetzte und mit der Kommandogewalt betraute verantwortliche Luftfahrzeugführer (Flugzeugführer, Flugzeugkommandant, Pilot). Die Kommandogewalt des L. um-

LFG Roland «Walfisch»

faßt die Entscheidungsgewalt über die gesamte Vorbereitung und Durchführung des Flugs sowie das Weisungsrecht gegenüber der → Besatzung in der Zeit vom Erteilen des Flugauftrags bis zum Abschluß der vorgeschriebenen Arbeiten nach Landung auf dem Heimatflugplatz und gegenüber allen Fluggästen (Zeit vom Betreten des Luftfahrzeugs bis zum Zeitpunkt nach erfolgter Landung, zu dem alle Passagiere das Luftfahrzeug verlassen haben, oder – bei Notlandungen bis zum Eintreffen der zuständigen staatlichen Organe).

Luftfeuchte: Wasser, das dampfförmig in der Luft enthalten ist. Die Angabe wird u. a. mit den Größen *Wasserdampfdruck, Sättigungsdampfdruck* über Wasser bzw. Eis, *relative L.* und *Taupunkttemperatur* vorgenommen. Mit wachsender Temperatur vergrößert sich die Aufnahmefähigkeit der Luft für Wasserdampf. Gesättigte Luft enthält bei 10 °C je m^3 Luft 9,3 g Wasser in Dampfform, bei 30 °C bereits 30 g. *Relative L.* ist das Verhältnis des Partialdrucks des Wasserdampfs zum Sättigungsdampfdruck, angegeben in Prozent. Mit zunehmender L. verringert sich die Dichte der Luft, was Triebwerksleistung und Startvorgang bei Luftfahrzeugen negativ beeinflußt.

Luftflotte: → Luftarmee

Luftfracht: 1) *Luftfrachtgut* – alle durch einen → Luftfrachtbrief (Frachtpapier) als L. deklarierten und von einem → Luftverkehrsunternehmen zur Beförderung angenommenen Güter. Das sind a) über *größere Entfernungen* (vorzugsweise im → Lang- und → Mittelstreckenluftverkehr) zu transportierende Güter aller Art, soweit sie den → Beförderungsbedingungen des Luftfrachttransports und den Beförderungsmöglichkeiten der eingesetzten Luftfahrzeuge hinsichtlich ihrer Masse, Dimension und Beschaffenheit entsprechen; b) insbes. aber *hochwertige Güter* (Güter mit hohem Preis pro Mengeneinheit, wie Edelmetalle, Edelsteine, Schmuck, Kunstgegenstände, Pelze usw); c) *eilbedürftige Güter* (Güter, deren schnelle Beförderung großen ökonomischen Nutzen bringt oder deren Lieferzeit durch Boden- und/oder Seetransport nicht eingehalten würde, wie Ersatzteile, Medikamente, Zeitungen, Zeitschriften, Filme, lebende Tiere, Warenproben, Ausstellungsstücke usw.); d) *empfindliche Güter* (Güter, die erschütterungs- und störungsfrei befördert werden müssen, wie Kameras, opti-

Verladung von Schwergut mit Hilfe eines Hubgeräts

Frachtanlage London der Lufthansa mit automatisierter Förder- und Lageranlage

sche Geräte, Rundfunk- und Fernsehgeräte, Meßgeräte, Porzellan, medizinische Geräte, Musikinstrumente usw.) und e) *leichtverderbliche Güter* (Güter, deren Qualität nur bei schnellem Transport erhalten bleibt, z. B. Edelobst, Gemüse, Blumen). I.w.S. gehört auch das aufgegebene unbegleitete Gepäck (→ Übergepäck) zur Luftfracht. International wird (insbes. in Transportleistungsstatistiken) z. T. auch → Luftpost zur L. gerechnet. Unter L. fallen auch alle in einem Luftfahrzeug beförderten Güter, ausgenommen Post, Bordvorräte und Gepäck (→ Luftgütertransport). Für den Lufttransport → gefährlicher Güter gelten besondere Bestimmungen (→ Ordnung über den Lufttransport gefährlicher Güter). 2) Umgangssprachlich wird der Begriff L. auch a) für den *Transportpreis im Luftfrachtverkehr* (besser: *Luftfrachtbetrag* oder *Luftfrachtsumme* und b) für *Luftfrachtsendung* (→ Frachtsendung) bzw. → *Frachtstück* verwendet. → Luftfrachtspedition

Luftfrachtberechnung: Ermittlung des Beförderungsentgelts für Luftfrachtgüter. 1) Im Anwendungsbereich des → EAGT ergibt sich der Frachtbetrag aus der Multiplikation der → Frachtrate mit der frachtpflichtigen Menge. Der Mindesfrachtbetrag wird durch Multiplikation der Normalrate mit 5 kg ermittelt. → Mindesfrachtrate 2) Veröffentlichte andere Luftfrachttarife finden für die Luftfrachttransporte Anwendung, die nicht in den Geltungsbereich des EAGT fallen. Es gelten dabei die von den betreffenden Luftverkehrsunternehmen veröffentlichten Grundsätze. Allg. gilt für die L. entweder die Bruttomasse (in kg) oder ein sog. Volumenkilogramm (von den Dimensionen des Frachtstücks abgeleitete Berechnungsgröße, bei der 7 dm^3 einem kg entsprechen). Die L. geschieht entweder zur Normalrate (→ Normaltarif) – für Sendungen unter 45 kg unter Beachtung der → *Mindestfrachtrate* (für Sendungen unter 5 kg) oder nach einer *Mengenrabattrate,* z. B. von sog. breakpoints (Staffelungspunkte bis 100 kg, bis 200 kg..usw.) an. *Klassifikationsraten* werden für bestimmte Güter bzw. Warengruppen (z. B. Druckerzeugnisse, lebende Tiere) angewandt. Ermäßigte Frachtraten für bestimmte Güter in bekanntgegebenen Verkehrsrelationen (z. B. nur in einer Verkehrsrichtung anwendbar) werden *Spezialfrachtraten* genannt. Bestehen für Luftfrachtgüter mehrere Eintarifierungsmöglichkeiten, gilt als Reihenfolge der Anwendung: a) Spezial-, b) Klassifikations-, c) Allgemeine Frachtraten. Die L. gilt von Flughafen zu Flughafen; Abfertigungs-, Lagergebühren usw. werden gesondert berechnet.

Luftfrachtbrief, engl. *Airway Bill* bzw. *Air Consigment Notes* international vereinheitlichtes → Beförderungspapier im → Luftgütertransport; schriftliche Unterlage, die durch den Absender einer → Frachtsendung beizugeben ist (Frachtbriefzwang) und die diese i. d. R. begleitet (Begleitpapier). Der L. dient als Beweisdokument über die Tatsache und den Zeitpunkt des Abschlusses sowie über den Inhalt eines Luftfrachtvertrages (Vertragsurkunde) und zugleich als Abfertigungspapier für Buchungs-, Abfertigungs-, Beförderungsentgeltsbe-

und -abrechnung u. a. Zwecke. Als Angaben im L. sind neben solchen, die der L. 1) auf jeden Fall enthalten muß, um den Frachtvertrag erfüllen zu können und 2) zutreffendenfalls enthalten muß, auch Angaben zugelassen, die 3) ohne rechtliche Verbindlichkeit für das Luftverkehrsunternehmen im L. eingetragen werden dürfen. Der L. besteht aus 3 Originalen mit gleicher Bedeutung, und zwar je 1 für den Absender (Orig. 3), Beförderer (Orig. 2) und Empfänger (Orig. 1) sowie Kopien in beliebiger Anzahl, z. B. für den Luftfrachtagenten; für Zollzwecke, als Auslieferungsnachweis.

Luftfrachtbriefgebühr, engl. *Airway Bill Fee:* Entgelt für die Ausfertigung des Luftfrachtbriefs. L. wird von Luftverkehrsgesellschaften in unterschiedlicher Höhe erhoben. Sie wird in den → Luftfrachtbrief eingetragen. → Nebengebühren

Luftfrachtgesellschaft: Bez. für ein → Luftverkehrsunternehmen, das ausschließlich → Luftfrachtverkehr betreibt («Nur-Fracht-Gesellschaft bzw. -Unternehmen»). Die meisten Luftverkehrsunternehmen betreiben kombinierten Fluggast- und Luftfrachtverkehr. Sie nutzen die Laderäume der Passagierflugzeuge zum Frachtransport (Auslastungsfracht), in steigendem Maß ergänzen sie ihren Flugzeugpark um (Nur-) Frachtflugzeuge und betreiben Bodeneinrichtungen (→ Frachthof).

Luftfrachthandbuch: **1.** ABC-Air Cargo Guide – Zusammenstellung wichtiger internationaler Informationen für den → Luftfrachtverkehr Internationales Handbuch der Luftfrachtbestimmungen und Luftfrachtraten. Das in zwei Teilen (Teil 1 erscheint monatlich, Teil 2 dreimal jährlich) in Buchform herausgegebene L. enthält → Verkehrsflugpläne des Frachtlinienverkehrs im Weltmaßstab und Angaben über luftfrachtbefördernde Luftverkehrsunternehmen (z. B. → Luftfrachtgesellschaften), spezielle Länderbestimmungen für den Luftfrachttransport; Lademaßübersichten von Flugzeugen verschiedenster Typen, deren Ladelukenabmessungen und größtmögliche Bodenbelastbarkeit; → Frachtraten sowie Erläuterungen zu deren Anwendbarkeit usw. – **2.** mit L. werden die unterschiedlichsten *Sammlungen innerbetrieblicher* (einschließlich der von den Luftverkehrsunternehmen herausgegebenen tariflichen u. a.) *Bestimmungen und Vorschriften* für den Luftfrachtversand und -empfang und deren Vor- und Nachbereitung bei Außenhandelsunternehmen, Spediteuren, Wirtschaftsvereinigungen, Kombinaten bzw. bezeichnet. Auch das L. der Luftverkehrsunternehmen enthält eine Zusammenstellung von → Luftfrachttarifen, anderen Bestimmungen, Anwendungsbeispielen usw.

Luftfrachthof: → Frachtabfertigung

Luftfrachtmakler: Person, die gewerbsmäßig für Luftverkehrsunternehmen, ohne von ihnen auf vertraglicher Basis ständig damit beauftragt zu sein, Vertragsabschlüsse im Luftfrachttransport vermittelt; Handelsmakler. Durch den Vertrag über Maklertätigkeit wird eine Verpflichtung zum Handeln nicht begründet. Rücktrittsrechte vom Vertrag haben der Auftraggeber und der Makler. Das Entgelt, der *Maklerlohn* oder die *Maklerprovision,* kann nur beansprucht werden, wenn der vermittelte Vertrag zustandegekommen ist. Im Gegensatz dazu besteht die Aufgabe von Luftfrachtagenten (→ Agent) darin, im Auftrage von den Luftverkehrsunternehmen (meist) auf Provisionsbasis Luftfrachttransporte (-verträge) zu vermitteln und/oder abzuschließen. → Luftfrachtspediteur

Luftfrachtrate: → Frachtrate

Luftfrachtsendung: → Frachtsendung

Luftfrachtspediteur: derjenige, der es gewerbsmäßig übernimmt, auf der Grundlage eines Speditionsvertrags (auch Speditions- oder Verkaufsauftrag genannt) zum Lufttransport bestimmte Gütersendungen für die Rechnung eines anderen (des Versenders) im eigenen Namen zu besorgen. Neben diesen Aufgaben als Vermittler (zwischen Transportkunden und Luftverkehrsunternehmen), wie Auswahl des Transportwegs, des Luftverkehrsunternehmens, Besorgung und Behandlung von → Beförderungspapieren usw., übernehmen L. auf der Grundlage von Agenturverträgen häufig noch Aufgaben des Luftfrachtagenten (→ Agent) und in diesem Rahmen zusätzliche transportvorbereitende Leistungen, wie Verpacken, Lagern, Zu- und Abtransport der Frachtsendungen zum und vom Flughafen sowie deren Verteilung am Bestimmungsort, Erledigen von Zollformalitäten u. ä. Von der → IATA benannte IATA-Frachtagenten arbeiten als neutrale Vermittler im Auftrage der IATA. *Luftfrachtzwischenspediteur* ist ein vom *Hauptluftfrachtspediteur* betrauter Spediteur, der Luftfrachtsendungen zur Weiterbeförderung, Auslieferung an den Empfänger usw. erhält. Mit dem Verteilen und Ausliefern von Luftfrachtsendungen betraute Spediteure werden auch *Luftfrachtendspediteure* genannt). Die Speditionstätigkeit erfolgt i. d. R. gegen frachtabhängige Vergütung, sog. Provision. Das Ziel der Tätigkeit von L. ist die termingerechte, schnelle sowie transportpreis- und devisengünstige Abwicklung der Luftfrachttransporte. Zur Organisation des Luftfrachtsammelladungsverkehrs sowie des Vor- und Nachlaufs unterhalten L. auf den Flughäfen oftmals Luftfrachtlagerkapazitäten, eigene Lkw-Verkehre sowie ein weltweites Vertreternetz.

Luftfrachtspedition: Leistungsbereich der i. allg. internationalen Spedition, der sich mit Akquisition von Luftfrachtgütern, der Vermittlung von Frachtverträgen an Luftverkehrsunternehmen, dem Abschluß von Frachttransportverträgen in eigenem Namen, der Organisation des Luftfracht-Sammelladungsverkehrs, der speditionellen Abfertigung der Luftfrachtsendungen sowie der Organisation des Vor- und Nachlaufs zwischen den Versendern bzw. Empfängern und den Versand- bzw. Empfangsflughäfen befaßt. In der Luftfrachtsammelgutspedition werden kleinere Sendungen gesammelt und unter Ausnutzung der Mengenrabattraten (→ Luftfrachtberechnung) zum Versand gebracht.

Luftfrachttarif: 1. Zusammenstellung von → Transportpreisen für den Luftfrachttransport und deren Anwendungsbedingungen für wiederholbare Gütertransportleistungen mit Luftfahrzeugen (→ Transporttarif; → EAGT). – **2.** Unter L. wird umg.sprachl. der Transportpreis pro Massen- oder Volumen-Mengeneinheit → Luftfracht, d. h. der Frachtsatz (die → Frachtrate) verstanden. → Luftfrachtberechnung

Luftfrachttransport: → Luftfrachtverkehr

Luftfrachtverkehr, *Luftfrachtsbeförderung, Luftfrachttransport:* Teil des → Luftverkehrs; öffentlicher, kommerzieller (entgeltlicher) Gütertransport mit Luftfahrzeugen; Beförderung von → Luftfracht auf der Grundlage von → Luftfrachtverträgen nach verbindlichen → Beförderungsbedingungen und geltenden → Luftfrachttarifen. L. wird von → Luftfrachtgesellschaften und anderen → Luftverkehrsunternehmen (in Nur-Frachtflugzeugen bzw. als Zuladung in Passagierflugzeugen) im Frachtlinienverkehr (→ Linienflugverkehr) oder → Bedarfsluftverkehr, im Inlandluftverkehr, vorzugsweise jedoch im → internationalen Luftverkehr über Lang- und Mittelstrecken (→ Langstreckenluftverkehr; → Mittelstreckenluftverkehr) durchgeführt. Die ökonomische Bedeutung des L. liegt vor allem in der erzielbaren Transportzeiteinsparung proportional zur → Transportweite. Zu den Vorteilen gehören weiter die Einsparung an Verpackungskosten und -material, die weitgehende Sicherheit beim Transport vor Beschädigungen und Diebstahl (Verlust), die dadurch niedrigeren Versicherungsprämien, die mögliche geringere Lagerhaltung und Umlaufmittelbindung beim Warenproduzenten und Verbraucher durch Sicherung schneller, den Kundenwünschen entspr. Transporte. Wichtige volkswirtschaftliche und betriebliche Kenngrößen des L. sind → Frachttransportmenge, → Frachttransportleistung, → mittlere Transportweite. Auf großen Flughäfen wurden leistungsfähige → Frachthöfe eingerichtet. Die Zahl der betriebenen Nur-Frachtflugzeuge und Frachtliniendienste ist noch im Ansteigen begriffen.

Luftfrachtvertrag: Frachtvertrag, der das Zusammenwirken der Partner im → Luftgütertransport regelt. Partner des L. sind das Luftverkehrsunternehmen und der Absender. Der Empfänger ist nicht am L. beteiligt, ihm erwachsen aus dem L. jedoch Rechte. Der L. wird durch die Annahme des Guts zur Beförderung abgeschlossen. Dokument über den Abschuß und den Inhalt des L. ist der → Luftfrachtbrief. → Luftfrachtverkehr, → Luftfracht

Luftgeophysik: → Aerogeophysik

Luftgütertransport: zusammenfass. Bez. für den Gütertransport mit Luftfahrzeugen im kommerziellen (öffentlicher und nichtöffentlicher Verkehr) und im nichtkommerziellen Bereich.

Lufthansa: → Deutsche Lufthansa AG

Luftherrschaft: Kriegslage, die erzielt wird durch die fast vollständige Vernichtung der feindlichen Luftkampfmittel sowie der feindlichen Rüstungs- und Schlüsselindustrie, so daß der Gegner nicht mehr in der Lage ist, Gegenschläge durchzuführen und die eigenen Streitkräfte die uneingeschränkte Initiative besitzen. Von *Luftüberlegenheit* spricht man, wenn überraschende feindliche Gegenschläge nicht vollkommen ausgeschlossen sind.

Lufthoheit: ausschließliche Hoheitsgewalt eines Staats über den Luftraum oberhalb seines gesamten Gebiets, einschließlich der Küstengewässer. Das Ein- oder Überfliegen sowie die Einrichtung und der Betrieb planmäßiger internationaler Luftverkehrslinien bedürfen der Genehmigung des betreffenden Staats.

Luftkampf: Gefechtshandlung in der Luft zwischen einzelnen Flugzeugen oder Flugzeuggruppen, besteht aus Flugmanövern und dem Einsatz der → Flugzeugwaffen, um gegnerische Luftangriffsmittel zu vernichten; bei Beginn des ersten Weltkriegs gegenseitiger Beschuß der Besatzungen unbewaffneter Aufklärungsflugzeuge mit *Handfeuerwaffen.* Dann erhielten die Flugzeuge *Maschinengewehre,* die entweder starr eingebaut und, vom Piloten bedient, in Flugrichtung schossen oder beweglich waren und vom Beobachter bedient wurden. Zur Bekämpfung der Aufklärungsflugzeuge entwickelte man später spezielle → Jagdflugzeuge, die dann auch gegen Bomben- und Schlachtflugzeuge sowie für den Schutz (Jagdschutz) der eigenen Aufklärungs-, Bomben- und Schlachtflugzeuge eingesetzt wurden. Zuerst fand der L. zwischen Einzelflugzeugen, später zwischen kleinen Verbänden von 2 bis 3 Flugzeugen, im zweiten Weltkrieg auch zwischen großen Verbänden statt. Allwetter- und Nachtjagdflugzeuge, die vom Boden aus mit Hilfe der Funkmeßgeräte an den Gegner herangeführt werden und mit automatischem Radarvisier ausgerüstet sind, ermöglichen heute den L. auch bei Nacht und in Wolken.

Luftkissenfahrzeug, *Bodeneffektfahrzeug, Schwebefahrzeug:* Verkehrs- und ziviles sowie militärisches (auch zu bewaffnendes) Transportmittel, das sich dicht (0,2...1 m) über dem Erdboden bzw. Wasser fortbewegt, ohne mit ihm Berührung zu haben. Ein unter höherem Druck als die umgebende Luft stehendes, von «Schürzen» seitlich begrenztes Luftkissen gibt dem Fahrzeug Auftrieb. Das Luftkissen wird durch starke Gebläse erzeugt, die von der Stirnseite oder von oben her angesaugte Luft verdichten und durch kleine Düsen unter den Fahrzeugboden drücken. Der dazu notwendige Motor kann bei genügender Leistung auch die Luftschrauben für den Vortrieb versorgen. Möglich ist es auch, das Luftkissen und den Vortrieb durch getrennte Motoren zu erzeugen. Geschwindigkeiten bis zu 130 km/h sind möglich. Gelenkt werden L. i. allg. mit Hilfe eines oder mehrerer Seitenleitwerke, die meist im Luftstrahl der Luftschrauben liegen. Bei der Konstruktion der L. mußten zahlreiche Probleme des Seitenwindeinflusses und der Nick-, Roll-, Gier- und Höhenstabilität gelöst werden. Am vorteilhaftesten ist ihr Einsatz dort, wo andere Transportmittel nicht operieren können (Sumpf, Wattenmeer, Marsch, Schnee und Eis). Sie zeichnen sich gegenüber gleichgroßen anderen Fahrzeugen durch eine größere Geschwindigkeit bei geringerer Triebwerksleistung aus. Über dem Erdboden fallen alle Erschütterungen und über dem Wasser das Stampfen, Rollen und Schlingern weg. Die ersten L. wurden um 1960 in Großbritannien bekannt. In den USA, wo die Entwicklung mehr auf militärische Versionen zielt, beschäftigen sich mehrere Firmen mit L. Die USA setzten bewaffnete L. im Vietnamkrieg ein. In der UdSSR wurden vom Zentralen Konstruktionsbüro des Ministeriums für Binnenschiffahrt der RSFSR Passagier-L. entwickelt. Darüber hinaus gibt es dort mehrere Typen militärischer Transport-L. Auch die ČSFR, Polen und Rumänien bauten L.

Luftkorridor: svw. Luftstraße. → Flugsicherung

Luftkräfte: alle Komponenten der einheitlich wirkenden → Luftkraftresultie-

Prinzip des Luftkissenfahrzeugs: 1 Luftschraube, 2 Motor, 3 Leitwerk, 4 Luftruder für Kurvenfahrt, 5 Motor für Verdichtergebläse, 6 Radialgebläse, 7 Bremsrad

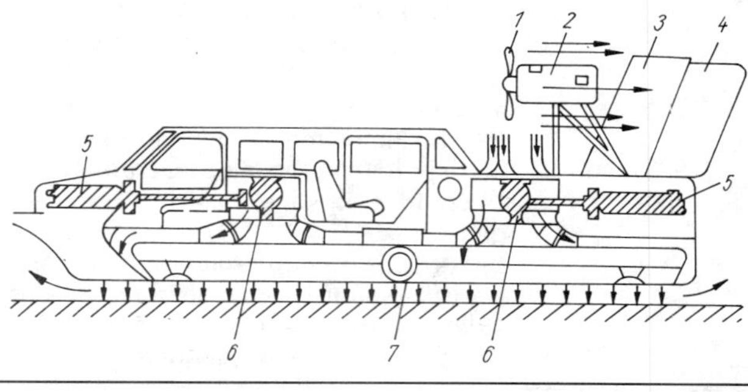

renden. Je nach Wahl des → (flugmechanischen) Koordinatensystems (KS) unterscheidet man a) im geschwindigkeitsfesten KS die Auftriebskraft F_A, die Widerstandkraft F_W und die Querkraft F_{Za}; b) im körperfesten KS dagegen die Normalkraft F_N, die Tangentialkraft F_T und die Seitenkraft F_Z (s.a. Abb.)

Luftkraftresultierende: am Profil, Bauteil oder Flugkörper einheitlich wirkende Kraft, die sich aus der Wechselbeziehung zwischen Körper und umströmender Luft ergibt; ihrem physikalischen Ursprung nach besteht sie aus Druck- und Reibungskräften, die über den ganzen Körper verteilt wirken. Angriffspunkt der L. ist der Druckpunkt. Bei Differenz zwischen Druck- und Schwerpunkt eines Körpers tritt eine Momentenwirkung auf, die entspr. der Kräftezerlegung ebenfalls zerlegt werden kann. → Druckpunkt, → Momente am Luftfahrzeug, → Luftkräfte

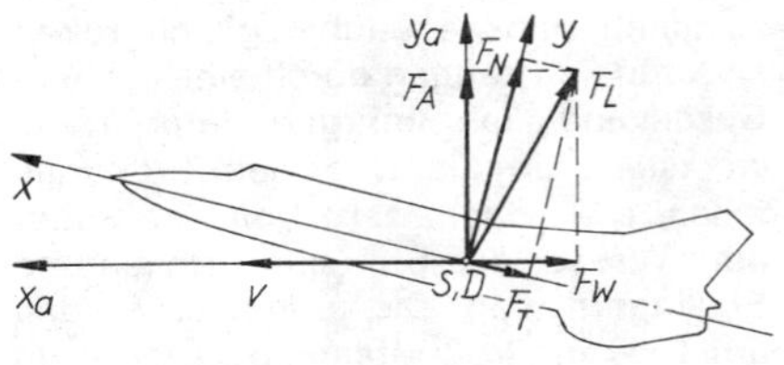

Zerlegung der Luftkraftresultierenden in der vertikalen Symmetrieebene des Flugzeugs (ohne Seiten- und Querkraft)

Luftkrankheit: bei empfindlichen Menschen auftretende Form der Reisekrankheit (Kinetose), die durch leichte, länger einwirkende Beschleunigungsreize in 3 Ebenen (kumulative Wirkung auf das Gleichgewichtssystem) oder durch stärkere passive Bewegungen im Flugzeug (auch auf dem Schiff, in der Eisenbahn und im Kraftfahrzeug) entsteht und sich in Kopfschmerzen, Schwindelgefühl, Schweißausbruch, Übelkeit sowie Erbrechen äußert. Diese zentralnervösen Störungen entstehen durch die Reizung des Gleichtgewichtsorgans im Innenohr und werden durch den leichten Sauerstoffmangel, z. B. in Passagierflugzeugen mit hermetisierten Kabinen (2100...2500 m Höhe im Kabineninnern) oder Flugangst gefördert. Durch Einnahme von Medikamenten und sportliches Training (Geräteturnen, Leichtathletik) kann man der L. vorbeugen.

Luftkrieg: Kriegführung mit Luftfahrzeugen. Bereits in den 90er Jahren des 18. Jh. wurden Fesselballone für die militärische Aufklärung verwendet. Die erste deutsche Militärfliegerschule wurde am 1. Mai 1910 in Döberitz gegr. Während des ersten Weltkriegs entstand zum ersten Mal ein L., der jedoch die militärischen Handlungen nicht entscheidend beeinflußte. Infolge der größer werdenden Leistungsfähigkeit der Flugzeuge entstanden später L.theorien. Am bekanntesten wurde die Lehre des italienischen Generals *Giulio → Douhet* (1869–1930), die er in seinem Buch «Die Luftherrschaft» (1921) veröffentlichte und die als *Douhetismus* bezeichnet wurde. Er vertrat darin die Ansicht, daß die Luftstreitkräfte durch die Eroberung der Luftherrschaft die kriegsentscheidende Rolle spielen, wobei ihnen die Aufgabe des Angriffs über weite Strecken bis in das tiefe Hinterland des Gegners zufällt. Besondere Aufgaben erhielten dabei die Bombenfliegerverbände. Diese Theorien wurden teilweise auch von Deutschland, von Großbritannien und den USA übernommen. Zu Beginn des zweiten Weltkriegs verfügte Deutschland über 1516 Bomben- und Sturzkampfflugzeuge, 1179 Jagdflugzeuge, 721 Aufklärungs-, 552 Transport- und 90 sonstige Flugzeuge; 1942/44 kamen im Durchschnitt jährlich 26000 neu produzierte Flugzeuge dazu. Ähnliche Größenordnungen zeigten auch die Luftstreitkräfte der anderen kriegführenden Staaten; 1939 verfügten die britischen und französischen Luftstreitkräfte über etwa 5300 Einsatz- und 1600 Reserveflugzeuge; insgesamt wurden in Großbritannien 102600 Flugzeuge hergestellt. Die UdSSR produzierte 1943/45 im Durchschnitt jährlich 40000 Flugzeuge, von 1941 bis einschließlich (erste Hälfte) 1945 137000 Flugzeuge. Trotz des Einsatzes solch riesiger Luftstreitkräfte konnten aber im zweiten Weltkrieg Entscheidungen nur durch den gemeinsamen Kampf aller Waffengattungen herbeigeführt werden. Eine besondere Art des L. waren die Terrorangriffe auf die Zivilbevölkerung. Sie führten zu großen Verlusten an Menschen (über 500000), Wohnungen (41 Groß- und 158 Mittelstädte stark zerstört) und Kulturdenkmälern, schwächten jedoch das Kriegspotential des Gegners nicht entscheidend.

Luftlandetruppen: Waffengattung, die von Luftfahrzeugen (Starrflügler, Lastensegler, Hubschrauber) zum Einsatzort transportiert wird und entweder am

sowjetische Luftlandetruppen mit BMD-1

Boden gelandet oder durch Fallschirm in der Luft abgesetzt wird (Fallschirmjäger, Fallschirmlandetruppe). Es handelt sich um Truppen mit einer Spezialausbildung für Kampfhandlungen im Rükken des Gegners. Sie verfügen auch über schwere Waffen, einschließlich Geschützen (meist rückstoßfrei) und gepanzerten Fahrzeugen, die ebenfalls mit Flugzeugen an den Einsatzort gebracht bzw. aus der Luft an gekoppelten Fallschirmen abgesetzt werden. Leichte Schützenwaffen und Munition werden oft in Blech- oder Plastbehältern am Fallschirm abgeworfen. In einigen Staaten bilden die L. eine eigene Waffengattung, in anderen Ländern sind sie Teil der Land- oder Luftstreitkräfte. In der Sowjetunion wurden frühzeitig L. gebildet und bereits 1935/36 in den Manövern der Kiewer, Bjelorussischen und Moskauer Militärbezirke Massenabsprünge von 1 200, 1 800 und 2 000 Mann durchgeführt, damals eine aufsehenerregende Neuerung. Während des zweiten Weltkriegs wurden L. in größerem Umfang bes. von deutscher Seite (z. B. 1941 auf Kreta) und von den britisch-amerikanischen Streitkräften (Landung in Frankreich) 1944 in Arnheim eingesetzt. In Manövern vergangener Jahre erprobte die UdSSR den Einsatz starker L., zusammen mit Verbänden der Luft- und Landstreitkräfte.

Luftlinie: die kürzeste Verbindung zwischen 2 Orten auf der Erdoberfläche. → Orthodrome

Luftloch: umg.sprachl. aber unkorr. Bez. für eine nach unten gerichtete Vertikalwindböe, die die Ursache für plötzliche Abwärtsbewegungen des Flugzeugs ist. L. im Sinne luftleeren Raum gibt es nicht.

Luftmagnetik: Messungen des Erdmagnetismus, die von einem Luftfahrzeug aus durchgeführt werden.

Luftmasse: größere Luftmenge mit einheitlichen Eigenschaften, wie Temperatur, Feuchte und Trübungsgrad. Eine L. entsteht überall dort, wo Luft längere Zeit über einheitlicher Unterlage verweilt. Bevorzugte Entstehungsgebiete sich die *Polarregionen* mit ihrer dauernden Schnee- und Eisbedeckung, *Wüsten* mit ihrer gleichmäßigen Oberflächenbeschaffenheit und trockenem Klima sowie die gleichmäßig erwärmten *tropischen Ozeane* mit ihrer hohen Luftfeuchte. Je nach den Untergrund- und Strahlungsverhältnissen ist die entstehende L. *trocken* oder *feucht, warm* oder *kalt.* Nach den Hauptursprungsgebieten unterscheidet man *Polarluft* (P) und *Tropikluft* (T). Entsteht die L. über einem Kontinent, ist sie trocken oder *kontinental* (c), entsteht sie über einem Ozean, wird sie feucht oder *maritim* (m). Auf ihrem Weg werden die L. häufig umgewandelt. Bei der L.klassifikation muß daher neben dem *Ursprungsgebiet* auch der *Weg,* den die L. nimmt, berücksichtigt werden. Die Kenntnis der L. und ihrer Eigenschaften ist in der Meteorologie von großer Bedeutung. So sind viele Wettererscheinungen l-typisch. Fronten sind ein Ergebnis des Zusammentreffens unterschiedlicher L. Aus der Kenntnis der Eigenschaften verschiedener L. können Segelflieger bis zu einem gewissen Grad den zu erwartenden Aufwind (Thermik) abschätzen.

Luftmine: Seemine, die von einem Luftfahrzeug ausgelegt wurde. Im zweiten Weltkrieg wurde der Begriff fälschlich auch für überschwere Sprengbomben verwendet.

Luftpost: Brief- und andere Sendungen, die Postverwaltungen → Luftverkehrsunternehmen zur Beförderung übergeben und die zur Auslieferung an Postverwaltungen bestimmt sind. Aufgrund internationaler Vereinbarung gelten für die L.beförderung folgende Grundsätze: *LC-Post* (lettres et cartes postales = Briefe und Postkarten) hat bei der Beförderung Vorrang vor den Fluggästen, *AO-Post* (autres objets, alle anderen Postsendungen) und *CP-Post* (colis postaux, Pakete) haben Vorrang vor der Luftfracht.

Luftpostverkehr, *Luftpostbeförderung, Luftposttransport:* Teil des → Luftverkehrs; Beförderung von Postsendungen (→ Luftpost) auf dem Luftweg wegen Entgelt auf der Grundlage von vertraglichen Vereinbarungen zwischen Postverwaltungen und Luftverkehrsunternehmen. Die Vorteile des L. liegen in der erzielbaren hohen Laufzeiteinsparung gegenüber der Beförderung mit bodengebundenen Transportmitteln, insbes. über größere Transportweiten. 1912 erfolgten in Deutschland die ersten Versuchsbeförderungen von Luftpost mit Flugzeugen und Luftschiffen. Regelmäßige Luftpostverbindungen mit Flugzeugen bestehen seit 1920. Bereits 1929 bestand ein ausgedehntes Luftpostnetz mit Verbindungen zu fast allen europäischen Ländern. Gegenwärtig überzieht ein dichtes Luftpostnetz – auf der Grundlage des Weltfluglinienetzes (→ Flugliniennetz) – die ganze Erde. Zwischen den Postverwaltungen und Luftverkehrsunternehmen werden Abkommen zur Beförderung von Luftpostsendungen getroffen.

Luftraumverletzung: → Verletzung des Luftraums

Luftrecht: Sammelbegriff für alle mit der Luftfahrt zusammenhängenden Gesetze und Vorschriften. Im nationalen (innerstaatlichen) und internationalen (Völker-)Recht haben sich Standards für die Regelung aller Verhältnisse herausgebildet, die durch die Erschließung des Luftraums als Verkehrsraum entstehen. Das L. bildet einen Teil des Verkehrsrechts. In allen Staaten, in denen die Luftfahrt Bedeutung hat, gibt es z. B. im L. *Sicherheitsbestimmungen*, die ein Luftfahrzeug erfüllen muß, um die staatliche Erlaubnis zum Betrieb (Zulassung) zu erhalten. Ebenso werden im L. die an das Luftpersonal zu stellenden Anforderungen in bezug auf körperliche Tauglichkeit und fachliche Kenntnisse festgelegt. Andere Regelungen betreffen die Benutzung der Flugplätze, das Verhalten im Luftraum, die Personen- und Frachtbeförderung, die Haftung für Schäden an Leben, Gesundheit oder Vermögen u. a. Die nationalen Normen bestimmen auch, von wem und in welchem Umfang der Luftraum beflogen werden darf. Für internationale Verbindungen sind zwischenstaatliche Abkommen notwendig. Diese legen für die Partner Art, Umfang und Durchführung eines zwischenstaatlichen Luftverkehrs fest. Sie können 2seitig sein, es können aber auch mehrseitige, sog. *Gruppenabkommen* sein, denen eine größere Anzahl von Staaten beigetreten ist, wie das *Warschauer Abkommen* vom 12. Okt. 1929 zur Vereinheitlichung der Regeln über die Beförderung im internationalen Luftverkehr und die Änderungen des Haager Protokolls vom 28. Sept. 1955 hierzu. Ein Zusatzprotokoll wurde am 15. März 1972 in Guatemala unterzeichnet, wonach die Luftverkehrsgesellschaften vollständig haftbar sind, ohne Ausnahme für Verletzungen oder den Tod von Passagieren, auch bei kriegerischen Ereignissen. Außerdem enthält das Zusatzprotokoll Neuregelungen über Flugscheine, Verspätungen und Schadenersatz für Gepäck. 1944 wurde in Chicago (USA) von 52 Staaten ein *Internationales Luftverkehrsabkommen* unterzeichnet, das im Weltluftverkehr die Grundlage eines weltgleichen L. schaffen wollte. Das Abkommen besteht aus einer Präambel, 3 Teilen (Teil I Die Luftfahrt, Teil II Die internationale Zivilluft-Organisation, Teil III Internationaler Luftverkehr) sowie einer *Vereinbarung über den Durchflug im internationalen Flugverkehr.* In 15 Anhängen zum Abkommen über die internationale Zivilluftfahrt vom 7. Dez. 1944 sind die Standards und Empfehlungen enthalten, die sich vor allem auf Luftverkehrsregeln und Flugsicherungsverfahren, Einrichtung und Betrieb von Flughäfen, Luftfahrtpersonal, Lufttüchtigkeit, Eintragung, Kennzeichnung und Betrieb von

Luftfahrzeugen, Luftfahrtkarten, Such- und Rettungsdienst, Fernmeldewesen, Abfertigung von Fluggästen, Luftfahrzeuge und Fracht beziehen. Auf der Grundlage dieser Vereinbarungen wurde die → International Civil Aviation Organization (ICAO) gebildet (→ Freiheiten des Luftverkehrs). Diese Vereinbarungen gelten jedoch nicht für alle Staaten. Der Geltungsbereich zwischenstaatlicher Abkommen ist stets auf die Staaten beschränkt, die Mitglied der jeweiligen Übereinkunft sind. Darüber hinaus können aber auch bestimmte Grundsätze als völkerrechtliche Gewohnheiten und Prinzipien allgemeine Anerkennung finden.

Luftschiff: gasgefülltes Luftfahrzeug nach dem Prinzip leichter als Luft, wird durch entspr. große Luftverdrängung schwebend gehalten und von maschinengetrieben Luftschrauben vorwärts bewegt, im Unterschied zum → Ballon ist es jedoch *lenkbar.* Um den Beanspruchungen auf die Länge des L.körpers (Biegemomente durch ungleichmäßige Verteilung von Auftrieb und Masse) und die Stirnfläche (Druck durch Fortbewegung) zu begegnen, entstanden unterschiedliche Grundkonstruktionen. Beim *unstarren* oder *Prall-L.* nimmt der innere Überdruck diese Beanspruchungen auf und erhält Form und Festigkeit. Hohlräume (→ Ballonetts) innerhalb der Traggashülle werden mit Hilfe eines Gebläses ständig mit Luft gefüllt und halten damit die Hülle prall. Diese Bauweise wendeten *von → Parseval* sowie Konstrukteure in Frankreich, England und den USA, aber auch in Rußland und der UdSSR an. Da die günstigste Größe der Prall-L. unter 10 000 m³ lag, ließen sich die Fahrzeuge auf relativ kleinem Raum verpacken und leicht befördern. Hunderte von Prall-L. wurden von den USA im ersten und zweiten Weltkrieg als billiges, wirksames Mittel zur maritimen Überwachung und Aufklärung (vor allem von feindlichen U-Booten) verwendet. Nach 1945 wurden einige dieser Luftfahrzeuge mit Radargeräten ausgestattet und in der Luftüberwachung weiter verwendet. Die UdSSR setzte im zweiten Weltkrieg

Schütte-Lanz-Luftschiff in Berlin-Johannisthal (1910)

Parseval-Luftschiff (1906)

Zeppelin-Luftschiff «Hansa» vor der Potsdamer Luftschiffhalle (1912)

Zeppelin-Luftschiff LZ 127 «Graf Zeppelin» in Friedrichshafen (1928)

mehrere Prall-L. im rückwärtigen Gebiet (bes. in den unwegsamen Nordregionen) als Transportmittel, nach dem Krieg zur Minensuche im Schwarzen Meer, ein. Einige Konstrukteure gaben ihren Prall-L. einen starren Kielträger, um einen geringeren Innendruck und eine günstigere Gondelaufhängung zu erreichen *(halbstarre* oder *Kielgerüst-L.).* Vertreter dieser Bauart waren → *Basenach* und → *Nobile,* aber auch französische und britische Konstrukteure. Bei den Prall-L. hingen die Gondeln für die Besatzung, Antriebsmotoren, Ausrüstung und Nutzmasse an Seilen, die gleichmäßig über den ganzen Tragkörper verteilt waren.

Die größeren L. zählen zu den Starr- oder Gerüst-L., deren Festigkeit von der Gasfüllung unabhängig ist, weil das mit bes. Stoff überzogene Metall- oder Holzgerüst, bzw. der geschlossene Metallkörper, die Gasbehälter in ihrem Innern und gleichzeitig alle Beanspruchungen in ihrer Konstruktion aufnehmen. Hauptvertreter der *Holzbauweise* waren → *Schütte* (finanziell unterstützt vom Großindustriellen *Lanz*), der *Metallbauweise v.* → *Zeppelin* und der *Ganzmetallhülle Schwarz.*

Starr-L. hatten an den Gasbehältern Ventile zur Tragkraftregelung und große, kastenförmige Ruderflächen zum Lenken. Diese wichen jedoch den

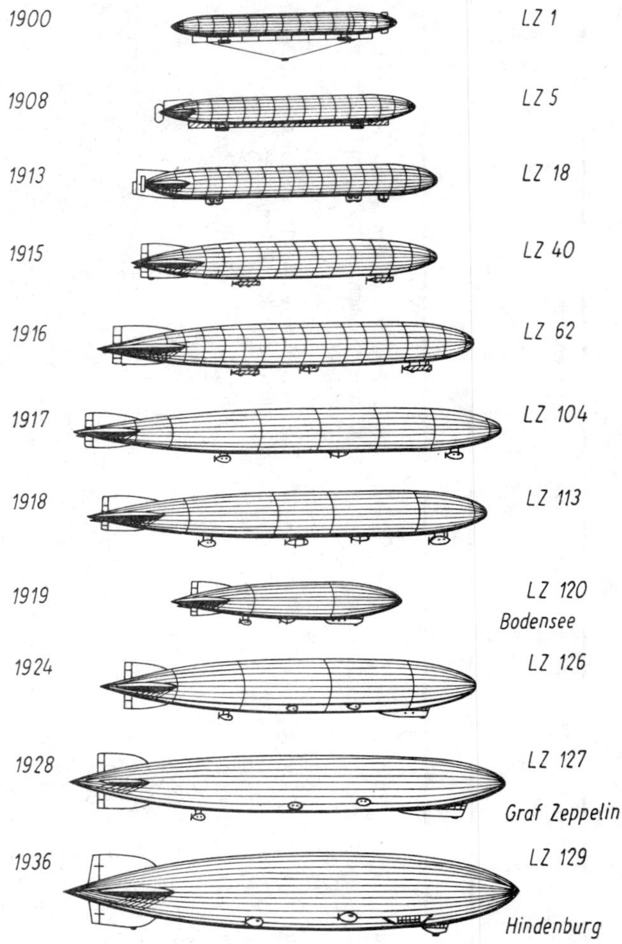

wichtigste Typschiffe des Luftschiffbau Zeppelin (1910–1936)

beim Flugzeug üblichen Leitwerken aus festen Flossen und beweglichen Rudern. Gondeln unterhalb oder seitlich des Rumpfes nahmen die Triebwerke, meist Otto-Motoren mit großer Zuverlässigkeit, auf. Auch die Kabinen für Fahrgäste und Besatzung sowie die Räume zur Schiffsführung befanden sich meist in einer Gondel, die unter dem vorderen Bug angebracht war; lediglich bei den letzten deutschen L. (LZ 129 und LZ 130) waren sie im L.körper angeordnet. Starr-L. hatten große Abmessungen und benötigten einen hohen Aufwand bei Bau, Wartung und Bodenorganisation. Ihre Bedeutung bestand in der erstmaligen Bewältigung von Verkehrsaufgaben durch Luftfahrzeuge. So beförderten die 7 L. der DELAG 1910/14 auf 1588 Fahrten zwischen verschiedenen deutschen Großstädten 34028 Passagiere unfallfrei, wobei der Fahrplan allerdings sehr wetterabhängig war. Allein das 1928 fertiggestellte L. LZ 127 «Graf Zeppelin» beförderte während seines 9jährigen Einsatzes auf 590 Fahrten 13110 Passagiere, 39219 kg Post und 30442 kg Fracht (Aufnahme des regulären Luftverkehrs über den Atlantik: 29. Aug. 1931 mit einer Fahrt nach Brasilien). Unter den Fahrten sind bes. die Weltrundfahrt (1929 durch → *Eckener*) sowie der Vorstoß in die Arktis (1931 mit Forschern verschiedener Länder) zu nennen. Dagegen endeten die Versuche der deutschen Heeresleitung, Starr-L. im ersten Weltkrieg als Bombenträger zu verwenden, mit einer Katastrophe. Die schwerfälligen Schiffe wurden leichte Opfer der Bodenabwehr und der wendigen Jagdflugzeuge. Von 97 gingen 90 L. verloren, mehr als die Hälfte der Besatzungen fand den Tod. Geringe Erfolge brachten L. als maritime Aufklärungsmittel. Die Mehrzahl der von den USA und Großbritannien nach dem ersten Weltkrieg gebauten Starr-L. für militärische Zwecke ging bei Katastrophen verloren. Moderne L. hatten Flugüberwachungs-, Navigations- und Funkanlagen sowie Rettungsausrüstung. Für Start und Landung von L. wurde die Hilfe einer starken Landemannschaft benötigt, oder man benutzte Schlepper bzw. Lokomotiven. Die Unterbringung der L. geschah entweder in einer *L.halle* oder am *Landemast* (→ *Ankermast*). Gegenwärtig werden L. i. allg. noch zu Reklamezwecken verwendet. In mehreren Ländern begann man inzwischen mit Konstruktionsarbeiten an Luftschiffen, einige fliegen bereits. Bekannt sind Untersuchungen über den Einsatz moderner L. in der Volkswirtschaft (Fliegender Kran, Transport sperriger Großanlagen, wie Erdölbohrausrüstungen, Touristikreisen).

Geschichtliches: Das L. entstand bei den Versuchen, Ballone lenkbar zu machen und zu motorisieren. *Henry Giffard* (Frankreich) verwendete 1852 als Antrieb für seinen etwa 45 m langen Ballon eine Dampfmaschine mit 2 kW, die jedoch zu schwach war. Die Franzosen *Charles Renard* und *Arthur-Constantin Krebs* waren 1884 erfolgreicher. Sie benutzten einen 5-kW-Elektromotor mit Batterien. Die Entwicklung verlagerte sich dann immer mehr nach Deutsch-

Typschiffe des Luftschiffbau «Zeppelin» 1900–1938

Baunummer	erste Fahrt des Typschiffs	Abmessungen Länge	Abmessungen Durchmesser	Gasraum	Zellenzahl	Nutzmasse	Motoren Anzahl	Motoren Gesamtleistung	Propellerzahl	Geschwindigkeit	Bemerkungen
LZ		m	m	m³		kg		kW		m/s	
1	2. Juli 1900	128	11,7	11 300	17	–	2	22	4	7,8	
2 und 3	30. Nov. 1905	128	11,7	11 300	16	2 800	2	125	4	12,2	LZ 3 wurde auf 136 m verlängert und hatte dann 17 Zellen und 12 200 m³ Inhalt, ferner 158 kW
4 und 5	20. Juni 1908	136	13,0	15 000	17	4 650	2	154	4	13,5	
6	25. Aug. 1909	136	13,0	15 000	17	4 200	2	169	4	13,5	nach Umbau 144 m Länge, 16 000 m³, 18 Zellen, 3 × 271 kW; 15,5 m/s
7 und 8	19. Juni 1910	148	14,0	19 300	18	6 800	3	265	4	16,7	
9, 10, 12	26. Juni 1911	140	14,0	17 800	17	7 000	3	330[1]	4	21,0	[1] seitdem ausschl. Maybach-Motoren
11 und 13	14. Feb. 1912	148	14,0	18 700	18	6 500	3	375	4	22,2	«Hansa»
14, 19, 20	7. Okt. 1912	158	14,9	22 470	18	9 400	3	365	4	21,2	später 150 m lang
15…17		142	14,9	19 550	18	8 200	3				
18	6. Sept. 1913	158	16,6	27 000	18	11 100	4	529	4	21,0	
21	10. Nov. 1913	148	14,9	30 870	17	8 800	3	397	4	20,5	
22 und 23	8. Jan. 1914	156	14,9	22 140	18	8 850	3	397	4	20,0	
24 und 25, 27…35, 37	11. Mai 1914	158	14,9	22 470	18	9 200	3	463	4	23,4	
26	14. Dez. 1914	161,2	16,0	25 000	15	12 200	3	463	3	22,5	
36 und 39	8. März 1915	161,4	16,0	24 900	15	11 100	3	463	3	23,6	
38, 40…58, 60 und 63	3. April 1915	163,5	18,7	31 900	16	16 200	4	617	4	26,7	ab LZ 48: 4 Motoren = 704 kW; 27,0 m/s
59, 61, 64…69, 71, 73, 77, 81	21. Dez. 1915	178,5	18,7	35 809	18	17 900	4	705	4	26,5	
62, 72, 74…76, 78…80, 82…90	28. Mai 1916	198,0	23,9	55 200	19	32 500	6	1 058	6	28,7	
91 und 92	22. Feb. 1917	196,5	23,9	55 500	18	36 400	5	882	5	27,7	
93 und 94	1. April 1917	196,5	23,9	55 800	18	37 800	5	882	4	28,9	
95…99	22. Juni 1917	196,5	23,9	55 800	18	39 000	5	882	4	29,9	
100, 101, 103, 105…111	8. Aug. 1917	196,5	23,9	56 000	14	40 000	5	882	4	30,2	ab LZ 105: 5 Motoren (überkomprimiert) = 1 064 kW; 31,8 m/s
102 und 104	26. Sept. 1917	226,5	23,9	68 500	16	52 100	5	882	4	28,6	LZ 104 machte die Fahrt nach Chartum (am oberen Nil) und zurück: 6 700 km in 97 h
112 und 113	1. Juli 1918	211,5	23,9	62 200	15	44 500	7	1 492	6	36,4	
120	20. Aug. 1919	120,8	18,7	20 000	12	10 900	4	705	3	36,8	«Bodensee» wurde um 10 m verlängert
126	27. Aug. 1924	200,0	27,64	74 000	14	48 000	5	1 470	5	35,5	«Los Angeles»
127	18. Sept. 1928	236,5	30,5	112 000	16	73 000	5	1 950	5	35,5	«Graf Zeppelin», Gasmotoren
129	4. März 1936	245,0	41,2	200 000	16	126 500	4	3 007	4	38,5	«Hindenburg», Schwerölmotoren, verbrannte in Lakehurst, 6. Mai 1937
130	14. Sept. 1938	245,0	41,2	200 000	16	115 000	4	2 940	4	37,5	erstmals Zugschrauben und Ballastwasser-Gewinnungsanlage; 1939 demontiert

land, wo sich vor allem *Baumgarten, Wölfert, von Zeppelin, von Parseval, Schütte* und *Lanz* mit L. beschäftigten. Graf *Zeppelin* erhielt 1895 ein Patent für ein lenkbares Starr-L. und startete 1900 vom Bodensee aus zur Jungfernfahrt mit dem LZ 1. Im gleichen Jahr wurde mit dem Bau von Prall-L. nach Plänen von Major *von Parseval* begonnen. 1924 überquerte das L. ZR III als zweites L. nach dem britischen R 34 den Atlantik ohne Zwischenlandung. 1932 wurde der fahrplanmäßige Luftschiffverkehr zwischen Deutschland und Südamerika aufgenommen. Am 6. Mai 1937 vernichtete eine Brandkatastrophe LZ 129 «Hindenburg» in Lakehurst (USA). Dies bedeutete einen schweren Rückschlag für die Luftschiffahrt. 1987 hat die britische Firma Airship Industries von der USA-Kriegsmarine den Auftrag zum Bau von 62 300 m³ großen Militärluftschiffen als Patrouillenfahrzeuge erhalten.

Luftschraube, *Propeller:* Organ zur Vortriebs-(Schub-)erzeugung bei Luftfahrzeugen; sie setzt die Wellenleistung der KTW oder PTL in Vortriebsleistung um. Man *unterscheidet:* Zug- und Druck-L., starre und verstellbare L., 2- und mehrflügelige L. Das von einer L. aufgenommene → Drehmoment wächst quadratisch mit der Drehzahl, die aufgenommene Leistung mit der dritten Potenz. Der Wirkungsgrad einer L. ist das Verhältnis von äußerer Leistung (Schub × Geschwindigkeit) und Wellenleistung (Drehmoment × Winkelgeschwindigkeit). Der Wirkungsgrad einer L. ist drehzahl- und geschwindigkeitsabhängig und erreicht max. etwa 85 %. Große L. erreichen bei etwa 5 m Durchmesser eine Leistungsaufnahme von ca. 4 500 kW bei etwa 1 000 U/min und ein Masse-Leistungs-Verhältnis von etwa 0,15 kg/kW. L. sind mit Rücksicht auf den Wirkungsgrad bis zu ca. 700 km/h Fluggeschwindigkeit wirtschaftlich anwendbar. L. kleiner Sportflugzeuge sind starre 2-Blatt-L. in Holzausführung. L. großer PTL-Flugzeuge sind automatische *4-Blatt-Verstelluftschrauben* in Metallausführung mit einer Vielzahl von

Verstelluftschraube mit konstanter Drehzahl für leichte KTW (De Haviland)

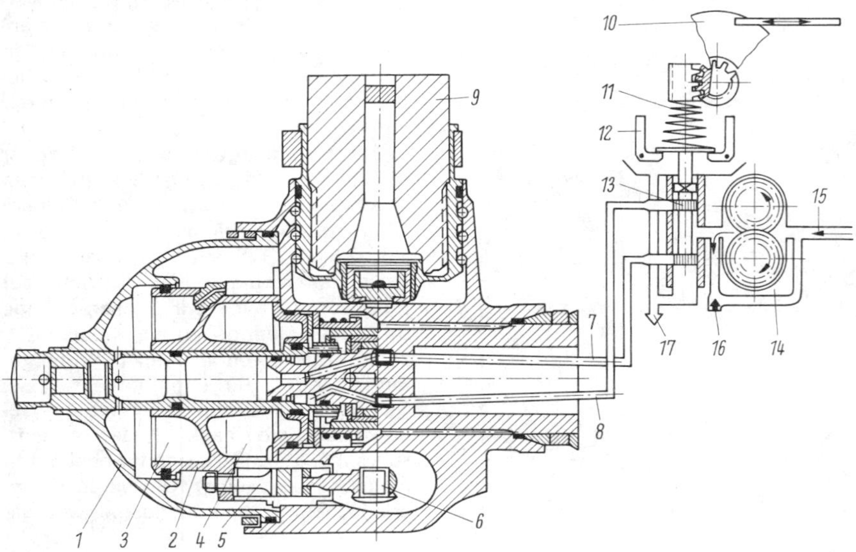

automatische Verstelluftschraube: 1 Zylinder, 2 Kolben, 3 Raum für kleine Steigerung, 4 Raum für große Steigerung, 5 Schubstange, 6 Zapfen der Blatthülse, 7 Kanal für kleine Steigerung, 8 Kanal für große Steigerung, 9 Luftschraubenblatt, 10 Hebel für Drehzahleinstellung, 11 Feder, 12 Fliehgewicht, 13 Steuerschieber, 14 Schmierstoffpumpe, 15 Leitung vom Triebwerk, 16 Druckminderventil, 17 Schmierstoffrücklauf

Luftschrauben

Typ	Hersteller	Flugzeugtyp	P_{TW}	n_{LS}	D	M	z	P_M	P_A	Blattverstellung
			kW	U/min	m	kg		kW/kg	kW/m²	
US 136000	Polen	OGAR	50	3600	1,5		2		28,3	ohne
V 401	ČSFR	Z-126	77	2500	1,80	6,5	2	11,9	30,2	ohne
US 135000	Polen	PZL-110	85	2800	1,78	14	2	6,1	34,2	mech. am Boden
W-501 D 18	UdSSR	JAK-18U	118	1900	2,3	33	2	3,57	28,4	aero-mechanisch
V 503 A	ČSFR	Z-42 MU	132	2750	2,0	26,7	2	4,94	41,6	aero-hydro-mech.
V 500 A	ČSFR	Z-43	154	2750	2,0	30,4	2	5,06	48,8	hydro-mechan.
US 122000	Polen	PZL-104	192	1850	2,65	41	2	4,68	34,8	hydro-mechan.
V 520	ČSFR	Z-37	232	1930	2,70	50	2	4,64	40,8	hydro-mechan.
US 133000	Polen	PZL-106 BR	440	1540	3,1	106	4	4,15	58,3	hydro-mechan.
AW-2	UdSSR	AN-2	735	1510	3,6	198	4	3,71	72	hydro-mechan.
AW-24 AN	Polen	An-28	736	1745	2,8	104	3	7,08	120	hydro-mechan.
AW-50	UdSSR	IL-14	1400	1495	3,8	206	4	6,8	129,5	hydro-mechan.
AW-72	UdSSR	An-24	1880	1250	3,9	252	4	7,45	156,6	hydro-mechan.
AW-68	UdSSR	IL-18	2870	1070	4,5	375	4	7,65	179	hydro-mechan.
AW-90	UdSSR	An-22	10000	730	6,2	1600	8	8,5	330	hydro-mechan.

P_{TW} Leistung
n_{LS} Drehzahl
D Durchmesser
M Masse
z Blattzahl
P_M spezif. Leistung (Bezug Masse)
P_A spezif. Leistung (Bezug LS-Fläche)

Zusatzausrüstungen, z. B. Konstantdrehzahlregler, Segelstellungsautomatik, Enteisungsanlage, Einrichtung für Schubumkehr, Drehmomenten- und Schubmeßeinrichtung. Blattverstellung (Änderung des Einstellwinkels des Profils des Luftschraubenblatts) durch Fliehkraft und elektrische, hydraulische oder pneumatische Hilfsenergie. Bes. Einstellwinkel: *Anlassen* – kleinster Widerstand in Drehrichtung, *Start* – größte Schuberzeugung; *Reiseflug* – größter Wirkungsgrad; *Triebwerksausfall* – geringster Widerstand in Flugrichtung, Segelstellung; *Bremsschub* – negativer Einstellwinkel. Wirkungsweise: Der Schub der L. ergibt sich nach dem Impulssatz aus dem Produkt der je Zeiteinheit geförderten Luftmasse $\dot{m}$ und der Geschwindigkeitsdifferenz der ab- und zuströmenden Luft Δv bzw. aus den an den Blättern der L. angreifenden aerodynamischen Kräften, je nach Richtung und Größe der resultierenden Anströmgeschwindigkeit. Der Standschub großer Verstellschrauben beträgt etwa 1,5 daN/kW. Der Einsatz des L.-Antriebs für Flugzeuge ist durch den stark fallenden Wirkungsgrad bei hohen Unterschallgeschwindigkeiten begrenzt, da sich die Schraubenblätter bereits lange vor Erreichen der Schallgeschwindigkeit mit dem Flugzeug in einer örtlichen Überschallströmung bewegen. Durch bes. Blattkonstruktion konnten mit L.antrieb (durch Verwendung von PTL) zwar hohe Unterschallgeschwindigkeiten erreicht werden (z. B. Tu-114), jedoch wurden in den letzten Jahren die Strahlantriebe so vervollkommnet, daß sie den Schraubenantrieb im mittleren und hohen Unterschallbereich immer mehr verdrängen. → Triebwerk

Luftschraubengetriebe: 1- oder mehrstufiges Zahnradgetriebe zwischen Triebwerk und Luftschraube mit einem Übersetzungsverhältnis von etwa 1,3…2,3 bei KTW und 10…15 bei → PTL. L. sind notwendig, um mit Rücksicht auf den Luftschraubenwirkungsgrad eine möglichst niedrige Luftschraubendrehzahl zu realisieren. L. von PTL enthalten Einrichtungen zur Drehmoment- bzw. Schubmessung und Geber für die Segelstellungsautomatik der Luftschraube. L. von PTL sind für bestimmte Flughöhen ausgelegt. Um sie in niedrigen Höhen nicht zu überlasten, wird die

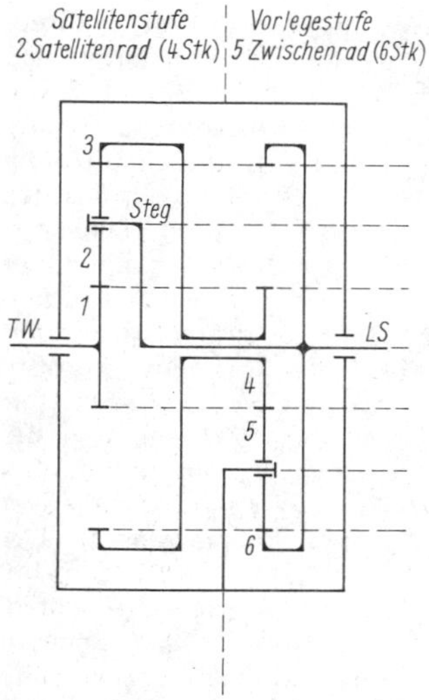

Luftschraubengetriebe-Schema für PTL AI-20

Leistung unterhalb der Auslegungshöhe begrenzt. → Betriebsverhalten

Luftschraubenkennfeld: graphische Darstellung des → Betriebsverhaltens einer Luftschraube. In einem Koordinationssystem → Leistungszahl über → Fortschrittszahl sind Kurvenscharen für verschiedene Blatteinstellwinkel und für verschiedene Wirkungsgrade eingezeichnet. → Kennlinienfeld

Luftschraubenschritt: gebräuchliche Bez. für den → Einstellwinkel eines Luftschraubenblatts.

Luftschraubentriebwerk: Antriebsmaschine (Gasturbine, Kolbenmotor), die ihre Leistung auf eine → Luftschraube überträgt. → Triebwerk

Luftschutz, Abk. **LS:** Teil der Landesverteidigung, umfaßt alle Maßnahmen, um den Schutz der Bevölkerung, Industrie und Volkswirtschaft vor den Folgen von Angriffen aus der Luft zu sichern bzw. zum Beheben oder Mildern der durch solche Angriffe hervorgerufenen Notstände.

Luftsperre: → Ballonsperre, → Ballon

Luftsperrgebiet: Gebiet eines Staats, dessen Überfliegen aus militärischen Gründen, im Interesse der öffentlichen Sicherheit, wegen außergewöhnlicher Umstände oder während eines Notstandes verboten oder eingeschränkt ist. Luftfahrzeuge, die in L. einfliegen, können zur Landung auf einem Flugplatz des betreffenden Staats aufgefordert werden.

Luftstrahltriebwerk: zur Gruppe der Strahlantriebe gehörendes Triebwerk, das durch Beschleunigung einer pro Zeiteinheit durch das Triebwerk durchgesetzten Luftmasse eine Schubkraft erzeugt. Zu den L. gehören → Turbinenluftstrahltriebwerke, Staustrahltriebwerke und → Pulsotriebwerke.

Luftstraße: → Flugsicherung

Luftstreitkräfte: Teilstreitkraft mit strategischen, operativen und taktischen Aufgaben über Land und See sowie dem tiefen Hinterland des Gegners, die selbständig oder im Zusammenwirken mit anderen Teilstreitkräften gelöst werden. Die L. decken Hauptgruppierungen und rückwärtige Räume, unterstützen die Kampfhandlungen anderer Teilstreitkräfte, klären aus der Luft auf, übernehmen den Lufttransport und andere Spezialaufgaben, Funktechnische und Truppen der fliegertechnischen Versorgung stellen die Flüge der L. sicher. Front-, Fern- und Transportfliegerkräfte sind Arten der L. Gegliedert sind sie in operative Verbände, welche zeitweilig den Teilstreitkräften operativ unterstellt werden, um bestimmten Aufgaben gemeinsam zu lösen. I. allg. vereinigen die Arten der Fliegerkräfte mehrere Gattungen (Jagd-, Bomben-, Jagdbomben-, Aufklärungs- und Hilfsfliegerkräfte). Auch die Seefliegerkräfte verfügen über diese Gattungen. Die Fliegerkräfte der → Luftverteidigung dagegen bestehen nur aus → Jagdfliegerkräften. Jede dieser Gattungen hat ihre eigene Taktik. Die Unterteilung der Gattungen erfolgt in *Paare, Ketten, Staffeln, Geschwader, Divisionen, Korps und Luftarmeen.*

Luftstromanlage: svw. → Windkanal.

Luftstromerzeuger: kleines, meist elektrisch betriebenes Gebläse mit veränderlicher Drehzahl zur Erzeugung eines freien Luftstroms (Freistrahls), mit dessen Hilfe aerodynamische Erscheinungen an Modellen demonstriert und in begrenztem Umfang auch quantitaiv erfaßt werden können.

Lufttanken: Auftanken eines Luftfahrzeugs durch ein anderen in der Luft. Der vorausfliegende Tanker fährt einen Schlauch oder ein starres Rohr mit Trichtermundstück nach hinten unten aus dem Heck oder einem Flügel aus. Das aufzutankende Flugzeug fliegt mit einem Gegenmundstück den Trichter an und kuppelt sich automatisch ein. Die

1929 in den USA: Nachtanken in der Luft als Sensation

Tankflugzeug der Royal Air Force (Handley Page «Victor»), das bis zu 3 Flugzeuge gleichzeitig in der Luft betanken kann (oben «Sea Vixen», unten «Buccaneer»)

Flugzeuge können beim L. bis zu 20 % mehr Brennstoff aufnehmen als am Boden, da die Grenze der Tragfähigkeit in der Luft höher liegt als beim Start. Um den Flugzeugführer des aufzutankenden Flugzeugs nicht zu überfordern, sind mehr als 3 Nachtankvorgänge in der Luft nicht üblich.

Lufttaxi, *Aerotaxi:* kleines, meist für 2...5 Personen eingerichtetes, im → Bedarfsluftverkehr zur Beförderung von Personen benutztes Luftfahrzeug (→ Lufttaxiverkehr). Der Benutzer eines L. ist unabhängig von den Flugzeiten des planmäßigen Luftverkehrs und kann damit auch zu Sport-, Privat-, Betriebsflugplätzen u. a. fliegen, die von den planmäßigen Luftlinien nicht berührt werden.

Lufttaxiverkehr: Teil des Luftverkehrs; Form des → Bedarfsluftverkehrs. Im Gegensatz zum Massenluftverkehr ist der L. Individualverkehr mit Luftfahrzeugen (öffentlicher Individual-Luftverkehr), der den Bedürfnissen einzelner Verkehrskunden oder kleiner Gruppen von Fluggästen (insbes. hinsichtlich Abgangs- und Zielort sowie Zeitpunkt) angepaßt, meist mit 2...5 Personen fassenden Luftfahrzeugen (Flugzeugen und Hubschraubern) durchgeführt wird. Er dient vorzugsweise zum Zu- und Abbringen der Fluggäste von und zu internationalen Flughäfen. Auch im Ultrakurzstreckenverkehr (→ Kurzstreckenluftverkehr) eingesetztes Luftfahrzeug; insbes. dann, wenn bodengebundene Verkehrsmittel nicht oder nur mit großem Aufwand die Beförderung ausführen können.

Luftüberlegenheit: → Luftherrschaft

Luftüberschußzahl: → Luftverhältnis

Luftverhältnis: (λ): Wichtige Kenngröße der Gemischbildung zwischen Luft und Brennstoff bei Flugzeugtriebwerken. L. ist das Verhältnis der je kg Brennstoff angesaugten Luftmasse zu der für 1 kg Brennstoff zur vollständigen Verbrennung theoretisch notwendigen Luftmasse. Die theoretisch je kg flüssigen Brennstoffs notwendige Luftmasse beträgt je nach Art des Brennstoffs 13...15 kg. *Flugzeug-Otto-Motoren:* Startleistung $\lambda \approx 0{,}70...0{,}80$; Reiseleistung $\lambda \approx 1{,}05...1{,}15$; *Flugzeuggasturbinen:* Startleistung $\lambda \approx 3{,}5...4{,}5$; Reiseleistung $\lambda \approx 5...7$. Bei einem L. $\lambda < 1$ spricht man von einem «fetten Gemisch», $\lambda = 1$ wird mit «stöchiometrisches Gemisch» und $\lambda > 1$ mit «mageres Gemisch» bezeichnet.

Luftverkehr, Flugverkehr: Verkehrs-

Farman F-60 «Goliath» (1919)

Focke-Wulf FW 200 «Condor» (1937)

zweig; bedeutungsvollster Teil der kommerziellen → Luftfahrt; Beförderung von Personen, Gepäck, Fracht und Post gegen Entgelt mittels staatlich dafür zugelassener → Luftfahrzeuge. Voraussetzungen für L. sind den Erfordernissen des L. entspr. → Flughäfen. → Flugsicherungsdienste und -anlagen, Navigationseinrichtungen auf dem beflogenen → Streckennetz sowie → fliegendes und → Bodenpersonal.
Hauptvorteil des L. gegenüber den anderen Verkehrszweigen ist die schnelle Transportdurchführung über größere Entfernungen. Nachteilig sind die hohen Anschaffungspreise der Flugzeuge sowie relativ hohe Betriebskosten.
Dem Reisekomfort (→ Beförderungs-

PTL-Flugzeug «Viscount» (1950)

PTL-Verkehrsflugzeug Tupolew Tu-114

PTL-Verkehrsflugzeug Iljuschin Il-18

TL-Verkehrsflugzeug SNIAS «Caravelle»

TL-Verkehrsflugzeug Boeing 707

TL-Verkehrsflugzeug Il-62

qualität) und Service (→ Kundendienst) des L. sowie der Unabhängigkeit seiner Linienführung von der Erdoberflächengestalt stehen nachteilig der Zwang zur Konzentration auf wenige Knotenpunkte und seine noch nicht überwundene Abhängigkeit von klimatischen Bedingungen gegenüber. Entspr. seinen technisch-ökonomischen Merkmalen ist dem L. vorrangig die Personen- und Güterbeförderung auf Lang- und Mittelstrecken (→ Langstreckenluftverkehr; → Mittelstreckenluftverkehr) vorbehalten. Die → Luftverkehrsunternehmen erfüllen ihre Aufgaben auf der Basis verbindlicher → Beförderungsbedingungen zu den im Flugplan festgelegten (→ Linienflugverkehr) oder vereinbarten Zeiten (→ Bedarfsluftverkehr) und nach geltenden → Tarifen. Diese liegen meist über denen anderer Verkehrszweige. Die Bedeutung des L. für den einzelnen und die Gesellschaft liegt insbes. in der erzielbaren Zeiteinsparung proportional zur → Beförderungsweite.

Die Einsatzbereiche, nach denen auch die → Luftfahrzeuge ausgelegt werden, sind a) Ultrakurzstreckenflugverkehr (bis zu 300 km); b) Kurzstreckenflugverkehr (300...1 500 km), Mittelstreckenflugverkehr (1 500...3 000 km); c) Langstreckenflugverkehr (über 3 000 km).

Oberste internationale Luftverkehrsbehörde ist als UNO-Organ die → International Civil Aviation Organization (ICAO). Die rechtliche Regelung von Fragen des L. erfolgt durch Gesetzgebung des jeweiligen Staats (→ Luftverkehrsgesetz). Entwicklung des L. der Mitgliedstaaten der ICAO zeigt die obenstehene Tab.

Den L. eröffneten → Luftschiffe (Luftschiffahrt). Obwohl bereits 1910 in Zürich die «Gewerbsmäßige Passagier-Motorluftfahrt» gegr. wurde, begann der L. mit Motorflugzeugen (umgebaute Militärflugzeuge) erst nach dem ersten Weltkrieg. Das erste zivile Verkehrsflugzeug (Junkers F 13) wurde 1919 konstruiert. In das gleiche Jahr fallen auch die Einrichtung der ersten deutschen zivilen Luftpostlinie (Berlin-Weimar) sowie die Gründung der niederländischen → KLM als eines der ersten → Luftverkehrsunternehmen der Welt. KLM richtete 1920 die erste internationale Fluglinie (Amsterdam-London) ein. In Deutschland entstand bereits 1917 unter Einfluß bedeutender Monopolgruppen die → Deutsche Luftreederei GmbH (DLR) zum Studium der Möglichkeiten einer zivilen Luftfahrt. Ihr folgten nach 1918 zahlreiche kleinere Luftverkehrsgesellschaften; 1921 waren es 37. Unter dem Einfluß der Bestimmungen des Versailler Vertrages, die Deutschland den L. mit leistungsfähigen Flugzeugen praktisch untersagten, verminderte sich die Anzahl der Unternehmen bis 1925 auf 2: den → Deutschen Aero-Lloyd und die → Junkers Luftverkehrs AG. Beide fusionierten 1926 zur → Deutschen Lufthansa AG, an deren Kapital überwiegend der Staat beteiligt war. Bereits 1922 war vom Vorstand des Deutschen Aero-Lloyd und der sowjetischen Handelsvertretung in Berlin die DERULUFT AG gegr. worden, die wirkungsvolles Bindeglied zwischen Deutschland und der UdSSR blieb, bis sie 1937 liquidiert wurde.

Die in der Pionierzeit des L. beflogenen Strecken waren entspr. der Reichweite der Flugzeuge sehr kurz; der L. war sehr wetterabhängig und auf den Tag beschränkt. Um 1928 waren durch die Ausrüstung der Flugzeuge mit mehreren Motoren und entspr. funktechnischen Anlagen für den Blindflug Voraussetzungen für den planmäßigen Nacht-L. geschaffen. Die weitere Entwicklung des L. in den 30er Jahren ist gekennzeichnet durch die Inbetriebnahme der ersten Verkehrsflughäfen, die Einführung des Flugfunkverkehrs sowie von Navigations- und Flugsicherungsanlagen. Die erste Etappe der Entwicklung des L., deren Höhepunkt in der Einrichtung der ersten L.-Verbindung zwischen den Erdteilen bestand, beendete der Ausbruch des zweiten Weltkriegs. Im internationalen Maßstab entwickelte sich nach 1945 der planmäßige transkontinentale und transozeanische L. Es entstand ein Welt-L.-Netz. Mit dem Strahlverkehrsflugzeug Tu 104 wurde von der UdSSR eine neue Entwicklungsphase eingeleitet (1956). Die Flugzeiten (insbes. auf Langstrecken) wurden bedeutend verkürzt. 1958 wurden zum ersten Mal mehr Passagiere mit Flugzeugen als mit Schiffen über den Nordatlantik befördert.

Am 31. Dez. 1968 wurde von der UdSSR mit dem Erstflug der Tu 144, dem ersten Überschallverkehrsflugzeug, eine neue Etappe des L. eingeleitet; diesem folgte als zweites die englisch-französische Gemeinschaftsentwicklung «Concorde». Zu geringe Reichweite und zu hoher Kraftstoffverbrauch dieser Flugzeuge sowie die Beschränkung des Überschallflugs auf Höhen in über 13 km und die damit verbundene Beschränkung der → Blockgeschwindigkeit auf 1 200 km/h führten zur Zurückstellung dieser Entwicklung. Dagegen traten die TL-Verkehrsflugzeuge der vierten Generation, die mit Flight-Management-Systemen und Kraftstoff sparenden Triebwerken ausgerüstet sind, ihren Siegeszug an (Boeing 747-300, Boeing 757, Boeing 767, McDonnell Douglas MD 89, MD 11, Airbus Industrie A 310, A 320, A 330, A 340, IL 96-300 und Tu 204).

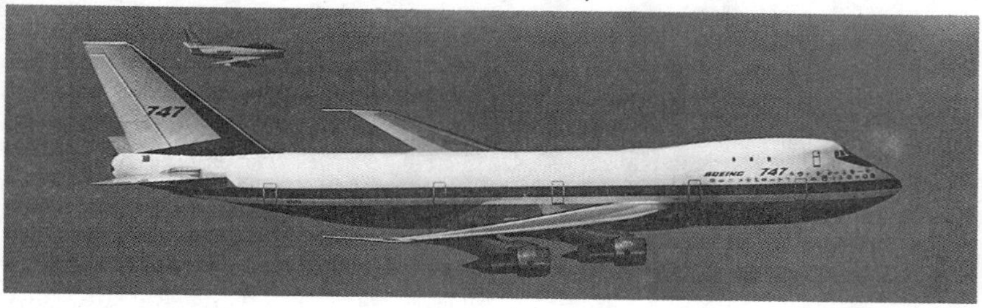

Großraumverkehrsflugzeug Boeing 747 «Jumbo Jet»

Überschallverkehrsflugzeug «Concorde»

Großraumverkehrsflugzeug Douglas DC-10

Aerobus Iljuschin Il-86

Entwicklung des planmäßigen Luftverkehrs nach Angaben der ICAO ohne UdSSR u. VR China; ab 1970 einschließlich UdSSR

Jahr	Flug-kilo-meter Mill.	Flug-stun-den Mill.	Flug-gäste Mill.	Flug-gast-kilometer Mill.	Fracht Mill. tkm	Post Mill. tkm	Fluggäste je Flug-zeug	mittlere Reise-weite der Fluggäste km	mittlere Flugge-schwin-digkeit km/h
1945	600	2,5	9	8000	110	130	13	880	240
1948	1270	4,6	24	21000	420	170	17	890	275
1950	1440	5,0	31	28000	770	200	19	875	285
1951	1610	5,6	42	35000	910	230	22	830	290
1952	1760	6,0	46	40000	990	250	23	880	295
1953	1920	6,4	52	46000	1040	270	24	890	300
1954	2050	6,7	58	52000	1100	320	25	895	310
1955	2280	7,3	68	61000	1300	370	27	905	315
1956	2530	8,0	77	71000	1480	400	28	925	320
1957	2830	8,7	85	81000	1630	430	29	955	325
1958	2920	8,7	87	85000	1670	470	29	975	335
1959	3080	8,9	98	97000	1920	520	32	995	345
1960	3110	8,6	106	109000	2180	610	35	1030	360
1961	3120	8,0	111[1]	117000	2480	720	37	1050	390
1962	3280	7,9	123	131000	2950	810	40	1065	415
1963	3420	7,9	135	147000	3110	860	43	1090	435
1964	3700	8,3	154	171000	3760	910	46	1105	445
1965	4100	8,8	177	189000	4800	1100	48	1120	465
1966	4480	9,3	200[2]	229000	5700	1530	51	1145	485
1967	5290	10,2	234	273000	6530	1890	52	1185	515
1968	6020	11,2	261	308000	7920	2350	51	1188	535
1969	6710	11,8	293	351000	9760	2510	53	1198	580
1970	7030	9,5	383	461000	11940	3140	55	1202	580
1971	7070	9,5	407	495000	13110	2890	57	1203	587
1972	7150	9,6	443	555000	14900	2770	64	1244	591
1973	7540	9,9	488	618000	17530	2880	69	1265	591
1974	7380	9,6	515	656000	19020	2880	74	1276	591
1975	7510	9,7	534	697000	19370	2900	76	1306	597
1976	7850	9,9	576	762000	21450	3030	81	1325	603
1977	7910	10,2	610	818000	23630	3180	85	1329	610
1978	7930	10,4	679	936000	25940	3270	86	1327	610
1979	8980	10,5	754	1060000	28010	3420	86	1406	615
1980	9224	10,6	748	1089000	29380	3680	86	1456	618
1981	9478	10,7	752	1119000	30880	3800	88	1488	621
1982	9673	10,8	766	1142000	31540	3870	89	1491	621
1983	10079	10,9	798	1190000	35110	4000	89	1491	631
1984	10816	11,1	847	1277000	39640	4300	101	1508	650
1985	11570	11,3	898	1366000	39810	4390	101	1521	655
1986	12290	11,5	956	1451000	43170	4530	102	1518	657
1987	13476	11,7	1027	158900	48370	4660	104	1534	667
1988	13471	8,5	1079	170400	53490	4830	104	1579	702
1989	...	...	1116	179700	57640	4980	106	1610	705

Der Rückgang der Flugstunden seit 1959 bei gleichzeitigem Steigen der übrigen Kennziffern erklärt sich durch die Einstellung der schnelleren und leistungsfähigeren Turbinen-Verkehrsflugzeuge in den Luftverkehrsdienst.
[1] Im gesamten Weltluftverkehr 150 Mill. Fluggäste.
[2] UdSSR 48 Mill. Fluggäste.

Luftverkehrsbetrieb, Abk. **LVB:** juristisch, organisatorisch und technisch-ökonomisch selbständige Einheit, deren Hauptaufgabe die Vorbereitung, Durchführung und Nachbereitung sich wiederholender technologisch gleichartiger Ortsveränderungsprozesse von Personen und Gütern mittels Luftfahrzeugen ist. Der LVB kann räumlich eine Einheit bilden oder aus mehreren getrennten Betriebsteilen bestehen. Der LVB ist ein Betrieb, der → Linienflugverkehr und/

oder → Bedarfsluftverkehr (→ Luftverkehr) betreibt und/oder sonstige Transporte unter Verwendung staatlich dafür zugelassener Luftfahrzeuge gegen Entgelt durchführt. Er ist gegebenenfalls mit dem Transportzweig zivile Luftfahrt identisch. → Luftverkehrsunternehmen, → Luftverkehrsgesellschaft.

Luftverkehrsgesellschaft, Abk. **LVG:** gleichbedeutend angewandte Bez. für → Luftverkehrsbetrieb oder → Luftverkehrsunternehmen. Die Bez. LVG ist im eigentlichen Sinne nur anwendbar auf 1) solche, LVG, die als gemischte Gesellschaft in der Rechtsform einer Gesellschaft privaten Rechts (z. B. AG, GmbH, KG) organisiert und an denen staatliche Körperschaften und/oder Industrie-, Handels- und Dienstleistungsunternehmen beteiligt sind; 2) solche LVG in den Entwicklungsländern, die unter Kapitalbeteiligung eines fremden Staats als selbständige juristische Person gegr. wurden und betrieben werden (gemischtstaatliche Gesellschaft).

Luftverkehrsmarkt: Teil (Marktart) des Transportmarkts, fiktiver Ort und Prozeß, an (in) dem sich Luftverkehrsunternehmen als Anbieter von Transportleistungen im Fluggast- und/oder Luftfrachtverkehr und die Verkehrskunden als Interessenten für diese Leistungen gegenübertreten, den Austauschakt vereinbaren und vollziehen. Der Begriff L. schließt auch die Marktbedingungen und die Informationen über Angebot, Nachfrage, Kauf-, Verkaufs-, Zahlungsbedingungen usw. ein. Marktarten des L. sind der *Markt für Personenbeförderungsleistungen* und der *Markt für Gütertransportleistungen* (Fracht- und Posttransportleistungen) mit Luftfahrzeugen. *Marktbereiche* des L. ergeben sich in der *Untergliederung nach Regionen* (Regionalmärkte) und *nach Ländern* (Ländermärkte). In Bindung an konkrete Verkehrsrelationen (z. B. Berlin-Moskau) bilden sich *Relationsmärkte.* Den → Flugstrecken adäquat existieren Absatzbereiche.

Luftverkehrspolitik: Gesamtheit der Maßnahmen und Methoden des Staats zur Leitung und Entwicklung des → Luftverkehrs.

Luftverkehrsunternehmen, Abk. **LVU:** gemeinsame Bez. für → Luftverkehrsbetriebe und → Luftverkehrsgesellschaften, deren Hauptaufgabe es ist, aufgrund von → Beförderungspapieren Personen und deren Gepäck sowie Güter nach Maßgabe der geltenden Beförderungsbestimmungen gegen Entgelt unter Verwendung staatlich dafür zugelassener Luftfahrzeuge zu befördern. Die L. verfügen über einen eigenen Luftfahrzeugpark sowie über entspr. fliegendes, technisches, sonstiges Luftfahrt- und Verwaltungspersonal (→ fliegendes Personal). Namen und Symbole der L. sind i. d. R. gesetzlich geschützt und international anerkannt. Der größte internationale Verband der L. ist die → International Air Transport Association (IATA). Zum Zweck der wirtschaftlichen Durchführung des Luftverkehrs, der Koordinierung des Verkehrsangebots und der vollen Befriedigung des Lufttransportbedarfs schließen L. untereinander Vereinbarungen ab (→ Interline-Abkommen, → Generalverkaufsagenturabkommen).

Luftverteidigung, Abk. **LV:** zusammenfassender Begriff für alle Verteidigungsmaßnahmen gegen gegnerische Luftangriffe. Die L. organisiert den Schutz der wichtigsten politischen, ökonomischen und militärischen Einrichtungen und Räume und dient der Sicherstellung der Kampfhandlungen der Streitkräfte an der Front und im Hinterland. In manchen Staaten sind die Kräfte der L. mit den Jagdfliegerkräften zusammengefaßt und bilden eine eigene Teilstreitkraft. Zu den Kräften der L. gehören in der UdSSR sowie in den östlichen Armeen Jagdflugzeuge, Flakartillerie und Fla-Raketen-Truppen sowie funkmeßtechnische und Spezialtruppen. → Luftschutz

Luftverunreinigung: Anteil der Umweltbelastung durch Emission von Verbrennungsprodukten bei Energieumwandlungsprozessen. Anteil der Luftverunreinigung durch Flugzeugtriebwerke ist im Verhältnis zur Luftverunreinigung durch Kohlekraftwerke, chemische Industrie und Kraftfahrzeuge verschwindend gering, darüber hinaus fallen die Verbrennungsprodukte in mittleren und großen Höhen an. Moderne ZTL erreichen Emissionswerte von etwa 20 g CO/1 kg Brennstoff oder etwa 5 g/1 t Nutzmasse und Kilometer, dem entspricht etwa ein Wert von 0,5 kg pro 1 000 Pkm, dieser Wert beträgt für PKW etwa 10...15 kg.

Luft-VG: Abk. für Luftverkehrsgesetz

vom 21. Aug. 1936, das weiterhin gültig ist.

Luftwerbung: Einsatz von Luftfahrzeugen zur Reklame, z. B. von Ballonen oder Luftschiffen mit Aufschriften, von Flugzeugen mit Beschriftung auf Tragflügeln oder Rumpf, Werbung mit hinterhergeschleppten Schriftbändern. «Himmelsschrift» ist eine weitere Möglichkeit: Chemische Mittel werden dabei versprüht und durch die geflogene Figur am Himmel sichtbar.

Luftwerte: Angaben über Druck, Temperatur, Dichte, Feuchtigkeit, Windvektor, die zur Navigation und zur Korrektor von Anzeigefehlern sowie zur Eingabe in den → Luftdatenrechner verwendbar sind. → Luft

Luftwerterechner: → Luftdatenrechner

Luftziel: ohne Genehmigung der Regierung eines Staats in dessen Luftraum eingeflogenes ausländisches Luftfahrzeug (Flugzeug, Luftschiff, Ballon, unbemanntes Luftkampfmittel), das von der Luftverteidigung des betreffenden Staats gestellt wird.

Luke: → verschließbare Öffnung in der Flugzeugzelle, die den Zugang zu Ausrüstungselementen zum Zwecke der → Wartung und → Instandsetzung gewährleistet (z. B. Triebwerks- oder Akkumulatorluke). L. werden durch L.deckel verschlossen, die je nach Größe und Lage formsichernden oder/und kräfteübertragenden Charakter besitzen.

Luv: die dem Luftstrom zugewandte Seite bei Berghängen, Gebirgen und Hindernissen. → Lee, → Aufwind

Luvwinkel: Winkel zwischen der Flugzeuglängsachse und dem → Kartenkurs, um den vorgehalten werden muß, damit die → Abdrift ausgeglichen wird.

Luxemburg, Flughafen Findel, City-Doce **LUX:** internat. Flughafen des Großherzogtums Luxemburg, 49°37′24″ n. Br., 06°12′18″ ö. L., Höhe 115 m. 5 km vom Stadtzentrum entfernt gelegen. 1 Start- und Landebahn mit 4000 m × 60 m. Verkehrsleistung 1985 – 0,8 Mill. Fluggäste. Moderne Funk- und Navigationsausrüstungen.

LVB: Abk. für → **L**uft**v**erkehrs**b**etrieb.

LVG: **1.** Abk. für → **L**uft**v**erkehrs**g**esellschaft. – **2.** Typenbez. für Flugzeuge der früheren deutschen Flugzeugwerke «**L**uft-**V**erkehrs-**G**esellschaft» in Berlin-Johannisthal.

LVU: Abk. für → **L**uft**v**erkehrs**u**nternehmen.

LWD: Typenbez. für Schul-, Sport- und Reiseflugzeuge der nach dem zweiten Weltkrieg in Polen gebildeten Werke **L**otnicze **W**arsztaty **D**oświadczalne (Flugzeugversuchswerkstätten). Zu den bekanntesten Mustern gehören: LWD Szpak-2 (1945), LWD Zuk-1 (1947), LWD Junak-3 (1953/56) und LWD Zurawl (1951).

LWS: Kurzbez. für das polnische Flugzeugwerk **L**ubelska **W**ytwornia **S**amolotow (Lubliner Flugzeugwerke). Bis 1927 als → Lubelska Fabryka Samolotow bezeichnet. Produzierte von 1920 bis 1927 italienische Ansaldo- (→ FIAT) und französische → Potez-Typen; ab 1927 Flugzeuge der Lublin-Reihe.

Lycoming: Bez. für Triebwerke der Avco Lycoming Division der Avco Corporation mit Sitz in Stratford, Connecticut, USA. Die traditionelle Produktion stellen luftgekühlte 4-Takt-Boxer-Kolbenmotoren, Gasturbinen für Hubschrauber und leichte ZTL dar.

LZ: Abk. für «Luftschiffbau Zeppelin», Typenbez. für die Luftschiffe, die auf dieser früheren Luftschiffwerft in Friedrichshafen am Bodensee gebaut worden sind, z. B. LZ 127 «Graf Zeppelin». → Luftschiff

M

M: **1.** Typenbez. für sowjetische Marineflugzeuge (russ. morskoi samoljot), z. B. M-24. – **2.** Typenbez. für sowjetische Triebwerke (z. B. M-105) bis etwa 1940, danach Benennung nach dem Leiter des Konstruktionskollektivs (z. B. AM, ASch, WK, → Kolbentriebwerk). – **3.** Typenbez. für ČSFR-Triebwerke (z. B. M-337). – **4.** internat. gebräuchliches Zeichen für → Mach-Zahl

Ma: häufig für → Mach-Zahl verwendete Abkürzung.

MAC: Abk. für → **M**ilitary **A**irlift **C**ommand.

Macchi: Typenbez. für Flugzeuge der italienischen Firma Aronautica Macchi S.A., von *Giulio M.* 1912 in Varese gegr., spezialisierte sich auf den Bau von Wasser-, Jagd-, Verkehrs- und Sportflugzeugen. Zu den bekanntesten Mustern gehören: Wasserverkehrsflugzeug M.M-24 bis (1926), Jagdflugboot M.M-41 bis (1929), Jagdflugzeug M.C-202 «Folgore» (1938). Seit 1945 baut die Firma (Aermacchi) vor allem Reise- und Trainingsflugzeuge. Seit Dez. 1959 ist → Lockheed/USA mit an Aermacchi beteiligt.

Mach, *Ernst:* Physiker und Philosoph, geb. 18. Febr. 1939 Tuřany bei Brno, gest. 19. Febr. 1916 Haar bei München, Professor der Physik in Graz (ab 1864), Prag (ab 1867) sowie der Philosophie in Wien (1895–1901). Als Physiker bes. bekannt durch seine Arbeiten über Strömungs- und Wärmelehre (→ Mach-Zahl, → Kopfwelle). Führte kritische Untersuchungen über die Grundlagen der klassischen Mechanik durch. Zusammen mit *R. Avenarius* (1843–1886) vertrat er als idealistischer Philosoph den sog. *Empiriokritizismus* oder *Machismus,* der die Existenz der objektiven Realität leugnet und nur die Empfindungen und Ideen als wahrhaftige und «positive Elemente» (Positivismus) der Welt anerkennt.

Mach-Kegel: svw. → Kopfwelle.

Mach-Meter: Gerät zur Anzeige der → Mach-Zahl. Da diese eine Funktion des Staudrucks und des statischen Drucks ist, werden im M. der statische Druck durch eine Aneroiddose und der Staudruck durch Differenzdruckmessung zwischen statischem und Gesamtdruck nach Art des → Fahrtmessers bestimmt. Beide Druckmessungen, die als Dosenhübe vorliegen, werden vom Übertragungsmechanismus entspr. der Eichgleichung miteinander verknüpft und zum Anzeigeteil übertragen. M. besitzen meist Einrichtungen zur Abgabe elektrischer Signale bei Annähern der Fluggeschwindigkeit an die kritische Mach-Zahl. → Mach-Warner

Mach-Meter

Machscher Winkel: → Kopfwelle

Mach-Warner: → Mach-Meter mit elektrischer Signalisation, die vor Erreichen der kritischen → Mach-Zahl anspricht, um den Flugzeugführer vor den bei Überschreiten eintretenden gefährlichen Flugzuständen zu warnen.

Mach-Zahl, *Mach, Machsche Zahl,* Abk. **M** oder **Ma:** nach dem Physiker *E.* → *Mach* benannte dimensionslose Kennzahl, die das Verhältnis der Geschwindigkeit *v* eines Körpers zur Schallgeschwindigkeit *a* im umgebenden Medium angibt $M = v/a$. Am Flugkörper unterscheidet man Flug-M. (M_∞) und örtliche M. (M gewöhnlich ohne Index), da die Relativgeschwindigkeit des Flugkörpers zur ungestörten Strömung vor dem Flugkörper eine andere ist als die Relativgeschwindigkeit der Teile des Flugkörpers zu der sie umgebenden, bereits gestörten Strömung. Die Flug-M. wird mit dem → Mach-Meter gemessen.

Mach-Zahl-Haltung: → Autopilot

MAD: Abk. für → **M**agnetic **A**nomaly **D**etector.

Madrid, Flughafen Barajas, City-Code **MAD:** bedeutendster internat. Flughafen Spaniens, 40° 28′ 24″ n. Br., 03° 33′ 24″ ö. L., Höhe 609 m. 16 km nordöstlich von Madrid entfernt gelegen. 2 Start- und Landebahnen mit 4100 m × 45 m und 3700 m × 45 m. Verkehrsleistung 1988: 13,24 Mill. Fluggäste. Moderne Funk- und Navigationsausrüstungen.

Madsen-System: → Kollisions-Warn-

Innenaufbau eines Mach-Meters mit elektrischer Signalisation vor Erreichen der kritischen Mach-Zahl

system, das aus einer Anzahl von Hochleistungsblitzlampen auf der Ober- und Unterseite des Luftfahrzeugs gebildet wird, die so gezündet werden, daß beim Beobachter der Eindruck eines sich bewegenden Leuchtpfeils entsteht. Bedingung für die Wirksamkeit des M.-S. sind ausreichende Sichtverhältnisse.

Magistrale: 1) *allgemein* – Hauptverkehrsweg, bedeutsam bes. für die Transportdurchführung. 2) *Luftverkehr* → Flugstrecke mit bes. Bedeutung innerhalb des betreffenden Inland- und intern. Flugstreckennetzes. Der Begriff M. wird auch in Verbindung mit sowie in bezug auf das → Flugliniennetz («Magistralen-Linie») oder für das auf M. eingesetzte Fluggerät («Magistralen-Flugzeug») angewendet.

Magnetic Anomaly Detector (engl.) Abk. **MAD:** Anlage zum Feststellen magnetischer Anomalien. Sie dient zum Entdecken getauchter U-Boote durch Flugzeuge, da sie Änderungen des Magnetfelds im Umkreis des Flugzeugs registriert. Die Geber der M. sind meist als stachelartiger Ansatz am Rumpfheck angebracht.

magnetische Abweichung: → Deklination

magnetische Anomalie: durch Gesteins- bzw. Mineraleinlagerungen in den oberen Bereichen der Erdkruste verursachte örtliche Abweichung der magnetischen Elemente von ihrer normalen Verteilung auf der Erdoberfläche, die zu einer unrichtigen Anzeige von magnetfeldempfindlichen Navigationsanlagen (z. B. Magnetkompassen) führt, aber mit geeigneten Instrumenten vom Flugzeug aus eine geophysikalische Lagerstättenforschung ermöglicht. Am bekanntesten sind die m. A. bei Kursk (UdSSR) und Steyr (Österreich, Erzberg).

Magnetsonde: → Kompaß

Magnetzündung: Verfahren zur Erzeugung des Zündfunkens bei Kolbentriebwerken, das unabhängig von einem Bordakku und der sonstigen elektrischen Anlage des Flugzeugs arbeitet. *Wirkungsweise:* Durch Drehung eines kräftigen Dauermagneten wird in der Primärwicklung einer Zündspule eine Spannung induziert. Der Primärstrom wird von einem Unterbrecher periodisch unterbrochen. Dadurch ensteht in der Sekundärwicklung die notwendige Überschlagsspannung für die Zündkerzenelektroden, die entsprechend der Zündfolge durch den Verteiler auf die einzelnen Zündkerzen verteilt wird. Das Anlassen wird häufig durch eine akkugespeiste → Summerzündung unterstützt.

Magyar Légiközlekedési Vallalat, Abk. **MALÉV:** staatliches Luftverkehrsunternehmen Ungarns mit Sitz in Budapest. Das Unternehmen wurde 1946 gegr. und begann am 15. Okt. 1946 den Flugverkehr. *Flugzeugpark* (1988): 12 Tu-154, 10 Tu-134, 4 IL-18. Verkehrsdaten 1987: 1,23 Mill. beförderte Passagiere; 1,28 Mrd. Pkm; 7,3 Mill. Frachttkm; 115,5 Mill. tkm Gesamtleistung. Länge des Streckennetzes (1987)

MAD-Stachel einer Bréguet «Atlantic»

42 655 km. Hauptstrecken: Europa, Mittlerer Osten sowie Nordafrika. Der Inlandflugverkehr der M. wurde 1965 eingestellt. Mitglied IATA.

Mailand, City-Code **MIL.** 1) *Flughafen Linate,* City-Code **LIN:** internat. Flughafen für den Nah- und Mittelstreckenbereich, 45° 26′ 54″ n. Br., 09° 16′ 42″ ö. L., Höhe 101 m. 10 km östlich von Mailand entfernt gelegen. 2 Start- und Landebahnen mit 2 440 m × 60 m und 620 m × 32 m. Jahresverkehrsleistung 1988 8,3 Mill. Fluggäste. Moderne Funk- und Navigationsausrüstungen. – **2.** *Flughafen Malpensa,* City-Code **MXP:** internat. Flughafen für Langstreckenflüge, 45° 38′ n. Br., 08° 43′ 48″ ö. L., Höhe 234 m. 46 km nordwestlich von Mailand entfernt gelegen. 2 Start- und Landebahnen mit 3 915 m × 60 m und 2 625 m × 60 m. Verkehrsleistung 1988 1,6 Mill. Fluggäste. Moderne Funk- und Navigationsausrüstungen.

Malaja Awiazija: Teilflotte des sowjetischen Luftverkehrsunternehmens → Aeroflot, die im Gegensatz zur Bolschaja Awiazija die sowjetischen Fluglinien von örtlicher Bedeutung befliegt (→ Regionalluftverkehr). 1989 beförderte die M.A. mehr als 100 Mill. Fluggäste. Das Streckennetz hat eine Länge von rund 300 000 km.

Malaysian Airline System, Abk. **MAS:** staatliches malaysisches Luftverkehrsunternehmen mit Sitz in Kuala Lumpur; gegr. 1971. MAS begann 1982 seinen Liniendienst. *Flugzeugpark* (1988): 4 Airbus A-300, 12 Boeing 737, 3 Boeing 747, 4 DHC-6, 11 Fokker F-27, 3 DC-10 und 1 gemieteter Airbus A-300. Verkehrsdaten 1987: 6,14 Mill. beförderte Passagiere; 7,83 Mrd. Pkm; 0,35 Mrd. Fracht-km; 1,1 Mrd. tkm Gesamtleistung. Länge des Streckennetzes (1987) 200 000 km. Hauptstrecken: Ferner Osten, Australien und Europa.

MALÉV: Abk. für → **M**agyar **Lé**giközlekedési **V**allalat.

Mali: Kurzbez. für → Air Mali.

Malta Airways Co. Ltd.: frühere maltesische Luftverkehrsgesellschaft mit Sitz in Silema (Malta). → Air Malta.

Manifest: offizielle Liste der in einem Verkehrsflugzeug beförderten Fluggäste, Fracht, Post und des Gepäcks. → Ladungsnachweis

Männchen: → Kunstflugfiguren

Manometer: → Druckmesser

Manöver: → Flugmanöver

Manöverklappen: als → Auftriebshilfen oder/und → aerodynamische Bremsen verwendete Klappen, die an modernen Jagdflugzeugen zur Erhöhung der → Manövrierfähigkeit während des gesamten Fluges angewendet werden können.

Manöverluftkampf: → Luftkampf, der voll die Manövrierfähigkeit der beteiligten Flugzeuge bis an die Belastungsgrenzen von Mensch und Material ausnutzt. Für den M. wird eine Vielzahl taktischer Verfahren angewendet. Er erfordert die Ausbildung der Flugzeugführer im höheren → Kunstflug.

Manövrierfähigkeit: Vermögen eines Flugkörpers zu → Flugmanövern; wichtiger Kennwert zum Beurteilen seiner Flugeigenschaften. Die M. wird bestimmt durch die Größe der möglichen und der zulässigen Lastvielfachen (in Abhängigkeit von Fluggeschwindigkeit und Staudruck) sowie durch die → Steuerbarkeit des Flugkörpers.

Mantelluftschraube: Luftschraube, die von einem ringförmigen Gehäusemantel umschlossen ist. Damit ist es möglich, die Anzahl der Luftschraubenblätter zu erhöhen und den Durchmes-

mas

Fantrainer (Deutschland) mit Mantelluftschraube

ser zu verringern. Bei gleicher Drehzahl erhöht sich der Wirkungsgrad. Die Bläserstufen großer ZTL können ebenfalls als M. bezeichnet werden.

Mantelstromtriebwerk svw. → Zweistromturbinenluftstrahltriebwerk.

MAN-Turbo GmbH: im Rahmen der Konzentration entstandene Triebwerkfirma (Zusammenschluß von MAN-Turbomotoren GmbH und BMW-Triebwerkbau GmbH 1965). Tochtergesellschaft der bekannten Maschinenfabrik Augsburg-Nürnberg AG (MAN), die 100% des Kapitals besitzt. BMW (Bayerische Motoren-Werke) nahm 1917 den Flugzeugmotorenbau als Nachfolgerin der RAPP-Motorenwerke auf. Im zweiten Weltkrieg waren die bekanntesten Triebwerke der BMW-801 (14-Zylinder-Sternmotor) und der BMW-109-003 (TL mit 882 daN). 1957 wurde der Triebwerksbau wieder aufgenommen (Lizenzherstellung von Lycoming-Kolbenmotoren und TL General Electric). Seit 1954 wurden eigene kleine Gasturbinen entwickelt. M.-T. arbeitet eng mit → Rolls-Royce zusammen und baute PTL in Lizenz. In Produktion waren der MAN-Turbo 6012 für leichte Flugzeuge und Hubschrauber und der MAN-Turbo 6022 (Hubschrauberturbine) als eigene Entwicklung, außerdem Lizenzherstellungen. → Entwicklungsgesellschaft für Turbo-Motoren, → Motoren- und Turbinen-Union

Marcol, *Ladislav:* tschechoslowakischer Flugzeugkonstrukteur, geb. 25. Okt. 1915 Petrovice bei Karvin. Zunächst Arbeiter in der Bata-Schuhfabrik, später in den Flugzeugwerken Zlin. Unter verschiedenen Chefkonstrukteuren am Bau von Flugzeugen beteiligt (Z-9, Z-10, Z-12 und Z-212). Erlernte 1937 das Fliegen, arbeitete während der Okkupation in der Illegalität am Projekt Z-24. Wirkte als Chefkonstrukteur bei den Flugzeugen Z-23, Z-25, Z-30, Z-125, Z-124 und Z-225 mit. Beteiligt an der Entwicklung der Ae-25 und E-211. 1953 Vorbereitung des Serienbaus der Jak-11 bei → LET, Kunovice. 1955 zu → Aero, Vodochody, wo er als Hauptkonstrukteur an der Lizenzproduktion der MiG-15bis, MiG-15Uti, MiG-19S und MiG-21F mitwirkte. M. ist Träger zahlreicher Auszeichnungen.

Marineflugzeug: Bez. für Flugzeuge innerhalb der Militärluftfahrt eines Staats, die zu den Seestreitkräften gehören und i. allg. auf See eingesetzt werden.

Markierungsfunkfeuer: Sender zum Kennzeichnen bestimmter Orte auf der Erde und bestimmter Entfernungen zu einem bekannten Bezugspunkt. Der horizontale Querschnitt des Strahlungsdiagramms und die Modulationsfrequenzen sind je nach Aufgabe der M. unterschiedlich (kreis-, hantel- oder ellipsenförmig). Die Trägerfrequenz aller M. beträgt 75 MHz. → Fächerfunkfeuer, → Einflugzeichen

Marschflugkörper: unbemannter militärischer Flugkörper für den Tiefflug, ausgerüstet mit Trägheitsnavigationsanlagen und Anlagen zur Geländereliefver-

Marineflugzeug aus dem ersten Weltkrieg

Flugboot Berijew Be-12

bordgestütztes Marineflugzeug nach 1945 (Hawker «Sea Hawk»)

folgung. M. können von Land-, Luft- oder Wasserfahrzeugen sowie von stationären Anlagen gestartet werden. Gestartet wird mit Hilfe einer Feststoffrakete mit etwa 30 kN Schub; der Marschflug selbst wird durch ein kleines → Zweistromturbinenluftstrahlwerk mit etwa 3 kN Schub gewährleistet. Reichweite 1000...3500 km, Marschgeschwindigkeit 800...1100 km/h, Startmasse 1000...2000 kg, Spannweite 2...3 m, militärische Nutzlast 400...500 kg.

Marschtriebwerk: Bez. für ein Triebwerk, das insbes. bei VTOL- und STOL-Flugzeugen im Gegensatz zu den → Hubtriebwerken nur Vortrieb erzeugt.

Martens, *Arthur:* deutscher Segelflieger, Dipl.-Ing., geb. 1897, gest. (Absturz mit Verkehrsflugzeug) 16. Nov. 1937. Während des Studiums an der Technischen Hochschule Hannover und später zahlreiche Segelflugrekorde: 1921 in der Rhön mit «Vampyr» 7500 m Strecke und 15,6 min Dauer; 1922 mit demselben Flugzeug 8900 m Strecke, 66 min Dauer und 108 m Höhe; 1923 in der Rhön mit «Strolch» 12 km Strecke und 1924 mit «Moritz» 21,2 km Strecke. Gründete die Segelflugschule auf der Wasserkuppe und leitete sie bis 1926.

Martin, *Glenn Luther:* amerikanischer Pilot und Konstrukteur, geb. 17. Jan. 1886 Monkesburg/Iowa, gest. 4. Dez. 1955 Baltimore. Die Glenn L. M. Comp. (seit 1911 so benannt) war eines der ersten USA-Flugzeugwerke. Nach der Schulzeit arbeitete M. als Automechaniker in Kalifornien. Seit 1907 interessierte er sich für die Fliegerei und erbaute 1909 sein erstes Flugzeug, mit dem er selbst die Erprobungsflüge unternahm. 1912 ging er nach Los Angeles und arbeitete dort zusammen mit *Lawrence D.*→ *Bell, Donald W.*→ *Douglas* und *James S.* → *McDonnell*, die später selbst große Konstrukteure wurden. Während des ersten Weltkriegs arbeitete er mit den Wright-Werken zusammen, schuf aber bald ein eigenes Unternehmen in Cleveland (Ohio), das sich durch Lieferungen an die US-Armee und Luftfahrtgesellschaften so schnell entwickelte, daß M. zur Vergrößerung seiner Werke nach Baltimore ging. Während des zweiten Weltkriegs gehörte zu seinen bekanntesten Flugzeugen der Bomber B-26 «Marauder». Nach dem Krieg baute er TL-Bombenflugzeuge B-57 und große Flugboote, auch mit TL, wie das 4strahlige Flugboot Martin P6M-2 «Seamaster» und das Flugboot mit 2 KTW P5M-2 «Marlin». Die Firma beschäftigte sich dann vorwiegend mit dem Bau von Raketen und Raumfahrtgerät.

Martinair Holland NV: älteste und größte Charterfluggesellschaft der Niederlande; gegr. 1958 als Martin's Air Charter, 1974 umbenannt in M. H. *Flugzeugpark* (1989): 2 Airbus A-310, 2 Boeing 747, 3 DC-10, 2 MD-82; Verkehrsdaten 1988: 1,18 Mill. beförderte Passagiere; 4,07 Mrd. Pkm; 41 000 t Luftfracht; 1,08 Mrd. tkm Gesamtleistung. Weltweiter Passagier- und Frachtcharterflugverkehr.

Martin-Baker: Kurzbez. für die britische Flugzeugfirma Martin-Baker Aircraft Company Ltd., 1929 gegr. Die Firma baute u. a. 3 Prototypen von Jagdflugzeugen: M. B. 2 (1938), M. B. 3 (1942) und M. B. 5 (1946); spezialisierte sich seit dem Aufkommen der Schleudersitze auf deren Entwicklung. M.-B. ist eine der führenden Firmen auf diesem Gebiet.

MAS: Abk. für → **M**ittlere **a**erodynamische **S**ehne.

Masse des Flugkörpers: → Abflugmasse

Masse-Leistungs-Verhältnis: Kennwert von Flugzeugantriebsanlagen (ältere Bezeichnung: *Leistungsgewicht*). *Bei Luftschraubentriebwerken* Verhältnis von Konstruktionsmasse des Triebwerks zu Wellenleistung (bei KTW) bzw. zu äquivalenter Leistung bei PTL. *Bei TL* Verhältnis von Konstruktionsmasse zu innerer → Leistung, jeweils bei Startregime. Mit wachsender Größe eines Triebwerks wird das M. günstiger (kleiner). Ein ähnlicher Kennwert ist das → Masse-Schub-Verhältnis. M. für große Triebwerke, Klammerwerte jeweils unter Berücksichtigung der Masse der Luftschraube, soweit vorhanden: KTW 0,55...0,80 kg/kW (0,70...0,95); PTL 0,25...0,50 kg/kW (0,40...0,55); ZTL 0,10...0,15 kg/kW. Aussagekräftiger ist das Verhältnis von Gesamtmasse zu äußerer Leistung bei Reiseflug der Antriebsanlage: KTW etwa 1,8 kg/kW, PTL etwa 0,7 kg/kW, ZTL etwa 0,35 kg/kW, jeweils für große Antriebsanlagen. M. des Flugzeugs → Leistungsbelastung.

Massenausgleich: 1. → Ruderausgleich. – **2.** konstruktive Maßnahmen zum Ausgleich der am Kurbeltriebwerk von Kolbenmotoren angreifenden rotierenden und oszillierenden → Massenkräfte.

Massenentlastung: festigkeitsmäßige Entlastung von Tragflügeln und Tragflügelanschlüssen am Rumpf durch Anordnung bedeutender Massen im bzw. am Tragflügel, wie Brennstofftanks, Triebwerke und Fahrwerke. Im Vergleich mit der Anbringung/Unterbringung dieser Massen am/im Rumpf ist eine erhebliche Entlastung und damit leichtere Bauweise möglich.

Massenkräfte: Kräfte, die aufgrund von Geschwindigkeitsänderungen bzw. Änderungen der Bewegungsrichtung zustande kommen. Ihre Größe bestimmt sich nach dem Newtonschen Grundprinzip aus Produkt von Masse und Beschleunigung. (Bei Drehbewegungen wird die analoge Größe, das Massenmoment, aus dem Produkt von Massenträgheitsmoment und Winkelbeschleunigung bestimmt.) M. treten in der Luftfahrt in vielfältiger Weise auf. Bei Manövern des Flugkörpers werden alle Befestigungspunkte von Teilmassen im Inneren des Flugkörpers (z. B. Triebwerk, Ausrüstung, Brennstoffbehälter) durch M. beansprucht, die der → Luftkraftresultierenden entgegenwirken und deren Größe durch die Größe des → Lastvielfachen bestimmt wird (Massenkraft = Masse × Fallbeschleunigung × Lastvielfaches). Bes. große M. treten in Triebwerken auf: Am Kolben eines Flugmotors auftretende M. können das 10^3fache des Eigengewichts, an einer Turbinen- oder Verdichterschaufel auftretende M. das 10^5fache des Eigengewichts betragen.

Massenmittelpunkt: → Schwerpunkt

Massenverteilung: Verteilung der Teilmassen eines Flugkörpers entlang seiner Achsen. Die M. entscheidet über die Lage des Schwerpunkts am Flugkörper. Veränderungen der M. während des Flugs führen zu Änderungen der Flugstabilität und der Steuerbarkeit des Flugkörpers und müssen deshalb in engen Grenzen gehalten werden. Für Überschallflugzeuge kann allerdings auch eine Änderung der M. beim Übergang von Unter- zu Überschallgeschwindigkeit im Interesse einer Verbesserung der Steuerbarkeit wünschenswert sein. → Trimmung, → Trimmtank, → Schwerpunktwanderung.

Masse-Schub-Verhältnis: wichtigster Kennwert von Flugzeugantriebsanlagen. Verhältnis von Kontruktionsmasse der Antriebsanlage zu Schub bei Startleistung im Stand. KTW: 50...60 kg/kN, PTL: 25...30 kg/kN, ZTL: 16...20 kg/kN.

materiell-technische Territorialstruktur des Luftverkehrs, Abk. **mtT:** Grundfonds, die die Verkehrswege des Luftverkehrs und damit funktionell verbundene ortsfeste und mobile Anlagen umfassen, soweit sie durch den öffentlichen Verkehr genutzt bzw. zu dessen Abwicklung benötigt werden. Die einfache und erweiterte Reproduktion der mtT unterliegt nicht dem Prinzip der Eigenerwirtschaftung der Mittel durch den Luftverkehrsbetrieb. Die mtT wird auch als *Basisstruktur* bzw. *Infrastruktur* bezeichnet.

MATERIK: sowjetisches Instrumenten-Anflugsystem, das um 1950 benutzt wurde und ein Vorläufer des Systems → SP-50 ist, dem es in seiner Wirkungsweise ähnelt.

MATS: Abk. für → **M**ilitary **A**ir **T**ransport **S**ervice.

Maximalrelais, Stromregler: automatischer Schalter an Luftfahrzeug-Generatoren, der bei Überschreiten der Höchstbelastung bewirkt, daß die Generatorspannung absinkt und so der Generator vor Überlastung geschützt wird.

Maybach, *Wilhelm:* Ingenieur und Industrieller, geb. 9. Febr. 1846 Heilbronn, gest. 29. Dez. 1929 Stuttgart-Cannstatt; 1909 gründete er die «M.-Motorenbau GmbH» in Friedrichshafen, die vor allem durch hochwertige Luftschiffsmotoren bekannt wurde.

Mayday: Notruf im Funksprechverkehr statt der getasteten Morsezeichen «SOS». M. ist das englisch verstümmelte französische «M'aidez', Helft mir!».

MBB: Abk. für → **M**esserschmitt-**B**ölkow-**B**lohm GmbH, München-Ottobrunn. Größter Luftfahrt- und Raketenkonzern der BRD.

MBO: Abk. für **M**otorflug**b**etriebs**o**rdnung; gesetzliche Ordnung, die den Motorflug in seiner Planung und Organisation festgelegt.

MBR: Abk. für russ. **m**orskoi **b**lishni **r**aswedtschik; Typenbez. für sowjetische Marine-Nahaufklärungsflugzeuge, z. B. MBR-2.

McDonnell, *James Smith:* amerikanischer Pilot und Konstrukteur, geb. 9. April 1899, gest. 22. Aug. 1980, 1921 Studium an der Universität Princeton, Fliegerschule San Antonio (Texas) 1923/24, 1925 Institut für Technologie von Massachussetts. Pilot bei der Huff-Daland Airplan Co. 1925, dann Übertritt zu Consolidated Aircraft Co., anschließend Ingenieur bei Stout Metal Airplane Co., Chefingenieur bei Hamilton Aero Co. 1926/27, anschließend Gründung der Firma McDonnell und Co., die von 1928 bis 1930 bestand. 1931 arbeitete er

Transporter McDonnell Douglas YC-15

MBB-Mehrzweckhubschrauber Bo 105

bei der Air Transport Engineering Corp., war daraufhin Chefingenieur bei *Glenn* → *Martin* von 1933 bis 1938, nachdem er vorher Testpilot bei der Great Lakes Aircraft Corporation gewesen war. Am 6. Juli 1939 gründete er die McDonnell Aircraft Corporation, die vor allem Militärflugzeuge für die US-Luftwaffe und US-Marine lieferte. Am 28. April 1967 übernahm McDonnell auch die Firma Douglas. → McDonnell Douglas Corporation

McDonnell Douglas Corporation: im Zuge der Konzentration am 28. April 1967 durch den Zusammenschluß der McDonnell Aircraft Corporation und der Douglas Aircraft Company entstandenes Unternehmen mit Sitz in St. Louis (Missouri, USA). Zum Konzern gehören u.a.: Douglas Aircraft Co. (Long Beach), McDonnell Douglas Astronautics Co (Huntingdon Beach), McDonnell Douglas Automation Co. (St. Louis), McDonnell Aircraft Co. Zum Flugzeugprogramm des Konzerns gehören: F-4 «Phantom II», F-15 «Eagle», AV-8B «Advanced Harrier», F-18, die Verkehrsflugzeuge DC-8, DC-9 und DC-10. Ferner werden Raketen (Saturn, Thor, Delta), Lenkwaffen und Raumfahrzeuge hergestellt. Anfang 1984 Aufkauf des Howard-Hughes-Imperiums (→ Hughes). Sitz der neuen Hubschrauberfirma McDonnell Douglas Helicopter Company (MDHC) in Mesa/Arizona.

MCO: Abk. für **M**iscellaneous **C**harges **O**rder. → Sammelumtauschanweisung.

Mc-Ready-Ring: nach dem Erfinder benanntes Hilfsmittel für Segelflugzeugführer zum Bestimmen der optimalen Geschwindigkeit zwischen 2 Aufwindgebieten. Im Deutschen ist die Bezeichnung «Scheibenkalkulator» für den M. üblich.

MDR: Abk. für russ. **m**orskoi **d**alni **ras**wedtschik; Typenbez. für sowjetische Marine-Fernaufklärungsflugzeuge, z. B. MDR-2.

Me: Typenbez. für Flugzeuge des Konstrukteurs → Messerschmitt.

MEA: Abk. für → **M**iddle **E**ast **A**irlines Company SA.

Mehrfachsternmotor: → Kolbentriebwerk

Mehrstellungsschubdüse: verstellbare Schubdüse. → Düse

Mehrstoßdiffusor: → Diffusor, → Eingangsteil

Mehrwellentriebwerk: → Gasturbinentriebwerk mit 2 oder 3 Wellen für den getrennten Antrieb von Verdichter und Luftschraube bzw. für den Antrieb mehrerer hintereinandergeschalteter Verdichter.

Meile: Längeneinheit mit unterschiedlicher Länge in den einzelnen Ländern. Im internationalen Luftverkehr und bei Leistungsangaben der Flughersteller werden folgende M.arten benutzt: *See-M., nautische M.* (sm) = $^1/_{60}$ eines Äquatorgrads = 1852,01 m; *nautical mile* (Großbritannien, USA) = 1609,3 m.

Meissner, *Janusz:* polnischer Flieger und Schriftsteller. Hauptmann, geb. 1901, gest. 28. Febr. 1978. Seit 1918 in den Luftstreitkräften; Jagdflieger, Staffelkommandeur, Leiter für fliegerische Ausbildung, Flugzeugführer von Bomben- und Transportflugzeugen. Nach dem Überfall Hitlerdeutschlands auf Polen emigrierte M. nach England, wo er als Flugzeugführer kämpfte. Kehrte nach dem Krieg in seine Heimat zurück. Betätigte sich seit 1927 als Luftfahrtschriftsteller. Schrieb etwa 60 Bücher und 4 Filmszenarien. Träger zahlreicher polnischer und ausländischer Orden.

Meldepunkt: festgelegter geographischer Punkt, auf den die Standortmeldungen von Luftfahrzeugen bezogen werden können. Meist sind beim Überfliegen der M. Standortmeldungen an die Flugsicherungsstelle zu geben. Man unterscheidet *Pflicht-* und *Bedarfs-M.*

Membrandose: verformbares Meßelement, an dem der auf die Membranen wirkende Druck eine Bewegung hervorruft, die mit einem Übertragungsmechanismus auf Zeiger oder auf einen elektrischen Geber gegeben wird. Sie besteht aus 2 kreisförmigen Membranen, die auf dem Umfang verlötet oder verschweißt sind. Häufig ist die M. aus Neusilberblech von 0,05...0,2 mm Dicke (Durchmesser zwischen 30 und 200 mm). Um die erwünschte Abhängigkeit des Membranhubs vom einwirkenden Luftdruck zu erhalten, versieht man die Membranen mit einer tangentialen Rillung bestimmter Wellenform und -höhe. Man unterscheidet zwischen offenen und geschlossenen M. Für die Höhenmessung benutzt man geschlossene, fast luftleer gepumpte M. Für andere Zwecke verwendet man mit bestimmten Dämpfen oder Gasen gefüllte M. Anwendung im → Fahrtmesser, → Variometer, → Mach-Meter.

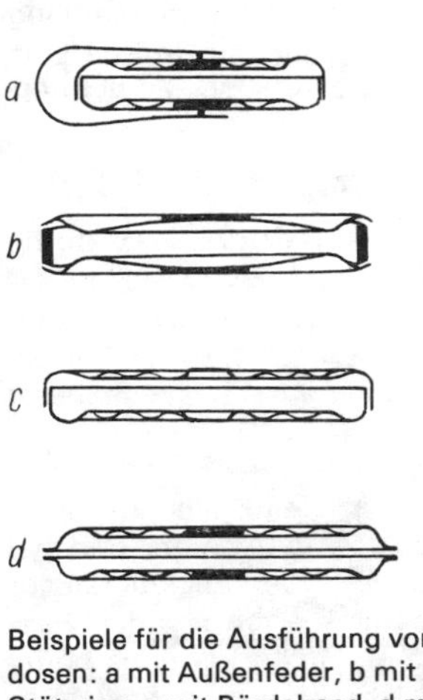

Beispiele für die Ausführung von Membrandosen: a mit Außenfeder, b mit zylindrischem Stützring, c mit Bördelrand, d mit Kreisrand (häufigster Fall)

Mermoz, *Jean:* französischer Flugpionier, geb. 9. Dez. 1901 Aubenton/Aisne, gest. 7. Dez. 1936. Militärpilot 1919/23. Ab 1924 Tätigkeit bei der Gesellschaft → Latécoère. M. beflog die Linien Toulouse–Alicante, Alicante–Casablanca, ab 1925 Casablanca–Dakar, ab 1928 Natal–Buenos Aires. M. überflog als erster mit einem Zivilflugzeug die Anden. Am 12. Mai 1930 führte er den ersten Postflug ohne Zwischenlandung über den Südatlantik von Saint-Louis nach Natal durch. Vom 30. März bis 1. April 1931 stellte er einen Langstreckenrekord mit 8960 km in 59 Flugstunden auf. Zwischen dem 12. und 22. Jan. 1933 gelang ihm ein Flug mit der 3motorigen Couzinet «Arc-en-Ciel» von Paris nach Buenos Aires. Seit dem 7. Dez. 1936 ist er mit 4 Mann Besatzung mit dem Flugboot Latécoère 300 «Croix du Sud» über dem Atlantik verschollen.

Mesopause: → Atmosphäre

Mesosphäre: → Atmosphäre

Messerflug: → Kunstflugfiguren

Messerschmitt, *Willy:* Prof., deutscher Flugzeugkonstrukteur, geb. 26. Juni 1898 Frankfurt/Main; gest. 15. Sept. 1978 München; ursprünglich Konstrukteur von Segel- und Leichtmotorflugzeugen. 1923 gründete er die «M.-Flugzeugbau-Gesellschaft» in Bamberg, 1926 beteiligt an der «Bayerischen Flugzeugwerke AG» (daher damalige Typen mit Bf bezeichnet, später Me), die 1938 in die → «Messerschmitt AG» umgewandelt wurde. Durch enge persönliche Beziehungen zu den Spitzen der Naziführung *(Hitler, Heß, Göring, Milch)* wurde M. zu einem der größten Flugzeugproduzenten. So konnten allein von der Me 109 bis zum Ende des Kriegs in der M.-AG 13786 Exemplare in 14 Hauptversionen gebaut werden. In den 1940 okkupierten französischen Flugzeugwerken wurden ebenso wie in der okkupierten Tschechoslowakei M.-Typen gefertigt, so die Bf 108 bei S. N. C. A. du Nord und die Me 109 bei → Avia und → Aero in Prag. M. war Pro-

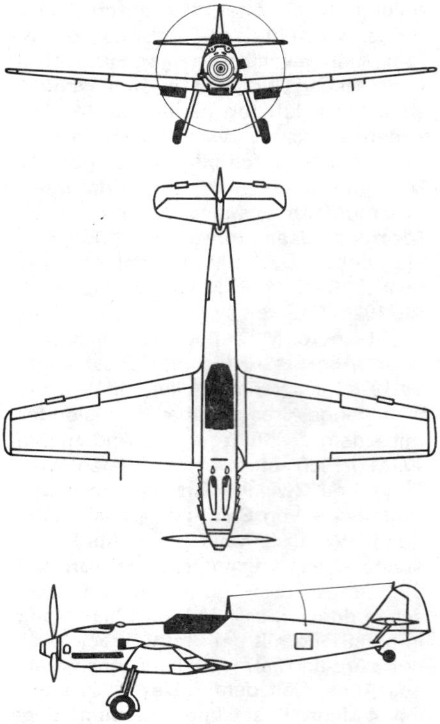

Messerschmitt Me 109E-1

fessor an der Technischen Hochschule München. Er entwickelte zunächst wirtschaftliche 1motorige Verkehrsflugzeuge (M 18, 1926 und M 20, 1928) sowie leistungsfähige Sportflugzeuge (M 23, 1929 und M 29, 1932) und das Reiseflugzeug Me 108 «Taifun», 1934. Mit Beginn der deutschen Aufrüstung widmete sich M. nur noch dem Militärflugzeugbau. Es entstanden das bekannte 1motorige Jagdflugzeug Bf 109 (1934 → Wendel), der 2motorige Zerstörer Bf 110, das erste (ab 1943) in Serie gefertigte Raketenflugzeug (Me 163, mit dem erstmalig 1 000 km/h Geschwindigkeit erreicht wurden, sowie das erste (ab 1944) in Serie hergestellte Strahlflugzeug Me 262, ein 1sitziges Jagdflugzeug mit 2 Triebwerken.

Messerschmitt AG: Flugzeugfirma, die 1938 aus den → Bayerischen Flugzeugwerken entstand. Sie baute Konstruktionen von → *Messerschmitt* und später die Konstruktionen von *A. Lippisch* (Raketenjäger Me 163). Nach dem zweiten Weltkrieg wurden zunächst Kabinenroller u. a. gebaut, aber bereits 1956 wieder auf die Luftfahrtproduktion umgestellt. Die M. produzierte zuerst im Rahmen der «Flugzeugunion Süd» in Lizenz die Fouga «Magister» und anschließend in Lizenz die Lockheed F-104G «Super Starfighter» und Fiat G-91. Die Firma war außerdem am Bau des NATO-Transportflugzeugs «Transall» beteiligt und führte Überholungsarbeiten an den Flugzeugen der BRD-Luftwaffe durch. Tochtergesellschaften: «Junkers Flugzeug- und Motorenwerke AG», «Flugzeugunion Süd GmbH» und «Messerschmitt Metall- und Montagebau GmbH» (neben Flugzeugen Satellitenbau und Waffensysteme). Im Rahmen der «Entwicklungsring Süd GmbH», an der die M. mit 50 % beteiligt ist, arbeitete man an der Entwicklung des Überschall-VTOL-Jagdflugzeugs VJ-101. Ab 6. Juni 1968 Teil der → Messerschmitt-Bölkow GmbH.

Messerschmitt-Bölkow-Blohm GmbH, Abk. **MBB:** im Mai 1969 durch Fusion zwischen der → Messerschmitt-Bölkow GmbH und der Hamburger Flugzeugbau GmbH gebildeter größter Luft- und Raumfahrtkonzern. Nach USA-Vor-

Messerschmitt Me 262

bild (Divisionsprinzip) aufgebaut in den Ebenen Geschäftsführung, Zentralbereiche und Unternehmensgruppen. Leitung des Gesamtkonzerns durch die Geschäftsführung mit Unterstützung der Zentralbereiche – mit Vorgabe von Unternehmenszielen und Festlegung der Geschäftspläne. Unternehmensgruppen: Hubschrauber und Flugzeuge (Ottobrunn, Augsburg, Manching, Donauwörth, Laupheim, Speyer), Raumfahrt (Bremen, Ottobrunn, Lampoldshausen), Transport- und Verkehrsflugzeuge (Hamburg, Bremen, Einswarden, Lemwerder, Varel, Stade), Wehrtechnik mit Apparate/Marine- und Sondertechnik (Ottobrunn, Nabern, Schrobenhausen, Bremen, Hoykenkamp). Den Unternehmensgruppen sind Produktgruppen zugeordnet, welche für die Entwicklung, Fertigung, Betreuung und den Vertrieb verantwortlich sind. Seit dem 1. Jan. 1984 sind bei MBB alle außerhalb von Luftfahrt, Raumfahrt und Wehrtechnik verlaufenden Aktivitäten in den beiden neuen Bereichen «Industrieerzeugnisse» sowie «Industrielle Energie- und Prozeßtechnik» zusammengefaßt. Tochterfirmen des durch zahlreiche Beteiligungen und Fusionierungen zu seinem heutigen Umfang und Einfluß angewachsenen Konzerns sind u a.: Deutsche → Airbus GmbH München, Panavia Aircraft GmbH München, RTG-Raketentechnik GmbH Unterhaching und Rhein-Flugzeugbau GmbH Mönchengladbach. Neben der Betreuung und Wartung sowie den Gebieten Systemführung und Entwicklung zählen zum MBB-Programm: Transport- und Verkehrsflugzeuge Airbus-Familie sowie C-160 «Transall», die MBB-Hubschrauberfamilie Bo 105/107, Tornado, Fantrainer, Technologiekonzeption für den Jäger 90, Beteiligung am Panzerabwehrhubschrauber der zweiten Generation (PAH-2), Mitarbeit an zahlreichen militärischen Projekten (Bewaffnung für Flugzeuge, Fla- und Panzerabwehr-Raketen bis Weltraumwaffen). – Umfangreiche internationale Zusammenarbeit mit Firmen der USA, Frankreichs, Großbritanniens, Italiens, Spaniens und Japans. Zahl der Mitarbeiter 1985/86: 36 900, Umsatz 6,0 Mrd. DM für 1985, Gesellschaftskapital 600 Mill. DM. Seit 17. Nov. 1989 Übernahme der Kapitalmehrheit durch → Daimler-Benz.

Messerschmitt-Bölkow GmbH: am 6. Juni 1968 durch Fusion zwischen → Messerschmitt AG und → Bölkow GmbH, die durch die Bayerische Landesregierung und die CSU-Führung gefördert wurde, entstandener Luft- und Raumfahrt-Konzern der BRD. Da stärkeres finanzielles Engagement des Staats von weiterer Konzentration und Zentralisation der Luft- und Raumfahrtindustrie abhängig gemacht wurde, Fusion mit → Hamburger Flugzeugbau GmbH zur → Messerschmitt-Bölkow-Blohm GmbH.

METAR: Flugplatzwettermeldung, in verschlüsselter Form (METAR-Code-Form). → Flugwetterdienst

Metcalf-Barrow-System: um 1935 in den USA erprobtes Instrumenten-Anflugsystem, das erstmalig einen geraden Gleitweg hatte. Die Gleitwegführung früherer Systeme, die nach einer konstanten Feldstärke erfolgte, war durch den Einfluß der Erdoberfläche gekrümmt. Auf einer Frequenz von 600 MHz strahlte ein Gleitwegsender 2 Signale unterschiedlicher Modulation über Richtantennen ab. Das gleiche Verfahren gab es beim Kursführungssender. Zur Entfernungsmarkierung dienten Einflugzeichensender. Im Bordempfänger lagen daher 4 Modulationsfrequenzen vor (Gleitweg hoch-tief, Kurs rechts-links). Diese Spannungen wurden den 4 Ablenkplatten einer Katodenstrahlröhre zugeführt. Aus der Lage des Lichtflecks auf dem Schirm der Röhre ergab sich die Lage des Flugzeugs gegenüber dem idealen Landekurs und -gleitwinkel. Außerdem wurden die Anzeigen von → Kurskreisel und → künstlichem Horizont auf dem Schirm der Katodenstrahlröhre angezeigt.

meteorologische Information: Wettermeldung, -analyse, -vorhersage oder irgendwelche anderen Aussagen, die sich auf bestehende oder erwartete meteorologische Bedingungen beziehen.

Meteorologischer Dienst: staatliche Einrichtung, die u. a. für die meteorologische Betreuung der Luftfahrt im Auftrage des Staats verantwortlich ist oder ihre Durchführung veranlaßt.

MET REPORT: Flugplatzwettermeldung in abgekürztem Klartext. → Flugwetterdienst

MGZ: Abk. für **M**ittlere **G**reenwich-**Z**eit, (engl. **G**reenwich **M**ean **T**ime,

Abk. **GMT**). Die mittlere Ortszeit von Greenwich, einem Ort bei London, durch den der Längengrad Null verläuft. Seit 1925 wurde die MGZ als «Weltzeit» in Verkehr und Wissenschaft angewendet, so daß es in der Luftfahrt Vereinfachungen in der Zeitangabe gibt. Start- und Landezeit wurden in MGZ angegeben (→ Uhrzeiten). Die MGZ wurde durch die → UTC. abgelöst.

Mi: Typenbez. für Hubschrauber des sowjetischen Konstrukteurs *M. L.*→ *Mil.*

MIAT Mongol Irgeni Agaaryn Teever: mongolische Fluggesellschaft mit *Sitz* in Ulan Bator.

Die Gründung der MIAT erfolgte im Jahre 1956 mit Unterstützung der Aeroflot. Der Inlandluftverkehr wurde am 7. Juli 1956 aufgenommen; etwa später die internationalen Fluglinien nach Peking und Irkutsk eröffnet (Peking wird inzwischen nicht mehr angeflogen). Im internationalen Verkehr betrug das Flugaufkommen im Jahre 1986 etwa 15000 Passagiere und 3000 Tonnen Fracht. Den Hauptanteil ihrer Leistungen erbringt die MIAT im Inland. Bedingt durch die Weite des mongolischen Landes und die wenig entwickelte Verkehrsinfrastruktur am Boden, ist das Flugzeug das geeignetste Verkehrsmittel. Gegenwärtig verbindet MIAT auf 24 verschiedenen Linien 17 Inlandflugplätze in allen Aimaks (Bezirken) mit Ulan-Bator. Diese Routen werden ausschließlich mit An-24 beflogen, die meisten davon täglich. Außerdem führen von den Inlandflugplätzen aus regionale Routen zu zahlreichen Ortschaften. Auf ihnen werden An-2 oder Jak-12, auf einigen auch Hubschrauber eingesetzt. Neben der Passagier- und Frachtbeförderung führt die MIAT auch zahlreiche Spezialflüge für die Volkswirtschaft durch, wie zum Beispiel zur Schädlingsbekämpfung, zur Ermittlung und Bekämpfung von Wald- und Steppenbränden und neuerdings auch zur Erkundung von Bodenschätzen aus der Luft. Einen besonders wichtigen Platz nimmt das Sanitätsflugwesen ein. *Flugzeugpark (1987):* 21 An-24, 2 An-26, eine Tu-154, eine Mi-8.

МИАТ

MIAT

microburst: → Windscherung

Microlight: extrem leichtes primitives Motorflugzeug, auch Motordrachen genannt, das meistens als Eigenbaukonstruktion hergestellt wird und einsitzig geflogen wird. Flugmasse 150...200 kg, Antriebsleistung 10...20 kW, Spannweite 8...12 m, Tragflügelfläche 10...20 m², Reisegeschwindigkeit 50...70 km/h. Diese Flugzeuge werden auch für vielfältige kommerzielle Zwecke (z. B. für Pflanzenschutzarbeiten im Obstbau) mit Erfolg eingesetzt.

Microvision: amerikanisches Radarverfahren, das zum Instrumentenanflug beim Landen und zu Zielanflügen benutzbar ist. Das Bordgerät besteht dabei aus nur 1 Empfänger, am Boden sind Mikrowellensender stationiert. Durch eine bes. Antennenanordnung im Luftfahrzeug wird erreicht, daß die Zielimpulse der Bodensender auf einer Bildröhre ein scheinbar perspektivisches Bild der Lage der Bodenstationen im Verhältnis zum Luftfahrzeug geben. Das Bild der Elektronenstrahlröhre gelangt

MiG-17F

über eine optische Übertragung ins Blickfeld des Piloten.

Middle East Airlines – Air Liban, Abk. **MEA:** privates libanesisches Luftverkehrsunternehmen mit Sitz in Beirut; 1945 gegr. *Flugzeugpark (1988):* 7 Boeing 707, 5 Boeing 720, 3 Boeing 747. Verkehrsdaten 1987: 0,35 Mill. beförderte Passagiere; 642 Mill. Pkm. Streckennetz von 42 000 km. Hauptstrecken: Mittlerer Osten, Europa. IATA-Mitglied.

MiG: Typenbez. sowjetischer Flugzeuge, meist Jagdflugzeuge, nach den Anfangsbuchstaben der Konstrukteure → *Mikojan* und → *Gurewitsch.*

Mignet, *Henri:* französischer Pilot und Konstrukteur, geb. 19. Okt. 1893 Saintes, gest. 30. Aug. 1965 Ain Harronda (Marokko). Ab 1910 Bau von Segelflugzeugen, 1920 erstes Motorflugzeug. 1934 führte er erstmals die «Pou du ciel» (→ Himmelslaus) vor. Mehrere hundert wurden in verschiedenen Ländern nachgebaut. Einige schwere Unfälle führten 1935 zum Flugverbot in Frankreich, aber M. gab seine Idee nicht auf. Er arbeitete weiter in den USA, nach dem Krieg in Argentinien, Brasilien, Japan und Marokko. 1958 kehrte er nach Frankreich zurück und entwickelte dort seine Konstruktionen HM-36, HM-38 und HM-40.

Mikojan, *Artjom Iwanowitsch:* sowjetischer Flugzeugkonstrukteur, geb. 23. Juli (5. Aug.) 1905 in Sanain (Armenien), gest. 9. Dez. 1970 Moskau; Generaloberst der Flieger (Ing.), studierte an der Luftfahrt-Militärakademie «Professor N. E. Shukowski». Während des Studiums Fallschirmspringer. Nach Abschluß der Akademie arbeitete er (seit 1936) unter der Leitung *N. N. Polikarpows* als Konstrukteur zusammen mit → *Gurewitsch* (seit 1939 eigenes Konstruktionsbüro). 1939/40 entwarfen beide das Jagdflugzeug MiG-1, das sich vor allem in großen Höhen bewährte, ebenfalls 1940 die verbesserte Version MiG-3. Die MiG-3 bildete den Ausgangspunkt zahlreicher Versuchsflugzeuge (z. B. I-222, I-224). 1941 entstand die 2motorige MiG-5 als Begleitjäger. Die MiG-8 war ein leichtes Experimentalflugzeug. Den Vorstufen zum Strahlflugzeug (I-250, I-270) folgte 1946 die MiG-9 (mit der Jak-15 erste in Serie gebaute Strahljagdflugzeuge der UdSSR). Die TL-Jagdflugzeuge MiG-15 (1948), MiG-17, MiG-19 und MiG-21 erlangten Weltruhm. Wenig bekannte Versuchsflugzeuge von M. sind: I-75F, E-150 und E-152 (geschaffen in den sechziger Jahren). Neuere Muster des M.-Kollektivs sind die MiG-23, 25, 27, 29 und 31. M. war seit 1953 Korrespondierendes Mitglied der Akademie der Wissenschaften

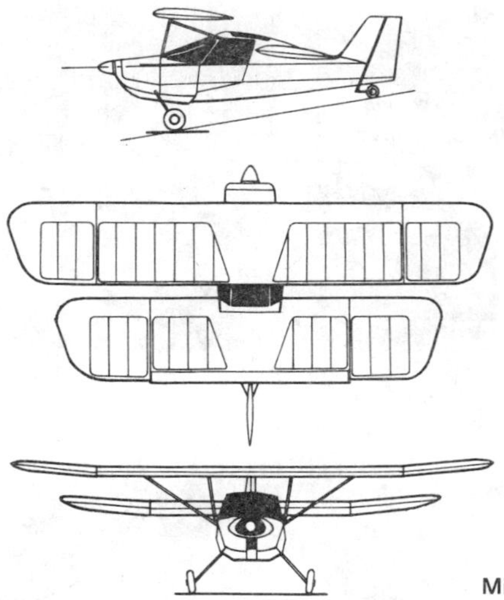

Mignet «Himmelslaus» HM-38

MiG-9

MiG-19

MiG-27

MiG-29

MiG-31

MiG-25

der UdSSR; er erhielt mehrere Staatspreise und 3mal den Leninorden. Das Konstruktionsbüro trägt heute den Namen «Artjom Iwanowitsch Mikojan».

Mikrowellen-Landesystem: Komplex von Funknavigationsausrüstungen zur Anflug- und Landeführung, der seitens der → International Civil Aviation Organization als Nachfolgesystem für das → Instrumenten-Lande-System erklärt worden ist. Im Gegensatz zu diesem ist das M. auch für die Führung von Hubschraubern und Flugzeugen mit Kurz- und Vertikal-Start- und -Landeeigenschaften geeignet. Darüber hinaus sind die Nachteile des bisher benutzten Systems (Verzerrungen der abgestrahlten Signale durch Reflexionen an Bodenhindernissen, Fehlen einer kontinuierlichen Entfernungsanzeige zum Aufsetzpunkt) beim M. beseitigt.

Das M. enthält Azimut-, Elevations- und Entfernungsmeßeinrichtungen, die eine kontinuierliche, genaue, dreidimensionale Standortinformation innerhalb eines weiten Winkelbereichs vor der Landebahn ermöglichen. Zusätzlich ist im System ein Übertragungskanal von der Boden- zur Bordstation vorgesehen, über den Informationen über die Betriebsweise der Anlage übertragen werden können. Die Winkelangaben (Azimut, Elevation, Durchstartazimut), Angaben zur Ausschwebeführung und die Boden-Bord-Datenübertragung werden im Zeitmultiplex-Verfahren auf einem Übertragungskanal im 5-GHz-Bereich gesendet. Die Frequenz des Präzisions-Entfernungsmessers liegt im Bereich der üblichen → DME-Anlagen. Die Winkelangaben werden an Bord mit Hilfe einer Zeitmessung zwischen zwei aufeinanderfolgenden Durchläufen von schmalen, unmodulierten Richtstrahlen, die die Bodenanlage sendet, gemessen. Jedem Schwenkstrahl ist ein Zeittor zugeordnet (Elevation, Azimut, Durchstartazimut, Ausschwebesignal). Jedes dieser Zeittore wird von einem Ankündigungssignal eingeleitet, das von einer rundstrahlenden Antenne gesendet wird. Das Ankündigungssignal identifiziert die nächstfolgenden zu sendenden Daten und synchronisiert den Bordempfänger.

Die Azimutantenne der Bodenanlage besitzt in der Horizontalebene eine sehr scharfe Bündelung, während ihr Strahlungsdigramm in der Vertikalebene einen breiten Winkelbereich (15°) überstreicht. Dieses Diagramm wird mit konstanter Winkelgeschwindigkeit in einem Winkelbereich von ±40° um die Anfluggrundlinie geschwenkt. Der Bordempfänger kann aus der Zeit zwischen dem Empfang des «Hin»-Schwenks bis zum Empfang des «Rück»-Schwenks auf den Kurswinkel zum Aufsetzpunkt schließen (Große Zeitdifferenz – Flugzeug rechts vom Kurs, kleine Zeitdifferenz – links vom Kurs).

Analog werden die Elevationsdaten gemessen. Hier besitzt die Bodenantenne in der horizontalen Ebene ein breites Antennendiagramm (80°) und in der vertikalen Ebene ein schmales. Dieses Diagramm wird in einen Bereich von 0° bis 7,5° auf- und abgeschwenkt. Der Empfänger ermittelt den Elevationswinkel aus der Zeit des Eintreffens der Signale zwischen zwei aufeinanderfolgenden Schwenkbewegungen.

Das System ist so konzipiert, daß in Zukunft absehbare Erweiterungen wie z. B. 360° Signalüberdeckung, Ausschwebeführung und Datenübertragung einbezogen werden können, ohne daß dadurch die bereits vorhandenen M.-Bordanlagen unbrauchbar würden.

Mikulin, *Alexander Alexandrowitsch:* sowjetischer Triebwerkskonstrukteur und Wissenschaftler, geb. 2. (14.) Febr. 1895, gest. Mai 1985 Moskau, Generalmajor (Ing.). Er begann 1915 im Laboratorium für Motoren (Leitung *B. S. Stetschkin*) und konstruierte mit *Stetschkin* das erste sowjetische Flugtriebwerk AMBS-1, schuf die ersten sowjetischen Triebwerke, die auf eigenen Konstruktionen beruhten und in großer Serie gebaut wurden, u.a. 1931 den flüssigkeitsgekühlten 12-Zylinder-V-Motor (mit Kompressor bis zu 920 kW) AM-34. In Flugzeugen mit diesem Triebwerk wurden 1937 die erfolgreichen Fernflüge über den Nordpol nach den USA durch *W. P. Tschkalow* und *M. M. Gromow* durchgeführt. Auch die Flugzeuge, die die sowjetische *Schmidt-Papanin*-Expedition 1937 auf dem Nordpol absetzten, waren mit diesem Motor ausgerüstet. 1937 kam der AM-35 heraus, der in 6000 m Höhe noch 900 kW leistete und in die damaligen MiG-Jagdflugzeuge eingebaut wurde. Während des zweiten Weltkriegs konstruierte M. u.a. den flüssigkeitsgekühlten Motor AM-38F (1300 kW), mit dem die Erdkampfflugzeuge Il-2 und Il-10 ausgerüstet waren. M. wurde auch bekannt als Konstrukteur des ersten sowjetischen Turbinenverdichters und der ersten sowjetischen Verstelluftschraube sowie einer Reihe von TL. Mitglied der Akademie der Wissenschaften der UdSSR seit 1943, Held der sozialistischen Arbeit (1940), Staatspreisträger 1941, 1942, 1943 und 1946.

Michail Mil

Mil, *Michail Leontjewitsch:* sowjetischer Hubschrauberkonstrukteur, geb. 9. (22.) Nov. 1909 Irkutsk, gest. 31. Jan. 1970 Moskau; 1926 Eintritt in das Sibirische Technologische Institut Tomsk, bald darauf Übertritt ins Luftfahrtinstitut Nowotscherkask (bis 1931). Er begann im selben Jahr im → ZAGI bei der Sektion für Sonderkonstruktionen (Autogiros und Versuchshubschrauber). Ab 1933 war er dort Leiter für aerodynamische Berechnungen und Versuche. Schon als Student hatte M. in einer Sektion der Osoawiachim gearbeitet, die das erste sowjetische Autogiro KaSKr-1 baute. 1933 publizierte er erste wissenschaftliche Arbeiten. Zahlreiche theoretische Arbeiten zu Hub- und Tragschrauberproblemen. Ab 1939 Stellvertreter des Chefkonstrukteurs *N. I. → Kamow.* Zu Beginn des Kriegs – Juni/Juli 1941 – leitete M. den Ingenieurdienst der ersten sowjetischen Autogiro-Staffel, die mit 5 A-7 ausgerüstet war. Ab 1943 wieder im ZAGI. Aktive Teilnahme am Bau der 14 Typen sowjetischer Autogiros und der 7 Hubschraubertypen bis 1945. 1945 Doktor der technischen Wissenschaften. 1948 wurde M. zum Chefkonstrukteur des Versuchs- und Konstruktionsbüros für Hubschrauber ernannt. Im Sept. 1948 wurde der Hubschrauber Mi-1 entwickelt, der 1949 die Zulassung erhielt. Dieser Hubschrauber setzte sich im Wettbewerb mit dem Jak-100 durch und kam in den Serienbau. Als 1951 ein leistungsfähigerer Hubschrauber gefordert wurde, entwickelte M. den Typ Mi-4 (1952 Serienbau).

Mi-10

Mi-8T

W-12

Mi-26

1955 begann die Entwicklung von Großhubschraubern, im Mai 1958 erste Vorstellung des Mi-6, der alle bisherigen Hubschrauber an Größe und Leistungsfähigkeit übertraf, in Moskau. 1961 erscheinen erstmalig der «fliegende Kran Mi-10» und die Turbinenhubschrauber Mi-2 und Mi-8. Hubschrauber von M.

stellten zahlreiche Weltrekorde auf. 1971 wurde in Paris erstmalig der Hubschrauber W-12 vorgestellt, der in seinen Abmessungen und Leistungen neue Maßstäbe setzte. Die Nachfolge in der Führung des Konstruktionsbüros «Michail Leontjewitsch Mil» hat *M. N. Tischtschenko* übernommen. Zu den neuesten Entwicklungen dieses Kollektivs zählen die Amphibienhubschrauberserie Mi-14 sowie der → Kampfhubschrauber (Mi-24) in unterschiedlichen Varianten, außerdem die Mi-8-Verbesserung Mi-17, der Frachthubschrauber Mi-26 sowie Sportheliokopter Mi-34.

Militärflugzeug: Luftfahrzeug der Fliegerkräfte mit militärischem Kennzeichen, das von einer Militärperson im Dienst geführt wird. Zu den M. zählen sowohl bewaffnete als auch unbewaffnete Verbindungs- (Kurier-) und Transportflugzeuge. In manchen Staaten zählen die Regierungsflugzeuge zu den M.

Military Airlift Command, Abk. **MAC: 1.** Lufttransportkommando der US-Air Force, entstanden am 1. Jan. 1966 aus dem Military Air Transport Service (MATS). Zu den Aufgaben gehören Lufttransporte einschließlich Evakuierung Verwundeter oder Kranker und technische Dienste. Das MAC umfaßt die 21. und 22. Luftflotte, das Ambulanzgeschwader 375, das Lufttransportgeschwader 89, das Ausbildungs- und Lufttransportgeschwader 443 sowie die technischen Dienste: Flugwetterdienst (*AW* – *A*ir *W*eather Service), Luftrettungsdienst (*ARRS* –*A*irspace *R*escue and *R*ecovery *S*ervice) sowie Fotodokumentation, Luftaufklärung (*AAVS* – *A*erospace *A*udio-*Visual* *S*ervice). Zur Flugzeugausrüstung gehören Lockheed C-5A, Lockheed C-130E und H, C-141B, Boeing C-135, VC-137, Aero Commander U-4 und Beech VC-6, sowie McDonnell Douglas C-9A und VC-9C. – **2.** engl. **M**ean **A**erodynamic **C**hord. → Mittlere aerodynamische Sehne

Military Air Transport Service, Abk. **MATS:** militärischer Luft-Transport-Dienst der US-Air Force, 1948 gebildet durch den Zusammenschluß des Air Transport Command und des Naval Air Transport Service. Am 1. Jan. 1966 Umorganisation zum → Military Airlift Command.

Military-power: englische Bez. für Startleistung bei militärischen Triebwerken.

Minderleistungsfaktor: Kenngröße eines Radialverdichters; Verhältnis zwischen der Umfangskomponente der Austrittsgeschwindigkeit aus dem → Laufrad und der Umfangsgeschwindigkeit. M. kann im Idealfall 1 werden. Moderne → Radialverdichter erreichen 0,8...0,9.

Mindestfrachtrate, *Mindestfrachtsatz*, auch kurz *Mindestrate, Mindestsatz* bzw. *Mindestfracht*: untere Grenze des Transportpreises pro Transporteinheit im Güterverkehr. Die M. wird zum Ermitteln des Transportpreises für bes. geringe Mengen (kleine Luftfrachtsendungen) angewendet, um den Transportpreis besser an den Arbeitsaufwand für den konkreten Transportfall anzunähern. Im Luftfrachtverkehr entspricht die M. i. allg. dem 5fachen der Normalrate je kg. Sie wird bei Sendungen bis zu 5 kg angewendet, d. h., es wird grundsätzlich der Preis für mindestens 5 kg berechnet und erhoben. Die betrieblichen Unterlagen der Luftverkehrsunternehmen weisen vielfach für bestimmte Verkehrsrelationen festgelegte M. aus. Die auf diese Weise ermittelte Summe stellt den *Mindest(fracht)betrag* bzw. den *Mindest(transport)preis* dar. → Luftfrachtberechnung, → Frachtrate

Minimalrelais: automatischer Schalter an Luftfahrzeuggeneratoren, der den Generator bei einer bestimmten Drehzahl an das Bordnetz schaltet bzw. bei vorhandenen Rückströmen wieder vom Netz trennt.

Minimumpeilung: → Funkpeiler

Miscellaneous Charges Order, Abk. **MCO:** → Sammelumtauschanweisung

Mischstrahltriebwerk: kombiniertes Strahltriebwerk aus Gasturbinenstrahl- (→ Gasturbinentriebwerk) und → Staustrahltriebwerk oder Raketen mit Staustrahltriebwerk.

Mischungsnebel: → Nebel

Misrair: Luftverkehrsgesellschaft Ägyptens, die bereits 1932 als Misr Airworks gegr. worden war; 1949 umbenannt in Misrair SAE und ab 1960 als → United Arab Airlines firmierend. Seit Okt. 1971 trägt die Gesellschaft den jetzigen Namen → Egyptair.

Misztal, *Franciszek:* Prof. Dr.-Ing., polnischer Flugzeugkonstrukteur, geb. 1901, gest. 9. Juni 1981. Nach Abschluß des Studiums in Polen (1927) bis 1929 weitere Studien im Ausland. Arbeitete danach bei → PZL in Warschau. Konstruierte Sportflugzeuge PZL-19 (gemeinsam mit → *Dabrowski*) und PZL-26, Schlachtflugzeug PZL-23 «Karaś» (mit *Preuss*), Mehrzweckflugzeuge PZL-38 «Wilk» und PZL-48 «Lampart». Er arbeitete dabei mit originellen Konstruktionen aus Wellblech. Dozent an der Technischen Offiziershochschule der Luftstreitkräfte. Nach dem zweiten Weltkrieg beteiligt am Aufbau der Ing.-Schule und des Polytechnikums Warschau. Organisierte 1946 das → CSS (Centralne Studium Samolotow), in dem die Prototypen CSS-10, CSS-11 und CSS-12 entstanden. 1954 war er im Luftfahrtinstitut mit an der Konstruktion des Passagierflugzeugs MD-12 beteiligt. Ab 1958 Mitlied der Polnischen Akademie der Wissenschaften, ab 1973 des Präsidiums dieser Akademie.

mißweisender Kurs: früher übliche Bez. für den Magnetkurs. Um den m. K. zu erhalten, muß der geographische Kurs um die Mißweisung (→ Deklination) berichtigt werden. Die Deklination ergibt sich aus der Tatsache, daß der geographische Pol nicht mit dem Magnetpol der Erde zusammenfällt. Die Deklinationswerte ändern sich in Abhängigkeit von Ort und Zeit.

Mißweisung: → Deklination

Mitchell, *William E.:* amerikanischer Fliegergeneral (Brigadegeneral), geb. 1879 Nizza (Frankreich), gest. 19. Febr. 1936 New York. Trat 1898 in die Armee ein. April 1916 Chef der Luftfahrtabteilung des Signal Corps der USA-Armee, im Juni 1918 als Oberst Kommandant der ersten amerikanischen Tagbomberstaffel in Frankreich, Chef der USA-Fliegerkräfte in Europa. 1918 plante er das Absetzen einer Fallschirmjägerdivision hinter der deutschen Front, wobei die Fronttruppen durch Erdkampfflugzeuge niedergehalten werden sollten. M. wurde 1919 stellvertretender Chef der US-Heeresfliegerei. Er verlangte stärkere Luftstreitkräfte und vertrat die Meinung, daß Überwasser-Kriegsschiffe durch Bomben- und Torpedoflugzeuge veraltet seien. Im Juni und Juli 1921 bewies er das durch die Versenkung ehemaliger deutscher Kriegsschiffe (Linienschiff «Ostfriesland» durch Glenn-Martin-Bombenflugzeuge mit neuartigen 900-kg-Bomben vernichtet). In den USA erfolgte daraufhin die Entwicklung von Flugzeugträgern statt Schlachtschiffen. Am 18. Okt. 1922 stellte M. mit einer Curtiss R6 (Motor: Curtiss D 12) einen Weltrekord über 1 km mit 358,836 km/h auf. Seine heftigen Angriffe gegen das Kriegs- und Marineministerium führten 1926 zum Prozeß, in dessen Verlauf M. seinen Abschied nehmen mußte.

Mitsubishi: Kurzbez. für den größten japanischen Rüstungskonzern Mitsubishi – Jakogyo Kabushiki Kaisha in Nagoya. Gegr. 1917; Aufnahme der Flugzeugproduktion 1920. Produzierte bis zum Ende des zweiten Weltkriegs 18000 Flugzeuge (rund 100 Typen) und 52000 Flugmotoren. Neben Lizenzbauten (Junkers K 37 und G 38, Me 163) entstanden z. B. Bomber Mitsub.-93 (1934), Ki-213 (1937), G4M2 (1941) und Ki-67 (1944); Jäger Mitsub. «Claude» (1936), A6M5 «Zeke» (1939), A-6M2-N (1942) sowie Aufklärer Mitsub. «Babs» (1938), «Ida» (1938), Ki-46 «Dinah» (1939) und F-1-M2 (1940). Überholte nach 1945 zunächst amerikanische F-86, dann Lizenzproduktion von 300 F-86F, 230 F-104J bzw. F-104DJ, außerdem Hubschrauber S-55, S-61, SH-3A und S-62. Im Rahmen der verstärkten japanischen Wiederaufrüstung ab 1963 Eigenentwicklungen:

Mitsubish MU-2L

Mehrzweckflugzeug MU-2 (1963), 2sitziges Überschallschulflugzeug T-2 (Prototyp XT-2, 1970) und Beteiligung am Strahltransporter C-1. Setzte die im Indochina-Krieg beschädigten Hubschrauber und Flugzeuge der USA instand. Baut Luft-Luft-Raketen «Sparrow 3» für Jagdflugzeuge F-4EJ. Abkommen mit → McDonnell-Douglas über Teilefertigung für die DC-10. Bau von Fla-Raketen. 1977 Aufnahme der Lizenzproduktion von F-15.

Mitteldecker: Flugzeug, bei dem die Tragflügel in mittlerer Höhe am Rumpf liegen oder durch den Rumpf hindurchgehen. → Tiefdecker, → Hochdecker

Mitteldruck: Bez. für einen gedachten, auf den Kolben eines KTW während des Arbeitstakts wirkenden konstanten Druck, der die gleiche Arbeit verrichtet, wie sie beim Ablauf des tatsächlichen Arbeitsspiels erzeugt wird. Der M. läßt sich grafisch als die Höhe eines dem Indikatordiagramm flächengleichen Rechtecks mit dem Kolbenweg als Grundlinie darstellen. Wichtige Kenngröße bei KTW, um die Ausnutzung der angesaugten Luft und des Konstruktionsmaterials zu beurteilen. M. beträgt bei kleinen, nicht aufgeladenen KTW etwa 10 daN/cm^2, bei hoch aufgeladenen KTW etwa 15...18 daN/cm^2. M. im neueren Sprachgebrauch auch mit Energiedichte bezeichnet.

Mitteldruckturbine: Bez. für die in Strömungsrichtung gesehen zweite Turbine, wenn insgesamt 3 Turbinen hintereinander geschaltet sind. Kommt bei 3-Wellen-Triebwerken vor.

Mittelholzer, *Walter:* Schweizer Pilot, geb. 2. April 1894, gest. (bei Bergbesteigung abgestürzt) 9. Mai 1937. Nach dem ersten Weltkrieg organisierte er den Schweizer Luftverkehr, wurde Direktor der «Ad-Astra-Aero-Gesellschaft», dann der «Swissair». M. führte verschiedene Forschungsflüge durch: 1923 Spitzbergen mit → Junkers F 13, 1924/25 Persien mit Junkers A 20, 1926/27 nach Afrika mit → Dornier «Merkur» (See) (20 000 km); 1930 überflog er als erster den Kilimandjaro (Fokker F. VII B), 1934 Flug-Filmexpedition nach Äthiopien mit Fokker F. VII B/3m.

Mittellinienbefeuerung: im Betonboden eingebaute hochintensive Befeuerung in der Mitte der → SLB, die dem Piloten Start und Landung bei Schlechtwetter erleichtert.

Mittelstreckenluftverkehr: → Luftverkehr auf Strecken von 1 500...3 000 km Länge (verschiedentlich werden die Grenzen auch mit 500 sm/950 km und 1 500 sm/3 000 km, die obere Grenze auch mit 5 000 km angegeben). Darunter liegender Streckenbereich: Kurzstrecken – (→ Kurzstreckenluftverkehr), darüberliegend: Langstreckenbereich – (→ Langstreckenluftverkehr). Im M. werden Mittelstreckenflugzeuge (→ Verkehrsflugzeug) eingesetzt.

Mittlere aerodynamische Sehne, Abk. **MAS:** Sehne eines gedachten rechteckigen Tragflügels, der die gleiche Fläche, gleiche Luftkraftresultierende und gleichen Druckpunkt wie ein vorliegender Tragflügel beliebiger Grundform hat. Die MAS wird als Bezugsgröße zur Angabe der Lage von Punkten am Flugkörper (in bezug auf die Vorderkante der MAS in Flugrichtung gesehen) sowie zur relativen Angabe von Strecken (in bezug auf die Tiefe der MAS) am Flugkörper benutzt.

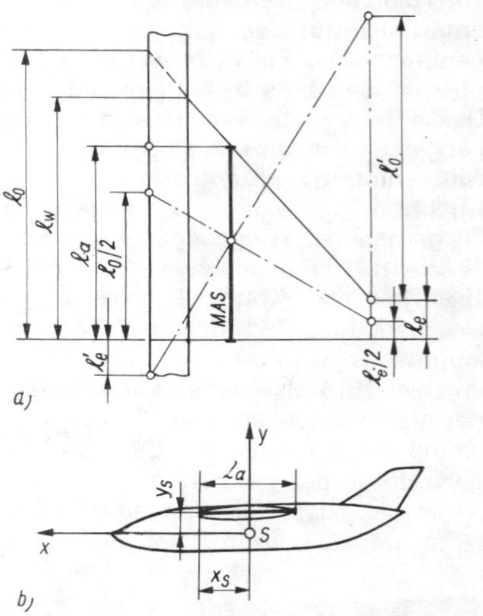

a Beispiel der grafischen Ermittlung der MAS für einen abgewandelten Deltaflügel; l_o theoretische Wurzeltiefe des Tragflügels auf der Flugzeuglängsachse; l_w praktische Wurzeltiefe des Tragflügels an seiner Eintrittsstelle in den Rumpf; l_a Tiefe der MAS (auch mittlere aerodynamische Tiefe); l_e Endtiefe des Tragflügels; b Beispiel zur Bezeichnung der Lage von Teilen am Flugzeug mit Hilfe der MAS; Angabe der Lage des Schwerpunkts; x_s absolute Schwerpunktrücklage; $\bar{x}_s$ relative Schwerpunktrücklage in Teilen oder Prozent der MAS; y_s, $\bar{y}_s$ absolute und relative Schwerpunkttieflage

Die Tiefe (Länge) der MAS stimmt für viele Tragflügelformen weitgehend mit der mittleren geometrischen Tiefe überein und wird deshalb oft durch sie ersetzt.

$$\bar{x}_s = \frac{x_s}{t_{MAS}} \triangleq \frac{x_s}{t_{MAS}} \cdot 100\,\%$$

$$\bar{y}_s = \frac{y_s}{t_{MAS}} \triangleq \frac{y_s}{t_{MAS}} \cdot 100\,\%$$

mittlere Tiefe: → Mittlere aerodynamische Sehne

MIVA: Abk. für **Mi**ssion-**V**erkehrs-**A**rbeitsgemeinschaft e. V., katholische Organisation zur Versorgung der Missionen in allen Erdteilen mit modernen Verkehrsmitteln. Sie wurde 1927 in Köln von dem «Fliegenden Pater» *Paul Schulte* gegr. und besteht in Kanada, der BRD, Österreich, den Niederlanden, der Schweiz und den USA. Bis 1985 hat sie den katholischen Missionen u. a. 28 Flugzeuge übergeben. 1985 besaßen 29 Priester und 3 Bischöfe ein Flugzeugführerpatent.

Mjassischtschew, *Wladimir Michailowitsch:* Prof. (1947), Dr. der Technischen Wissenschaften (1959), sowjetischer Flugzeugkonstrukteur, Generalmajor des Ingenieurtechnischen Dienstes (1944), geb. 28. Sept. (11. Okt.) 1902 Jefremow, gest. 14. Okt. 1978, arbeitete 1923 als Student im → ZIAM, absolvierte 1926 die Technische Hochschule Moskau. (M. hatte für die damalige Zeit ein sehr schwieriges Diplomthema: Die Konstruktion eines Ganzmetallflugzeugs.) Danach Arbeit als Ing. im AGOS (→ ZAGI) unter Anleitung → *Petljakows* in der Flügel-Brigade, entwickelte dort die Tragflügel für die Bomber TB-1 und TB-3 mit. Arbeitete am schweren Flugzeug ANT-20 «Maxim Gorki». Wurde Chef einer Konstruktionsabteilung, später Chefkonstrukteur. Projektierte Mitte der 30er Jahre das Torpedoflugzeug ANT-41 (1936 erprobt). 1938 Bau des schnellen Versuchsbombenflugzeugs M-2/DWB-102, das ungewöhnlich gute Leistungen und eine hermetisierte Kabine aufwies. Während des Krieges verbesserte M. den Bomber Pe-2 zur Pe-2M. M. wurde Generalkonstrukteur und Leiter eines eigenen Konstruktionsbüros. 1944 erhielt er den Suworow-Orden. Projektierte 1945 den Bomber RB-17 mit 4 Strahltriebwerken. In den 50er Jahren schuf er schwere Bomber mit Strahlantrieb, die serienmäßig gebaut wurden. Bes. bekannt ist das Flugzeug M-4. Mit den M.-Typen 103M und 201M wurden insgesamt 19 Weltrekorde aufgestellt. Zur Luftparade 1961 wurde erstmals der strategische Überschallbomber M-50 des M.-Kollektivs gezeigt, für den er den Lenin-Orden erhielt. M. war viele Jahre lang Leiter des Lehrstuhls Flugzeugbau am Moskauer Luftfahrtinstitut. Leitete 1960/67 das ZAGI. Ab 1967 Generalkonstrukteur eines Experimentalbüros zur Entwicklung neuer Flugkörper und Antriebe unter Verwendung neuer Werkstoffe. Träger des Leninpreises und zahlreicher anderer Auszeichnungen.

MK: **1.** Abk. für Maschinenkanone – **2.** Typenbez. für sowjetische Seekampf-

Wladimir Mjassischtschew

Mjassischtschew M-50

flugzeuge (russ. morskoi kreiser), z. B. MK-1.

MLS: → Mikrowellen-Landesystem

Mobil-Lounge, auch *Passenger-Transfer-Vehicle* (bd. engl.): Fahrzeug für den Fluggasttransport auf dem → Vorfeld zwischen → Abfertigungsgebäude und Flugzeug. M. besitzen höhenverstellbare Fahrgastkabinen und können mittels teleskopierbarer Verbindungsstücke an das Flugzeug oder am Abfertigungsgebäude andocken. Auf diese Weise gelangen die Fluggäste ohne das Vorfeld zu betreten und ohne einen Ebenenwechsel vorzunehmen vom Abfertigungsgebäude ins Flugzeug und umgekehrt. M. haben sich aus den Vorfeldbussen entwickelt. Sie werden für die Bedienung gebäudeferner Luftfahrzeugstandplätze eingesetzt. Kurzzeitig stellen sie eine Erweiterung der Kapazität des → Transitraums dar.

Modellflug: flugsportliche Betätigung durch Konstruktion, Bau und Fliegenlassen von → Flugmodellen. Sportlich erfolgt die Betätigung aus Freude am Basteln oder Interesse am Fliegen, für Motoren oder elektronische Fernsteuerungen. Wissenschaftlich wird damit experimentiert, oder es werden konstruktive und aerodynamische Probleme gelöst. Nach den Festlegungen der → FAI werden Wettbewerbe durchgeführt, für die die FAI eine Klasseneinteilung vorgenommen hat: Die Klasse F1 umfaßt *Freiflugmodelle,* die während des Flugs vom Boden aus nicht beeinflußt werden dürfen, z. B. durch eine Fernsteuerung. In der Klasse F1 gibt es die Unterteilung *F1A Normalsegelmo-*

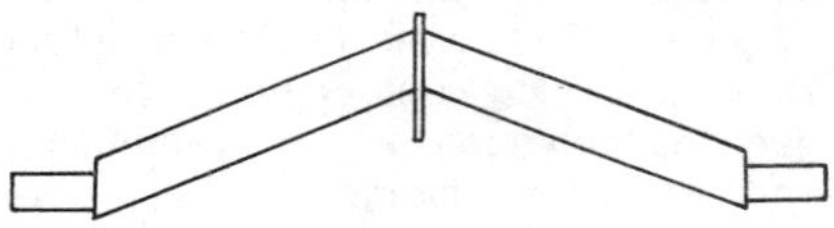

Nurflügel-Modell

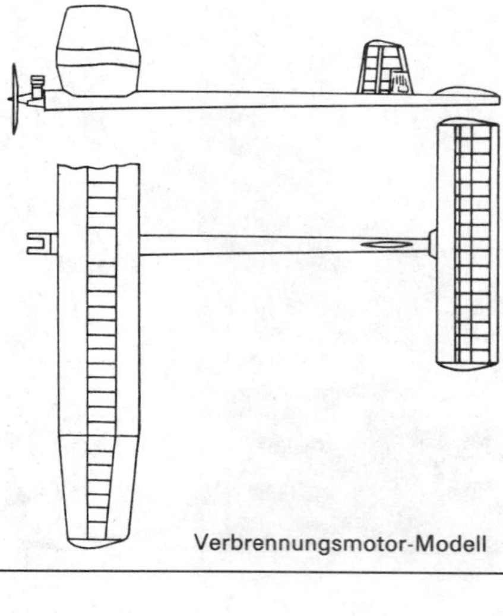

Verbrennungsmotor-Modell

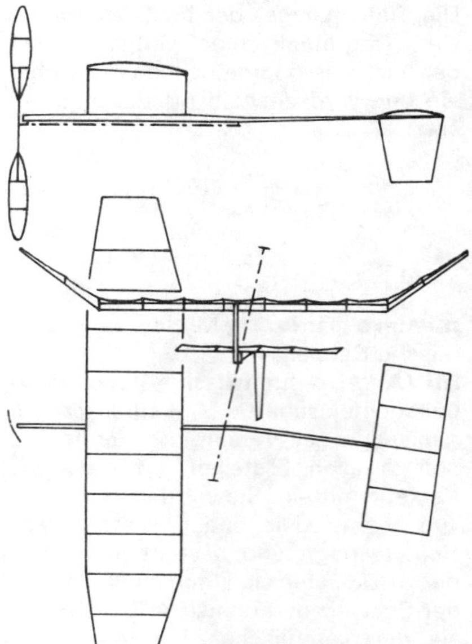

Saalflug-Modell

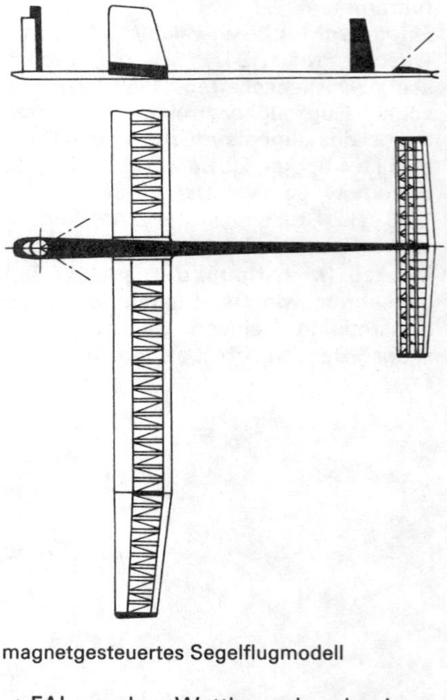

magnetgesteuertes Segelflugmodell

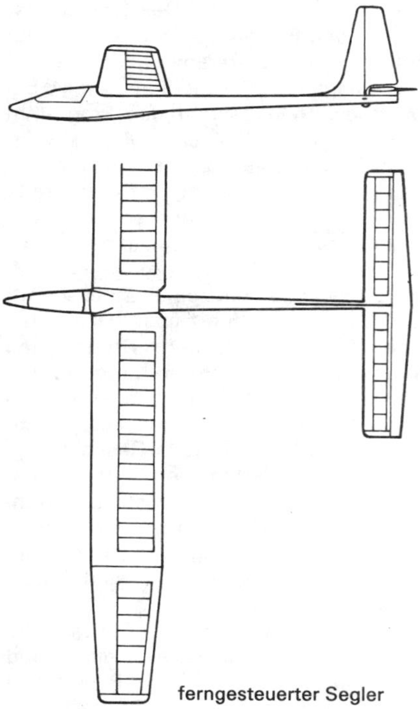

ferngesteuerter Segler

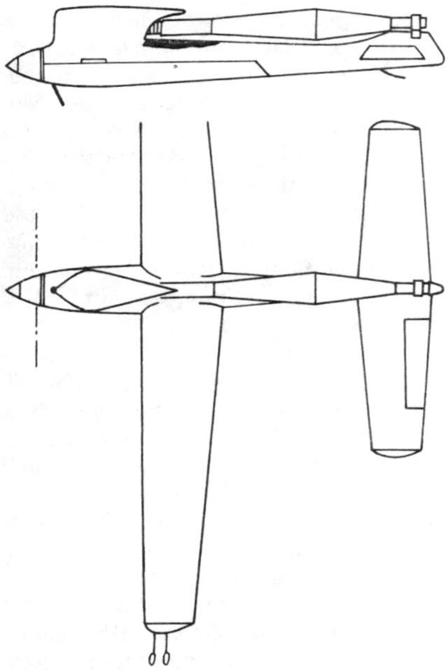

Geschwindigkeits-Kreisflug-Modell

delle (NS): Spannweite 1,8...2,0 m, Gesamtfläche 32...34 dm², Minimalmasse 410 g. Der Start erfolgt mit einer 50 m langen Perlonschnur. Nach dem Ausklinken der Schnur bringt eine automatische Kurvensteuerung die kleine Seitensteuerfläche zum Ausschlag, so daß das Modell nicht einfach geradeaus fliegt. Bei Wettbewerben werden pro Flug max. 3 min bewertet, und deshalb wird mit Hilfe eines Uhrwerks oder einer Glimmschnur die Thermikbremse betätigt, wobei das Höhensteuer um etwa 45° nach oben klappt, das Modell abbremst und sanft zu Boden schweben läßt. Modelle dieser Klasse werden oft auch als A-2 bezeichnet, kleinere Modelle als A-1. Unter die F1A-Vorschriften fallen auch Sonderkonstruktionen (SK), z.B. Nurflügel- und Entensegelmodelle. Nurflügelmodelle haben stark gepfeilte Flügel und einen kleinen, kurzen Rumpf, das Seitenleitwerk fehlt. *F1B* sind *Gummimotormodelle* (GT), oft auch als *Wakefield* bezeichnet. Diese Klasse hat eine Gesamtfläche von 17 bis 19 dm², Minimalmasse 230 g. Ein Gummistrang mit max. 40 g wird vor dem Start mit Hilfe einer Handbohrmaschine

Modellkategorien der FAI

F1	freifliegende Flugmodelle mit den Klassen
F1A	Segelflugmodelle
F1B	Flugmodelle mit Gummimotor
F1C	Flugmodelle mit Verbrennungsmotor
F1D	Hallenflugmodelle
F1E	Segelflugmodelle mit automatischer Steuerung
F2	leinengesteuerte Flugmodelle mit den Klassen
F2A	Geschwindigkeitsflugmodelle
F2B	Kunstflugmodelle
F2C	Mannschaftsrennmodelle
F2D	Luftkampfmodelle
F3	funkferngesteuerte Flugmodelle mit den Klassen
F3A	Flugmodelle mit Verbrennungsmotor (für Kunstflug)
F3B	Segelflugmodelle
F3C	Hubschraubermodelle
F3D	Rennmodelle
F4	Maßstabmodelle
F4A	freifliegende Maßstabmodelle
F4B	leinengesteuerte Maßstabmodelle
F4C	funkferngesteuerte Maßstabmodelle

verdrillt und treibt einen großen, langsamdrehenden Propeller an. Nach Ablauf des Gummimotors werden die Propellerblätter zur Verminderung des Luftwiderstands an den Rumpf geklappt. Unter *F1C* werden *Verbrennungsmotormodelle* (VM) geführt. Sie besitzen einen 2,5 cm^2 Hochleistungsmotor, der nach dem Start höchstens 10 s laufen darf. Die mindestens 750 g schweren Modelle erreichen in dieser Zeit eine Höhe von etwa 80 m. Während des Flugs wird die Einstellwinkeldifferenz zwischen Flügel und Höhenleitwerk automatisch verändert (Steigflug 0°), um max. Zeiten zu erzielen. Kurz vor dem Abstellen des Motors wird das Seitenruder ausgeschlagen, so daß das Modell in den Kurvenflug übergeht. *F1D* sind *Hallenflugmodelle*, die in einem geschlossenen Raum fliegen. Die superleichten Modelle mit Gummimotor haben eine maximale Spannweite von 65 cm. Sie sind aus leichtestem Material gebaut und mit hauchdünnem, durchsichtigem Mikrofilm bespannt. Auch die Propellerblätter bestehen aus dünnen Stäbchen mit Mikrofilmbespannung. Die *Segelmodelle* mit automatischer Steuerung *F1E* werden von Hand gestartet und am Hang geflogen. Ein kräftiger Dauermagnet treibt das Steuerruder an. Die ideale Flugrichtung wird vor dem Start mit dem Magneten eingestellt, und die Magnetsteuerung bringt das Modell bei Kursabweichungen im Flug auf den richtigen Kurs zurück. Es werden max. 5 min gewertet und bei Wettbewerben 5 Durchgänge geflogen. Die Gesamtfläche darf 150 dm^2, die Masse 5 kg betragen. Hubschraubermodelle dürfen einen Motor von 0,8 cm^3 besitzen. Sie erreichen mit einer Tankfüllung Höhen bis zu 150 m. *Steuerleinen-, Kreis-* oder *Fesselflugmodelle* werden in der Klasse *F2* geführt. *F2A* sind *Geschwindigkeitsmodelle*, auch *Speedmodelle* genannt. Die 2,5-cm^3-Motoren erreichen Drehzahlen bis zu 25000 U/min und leisten etwa 0,6 kW. Die min. Fläche beträgt 5 dm^2, die Masse etwa 500 g. Gemessen wird die Geschwindigkeit über 1 km, was 10 Runden entspricht, wobei Geschwindigkeiten bis 250 km/h erreicht werden. Aus Sicherheitsgründen muß dabei hinter einem Zaun geflogen werden. *F2B* sind *Kunstflug-* oder *Akrobatikmodelle* mit einer Spannweite von etwa 1,4 m und einem Motor von 7...10 cm^3. Das Höhenruder ist mit den Flügelklappen gekoppelt zur Erhöhung des Auftriebs und zum engeren Fliegen der Kunstflugfiguren. Bei Wettbewerben besteht das Programm aus 14 Figuren. *F2C* sind *Mannschaftsrennmodelle* mit Gesamtfläche 12 dm^3, Rumpfhöhe 100 mm, Rumpfbreite 50 mm, Raddurchmesser 25 mm, Höchstmasse 700 g, Tankinhalt max. 7 cm^3, 2,5-cm^3-Dieselmotor. Pilot und Mechaniker bilden eine Mannschaft, und das Rennen führt über 100 Runden oder 10 km. Nach dem Startzeichen wirft der Mechaniker den Motor an und startet das Modell. 3 Mannschaften fliegen im gleichen Kreis und liefern sich spannende Duelle, wobei Geschwindigkeiten bis zu 180 km/h erreicht werden. Da die Tankfüllung nur für 30...40 Runden reicht, muß gelandet, aufgetankt, der Motor wieder angeworfen und wieder gestartet werden. *F2C* sind Fuchsjagd- (Comat-) Modelle, wobei 2 Piloten eine Fuchsjagd austragen. Die Modelle haben 1,5 m lange Papierstreifen, und während der Jagd muß das Papierband mit dem Propeller zerschnitten werden.

Funkferngesteuerte Modelle bilden die Klasse *F3*. *F3A* sind *mehrfachgesteuerte Motorflugmodelle*, deren Fernsteueranlagen alle Ruder betätigen, den Motor drosseln und das Fahrwerk ein- und ausfahren. Diese RCMM-Modelle fliegen bei Wettbewerben ein Kunstflugprogramm mit 15 Figuren. Eine Vorstufe sind die RCM-Modelle, die ein einfaches Kunstflugprogramm fliegen und für Anfänger mit ferngesteuerten Modellen gedacht sind. Die Fernsteueranlage betätigt nur Seiten- und Höhenruder. *Ferngesteuerte Segelmodelle* bilden die Klasse *F3B*, wobei meist nur Seiten- und Höhenruder ferngesteuert werden, bei größeren Modellen auch die Querruder. Für den Sinkflug und den Landeanflug zum Aufsetzen im vorgeschriebenen Zielfeld werden Bremsklappen oder Bremsschirm ferngesteuert. Diese Modelle werden entweder mit einer 300 m langen Schnur (Hochstart) gestartet, mit anschließendem Kunstflug und Ziellandung, sie können aber auch mit Handstart gestartet werden. *F3C* sind *ferngesteuerte Hubschraubermodelle*, die technisch und fliegerisch sehr hohe Anforderungen stellen. F3D sind Modelle für *Pylon Racing*, also

Rennmodelle mit max. Spannweite von 1,25 m (0,75 m für Doppeldecker), 6,5-cm^3-Motor, Masse 2,2...3,0 kg. Beim Rennen sind 3 Wendemarken (Pylons) zu umfliegen, wobei 10 Runden mit je 400 m Länge zurückgelegt werden müssen und sich bis zu 4 Flugzeuge gleichzeitig beteiligen.
Unter *F4A/B/C* werden naturgetr. *Modelle* (Scale-M.) geführt (F4A – freifliegende, F4B –leinengesteuerte, F4C – funkferngesteuerte Maßstabsmodelle). Es wird ein bestimmtes Original in allen Details maßstabgetreu nachgebaut, einschließlich Cockpitausstattung. Kein Instrument, Hebel oder Schalter darf fehlen. Auch Farbe, Bemalung und Beschriftung müssen mit dem Originalflugzeug übereinstimmen. Der Motor wird als Attrappe nachgebildet, der Modellmotor möglichst gut getarnt. Bei Wettbewerben wird außer der Bauausführung auch die Flugvorführung gewertet.

Modellflugzeug: verkleinerte, maßstabsgerechte Nachbildung eines Flugzeugs für Anschauungs- oder Ausstellungszwecke oder für Windkanalversuche. Im Unterschied zum → Flugmodell ist das M. nicht flugfähig. → Flugmodell

Modellgesetz: mathematisches und physikalisches Gesetz, nach dem sich Untersuchungsergebnisse von Modellen (z. B. von im Windkanal erprobten Flugzeugmodellen) ableiten und auf Bauausführungen im natürlichen Maßstab übertragen lassen. → Modellversuch

Modellmotor: → Flugmodellmotor

Modellversuch: Test mit einem gegenüber dem Original vereinfachten Modell. Im Flugwesen werden durch M. Strömungsverhältnisse, Festigkeitsprobleme und andere Fragen gelöst. Als Modelle können verkleinerte aber formgleiche Körper unter analogen Bedingungen getestet werden, wobei die Einhaltung der → Ähnlichkeitsgesetze erforderlich ist. Zunehmend werden M. mit Hilfe rein mathematischer Modelle unternommen. Verbreitet ist die Untersuchung von Strömungsvorgängen mit Hilfe der Elektroanalogie, d. h. das Modellieren der Strömung eines gasförmigen oder flüssigen Mediums durch elektrische Felder. Voraussetzung für diese Art der M. ist das Vorhandensein gleicher Differentialgleichungen.

MODILS: Abk. für **Mod**ular **ILS**; in Festkörperbauweise ausgeführtes Instrumentenanflug- bzw. -landesystem. Amerikanisches → Schwenkstrahlverfahren, das um 1971 von der → FAA erprobt wurde. Die Bodenanlage kann 20 Landeplätze im Umkreis von 18 km gleichzeitig mit Landeführungsdaten versorgen.

Modular ILS: → MODILS

Mohawk Airlines, Inc.: USA-Luftverkehrsunternehmen mit Sitz in Ultica. Der planmäßige Linienverkehr wurde am 6. April 1945 aufgenommen. Das Unternehmen entstand aus der früheren «Robinson Airlines».

Momente am Luftfahrzeug: Momente der äußeren Kräfte, die nicht im Schwerpunkt angreifen (Luft- und Schubkräfte). Sie verursachen die Drehbewegung des Flugkörpers um seine Achsen. Gewöhnlich werden in der Flugmechanik die Momente und die Drehung des Flugzeugs (Fluggeräts) um seine konstruktiven Achsen, die den Trägheitshauptachsen am nächsten kommen, betrachtet. Danach unterscheidet man *Längsmomente* (Nickmomente) um die Querachse, *Wendemomente* (Gier-, Kursmomente) um die Hochachse und *Rollmomente* (Querneigungs-, Schräglagemomente) um die Längsachse. Es gibt auch Kombinationen zwischen den M. (→ Koppelmomente), wie das Roll-Giermoment, Schiebe-Rollmoment, Schiebe-Wendemoment, Wende-Rollmoment, u. a. Nach ihrem Ursprung lassen sich die Momente einteilen in *Steuermomente*, die sich aus der Wirkung von Steuerorganen ergeben, sowie in *erzwungene, dämpfende* und *rückführende* Momente, die im Ergebnis einer Lageveränderung von → Dämpfungsflächen entstehen. Nach dem dynamischen Grundgesetz der Rotationsbewegung erzeugen Momente Winkelbeschleunigungen $\vec{\varepsilon}$, die nach einer Wirkungszeit

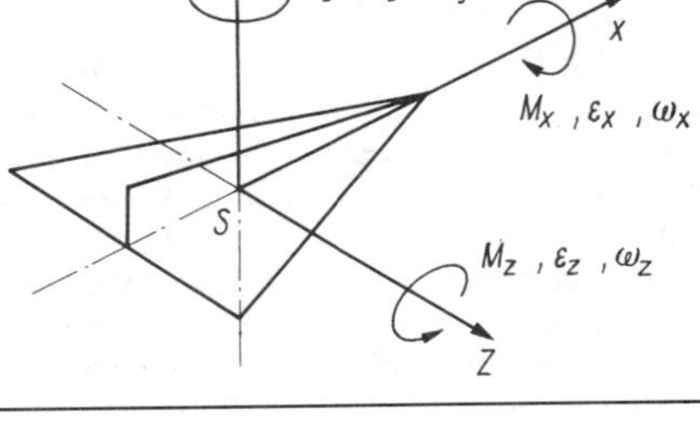

Momente am Luftfahrzeug

bestimmte Winkelgeschwindigkeiten $\vec{\omega}$ mit sich bringen. Momentengleichgewicht ergibt konstante Winkelgeschwindigkeiten. Das Gesamtmoment eines Flugkörpers um eine seiner Achsen läßt sich mathematisch in ähnlicher Form darstellen wie die Luftkräfte, z. B.

$$M = c_M \cdot q \cdot A_{TF} \cdot l_a$$

c_M Momentenbeiwert, q Staudruck, A_{TF} tragende Fläche, l_a Länge der Mittleren aerodynamischen Sehne. Für Roll- und Giermomente wird als gedachter Hebel anstelle der Länge der MAS die Spannweite b in der Gleichung verwendet. → Stabilität, → Steuerbarkeit

Momentenbeiwert: in der Momentengleichung die dimensionslose Größe C_M. der Wert der M. wird in Abhängigkeit von Geschwindigkeit, Anstellwinkel und Schiebewinkel eines Profils (Tragflügels, Flugkörpers) in Windkanalversuchen ermittelt. Größe und Änderung des M. spielen eine entscheidende Rolle bei der Untersuchung der Probleme von → Stabilität und → Steuerbarkeit. → Momente am Luftfahrzeug

Mongolian Airlines: → MIAT Mongol Irgeni Agaaryn Teever

Monoleinensteuerung, *Einleinensteuerung:* Steuerung von Fesselflugmodellen, die durch Leinenverdrehung bewirkt wird. Der Modellpilot hat einen Spezialgriff, womit sich die Leine nach beiden Seiten mit 60...120 U/s verdrehen läßt. Ein empfindlicher Mechanismus, der aufgrund der Elastizität der Leine nur eine 1- bis 1½fache Umdrehung erreicht, spricht auf die Leinenverdrehung an und bewirkt den Ausschlag des Höhenruders. Nur noch wenig gebräuchlich.

Monoplan: frühere Bez. für Eindekker

Monopulsradar: Bez. für eine → Radaranlage, die mit Hilfe mehrerer Antennen – deren Signale hinsichtlich ihrer Phase und/oder Amplitude gemessen werden – mit einem einzigen Impulssignal die Position eines Ziels und weitere Angaben bestimmen kann.

Montgolfier: Brüder *Jacques-Etienne,* geb. 7. Jan. 1745 Vidalonles-Annonay, gest. 2. Aug. 1799 Servières, und *Joseph Michel,* geb. 26. Aug. 1740 Vidalon-les-Annonay, gest. 26. Aug. 1810 Balaruc-les Bains; Erfinder des Heißluftballons. *Joseph* interessierte sich zuerst für aeronautische Probleme. Er baute kleine Fallschirme und grübelte über eine «Luftmaschine» nach. Gemeinsam ließen die Brüder in der väterlichen Papierfabrik 1782 leichte, rauchgefüllte Papiersäcke, später unbemannte Ballone aufsteigen. 4. Juni 1783: erster Start eines aus Leinwand gefertigten, mit Papier gefütterten und einem Hanfnetz überzogenen Warmluftballons, einer *Montgolfiere,* in der Öffentlichkeit. Nach der Fahrt von Schaf, Ente und Hahn fand am 21. Nov. 1783 die erste Freifahrt mit Menschen (*Pilâtre de Rozier* und *Marquis d'Arlandes*) statt. Seit etwa 20 Jahren gibt es wieder Heißluftballone (→ Heißluftballonfahren). Die → FAI verleiht seit 1960 ein *Montgolfier-Diplom* jährlich an einen Ballonfahrer, der im vorangegangenen Jahr eine Fahrt in einem Ballon unternommen hat, die nach Ansicht der Internationalen Ballonfahrt Kommission die verdienstvollste Leistung des Jahres gewesen ist. Die Leistung kann in einem Rekord für zurückgelegte Entfernung, erreichte Höhe, Fahrtdauer, genaue Landung, Zahl der Aufstiege oder Fahrtstunden oder in einer anderen hervorragenden Leistung bestehen.

Montparnasse-Komitee: nach dem Sitz der Hauptverwaltung der Air France in Paris (Maire-Montparnasse) benanntes Komitee, das zum Studium der Zusammenarbeit bei der Einführung und dem wirtschaftlichen Betrieb von Großraum- und Überschallverkehrsflugzeugen (z. B. Boeing 747, «Concorde», Douglas DC-10, Lockheed L-1011) gegr. wurde. Dem Komitee gehören an: die Arbeitsgemeinschaft ATLAS (Air France, Lufthansa, Alitalia, Sabena) und KSSU (KLM, UTA, SAS, Swissair) sowie BA, Aer Lingus, Iberia und El Al.

Moosgummi: natürlicher oder synthetischer Elast, der durch Treibmittel feinporig gemacht und elastisch wie Moos ist; er wird im Flugzeugbau als Dämm-, Sperr- und Isolierstoff sowie zur Polsterung verwendet.

Morane-Saulnier, Abk. **MS:** Typenbez. für Flugzeuge der französischen Firma Aéroplanes Morane-Saulnier S. A., 1911 von *Léon Morane* (1885–1918) und *Raymond Saulnier* (1881–1964) gegr. Produzierte Sport- und Schulflugzeuge, im ersten Weltkrieg Jagdflugzeuge. Die Firma bestand bis 1966. Zu den bekanntesten Typen gehören: Jagdflugzeuge MS 275 C-1

(1935) und MS 406 (1937), das Schul- und Reiseflugzeug mit Strahlantrieb MS 760 «Paris» (1954) und die heute von SOCATA gebauten Sport- und Reiseflugzeuge «Rallye Club», «Rallye», «Rallye Commodore».

Moravan: Flugzeugwerke in Otrokovice (ČSFR). Fertigungsstätte der Schul-, Reise- und Kunstflugzeuge der Trener-Reihe: Z-126, Z-226, Z-326, Z-526 und 726, deren Produktion ausgelaufen ist. Gebaut werden die Flugzeuge Z-43 und Z-142 (Weiterentwicklungen der Z-42) sowie die Z-50-Reihe.

Morsealphabet, *Funkalphabet:* für den Tastfunk- und Blinksignalverkehr üblicher, von dem nordamerikanischen Erfinder *Samuel Finley Breese Morse* (1791–1872) aufgestellter und erstmals benutzter Schlüssel aus Kombinationen von Punkt- und Strichimpulsen.

Zahlen 1 ... 10:

·––––	1	·····	5	––––·	9
··–––	2	–····	6	–––––	10
···––	3	––···	7		
····–	4	–––··	8		

Buchstaben A ... Z:

·–	A	·–––	J	···	S
–···	B	–·–	K	–	T
–·–·	C	·–··	L	··–	U
–··	D	––	M	···–	V
·	E	–·	N	·––	W
··–·	F	–––	O	–··–	X
––·	G	·––·	P	–·––	Y
····	H	––·–	Q	––··	Z
··	I	·–·	R		

Mosaikdarstellung: Darstellung der Radarinformation mehrerer Radaranlagen auf einem Bildschirm in PPI-Darstellung.

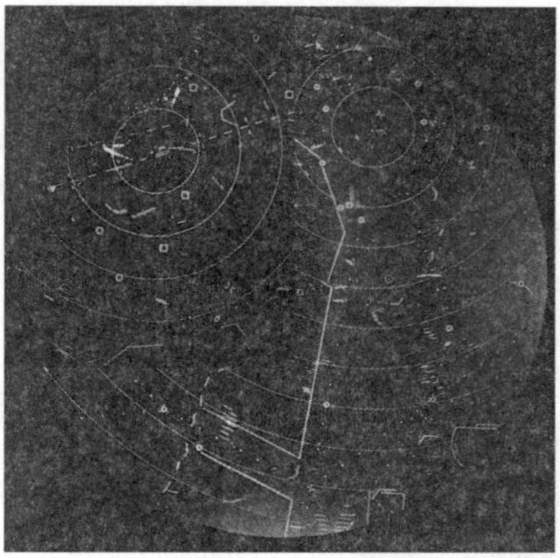

Mosaikdarstellung: Einblendung einer zweiten Radarinformation mit veränderten Bildgrenzen (AEG Telefunken)

Moshaiski, *Alexander Fjodorowitsch:* russischer Marineoffizier, Konteradmiral, Konstrukteur und Erfinder, geb. 9. (21.) März 1825 Rotschensalm (Gouvernement Wyborg), gest. 20. März (1. April) 1890. M. befaßte sich mit dem Bau von Flugmodellen und Flugapparaten und erhielt 1881 ein Patent auf ein Flugzeug. Er erprobte es 1882 bei Petersburg; es gibt aber keine Beweise dafür, daß er mit diesem Flugzeug geflogen ist.

Moskau, City-Code **MOW:** 1) *Flughafen Scheremetjewo,* City-Code **SVO**. Bedeutendster intern. Flughafen der UdSSR, 55°58′ n. Br., 37°25′ ö. L., Höhe

Moravan Z-43

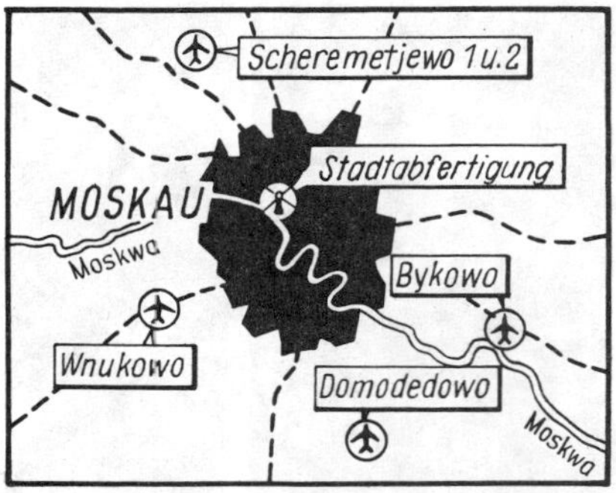

die Verkehrsflughäfen Moskaus

191 m. 29 km nordwestlich von Moskau entfernt gelegen. 2 Start- und Landebahnen mit 3700 m × 60 m und 3538 m × 80 m. Verkehrsleistung 1988 – rd. 11 Mill. Fluggäste. Moderne Funk- und Navigationsausrüstungen. – 2) *Flughafen Wnukowo,* City-Code **VKO**. Inland-Flughafen, insbes. für Flüge in den europäischen Teil der UdSSR, 55° 36′ n. Br., 37° 17′ ö. L., Höhe 209 m. 30 km südwestlich von Moskau entfernt gelegen. Verkehrsleistung 1988: 6,1 Mill. abgef. Passagiere. 2 Start- und Landebahnen mit 3060 m × 60 m und 3000 m × 60 m. Moderne Funk- und Navigationsausrüstungen. Ältester Moskauer Großflughafen, 1941 eröffnet. 1962 rekonstruiert. – 3) *Flughafen Domodedowo,* City-Code **DME**. Inland-Flughafen für Flüge nach Mittelasien, Sibirien und Fernost. 40 km südöstlich von Moskau entfernt gelegen. Jüngster Moskauer Großflughafen. – 4) *Flughafen Bykowo,* Inlandflughafen für den Kurzstreckenbereich. Einer der ältesten Flughäfen in der UdSSR.

Am Standort des ehemaligen Moskauer Flughafens, heute im Zentrum der Stadt gelegen, befindet sich ein Stadtterminal, von wo Schnellbuslinien nach allen Moskauer Flughäfen verkehren.

Mossolow, *Georgi Konstantinowitsch:* sowjetischer Oberst, Dipl.-Ing., Verdienter Testpilot der UdSSR, geb. 3. Mai 1926 Kasan. 1943/46 Segelflieger im Aero-Klub. 1948 Abschluß der Militärfliegerschule. Danach Jagdflieger und Fluglehrer, Flugzeugführer 1. Klasse. 1951/53 Spezialausbildung zum Testpiloten. Mehrere Weltrekorde (darunter 2 absolute) mit MiG-Versionen. 1959 2388 km/h mit E-66; 1961 34174 m mit E-66; 1962 2681 km/h mit E-166. Nach Unfall (1962) Ausbilder von Testpiloten.

MOTNE: Abk. für engl. **M**eteorological **O**perational **T**elecommunications **Net**work **E**urope. Flugwetterfernmeldenetz, bestehend aus Flugwetterfernschreibverbindungen zwischen den Staaten Europas sowie den angrenzenden Staaten Algerien, Ägypten, Israel, Libyen, Marokko und Tunesien.

Motordrehzahl: Anzahl der Umdrehungen in einer Zeiteinheit, meist in einer Minute, der das Drehmoment übertragenden Welle, z. B. der Kurbelwelle bei KTW.

Motoren- und Turbinen Union GmbH, Abk. **MTU:** größter Triebwerkproduzent der BRD (München-Allach); am 1. Jan. 1970 aus der 1968 gegr. → Entwicklungsgesellschaft für Turbo-Motoren mbH hervorgegangen. Bestand zunächst aus 2 handelsgerichtlich selbständigen Gesellschaften: MTU-München (zu je 50 % in den Händen der Daimler Benz AG und der MAN) sowie MTU-Friedrichshafen (84 % der Anteile in den Händen von MTU-München) mit gemeinsamem Firmenzeichen MTU (verschiedene Funktionen in Zentralabteilungen zusammengefaßt). Großaktionäre der im Zuge der zunehmenden Konzentration entstandenen MTU waren außerdem: Flick- und Haniel-Konzern, Maybach-Mercedes-Benz. Anteil der Rüstungsproduktion: 90 %. Der Konzern fertigt und überholt vor allem Triebwerke für Flugzeuge der Bundeswehr (F-104G, F-4, MRCA) sowie für Raketenwaffen. Die MTU ist Partner von → General-Electric sowie weiterer Triebwerkproduzenten. Tochtergesellschaft: MTU Maintenance GmbH für Wartung, Reparatur und Überholung ziviler Triebwerke. 1985 hat der Daimler-Konzern die MTU aufgekauft, als MAN in Finanznöte geraten war und nach einer Kapitalspritze Ausschau gehalten hatte.

Motorgondel: → Triebwerksgondel

Motorlet: volkseigener Betrieb für TL und PTL in Prag-Jinonive, der zu → Aero gehört. Gebaut und überholt werden TL M-701 für das TL-Übungsflugzeug L-29 «Delfin», AL-25 für den Strahltrainer L-39 «Albatros» und PTL M-601 für das Verkehrsflugzeug L-410 sowie Hydraulik.

Motorsegler: Luftfahrzeug mit 1, selten 2 leistungsschwachen Triebwerken. M. sind Segelflugzeuge mit Hilfsmotor, die in die Kategorie M. eingestuft sind. M. unterscheiden sich von Segelflug-

Übergabe des 1000. Triebwerks Turbo-Union RB 199 an den Leiter der Bundeswehr-Güteprüfstelle 1 in München (bei MTU)

zeugen (Forderung der FAI) durch ihre Eigenstartfähigkeit. Der Motor dient zum Starten des M., zum Überwinden von Gebieten ohne Aufwind, zum Durchfliegen von Gebieten mit vorgeschriebener Flughöhe sowie der Rückkehr zum Standort. M. haben mit abgestelltem Motor die Eigenschaft des Segelflugzeugs. Doppelsitzige M. benutzt man zur Ausbildung von Flugzeugführern, 1sitzige für Schulung und Leistungsflug. Mit M. können entspr. den Bedingungen der FAI die Bedingungen für Segelflug-Leistungsabzeichen → Gold C, Diamant sowie Rekorde geflogen werden. Das Triebwerk muß beim Flug beliebig oft angelassen werden können. Höchstmasse 750 kg, min. Leistungsbelastung 9 kg/kW, höchstens 2 Sitze, Spannweite mindestens 14 m,

Motorsegler «Ogar» (Polen)

Motorsegler Schleicher ASK-14 (BRD)

Gleitzahl mindestens 20, Steigleistung mindestens 1,3 m/s, Startstrecke auf 15 m höchstens 600 m, Gleitzahl mit ausgefahrenen Klappen nicht höher als 8, Brennstoff max. 37,4 l für 1sitzige, 49,8 l für 2sitzige M.

Motorwinde: → Windenstart

Moving Target Indication: → Radar

MP: Typenbez. für sowjetische Verkehrs-Wasserflugzeuge (russ. morskoi passashirski samoljot), z. B. MP-1.

MRCA: Abk. für engl. **M**ulti **R**ole **C**ombat **A**ircraft, Mehrzweck-Kampfflugzeug. → Panavia Aircraft GmbH

MTB: frühere Typenbez. für sowjetische schwere Marinebombenflugzeuge (russ. **m**orski **t**jasholy **b**ombardirowtschik), z. B. MTB-2.

MTI: → Radar

MTU: Abk. für → **M**otoren- und **T**urbinen-**U**nion GmbH München-Allach; größter Triebwerksproduzent der BRD.

MU: frühere Abk. für russ. **m**orskoi **u**tschebni, Seeschulflugzeug, z. B. MU-1 als Variante der U-1.

Multispektralkammer: Mehrfach- oder Mehrlinsenkammer mit parallelen Aufnahmeachsen zur simultanen fotografischen Aufnahme von geometrisch praktisch identischen → Luftbildern in mehreren ausgewählten Bereichen des elektromagnetischen Spektrums. Die Trennung der Spektralbereiche erfolgt unter Verwendung entsprechend sensibilisierten Filmmaterials mit schmalbandigen Farbfiltern (Film-Filter-Kombination) für jede Aufnahmekammer. – Die von der Firma Carl Zeiss JENA gefertigte und erstmals im Raumschiff Sojus 22 sowie im Flugzeug An-30 gleichzeitig eingesetzte M. MKF 6 besteht aus 6 einzelnen, aber gemeinsam gesteuerten Kammern. Das Bildformat beträgt 55 mm × 81 mm. Die Aufnahme erfolgt in 4 Kanälen des sichtbaren Bereichs des elektromagnetischen Spektrums und in 2 Kanälen des nahen Infrarotbereichs. Die → Bildwanderung wird durch entspr. Drehen der Kammern um eine horizontale Achse quer zur Flugrichtung kompensiert.

Multispektralkamera MKF 6

München, *Flughafen Riem,* City-Code **MUC:** intern. Flughafen der BRD, 48° 07′ 54″ n. Br., 11° 42′ ö. L., Höhe 529 m. 11 km nordöstlich von München entfernt gelegen. 1 Start- und Landebahn mit 2 804 m × 60 m und eine Grasbahn mit 650 m × 30 m für Kleinflugzeuge. Moderne Funk- und Navigationsausrüstungen. Verkehrsleistung 1988 – 9,5 Mill. Fluggäste. Im Erdinger Moor, einem völlig neuen Standort, befindet sich der *Flughafen München 2* im Bau. Die Inbetriebnahme ist für 1992 geplant.

Muskelkraftflug: Flugart, bei der das Fliegen durch die Muskelkraft des Piloten erreicht werden soll. Die bisherigen zahlreichen Versuche führten nicht zu ausbaufähigen Ergebnissen. Bereits *Leonardo da Vinci* beschäftigte sich damit auf der Grundlage des Vogelflugs (→ Schlagflügelflugzeug). Auch die Brüder *Lilienthal* arbeiteten in dieser Richtung. Am 1. Febr. 1912 schrieb in Frankreich die Firma Peugeot einen Preis von 10 000 frs aus für den, der als erster Mensch mit eigener Kraft eine Strecke von 10 m in der Luft zurücklegt, wobei der Flug zur Ausschaltung des Windes in beiden Richtungen stattfinden mußte. Nach zahlreichen Bewerbern gewann am 9. Juli 1921 der Radrennfahrer *Gabriel Poulain* mit etwas über 11 m den Preis mit einem Fahrrad, an dem 2 Tragflächen gestaffelt montiert waren. Der Flug wurde durch plötzliches Anstellen der Flächen erzielt. *Peugeot* setzte dann einen Preis von 20 000 frs aus für einen Flug über 50 m. Im Juli 1933 verkündete *Oskar Ursinus* ein Preisausschreiben der Frankfurter Polytechnischen Gesellschaft, in dem 5 000 Mark ausgesetzt wurden für einen M. in Form einer geschlossenen Acht um zwei 500 m auseinanderliegende Wendemarken (Flugstrecke rund 1 200 m). Im Aug. 1935 gelang Radrennfahrer *Dünnebeil* ein Flug über 195 m, später über 235 m. Dipl.-Ing. *Haesler* und Dipl.-Ing. *Villinger* hatten einen Apparat konstruiert, bei dem ein Gummiseil 30 min mit Muskelkraft aufgespeichert wurde und ein Startgummiseil mit Flaschenzügen gespannt wurde. Nach Lösen des Starthakens wurde das der Energie beraubte Seil auf einer Trommel im Bug des Flugzeugs aufgerollt. Nach Erreichen einer Starthöhe von etwa 5 m fand ein gestreckter Gleitflug statt. Dafür wurde ein Trostpreis von 3 000 Mark gewährt und der Frankfurter Preis auf 10 000 Mark erhöht. Am 12. Juni 1979 überquerte der Amerikaner Bryan Allen den Ärmelkanal und 1988 der Grieche Kanellopulos das Meer zwischen Kreta und der Zykladen-Insel Santoryn in Nachahmung des Fluges der Sagengestalten Dädalus und Ikarus. Inzwischen sind in mehreren Ländern → Muskelkraftflugzeug(e) entstanden sowie neue Rekorde aufgestellt worden. Zu den Konstruktionen zählen die Typen MUSCULATUR 1 und 2 von Günter (in der Literatur auch als Gunter angegeben). Rochelt aus München/BRD sowie Bionic BAT von P. MacCready (USA). Anfang 1987 stellte die Pilotin L. McCallin mit ihrem 40 kg schweren fußpedalgetriebenen Flugzeug «Eagle» in der Mojave-Wüste (Kalifornien) einen Zielstreckenrekord auf: Die 10-Meilen-Strecke (etwa 16 km) legte sie in 37:38 min zurück.

Muskelkraftflugzeug: extrem leich-

Muskelkraftflugzeug «Eagle» mit Pedalbetrieb der Pilotin McCollin (10-Meilen-Strecke in 37:38 min am 22. Jan. 1987 in Kalifornien)

ter Flugapparat mit hoher aerodynamischer Qualität, meistens Hobbybau studentischer Fliegergruppen für flugsportliche oder/und Forschungs- und Studienzwecke. Einsitzige Versionen haben eine Eigenmasse von 30 bis 40 kg und eine aerodynamische Qualität von 40...45, eine Tragflügelstreckung von etwa 20. Für den Bau sind modernste Werkstoffe (Kohlefaser) und Technologien erforderlich. Wegen der sehr niedrigen Fluggeschwindigkeiten (20...30 km/h) und der extrem geringen Tragflügelbelastung von 2...2,5 kg/m² ist ein Einsatz nur bei sehr geringen Windgeschwindigkeiten bzw. bei absoluter Windstille möglich. Aus Gewichts- und Leistungsgründen können M. nur von sehr leichten und sehr gut trainierten Sportlern unter Ausnutzung des Bodeneffekts (Flughöhe maximal 3 m) geflogen werden. Energiespeicher, z. B. vorgespannte Gummimotoren sind auch zum Start nicht zugelassen.
Der 1. Kremerpreis für einen Flug auf geschlossener Bahn in Form einer liegenden 8 mit 800 m Abstand der beiden Kreismittelpunkte wurde 1977 von Bryan Allen auf «Gossamer Condor», einer Konstruktion von P. MacCready, errungen.
Der 2. Kremerpreis für die erste Überquerung des Ärmelkanals von demselben Piloten am 12. 6. 1979 auf «Gossamer Albatross» ebenfalls eine Konstruktion von MacCready.
1984 fand bereits der 1. Passagierflug statt und 1986 konnte mit dem «Light Eagle» ein M. erstmals nicht in Entenbauweise, sondern in Normalbauweise auf einem 15 km Rundkurs in den USA über eine Strecke von 59,87 km mit 26,97 km/h ein Geschwindigkeitsrekord aufgestellt werden.
Die von der Muskelkraft des Piloten aufgebrachte Antriebsleistung beträgt etwa 200...300 W. Sie wird über Tretkurbel und Kette auf eine langsam laufende (200...300 U/min) Luftschraube mit großem Durchmesser (2,5...3,5 m) übertragen. Gut trainierte Piloten erreichen Flugzeiten von mehr als zwei Stunden. Technische Daten des «Gossamer Albatross» (Entenbauweise): Spannweite 28,6 m, Streckung 18,6 m, Tragflügelfläche 44 m², Leermasse 23 kg, Rüstmasse 32 kg, Flugmasse 95...100 kg, Flächenbelastung 2,2...2,3 kg/m², Flughöhe 1...2 (3) m.

Musterprüfung: Prüfverfahren vor der Zulassung eines neuentwickelten Flugzeugtyps als Grundlage für den Serienbau. Dabei werden 1 oder mehrere Muster einer gründlichen Prüfung unterzogen, um zu ermitteln, ob alle gültigen Bau- und Sicherheitsvorschriften eingehalten wurden, ob alle vorgesehenen Flugeigenschaften und -leistungen erreicht werden und ob die Ausrüstung den erforderl. Bedingungen entspricht.

MWO: Abk. für engl. **M**eteorological **W**atch **O**ffice, Flugwetter-Überwachungsstelle. → Flugwetterdienst

N

N: Typenbez. der deutschen Fliegertruppe 1918 für 2sitzige, bewaffnete Doppeldecker für Nachteinsätze z. B. Sablatnik N.I.

NAC: Abk. für → **N**ew **Z**ealand National **A**irways **C**orporation.

NACA: Abk. für → **N**ational **A**dvisory **C**ommittee for **A**eronautics.

NACA-Haube: haubenförmige aerodynamische Verkleidung von Sternmotoren, die eine Wirbelbildung der Kühlluft hinter den einzelnen Zylindern verhindert, indem sie die Luftströmung zum Anliegen bringt und damit den (inneren) Widerstand der Motorhauben wesentlich verringert. Sie wurde vom National Advisory Committee for Aeronautics (NACA) entwickelt. → Townend-Ring

Nachbrenner: Vorrichtung zur kurzzei-

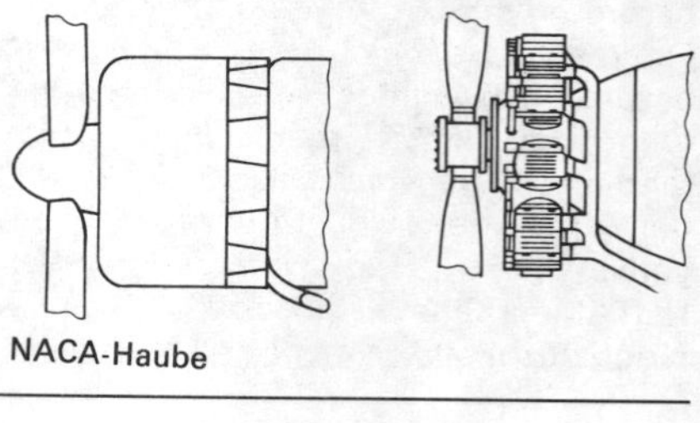

NACA-Haube

bewegliche Segmente der Nachbrenner-Schubdüse des Triebwerks WK-1F (Flugzeugtyp: MiG-17F)

tigen → Schubverstärkung bei TL. N. enthalten besondere Brennstoffeinspritzelemente, Flammhalter und Zündeinrichtung. Während die ersten N.-Triebwerke (in der UdSSR z. B. WK-1F des Jagdflugzeuges MiG-17F) nur für kurze Zeit mit → Nachverbrennung bei einer Schubverstärkung von etwa 30% arbeiten konnten, werden die gegenwärtigen TL nachbrennerfest mit Schubvergrößerung im Start um bis zu 80% ausgelegt. Bei Überschallflug ist eine Schubvergrößerung um bis zu 200% möglich.

Nachhinkbeiwert: Größe, die die zeitliche Verzögerung der Variometeranzeige angibt. Der N. ist, abgesehen von der Variometerbauform, abhängig von der Luftlinie und damit von der Flughöhe. → Variometer

Nachlaufpeiler: früher benutzte Bez. für einen → Funkkompaß.

Nachrichten für Luftfahrer: engl. *Notice to Airmen*, Abk. *NOTAM:* Nachrichten über Errichtung, Zustand oder Veränderungen von Luftfahrtanlagen aller Art sowie über Dienste, Verfahren oder Gefahren, die für Luftfahrzeugbesatzungen wichtig sind. *NOTAM I. Klasse* sind von unmittelbarer Bedeutung für die Flugsicherheit und müssen ohne Verzögerung veröffentlicht und befördert werden (meist chiffriert über Fernmeldeanlagen). Die Luftfahrzeugbesatzungen werden bei der Flugberatung vom Flugsicherungsdienst (Luftfahrtinformationsdienst) über den Inhalt der für die jeweilige Strecke und den vorliegenden Flug interessierenden NOTAM in Kenntnis gesetzt.

Nachtflugzeit, Symbol t_{FB}: → Flugzeit oder Teil der Flugzeit (t_F) im Zeitraum zwischen Sonnenunter- und -aufgang.

Nacht-I: historisches sowjetisches Instrumentenanflugverfahren, das auf der Grundlage des im UKW-Bereich arbeitenden Systems der Firma Lorenz entwickelt worden war.

Nachtjäger: → Jagdflugzeug

Nachverbrennung: bei TL Methode zur zeitweiligen → Schubverstärkung durch Einspritzen von Brennstoff in den Abgasstrom zwischen Turbine und Schubdüse. N. läuft im → Nachbrenner ab. N. ist möglich, da die Verbrennung in der Brennkammer mit erheblichem Luftüberschuß durchgeführt wird. Es befindet sich im Abgasstrom hinter der Turbine noch genügend Restsauerstoff zur Verbrennung einer zusätzlichen Brennstoffmenge. Vor allem von Militärflugzeugen angewendet, um die Startstrecke zu verkürzen, die Steigzeit auf eine bestimmte Höhe zu verringern oder die Fluggeschwindigkeit zu erhöhen.

Nackenruder: auf dem Rumpfvorderteil zusätzlich zum herkömmlichen → Leitwerk aufgesetzte Steuerorgane, die zur Realisierung der → aktiven Steuerungstechnologie dienen; sie ermöglichen ebenso wie → Kinnruder das Bilden einer Querkraft (eines Seitenlastvielfachen) ohne bzw. mit verringerter Momentenwirkung bei gemeinsamer Betätigung mit dem herkömmlichen Seitenruder.

NAFEC: Abk. für → **N**ational **A**viation **F**acilities **E**xperimental **C**enter.

Nagorski, *Jan:* polnischer Luftfahrtpionier, Ing., geb. 1888, gest. 9. Juni 1976 Warschau. Erster Arktisflieger der Welt.

1914 als Pilot eines Wasserflugzeugs in russischen Diensten Teilnehmer der russischen Arktisexpedition von *G. Sedow, G. Brusilow* und *W. Rusanow*. Im ersten Weltkrieg russischer Marineflieger im Ostseeraum. Erster Flieger, der 1916 mit dem Wasserflugzeug M-9 einen Looping unternahm. Ging 1917 nach Polen zurück. Schrieb 1958: «Erster über der Arktis» und 1960: «Über der brennenden Ostsee».

Nahluftverkehr, *Regionalluftverkehr, Verkehr auf örtlichen Flugstrecken:* Beförderung von Personen und Gütern mit Luftfahrzeugen im öffentlichen kommerziellen Verkehr über kürzere Entfernungen, meist im Inlandverkehr. Eine genaue zahlenmäßige Begrenzung der Entfernung ist prinzipiell nicht möglich, da sie von den technisch-ökonomischen Merkmalen der eingesetzten Luftfahrzeuge und den spezifischen ökonomisch-geographischen Bedingungen des jeweiligen Verkehrsgebiets (Landes) abhängt.

Nakajima: Kurzbez. für den japanischen Flugzeugkonzern Nakajima Hikoki Kabushiki Kaisha, 1914 gegr. Baute bis 1945 vor allem für die kaiserlich-japanischen Streitkräfte Land- und Seeflugzeuge: Marinejagdflugzeug Typ 90 (1930), Jagdflugzeug Typ 91 (1931), Torpedoflugzeug B5N2 (1937), Bombenflugzeug Ki-49 «Donryn» (1940), Jagdflugzeug Ki-43 «Hayabusa» (1941), Jagdflugzeug Ki-44 «Shoki» (1942), Torpedoflugzeug B6N «Tenzan» (1941), Jagdflugzeug Ki-84 «Hayate» (1944). Im Zuge der japanischen Wiederaufrüstung 1953 als → Fuji Jukogyo Kabushiki Kaisha neu gegr. Zunächst Lizenzbau von Beech-45, dann Hubschrauber Bell-204B, erste reine Eigenkonstruktion war der Strahltrainer T-1F (Erstflug 17. März 1960).

NAMC: Kurzbez. für **N**ihon **A**eroplane **M**anufacturing **C**o., 1956 entstanden. Enge Zusammenarbeit mit → Mitsubishi, → Kawasaki, → Fuji, → Shin Meiwa und Showa. Ab 1962 Bau von über 170 YS-11 bis 1971. Versionen: YS-11A Passagierflugzeug, YS-P Truppentransporter, YS-11M Marineversion, YS-11T Seekampfschulflugzeug. Entwickelte Ende der 60er Jahre den Truppentransporter C-1, der bei → Kawasaki gebaut wird.

NASA: Abk. für → **N**ational **A**eronautics and **S**pace **A**dministration.

«Nase»: 1. Spitze des Rumpfs. – **2.** vorderes Drittel des Tragflügels.

Nasenholm: bei Tragflügeln mit mehreren Holmen der im Festigkeitsverband am weitesten vorn gelegene → Holm, mitunter auch → *Stirnholm* genannt.

Nasenkerbe: sprunghafte Einbuchtung in der Tragflügelvorderkante von Pfeilflügeln, die zur Ausbildung einer Wirbelschnur auf der Oberseite des Tragflügels führt, wodurch ein Abwandern der → Grenzschicht zum Tragflügelende hin verhindert wird. → Grenzschichtzaun, → Sägezahn

Nasenkreis: → Profilgeometrie

Nasenleiste: der vordere Rand des Tragflügels, sofern er durch eine Leiste gebildet wird, an der die obere und untere Behäutung des Nasenkastens befestigt ist.

Nasentiefe: Tiefe des Nasenkastens am Tragflügel bzw. an Leitwerksteilen, d. h. Entfernung zwischen vorderstem Punkt der Flügelnase und dem Nasenholm, gemessen in Flugrichtung oder senkrecht zum Nasenholm (z. B. bei Pfeilflügeln).

Naßcharter: → Charterung

Naßstart: → Schubverstärkung

National Advisory Committee for Aeronautics, Abk. **NACA:** nationale wissenschaftliche Institution der USA, die 1915 gegr. wurde, um Probleme der Luftfahrt zu studieren und die gesamte Arbeit auf diesem Gebiet anzuleiten und zu koordinieren. Die 15 leitenden ehrenamtlichen Mitglieder wurden vom Präsidenten der USA ernannt. → National Aeronautics and Space Administration

National Aeronautics and Space Administration, Abk. **NASA:** seit 1. Okt. 1958 Nachfolgerin der → NACA. USA-Behörde für Luft- und Raumfahrtforschung im zivilen und militärischen Bereich. Ihr stehen modernste Forschungsinstitute und Raketenstartplätze zur Verfügung. Das *Office of Advanced Research and Technology* (Büro für fortgeschrittene Forschungen und Technologie) besitzt folgende Institute: *Ames Research Center (ARC)*, Moffett Field (Kalif.) – Grundlagenforschung, Raumsonden, wissenschaftliche Satelliten, Flug- und Bodenversuche, Überschallverkehrsflugzeuge, V/STOL.-Technik; *Flight Research Center, Edwards (FRC)* – Flugversuche, bes. mit Hochgeschwindigkeitsflugzeugen, Paragleiter-

und Auftriebskörper-Entwicklung und Erprobung; *Langley Research Center (LARC),* Hampton – Staustrahltriebwerke, Hochgeschwindigkeits-Aerodynamik, Feststoffraketen; *Lewis Research Center (LRC),* Cleveland – Antriebe und Treibstoffe aller Art, Plasmaforschung; *Electronic Research Center (ERC),* Cambridge – Entwicklung von Elektronik für Luft- und Raumfahrt. Für die unbemannte Raumfahrt besitzt das *Office of Space Science and Applications (OSSA)* (Büro für Raum-Wissenschaft und Anwendung) 2 Forschungs- und Leitstellen sowie 1 Raketenabschußbasis. Für die bemannte Raumfahrt hat das *Office of Manned Space Flight* (Büro für bemannte Raumfahrt) 2 Forschungszentren und das *J. F. Kennedy Space Center* (KSC) als Startplatz für Raumfahrzeuge.

National Airlines Inc.: frühere Luftverkehrsgesellschaft der USA mit Sitz in Miami. Gegr. 1934 als Inlandsgesellschaft.

National Air Traffic Service, Abk. **NATS:** Bez. des → Flugsicherungsdienstes in Großbritannien.

National Aviation Facilities Experimental Center, Abk. **NAFEC:** Versuchs- und Forschungszentrum der → FAA zur Untersuchung und Erprobung von Verfahren und Anlagen der Flugsicherung, Navigation und des meteorologischen Dienstes. Das Forschungsgebiet der Flugsicherung umfaßt u. a. hochfrequenztechnische und optische Anlagen zur Landeanflugführung, Kollisionsschutzsysteme, Nachrichtenübermittlungs- und Radaranlagen sowie Flugsicherungsrechner. Die Forschungsanstalt wurde 1958 auf dem Flughafen Atlantic City in Betrieb genommen. Der Flughafen ist durch NAFEC mit modernsten technischen Anlagen ausgerüstet. Zahlreiche Arbeiten des NAFEC beschäftigten sich mit der Erprobung und Entwicklung eines weltweit einzuführenden ILS-Nachfolgesystems. → MLS

Nationalitätenkennzeichen: Buchstaben, z. T. durch Zahl ergänzt, als der Teil des → Kennzeichens ziviler Luftfahrzeuge, der die Staatszugehörigkeit derselben bezeichnet:

1. Nach Ländern

Afghanistan	YA
Ägypten	SU
Albanien	ZA
Algerien	7T
Angola	D2
Antigua	V2
Äquatorial-Guinea	3C
Argentinien	LV, LQ
Äthiopien	ET
Australien	VH
Bahamas	C6
Bahrein	A9C
Bangladesh	S2
Barbados	8 P
Belgien	OO
Belize	V3
Benin	TY
Bhutan	A5
Bolivien	CP
Botswana	A2
Brasilien	PP, PT
Bundesrepublik Deutschland	D
Bulgarien	LZ
Burkina Faso	XT
Burma	XY, XZ
Burundi	9U
Chile	CC
VR China	B
ČSFR	OK
Dahome	TY
Dänemark	OY
Deutsche Demokratische Republik (bis Okt. 1990)	DDR
Djibouti	J2
Dominica	J7
Dominikanische Republik	HI
Ekuador	HC
Elfenbeinküste	TU
El Salvador	YS
Fidschi	DQ
Finnland	OH
Frankreich	F
Franz. Überseegebiete	F-O
Gabun	TR
Gambia	C5
Ghana	9G
Grenada	J3
Griechenland	SX
Großbritannien	G
Brit. Überseegebiete	VP, VQ, VR
Guatemala	TG
Guinea	3X
Guinea-Bissau	J5
Guyana	8R

Haiti	HH
Honduras	HR
Indien	VT
Indonesien	PK
Irak	YI
Iran	EP
Irland	EI, EJ
Island	TF
Israel	4X
Italien	I
Jamaika	6Y
Japan	JA
Jemen	4W
Jordanien	JY
Jugoslawien	YU
Kamerun	TJ
Kampuchea	XU, XV
Kanada	C
Kapverden	CR-C
Katar	A7
Kenia	5Y
Kiribati	T3
Kolumbien	HK
Komoren	D6
Kongo	TN
Korea (KDVR)	P
Kostarika	TI
Kuba	CU
Kuweit	9K
Laos	RDPL
Lesotho	7P
Libanon	OD
Liberia	EL
Libyen	5A
Liechtenstein	HB
Luxemburg	LX
Madagaskar	5R
Malawi	7Q-Y
Malaysia	9M
Malediven	8Q
Mali	TZ
Malta	9H
Marokko	CN
Mauretanien	5T
Mauritius	3B
Marshall-Inseln	MI
Mexiko	XA, XB, XC
Moçambique	C9
Monaco	3A
Mongolei	GHMAY
Namibia	ZT, ZU
Nauru	C2

Nepal	9N
Neue Hebriden	YJ
Neuseeland	ZK, ZL, ZM
Niederlande	PH
Niederländ. Antillen	PJ
Niger	5U
Nigeria	5N
Nikaragua	YN
Norwegen	LN
Oman	A4O
Oesterreich	OE
Pakistan	AP
Panama	HP
Papua-Neuguinea	P2
Paraguay	ZP
Peru	OB
Philippinen	RP
Polen	SP
Portugal	CR, CS
Rumänien	YR
Ruanda	9YR
Sambia	9J
Samoa	5W
Sao Thomé und Principe	S9
Saudi Arabien	HZ
Schweden	SE
Schweiz	HB
Senegal	6V, 6W
Seychellen	S7
Sierra Leone	9L
Simbabwe	Z
Singapur	9V
Somalia	6O
Spanien	EC
Sri Lanka	4R
Südafrika	ZS, ZT, Zu
Sudan	ST
Südkorea	HL
Surinam	PZ
Swasiland	3D
Syrien	YK
Tansania	5H
Thailand	HS
Togo	5V
Tonga	A3
Trinidad und Tobago	9Y
Tschad	TT
Tunesien	TS
Türkei	tC
Tuvalu	
UdSSR	CCCP
Uganda	5X

Ungarn	HA
Uruguay	CX
USA	N
Vanuatu	YJ
Venezuela	YV
Verein. Arab. Emirate	A6
SR Vietnam	VN
Zaire	9Q
Zentralafrikan. Republik	TL
Zypern	5B

2. Nach Kennzeichen

AP	Pakistan
A2	Botswana
A3	Tonga
A4O	Oman
A5	Bhutan
A6	Verein. Arab. Emirate
A7	Katar
A9C	Bahrein
B	VR China
C	Kanada
CC	Chile
CCCP	UdSSR
CN	Marokko
CP	Bolivien
CR, CS	Portugal
CR-C	Kapverden
CU	Kuba
CX	Uruguay
C2	Nauru
C5	Gambia
C6	Bahamas
C9	Moçambique
D	Bundesrepublik Deutschland
DDR	Deutsche Demokratische Republik (bis Okt. 1990)
DQ	Fidschi
D2	Angola
D6	Komoren
EC	Spanien
EI, EJ	Irland
EL	Liberia
EP	Iran
ET	Äthiopien
F	Frankreich
F-O	Franz. Überseegebiete
G	Großbritannien
GHMAY	Mongolei
HA	Ungarn
HB	Schweiz, Liechtenstein
HC	Ekuador
HH	Haiti
HI	Dominik. Republik
HK	Kolumbien
HL	Südkorea
HP	Panama
HR	Honduras
HS	Thailand
HZ	Saudi-Arabien
I	Italien
JA	Japan
JY	Jordanien
J2	Djibouti
J3	Grenada
J5	Guinea-Bissau
J7	Dominica
LN	Norwegen
LV, LQ	Argentinien
LX	Luxemburg
LZ	Bulgarien
MI	Marshall-Inseln
N	USA
OB	Peru
OD	Libanon
OE	Oesterreich
OH	Finnland
OK	ČSFR
OO	Belgien
OY	Dänemark
P	KDVR
PH	Niederlande
PJ	Niederländ. Antillen
PK	Indonesien
PP, PT	Brasilien
PZ	Surinam
P2	Papua-Neuguinea
RDPL	Laos
RP	Philippinen
SE	Schweden
SP	Polen
ST	Sudan
SU	Ägypten
SX	Griechenland
S2	Bangladesh
S7	Seychellen
S9	Sao Thomé und Principe
TC	Türkei
TF	Island
TG	Guatemala

TI	Kostarika
TJ	Kamerun
TL	Zentralafrikan. Republik
TN	Kongo
TR	Gabun
TS	Tunesien
TT	Tschad
TU	Elfenbeinküste
TY	Benin
TZ	Mali
T3	Kiribati
VH	Australien
VN	SR Vietnam
VP, VQ, VR	Britische Überseegebiete
VT	Indien
V2	Antigua
V3	Belize
XA, XB, XC	Mexiko
XT	Burkina Faso
XU	Kampuchea
YA	Afghanistan
YJ	Vanuatu
YK	Syrien
YN	Nikaragua
YR	Rumänien
YS	El Salvador
YU	Jugoslawien
YV	Venezuela
Z	Simbabwe
ZA	Albanien
ZK, ZL, ZM	Neuseeland
ZP	Paraguay
ZS, ZT, ZU	Südafrika
3A	Monaco
3B	Mauritius
3C	Äquatorial-Guinea
3D	Swasiland
3X	Guinea
4R	Sri Lanka
4W	Jemen
4X	Israel
5A	Libyen
5B	Zypern
5H	Tansania
5N	Nigeria
5R	Madagaskar
5T	Mauretanien
5U	Niger
5V	Togo
5W	Samoa
5X	Uganda
5Y	Kenia
6O	Somalia
6V, 6W	Senegal
6Y	Jamaika
7P	Lesotho
7Q-Y	Malawi
7T	Algerien
8P	Barbados
8Q	Malediven
8R	Guyana
9G	Ghana
9H	Malta
9J	Sambia
9K	Kuweit
9L	Sierra Leone
9M	Malaysia
9N	Nepal
9Q	Zaire
9U	Burundi
9V	Singapur
9XR	Ruanda
9Y	Trinidad und Tobago

NATS: Abk. für → **N**ational **A**ir **T**raffic **S**ervice.

Natter: → Raketenflugzeug

Navaglobe: früher in den USA benutztes Funknavigationsverfahren mit Drehfunkfeuern im Frequenzbereich 90...100 kHz, das ähnlich wie das → VOR-Verfahren arbeitete. Die Anzeige konnte an dem Bordgerät abgelesen werden, das auch für VOR benutzt wurde. Das N. diente zur Richtungsbestimmung im → Navarho-System. 1954 wurde die erste Anlage aufgebaut. N. verwendete man zur Fernstreckennavigation.

Navarho: Funknavigationsverfahren für Langstreckennavigation im Frequenzbereich 90...110 kHz. Das ursprüngliche Verfahren bestand aus dem Drehfunkfeuer → Navaglobe und dem Entfernungsmeßteil, entwickelt und erprobt als *«Facom»*. Dabei zeigte sich, daß die Genauigkeit der Richtungsinformation nicht den ICAO-Forderungen entsprach. Deshalb wurde das ursprüngliche Verfahren in den Varianten *N.-H, N.-HH, N.-Rho* weiterentwickelt, die z. T. Hyperbelnavigationsverfahren darstellen. Beim N.-H. wird der Standort durch den Schnittpunkt einer Geraden (Radial) und einer Hyperbel bestimmt.

Es wurde als Langstrecken-Navigationssystem vorgeschlagen. Der Frequenzbereich entspricht dem des N. Beim N.-HH ist der Standort als Schnittpunkt zweier Hyperbeln bestimmbar. Die Laufzeitdifferenz der elektromagnetischen Wellen zwischen Standort und Bodenstationen, die der Entfernungsdifferenz proportional ist, wird an Bord in Mikrosekunden (µs) angezeigt. Die Auswertung erfolgt auf einer Spezialkarte. Zur Standortbestimmung müssen im Luftfahrzeug 3 synchron arbeitende Bodensender empfangen werden. Das N.-HH wurde als Langstrecken-Navigationsverfahren im Frequenzbereich des N. vorgeschlagen.

Das N.-Rho ermöglicht eine Standortbestimmung aus 2 Entfernungsmessungen (Standlinie Kreis). Die Entfernungsmessung ergibt eine bessere Ortsgenauigkeit als eine Richtungsmessung. Der Nachteil besteht in der Doppeldeutigkeit der Messung, da die benutzten Standlinien stets 2 Schnittpunkte haben. Das Verfahren war für Mittel- und Weitstreckennavigation gedacht.

Navigationsentfernung: längenmäßige Ausdehnung des Flugwegs (→ Flugroute); die von einem Luftfahrzeug tatsächlich beim Flug zwischen 2 Bezugspunkten (z. B. Bezugskoordinaten der Start- und Landebahnen des Abflug- und des Landeflugplatzes) zurückgelegte Distanz, gemessen in Navigationskilometern (Nav.-km). Die N. weicht mitunter erheblich von der Transportentfernung ab.

Navigationsflug: motorflugsportliche Wettkampfart, bestehend aus den Disziplinen Streckenvorbereitung, Streckenflug und Landewettbewerb. – → *Streckenvorbereitung:* Innerhalb einer vorgegebenen Zeit (max. 45 min) ist die gesamte navigatorische Vorbereitung einer aus Geraden und Bögen bestehenden Strecke einschließlich Windberücksichtigung und Kartenvorbereitung zu erledigen. Für Abweichungen von Kurs und Etappenzeit werden Strafpunkte vergeben. – *Streckenflug:* Eine vorgegebene Strecke aus Geraden und Bögen (→ Bogenflug) ist mit einer maximalen seitlichen Kursabweichung von ±300 m und mit einer zeitlichen Genauigkeit zu jeder Zeit von ±2 s abzufliegen. Dabei sind ausgelegte Sichtzeichen und Fotos zu finden und genau in die Karte einzutragen. Für Zeitabweichungen, Seitenabweichungen, nicht gefundene Zeichen und Bilder und fehlerhafte Eintragungen in die Karte werden Strafpunkte vergeben. – *Landewettbewerb:* Bei regulären Landungen ist mit dem Hauptfahrwerk des Flugzeugs in einem Feld aufzusetzen mit einer Ausdehnung von 12 m quer zur und 0,5 m in Flugrichtung.

Gelandet wird sowohl mit als auch ohne Motorhilfe, sowohl ohne als auch mit Hindernis vor dem Landefeld. Für Abweichungen vom Nullfeld werden Strafpunkte vergeben. Sieger ist am Ende die Besatzung mit der geringsten Anzahl an Strafpunkten. – Bisherige *Weltmeister* (woher/Austragungsland/Austragungsjahr):

Friskmann, J. O.	Schweden/Schweden/1975
Krave, T.	Schweden/Österreich/1977
W. Swiadeck/Korzeniovski	Polen/BRD/1980
Krave, T.	Schweden/GB/1981
Lenartovicz	Polen/Norwegen/1983
	Spanien/1986
	Finnland/1987

Navigationsflugplan: Aufstellung navigatorischer Details für einen oder mehrere Flüge auf der Grundlage des → Verkehrsflugplans oder des Flugauftrags. Die Form des N. ist vorgeschrieben.

Navigationskilometer, Abk. **Nav.-km:** Maßgröße der → Navigationsentfernung.

Navigator: für die Navigation verantwortliches Mitglied der Cockpitbesatzung, nach dessen Angaben der Pilot das Luftfahrzeug steuert. Mit der Einführung von stark automatisierten Navigationsanlagen in Verkehrsflugzeugen werden viele Flüge, – bes. im Kurz- und Mittelstreckenverkehr – ohne N. geflogen.

navigatorische Flugvorbereitung: vor jedem Flug notwendige Planung und Zusammenstellung der navigatorischen Daten für die entspr. Flugstrecke. Luftfahrzeugführer und Navigator benötigen für die n. F. des Flugs: geographischen Kurs (aus der Karte), Windvektor, örtliche Mißweisung (→ Deklination), → TAS und Entfernung (aus der Karte zwischen den einzelnen Wegpunkten). Daraus werden Steuerkurs, Geschwindigkeit über Grund, voraussichtliche Flugzeit für die einzelnen Abschnitte der

Strecke und Gesamtflugzeit bis zum Ziel, bzw. über das Ziel zum Ausweichflugplatz berechnet. Der Brennstoffbedarf ergibt sich aus dem stündlichen Verbrauch der Triebwerke und den errechneten Zeiten. Die Brennstoffreserve muß den Vorschriften für VFR- bzw. → IFR-Flüge entsprechen. Ein Studium der Flugsicherungsunterlagen, die in den Veröffentlichungen für den Flugbetrieb (→ NOTAM) enthalten sind, ist ebenfalls erforderlich. Die Luftfahrzeugführer benötigt z. B. Frequenzen, Kennungen, Rufzeichen und Kenntnis der Sperrgebiete (→ AIP). Die wichtigsten Daten werden in den Betriebsflugplan eingetragen.

NAVSAT: Projekt für ein ziviles → Satellitennavigationssystem der European Space Agency, das ähnlich wie → NAVSTAR arbeiten soll, aber keine Forderungen für schnell fliegende militärische Nutzer oder hohe Resistenz gegen elektrische Störmaßnahmen erfüllen muß. Daher können mehr kritische und teure Anlagen auf die Bodenseite verlagert werden, so daß deren Überwachung und Wartung erheblich billiger werden als bei Unterbringungen in Satelliten. Es sollen 24 Satelliten in 20000 km Höhe geparkt werden, von denen sich jeweils 3 um 120° versetzt auf Bahnen mit einer Inklination von 55° befinden. Jeder Satellit darf für 133 ms auf 1,6 GHz ein Signal senden. Nach einer Pause von 17 ms darf der nächste seine Sendung beginnen. Bei 12 sichtbaren Satelliten ergibt sich daher ein Zyklus von 1,8 s. Die Sender sollen 50 W Leistung haben.

Das System beruht auf der Entfernungsmessung vom Fahrzeug zu den Satelliten und der Eliminierung der Meßfehler durch algebraische Manipulation mit den zahlreichen vorliegenden Meßergebnissen. Das Ergebnis soll als dreidimensionale Standortangabe in geozentrischen Koordinaten ausgegeben werden.

NAVSTAR: → Satellitennavigation

NDB: Abk. für → **N**on **D**irectional **B**eacon.

Nebel: in der Luft schwebende, winzige, meist mikroskopisch kleine Wassertröpfchen, durch die die horizontale Sichtweite an der Erdoberfläche auf weniger als 1 km herabgesetzt wird. Die zur N.bildung erforderliche Feuchtesättigung kann durch *Abkühlung, Mischung* oder *Zuführen* von Feuchte erfolgen. Nach den Entstehungsursachen unterscheidet man: 1) *Strahlungs-N.*, in Mitteleuropa vorwiegen in den Übergangsjahreszeiten und im *Winter*. Es entsteht durch *Ausstrahlung* der Erdoberfläche während der Nacht und Abkühlung der dem Erdboden aufliegenden Luftschicht. Begünstigend wirken *schwache Luftbewegungen* und hohe *Luftfeuchte* (Nähe von Flüssen und Seen, zuvor gefallener Niederschlag) sowie ein entspr. Terrain (Tallagen). Der Strahlungs-N. erreicht eine vertikale Mächtigkeit bis zu etwa 300 m und löst sich tagsüber meist durch die Sonneneinstrahlung wieder auf. 2) *Advektions-N.* entsteht durch die Verlagerung von feuchtwarmen Luftmassen über eine kältere Unterlage (Land oder Wasser). Seine vertikale Mächtigkeit kann bis zu etwa 1 000 m betragen. Berüchtigt sind die *Neufundland-N.*, die entstehen, wenn die über dem Golfstrom mit Feuchtigkeit angereicherte warme Luft über den kalten Labradorstrom zieht. 3) Mischungs-N. bilden sich beim Zusammentreffen von Luftmassen unterschiedlicher Temperaturen, wobei durch die Mischung der Taupunkt der Mischluft unterschritten wird. Bevorzugte Entstehungsgebiete für Mischungs-N. sind zerfallende, *quasistationäre Fronten*, die in Bodenwetterkarten oft nur noch als Luftmassengrenzen belegbar sind. Mischungs-N. lösen sich häufig erst durch eine Umstellung der Wetterlage auf und behindern daher den Flugverkehr stark. 4) *Verdunstungs-N.* entstehen durch Verdunsten von fallendem Niederschlag über Wasserflächen. Tritt der Vorgang an Warmfronten auf, so spricht man von *Warmfront-N.* Die Abkühlung der Luft über Wasserflächen kann man im Winter häufig als *Seerauch* beobachten. Methoden der künstlichen N.auflösung haben bisher nur zu Teilerfolgen geführt. → Entnebelungsanlage, → Eisnebel

Nebeltilgung: → Entnebelungsanlage

Nebengebühren: tariflich festgelegte Entgelte für Leistungen, die in unmittelbarem Zusammenhang mit dem Transportprozeß stehen, bei der Durchführung von Transporten oder Flugreisen anfallen und vom Transportkunden zu entrichten sind, z. B. Ausstellen von Luftfrachtbriefen, (Luftfrachtbriefgebühr), Verwiegen, Einziehen einer Nachnahme (→ COD), Zwischenlagerung, Benachrichtigung über das Eintreffen einer Sendung. Zu den N. gehören u. a. → Fluggastgebühr, Abfertigungsgebühren, Entgelte für An- und Abtransport, Zubringung.

Nebenpleuel: am → Hauptpleuel angelenktes Pleuel bei Sternmotoren oder mehrreihigen Reihenmotoren.

Nebenstromverhältnis: Massenstromverhältnis des kalten und warmen Luftstroms bei Flugzeugtriebwerken (Definition in den USA: Verhältnis von Gesamtluftstrom zu kaltem Luftstrom). Bei KTW von der Luftschraube geförderte Luftmenge zu Verbrennungsluftmenge des Triebwerks, etwa 50...80. Bei PTL von der Luftschraube geförderte Luftmenge zum Luftdurchsatz durch das Triebwerk, etwa 10...20, bei ETL 0. Bei ZTL Außenstrom zu Innenstrom, je nach Auslegung 0,5...6 (Tab. → ZTL). Mit wachsender Turbineneintrittstemperatur kann bei PTL und ZTL das N. vergrößert werden, womit sich die Wirtschaftlichkeit des Triebwerks erhöht.

negatives Wendemoment, *negatives Giermoment:* zusätzliches, meist unerwünschtes Drehmoment um die Flugzeughochachse, wenn das Flugzeug eine Drehung um die Längsachse durchführt. Hauptursache für das n. W. ist der unterschiedliche Widerstandszuwachs an den entgegengesetzt ausgeschlagenen Querrudern. Da er am nach oben ausgeschlagenen Querruder bei gleichem Ausschlagwinkel kleiner ist, eilt dieser Tragflügel dem anderen voraus, während er sich gleichzeitig nach unten bewegt. Es entsteht eine für den Kurvenflug widersinnige Bewegung, die durch Seitenruderausschlag ausgeglichen werden muß. Das n. W. kann durch Verwenden von → Differentialquerrudern verhindert werden.

Neigungsablenkung: → Kompaß

Nekrassow, *Alexander Iwanowitsch:* sowjetischer Aerodynamiker, geb. 27. Nov. (9. Dez.) 1883, gest. 21. Mai 1957. Einer der bedeutendsten Organisatoren der Luftfahrtforschung. Seine Tätigkeit war eng mit der Luftfahrtindustrie verbunden. Schuf mit → *Shukowski* und → *Tschaplygin* das → ZAGI. Dort viele Jahre Stellvertreter des Leiters des Instituts für wissenschaftliche Forschungsarbeiten. In den letzten Lebensjahren wissenschaftlicher Berater des → *Tupolew*-Büros und Leiter der Abteilung Aerodynamik im Institut für Mechanik der Akademie der Wissenschaften der UdSSR, 1922 Shukowski-Prämie, 1952 Staatspreis für Arbeiten auf dem Gebiet der Hydromechanik.

Nennleistung: → Leistung

Nennleistungshöhe: 1. Flughöhe, für die ein Flugzeugtriebwerk ausgelegt ist. – **2.** Flughöhe, in der ein Flugzeugtriebwerk unter Berücksichtigung der vorhandenen Regeleinrichtungen seine Höchstleistung erreicht. → Betriebsverhalten, → Volldruckhöhe

Nesterow, *Pjotr Nikolajewitsch:* russischer Pilot, geb. 1. Febr. 1887 in Nishni Nowgorod, gest. (abgestürzt) 26. Aug. 1914 im Luftkampf, indem er den Gegner rammte. N. war der erste Pilot, der mit einem Nieuport-4-Doppeldecker am 27. Aug. 1913 einen Looping flog.

Pjotr Nesterow

Nesterow-Pokal: von der UdSSR 1962 gestifteter Pokal. Bei den Weltmeisterschaften im Motorkunstflug wird der N. als Mannschaftspreis an die Mannschaft des Landes mit den 3 besten Piloten vergeben.

Neutrale Zone: auf Flugplätzen ohne Piste und Rollbahnen der Streifen zwischen der durch das Landekreuz gekennzeichneten Landezone und der durch die Startflagge bezeichneten Startbahn, in den die Flugzeuge nach der Landung rollen, um den Start- und Landebetrieb nicht zu stören.

Neutralpunkt: *aerodynamischer Fokus, Brennpunkt:* 1913 von → *Tschaplygin* entdeckter theoretischer Punkt eines Profils (Tragflügels, Flugkörpers),

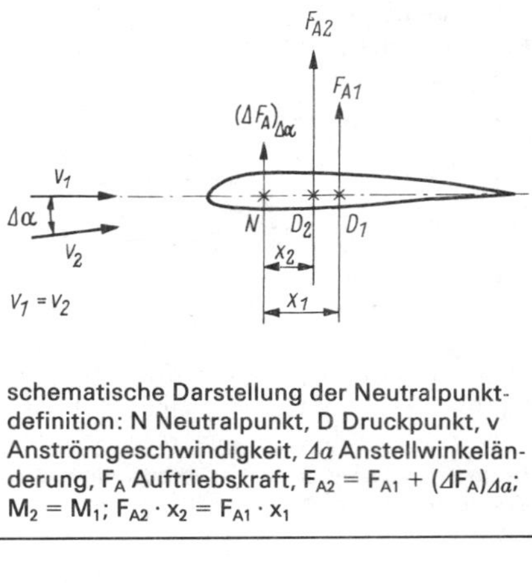

schematische Darstellung der Neutralpunktdefinition: N Neutralpunkt, D Druckpunkt, v Anströmgeschwindigkeit, $\Delta\alpha$ Anstellwinkeländerung, F_A Auftriebskraft, $F_{A2} = F_{A1} + (\Delta F_A)_{\Delta\alpha}$; $M_2 = M_1$; $F_{A2} \cdot x_2 = F_{A1} \cdot x_1$

um den das Moment der → Luftkraftresultierenden bei konstanter Geschwindigkeit und Änderung des Anstellwinkels (im unterkritischen Anstellwinkelbereich) konstant bleibt. Er wird auch vereinfacht definiert als Angriffspunkt des Auftriebskraftzuwachses bei Änderung des Anstellwinkels und konstanter Geschwindigkeit, weil das Moment um den N. nur konstant bleiben kann, wenn das Produkt aus Kraft und Hebelarm gleich bleibt, was bei konstantem Hebelarm bedeutet, daß eine zusätzlich entstehende positive oder negative Kraftkomponente im Drehpunkt (N) angreifen muß, um kein zusätzliches Moment zu bilden. Die → N.lage und die N.-Wanderung haben einen großen Einfluß auf die → Stabilität und → Steuerbarkeit von Flugkörpern.

Neutralpunktlage: Lage des → Neutralpunkts bezüglich des → Schwerpunkts. Wichtige Kenngröße zur Beurteilung der → Längsstabilität. → Neutralpunktwanderung

Neutralpunktwanderung: Änderung der Lage des Neutralpunkts bei Veränderung der Fluggeschwindigkeit; N. ist abhängig von Form und Profil des verwendeten Tragflügels. Während der Neutralpunkt bei Geschwindigkeiten bis zur kritischen Mach-Zahl im vorderen Drittel der → Mittleren aerodynamischen Sehne liegt, wandert er beim Übergang zur Überschallgeschwindigkeit nach hinten bis zum Ende des zweiten Drittels. Verbunden mit der N. ist eine Vergrößerung der → Stabilitätsreserve um die Querachse, was die Steuerbarkeit negativ beeinflußt. Die N. gerader Tragflügel ist größer als die gepfeilter und diese größer als die von Deltaflügeln. Dabei erfolgt die N. in unterschiedlichen Lage- und Geschwindigkeitsbereichen. Am größten ist die N. beim Tragflügel veränderlicher Pfeilung, da er im Unterschallbereich wie ein gerader und im Überschallbereich wie ein gepfeilter Tragflügel wirkt. Aufgrund der Beeinflussung der Steuerbarkeit erschwert die N. das Führen von Überschallflugzeugen. Außerdem verschlechtert sie die Ökonomie des Überschallflugs. Deshalb wird sie mit Hilfe von → Destabilisatoren, → Trimmtanks, entspr. Lagerung der Außenflügel und anderer Mittel eingeschränkt.

$$\bar{X}_N = \frac{X_N}{t_{MAS}} \cdot 100\,\%$$

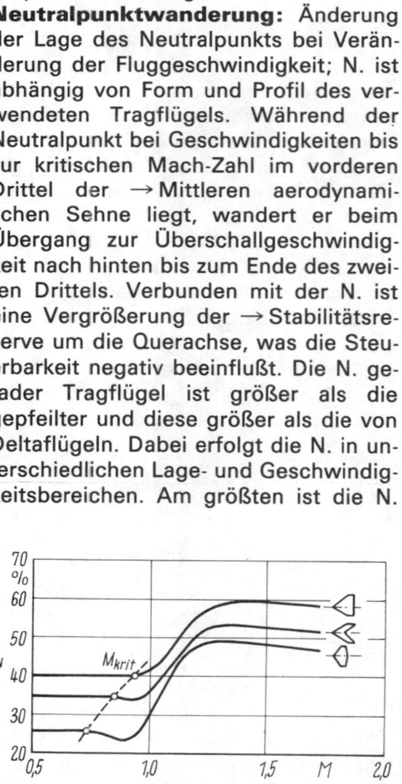

Neutralpunktwanderung bei verschiedenen Tragflügelformen

New York Airways Inc., Abk. **NYA:** Hubschrauber-Luftverkehrsgesellschaft der USA mit Sitz in New York. Sie bezeichnet sich selbst als «Erste Hubschrauber-Verkehrsgesellschaft der Welt» und befördert Passagiere, Fracht und Post zwischen New York und den Flughäfen sowie zwischen den Flughäfen und unterhält einige Linien in die Umgebung von New York. Der Postflugdienst wurde Okt. 1952 aufgenommen, der Passagierflugdienst im Juli 1953.

New Zealand National Airways Corporation, Abk. **NAC:** staatliches Luftverkehrsunternehmen Neuseelands mit Sitz in Wellington, gegr. 1945 durch Zusammenschluß der Gesellschaften «Union Airways», «Cook Strait Airways» und «Air Transport (NZ) Ltd.». *Flugzeugpark:* 8 Boeing 737, 18 Fokker F.27; Verkehrsdaten 1988: 3,99 Mill. beförderte Passagiere; 7,8 Mrd. Pkm; 89 000 t Luftfracht; 1,16 Mrd. tkm Gesamtleistung. Hauptstrecken: Inlandflugverkehr.

NAC

nicht aufgegebenes Gepäck: → Kabinengepäck, Handgepäck, nicht registriertes Gepäck, das der Passagier für die Dauer des Flugs mit in die Fluggastkabine nimmt und unter seiner Aufsicht behält.

Nickbewegung, *Nicken:* Senken und Heben des Rumpfbugs; svw. gestörte → Längsbewegung.

Nickdämpfer, Nickregler: → Dämpfer

Nickgeschwindigkeit: Winkelgeschwindigkeit der Drehbewegung eines Flugzeugs (Flugkörpers) um seine Querachse. → Momente am Luftfahrzeug

Nickregler: → Dämpfer

Nicksteuerbarkeit: → Steuerbarkeit

Nicksteuerung, *Höhensteuerung:* Steuerung der Drehbewegung des Luftfahrzeugs um die Querachse mit Hilfe des Höhenruders. Bei dessen Ausschlag entsteht ein unausgeglichenes Moment um die Querachse des Luftfahrzeugs, das die Nickbewegung beeinflußt. Dabei wird gleichzeitig der Anstellwinkel geändert, woraus eine veränderte Größe der Auftriebskraft und im weiteren der Flughöhe folgt.

Niederdruckturbine: Bez. für die – in Strömungsrichtung gesehen – letzte Turbine bei Hintereinanderschaltung von 2 oder 3 Turbinen. Kommt bei 2- oder 3-Wellen-Triebwerken vor.

Niederdruckverdichter: in Strömungsrichtung der erste von mindestens 2 hintereinander angeordneten → Verdichtern.

Nieuport, *Edouard de:* (eigentlich Niéport) französischer Flugzeugführer und Konstrukteur, einer der Pioniere der Luftfahrt, geb. 23. Aug. 1879 Blida, gest. 16. Sept. 1911 Verdun. 1908 baute N. sein erstes Flugzeug in eigener Werkstatt, die er zu einer Flugzeugfabrik weiterentwickelte. Die Firma N.-Astra, später N.-Delage spezialisierte sich auf Jagdflugzeuge, die im ersten Weltkrieg zu den bekanntesten gehörten. 1935 vereinigt mit der Firma → Loire zur Ateliers et Chantiers de la Loire Nieuport, unter der Volksfrontregierung 1937 verstaatlicht. Zu den besten N.-Mustern gehören die Jagdflugzeuge Nieuport 11 «Bebe» (1914), Nieuport 29 (1920), Nieuport-Delage 122 C-2 (1933) und Nieuport 160 (1935). N. stellte 1911 auf einem Flugzeug aus eigener Produktion einen Geschwindigkeitsrekord (133 km/h) auf. Während eines militärischen Manövers verunglückte N. bei der Landung tödlich.

Nigeria Airways Ltd: staatliches Luftverkehrsunternehmen von Nigeria mit Sitz in Lagos. Es entstand am 22. Jan. 1971 durch Umbenennung der → West African Airways Corporation. *Flugzeugpark* (1988): 4 Airbus A310, 3 Boeing 707, 8 Boeing 737, 1 Boeing 747, 1 DC-10. Verkehrsdaten 1987: 1,61 Mill. beförderte Passagiere; 1,63 Mrd. Pkm; 37,23 Mill. Fracht-tkm; 190,5 Mill. tkm Gesamtleistung. Hauptstrecken: Westafrika, Europa, USA und Mittlerer Osten. IATA-Mitglied.

NIGERIA AIRWAYS

Nikosia: Flughafen *Nicosia*, 8 km westlich von Nikosia, 35° 09′ 00″ n. Br., 33° 16′ 38″ ö. L.; Höhe 100 m. 2 Start- und Landebahnen von 2 438 m Länge und 46 m Breite bzw. 1 828 m/46 m. Der Flughafen

Nieuport 12 mit Le-Prieur-Raketen

ist aufgrund der politischen Lage auf Zypern geschlossen. Der internationale Flugverkehr der Republik Zypern wird über den Flughafen → Larnaca abgewikkelt.

Nimbostratus: → Wolken

Nimonic: Bez. für eine bekannte Reihe hochwarmfester Materialien für Turbinenbeschaufelung der englischen Firma Mond Nickel Comp. Ltd., z. B. N.100 – Zugfestigkeit 125 daN/mm², Dichte 8,04 kg/dm³, Elastizitätsmodul $2{,}14 \cdot 10^6$ daN/cm². Wichtige Legierungsbestandteile – Kohlenstoff 0,3%; Titan 1...2%, Chrom 10...12%, Aluminium 4...6%; Molybdän 4,5...5,5%; Kobalt 18...22%.

Umberto Nobile

Nobile, Umberto: italienischer Pilot, Erbauer von halbstarren → Luftschiffen, General, geb. 21. Jan. 1885 in Lauro bei Neapel, gest. 30. Juli 1978 in Rom. Begann 1923 als Oberst mit dem Bau eines halbstarren Luftschiffs, erste Probefahrten März 1924. Mit N1 «Norge» am 12. Mai 1926 Fahrt über den Nordpol. Bereits vorher Vorträge in der UdSSR über Polarflüge mit Luftschiffen. Mit Dr. Malmgren startete N. am 23. Mai 1928 mit dem ebenfalls selbst entworfenen Luftschiff «Italia» eine Polarexpedition, die nordöstlich von Spitzbergen strandete. Einen Teil der Besatzung konnte der sowjetische Eisbrecher «Krassin» retten. N. wurde von einem schwedischen Flugzeug geborgen. Blieb für 7 Jahre in der UdSSR, wo er in der Verwaltung für den Luftschiffbau als Leiter der technischen Abteilung an der Konstruktion sowjetischer Luftschiffe arbeitete. Erstling war das W-3. 1936 kurzzeitig in Italien, später Aufenthalt in den USA (bei → *Goodyear*), Japan, Spanien und anderen Ländern. 1945 wieder in Italien, Aufnahme in die Armee, als Abgeordneter Mitglied der Verfassunggebenden Versammlung. («Flüge über den Pol», Leipzig, 1980.)

No Fail (engl. svw. ohne Ausfallmöglichkeit): Konstruktionsprizipip, bei dem bestimmte tragende Elemente, deren Versagen katastrophale Folgen haben würde, mit einem so hohen Sicherheitsfaktor ausgelegt sind, daß jeder statische und dynamische Schaden während der gesamten Lebensdauer des Flugzeugs ausgeschlossen ist. → Fail safe

Non Directional Beacon, Abk. **NDB:** ungerichtetes → Funkfeuer. NDB sind Mittelwellensender im Frequenzbereich 225...1750 kHz, die zur → Funknavigation dienen. Sie werden mit dem → Funkkompaß an Bord des Luftfahrzeugs angepeilt.

Nonstop-Flug, *Ohnehaltflug:* Flug über eine große Entfernung oder von langer Dauer ohne Zwischenlandung. Derartige Flüge sind eine Leistungsprüfung für Besatzung und Flugzeug auf Langstrecken oder Dauerflügen mit dem Ziel, so weit oder so lange wie möglich zu fliegen, ohne zwischenzulanden. Seit Einführung des Lufttankens wurden die vorher erzielten Werte beträchtlich gesteigert. Mit Stand vom September 1977 galt noch der Weltrekord, der vom 10. bis 11. Jan. 1962 von Major *Clyde P. Evely* (USA) mit einer Boeing B-52H aufgestellt worden war (Entfernung 20168,78 km von Okinawa/Japan nach Madrid/Spanien). N. wird im Flugverkehr benutzt, um durchgehende Fluglinien im → Langstreckenflugverkehr zu bezeichnen, z. B. «Moskau–Havanna non-stop».

Nordatlantikverkehr: Verkehr zwischen Europa und Nordamerika auf dem Luft- und Seeweg. Bis zum zweiten Weltkrieg wurde der N. fast ausschließlich auf dem Seeweg abgewickelt. Nach dem Krieg nahm der Passagierverkehr auf dem Luftweg immer mehr zu. 1958 benutzten erstmals mehr Passagiere das Flugzeug. Seitdem ist der Luftverkehr immer stärker angewachsen u. der Anteil des Schiffsverkehrs auf weniger als 5% gesunken.

Nord-Aviation: französisches Flugzeugwerk, das 1936 aus der Firma *Henry Potez* im Zuge der Verstaatlichung als *Société Nationale de Constructions Aéronautiques du Nord (SNCAN)* entstand. Nach und nach wurden folgende Firmen eingegliedert: C.A.M.S., Caudron-Renault, Amiot, Hanriot und SFECNAS (ehemals Arsenal). 1958 umbenannt in N.-A. Das Unternehmen besaß Werke in Catillon-sous-Bagneux, Bourges, Méaulté, Les Mureaux, Catines, Melun-Villaroche und Toussus-le-Noble. Von den zahlreichen Flugzeugen wurde bes. das Transportflugzeug Nord-2501 (und 2502) «Noratlas» bekannt. Neben dem NATO-Transportflugzeug «Transall» wurden die 2motorigen PTL-Kurzstrecken-Verkehrsflugzeuge Nord 260 «Superbroussard» und Nord 262 «Superbroussard» (mit Druckkabine) herge-

PTL-Verkehrsflugzeug Nord 262

stellt. Außerdem beschäftigte sich die Firma mit dem Bau von Raketenwaffen und Flugkörpern. Mit Wirkung vom 1. Jan. 1970 auf Beschluß der französischen Regierung vereinigt mit Sud-Aviation und SEREB zur → Société Nationale Industrielle Aérospatiale (SNIAS).

Norddrehfehler: → Kompaß

Normalflug: svw. geradliniger Horizontalflug in Normallage des Flugzeugs, d. h. mit Kabine nach oben. → Fluglage, → Flugzustand

Normalfrachtrate: → Normaltarif

Normalnull, Abk. **NN:** physikalisch definierte Bezugsfläche für Höhenmessungen und -angaben. Die Bezugsfläche – als Quasigeoid bezeichnet – ist entweder auf den Amsterdamer Pegel (Angaben über NN) oder auf den Kronstädter Pegel (seit 1958, Angaben in Normalhöhen, Abk. HN) orientiert. Früher wurden alle Höhenangaben auf NN bezogen. Angenähert gilt die Umrechnung NN + 14 cm = HN.

Normaltarif, *Regeltarif:* → Tarif für Transporte, bei denen die üblichen (normale) Transportpreise angewendet werden. Den Gegensatz dazu bilden → Spezialtarife bzw. Transportpreisermäßigungen, die nur bei Erfüllung spezieller Anwendungsbedingungen wirksam werden (→ Lokaltarif, → Kinderermäßigung). N. bilden die Basis für alle anderen Transportpreisberechnungen, die Berechnung von Rabatten, Zuschlägen, Spezialfrachtraten usw.

Normandie-Njemen: Name eines

Französische Piloten des Truppenteils N.-N. während des Krieges bei einem Appell

französischen Fliegergeschwaders in Reims, das im zweiten Weltkrieg im Bestand der sowjetischen Luftstreitkräfte kämpfte. 1942 war in Syrien als Bestandteil der von General *de Gaulle* außerhalb Frankreichs geführten freien französischen Streitkräfte eine Fliegerstaffel entstanden, die den Namen der am meisten zerstörten französischen Provinz erhielt. Nach einer Vereinbarung *de Gaulles* mit der Sowjetregierung wurde die Staffel mit 15 Flugzeugführern und 40 Mechanikern nach Iwanowo in die UdSSR verlegt und auf die Jagdeinsitzer Jak-1 umgeschult. Die sich zum Geschwader vergrößernde Staffel erhielt 1943 Jak-9 und kämpfte als Teil der 303. Fliegerdivision im Bestand der 1. Luftarmee. Nach der großen Offensive am Njemen wurde der Truppenteil für seine Gefechtserfolge auf Befehl des sowjetischen Oberkommandos mit dem Namen *Njemen* ausgezeichnet und heißt seit dieser Zeit N.-N. Insgesamt unternahm das Geschwader vom 22. März 1943 bis zum 9. Mai 1945 über 5000 Gefechtsflüge. Von den 96 französischen Piloten, die bis Kriegsende in diesem Geschwader dienten, erhielten 79 hohe sowjetische Orden, 4 wurden Held der Sowjetunion. 42 französische Piloten ließen in den Kämpfen ihr Leben. Der Truppenteil wurde mit mehreren hohen sowjetischen Orden ausgezeichnet. Nach Kriegsende verlegte das Geschwader mit den von der Sowjetregierung geschenkten Jak-3 zurück in die Heimat. Eine dieser Maschinen steht heute im Pariser Luftfahrtmuseum. Gegenseitige Besuche sowjetischer und französischer Fliegergruppen sind seit 1946 Tradition.

Norm-Atmosphäre: vereinbarte Bezugsatmosphäre, die in einfacher Weise angenäherte mittlere Verhältnisse in der Vertikalen darstellt. In der Luftfahrt wird hauptsächlich die → *ICAO-Standard-Atmosphäre* benutzt. Für die Untersuchung von Luftfahrtprojekten wurde von der Internationalen Organisation für Standardisierung (ISO) die → *ISO-Standard-Atmosphäre* geschaffen und zur Anwendung empfohlen. Von der Weltorganisation für Meteorologie (WMO) wurde die → *Internationale Norm-Atmosphäre* (ISA) angenommen. Die ISO-Standard-Atmosphäre und die Internationale Norm-Atmosphäre (ISA) sind mit der ICAO-Standard-Atmosphäre für den Höhenbereich bis 32 km identisch.

North American Aircraft Operations: mehrmals umformierter und umbenannter Luft- und Raumfahrtkonzern der USA, Hauptsitz in El Segundo (Kalifornien), Teil des Rockwell-Konzerns, der sich vor allem mit dem Bau von Flugzeugen beschäftigt, während die N. A. Space Operations vor allem die Produktion von Raumfahrtzubehör wahrnimmt. Ausgangspunkt ist die 1928 gegr. N. A. Aviation in Delaware, die 1934 den Flugzeugbau aufnahm, vor allem von Militärmaschinen, in der Mehrzahl Jagdflugzeugen. 1939–1945 wurden ca. 40000 P-51 «Mustang», T-6 «Texan» und B-25 «Mitchell» hergestellt. – Sept. 1967 Fusion mit der Rockwell-Standard Corp. (X-15, XB-70) zur N.A.R. Corp. 1971 Umorganisation in 4 Gruppen, Febr. 1974 erneut Reorgani-

North American P-15D «Mustang»

Northrop F-5F

sation. Produziert wurden bei Rockwell International T-2 «Buckeye», OV-10 E B-1, bei Sabreliner Division T-39, Sabreliner 60 A, 65, 75 A und 80, bei der General Aviation Division: Rockwell «Commander» 112, 114, 500 S, 690, 700 und 710.

Northrop Corporation, Aircraft Group: USA-Luftfahrtkonzern mit Sitz in Hawthorne (Kalifornien). Das Unternehmen wurde 1939 als Northrop Aircraft Inc. zur Herstellung von Militärflugzeugen gegr. 1959 Umbenennung in N. C., da die Produktion sich auch auf Waffensysteme, Zielflugkörper, Bremsvorrichtungen sowie Lande- und Bergungssysteme für Luft- und Raumfahrzeuge, elektronische Geräte, Navigations- und U-Bootabwehrsysteme erstreckte. 1976 wurde die Aircraft Group gebildet. Sie produzierte die Jagdflugzeuge F-5E und F-5F, mit → McDonnel Douglas die F-18 (bei N. C. Prototyp YF-17 entwickelt). Anfang 1987 erhielt N. den Auftrag zum Bau des Bombers B-2 (Wert: 2 Mrd. Dollar).

Northwest Orient Airlines Inc.: Luftverkehrsgesellschaft der USA mit Sitz in St. Paul-Minneapolis (Minnesota). 1926 als Northwest Airways gegr., nahm sie den Passagierverkehr 1927 auf; den jetzigen Namen führt sie seit 1934. *Flugzeugpark* (1987): 76 Boeing 727, 40 Boeing 747, 28 Boeing 757, 13 CV 580, 129 DC 9, 19 DC 10, 8 MD 82. Verkehrsdaten 1987: 37,25 Mill. beförderte Passagiere (davon 11,4 im Inlandflugverkehr); 63,65 Mrd. Pkm; 300 000 t Luftfracht; 8,97 Mrd. tkm Gesamtleistung. Hauptstrecken: Inland und Ferner Osten.

Nose-in-System (engl.): Vorkopf-Aufstellung der Luftfahrzeuge, wobei diese mit dem Bug zum Abfertigungsgebäude in dessen unmittelbarer Nähe aufgestellt werden. Zum Abflug müssen die Luftfahrzeuge mit Hilfe von speziellen

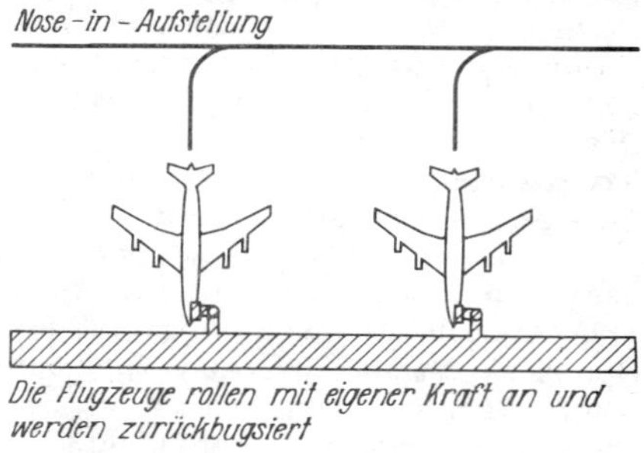

Nose-in-Aufstellung

Luftfahrzeugschleppern aus dieser Position herausgedrückt werden. Dies geschieht i. allg. mit laufenden Triebwerken. Das N. wird nur für Luftfahrzeuge mit Strahltriebwerken angewendet. Es ist Voraussetzung für den Einsatz von → Fluggastbrücken.

No-show-Gebühr: Gebühr, die vom Luftverkehrsunternehmen erhoben wird, wenn ein Fluggast einen Sitzplatz gebucht hat (und über die Buchung informiert war), aber nicht bzw. nicht rechtzeitig (→ Einfindungszeit) oder ohne gültige Reisedokumente auf dem Flughafen zum Antritt der Flugreise erscheint. N. Wird auch erhoben, wenn ein Fluggast einen gebuchten und als reserviert bestätigten Platz nicht rechtzeitig annulliert hat (→ Cancelling).

Notablaßvorrichtung: → Schnellablaß

NOTAM: Abk. für **No**tices **to** **a**ir**m**en. → Nachrichten für Luftfahrer

Notausrüstung: Sammelbegriff für die Hilfsmittel im Luftfahrzeug, die zur Rettung von Passagieren und Besatzung in Notfällen dienen. Die N. umfaßt Rettungsmittel, die immer im Luftfahrzeug vorhanden sind (Rettungsrutschen zum Verlassen des Luftfahrzeugs, Bordapotheke, Notsender, Feuerlöscher, Äxte, Megafone, Taschenlampen usw.) sowie die Mittel, die entspr. der geplanten Flugstrecke zusätzlich mitgeführt

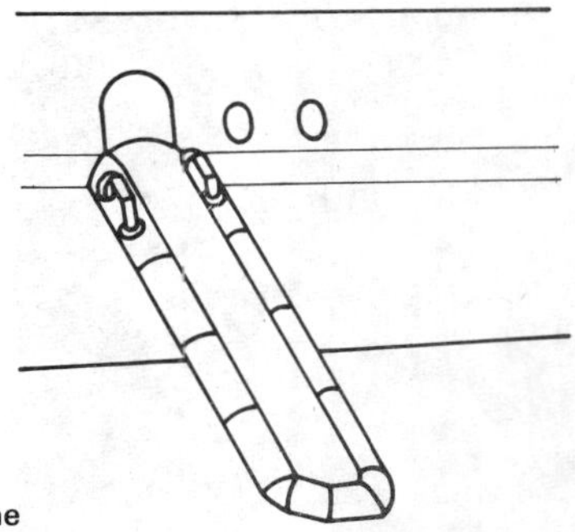

aufblasbare Rettungsrutsche

werden, z. B.: → Seenotausrüstung, Ausrüstung zum Überleben bei Notlandungen in Wüsten, in der Arktis, im Dschungel.

Notausstieg: für den Notfall gedachte Aussteigemöglichkeit im Luftfahrzeug, mit deren Hilfe ein schnelles Verlassen desselben möglich wird. Seitens der → ICAO besteht die Forderung, daß im Notfall ein Verkehrsflugzeug innerhalb von 90 Sek. von allen Insassen verlassen werden kann. Diese Forderung läßt sich nur durch den Einbau von N. und entsprechenden → Notrutschen erfüllen.

Notfunk: → Unfallfunkfeuer

Notlandung: durch technische Mängel am Flugzeug oder andere Gründe erzwungene unvorhergesehene Landung auf einem Flugplatz, evtl. auf dem Notlandestreifen oder außerhalb von Flugplätzen. Schadensfreie Außenlandungen von Segelflugzeugen werden nicht als N. gewertet. → Flugvorkommnisse, → Notwassern

Notleistung, *Notschub:* bes., zeitlich begrenzter Betriebszustand von Flugzeugtriebwerken – insbes. bei 2motorigen Flugzeugen –, bei dem die Leistung (Schub) höher als die Startleistung ist, um bei Triebwerksausfall im Start über eine genügende Leistungsreserve zu verfügen. Nach Benutzen der N. muß das entspr. Triebwerk häufig ausgewechselt werden.

Notrutsche: → Notausrüstung

Notwassern: → Notlandung eines Flugzeugs auf dem Wasser

Notwasserungsausrüstung: → Seenotausrüstung

Nullanzeigegerät, *Trimmanzeiger:* Gerät zur Anzeige der Austrimmung um die 3 → Achsen des Luftfahrzeugs (Kurs, Quer- und Längsneigung) oder zur Anzeige der Ruderstellung beim Betrieb des → Dämpfers.

Nullanzeigegeräte

Nullstart, engl. *ZELL-Start* (Abk. für *Z*ero *L*ength *L*auncher, *Nullängenstart*): Start von Flugzeugen, meist Jagdflugzeugen, mit Hilfe eines Katapults oder von einer Startplattform mittels Startraketen, wobei die Startrollstrecke 0 m beträgt.

Nungesser, *Charles:* französischer Pilot, geb. 15. März 1892 Paris, gest. Mai 1927 Nordatlantik. Flog während des ersten Weltkriegs zunächst Bombenflugzeuge. Ab Ende 1915 Jagdflieger. Stellte nach dem Krieg mehrere Flugrekorde auf und betrieb eine Fliegerschule in Orly. Startete am 8. Mai 1927 mit dem Franzosen *Coli* auf dem Flugplatz Paris-le Bourget mit einem Levasseur-Doppeldecker, «l'Oiseau Blanc», zur Ost-West-Überquerung des Atlantiks nach New York, für die 25 000 Dollar ausgesetzt worden waren. Seit diesem Flug sind beide Piloten verschollen. N. war Träger zahlreicher französischer, amerikanischer, britischer, belgischer und portugiesischer Auszeichnungen.

Nurflügelflugzeug, *Nurflügler:* im hergebrachten Sinne Flugzeug, dessen Tragflügel, Rumpf und Höhenleitwerk zu einer Baugruppe verschmolzen sind. Bei ausreichender Dicke des Tragflügels können alle Aufgaben des Rumpfes (z. B. Unterbringung von Besatzung, Passagieren und Lasten) durch diesen übernommen werden. Dadurch werden der Widerstand von Rumpf und Höhenleitwerk sowie der Interferenzwiderstand zwischen diesen Baugruppen und dem Tragflügel beseitigt. Da jedoch dicke Tragflügelprofile nur im Bereich sehr kleiner Geschwindigkeiten Vorteile bringen und außerdem am N. bestimmte Probleme der Stabilität und

Steuerbarkeit auftreten, haben N. in diesem Sinne nur als Segelflugzeuge bzw. als Flugzeugmodelle Anwendung gefunden. Heute wird deshalb der Begriff des N. oft für Flugzeuge verwendet, die zwar einen selbständigen Rumpf, jedoch kein Höhenleitwerk besitzen. Solche N. werden auch als schwanzlose Flugzeuge bezeichnet. Die Höhensteuerung von N. erfolgt mit Hilfe von → Elevonen oder von separaten Höhenrudern an der Tragflügelhinterkante.

Nürnberg, City-Code **NUE:** intern. Flughafen, 49° 30′ n. Br., 11° 04′ 48″ ö. L., Höhe 319 m, 7,5 km vom Stadtzentrum entfernt gelegen. 1 Start- und Landebahn mit 2700 m × 45 m. Moderne Funk- und Navigationsanlagen. Jahresverkehrsleistung 1985 – 0,9 Mill. Fluggäste

Nutzladefaktor: 1. Grad der Auslastung von Verkehrsflugzeugen mit Gütern (Übergepäck, Luftfracht und Luftpost); Quotient aus der tatsächlichen massenmäßigen Auslastung des Flugzeugs mit Gütern und der zur Verfügung stehenden Nutzmasse für den Gütertransport. – **2.** Grad der Auslastung von Verkehrsflugzeugen mit Personen und Gütern; Quotient aus der tatsächlichen massenmäßigen Auslastung des Flugzeugs mit Personen und Gütern («verkaufte Nutzmasse») und der zur Verfügung stehenden Nutzmasse («kommerzielle Nutzmasse»). Als Kenngröße der → Transportkapazität und ihrer Ausnutzung im Luftverkehrsunternehmen wird der N. teilweise auch durch Division der erzielten Gütertransportleistung (Fracht-tkm) und der Güterbeförderungskapazität (angebotene Fracht-tkm) bzw. der Gesamttransportleistung in umgerechneten Tonnenkilometern (utkm) und der (Gesamt-)Transportkapazität in angebotenen Tonnenkilometern (atkm) ermittelt. Der N. wird in einer Prozentzahl angegeben. Er wird linien-, strecken-, relations-, typ-, netzbezogen oder auf einen Teilflugzeugpark bzw. den gesamten Flugzeugpark in der Zeiteinheit bezogen ausgewiesen.

Nutzlast: svw. → Nutzmasse

Nutzleistung: Bez. für die an der Antriebswelle bei Kolbenmotoren und Gasturbinen zur Verfügung stehende effektive → Leistung.

Nutzleistungsturbine: → Arbeitsturbine

Nutzmasse: derjenige Teil der → Zuladung, der Beförderungszwecken dient und sich aus der gesamten Masse von Fluggästen, Gepäck, Post und Fracht zusammensetzt. Bei Militärflugzeugen zählt man dazu auch Besatzung, Bewaffnung und andere für spezielle Aufgaben zusätzlich eingebaute Ausrüstungen.

Nutzung: Gesamtheit aller Maßnahmen zum Betrieb des Luftfahrzeugs und zur Sicherung seiner ständigen Einsatzbereitschaft. Dazu gehören vor allem Einsatz und Bedienung, Pflege und → Wartung sowie Abstellen und Lagerung von Luftfahrzeugen. Die N. ist u. a. ein Aufgabenbereich, der → ingenieurtechnischen Sicherstellung. → Instandhaltung

Nutzwirkungsgrad: Verhältnis von → Nutzleistung und pro Zeiteinheit zugeführter Brennstoffenergie bei Flugzeugtriebwerken.

N. V. Koninklijke Nederlandse Vliegtuigenfabriek Fokker: niederländische Luftfahrtfirma mit Sitz in Amsterdam. 1969 Zusammenschluß mit den → Vereinigten Flugtechnischen Werken zur → Zentralgesellschaft VFW Fokker mbH. 1980 wieder getrennt.

NYA: Abk. für → **N**ew **Y**ork **A**irways Inc.

Nurflügelflugzeug Mirage 2000

O

O: 1. Bei amerikanischen Triebwerksbezeichnungen Abk. für **o**pposed, engl., horizontale Boxeranordnung der Zylinder. – **2.** Typenbez. für Nahaufklärungsflugzeuge, z. B. O-52 (O Abk. für engl. observation, Beobachtung).

OAA: Abk. für **O**rient **A**irlines **A**ssociation. → Assoziation Östlicher Fluggesellschaften

OARB: Abk. für **O**rient **A**irlines **R**esearch **B**ureau. → Orient Airlines Association

Oberflächengüte: fertigungs-, nutzungs- und wartungsbedingter Rauhigkeitsgrad der Außenhaut von Luftfahrzeugen. Er bestimmt maßgeblich den Reibungswiderstand bei der Umströmung des Flugkörpers.

objektive Kontrolle: im Unterschied zur einfachen Sichtkontrolle Überwachung des Zustands eines Luftfahrzeugs während des Flugs mit Hilfe von Prüf- und Meßmitteln, Aufzeichnung der Meßwerte im → Flugdatenregistriergerät (Flugdatenschreiber) und Auswertung dieser Aufzeichnungen durch das ingenieurtechnische Personal am Boden.

Oboe: Bez. für ein britisches Funknavigationsverfahren, das im zweiten Weltkrieg zur Bomberleitung benutzt wurde. Das O.-Verfahren war die Kombination einer Nachrichtenverbindung mit einer Ortungsverbindung im Frequenzbereich 211 ... 235 MHz. Aus der Messung von Impulslaufzeiten zwischen Bodenanlagen und dem Flugzeug wurde die Entfernung festgestellt. Mit Hilfe der 2 Bodenanlagen ergab sich der Standort aus dem Schnittpunkt zweier Kreisbögen. Zielanflüge ließen sich mittels Kreisbogenflügen mit festgelegtem Radius ausführen.

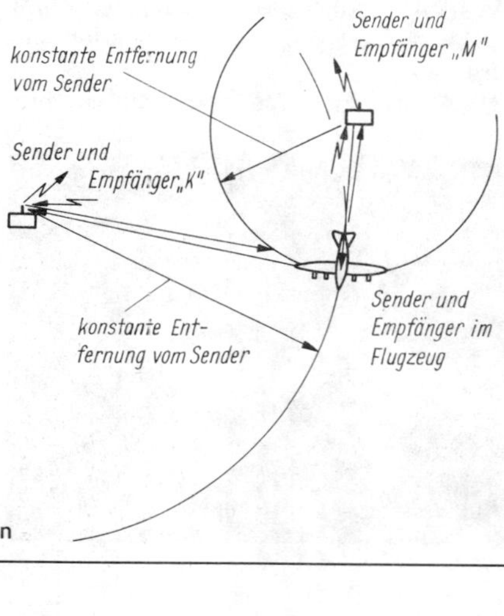

Ortung beim Oboe-Verfahren

Offene Klasse: Segelflugzeug-Klasse, 1956 von der → OSTIV eingeführt. Bis 1950 gab es bei den Weltmeisterschaften im Segelflug nur 1 Klasse, bis 1956 Klassen für Einsitzer und Doppelsitzer. Seit 1956 gibt es außer der O. K. die → Standardklasse. Für die O. K. gibt es außer den Bauvorschriften keinerlei Beschränkungen bezüglich Spannweite, Sonderkonstruktionen u. a.

offener Flugschein, engl. *Open Date Ticket:* Bez. für einen ge-/verkauften Flugschein, solange zu seiner Benutzung noch keine Platzreservierung vorgenommen wurde. Der o. F. ist durch den Buchungsvermerk «open» gekennzeichnet. → Beförderungspapiere

Office Nationale d'Etudes et de Recherches Aéronautiques, Abk. **ONERA:** französische nationale Versuchs- und Forschungsstelle für Luftfahrt.

Öffnungsautomat: → Fallschirm

Öffnungshöhe: Höhe (über Grund), bei welcher entweder der Fallschirmspringer manuell oder der Öffnungsautomat den Fallschirm öffnet.

Öffnungsluke: Öffnungen im Flugzeugrumpf zum Ausfahren von Geräten und Kameras oder zum Abwerfen von Gegenständen. Die Luken werden mit Deckeln, an denen Spezialverschlüsse angebracht sind, verschlossen. Als Ö. werden auch die Einstiege und Notausgänge bezeichnet.

Officinas Gerais de Material Aeronàutico, Abk. **OGMA**: Luftfahrtindustrie Portugals mit Zentrum in Alverca (20 km von Lissabon entfernt): Flugplatz mit 3200 m langer SLB. 110000 m^2 überdachte Fläche (8 Hangars, dav. 2 mit 15 m Höhe), etwa 3000 Beschäftigte. Hauptaufgaben sind Wartung und Reparatur der militärischen Flugzeuge und Hubschrauber des Landes (u. a. Cessna «Skymaster», C-130 «Hercules», F-4 «Phantom II», EA-3B, A-6, Fiat G-91, A-7, Alouette-III und «Puma» sowie deren Triebwerke – 7 Typen), die aus 5 westeuropäischen Ländern und den USA stammen. Gefertigt werden teilweise die dazu benötigten Ersatzteile und -baugruppen, Kontrollapparaturen und Geräte, aber auch Flugsimulatoren.

ogivale Flügelform: Deltaflügel mit geschwungener Flügelvorderkante (Tu-

144, «Concorde»), auch als *gotischer* oder *Spitzbogenflügel* bezeichnet. Optimale Form für Überschallverkehrsflugzeuge für den Geschwindigkeitsbereich von M ≈ 2,2. Hohe Pfeilung und geringe Streckung senken den Wellenwiderstand (Energieverlust in den Verdichtungsstößen). Durch die geschwungene Vorderkante entsteht eine unterschiedliche Pfeilung, wodurch die kritische Mach-Zahl erhöht wird und sich gleichzeitig die Langsamflugeigenschaften verbessern.

OGMA: Abk. für → **O**ficinas **G**erais de **M**aterial **A**eronàutico, Luftfahrtindustrie Portugals.

Ohain, *Pabst von:* deutscher Triebwerkskonstrukteur, gab. 1911. Entwickelte 1935 am Physikalischen Institut der Universität Göttingen (Mitarbeiter Max *Hahn*) die patentreife Idee für ein Strahltriebwerk mit Zentrifugalverdichter. 1936 holte → *Heinkel* beide Erfinder in seine Werke. Im Sept. 1937 lief dort erstmalig das mit Wasserstoff betriebene Strahltriebwerk He S 1. 1938 entstanden die verbesserten Triebwerke He S 3 und He S 3A (regelbar, mit Benzin oder Rohöl), daraus das He S 3B als Antrieb für das erste TL-Flugzeug, die He 178.

Ohnehaltflug: → Nonstop-Flug

OKB: Abk. für russ. **O**pitno-**K**onstruktorski **B**juro, Versuchs- und Konstruktionsbüro

Okklusion: **1.** Prozeß der stetigen Abnahme des Gebietsumfangs eines *Warmsektors* durch Vereinigung mit der Kaltluft, die ursprünglich vor der → *Warmfront* und hinter der → *Kaltfront* (in Strömungsrichtung gesehen) lag. – **2.** → *Front* zwischen zwei Kaltluftmassen nach erfolgter O. – Kaltfronten verlagern sich i. allg. schneller als Warmfronten. Die Warmfront wird daher von der Kaltfront eingeholt. Der Punkt, an dem sich beide Fronten vereinigen, wird *Okklusionspunkt*, die neu entstandene Front O. genannt. Man unterscheidet zwischen einer O. mit Warm- *(Warmfront-O.)* und einer mit Kaltfrontcharakter *(Kaltfront-O.)*, je nach dem, welche Eigenschaften bei der neu entstandenen Front überwiegen. Entspr. sind Bewölkungsbild und die an ihr auftretenden Wettererscheinungen. Ist die hinter der O. nachrückende Kaltluft wärmer als die vorgelagerte, so tritt vorwiegend *Schichtbewölkung* auf (Warmfront-O.), ist die nachrückende Kaltluft kälter als die vorgelagerte Luft, so entsteht hauptsächlich *Quellbewölkung* (Kaltfront-O.). Auf Bodenwetterkarten wird die O. durch eine violett ausgezogene Linie, auf einfarbigen Karten durch eine ausgezogene Linie mit aufgesetzten Kreisen und Dreiecken dargestellt.

Okklusionspunkt: → Okklusion

Oktanzahl, Abk. **OZ:** Maß für die Klopffestigkeit eines Brennstoffs. Sie wird bestimmt, indem die Klopfneigung des zu untersuchenden Brennstoffs mit der von Eichbrennstoffen bei genormten Versuchsbedingungen in einem Prüfmotor (CFR-Brennstoff-Prüfmotor) verglichen wird. Als Eichbrennstoffe dienen Mischungen aus Isooktan (C_8H_{18}), einem Kohlenwasserstoff hoher Klopffestigkeit, und dem leicht zum Klopfen neigenden Normalheptan (C_7H_{16}). Der prozentuale Anteil an Isooktan derjenigen Eichbrennstoffmischung, die im Prüfmotor die gleiche Klopfneigung wie der zu untersuchende Brennstoff hat, gilt als OZ des Brennstoffs. Die OZ-Skale umfaßt nach dieser Definition den Bereich 0 ... 100. Es gibt heute bereits Brennstoffe, die klopffester als Isooktan sind. In diesem Falle werden als Eichbrennstoff Isooktan plus Bleitetraäthyl verwendet. Diese Mischungen repräsentieren je nach Anteil von Bleitetraäthyl auch OZ > 100. Man unterscheidet zwischen Research-OZ (ROZ) und Motor-OZ (MOZ). Der Unterschied entsteht durch verschieden festgelegte Versuchsbedingungen. Die MOZ-Werte sind für den gleichen Brennstoff meist etwas kleiner als die ROZ-Werte. Das Klopfverhalten von Flugbrennstoffen wird vielfach durch die → Leistungszahl PN (Performance Number) beurteilt.

Olympic Airways S.A.: staatliche griechische Luftverkehrsgesellschaft mit Sitz in Athen, gegr. 1957 zur Übernahme der Dienste der «TAE-National Greek Airlines», die 1954 aus den Gesellschaften TAE, Hellas und Aero Metaforai gebildet und gleichzeitig nationalisiert worden war. *Flugzeugpark* (1988): 8 Airbus A 300, 6 Boeing 707, 6 Boeing 727, 11 Boeing 737, 4 Boeing 747, 7 DO 228, 6 Shorts 330, 2 Skyvan. Verkehrsdaten 1987: 6,57 Mill. beförderte Passagiere (davon 2,12 Mill. Passagiere in intern. Linienflugverkehr); 7,12 Mrd. Pkm; 104,3 Mill. Fracht-tkm;

755 Mill. tkm Gesamtleistung. Streckennetz von 116619 km.
Hauptstrecken: Europa, USA, Ost- und Südafrika, Mittlerer Osten, Australien; Inlandflugverkehr. IATA-Mitglied.

Omega: Bez. eines Langstreckennavigationsverfahrens, das im Frequenzbereich 10...14 kHz arbeitet und Hyperbeln als → Standlinien liefert. Eine Überdeckung des gesamten Globus mit Navigationssignalen wird über 8 Sender erreicht, die folgende Standorte haben: Sender A – Norwegen, Sender B – Liberia, Sender C – Hawaii, Sender D – USA (North Dakota), Sender E – Insel Réunion, Sender F – Argentinien, Sender G – Australien, Sender H – Japan.
In der Bordanlage werden die Phasenwinkel zwischen den eintreffenden Wellen gemessen und gespeichert. Die abgestrahlten Frequenzen gestatten die Standlinienbestimmung in einem ca. 8 sm breiten Streifen (auf der Basis zwischen 2 Sendern). Zur Auflösung der Mehrdeutigkeit dienen Phasenmessungen bei den Differenzfrequenzen 3,6 kHz (24 sm Streifenbreite auf der Basis) und 1,1 kHz (72 sm Streifenbreite auf der Basis). Das Navigationsverfahren hat nach der Außerdienststellung einiger LORAN-A Bodenstationen (→ LORAN-Anlagen) 1977 weltweite Bedeutung für den Langstreckenflugverkehr gewonnen, so daß der größte Teil der zivilen und militärischen Langstreckenflugzeuge nach O. navigiert. O. wird auch in der Seefahrt angewendet.

Omnipol: 1956 gegr. Außenhandelsunternehmen der ČSFR mit Sitz in Prag. Zum Geschäftsbereich gehören Sport-, Übungs-, Verkehrs-, Segel-, Landwirtschafts- und Arbeitsflugzeuge, Flugtriebwerke, Luftschrauben, Bordgeräte, ortsfeste sowie bewegliche Flughafenbefeuerungsanlagen, Flughafen-Magnettongeräte und -einrichtungen, Funkmeßgeräte, Fallschirme u. a.

OMOS: Abk. für russ. **O**tdjel **Mo**rskowo **O**pytnowo **S**amoljotostrojenija, Maritimer Versuchsflugzeugbau der UdSSR in den 20er Jahren. → *Grigorowitsch*

ONERA: Abk. für → **O**ffice **N**ationale d'**E**tudes et de **R**echerches **A**éronautiques.

OOK: Abk. für russ. **O**tdjel **O**sobych **K**onstrukzij, Abteilung für Sonderkonstruktionen des → ZAGI.

optische Bodenhilfen: auf der Erdoberfläche zur Navigation vorhandene Hilfsmittel. Als o. B. werden häufig die Flugplatzbefeurungsanlagen bezeichnet.

optischer Kreisel: → Kreisel

Orbit: → DME

Orbiter: → Raumgleiter

Organisation Arabischer Fluggesellschaften, Abk. **AACO:** unter der Schirmherrschaft der Arabischen Liga 1965 in Kairo gegründete nichtstaatliche regionale Luftfahrtorganisation mit Sitz in Kairo. Die weitgesteckten Ziele der AACO umfassen insbesondere die Entwicklung der engen Zusammenarbeit zwischen arabischen Luftverkehrsunternehmen, um den Luftverkehr und Tourismus dieser Länder zu fördern, die Vertiefung der ökonomischen und technischen Zusammenarbeit, die Zusammenarbeit, die Zusammenarbeit auf verkehrspolitischem Gebiet, die gemeinsame Auswahl von Luftfahrzeugen, Ausrüstungen usw. Organe der AACO sind die Generalversammlung, das Büro und das Sekretariat. AACO arbeitet eng mit → ICAO und → IATA zusammen.

Organisation Scientifique et Technique Internationale du Vol à Voile, Abk. **OSTIV:** Internationale wissenschaftlich-technische Organisation zur Entwicklung und Förderung des Segelflugs; 1948 gegr. mit dem Ziel, wissenschaftlich-technische Erfahrungen auf dem Gebiet des Segelflugs auszutauschen. Die OSTIV fördert in Zusammenarbeit mit der FAI die Entwicklung des Segelflugs, die Forschung, Projektierung, Konstruktion, Technologie sowie die Segelflug-Meteorologie, gestaltet die Ausbildung, unterstützt Bestrebungen zur Erhöhung von Leistung und Sicherheit. Sitz der OSTIV ist Amsterdam. Kongresse der OSTIV finden anläßlich der Segelflug-Weltmeisterschaften statt. Seit 1958 verleiht die OSTIV die OSTIV-Plakette für hervorragende wissenschaftliche und technische Arbeiten auf dem Gebiet des Segelflugs. Seit 1968 ist mit diese Auszeichnung die Klemperer-Prämie verbunden. → Klemperer

Orient Airlines Association, Abk. **OAA:** Vereinigung von Luftverkehrsgesellschaften im Fernen Osten für markt- und betriebswirtschaftliche Untersuchungen, die früher den Namen Orient Airlines Research Bureau führte. Mitglieder sind: Cathay Pacific, China Air Lines, Garuda, Japan Air Lines, Korean Airlines, Malaysia-Singapore Airlines, Philippine Airlines, Qantas und Thai International.

Orient Airlines Research Bureau: → Orient Airlines Association

Ornithopter (griech.): Vogelflügler. Fremdwort für → Schlagflügelflugzeug.

Orthodrome, *Großkreis:* größtmöglicher Kreis auf der Erdkugel, dessen Zentrum der Erdmittelpunkt ist. Die Durchmesser der O. haben die gleiche Länge wie der Durchmesser der Erdkugel am Äquator. Alle Meridiane (Längengrade) bilden O., die durch den Nord- und Südpol gehen und senkrecht zum Äquator stehen. Navigatorisch liegt die kürzeste Verbindung zwischen 2 Orten auf der Erdoberfläche auf einer O. Im Unterschied zu den Meridianen laufen diese O. nicht durch die Pole, wenn sie nicht mit einem Meridian (Nord-Süd-Richtung) zusammenfallen. Sie schneiden alle Meridiane unter einem anderen Winkel, was die Flugnavigation erschwerte, da der Kurs laufend korrigiert werden mußte, wenn auf einem Abschnitt der O. geflogen werden sollte. Um diese Schwierigkeit zu vermeiden, flog man kürzere Strecken (auf denen der Unterschied zwischen orthodromer und loxodromer Entfernung gering ist) auf der → Loxodrome, die jeden Meridian unter dem gleichen Winkel schneidet. Mit dem Einsatz relativ umfangreicher Rechner für Navigationszwecke und der Kopplung dieser Rechner mit dem Autopiloten besteht für den Navigator kein Vorteil mehr, wenn auf der Loxodrome geflogen wird.

örtliche Luftlinien: Bez. der → Aeroflot für Luftverkehrslinien zwischen kleinen Ortschaften sowie zwischen kleinen Orten und Verkehrsflughäfen als Zubringerverkehr für den Luftverkehr über längere Strecken.

Ortung: → Flugnavigation. Standortermittlung eines Luftfahrzeugs. Die O. kann im Innern des Fahrzeugs oder außerhalb mit Hilfe äußerer Anlagen erfolgen.

Oscar Ursinus Vereinigung, Abk. **OUV:** Vereinigung von Amateur-Flugzeugbauern in der BRD mit Sitz in München.

Oslo, City-Code **OSL: 1.** *Flughafen Fornebu,* City Code **FBU:** wichtigster intern. Flughafen Norwegens für den Inland- und Europaverkehr 59°53′48″ n. Br., 10°37′06″ ö. L., Höhe 16 m. 8 km südwestlich von Oslo entfernt gelegen. 2 Start- und Landebahnen mit 2200 m × 50 m und 1750 m × 50 m. Jahresverkehrsleistung 1988: 5,97 Mill. Fluggäste. Moderne Funk- und Navigationsanlagen. – **2.** *Flughafen Gardermoen,* City-Code **GEN:** intern. Flughafen insbes. für den interkontinentalen Verkehr nach Nordamerika 60°12′12″ n. Br., 11° 05′06″ ö. L., Höhe 204 m. 51 km nordöstlich von Oslo gelegen. 1 Start- und Landebahn mit 2553 m × 50 m. Moderne Funk- und Navigationsausrüstungen. Jahresverkehrsleistung 1988 – 1,2 Mill. Fluggäste.

OSOVIAVCHIM: → DOSAAF

OSP: sowjetisches funktechnisches Landeanflugsystem.

Ostapenko, *Pjotr:* Hauptmann d. R., sowjetischer Testpilot, Ing., geb. 1928, Sohn eines Arbeiters. Absolvierte während des zweiten Weltkriegs eine Flugzeugführerschule des Aeroklubs, wurde darauf Flugzeugführer der Luftstreitkräfte. O. gilt als Schüler → Mossolows, ist Absolvent des Moskauer Luftfahrtinstituts, errang mehrere Weltrekorde, den ersten 1963 auf einer E-166 (22670 m Höhe, Geschwindigkeit in dieser Höhe 2500 km/h über 25 km Meßstrecke). Am 27. Okt. 1967 flog O. mit einer E-266 auf einer geschlossenen 1000-km-Strecke mit 2910 km/h ohne sowie mit 1 und 2 t Nutzmasse.

Österreichische Luftverkehrs AG: → Austrian Airlines

OSTIV: Abk. für → **O**rganisation **S**cientifique et **T**echnique **I**nternationale du **V**ol à Voile.

OSTIV-Preis: von der OSTIV geschaffener Preis für Segelflugzeugkonstrukteure, um den Bau von Flugzeugen der → Standardklasse anzuregen. Den Preis erhält derjenige Konstrukteur, dessen Segelflugzeug am besten Einfachheit, Preiswürdigkeit, Leistung und Eignung für Klub- und Wettbewerbsgebrauch vereinigt. Er wird jeweils bei den Segelflug-Weltmeisterschaften vergeben, und zwar unabhängig vom Erfolg des Flugzeugs bei den Meisterschaften. Bewertet werden dabei am Boden: Konstruktion, Aussehen, Selbstbaumöglichkeit, Wartung, Zuladungsreserve, Handhabung, Montage, Pilotensitzgestaltung; in der Luft: Eigenschaften beim

Langsam- und Schnellflug, Kurvenwechsel, Slip, Landung und Steuerhandhabung.

Oszilatorschwingung: svw. → kurzperiodische Schwingung.

Otto-Motor: → Kolbentriebwerk

Otto-Prozeß: → Kreisprozeß

OUV: Abk. für → **O**scar **U**rsinus **V**ereinigung.

OZ: Abk. für → Oktanzahl.

P

P: 1. Typenbez. für die Passagierversion sowjetischer Flugzeugtypen (russ. passashirski, Passagier-), z. B. P-5. – **2.** Bei den schwedischen Luftstreitkräften Bez. für Verbindungsflugzeuge. – **3.** Früher Typenbez. für Luftschiffe vom Typ → Parseval. – **4.** Typenbez. für Jagdflugzeuge der USA vor 1945 (P Pursuit, Verfolgung).

Paar, *Rotte:* kleinste Jagdfliegereinheit, bestehend aus 2 Flugzeugen, dem führenden und dem geführten.

Pakistan International Airlines, Abk. **PIA**: Luftverkehrsunternehmen mit Sitz in Karachi/Pakistan; im März 1955 gegründet. Zu diesem Zeitpunkt übernahm die pakistanische Regierung die schon seit 1940 bestehende Luftverkehrsgesellschaft Orient Airways, die als Vorläufer der PIA angesehen werden kann. Die internationalen Fluglinien der PIA verbinden Karachi mit der Welt.
Außerdem wird planmäßiger Inland-Luftverkehr durchgeführt. Das nationale Streckennetz verbindet 20 Flughäfen miteinander. Zunächst flog die PIA die Typen DC 3 und CV 240, später L 1049 C „Super Constellation" und Vickers „Viscount". Seit 1961 fliegt PIA die Fokker F 27. Als erste asiatische Fluggesellschaft setzte PIA TL-Verkehrsflugzeuge ein; ab 1960 Boeing 707 und ab 1966 HS „Trident". DC 10 und Boeing 747 wurden seit 1974 im internationalen und der Airbus A 300 seit 1979 im Inlandflugverkehr eingesetzt. Ein Managementabkommen wurde mit Air Malta und technische Abkommen sowohl mit Iraqi Airways als auch mit Somali Airlines abgeschlossen.
Die PIA ist Mitglied der ITA u. der IATA.
Verkehrsdaten (1987): 4,26 Mill. Passagiere; 7,33 Mrd. Pkm; 323 Mill. Frachttkm; 911 Mill. tkm Gesamtleistung.
Flugzeugpark (1988): 9 Airbus A 300, 8 Boeing 747, 6 Boeing 737, 8 Boeing 707, 11 Fokker F 27, 2 DHC 6.

PAL: Abk. für → **P**hilippine **A**ir **L**ines Inc.

Palette: als Transporthilfsmittel für die Fracht- und Postbeförderung im Luftverkehr entwickelt. Luftfahrt-P. haben standardisierte Abmessungen von 88" × 108" = 224 × 274 cm und 88" × 125" = 224 × 318 cm und eine Höhe von 16 ... 21 cm. Sie bestehen aus kunststoffbeschichtetem Holz o. ä. mit stabilem Leichtmetallrahmen und haben bei geringem Eigengewicht (max. 130 kg) eine Tragfähigkeit bis zu 5 600 kg. Luftfahrt-P. sind nicht gabelstaplergerecht und werden auf Spezialtransportern, → Dollies, befördert bzw. auf stationären Rollenbahnen o. ä. bewegt. Das Ladegut wird auf der P. mittels Verzurrnetz gesichert. Durch Konturenaufsätze (sogenannte «Iglus») wird das Ladevolumen auf bis zu 12,8 m³ erweitert. Das Zusammenfassen von Stückgütern zu größeren Ladeeinheiten vereinfacht das Be- und Entladen und verkürzt die → Abfertigungszeit. Die P. einschließlich der Konturenaufsätze sind weltweit standardisiert.

Paletten-Container-Dollie: → Dollie

PAN AM: Abk. im Firmenzeichen der → **Pan Am**erican World Airways Inc.

Pan-American-Airways-System: um 1930 in den USA eingeführtes Landeanflug-System für Flugboote. Der Bordsender des Flugboots sendete elektromagnetische Wellen, die von Bodenstationen gepeilt wurden. Anhand der Peilergebnisse erhielt der Pilot Anweisungen zur Landung. Peilungen und Flugführungsanweisungen erfolgten bei Annähern an den Aufsetzpunkt in immer kürzeren Abständen.

Pan American World Airways Inc., Abk. **PAA** bzw. **PAN AM:** private Luftverkehrsgesellschaft der USA, die 1927 unter der Bezeichnung Pan American

PAN AM

Airways gegr. wurde; Sitz in New York. *Flugzeugpark* (1987): 38 Boeing 747, 7 Boeing 737, 43 Boeing 727 (darunter eine geleaste), 12 Airbus A300B4, 13 Airbus A310. Verkehrsdaten 1987: 13,5 Mill. beförderte Passagiere (davon 8,53 Mill. int. Fluggäste); 442 Mrd. Pkm; 863 Mill. Fracht-tkm; 5 Mrd. tkm Gesamtleistung. Streckennetz von 157126 km. Hauptstrecken: Kanada und Südamerika, Europa, Afrika, Asien, Australien; Inlandflugverkehr. IATA-Mitglied.

Panavia Aircraft GmbH: internationale Firma mit Sitz in München zur Entwicklung und Fertigung des MRCA (Multi Role Combat Aircraft = Mehrzweck-Kampfflugzeug). Teilhaber sind → British Aerospace (BAe) und → MBB mit je 42,5%, → Aeritalia (AIT) mit 15%. Die Firma nahm am 1. Mai 1969 ihre Tätigkeit auf. Entwicklungsbeginn des Flugzeugs P. «Tornado» war 1970, der Erstflug des Prototyps 01 im Aug. 1974. Nach 9 Prototypen und 6 Vorserienmaschinen sind von 5 Ländern über 900 Serienflugzeuge bestellt (über 500 fertig). Hauptzulieferer der P. sind MBB (mittlerer Rumpf), BAe (vorderer und hinterer Rumpf), AIT (Tragflügel), → Turbo-Union (Triebwerke RB 199, speziell für «Tornado» entwickelt), IWKA-Mauser (27-mm-Bordkanonen) sowie die Elliot-Tochterfirma EASAMS (integriertes elektronisches Navigationssystem).

PANCh-ПАНХ (russ. Abk.): Anwendung der Luftfahrt in der Volkswirtschaft. Im RGW üblich für → Wirtschaftsflug.

Paneel: 1. Wenig gebräuchlich für unversteifte oder versteifte (als Integralteil gefertigte) abnehmbare Platte, die Bestandteil der Außenhaut ist. – **2.** Bei der Gerüstbauweise Teil der Beplankung, der allseitig von einem Rahmen umgeben ist. – **3.** Gerätebrett für Instrumente, Schalter usw. im Cockpit.

Panoramakammer: Spezialkamera zur Aufnahme von → Luftbildern eines rechtwinklig zur Flugrichtung von Horizont zu Horizont reichenden Geländestreifens. Die Erfassung des Geländeabschnitts wird dadurch erreicht, daß das Objektiv bzw. vorgeschaltete Prismen oder Spiegel um eine Achse parallel zur Flugrichtung schwingen oder rotieren. Trotz Kompensation der → Bildwanderung weisen die mit einer P. aufgenommenen Bilder große Verzerrungen auf, die mit Hilfe spezieller Einrichtungen optisch oder elektronisch eliminiert werden können.

Pantry, *Bordküche, Bordbuffet:* Raum im Verkehrsflugzeug, der den Bordbetreuern (→ Stewardess) zum Aufbewah-

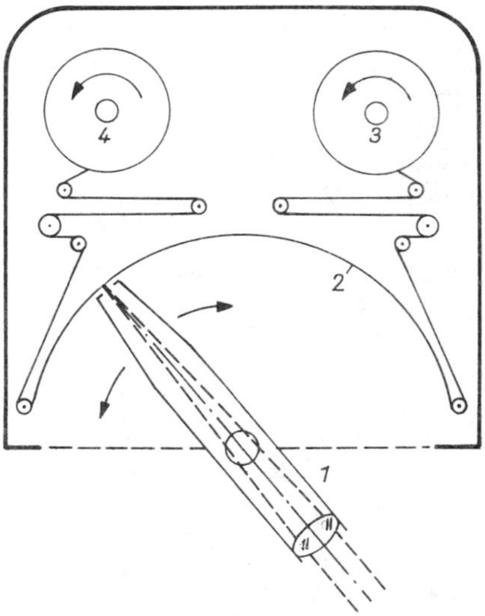

Schema einer Panoramakammer mit schwenkbarem Objektiv: 1 Objektiv, 2 Film, 3 Vorratsspule, 4 Transportspule

Panavia MRCA «Tornado»

ren und Vorbereiten der Bordverpflegung (→ Bordvorräte) für die Fluggäste, z. T. auch für das Bordpersonal, dient und entspr. ausgestattet ist. → Catering

Panzerung: Schutz der Besatzung, der Triebwerke u. a. durch Stahlplatten vor Splittern und Beschuß (klassisches Beispiel Il-2); gepanzert werden vor allem Erdkampfflugzeuge. In modernen Hubschraubern P. durch Kunststoff und Keramik.

PAPI: Abk. für engl. Precision Approach Position Indicator, Präziser Anflug-Standortanzeiger. Visuell arbeitende Landeanflughilfe. Je nach dem Winkel zwischen der Horizontalen und der Linie vom idealen Aufsetzpunkt zum Lfz. sind unterschiedliche Farben (rotweiß) einer Lampenreihe sichtbar.

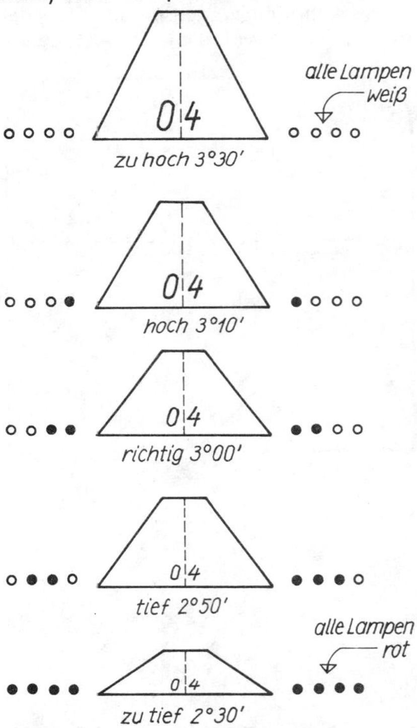

PAR: Abk. für engl. **P**recision **A**pproach **R**adar bzw. Präzisions-Anflug-Radar. → Radar

Paralleltrimmung: Methode der Trimmklappenbetätigung, bei der jeder Stellung der Trimmklappen eine des Steuerknüppels entspricht. Vorteil der P.: Falsches Arbeiten der → Trimmer kann sofort an einer Reaktion des Steuerknüppels beobachtet werden. Ihr Nachteil liegt in der wechselnden Stellung der Nullage des Steuerknüppels.

Para-Ski-Cup: Fallschirmsprung-Wettkampf. Einzel- und Mannschaftswettbewerb im Fallschirmsprung und Ski-Riesen-Slalom. 1973 wurde der Wettkampf erstmalig in Flims (Schweiz) als Para-Ski-Weltcup ausgetragen.

Par Avion (franz. durch Flugzeug): im internationalen Verkehr für Luftpostsendungen vorgeschriebener Vermerk; bedeutet also svw. «Mit Luftpost» (zu befördern).

Para Visual Director: → PVD

Paris, City-Code **PAR;** 1) *Flughafen Charles de Gaulle,* City-Code **CDG:** wichtigster intern. Flughafen Frankreichs 49° 00′ 36″ n. Br., 02° 32′ 54″ ö. L., Höhe 118 m. 23 km nordöstlich von Paris entfernt gelegen. 2 Start- und Landebahnen mit 3615 m × 45 m und 3600 m × 45 m. Jahresverkehrsleistung 1988 – 17,9 Mill. Fluggäste. Moderne Funk- und Navigationsausrüstungen. – 2) *Flughafen Orly,* City-Code **ORY**: intern. Flughafen und wichtigster Flughafen im innerfranzösischen Luftverkehr 48° 43′ 24″ n. Br., 02° 22′ 48″ ö. L., Höhe 89 m. 3 Start- und Landebahnen mit 3650 m × 45 m, 3320 m × 45 m und 2400 m × 60 m. Jahresverkehrsleistung 1988 – 22,2 Mill. Fluggäste. Moderne Funk- und Navigationsausrüstungen.

Pariser Luftfahrtsalon: → Le Bourget. Erstmals am 24. Dez. 1908 als Sonderausstellung für Luftschiffahrt in Paris eröffnet. Ausstellungsort später auf dem Flughafen → Le Bourget.

Parseval, *August von:* Prof. Dr.-Ing. e. h., Dr. phil. e. h., Luftschiffkonstrukteur und Luftschiffer, geb. 5. Febr. 1861 Frankenthal (Pfalz), gest. 22. Febr. 1942 Berlin; Prof. in Berlin (ab 1911), konstruierte 1893 mit H. Bartsch v. Sigsfeld einen Fesselballon (Drachenballon) und erbaute 1902/06 das erste der nach ihm benannten, unstarren Luftschiffe («Parseval», kleines zusammenlegbares Luftschiff für militärische Beobachtungszwecke). In der Mitte hing eine Gondel mit Führer- und Aufenthaltsraum sowie dem Motor, 2 Luftschrauben (mit Leinwand bespannt) strafften sich erst durch die Fliehkraft. Alle starren Bauteile hatte man versucht zu vermeiden, denn im Unterschied zu den Starrluftschiffen sollten nach Ablassen des Auftriebsgases alle Teile schnell zum Transport mit Wagen oder Eisenbahn verpackt werden können. Zur Verlagerung des Massenmittelpunkts konnte die Gondel auf Rollen in den Aufhängeseilen eine bestimmte Strecke vor- und rückwärts bewegt werden. Pralluftschiffe vom Typ P. wurden außer für die deutsche Heeresverwaltung auch für Österreich, Rußland, die Türkei, Japan, Italien, Großbritannien und Schweden (P.N. 29 «Sidenhuset») gebaut. 1910: Passagierluftschiff Parseval VI; im gleichen Jahr Fernfahrt von München nach Berlin, bis 1911 100 Fahrten und Bau von 22 Luftschiffen. Versuche mit Wasserflugzeugen schlugen fehl. Pralluftschiffe der Bauart P. werden heute noch in verbesserter Ausführung als Reklame-Luftschiffe gebaut. P. ist Verfasser der Titel «Mechanik des Vogelflugs» (1889), «Der Drachenballon» (1897), «Motorballon und Flugmaschine» (1908) und «Graf Zeppelin und die deutsche Luftfahrt» (1926). → Luftschiff

Passagecharter: → Charterflugverkehr

Passagier: → Fluggast

Passagierabreisezeit, Symbol t_{pz}: Bestandteil der → Flugreisezeit. Dauer der Reise des Fluggastes nach dem Flug vom Ende der → Abfertigung auf dem Bestimmungsflughafen (→ Zielflughafen) bis zum Stadtzentrum des Reisezielorts.

Passagieranreisezeit, Symbol t_{pA}: Bestandteil der → Flugreisezeit; Dauer der Reise des Fluggastes vor dem Flug vom Stadtzentrum des Reiseantrittsorts bis zum Beginn der → Abfertigung auf dem Abgangsflughafen.

Passagierbeförderung: → Fluggastverkehr

Passagierbetreuung: → Fluggastbetreuung

Passagierdienst: → Fluggastverkehr

Passagierflugzeit, Symbol t_{pF}: wichtigster Bestandteil der Flugreisezeit, Zeitdauer vom Beginn der → Abfertigung des Fluggastes auf dem Abgangsflughafen bis zur Beendigung der Abfertigung auf dem Bestimmungs-(Ziel) flughafen.

Passagierkilometer, Abk. **Pkm:** Meßgröße der Personenbeförderungsleistung; 1 Pkm ≙ 1 Fluggast, der über eine Strecke von 1 km befördert wird. 1 000 Pkm können z. B. die Beförderung von 1 Fluggast über 1 000 km oder auch von 5 Fluggästen über 200 km bedeuten.

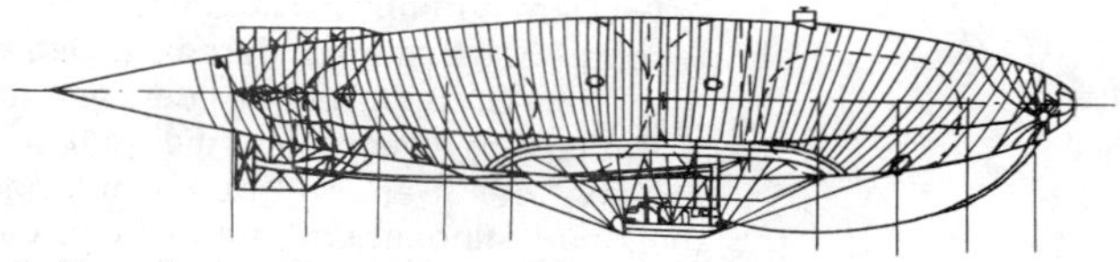

Parseval-Luftschiff

Passagierliste: namentliches Verzeichnis aller in einem Flugzeug beförderten Fluggäste. → Ladungsnachweis

Passagierservice: → Fluggastbetreuung, → Kundendienst

Passagiertonnenkilometer, Passagier-tkm: umg.spr. Bez. für → umgerechneter Tonnenkilometer (utkm).

Passagierverkehr: → Fluggastverkehr

Paulus, *Käte:* deutsche Luftfahrtpionierin und Fallschirmspringerin, geb. 22. Dez. 1866, gest. 25. Juli 1935 völlig mittellos in Berlin. Erste Fallschirmspringerin in Deutschland, vierte in der Welt. Sommer 1893 in Nürnberg erster Absprung aus einem Ballon. 1893–1909 147 Fallschirmsprünge und 516 Ballonfahrten. P. beschäftigte sich auch mit der Weiterentwicklung des Geräts, erfand eine Verpackung für den Fallschirm, die die richtige Entfaltung gewährleistete. In Berlin stellte sie Fallschirme und Ballonhüllen fabrikmäßig her.

Pauschalreisen: → Flugtouristik, → Inclusive Tours

PDI: Abk. für → **P**ictorial **D**eviation **I**ndicator.

Pe: Typenbez. für Flugzeuge des sowjetischen Konstrukteurs → *Petljakow.*

Pedal: Fußhebel zum Bedienen von Seitensteuerung und Bremsen.

Pégoud, *Adolphe Célestin:* französischer Flugpionier, geb. 13. Juni 1889 Montferrat (Isère), gest. (abgeschossen) 31. Aug. 1915. Pilotenpatent am 7. März 1913, dann Werkpilot bei Blériot. P. gilt als Begründer des Kunstflugs. Am 19. Aug. 1913 sprang er als erster Mensch mit dem Fallschirm aus dem Flugzeug ab. Am 1. Sept. 1913 begann er mit dem Kunstflug, am 21. Sept. 1913 gelang ihm der erste Looping.

Peilfehler: Winkeldifferenz zwischen der optischen Richtung zum Sender und dem durch → Funkpeilung gewonnenen Peilwinkel. P. entstehen durch Anlagenfehler der Peilanlage, durch Wellenausbreitung in der Ionosphäre

(→ Dämmerungseffekt), elektrisch leitende Gegenstände, deren Ausdehnung in der Größenordnung der benutzten Wellenlänge liegt und die sich in der Nähe der Sende- oder Empfangsantenne befinden, und durch Änderungen der elektrischen Werte des Erdbodens in der Nähe der Peilanlage (→ Küsteneffekt). P. entstehen auch durch den Einbau der Peilanlage (→ Funkkompaß) in das Luftfahrzeug. → Funkdeviation, → Funkbeschickung

Peilgerät: → Funkpeiler

Peiltrübung, *Trübung:* Verbreiterung des Empfangsminimums bei der → Minimumpeilung.

Peilung: in der → Funknavigation Methode der Standlinienbestimmung durch Messen der Einfallsrichtung elektromagnetischer Wellen. Diese Richtung entspricht etwa der zum Sender. Zur P. werden Empfänger zusammen mit Richtantennen benutzt. Infolge von Maxima oder Minima im Strahlungsdiagramm der Richtantenne ergibt sich bei ihrer Drehung eine Richtungsinformation. Nach Art der Benutzung von Richtantennen bei der P. spricht man von *Maximum-* oder *Minimum-P.* Die Maximum-P. wird z. B. bei → Radar benutzt, da hier das Maximum des Antennendiagramms zur Strahlungsquelle gedreht wird. Minimum-P. verwendet man z. B. beim → Funkkompaß. Die P. findet in der Funknavigation Anwendung, indem mit dem Funkkompaß durch P. eines → NDB eine → Standlinie ermittelt wird. In der Flugsicherung wird durch P. der UKW-Abstrahlung eines Luftfahrzeugs beim Funksprechverkehr vom Boden aus der Standort des Luftfahrzeugs festgestellt.

UKW-Funkpeiler

Pénaud-Diagramm: → Schubkraftdiagramm

Pendelleitwerk, -ruder: → Flossenruder

Pendelrahmenkreisel: in einem pendelnden Rahmen eingebauter Kreisel zur Steuerung von Flugkörpern.

Pendelruder: svw. → Flossenruder.

Per-flight-check-in (engl.): linienorientierte Abfertigung der abfliegenden Fluggäste und ihres Gepäcks. Die Fluggäste einer bestimmten Fluglinie werden nur an einem oder mehreren, zuvor festgelegten Abfertigungsschaltern für den Abflug abgefertigt. Typisch für → dezentrale Abfertigung; Neigung zu zeitweiliger Überlastung und Schlangenbildung.

Performance-Number: → Leistungszahl

Periskope: früher benutzte optische Geräte, die in der Flugzeugkabine von Flugzeugen mit Druckkabine eingebaut waren und zur optischen Kontrolle der oberen Teile von Flugzeugzelle, Leitwerk und Triebwerken während des Flugs dienten. P. waren ein- und ausfahrbar angeordnet und mit einer Heizung versehen, die Vereisen verhinderte.

Personenbeförderungsleistung, *Passagiertransportleistung:* bei der Ortsveränderung von Personen erzeugte → Transportleistung. Die Kennziffer der P. ist der → Personenkilometer.

Personenkilometer: svw. → Passagierkilometer.

Petljakow, *Wladimir Michailowitsch:* sowjetischer Flugzeugkonstrukteur, geb. 5. (17.) Juni 1891 Sambeck (Gebiet Rostow), gest. (abgestürzt) 12. Jan. 1942. Nach dem Abschluß der Mittleren Technischen Lehranstalt in Taganrog, wo er neben der Arbeit in den Eisenbahn-Werkstätten lernte, studierte er ab 1911 an der Technischen Hochschule Moskau, mußte aber aus familiären Gründen das Studium unterbrechen. Zunächst Lokomotivheizer, später Lokführer. 1921 setzte er das Stu-

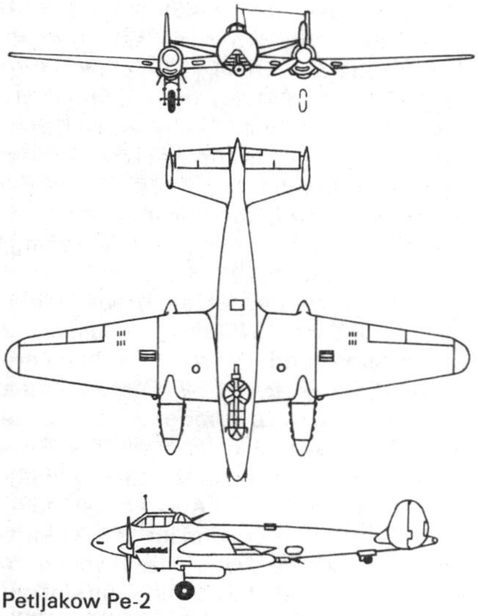

Petljakow Pe-2

dium fort und arbeitete ab 1921 im → ZAGI, seit 1940 in einem Flugzeugwerk. Im Kollektiv → *Tupolews* arbeitete er mit an der Konstruktion der ANT-2, TB-1 u. a. P. erwarb sich Verdienste bei der Festigkeitsberechnung, Konstruktion und Einführung in den Serienbau von großen Ganzmetallflugzeugen. 1936/38 entwickelte er das 4motorige Langstrecken-Bombenflugzeug TB-7 mit Einziehfahrwerk, das später die Bezeichnung Pe-8 erhielt, 1939/40 das Sturzkampfflugzeug Pe-2. P. wurde mit dem Staatspreis und 2 Leninorden ausgezeichnet.

PEZETEL: Außenhandelsunternehmen der polnischen Flugzeugindustrie mit Sitz in Warschau. Zum Exportprogramm gehören Mehrzweckflugzeuge (Arbeits-, Verbindungs-, Transport- und Schulflugzeuge), Mehrzweck-Hubschrauber, 1- und 2sitzige Schul-, Übungs- und Leistungssegelflugzeuge, KTW und PTL, Flugzeugbordgeräte sowie forst- und landwirtschaftliche Flugdienstleistungen. → Polskie Zaklady Lotnicze

Pfeilflügel: Tragflügel für schnelle Flugzeuge, der in der Draufsicht einer Pfeilspitze ähnelt. Der P. erwies sich in der Entwicklung der Luftfahrt als wirksamstes Mittel zur Verringerung des Luftwiderstands und der → Neutralpunktwanderung beim Erreichen der Schallgeschwindigkeit. Dadurch konnten die → Wellenkrisis weit hinausgeschoben und ihre Auswirkungen bedeutend abgeschwächt werden. Der P. bringt eine größere Seitenstabilität mit sich, was nur bedingt positiv ist. Um die Seitenstabilität zu begrenzen, wurde eine negative V-Form des Tragflügels erforderlich. Konstruktiv ergeben sich für den P. Komplikationen aus der notwendigen Knickung seiner Längselemente am oder im Rumpf. Die vergrößerte Torsionsbelastung, die beim P. aufgrund der starken Rücklage des Druckpunkts entsteht, führte zur → Umkehrung der Querruderwirkung bei großen Anstellwinkeln. Die Versteifung der Konstruktion verhindert das, bedeutet aber Massezunahme.

Pfeilwinkel: → Tragflügelgeometrie

Pferdestärke, Abk. **PS:** fürKTW und PTL verwendete veraltete Maßeinheit der Leistung: 1 PS = 75 kpm/s = 0,735 kW. Die englische P. (horse power, Zeichen hp) beträgt 76 kpm/s = 0,746 kW; 1 HP = 1,014 PS, was bei Leistungsangaben britischer Flugzeug- und Triebwerkstypen zu beachten ist. → Wellenvergleichsleistung, → Propellerturbinenluftstrahltriebwerk

Pfette: Profilstab, der zusätzlich Hautblechfelder versteift, um Druck- und Schubspannungen im Blech und damit die Neigung zur Instabilität (→ Beulung) zu mindern. → Bauweisen

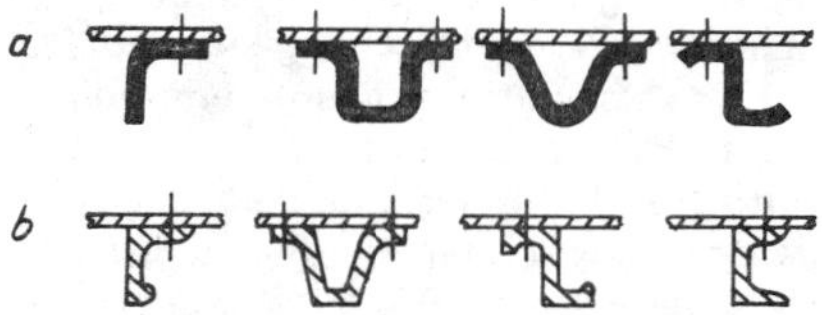

typische Pfettenprofile: a Abkantprofile, b Preß- oder Walzprofile

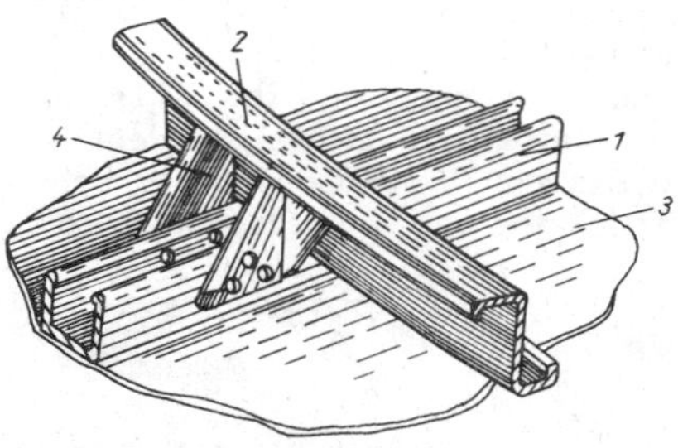

Längspfette im Festigkeitsverband des Rumpfes: 1 Pfette, 2 Spant, 3 Behäutung, 4 Knotenblech

PfL: Abk. für die ehemalige → **Prü**f**s**telle **f**ür **L**uftfahrtgerät der Zivilen Luftfahrt der DDR, deren Aufgaben später von der Staatlichen Luftfahrtinspektion wahrgenommen wurden.

Wladimir Petljakow

PHI: Abk. für engl. **P**osition and **Ho**ming **I**ndicator. → Standort- und Zielfluganzeiger

Philippine Air Lines Inc., Abk. **PAL:** philippinisches Luftverkehrsunternehmen mit Sitz in Manila; 1932 als «Philippine Aerial Taxi Co.» gegr., führt es den heutigen Namen seit 1941. *Flugzeugpark* (1989): 7 Boeing 747, 2 DC 10, 3 Airbus A 300, 4 Airbus A 330, 11 BAC 1-11, 7 Fokker 50, 7 Shirts 360-300. Verkehrsdaten 1988: 5,7 Mill. beförderte Passagiere (davon 3,3 Mill. Inlandpassagiere); 8,8 Mrd. Pkm; 288 Mill. Fracht-tkm; 1,5 Mrd. tkm Gesamtleistung. Streckennetz von ca. 100 000 km. Hauptstrecken: Asien, Australien, USA, Europa; Inlandflugverkehr. Mitglied der IATA.

Photonenstrahltriebwerk: noch im Anfang der Entwicklung befindliches Strahltriebwerk, das einen Strahl aus Lichtquanten bis auf Lichtgeschwindigkeit beschleunigt.

Phugoidschwingung: svw. → langperiodische Schwingung

PIA: Abk. für → **P**akistan **I**nternational **A**irlines.

Piacryl, *Plexiglas:* Handelsname von Thermoplasten, die sich als organisches Glas auch im Flugzeugbau aufgrund von Splittersicherheit und geringer Dichte (halb so groß wie bei Silikatglas) bei gleichzeitiger guter Festigkeit und Elastizität als Verglasungsmaterial einen festen Platz erobert haben.

Piaggio: Typenbez. für Flugzeuge der italienischen Firma Piaggio & Co. Societa per Anzoni (1964 durch Konzernbildung umbenannt in: Industrie Aeronautiche e Meccaniche Rinaldo Piaggio SpA), 1884 gegr. Produzierte ab 1916 Militärflugzeuge, vor allem Bomben- und Wasserflugzeuge sowie Flugmotoren und Segelflugzeuge, seit dem Ende des ersten Weltkriegs leichte Schul-, Trainings- und Reiseflugzeuge sowie Hubschrauber (in Lizenz). Zu den bekanntesten Mustern gehören: Bomber P 23 (1935) und P 108 (1938), Jagdflugzeug P 119 (1941), Amphibium P 136 (1946). In Produktion befinden sich Reiseflugzeuge und Mehrzweckmaschinen mit 2 Triebwerken.

Piasecki, *Frank:* amerikanischer Konstrukteur polnischer Abstammung, geb. 1919. Baute 1943 seinen ersten Hubschrauber, den er auch selbst einflog. Gründete 1946 die P. Helicopter Corporation und entwickelte mehrere Drehflügelmuster, 1955 wurde die Firma in P. Aircraft Corp. umbenannt, da die Hubschrauberentwicklung an die Boeing-Vertol Comp. (→ Boeing) überging. P. beschäftigt sich im Auftrag der USA-Marine mit der Entwicklung von Luftschiffen, die eine Kombination von Hubschraubern und Luftschiff darstellen. Ein solches Projekt ist der P. Heli-Stat 97-212 B.

PICAO: Abk. für → **P**rovisional **C**ivil **I**nternational **A**viation **O**rganization.

Piccard, *Auguste:* Schweizer Physiker und Techniker, geb. 28. Jan. 1884 Lutry (Waadt), gest. 25. März 1962 Lausanne, 1917 Professor der Physik in Zürich, 1922 in Brüssel. Sein Interesse galt der kosmischen Strahlung. Deshalb unternahm er bereits 1913 einen Ballonaufstieg auf 3 000 m. In der Luftfahrt wurde er bekannt durch seine Ballonaufstiege in die Stratosphäre (1931/32), wobei er am 18. Aug. 1932 einen Rekord erreichte mit 16 201 m. Sein Zwillingsbruder *Jean* erreichte mit einem Stratosphärenballon am 3. Okt. 1934 in Detroit 17 385 m. («Zwischen Erde und Himmel»/o. J. Ouchy-Verlag Lausanne). → Stratostat

Pictorial Deviation Indicator (engl.), Abk. **PDI:** «bildhafter Deviations-Anzeiger». Mehrzweck-Navigationsanzeiger für die Mittelstreckennavigation. Das Gerät vereinigt die Anzeigen von

Mehrzweckflugzeug Piaggio P-166

Beispiel einer PDI-Anzeige: vorgewähltes Radial 300°; entspricht einem Kurs auf die Station zu von 120°. Das Flugzeug fliegt genau nach Norden und überquert dabei das eingestellte Radial. Das Flugzeug würde die Station auf dem Radial anfliegen, wenn Balken, Pfeil und 120°-Markierung in Richtung der Flugzeuglängsachse mit Pfeil in Flugrichtung lägen.

→ Kurssystem, VOR-DME- (VOR), bzw. → TACAN-Anlagen und → ILS. Die Kompaßrose des PDI wird vom Kurssystem gedreht. Da auf den Funknavigationskarten an den Luftstraßen der Kompaßkurs eingetragen ist, lassen sich diese Kurse in den PDI eingeben. Beim Überfliegen eines Wegpunkts ist am PDI der neu zu fliegende Kurs einzustellen. Der Kurs erscheint am linken oberen Fenster. Gleichzeitig verschiebt sich eine Marke auf den vorgewählten Kurs. Der Balken im Zentrum der PDI-Skala symbolisiert das → Radial. Die Pfeilspitze gehört nicht zum Balken und liegt nur in Richtung des Balkens, wenn das Luftfahrzeug auf dem gewählten Radial fliegt. Die Stellung des Balkens gegenüber dem feststehenden Flugzeugsymbol in der Mitte des Anzeigers gibt die Flugzeuglage relativ zum Radial an. Im rechten oberen Fenster erscheint die DME-Anzeige. In der dargestellten Anzeige wird das Gerät nicht im Landeanflug betrieben. Es ist daher die Warnflagge «GS» (Gleitweg) eingeschwenkt, die das Fehlen einer Gleitwegführung signalisiert. Beim Landeanflug wird der Balken als Zeiger für die Abweichung vom Gleitweg betrieben. Dazu dienen die 4 sichtbaren Punkte als Skalenmarkierung.

PID-Kreisel: → Kreisel

Pier: vorfeldseitige gangartige Erweiterung des → Abfertigungsgebäudes zur Erhöhung der Anzahl gebäudenaher Luftfahrzeugstandplätze.

Pilatus Flugzeugwerke AG, Stans (Schweiz): Tochtergesellschaft der Oerlikon-Bührle Holding A. G. Die Firma wurde im Dez. 1939 gegr. Sie stellt STOL-Flugzeuge und Turbo-Trainer her, war am Lizenzbau der Dassault «Mirage» in der Schweiz beteiligt und hat die Generalvertretung für Europa, Afrika, den Nahen und Mittleren Osten des japanischen PTL-Reiseflugzeugs Mitsubishi MU-2. Außerdem Überholungsarbeiten für die Schweizer Luftwaffe und den Bedarfsluftverkehr. Frühere Typen: P.2, P.3, PC-6 «Porter».

Pilot: Flugzeugführer. Automatischer P., kurz «Autopilot», → Flugregler.

Pilot-Ballon: kleiner, mit Wasserstoff

Pilatus Turbo-Porter

Pilot-Ballon – Aufstieg in Lindenberg

gefüllter Ballon, dessen Steiggeschwindigkeit bekannt ist. Er wird zur Bestimmung der Wolkenuntergrenze und des Höhenwinds aufgelassen. Bei Höhenwindmessungen wird der P. mittels eines *Theodoliten* verfolgt. Aus Höhen- und Seitenwinkel kann die Bahn des P. im Raum bestimmt werden. Da der P. mit nahezu gleicher Geschwindigkeit steigt, erhält man aus der verstrichenen Zeit seine Höhe. Aus Seiten- und Höhenwinkel kann daher für jede Höhe Windrichtung und Windgeschwindigkeit berechnet werden.

Pilot Warning Indicator (engl.), Abk. **PWI:** Warnanzeiger, der den Piloten auf eine Konfliktsituation, die zu einer Kollision führen kann, aufmerksam machen soll. PWI sind für kleinere Flugzeuge mit relativ niedriger Reise- und Steiggeschwindigkeit bestimmt. Die Entscheidung, wie der Konfliktsituation zu begegnen ist, bleibt dabei dem Piloten überlassen. Für schnelle Verkehrs- und Militärflugzeuge werden →Kollisions-Warnsysteme verwendet. Warnanzeiger benutzen eine optische oder akustische Signalisation, nach deren Ansprechen vom Piloten geeignete Ausweichmanöver einzuleiten sind.

Piper Aircraft Corporation: USA-Flugzeugfirma mit Sitz in Lock Haven (Pennsylvania), einer der größten Hersteller von Schul-, Sport-, Reise-, Arbeits- und Kleinverkehrsflugzeugen. P. entstand 1937 aus der Taylor Aircraft Co. Damals wurde die erfolgreiche «Cub»-Serie gebaut, von der bis 1940 10 000 Maschinen geliefert wurden. In Vero Beach (Florida) wurde 1957 das Piper Aircraft Development Center für die Entwicklung, die Konstruktion und die

Piper PA-18 «Super Cub»

Flugerprobung neuerer Flugzeuge, darunter mehrere Typen von 1- und 2motorigen Flugzeugen sowie 2 Landwirtschaftsmaschinen, gegründet.

PIRNA: Bez. von in der DDR entwickelten Gasturbinen, vorwiegend für Luftfahrtzwecke. 014 Einstromstrahltriebwerk mit 33...34 kN für Verkehrsflugzeuge, 015 Kleinstrahltriebwerk (Projekt), 016 Zweistromtriebwerk (Projekt), 017 Kleingasturbine mit 100 kW, 018 Propellerturbinenluftstrahltriebwerk (Projekt), 020 Zweistromstrahltriebwerk (Projekt), 027 Kleingasturbine mit 120 kW; E1 Spitzenlasttriebwerk für Elektroenergieversorgung mit 12,5 MW, S1 Schiffsantriebsanlage.

Pirouette; *senkrechte Rolle, Schraube:* → Kunstflugfigur, bei der das Flugzeug senkrecht aufwärts fliegt und sich dabei um seine Längsachse dreht.

Piste: Start- und Landebahn. → Flughafen

Pitot-Rohr: → Fahrtmesser

Pkm: Abk. für **P**assagier**k**ilo**m**eter.

Plan Position Indication: → Polarkoordinatendarstellung

Platz, *Reinhold:* Flugzeugkonstrukteur, geb. 16. Jan. 1886 Cottbus, gest. 15. Sept. 1966; konstruierte den ersten Fokker-Eineinhalbdecker V. 1 mit freitragenden Holzflügeln, den Dreidecker Dr. I, den Doppeldecker D. VII, den Hochdecker D. VIII, das Verkehrsflugzeug F. II und fast 80 weitere erfolgreiche Fokker-Typen.

Platzannullierung (engl. Cancelling, Cancellation): Stornierung einer → Buchung, Streichung eines gebuchten und als reserviert bestätigten, aber vom Fluggast oder Frachtversender nicht mehr benötigten Sitzplatzes/Laderaums im Verkehrsflugzeug. P. muß im Europaverkehr spätestens 72 h, bei allen übrigen Flügen wenigstens 96 h vor dem planmäßigen Start geschehen. Für Gruppen von 5 oder mehr Personen sind innerhalb Europas 96 h und bei allen anderen Flügen 120 h verbindlich. Bei Nichteinhaltung dieser Fristen wird eine → No-show-Gebühr erhoben.

Platzbuchung: → Buchung

Platzkapazität: Teilkenngröße der → Transportkapazität. Anzahl der in einem bestimmten Luftfahrzeug zur Verfügung stehenden Sitzplätze. Die P. wird auch auf einen Flugzeugtyp bezogen. Je Linie und/oder Verkehrsrelation und Zeiteinheit ausgewiesen. Alle in Flugzeugen eines Unternehmens oder Staats usw. installierten Sitzplätze ergeben als Summe die P. des → Flugzeugparks.

Platzkilometer, Abk. **Plkm,** *Sitzplatzkilometer:* Kenngröße der möglichen Kapazitätsausnutzung sowie der geplanten Kapazitätsausnutzung und der angebotenen Transportleistung im Personenverkehr. Plkm werden insbes. als betriebsbezogener Kennwert für das gesamte Transportunternehmen (den gesamten Transportmittelpark), aber auch typ- und/oder verkehrsrelations- und linienbezogen pro Zeiteinheit ermittelt. Die Anzahl der Plkm ergibt sich als Produkt der – nach den voneinander abweichenden Ermittlungsmethoden für die o. g. Kenngrößen – einzubeziehenden Anzahl der Sitzplätze und Entfernungen (Reichweite bzw. Einsatzreichweite der Transportmittel, Streckenlänge u. ä.).

Platzreservierung: → Buchung

Platzrunde, Flugplatzrunde: Umfliegen des Flugplatzes zu Übungszwecken bzw. als Bestandteil der → Landung. Bei Übungsflügen in der P. werden die Aufgaben für die *Elemente* der P.: Start – Steigflug – 1. Kurve – 2. Kurve – Parallelflug – 3. Kurve – Sinkflug – Landung, je nach Ausbildungsstand und eingesetztem Flugzeugtyp festgelegt.

Pleuelstern: aus mehreren Pleuelstangen bestehendes Hebelsystem in Sternmotoren (→ Kolbentriebwerk). Eine Hauptpleuelstange trägt das Hauptpleuellager; weitere Nebenpleuelstangen sind auf der Hauptpleuelstange gelagert.

Plotter: Gerät zum Zeichnen von Linien und zur Winkelmessung in Navigationskarten.

PN: Abk. für **P**erformance **N**umber. → Leistungszahl

Po: Typenbez. für Flugzeuge des sowjetischen Konstrukteurs → Polikarpow.

Poeschelring (nach dem Philologen und Luftschiffer *Johannes Poeschel*): → Ballon

Pokryschkin, *Alexander Iwanowitsch:* Marschall der Flieger (seit Jan. 1973), erster 3facher Held der Sowjetunion. Bis 1981 Vorsitzender der → DOSAAF, geb. 21. Febr. (6. März) 1913 in Nowosibirsk, gest. 13. Nov. 1985. War in Nowosibirsk als Schüler im Schützenklub, später in Krasnodar Segelflieger. 1932 Eintritt in die Sowjetarmee. 1934 Flug-

Alexander Pokryschkin

zeugtechniker, 1936/38 Fliegerschule (Po-2) in Krasnodar. Ab Kriegsbeginn Jagdflieger. Held der Sowjetunion: 24. Mai 1943 als Hauptmann und Staffelkommandeur im 16. Garde-Jagdfliegerregiment; 24. Aug. 1943 Major (gleiche Dienststellung) und 19. Aug. 1944 Oberst und Kommandeur der 9. Gardejagdfliegerdivision. Ab 1946 mehrfach Deputierter des Obersten Sowjets der UdSSR, 1948 Abschluß der Frunse-Akademie. Autor der Bücher: «Krylja istrebitelja» (1944) und «Niebo wojny» (1969, deutsch 1974: «Himmel des Krieges»).

Polare, *Polardiagramm:* erstmals von → *Lilienthal* angewendete graphische Darstellung des Verhältnisses von Auftrieb und Widerstand bei verschiedenen Anstellwinkeln durch Aufzeichnen der Luftkraftresultierenden in Polarkoordinaten (Kraft F_L und Winkel φ zur Anströmrichtung) und darauffolgendes Zerlegen der Kraft F_L in 2 Komponenten (Auftriebskraft F_A und Widerstandskraft F_W) eines kartesischen Koordinatensystems mit einer Achse in Anströmrichtung und der zweiten im rechten Winkel dazu in der Schnittebene. Verwendet man die einheitliche Schreibweise

$$F_L = c_L \cdot q \cdot A_{TF}$$

F_L Luftkraft, c_L Luftkraftbeiwert, q Staudruck, A_{TF} tragende Fläche, so kann die Darstellung der Kräftebeziehungen auf das Darstellen der Beziehungen zwischen den Beiwerten reduziert werden (Abb.). Da die Werte für c_W bedeutend kleiner sind als diejenigen für c_A, wird zur besseren Übersicht oft ein unterschiedlicher Maßstab der Koordinaten verwendet. Die Polare $c_A = f(c_W, \alpha)$,

Nikolai Polikarpow

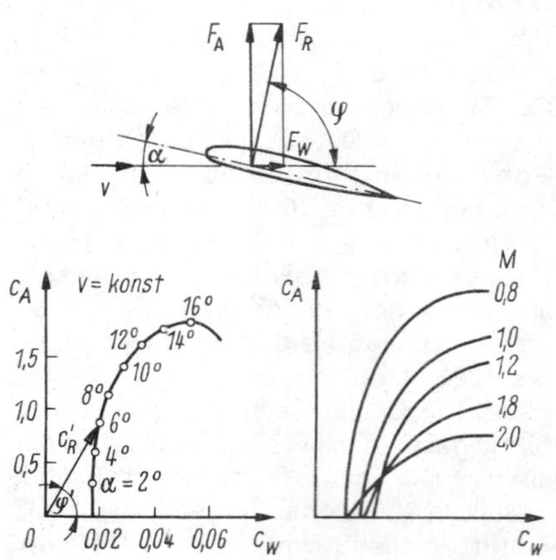

Polare und ihre Abhängigkeit von der Anströmgeschwindigkeit

stellt eine allgemeine aerodynamische Charakteristik eines Profils (Tragflügels, Flugzeugs) dar. P.-Darstellungen werden auch für andere Kennwerte von Flugzeugen verwendet, z. B. in Form der Steig.-P. oder Sink-P. in der Flugmechanik.

Polarfront-Strahlstrom: → Strahlstrom

Polarkoordinatendarstellung, (engl.) *Plan Position Indication*, Abk. *PPI*, *Rundsichtdarstellung:* Anzeigemöglichkeit von Ausgangsinformationen eines Radargeräts. Bei der P. entspricht der Abstand vom Mittelpunkt des Bildschirms zum Ziel der *Entfernung* und der Winkel zwischen der vom Mittelpunkt nach oben gezogenen Linie und der Richtung zum Ziel dem *Winkel zum Ziel*. Dieser wird bei Bodenanlagen von der Nordrichtung aus angegeben und bei Bordanlagen vom Kurswinkel des Fahrzeugs gerechnet.

Polarluft: → Luftmasse

Polikarpow, *Nikolai Nikolajewitsch:* sowjetischer Flugzeugkonstrukteur, geb. 26. Juni (8. Juli) 1892 Georgiew (Gouvernement Orel), gest. 30. Juli 1944. Nach dem Abschluß des Gymnasiums in Orel Studium am Polytechnischen Institut in Petersburg (Mechanik, Flugzeugbau und Luftschiffahrt). Danach 1916 im Russisch-Baltischen Luftschiff- und Flugzeugwerk in Petersburg. Ab 1918 Leiter mehrerer Flugzeugwerke. Bekannteste Konstruktionen: Jagdflugzeug I-1 (I-400, 1923); 2sitziges Jagdflugzeug 2I-N1 (DI-1); Jagdeinsitzer I-3; 2sitziger Jäger DI-2; Aufklärungsflugzeug R-5 u. a. (1925/30). 1927 schuf er das berühmteste Schulflugzeug U-2, das später in Po-2 umbenannt wurde und sich jahrzehntelang in den verschiedensten Einsatzzwecken bewährte. 1933/34: Jagdflugzeuge I-15 (Doppeldecker) und I-16 (Eindecker), 1938 Jagdflugzeug I-153 «Tschaika». Bereits seit 1936 bewaffnete P. seine Jagdflugzeuge mit Kanonen (I-16, I-153). 1943/44 beschäftigte er sich mit der Verbesserung und Weiterentwicklung schneller Jagdflugzeuge. Seit 1943 Professor am Moskauer Luftfahrtinstitut und Lehrstuhlinhaber für Projektierung und Konstruktion von Flugzeugen. Insgesamt schuf P. etwa 70 Flugzeugmuster. Staatspreis 1941, 1943; Held der sozialistischen Arbeit 1940, 2 Leninorden.

Polskie Linie Lotnicze, Abk. **LOT:** im

Polikarpow Po-2 (U-2)

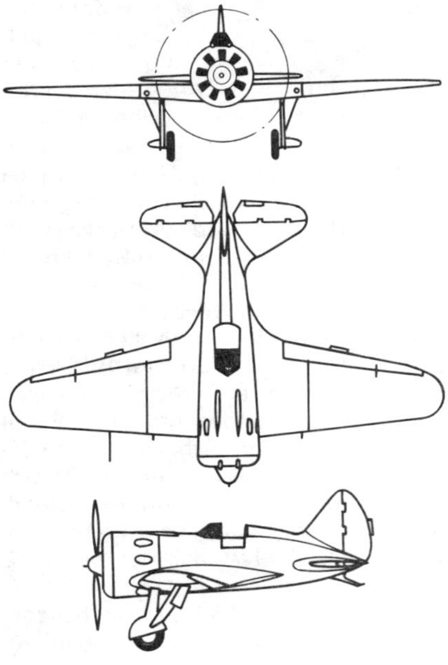

Polikarpow I-16: oben 1sitzig, mit Einziehfahrwerk und Hecksporn, Mitte 2sitzige Schulausführung UTI-4, unten mit Schneekufen

Jan. 1929 gegr. staatlicher polnischer Luftverkehrsbetrieb, der aus dem Zusammenschluß der Gesellschaften Aerolot und Aerotarg entstand. Aerolot war bereits 1922 unter dem Namen Aerolloyd gegr. worden. Nach der Unterbrechung, die durch die faschistische Okkupation Polens bedingt war, nahm die LOT am 6. März 1945 ihre Tätigkeit wieder auf. *Flugzeugpark* (1988): 12 An 24, 9 IL 18, 7 IL 62 M, 7 Tu 134 A, 8 Tu 154 M; gemietet sind je eine IL 62 M, DC 8 und Jak 40 sowie 2 Tu 154 B. Verkehrsdaten 1987: 1,85 Mill. beförderte Passagiere (davon 1 Mill. im intern. Linienflugverkehr); 3,34 Mrd. Pkm (einschl. 0,6 Mrd. Pkm Charterleistung); 13,2 Mill. Fracht-tkm; 301 Mill. tkm Gesamtleistung; Streckennetz von 90 000 km. Hauptstrecken: Europa sowie Mittlerer Osten, Nordafrika, Vereinigte Staaten von Nordamerika, Kanada, Ferner Osten; Inlandflugverkehr. IATA-Mitglied.

Polskie Zaklady Lotnicze, Abk. **PZL:** Vereinigung der polnischen Luftfahrtindustrie. Unter dieser Bezeichnung stellen alle polnischen Flugzeugwerke auf der internationalen Messe in Poznan und auf ausländischen Messen und Ausstellungen aus. Auch die polnischen Flugzeuge tragen diese Typenbezeichnung (z. B. PZL-101 «Gawron» oder PZL-104 «Wilga»). Früher hießen die Werke Panstwowe Zaklady Lotnicze, 1928 in Warschau gegr. Zu den bekanntesten

Triebwerk PZL-3S

PZL-104 «Wilga» 35

Konstruktionen zählen die Jagdflugzeuge der P-Serie (P → *Pulawski*), Mehrzweckflugzeug PZL-38 «Wilk» (1937/38), PZL-43 (1937), Bomber PZL-23 «Karaš» (1934) und PZL-37 «Loš» (1936), PZL-46 «Šum» (1938) sowie die Schul- und Reiseflugzeuge PZL «Wyzel» (1938). → PEZETEL

Polytrope: → Zustandsänderungen

Pool: vereinbarter gemeinsamer Betrieb einer oder mehrerer Strecken durch 2 oder mehr Luftverkehrsunternehmen. Die Betriebseinnahmen werden nach einem festen Schlüssel (z. B. nach der Anzahl der angebotenen Fluggastplätze) unter den Partnern aufgeteilt, die deshalb daran interessiert sind, daß möglichst auch die Flugzeuge des oder der anderen Teilnehmer ausgelastet sind. Bekannt ist der Sechs-Pool, an dem die ČSA (ČSFR), Interflug (DDR), LOT (Polen), MALEV (Ungarn), BALKAN (Bulgarien) und TAROM (Rumänien) beteiligt waren. Der Sechs-Pool betrieben gemeinsam die Strecken zwischen den Hauptstädten der genannten Länder. P.-Abkommen gibt es auch für den gemeinsamen Betrieb von Luftfrachtstrecken.

POPI: Abk. für engl. **P**ost **O**ffice **P**osition **I**ndicator, Post-Standort-Anzeiger. Versuchsanlage eines Funknavigationssystems der englischen Post, die auf der Frequenz von 800 kHz als Phasenvergleichssystem arbeitete.

Popowitsch, *Marina:* sowjetische Rekordfliegerin, geb. 1931, Gattin des Kosmonauten *Pawel P.* Flog auf Schulflugzeugen im Aeroklub Nowosibirsk. Erhielt nach Abschluß der Fliegertechnischen Schule das Diplom eines Fluginstrukteurs. Stellte 1964 mit L-29 einen Frauenweltrekord für diese Flugzeugklasse auf einer Dreieckstrecke über 100 km mit 600 km/h auf. Außerdem Rekordflüge mit An-22.

Portal of Hungerford, *Lord Charles Frederick Algernon:* britischer Luftmarschall, geb. 21. Mai 1893. Trat 1915 in die britische Armee ein und ging im gleichen Jahr als Beobachter zum Royal Flying Corps. 1916 Ausbildung zum Piloten in der Central Flying School. Offizier in der Royal Air Force. 1940 als Generalmajor Kommandant des Bomberkommandos. 1944 Marschall der Royal Air Force.

Position and Homing Indicator, Abk. **PHI:** → Standort- und Zielanfluganzeiger

Positionslichter: → Kennlicht

Post Office Position Indicator: → POPI

Post, *Wiley:* amerikanischer Pilot, geb. 22. Nov. 1899 Grand-Saline (Texas), gest. (abgestürzt) 15. Aug. 1935 Point-Barrow (Alaska). Sohn eines Schotten und einer Indianerin, begann in den USA seine Laufbahn als Fallschirmartist. 1927 wurde er Pilot, dann Privatpilot eines Millionärs, der ein Privatflugzeug Lockheed «Vega» kaufte und es auf den Namen seiner Tochter «Winnie May» taufte, P. blieb Privatpilot mit einer kurzen Unterbrechung als Testpilot bei Lockheed. 1931 versuchte er, den Rekord für die Überquerung der USA zu verbessern. Vom 23. Juni bis 1. Juli 1931 gelang ihm mit dem Navigator *Harold Gatty* ein Weltrundflug in 8 d 15 h und 51 min. 2 Jahre später vom 15. bis 22. Juli 1933 flog er, wieder mit der

«Winnie May», allein um die Welt in 7 d 18 h und 49 min.

Potez, *Henry:* französischer Flugzeugkonstrukteur, geb. 30. Sept. 1891 Méaulté (Somme), gest. Nov. 1981, konstruierte während des ersten Weltkriegs gemeinsam mit *Marcel* → Bloch (→ *Dassault*) den Propeller «Eclair», mit dem 1916/18 fast alle französischen Militärflugzeuge ausgerüstet wurden. P. gründete 1916 zusammen mit *Bloch* und *Louis Coroller* die Flugzeugfabrik Société d'Etudes Aéronautiques (SEA), die 1918 den Kampf- und Aufklärungszweisitzer SEA-4 mit wassergekühltem 12-Zylinder-V-Motor «Lorraine-Dietrich» baute. In der 1919 gegr. Firma Aéroplanes Henry Potez entwickelte P. aus der SEA die Potez 7 mit einer Kabine für 2 Fluggäste (von «Compagnie Franco-Roumaine» auf den Strecken von Paris nach Prag, Warschau und Bukarest eingesetzt). Später baute P. zahlreiche Sport-, Verkehrs- und Militärflugzeuge, z. B. das Militär- und Postflugzeug Potez 25 (von 1925 bis 1934 mehr als 4000 Stück hergestellt und in 19 Ländern geflogen), das Aufklärungsflugzeug Potez 50 (1932), das mehrere Höhen- und Geschwindigkeitsrekorde aufstellte, und das 2motorige schwere Jagdflugzeug Potez 63 (1936), von dem mehr als 200 Stück gebaut wurden. Insgesamt stellte die Firma etwa 7000 Flugzeuge her, darunter 1150 Reise- und 250 Verkehrsmaschinen. 1936 wurde die Firma nationalisiert, 1939 jedoch als Société des Moteurs P. wieder gebildet. Die erste Nachkriegskonstruktion war die mit einer Druckluftschraube ausgestattete Potez 75 von 1953 als Prototyp für ein Schlachtflugzeug. Ab 1960 wurden Passagierflugzeuge gebaut, so das Kurz- und Mittelstreckenverkehrsflugzeug Potez 840. Die P.-Werke wurden 1967 von → Sud Aviation übernommen.

Pou du ciel: → Himmelslaus, → Mignet

PPI: Abk. für **P**lan **P**osition **I**ndication. Rundsichtdarstellung. → Polarkoordinatendarstellung

PPI-Abflug: bes. Art von Abflug mit Hilfe von Rundsichtradar, wobei der Radarkontrolleur einem Luftfahrzeug zu einem sicheren und schnellen Abflug aus der Nähe eines Flugplatzes verhilft.

P.R.: Abk. für **P**hoto **R**econnaissance. Bez. der britischen Streitkräfte für Fotoaufklärer.

Prag; Flughafen *Ruzyne,* City-Code **PRG:** wichtigster intern. Flughafen der ČSFR 50°06'06" n. Br., 14°15'42" ö. L., Höhe 380 m. 17 km südöstlich von Prag entfernt gelegen. 3 Start- und Landebahnen mit 3715 m × 45 m, 3250 m × 45 m und 2300 m × 60 m. Jahresverkehrsleistung 1988 1,97 Mill. Fluggäste. Moderne Funk- und Navigationsausrüstungen.

Praga: Bez. für Flugzeuge und Flugmotoren der Firma Českomorawska-Kolben-Danek. 1931 in Prag gegr. Nach dem zweiten Weltkrieg verstaatlicht und Bestandteil der Gruppe Československe Zavody Automobilowe Letecke. Zu den bekanntesten Mustern gehörte das Reiseflugzeug P.E-114 «Bejbinka» (1934).

Potez 621 während des zweiten Weltkriegs

praktische Flugweite: → Flugweite
praktische Gipfelhöhe: → Gipfelhöhe
Prallmelder: in Luftfahrzeugen leichter als Luft benutzte Vorrichtung an einer Gaszelle, die anzeigt, wenn ein bestimmter Druck erreicht wurde.
Prandtl, *Ludwig:* Physiker, geb. 4. Febr. 1875 Freising, gest. 15. Aug. 1953 Göttingen; Professor in Hannover (ab 1901) und Göttingen (ab 1904), ab 1925 Direktor des Kaiser-Wilhelm-Instituts (später Max-Planck-Institut) für Strömungsforschung. Einer der Begründer der Hydro- und Aerodynamik. 1904 entwickelte er die Anfänge der Grenzschichttheorie, 1918/19 beschäftigte er sich mit der Tragflügeltheorie. Leistete wichtige Beiträge zur Untersuchung turbulenter Strömungen, Unterschall- und Überschallströmungen. Der Windkanal Göttinger Bauart und das P.rohr (→ Fahrtmesser) wurden von ihm für die praktische Strömungsforschung entwickelt. Die von ihm festgelegte *Prandtlsche* Zahl stellt das Verhältnis des Koeffizienten der kinematischen Zähigkeit zur Wärmeleitzahl dar; sie bildet eine dimensionslose Größe. Durch sie kann die thermische Ähnlichkeit von Störungen gekennzeichnet werden, bei denen durch Temperaturunterschiede Energie zwischen dem strömenden Medium und den Begrenzungswänden ausgetauscht wird. Bei idealen Gasen ist die P.sche Zahl unabhängig von Druck und Temperatur. Die P.-Regel besagt, daß bei hoher Unterschallströmung kompressibler Medien schlankere Formen gewählt werden müssen als bei inkompressiblen Medien; der gleiche Druckunterschied (Auftrieb, Abreißgefahr) wird schon bei weniger abgelenkter Strömung erreicht. Deshalb werden mit steigender Fluggeschwindigkeit dünnere Profile verwendet.
Pratt & Whitney: Typenbez. für Flugtriebwerke des USA-Konzerns The Pratt & Whitney Aircraft Group of United Technologies Corporation, 1925 in Hartford gegr. Einer der größten Triebwerkskonzerne. Lizenzgeber für → SNECMA, Frankreich; → Svenska Flygmotor AB sowie nach Australien, Belgien, Brasilien, Italien, Japan und Kanada. Fertigt seit 1947 (vorwiegend militärische) Strahltriebwerke; ist auch am Ausrüstungs- und Raumfahrtsektor beteiligt.
Präzession: Kreiselbewegung aufgrund eines einwirkenden äußeren Moments. Der Hauptgleichung der Kreisellehre entspr. ist die zeitliche Änderung des Drehimpulsvektors $d\vec{D}/dt$ gleich $\vec{M}$, dem äußeren Moment. Daraus folgt, daß Drehimpulsachse und damit auch Laufachse eine P. ausführen. Mittels der P. bewegt sich der Kreisel in die Normallage bei Einwirkung der Stützung. Die P. wird zur Signalabgabe bei → Wendekreiseln (Wendezeiger) benutzt.
Präzisionsflug: Motorflugsportart analog zum → Navigationsflug, wird jedoch im Gegensatz zum Navigationsflug ohne Navigator, also von nur mit einem Flugzeugführer besetzten Flugzeug ausgeführt und hat deshalb einen höheren Schwierigkeitsgrad. Es werden sowohl Landes- als auch Europameisterschaften und Weltmeisterschaften durchgeführt.
Prepaid, eigentl. Charges Prepaid, engl., Abk. **CP:** svw. Gebühren (voraus-)bezahlt; «Frei Bestimmungsflughafen». Frachtzahlungsklausel im Luftverkehr. Bei P.-Versand trägt der Absender die Transportkosten für die Luftfrachtsendung bis zum Bestimmungsflughafen und alle am Abgangsort entstehenden, im voraus bekannten Kosten und Gebühren.
Prepaid Ticket Advice, Abk. **PTA:** Benachrichtigung eines Luftverkehrsunternehmens oder einer Flugscheinverkaufsstelle durch ein(e) andere(s) über die bei ihm erfolgte Vorausbezahlung einer Flugreise für eine Person an einem anderen Ort (→ Rufpassage). PTA erfolgt mittels Fernschreiben, Telegramm oder Briefpost. Mit dem PTA wird das benachrichtigte Unternehmen zugleich gebeten, der benannten Person für die angeführte Strecke zur Beförderung mit dem bezeichneten Luftverkehrsunternehmen einen Flugschein auszustellen. Mit PTA kann gleichfalls die erfolgte Vorausbezahlung anderer mit der Flugreise zusammenhängender Preise und Gebühren (z. B. Übergepäcktransportpreis) avisiert werden.
Primärluft: Vom Verdichter eines Gasturbinentriebwerks geförderte Luft, die in der → Brennkammer als Sauerstofflieferant für die Verbrennung des Brennstoffs notwendig ist.
Profil: in der Strömungslehre ein in Strömungsrichtung liegender Schnitt

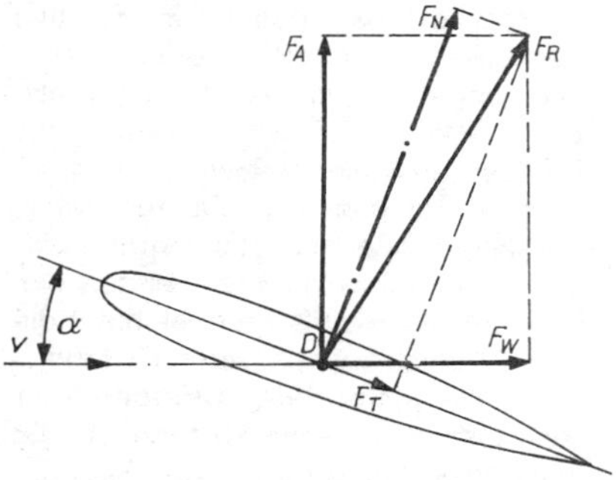

Luftkräfte am Profil: v Fluggeschwindigkeit, L Anstellwinkel, F_R Luftkraftresultierende, F_A Auftriebskraft, F_W Luftwiderstand, F_N Normalkraft, F_T Tangentialkraft

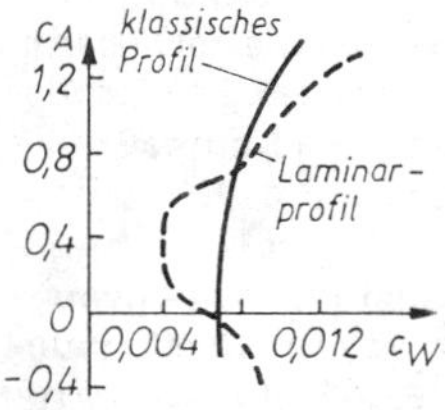

Vergleich eines klasssischen Profils mit einem Laminarprofil: C_A Auftriebsbeiwert, C_W Widerstandsbeiwert

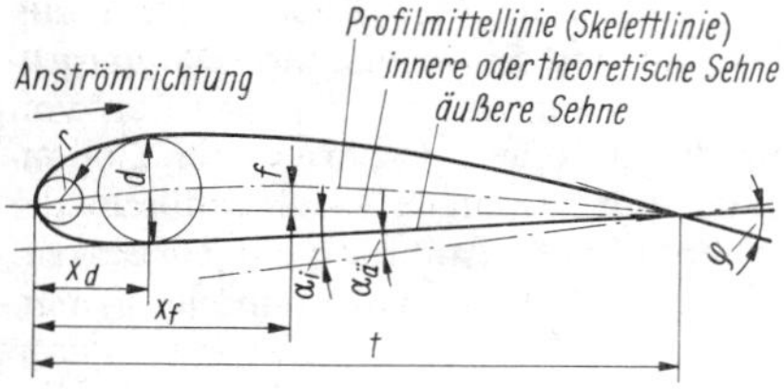

geometrische Merkmale des Profils

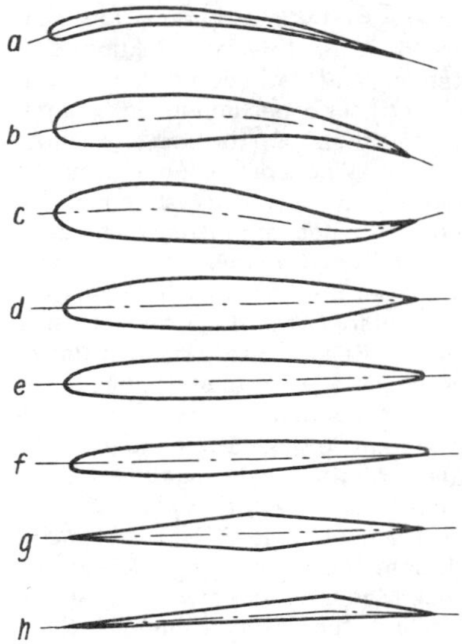

Tragflügelprofil von Flugzeugen in ihrer geschichtlichen Entwicklung: a dünnes, unsymmetrisches konvexes Profil kleiner Unterschallgeschwindigkeiten vor dem ersten Weltkrieg; b unsymmetrisches, konvexes Profil ($v \ll a$) im ersten Weltkrieg; c unsymmetrisches Profil mit S-Schlag in der Zeit vor dem zweiten Weltkrieg ($v < a$); d laminarisiertes, symmetrisches Profil von Jagdflugzeugen im zweiten Weltkrieg ($v < a$); e symmetrisches Profil von Jagdflugzeugen nach dem zweiten Weltkrieg ($v \approx a$); f symmetrisches, linsenförmiges Profil moderner Überschallflugzeuge ($V > a$); g symmetrisches Rhombus- und h unsymmetrisches Keilprofil für Flugkörper, die mit mehrfacher Schallgeschwindigkeit in großen Höhen operieren (z. B. Raumgleiter)

eines Bauteils, dessen Form eine Kraftwirkung bei bestimmter Wirkungsrichtung erzielen oder die Strömung möglichst verlustarm umlenken soll. Das P. verwendet man vor allem an Tragflügeln und Leitwerken von Flugkörpern, um Auftriebs- und Steuerkräfte zu erzielen. An Luftschrauben dienen sie dem Vortrieb, an Rotorblättern von Hubschraubern dem Auf- und Vortrieb, in Rotoren von Strömungsmaschinen erzielen sie eine Drehbewegung (Turbine) oder befördern und komprimieren das Medium (Verdichter oder Kompressor, Gebläse), in Statoren von Strömungsmaschinen lenken sie den Strom in eine gewünschte Richtung um usw. Die günstigste Form der P. für bestimmte Verwendungszwecke wird mit Hilfe der Profiltheorie untersucht und in Windkanal- oder anderen Versuchen praktisch ermittelt. Von verschiedenen Instituten und Forschungszentren, die sich mit der Erforschung der Eigenschaften unterschiedlicher P. beschäftigt haben, wurden P.kataloge herausgegeben. Zum Kennzeichnen der P.qualitäten enthalten diese neben den geometrischen Merkmalen vor allem die → Beiwerte des jeweiligen P. Bes. verdient um die Forschung und Formgebung der P. machten sich *N. J. Shukowski* und *L. Prandtl*, die Gruppen von P.formen entwickelten (Shukowski-P. und Göttinger P. Prandtls). Die Göttinger P. werden mit «Gö» und einer Ordnungsnummer bezeichnet (z. B. Gö 485). Shukowski-P. sind die einzigen, die sich aufgrund einer Kreiskonstruktion entwerfen lassen (Methode der konformen Abbildung), und bei denen der entstehende Auftrieb bereits vorher rechnerisch ohne Windkanalversuche ermittelt werden kann. Bekannt ist auch die P.sammlung des amerikanischen «National Advisory Commitee for Aeronautics» mit der Bez. «NACA» und einer anschließenden Zahl. Alle P.tabellen enthalten die Beiwerte (c_A, c_W, c_M) der P. unter verschiedenen Anstellwinkeln. Jedes P. ist durch bestimmte geometrische Merkmale gekennzeichnet, die unter dem Begriff → Profilgeometrie zusammengefaßt werden können. Die Form des gewählten P. ist weitgehend von Dichte und Strömungsgeschwindigkeit des Mediums sowie von der Aufgabenstellung für das P. abhängig. Nach ihrer Aufgabenstellung werden P. unter bestimmten Begriffen zusammengefaßt, so unterscheidet man z. B. Unterschall- und Überschallprofile für Tragflügel (Abb.) oder für Verdichter- und Turbinenschaufeln. Für den Hochleistungssegelflugzeugbau haben heute → *Laminarprofile* bes. Bedeutung.

Profilgeometrie: zus.fass. Begriff für alle geometrischen Merkmale eines → Profils. Dazu gehören:

- Profiltiefe bzw. -länge l,
- Profildicke, absolute d, relative $\bar{d} = d/l$,
- Profilwölbung, absolute f, relative $\bar{f} = f/l$,
- Dickenrücklage, absolute x_d, relative $\bar{x}_d = x_d/l$,
- Wölbungsrücklage, absolute x_f, relative $\bar{x}_f = x_f/l$,
- Radius des Nasenkreises r,
- Hinterkantenwinkel φ u. a. m.

Als Bezugsgröße zur Anströmrichtung wird der Anstellwinkel α verwendet, wobei definiert sein muß, ob er sich auf die innere (theoretische) oder auf die äußere Profilsehne bezieht. Aufgrund ihrer allgemeineren Aussage werden oft die relativen Merkmale bevorzugt. Sie können in Bruchteilen oder in Prozent der Profiltiefe angegeben werden. → Tragflügelgeometrie

Profiltiefe: → Profilgeometrie

Profilwiderstand: → Widerstand

Programmcharter: → Charterflugverkehr

Projektionskompaß: → Kompaß

Propeller: → Luftschraube

Propellerturbinenluftstrahltriebwerk, Abk. **PTL:** Gasturbinenflugzeugtriebwerk, das einen Teil (etwa 90 %) seiner Leistung als Wellenleistung an eine Luftschraube abgibt, der Rest wird zur Beschleunigung der durchgesetzten Gasmasse in der Schubdüse zur Erzeugung von Schubkraft aufgewendet. Die Gesamtleistung des PTL resultiert aus Wellen- und Strahlleistung. Die vergrößerte Wellenleistung zum Antrieb von Verdichter und Luftschraube im Gegensatz zum reinen ETL wird durch die mehrstufige Ausführung der Turbine ermöglicht. PTL können ebenfalls in Ein-

PTL Rolls Royce Dart (Großbritannien)

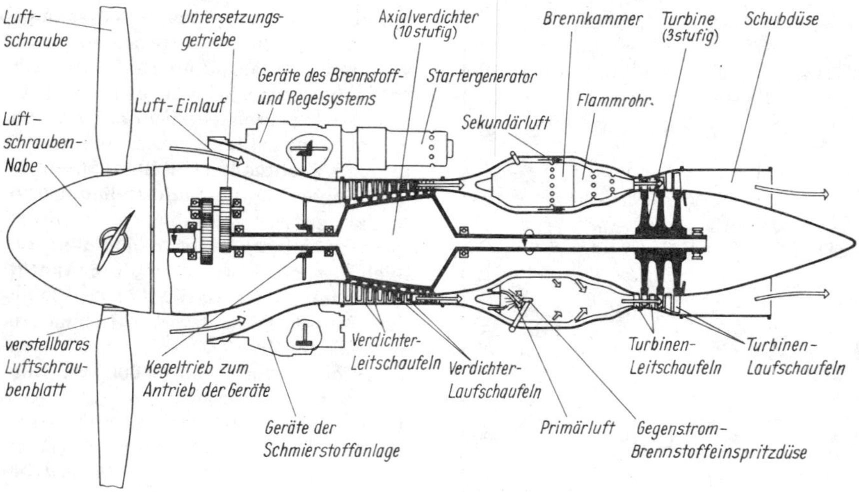

schematische Darstellung eines einwelligen PTL

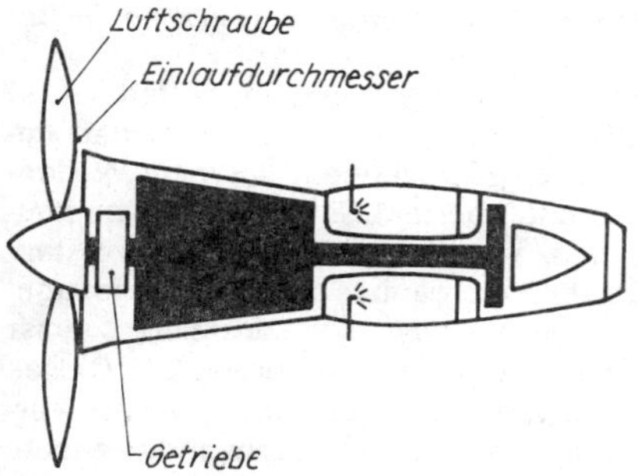

Einwellen-Propeller-Turbine mit Axialverdichter

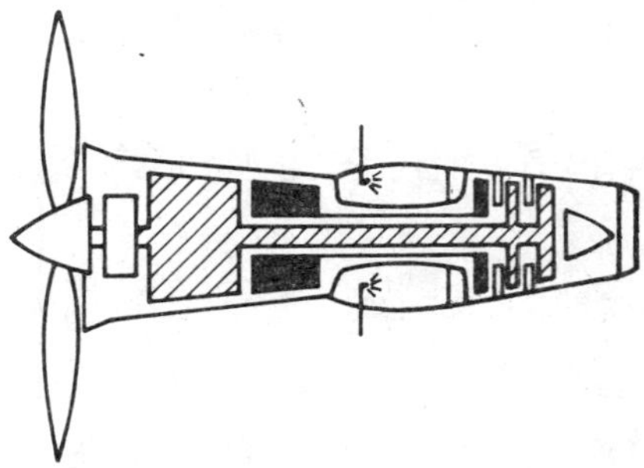

Zweiwellen-Doppelverdichter-Propeller-Turbine

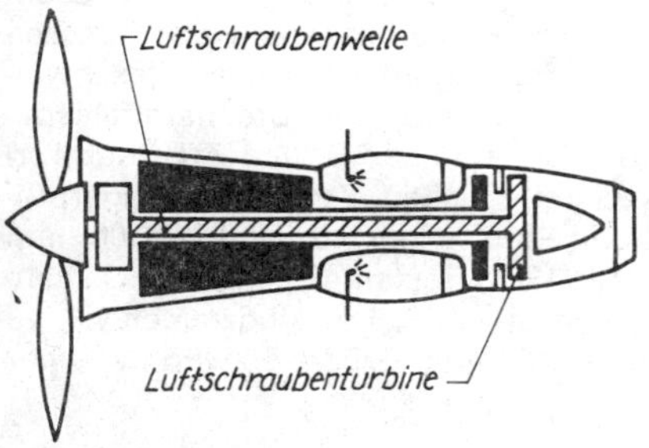

Zweiwellen-Propeller-Turbine

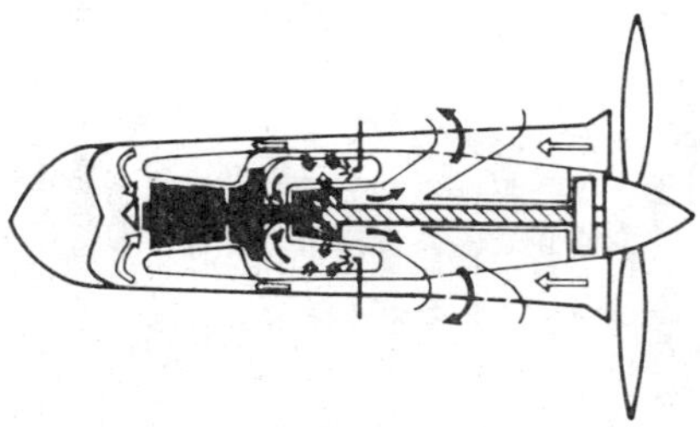

Zweiwellen-Propeller-Turbine mit komb. Verdichter, ohne Hohlwelle (twin-shaft turboprop)

oder Zweiwellenbauweise ausgeführt sein. Beide Ausführungsarten unterscheiden sich grundsätzlich in ihrem Betriebs- und Regelungsverhalten. *Vorteile gegenüber dem KTW:* geringeres Masse-Leistungs-Verhältnis, geringerer Stirnflächenwiderstand, höhere absolute Leistung, günstigeres Betriebsverhalten in Abhängigkeit von der Geschwindigkeit, Verarbeitung billigerer und weniger feuergefährlicher Brennstoffe, größere Zuverlässigkeit. *Nachteile gegenüber dem ETL:* größeres Masse-Leistungs-Verhältnis unter Berücksichtigung der Masse der Luftschraube, geringere Zuverlässigkeit, geringere ökonomisch vertretbare Fluggeschwindigkeit (bis ca. 700 km/h). PTL

Propellerturbinentriebwerke (PTL)

Typ	Hersteller	Bauart	$P_ä$	P_W	n	M	$\dot{m}$	π	T_3	$P_{äM}$	$b_ä$
			kW	kW	U/min	kg	kg/s		°C	kW/kg	g/kWh
TPE 331	USA	1W; 2R−3A	445	412	41 730	135	2,5	7,2	1 215	3,3	384
M-601	ČSFR	2W; 2A+1R−1A+1A	515		37 000	150	2,8	6,2	965	3,4	380
Astazou XII	Frankreich	1W; 2A+1R−3A	540	495	43 500	163	2,5	7,8	905	3,3	330
PT 6 A-40	Kanada	2W; 3A+1R−1A+1A	665	625	38 000	153	3,1	9		4,3	340
TWD-10S	UdSSR/Polen	2W; 7A+1R−2A+1A		728	28 800	295	4,5	7,3		2,7	345
DB 720	BRD	2W; 4A+1R−2A+1A	960	915	22 000	230	6,1	5,5	835	4,2	270
Mamba	GB	1W; 11A−3A	1 300	1 210	15 000	385	9,7	6		3,4	420
Dart 525	GB	1W; 2R−3A	1 485	1 350	15 000	610	9,9	5,1	850	2,4	354
AI-24T	UdSSR	1W; 10A−3A	2 070	1 880	15 800	600	14,4	7,5	850	3,4	356
T 64-GE-12	USA	2W; 14A−2A+2A	2 790	2 520	15 800	600	12	13		4,6	298
AI-20 M	UdSSR	1W; 10A−3A	3 120	2 870	12 300	1 040	21	9,2	850	3,0	332
Proteus 765	GB	2W; 12A+1R−2A+2A	3 320	2 940	11 775	1 340	20	7,2	895	2,5	368
T 56-A-15	USA	1W; 14A−4A	3 610	3 370	13 820	830	14,7	9,3	1 080	4,3	308
Tyne 20	GB	2W; 6A+9A−1A+3A	5 600	5 150	15 250	1 085	21	13,5	995	5,1	300
NK-12 MV	UdSSR	1W; 14A−5A	11 000	10 000	9 250	2 300	62	9,5	740	4,8	355

$P_ä$ äquivalente Leistung
P_W Wellenleistung
n Rotordrehzahl
M Masse
$\dot{m}$ Luftdurchsatz
π Druckverhältnis
T_3 Turbineneintrittstemperatur
$P_{äM}$ spezif. Leistung (Bezug Masse)
$b_ä$ spezif. Brennstoffverbrauch

benötigen ein 2stufiges Untersetzungsgetriebe, um die hohe Turbinendrehzahl von etwa 10 000 U/min auf die Luftschraubendrehzahl von etwa 1 000 U/min zu reduzieren. Die Getriebe sind gewöhnlich als Umlaufgetriebe ausgeführt und mit Drehmomentmeßeinrichtungen und Geber für die Segelstellungsautomatik der Luftschrauben ausgerüstet. Der günstigste Geschwindigkeitsbereich des PTL liegt unterhalb 650 km/h, die Reiseflughöhe bei 5...10 km. Das gegenwärtig leistungsfähigste PTL ist das sowjetische NK-12 MV mit einer Wellenvergleichsleistung von 11 000 kW. Neuentwicklungen großer PTL sind mit Ausnahme von Hubschraubertriebwerken nach 1965 nicht mehr bekannt geworden. Zum Vergleich mit KTW wird bei PTL häufig die äquivalente oder → Wellenvergleichsleistung angegeben. → Betriebsverhalten

Propfan, engl. unducted fan, Abk. **UDF:** Gasturbinentriebwerk für den Antrieb von Flugzeugen, das eine Wellenleistung über ein Getriebe auf eine neuartige, vielblättrige (8 bis 12) verstellbare Luftschraube, die für hohe Fluggeschwindigkeiten konzipiert ist (750...850 km/h), überträgt. Dieses Triebwerk, das bzgl. des By-pass-Verhältnisses und des Geschwindigkeitsbereiches zwischen den konventionellen PTL-Triebwerken und den ZTL-Triebwerken mit hohem By-pass-Verhältnis eingeordnet werden kann, soll insbesondere durch Verbesserung des äußeren → Wirkungsgrads in diesem Geschwindigkeitsbereich eine Brennstoffeinsparung gegenüber PTL und ZTL-Triebwerken ermöglichen. Beginn der Flugerprobung mit einer Boeing 727-100 am 20. 8. 1986; geplanter Einsatz im Liniendienst etwa 1995 in Flugzeugen bis zu einer mittleren Größe. Es wird mit einer

Einsparung an Betriebskosten bis zu 10% im Vergleich mit den zu dieser Zeit modernsten ZTL-Flugzeugen gerechnet. Eine Brennstoffeinsparung bis zu 15% ist insbesondere durch Verbesserung des äußeren → Wirkungsgrads auf Werte von über 80% zu erwarten.

Prorate (engl.): Anteil eines Luftverkehrsunternehmens an den Einnahmen aus der Beförderung von Personen oder Luftfracht, der ihm für die anteilige Durchführung des Transportprozesses, der nach einem → Durchgangstarif oder einer Durchgangsrate bezahlt wird, erwächst. → Proratierung

Proratierung (engl. Proration): Prinzip und Vorgang der Aufteilung von Einnahmen aus der Fluggastbeförderung oder dem Luftpost- oder Luftfrachttransport bei anteiliger Beförderung durch 2 und mehr Luftverkehrsunternehmen auf die Beteiligten. P. setzt die Anwendung eines → Durchgangstarifs bzw. einer Durchgangsrate voraus. Die P. erfolgt auf der Grundlage der P.bestimmungen für den Luftverkehr (Airlines Proration Directory, Abk. APD), die von der → IATA herausgegeben werden.

Provision: 1. Allgemein – Form der Entlohnung von → Agenten (→ Frachtagent) und Maklern (→ Luftfrachtmakler). – **2.** Luftverkehr – festgesetzter Anteil an den Einnahmen (Erlösen) aus der Beförderung von Fluggästen und Luftfracht, den Luftverkehrsunternehmen an andere Luftverkehrsunternehmen, auf deren → Beförderungspapiere sie die Beförderung durchführen, zahlen. Diese zahlen ggf. wiederum P. an die Agenten, die den Transportvertrag vermittelt oder in ihrem Auftrage abgeschlossen haben. → Superprovision

Provisional International Civil Aviation Organization, Abk. **PICAO:** provisorische internationale Luftfahrtorganisation, die nach den 1944 in Chicago beschlossenen Prinzipien (→ Chicagoer Abkommen) wirksam wurde und als Übergangslösung existierte, bis die → ICAO am 4. April 1947 ihre Tätigkeit aufnahm.

Prüfstelle für Luftfahrtgerät der Zivilen Luftfahrt der DDR, Abk. **PfL:** 1960 gegr.; Sitz zunächst in Pirna/Sonnenstein, ab 1964 als Bestandteil der zeitweilig existierenden Entwicklungs- und Prüfstelle (EPZL) in Berlin. Staatliche Einrichtung, die die Luftfahrttauglichkeit von Luftfahrtgerät im Rahmen von Muster-, Stück- und Nachprüfungen feststellt. Die Aufgaben der P. wurden 1973 von der → Staatlichen Luftfahrtinspektion (SLI) übernommen. Zu diesem Zeitpunkt wurde die P. aufgelöst.

PS: 1. Zeichen für → Pferdestärke. – **2.** Typenbezeichnung für sowjetische Verkehrsflugzeuge (russ. Passashirski Samoljot), z. B. PS-9.

PTA: Abk. für → **P**repaid **T**icket **A**dvice.

PTL: Abk. für → **P**ropeller**t**urbinen**l**uftstrahltriebwerk.

Pulawski, *Zygmunt:* polnischer Flugzeugführer-Ing. und Flugzeugkonstrukteur, geb. 1901, gest. 21. März 1931. Nach dem Studium Praktikum bei → Bréguet in Frankreich. Arbeitete nach seiner Heimkehr 1927 zunächst in der Flugzeugfabrik ZWL, danach bei → PZL in Warschau. Konstruierte die wegen ihrer eigenwilligen Form berühmten Hochdecker-Jagdflugzeuge der P-(Pulawski)-Serie: P-1 (1929), P-6 (1929), P-7 (1930), P-8 (1931) und P-11 (ab 1933 poln. Standardjagdflugzeug). P. arbeitete bis zu seinem tödlichen Unfall an einem Amphibium. Seine Konstruktionen wurden weitergeführt, indem man aus der P-11 die P-24 in mehreren Versionen ableitete.

Pulk: größere Anzahl in der Luft befindlicher Flugzeuge, die nicht zu einem Verband formiert sind.

Pulsotriebwerk, *Argus-Schmidt-Rohr:* von *P. Schmidt* entwickeltes und der Firma Argus im Auftrag der Luftwaffe Deutschlands im zweiten Weltkrieg zum Antrieb der Flugbombe V1 zur Serienreife entwickeltes Triebwerk, das in großer Stückzahl produziert wurde, konstruktiv einfach und relativ billig war. Das P. besteht aus einem einfachen, einseitig mit Rückschlagventilklappen geschlossenen, zylindrischen oder auch konischen, vielfach im Bereich der Verbrennungszone zum Brennraum ausgebauchten Rohr. Beim Start wird in den Brennraumteil des Rohres ein stöchiometrisches Brennstoff-Luft-Gemisch gebracht und einmalig durch eine Zündkerze gezündet. Es erfolgt

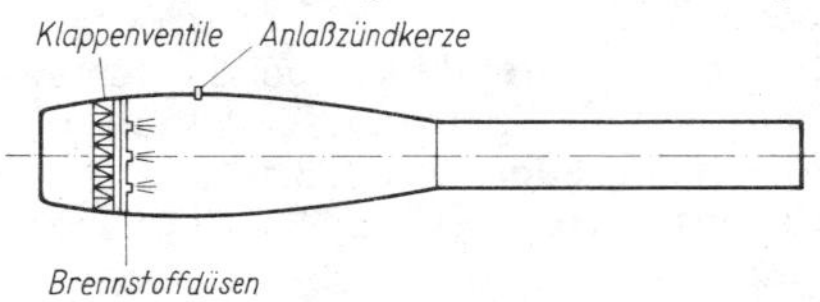

Pulsotriebwerk

eine explosionsartige Verbrennung mit steilem Druckanstieg, so daß das verbrennende Gemisch bzw. die im Resonanzrohr liegende Luftsäule zum offenen Rohrende ausströmt. Die Trägheit der ausströmenden Gassäule bewirkt einen Unterdruck im vorderen Rohrende, so daß über die sich nun öffnenden Rückschlagventile selbsttätig Frischluft in das Rohr einströmt. Durch kontinuierlich arbeitende Brennstoffpumpen wird dem Rohr Brennstoff zugeführt, so daß in der Unterdruckphase eine neues explosibles Gemisch entsteht. Der Unterdruck klingt durch die einströmende Frischluft und die zurückströmenden Verbrenungsgase ab, und es entsteht ein Druckanstieg mit intensiver, turbulenter Mischung, was zusammen mit der hohen Temperatur und den zündfördernden Komponenten der Verbrennungsgase zum erneuten Zünden des Brennstoff-Luft-Gemischs führt. Damit beginnt ein neues Arbeitsspiel. Die Frequenz des Schwingungsgebildes folgt akustischen Gesetzen. Wegen der pulsierenden Arbeitweise entsteht kein kontinuierlicher, sondern ein intermittierender Schub (daher oft intermittierendes Triebwerk). Der Wirkungsgrad des P. ist sehr niedrig. Die mit ihm erreichbare Fluggeschwindigkeit ist begrenzt, da der Schub als Differenz des Ein- und Austrittsimpulses aufgrund der erreichbaren Austrittsgeschwindigkeit mit der Geschwindigkeit fällt. Konstruktive Schwierigkeiten bereiteten bei diesem sonst einfachen und billigen Triebwerk die Klappenventile, deren Lebensdauer wegen der mechanischen und hohen thermischen Belastung sehr kurz war. Einen Ausweg bieten aerodynamische Ventile, d. h. Einlaufkanäle, die dem Gasstrom beim Einströmen einen geringen und beim Rückstrom einen großen Strömungswiderstand entgegensetzen. Daten der V1: max. Fluggeschwindigkeit 650 km/h, Masse 138 kg, spezifischer Verbrauch 2,9 kg/daNh, Arbeitsfrequenz etwa 50 Hz. Mit der Entwicklung der Raketentriebwerke erlosch das Interesse am P. Neben dem Einsatz als Antrieb für Flugbomben gab es mit P. Versuche zum Antrieb der Drehflügel von Hubschraubern und als Triebwerk für Segel- und Modellflugzeuge. → Fieseler

Pumpgrenze: → instabiler Betriebszustand

Pünktlichkeit: Qualitätsmerkmal der Transportleistungen (→ Beförderungsqualität). Hauptkenngröße: → Pünktlichkeitsquote.

Pünktlichkeitsquote: eine Kenngröße der → Beförderungsqualität im Luftverkehr. Quotient aus der Zahl der verspäteten und der Anzahl der insgesamt durchgeführten Flüge.

PVD: Abk. für **P**ara-**V**isual-**D**irector. Englische Firmenbez. für ein Flugkommandoanzeigegerät, das aus durchsichtigen Zylindern bestand, in denen eine Trommel mit aufgemaltem Spiralmuster rotierte. Entspr. der Drehrichtung der Spirale waren vom Luftfahrzeugführer Korrekturmanöver einzuleiten; das PVD wurde zur Anzeige der ILS-Kommandos benutzt. Sein bes. Vorteil bestand in der guten Wahrnehmbarkeit der Anzeige auch außerhalb des unmittelbaren Gesichtsfelds, da diese durch einen Bewegungsvorgang (Rotation des Spiralmusters) dargestellt wurde.

p,v-Diagramm: Darstellung von Zustandsänderungen und Kreisprozessen in einem p,v-Koordinatensystem. Im Zusammenhang mit Flugzeugtriebwerken sind der OTTO-Prozeß für Kolbentriebwerke (Adiabate, Isochore, Adiabate, Isochore) und der JOULE-Prozeß für Gasturbinentriebwerke (Adiabate, Isobare, Adiabate, Isobare) von besonderem Interesse.

PVOR: Abk. für **P**räzisions-**VOR** (→ VOR). Früher benutzte Bez. für eine Doppler-VOR-Anlage(-DVOR).

PW: Abk. für engl. → **P**ilot **W**arning **I**ndicator. → Kollisions-Warnsystem

PWS: Typenbez. für Flugzeuge der polnischen Werke **P**odlaskiej **W**ytworni **S**amolotow, 1923 gegr. Zu den besten Konstruktionen zählen: Verkehrsflugzeuge PWS-20 T «Gniezno» (1933) und PWS-54 (1933), Jagdflugzeuge PWS-1 (1926) und PWS-10 (1930), das Schulflugzeug PWS-14 (1932) sowie das Kampfflugzeug PWS-19 (1932).

Pylonbehälter: → Zusatzbehälter, meist für Brennstoff, der am Flugzeug mit Hilfe eines Pylons, d. h. eines Stegs, befestigt ist. Durch den Steg wird der → Interferenzwiderstand verringert.

Pyromechanismen: Mechanismen, die durch eine gezielte Verbrennung von Pulver- oder Feststoffladungen betrieben werden. Im Flugwesen aufgrund ihrer Einfachheit, Zuverlässigkeit und hohen Reaktionsschnelligkeit vor allem

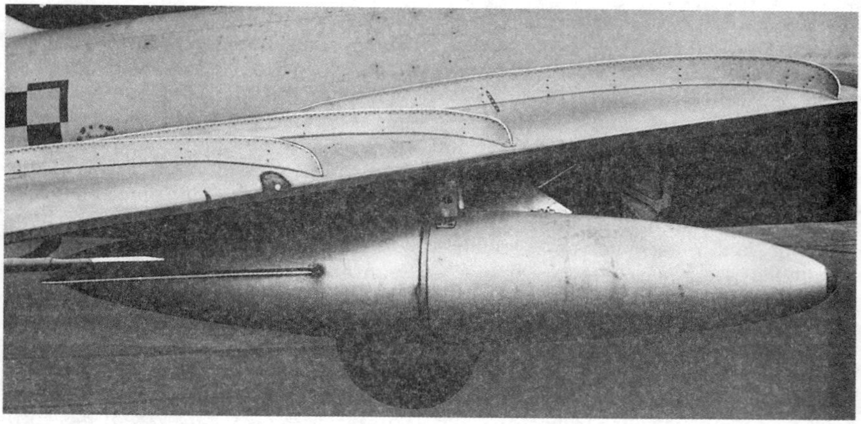

Pylonbehälter an einer MiG-17F

Wladimir Pyschnow

für → Rettungseinrichtungen verwendet.

Pyschnow, *Wladimir Sergejewitsch:* sowjetischer Aerodynamiker, Generalleutnant (1946), Doktor der Technischen Wissenschaften (1958), Professor (1939) an der sowjetischen Shukowski-Luftfahrtakademie. Geb. 21. Febr. (6. März) 1901 Moskau. 1920 Eintritt in die Armee. Beendete 1925 die Universität. Arbeitete seit dieser Zeit als Theoretiker auf den Gebieten Mechanik des Flugs und Aerodynamik im Hyperschallbereich. Bildete zahlreiche sowjetische Flugzeugkonstrukteure aus, so auch *Alexander → Jakowlew.*

PZL: Abk. für → **P**olskie **Z**aklady **L**otnicze.

QUANTAS Airways Ltd., 2-Letter-Code **QF:** staatliche Luftverkehrsgesellschaft Australiens mit Sitz in Sydney, gegr. 1920 unter dem Namen «Queensland and Northern Territory Aerial Services». Sie führt den jetzigen Namen seit 1924. *Flugzeugpark* (1988): 17 Boeing 767-238 ER, 22 Boeing 747 verschiedener Versionen (modernster, einheitlicher Flugzeugpark). Verkehrsdaten 1988: 3,45 Mill. beförderte Passagiere (auschließlich intern. Linien- und Charterflugverkehr); 23,57 Mill. Pkm; 858,8 Mill. Fracht-tkm; 2,33 Mrd. Pkm Gesamtleistung. Streckennetz von 348 000 km. Q. betreibt Fluglinien rund um die Welt, den «Kangoroo-Dienst» nach Europa, den «Southern-Cross-Dienst» nach Nordamerika, den «Wallaby-Dienst» nach Südafrika, den «Bird of Paradise-Dienst» nach Papua-Neuguinea sowie Linien nach Hongkong und Tokio. IATA-Mitglied.

QSTOL: Abk. für **Q**uiet (lärmarmes) → **STOL**-Flugzeug.

Qualität der Beförderung im Luftverkehr: → Beförderungsqualität

Quasidichtekompensation: → Fahrtmesser

Quebecair dba INTERCANADIAN: Luftverkehrsgesllschaft mit Sitz in Montreal International Airport (Kanada). Gegr. 1947 als Rimouski Airlines und 1953 umbenannt in Gult Aviation Company mit dem Zusatz Quebecair, mit dem seit 1969 allein firmiert wird. *Flugzeugpark* (1989): 6 Fokker 100, 1 Art 42, 1 Metro CV 580, 7 Metro II. Verkehrsdaten 1988: 700 000 beförderte Passagiere (davon 603 000 im Inland); 1,4 Mrd. Pkm (davon 1,1 Mrd. Pkm im intern. Charterflugverkehr); 2,6 Mill. Fracht-tkm; 143,5 Mill. tkm Gesamtleistung. Streckennetz von 17 000 km. Hauptstrecken:

Q

QANTAS

QUEBECAIR

Inlandflugverkehr. Internationale Charterflüge.

Querachse: → Achsen des Flugzeugs

Querkraft: **1.** Kraft, die bei Umströmung eines Körpers quer zur Strömungsrichtung auftritt. – **2.** Am Bauteil Kraftwirkung quer zur Längsachse. Ruft z. B. Schubbeanspruchung im Steg des → Schubwandträgers hervor. → Beanspruchung

Querlage, *Querneigung, Schräglage:* seitliche Neigung der Flugkörperhochachse gegenüber der Vertikalen durch Drehen um die Längsachse. Sie ist gekennzeichnet durch den Querneigungs- oder Schräglagewinkel. → Fluglage

Querlageflugregler: → Flugregler, der die Luftfahrzeugbewegung um die Längsachse regelt.

Quermoment: → Momente am Flugzeug

Querneigungsmesser: Gerät im Luftfahrzeug, das den Winkel zwischen der Querachse und einer Bezugsebene mißt. Je nach Wahl der Bezugsebene unterscheidet man *Relativ-* und *Absolut-Q.* Relativ-Q. messen die Querneigungen gegenüber der Ebene, die auf dem resultierenden Beschleunigungsvektor, der auf das Luftfahrzeug wirkt, senkrecht steht. Relativ-Q. sind Pendel oder Kugellibellen. Absolut-Q. messen die Querneigung gegenüber der Horizontalebene und werden als → künstlicher Horizont bezeichnet.

Querpfettenbauweise: Anordnung von → Pfetten vorzugsweise quer zur Richtung von Längselementen (Holme, Träger), um die Schubsteifheit der Behäutung bei Torsion zu erhöhen. Querpfetten dienen häufig als Hilfs- → Spanten oder Hilfs- → Rippen. → Längspfettenbauweise

Querruder: → Ruder zum Steuern der Bewegung des Flugzeugs um seine Längsachse. Durch gegensinnigen Ausschlag eines oder mehrerer Ruder an beiden Tragflügelhälften wird an einer Hälfte der Auftrieb vergrößert und an der anderen verkleinert. Dadurch entsteht ein um die Längsachse des Flugzeugs drehendes Moment. Die Wirkung von Querrudern kann durch → Störklapppen oder durch → Differentialhöhenruder verstärkt oder ersetzt werden. Beim Ausschlag des Q. kann ein → negatives Wendemoment entstehen, wenn kein → Differential-Q. verwendet wird.

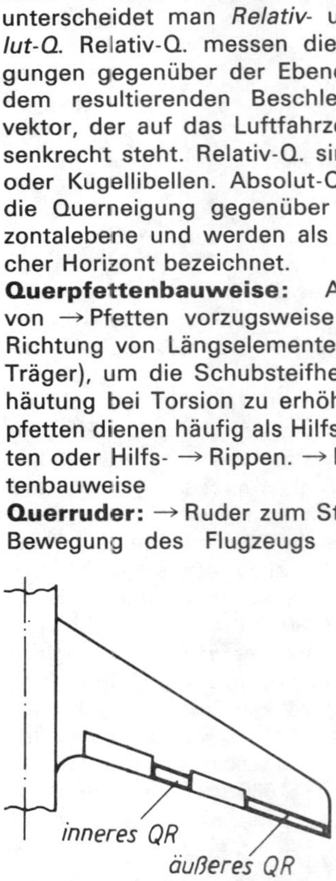

Anordnung doppelter Querruder

Querruderwirksamkeit: → Ruderwirksamkeit

Querstabilität: Stabilität eines Luftfahrzeugs in bezug auf Rollmomente um die Längsachse. Q. ist nur wirksam im Zusammenwirken mit der → Richtungsstabilität und herrscht dann, wenn das Flugzeug nach einer ungewollten Drehung um die Längsachse ohne zusätzlichen Ruderausschlag wieder in seine Normallage zurückkehrt. Konstruktiv wird die Q. erreicht durch V-Stellung der Tragflügel, durch tiefe Lage des Massenmittelpunkts sowie durch positive → Verwindung der Tragflügel, da die Q. wächst, je kleiner der Auftriebsbeiwert an den Flügelenden wird. → Seitenstabilität, → Stabilität

Quersteuerbarkeit: → Steuerbarkeit

Quersteuerung: Steuern der Flugkörper-Querneigung mit Hilfe von → Querrudern, → Spoilern, → Elevonen, → Differentialhöhenrudern oder anderen Hilfsmitteln. → Steuerung, → Steuerwerk

Querverband: Summe derjenigen Bestandteile des → Festigkeitsverbands, die quer zur Achse der Baugruppe angeordnet sind, also Rippen oder Spanten, Querpfetten. → Bauweisen

Querverteilung: Verteilung der Chemikalien bei aviochemischen Arbeiten quer zur Flugrichtung unter Berücksichtigung mehrerer, parallel zueinander liegender Überflüge. Als Maß für die Qualität der Q. dient der Variationskoefffizient, der nach DDR-Vorschriften 20% nicht überschreiten durfte. Er bestimmt die maximal nutzbare Arbeitsbreite eines Überflugs. Zu unterscheiden sind die Q. eines Überflugs und die resultierende Q. Die Q. eines Überflugs wird häufig auch Streubild genannt.

Querwindfahrwerk: speziell konstruiertes → Fahrwerk, dessen Laufräder schräg zur Flugzeuglängsachse gestellt werden können, um das Schieben des Flugzeugs bei Querwindlandung auszugleichen und somit Schäden am Fahrwerk zu vermeiden. Heute werden Q. kaum verwendet, da sie technisch kompliziert sind.

Querwindlandung: Landung mit Querwind, bei der das Flugzeug auf die Landebahn mit einem Luvwinkel (Schiebewinkel) kommt, der vom Wind und der Fluggeschwindigkeit abhängt. Kurz vor Aufsetzen der Maschine befindet sich das Flugzeug im Luvwinkel und wird mit dem Seitenruder auf die Landebahnachse ausgerichtet.

Querwindstart: Start mit Querwind, bei dem der Seitenwind versucht, die Flugzeugnase in den Wind einzudrehen, die luvseitige Fläche anzuheben und die Maschine quer zur Startbahn zu verschieben. Das Eindrehen in den Wind wird mit dem Seitenruder verhindert, das Anheben der Luvfläche durch Querruderausschlag. Um ein Verschieben auf der Startbahn zu verhindern, soll die Abhebegeschwindigkeit höher als normal sein.

Quotientenmesser

Quotientenmesser, *Ratiometer:* Anzeiger mit 2 oder mehr Spulenanordnungen, die selbst drehbar sind oder eine Drehung des beweglichen Systems hervorrufen. Sie dienen in Luftfahrzeugen meistens zur Anzeige nichtelektrischer Größen, z. B. von Druck, Temperatur, Stellungen beweglicher Teile des Luftfahrzeugs. Q. können als Kreuzspul-, Drehmagnet- oder elektrodynamische Geräte aufgebaut sein.

R

R: **1.** Typenbez. für sowjetische Aufklärungsflugzeuge (russ. raswedtschik), z. B. R-3. – **2.** Typenbez. der USA-Luftstreitkräfte für Aufklärungsflugzeuge (engl. reconnaissance, Aufklärung), z. B. RB-66. – **3.** Bez. der deutschen Fliegertruppe 1915/18 für mehrmotorige, mehrsitzige Flugzeuge (R → Riesenflugzeug), z. B. Zeppelin-Staaken R.VI. – **4.** Typenbez. für englische Starrluftschiffe (engl. rigid, starr), z. B. R-101. – **5.** Typenbez. für amerik. Kolbentriebwerke in Sternbauart (engl. **R**adial engine), z. B. R-4360; 4360-Hubvolumen in Kubikzoll, 71,45 dm^3.

RAAF: Abk. für **R**oyal **A**ustralian **A**ir **F**orce, Königlich-Australische Luftstreitkräfte.

Radar: Abk. für **Ra**dio **D**etecting **A**nd **R**anging, engl., *Funkortung* oder *Funkmeßtechnik;* auf der Reflexion elektromagnetischer Wellen an Hindernissen beruhendes Verfahren, das hauptsächlich zur Standortfeststellung von Fahrzeugen angewendet wird. Darüber hinaus lassen sich weitere Angaben, wie Geschwindigkeit und Kurs des Ziels gewinnen. In der Luftfahrt benutzt man *Boden-R.-Anlagen* zur Luftraumbeobachtung (Aufgaben der Luftverteidigung, Flugsicherungskontrolle), Führung bei Landeanflügen unter Instrumentenflugbedingungen, unmittelbaren Wetterbeobachtung (Wetter-R.), Messung von Windgeschwindigkeiten in größeren Höhen (R.verfolgung von Ballonen), Überwachung des Rollverkehrs auf Flugplätzen. *Bord-R.-Anlagen* dienen der Kollisionsverhütung, dem Erkennen von Schlechtwetterzonen und der Navigation. Beim *Impuls-R.* strahlt die Anlage über eine Antenne hochfrequente Impulse ab, deren Energie an Hindernissen im Ausbreitungsweg (Luft-

militärische Luftraumüberwachungsstation P-10 (UdSSR)

Rundsichtanlage

fahrzeuge, Wolken, Erdboden, Gebirge u. a.) gestreut wird. Ein Teil der gestreuten elektromagnetischen Energie gelangt wieder zur Sendeantenne und von dort zu einem Empfänger. Da die Ausbreitungsgeschwindigkeit elektromagnetischer Wellen (ca. 300 000 km/s) bekannt ist, kann aus der Zeit zwischen Impulsabstrahlung und dem Eintreffen der rückgestreuten elektromagnetischen Energie auf die Entfernung zur streuenden Fläche (R.ziel) geschlossen werden. Indem man eine stark bündelnde Antenne verwendet, ergibt sich aus der Antennenstellung die Richtung zum Ziel. Eine *Impuls-R.-Anlage* besteht aus Impulsanlage, Sender, Antennenumschalter, Empfänger, Sichtgerät und Stromversorgung. Letztere liefert die erforderlichen Ströme und Spannungen für die einzelnen Baugruppen. Die Impulsanlage erzeugt Impulse vorgegebener Dauer und Folgefrequenz. In Bord-R.-Anlagen wird die Folgefrequenz häufig von der Bordnetzfrequenz 400 Hz abgeleitet. Der Sender erzeugt während der Impulsdauer elektromagnetische Wellen hoher Frequenz (Bordanlagen meist 9 GHz). Nur während des Sendeimpulses besteht auch eine Verbindung zwischen Antenne und Sender über den *Antennenumschalter*. Der Empfängereingang ist während des Sendens kurzgeschlossen, da er sonst durch die große Sendeenergie zerstört würde. In den Impulspausen erfolgt die Anschaltung des Empfängers an die Antenne über den Antennenumschalter. Die eingehenden R.echos gelangen daher zur Auswertung in den Empfänger. Am Empfängerausgang ist das Sichtgerät angeschlossen. Bei der hauptsächlich benutzten Polarkoordinatendarstellung lassen sich die Standorte der R.ziele auf dem Bildschirm des Sichtgeräts als Leuchtflecke erkennen. Zur genauen Entfernungsmessung ist eine exakte Laufzeitbestimmung der elektro-

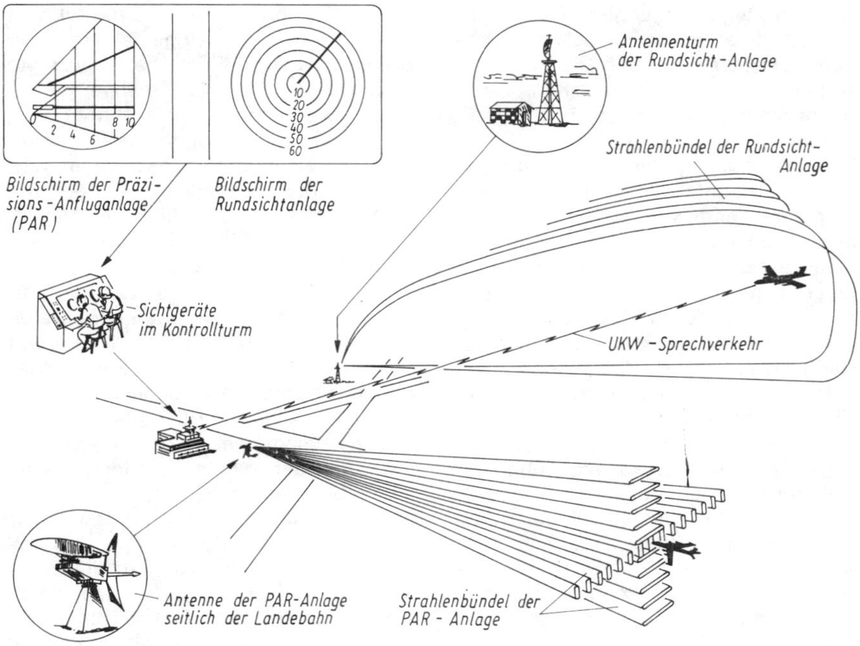

schematische Darstellung eines Landeradarsystems (PAR)

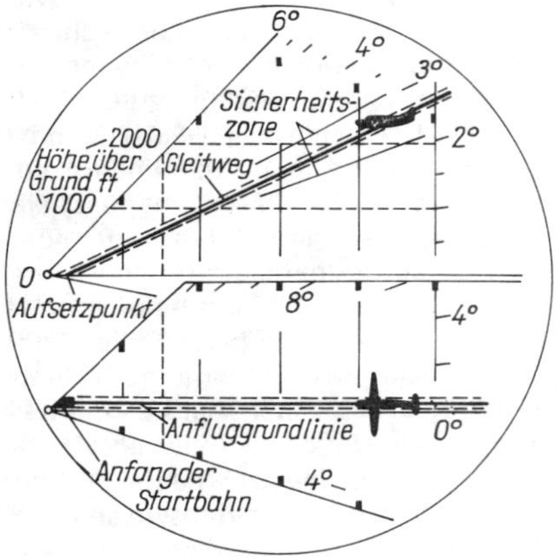

Schirmbild eines PAR-Geräts

magnetischen Wellen erforderlich, die mittels einer von der Impulsanlage durchgeführten Synchronisation im Zusammenwirken aller Baugruppen erreicht wird.

Die Wellenlänge der R.-Anlagen richtet sich nach der geforderten Reichweite und dem gewünschten Auflösungsvermögen. Bord-R.-Anlagen arbeiten mit Wellenlängen von 3 cm, Rollfeld-R.-Anlagen mit solchen von 8 mm. Mit kleineren Wellenlängen veringern sich auch die für eine vorgegebene Halbwertsbreite im Antennendiagramm erforderlichen Antennenmaße. Dabei geht aber die Reichweite der Anlage zurück. Zum Erzeugen eines kartenähnlichen Bildes auf dem Sichtschirm muß der Elektronenstrahl die gleichen Drehbewegungen wie die Antenne ausführen. Dazu rotieren die Ablenkspulen der Braunschen Röhre des Sichtgeräts synchron mit der Antenne. Der Bildmittelpunkt entspricht in dieser Darstellung dem Standort der R.-Anlage. Alle streuenden Objekte erscheinen auf dem Sichtgerät als helle Leuchtflecke winkelgetreu in einem einheitlichen Entfernungsmaßstab. Diese Darstellungsart bezeichnet man als → *Polarkoordinatendarstellung* (PPI) oder *Panorama-R.* Seitenwinkel und Entfernung zum Ziel sind sofort ablesbar. Das Ablesen erleichtern elektronisch eingeschriebene oder in eine Sichtscheibe geritzte Entfernungskreise. Der Höhenwinkel zu einem Ziel läßt sich feststellen, wenn eine Antenne benutzt wird, die auch in der vertikalen Ebene ein schmales Richtdiagramm besitzt und sich vertikal schwenken läßt. Darüber hinaus muß auch am Sichtgerät eine Darstellung in der vertikalen Ebene möglich sein, R.-Anlagen mit Polarkoordinatendarstellung dienen zur militärischen und zivilen Luftraumüberwachung (Flugsicherung) und zum Lei-

ten von Flugbewegungen. Kleinere R.-Anlagen überdecken je nach der abgestrahlten Leistung, dem verwendeten Antennendiagramm und der Impulsfrequenz einen Bereich bis zu 75 km, große Anlagen über 300 km.
Das *Präzisions-Anflug-R.* wird zur Landeführung unter Instrumentenflugbedingungen angewendet. Dabei handelt es sich um 2 gekoppelte Anlagen, deren eine ausschließlich die Ablage des anfliegenden Luftfahrzeugs vom vorgegebenen Kurs feststellt, während die zweite die Ablage vom vorgegebenen Gleitweg registriert. Auf beiden Sichtgeräten sind vorgegebener Kurs und Gleitweg aufgezeichnet, so daß der zuständige Flugsicherungslotse je nach Lage des Leuchtflecks gegenüber den Vorgaben Korrekturen über die UKW-Sprechfrequenz an den Piloten durchgeben kann. Dieses Anflugverfahren wird als → *GCA-Verfahren* bezeichnet (*G*round *C*ontrolled *A*pproach, engl., vom Boden kontrollierter Anflug).
TELERAN wurde um 1950 als Anflugverfahren unter Instrumentenbedingungen vorgeschlagen. Es stellte eine Kombination von Fernsehen (Television) und R. dar, erlangte aber keine internationale Bedeutung. Ein Bord-R. tastete den Luftraum vor dem Luftfahrzeug ab. Der Pilot sollte dadurch in die Lage versetzt werden, Schlechtwettergebiete, andere Luftfahrzeuge oder Hindernisse zu erkennen und ihnen auszuweichen. Häufig läßt sich an Bord-R.-Anlagen das Antennendiagramm so umschalten, daß der überflogene Boden abgebildet wird und man Küsten, Flüsse u. a. erkennen kann, so daß eine *R.-Navigation* möglich wird. In Jagdflugzeugen dient das Bord-R.Gerät dazu, Luftziele auch nachts und in den Wolken zu finden. Meteorologische Stationen setzen R.-Anlagen *(Wetterradar)* zur Lokalisierung von Schlechtwettergebieten (Gewitter, Stürme usw.) ein. *Wind-R.-Anlagen* werden zur Höhenwindmessung verwendet. Die zum Messen benutzten Ballone sind mit einem *R.-Reflektor* versehen und werden mit Hilfe von R.-Anlagen laufend verfolgt, wodurch Höhe und durch Windeinfluß entstehende Abdrift des Ballons feststellbar sind. *Sekundär-R.-Anlagen* wurden aus den im zweiten Weltkrieg benutzten Freund-Feind-Geräten entwickelt und dienen zur Flugsicherung. Die Bordanlage wird von einer Bodenanlage abgefragt und übermittelt je nach eingestelltem Code Daten (z. B. Typ, Flughöhe, angezeigte Geschwindigkeit, Brennstoffvorrat usw.). Sie liefert mehr Informationen als die R.-Anlagen ohne Antwortgerät, die auch als *Primär-R.* bezeichnet werden. Es entstehen jedoch auch erhöhte Kosten durch die zusätzliche Anlage.
Das *Seitensicht-R.* (*S*ide-*L*ooking *A*irborne-*R*adar, engl. Abk. *SLAR*) sendet einen im rechten Winkel zur Luftfahrzeuglängsachse nach unten gerichteten Mikrowellenstrahl und setzt im Verlauf der Fortbewegung aus den aufeinander folgenden Bildzeilen – ähnlich wie beim Fernsehen – ein Bild des überflogenen Bodens zusammen. Es ist ein wichtiges Verfahren der → Fernerkundung, vor allem in Gebieten, in denen die Aufnahme von → Luftbildern infolge ungünstiger meteorologischer Bedingungen nur selten möglich ist. R.-Anlagen, die keine Impulse, sondern kontinuierliche Wellen zu Ortungszwecken abstrahlen, werden als *Dauerstrich-R.-Anlagen* oder als *CW-R.* (Abk. für *C*ontinuous *W*ave, engl., kontinuierliche Welle) bezeichnet. Beim Digital-R. sind die Koordinaten der Ziele zwecks Fernübertragung des R.bildes digital verschlüsselt. In der Militärluftfahrt benutzt man zunehmend das *Terrainfolge-R.* Mit dieser Anlage ist ein Tiefflug schneller Militärflugzeuge möglich, da das Bodenrelief vor dem Flugzeug abgetastet wird und beim Auftreten von Bodenhindernissen die Ausgangssignale des Terrainfolge-R. den → Flugregler zu einer Ausweichbewegung des Flugzeugs veranlassen. Rundsicht-R.-Anlagen besitzen häufig Zusatzanlagen für bes. Betriebsweisen. In einer solchen Betriebsweise, die als *Festzeichenlöschung* (*M*oving-*T*arget-*I*ndication, Abk. *MTI*) bezeichnet wird, werden nur Ziele abgebildet, die sich bewegen und daher eine Dopplerfrequenz liefern. In der Betriebsweise *Iso-Echo* werden alle Zielechos, deren Feldstärke größer als ein vorgegebener Grenzwert ist, dunkel getastet und daher nicht abgebildet. Das erlaubt eine Beurteilung der auf dem Bildschirm abgebildeten Gewitter beim Bord- oder Wetter-R. Um bestimmte Hindernisse oder Luftfahrzeuge mit geringem Echoquerschnitt (z. B. Segelflugzeuge) für R. zu kennzeichnen, benutzt man R.-Reflektoren. Die R.-Überdeckung gibt an,

in welchem Raum Luftziele durch R.-Anlagen aufgefaßt werden können.
Geschichtliches: Bereits 1887/88 stellte *Heinrich Hertz* die Reflexion elektromagnetischer Wellen an metallischen Hindernissen fest. In Rußland konnte *Alexander Stepanowitsch Popow* 1897 die gleiche Erscheinung an Schiffen beobachten und schlug eine Methode zur Ortung von Schiffen vor. *Christian Hülsmeyer* erhielt 1904 ein deutsches Patent über die Ortung entfernter metallischer Gegenstände mit Hilfe elektromagnetischer Wellen. Die damalige Technologie und Technik gestattete es jedoch nicht, ein derartiges Patent in der Praxis zu nutzen. Ab 1930 entwickelte man in mehreren Ländern (vor allem in England, Deutschland und der UdSSR) Funkmeßgeräte für Marine und Luftstreitkräfte. Nach intensiven Forschungen und Erprobungen setzte man derartige Anlagen im zweiten Weltkrieg in großer Zahl ein. Seitdem fanden R.-Anlagen auch im zivilen Einsatz starke Verbreitung. Die heute angewendeten Flugsicherungsverfahren sind ohne R. und Rechentechnik nicht möglich.

Radarantwort: Sichtanzeige eines von einem Radarziel ausgestrahlten Signals auf einem Radarschirmbild als Antwort auf eine Abfrage bei Betrieb von Sekundärradar. → Radar

Radarbug, *Radarnase:* aus Plast gefertigte, für die elektromagnetische Strahlung durchlässige Verkleidung der Radarantenne eines Luftfahrzeugs im Rumpfbug. Der R. ist meist noch mit einzelnen Streifen Metallfolie zur Ableitung der statischen Elektrizität beklebt.

Radarwarnempfänger: in militärische Luftfahrzeuge eingebaute Anlage, die die auftreffenden, von fremden Radaranlagen stammenden Signale empfängt und verarbeitet. Die Signale werden analysiert, um den Sender zu klassifizieren und den Grad der Bedrohung zu ermitteln. Je nach Einsatzauftrag kann der gespeicherte Katalog von Radardaten geändert werden. Entsprechend dem Grad der Bedrohung wird der Besatzung eine Warnung signalisiert.

Radarwetterbeobachtung: Auswertung der in einem Wetterradar vorliegenden Echos zu meteorologischen Zwecken. → Radar, → Wetterradar

Radbremse: → Bremsen, → Bremskörper

Radial: engl. Bez. der zur Richtungsinformation benutzten Standlinie bei Verwendung von → VOR- oder → TACAN-Anlangen.

Radialturbine: Umkehrung des → Radialverdichters. R. ist eine meist nur für kleine Leistungen angewendete 1stufige Turbinenbauart (→ PIRNA 027), die den Vorteil der einfachen Eintrittsleitapparatverstellung hat und geringe Neigung zur instabilen Arbeit. Der Nachteil besteht darin, daß das Arbeitsmedium entgegen der Zentrifugalkraft das Laufrad radial von außen nach innen durchströmt. Es können nur geringe Enthalpiegefälle pro Stufe verarbeitet werden.

Radialverdichter: Verdichterbauart,

Radarbug einer MiG-21 (Plasthaube abgenommen)

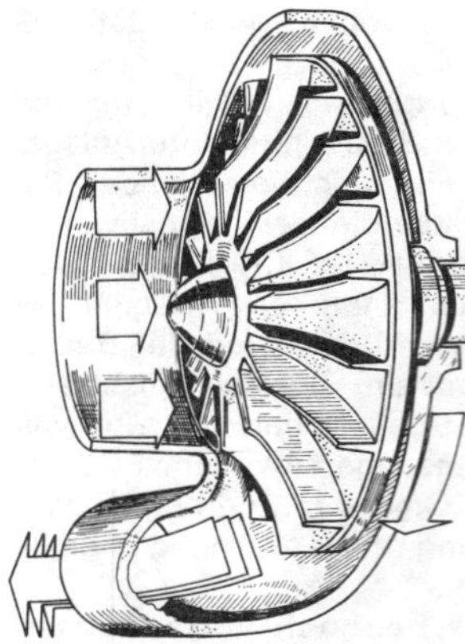

Radialverdichter

bei der das Arbeitsmedium das Laufrad von innen nach außen durchströmt. *Vorteile:* geringe Neigung zur instabilen Arbeit, hohes → Druckverhältnis je Stufe (bis etwa 4). *Nachteile:* großer Durchmesser. R. werden z. Z. nur noch bei Kleingasturbinen (→ PIRNA 027), bei kleinen Flugzeugtriebwerken und als → Lader für Kolbenmotoren angewendet.

Radio-Astronavigation: in der Vergangenheit zur → Flugnavigation vorgeschlagenes Verfahren, bei dem die hochfrequente Strahlung von Gestirnen gepeilt werden sollte; wurde aber nicht praktisch verwertet.

Radiokompaß: → Funkkompaß

Radio Magnetic Indicator (engl.), Abk. **RMI:** kombiniertes Anzeigegerät für bestimmte Funknavigations-Anlagen (Funkkompaß, VOR) und die Kompaßanlage. Das Gerät hat eine Kompaßrose, die gegenüber einer luftfahrzeugfesten Marke von der Kompaßanlage eingestellt wird. Die beiden Zeiger des RMI werden zur Kompaß- bzw. VOR-Anzeige benutzt, so daß sie die Peilwinkel relativ zur Kompaßrose anzeigen.

Radio-Mailles: früher benutztes Funknavigationsverfahren, das im Frequenzbereich von 2 MHz Hyperbeln als Standlinien lieferte. Bei R.-M. wurde eine niederfrequente Modulation zur Bildung der Hyperbeln benutzt. Da die zur Modulation angewendete Niederfrequenz zwischen den einzelnen Sendern geringe Frequenzdifferenzen hatte, entstand ein wanderndes Interferenzfeld, und die Hyperbeln liefen mit einer durch die Frequenzdifferenz bestimmten Geschwindigkeit über den Raum zwischen den Sendern. Die wandernden Hyperbeln bezeichnete man als Isophasen. Das Verfahren erlangte keine internationale Bedeutung. 1956 existierte eine Versuchsstation bei Paris.

Radiometrie: Strahlungsmessung. In der Militärluftfahrt Verfahren zur Luftaufklärung über den Wolken. Die Strahlung des Erdbodens bei extrem kurzen Wellen wird streifenweise, wie beim Seitensichtradar, gemessen und die Meßdaten werden gespeichert. Aus der

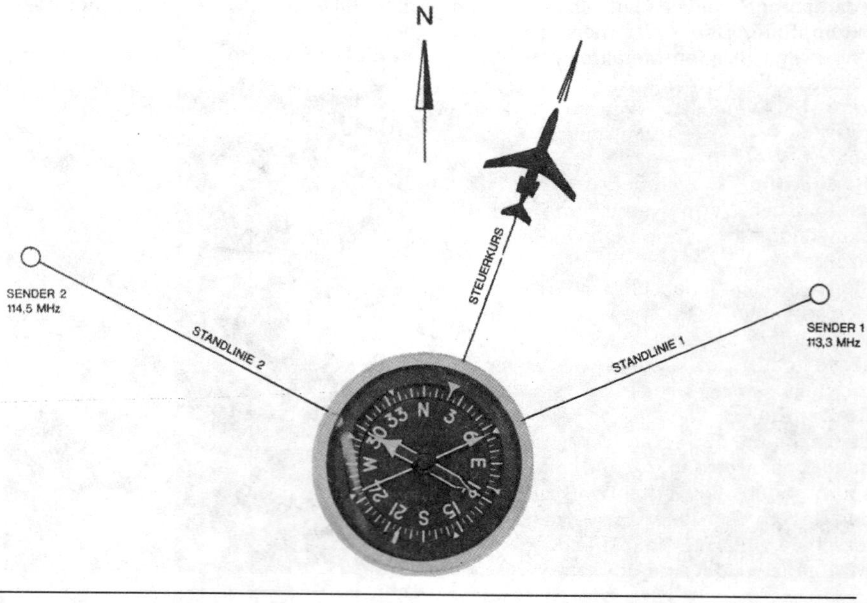

Radio Magnetic Indicator: Die Zeiger des RMI sind auf die Sender 1 und 2 ausgerichtet. Die Peilung zum Sender 1 beträgt 66°, die zum Sender 2 300°. Nach der Festlegung, die Richtung der Standlinien als Kurse von den Stationen wegzeigend anzugeben, liegt die Standlinie 1 in Richtung 246° (66° + 180°), die Standlinie 2 in 120° (300° − 180°). Diese Winkelangaben snd an den Zeigerenden abzulesen.

Zusammensetzung der einzelnen Streifen ergibt sich eine Karte des überflogenen Geländes. Für funktechnische Anflug- und Landesysteme wurden radiometrische Verfahren vorgeschlagen. → Independent Landing Monitor

Radiosonde: meteorologisches Beobachtungsgerät, das an einem mit Wasserstoff gefüllten Ballon aufsteigt und mit dem Messungen von Luftdruck, Temperatur und relativer Feuchtigkeit aus der freien Atmosphäre bis zu etwa 30 km Höhe durchgeführt und sofort funktechnisch zum Boden gegeben werden. Auf diese Weise stehen der Beobachtungsstelle (im Gegensatz zur Ballonsonde) noch während des Aufstiegs die Meßresultate zur Verfügung. Zwischen 20 und 50 km Höhe platzt der Ballon, und die Sonde gleitet am Fallschirm zur Erde, wobei weitere Meßwerte gefunkt werden. Auf diese Weise sind mit der R. auch Messungen in Gebieten möglich, in denen nicht mit der Rückkehr des Instrumentes gerechnet werden kann (Meere, Wüsten, Polargebiete). Die von der Sonde abgestrahlten elektromagnetischen Wellen ermöglichen es, die Sonde anzupeilen, wodurch Angaben über Höhe und Abdrift des Ballons – also über den Höhenwind – gewonnen werden. Bei der Datenübertragung R.-Erde werden im wesentlichen 3 Verfahren angewendet: 1) Kodierung der Daten über die abgestrahlte Frequenz, 2) Impulskodierung in Abhängigkeit von der Größe der Meßwerte, 3) Kodierung über die Sendezeit mit Hilfe eines Uhrwerks und eines Kontaktes, der vom Meßwert beeinflußt wird. R. werden zur Wettervorhersage für die Flugwetterberatung eingesetzt.

Radiusflug: Flugetappe beim Streckenflug bei Wettbewerben im → Präzisionsflug und → Navigationsflug auf horizontal gekrümmter Flugbahn, meistens Kreisbogenabschitt, die wegen sich ständig ändernden Kurses und Windeinflusses besonders hohe Ansprüche an Flugzeugführer und Navigator stellt. → Bogenflug

Radlandung: Landung eines Segelflugzeugs mit Einradfahrwerk oder Landung von Motorflugzeugen mit Hecksporn- oder Heckradfahrwerk nur auf den Rädern des Hauptfahrwerks (im Unterschied zur → Dreipunktlandung); sie wird angewendet, um bei stark böigem Wind durch geringen Anstellwinkel ein erneutes Abheben (Springen) zu verhindern; dabei wird nach dem Aufsetzen durch Andrücken das Heck des Flugzeugs hochgehalten, bis es sich infolge Geschwindigkeitsverringerung selbständig senkt.

Radom (engl.): intern. gebräuchliche Bez. für die Verkleidug von Radarantennen (→ Radarbug), die sich aus der Wortverbindung Radar und dome (engl. Kuppel) ergibt.

Radstand: Abstand zwischen der Achse des Bugrads und der Achse des Hauptfahrwerks.

RAE: Abk. für → **R**oyal **A**ircraft **E**stablishment.

RAeS: Abk. für → **R**oyal **Ae**ronautical **S**ociety.

RAF: Abk. für → **R**oyal **A**ir **F**orce.

RAFC: Abk. für engl. **R**egional **A**rea **F**orecast **C**entre. → Regionalzentrum für Gebietsvorhersagen

Rahmenantenne: Antennen mit Richtcharakteristik, die in der Luftfahrt zur Funkpeilung benutzt wird. Bis zum zweiten Weltkrieg benutzte man große R.

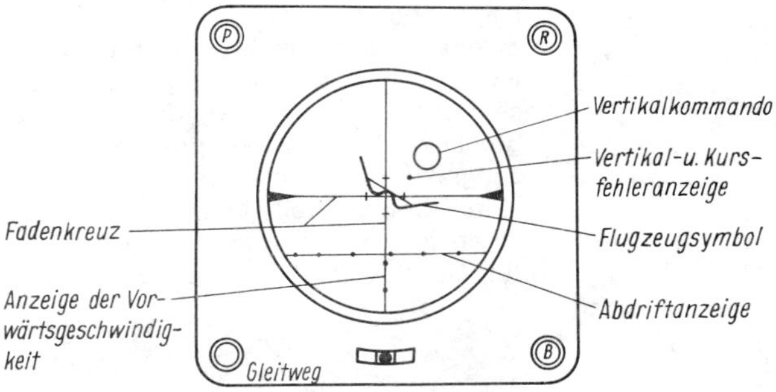

Horizontalanzeige des Zielanflugverfahrens (RAILS)

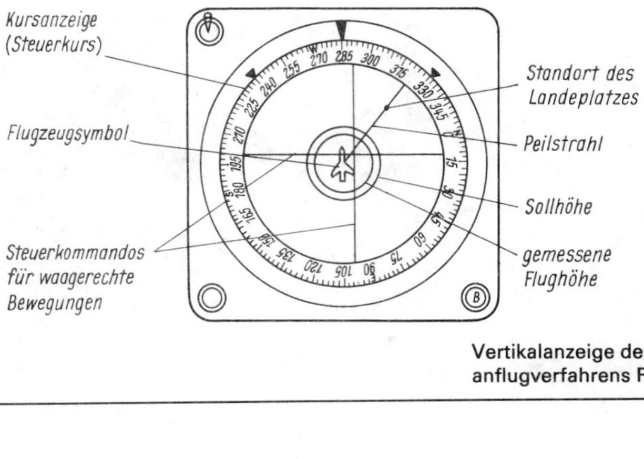

Vertikalanzeige des Zielanflugverfahrens RAILS

für den Bordpeiler bzw. Funkkompaß, die außerhalb der Luftfahrzeugzelle angebracht waren und großen aerodynamischen Widerstand hatten. Danach ging man zu bewickelten Ferritkernen über, die in einer Aussparung der Luftfahrzeugbeplankung Platz haben und mit einer Kunststoffplatte abgedeckt sind. Neuere R. sind flache Ferrit-Kreuzrahmen mit Goniometern.

RAILS: Abk. für **R**emote **A**rea **I**nstrument **L**anding **S**ystem, Instrumenten-Landeverfahren für nichtausgebaute Flugplätze. Militärisches Blindlandesystem in den USA, das für Hubschrauber anwendbar ist. Eine Bodenstation empfängt vom Luftfahrzeug abgestrahlte Impulse und ermittelt daraus Höhenwinkel-, Richtungs- und Entfernungsdaten, die dem Luftfahrzeug über Funk mitgeteilt werden. Die Bordrechenanlage errechnet die Landeführungsdaten , die auf besonderen Bildschirmanzeigen dargestellt werden.

Raketenbewaffnung der Flugzeuge und Hubschrauber: Teil der Flugzeug- und Hubschrauberbewaffnung, zu der auch Rohrwaffen und Bomben- oder Napalmbehälter zählen. Besteht aus ungelenkten und gelenkten Raketen sowie Flügelgeschossen. An Bord befinden sich außer den Raketen die Startanlagen sowie das Steuerungssystem. Flugzeugraketen haben einen Antriebs- und einen Gefechtsteil. Ihre Flugbahn hat einen aktiven (Raketentriebwerk arbeitet, Geschwindigkeit nimmt ständig zu) und einen passiven Abschnitt (Rakete ausgebrannt, Luftwiderstand bremst ab). Je nach Aufgabe gibt es bei ungelenkten Raketen (meist von Jagdbombern oder Hubschraubern gegen Boden- oder Seeziele gestartet) Splitter-, Spreng-, Hohlladungs-, Splittersprenggefechtsteile oder solche mit spezieller Ladung, in Ausnahmefällen auch mit Kernladung. Ungelenkte Raketen haben ein Kaliber von 37...240 mm und 1...300 kg Startmasse. Ihre Streuung ist größer als die von Bordkanonen. Gelenkte Raketen gibt es in der Klasse Luft-Boden (Luft-See) und Luft-Luft. Es gibt Fern-, Zielsuch- und Selbstlenkung. Gelenkte Luft-Boden-Raketen zählen zur Ausrüstung der → Jagdbombenflugzeuge, während Abfangjagdflugzeuge 2...6 gelenkte Luft-Luft-Raketen mitführen. Schwere Bomber können unter den Flügeln oder dem Rumpf große Flügelgeschosse tragen, die weit vor dem Boden- oder Seeziel gestartet werden, um nicht in den Bereich der → Luftverteidigung des Objekts einfliegen zu müssen.

Raketenflugzeug: Luftfahrzeug mit Raketentriebwerk. Erstmals erprobt mit der He 176 (1939). Ab 1941 entwickelte → *Messerschmitt* das Raketenabfangjagdflugzeug Me 163, seit 1943 (Me 163 B) serienmäßig hergestellt. Am 2. Okt. 1941 erreichte *Dittmar* erstmalig die Geschwindigkeit von 1 000 km/h. Ausgangsmuster für die Me 163 war ein schwanzloses Flugzeug von → *Lippisch*,

Heinkel He 176 (1939)

Messerschmitt Me 163 (1941)

Bolchowitinow BI-1 (1942)

Bell X-1 (1946)

Georgii und *Dittmar* (1936). In der UdSSR wurde am 28. Febr. 1940 der Raketengleiter RP-318 erprobt, ein von *Koroljow* entwickeltes Segelflugzeug mit Flüssigkeitstriebwerk von *Duschkin* (Pilot: *W. P. Fjodorow*). Ein Motorflugzeug schleppte ihn auf Höhe, da der Gleiter nicht eigenstartfähig war. Am 15. Mai 1942 fand der Erstflug des sowjetischen Raketenjagdflugzeugs BI-1 von → *Bol-*

chowitinow (ebenfalls mit *Duschkin*-Triebwerk) statt. Zur gleichen Zeit entwickelten *Polikarpow* das Raketenflugzeug «Maljutka» und *Tichonrawow* die T-302. Die R. bewährten sich trotz hoher Geschwindigkeit nicht. Zu ihren Nachteilen zählten hohe Unfallgefahr, komplizierte Bodenorganisation, schlechte Landeeigenschaften, geringe Reichweite, kurze Flugzeit (2...3 min) mit Antrieb, im antriebslosen Gleitflug leichte Verwundbarkeit. 1944 konstruierte *Bachem* die «Natter» mit einer *Walter*-Flüssigkeitsrakete und 4 *Schmidding*-Feststoffraketen als Starthilfe, um damit große Bomberverbände zu bekämpfen (Antriebszeit 7 min, Flughöhe max. 16000 m, Spannweite 3,60 m, Länge 6 m, Startmasse 2270 kg). Auch dieses R. war nicht erfolgreich. Viel später als Deutschland und die Sowjetunion begannen die USA, R. zu entwickeln. Am 9. Dez. 1946 Erstflug der → Bell X-1. Mit dem nicht eigenstartfähigen R. durchbrach *C. Yeager* am 14. Okt. 1947 als erster Flieger die «Schallmauer». Es entstanden einige weitere R., wie die Bell X-2, mit der *F. Everest* am 26. Sept. 1956 die 3fache Schallgeschwindigkeit erreichte. Die letzte Entwicklung ist die North American → X-15, ein Raumforschungsflugzeug, das die größte Höhe (106,8 km) und die größte Geschwindigkeit (8800 km/h) erreichte, die ein Flugzeug bisher erzielte (nicht als Rekorde anerkannt, weil vom Trägerflugzeug bis 14000 m Höhe geschleppt). → Triebwerk

Raketenschlitten: von Raketen angetriebenes, auf Schienen gleitendes schlittenartiges Gerät. Wegen seiner hohen Geschwindigkeit in der Luftfahrtforschung zu aerodynamischen Messungen an Flugzeugbauteilen, zur Erprobung von Schleudersitzen und für physiologische Versuche an Menschen über die Auswirkung hoher Beschleunigung und Verzögerung verwendet.

Raketenträger: Flugzeug, das anstelle von Bomben mit Raketenwaffen ausgerüstet ist. → Raketenbewaffnung der Flugzeuge und Hubschrauber

Raketentriebwerk: Antriebsanlage aus der Gruppe der Strahltriebwerke, deren Wirkungsweise auf dem Impulsprinzip beruht. R. führen im Gegensatz zu Luftstrahltriebwerken die gesamte, entgegen der Bewegungsrichtung zu

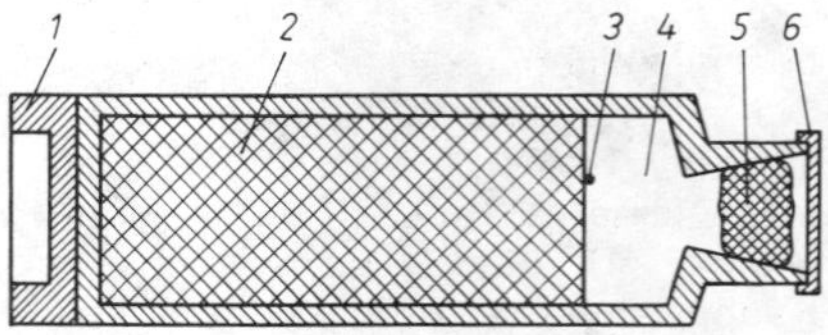

Aufbau einer Pulver- (Feststoff-) Rakete: 1 Anschlußstück, 2 Treibsatz, 3 Zündstelle, 4 Brennraum, 5 Absorptionsmittel, 6 Verschlußstück

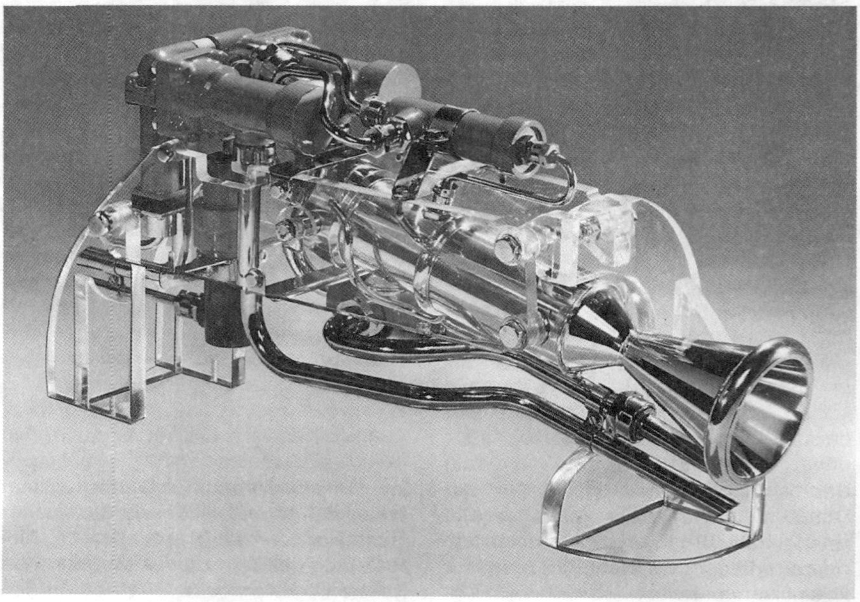

Flüssigkeits-Raketen-Triebwerk PR 37 (Kerosin und Wasserstoffsuperoxid) mit 77 daN, vollregelbar

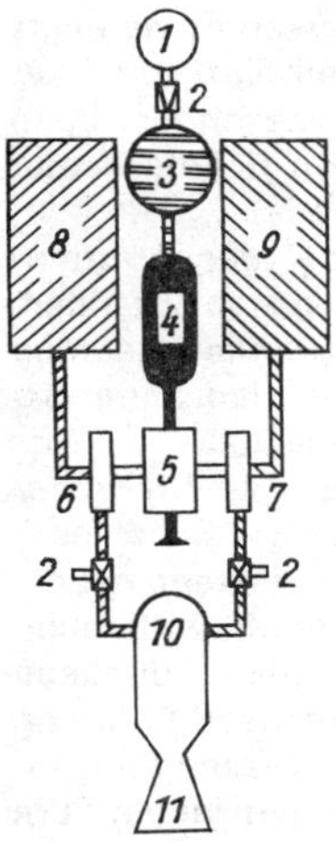

Schema eines Flüssigkeits-Raketen-Triebwerks mit Pumpenförderung: 1 Druckluftbehälter, 2 Ventil, 3 Peroxidbehälter, 4 Dampferzeuger, 5 Turbine, 6, 7 Pumpen, 8 Brennstoffbehälter, 9 Oxydatorbehälter, 10 Brennkammer, 11 Ausströmdüse

beschleunigende Treibstoffmasse mit. Sie sind unabhängig vom Luftsauerstoff, ihr Treibstoffverbrauch ist jedoch etwa 40mal so hoch (ca. 15 kg/daNh) wie bei ZTL, deshalb haben sich R. als Haupttriebwerke für Luftfahrzeuge nicht bewährt. Dennoch werden sowohl Feststoff- als auch Flüssigkeits-R. als Starthilfsraketen in der Militärluftfahrt bei kurzen Startbahnen und übergroßen Startmassen benutzt. Die Brennkammertemperaturen betragen etwa 2000...3000 °C, die Düsenausströmgeschwindigkeiten theoretisch – je nach Treibstoffart – bis zu 4000 m/s, praktisch bis zu 3500 m/s. *Feststoff-R.* – Die beim Verbrennen des festen Treibsatzes entstehenden Abgase werden in einer bes. Überschallschubdüse auf eine hohe Geschwindigkeit (2000...3000 m/s) beschleunigt und erzeugen so den Schub. Das Triebwerk ist sehr einfach, jedoch nur bedingt regelbar. Treibstoffe sind Schwarzpulver, Glykoldinitrat, Trinitrotoluol. Der Druck in der Brennkammer ist mit etwa 100...150 daN/cm² sehr hoch. Der bisher erreichte Schub je Triebwerk beträgt etwa 13 MN. *Flüssigkeits-R.* führen Brennstoff und Oxydator flüssig in getrennten Tanks mit. Der Aufbau des R. ist durch die Brennstofförderanlage und deren Regeleinrichtung wesentlich komplizierter als bei Feststoff-R. Das Triebwerk ist von Null bis Maximalschub voll regelbar. Brennstoffe sind vorwiegend Kerosin, Äthylalkohol oder Flüssigwasserstoff, die Oxydatoren hauptsächlich flüssiger Sauerstoff, Salpetersäure oder Wasserstoffsuperoxid. Der Brennkammerdruck ist mit etwa 50 daN/cm² niedriger als beim Feststoff-R. Das z. Z. größte Flüssigkeits-R. F 1 (Rakete «Saturn» V) erzeugt bei 8000 kg Masse und 3,65 m Schubdüsendurchmesser einen Schub von 670000 daN. Die erforderliche Antriebsleistung für die Treibstofförderpumpen beträgt 44000 kW. *Betriebsverhalten:* Der Maximalschub der chemischen R. ist unabhängig von der Geschwindigkeit und wächst mit abnehmender Außentemperatur und abnehmendem Außendruck an. Kernenergie-R., Ionen-R., Photonen-R. u. a. sind für die Luftfahrt ohne Bedeutung. → Raketenflugzeug

Ramjet: engl. Bez. für → Staustrahltriebwerk mit Unterschallverbrennung.

Rampenstart: Start von V/STOL-Flugzeugen mit Hilfe einer Rampe, d. h. eines stark hochgezogenen Endes der Startbahn, z. B. auf Flugzeugträgern. R. gestattet einen Kurzstart mit erhöhter Abflugmasse, d. h. Zuladung.

RANA: früheres franz. Funknavigationsverfahren (um 1952), das im Frequenzbereich 1,6...1,8 MHz arbeitete und Hyperbeln als Standlinien erzeugte. An Bord des Luftfahrzeugs wurden Phasenvergleiche der empfangenen Wellen durchgeführt. R. besaß 1 → Grobortungsmöglichkeit und 2 → Feinortungsmöglichkeiten. Keine internationale Verbreitung.

Randbefeuerung: Luftfahrtbodenfeuer zum Kennzeichnen der Start- und Landeflächen von Flugplätzen. Sie sind an den Rändern der Start- und Landebahnen in gleichen Abständen installiert.

Randwiderstand: svw. induzierter Widerstand. → Widerstand, → Polare

Randwirbel: → Widerstand, → Wirbeltheorie

Range: Abk. für engl. Medium-Frequency-Radio-Range, Mittelwellen-Vierkursfunkfeuer. → Funkfeuer

RAR: Abk. für → **R**estricted **A**rticles **R**egulations.

Rat für Zivilluftfahrt der Arabischen Staaten, Abk. **CACAS:** 1967 gegr. regionale zwischenstaatliche Organisation arabischer Staaten. CACAS koordiniert luftfahrtpolitisch 20 arabische Staaten, indem er die für die arabischen Staaten bedeutsamen internationalen Richtlinien und Empfehlungen auf dem Gebiet der zivilen Luftfahrt studiert und die internationalen Luftfahrtabkommen mit dem Ziel analysiert, solche Prinzipien auf technischem und ökonomischem Gebiet zu entwickeln, die geeignet sind, die zivile Luftfahrt im arabischen Raum und auf internationalem Gebiet zu fördern. Der CACAS arbeitet mit der → ICAO und anderen regionalen zwischenstaatlichen Luftfahrtorganisationen sowie Organisationen des Tourismus eng zusammen.

Ratiometer: → Quotientenmesser

Rauchgrenze: Belastungsgrenze bei Gasturbinen und Dieselmotoren, die sich durch eine deutlich sichtbare Abgasfahne infolge unvollständiger Verbrennung wegen Unterschreitung eines bestimmten → Luftverhältnisses bemerkbar macht; sie ist besonders beim Start und Steigflug von PTL-Flugzeugen anzutreffen.

Abgasschleppe einer F-4 «Phantom II» im Tiefflug über See

Abgasschleppe einer Bréguet «Atlantik»

Rauchmelder: Anlage der Luftfahrzeug-Ausrüstung, die das Vorhandensein von Rauch in bestimmten Räumen des Flugzeugs überwacht und der Besatzung signalisiert.

Rauheis: → Vereisung

Rauhreif: → Vereisung

Raumgleiter, *Orbiter:* wiederverwendbarer flugzeugähnlicher Raumflugkörper, der mit Raketen in eine Erdumlaufbahn gebracht wird und nach Erfüllung seiner Mission wie ein Flugzeug auf extrem langen Landebahnen landet. Die Länge des Landeanflugs beträgt bis zu 2000 km. Bekannteste R. sind die Space-Shuttle-Systeme Columbia, Challenger, Enterprise, Atlantis, Discovery, sowie der sowjetische Typ Buran. In Entwicklung befinden sich die Westeuropäischen Projekte Hermes und Columbus.

Raumorientierung: ununterbrochene Information über die Sinnesorgane (Analysatoren sind Auge, Ohr, Gleichgewichtsorgan, Hautempfindungssinn u. a.) an das menschliche Gehirn zur Bewertung der Lage des menschlichen Körpers, seiner Lage- und Bewegungsänderung im Raum. In einem komplizierten Differenzierungsprozeß des Gehirns erfolgt die Synthese dieser optisch oder mechanisch aufgenommenen Informationen der Umwelt zur Raumvorstellung im Zentralnervensystem mit dem Ziel der räumlichen Orientierung des Menschen im Flugzeug bzw. im umgebenden Raum. Dieser R. wird unter ungewöhnlichen Bedingungen, wie Nachtflug, Blindflug, komplizierte Wetterlage und Flugschulung bes. erschwert. Fehlerhafte R. führt zur Flugillusion.

Raumtransporter: → Raumgleiter, der speziell zum Transport verschiedenster Güter für die Versorgung von Raumstationen vorgesehen ist.

Raydist: älteres engl. Funkortungsverfahren (um 1949), das mit Phasenvergleich arbeitete.

RBWZ: Abk. für russ. **R**ussko-**B**altiskij **W**agonyj **Z**awod, Russisch-Baltische Waggonbauwerke in Petersburg. Die RBWZ entwickelten und bauten vor und während des ersten Weltkriegs Militärflugzeuge, darunter die großen Maschinen RBWZ «Russkij Witjas» (1913) und das erste 4motorige Bombenflugzeug der Welt «Ilja Muromez» (1913/16).

RC: Abk. für engl. «**R**adio **C**ontrolled», intern. Bez. für ferngesteuerte Flugmodelle.

RCAF: Abk. für **R**oyal **C**anadian **A**ir **F**orce, die Königlich-Kanadischen Luftstreitkräfte.

Reaktionsgrad: **1.** *Turbinenkennwert* – Verhältnis des Enthalpiegefälles im Laufrad zum Enthalpiegefälle der gesamten Stufe einer Turbine. Bei → Gleichdruckturbinen ist der R. theoretisch Null, praktisch 0,05...0,15; bei → Überdruckturbinen R = 0,3...0,5. – **2.** *Verdichterkennwert* – Verhältnis der Druckerhöhung im Rotor einer Verdichterstufe zur Druckerhöhung in der gesamten Stufe. R. bewegt sich je nach Auslegungsgesichtspunkt zwischen 0 und 1,2.

Reaktionstriebwerk, Rückstoßantrieb: Triebwerk für Flugzeuge, Flugkörper, Raketen und andere Fahrzeuge bei dem durch Beschleunigung von Gas- oder Flüssigkeitsmassen ein Strahlschub als Reaktionskraft entsteht, der zum Antrieb dient. → Triebwerk, → Raketentriebwerk, → Turbinenluftstrahltriebwerk

Reaktionsturbine: → Überdruckturbine

REBECCA-EUREKA: funktechnisches Kurzstreckennavigationsverfahren für Zielflüge, das im zweiten Weltkrieg eine bedeutende Rolle bei der Luftunterstützung von Partisaneneinheiten und für

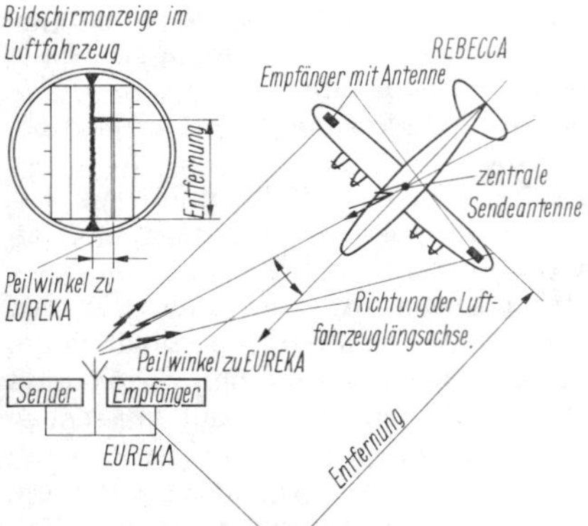

Prinzipskizze des Navigationsverfahrens REBECCA-EURECA

Luftlandungen spielte. Das R.-E. bestand aus der REBECCA-Bord-(Abfragesender und Antwortempfänger) und der EUREKA-Bodenanlage (Abfrageempfänger und Antwortsender). Die Bordanlage sendete über eine Zentralantenne Impulse, die von der Bodenanlage empfangen und auf einer anderen Frequenz wieder abgestrahlt wurden. Die Antwortimpulse gelangten über eine rechte und linke Antenne, die an den Tragflügeln des Flugzeuges saßen, zum Empfänger, dessen Ausgangssignale zu einer Katodenstrahlröhre gelangten. Diese zeigte Entfernung und ungefähren Seitenwinkel zum Ziel an. Die Reichweite betrug 80...160 km je nach Flughöhe und Senderleistung. Das Verfahren wurde in Großbritannien entwickelt. Die Frequenzen lagen bei 200 MHz.

Reduktionsgetriebe: → Luftschraubengetriebe

Redundanz: Reserve, Bereitstellung zusätzlicher technischer Mittel (Geräte, Ausrüstungen), die bis zu einem Ausfall der in Betrieb befindlichen für die vorgesehene Funktion nicht notwendig sind. Man unterscheidet zwischen aktiver oder «heißer» Reserve (zusätzliche Geräte sind ständig in Betrieb und an der vorgesehenen Funktion beteiligt) und passiver oder «kalter» Reserve (zusätzliche Geräte treten erst bei einem Fehler in Funktion). Auch innerhalb von Geräten und Anlagen gibt es zur Zuverlässigkeitserhöhung eine Mehrfachanordnung von Bauelementen. → Doublierung, → Fail Safe

reduzierte Drehzahl: auf Normalzustand der Luft in Meereshöhe umgerechnete Drehzahl bei Flugzeugtriebwerken.

reduzierte Leistung: die auf → INA-Bedingungen bei 0 m Höhe umgerechnete, bei beliebigem Zustand der Außenluft gemessene Leistung von KTW und Gasturbinen. Für die Umrechnung von Leistung bzw. Schub, Brennstoffverbrauch, Drehzahl, Luftverbrauch und Abgastemperatur existieren bestimmte, für Kolben- und Gasturbinentriebwerke unterschiedliche Umrechnungsvorschriften. In ähnlicher Weise ist eine Reduktion der → Flugleistungen möglich.

reduzierter Verbrauch: der auf → INA-Bedingungen bei 0 m Höhe umgerechnete, bei beliebigem Zustand der Außenluft gemessene stündliche Brennstoffverbrauch von Flugzeugtriebwerken.

Reeve Aleutian Airways Inc.: kleinere USA-Luftverkehrsgesellschaft mit Sitz in Anchorage (Alaska). Sie nahm 1932 den Betrieb mit einem Doppeldekker als Reeve Airways in Valdez (Alaska) auf. Den Liniendienst begann sie 1948.

Regelmäßigkeit: Qualitätsmerkmal der Transportleistung (→ Beförderungsqualität) im Luftverkehr. Die R. wird ausgedrückt als Verhältnis der Anzahl tatsächlich durchgeführter zur Anzahl der geplanten Flüge (Regelmäßigkeitsquote).

Regional Area Forecast Centre, Abk. **RAFC:** → Regionalzentrum für Gebietsvorhersagen

Regionalluftverkehr: → Nahluftverkehr

Regionalzentrum für Gebietsvorhersagen, engl. **R**egional **A**rea **F**orecast **C**entre, Abk. **RAFC:** meteorologisches Zentrum, in dem Vorhersagen für ein bestimmtes Gebiet erarbeitet und den Flugwetterdiensten im Versorgungsgebiet zur Verfügung gestellt werden. Weltweit sind etwa 15 solcher Zentren vorgesehen. → Weltgebietsvorhersagesystem

Reibungsbeiwert, *Reibungskoeffizient:* Verhältnis der Reibungskraft zur Normalkraft. Für den Flugbetrieb ist der R. der Start- und Landebahn ein Parameter, der eine Landung oder einen Startabbruch wesentlich beeinflußt und daher die Größe der zulässigen Start- oder Landemasse bestimmen kann. Für die Bestimmung von Startmasse und Landestrecke wird der durchschnittliche R. auf den letzten beiden Dritteln der Bahn gemessen (→ Reibungsbeiwert-Messung). Für die Ermittlung der höchstzulässigen Seitenwindkomponenten bei Start und Landung wird der geringste der in den 3 Dritteln der Bahn gemessenen R. berücksichtigt. Bei trokkener Betonoberfläche kann mit einem R. von 0,6...0,8 gerechnet werden. Bei R. unter 0,25 ist in der Regel kein Flugbetrieb zulässig.

Reibungsbeiwertmessung: Die → ICAO hat auf der 8. Flugnavigationskonferenz (1974) Forderungen für die R. festgelegt, um eine Vergleichbarkeit der in den einzelnen Staaten ausgegebenen Werte für die Luftfahrzeug-Besatzungen zu ermöglichen. Diese Forderungen sind u. a.: kontinuierliche Messung entlang der Start- und Landebahn; höchstmögliche Geschwindigkeit des Meßfahrzeugs, aber mindestens 65 km/h auf nassen Bahnen; Art der Bereifung des Meßrads; konstante Bremsung des Meßrads mit einem Schlupf von 15%; Verbot von vertikalen Schwingungen des Meßelements; Art der Aufschreibung der Meßwerte; relativer Meßfehler kleiner als 5% usw. Auf zahlreichen Flughäfen hat sich der SAAB-Friction-Tester als Meßmittel zur R. durchgesetzt.

Reibungskoeffizient: → Reibungsbeiwert

Reibungswiderstand: Kraftwirkung zwischen 2 aneinander reibenden Körpern, die in jedem Fall den Antriebskräften entgegenwirkt. Die Größe des R. hängt ab von der *Konsistenz* der aneinander reibenden Körper, ihrer *Relativgeschwindigkeit* zueinander und anderen Faktoren. In der Luftfahrt treten Reibungskräfte in vielfältiger Form auf. Von R. spricht man vor allem, wenn die Reibungskräfte zwischen der Außenhaut des Flugkörpers und dem umströmenden Medium (→ Widerstand), oder zwischen Raddecke und Boden beim Rollen untersucht werden. → Reibungsbeiwert

Reichweite: Strecke, die ein Luftfahrzeug unter gegebenen Bedingungen (Flugprofil, Flughöhe und -geschwindigkeit, Brennstoffvorrat, vorgeschriebene Sicherheitsbrennstoffreserve bei der Landung u. a.) ohne Zwischenlandung in einer Richtung zurücklegen kann. Als wirtschaftliche R. bezeichnet man die R., die unter Einhaltung der für wirtschaftlichsten Brennstoffverbrauch jeweils erforderlichen Flugbedingungen erfolgen wird. → Aktionsradius, → Flugdauer, → Flugweite

Reihenmeßkammer: → Luftbildmeßkammer

Reihenmotor: → Kolbentriebwerk

Reisecharter: → Charterung, → Charterflugverkehr

Reisedokumente: im internationalen Luftverkehr erforderliche Dokumente, die der Reisende bei sich haben muß (für Vollständigkeit und Gültigkeit ist er selbst verantwortlich). Zu den R. gehören die Beförderungspapiere, z. B. Flugschein und ggf. Übergepäckschein, Reisepaß (bzw. Personalausweis), Zoll- und Devisenerklärung, ggf. auch Gesundheitspaß, einschließlich Impfnachweis.

Die R. betreffende Vorschriften, die von staatlichen Stellen und/oder Luftverkehrsunternehmen erlassen werden, sind im internationalen Maßstab unterschiedlich.

Reiseflug: Bez. für ein Flugregime mit ökonomischer Betriebsart des Triebwerks oder der Triebwerke bei einer höchstmöglichen Dauergeschwindigkeit. → Reisegeschwindigkeit, sichere

Reiseflugzeug: 1- oder 2motoriges Flugzeug für 2...8 Fluggäste, das nicht im Liniendienst, sondern lediglich für spezielle Reisezwecke benutzt wird, dafür die nötige Navigationsausrüstung und Reichweite aufweist und – im Unterschied zum Sportflugzeug – meist nicht kunstflugtauglich ist. R. werden i. allg. nicht von Berufspiloten geflogen. → Geschäftsflugzeug

Reisegeschwindigkeit, Symbole v_{QR}, v_R: Qualitätskenngröße der Personenbeförderung; Quotient aus Beförderungsstrecke (km) und Beförderungszeit

Cessna «Super Skymaster» (USA)

Moravan Z-43 (ČSFR)

SIAI-Marchetti S-208 (Italien)

(h). – **1.** *allgemein* – mit R., Symbol v_R, wird im Transportwesen die mittlere R., die für die betreffende Strecke unter Einbeziehung aller Zwischenaufenthalte erreicht wird, bezeichnet. Sie ist u. a. abhängig von Höchstgeschwindigkeit der Transportmittel, Häufigkeit und Dauer der Zwischenaufenthalte, Durchlaßfähigkeit der Transportwege. – **2.** *Luftverkehr* – Symbol v_{QR}, Quotient aus der tarifmäßigen Flugstrecke (L_{LV}) und der benötigten Zeit, die von Stadtzentrum zu Stadtzentrum zählt. Durchschnittliche (mittlere) Geschwindigkeit, mit der ein Fluggast vom Zentrum des Orts A (nicht Flughafen) zum Zentrum des Orts B gelangt. → Fluggeschwindigkeit

Reisegeschwindigkeit, sichere: höchstmögliche Dauergeschwindigkeit ohne Überbeanspruchung des Triebwerks.

Reisekomfort: → Beförderungsqualität

Reiseleistung: → Leistung

Reisesparleistung: die Triebwerksleistung, bei der die größte Flugweite erzielt wird. Die R. ist an eine bestimmte Flughöhe (Reisefluggipfelhöhe) und Fluggeschwindigkeit (Reisegeschwindigkeit) gebunden. → Flugweite, → Gipfelhöhe

Reiseweite: → Beförderungsweite

Reisezeit, *Beförderungszeit:* **1.** *allgemein* – a) Zeitdauer eines Transportprozesses im Personenverkehr; Reisedauer, Beförderungszeit vom Abgangs- bis zum Zielort, einschließlich der Zeiten für Abfertigung, Einsteigen, Unterwegsaufenthalte, Umsteigen, Warten auf Anschluß usw. («komplexe Reisezeit»). Sie umfaßt Zeitelemente, während der das Transportmittel bewegt wird (Fahrzeit, → Flugzeit) und Wartezeiten. b) *zeitliche* Lage (Termin) der Reise innerhalb eines bestimmten Zeitraums (Jahr, Flugplanperiode, Monat, Tag usw.). – **2.** *Luftverkehr* – → Flugreisezeit für den Passagier.

Reißbahn: → Ballon

Reißleine: → Ballon, → Fallschirm, → Aufziehleine

Remote Area Instrument Landing System: → RAILS

Remote Sensing of Environment, Remote Sensing: → Fernerkundung

Republic Aviation Corporation: amerikanische Flugzeugfirma (USA) mit Sitz in Farmingdale, Long Island (New York). Entstand im Okt. 1939 aus der 1931 gegr. Seversky Aircraft Corporation. Baute bis zum zweiten Weltkrieg mehrere erfolgreiche Eindecker, von 1942 bis Kriegsende das Jagdflugzeug P-47 «Thunderbolt». Nach dem Krieg wurden der Jagdbomber F-84 (ab 1946), der Fotoaufklärer RF-84F in mehreren Versionen (1948) und die F-105 «Thunderchief» (1955) gebaut. Da weitere Aufträge ausblieben, wurde R. im Sept. 1965 von der Fairchild Hiller Corporation (→ Fairchild Industries Inc.) übernommen.

Reservation: → Buchung

Reservebrennstoff: nach den Empfehlungen der ICAO wie folgt zusammengesetzte Mindestreserve für Brennstoff bei Verkehrsflugzeugen: 1) Brennstoff für den Flug vom Zielflughafen zu dem im Flugplan vorgesehenen Ausweichflughafen; ist kein Ausweichflughafen vorgesehen, muß Brennstoff für 2 weitere Flugstunden vorhanden sein; 2) Brennstoff für 2 Anflugverfahren; 3) Brennstoff für 30 min Warteflug in 450 m AGL; 4) Brennstoff als Streckenreserve.

Restricted Articles Regulations, Abk. **RAR:** Vorschriften der → International Air Transport Association (IATA) für die Beförderung bedingt zum Lufttransport zugelassener Güter; IATA-Gefahrgutvorschriften. → Ordnung über den Lufttransport gefährlicher Güter

Restschub: Bez. für die durch den Ausstoß der Abgase erzeugte Schubkraft bei Flugzeugtriebwerken, die den größten Teil ihrer Leistung auf eine Luftschraube übertragen. R. beträgt bei großen KTW im Start etwa 2% des Luftschraubenschubs und wird meist vernachlässigt. R. bei PTL beträgt beim Start etwa 10% des Luftschraubenschubs. Optimale Größe des R. bei PTL richtet sich nach dem Luftschraubenwirkungsrad und der vorgesehenen Reisefluggeschwindigkeit und wird vom Konstrukteur der Antriebsanlage festgelegt. → Wellenvergleichsleistung

Retourn Journey, auch *Rückreise(flug):* intern. Bez. für einen Hin- und Rückflug (als Einheit). Im internationalen und Inlandluftverkehr ist R. eine Flugreise, die von einem Abgangs- zu einem Bestimmungsort und von dort wieder zum Abgangsort zurückführt, wobei a) die gleiche Flugstrecke, unabhängig von der Übereinstimmung des Preises für den Hin- und Rückflug, benutzt wird oder b) der Rückflug ganz oder teilweise auf einer anderen als der Hinflugstrecke erfolgt, für die aber der gleiche übliche Tarif in einfacher Richtung gilt. Der R. wird im Flugschein mit «R» vermerkt. Der Fluggast zahlt für R. bei verschiedenen Luftverkehrsunternehmen nach dem sog. Retourtarif (RT-Tarif) einen ermäßigten Flugpreis.

Rettungseinrichtung: Teil der Ausrüstung von modernen Militär-, Forschungs-, Test- und anderen Flugzeugen für den Havariefall. Die R. wurde mit der größeren Fluggeschwindigkeit und Höhe erforderlich, da ein einfaches Verlassen des Flugzeugs durch Luken, Türen, Notausgänge u. ä. zum Absprung mit dem Fallschirm bei Geschwindigkeiten von 400...500 km/h mit großer Wahrscheinlichkeit zur Kollision mit Teilen des Flugzeugs, bes. Leitwerk, führt. Außerdem beeinträchtigen hohe Winkelgeschwindigkeiten und die damit verbundenen Zentrifugalkräfte sowie großer Staudruck die Bewegungsfreiheit des Havarierten so weit, daß es ihm unmöglich sein kann, sich vom Flugzeug zu trennen. Mit dem Lösen vom Flugzeug ist jedoch der Rettungsvorgang noch nicht abgeschlossen, da der Havariefall in großen Höhen (geringer Druck, Sauerstoffmangel), über dem Meer, über unwegsamem Gelände und im Krieg auch über dem gegnerischen Hinterland eintreten kann. Daraus lassen sich insgesamt folgende *Bedingungen für die R.* ableiten: 1) Die R. muß das Verlassen des Flugzeugs im gesamten erflogenen Höhen- und Geschwindigkeitsbereich gewährleisten; 2) Sie muß das Verlassen des Flugzeugs bei allen Fluglagen und -zuständen sichern; 3) Beim Rettungsvorgang darf der Havarierte nicht überbelastet werden; 4) Der Rettungsvorgang muß möglichst automatisiert ablaufen; 5) Die R. muß die wichtigsten Ausrüstungen und Mittel zum Überleben unter den verschiedensten Bedingungen enthalten; 6) Außerdem gelten für die R. die gleichen allgemeinen Forderungen wie für das Flugzeug, d. h. Zuverlässigkeit, geringe Masse, einfache Wartung, Bedienung u. a. Deshalb bestehen moderne R. aus Teilsystemen, zu denen vor allem das eigentliche Rettungsgerät, ein System von Rettungsschirmen, die Notausrüstung, der Spezialanzug und der Schutzhelm des Piloten gehören. Das heute am weitesten verbreitete Rettungsgerät ist der → *Schleudersitz.* Als eine weiterentwickelte, aber noch nicht breit angewendete Form des Schleudersitzes ist der → *Rettungssitz* zu betrachten, der es erlaubt, nach dem Katapultieren in größeren Höhen eine größere Strecke zurückzulegen. Intensiv wurde an der Entwicklung von → *Rettungskapseln (Rettungskabinen)* gearbeitet, weil sie die Anforderungen am besten erfüllen können. Eine Zwischenlösung ist der *Kapselsitz,* der während des Katapultierens durch Mitnahme und Anlegen des Kabinendachs an den Schleudersitz gebildet wird. Beide erwiesen sich jedoch als zu aufwendig, ohne die Überlebenschancen des Katapultierten spürbar zu verbessern.

Rettungsfloß: → Seenotausrüstung

Rettungsflug: Einsatz von Flugzeugen und Hubschraubern zur Rettung von Menschenleben. Hauptformen: 1) Der → *Sanitätsflug,* der bes. wichtig ist in Ländern mit weniger entwickelten Verkehrswegen und unzugänglichen Gebieten oder bei Krankheitsfällen, die einen schnellen, erschütterungsfreien Transport erfordern (z. B. Hirnverletzungen). 2) Der Seenotrettungsdienst, der sowohl bei Schiffskatastrophen als auch bei Unfällen von Flugzeugen über See eingesetzt wird und 3) der Bergrettungsdienst. In manchen Ländern gibt es hierfür bes. Organisationen (z. B. das Sanitätsflugwesen in Australien, Polen, Ungarn, der UdSSR oder die Schweizer Rettungs-Flugwacht für den Bergrettungsdienst). Bei letzteren gehört die Ausbildung für Starts und Landungen auf Gletschern dazu, während die Ausbildung in Erster Hilfe und Krankentransport für alle Rettungsflieger selbstveränderlich ist. → Ambulanzflug

Rettungskapsel: → Rettungseinrichtung für Besatzungen von Flugzeugen, die mit hoher Überschallgeschwindigkeit in großer Höhe fliegen. R. sollen Verletzungen der Besatzungsmitglieder verhindern, die auch bei → Schleudersitzen noch auftreten können. Der gesamte Besatzungsraum ist als R. ausgebildet, die vom übrigen Rumpf automatisch oder durch Betätigung des Piloten abgetrennt werden kann. Durch ausfahrbare Stabilisierungsflächen und Hilfsfallschirme werden Geschwindigkeit und Höhe so weit verringert, bis der Hauptfallschirm ausgelöst werden kann,

Rhönwettbewerbe für Segelflugzeuge 1920–1933

Jahr	Teilnehmer	Flugzeuge	Flüge	Max. Strecke	Erreichte Höhe	Größte Dauerflugleistung		Bemerkungen
				km	m	h	min	
1920	12	8	44	1,83	20	–	2,3	
1921	33	11	122	7,50	50	–	21	
1922	33	19	110	9,50	350	3	10	
1923	92	55	180	8	300	3	2	
1924	48	32	117	12	300	4	39	Teilnahme von Motorseglern
1925	69	38	245	24,40	310	5	6	
1926	53	33	277	55,20	–	14	7	erster Gewitterflug
1927	72	48	108	60,20	570	5	29	erster Flugzeugschlepp
1928	105	57	192	71,20	775	7	54	Flüge mit Rückkehr zum Start
1929	104	71	236	152	2160	8	26	erste Thermikflüge
1930	42	31	200	164,5	1640	8	37	Kunstflug mit dem Segelflugzeug
1931	59	39	496	220	2500	11	–	
1932	82	58	540	160	3100	16	3	
1933	62	50	495	176	1445	13	16	

der die Kapsel sicher zur Erde bringt. Ein Vorteil der R. ist, daß neben der Besatzung auch ein Teil der bes. wertvollen Ausrüstung gerettet werden kann. Zwecks größerer Sicherheit sind R. zusätzlich mit → Schleudersitzen ausgerüstet. Als R. sind heute vorwiegend Rückkehrapparate von Raumschiffen ausgebildet, sofern es sich nicht um → Raumgleiter handelt.

Rettungsrutsche: → Notausrüstung

Rettungssitz: im Unterschied zum → Schleudersitz ein flugfähiger Sitz für Flugzeugbesatzungen; seine Entwicklung wurde in den USA aufgrund der Kriegserfahrungen in Vietnam begonnen, um über Feindgebiet oder über See abgeschossene Besatzungen retten zu können. Flugfähig soll der R. mit Hilfe folgender Verfahren sein: Umwandlung des Sitzes in einen strahlgebriebenen Tragschrauber; Aufblasen eines Warmluftballons nach dem einfachen Prinzip der Montgolfière (→ Montgolfier), Entfalten eines Drachengleiters. Bei Versuchen mit den verschiedenen R. wurden Flugweiten von 60 bis 100 km erreicht. → Rettungseinrichtung

Reynoldssche Zahl: Kennwert, der Flüssigkeits- und Gasströmungen charakterisiert und nach dem britischen Physiker *Osborne Reynolds* (1842–1912) benannt wurde. Die R. stellt das Verhältnis der *Trägheitskräfte* zu den *Zähigkeitskräften* in der Grenzschicht zwischen einem Körper und dem strömenden Medium dar. Ist bei geometrisch ähnlichen Körpern die R. gleich, so sind bei kleinen Mach-Zahlen auch deren → Beiwerte zum Ermitteln von Kräften gleich, was eine Grundbedingung für Strömungsversuche an Modellen (→ Modellversuch) darstellt. Die R. bestimmt vor allem die Größe des Reibungswiderstands. Sie wird mit Hilfe folgender Gleichung ermittelt:

$$Re = \frac{\varrho \cdot v \cdot l}{\eta} = \frac{v \cdot l}{\nu}$$

ϱ Dichte des strömenden Mediums
v Strömungsgeschwindigkeit
l Länge oder eine andere geometrische Größe des um- bzw. durchströmten Körpers
η dynamische Zähigkeit
ν kinematische Zähigkeit des Mediums.

Rezirkulation: Eindringen heißer Abgase in den Einlauf der Hubtriebwerke bei VTOL-Flugzeugen, das deren Leistung mindert. Die nach unten aus dem Flugzeug austretenden Abgase werden am Boden abgelenkt, um das Flugzeug herumgeleitet und dann wieder von den Triebwerken angesaugt.

Rhön: höchster Teil des hessischen Berglands mit der *Wasserkuppe* (950 m) als höchster Erhebung. Die R. wurde be-

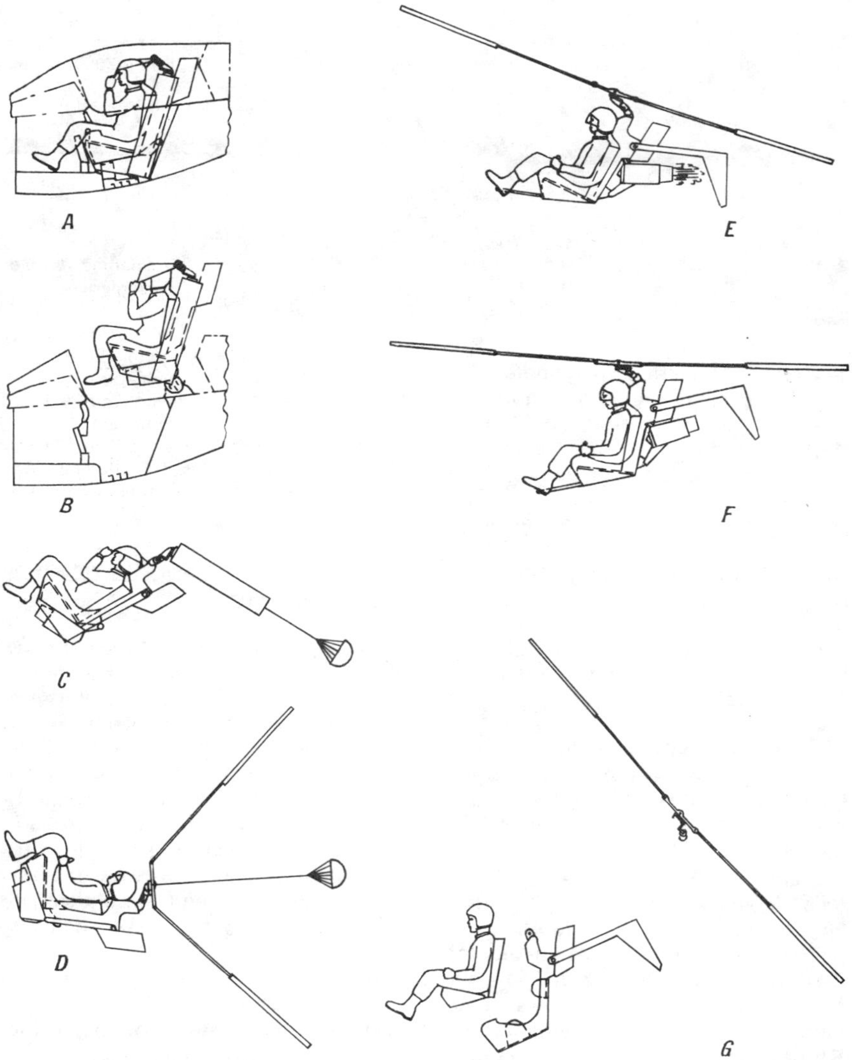

zeitliche Folge der Betätigung eines möglichen Rettungssitzes: A normale Lage im Cockpit, B Herausschleudern, C Ausfahren des Hilfsschirms, D Entfaltung der Rotoren, E Flug als Tragschrauber, F Gleitflug mit Autorotation, G Herausschleudern zur Fallschirmlandung

kannt durch die *R.-Wettbewerbe* für Segelflugzeuge, die seit 1920 stattfanden und der Förderung des Segelflugsports und der Entwicklung von Segelflugzeugen dienten. Die Grenze des Hang-Segelflugs wurde 1925 erreicht. Durch die Entdeckung der Thermik (1926) wurde die einsetzende Krise im R.-Wettbewerb überwunden, und es begann der eigentliche Segelflug mit Höhen-, Strecken-, Zielstrecken- und Dauerflügen.

Rho-Theta-System; Funknavigationsverfahren zur Standortbestimmung mit Hilfe eines Azimutwerts (Theta) und eines Entfernungswerts (Rho), z. B. → VOR-DME, → Tactical Air Navigation System, → Navarho.

Richtungsstabilität: Flugstabilität in bezug auf Drehmomente um die Hochachse, die vor allem durch die Richtkraft des Seitenleitwerks erreicht wird. Eine Verstärkung der R. entsteht auch durch die Querstabilität. → Stabilität, → Seitenstabilität

Richtungssteuerbarkeit: → Steuerbarkeit

Richtungssteuerung: → Steuerung

Rickenbacker, *Edward Vernon («Eddie»).* Jagdflieger, Industrieller und Luftfahrtschriftsteller der USA, geb. 1893, gest. 1973, erhielt 1917 das Flugzeugführerdiplom, kämpfte ab März 1918 in der 94. Luftwaffendivision in Europa. Erfolgreichster amerikanischer Jagdflieger

Riesenflugzeug Siemens-Schuckert R VIII von 1918

des ersten Weltkriegs. Gründete nach dem Krieg eine Flugmotorenfabrik. Im zweiten Weltkrieg Offizier im Stab der USA-Luftwaffe im Pazifik. Danach bei General Motors, Besitzer der Luftfahrtgesellschaft Eastern Airlines. Veröffentlichte zahlreiche Bücher über die Fliegerei.

Riesenflugzeug: Typenbez. der deutschen Fliegertruppe 1915/18 für mehrmotorige, mehrsitzige Flugzeuge.

Ringflügelflugzeug, *Ringflügler:* Flugzeug mit einem ringförmig um den Rumpf angebrachten Tragflügel. R. wurden Ende der fünfziger Jahre als → Heckstarter entwickelt. Ihr Vorteil bestand in einem guten Vortriebswirkungsgrad des innerhalb des Ringflügels untergebrachten Triebwerks (Mantelwirkung des Tragflügels). Vor allem die allen Heckstartern eigenen Nachteile (komplizierte Landung, geringe Flugsicherheit beim Start) führten dazu, daß sich R. nicht durchsetzen konnten. Das erste R. wurde 1958 in Frankreich nach Entwürfen von → *Zborowski* unter dem Namen → Coleopter gebaut.

Ringlaser: → Kreisel, → Laserkreisel

Rippe: formgebendes Teil des Festigkeitsverbandes von Tragflügeln und Leitwerken, leitet die Reaktionskräfte von Behäutung und Pfetten auf die Holme. Ihrer Funktion nach entsprechen sie den → Spanten im Rumpf und werden deshalb des öfteren auch so bezeichnet. Spezielle verstärkte R. nehmen zusätzlich noch Einzellasten (Triebwerks-, Fahrwerksbefestigung, Kraftstoff-Zusatzbehälter u. a.) auf. Die Form der R. wird durch die Profilform bestimmt, ist jedoch dann nicht mehr mit ihr identisch, wenn die Anordnung der R. im Festigkeitsverband nicht parallel zur Strömungsrichtung erfolgt (z. B. rechtwinklig zu den Holmen, wenn

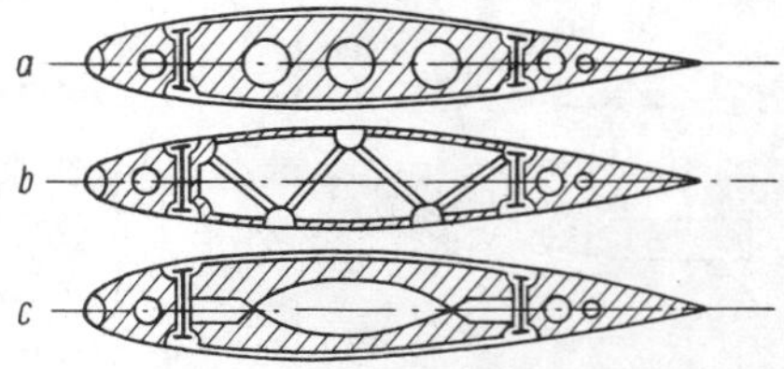

konstruktive Rippenformen: a Balkenform, b Fachwerkform, c Rahmenform

diese gegenüber der Rumpflängsachse eine Pfeilung aufweisen; diese Bauart bringt insbes. technologische Vorteile). Nach der Bauweise werden *Balken-R.* (bestehend aus Rahmen und Steg), *Rahmen-R.* (bestehend aus nicht miteinander verbundenem Ober- und Unterteil) und *Fachwerk-R.* (ebenfalls Fachwerkkonstruktion aus Rahmen und Streben) unterschieden. R. bestehen aus 1 oder mehreren Teilen (je nachdem, wie oft sie von Holmen unterbrochen werden).

RK: Abk. für → Air Afrique, Société Aérienne Africaine Multinationale.

RMI: Abk. für → **R**adio **M**agnetic **I**ndicator.

RNZAF: Abk. für **R**oyal **N**ew **Z**ealand **A**ir **F**orce, die Königlich-Neuseeländischen Luftstreitkräfte.

Robotersteuerung: → Flugregler

Rockwell-International: Anfang 1973 gegr. USA-Unternehmen, entstand durch den Zusammenschluß der Firma North American mit der Rockwell Manufacturing. Innerhalb der R.-I. bestanden die 4 Geschäftsbereiche der North American Rockwell weiter: Luft- und Raumfahrt; Erzeugnisse für die Automobilindustrie; Elektronik, Industrieprodukte. Rockwell Manufacturing wurde als fünfter Geschäftsbereich geführt und stellte Meßgeräte, Armaturen und Elektrowerkzeuge her. Bei den Flugzeugen

Rockwell OV-10 «Bronco»

Rockwell Sabre 60

Rockwell International B-1B

wurde in der Typenbezeichnung das Wort «Rockwell» vorangestellt, z. B. Rockwell Thrush Commander oder Rockwell-Sabre-40A. 1974 erneuerte Umorganisation. → North American

Roe, *Sir Alliot Verdon:* britischer Konstrukteur und Flugpionier, der sein erstes Flugzeug 1908 mit einem 18-kW-Antoinette-Motor baute und im gleichen Jahr flog (8. Juni 1908). 1909 konstruierte er den Dreidecker «Bullseye». Mit seinem Bruder gründete er 1910 die

Avro-Werke zur Herstellung von Flugzeugen. 1912 baute er das erste vollständig verkleidete Flugzeug. Ein großer Erfolg wurde die 1913 herausgebrachte Avro 504, von der im ersten Weltkrieg 8340 Stück hergestellt wurden. 1928 schied er aus den Avro-Werken aus und beteiligte sich an der Firma Saunders (Saunders-Roe Company, Saro), deren Präsident er bis zu seinem Tode blieb. Seine Flugzeuge bewährten sich in beiden Weltkriegen.

Rogallo-Gleiter: von *Francis M. Rogallo* (Mitarbeiter der NASA) entwickelter Gleitfallschirm aus einem 3holmigen, zusammenlegbaren Tragegerüst und 2 zwischen den Holmen aufwölbbaren Flächen, der verschiedentlich als Landehilfsmittel für die Rückführung von Raumflugkörpern zur Erdoberfläche erprobt wird. Der R.-G. wurde als Gleitflieger-Sportgerät mit neuen Profilen und Verbesserungen übernommen, meist als A-förmiges Aluminiumgerüst mit leichter Stoffbespannung (Masse etwa 20 kg, Gleitwinkel 1:4...1:5). Neue Ausführungen sind mit Plast bespannt, der Pilot hängt im R.-G. nach dem Vorbild → *Lilienthals* oder hat einen schwingbaren Sitz zur Körperverlagerung, mit der das Gerät gesteuert wird. → Gleitflugzeug

Rogalski, *Stanislaw:* polnischer Flugzeugkonstrukteur, geb. 25. Mai 1904, gest. 6. Febr. 1976 Hushington USA. Ab 1922 studierte R. Maschinenbau an der Technischen Hochschule Warschau. 1924 erwarb er den Pilotenschein als Flieger-Reserveoffizier in Bydgoszcz. Bei Fortsetzung seines Studiums wurde er aktives Mitglied des Flugzirkels der Studenten. 1929 Staatsexamen. 1927/39 arbeitete er zusammen mit → *Wigura* und → *Drzewiecki* in der bekannten Konstruktionsgruppe RWD (nach den Anfangsbuchstaben der Namen). 1935 gründete er mit Ing. *Drzewiecki* und Ing. *Wedrychowski* in Okęcie das Werk Doswiadczalne Warsztaty Lotnicze (DWL). 1939/45 baute er Flugzeuge in der Türkei, ab 1946 war er in den USA als Universitätsprofessor tätig, später als Chefaerodynamiker eines Flugzeugwerks. Wirkte mit am Bau der Transporter C-123, C-125 sowie der F-111.

Rohbaugerüst: tragendes Gerüst des Festigkeitsverbands von Luftfahrzeugen oder deren Hauptgruppen Rumpf, Tragflügel und Leitwerk, das noch nicht mit der Außenhaut verbunden wurde. Charakteristische Fertigungsstufe von Luftfahrzeugen oder Hauptbaugruppen, die in → Bauvorrichtungen von innen nach außen zusammengebaut werden.

Rohrbach-Metallflugzeugbau GmbH: frühere deutsche Flugzeugwerke in Berlin, gegr. am 1. Juli 1922 von dem früheren Chefkonstrukteur der Staakener Zeppelinwerke Dr. *Adolf K. Rohrbach.* Bauten mehrmotorige Land- und Wasser-Metallflugzeuge («Roland», «Romar», «Rocco»). 1931 wurde der Betrieb wegen wirtschaftlicher Schwierigkeiten eingestellt. 1934 wurden die Anlagen von der Weser-Flugzeugbau GmbH gepachtet.

Röhrenfeder: → Bourdonrohr

Roland-Flugzeuge: → Luft-Fahrzeug-Gesellschaft

Rollbahn: festgelegter Weg auf einem Flugplatz, der für rollende Flugzeuge zum Erreichen und Verlassen der → Start- und Landebahn hergerichtet ist.

Rolldämpfer, Rollregler: → Dämpfer

Rolle: Kunstflugfigur, bei der sich das Flugzeug um die Längsachse dreht. Eine Drehung bis zur Rückenfluglage wird als *halbe* R. bezeichnet. Bei der *gesteuerten* R. bewirken die Querruder die fortwährende Drehung, während bei der *ungesteuerten* oder *gerissenen* R. die Drehung durch ein kurzes Ausschlagen der Querruder nur eingeleitet wird und das Flugzeug sich selbst weiterdreht. Durch den → Steuerwechsel muß der Pilot die R. mit Quer-, Seiten- und Höhenruder fliegen. Die R. gehört zu den schwierigsten → Kunstflugfiguren.

Rollen: 1. Bewegung eines Flugzeugs mit Radfahrwerk am Boden. – **2.** Bewegung eines Flugzeugs um seine Längsachse. → Rolle

Rollenvollkreis: Kunstflugfigur, bei der mehrere – Rollen hintereinander in einer geschlossenen Kreisbahn geflogen werden. → Kunstflug

Rollfeld: Teil eines Flugplatzes, der für Starts und Landungen sowie für die damit verbundenen Rollbewegungen von Luftfahrzeugen zu benutzen ist (→ Start- und Landebahn). Die → Vorfelder gehören nicht zum Rollfeld.

Rollgeschwindigkeit: typgebundene, von den Luftfahrtbehörden vorgeschriebene Geschwindigkeit des Luftfahrzeugs beim Rollen auf dem Flugplatz.

Rollgeschwindigkeitsanzeige-

system: Anlage zur Anzeige der → Rollgeschwindigkeit von Flugzeugen. Das R. wertet die Umdrehungszahl der Fahrwerkräder aus. Es ist wenig gebräuchlich und soll eine Geschwindigkeitsanzeige liefern, die nicht mit den Fehlern und der Anzeigeträgheit üblicher → Fahrtmesser behaftet ist. Die exakte Überwachung der Geschwindigkeiten beim Start ist im Fall eines Triebwerksausfalls bes. wichtig, da die Handlungen der Besatzung je nach der Geschwindigkeit, bei der der Triebwerksausfall auftritt, unterschiedlich sein müssen. → Rotationsgeschwindigkeit

Roll-Giermoment: Moment um die Hochachse, das als Folge einer Rollbewegung entsteht (Drehung um die Längsachse), weil das dämpfende Moment der Seitenleitwerksflosse im rechten Winkel zur und außerhalb der Hochachse wirkt. → Momente am Luftfahrzeug, → Seitenstabilität

Rollmoment: → Momente am Luftfahrzeug

Rollregler, Rolldämpfer: → Dämpfer

Rolls-Royce-Ltd.: britischer Konzern mit Sitz in Derby und Werken für Luftfahrttriebwerke in Derby, Hillington, East Kilbride, Barnoldswick, Hucknall, Dundonald, Bristol, Parkside, Sunderland, Leavesden, Crew. R.-R. wurde 1906 durch den Geschäftsmann *C. S. Rolls* und den Konstrukteur *Henry Royce* gegr. Bereits vor dem ersten Weltkrieg befaßte sich die Firma mit Flugmotoren. Übernahme von Bristol Siddeley 1966. Bau von kleinen KTW, Propellerturbinen, Turbomotoren, Strahltriebwerken, Zweistromtriebwerken, Schwenkdüsen-Triebwerken sowie Staustrahl- und Raketentriebwerken. Anfang 1971 meldete die R.-R. Konkurs an, da die Entwicklung des neuen Dreiwellentriebwerks RB. 211 für die Lockheed L-1011 «Tri-Star» Schwierigkeiten brachte. Die britische Regierung verhinderte den Zusammenbruch mit einem großen Aufwand an Steuergeldern. 1987 im Rahmen einer Reprivatisierung von 16 Gesellschaften durch die Thatcher-Regierung (darunter auch → British Airways) in private Hand übergegangen

Rollstabilität von Fahrwerken: Eigenschaft von Fahrwerken, bei ungewollter Auslenkung des Flugzeugs aus der Rollrichtung diese selbständig wieder einzunehmen. Bei fehlender R. versucht das Flugzeug, aus der Rollrichtung auszubrechen (→ Ausbrechen). Vom Prinzip der am Fahrwerk in der Erdebene auftretenden Kräfte her sind Bugradfahrwerke prinzipiell rollstabil und Heckradfahrwerke rollinstabil. → Fahrwerk

Rollsteuerbarkeit: → Steuerbarkeit

Rollzeit, Symbol t_{RO}: **1.** *Rollen am Boden* – Zeitdauer, während der ein Luftfahrzeug aus eigener Kraft Rollbewegungen am Boden ausführt. Es gilt $t_{RO} = t_{ROA} + t_{ROL} + t_{ROS}$. Die Bestandteile der (Gesamt-)R. sind Zwischen-R. (Symbol t_{ROA}), → Lande-R. (Symbol t_{ROL}) und → Start-R. (Symbol t_{ROS}). – **2.** *Rolle in der Luft* – bei Flugzeugen (vorwiegend bei Segelflugzeugen verwendet) die Zeit in Sekunden für Bewegungen um die Längsachse, gemessen meist von 45° Schräglage links bis 45° Schräglage rechts.

Rom, City-Code **ROM:** 1) *Flughafen Leonardo da Vinci* (Fiumicino), City-Code **FCO:** wichtigster internationaler Flughafen Italiens 41° 48′ 42″ n. Br., 12° 15′ 12″ ö. L., Höhe 4 m, 35 km südwestlich von Rom entfernt gelegen. 3 Start- und Landebahnen mit 3900 m × 60 m, 3900 m × 600 m und 3295 m × 60 m. Jahresverkehrsleistung 1988 14,14 Mill. Fluggäste. Moderne Funk- und Navigationsausrüstungen. – 2) *Flughafen Ciampino*, City-Code **CIA**: vorwiegend dem Inlandverkehr dienender Flughafen 41° 47′ 54″ n. Br., 12° 35′ 42″ ö. L., Höhe 130 m, 15 km südöstlich von Rom entfernt gelegen. 1 Start- und Landebahn mit 2200 m × 45 m. Moderne Funk- und Navigationsausrüstungen. Jahresverkehrsleistung 1988 – 0,5 Mill. Fluggäste.

ROM: Typenbez. für sowjetische Marine-Fernaufklärungsflugzeuge (russ. **r**aswedtschik **o**tkrytogo **m**orja), z. B. ROM-1 (2motoriges Flugboot von *D. P.* → *Grigorowitsch* von 1927).

Romanjuk, *Wassili G.:* sowjetischer Oberst, Fallschirmspringer, geb. 1913. Führte 1934 seinen ersten Fallschirmabsprung aus, wurde im gleichen Jahr Fallschirminstrukteur, nach 100 Sprüngen Fallschirmversuchsspringer. Unternahm 1940 mit einer Gruppe einen Fallschirmabsprung aus 8000 m Höhe. 1945 Weltrekord mit verzögerter Öffnung (in 957 m) aus 13108 m Höhe. Stellte insgesamt 18 Weltrekorde (in der Gruppe und einzeln) auf. Absolvierte insgesamt etwa 4500 Fallschirmsprünge. 1949 Verdienter Meister des Sports. 1957 Held der Sowjetunion. Erhielt 1958 das Diplom Tissandier, das von der FAI verliehen wird. Schrieb 1950 »Notizen eines Fallschirmspringers«. Absolvierte 1951 die Militärakademie der LSK in Moskau.

Rosatelli, *Celestino:* italienischer Flugzeugkonstrukteur, geb. 8. April 1885 Belmonte Sabino, gest. 23. Sept. 1945. Kam 1918 zu → FIAT, wo er bis zu seinem Tode über 60 Flugzeugkonstruktionen schuf, die in ca. 6000 Exemplaren gebaut wurden. Seine Jagdflugzeugentwicklungen trugen meist die Abkürzung CR. Von ihm sind z. B. der Bomber BR 20 und der Aufklärer R 22 sowie die Jagdflugzeuge CR 32 und CR 42 entwikkelt worden.

Rosendahl, *Charles E.:* USA-Experte für Luftschiffe, Vizeadmiral; geb. 1893, gest. 14. Mai 1977 Philadelphia, weilte oft in Friedrichshafen, um Erfahrungen aus dem Luftschiffbau zu übernehmen. Überlebte als Navigationsoffizier den Absturz des USA-Luftschiffs ZR-1 «Shenandoah» am 3. Sept. 1925.

Rotationsgeschwindigkeit, engl. *Rotation Speed:* **1.** Geschwindigkeit beim Abheben (v_R), die nicht niedriger als die kritische Tiebwerks-Ausfallgeschwindigkeit v_1 sein soll und so hoch sein muß, daß das Flugzeug bis 10 m Höhe auf die sichere Abhebegeschwindigkeit v_2 beschleunigt wird. – **2.** Winkelgeschwindigkeit (ω) der Drehbewegungen des Flugzeugs um seine Achsen. I. e. S. Geschwindigkeit der → Autorotation.

Rotationskolbenmotor: Verbrennungsmotor, bei dem die für Verdichtung und Expansion eines Motorenprozesses erforderliche zyklische Veränderung des Gasraums im Gegensatz zum Hubkolbenmotor durch Rotation des Kolbens in einem festen oder ebenfalls rotierenden Gehäuse erzeugt wird. Für diese Motorgattung gibt es sehr viele Patente verschiedenster Lösungen. Angewendet wurde jedoch bisher nur der von Felix Wankel entwickelte R. Die den Gasraum begrenzende Gehäusewand des WANKEL-Motors hat die Form einer zweibogigen Trochoide. Ein dreieckförmiger Kolben teilt den Trochoidenraum in drei Kammern, die bei der Drehung des Kolbens durch ihre Volumenänderung jeweils die Taktfolge eines Viertaktmotors verwirklichen. Der Ladungswechsel erfolgt für alle 3 Kammern in zyklischer Folge über einen gemeinsamen Einlaß- bzw. Auslaßschlitz. Die Steuerung übernehmen die Kolbenkanten. Die Kolbenbewegung im Gehäuse wird durch ein Zahnradpaar mit dem Radiusverhältnis von 2:3 gesteuert. Dabei wird das kleine, an der Gehäusestirnwand fixierte Zahnrad von dem im Kolben befestigten größeren Zahnrad überrollt. Das ist möglich, wenn sich beide Zahnräder auf einer feststehenden Exenterwelle um ihren Mittelpunkt drehen. In diesem Falle rotieren durch die Befestigung der Zahnräder Kolben und Gehäuse um feste Drehpunkte. Bei dieser Betriebsform spricht man wegen der reinen Drehbewegung des Kolbens von einem Drehkolbenmotor. Heute wird jedoch ausschließlich der Kreiskolbenmotor verwendet. Bei dieser Variante beschreibt der Mittelpunkt des Kolbens eine Kreisbahn, weil im Gegensatz zum Drehkolbenmotor auch die Exenterwelle rotiert und dafür das Gehäuse und das damit verbundene Zahnrad feststehen. Der einfachere Ladungswechsel beim feststehenden Gehäuse wird durch Massenkräfte der translatorischen Bewegung des Kolbens, die für einen ruhigen Lauf erst durch Zusatzmassen oder entsprechend versetzte Motorscheiben ausgeglichen werden müssen, erkauft. Die Vorteile des WANKEL-Motors gegenüber dem Hubkolbenmotor sind das geringe Masse-Leistung-Verhältnis (0,7...1,4 kg/kW) und das kleine Bauraum-Leistungs-Verhältnis (0,8...1,4 dm^3/kW). Diese ohne besonderen Leichtbau erreichten Werte machen den Motor auch für den Flugzeugbau interessant, so daß nach der erfolgreichen Anwendung als Boots- und Fahrzeugmotor auch Projekte als Triebwerk für Sportflugzeuge vorliegen. Durch einen zusätzlichen Ein- und Auslaßkanal und entsprechende Ventile kann eine Scheibe des WANKEL-Motors auch als Drehkolbenverdichter oder Ladepumpe verwendet werden.

Rotoprop: Heckrotor eines Hubschraubers, der die Funktionen eines normalen Heckrotors im Vertikalflug erfüllt, sich aber im Horizontalflug vom 90° schwenken läßt und dann als Druckschraube zusätzlichen Vortrieb liefert. Zur Richtungssteuerung dient im Horizontalflug ein konventionelles Seitenruder.

Mittel zum Erzeugen der zum Fliegen erforderlichen Kräfte	Betriebszustand der Tragschraube	
	Antrieb durch Triebwerk	
Tragschraube	Hubschrauber	–
Tragschraube und Tragflügel	Verbundhubschrauber Verwandlungshubschrauber	–
Tragschraube und Luftschraube	Flugschrauber	Tragschrauber
Tragschraube, Luftschraube und Tragflügel	Kombinationsflugschrauber	

Rotor: 1. *Meteorologie – Luftwirbel* um eine horizontale Achse im Lee von Gebirgen (→ Leewelle). – **2.** Im weitesten Sinne Bez. für drehende Bauteile, die unter Berücksichtigung der Strömung gestaltet sind und mit deren Hilfe Energie (in Form von Wellenleistung) an ein Strömungsmedium (Gas oder Flüssigkeit) übertragen bzw. einem Strömungsmedium Energie entzogen und in Wellenleistung umgewandelt wird. Der R. ist ein wesentliches Bauelement aller Strömungsmaschinen (Turbinen, Verdichter, Kreiselpumpen), aller Drehflügel (→ Rotorflugzeug) und Luftschraubenantriebe. I. e. S. nur für → Tragschraube und → Heckschraube der R.flugzeuge. Geometrische Merkmale, Strömungsverhältnisse und Kräfte am R. → Blatt, → Tragschraube

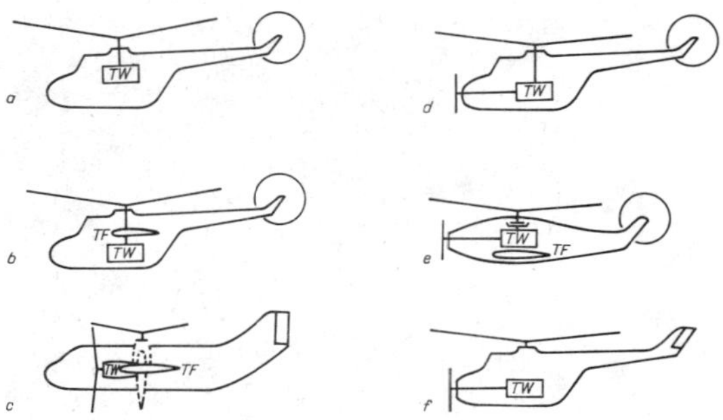

Rotorflugzeuge: a Hubschrauber, b Verbundhubschrauber, c Verwandlungshubschrauber, d Flugschrauber, e Kombinationsflugschrauber, f Tragschrauber (TW Triebwerk, TF Tragflügel)

Rotorflugzeug, Drehflügler, Drehflügelflugzeug: Fluggerät schwerer als Luft, bei dem die zum Fliegen erforderlichen Kräfte senkrecht und parallel zur Flugbahn überwiegend oder ausschließlich mit Hilfe von Rotoren (→ Tragschraube) erzeugt werden. Sie stellen keinen Ersatz für Starrflügler dar, sondern schließen die Lücke im Bereich kleiner Fluggeschwindigkeiten. Da die Tragschraube bei den meisten R. auch bei fehlender Vorwärtsgeschwindigkeit genügend Rotorschub erzeugt, sind R. in der Lage, Schwebeflüge und senkrechte Flugbewegungen auszuführen, u. a. Start und Landung auf begrenztem Raum. – Die positiven Flugeigenschaften werden in zunehmendem Maße in der Volkswirtschaft (Befördern sperriger Lasten in unwegsames Gelände, Fliegender Kran, Waldbrand- und Schädlingsbekämpfung, dringende medizinische Hilfe, agrochemischer Ein-

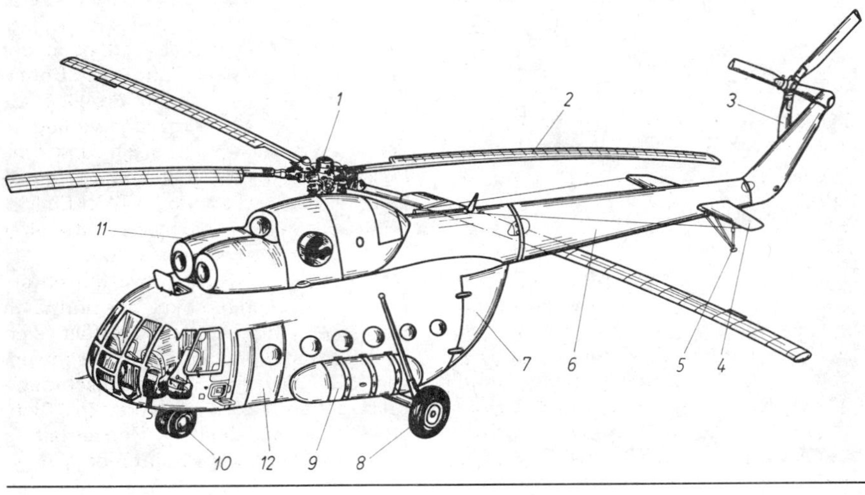

Aufbau eines Hubschraubers: 1 Tragschraubennabe, 2 Tragschraubenblatt, 3 Heckschraube, 4 Stabilisierungsflosse, 5 Sporn, 6 Heckträger, 7 Laderaumluke, 8 Hauptfahrwerk, 9 Brennstoffbehälter, 10 Bugfahrwerk, 11 Triebwerke, 12 Einstieg (Typ: Mi-8)

Flugschrauber ZAGI A-4 (UdSSR)

Schraubenflügler (Kombinations-Hubschrauber) Kamow Ka-22 «Wintokryl» mit je 1 PTL und Rotor an den Flügelenden (UdSSR)

Hubschrauber Kamow Ka-18 mit 2 koaxialen Rotoren (UdSSR)

Jakolew Jak-24 mit 2 hintereinander angeordneten Rotoren (UdSSR)

aus der Mi-2 hervorgegangen – PZL «Sokol» (Polen)

satz, Seenotrettung, Verkehrsüberwachung, Personenbeförderung von Stadtzentren zu Flugplätzen am Stadtrand u. a.) und im Militärwesen (Aufklärung, Artilleriebeobachtung und Feuerleitung, Panzerbekämpfung, Transport von Kommandotrupps, Strahlungsaufklärung, Versorgung von Truppenteilen, Minenverlegung, U-Boot-Bekämpfung u. ä.) genutzt. Bei Triebwerksausfall behält das R. ausreichende Steuerbarkeit für eine normale Landung. Nachteile der R. sind relativ geringe max. Fluggeschwindigkeit (bedingt durch die Aerodynamik des Rotors), starke Vibration (daher geringere Lebensdauer der Bauteile), geringe → Stabilität, große Empfindlichkeit gegenüber Verschiebung des Massenmittelpunkts, komplizierte Steuertechnik und eingeschränkte Steuerbarkeit (R. mit Tragschrauben herkömmli-

typische Mil-Konstruktion – der gegenwärtig größte sowjetische Hubschrauber Mi-26

cher Konstruktion dürfen nur begrenzt Drehungen um ihre Längs- und Querachse ausführen, → Rollen und → Loopings sind nicht möglich), hohe technische Kompliziertheit, hohe Herstellungs- und Wartungskosten und geringere Wirtschaftlichkeit (der geringere Wirkungsgrad der Energieumsetzung eines Rotors gegenüber einem Starrflügler hat bei vergleichbaren Flugleistungen einen höheren Brennstoffverbrauch zur Folge).

Hubschrauber sind die verbreitetste und technisch perfekteste Klasse der R. Sie haben 1 bzw. 2 Tragschrauben mit 2...5 Blättern, die von 1 oder 2 Triebwerken angetrieben werden. Sie können Schwebeflüge und senkrechte Flugbewegungen ausführen. Bei Konstruktionen mit einer Tragschraube und → Wellenantrieb entsteht mit dem Antriebsmoment ein gleichgroßes entgegen der Drehrichtung des Rotors wirkendes → Rückdrehmoment, das durch die Heckschraube ausgeglichen wird. Bei Ausführung mit 2 gegenläufigen Tragschrauben heben sich die Rückdrehmomente auf.

Verbundhubschrauber haben zusätzlich einen Hilfstragflügel, der bei Flügen mit Vorwärtsgeschwindigkeit Auftrieb erzeugt. Deshalb kann die sekrecht zur Flugbahn wirkende Komponente des Rotorschubs vermindert und die parallel zur Flugbahn wirkende vergrößert werden. Die Fluggeschwindigkeit ist größer als beim Hubschrauber. Bei Schwebeflug und senkrechten Flugbewegungen ist die Tragfähigkeit gegenüber dem Hubschrauber geringer, da der Tragflügel vom Rotorstrahl getroffen wird und die Strömungsverhältnisse und Kräfte an der Tragschraube negativ beeinflußt werden.

Verwandlungshubschrauber (→ Convertiplane) sind Fluggeräte, die eine Zwischenstellung zwischen Rotorflugzeugen und → Starrflüglern einnehmen. Zu ihnen gehören Stopprotor-, Einziehrotor- und Schwenkrotorflugzeuge sowie Kippflügler. Sie sind gegenwärtig noch im Erprobungsstadium und stellen den Versuch dar, die spezifischen Eigenschaften von Rotorflugzeug und Starrflügler in einem Fluggerät zu vereinigen.

Flugschrauber haben 1 oder 2 Tragschrauben (angetrieben von 1 oder 2 Triebwerken) zum Erzeugen einer Kraft senkrecht zur Flugbahn, 1 oder 2 Luftschrauben für die Vortriebskraft. Sie können Schwebeflüge und senkrechte Flugbewegungen ausführen. Wegen der komplizierten Steuertechnik wurde trotz etwas höherer Fluggeschwindigkeit gegenüber Hubschraubern die Entwicklung eingestellt.

Kombinationsflugschrauber sind Flugschrauber mit zusätzlichem Hilfstragflügel. Sie führen Schwebeflüge und senkrechte Flugbewegungen aus. Bei Flügen mit Vorwärtsgeschwindigkeit werden die Tragschrauben meist nicht mehr von den Triebwerken, sondern von der anströmenden Luft angetrieben (→ Autorotation) und erzeugen nur einen Teil der senkrecht zur Flugbahn wirkenden Kraft. Den überwiegenden Teil dieser Kraft liefert der Tragflügel als Auftrieb. Die parallel zur Flugbahn wirkende Kraft wird in jedem Fall von den Luftschrauben als Luftschraubenschub bzw. vom Strahltriebwerk als Triebwerksschub erzeugt. Die komplizierte Steuertechnik und der hohe Wartungsaufwand ließ nur wenige Kombinationsflugschrauber bis zum Serienbau reifen.

Tragschrauber (Autogiro) besitzen 1 Tragschraube, die nicht von einem Triebwerk, sondern von der anströmenden Luft angetrieben wird (→ Autorotation), und ein Triebwerk mit Luftschraube. Die Tragschraube liefert die senkrecht zur Flugbahn wirkende Kraft, während der Luftschraubenschub den Vortrieb erzeugt. Da die Tragschraube nur dann selbständig dreht, wenn der Tragschrauber bereits eine Vorwärtsgeschwindigkeit besitzt, sind reine Tragschrauber nicht in der Lage, Schwebeflüge und senkrechte Flugbewegungen auszuführen. Eine Ausnahme bilden solche Tragschrauber, bei denen es möglich ist, zeitweilig (hauptsächlich bei Start und Landung → Sprungstart) die Luftschraube aus- und die Tragschraube einzukuppeln. Die technische Entwicklung der T. wurde i. allg. eingestellt.

Nach der Antriebsart der Tragschraube werden R. mit → *Wellenantrieb* und R. mit → *Blattspitzenantrieb* unterschieden. Beim Wellenantrieb wird die Antriebsleistung vom Triebwerk über Getriebe und Wellen der Tragschraube zugeführt, während beim Blattspitzenantrieb das Antriebsmoment am Blatt selbst durch die Schubkraft eines am Blattende austretenden Gasstrahls erzeugt wird. Beim Wellenantrieb ent-

steht ein → Rückdrehmoment, das beim Blattspitzenantrieb fehlt. Zum Ausgleich des Rückdrehmomentes ist bei 1rotorigen Rotorflugzeugen mit Wellenantrieb eine → Heckschraube erforderlich. Bei Triebwerksausfall ist das Rückdrehmoment Null. Der Massenanteil des Antriebs an der Rüstmasse ist bei Wellenantrieb erheblich höher als bei Blattspitzenantrieb. Gegenwärtig ist der Wellenantrieb vorherrschend, der Blattspitzenantrieb befindet sich noch im Erprobungsstadium.
Die Verschiedenartigkeit der einzelnen *Einsatzmöglichkeiten* des R. hat dazu geführt, daß in den letzten beiden Jahrzehnten vom universell einsetzbaren R. abgegangen wurde und die vorgesehene Verwendung bereits bei der Konstruktion Berücksichtigung fand. Es entstanden Klassen von R. für spezifische Aufgabenstellungen, z. B. *Transporthubschrauber, Kampfhubschrauber, Fliegende Kräne* u. ä.
Geschichtliches: 1475 – *Leonardo da Vinci* legt in seinen Tagebuchaufzeichnungen mit dem Modell einer Flugschraube und der Erkenntnis der Auftriebserzeugung eines sich drehenden Blatts Grundgedanken zum Hubschrauber dar. 1754 – *Michail Lomonossow* entwirft die Grundkonzeption eines Hubschraubers mit Koaxialschrauben. Er löst im Ergebnis wissenschaftlicher Untersuchungen das Problem des Rückdrehmoments. Mit einem Modellversuch liefert er den experimentellen Beweis für die Möglichkeit des Baus von Fluggeräten schwerer als Luft i. allg. und von Rotorflugzeugen im bes. 1784 – Die Franzosen *Laundy* und *Bienvenu* führen das erste freifliegende Modell eines Rotorflugzeugs vor. 1842 – Der Engländer *Philipps* baut das erste Drehflüglermodell mit Blattantrieb. 1907 – Erster Flug eines bemannten Hubschraubers (Bréguet-Richet; Flughöhe 1,5 m). 1902/05 – Der russische Aerodynamiker *Shukowski* schafft mit seiner Luftschraubentheorie die wissenschaftlichen Grundlagen zur Projektierung von Rotorflugzeugen. 1911 – *Jurjew*, Schüler *Shukowskis*, entwickelt die noch heute verbreitetste Hubschrauberkonzeption (Tragschraube, zum Ausgleich des Rückdrehmoments eine Heckschraube, Schrägstellautomat zur Veränderung des Blatteinstellwinkels). 1922 entwikkelt *De la Cierva* mit seinem Tragschrauber wesentliche Konstruktionsprinzipien durch Einführung der Schlaggelenke. 1924 bewältigt ein Hubschrauber erstmalig eine Strecke von 1 km. 1928 – *Asboth* (Ungarn) erreicht mit seinem Hubschrauber mit Koaxialantrieb 30 m Höhe, 3 km Entfernung und 53 min Flugdauer. 1935 – *Bréguet* und *Dorand* (Frankreich) erzielen 62,5 min Flugdauer, 158 m Höhe, 44 km Entfernung und 10 km/h Durchschnittsgeschwindigkeit. 1936 baut *Focke* den ersten Hubschrauber, der voll einsatzfähig ist (Anwendung der Blattverstellung). Dieser Typ Fw 61 erreichte eine Höhe von 3 427 m, eine Flugstrecke von 257 km und eine Flugdauer von 2 h 20 min. Die größten Erfolge erzielen in der Folgezeit in den USA → *Sikorsky* und in der UdSSR → *Mil* und → *Kamow*. 1943 erreicht Sikorsky mit seinem Hubschrauber XR-6 eine Flugzeit von 4 h 50 min und eine Entfernung von 622 km. 1955 stellt G. *Tinjakow* mit dem sowjetischen Tandemhubschrauber Jak-24 einen Höhenrekord von 5 082 m bei einer Zuladung von 2 000 kg auf. 1956 fliegt W. *Winizki* mit dem sowjetischen Hubschrauber Mi-4 einen Weltrekord: 1 000 kg Masse auf 6 048 m Höhe. 1961 erhält das Konstruktionsbüro M. L. Mil die «Igor Sikorsky International Trophy» für die Konstruktion des Großhubschraubers Mil Mi-6. 1969 entwickelte das Konstruktionsbüro von *Mil* den noch leistungsfähigeren Großhubschrauber W-12.
Rotorwolken: → Leewelle
Rotte: → Paar
Routing: → Leitweg
Royal Aeronautical Society, Abk. **RAeS:** Königlich-britische Gesellschaft für Luftfahrt mit Sitz in London. Beschäftigt sich mit Fragen der Luft- und Raumfahrtforschung.
Royal Aircraft Establishment, Abk. **RAE:** größte Forschungs- und Entwicklungsanstalt Großbritanniens für alle Bereiche der Flugtechnik, mit Ausnahme von Antrieb und Radar. Die modernen umfangreichen Anlagen und Laboratorien in Farnborough können alle Hersteller und Benutzer von Flugzeugen in Großbritannien in Anspruch nehmen. Das RAE befaßt sich u. a. mit techn. Untersuchungen von Unfallursachen.
Royal Air Force, Abk. **RAF:** Königliche Luftwaffe Großbritanniens. Offiziell am 1. April 1918 gegr. Sie besteht aus dem *Strike Command* (Bomber- und Jä-

gerkommandos), dem *Air Support Command* (Transportfliegerkräfte), dem *Coastal Command* (Seeaufklärung) und *Training Command* (Pilotenausbildung und technische Ausbildung).

Royal Air Maroc Marokko, 2-Letter-Code **AT:** Die königliche marokkanische Luftverkehrsgesellschaft Royal Air Maroc (Compagnie Nationale de Transports Aériens) wurde bereits 1953 gegr.; unter ihrem jetzigen Namen firmiert sie seit 1957. Das Königreich Marokko ist mit 89,45% am Kapital der R. beteiligt. Weitere Teilhaber sind Air France, Compagnie Générale Transatlantique und die Aviaco. Ihren Linienflugverkehr führt sie sowohl von Casablanca als auch von Tanger (im Norden des Landes) aus durch; dabei werden auch einige Flughäfen innerhalb des Landes bedient. Internationale Fluglinien verbinden das Königreich Marokko mit Städten Nordafrikas, Europas und des Mittleren Ostens; mit New York, Montreal und Rio de Janeiro. Neben Linienflugverkehr bietet die marokkanische Fluggesellschaft auch Bedarfsflüge an. *Flugzeugpark:* 2 Boeing 747, 8 Boeing 727, 6 Boeing 737, 2 Boeing 707–351 C. Die Wartung dieser Flugzeuge geschieht in eigener Regie in Casablanca. Zusätzlich werden Fremdaufträge ausgeführt. Die R. liefert anderen afrikanischen Luftverkehrsgesellschaften technisches know how, was als echte Pionierleistung gewertet wird. Verkehrsdaten 1985: 1,1 Mill. beförderte Passagiere (davon 1 Mill. im intern. Linienflugverkehr; 3,1 Mrd. Pkm (1 Mrd. davon im intern. Charterflugverkehr); 40 Mill. Fracht-tkm. 357 Mill. tkm Gesamtleistung. Streckennetz von 154000 km. IATA-Mitglied.

Royal Dutch Airlines: → Koninklijke Luchtvaart Maatschappij NV

Royal Jordanien Airlines: → ALIA – The Royal Jordanian Airlines Corp.

RPV: Abk. für **R**emotely **P**ilotet **V**ehicle, engl. Bez. für Fernlenkluftfahrzeuge.

RSBN: Abk. für russ. **R**adiotechnitscheskaja **S**istema **B**lishney **N**avigazii, sowjetisches funktechnisches Kurzstreckennavigationsverfahren, auch als → Svod bekannt.

RSP: Abk. für russ. **R**adiotechnitscheskaja **S**istema **P**osadkoj, sowjetisches funktechnisches Instrumentenanflugverfahren.

RTOL: Abk. für engl. **R**educed **T**ake-**O**ff and **L**anding; serienmäßige Flugzeuge mit verminderten Start- und Landestrecken durch verbesserte Tragflügel und Auftriebshilfen, die mit kleineren Pisten auskommen und die Probleme des Flughafenlärms durch kurze Startstrecken sowie schnelles Steigen verringern. Sie stehen im Gegensatz zu aufwendigen → STOL- und → VTOL-Flugzeugen.

Rublic, *Zdenek:* tschechoslowakischer Flugzeugkonstrukteur, gest. 27. März 1963. Prag. Seine in aller Welt bekannten Konstruktionen sind M-1 «Sokol», M-2 «Skut», M-3 «Bonzo», XLD-40 «Mir», L-60 «Brigadyr» und L-40 «Meta Sokol».

Rückdrehmoment: *allgemein* – Reaktionsmoment an den Lagern einer Welle, das auftritt, wenn über die Welle eine Leistung und damit ein Drehmoment übertragen wird. → *Rotorflugzeuge* – Drehmoment an einrotorigen Rotorflugzeugen mit → Wellenantrieb, das entgegengesetzt zur Drehrichtung der → Tragschraube wirkt und durch eine → Heckschraube ausgeglichen wird. Bei → Autorotation ist das R. Null. → Blattspitzenantrieb, → Heißgasrotor

Rückenflug: Vorwärtsflug mit um 180° um die Längsachse gedrehtem Flugzeug, wobei der Pilot (die Besatzung) mit dem Kopf nach unten in den Anschnallgurten hängt. Das Lastvielfache entlang der Hochachse beträgt dabei $n_y = -1$. Bei Motorflugzeugen ist die Versorgung des Triebwerks mit Brennstoff im Rückenflug, bzw. bei allen negativen Belastungen ($n_y < 0$), ein bes. Problem, da der Brennstoff normalerweise vom Boden der Behälter abgesaugt und den Triebwerken zugeführt wird. Während des R. würden die Ansaugstutzen über dem Brennstoffspiegel liegen, und somit würde Luft angesaugt. Zur Gewährleistung des R. von Sport- und Militärflugzeugen über eine begrenzte Zeit (Sekunden, max. Minuten) gibt es verschiedene konstruktive Lösungen, sogenannte Rückenflugven-

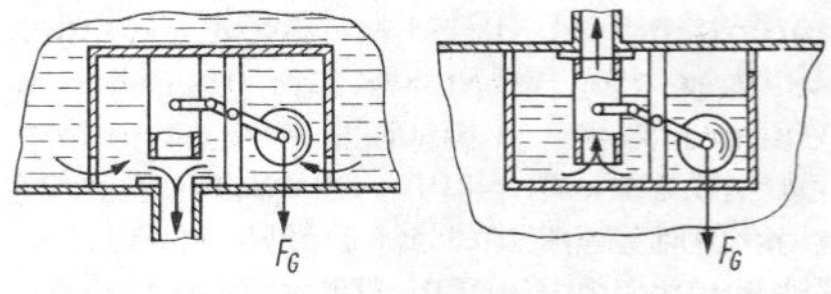

Beispiel für Rückenflugventil: links Normallage, rechts Rückenfluglage

tile, in den Brennstoffversorgungsanlagen. Für Flugzeuge mit KTW sind außerdem → Rückenflugvergaser oder ähnliche Geräte zur Gewährleistung der normalen Arbeit der Triebwerke erforderlich.

Rückenflugventil: → Rückenflug

Rückenflugvergaser: Vergaser für Flugmotoren, der so konstruiert ist, daß er auch in der Rückenfluglage, z. B. beim Kunstflug arbeitet. → Rückenflug

Rückenkreis: Kunstflugfigur, bei der das Flugzeug in Rückenlage in horizontaler Ebene mit gleichbleibender Schräglage einen Kreis fliegt (R. links und rechts). → Kunstflug

Rückstoß: Kraft, die ein Körper erfährt bei Abstoßen oder Beschleunigungen eines oder mehrerer anderer Körper, z. B. bei Flugzeug- und Raketenantrieben oder Feuerwaffen. R. entsteht aufgrund der Wirkung des Impulssatzes: die zeitliche Änderung des Impulses ist gleich der wirkenden Kraft, ist gleich dem R. Bei Flugzeug- und Raketenantrieben ergibt sich damit der R. aus der von dem Triebwerk bzw. von Triebwerk und Luftschraube pro Sekunde beschleunigten Gasmasse und der dieser Gasmasse relativ zum Triebwerk erteilten Geschwindigkeitsdifferenz (→ Schub). Wirkungsrichtung des R. entgegen der Beschleunigungsrichtung. Die zu beschleunigende Masse kann mitgeführt (Rakete, Feuerwaffe) oder im wesentlichen aus der Umgebung genommen werden (Flugzeugantriebe, Wasserantriebe).

Rückstoßtriebwerke: → Reaktionstriebwerk

Rudder: engl. für → Seitenruder. → Ruder

Rudenko, *Sergej Ignatjewitsch:* sowjetischer Marschall der Flieger geb. 7. (20.) Okt. 1904 als Sohn eines Schusters im Gebiet Tschernigow. Trat 1923 in die Sowjetarmee ein, besuchte ab 1927 eine Fliegerschule. Absolvierte 1932 die Shukowski-Akademie, 1936 einen weiteren höheren Kurs dieser Militärakademie. Danach Kommandeur von Fliegerregimentern, -brigaden und -divisionen. 19. Aug. 1944 Held der Sowjetunion als Generaloberst und Kommandierender der 16. Luftarmee. Ab 1946 Deputierter des Obersten Sowjets der UdSSR. 1953 Stellvertretender Oberbefehlshaber und Chef des Stabes der sowjetischen Luftstreitkräfte. 1955 Marschall der Flieger. Mehrere Jahre Chef der Militärakademie «Gagarin» in Monino, 1975 Inspekteur im Ministerium für Verteidigung. 1961 Kandidat des ZK der KPdSU. 5 Leninorden sowie andere hohe sowjetische und ausländische Auszeichnungen. Orden der Oktoberrevolution.

Sergej Rudenko

Ruder: → Steuerorgan, welches bei Betätigen die örtliche Umströmung eines Tragflügels oder einer Flosse ändert, so daß steuernde Kräfte und Momente entstehen. Es werden *Flächenruder* (Klappen- und Flossenruder) und *Strahlruder* unterschieden. Je nach Wirkungsrichtung der entstehenden Momente unterscheidet man auch → Querruder, → Seitenruder und → Höhenruder. Ruder werden häufig in kombinierter Form benutzt, z. B. als → Elevon, als → Flaperon oder als → Differentialhöhenruder (Taileron).

Ruderausgleich, *Kompensation:* Maßnahme, um die beim Ruderausschlag auftretenden und zum Betätigen erforderlichen Kräfte (→ Rudergelenkmomente) zu verringern. Unter ungünstigen Umständen besteht die Gefahr der

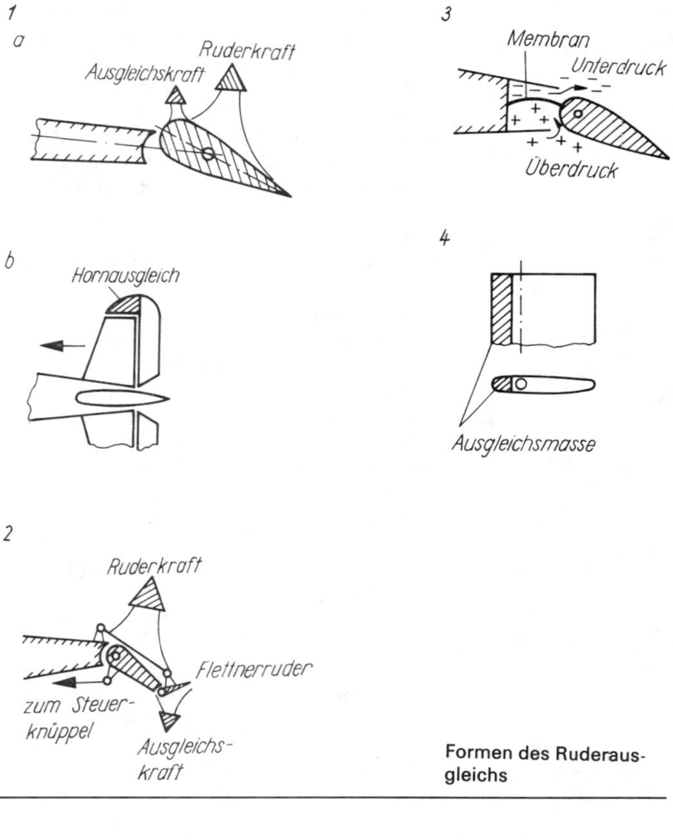

Formen des Ruderausgleichs

Überkompensation, wobei Kräfte entstehen, die das Ruder aus der gewünschten Lage auslenken. Man unterscheidet: 1) *äußeren aerodynamischen R.*, möglich als in den Luftstrom austretende Vorderkante von Rudern oder als Hornausgleich; in beiden Fällen wird vor der Ruderachse ein Teilauftrieb erzeugt, der ein Moment bildet, welches den Ruderausschlag unterstützt; 2) *dynamischen R.* (Flettnerruder), bei dem am Ende des eigentlichen Ruders ein entgegengesetzt ausschlagendes Hilfsruder vorhanden ist, welches ein den Ruderausschlag unterstützendes Moment erzeugt; 3) *inneren aerodynamischen R.*, bei dem mit Hilfe zweier, durch eine bewegliche Membran voneinander getrennter Hohlräume (in denen die Druckdifferenz zwischen Flossen- oder Tragflügelunter- und -oberseite wirksam wird) ein Moment entsteht, das die Ruderbewegung unterstützt; 4) *Massenausgleich* zum Herstellen des Massengleichgewichts um die Ruderachse, wodurch unausgeglichene Trägheitskräfte in der Steuerung bei Manövern vermieden werden. Die Ausgleichmassen dienen daneben meist zum Dämpfen bzw. Verhindern von Ruderflattern (→ Buffeting).

Rudergelenk-, *Ruderscharniermoment:* bei Betätigen eines Flächenruders um seine Bewegungsachse wirkendes Moment. Es bestimmt in Abhängigkeit von der Konstruktion die Größe der zur Steuerung notwendigen Kraft. Die Größe des R. hängt ab von der Größe der am Ruder wirkenden Luftkraft sowie dem senkrechten Abstand zwischen Wirkungsrichtung der Luftkraftresultierenden (Druckpunkt) und Drehachse des Ruders. Da beide Größen veränderlich sind, ist auch das R. während des Flugs veränderlich, was dem Flugzeugführer im postiven Sinne ein Gefühl für die Wirksamkeit der Steuerung gibt. Zu große R. werden durch die Wahl der Achsenlage sowie durch zusätzlichen → Ruderausgleich verhindert, R. sind nicht zu verwechseln mit den → Rudermomenten.

Ruderlaufgeschwindigkeit: Winkelgeschwindigkeit der Ruderbewegung um die Ruderachse. Maßeinheit ist Grad pro Sekunde.

Rudermaschine: → Servomotor, der zum Antrieb von Luftfahrzeug-Rudern benutzt wird, arbeitet meist hydraulisch oder elektrisch. Für den Notbetrieb von R. wird häufig ein hydraulischer Antrieb gemeinsam mit komprimiertem Stickstoff benutzt.

Rudermoment: durch Betätigen eines Ruders am Flugzeug (Flugkörper) erzeugtes Steuermoment. Nicht zu verwechseln mit → Rudergelenkmoment. → Ruder, → Momente am Luftfahrzeug

Rudertiefe: senkrechte Entfernung zwischen Vorder- und Hinterkante des Ruders.

Ruderumkehr: svw. → Umkehr der Ruderwirksamkeit.

Ruderwirksamkeit: Drehbeschleunigung oder andere Kenngröße des Luftfahrzeugs pro Grad Ruderausschlag. Die R. ist abhängig von Form und Fläche des Ruders, seiner Lage am Tragflügel oder Leitwerk (insbes. von der Entfernung des Ruders vom Massenmittelpunkt des Flugzeugs), sowie von Flughöhe, Fluggeschwindigkeit und meteorologischen Bedingungen. Die R. muß vom Konstrukteur so gewählt sein, daß sie im gesamten, für den betreffenden Flugkörper vorgesehenen Geschwindigkeits- und Höhenbereich genügend groß ist.

Rufpassage, (engl.) *Call-Passage, Prepaid Transportation:* Flugreise, für die eine andere Person als der Fluggast den Flugpreis entrichtet, weil sich der Passagier nicht am Ort und meist auch nicht im Land aufhält, in dem die Einzahlung geleistet wurde. Auf dem Wege der R. können neben dem Flugpreis auch Entgelte für den Transport von Übergepäck, im Ausland anfallende Gebühren bzw. Steuern für die Flugreise sowie sonstige mit der Beförderung auf dem Luftwege zusammenhängende Gebühren bezahlt werden. Die R. wird durch Ausstellen eines Flugscheins durchgeführt, soweit der Name des Fluggastes bekannt ist und die Anforderung der R. so rechtzeitig erfolgte, daß der Passagier bis zum vorgesehenen Reiseantritt in den Besitz des (durch den Besteller der R. zu versendenden) Flugscheins gelangt bzw. daß die Ausstellung eines Flugscheins gewährleistet ist. Die R. kann darüber hinaus auch über → Sammelumtauschanweisung oder gemäß → Prepaid Ticket Advice erfolgen.

Rumpf, *Rumpfwerk:* Hauptbaugruppe der → Zelle (des Flugwerks) von Flugzeugen, die alle übrigen Baugruppen zu einer Einheit verbindet. Der R. dient

Transportflugzeug mit 2 Leitwerksträgern und einer Rumpfgondel (Hawker-Siddeley AW-660 Argosy)

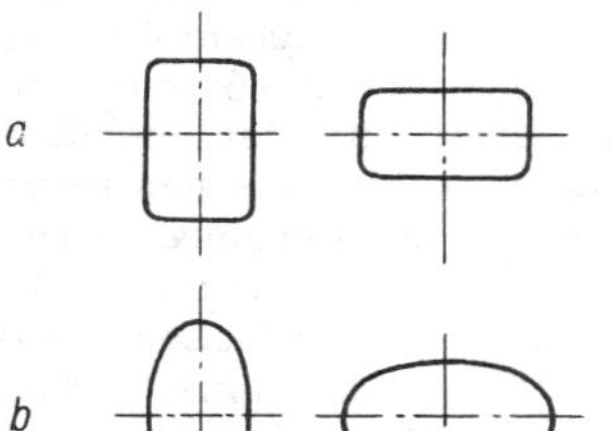

Rumpfquerschnitt: a Rechteck mit abgerundeten Ecken, b Ellipse, c oben zusammenlaufendes Oval, d runder Querschnitt, e kombinierte runde Querschnitte

zum Unterbringen von Besatzung, Fluggästen, Lasten, Brenn- und Schmierstoffen, auch Triebwerken. Bauweise, Aufteilung und Ausgestaltung des R. richten sich nach dem Verwendungszweck der Flugzeuge und nach dem jeweils erreichten Stand von Wissenschaft und Technik (→ Flugzeugbau). Die gewählte → Bauweise muß alle ökonomischen, technischen und aerodynamischen Forderungen erfüllen sowie eine rationelle Aufteilung und Ausgestaltung des Innenraums ermöglichen. Die Formen des R. sind heute äußerst vielfältig und stellen stets einen Kompromiß zwischen der aerodynamischen Forderung nach geringstem → Widerstand und verschiedenen anderen Forderungen dar. Man unterscheidet Kasten-, Torpedo-, Spindel-, Zigarren- und andere R. mit unterschiedlichsten Querschnitten. In einigen Fällen besteht der R. aus einer Rumpfgondel und 2 selbständigen Leitwerksträgern. Flugboote und Amphibienflugzeuge besitzen einen schwimmfähigen R. in Bootsform (→ Stufe). Wesentlicher Bestandteil des R. bemannter Flugzeuge ist die → Kabine.

Rumpfbug: vorderer Teil des → Rumpfes. → Rumpfvorderteil

Rumpfheck: hinterer Teil des → Rumpfes. → Rumpfhinterteil

Rumpfhinterteil: abschließender Teil eines zum Zwecke des Triebwerksein- oder -ausbaus teilbaren Rumpfes, wie er bei kleineren Flugzeugen (Jagd- oder Sportflugzeugen) mit TL im Rumpfheck angewendet wird (z. B. MiG-15, 17, 19, 21, u. a.). → Rumpfvorderteil, → Rumpf

Rumpfnase, absenkbare, *Kippnase:* vor allem an Überschallverkehrsflugzeugen mit Deltaflügeln (Tu-144, «Concorde») verwendete Rumpfnasenkonstruktion. Sie gewährleistet in hochgeklapptem Zustand die für den Überschallflug erforderliche aerodynami-

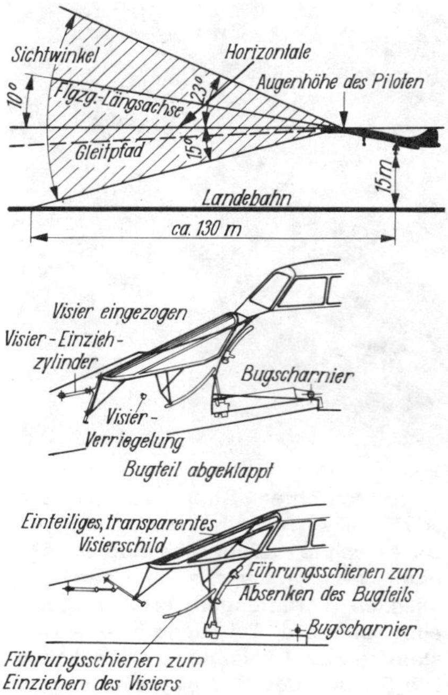

hydraulisch absenkbare Rumpfnase der «Concorde» zur Verbesserung des Blickwinkels der Piloten, um aus 15 m Höhe (Hauptfahrwerk über der Piste) die im Schema dargestellten Blickwinkel zu erhalten. Die Rumpfquerschnitte unten zeigen den Absenkmechanismus und die Lage des Visiers, das beim Schnellflug als Hitzeschild vor die Cockpitscheiben gefahren wird (unten)

sche Rumpfform, wobei ein Visier (Schutzscheibe) die eigentliche Frontscheibe des Cockpits abdeckt. Bei Start und Landung erfordert der große Anstellwinkel dieser Flugzeuge eine Verbesserung der Sichtverhälnisse für den Flugzeugführer. Dazu wird die R. abgesenkt.

Rumpftrennstelle: Verbindungsglied zwischen Rumpfvorder- und -hinterteil. Zur Gewährleistung der richtigen aerodynamischen Komposition des Flugzeugs nach einem Trenn- und Zusammenbauvorgang muß die R. eine genaue Fixierung der Lage beider Teile zueinander ergeben. Weiterhin muß die Befestigung von Rumpfvorder- und -hinterteil an der R. einerseits leicht lösbar sein, um z. B. die Arbeiten für einen Triebwerkswechsel so einfach wie möglich zu gestalten, andererseits muß sie so stabil sein, daß auch bei höchsten Biege- und Torsionsbelastungen keine Verschiebungen der beiden Rumpfteile zueinander auftreten können.

Rumpfvorderteil: vorderer Teil eines teilbaren Rumpfes. Mit → Rumpfhinterteil an der → Rumpftrennstelle verbunden.

Rumpler, *Edmund:* Flugzeug- und Automobilkonstrukteur, geb. 4. Jan. 1872 Wien, gest. 7. Sept. 1940 (Neu-Tollow, Krs. Wismar), Ingenieur. R. gründete 1906 ein Ingenieurbüro, 1908 den R.-Luftfahrzeugbau in Berlin-Johannisthal und begann mit dem Bau des Flugmotors «Äolus», Chefkonstrukteur des Luftfahrzeugbaus war R. selbst. Er kopierte 1910 die von *Igo Etrich* entwikkelte «Taube» zur «R.-Taube», die das bekannteste und erfolgreichste deutsche Flugzeug vor dem ersten Weltkrieg wurde. 1911/14 stellten R.-Flugzeuge zahlreiche Rekorde auf. In den R.-Werken wurden 1908 2, 1909 1, 1910 5, 1911 19, 1912 53, 1913 63, 1914 108, 1915 210,

Rumpler-C-Maschine

RWD-17bis von 1936

1916 486 und 1917 901 Flugzeuge gebaut. R. baute auch das erste Kabinenflugzeug, den ersten V-Motor sowie die ersten 2motorigen Flugzeuge und beschäftigte sich mit dem Übersee-Luftverkehr. Nach dem ersten Weltkrieg schuf er den ersten stromlinienförmigen Kraftwagen («Tropfenauto», das erstmals Heckmotor und Schwingachsen hatte), einen Wagen mit Vorderradantrieb, die erste brauchbare Absorptionskältemaschine u. a. R. lebte nach 1933 in den USA.

Rundflug(verkehr): Bestandteil der kommerziellen zivilen Luftfahrt, zumeist Teil des Inlandflugverkehrs. Beförderung von Fluggästen auf einem Rundkurs über einem bestimmten Territorium mit gleichem Abflug- und Zielort ohne Zwischenlandung. R. gehört im eigentlichen Sinne nicht zum → Luftverkehr, wird jedoch in gleicher Weise wie der Bedarfsluftverkehr behandelt.

Rundsichtdarstellung: → Polarkoordinatendarstellung

Rüstmasse: → Abflugmasse

RVR: Abk. für engl. **R**unway **V**isual **R**ange, → Landebahnsichtweite, → Wetterminima

RVR-Messung: → Transmissometer. → Videometer

RWD: Bez. für polnische Flugzeuge, gebildet aus den Anfangsbuchstaben der Konstrukteure → *Rogalski, Wigura* und *Drzewiecki*.

Ryan: Typenbez. für → Flugkörper des USA-Konzerns Ryan Aeronautical Company, 1922 als Ryan Company von dem Konstrukteur *Tubal C. Ryan* (im September 1984 starb der 84jährige Luftfahrtpionier Tubal Claude R., er hatte das Flugzeug NYP «Spirit of St. Louis» konstruiert; → Lindbergh) gegr., 1931 umbenannt. Die Firma produzierte zunächst Reise-, Sport- und Schulflugzeuge, bis 1969 auch Versuchsmaschinen und → Drohnen. Zu den bekanntesten Fluggeräten gehören: «Spirit of St. Louis» (→ Lindbergh, 1927), Schulflugzeug ST-2, Jagdflugzeug FR-1 «Fireball» (1944), Versuchsflugzeuge X-13 «Vertiget» (1953) und XV-5A (1964).

S

S: 1. Abk. von engl. **s**earch, Suche, Typenbez. der USA für Luft- und Seenotrettungsflugzeuge, z. B. → Grumman S 2 F-1. – **2.** Abk. für Hubschrauber von → ***Sikorsky***, z. B. S-58. – **3.** Bez. der schwedischen Luftwaffe für Aufklärungsflugzeuge, z. B. S-32. – **4.** Bei amerikanischen Triebwerksbezeichnungen Abk. für ***supercharged*** (Motor mit Lader).

SAAB: Kurzbez. der schwedischen Flugzeugwerke **S**venska **A**eroplan **A. B.**

in Linköping; 1928 gegr., 1937 vergrößert durch Zusammenschluß folgender Firmen: Svenska Flygmotor S. A., Svenska Aeroplan A. B. und A. B. Svenska Järnvägsverkstaderna. S. baute vor allem Flugzeuge für die schwedischen Luftstreitkräfte, darunter Bombenflugzeuge SAAB-17 und SAAB-18 (1940, 1941), Jagdflugzeuge J-21 A (1942), J-29 (1950), A-32 «Lansen» (1952), J-35 «Draken» (Serie ab 1970) und SAAB 37 «Viggen» (1971). → SAAB-Scania

SAAB-friction-tester: Anlage zur

Verkehrsflugzeug SAAB-Fairchild 340

SAAB-Fertigungsstätte in Linköping

SAAB Safari Mehrzweckflugzeug

Jagdbomber SAAB AJ 37 Viggen

→ Reibungsbeiwertmessung der schwedischen Firma SAAB.

SAAB-Scania, Aktiebolag: schwedisches Unternehmen, entstanden 1968 durch Zusammenschluß der → SAAB AB, AB Scania-Vabis und AB Nordarmatur, im gleichen Jahr kam Malmö Flygindustrie (MFI) hinzu. 4 Betriebsbereiche: Luft- und Raumfahrt, Automobile, Elektronik, Nordarmatur. In Serienfertigung wurden (1978) SAAB-35 «Draken», SAAB-37 «Viggen», SAAB-105, MFI-15 («Safari»), MFI-17 («Supporter») und Lenkwaffen hergestellt. Bau von Verkehrs- und Militärflugzeugen (mit → Fairchild Passagierflugzeug S.-F. 340; in Entwicklung Jagdflugzeug SAAB-39 JAS).

SABCA: Abk. für **S**ociété **A**nonyme **B**elge de **C**onstructions **A**éronautiques, Brüssel. Belgische Flugzeugfirma, Tochtergesellschaft des holländischen Konzerns → Fokker.

SABENA: Abk. für → **S**ociété **A**nonyme **B**elge d'**E**xploitation de la **N**avigation **A**érienne.

Safonow, *Boris, F.:* sowjetischer Jagdflieger, geb. 13. (26.) Aug. 1915 Sinjawino, Gebiet Tula; 30. Mai 1942 im Luftkampf gefallen. S. beendete 1937 die Fliegerschule in Katscha. Danach bei den Seefliegern der Nordmeerflotte.

Boris Safonow

Beim Schutz des Geleitzugs PQ-16 vernichtete er während eines Flugs 3 Luftgegner, wobei er selbst den Tod fand. 2facher Held der Sowjetunion.

Sägezahn: Tiefensprung in der Vorderkante von Pfeilflügeln (z. B. → Iljuschin Il-62), der zur Bildung eines Wirbelbandes auf der Tragflügeloberseite führt, wodurch wie durch einen → Grenzschichtzaun ein Abwandern der Grenzschicht nach außen verhindert wird. Dadurch werden eine gleichmäßigere Auftriebsverteilung über dem Tragflügel und eine bessere Seitenstabilität bei großen Anstellwinkeln erreicht. → Nasenkerbe

SAILS: Abk. für engl. **S**implified **A**ircraft **I**nstrument **L**anding **S**ystem, vereinfachtes Flugzeug-Instrumentenlandesystem. Militärisches Instrumentenlandeverfahren in den USA, das aus dem → RAILS entwickelt wurde. Verändert wurden Sendefrequenzen und Darstellung der Führungsdaten im Hubschrauber, außerdem wurde die Bedienung vereinfacht.

Saint-Exupéry, *Antoine de:* französischer Pilot und Luftfahrtschriftsteller, geb. 26. Juni 1900 Lyon, gest. 31. Juli 1944 (von Aufklärungsflug nicht zurückgekehrt, nach neueren Erkenntnissen von einer Fw 190 abgeschossen). Schloß 1922 die Fliegerschule ab. Ab 1926 Post- und Verkehrsflieger auf französischen Afrika- und Südamerika-Linien, Chef einer Fliegerstation in der Sahara. 1940 Jagdflieger, danach im Mittelmeerraum Aufklärer. Zahlreiche, z. B. autobiographische Schriften: «Südkurier» (1929), «Nachtflug» (1931), «Wind, Sand und Sterne» (1939), «Flug nach Arras» (1942) und «Der kleine Prinz» (erst 1944 verlegt), Sammelband Prosa (Volk und Welt, 1985).

Sammelkostenanweisung: → Sammelumtauschanweisung

Sammelumtauschanweisung, engl. **M**iscellaneous **C**harges **O**rder, Abk. MCO, auch *Sammelkostenanweisung:* von einem Luftverkehrsunternehmen auf den Namen eines Fluggastes ausgestellte Quittung über einen von ihm oder für ihn im voraus eingezahlten Geldbetrag zur Bezahlung von Personenbeförderungsleistungen auf nicht genau genannten Strecken, von Übergepäckbeförderungspreisen, nicht im Flugplan ausgewiesenen (Sonder-)Zuschlägen, Flughafengebühren usw. bei mehreren Luftverkehrsunternehmen. Die S. ist kein Beförderungsdokument, sondern wird zum Kauf von Beförderungsdokumenten angenommen. Mit S. werden auch → Rufpassagen durchgeführt bzw. Erstattungen vorgenommen. Jede S. besteht aus dem Kontrollabschnitt, 1, 2 oder 4 Umtauschabschnitten, dem Agenturabschnitt und dem Passagierabschnitt. S. werden nur jeweils für eine Art von Dienstleistungen ausgestellt.

Sammler: Einrichtung zur Stromversorgung wichtiger Verbraucher im Flugzeug bei abgestellten Triebwerken und häufig zum Anlassen der Triebwerke. Es werden Blei-S., Nickel-Cadmium-S. und Silber-Zink-S. verwendet. S. zeichnen sich durch besondere Konstruktion aus: Sicherheit gegen Austritt von Elektrolytflüssigkeit in allen Fluglagen, hohe spezifische Kapazität bezogen auf Masse und Volumen, Stoß- und Vibrationsfestigkeit, Kurzschlußfestigkeit, Spezifische *Kennwerte:*

	kg/kWh	Wh/dm³
Blei:	44...65	24... 48
Ni/Cd:	30...52	27... 47
Ag/Zn:	7...17	65...165

Sandwichbauweise: svw. → Verbundplattenbauweise.

Sanitätsflugzeug: Flugzeug mit ein oder mehreren Tragen für Kranke oder Verletzte. Meist können S. schnell umgerüstet werden und sowohl als S. wie auch als Passagierflugzeug dienen. Es gibt auch reine S., vor allem Sanitätshubschrauber. → Arbeitsflugzeug, → Ambulanzflug, → Rettungsflug

Santos-Dumont, *Alberto:* brasilianischer Luftfahrtpionier, geb. 20. Juli 1873 São Paulo, gest. 23. Juli 1932 Guaruja bei Santos. Sohn vermögender Plantagenbesitzer, kam erstmals 1891 nach Frankreich. 1892 siedelte er nach Paris über. Aufstieg mit selbstkonstruiertem Ballon am 4. Juli 1893, zweiter Ballon 1899. Sein drittes Fahrzeug war ein lenkbares Luftschiff. Mit seiner sechsten Konstruktion umflog er 1901 den Eiffelturm und gewann den Preis des französischen Industriellen *Deutsch de la Meurthe.* Insgesamt baute er 15 kleine Luftschiffe. Ab 1905 wandte er sich dem Flugzeugbau zu. Als erstem Europäer gelangen ihm als Flüge anzusehende Luftsprünge. Bevor er zum ersten Mal mit einem Flugzeug startete, hängte er es an einen Ballon, dann ließ er es an einem gespannten Drahtseil laufen. Nach den ersten Sprüngen (Anfang Sept. 1906) bestellte er für den 23. Okt. die Sportzeugen des französischen Aero-Clubs, um sich für den «Archdeacon-Preis» (25 000 Francs für den ersten Flug über 25 m Länge) zu bewerben. Mit seinem Flugzeug (Antoinette-Motor, 18 kW) gelang ihm ein Flug von 60 m. Am 12. November 1906 flog er 220 m weit in 6 m Höhe. Der Flug dauerte 21 s. S.-D. stellte den ersten von der FAI anerkannten Geschwindigkeitsrekord über eine gerade Strecke mit 41,29 km/h auf. Er konstruierte noch mehrere Flugzeuge, von denen die kleine, leichte «La Demoiselle» am bekanntesten war und auch oft nachgebaut wurde. Nach Kriegsausbruch ging er 1915 in die USA und kehrte 1917 nach Brasilien zurück. Buch «Meine Luftschiffe».

SAR: Abk. für **S**earch **a**nd **R**escue.

SAR-Flugzeug: ein speziell für das Suchen und Retten von Verunglückten ausgerüstetes Flugzeug. Zur Ausrüstung gehören Anlagen zur Suche (z. B. Infrarotsensoren, Funkkompasse, die auf die Notfrequenz abgestimmt sind, spezielle Radaranlagen), zur Aufnahme der Verunglückten und zu deren medizinischer Versorgung. Auch über See werden SAR-Hubschrauber eingesetzt. → Search and Rescue

SAS: Abk. für → **S**candinavian **A**irlines **S**ystem.

«Satellit»: auf modernen Flughäfen ein frei auf dem → Vorfeld angeordnetes Gebäude zur Aufnahme von Abfertigungseinrichtungen, i. d. R. → Transit-Warteraum, → Abrufräume, Sicherheitskontrolle. Ziel ist es, möglichst viele Luftfahrzeuge gebäudenah zu positionieren. «S.» sind zumeist durch unterirdische Gänge mit dem Hauptgebäude der Abfertigungsanlagen verbunden. Oberirdische Verbindungsgänge heben die Vorteile weitgehend wieder auf.

Satellitenfoto: → Wettersatellitenbild

Satellitennavigation: Benutzung künstlicher Erdsatelliten zur Navigation. Die ersten Anlagen (seit 1967 US-amerikanisches System Transit, sowjetisches System → Zikada) benutzten Satelliten auf kreisförmigen polaren Umlaufbahnen. Diese Satelliten haben wegen der geringen Flughöhe eine Lebensdauer von höchstens 10 Jahren und werden nach und nach ersetzt. Von den Satelliten werden in regelmäßigen kurzen Abständen (2 min) auf den Frequenzen 150 und 400 MHz ihre Bahndaten, der Satellitenstandort und ein Zeitsignal ausgestrahlt. Der Empfänger wertet die Dopplerfrequenzen aus, da die Satelliten niedrig genug fliegen, um deutliche Dopplerverschiebungen zu erzeugen.

Zu den Zeitpunkten t_1 und t_2 werden die Dopplerverschiebungen der Sendefrequenzen gemessen. Man erhält die Abstandsdifferenz d_2-d_1 und damit 2 Rotationshyperboloide mit den Brennpunkten P_1 und P_2. Der Bordrechner ermittelt daraus die Koordinaten von P_1 und P_2 sowie die Satellitenhöhen h_1 und h_2. Auf der Erdoberfläche bilden sich 2 Hyperbeln als Standlinien ab. Die Wiederholung des Meßvorgangs am P_2 und P_3 liefert 2 weitere Standlinien als Hyperbeln und damit den Standort. Dieser Meßvorgang läuft auch in den Bahnverfolgungsstationen am Boden ab, deren Koordinaten genau bekannt sind. Nach Verarbeitung der Meßergebnisse im Rechner werden den Speichern der 6 Satelliten alle 12 h ihre aktuellen Bahndaten und die Zeitkorrektur übermittelt, wo diese Angaben Bestandteil des abzustrahlenden Signals werden. – Der Nachteil dieses Systems besteht in der Notwendigkeit, den Satelliten für etwa 10 min zu verfolgen, um einen Standort zu erhalten. Intervalle zwischen möglichen Standortbestimmungen sind mit ca. 90 min zu lang, so daß im Fahrzeug mit einem Speicherbetrieb navigiert werden muß. Das Verfahren war ursprünglich für die Seefahrt bestimmt, so daß die relativ schnelle Fahrzeugbewegung in der Luftfahrt weitere Erschwernisse der Standortberechnung mit sich bringt. Ein neueres System ist das global positioning system, das mit 18 NAVSTAR-Satelliten arbeitet. Die sowjetische Parallelentwicklung heißt → Glonas. Jeder Satellit trägt eine hochpräzise Atomuhr und einen Sender, der neben dem Zeitsignal die augenblicklichen Positionskoordinaten des Satelliten abstrahlt. Auf der primären Navigationsfrequenz von 1575,42 MHz werden ein verschlüsseltes Navigationssignal (P-Kode) und ein zweites Navigations- und Peilsignal (C/A-Kode) gesendet. Die Auswertung des P-Kode liefert Standortinformationen mit einem Fehlerkreisradius von 16 m für militärische Anwender, während der C/A-Kode für Standortangaben mit Fehlerkreisradien von 100 m verwendbar ist (zivile Anwender). Weitere Sendefrequenzen liefern im Prinzip gleiche Informationen, dienen jedoch zur Kompensation von Ausbreitungsanomalien. Durch den Vergleich der empfangenen Zeitsignale mit denen der im Empfänger befindlichen hochgenauen Uhr ermittelt der Empfänger die Signallaufzeit vom Satelliten zum Fahrzeug und damit den Abstand Satellit – Fahrzeug. Diese Entfernung enthält noch Fehler, die sich im wesentlichen aus dem Uhrenfehler des Empfängers ergeben. Zur Korrektur dieser Fehler werden Messungen zu weiteren in Sichtweite befindlichen NAVSTAR-Satelliten vorgenommen.
Das System umfaßt 18 Satelliten auf 6 Bahnebenen mit 55° Inklination in einer Höhe von 20 200 km. Daraus ergibt sich eine Umlaufzeit von etwa 12 h. An jedem Ort der Erdoberfläche sind mindestens 4 Satelliten ständig zu sehen. Die am Boden befindlichen Kontrollstationen überwachen die Satellitenbahnen, speichern die übertragenen Daten, verarbeiten diese und berechnen die Satellitenbahndaten, die Uhrenfehler des Satelliten und die Ausbreitungsbesonderheiten. Die daraus gewonnenen Korrekturdaten werden einmal täglich an die Satelliten gesendet und dort in den abzustrahlenden Signalinhalt übernommen.
Eine weitere Möglichkeit der S. bietet das von Prof. O'Neill vorgeschlagene System GEOSTAR. Im Frequenzbereich von 1,6 bzw. 2,5 GHz wird ein im Luftfahrzeug befindlicher Transponder zu einer Sendung angeregt. Das daraufhin abgestrahlte Signal gelangt über unterschiedliche Laufwege zu verschiedenen Satelliten und wird von ihnen an eine Bodenstation übertragen. Aufgrund der unterschiedlichen Signalübertragungszeiten und der Kenntnis der momentanen Satellitenstandorte kann in der Bodenstation der Fahrzeugstandort errechnet werden.
Dieses System ist aufgrund der rein zivilen Verwendungsart erheblich billiger als das militärisch beeinflußte System GPS und liefert die gleiche Genauigkeit der Standortermittlung wie der P-Kode des GPS.

SATRAM: Abk. für franz. **S**ystème d'**At**térisage à **Tra**jectoires **M**ultiples, Annäherungssystem für mehrere Flugwege. Franz. → Schwenkstrahlverfahren, in dem sich die Kodierung der Kurs- und Gleitwinkelwerte durch eine niederfrequente Modulation vollzieht. Die modulierte Niederfrequenz steigt mit den Winkelwerten an. Die Übertragung erfolgt als Frequenzmodulation.

Saudi Arabian Airlines Corpora-

tion, Abk. **Saudia:** Luftverkehrsgesellschaft Saudi-Arabiens mit Sitz in Dschidda. Gegr. 1945; der Flugbetrieb begann 1947. *Flugzeugpark* (1988): 20 Boeing 747 (darunter 2 geleaste 747 F), 19 Boeing 737, 14 L-1011, 11 Airbus A 300-600. Verkehrsdaten 1987: 10,35 Mill. beförderte Passagiere (davon 7,7 Mill. Inlandpassagiere); 16,15 Mrd. Pkm (darunter 0,4 Mrd. Pkm Charterflugverkehr); 490 Mill. Fracht-tkm; 2,0 Mrd. tkm Gesamtleistung. Streckennetz von 301 000 km. Hauptstrecken: Europa, Mittlerer Osten, Ferner Osten und Nordafrika. Ausgeprägter Inlandflugverkehr. IATA-Mitglied.

Sauerstoffregler: Gerät, das einem oder mehreren Luftfahrern Sauerstoff zur Atmung unter allen Flugbedingungen über eine → Atemmaske oder einen Volldruckanzug (→ Druckanzug) auf solche Weise zuführt, daß ein ausreichender Sauerstoffteildruck in den Lungen hergestellt wird. Man unterscheidet: 1) *S. für kontinuierliche Sauerstoffzufuhr,* der eine Dauerfluß-Atemmaske versorgt. Dauerflußregler werden im wesentlichen in Transportflugzeugen verwendet und sind bis zu 10 km Höhe einsetzbar. Bei einer Höhenvergrößerung wird der Sauerstoffzufluß automatisch erhöht. 2) *Der lungenautomatische Bedarfsregler* liefert nur dann Sauerstoff zur Maske, wenn er durch den beim Einatmen entstehenden Unterdruck dazu veranlaßt wird. Dieser Unterdruck bewirkt die Bewegung einer Membrane, wodurch ein Ventil geöffnet und der Sauerstoffzufluß freigegeben wird. Beim Beginn des Ausatmens wird die Membran belastet und das Ventil schließt. Über weitere Ventile kann Kabinenluft zur Verdünnung des Sauerstoffs hinzutreten. Diesen Regler bezeichnet man deshalb auch als *Gemischbedarfsregler.* Mit einer Aneroiddose regelt man die Sauerstoffzufuhr so, daß in Bodennähe nur Kabinenluft zugeführt wird und der Sauerstoffstrom sich bei Höhenzunahme vergrößert. Mittels eines Notventils kann unabhängig von der Höhe reiner Sauerstoff zugeführt werden. Der Gemischbedarfsregler muß in Verbindung mit einer → Atemmaske betrieben werden. Er ist bis 12 km Höhe einsetzbar. 3) *Der Druckbedarfsregler* oder lungenautomatische Bedarfsregler mit Druckatemeinrichtung kann bei abgeschalteter Druckatemeinrichtung wie der Gemischbedarfsregler arbeiten. Er hat kein Notventil, da ein kontinuierlicher Sauerstoffstrom einstellbar ist. Druckbedarfsregler werden auch mit Druckatemautomatik hergestellt. Mittels einer Aneroiddose erhöht sich der Sauerstoffdruck in Abhängigkeit von der Flughöhe, so daß die Atemwiderstände vom Sauerstoffstrom überwunden werden.

Saugmotor: → Kolbentriebwerk ohne → Aufladung.

SB: Abk. für russ. **s**korostnoi **b**ombardirowtschik, Typenbez. für sowjetische schnelle Bombenflugzeuge, z. B. SB-2.

SBA-Landefunkfeuersystem: Abk. für engl. **S**tandard **B**eam **A**pproach, Standard-Funkstrahl-Landesystem. Früher übliches Instrumentenanflug-System, das im wesentlichen dem → Lorenz-Blindlandeverfahren entsprach.

Scandinavian Airlines System, Abk. **SAS,** 2-Letter-Code **SK:** skandinavische Luftverkehrsgesellschaft mit Sitz in Stockholm, die 1946 durch Vereinigung dänischer, norwegischer und schwedischer Luftverkehrsgesellschaften gegr. wurde (Konsortium der Swedish Airlines [ABA], Danish Airlines [DDL] und Norwegian Air Lines [DNL], das im Verhältnis 3:2:2 zusammengesetzt ist). SAS leistete Pionierarbeit bei der Befliegung der Polarrouten mit Verkehrsflugzeugen. *Flugzeugpark* (1988): 9 Fokker F 27, 11 DC-10, 60 DC-9, 9 MD 81, 9 MD 82, 2 MD 83. Verkehrsdaten 1987: 15,7 Mill beförderte Passagiere (je zur Hälfte intern. und Inlandpassagiere); 14,21 Mrd. Pkm; 484 Mill. Fracht-tkm; 1,97 Mrd. tkm Gesamtleistung. Streckennetz von 196 000 km. Hauptstrecken: Europa, Nord-, Süd- und Mittelamerika, Afrika, Asien; Inlandflugverkehr in Schweden, Dänemark und Norwegen; Flugverkehr zwischen den 3 Ländern.

SCh: Abk. für russ. **s**elsko**ch**osjaistwenny samoljot, Typenbez. für sowjetische Landwirtschaftsflugzeuge, z. B. SCh-1.

Schablonenflug: Streckenflug oder Streckenflugabschnitt bei – Präzisionsflug- bzw. Navigationsflugwettkämpfen (→ Navigationsflug), der durch unregelmäßig gekrümmte horizontale Flugbahn einen besonderen Schwierigkeitsgrad hat. → Bogenflug

Schalenbauweise: in Weiterentwicklung der Träger- oder Holmbauweise entstandene → Bauweise von Flugzeugen, bei der durch Verstärkung der Behäutung und deren Stützelemente diese einen Großteil der Belastung aufnehmen konnten, und die Träger geschwächt werden bzw. wegfallen konnten. Die Entwicklung der Schalen begann um 1930 mit dem Einsatz von versteiftem Wellblech, das später durch Glattblechschalen abgedeckt wurde. Heute werden die Hautbleche durch innen aufgenietete → Pfetten (Längspfettenbauweise, Querpfettenbauweise) versteift. Die der Nietung anhaftenden Mängel (Schwächung der Querschnitte, Minderung der Oberflächengüte) werden bei Intergralschalen (Integralbauweise) vermieden.

Schallausbreitung: Bewegung der Schallwellen in festen, flüssigen oder gasförmigen Stoffen mit → Schallgeschwindigkeit. In homogenen Medien breitet sich der Schall kugelförmig aus. Dabei findet ein Energiefluß, jedoch kein Massefluß statt. Die S. in einem bewegten Medium geschieht exzentrisch. Diese Erscheinung führt beim Überschallflug zur Bildung eines Hüllkegels aller Schallwellen, des sogenannten Mach-Kegels (→ Kopfwelle). Eine S.

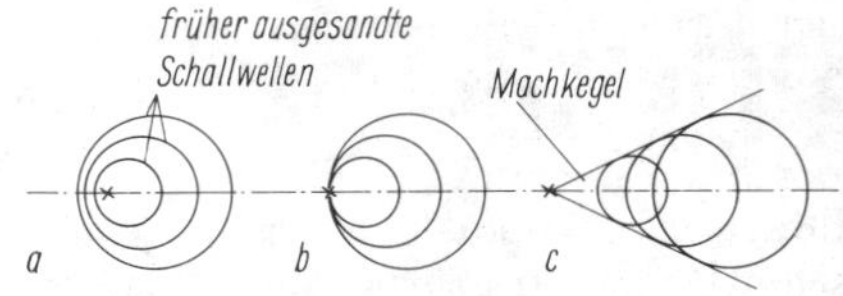

Ausbreitung der Schallwellen bei a Unterschall, b Schall- und c Überschallgeschwindigkeit (x Standort des Flugzeugs im Moment der Betrachtung)

durch die Wand des Machkegels nach außen ist nicht möglich. Deshalb werden Flugzeuge mit Überschallgeschwindigkeit durch das Gehör eines Beobachters auf der Erde erst wahrgenommen, wenn ihn der Mantel des Mach-Kegels überstrichen hat.

Schalldämpfer: Vorrichtung an TL, um Geräuschbelästigungen des Flughafenpersonals und der Bevölkerung, vor allem im Flughafengebiet, zu vermindern. Die Triebwerke großer Unterschallstrahlflugzeuge erzeugen im Start eine → innere Leistung von 100 000...150 000 kW. Schallquellen sind Verdichter und Schubstrahl hinter dem Triebwerk, da sich hier die mit hoher Geschwindigkeit ausströmenden heißen Gase mit der Umgebungsluft unter starker Wirbelbildung mischen. Diese Wirbelbildung verursacht Druckschwankungen, die den Lärm hervorrufen. Bei der Schalldämpfung dürfen aus Gründen

TL mit Schalldämpfer (ganz links), davor Schubumkehrvorrichtung

der Wirtschaftlichkeit keine großen Leistungsverluste auftreten. Deshalb sind S. häufig nur an der Schubdüse angebrachte Einrichtungen zur geräuschärmeren Mischung des Abgasstrahles mit der Umgebungsluft. Der Schallpegel bei ETL ohne Dämpfer beträgt bis zu 120 dB. Mit wachsendem → Nebenstromverhältnis wird der Schallpegel geringer. S. wurden vorwiegend bei ETL für Verkehrsflugzeuge angewendet. Sie verringern den Schallpegel um etwa 2...5 dB. Bei großen ZTL mit hohem → By-pass-Verhältnis sind Schalldämpfungsmaßnahmen wegen der niedrigeren Ausströmgeschwindigkeit an der Schubdüse nicht mehr üblich.

Schallgeschwindigkeit: Ausbreitungsgeschwindigkeit *(a)* des Schalls in festen Körpern, Flüssigkeiten und Gasen. Die S. der Luft stellt einen wichtigen Bezugswert in der Aerodynamik dar. Sie ist stark abhängig von der Lufttemperatur und somit von der Flughöhe und den klimatischen Bedingungen. Standardwerte der S. sind in der Internationalen Normatmosphäre (→ Atmosphäre) zu finden. Am Boden wird oft mit einem Durchschnittswert von 341 m/s (ca. 1228 km/h) gerechnet. → Mach-Zahl, → Kopfwelle, → Verdichtungsstoß, → Schallmauer

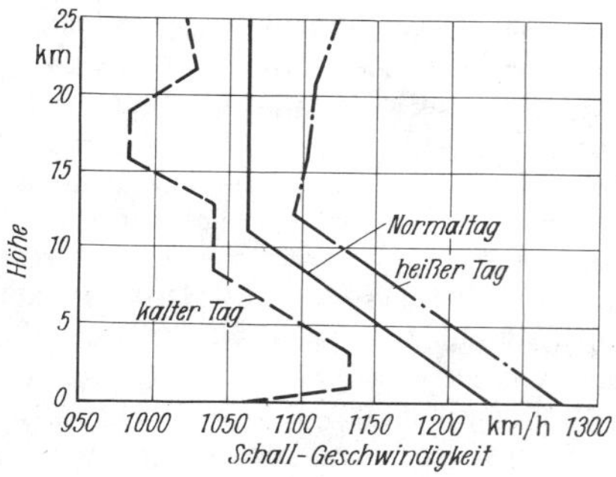

Abhängigkeit der Schallgeschwindigkeit von der Höhe über NN für unterschiedliche Meteobedingungen

Schallmauer: bildhafte Bez. für die starke Zunahme des Luftwiderstands bei Annäherung an die Schallgeschwindigkeit. Die Luft wird dabei vor dem Fluggerät abgebremst und verdichtet, wobei Druck und Temperatur stark ansteigen. Diese Erscheinung tritt in Form von → Verdichtungsstößen an Einzelteilen und in Form der → Kopfwelle am Fluggerät insgesamt auf. Der Begriff der S. erklärt sich historisch aus der Tatsache, daß es mit Kolbenmotoren und Luftschraubenantrieb nicht möglich war, die zur Überwindung des enormen Widerstandszuwachses erforderliche Leistung zu erzeugen. → Widerstand, → Widerstandsbeiwert

Schalterschlußzeit: → Abfertigungsschlußzeit

Scharniermoment: → Rudergelenkmoment

Schaufelkühlung: Einrichtung zur Kühlung von Turbinenleit- und -laufschaufeln. S. ermöglicht die Anwendung höherer → Turbineneintrittstemperaturen. Als Kühlmittel dient vom Verdichter abgezapfte Luft. Es werden verschiedene Kühlverfahren angewendet. Die bekanntesten sind die *Schleierkühlung,* die *Schwitzkühlung* und die *Filmkühlung.*

Schaufelschwingung: gefährliche Biegeschwingungen, die insbes. bei den langen Verdichter- und Turbinenschaufeln der ersten bzw. letzten Stufen bei bestimmten Drehzahlen, angeregt durch stoßartige Gaskräfte, auftreten.

Schaufelverstellung: Einrichtung zur Veränderung des → Einstellwinkels der Schaufeln bei Verdichter und Turbine zur Anpassung der Maschine an den jeweiligen Betriebszustand. Aus konstruktiven Gründen meist nur Leit-S. angewendet.

Schaufelverwindung: Veränderung (Verkleinerung) des → Einstellwinkels einer Schaufel bzw. eines Luftschraubenblatts (Blattverwindung) zwischen Schaufelfuß (Luftschraubennabe) und Schaufelkopf (Blattspitze).

Schaumteppich: Schaummasse, die von der Flughafenfeuerwehr auf die Landebahn gespritzt wird und einen Schaumbelag bildet, der bei Bauchlandung ein besseres Gleiten bewirkt und vor allem einen Feuerausbruch verhindert, zu dem sonst das Schleifen des metallischen Flugzeugrumpfs auf der Betonpiste führen kann.

Schawrow, *Wadim Borissowitsch:* sowjetischer Flugzeugkonstrukteur, geb. 26. Okt. 1889 Moskau, gest. 26. Febr. 1977 Moskau. Abschluß des Gymnasiums 1916 in Petrograd, 1918/20 beim Eisenbahnbau an der Südfront, Studium am Institut für Verkehrswesen (Abschluß 1924), anschließend 6 Monate Arbeit im Luftverkehr. 1925/27 am Bau

Schawrow Sch-2

von Wasserflugzeugen im Versuchskonstruktionsbüro von *D. P.* → *Grigorowitsch* beteiligt, ab 1929 selbständige Konstruktion von Flugzeugen, insbes. Wasser- und Amphibienflugzeugen: Sch-1 und Serienversion Sch-2 (1930), die letzte Sch-2 wurde 1964 außer Dienst gestellt; Fotoflugzeug Sch-5 (1934), Sch-7 (1940). Ab 1950 Mitarbeiter am Technologischen Luftfahrtinstitut Moskau. Seit 1960 publizierte S. als Luftfahrthistoriker. 1969: «Die Geschichte der Flugzeugkonstruktion in der UdSSR bis 1938»; 1978 erschien Teil 2: 1938–1950.

Scheibenkalkulator: → Mc-Ready-Ring

Scheinlotmeter: zus.fass. Begriff für Geräte (z .B. Pendel, Libellen), die sich in Richtung der auf sie wirkenden Beschleunigung einstellen. Die Libelle des → Wendezeigers ist ein S.

Scherenhöhenruder, *-stabilisator:* svw. → Diferentialhöhenruder.

Schestakow, *S. A.:* sowjetischer Flugzeugführer; flog 1927 mit dem 1motorigen Flugzeug ANT-3 von Moskau nach Tokio und zurück, benötigte für die 22000 km 155 h Flugzeit. 2 Jahre später legte er mit einer ANT-4 (gemeinsam mit *Bolotew, Fujajew* und *Shirigilow*) die Strecke Moskau-New York (12246 km) in 6 Tagen zurück.

schichtenförmige Strömung: → Laminarströmung

Schieben: Bewegung eines Flugkörpers mit seitlicher Anströmung. Der Winkel zwischen vertikaler Symmetrieebene des Körpers und Anströmrichtung wird als Schiebewinkel bezeichnet (meist β). S. kann durch Seitenwind- oder auch Querruderausschlag sowie durch einseitigen Triebwerksausfall (bei mehrmotorigen Flugzeugen) hervorgerufen werden. Das S. führt zu Widerstandserhöhung und ist deshalb im Normalflug möglichst zu vermeiden. Bei der Landung führt S. zu erhöhter Belastung der Fahrwerke bis zur Möglichkeit des Bruchs, weshalb es hier ebenfalls möglichst kurz vor dem Aufsetzen zu beseitigen ist. Dem S. wird durch kombinierten Quer- und Seitenruderausschlag entgegengewirkt. → Querwindstart

Schiebe-Rollmoment: Moment um die Längsachse des Flugzeugs (Flugkörpers), das als Folge des → Schiebens entsteht, weil eine dabei am Seitenleitwerk entstehende Luftkraft oberhalb und im rechten Winkel zur Längsachse angreift. Es entsteht gleichzeitig mit dem → Schiebe-Wendemoment und ist um so größer, je höher der Druckpunkt des Seitenleitwerks über der Rumpfachse liegt. → Momente am Flugzeug, → Seitenstabilität

Schiebe-Wendemoment: rückführendes Moment beim → Schieben des Flugzeugs, d. h. Moment um die Hochachse, das infolge der Kräfte am Seitenleitwerk beim Schieben entsteht und in Richtung der Beseitigung des Schiebens wirkt. Bei Flugzeugen mit aufgesetztem Seitenleitwerk ist das S. untrennbar mit dem → Schiebe-Rollmoment verbunden. Das S. ist um so größer, je größer die Seitenleitwerksfläche ist und je weiter sich diese hinter dem Schwerpunkt des Flugzeugs befindet.

Schiebewinkel: → Schieben, → flugmechanische Koordinationssysteme, → Fluglage

Schlagflügelflugzeug, *Schwingenflugzeug:* Flugzeug, dessen Vor- und Auftrieb wie bei Vögeln durch Auf- und Abbewegen der Tragflügel erreicht wird. Obwohl sich bereits *Leonardo da Vinci* und nach ihm viele andere Konstrukteure mit diesem Prinzip beschäftigt haben, konnten bis heute keine brauchbaren Ergebnisse erzielt werden, die eine Konkurrenz für Starrflügel- oder Rotorflugzeuge ergeben könnten.

Schlaggelenk: bei → Rotorflugzeugen Gelenk an Trag- und Heckschrauben, welches den Blättern eine Bewegung senkrecht zur Drehebene (→ Tragschraube) ermöglicht. Die Schlagbewegung wird verursacht durch die periodische Änderung der Luftkräfte am Blatt (z. B. als Folge der zyklischen → Blattverstellung) und bewirkt das Neigen des Drehkegels gegenüber der Rotorachse. Maß der Schlagbewegung ist der Schlagwinkel (β). Er wird gebildet zwischen der Längsachse des Blatts (Achse des Axialgelenks) und der Drehebene. Je nach Konstruktion sind Schlagwinkel zwischen 4...5° nach unten und 25° nach oben möglich. Bei Flügen mit Vorwärtsgeschwindigkeit erreicht das Blatt seinen größten Schlagwinkel bei Azimutwinkeln (→ Azimut) $\psi = 180...220°$ und seinen kleinsten bei $\psi = 0...40°$. Unter diesen Bedingungen ist also der Drehkegel entgegen der Flugrichtung und zur Seite des vorlaufenden Blatts geneigt. – Um bei geringen Drehzahlen und starker Böigkeit ein Aufschlagen der Blätter auf den Heckträger zu verhindern, wird bis zu einer bestimmten Drehzahl der mögliche Schlagwinkel nach unten durch einen sog. Durchhangbegrenzer eingeschränkt.

Schlankheitsgrad, *Schlankheitsverhältnis:* 1) andere Bez. für Streckung (→ Tragflügelgeometrie); bei Rümpfen Verhältnis aus Länge und größtem Durchmesser; 2) Kenngröße zur Bestimmung der kritischen Knickspannung von Druckstäben, z. B. von Pfetten im Flugzeugbau; Verhältnis von freier Knicklänge und Trägheitsradius der Querschnittsfläche des Stabs.

Schlechtwetterflug: Flug unter meteorologischen Bedingungen, bei dem die Flugzeugführung, Luftraumbeobachtung oder Navigation nicht nach

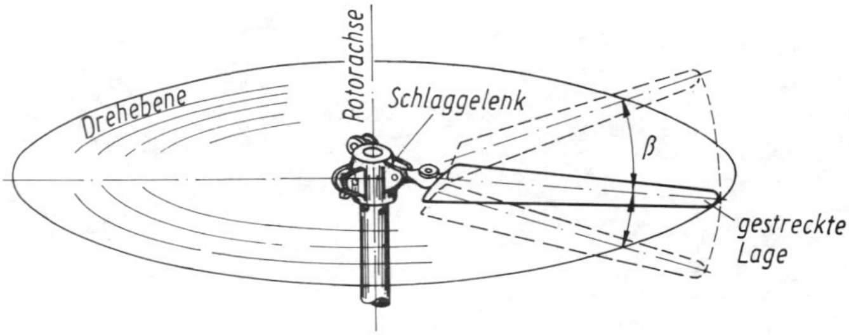

Schlagen des Rotorblatts um das Schlaggelenk

Sicht möglich ist. → Instrumentenflug, → Flugsicherung

Schlechtwetterlandung, *Allwetterlandung:* Landung unter ungünstigen Sichtbedingungen. Die Einhaltung des geforderten Wetterminimums (der höchste Wert von Luftfahrzeug-, Flugplatz- oder Kommandanten-Minimum) muß jedoch gewährleistet sein. Der derzeitige Stand der Ausrüstungstechnik gestattet Anflüge, Landungen und Rollen ohne Sicht (Kategorie IIIc der ICAO). Bei der S. geschieht der Anflug zum Flugplatz im → Instrumentenflug mit Hilfe der → Funknavigation. Für die eigentliche Landung (Ausschweben und Aufsetzen) wird das → ILS oder → MLS benutzt.

Schleierkühlung: → Schaufelkühlung

Schleppantenne: früher in Luftfahrzeugen benutzte Langdrahtantenne (→ Luftfahrzeugantenne) für Mittel- und Langwellenfunkanlagen. Die S. konnte während des Flugs mit Hilfe einer Winde bis zu 100 m ausgerollt werden. Am unteren Ende befand sich ein eiförmiges Bleistück (Antennenei), das zur Straffung der S. diente. Bei Start und Landung wurde die S. eingefahren.

Schleppfahrt: → Drachenspringen

Schleppflugzeug: Flugzeug für den Schleppstart mit Segelflugzeugen. Als S. werden Motorflugzeuge mit guten Steigflugeigenschaften und einem Geschwindigkeitsbereich von 80 km/h bis 220 km/h und mit einer Triebwerksleistung von 73,5...220 kW eingesetzt. Die Schleppgeschwindigkeit variiert zwischen 90 km/h und 150 km/h. Sie ist für Motorflugzeugtypen festgelegt, für Segelflugzeuge begrenzt. Der Flugzeugschleppstart wird meist mit 1 Segelflugzeug durchgeführt, möglich sind aber auch 2 oder 3 Segelflugzeuge. Die Anzahl der Segelflugzeuge wird durch die Schleppmasse des Motorflugzeugs und dessen Leistung begrenzt. Der Flugzeugschlepp hat sich zur überwiegend

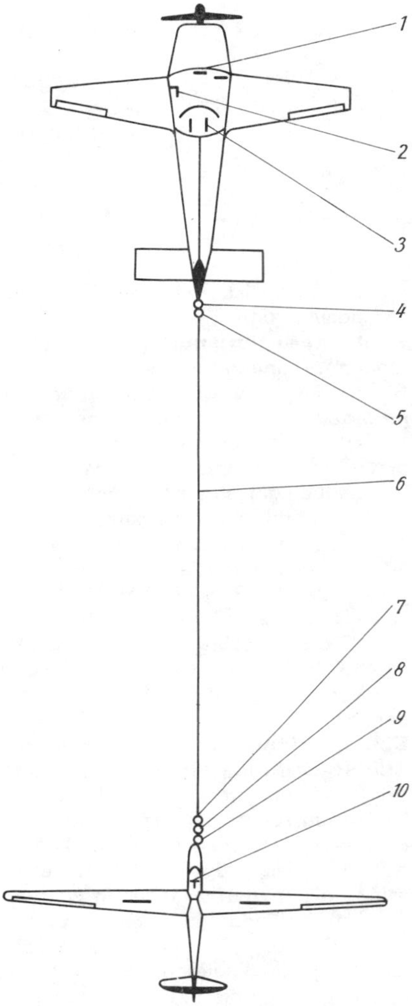

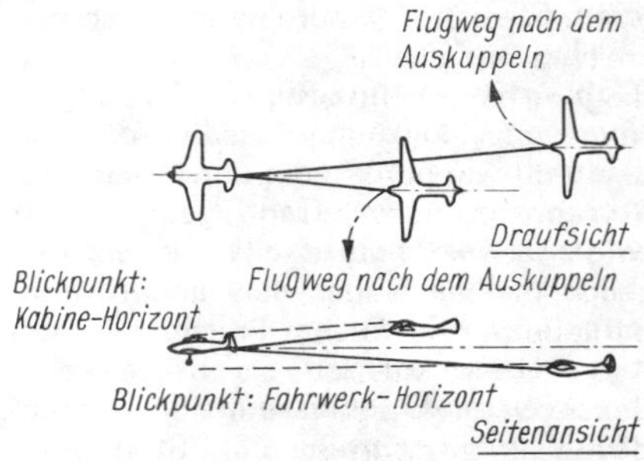

Lage der Segelflugzeuge im Doppelschlepp

angewendeten Startart für den Segelflug entwickelt.

Schleppsegel: bis in die 30er Jahre Hilfsmittel für die im Atlantik als Flugstützpunkte für den Luftverkehr nach Amerika liegenden Schiffe zum Wassern von Flugzeugen bei bewegter See. Als schwimmfähiges Segel am Heck angebracht, straffte sich das S. bei schneller Fahrt des Schiffs. Das Wasserflugzeug schwamm auf und konnte an Bord genommen werden.

Schleppwinde: → Windenstart

Schleppzeiger: Zeiger an einem Anzeigegerät, der von einem zweiten Zeiger bewegt wird und im Maximalausschlag stehenbleibt. → Beschleunigungsmesser

1 Rückspiegel, 2 Auslösevorrichtung für Schleppkupplung, 3 Anschnallgurte, 4 Schleppkupplung, 5, 8 Doppelringe, 6 Schleppseil (30...50 m), 7 Sollbruchstelle, 9 Schleppkupplung am Segelflugzeug, 10 Auslösevorrichtung für Schleppkupplung im Segelflugzeug

Schleppsegel

Schleppziele: Geräte zur Flugzieldarstellung für die Ausbildung von Jagdfliegern, Bordschützen größerer Flugzeuge sowie Flakbedienungen im Schießen auf fliegende Ziele. Oft in Form von Schleppscheibenfahnen (beim Start eingerollt, leicht mitzuführen) oder flugzeugähnlichen Gebilden. Das moderne Schleppziel hat Radar-Echoverstärker, einschaltbare Infrarotstrahlquellen und Beschußauswertegeräte. → Flugkörper

Schleuderradanlage: Landwirtschaftliche Anlage bei → Agrarflugzeugen zur Ausbringung von Feststoffen, meistens granulierte Düngemittel. Arbeitsweise einer S.: über eine Dosiereinrichtung gelangt der Dünger aus dem Chemikalienbehälter auf ein über eine Zapfwelle vom Triebwerk angetriebenes Schleuderrad und wird von diesem abgeschleudert. S. eignen sich besonders für körniges, spez. schweres Ausbringegut, sie sind widerstandsgünstiger als → Tunnelstreuanlagen, ermöglichen meistens

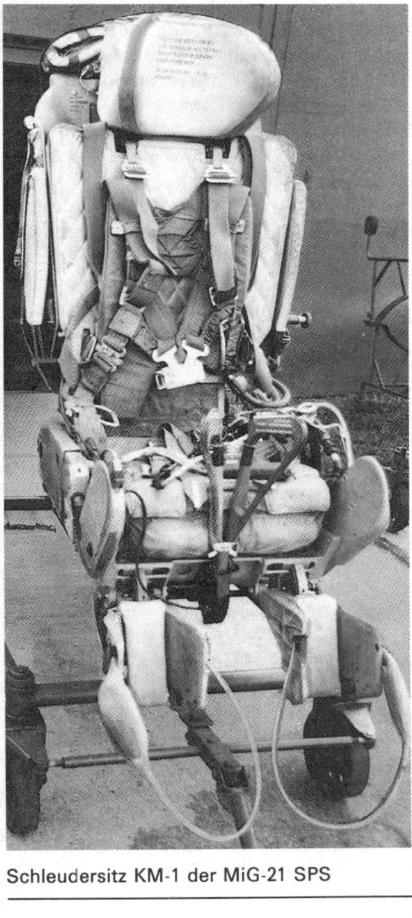

Schleudersitz KM-1 der MiG-21 SPS

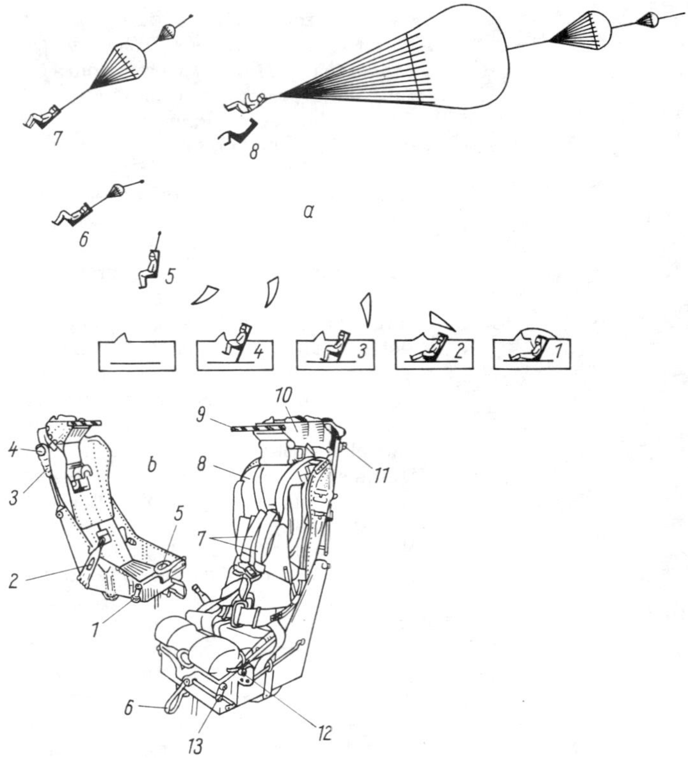

Schleudersitz: a) Schleudervorgang: 1 der Pilot zieht am Abzuggriff; 2 das Kabinendach wird weggesprengt; 3, 4 die Rakete hebt den Sitz aus dem Rumpf; 5 die Schirmrakete schießt den Zugbolzen; 6, 7 der Bolzen zieht die beiden Steuerschirme aus der Verpackung; 8 der Hauptfallschirm entfaltet sich, der Sitz fällt ab;
b) Aufbau eines Schleudersitzes: 1 Trennhebel, 2 Höhenverstellung der Sitzwanne; 3 Zeitwerk; 4 Barostat; 5 Not-Abzuggriff, 6 Bein-Rückholgurte; 7 Gurtzeug; 8 Hauptfallschirm; 9 Abzuggriff; 10 Behälter für Steuerfallschirme; 11 Arretierung; 12 Hebel zum Lösen des Rückengurts; 13 Hebel zum Lösen der Bein-Rückholgurte

eine bessere → Querverteilung und Arbeitsbreite, sind jedoch in ihrer Eigenmasse schwerer.

Schleudersitz, *Katapultsitz:* Hauptteil moderner → Rettungseinrichtungen. Gewährleistet das Verlassen des Flugzeugs im Notfall bei hohen, aber auch sehr geringen Geschwindigkeiten, z. B. Start und Landung. Dabei wird der Sitz nach Auslösen des Systems durch den Flugzeugführer bzw. das Besatzungsmitglied automatisch mit Hilfe einer Treibladung *(Katapultierkanone)* aus dem Flugzeug geschleudert, eventuell durch einen zweiten Treibsatz *(Beschleunigertriebwerk)* weiter vom Flugzeug entfernt und beim Katapultieren in Bodennähe auf Sicherheitshöhe gebracht. Danach wird der Nutzer automatisch vom Sitz getrennt und sein Schirm wird geöffnet, so daß er sicher landen kann. Zum *Notpaket,* das sich mit im S. befindet, können z. B. auch ein Schlauchboot, Angelgerät oder anderes zum Überleben am gegebenen Absprungort erforderliches Gerät gehören. Neben den genannten Teilen besteht ein moderner S. aus mehreren komplizierten Systemen, wie *Auslösesystem* (gewährleistet die automatische Funktion aller Teile des Sitzes nach einem festgelegten Programm, das je nach Flughöhe und -geschwindigkeit variiert werden kann), *Haltesystem* (zieht den Nutzer während des Katapultierens fest an den Sitz, um Rückgrat- oder andere Verletzungen zu vermeiden), *Lösesystem* (löst den Nutzer in der zweiten Phase des Katapultiervorgangs vom S.), *Schirmsystem* des Sitzes (sichert die richtige Lage des Sitzes im Luftstrom nach Verlassen der Kabine sowie seine Bremsung bis auf die für das Öffnen des Rettungsschirms günstige Geschwindigkeit und Höhe) und *Gurtsystem* des Rettungsschirms (verbindet den Nutzer mit dem Schirm, so daß er nach dessen Öffnung sicher zur Erde gleitet). → Rettungssitz

Schleuderstart: Start eines Flugzeugs mit Hilfe eines → Katapults.

Schlierenaufnahme: in der Windkanalmeßtechnik angewendete fotografische Registrierung von Strömungsbildern. Die Meßkammer wird von parallelen Lichtstrahlen beleuchtet und fotografiert. Änderungen der Gasdichte infolge der Strömung um das Modell in der Kammer bewirken Lichtstrahlablenkungen und daher Schwärzungsänderung auf dem Film. → Windkanal

Schlitzantenne: → Flugzeugantenne

Schlitzflügel: → Auftriebshilfen

Schlupf: **1.** *Luftschraube* – Differenz zwischen dem aufgrund des Einstellwinkels im Bezugsradius pro Umdrehung entstehenden Weg in axialer Richtung und dem tatsächlichen Weg. Häufig wird diese Differenz auf den theoretischen Weg bezogen, so ist eine Angabe in Prozent möglich. S. im Stand 100 %, im Flug etwa 20 %. – **2.** *Gebremstes Rad* (Brems-S.) – Unterschied zwischen dem tatsächlich zurückgelegten Weg und dem theoretischen Weg, den das Rad aufgrund seiner verzögerten Drehbewegung nur abrollen dürfte. Diese Differenz wird durch den tatsächlichen Weg dividiert und in % angegeben.

Schmidt-Argus-Rohr: periodisch arbeitendes Verpuffungstriebwerk. → Pulsostrahltriebwerk

Schmierstoff: technischer Betriebsstoff für Flugzeugtriebwerke. Verringert Reibung und Verschleiß in den Lagern und an allen anderen Gleitpaarungen, kühlt, transportiert Abriebteilchen und Verbrennungsrückstände ab, überträgt verschiedene Schalt- und Regelsignale. Aufgrund des S.-Verbrauchs während des Betriebs muß der S.-Vorrat von Zeit zu Zeit ergänzt bzw. wegen Verschmutzung gewechselt werden. s. Tab.

Schmierstoffvorratsmesser: → Vorratsmesser

Schmierung: dient bei sich bewegenden Teilen zum Verringern der Reibung, zum Kühlen und zum Reinigen der Reibstellen von Abrieb. S. hat insbesondere bei Kolben- und Gasturbinentriebwerk große Bedeutung.

Schnee-NOTAM: → SNOWTAM

Schneider-Pokal: von dem franz. Industriellen Jacques Schneider gestifteter Pokal, der für ein Wasserflugzeug-Geschwindigkeitsrennen ausgesetzt wurde. Durch 3maliges Gewinnen der Trophäe hintereinander bekam England den Pokal, damit endete die Ausschreibung 1931.

Schneider von Ulm: → Berblinger

Schneise, Einflugschneise: von den zuständigen Behörden festgelegter Bereich im Luftraum vor einem Flugplatz oder vor der Staatsgrenze, der von Luftfahrzeugen durchflogen werden muß, die auf dem Flugplatz landen und starten bzw. die Staatsgrenze passieren. Die Lage der S. wird meist durch Funknavigationsmittel (z. B. → NDB) gekennzeichnet.

Schnellablaß: Vorrichtung, um im Gefahrenfall (z. B. Notlandung) den Brennstoff in kürzester Zeit abzulassen. → Ablaßventil

Schnelligkeit: Qualitätsmerkmal der Transportleistung im Luftverkehr (→ Beförderungsqualität), gemessen mit Kenngrößen der → Reisegeschwindigkeit, Transportgeschwindigkeit, → Flugreisezeit.

Entwicklung des Schneider-Pokal-Rennens

Jahr	Ort	Pilot	Land	Flugzeug und Motor	Art	Strecke km	Geschwindigkeit km/h
1913	Monaco	M. Prévost	Frankreich	Deperdussin; 120 kW Gnôme	ED	278	98,5
1914	Monaco	C. Howard-Pixton	England	Sopwith; 75 kW Monosoupape	DD	278	139,7
1920	Venedig	L. Bologna	Italien	Savoia S-19; 410 kW Ansaldo	FB	375	172,5
1921	Venedig	Le Briganti	Italien	Macchi VII; 150 kW Isotta Frachini	FB	371	178,5
1922	Neapel	H. Biard	England	Supermarine «Sea Lion II»; 340 kW Napier Lion	FB	371	234,5
1923	Cowes	Rittenhouse	USA	Curtiss CR-3; 350 kW Curtiss D-12	DD	345	285,4
1925	Baltimore	J. Doolittle	USA	Curtiss R-3 C 2; 385 kW Curtiss V-1400	DD	350	374,2
1926	Newport	De Bernardi	Italien	Macchi M-39; 600 kW Fiat	ED	350	396,6
1927	Venedig	N. Webster	England	Supermarine S-5; 675 kW Napier «Lion» VII C	ED	350	450,6
1929	Ryde	O. Waghorn	England	Supermarine S-6; 1 425 kW Rolls-Royce «R»	ED	350	528,9
1931	Ryde	N. Boothman	England	Supermarine S-6 B; 2 100 kW Rolls-Royce «R»	ED	350	548,5

ED Eindecker } auf Schwimmern
DD Doppeldecker }
FB Flugboot

Schpitalny, *Boris Gawrilowitsch:* sowjetischer Konstrukteur von Flugzeugwaffen, geb. 25. Juli (7. Aug.) 1902 Rostow am Don, gest. 6. Febr. 1972. Begann 1919 als Maschinengehilfe, wurde später Konstrukteur. Absolvierte 1927 das Mechanische Institut Moskau und begann eine Tätigkeit im wissenschaftlichen Versuchsinstitut für Motorisierung. 1934/53 Leiter und Chefkonstrukteur eines speziellen Konstruk-

Boris Schpitalny während des Kriegs im Gespräch mit dem Jagdflieger Iwan Koshedub

tionsbüros; entwickelte in dieser Zeit zahlreiche Flugzeugwaffen. Die Flugzeugwaffen von S. spielten für die Bewaffnung der sowjetischen Jagdflugzeuge im zweiten Weltkrieg eine hervorragende Rolle. 1940 Held der Sowjetunion. In den letzten Jahren Professor und Lehrstuhlleiter für spezielle Technologie am Moskauer Institut. Schrieb ca. 60 Fachartikel. 2facher Staatspreisträger, 2facher Leninpreisträger, Träger zahlreicher anderer Orden und Medaillen. Held der sozialistischen Arbeit; Doktor der technischen Wissenschaften. Zu seinen bekanntesten Flugzeugwaffen gehören das MG SchKAS Modell 36 (7,62 mm), die Kanone SchKAS (20 mm) sowie die 30-mm-Kanone SchWAK (gemeinsam mit *Wladimirow* konstruiert).

Schrägstellautomat: wesentliche Baugruppe des → Steuerwerks von Hubschraubern mit Tragschrauben herkömmlicher Bauweise (mit Schlag- und Schwenkgelenken) und von anderen → Rotorflugzeugen, mit der die Längs-, Quer- und Höhensteuerbarkeit realisiert wird. Durch kollektive oder zyklische → Blattverstellung wird die Lage des Drehkegels einer → Tragschraube gegenüber der Rotorachse verändert, und damit werden Größe und Richtung der Luftkraftresultierenden des Rotors geändert. Die Heckschraube ist mit einem ähnlichen Verstellmechanismus ausgerüstet, der jedoch nur eine kollektive Blattverstellung erlaubt.

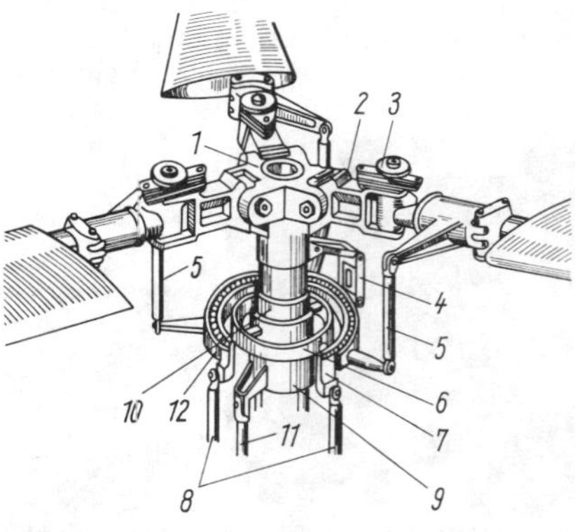

Schrägstellautomat: 1 Nabe; 2 Schlaggelenk; 3 Schwenkgelenk mit Schwingungsdämpfer; 4 Mitnehmer, 5 Blattverstellstangen, 6 innerer Kardanring, 7 äußerer Kardanring, 8 Gestänge zur zyklischen Blattverstellung (Quer-, Längssteuerung), 9 Gleitkopf, 10 Gleitkopfführung, 11 Gestänge zur kollektiven Blattverstellung (Höhensteuerung), 12 Taumelscheibe

Schrägstoßdiffusor: → Eingangsteil bei Strahltriebwerken für Überschallgeschwindigkeit, bei dem die Luft durch 1 oder mehrere schräge und einen geraden Stoß auf Unterschallgeschwindigkeit verzögert wird.

Schränkung: 1. Geometrische und aerodynamische S., svw. → Verwindung. – **2.** Differenz der → Einstellwinkel von Tragflügel und Höhenleitwerk. Das Höhenleitwerk ist meist negativ geschränkt, so daß im Normalflug die Buglastigkeit erhalten bleibt, aber gleichzeitig beim Sturzflug am Höhenleitwerk Kräfte entstehen, die das Flugzeug in Normallage zurückdrehen, d.h. aus dem Sturzflug ausleiten wollen. – **3.** Halber Winkel zwischen den Profilsehnen des oberen und unteren Tragflügels von Doppeldeckern. Sind die Vorderkanten der Tragflügel weiter voneinander entfernt als die Hinterkanten, so spricht man von positiver S., im umgekehrten Fall von negativer. – **4.** Winkel zwischen der Längsachse des Flugzeugs und der Schubachse von seitwärts liegenden Triebwerken, der bei einseitigem Triebwerksausfall das Wiederherstellen des Gleichgewichts am Flugzeug erleichtert. Dazu ist der Winkel nach hinten geöffnet.

Schraube: 1. Kunstflugfigur; vertikal geflogen, gesteuerte Rolle. – **2.** svw. → Luftschraube.

Schraubenflügler: i. w. S. veralt. Bez. für → Rotorflugzeuge, i. e. S. für Kombinationsflugschrauber.

Schraubenkreis: Kreisfläche, die von den Blättern einer Luftschraube bei Drehung um die Luftschraubenachse beschrieben wird.

Schraubenlinie: Bewegungslinie der Luftschraubenblattspitzen auf dem von ihnen umschriebenen Kreiszylinder.

Schraubensteigung: Weg, den ein Punkt einer Luftschraube bei einer einzigen Umdrehung in axialer Richtung theoretisch zurücklegen würden, wenn kein → Schlupf auftritt. Die tatsächliche S. ist um den Betrag des Schlupfes kleiner. Mit Schraubensteigungsverhältnis wird das Verhältnis von S. zu Durchmesser einer Luftschraube bezeichnet.

Schraubenstrahl: Bez. für die durch die Luftschraube erzeugte Luftströmung. Im Schraubenstrahl axiale und rotierende Bewegung der Luftteilchen.

Durch die Drehbewegung im Schraubenstrahl wird seitliche Kraft auf das im Schraubenstrahl liegende Seitenleitwerk ausgeübt, die versucht, das Flugzeug aus der Richtung zu drehen, d. h. bei einem einmotorigen Flugzeug bewirkt eine linksdrehende Luftschraube eine Drehung des Flugzeugs um die Hochachse nach rechts, die durch Bügelkanten am Seitenruder oder durch Seitenruderausschlag beim Geradeausflug verhindert werden muß.

Schub: 1. Bez. für die von einer Flugzeugantriebsanlage erzeugte Kraft zur Überwindung von Bewegungswiderständen, zur Beschleunigung bzw. Verzögerung bzw. zum Heben eines Luftfahrzeugs. Angegeben wird der S. i.allg. für Startleistung im Stand bei INA-Bedingungen in Meereshöhe.

Bestimmung des S. im Stand –

Propeller-Kolbenmotor

$$F_s = \beta \cdot P + F_{SR}$$

Propeller-Gasturbine

$$F_S = \beta \cdot P + \dot{m}_a v_2 + A(p_2 - p_1)$$

Turbinenluftstrahltriebwerk

$$F_S = \dot{m}_a \cdot v_2 + A(p_2 - p_1)$$

Raketentriebwerk → Formel: im Flug

Bestimmung des S. im Flug

Propeller-Kolbenmotor

$$F_S = \frac{P \cdot \eta}{v_1} + F_{SR}$$

Propeller-Gasturbine

$$F_S = \frac{P \cdot \eta}{v_1} + \dot{m}_a v_2 - \dot{m}_e v_1 + A(p_2 - p_1)$$

Turbinenluftstrahltriebwerk

$$F_S = \dot{m}_a v_2 - m_e v_1 + A(p_2 - p_1)$$

Raketentriebwerk

$$F_s = \dot{m}_a v_2 + A(p_2 - p_1)$$

β Umrechnungsfaktor, je nach Luftschraubenkonstruktion 1,4...2,8 daN/kW; P Wellenleistung; F_{SR} Restschub; $\dot{m}_a$ je Sekunde aus dem Triebwerk austretende Masse; $\dot{m}_e$ je Sekunde in das Triebwerk eintretende Luftmasse; v_2 Düsenaustrittsgeschwindigkeit, Abströmgeschwindigkeit; v_1 Fluggeschwindigkeit; p_2 Druck im Düsenaustrittsquerschnitt; p_1 Druck in der umgebenden Atmosphäre; A Düsenaustrittfläche; η Luftschraubenwirkungsgrad bei der

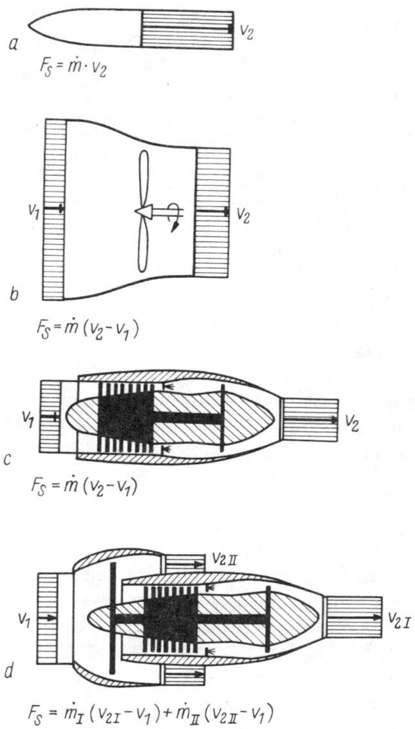

Grundarten der Schuberzeugung: a Rakete, b Luftschraube, c Strahltriebwerk, d Zweistromturbinenluftstrahltriebwerk

Fluggeschwindigkeit v_1. Zur Bestimmung der äußeren → Leistung sind Fluggeschwindigkeit und → äußerer Wirkungsgrad zu berücksichtigen. Entstehung des S. → Rückstoß. Veränderung des S. mit der Fluggeschwindigkeit → Betriebsverhalten. – **2.** Bei Rotorflugzeugen diejenige Komponente der Luftkraftresultierenden des → Rotors, die in Richtung der Rotorachse verläuft (→ Tragschraube). Der Schub ersetzt bei Rotorflugzeugen die Auftriebskraft des Tragflügels und kann außerdem zur Vortriebserzeugung dienen.

Schubbelastung: Verhältnis von Abflugmasse zu Gesamtschub der Antriebsanlage. → Leistungsbelastung

Schubbremse: → Strahlumlenkung

Schubdüse: → Düse, → Triebwerk

Schubkraftdiagramm, *Shukowski-Diagramm, Pénaud-Diagramm:* Diagramm, in dem die Kennlinien des erforderlichen und des verfügbaren Schubs F_S eines Flugzeugs gewöhnlich für den stationären geradlinigen Horizontalflug zusammengefaßt sind. Das S. für eine Reihe von Flughöhen erlaubt ein exaktes Einschätzen des möglichen Geschwindigkeitsbereichs, des Beschleu-

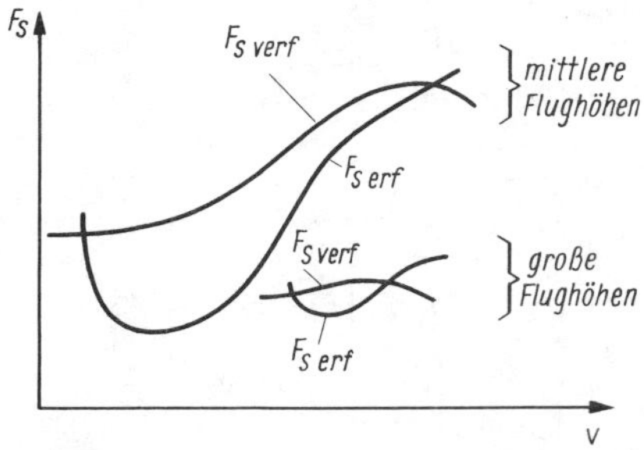

Beispiel eines Schubkraftdiagramms

nigungs- und Steigvermögens sowie der räumlichen Manövrierfähigkeit des Flugzeugs bei einer konkreten Geschwindigkeit und Flughöhe. Es erlaubt die Linie der statischen Gipfelhöhe zu ermitteln. Die Geschwindigkeit der größten Differenz zwischen verfügbarem und erforderlichem Schub ist die Geschwindigkeit, bei der der größte Steigwinkel möglich ist.

Schubkraftverfahren: Verfahren zur Ermittlung von Flugleistungen (z. B. Beschleunigungsvermögen, Steigfähigkeit u. a.) durch Vergleich des erforderlichen und des verfügbaren → Schubs. → Schubkraftdiagramm

Schub-Masse-Verhältnis: → Leistungsbelastung

Schubmodulation: Änderung des Schubs von Schub liefernden Gliedern zur Erzeugung von Steuer- und Regelmomenten. Die S. verwendet man für → Schwebeflugregler, da im Schwebeflug aerodynamische Ruder wegen der fehlenden Luftkräfte nicht wirksam sind.

Schubumkehr, Schubumlenkung: → Strahlumlenkung.

Schubvektorsteuerung: gesteuerte Richtungsänderung des Schubvektors an Flugzeugen mit Hilfe schwenkbarer Schubdüsen, durch Schwenken der Triebwerke oder durch Zuschalten von Zusatztriebwerken (→ VTOL). Die S. wird außer für Start und Landung von V/STOL-Flugzeugen auch zur Verbesserung der Manövrierfähigkeit von Jagdflugzeugen, d. h. als Mittel der → aktiven Steuerungstechnologie benutzt.

Schubverstärkung: kurzzeitiges Erhöhen der Leistung bzw. des → Schubs von Flugzeugtriebwerken, insbes. beim Start, in Not- und Gefahrensituationen, z. B. zur Kompensation des Leistungsverlustes bei einem ausgefallenen Triebwerk durch das noch laufende, bei Kampfflugzeugen im Gefecht (→ Notleistung). 1) S. *bei KTW* – durch Zeitrelais begrenzte Möglichkeit zum Erhöhen des max. Lagedrucks, durch Wasser- oder (und) Methanoleinspritzen in Saugrohr oder Brennraum. 2) *S. bei TL, PTL* – a) Wassereinspritzung in Verdichter verringert die vom Verdichter aufgenommene Leistung und erhöht den Massendurchsatz der Turbine, damit höhere Turbinenleistung (Start mit Wasser- bzw. Wasser-Methanol-Einspritzung vielfach als «Naßstart» bezeichent). Schuberhöhung von ca. 20 % ist ohne nennenswertes Vergrößern des – spezifischen Verbrauchs möglich. b) Erhöhung von Drehzahl oder Turbineneintrittstemperatur ermöglicht S. um ca. 20 % ohne nennenswerte Vergrößerung des spezifischen Verbrauchs. c) Brennstoffeinspritzung hinter der letzten Turbinenstufe (Nachbrenner). Durch wesentliches Erhöhen der Schubdüseneingangstemperatur können so die Düsenaustrittsgeschwindigkeit und damit der Schub bis zu 80 % gesteigert werden, bei Vergrößern des spezifischen Verbrauchs um mehr als 100 % bei relativ niedrigen Geschwindigkeiten. Mit wachsender Fluggeschwindigkeit wird der spezifische Verbrauch bei Nachbrennerbetrieb günstiger. d) S. für längere Zeit vorwiegend bei Überschallflug mit ZTL durch Aufheizen des Außenkreises. → Nachbrenner

Schubwandträger: Bauelemente des Festigkeitsverbands (z. B. Tragflügelholme, Rumpfträger), die hauptsächlich durch Biegemomente und Querkräfte belastet werden. Der Berechnung des S. liegt die Annahme zugrunde, daß das Biegemoment nur durch die → Gurte aufgenommen wird, während die Querkraft ausschließlich den → Steg auf Schub beansprucht. S. zeichnen sich durch hohe Belastbarkeit bei geringem Massenaufwand aus und werden deshalb im Flugzeugbau als Hauptteile des

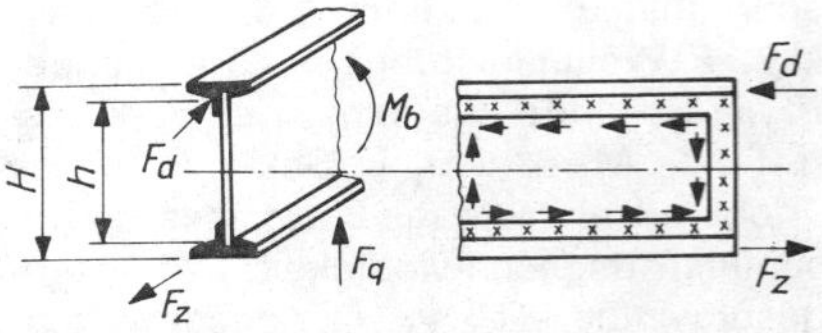

Beanspruchung eines Schubwandträgers: F_q Querkraft, M_b Biegemoment, F_d Druck-, F_z Zugkräfte, H abs. Höhe, h mittlere Höhe des S.

Festigkeitsverbands der Zelle breit angewendet. → Holm

Schulen: Bez. für die fliegerische Ausbildung eines Flugschülers. Der Flugschüler fliegt mit dem Fluglehrer und erlernt die Elemente der Flugzeugsteuerung. Das S. erfolgt nach einem festgelegten Ausbildungsprogramm.

Schulerpendel: nach dem Entdecker benanntes Pendel mit einer Schwingungszeit, die sich aus dem Abstand des Aufstellungsorts des Pendels vom Erdmittelpunkt bzw. der örtlichen Fallbeschleunigung ergibt. Kreiselkompasse und stabilisierte Plattformen (→ Flugnavigation) werden so ausgelegt, daß sie die Schwingungszeit des S. erhalten, um auf diese Weise über längere Zeit stabil und mit geringen Fehlern arbeiten zu können. Für Bewegungen auf der Erdoberfläche beträgt die Schwingungszeit $t = 84{,}4$ min. Durch Anwendung der Schuler'schen Erkenntnisse war die Entwicklung von Trägheitsnavigationsanlagen möglich.

Schulflugzeug: Luftfahrzeug, das in erster Linie zur Ausbildung von Flugzeugführern und Luftfahrtpersonal eingesetzt wird. Ein S. soll gute Flugeigenschaften haben und leicht zu fliegen sein. Aufbau, Konstruktion und Bedie-

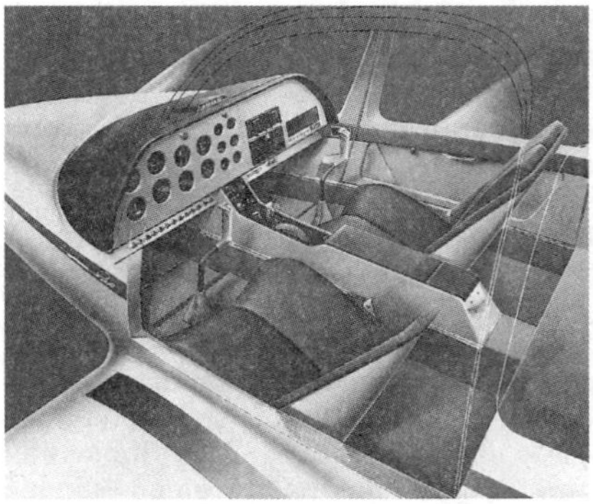

Beagle «Pup», kunstflugtaugliches Schul-, Sport- und Reiseflugzeug (Großbritannien)

SIAT 223 «Flamingo», kunstflugtaugliches Schul-, Sport- und Reiseflugzeug (BRD)

Moravan Z-42, kunstflugtaugliches Schul- und Reiseflugzeug (ČSFR)

nung sollen einfach sein. S. werden in Kategorien für *Anfangsschulung, Fortgeschrittenen-Ausbildung* und die *Spezialausbildung* eingeteilt. S. für Motorflug-, Segelflug- und Fortgeschrittenen-Ausbildung sind doppelsitzig (neben- oder hintereinander) und mit Doppelsteuer ausgerüstet. S. sind je nach Verwendungszweck für Grundausbildung, Kunstflug, Instrumentenflug oder Spezialausbildung ausgerüstet und konstruktiv ausgelegt. S. für den Segelflug sind ebenfalls doppelsitzig, für die Fortgeschrittenen einsitzig und entspr. ihrem Verwendungszweck konstruiert.

Schulterdecker: → Tragwerk

Schulz, *Ferdinand:* Segelflugpionier, geb. 18. Dez. 1893 Ostpreußen, gest. (abgestützt) 16. Juni 1929 Stuhm/Ostpreußen; entdeckte die Landschaft um Rybatschi (Rossitten) als Segelfluggelände, nahm bereits 1921 am Rhönwettbewerb teil, konstruierte einen Hängegleiter, dann weitere Segelflugzeuge (leichte Bauweise, dünne Leisten, bekannt vor allem sein drittes Flugzeug – genannt «Besenstiel»). Weltrekorde: 18. Mai 1924 Rossitten – Dauerrekord mit 8 h 42 min; 2. Okt. 1925 auf der Krim – Dauerrekord mit 12 h 6 min; 3. Juni 1927 Rossitten – Dauerrekord mit Fluggast 9 h 21 min; 3. Mai 1927 Rossitten – Dauerrekord mit 14 h 7 min; 14. Mai 1927 Rossitten – Streckenrekord mit 62 km; 10. Juli 1928 Grunau (Riesengebirge) – Höhenrekord mit 560 m über Start.

Schütte, *Johann:* Luftschiffbauer, geb. 26. Febr. 1873 Osternburg, gest. 29. März 1940 Dresden, studierte in Berlin, 1898 Abschluß in der Fachrichtung Schiffbau, Tätigkeit beim Norddeutschen Lloyd, 1899 in Spezia (Italien) eigene Schleppversuchsanstalt, dort Leiter. 1904 Professor in Danzig und Berlin, Dr.-Ing. h. c. Ab 1909 Konstruktion stomlinienförmiger *S.-Lanz-* (→) Luftschiffe. Im Gegensatz zu den Zeppelin-Luftschiffen hatten sie kein Metall-, sondern ein Holzgerüst, dessen Knickfestigkeit nicht ausreichte.

Schwanzlastigkeit: svw. Hecklastigkeit. → Lastigkeit

schwanzloses Flugzeug: Flugzeug ohne gesondertes Höhenleitwerk, heute oft als → Nurflügler bezeichnet. → Drachenflugzeug, → Entenflugzeug

Schwanzstarter: → Heckstarter

Schwarm: Verband von mehr als 3 Flugzeugen (meistens 4 oder 5) in enger oder loser Formation.

Schwebefahrzeug: → Luftkissenfahrzeug

Schwebeflugregler: → Flugregler, der die Regelung des Schwebeflugs bei vertikal startenden und landenden Luftfahrzeugen durchführt. → Flugregler, → VTOL

Schweizerische Luftverkehr AG, Kurzbez. **Swissair:** Luftverkehrsgesellschaft der Schweiz mit Sitz in Zürich. Gegr. 1931 durch Zusammenschluß der «Ad Astra Aero» (die seit 1919 bestand) und der «Basle Air Traffic», bekannt als «Balair». *Flugzeugpark* (1987): 11 DC-10-30, 9 Airbus A 310, 22 MD-81, 5 Boeing 747 (davon 2 geleast), 3 F 100. Verkehrsdaten 1987: 7,89 Mill. beförderte Passagiere; 13,7 Mrd. Pkm; 733 Mill. Fracht-tkm; 2,12 Mrd. tkm Gesamtleistung. Flugstreckennetz von 322 370 km. Hauptstrecken: Europa, Nord- und Südamerika, Afrika, Mittlerer und Ferner Osten; Inlandflugverkehr. IATA-Mitglied.

Schwenkdüse: schwenkbare Schubdüse, die in einem bestimmten Winkelbereich eine Richtungsänderung der Schubkraft ermöglicht, → Schubvektorsteuerung.

Schwenkflügel: 1. Tragflügel, der sich zusammen mit dem Antrieb um die Querachse mit der Vorderkante nach oben drehen läßt, um einen Kurz- oder Senkrechtstart zu gewährleisten. → Convertiplan, → VTOL – **2.** Tragflügel mit → veränderlicher Flügelpfeilung.

Schwenkgelenk: bei Rotorflugzeugen Gelenk an → Tragschrauben, das den Blättern zusätzlich zur Drehbewegung der Rotornabe ein Bewegen in oder entgegen der Drehrichtung ermöglicht. Die Schwenkbewegung ist immer Folge einer Schlagbewegung (→ Schlaggelenk). Sie wird durch die Corioliskraft verursacht, die immer dann in einem rotierenden Massensystem auftritt, wenn sich der Abstand des Schwerpunkts einer Teilmasse von der Drehachse verändert. Je nach Konstruktion sind Schwenkwinkel bis 15° in beiden Richtungen möglich. Bei zu starker Schwenkbewegung der Blätter entfernt sich der Schwerpunkt des gesamten Rotors unzulässig weit von der Rotorachse. Deshalb wird die Schwenkbewegung mit sog. Schwingungsdämpfern in Grenzen gehalten.

Canadair V/STOL CL-84 mit Schwenkflügeln

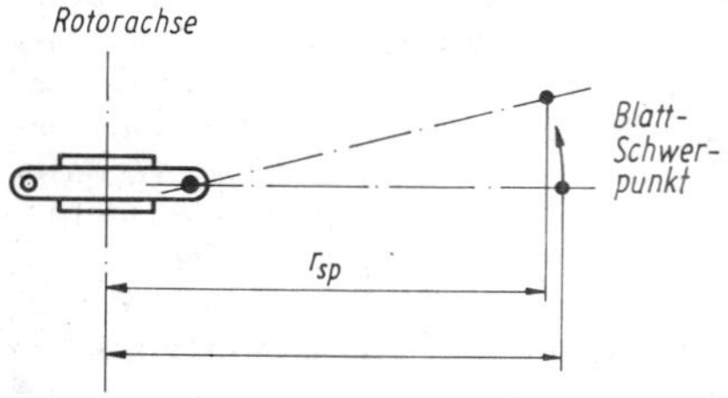

Verschiebung des Blatt-Schwerpunkts beim Schlagen nach oben

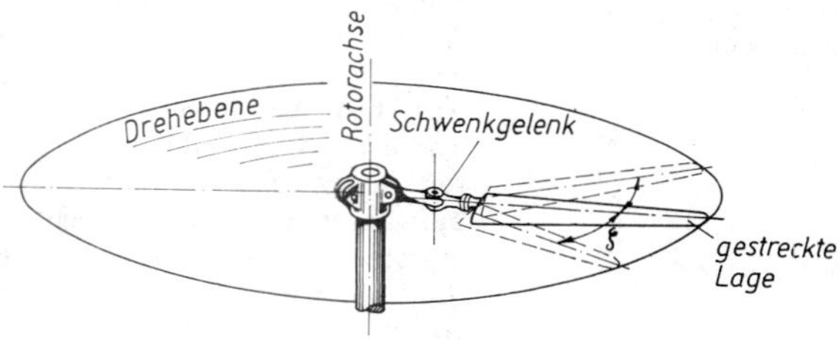

Schwenken des Rotorblatts um das Schwenkgelenk

Schwenkstrahlverfahren: zusammenfassender Begriff für eine Gruppe moderner funktechnischer Lande- und Anflugsysteme, bei denen das Antennendiagramm des Bodensenders rhythmisch geschwenkt wird. Die Herstellungsfirmen propagierten diese Verfahren als Nachfolgemuster des → ILS. Im Gegensatz zum ILS, bei welchem nur eine Kurs- und Gleitebene vorhanden ist, erfolgt bei einigen dieser Verfahren die Strahlschwenkung ähnlich dem → PAR, wobei für jede Kurs- und Gleitebene eine Kodierung im abgestrahlten Signal vorhanden ist (z. B. → MLS, → A-SCAN, → TILS, → SATRAM). Bei anderen Verfahren (z. B. → MODILS) wird der Winkelwert durch eine Zeitmessung zwischen dem Beginn der Strahlschwenkung, die in einer Rundstrahlsendung markiert ist, und dem Empfang der gerichteten Sendung ermittelt. Beim S. → TALAR erfolgt die Strahlschwenkung kreisförmig um den idealen Anflugweg. Da das Strahlungsmaximum nicht auf dem Anflugweg liegt und das Antennendiagramm rotiert, empfängt die Bordanlage ein mit der Diagrammdrehzahl amplitudenmoduliertes Signal. Die Auswertung der Modulation ergibt die Führungsdaten

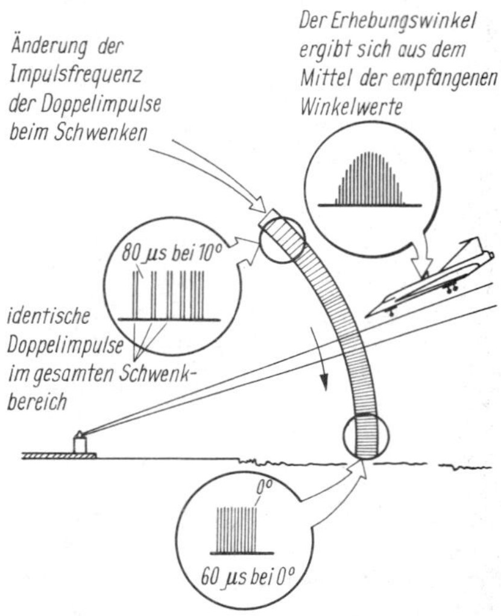

Wirkungsweise eines Schwenkstrahlverfahrens mit Impulskodierung (TILS)

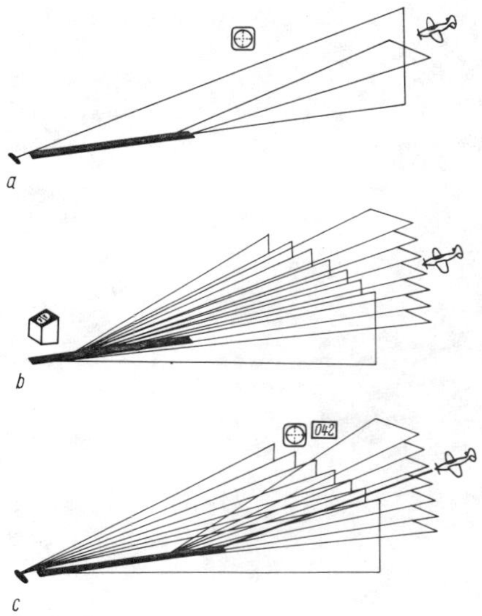

a Landeführung durch eine ILS-Bodenlage; es sind eine Kurs- und eine Gleitwegebene vorhanden;
b Luftraumabtastung mit dem Präzisions-Anflug-Radar; die Abtastung erfolgt in horizontaler (Azimut) und vertikaler (Elevation) Richtung;
c Übertragung der Führungsdaten durch ein Schwenkstrahlverfahren; die Antennenbewegung entspricht dem PAR, aber für den gesamten Überdeckungsbereich sind Kurs- und Gleitweg-Führungssignale vorhanden

→ TALAR. Die S. arbeiten im Frequenzbereich zwischen 3 und 20 GHz. Sie sind für konventionelle und vertikal landende Luftfahrzeuge geeignet. Mit den S. ist meistens eine Entfernungsmeßeinrichtung nach Art des → DME verbunden.

Schwenktriebwerk: Triebwerk für VTOL-Flugzeuge, das zum Start so geschwenkt wird, daß seine Längsachse eine Senkrechte bildet und das Flugzeug senkrecht starten kann. Der Triebwerksschub wirkt beim Start also senkrecht nach oben. Zum Übergang in den Horizontalflug werden die Triebwerke in die Horizontale geschwenkt und bewirken somit den Vortrieb.

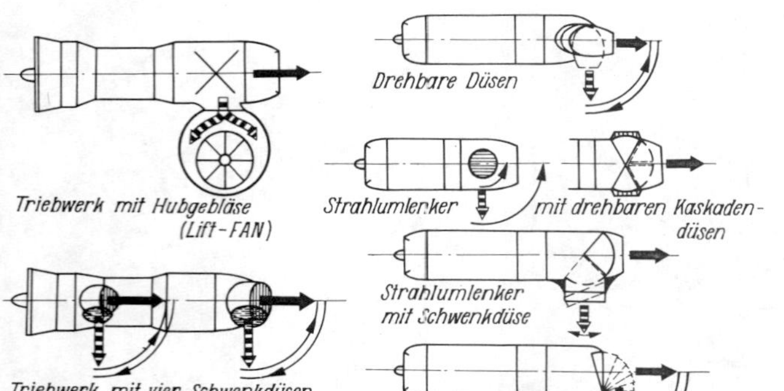

Triebwerke für V/STOL-Flugzeuge

Schwerelosigkeit: Zustand des menschlichen Körpers bei Verringerung der Fallbeschleunigung. 1) Kurzzeitiger Zustand der Unterlastung bis zu fast völliger S. wird beim – Parabelflug erreicht; kann zum Kollaps durch äußert starke Angst- oder Sturzgefühle (Fehlleistung der Gleichgewichtsorgane) führen. Die S. ist nur in geringem Maß trainierbar. 2) Bei längerem Schaukeln eines Flugzeugs (Durchsacken) infolge meteorologischer Bedingungen (→ Luftloch) können Annäherungen an den Zustand der S. (negative Beschleunigung von $-0{,}25\,g$ bis $-2\,g$) in Verkehrsflugzeugen auftreten, die zur → Luftkrankheit führen können. 3) Langdauernder Zustand der S. bei Kosmonauten mit 3 Phasen: Anpassungsphase (mit Beschwerden wie beim Parabelflug); Ruhephase (mit veränderten Regulationsmechanismen des gesamten Herz-Kreislauf-Systems, des Stoffwechsels und anderer Lebensfunktionen); Wiederanpassung an irdische Schwerewirkung (1 g) mit erheblichen Störungen der Gleichgewichtsfunktion, des Muskel-Skelett-Systems, des Stoffwechsels und der Nervenfunktion. Die Wiederanpassung dauert länger als die Gewöhnung an die S.

Schwerpunkt, Massemittelpunkt: die Stelle des Flugkörpers, an der die Resultierende aller am Körper und seinen Einzelteilen wirkenden Schwerkräfte angreift. Nach dem Schwerpunktsatz bewegt sich der S. des Flugkörpers, an dem äußere Kräfte wirken (Schwerkraft, Luft- und Schubkräfte), wie ein Massepunkt, in dem man sich die Gesamtmasse des Flugkörpers vereinigt denken kann. Der S. wird in der Flugmechanik als Ursprung (Mittelpunkt) verschiedener → Koordinatensysteme verwendet. Wichtig für Stabilität und Steuerbarkeit eines Flugkörpers sind die Schwerpunktlage sowie die Schwerpunktwanderung.

Schwerpunktlage: Lage des → Schwerpunkts in bezug auf die konstruktiv festgelegten Achsen des Flugzeugs. Von Schwerpunkthoch- und -tieflage spricht man, wenn der Schwerpunkt in der vertikalen Symmetrieebene über bzw. unter der Längsachse des Flugkörpers liegt. Die Begriffe Schwerpunktvor- und → Schwerpunktrücklage besagen, daß er in der vertikalen Symmetrieebene vor bzw. hinter der Querachse liegt. Eine Schwerpunktseitenlage ist meist nicht vorhanden, kann aber bei einseitigem Verlust von Außenanhängungen oder ungleichmäßigem

Kraftstoffverbrauch aus Tragflügelbehältern ebenfalls beidseitig auftreten und hat ein → Schieben des Flugkörpers bzw. Flugzeugs zur Folge. → Schwerpunktwanderung

Schwerpunktrechner: in Luftfahrzeugen spezieller, für den jeweiligen Luftfahrzeug-Typ entwickelter Rechenstab zur Ermittlung der → Schwerpunktlage. In modernen Großflugzeugen erfolgt die Errechnung der Schwerpunktlage automatisch im zentralen Bordrechner nach den Signalen der in den Fahrwerken befindl. Geber. Meistens wird die Schwerpunktlage in der → Balance-Chart oder im Ladungsnachweis ermittelt.

Schwerpunktrücklage: Lage des Schwerpunkts auf der Längsachse des Flugkörpers in bezug auf die senkrechte Projektion der Vorderkante der mittleren aerodynamischen Sehne; als Rücklage bezeichnet, da der Schwerpunkt gewöhnlich hinter der Projektion der Vorderkante liegt. Der Wert der S. kann absolut (in m) oder relativ (in Bruchteilen oder Prozent der Tiefe der MAS) angegeben werden. → Mittlere aerodynamische Sehne, → Schwerpunktlage

Schwerpunktwanderung: Veränderung der Schwerpunktrücklage eines Flugzeugs (Flugkörpers) während des Flugs durch Verbrauch von Kraftstoff oder Abwurf von Lasten. Die S. muß in bestimmten Grenzen gehalten werden, um eine notwendige → Stabilitätsreserve zu gewährleisten. Dies erfordert, genau die Reihenfolge der Kraftstoffentnahme aus den verschiedenen Behältern des Flugzeugs festzulegen, die Abwurflasten gleichmäßig um die normale Schwerpunktrücklage exakt zu verteilen und sie in festgelegter Reihenfolge abzuwerfen.

Schwezow, *Arkadij Dimitrijewitsch:* sowjetischer Triebwerkskonstrukteur, geb. 13. (25.) Jan. 1892, gest. 19. März 1953, Generalleutnant (Ing.), schuf 1923 mit einer Konstruktionsgruppe den leistungsfähigen 12-Zylinder-Flugmotor M-8 RAM (Russki Aviazionni Motor, russischer Flugzeugmotor). 1926 begann die Serienproduktion des 5-Zylinder-Sternmotors M-11, bei dem erstmalig in der Sowjetunion auf die Zylinderstahlhülsen Aluminiumzylinderköpfe aufgesetzt wurden. Der ständig verbesserte und jahrzehntelang gebaute M-11 wird heute noch verwendet. 1934 wurde S. Chefkonstrukteur eines Flugmotorenwerks. Unter seiner Leitung entstand eine Reihe luftgekühlter Sternmotoren, die sich hervorragend bewährten: ASch-62 (1944, auch in An-2), ASch-82 (in La-5, La-7, Il-14, Mi-4, Jak-24), ASch-73 (Tu-4). S. gründete eine Konstrukteurschule für luftgekühlte Triebwerke. Staatspreis 1942, 1943, 1946, 1948. Held der sozialistischen Arbeit. Sein Nachfolger wurde *P. A.* → *Solowjow.*

Schwimmen: Bez. für den Schwebezustand bei Luftfahrzeugen leichter als Luft (Ballone, Luftschiffe). Der Auftrieb ist gleich der Gewichtskraft der vom Luftfahrzeug verdrängten Menge Luft, so daß es weder steigt noch sinkt.

Schwimmer: bootsähnliche Körper

Berijew KOR-1 mit zentralem Schwimmer und Stützschwimmer

bei → Wasserflugzeugen an der Stelle des Fahrwerks. Im Gegensatz zu → Flugbooten handelt es sich hier um S.*flugzeuge.* Neben Flugzeugen mit 2 S. gibt es solche mit einem zentralen S. und kleinen Stützschwimmern unter den Tragflügeln, um seitliches Kippen zu verhindern. Um das Abheben zu erleichtern, haben die S. eine oder mehrere → Stufen. Zum Fortbewegen von S.flugzeugen an Land dient ein unter die S. geschobener S.wagen

Schwimmermesser: → Vorratsmesser

Schwingenflugzeug: → Schlagflügelflugzeug

Schwingungsmeßanlage: → Triebwerksüberwachungsanlage

Schwitzkühlung: → Schaufelkühlung

Schwungkraftanlasser: → Anlassen

Scipio del Campo, *Michal:* poln. Luftfahrtpionier, Fluglehrer und Ing. für Thermodynamik, geb. 26. Jan. 1887, gest. 7. März 1984; unternahm 1906 seine erste Freiballonfahrt, besuchte eine Fliegerschule, flog vor allem mit Farman- und Latham-Mustern, eröffnete 1911 in Warschau eine Fliegerschule, «Aviata», nachdem er als erster polnischer Pilot am 13. Aug. 1911 einen Flug über der Stadt unternommen hatte. Propagierte den Fluggedanken, war Kunstflieger. Träger zahlreicher hoher polnischer und ausländischer Auszeichnungen.

Scramjet: engl. Bez. für → Staustrahltriebwerke mit Überschallverbrennung. → Ramjet

Seaboard World Airlines Inc., Abk. **SW:** frühere Gesellschaft für Luftfrachtverkehr der USA mit Sitz in New York, die ihren Betrieb 1947 aufnahm und planmäßige Luftfrachtdienste zwischen New York und Europa (Irland, Großbritannien, Niederlande, Belgien, Luxemburg, Norwegen, Schweden, Italien, Frankreich, Schweiz und BRD) seit April 1956 durchführte.

Search and Rescue: engl. für Suchen und Retten. Die Vertragsstaaten des Abkommens von Chicago (→ ICAO) sind verpflichtet, innerhalb ihres Territoriums einen Such- und Rettungsdienst aufzustellen und auszurüsten. I.d.R. sollen die Grenzen des Such- und Rettungsbereiches mit den Grenzen des entsprechenden Fluginformationsgebiets (→ FIR) zusammenfallen. Die ICAO erwartet, daß in den Staaten Rettungs-Koordinierungszentren aufgestellt werden und diese Zentren über entsprechende Such- und Rettungsmittel sowie Nachrichtenmittel verfügen. Im weiteren werden seitens der ICAO Angaben über die Aufstellung und Ausrüstung von Rettungseinheiten gemacht.

Search and rescue satellite-aided tracking: → COSPAS-SARSAT

Sechser-Pool: → Pool

Sechskomponentenwaage: → aerodynamische Waage, mit der 6 Komponenten gemessen werden können, meist 3 Kräfte- und 3 Momentenkomponenten. → Windkanal

Seefliegerkräfte: Fliegergattung der Luft- oder Seestreitkräfte, die bes. auf hoher See gegen Über- und Unterwasserschiffe und gegen Küstenobjekte operieren. Sie führen die Luftaufklärung durch und leiten eigene Kräfte an den Gegner heran. Mit Bordwaffen, Raketen und Bomben greifen sie Schiffe, Häfen und Küstenbefestigungen an, unterstützen die Landstreitkräfte im Küstengebiet, z. B. bei Landungsoperationen, legen Seeminensperren und decken die eigenen Seestreitkräfte.

Seenotausrüstung: Hilfsmittel zur Rettung von Passagieren und Besatzung für den Fall, daß ein Luftfahrzeug notwassern muß. Zur S. gehören Rettungsflöße, Schwimmwesten, Notsender, Notapotheke, Proviant, Entsalzungsmittel für Meerwasser, Haifischpulver, Farbbeutel, Angeln, Anleitungen zum Überleben usw.

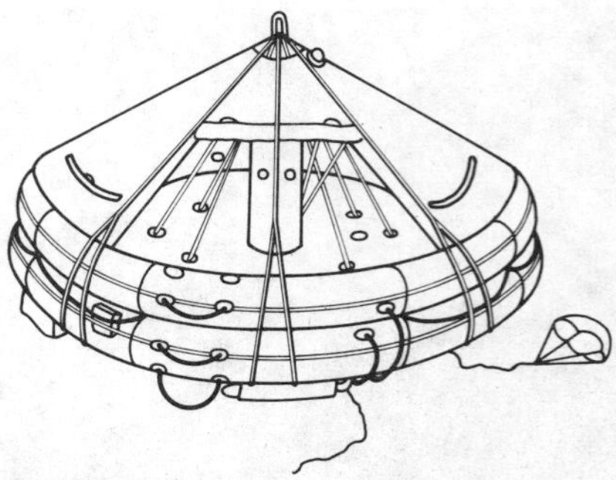

Rettungsfloß

Segelflug: Form des motorlosen Fliegens. Im Unterschied zum motorlosen Gleitflug, bei dem die Vorwärtsbewegung nur unter ständigem Höhenverlust möglich ist, nutzt man beim S. → Aufwinde zum Höhengewinn aus. Als

Schulgleiter SG-38

Lommatzsch 61 «Favorit», 1sitziges Leistungssegelflugzeug (DDR)

SZD 30 «Pirat», 1sitziges Leistungssegelflugzeug (Polen)

Hang-S. bezeichnet man ein Hin- und Herfliegen am Hang eines Bergs in dem nach oben abgelenkten Wind, als *Thermik-S.* das Fliegen unter Ausnutzung des Aufwinds (Thermik). Ein Aufwindfeld (Thermik in verschiedenen Strukturformen, z. B. *Thermikschlauch* oder *Thermikblase*) erkennt der Pilot daran, daß das →Variometer «Steigen» anzeigt. Um es auszunutzen, beginnt er zu kurven. Die erreichte Höhe setzt er in Strecke um. Der Segelflieger muß ständig neue Aufwindfelder suchen, wenn er nicht zur Landung gezwungen werden will. *Wellen-S.* ist in größeren Höhen im Aufwind auf der Leeseite langgestreckter Gebirgszüge möglich, wenn diese bei bestimmten Wetterlagen von der Luft mit starken Windgeschwindigkeiten quer überströmt werden. Bei *Fronten-* bzw. *Gewitter-S.* nutzt man den Aufwind vor Kaltfronten, Warmfronten oder Gewitterfronten aus (→Front). Flüge in Gewitterwolken mit ihrem starken Auftrieb bildeten früher die Grundlage für Höhenleistungen, heute aufgrund ihrer Gefährlichkeit nur noch selten. Für Höhenflüge werden vorwiegend die Wellenaufwinde (→Leewelle) ausgenutzt. Der Anfängerausbildung im S. dienten anfangs 1sitzige Gleitflugzeuge (Schulgleiter). Heute werden dazu Doppelsitzer verwendet, da sie bereits den eigentlichen S. ermöglichen. Hochleistungssegelflugzeuge mit sehr geringer Sinkgeschwindigkeit und sehr großer Gleitzahl ermöglichen hervorragende Flüge, teilweise den Kunstflug. Sie werden vor allem für Wettbewerbe genutzt. Segelflugzeuge werden in Holz-, Gemischt-, Ganzmetall- oder GFP-Bauweise (glas-

Schempp-Hirth «Cirrus», 1sitziges Leistungssegelflugzeug aus GFP (BRD)

L 13 «Blanik», 2sitziges Ganzmetall-Segelflugzeug (ČSFR)

faserverstärkte Polyester) gefertigt (→ Flugzeugbau). Sie haben einfache Knüppelsteuerung. Zur notwendigen Ausrüstung gehören Geschwindigkeitsmesser, Höhenmesser, Variometer, Kompaß und Wendeanzeiger. Modernere S. haben weitere Spezialgeräte. Der Start geschieht meist im → Flugzeugschlepp, oft auch im → Windenstart. Früher waren → Autoschlepp und → Gummiseilstart üblich. Alle 2 oder 3 Jahre werden von der → FAI S.-Weltmeisterschaften in der → Standardklasse und in der → offenen Klasse (mit je 1 Weltmeister) organisiert. Seit 1979 erfolgt die Ermittlung je 1 Weltmeisters in 3 Klassen: *Standard-, Standard-«Rennklasse»* und *offene Klasse* (Leistungssegelflug). Die nationalen Meisterschaften der Aeroklubs werden nach der Klasseneinteilung der FAI ausgetragen. Rekorde und Bestleistungen registriert und bestätigt die FAI. Die ersten Segelflug-Weltmeisterschaften fanden 1937 in Deutschland auf dem historischen Fluggelände der Wasserkuppe/Rhön statt.

Geschichtliches: 1891/96 Gleitflüge von *Otto → Lilienthal.* 22. Juli 1912 – Rekord des Gymnasiasten *Hans Guthermuth* mit einem Flug von 1 min 52 s Dauer und 840 m Länge auf der «Waku» (Wasserkuppe in der Rhön). 4. Sept. 1920 – *Wolfgang Klemperer* überbot diesen Rekord mit «Schwarzer Teufel» auf der Wasserkuppe mit einem Flug von 22 min 2 s Dauer und 1 830 m Länge. 1920 – Stundenflüge der Studenten *Arthur Martens* und *Friedrich Hentzen* auf «Vampyr» auf der Wasserkuppe. 30. Aug. 1921 – *Klemperer* flog Weltrekord auf «Blaue Maus» mit 13 min Dauer und 4,6 km Länge. Erster größerer Streckenflug in der Geschichte des S. in der zweiten Augusthälfte 1922 – erster Passagier-S. von *Anthony → Fokker* mit F. W. Seekatz auf der «Waku», Klemperer gelang mit «Schwarzer Teufel» zum ersten Mal ein Flug mit Startüberhöhung. 1925 – Teilnahme deutscher Segelflieger am Wettbewerb auf der Krim. 8. Aug. 1928 – Weltrekord mit 775 m Startüberhöhung durch *Edgar Dittmar* auf der «Waku». 1929 – Flüge unter Ausnutzung der Thermik und Wolkenflüge. 1934 – *Dittmar* erreichte 4 350 m Höhengewinn. 21. Nov. 1939 – Höhenrekord von *Erwin Ziller* mit 6 838 m Höhengewinn. 6. Juli 1939 – Rekordflug von *Olga Klepikowa* (UdSSR) über eine Entfernung von 749,203 km. März 1971 – die FAI stiftet ein «FAI-1 000-km-Diplom im Segelflug», das an Segelflieger verliehen wird, die während des jeweiligen vergangenen Jahres einen Streckenflug von 1 000 km oder darüber hinaus bewältigten. Seit 1975 vergibt die FAI das 1 000-km-Diplom sowie ein Abzeichen. Erster 1 000-km-Flug 31. Juli 1964 – *Alvin Parker,* USA; erste 1 000-km-Flüge in Europa (1 032 km Zielstreckenflug 1970) *Hans Werner Grosse,* BRD; 25. April 1972 1 460-km-Entfernungsflug *Hans Werner Grosse,* BRD; 1 000-km-Dreiecksflug 1975 *Hans Werner Grosse,* BRD. Bisher weitester Zielflug mit Rückkehr (1 616 km) *Karl Striedieck,* USA, 9. Mai 1977.

Segelstellung: Blatteinstellung der → Luftschraube für geringsten Widerstand in Flugrichtung; wird bei Triebwerksausfall eingestellt.

Sehne: → Profilgeometrie.

Seitenflosse: → Flosse des Seitenleitwerks. → Leitwerk

Seitengleitflug, *Slip:* gesteuerte Seitengleitbewegung eines Flugzeugs, wird im Segelflug und bei der Motorflugausbildung geübt. Der S. ermöglicht dem Flugzeugführer ein schnelleres Sinken, so daß das Flugzeug schneller an Höhe verliert als beim normalen Gleitflug. Der S. wird mit dem Seitenruder und entgegengesetztem Querruder-Ausschlag gesteuert, wobei sich durch das Schrägstellen des Flugzeugs zur Flugrichtung der Luftwiderstand stark vergrößert und die Sinkgeschwindigkeit erheblich ansteigt.

Seitengriffsteuer: auf der linken und rechten Seitenkonsole im Cockpit angebrachter Steuergriff, mit dem Quer- und Höhenruder des Flugzeugs betätigt werden. Das S. ersetzt die bisher übliche Steuersäule bzw. den Steuerknüppel. Statt einer mechanischen Kraftübertragung bei Steuersäule oder -knüppel werden beim S. elektrische Signale auf den → Flugregler gegeben und von diesem die Stellmotoren der Ruder betätigt. Das S. wurde erstmalig im Airbus A 320 serienmäßig eingesetzt. Seine Vorteile bestehen darin, daß an den kritischen Rändern des Flugleistungsbereiches (Überziehen, Machschütteln) durch den stets einbezogenen Flugregler eine erhöhte Sicherheit vorhanden ist. Darüber hinaus sorgt diese Anlage dafür, daß auch in schwierigen Flugsituationen die maximal mögliche Triebwerksleistung vorhanden ist, da die Vortriebsregelung Bestandteil der Anlage ist. Zusätzliche Vorteile ergeben sich, weil wegen der fehlenden Steuersäule die Instrumente besser sichtbar sind bzw. zusätzlich Kartentafeln vor den Piloten angebracht werden können. Für einen denkbaren vollständigen Ausfall der elektrischen Anlage ist in Flugzeugen mit S. noch eine mechanische Not-Steueranlage vorhanden. Durch das Vorhandensein einer ständigen Steuerung über den Flugregler entfällt bei diesen Flugzeugen die Notwendigkeit einer → Überzieh-Warnanlage. Für die Signalübertragung zwischen S. und den Rudern hat sich der Terminus fly by wire durchgesetzt.

Seitenleitwerk: → Leitwerk

Seitenruder: → Ruder zum Steuern des Flugzeugs um seine Hochachse. Wirkt das S. außerhalb der Längsachse, z. B. bei auf den Rumpf aufgesetztem Seitenleitwerk, entsteht zusätzlich eine Steuerwirkung um diese Achse, welche durch Querruderbetätigung ausgeglichen werden kann.

Seitenruderwirksamkeit: → Ruderwirksamkeit

Seitensichtradar: → Radar

Seitenstabilität: Stabilität des Luftfahrzeugs gegenüber Momenten um Hoch- und Längsachse, somit Summe von → Quer- und → Richtungsstabilität. Diese Zusammenfassung erfolgt, da in der Praxis aufgrund der wechselseitigen Beeinflussung in Form von → Roll-Giermoment, → Schiebe-Rollmoment, → Wende-Rollmoment u. a. beide Erscheinungen untrennbar miteinander verbunden sind. Mangelnde S. ist möglich in Form von Schwingungsinstabilität, bei großer Querstabilität und geringer bzw. fehlender Richtungsstabilität, wobei eine sich verstärkende Schwingung um Hoch- und Querachse gleichzeitig auftritt, oder in Form von Spiralinstabilität bei großer Richtungsstabilität und geringer oder fehlender Querstabilität, wobei das Luftfahrzeug in eine spiralähnliche abwärtsführende Flugbewegung gerät. → Stabilität

Seitensteuerbarkeit: → Steuerbarkeit

Seitensteuerung: Summe aus Quer- u. Richtungssteuerung. → Steuerung

Seitenverhältnis: Kehrwert der → Flügelstreckung. → Tragflügelgeometrie

Sekundärauftrieb: 1) → Duscheneffekt; zusätzlich zum dynamischen → Auftrieb infolge anderer physikalischer Ursachen entstehende Auftriebskomponenten. 2) → Kompressionsauftrieb

Sekundärluft: Teil der vom Verdichter geförderten Luft, die den Verbrennungsgasen der → Brennkammer zugemischt wird, damit die zulässige → Turbineneintrittstemperatur nicht überschritten wird.

SELCAL-System: Kurzbez. für **Sel**ective **Cal**ling System, Selektivrufsystem. Zusatzanlage zur Funksprechanlage eines Luftfahrzeugs, die sichert, daß nur dann die Besatzung den Funksprechverkehr hört, wenn ihr eigenes Luftfahrzeug über Funk gerufen wird. Mit der Überwachung des Flugfunksprechverkehrs wird ein erheblicher Teil der Aufmerksamkeit des Cockpitpersonals gebunden. Dadurch, daß auch der Sprechverkehr für andere Luftfahrzeuge mitgehört werden muß, entsteht eine große psychische Belastung. Diese Belastung wird durch SELCAL verringert. Die Anlage arbeitet mit 12 unterschiedlichen Tonfrequenzen, von denen jeweils 4 jedem Luftfahrzeug zugeordnet sind. Der Code ist den Bodenstellen bekannt, so daß jedem Funkspruch der entsprechende Code des angesprochenen Luftfahrzeugs zugeordnet werden kann. Der Bordempfänger gibt den Signalweg zu den Lautsprechern nur frei, wenn der Funkruf den richtigen Code enthält.

Senkrechtstarter: Flugzeug, das für Senkrechtstart geeignet ist. → VTOL

SEPECAT: Abk. für → **S**ociété **E**uropéenne de **P**roduction de l'Avion d'**E**cole de **C**ombat et d'**A**ppui **T**actique.

Serientrimmung: Art der Betätigung

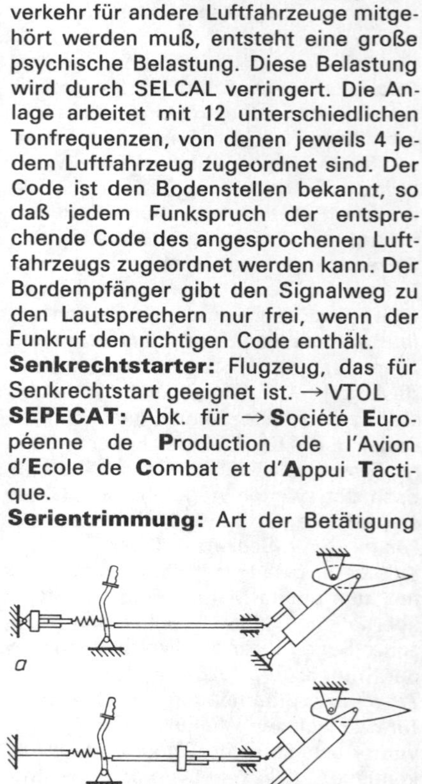

Arten von Trimmsystemen: a Paralleltrimmung, b Serientrimmung

von Trimmklappen, bei der der Steuerknüppel für alle Ausschläge der Trimmklappe in Mittelstellung bleibt. Der Vorteil besteht darin, daß der Steuerknüppel stets gleiche Stellung der Sitzposition des Luftfahrzeugführers hat, ihr Nachteil ist, daß falsches Arbeiten der Trimmung erst aus der Reaktion des Luftfahrzeugs bemerkt werden kann.

Service: → Kundendienst (unberechtigt einschränkend wird im Luftverkehr oft nur die → Fluggastbetreuung mit S. bezeichnet). → Beförderungsqualität

Servicos Aéros Cruzeiro do Sul, Abk. **Cruzeiro:** brasilian. Luftverkehrsunternehmen mit Sitz in Rio de Janeiro. Es wurde 1942 gegr. und ist die Nachfolgegesellschaft der bereits 1927 gegr. «Syndicato Condor Ltda». *Flugzeugpark:* Verkehrsdaten 1985: 2,34 Mill. beförderte Passagiere; 2,3 Mrd. Pkm; 22 700 t Luftfracht; 224 Mill. tkm Gesamtleistung. Hauptstrecken: Südamerika, Inlandflugverkehr. IATA-Mitglied.

Servomechanismus, *Stellantrieb:* zus.fass. Begriff für einen → Servomotor und dessen Hilfseinrichtungen (Getriebe, Hebel, Gestänge), die zum Betätigen der Steuereinrichtung (z. B. Ruder des Luftfahrzeugs) nötig sind. S. können sowohl elektrische als auch hydraulische oder pneumatische Bauelemente, je nach verwendeter Hilfsenergie, enthalten.

Servomotor: Stellmotor, der in Luftfahrzeugen eine – meist – elektrische Größe in eine mechanische umwandelt (z. B. Ruderstellung). Er wird in regelungstechnischen Anlagen vom Regler gesteuert. → Flugregler

Servoverstärker: Verstärker, der aus einem Eingangssignal, das häufig von → Gebern erhalten wird, die Steuerspannung für einen → Servomotor liefert. S. werden in großem Umfang im → Flugregler eingesetzt.

SETAC: Abk. für **Se**ktor-**TAC**AN. → TACAN

sferics: engl. für → atmosphärische Störungen.

SFT: Abk. für → **S**AAB-**f**riction-**t**ester.

SG: 1. Abk. für *Sondergerät,* eine Bez. für bes. Waffensysteme, meist Raketenwaffen der Luftwaffe im zweiten Weltkrieg. – **2.** *Segelflug* – Bez. für *Schul-Gleiter,* z. B. SG 38.

SGTA: Abk. für → **S**ociété **G**énérale des **T**ransports **A**ériens.

Shigarew, *Pawel Fjodorowitsch:* sowjetischer Hauptmarschall der Flieger, geb. 19. Nov. 1900, gest. 2. Okt. 1963. Im zweiten Weltkrieg Kommandierender der Luftstreitkräfte und Kommandierender der Luftstreitkräfte der Fernostfront. Nach 1945 Kommandierender einer Luftarmee, Kommandierender der Fernfliegerkräfte, Oberbefehlshaber der Luftstreitkräfte, Chef der Hauptverwaltung der Zivilen Luftflotte und zuletzt Chef der Militärakademie für Luftverteidigung.

«Shimmy»: nach einem früheren Modetanz genanntes → Bugradflattern.

Shin Meiwa (Nishinomiya): 1949 als Nachfolgerin des ehemaligen japanischen Flugzeugkonzerns → Kawanishi gegr. Zunächst Reparaturwerk, lieferte dann Teile für die P-2I und YS-11. Entwickelte im Zuge der japanischen Wiederaufrüstung das Langstrecken-Aufklärungsflugboot PX-S (Erstflug 17. Okt. 1967, im Serienbau als US-1 bezeichnet), beteiligt am Bau des Truppentransporters C-1 sowie des Strahltrainers T-2.

Shoran: Abk. für engl. **Sho**rt **Ra**nge **N**avigation, Kurzstreckennavigation. Älteres amerikanisches Kurzstrecken-Funkortungsverfahren. Die Bordstation fragte auf der Frequenz 220...260 MHz 2 Bodenstationen ab, die daraufhin Ortungsinformationen gaben.

Short Brothers Ltd.: britische Flugzeugfirma mit Sitz in Belfast. 1901 Bau von Ballonen. 1909 erstes britisches Flugzeugwerk (Short Brothers) in Leysdown zum Bau von Wright-Flugzeugen gegr. Spezialisierte sich nach dem ersten Weltkrieg auf Schwimmerflugzeuge und Flugboote für militärische und zivile Zwecke. Zu den bekanntesten Konstruktionen gehören: Typ 184 (1915), Short Bomber (1915), Torpedowasserflugzeug «Sunbeam Seaplane» (1916), die Flugboote «Cockle» (1923), S. 19 «Singapore I» (1926), C-Class Empire-Boat (1926/37) und S. 25 «Sunderland» (1938). Im Juni 1936 wurde zusammen mit der Schiffswerft Harland & Wolff die Firma Short & Harland in Belfast gegr., 1947 wurde der Firmenname S. B. and Harland Ltd. angenommen. Ab 1. Juni 1977 trägt die Firma den heutigen Namen. Das Unternehmen hat Werke in Queens Island, Castlereagh, Newtonnards. 1977 hatte es 6 400 Beschäftigte. Der größte Teil der Firma befindet sich

Flugboot Short C-Klasse (Empire Class – 1937) – das letzte Empire-Flugboot wurde 1948 nach Absolvierung von über 2 Mill. Meilen außer Dienst gestellt

in staatlichem Besitz. In der Produktion sind PTL-Flugzeuge «Skyvan», Shorts SD 3-30 und Lenkwaffen, die in zahlreiche Länder exportiert werden. Außerdem führt die Firma Unteraufträge für → Lockheed, → VFW/Fokker, → Boeing und → MBB aus. Fertigungsstätten in: USA, Nordirland, Großbritannien, Hongkong, Australien.

Short Range Navigation: → Shoran

Nikolai Shukowski

Shukowski, *Nikolai Jegorowitsch:* russ. Luftfahrtwissenschaftler, Mitbegründer der modernen Hydro- und Aeromechanik, von *Lenin* als «Vater der russischen Luftfahrt» bezeichnet, geb. 5. (17.) Jan. 1847 Orechowo (Oblast Wladimir), gest. 17. März 1921 Moskau. 1902 Bau eines der ersten Windkanäle sowie eines Geräts zur Prüfung von Luftschrauben. 1904 schuf er das erste aerodynamische Institut Europas bei Moskau. Im Dez. 1918 wurde durch Dekret der Sowjetregierung das → ZAGI geschaffen. Die Vorlage für die Regierung hatte S. ausgearbeitet, ihm wurde auch die Leitung des ZAGI übertragen. 1919 gehörte er zu den Gründern des Instituts, das zuerst den Namen «Flieger-Technikum» trug, und 1922 Akademie der Luftstreitkräfte wurde, die seinen Namen trägt. S. veröffentlichte zahlreiche wissenschaftliche Arbeiten auf dem Gebiet der Luftfahrt, der Aerodynamik, der Hydraulik, der Mechanik, der Mathematik und der Astronomie. Berühmt sind die von ihm errechneten Tragflügelprofile (*S.-Profile*, → Profil). 1920 stiftete die Sowjetregierung anläßlich der 50jährigen wissenschaftlichen Tätigkeit S. einen jährlich verliehenen *S.-Preis* für die besten Arbeiten auf den Gebieten der Mathematik und Mechanik; zum 100. Geburtstag, 1947, 2 *S.-Medaillen* für die besten Arbeiten auf dem Gebiet der Luftfahrt. Außerdem werden jährlich 2 Prämien und Stipendien an Moskauer Luftfahrt-Studenten verliehen. Zur Erinnerung an S. Leben und seine Leistungen wurde in Moskau ein S.-Museum errichtet.

Shukowski-Diagramm: svw. → Schubkraftdiagramm.

Shukowski-Profile: von N. J. → *Shukowski* auf der Grundlage der Wirbeltheorie errechnete Profilformen. → Wirbeltheorie, → Profil

SIAT: Abk. für **Si**ebel-Werke **AT**G GmbH. → Siebel

sichere Lasten: diejenigen max. Belastungen, die während der Lebensdauer eines Flugzeugs mit einer max. Häufigkeit auftreten und im Normalfall nicht überschritten werden. Die → Bruchlasten und die Lasten, bei denen erste bleibende Verformungen (als Grenzwert gilt eine Formänderung um 0,2 % gegenüber dem Ausgangszustand) an Bauelementen und Baugruppen eintreten, sind um die Sicherheitsfaktoren j_{Br} und $j_{0,2}$ größer als die s. L. und bestimmen die erforderlichen Abmessungen der Bauteile. $F_{Br} = j_{Br} \cdot F_{Si}$; $F_{0,2} = j_{0,2} \cdot F_{Si}$

Sicherheit des Transports: Ausdruck der Zuverlässigkeit der Transportmittel, -anlagen und -einrichtungen in bezug auf die Vermeidung von Störungen des Betriebs von Transportmitteln sowie des Transportprozesses, insbesondere im Hinblick auf den Schutz von zu befördernden Personen und Gütern sowie von Dritten und deren Sachen sowie den Schutz der im Transportwesen Beschäftigten (→ Warschauer Abkommen). Die S. wird unterteilt in Verkehrssicherheit und Betriebssicherheit.

Sicherheit, relative: relative Verkehrssicherheit: dreiteilige Kennziffer (Unfallrate) im Luftverkehr, die ausdrückt, wie viele Fluggäste im betroffe-

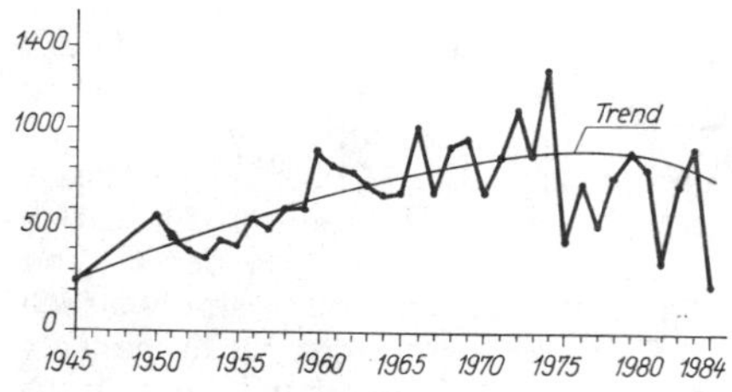

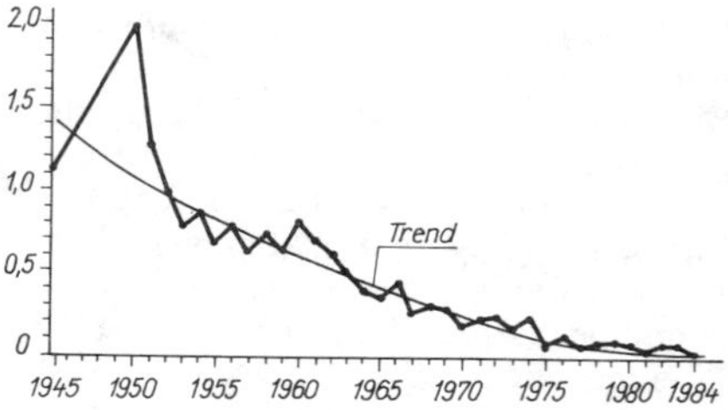

Entwicklung der Anzahl der tödlich verunglückten Fluggäste nach Tabelle 2, Spalte 3 (Angaben 1946 bis 1949 geschätzt) Entwicklung der Unfallrate nach Tabelle 2, Spalte 4 (Angaben 1946 bis 1949 geschätzt)

Entwicklung des Unfallgeschehens im planmäßigen Linienflugverkehr der ICAO-Mitgliedsländer 1945 und von 1945 bis 1984; ab 1973 incl. UdSSR

Jahr	Anzahl der Flugzeugunfälle mit Todesfolge	Anzahl der tödlich verunglückten Fluggäste	Unfallrate (Sp. 3 pro 100 Mill. Pass.-km)
1	2	3	4
1945	20	247	1,11
1950	27	551	1,97
1951	20	443	1,27
1952	21	386	0,97
1953	28	356	0,77
1954	28	443	0,85
1955	26	407	0,67
1956	27	552	0,78
1957	31	507	0,62
1958	30	609	0,72
1959	28	613	0,63
1960	34	873	0,80
1961	25	805	0,69
1962	29	778	0,60
1963	31	715	0,49
1964	26	668	0,39
1965	25	684	0,34
1966	31	1001	0,44
1967	30	678	0,25
1968	35	912	0,29
1969	32	946	0,27
1970	28	687	0,18
1971	31	859	0,21
1972	42	1089	0,26
1973	36	862	0,17
1974	29	1299	0,24
1975	20	443	0,08
1976	20	734	0,12
1977	24	516	0,07
1978	25	765	0,09
1979	31	878	0,10
1980	21	812	0,09
1981	18	350	0,04
1982	23	732	0,08
1983	20	802	0,08
1984	16	223	0,02
1985	22	1066	0,09
1986	17	331	0,03
1987	24	890	0,06
1988	25	709	0,05

nen Jahr a) pro 100 Mill. Personenkilometer (Pkm), b) pro 100 Mill. Flugkilometer oder/und c) pro 100000 Flugstunden tödlich verunglückten, mit der folgenden Tabelle sowie mit den Grafiken wird die entsprechende Entwicklung 1945 bis 1985, bezogen auf a) absolut, relativ und tendenziell dargestellt. Bemerkenswert ist, daß im Rahmen des planmäßigen Linienflugverkehrs des Jahres 1984 absolut weniger Fluggäste tödlich verunglückten als im Jahr 1945.

Sicherheitsabstand: *Agrarflugeinsatz* – Abstand, der beim Ausbringen flüssiger Chemikalien in der Nähe von Gewässern einzuhalten ist, wenn der Wind in ihre Richtung weht; bei Trinkwasserschutzzonen 200...250 m, bei Fischgewässern 300...400 m.

Sicherheitshöhe: 1. *Agrarflugeinsatz* – Höhenabstand von mind. 10 m (Flugz.) bzw. 5 m (Hubschr.), wenn während des Einsatzes (aviochemische Bearbeitung von land- und forstwirtschaftlichen Nutzflächen) Hindernisse überflogen werden müssen (Bäume, Telefonleitungen, elektrische Freileitungen u. a.). Bei Hochspannungsleitungen (>110 kV) mind. 20 m. – **2.** → Start; → Landung

Sicherheitsstreifen: *Agrarflug* – an beide Seiten der → Start- und Landebahn anschließender absolut hindernisfreier Streifen von jeweils 10 m Breite.

Sicherstellung der Flüge: Gesamtumfang der organisatorischen, technischen, medizinischen und sonstigen Maßnahmen zur Sicherung des ordnungsgemäßen Ablaufs von zivilen und militärischen Flügen. Im sicherstellenden Bereich arbeitet z. T. mehr als das Hundertfache an Personal als im unmittelbar fliegerischen Bereich. Die S. wird durch verschiedene Dienste und andere Organisationsstrukturen mit konkret abgesteckten Aufgaben gewährleistet, z. B. durch den meteorologischen Dienst, den medizinischen Dienst, den

Fliegeringenieurdienst, den Flugsicherungsdienst u. a. m.

Sicherungsautomat: Gerät zum selbständigen Öffnen elektrischer Stromkreise zum Schutz vor Überlastung und Kurzschluß. Die große Zahl elektrischer Verbraucher in einem modernen Verkehrsflugzeug wird ausschließlich über S. eingeschaltet. Sie enthalten Bimetallstreifen für den thermischen Schutz und einen Schaltmagneten für die Auslösung bei Kurzschluß.

Sicht: durch atmosphärische Verhältnisse bedingtes Vermögen, am Tage unbeleuchtete und bei Nacht beleuchtete auffällige Gegenstände zu sehen und zu erkennen. Die S. wird quantitativ durch die *Sichtweite* charakterisiert. Die *horizontale Sichtweite* ist die größte Entfernung, in der ein Beobachter ein Objekt sehen und identifizieren kann, das sich in der gleichen horizontalen Ebene wie er selbst befindet. Die horizontale Sichtweite wird auch als *meteorologische S.* bezeichnet. Die *Vertikalsicht* ist das Vermögen, einen Gegenstand, der sich senkrecht über oder unter einem Beobachter befindet, sehen und erkennen zu können. Bei Nebel wird, falls der Himmel nicht erkennbar ist, die Vertikalsicht statt der Wolkenuntergrenze angegeben. Die *Schrägsicht* ist das Vermögen, einen Gegenstand, der sich weder in der gleichen Höhe noch senkrecht über oder unter einem Beobachter befindet, sehen und erkennen zu können. Die Schrägsicht spielt beim Landeanflug eine wichtige Rolle. Sie ist vom Boden aus schwierig zu bestimmen. Daher wird in den Flugplatzwettermeldungen (→ Flugwetterdienst) die horizontale Sichtweite angegeben. Bei ungünstigen Sichtbedingungen (i. allg. unter 1 500 m) wird zusätzlich zur horizontalen Sichtweite die Sichtbarkeit der Landebahnbefeuerung (→ *Landebahnsichtweite*) gemeldet.

Sichtfelddarstellungsgerät: → Blickfelddarstellungsgerät

Sichtflugregeln, engl. *Visual Flight Rules*, Abk. **VFR:** Regeln für Flüge, bei denen unter staatlich festgelegten Bedingungen bei Sichtverhältnissen geflogen werden kann. S. legen fest; 1) die Flugsicht (am Boden); 2) den waagerechten Abstand zu den Wolken; 3) den senkrechten Abstand zu den Wolken und 4) den Wolkenbedeckungsgrad. S. sind Mindestanforderungen. Sie sind festgelegt für: 1) kontrollierte Lufträume oberhalb 300 m über Grund oder Wasser und in oder unterhalb 300 m; 2) unkontrollierte Lufträume in oder unterhalb 300 m über Grund oder Wasser; 3) für Start und Landung auf einem Flugplatz. Bei Flügen nach den S. sind die Luftfahrzeugführer verantwortlich für das Einhalten der Sicherheitsabstände und Zwischenräume zu anderen Luftfahrzeugen bzw. Hindernissen.

Sichtflugzeit: Symbol t_{FS}: Teil der → Flugzeit (t_F), während der das Luftfahrzeug nur nach Sichtflugregeln geflogen wird.

Sichtzeichen: 1) Zeichen, die am Boden auf dem Flugplatz oder an Bodenanlagen befestigt werden. → Landerichtungsanzeiger, → Signaltücher, 2) aus Tüchern am Flugweg ausgelegte Zeichen beim → Navigationsflug, die von den Wettkämpfern erkannt und nach Form und genauer Lage in die Karte einzuzeichnen sind. Es dürfen nur solche Zeichen ausgelegt werden, die mit den unter 1) aufgeführten S. nicht verwechselt werden können.

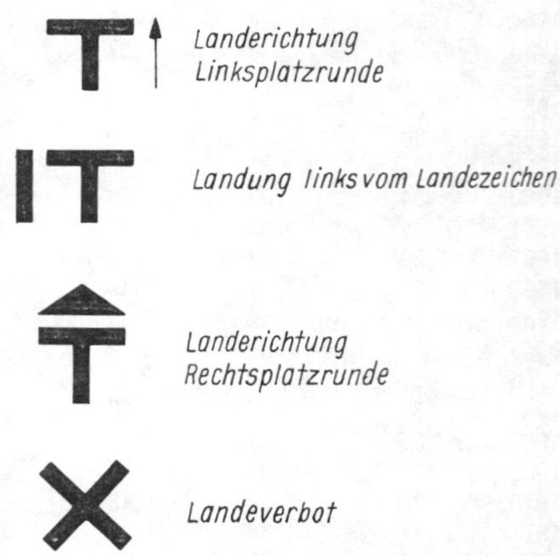

Segelflug: gelb, orange; Motorflug: weiß, bei Schnee schwarz, rot

Side Looking Airborne Radar, Abk. **SLAR:** Seitensichtradar. → Radar

Side-stick: → Seitengriffsteuer

Siebel, *Friedrich Wilhelm:* Flugzeugführer und Industrieller, geb. 2. März 1891, im ersten Weltkrieg Pilot, danach Verkehrsflieger. Direktor der nach ihm benannten, 1934 in Halle gegr. Flugzeugwerke. Lizenzbau der Fw 44, He 46 und Do 17. Dann unter Leitung des Chefkonstrukteurs *Fechner* Entwicklung von Reiseflugzeug Fh 104, Sportflugzeug Si 202 «Hummel» und 1941 Si 204A aus Fh 104 (nach 1945 in der ČSFR Si 204 D als C 3 A und C 3 B in größerer Zahl bei → Aero gebaut). 1952 Bildung der S.-Werke ATG G.m.b.H. (SIAT), München, aus den S.-Flugzeugwerken und der Allgemeinen Transportanlagen Gesellschaft (ATG) Leipzig (hervorgegangen aus → DFW). 1955 Aufnahme des Flugzeugbaus: Seiten- und Höhenleitwerke sowie Außenflügel für «Noratlas», Heck der F-104 G, SIAT 222 als Weiterentwicklung der Si 202. Später Übernahme der Firma durch → MBB.

SIGMET-Information (von **sig**nifikante **met**eorologische Erscheinungen): von einer Flugwetter-Überwachungsstelle herausgegebene Information über das Auftreten bzw. erwartete Auftreten bestimmter Wettererscheinungen auf der Flugstrecke, die die Sicherheit der Flugdurchführung beeinflussen können. → Flugwetterdienst

Signale bei Luftraumverletzungen: → Verletzung des Luftraums

Signalisation: Begriff aus dem → Agrarflug (→ Agrarflugverfahren). Eine Besonderheit des Agrarflugzeugeinsatzes besteht darin, daß auf den aviochemisch zu bearbeitenden Flächen eine Anzeige der Flugrichtung und der Arbeitsbreite erforderlich ist. Bei der beweglichen S., angewendet bei der → Arbeitsart Düngung, werden weiße Tafeln oder Tücher (100 cm × 100 cm) nach jedem Durchflug durch einen Signalisten um die festgelegte Arbeitsbreite weitergerückt. Bei Pflanzenschutzarbeiten wird dagegen die feste S. angewendet, die mittels 30 cm × 30 cm großer Tafeln oder Fähnchen (abwechselnd zweimal weiß, einmal rot-weiß) erfolgt. Beim Forsteinsatz erfolgt die S., abhängig von der Bestandshöhe, durch Tafeln oder Ballone.

Signaltücher: auf dem Boden ausgelegte Tücher in unterschiedlicher Farbe und Größe, mit denen Besatzungen von Luftfahrzeugen Nachrichten übermittelt werden können (→ Landekreuz). Bei Flugsport-Wettbewerben werden S. als Wendemarke ausgelegt, die von den Besatzungen ausgemacht werden müssen. Im weiteren werden S. auch von Verunglückten zur Information der Besatzungen von Such- und Rettungsflugzeugen benutzt. Dazu ist international ein Code vereinbart.

Sikorsky, *Igor Iwanowitsch:* Flugzeugbauer, geb. 25. Mai 1889 Kiew, gest. 26. Okt. 1972 Easton/USA. S. baute 1913 in Rußland das erste 4motorige Flugzeug «Le Grand» (27 m Spannweite, 4 × 75 kW, 80 km/h, 5 Fluggäste), ferner dessen Weiterentwicklung «Ilja Muromez» (30 m Spannweite, 5,2 t Abflugmasse), den Typ «Russki Witjas» und zahlreiche andere Groß- und Jagdflugzeuge. Nach der Oktoberrevolution verließ er seine Heimat und gründete 1923 in den USA das Flugzeugwerk S. Aero Engineering Corp., heute S. Aircraft, Teil des Konzerns → United Technologies Corp. Dort schuf er mehrere sehr bekannte 4motorige Flugboote. Ab 1937 entwickelte S. zahlreiche leistungsfähige zivile und militärische Hubschrauber-Konstruktionen: VS-300, R-4, S-51, 55, 56, 58, 60, 61, 62 (fliegender Kran), 64, 65 und HSS-2 (mit TL).

Igor Sikorsky

4motorige «Ilja Muromez» von Sikorsky

Segelflugleistungsabzeichen Silber C

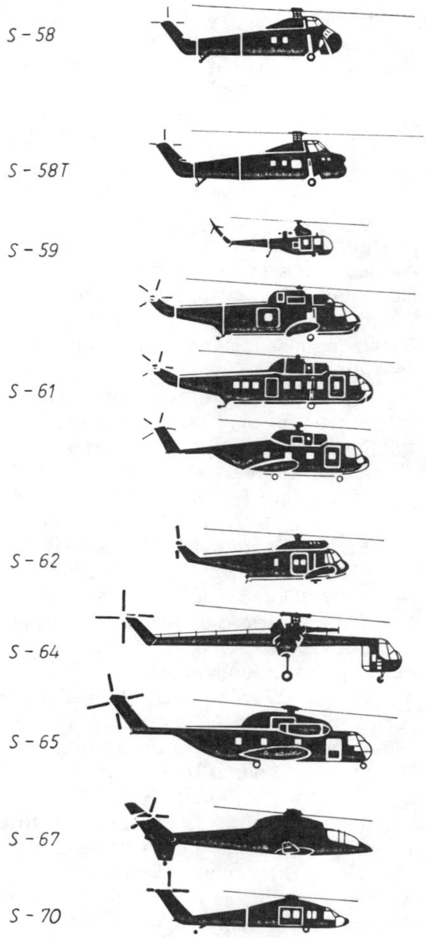

Entwicklungsreihe von Sikorsky-Hubschraubern

Silber C: Segelflug-Leistungsabzeichen, zeigt auf blauem Grund 3 weiße Möwen, von einem Silberkranz umgeben. Das Abzeichen wird auf der Grundlage von Bestimmungen der → FAI durch die Flugsport-Organisation für folgende Leistungen verliehen: 1) Flug von 5 h Dauer; 2) Flug von mindestens 50 km Länge in gerader Linie oder Dreieck, wobei der kürzeste Schenkel mindestens 28 % der Gesamtstrecke betragen muß. Die Wendepunkte müssen vor dem Flug festgelegt werden. 3) Startüberhöhung von mindestens 1 000 m. Jeweils 2 Bedingungen können bei einem Flug erfüllt werden.

Silikagel: Feuchtigkeit aufnehmendes Mineral, das in der Luftfahrzeug-Ausrüstung zur Lufttrocknung innerhalb von Geräten und Anlagen benutzt wird.

Simon-System: um 1930 in den USA vorgeschlagenes Instrumenten-Anflug-System, das auf einem speziellen Zielflugpeiler beruhte, dessen Rahmenantennen um die horizontale und vertikale Achse drehbar waren und der das Verhältnis der beiden Antennenspannungen angab. Als Bodenantenne diente eine unterirdisch aufgebaute Rahmenantenne. So war eine Kurs- und Gleitwinkelführung mit nur einem Bodensender und einer Bordanlage möglich. War der Peilwinkel in der vertikalen Ebene gleich dem Gleitwinkel, so konnte mit dem Landeanflug begonnen werden. Die Entfernung zum Aufsetzpunkt wurde durch Einflugzeichen kenntlich gemacht.

Simplified Aircraft Instrument Landing System: → SAILS

Simulator: naturgetreu nachgebilde-

Sikorsky S-76

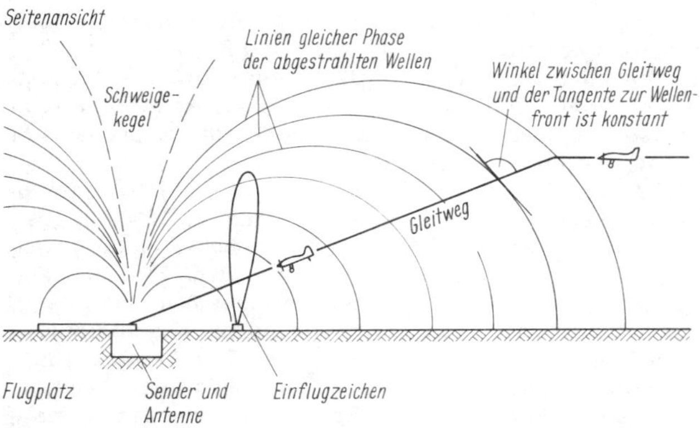

Prinzipskizze des Simon-Systems

tes, mit allen Bedienelementen und Geräten ausgerüstetes Cockpit von Luftfahrzeugen zur Schulung der Besatzung bzw. anderen Personals und zur Forschung. Mit S. lassen sich Flug- und Gefahrenzustände des betreffenden Luftfahrzeugs (z. B. Brand, Triebwerksausfall, Vereisung, Ausfall der Fahrwerkmechanik, Überziehen) wirklichkeitsgetreu nachahmen («simulieren») und alle dabei erforderlichen Tätigkeiten und Maßnahmen der Besatzung (auch hinsichtlich Navigation, Instrumentenfluglandungen) üben. Um eine realistische Atmosphäre zu erzielen, werden Filme (z. B. von Start und Landung) oder Fernsehbilder vorgeführt und Geräusche (z. B. Triebwerkslärm) nachgeahmt. Neuere Anlagen besitzen computergesteuerte Darstellungen der Ausblicke aus dem Simulatorcockpit. Die Umschulung auf ein neues Luftfahrzeugmuster wird mit Hilfe des S. billiger und gefahrloser und geht schneller vor sich, weil die Anzahl der erforderlichen Übungsflüge erheblich vermindert wird und das Training mit dem S. unabhängig von der Wetterlage ist. Die Übungsflüge vollständig ersetzen kann ein S. jedoch nicht. Ein einfacher Flugsimulator ist der nach seinem Erfinder benannte Linktrainer.

Singapore Airlines Limited, Abk. **SIA:** Luftverkehrsgesellschaft, die am 1. Okt. 1972 durch Umbenennung der Malaysia Singapore Airlines (MSA) entstand. *Flugzeugpark* (1988): 8 Airbus A310, 21 Boeing 747, 4 Boeing 757. Verkehrsdaten 1987: 5,62 Mill. beförderte Passagiere; 25,76 Mrd. Pkm; 1,28 Mrd. Fracht-km; 3,77 Mrd. tkm Gesamtleistung. Hauptstrecken: Europa, Australien, Ferner Osten.

Sinkflug: → Bahnneigungsflug

Sinkgeschwindigkeit: vertikale Komponente der Bahngeschwindigkeit beim Sinkflug; gemessen mit dem → Variometer.

Sinkpolare, *Gleitpolare:* Darstellung der min. möglichen Sinkgeschwindigkeit eines Flugzeugs bei konstanter Bahngeschwindigkeit in Abhängigkeit vom Gleitwinkel, wobei der Schub gleich Null ist; verwendet vor allem für Segelflugzeuge. → Steigpolare

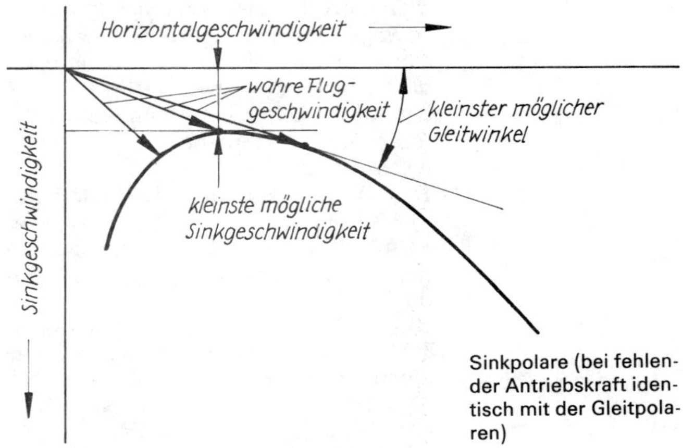

Sinkpolare (bei fehlender Antriebskraft identisch mit der Gleitpolaren)

Sinkzeit, Symbol t_{FU}: Teil der → Flugzeit (t_F), zählend vom Zeitpunkt des Verlassens der bisherigen Höhe bis zum Übergang in den Horizontalflug auf einer niedrigeren Höhe bzw. bis zum Aufsetzen.

SITA: Abk. für → **S**ociété **I**nternationale de **T**élécommunications **A**éronautiques.

SITA-Netz: weltweit verzweigtes Datenübertragungsnetz, das der internationalen Zivilluftfahrt für die Übermittlung kommerzieller Meldungen zur Verfügung steht. SITA-Anschlüsse können durch die SITA oder durch eine Luftverkehrsgesellschaft eingerichtet werden, wenn die Luftverkehrsgesellschaft durch die SITA die Berechtigung erhalten hat, in diesem Netz Daten zu übermitteln. Der Fernschreibverkehr im SITA-Netz ist an ein festes Nachrichtenformat gebunden.

Sitzladefaktor, *Fluggastauslastungsgrad:* Grad der Auslastung von Verkehrsflugzeugen mit Fluggästen. Quotient aus der Anzahl der durch Fluggäste belegten Plätze («verkaufte Sitzplätze») eines Flugzeugs und der Anzahl der im Flugzeug vorhandenen Sitzplätze. Der S. wird je Flug, je Verkehrsrelation und Zeiteinheit sowie als Durchschnittswert für einen Verkehrsflugzeugtyp und die Verkehrsflugzeuge eines Luftverkehrsunternehmens insgesamt ermittelt. Der S. ist eine Kenngröße der Grundfondsauslastung im Luftverkehr.

SK: Abk. für → **S**tart**k**ontrolle. – Typenbez. der schwedischen Luftstreitkräfte für Schul- und Übungsflugzeuge.

Skelettlinie: → Profilgeometrie

SKP: Abk. für **S**tart-**K**ommando-**P**unkt. Bewegliche oder unbewegliche Bodenstelle für die Leitung des Flugbetriebs durch den → Flugleiter. Der SKP ist mit den für die Leitung des Flugbetriebs erforderlichen Nachrichten- und funktechnischen Mitteln ausgerüstet.

Sky Wave Synchronized-LORAN: → SS-LORAN

SLAR: Abk. für engl. **S**ide **L**ooking **A**irborne **R**adar, Seitensichtradar. → Radar

SLB: Abk. für **S**tart- und **L**ande**b**ahn. Zahlenangaben dahinter geben die Richtung in der 360°-Einteilung an (0° bzw. 360° = Nord, 90° = Ost, 180° = Süd, 270° = West). So bedeutet z. B. SLB 13/31 Start- und Landebahn in Richtung 130° nach 310° oder SLB 07/25 von 70° nach 250°.

Slip: → Seitengleitflug

SLOVAIR: Luftfahrtunternehmen der ČSFR mit Sitz in Bratislava, Nachfolgeunternehmen von Agrolet der ČSA. Zum Aufgabenbereich gehören Bedarfsluftverkehr für Personen, Fracht und Post, aviochemische Tätigkeit in der Land- und Forstwirtschaft (mit Z-37, Z-37T, An-2 und PZL M-18), Flugeinsätze für Bauwesen, Sanitätsdienst, Kartographie, geologische Erkundung und dergleichen, sowie die Reparatur von Flugzeugen. Die S. führt auch einen Inlandluftverkehr mit PTL-Verkehrsflugzeugen sowie Kranflüge mit Hubschaubern durch (Mi-2, Mi-8).

Smith, *Joseph C. B. E.:* brit. Flugzeugkonstrukteur, geb. 1898, gest. 20. Febr. 1956. Zunächst Flugzeugkonstrukteur bei der Austin-Motor-Comp., ab 1921 bei → Vickers-Armstrong tätig, zuletzt Chefkonstrukteur der Supermarine Works. Unter *R. J. Mitchell* Mitarbeit an der Konstruktion des Jagdflugzeugs «Spitfire» (bekanntester britischer Jäger im zweiten Weltkrieg), nach *Mitchells* Tod 1937 Chefkonstruktuer. S. übernahm die weitere Leitung der «Spitfire»-Entwicklung (bis 1944 40 Versionen). Konstruierte nach 1945 die «Spiteful», die «Attacker» (erster britischer TL-Marinejäger) und die «Swift». 1948 Abteilungs-Direktor bei Vickers. S. war Vorsitzender der Gesellschaft britischer Flugzeugkonstrukteure (1948/51). 1950 Silberne Nadel der Royal Aeronautical Society.

S.N.C.A.N.: Abk. für **S**ociété **N**ationale de **C**onstructions **A**éronautiques du **N**ord, Nationales Flugzeugwerk Nord (Frankreich). → Nord-Aviation

S.N.C.A.S.E.: Abk. für **S**ociété **N**ationale de **C**onstructions **A**éronautiques du **S**ud-**E**st, Nationales Flugzeugwerk Südost (Frankreich). → Sud-Aviation

S.N.C.A.S.O.: Abk. für **S**ociété **N**ationale de **C**onstructions **A**éronautiques du **S**ud-**O**uest, Nationales Flugzeugwerk Südwest (Frankreich). → Sud-Aviation

S.N.E.C.M.A.: Abk. für **S**ociété **N**ationale d'**E**tude et de **C**onstuction de **Mo**teurs d'**A**viation, Nationales Forschungs- und Konstruktionsbüro für Flugmotoren (Frankreich). Sitz in Paris, Werke in Paris (TL), Billancourt (Überholung, Wartung, Ersatzteile für TL), Gennevilliers (Schmiede und Gießerei), Suresnes (Forschungsabteilung, Atomenergie, Elektronik, Prototypenbau), Blanquefort (Raumfahrt, Raketen, Lenkwaffen). Melun-Villaroche (Erprobungszentrum). S.N.E.C.M.A. wurde am 29. Aug. 1945 gegr. durch den Zusammenschluß der Société Anonyme des Moteurs Gnôme et Rhône, Société des Moteurs Renault pour l'Aviation, Société Nationale de Construction de Moteurs (Lorraine) und der Groupe d'Etude des Moteurs à Huile Lourde (GEHL). Zu den Haupterzeugnissen gehören die TL-Reihen «Atar», M 53 und «Larzac» (für Reiseflugzeuge), außerdem einige Lizenzmuster.

SNIAS: Abk. für → **S**ociété **N**ationale **I**ndustrielle **A**érospatiale.

SNOWTAM, *Schnee-NOTAM:* bes. → NOTAM-Serie, die unter Verwendung eines hierfür vorgesehenen Vordrucks Auskunft gibt über das Vorhandensein oder die Entfernung gefährlicher Zustände, verursacht durch Schnee, Eis, Matsch oder stehenes Wasser in Verbindung mit Schnee, Matsch und Eis auf der Flugbetriebsfläche.

SOCATA: Abk. für → **S**ociété de **C**onstruction d'**A**vions de **T**ourisme et d'**A**ffaires.

Société Anonyme Belge d'Exploitation de la Navigation Aérienne, Abk. **SABENA,** 2-Letter-Code **SN:** belgische Luftverkehrsgesellschaft (Sitz in Brüssel), gegr. 1923 als Nachfolgegesellschaft der «SNETA» (**S**yndikat **N**ational pour l'**E**tude du **T**ransport **A**érien). *Flugzeugpark* (1988): 1 Airbus A310, 14 Boeing 737; 1 Boeing 747, 6 DC-10; gemietet sind 2 A310, 4 Boeing 737 und 2 Boeing 747. Verkehrsdaten 1987: 2,36 Mill. beförderte Passagiere (intern. Flugverkehr); 5,98 Mrd. Pkm; 553 Mill. Fracht-tkm; 1,11 Mrd. tkm Gesamtleistung. Intern. Flugstreckennetz von 220 000 km. Hauptstrecken: Europa, Nord- und Mittelamerika, Afrika, Asien). IATA-Mitglied.

Société de Construction d'Avions de Tourisme et d'Affaires, Abk. **SOCATA:** 1966 gegr. Tochtergesellschaft der französischen Firma → Sud-Aviation für Bau und Vertrieb von Schul-, Sport- und Reiseflugzeugen. Sie ist die Nachfolgerin der Gérance des Etablissements Morane-Saulnier. Es wurden hergestellt: «Rallye» 100, 125, 150, 180, 220, 235 und SOCATA TB 10.

Société de Ateliers d'Aviation Louis Bréguet: → Bréguet

Société Européenne de Production de l'Avion d'Ecole de Combat et d'Appui Tactique, Abk. **SEPECAT:** engl.-franz. Gesellschaft, die von → Bréguet Aviation, Paris und → BAC, London 1965 gegr. wurde und ihren Sitz in Paris hat. Zweck der Gesellschaft waren Entwurf und Herstellung des Erdkampf- und Übungsflugzeugs «Jaguar».

Société Générale des Transports Aériens, Abk. **SGTA:** franz. Luftfahrtgesellschaft, die 1921 aus den → Lignes Aériennes Farman entstand und 1933 in die → Air France einging.

Société Internationale de Télécommunications Aéronautiques, Abk. **SITA:** internat. Vereinigung für Nachrichtenverbindungen der Zivilluftfahrt (engl. International Airline Telecommunication Association), internationale Körperschaft für Einrichtung und Betrieb nationaler und internationaler Nachrichtenverbindungen für die Mitglieder, gegr. 23. Febr. 1949. Eingetragener Sitz in Brüssel, Verwaltungssitz in Paris, Mitglieder sind fast alle Luftverkehrsgesellschaften.

Société Nationale Industrielle Aérospatiale, Abk. **SNIAS:** am 1. Jan. 1970 gegr. französisches Luft- und Raumfahrtunternehmen, das durch den Zusammenschluß von Sud-Aviation und Nord-Aviaton sowie der SEREB entstand. Einziges staatliches französisches Herstellerwerk für Flugzeuge, Hubschrauber, Lenkwaffen und Raketen. Beteiligt am Bau der «Concorde». Fertigte Verkehrsflugzeuge «Frégate», «Mohawk 298» und «Corvette», Hubschrauber SA 315B «Lama», SA 319B «Alouette III», SA 321 «Super Frélon»; mit → Westland Bau von SA 330 «Puma», SA 331 «Super Puma» und SA 341/342 «Gazelle», SA 360 «Dauphin». Firmiert vor allem unter der Kurzbezeichnung Aerospatiale. Bau der → Airbus-Reihe, des Schulflugzeugs «Epsilon», des Transporters «Transall» sowie mehrerer Hubschrauberreihen und Passagierflugzeugserien.

Society of British Aerospace Companies, Abk. **S.B.A.C.:** Gesellschaft der britischen Luft- und Raumfahrtindustrie mit Sitz in London, offizielle Vertretung der britischen Luftfahrtindustrie. International anerkannt sind die *S.B.A.C.-Kennziffern* zur Ermittlung von Flugzeugleistungen.

Sofia; Flughafen *International;* City-Code **SOF:** bedeutendster internationaler Flughafen Bulgariens 42°42′24″ n. Br., 23°25′ ö. L., Höhe 531 m. 10 km nordöstlich von Sofia entfernt gelegen. 1 Start- und Landebahn mit 2 800 m × 60 m und eine Grasbahn mit 1 800 m × 100 m für Kleinflugzeuge. Moderne Funk- und Navigationsausrüstungen.

Sogpumpe: früher in Flugzeugen benutzte, vom Triebwerk angetriebene

Luftpumpe, die einen Unterdruck zur Versorgung pneumatisch angetriebener Anlagen (z. B. Horizont und Wendekreisel) lieferte.

SOKO: jugoslawisches Flugzeugwerk in Mostar, seit 1951 beschäftigt mit der Entwicklung von militärischen Strahl- (Trainer «Galeb», Jagdbomber «Jastreb») und Leichtflugzeugen (P-2 «Kraguj»).

Solarflugzeug: Flugzeug, das als Antriebsquelle einen Elektromotor besitzt, der seine Energie aus Solarzellen, die auf den Oberflächen von Tragflügel und Höhenflosse angeordnet sind, bezieht. Für kurzzeitigen Ausfall der Sonneneinstrahlung – z. B. durch Wolkenschatten – und zur Startunterstützung ist häufig ein kleiner Pufferakku (etwa 12 V/4 Ah) vorhanden. S. werden häufig von Studentengruppen technischer Hochschulen mit modernsten Werkstoffen in extremer Leichtbauweise hergestellt. Die Betriebsbedingungen verbessern sich mit zunehmender Flughöhe, da die Intensität der Sonneneinstrahlung größer wird und Elektromotoren im Gegensatz zu Verbrennungsmotoren mit zunehmender Flughöhe keinen Leistungsverlust aufweisen. Die Masse des S. liegt zwischen 120 und 180 kg, die installierte Antriebsleistung zwischen 1 und 4 kW. Flüge mit Solarenergie werden seit 1979 durchgeführt. Mit «Solar Challenger» gelang am 7. Juli 1981 ein Flug von Paris nach Manston (Engl.) über 290 km in einer Gesamtflugzeit von 5 h 23 min in Höhen bis zu 3 300 m.

Flugmasse:	153 kg
max. Antriebsleistung:	3,8 kW
Spannweite:	13,72 m
Reisegeschwindigkeit:	56 km/h
Steiggeschwindigkeit:	1 m/s

15 000 Solarzellen mit einer Fläche von 22,32 m^2 und einer Masse von 21 kg lieferten die Energie; kein Pufferakku. Pilot: Steve Ptacek (28).

Solowjow, *Pawel Alexandrowitsch:* sowjetischer Konstrukteur von Strahltriebwerken, entwickelte u. a. die Triebwerke D-20 P, 5 300 daN Schub (Tu-124), D-25 W (4 045 kW bei 1 200 kg) für Mi-10 und das Zweistromtriebwerk D-30 mit 6 700 daN Schub (Tu-134). Nachfolger von → *Schwezow.*

Soltyk, *Tadeusz:* polnischer Flugzeug-

Soltyk TS-8 «Bies»

Soltyk TS-11 «Iskra»

konstrukteur, Prof. Dr.-Ing., geb. 1909. Arbeitete vor dem zweiten Weltkrieg im →PZL-Werk Nr. 1 in Warschau, u. a. wirkte er beim Bau des Flugzeugs «Šum» mit. Nach 1945 konstruierte er die Sportflugzeuge «Szpak», «Żak», «Junak» und «Zuch», das Mehrzweckflugzeug «Zuraw»; 1955 entwickelte er das Schulflugzeug TS-8 «Bies» und 1960 das erste polnische Strahlflugzeug TS-11 «Iskra». Träger hoher Auszeichnungen.

Sommerflugplan: →Flugplanperiode, →Verkehrsflugplan

SONAR: Abk. für **S**ound **N**avigation and **R**anging, Navigation und Ortung mittels Schall. S.-Verfahren werden in der Fischereiwirtschaft und in der U-Bootbekämpfung angewendet. Von Flugzeugen oder Hubschraubern abgesetzte S.-Bojen empfangen die vom U-Boot erzeugten Schallwellen und übertragen diese mit Hilfe eines UKW-Senders automatisch oder auf Abfrage an die U-Boot-Suchflugzeuge oder -hubschrauber.

Sonic speed: engl. für →Schallgeschwindigkeit.

Sonnenschattenkompaß: früher bei Polarflügen benutzter →Kompaß, da Magnetkompasse in hohen Breiten nicht brauchbar sind. Zur Anwendung der S. mußten der genaue geographische Standort des Flugzeugs bekannt und Sonnenschein vorhanden sein. Durch Einstellen eines Schattenstifts in eine vorgegebene Lage konnte der Kurs abgelesen werden.

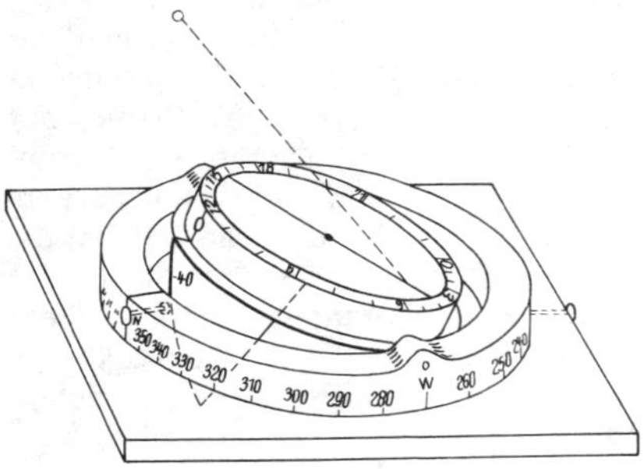

Sonnenschattenkompaß

SP-50: sowjetisches Instrumentenanflugsystem nach dem Prinzip des →ILS (Erzeugung der Gleitwinkelführung). Für die Kursführung benutzt das Verfahren statt der Auswertung des Modulationsgradunterschieds (→DDM) einen Phasenvergleich zwischen einem Rundum- und einem richtungsabhängigen Signal. Wie bei ILS sind für die Einstellung der Kurs- und Gleitwegempfänger Frequenzkombinationen vereinbart.

Spaltflügel: svw. Schlitzflügel. →Auftriebshilfen

Spaltklappe: →Auftriebshilfen

Spaltverluste: Gruppe von Verlusten bei Strömungsmaschinen, die dadurch zustande kommt, daß ein Teil des Arbeitsmediums nicht durch die Schaufelkanäle, sondern über den Spalt zwischen Laufschaufel und Gehäuse zur nächsten Stufe gelangt.

Spaltweite: Abstand zwischen Gehäuse und Laufschaufel bei Verdichtern und Turbinen. Verändert sich bei Temperaturschwankungen und im Verlauf der Betriebszeit; beeinflußt den Wirkungsgrad.

Spannlack: →Zellon

Spannturm: bei älteren Flugzeugtypen auf dem Rumpf angebrachtes Gestell, das in der Höhe über den Tragflügel hinausragte. An dem Gestell wurden die Spanndrähte befestigt; mit den Spanndrähten und dem S. wurde der Tragflügel verspannt.

Spannweite: Entfernung zwischen den äußersten Enden des Tragflügels, parallel zur Querachse des Flugzeugs gemessen. →Tragflügelgeometrie

Spant: formgebendes Bauelement im Festigkeitsverband des Rumpfes (senkrecht zur Flugzeuglängsachse). Hinsichtlich der Belastung gibt es *einfache* oder *Normal-S.*, die hauptsächlich der Formgebung und örtlichen Versteifung

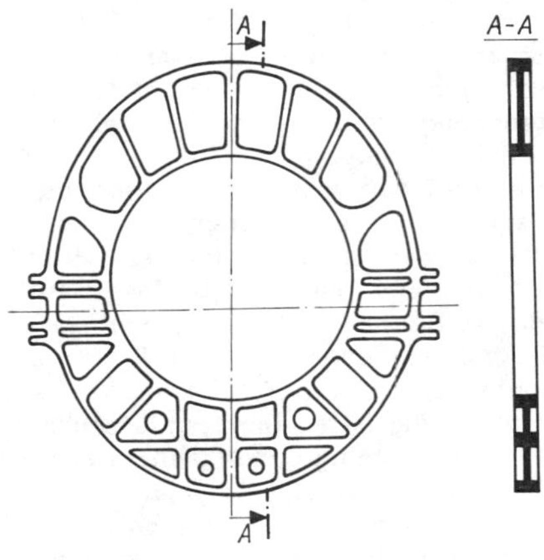

kraftaufnehmender Spant in Integralbauweise

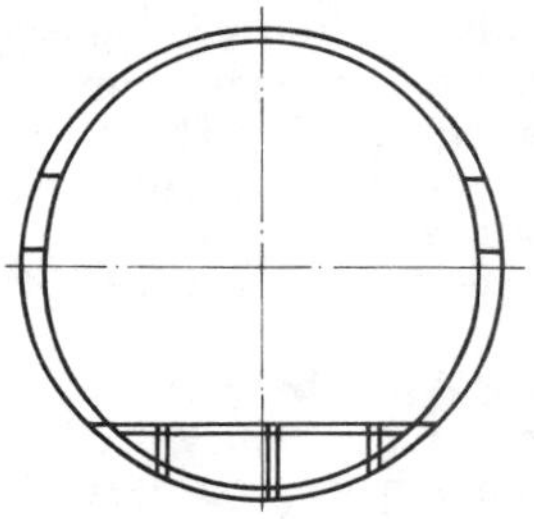

Normalspant eines Passagierflugzeugs mit Querträger des Kabinenbodens

der Behäutung dienen und *kräfteaufnehmende S.*, die zusätzlich durch große Einzelkräfte (z. B. Lagereaktionen von Tragflügel, Leitwerk, Triebwerk u. a.) belastet werden. Nach der Form werden *Ring-S.* und *Voll-S.* (als Begrenzung hermetischer Rumpfabschnitte) unterschieden, bezüglich der Bauweise sind aus Preßprofilen *zusammengesetzte S.* und *Integral-S.* üblich. Beim modernen Flugzeugbau werden S. aus Aluminiumlegierungen hergestellt, an bes. beanspruchten Abschnitten sind auch Einsätze aus Stahl möglich.

Sparflugleistung: → Leistung

SPECIAL REPORT: Flugplatzwettermeldung in abgekürztem Klartext, die beim Auftreten spezieller Wetterbedingungen herausgegeben wird. → Flugwetterdienst

Spektrozonale Fotografie: → Falschfarbenfotografie

Sperrgut, sperriges Gut: Luftfrachtgüter, die auf ein Volumen von 7 dm^3 weniger als 1 kg wiegen. Zum S. werden auch Güter gezählt, die wegen ihrer Form einen bes. großen Raum beanspruchen und deren Ladedichte daher sehr gering ist. Bei der → Luftfrachtberechnung für S. gelten 7 dm^3 als 1 kg («Volumenkilogramm»).

Spezialfrachtrate: Gruppe der internationalen → Frachtraten; im Zusammenhang mit einer bestimmten Warenart (Warengruppe) für eine festgelegte Route, Strecke und meist auch Transportrichtung und vielfach nur für festgelegte Zeiten geltende Frachtrate. Ihre Anwendung ist an Mindestmassen pro → Frachtsendung gebunden. Für S. besteht kein Anwendungszwang, sondern nur die Anwendungsmöglichkeit. S. werden als Geldbetrag pro Kilogramm angegeben. Sie ändern sich relativ häufig, neue werden meist auf Antrag von Frachtkunden eingeführt. S. dienen der Förderung des Luftfrachttransports und liegen i. allg. niedriger als → Klassifikationsraten; sie sind in weitaus größerer Zahl vorhanden als diese. Internationale S. dürfen i. allg. nicht mit anderen internationalen S. kombiniert werden; eine Kombination mit Inlandraten ist hingegen statthaft. → Luftfrachtberechnung, → Frachtrate

Spezialtarif, Ausnahmetarif, Sondertarif: Tarife für Transportleistungen, bei dem vom Normaltarif abweichende Transportpreise Anwendung finden. S. dienen der Durchsetzung von Zielen der Tarifpolitik mit ökonomischen Mitteln, besonders durch Festlegung eines niedrigen Tarifniveaus, Gewährung von Preisbegünstigungen, Rabatten, Ermäßigungen usw. sowie durch besondere Bedingungen für die Anwendung des S. (z.B. eingeschränkter örtlicher oder zeitlicher Geltungsbereich; Verkehrsart; Verbindung mit Mindestaufenthaltsdauer; Kinder-, Studentenermäßigung).

Spezielle Funktionsdiagnostik, Abk. **SFD:** luftfahrtmedizinische Untersuchungsverfahren zur → Fliegertauglichkeit (Expertise). Unter Einbeziehung von Anteilen fliegerischer Tätigkeit und einiger Flugfaktoren (Extremalfaktoren) werden mit der SFD Leistungsvoraussetzungen, verborgene funktionelle Leistungsmängel, beginnende Krankheitszustände und funktionelle Leistungsreserven untersucht. Dazu gehören die Untersuchungen der Belüftungsfähigkeit für das Mittelohr und die Verträglichkeit von Sauerstoffmangel in einer Barokammer, die Reaktionszeitbestimmung bei Handlung eines Piloten auf dem Flugsimulator, Sprachverständlichkeitsprüfungen und Sauerstoffmaskensitz für den Notfall u. a. Die SFD ist die Grundlage der luftfahrtmedizinischen Tauglichkeitsbegutachtung und dient der Vorbeugung von → Flugvorkommnissen und damit der → Flugsicherheit.

spezifischer Brennstoffverbrauch: → Brennstoffverbrauch

spezifischer Energieverbrauch: auf eine bestimmte Basis bezogener Energieverbrauch für den Antrieb. Bei Luftfahrzeugen der zivilen Luftfahrt ist die angebotene Transportarbeit in Passagierkilometern (Pkm) zweckmäßig. S. E. ist eine wichtige Kennziffer der Energiewirtschaft im zivilen Luftverkehr, die die Rentabilität des Luftfahrtunternehmens wesentlich beeinflußt. Bei modernen Großraumverkehrsflugzeugen für den Langstreckenverkehr werden bei Reiseflug Bestwerte des s. E. von etwa 0,4 kWh/Pkm erreicht (entspricht einem spezifischen Brennstoffverbrauch von etwa 35 g/Pkm). Mittelstreckenflugzeuge haben einen geringeren s. E. als Langstreckenflugzeuge gleicher Konzeption, größere Flugzeuge einen geringeren s. E. als kleinere bei gleicher Konzeption und Zweckbestimmung, z. B. Mittelstreckenstrahlflugzeug Airbus A300 im Vergleich mit dem Mittelstreckenstrahlflugzeug Boeing 727.

spezifischer Luftverbrauch: → Luftbedarf

spezifischer Schmierstoffverbrauch: der Schmierstoffverbrauch eines Flugzeugtriebwerks je Stunde und Kilowatt innerer Leistung. Bei KTW ca. 10...15 g/kWh, bei Gasturbinentriebwerken etwa 0,3...0,7 g/kWh.

spezifischer Schub: → Schub einer Antriebsanlage, bezogen auf Luftdurchsatz, Brennstoffdurchsatz, Konstruktionsmasse oder Stirnfläche. Moderne große ZTL erreichen etwa 35 daN je kg/s Luftdurchsatz, 2,7 daN je kg/h Brennstoffdurchsatz, 6 daN je kg Konstruktionsmasse und 5000 daN je m^2 Stirnfläche bei Startleistung im Stand.

Sphäroplan: → Diskoplan

Spiegelflug: Bez. für das gleichzeitige Übereinanderfliegen von 2 Motorflugzeugen, wobei das obere Flugzeug in Rücklage fliegt. Nachdem das oben fliegende Flugzeug die Rückenlage eingenommen hat, fliegt das untere Flugzeug so nahe und dicht unter das obere, daß der Abstand nur wenige Meter beträgt. Der obere Pilot bestimmt Flugrichtung, Geschwindigkeit und Flugfiguren. Im S. werden Vollkreise, horizontale Acht – seltener der Looping – geflogen. → Kunstflug

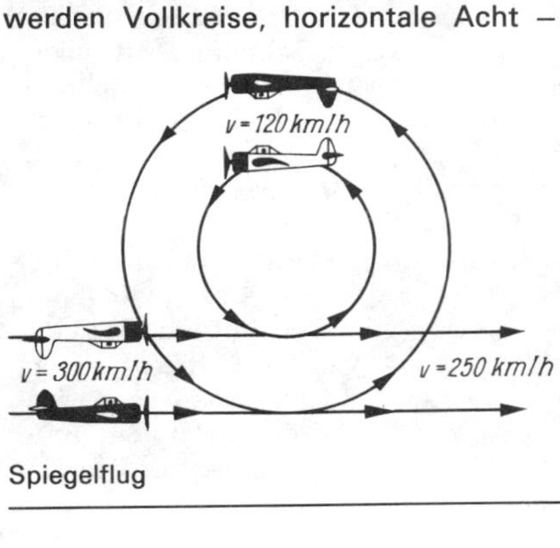

Spiegelflug

Spiere: Bauteil zur Formgebung von Tragflügeln. Im Unterschied zu → Rippen bestehen die S. aus flachen Leisten, die über Nasenleiste, Holm und Endleiste gelegt werden. Im Flugmodellbau werden Flach-S. (schmale Furnierstreifen, die in der Art des vorgesehenen Profils angebracht und dann verleimt werden) verwendet; jedoch ist heute auch dort diese Bauart nur noch für flache, symmetrische Profile üblich.

Spinner: Propellerhaube, Verkleidung der Luftschraubenbefestigung durch eine parabolische Haube.

Spitzbogenflügel: → ogivale Flügelform

Spitzenmonat: Monat im Verlauf eines Jahres, in dem die höchste Anzahl von → Flugbewegungen oder abgefertigten Fluggästen auftritt. → Spitzentag, → Abfertigung

Spitzenstunde, absolute: Stunde im Verlauf eines Jahres, Quartals, Monats oder Tags, in der die höchste Anzahl von → Flugbewegungen oder abgefertigten Fluggästen auftritt. Die in der S. auftretende Belastung (des → Flughafens/der → Abfertigung) wird → Spitzenstundenbelastung genannt und ist für die Planung und Dimensionierung von Flughafenanlagen von großer Bedeutung.

Spitzenstundenbelastung: Kennzeichnung der → Verkehrsspitze im Luftverkehr, als dynamische Kenngröße neben der jährlichen Belastung («jährliches Aufkommen») wichtig für die bedarfsgerechte Planung, verkehrliche Bemessung und bauliche Gestaltung von Abfertigungsanlagen im Fluggast- und Luftfrachtverkehr sowie für die technische Flugzeugabfertigung. Die S. wird ermittelt in Form der 1) absoluten S., das ist der höchste Verkehrsumfang pro Stunde, der innerhalb eines Jahres auftritt; 2) typischen S., die den Verkehrsumfang (z. B. Anzahl der Fluggäste, ein-, aus- und umsteigende) anzeigt, der in einem Jahr im Verlauf einer Stunde 30mal und mehr auftritt (→ Spitzenstunde) und 3) mittleren S., d. h. des Verkehrsumfangs pro Stunde im Jahresmittel. Neben diesen Kennwerten erlauben die Aufkommenswerte der → Spitzentage und → Spitzenmonate Rückschlüsse für die analytische und prognostische Einschätzung des Verkehrsaufkommens auf Flughäfen. Eine international einheitliche zahlenmäßige Definition der S. besteht nicht.

Spitzentag: Tag im Verlauf eines Jahres, Quartals, Monats oder einer Woche, an dem die höchste Anzahl von → Flugbewegungen oder abgefertigten Fluggästen auftritt. → Spitzenstunde, → Spitzenmonat, → Abfertigung

Split-Charter: → Charterflugverkehr

Spoiler, *Störklappe:* Klappe, deren Wirksamkeit auf Wirbelbildung und dem damit verbundenen Ablösen der Strömung beruht. Bei gleichgerichtetem Ausschlag an beiden Flügelhälften (z. B. bei der «Caravelle») werden der Auftrieb vermindert und der Widerstand erhöht, also die Gleitzahl verschlechtert sich, und damit wird der Landeanflug steiler. Ist auch die Möglichkeit des entgegengesetzten oder einseitigen Ausschlags gegeben, so kann man damit die Querruderwirkung unterstützen oder sogar völlig ersetzen.

Sporn: am Rumpfende unten angebrachtes federndes, häufig gedämpftes Metallteil mit oder ohne Rad. Der S. dient bei kleinen, leichten Flugzeugen als dritter Stützpunkt neben den beiden Rädern des Hauptfahrwerks. Beim sog. → Heckradfahrwerk ist der S. mit einem S.- bzw. Heckrad ausgerüstet. Flugzeuge mit → Bugradfahrwerk haben heute meist einen Hilfs- oder Not-S. zum Schutz des Rumpfhecks bei Start und Landung.

Spornrad: → Sporn

Sportflugzeug: Flugzeug, das in erster

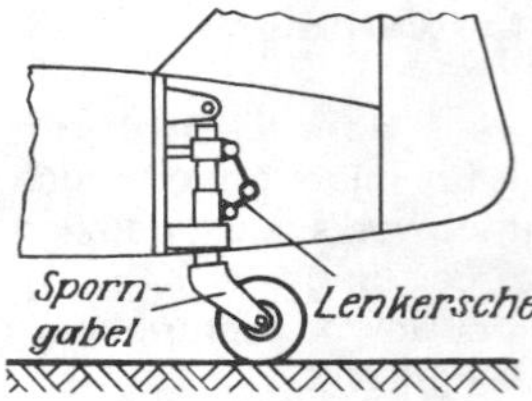

lenkbares Spornrad

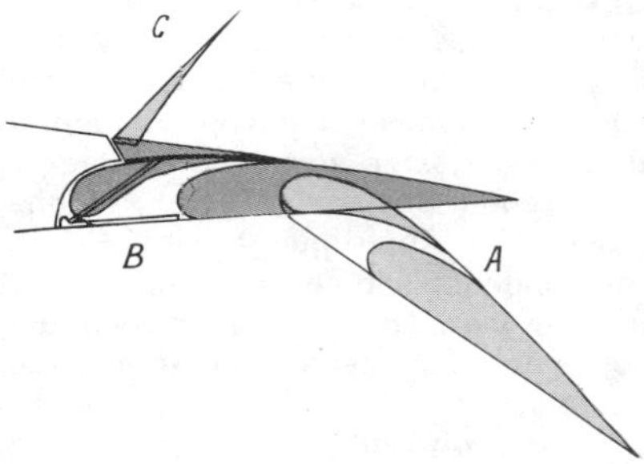

Klappensystem der Tu-124: A Doppelspaltlandeklappe, B Spaltabdekkung, C Spoiler (Störklappe)

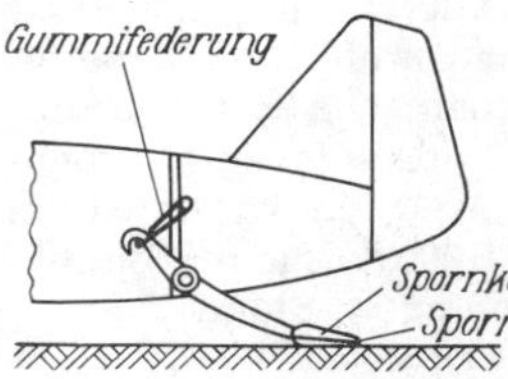

Schleifsporn

Pitts «Spezial», 1sitziger Doppeldecker (USA)

L-29A «Delfin Akrobat», 1sitziges TL-Sportflugzeug (ČSFR)

Messerschmitt-Bölkow-Blohm Bo 209 «Monsun», 2sitziger Tiefdekker (BRD)

Jakolew Jak-55 (UdSSR)

Z-526 «Trener» (ČSFR)

Linie für den Flugsport verwendet wird. Je nach Flugeigenschaften dient es dem Schul-, Reise- oder Kunstflug. S. können 1- oder mehrsitzig, mit 1 oder 2 Triebwerken ausgerüstet sein (Klasse bis 2000 kg).

Sportlizenz: von den nationalen Aeroklubs ausgegebener Berechtigungsschein zur Teilnahme an nationalen und internationalen Flugsport-Veranstaltungen, die gemäß den Regeln der FAI (Code sportif) durchgeführt werden. Ohne S. ist die Teilnahme an solchen Wettkämpfen nicht gestattet.

Sportzeuge: Kampf- oder Schiedsrichter bei Flugsportveranstaltungen. Der S. ist berechtigt, die erzielten Leistungen der Wettkämpfer anhand der technischen Daten der Meßgeräte zu bestätigen. Die Rechte und Pflichten der S. ergeben sich aus dem Code sportif sowie den Ausschreibungen für die Veranstaltungen und Wettbewerbe.

sprachgestütztes Bedienungssystem: → vokales Bedienungssystem

Spreizklappe: → Auftriebshilfen

Springen: ein- oder mehrmaliges Hochspringen beim Aufsetzen eines Flugzeugs, bevor es am Boden ausrollt. Ursache für das S. kann eine schlecht

Düngen aus der Luft mit Ka-26

ausgeführte Landung oder die unregelmäßige Arbeit der Fahrwerkstoßdämpfer sein. → Landung, → Stoßdämpfer

Spritzen: Verfahren (→ Applikationsanlage) zum Ausbringen flüssiger Pflanzenschutzmittel (Tropfengröße 0,15...0,30 mm). Die Aufwendungen liegen im Bereich 35...100 l/ha. Als Spritzbrühen kommen hauptsächlich wäßrige Aufbereitungen (Emulsionen und Suspensionen) in Betracht. Das Auftreten eines größeren Anteils feiner Tropfen mit hoher Schwebefähigkeit wird durch höhere Aufwandmengen (höherer Wasseranteil) vermieden. Diese führen jedoch zu einer geringeren Flächenleistung pro Flugstunde als das → Sprühen. Bestimmte Mittel lassen sich nur durch Spritzen ausbringen, so daß dieses Verfahren parallel zum → Sprühen angewendet wird.

Sprühen: → Applikationsverfahren für Flüssigkeiten zum Ausbringen von Pflanzenschutzmitteln und Wachstumsregulatoren (0,05...0,15 mm Tropfengröße) mit Spezialgerät ohne einen speziell dafür erzeugten zusätzlichen Luftstrom. Der Vorteil des S. gegenüber dem → Spritzen: man spart Spritzbrühe ein, weil die kleineren Tropfen eine relativ größere Oberfläche haben und daher auch eine größere Pflanzenoberfläche bedecken können. Die Pflanzenschutzmittelindustrie der DDR hatte für das S. Spezialpräparate geschaffen: Ölsprühmittel mit einer relativ hohen Dichte und Viskosität, sie geben die Gewähr, daß die Sinkgeschwindigkeit groß und die Verschwebungsgefahr klein ist. Die Aufwandmengen sind mit 5...25 l/ha gering und ergeben hohe Flächenleistungen pro Flugstunde.

Sprungstart: Art des senkrechten Starts bei manchen Tragschraubern (erstmals von → Cierra entwickelt; → Rotorflugzeug). Vor dem Start wird das Triebwerk mit der Tragschraube gekuppelt. Bei zügiger Vergrößerung des Einstellwinkels der Blätter (kollektive → Blattverstellung) wächst der Rotorschub beträchtlich, und der Tragschrauber führt einen senkrechten Steigflug aus. Während des Steigens werden das Triebwerk von der Tragschraube getrennt und die Luftschraube eingekuppelt. Der Tragschrauber gewinnt Vorwärtsgeschwindigkeit und geht in einen schrägen Steigflug über. Die Tragschraube wird nun durch die anströmende Luft angetrieben (→ Autorotation) und erzeugt weiterhin Rotorschub.

SS-LORAN: Abk. für engl. **S**ky Wave **S**ynchronized-**LORAN**. Während des zweiten Weltkriegs angewendetes → LORAN-Verfahren für sehr große Entfernungen, bei dem die Synchronisation für die gleichzeitige Impulsausstrahlung nicht über die Boden-, sondern über die Raumwelle erfolgte.

SST: Abk. für **S**uper **S**onic **T**ransport Aircraft, engl. für → Überschallverkehrsflugzeug.

SSTO: Abk. für russ. **S**owmestnaja **S**tanzija **T**echnitscheskowo **O**bslushiwanija (Vereinigte technische Reparaturbasen).

Stabilisator: 1. Bez. für ein als Höhenleitwerk verwendetes → Flossenruder. – **2.** → Fallschirm

Stabilisierung: Herstellen der Stabilität einer Kenngröße oder eines Parameters. Moderne Flugzeuge besitzen i.d.R. Kurs-, Lage- und Höhen-S. Auch die S. der Geschwindigkeit ist über eine automatisierte Triebwerkssteuerung möglich. Die S. eines Parameters ist häufig mit der → Dämpfung von Schwingungen dieses und anderer, ihn beeinflussender Parameter verbunden.

Stabilität: 1. Vereinfacht für Flugstabilität; Fähigkeit eines Flugkörpers zur selbständigen Beseitigung von äußeren Störungen seines gegebenen Flugzustands, was ein stabiles Gleichgewicht der am Flugkörper wirkenden äußeren Kräfte und Momente bedingt. Um S.-Untersuchungen zu vereinfachen, unterscheidet man nach dem S.-Grad die *statische* und die *dynamische S.*, nach der Bewegungsrichtung die → *Längsstabilität* (Bewegung um die Querachse) und die → *Seitenstabilität* (gleichzeitige Bewegung um die Längs- und die Hochachse), d.h. die Kombination von Quer- und Richtungsstabilität. Statische S. ist vorhanden, wenn nach einer Störung der Lage des Flugkörpers rückdrehende Momente auftreten. Dynamische S. erfordert die aperiodisch oder periodisch schwingende Rückkehr des Flugkörpers in die stabile Ausgangslage vor der Störung. Sie setzt statische S. voraus. Längs-S. wird durch die am Tragflügel und am Höhenleitwerk wirkenden Kräfte gewährleistet. Statische Längs-S. ist dann gegeben, wenn der → Neutralpunkt auf der Längsachse hinter dem

→ Schwerpunkt liegt. Die Seiten-S. hängt von Form und Lage des Seitenleitwerks, von V-Form und Pfeilung des Tragflügels und anderen Faktoren ab. Die S. ist stets an Flughöhe und -geschwindigkeit gebunden und begrenzt in vielen Fällen den für ein Flugzeug nutzbaren Höhen- und Geschwindigkeitsbereich. S. wirkt der → Steuerbarkeit entgegen. Deshalb besteht heute das Bestreben, die natürliche S. zu verringern bzw. durch künstliche S. mit Hilfe einer automatischen Steuerung zu ersetzen. Damit kann auch der → Trimmwiderstand verringert werden. – **2.** Widerstand einer Konstruktion gegen Deformation.

Stabilitätsreserve: Abstand zwischen → Neutralpunkt und → Schwerpunkt, der die Größe der statischen → Längsstabilität charakterisiert. Zu geringe S. erschwert das Fliegen, da sie ständige Aufmerksamkeit des Flugzeugführers oder ständige Arbeit des Autopiloten erfordert, ebenso zu große S., da sie zu große Steuerkräfte notwendig macht. Die S. eines Flugzeugs ist aufgrund der → Neutralpunktwanderung geschwindigkeitsabhängig und aufgrund der → Schwerpunktwanderung auch zeitabhängig. Die sehr große natürliche S. im Überschallflug kann durch Verwendung von → Destabilisatoren oder durch Verlagerung des Schwerpunkts, z. B. durch Umpumpen von Kraftstoff in → Trimmtanks verringert werden. Eine optimale natürliche S. beträgt 3...5% der Tiefe der → mittleren aerodynamischen Sehne (MAS).

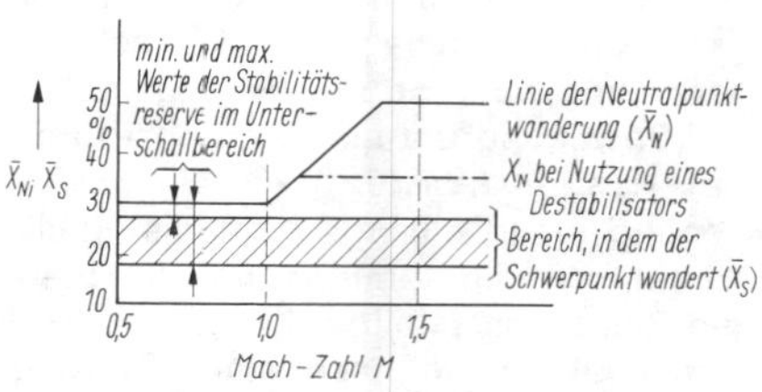

Stabilitätsreserve eines Überschallflugzeugs in Prozent der MAS als Abhängigkeit von der Mach-Zahl

Stadtabfertigung: → Stadtbüro

Stadtbüro: außerhalb des Flughafengeländes gelegene, meist an verkehrsgünstiger Stelle im Stadtzentrum eingerichtete Informations- und Verkaufsstelle eines Luftverkehrsunternehmens für → Beförderungspapiere. S. erteilen z. B. Auskünfte über Flugmöglichkeiten, verfügbare Plätze in Flugzeugen des Linienverkehrs, nehmen Buchungen und Annullierungen vor und verkaufen Flugscheine. Das S. wird vielfach gleichzeitig als Abfahrts- und Endhaltestelle des Zubringerverkehrs benutzt. Zur Entlastung des Flughafens wird verschiedentlich die → Abfertigung der Fluggäste bereits im S. vorgenommen. In diesen Fällen werden S. auch *Stadtabfertigung* oder *Stadtterminal* genannt. Zunehmend richten Luftverkehrsunternehmen spezielle S. für den Luftfrachtverkehr ein.

Städteabkürzung: → City-Code

Stadtterminal: → Stadtbüro

Staffeltarif: Form der Tarifbildung, bei der ein variabler → Tarifsatz je Einheit eines Preisbildungsparameters (z. B. Entfernung, Menge) angewendet wird. Die Einrichtung von Tarifstaffeln (z. B. Mengen-, Entfernungsstaffeln) dient u. a. der besseren Anpassung des Transportpreises an die Dynamik der Selbstkosten und der Erzielung tendenzieller Preiswirkungen (z. B. Begünstigung großer Mengen).

Staffelung: 1. Bei Mehrdeckern Versetzen des Tragflügels in bezug auf ihre Flügelvorderkanten, so daß diese nicht in gleichen Vertikalebenen liegen. Man unterscheidet 1) positive S., bei der der obere Flügel vor dem unteren liegt, und 2) negative S., bei der der obere Flügel hinter dem unteren liegt. Die S. dient der Erhöhung der → Längsstabilität und vermindert auch die aerodynamische Beeinflussung der einzelnen Flügel untereinander. – **2.** Abstand zwischen Luftfahrzeugen nach Höhe, Entfernung oder Kursen. Wesentliches Mittel der Flugsicherung zum Verhüten von Kollisionen oder gefährlichen Annäherungen zwischen Luftfahrzeugen. Vertikale S. → Flugfläche

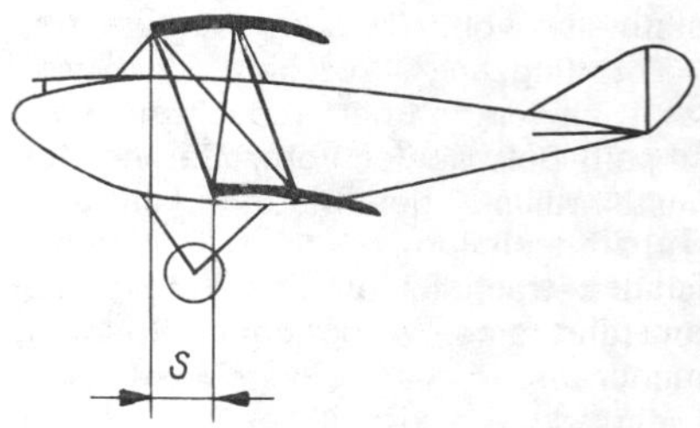

Staffelung (1)

Staffelungshöhen: festgelegte → Flugflächen, die die Sicherheit des Flugs sowohl hinsichtlich anderer Luft-

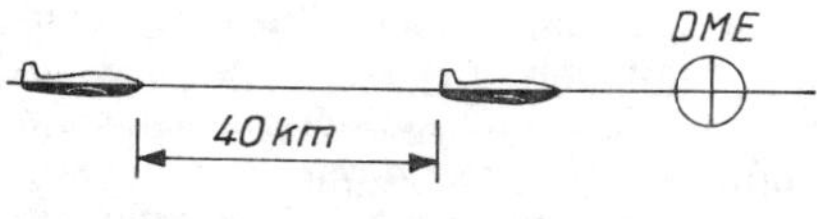

Mindestwerte der horizontalen Staffelung in der DDR für 4 ausgewählte Fälle
Staffelung in gleicher Flugrichtung, Flugzeuge haben gleiche Geschwindigkeit

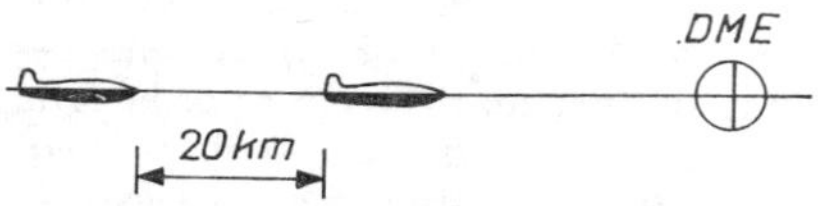

Staffelung in gleicher Flugrichtung, das vorausfliegende Flugzeug hat eine um 40 km/h höhere Geschwindigkeit als das folgende

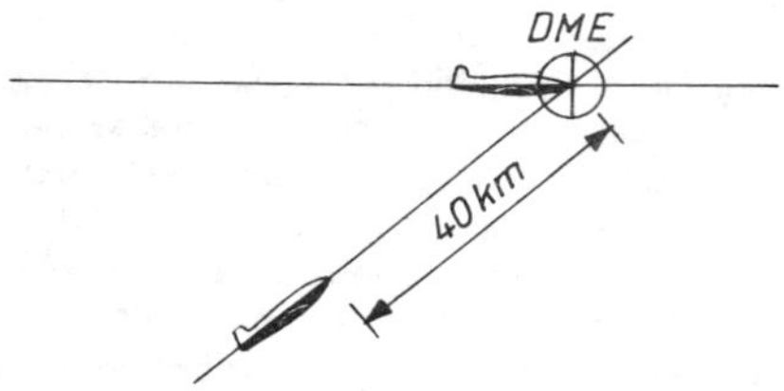

Staffelung auf kreuzenden Kursen, Flugzeuge haben gleiche Geschwindigkeit

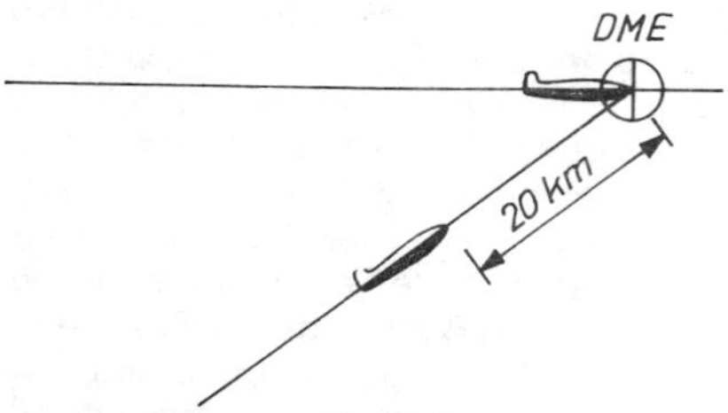

Staffelung auf kreuzenden Kursen, das zuerst über der DME-Anlage eintreffende Flugzeug hat eine um 40 km/h höhere Geschwindigkeit als das folgende

fahrzeuge als auch gegenüber Bodenhindernissen gewährleisten. Die S. werden nach → Standarddruck angegeben.

Standard Beam Approach: → SBA-Landefunkfeuersystem

Standarddruck, Abk. **STD:** nach den Festlegungen der → ICAO-Standard-Atmosphäre für Meereshöhe angenommener Luftdruck von 1 013,25 hPa (→ Luftdruck). Oberhalb der → Übergangshöhe wird der barometrische Höhenmesser eines Luftfahrzeugs auf den S. (als Bezugswert) eingestellt, so daß dieser Höhenmesser die → Flugfläche anzeigt, in der das Luftfahrzeug fliegt.

Standardflugplanzeit, Symbol *STT:* Zeitpunkt, zu dem das Luftfahrzeug laut Standardflugplan (→ Flugplan) den Flug beginnt bzw. beendet.

Standard-Klasse: Klasse der Segelflugzeuge, 1956 von der → OSTIV eingeführt. Die S. begrenzt die Spannweite auf max. 15 m, sieht kein Einziehfahrwerk, keine Flügelklappen zur Wölbungsänderung (Profiländerung) und kein Funkgerät vor. – Sie wurde geschaffen, um die *Leistungen der Piloten* bei Wettkämpfen wieder mehr in den Vordergrund zu rücken, da es bis zu Ihrer Einführung erlaubt war, mit dem am besten geeigneten Flugzeug am Wettbewerb teilzunehmen. Hierbei hingen die Leistungen weniger vom Können des Piloten als von der Qualität des Flugzeugs ab. Ab 1. Jan. 1978 wurde durch OSTIV die S. in folgende Klassen aufgeteilt: unbeschränkte 15-m-Klasse, 15-m-Klasse, genannt «Rennklasse» (einzige Begrenzung – max. Spannweite 15 m), 15-m-Klasse beschränkt, Beschränkungen wie bei der bisherigen S.

Standlinie: gedachte Linie, die durch den eigenen Standort läuft und auf der 1 Parameter konstant ist. Die S. dient zur Standortbestimmung. In der Flugnavigation werden 3 verschiedene S. benutzt: 1) *Gerade* – auf ihr ist ein Winkel konstant (Anwendung z. B. bei → VOR); 2) *Kreis* – auf ihm ist die Entfernung von einem vorgegebenen Punkt konstant (Anwendung z. B. bei → DME); 3) *Hyperbel* – auf ihr ist die Differenz der Entfernungen von 2 vorgegebenen Punkten konstant (Anwendung z. B. bei → Decca). → Flugnavigation, → Funknavigation

Standort- und Zielfluganzeiger, engl. Position and Homing Indicator, Abk. **PHI:** Anzeigegerät für den Standort des Luftfahrzeugs und den Kurs zum Flugziel, sowie die Ablage vom Kurs nach Angaben bordeigener Anlagen, z. B. Kurssystem, Fahrtmeßgeber in Zusammenarbeit mit Koppelrechner, Dopplerradar, Trägheitsnavigationsanlage. Die Aufschaltung der Ausgangssignale von Funknavigationsanlagen, z. B. → TACAN, → VORTAC, → VOR-DME, → Funkkompaß ist ebenfalls möglich.

Standplatz: typenabhängig dimensionierte Flächen zum Abstellen von Luftfahrzeugen im Freien, z. B. → Vorfeld. Durch entsprechende Bemalung (Mittellinie, Haltepunkt des Bugrads) wird die Position des abzustellenden Luftfahrzeugs eindeutig festgelegt. Zwischen den S. bzw. zu → Rollbahnen und → SLB sind festgelegte Sicherheitsabstände einzuhalten.

Standschub: Schubkraft, die eine Luftschraube bzw. ein TL bei Normalatmosphäre und Meereshöhe bei Startleistung im Stand, also ohne Vorwärtsbewegung des Flugzeugs, liefert.

Standzeit, Symbol t_S: Bestandteil der → Lebenszeit eines Luftfahrzeugs; Zeitdauer, während der es abgestellt ist und an ihm keine unmittelbaren Flugvorbereitungs- und Abschlußarbeiten verrichtet werden. Die S. gliedert sich in 1) *S. für Wartung* (t_{SW}). Zeitdauer der zur Aufrechterhaltung der Luftfahrttauglichkeit notwendigen Kontroll- und Wartungsarbeiten; durchgeführt auf dem Heimatflughafen (t_{SWH}), auf Wendeflughäfen (t_{SWW}) oder auf Zwischenlandeflughäfen (t_{SWZ}). $t_{SW} = t_{SWH} + t_{SWW} + t_{SWZ}$. 2) *S. für Reparatur* (t_{SR}). Zeitdauer der außerhalb periodischer Kontroll- und Wartungsarbeiten erforderlichen Reparaturen. Es gilt – bei gleicher Bedeutung der Zusatzindizes wie oben – $t_{SR} = t_{SRH} + t_{SRW} + t_{SRZ}$. 3) *S. für Instandhaltung und Umbauten* (t_{SI}). Zeitdauer, während der das Luftfahrzeug einer Instandhaltungsmaßnahme oder Umbauten unterzogen wird. Die Gesamt-S. wird ermittelt als $t_S = t_{SW} + t_{SR} + t_{SI}$.

Stanzii Sowmestnowo Technitscheskowo Obslushiwanija, Abk. SSTO: russ. svw. gemeinsame Stationen der technischen Wartung, Betreuung und Hilfeleistung; von sozialistischen → Luftverkehrsunternehmen gemeinsam betriebene technische Stationen, die auf verschiedenen fremden Flughäfen auf der Grundlage von Verträgen eingerichtet wurden; der erste Vertrag dieser Art wurde zwischen → Aeroflot und → ČSA abgeschlossen (11. Febr. 1972). Diesem Vertrag traten auch → INTERFLUG und → LOT bei. Der Vertrag besagt, daß durch jeweils einen Partner auf einem fremden Flughafen die technische Wartung der Flugzeuge aller Vertragspartner, die diesen Flughafen anfliegen, erfolgt.

starrer Rotor: → Tragschraube

Starrflügler, *Starrflügelflugzeug:* → Flugzeug, dessen dynamischer Auftrieb im Unterschied zum Rotorflügler und Schlagflügler mit Hilfe eines starren Tragflügels erzeugt wird. Dazu gehören auch Flugzeuge mit quasistarrem Flügel, wie Flugzeuge mit → veränderlicher Flügelpfeilung. → Convertiplane nehmen eine Zwischenstellung zwischen dem S. und dem Rotorflügler ein.

Start, *Abflug:* Anfangsphase eines Flugs, bei dem ein Luftfahrzeug, das seine Bewegung vom Erdboden aus beginnt, auf die zum Fliegen erforderliche Mindestgeschwindigkeit beschleunigt wird und gleichzeitig eine gewisse Sicherheitshöhe einnimmt. In Abhängigkeit von der konstruktiven Auslegung des Luftfahrzeugs und bes. von der vorhandenen Triebwerksleistung kann der S.vorgang unterschiedlich verlaufen, von Normal-S. bis zum Senkrecht-S. Beim *Normal-S.* läßt sich die S.strecke in folgende Teilabschnitte zerlegen: 1) *Anrollstrecke*, die dazu dient, das Luftfahrzeug am Boden bis auf die Abhebegeschwindigkeit (→ Abheben) zu beschleunigen; 2) *Schwebestrecke*, während derer das Luftfahrzeug dicht über der Erde schwebend bis auf die zum Steigen erforderliche Sicherheitsgeschwindigkeit beschleunigt wird, um die Gefahr des Überziehens beim Übergang zum Steigen zu verringern; 3) *Steigstrecke* bis zum Erreichen der Sicherheitshöhe. Bei modernen Luftfahrzeugen mit ausreichender Schub- oder Leistungsreserve verschmelzen die beiden letzten Abschnitte zur Steig- und Beschleunigungsstrecke. Mehrmotorige Luftfahrzeuge müssen auch bei Ausfall eines Triebwerks in der Lage sein, Sicherheitsgeschwindigkeit und -höhe zu erreichen, um einen anschließenden gefahrlosen Übergang zur Landung zu ermöglichen. → Kurzstart, → VTOL

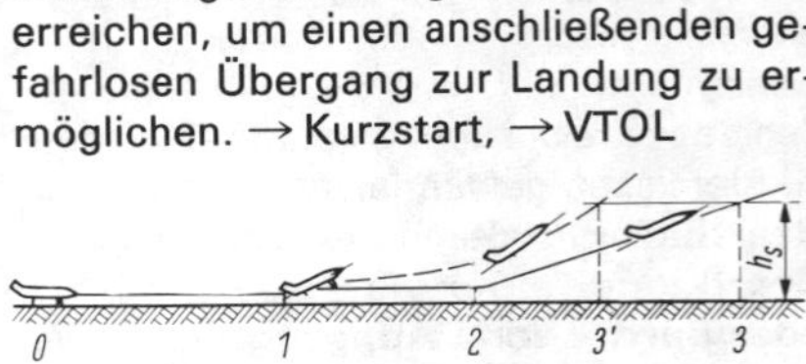

Profil eines normalen Startvorgangs:
0...1 Startrollstrecke, 1 Abheben
1...2 Schwebestrecke (Fahrtaufholen)
2...3 Steigstrecke
2...3' Steig- und Beschleunigungsstrecke
0...3 oder 0...3' Startstrecke
h_s Sicherheitshöhe, 15 oder 25 m bzw. 35 ft. ≙ 10,7 m

Startaufbau: Aufbau des Flugfelds. Einteilung in *Startbahn*, *Rückrollstreifen* und *Landebahn*. Bes. erforderlich für die Ausbildung im Segel- und Motorflug bzw. für die gleichzeitige Schulung auf beiden Bereichen. Der Startaufbau muß unter Berücksichtigung der festgelegten Normen und der Besonderheiten des Flugplatzes so erfolgen, daß Start und Landung entgegen der Windrichtung möglich sind. Die Bedingungen für den S. sind in der → MBO (Motorflug-Betriebsordnung) bzw. SBO (Segelflug-Betriebsordnung) festgelegt.

Starterklappe, *Startklappe:* **1.** im Einlaufkanal von TL befindliches Klappensystem, welches sich bei Entstehung von Unterdruck im Einlaufkanal selbständig öffnet und dem Triebwerk zusätzlich Luft zuführt. Damit wird vor allem der Anlaßprozeß (das Starten) von TL erleichtert (→ Eingangsteil). – **2.** Bauelement im Ansaugkanal von Vergasermotoren in Strömungsrichtung vor dem Vergaser zur Verbesserung der Anlaßbedingungen eines KTW.

Startflughafen: → Abgangsflughafen

Startgebühr: Gebühren, die vom Veranstalter einer Flugveranstaltung, Wettkampf oder Meisterschaft auf der Grundlage der Ausschreibung von Teilnehmern erhoben werden.

Startgeschwindigkeit: svw. Abhebegeschwindigkeit. → Abheben, → Start

Startgewicht: früher für Startmasse bzw. → Abflugmasse

Starthaken: Vorrichtung am unteren Rumpfvorderteil von Segelflugzeugen, die bei älteren Flugzeugtypen zum Einhängen des Gummiseils für den → Gummiseilstart dient. Der S. ist nach unten offen, damit das Gummiseil beim Nachlassen des Seilzugs nach dem Start herausfallen kann.

Starthilfe: Hilfsmittel zum Verkürzen der Startstrecke, z. B. → Auftriebshilfen, → Startraketen, → Katapulte

Starthilfsrakete: → Startrakete

Startkladde: Bez. für die Formulare oder Bücher zur Eintragung der Start- und Landezeiten, der Flugzeit und der Übungen in der Ausbildung. In die S. werden auch die Namen der Flugschüler und -lehrer eingetragen.

Start-Kommando-Punkt: → SKP

Startkontrolle: Wertung vor dem Start mit für den Flugzeugtyp festgelegten Kontrollpunkten (Sichtkontrolle).

Startmasse: → Abflugmasse

Startmeldung: Meldung des Starts eines Luftfahrzeugs an die für die Flug-

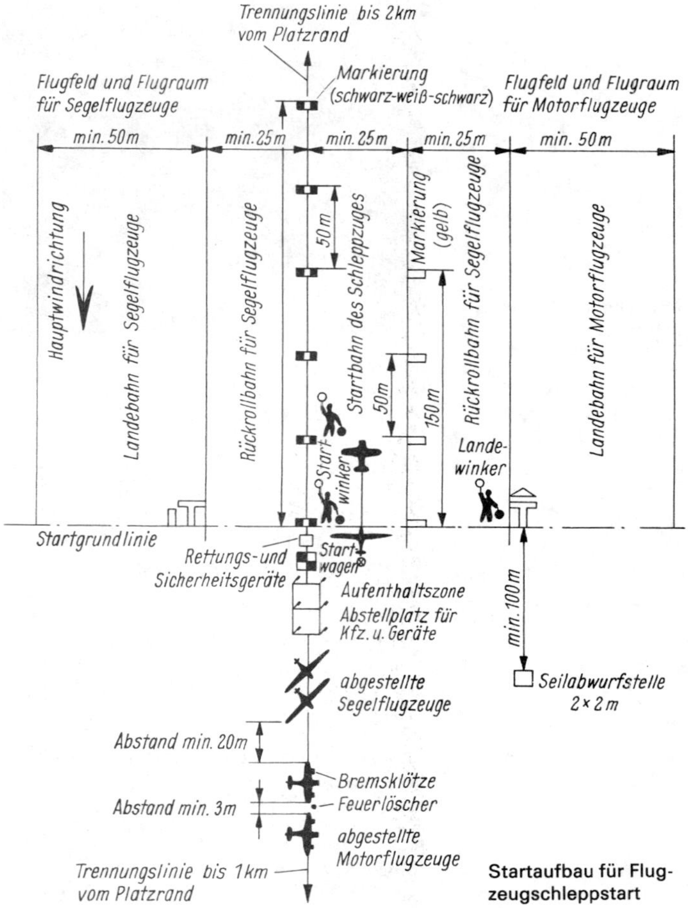

Startaufbau für Flugzeugschleppstart

sicherung verantwortliche Stelle, bzw. an den Zielflugplatz. Im Luftverkehr erfolgt die S. der abfliegenden Luftfahrzeuge telegrafisch oder fernschriftlich an alle Flughäfen, die vom Luftfahrzeug angeflogen werden. Die Meldung enthält: *Linien-Nr.*, *Flugzeugtyp* und *Kennzeichen*, *Sitzplatzkapazität*, *Anzahl der Besatzungsmitglieder*, *Auslastung für jeden anzufliegenden Flughafen*, Angaben über *Nutzmasse*, *Ankunftszeit*. Im internationalen Luftverkehr Europas zunehmend nicht mehr angewendet.

Startrakete, *Starthilfsrakete, Starthilfe:* Flüssigkeits- oder Feststoffraketentriebwerk, das vor allem an Militärflugzeugen zusätzlich angebracht wird, um die Startstrecke zu verkürzen, und das nach dem Start abgeworfen wird. Meist werden mehrere S. verwendet. Durch die vertikale Kraftwirkung (F_{SRy}) wird der zum Abheben erforderliche

MiG-21 startet mit Hilfsraketen

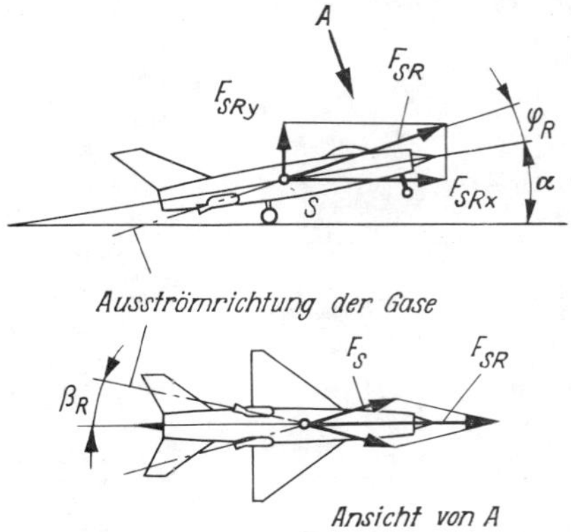

Kräftewirkung der Starthilfsraketen bei gehobenem Bug:
F_{SRy} vertikale Komponente
F_{SRx} horizontale Komponente
F_{SR} Gesamtschubkraft der Raketen
α Anstellwinkel während des Anrollens
φ_R Einstellwinkelprojektion auf die vertikale Symmetrieebene des Flugzeugs
β_R Einstellwinkelprojektion auf die Ebene der Startbahn
S Schwerpunkt des Flugzeugs

Auftrieb vermindert und damit die Abhebegeschwindigkeit verringert. Mit Hilfe der horizontalen Komponente (F_{SRx}) erzielt man eine höhere Beschleunigung, wodurch das Flugzeug die verringerte Abhebegeschwindigkeit eher erreicht und schneller abhebt. Probleme bei der Nutzung von S. sind: 1) verringerte Flugsicherheit durch möglichen Ausfall der S. vor Erreichen der normalen Abhebegeschwindigkeit, das durch Zuverlässigkeit der S., Wahl des Zündzeitpunkts und Befestigung der S. mit Schubrichtung durch den Flugzeugschwerpunkt in Grenzen gehalten wird: 2) zusätzliche Belastung von Mensch und Technik; 3) komplizierte Wartung und Lagerung. S. wurden in der UdSSR in den 30er Jahren erpobt und seitdem bei verschiedenen Flugzeugtypen erfolgreich eingesetzt (z. B. bei MiG-21).

Startrollstecke: svw. → Anrollstrecke.

Startrollzeit, Symbol t_{ROS}: Teil der Rollzeit; Zeitdauer des Abrollens eines Flugzeugs vom Startkontrollpunkt bis zum Abheben seines Hauptfahrwerks von der → Start- und Landebahn.

Startschleuder: svw. → Katapult.

Startschub: Schub einer Flugzeugantriebsanlage bei max. innerer → Leistung im Stand. S. darf aus Gründen der Betriebssicherheit und Lebensdauer der Triebwerke nur für eine begrenzte Zeit (meist 5 min) benutzt werden. Bei KTW ist der S. durch max. Ladedruck und Drehzahl, bei Gasturbinentriebwerken durch max. → Abgastemperatur und Drehzahl begrenzt. Der Startschub beträgt etwa das 2...5fache des Reiseschubs.

Startseil: 1) Gummiseil für den → Gummiseilstart von Segelflugzeugen. Gummi-S. bestehen aus 600...1 000 Gummifäden, die mit Baumwoll- oder Leinenzwirn umsponnen sind. Sie können bis zu 100 % gedehnt werden. 2) Drahtseil für den Windenstart, das 5...6 mm stark und 1 000...1 200 m lang ist. 3) 30...50 m langes Dederon-Seil mit guter Dehnbarkeit und Festigkeit für den Flugzeugschleppstart. → Schleppflugzeug

Startstrecke: Strecke vom Anrollen bis zum Erreichen einer bestimmten Flughöhe (wenn nicht anders angegeben: 15 m Höhe). Die Strecke vom Abrollpunkt bis zum Abhebepunkt nennt man Startroll- bzw. Anrollstrecke. → Start

Starttriebwerk: Hochleistungstriebwerk mit kurzer Nutzungsdauer, das ein Flugzeug oder einen Flugkörper auf eine bestimmte Geschwindigkeit beschleunigt, z. B. bis zur Arbeitsfähigkeit von → Staustrahltriebwerken. S. werden auch bei PTL- und TL-Verkehrsflugzeugen (z. B. An-26) angewendet, um auf hochgelegenen Flugplätzen oder bei hohen Außentemperaturen bzw. mit max. Abflugmasse starten zu können.

Startüberhöhung: erreichte Flughöhe über einem Flugplatz, ausgehend von der Ausgangshöhe. Im Segelflug werden die Auskuppelhöhe beim Windenschleppstart oder Flugzeugschleppstart sowie die niedrigste Flughöhe vor dem Höhengewinn als Ausgangshöhe für die Startüberhöhung gewertet.

Start- und Landebahn, Abk. **SLB,** engl. *Runway,* Abk. *RWY:* Teil der Flugbetriebsfläche eines → Flugplatzes mit befestigter Oberfläche, die für Starts und Landungen von Luftfahrzeugen hergerichtet ist.

Startzeit: 1) *Allgemein* – Zeitpunkt, zu dem das Luftfahrzeug von der Startbahn abhebt. 2) *Aktuelle Startzeit* (Symbol *ATD*) – Zeitpunkt, zu dem das Luftfahrzeug tatsächlich von der Startbahn abhebt. 3) *Voraussichtliche Startzeit* (Symbol *ETD*) – geplanter Zeitpunkt, zu dem das Luftfahrzeug von der Startbahn abheben soll.

Statik: Untersuchung der Kräfte und Momente am Flugkörper im Ruhezustand, um die Festigkeit und Stabilität, bzw. die Abmessungen von Bauteilen zu ermitteln. Die S. arbeitet mit in den Bauvorschriften exakt festgelegten Rechen- und Prüfverfahren. → Flugzeugstatiker; → Stabilität 2)

statischer Druck: Teil des Gesamtdrucks eines strömenden Mediums, senkrecht zur Strömungsrichtung gemessen. Der s. D. charakterisiert den Anteil der potentiellen Energie an der Gesamtenergie des Mediums. Die Größe des s. D. ist in einem physikalisch geschlossenen System abhängig von der Strömungsgeschwindigkeit. Dem Energieerhaltungssatz (→ Bernoullische Gleichung) entspr. sinkt er mit Zunahme der Geschwindigkeit in gleichem Maße, in dem der → dynamische Druck wächst, da der Gesamtdruck gleich bleibt. Im ruhenden Medium ist der s. D. gleich dem Gesamtdruck (Ruhedruck). → Druck

Statoskop: Gerät zum Messen geringer Abweichungen von einer vorgegebenen Flughöhe. S. wird bei der Luftbildaufnahme benutzt, da mit ihm eine vorgegebene Höhe mit großer Genauigkeit eingehalten werden kann. Das Meßverfahren beruht auf der Änderung des atmosphärischen Drucks mit der Höhe. Nach dem Meßsystem unterscheidet man zwischen *Flüssigkeits-S. und mechanischem S.* Beim Flüssigkeits-S. dient ein Flüssigkeitstropfen in einem gebogenen Glasrohr als Druckanzeiger für die Druckdifferenz zwischen einem abgeschlossenen, wärmeisolierten Luftvolumen und dem atmosphärischen Druck. Das mechanische S. ist seinem Prinzip nach ein äußerst empfindlicher barometrischer → Höhenmesser. Bestimmte Bauformen von Dosenvariometern lassen sich durch Schließen der Kapillare in ein S. verwandeln.

Stäuben: Applikationsverfahren für Feststoffe zum Ausbringen pulverförmiger (0,005...0,05 mm Teilchengröße) Pflanzenschutzmittel vom Flugzeug aus. Durch hohen Ballastanteil (90...96 % Träger- bzw. Streckstoff, in erster Linie Gesteinsmehle) ergeben sich relativ hohe Aufwandmengen (20...50 kg/ha) und damit geringere Flächenleistung pro Flugstunde. Durch Bereitstellung geeigneter flüssiger Pflanzenschutzmittel wird S. durch das produktivere → Sprühen ersetzt. Weitere Nachteile des S.: geringe Sinkgeschwindigkeit der kleinen Staubteilchen, so daß Wind und Thermik zur Abdrift des Mittels führen und gezielte Anwendung behindert wird (nur in den ruhigen Morgen- und Abendstunden anwendbar). Weiterhin starker Verschleiß der → Applikationsanlage durch den Gesteinsmehlanteil. In begrenztem Maße noch Anwendung zum Ausbringen spezieller staubförmiger Düngemittel.

Staudruck: → dynamischer Druck der ungestörten Strömung vor dem Fluggerät. → Druck

Staudruckmesser: → Fahrtmesser

Staudruckstabilität: svw. Geschwindigkeitsstabilität. → Längsstabilität

Staudruckverhältnis: → Stauverdichtung

Stauflügel-Flugzeug: spezielle Flugzeugkonstruktion, deren Tragflügel für die Nutzung des → Bodeneffekts ausgelegt ist. Dazu ist ein Flug in 1...5 m Höhe erforderlich, was über unebenem Gelände aufgrund des damit verbundenen Risikos kaum realisierbar ist. Deshalb wurden experimentelle S. über Gewäs-

VFW-Fokker Stauflügel-Experimentalgerät

Komb. Querruder + Landeklappen

sern erprobt. Ihr Brennstoffverbrauch liegt bei gleicher Transportleistung um etwa 30 % niedriger als bei gewöhnlichen Flugzeugen. Bei Vergrößerung der Geschwindigkeit können S. wie normale Flugzeuge fliegen.

Stauluftturbine: 1. Turbinen- oder Propeller-Gerät an Flugzeugen, das zur Umwandlung der Energie des Flugwinds in Rotationsenergie dient, die ihrerseits mittels eines Generators in elektr. Energie umgewandelt wird. Die S. diente früher als Antrieb des Generators, da an den Triebwerken der Anschluß eines Generators nicht vorgesehen war bzw., z. B. an Raketenflugzeugen, nicht möglich war. In modernen Flugzeugen werden S. zur Notstromversorgung benutzt. In Arbeitsflugzeugen dienen S. häufig zum Antrieb von Pumpen der Sprüheinrichtung. Bei Verwendung als Notantriebsquelle für Generatoren und Pumpen sind S. bei schnellen Flugzeugen ein- und ausfahrbar. – **2.** Turbine, die im Flugzeug eine Seiltrommel antreibt, um das Schleppseil nach dem Ausklinken des Schleppziels über dem Notlandestreifen einzufahren, z. B. L-39V aus tschechoslowakischer Produktion.

Stauplatte: → Brennstoffverbrauchsmesser

Stauraum: Raum im → Abfertigungsgebäude vor Abfertigungseinrichtungen für die Fluggäste, z. B. → Abfertigungsschalter, Paßkontrolle, Zollkontrolle, Sicherheitskontrolle, in dem die Fluggäste sich kurzzeitig aufhalten, um auf die nächste Abfertigungshandlung zu warten. S. erfüllen somit eine Pufferfunktion zwischen den einzelnen Abfertigungen der Fluggäste sowohl abflug- als auch ankunftsseitig. Transit-Warteräume, Abrufräume, Gepäckausgabehallen sind S. mit speziellen Funktionen im Rahmen der Abfertigungstechnologie.

Staurohr, *Prandtlrohr:* Meßsonde zur gleichzeitigen Aufnahme des Gesamt- und des statischen → Drucks einer Strömung zum Messen des dynamischen Drucks und der Strömungsgeschwindigkeit. → Fahrtmesser

Staustrahltriebwerk, *Lorin-Düse, Lorin-Rohr:* nach dem Franzosen *René Lorin* (dem 1913 die Grundidee für dieses Triebwerk patentiert wurde) benanntes Triebwerk. Beim S. wird das erforderliche Druckgefälle für die Schubdüse (→ Düse) lediglich durch den Staudruck der anströmenden Luft erzeugt. Der bei Turbinenluftstrahltriebwerken übliche → Gaserzeuger entfällt. S. bestehen nur aus dem Einlaufdiffusor (→ Diffusor), der Brennkammer mit dem Brennstoffeinspritzssystem und der Schubdüse. Dieser außerordentlich einfache Aufbau, der außer den Brennstoffpumpen keine bewegten Teile enthält, ist technisch sehr reizvoll, da ohne Rücksicht auf die Turbine mit sehr hoher Düseneintrittstemperatur gearbeitet werden kann. Die Anwendung bereitet Schwierigkeiten, weil der Antrieb erst wirksam

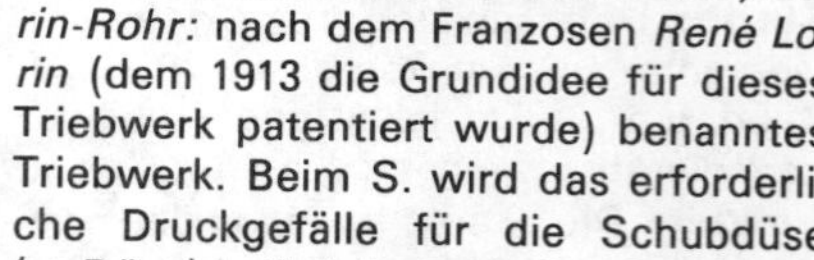

Staustrahltriebwerk

wird, wenn eine ausreichende Anströmgeschwindigkeit vorhanden ist. Daher muß man den Flugkörper zunächst mit bes. Starteinrichtungen beschleunigen. Dazu werden Katapulte, Raketen oder andere Strahltriebwerke verwendet. Im Unterschallbereich ist auch der Wirkungsgrad des S. gering, da der Luftdruck im Diffusor nicht einmal verdoppelt werden kann. Mit steigender Fluggeschwindigkeit wachsen aber Verdichtung und Wirkungsgrad rasch an. Bei Überschallgeschwindigkeiten von $M_a > 2$ erreicht man bei Verwendung eines wirksamen Stoßdiffusors (Diffusor mit mindestens 2 schrägen und 1 geraden Verdichtungsstoß) gute Wirkungsgrade. Für Fluggeschwindigkeiten im Mach-Zahl-Bereich M_a 2 bis M_a 5 ist das S. der wirtschaftlichste Antrieb. Technische Daten des S. SIRIUS II: Länge 4200 mm, Durchmesser 645 mm, Masse 170 kg, Schub bei M_a 2 in Seehöhe 5900 daN, spezifischer Brennstoffverbrauch bei 5900 daN Schub 2,5...2,9 kg/daNh.

Stauverdichtung: Verdichtung der dem Flugzeugtriebwerk mit Fluggeschwindigkeit zuströmenden Luft durch teilweises Abbremsen. S. spielt bei Luftstrahltriebwerken eine wesentliche Rolle. Bedeutung der S. wächst progressiv mit der Fluggeschwindigkeit. Das Staudruckverhältnis ist das Verhältnis des Drucks in der vollständig abgebremsten Strömung zum Druck in der ungestörten Strömung. Das Staudruckverhältnis beträgt bei $M_a = 0,9$ in 11 km Höhe 1,646 und bei $M_a = 2,2$ in 18 km Höhe 8,6. Durch die S. verbessert sich der →Wirkungsgrad der →Luftstrahltriebwerke und PTL.

Stealth-Technologie: militärpolitisch-technische Konzeption des US-amerikanischen Militär-Industriellen-Komplexes in den 70er und 80er Jahren zur Schaffung von Kampfflugzeugen, die in der Lage sein sollen, die Luftverteidigung feindlicher Staaten unbemerkt zu durchdringen. Dazu dient die Anwendung reflektionsarmer Materialien und Oberflächen, strahlungsschluckender Anstriche sowie einer ultramodernen elektronischen Stör- und Schutzausrüstung. Mit diesen Mitteln ist es gelungen, z. B. die effektive Reflektionsfläche des strategischen Bombers B-1B von ca. 10 m² auf 1...3 m² zu senken.

Stefanowski, *Pjotr Michailowitsch:* Generalmajor und Testflieger, Held der Sowjetunion, vor dem zweiten Weltkrieg Versuchspilot des wissenschaftlichen Forschungsinstituts, erprobte die I-16 im Trudeln, außerdem TB-3, TB-4, TB-7, Pe-2, UT-2, I-14 und MiG-3. Bei Kriegsbeginn Kommandeur eines Jagdfliegergeschwaders, dann als Oberstleutnant Stellvertretender Kommandeur des 6. Luftverteidigungskorps im westlichen Sektor der Moskauer Luftabwehr. Noch während des Kriegs wieder Testflieger, erprobte neue sowjetische und die erbeuteten gegnerischen Maschinen. Testete die ersten sowjetischen

Pjotr Stefanowski (Mitte) im Kreise von Testpiloten

TL-Jagdflugzeuge Jak-15 und MiG-9. 1948 Leiter der Inspekteurgruppe der Fernöstlichen Fliegerkräfte. S. flog die MiG-15 ein, 1955 Havarie mit Mi-4. Stellvertretender Chefkonstrukteur bei → Jakowlew. Testete über 300 Flugzeugtypen. Autor von: «300 Unbekannte» (1973, russ.).

Steg: tragender Bestandteil von → Holmen und anderen → Schubwandträgern. Der S. besteht aus einer dünnen Wand (mitunter doppelwandig), die in Abständen durch zu den Gurten senkrechte Versteifungsprofile gestützt werden kann, um die beulkritische Spannung heraufzusetzen.

Stehende Acht: Kunstflugfigur, bestehend aus je einem Looping nach oben und unten, so daß die Figur wie eine stehende Acht (im Unterschied zur liegenden Acht) aussieht.

Steifigkeit von Flugkörpern: Eigenschaft des Festigkeitsverbands, der Verformung (vor allem der Tragflügel und des Leitwerks) infolge der Luft- und Massekräfte einen hinreichend großen Widerstand entgegenzusetzen. → Aeroelastizität

Steigflug: → Bahnneigungsflug

Steigflugrolle: → Kunstflugfigur, bei der eine Rolle im Steigflug ausgeführt wird.

Steiggeschwindigkeit: vertikale Komponente der Bahngeschwindigkeit im Steigflug, gemessen mit dem → Variometer. Die S. charakterisiert die Steigfähigkeit oder -leistung eines Flugzeugs. Bei modernen Verkehrsflugzeugen beträgt sie bis zu 15 m/s, bei Jagdflugzeugen bis 300 m/s. Die S. ist stark höhen- und geschwindigkeitsabhängig, wobei es für jede Flughöhe eine optimale Geschwindigkeit gibt, bei der die S. ihren größten Wert für die gegebene Höhe hat. Mit zunehmender Höhe nimmt die S. bei gleichbleibendem Arbeitsregime des Triebwerks ab. → Gipfelhöhe, → Steigpolare

Steigleistung, *Steigfähigkeit:* Fähigkeit eines Flugzeugs, im Steigflug in bestimmter Zeit eine bestimmte Höhe zu erreichen. Sie wird charakterisiert durch die in jeder Höhe max. mögliche → Steiggeschwindigkeit, die bei max. Triebwerksdauerleistung und optimalem Steigwinkel erreicht wird.

Steigpolare: stellt die Abhängigkeit der max. möglichen → Steiggeschwindigkeit vom Steigwinkel bei gegebener

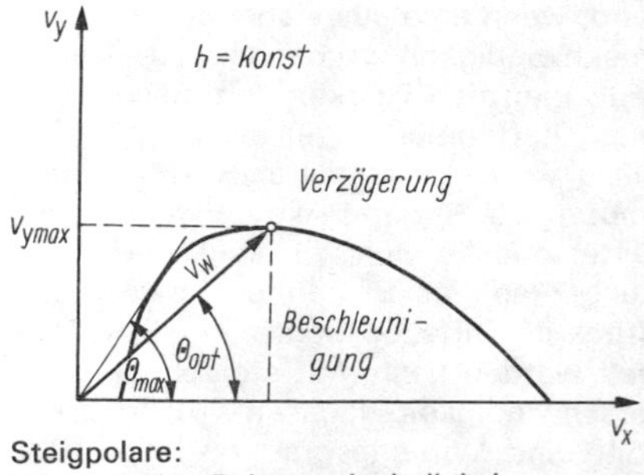

Steigpolare:

V_W	wahre Bahngeschwindigkeit
V_y	Steiggeschwindigkeit
V_x	Geschwindigkeit über Grund
Θ_{max}	max. möglicher Steigwinkel ohne Geschwindigkeitsverlust
Θ_{opt}	optimaler Steigwinkel, bei dem die Steig-Geschwindigkeit ohne Geschwindigkeitsverlust am größten ist

Bahngeschwindigkeit und Höhe dar. Die S. ermöglicht es, die → Steigleistung eines Flugzeugs einzuschätzen. → Sinkpolare

Steigung: → Luftschraubenschritt

Steigzeit: **1.** Verhältnis von Flugzeit zu erreichter Flughöhe bei ununterbrochenem Steigflug. – **2.** Teil der → Flugzeit (t_F), beginnend am Zeitpunkt des Verlassens der bisherigen Höhe bis zum Übergang in den Horizontalflug auf einer größeren Höhe, Symbol t_{FT}.

Steilkurve: Kurve, bei der das Flugzeug eine Schräglage von mehr als 45° einnimmt. Jede S. muß mit erhöhter Geschwindigkeit geflogen werden. Bei der S. behalten alle Ruder ihre ursprüngliche Funktion und Bedeutung. Das Höhenruder ist bestimmend für die Geschwindigkeit in der S., das Seitenruder bestimmt Drehbewegung und Richtung, das Querruder die Schräglage.

Steilspirale: Bewegung des Flugzeugs auf einer spiralförmigen Bahn nach unten mit kontinuierlicher Vergrößerung der Fluggeschwindigkeit.

Stellantrieb: → Servomechanismus

Stellungsanzeiger: Anzeigegerät für die Stellung bestimmter Teile des Luftfahrzeugs. → Flugwerküberwachungsanlage

Stereoauswertung: Verfahren der fotogrammetrischen Bildauswertung, bei dem durch Rekonstruktion der Aufnahmeanordnung (→ Luftbild) in verkleinertem Maßstab und steroskopische Betrachtung der Bildpaare das wahrgenommene optische Modell mit Hilfe einer Meßmarke räumlich abgefahren

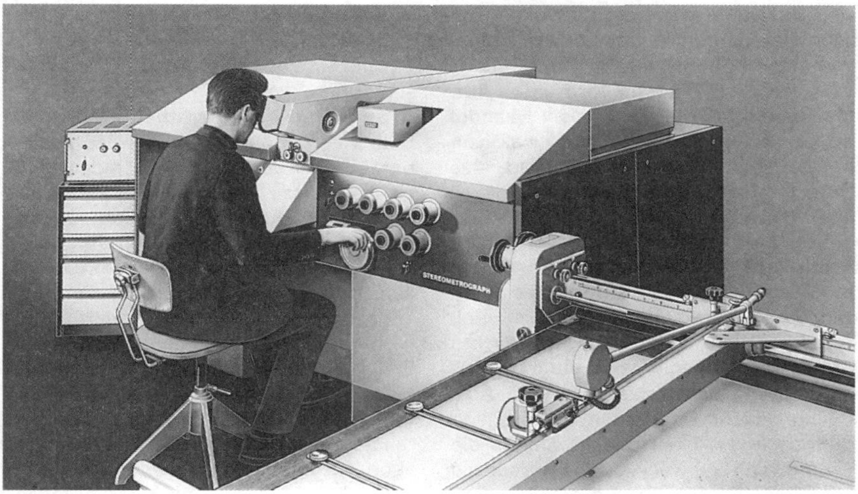

Stereometrograph von Carl Zeiss JENA

und ausgewertet wird. Das Ausmessen der Modelle in Stereokartiergeräten kann punkt- oder linienweise erfolgen. Die Datenausgabe geschieht entweder digital im Klartext, auf Lochstreifen bzw. auf Magnetband oder grafisch auf dem an das Stereokartiergerät angeschlossenen Zeichentisch. Vielseitig einsetzbare Stereokartiergeräte der Firma Carl Zeiss JENA sind der STEREOMETROGRAPH und das TOPOCART.

Sterling Airways A/S: 1962 gegr. monopolistische Chartergesellschaft mit Sitz in Kopenhagen. Angeschlossene Gesellschaften sind «Sterling Airways Sweden», «Sterling Airways Norway», «Sterling Philippine Airways», «Starline» (Italien), «Amfocas» und «Aero-Chef»; weiterhin ein Flugtrainingszentrum, die Sterling Spedition und das Reisebüro «OP Reisen». *Flugzeugpark* (1989): 2 DC-8-63, 10 Boeing 727-200, 6 «Caravelle» 10B. Verkehrsdaten 1985: 1,36 Mill. beförderte (Charter-)Passagiere; 4,1 Mrd. Pkm; 142 Mill. tkm Gesamtleistung. Hauptleistung: Charter-(Bedarfs-)flugverkehr in Europa und nach Sri Lanka.

Sternmotor: → Kolbentriebwerk

Steuerbarkeit: Fähigkeit des Luftfahrzeugs, bei Betätigen von → Steuerorganen eine vorhandene stabile Fluglage zu stören und zu einer neuen überzugehen. Nach der Drehrichtung um die Flugzeugachsen unterscheidet man die *Quersteuerbarkeit* (Rollsteuerbarkeit) um die Längsachse, die *Kurs-* oder *Richtungssteuerbarkeit* (Giersteuerbarkeit) um die Hochachse und die *Längssteuerbarkeit* (Nicksteuerbarkeit) um die Querachse. Quer- und Richtungssteuerbarkeit werden oft unter dem Begriff der Seitensteuerbarkeit zusammengefaßt. S. und → Stabilität stehen in engem Zusammenhang. Zu kleine und zu große Stabilität beeinträchtigen die S. Einen wesentlichen Einfluß hat auch die Wirksamkeit der Steuerorgane bei unterschiedlichen Fluggeschwindigkeiten. Für Senkrechtstarter werden in der Start- und Landephase Strahlruder benötigt, weil aerodynamisch wirkende Ruder nutzlos sind. Für die Höhensteuerung erwiesen sich Klappenruder an Überschallflugzeugen als zu wenig wirksam, so daß zu Flossenrudern übergegangen wurde (→ Steuerwerk, → Steuerung). Die S. wird zur qualitativen und quantitativen Einschätzung der Eigenschaften einer Luftfahrzeugsteuerung benutzt. In die S. gehen u. a. folgende Größen ein: Steuerkräfte, Ausbringkraft, Knüppelkraftänderung als Funktion der Fluggeschwindigkeit, max. Knüppelkraft, Reibung, Spiel in der Steuerkraftübertragung.

Steuerbord: die – in Flugrichtung gesehen – rechte Seite eines Luftfahrzeugs, nachts durch grünes Licht am Ende des rechten Tragflügels kenntlich gemacht. Nach den ICAO-Vorschriften wechselt bei Verkehrsflugzeugen auf internationalen Luftstraßen das grüne Licht alle 2 s mit weißem Licht. → Kennlicht

Steuerkanal: Bez. für Teilgruppen der Flugzeugsteuerung, die zusammen auf eine Bewegungsrichtung einwirken. Danach unterscheidet man einen Längs- und einen Seitenkanal. → Steuerung

Steuerklappe: klappenförmige → Auftriebshilfen, die sowohl als → Landeklappe als auch als Mittel der → aktiven Auftriebskraftsteuerung während des Flugs benutzt werden können.

Steuerknüppel: → Steuerwerk; → Knüppel

Steuerkräfte: zus.fass. Begriff für die zur Steuerung eines Luftfahrzeugs an den Bedienelementen (Steuerknüppel, Pedale o. ä.) erforderlichen Kräfte. Ihre Größe ist abhängig vom Flugzeugtyp, von der Art der Steuerung, vom Ausschlag des Bedienelements sowie von Fluggeschwindigkeit und -höhe. Da die S. eine wichtige Rückkopplung über die Arbeit der Steuerung und die Reaktion des Flugzeugs darstellen, ist es erforderlich, bei nichtumkehrbaren Verstärkersteuerungen die S. zu imitieren, wozu Belastungsimitatoren dienen. → Steuerwerk

Steuerkurs: zu fliegender Kurs, der sich aus dem Kompaßkurs zum Zielort, aus Windrichtung und -stärke ergibt. Bei Windstille, Rücken- oder Gegenwind ist S. mit dem Kompaßkurs identisch. Bei anderen Windrichtungen und -stärken ist Vorhalten erforderlich.

Steuermann: → Navigator

Steuerorgane: Teile der → Steuerung eines Flugzeugs (Flugkörpers), durch deren Betätigung Momente entstehen, die zu einer Drehung des Flugkörpers um seine Achsen führen. Einteilung der S. s. Abb. → Steuerwerk, → Steuerung, → Ruder

Steuerschraube: svw. → Heckschraube.

Steuerung: 1. Gesamtheit der für die Sicherung der notwendigen → Steuerbarkeit erforderlichen Teile eines Fluggeräts. Dazu gehören sowohl das → Steuerwerk mit allen Hilfsmechanismen als auch die → Steuerorgane sowie → Flugregler oder → Autopiloten. Die S. kann in S.kanäle eingeteilt werden, den Längskanal oder die *Längssteuerung* zur Sicherung der Längssteuerbarkeit und den Seitenkanal oder die *Seitensteuerung,* bestehend aus Quer- und Richtungssteuerung, zur Sicherung der Seitensteuerbarkeit. Der Begriff S. wird auch für die Steuerhandlung verwendet. – **2.** Im Zusammenhang mit Kolbentriebwerken: Mechanismus zur S. des Ladungswechsels. Grundlegende Arten der S.: *Schiebersteuerung* (Flachdrehschieber, Walzendrehschieber, Zylinderschieber) für Zweitakt- und Viertaktverfahren (z. B. Bristol «Herkules» 759). *Ventilsteuerung:* für Viertaktverfahren. (z. B. ASch-82 T). *Schlitzsteuerung:* für Zweitaktverfahren. (z. B. JUMO-205). Es sind Kombinationen der 3 Arten möglich. Gegenwärtig wird für 4-Takt-Ottomotoren nahezu ausschließlich Ventilsteuerung angewandt. Beispiel für Steuerzeiten (ASch-82 T):

Einlaßbeginn: 23° v. OT
Einlaßende: 66° n. UT.
Auslaßbeginn: 74° v. UT
Auslaßende: 25° n. OT.

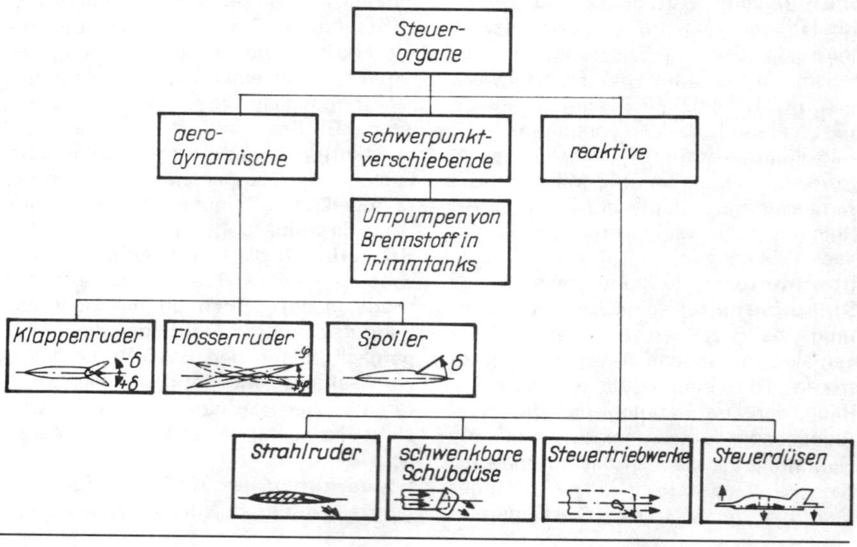

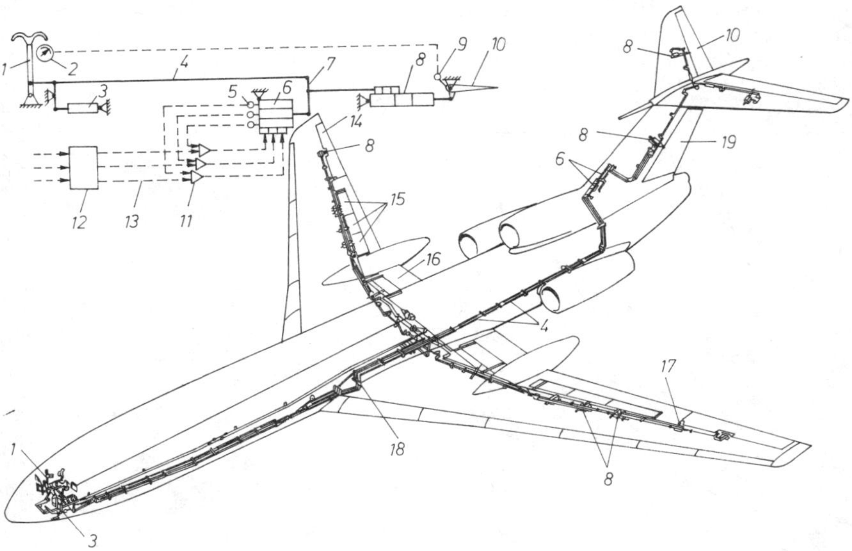

Beispiel einer elektro-hydromechanischen Steuerung: 1 Steuersäule; 2 Anzeige der Ruderstellung; 3 Belastungsmechanismus; 4 mechanische Signalübertragung (Gestänge, Seile); 5 Rückkopplungsgeber; 6 elektrohydraulischer Antrieb (Rudermaschine); 7 mechanischer Summator; 8 hydromechanischer Antrieb (hydraulischer Kraftverstärker, Booster); 9 Ruderwinkelgeber; 10 Höhenruder; 11 Summator elektrischer Signale; 12 System der automatischen Steuerung und Stabilisierung; 13 elektrische Signalübertragung; 14 Querruder; 15 Spoiler; 16 Landeklappen, 17 Mechanismus zur nichtlinearen Steuerung der äußeren Spoiler; 18 Hebel zur Kompensation der Längenänderung; 19 Seitenruder

Steuerwechsel: veralteter, zudem falscher Ausdruck für die scheinbar veränderte Wirkungsrichtung der Ruder bei → Steilkurven oder anderen Kunstflugfiguren, wonach bei ca. 90° Querneigung das Seitenruder als Höhenruder und das Höhenruder als Seitenruder wirkten. Da jedoch die Ruderwirkung auf die Flugzeugachse bezogen wird, ist sie in Wirklichkeit von der Lage des Flugzeugs im Raum unabhängig. → Steuerwerk von Flugzeugen

Steuerwerk von Flugzeugen: Gesamtheit der Bedien- und Übertragungselemente sowie Hilfsmechanismen, die das Betätigen der → Steuerorgane durch den Flugzeugführer gewährleisten. Als Bedienelemente werden traditionell Steuersäule oder Steuerknüppel zum Bedienen des → Höhen- und des → Querruders, Pedale für das → Seitenruder verwendet; dazu ist jedoch heute auch eine Reihe von Schaltern, Knöpfen o.ä. zu zählen, die der Bedienung von Hilfsmechanismen, der Flugregler oder des Autopiloten dienen. Bei kleinen Flugzeugen werden die Steuerbefehle direkt vom Bedienelement über Drahtseile oder Steuergestänge auf die Steuerorgane übertragen. Seile nehmen weniger Platz ein, haben jedoch den Nachteil relativ großer Dehnbarkeit unter Kraft- und Temperatureinflüssen, was die Genauigkeit der Steuerung verschlechtert. Gestänge sind auf *Zug* und *Druck* belastbar, so daß eine Stoßstange 2 Seile ersetzt. Bei größeren Flugzeugen oder auch kleineren Hochgeschwindigkeitsflugzeugen (Jagdflugzeugen) vermitteln die Übertragungselemente den Steuerbefehl zu hydraulischen oder anderen Kraftverstärkern, die gewöhnlich in der Nähe der Steuerorgane liegen, um Masse an den Übertragungselementen einzusparen. In modernen Flugzeugen gibt es zunehmend elektrische Elemente zum Übertragen des Steuerbefehls (→ Fly-by-wire). Vorteile sind genaue Befehlsübertragung, beliebige Verlegbarkeit und mehrfache Sicherungsmöglichkeit. Außer den Kraftverstärkern haben die Steuerwerke moderner Flugzeuge noch solche Hilfsmechanismen wie 1) *Belastungsmechanismen,* die das Belasten der Ruder an den Bedienelementen imitieren (meist durch Stahlfedern), um dem Flugzeugführer trotz der Kraftverstärker ein Steuergefühl zu geben; 2) *Trimmermechanismen,* die durch Ausschlag von Trimmrudern oder Verändern der Ruder-Nullage gegenüber der Nullage des Bedienelements ein Ausbalancieren des Flugzeugs bei Veränderung seiner Schwerpunktlage durch Brennstoffverbrauch oder Abwurf von Lasten ermöglichen; 3) *Wechselgetriebe,* die das Übersetzungsverhältnis der Übertragungselemente in Abhängigkeit von Flughöhe und Fluggeschwindigkeit ändern, um ein optimales Verhältnis, z. B. zwischen Ausschlag des

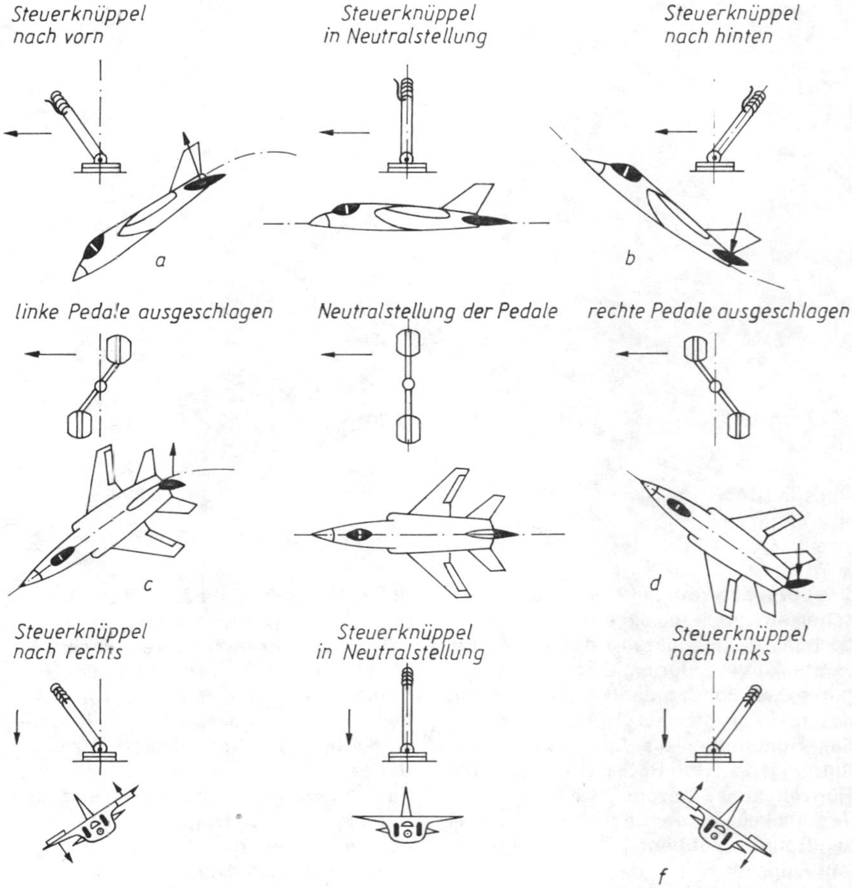

Betätigungs- und Wirkungsweise der Ruder: a Bewegung des Steuerknüppels nach vorn; b Bewegung des Steuerknüppels nach hinten; c Bewegung des linken Pedals nach vorn; d Bewegung des rechten Pedals nach vorn; e Bewegung des Steuerknüppels nach rechts; f Bewegung des Steuerknüppels nach links (e und f in Flugrichtung gesehen)

Steuerknüppels und Wirkung des Höhenruders, zu erhalten; das ist erforderlich, weil gleiche Manöver in großen Höhen oder bei geringen Geschwindigkeiten (geringer Staudruck) einen größeren Ruderausschlag und bei geringen Höhen und großen Geschwindigkeiten (großer Staudruck) einen kleineren Ruderausschlag erfordern, während es wünschenswert ist, bei gleichem Knüppelausschlag unabhängig von Höhe und Geschwindigkeit auch gleiche Handlungen des Flugzeugs zu erzielen; 4) *Teilelemente der Flugregler* oder *Autopiloten,* wie Rudermaschinen u.a.

Steuerwerk von Hubschraubern: Gesamtheit der Bedien- und Übertragungselemente sowie Hilfsmechanismen, die das Betätigen der Steuerorgane gewährleisten. Bedienelemente: Steuerknüppel zur Längs- und Quersteuerung, Pedale zur Seitensteuerung, Gassteigungshebel zur Höhensteuerung. I. allg. werden die Steuerbefehle den Steuerorganen über hydraulische Kraftverstärker zugeführt. Steuerorgane im Sinne von Rudern, Interzeptoren oder ähnlichem gibt es bei Hubschraubern nicht. Als Steuerorgane sind vorhanden der → Schrägstellautomat der Tragschraube (Höhen-, Quer- und Längssteuerung) und der Verstellmechanismus der Heckschraube (Seitensteuerung). In die Höhensteuerung ist die Triebwerksregelung (Leistungsänderung) einbezogen, bei manchen Hubschraubern auch die Drehung des Stabilisators. Höhen-, Quer- und Längssteuerung sind i. allg. reine Gestängesteuerungen. Bei der Seitensteuerung gibt es neben Gestängen auch Seile. Als Hilfsmechanismen werden Belastungsmechanismen (→ Steuerwerk von Flugzeugen), Trimmermechanismen und Flugregler (Autopiloten) verwendet.

Steuerwirksamkeit: Eigenschaft

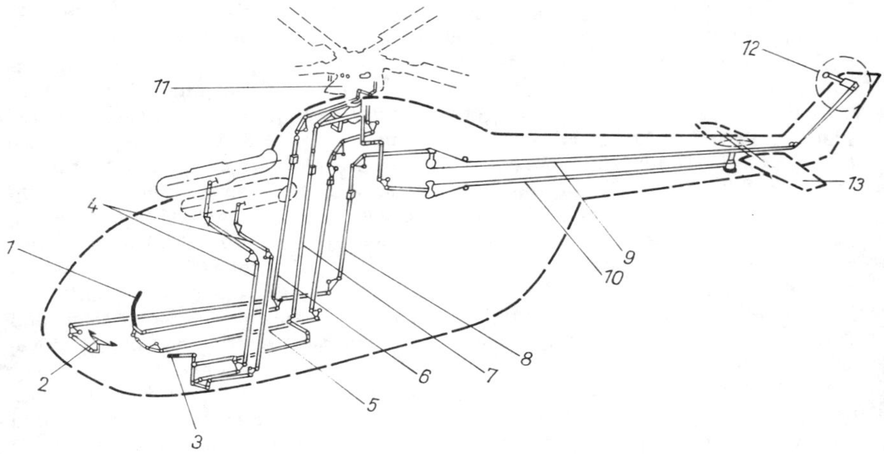

1 Steuerknüppel; 2 Pedale; 3 Gashebel; 4 Gestänge (G.) zur Triebwerksbedienung; 5 G. der Quersteuerung; 6 G. der Längssteuerung; 7 G. der Höhensteuerung; 8 G. der Seitensteuerung; 9, 10 Seile für Stabilisator; 11 Schrägstellautomat; 12 Heckschraubenverstellmechanismus

eines Luftfahrzeugs, die bei der → Flugerprobung festgestellt wird und ein Beurteilungskriterium darstellt. Für die S. werden in Abhängigkeit von Art und Größe des Luftfahrzeugs (zivile und militärische Flugzeuge, Hubschrauber) staatliche Forderungen aufgestellt, die von den Herstellern einzuhalten sind. Die S. gibt die max. erzeugbare Winkelbeschleunigung um die Luftfahrzeuge bei Betätigen eines Bedienelements an. Sie ist abhängig von der → Ruderwirksamkeit, aber auch von der Wirksamkeit und Reaktionsfähigkeit des → Steuerwerks.

Stewardeß, Stewardesse: Zum → Luftfahrtpersonal gehörende Beschäftigte der zivilen Luftfahrt und Angehörige des → Kabinenpersonals. Arbeitsaufgaben der S. bestehen in der Gewährleistung von Ordnung und Sicherheit an Bord von Verkehrsflugzeugen und der Betreuung der Fluggäste während des Flugs (Bordservice). S. erhalten eine spezielle Ausbildung und erwerben eine gesetzlich vorgeschriebene Erlaubnis zur Ausübung ihrer Tätigkeit.

Stick-shaker: Bestandteil der → Überzieh-Warnanlage. Aufgrund ihrer aerodynamischen und flugmechanischen Eigenschaften fehlt bei vielen modernen Flugzeugen das charakteristische Schütteln bei der Annäherung an den Strömungsabriß. Dieses Schütteln wird durch eine elektronisch-elektromechanische Einrichtung, den S., nachgeahmt, um den Piloten vor dem → Überziehen zu warnen.

Stiel, *Flügelstiel:* Verbindung des unteren und oberen Tragflügels von Doppeldeckern, um die Festigkeit der Konstruktion zu erhöhen. Der S. kann aus einer oder mehreren senkrechten oder schrägen Streben in unterschiedlicher Anordnung in Flugrichtung hintereinander bestehen. Je nach Anzahl der an einer Flügelhälfte nebeneinander liegenden S. spricht man von 1-, 2- und 3stieligen Doppeldeckern.

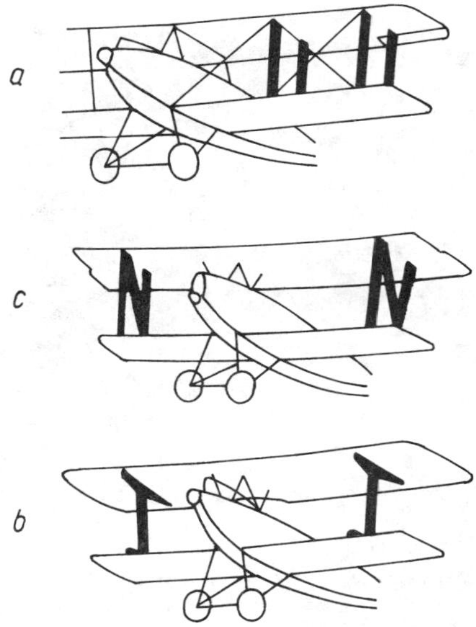

oben 2stieliger Doppeldecker, Mitte Doppeldecker mit 1 Stiel in Doppel-T-Form, unten Doppeldecker mit 1 Stiel in N-Form

Stillstandzeit, Symbol t_C: Bestandteil der → Lebensdauer eines Luftfahrzeugs; Zeitdauer, während der ein Luftfahrzeug abgestellt ist und an ihm keinerlei Arbeiten durchgeführt werden. Sie setzt sich zusammen aus der *S. einsatzfähiger Luftfahrzeuge* (t_{CE}) und der S. nichteinsatzfähiger Luftfahrzeuge

(t_{CN}). Es gilt $t_C = t_{CE} + t_{CN}$. Die S. einsatzfähiger Luftfahrzeuge kann auf dem Heimatflughafen (t_{CEH}), auf Wendeflughäfen (t_{CEW}) oder auf Zwischenlandeflughäfen (t_{CEZ}) auftreten. In gleicher Weise treten T_{CN}-Werte auf als t_{CNH}, t_{CNW} und t_{CNZ}. Durch Addition entspr. Teilzeiten läßt sich die S. auf dem Heimatflughafen ermitteln als $t_{CH} = t_{CEH} + t_{CNH}$ oder die S. nichteinsatzfähiger Luftfahrzeuge als $t_{CN} = t_{CNH} + t_{CNW} + t_{CNZ}$ usw.

STL: Abk. für russ. → **S**verchzwukovoj **T**urboreaktivnyj **L**ainer, Überschallverkehrsflugzeug.

Stockholm; City-Code **STO:** 1) Flughafen *Arlanda,* City-Code **ARN;** bedeutendster internationaler Flughafen Schwedens 59°39′12″ n. Br., 17°55′18″ ö. L., Höhe 37 m. 41 km nördlich von Stockholm entfernt gelegen. 2 Start- und Landebahnen mit 3 300 m × 45 m und 2 500 m × 45 m. Jahresverkehrsleistung 1988 13,3 Mill. Fluggäste. Moderne Funk- und Navigationsausrüstungen. – **2.** Flughafen *Bromma,* City-Code **BMA;** Inlandflughafen der schwedischen Hauptstadt 59°21′18″ n. Br., 17°56′42″ ö. L., Höhe 15 m. 8 km westlich von Stockholm gelegen. 2 Start- und Landebahnen mit 1 897 m × 45 m und 1 140 m × 40 m. Moderne Funk- und Navigationsausrüstungen.

STOL: Abk. für **S**hort **T**ake-**o**ff and **L**anding, engl. Bez. für → Kurzstart und -landung, häufig für Kurzstartflugzeug gebraucht.

STOL-Flugzeug Short «Skyvan» (Großbritannien)

STOL-Flugzeug Antonow An-14 «Ptscholka» (Bienchen; UdSSR)

Störecho: → Radar
Störkanten: Kanten an Trennstellen, Klappen, Hauben, lösbaren Verkleidungsteilen o. ä., die quer zur Strömungsrichtung liegen und dadurch widerstandserhöhende Störungen in der Umströmung verursachen, bes. im hohen Unterschall- und Überschallbereich aufgrund der Bildung örtlicher Verdichtungsstöße. → Störleiste
Störklappen: svw. → Spoiler.
Störleiste: Leiste, Draht, Nietreihe o. ä. quer zur Anströmrichtung auf der Oberfläche von ablösungsgefährdeten umströmten Teilen des Flugkörpers. Die S. führt eine gezielte Verwirbelung der → Grenzschicht herbei, wodurch eine unerwünschte → Ablösung der Strömung verhindert wird.
Stortschijenko, *Pawel:* sowjetischer Fallschirmspringer und -trainer, geb. 1915. Führte zahlreiche Fallschirmsprünge mit Verzögerung durch, so 1952 einen Nachtsprung aus 10836 m Höhe mit Öffnen des Schirms bei 1100 m. Über 1500 Fallschirmabsprünge. Verdienter Meister des Sports und Verdienter Trainer der UdSSR. Trainiert die Auswahl des Landes.
Stoßdämpfer: Teil des Fahrwerks, mit der Aufgabe, Lande- und Rollstöße auf die Luftfahrzeugzelle durch Federung und Dämpfung zu verringern. Nach ihrem Wirkungsprinzip kann man mechanische, Gas-Flüssigkeits-, reine Flüssigkeits- und gemischte S. unterscheiden. Mechanische S. können zum Federn Schraubenfedern oder Gummiseile und zum Dämpfen Elemente zur Erzeugung mechanischer Reibung enthalten; sie werden aufgrund ihrer hohen Masse und geringen Effektivität kaum noch verwendet. Gas-Flüssigkeits-S. sind heute am weitesten verbreitet und zeichnen sich durch Zuverlässigkeit aus; zur Federung enthalten sie ein Gaspolster (meist Druckluft oder Stickstoff), zur Dämpfung eine Hydraulikflüssigkeit, die durch Drosseln gedrückt wird; in ihnen können Arbeitsdrücke bis 30 MPa entstehen. Reine Flüssigkeits-S. arbeiten nur mit Flüssigkeit, die sowohl als dämpfendes als auch als federndes Element verwendet wird. Sie erfordern jedoch Arbeitsdrücke bis 500 MPa, was ihre Abdichtung erschwert und damit ihre Zuverlässigkeit verringert.
Stoßstangen: Elemente des Steuergestänges. → Steuerwerk
Strahlabweiser: bes. Konstruktion auf Abfertigungs-Standplätzen zum Schutz von Gebäuden, Bodengeräten und Personen vor dem Abgasstrahl der Triebwerke.
Strahlantrieb: 1) I. w. S. Antriebsart, bei der die zum Überwinden der Bewegungswiderstände bzw. zum Beschleunigen notwendige Kraft (→ Schub) durch eine Impulsänderung zustande kommt, also bei Wasser-, Luft- und Raumfahrzeugen. 2) I. e.S. Antriebsart bei Raketen, Luft- und Raumfahrzeugen ohne Luftschraube. S. werden in → Luftstrahltriebwerke (die wichtigsten sind die → Turbinenluftstrahltriebwerke [TL]) und → Raketentriebwerke (die wichtigsten sind die Flüssigkeits- und Feststoffraketentriebwerke) gegliedert. Infolge relativ hoher Ausströmgeschwindigkeiten aus der Schubdüse, insbes. bei ETL und Raketentriebwerken, ist der äußere → Wirkungsgrad bei S. bei niedrigen Fluggeschwindigkeiten sehr schlecht. Der äußere Wirkungsgrad wächst mit abnehmendem Verhältnis von Ausströmgeschwindigkeit und Fluggeschwindigkeit.
Strahlbremse: → Strahlumlenkung
Strahlflugzeug: umg.sprachl. Bez. für ein Flugzeug mit TL (→ Turbinenluftstrahltriebwerk).
Strahlklappe: → Auftriebshilfen
Strahlrohr: → Staustrahltriebwerk
Strahlruder, *Steuerdüsen:* → Steuerorgane, bei denen die Steuerwirkung durch Ausströmen von Gasen aus Düsen, die möglichst weit vom Schwerpunkt entfernt sind, oder durch Auslenkung des Gasstrahls der Triebwerke erzielt wird. Ihre Wirkung ist unabhängig vom Luftstrom, der den Flugkörper umgibt, erfordert jedoch einen gewissen Energieaufwand, der von den Haupttriebwerken abgenommen oder durch spezielle Gasgeneratoren erzeugt werden kann. S. werden, wie andere reaktive Steuerorgane, vor allem für Raketen verwendet, aber auch für Senkrechtstarter sind sie in der Start- und Landephase unerläßlich, weil dabei aerodynamische Ruder aufgrund der fehlenden Umströmung unwirksam sind.
Strahlstrom, engl. *Jetstream:* auf engem Raum konzentrierte Starkwindströmung in der Atmosphäre. Ein S. hat gewöhnlich einige tausend km Länge, einige hundert km Breite und eine vertikale Mächtigkeit von wenigen Kilome-

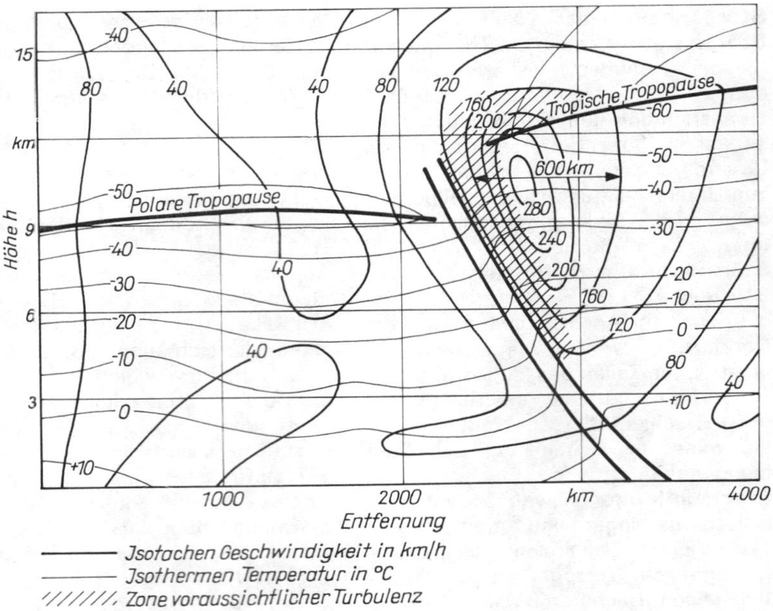

Querschnitt durch einen Strahlstrom

tern. Man bezeichnet ihn deshalb oft auch als *Starkwindband.* Er weist in vertikaler und horizontaler Richtung starke Windgeschwindigkeitsänderungen *(Windscherungen)* auf. Die Windgeschwindigkeit auf seiner Achse (Linie, die die höchsten Windgeschwindigkeiten in der *Kernströmung* miteinander verbindet) beträgt mind. 30 m/s (108 km/h); Geschwindigkeiten von 300 km/h in der Kernströmung sind keine Seltenheit. Nach der geographischen Lage werden folgende S. unterschieden: 1) *Arktischer* bzw. *Antarktischer S.* (Höhenlage 6...8 km), 2) *Polarfront-S.* (Höhenlage 9...12 km), 3) *Subtropischer S.* (Höhenlage 12...16 km), 4) *Tropischer S.* (Höhenlage 20...30 km). Der Bedeutung nach steht der Polarfront-S. an erster Stelle. Er zieht sich mäanderförmig um die Nordhalbkugel (bzw. Südhalbkugel). Aufgrund der starken horizontalen und vertikalen Windscherungen kommt es häufig zu starker Turbulenz. Diese nicht an Wolken gebundene Turbulenz wird *Clear-Air-Turbulence (CAT)* genannt. Sie kann im gesamten Bereich des S. auftreten. Starke CAT wird vorwiegend auf der *zyklonalen Seite* (in Strömungsrichtung gesehen links) angetroffen. I. allg. beträgt die vertikale Mächtigkeit eines CAT-Gebiets nur wenige 100 m. Daher kann ihr am besten durch *Höhenänderung* ausgewichen werden. Bes. heftige CAT wird im Bereich von → *Leewellen* angetroffen. Typisch für einen S. sind auf der antizyklonalen Seite (in Strömungsrichtung gesehen rechts) angeordnete *Cirrus-Bänder* parallel zur S.achse. Unmittelbar im Kern treten keine Wolken auf. – Aufgrund der hohen Windgeschwindigkeit kann der S. zur Einsparung von Brennstoff genutzt werden, wenn der Flug in Windrichtung gelegt wird. Bei Gegenwind versucht man dem S. durch Höhenänderung auszuweichen. Die hohen Windgeschwindigkeiten und die einheitliche Windrichtung bieten dem Segelflug Möglichkeiten für Langstreckenflüge, sofern es im Bereich von Leewellen gelingt, bis in Höhe des S. vorzudringen. Der erste derartige *Wellen*streckenflug wurde 1952 von *J. Küttner* in der Sierra Nevada (Kalifornien) durchgeführt.

Strahltrainer, *Jettrainer:* mit → Turbinenluftstrahltriebwerk versehenes Flugzeug für Schulung und Ausbildung. Notwendig geworden mit Einführung militärischer und ziviler TL-Flugzeuge, oft Versionen von Jagd-, Bomben-, Aufklärungs-, Transport- oder Verkehrsflugzeugen. Nach Verwendungszweck, Flugleistungen und Ausrüstung gibt es: S. für die fliegerische Grundausbildung (L-29 «Delfin», ČSFR, TS-11 «Iskra», Polen, Air Fouga «Magister», Frankreich,

Strahltrainer MiG-15UTI

Strahltrainer Jak-30

Strahltrainer TS-11 «Iskra»

Strahltrainer Su-7U

Strahltrainer SAAB 105

Hunting «Jet Provost», England, North American «Bukkeye» USA); Fortgeschrittenentrainer (L-39 «Albatros», ČSFR, T-38 A «Talon», USA); Systemtrainer (Flugzeuge, in die aus Kostengründen Kabinenausrüstungen, Feuerleitsysteme oder ganze Rumpfvorderteile von Einsatzmaschinen eingebaut wurden, so CL-41 R «Tutor» aus Kanada mit Geräten der F-104 G oder TC-4 C aus den USA mit kompletter Kabine der A-6 A «Intruder») und Kampftrainer (erste Art von S., meist Versionen von Einsatzmaschinen mit Doppelsteuerung, so MiG-15UTI, MiG-21UM, Il-28U und Su-7U aus der UdSSR, «Mirage» IIIB aus Frankreich, «Lightning» T.4 aus Großbritannien und TF-9J «Cougar» aus den USA). Daneben gibt es strahlgetriebene Ausbildungsflugzeuge zum Navigationstraining, Kunstflug- oder Linienflugtraining sowie für viele andere Zwecke.

Strahlumlenkung, *Schubumkehr, Umkehrschub:* Umlenkung des Abgasstrahls bei Strahltriebwerken mit dem Ziel, die Wirkungsrichtung der Schubkraft zu verändern. Bei Verkehrsflugzeugen besteht die Schubumkehreinrichtung aus schwenkbaren Schaufelgittern, die im Bedarfsfall in den Abgasstrom geschwenkt werden. Es entsteht ein nach hinten gerichteter Schub, der sowohl zum Manövrieren am Boden als auch zur Verkürzung der Ausrollstrecke auf kurzen oder vereisten Landebahnen benutzt werden kann. – Bei VTOL-Flugzeugen wird zur Durchführung von Start und Landung eine Strahlumlenkung, häufig durch Schwenken der gesamten Schubdüse, herbeigeführt.

Stratocruiser, engl. für Stratosphären-Kreuzer: Bez. für 4motorige Transatlantikflugzeuge Boeing 377 mit Kolbenmotoren von *Boeing* (Erstflug 1947).

Stratofreighter, engl. für Stratosphären-Frachter Boeing C-97: Frachtausführung der → Stratocruiser.

Stratonaut: Ballonfahrer in einem → Stratostaten.

Stratopause, Stratosphäre: → Atmosphäre

Stratosphärenflug: Flug in einer Höhe über etwa 12000 m. → Atmosphäre

Stratostat: Ballon mit geschlossener, luftdichter Gondel für Fahrten oberhalb 11000 m (die beim Start nur zum Teil gefüllten Ballone erreichen ihre volle Ausdehnung erst in der Höhe). In der Gondel befinden sich Plätze für Besatzung und Lebenserhaltungssysteme sowie Geräte für wissenschaftliche Beobachtungen. Größe der Ballone: 14000...238000 m^3. Für Fahrten im unteren Bereich der Stratosphäre werden sog. Sub.-S. benutzt. S. gebrauchte man bes. in den 30er Jahren zum Vorstoß in große Höhen.

Stratus: → Wolken

Strebe: Bauteil zum → Abstreben von Tragflügeln und Leitwerken.

Streckenlänge: 1. *Allgemein* – Distanz (Entfernung) zwischen 2 Orten (Stationen) eines Verkehrsnetzes über einen festgelegten Transportweg. – **2.** *Flugstreckenlänge* – Länge der Flugstrecke (Nav.-km, Tarif-km); Entfernung zwischen dem Start- und dem Bestimmungsflugplatz, gemessen über dem flugsicherungsmäßig festgelegten bzw. dem vom Luftfahrzeugführer selbst gewählten Flugweg. Die Bezeichnung «Streckenlänge» wird auch zur Kennzeichnung der entfernungsmäßigen Ausdehnung der (aller) von einem Luft-

Aufstiege von Stratostaten

Datum	Name des Ballons Rauminhalt in m³	Ballonführer und Besatzung	Aufstieg	Landung	Höhe m	Bemerkungen	Flugdauer h	Flugdauer min
27. 5. 1931	F.N.R.S. 14	Prof. A. Piccard P. Kipfer	Augsburg Deutschland	Gurgelgletscher Österreich	15 780	Weltrekord für die Schweiz	16	00
19. 8. 1932	F.N.R.S. 14	Prof. A. Piccard Ing. M. Cosyns	Zürich Schweiz	Volta Mantuana Gardasee	16 201	Weltrekord für die Schweiz	11	45
30. 2. 1933	U.S.S.R. 24 340	G. A. Prokofjew Prof. E. K. Birnbaum	Moskau UdSSR	bei Moskau UdSSR	18 500	Höhe durch Ballonführer von Höhenmesser abgelesen	8	20
20. 11. 1933	Century of Progress 16 986	T. Settle Fordney	Akron USA	Blayside USA	18 665	Weltrekord für USA		
30. 1. 1934	C-OAX-I Ossoaviachim 24 920	P. F. Fedossenko Ing. A. W. Wassenko I. D. Usyskin	Moskau UdSSR	Kolomna	22 000	Beim Abstieg löste sich in 17 000 m die Gondel vom Ballon	7	04
28. 7. 1934	Explorer I 85 000	E. Kepner A.-W. Stevens O. Anderson	Black Hills Rapid City S. Dakota/USA	Holdrege Nebraska/USA	18 475	Bruch der Hülle beim Aufstieg, Mannschaft mit Fallschirm gerettet	9	57
18. 8. 1934	F.N.R.S. 14 130	Ing. M. Cosyns Van der Elst	Hour Havenne Belgien	Morska Sobota Jugoslawien	15 500	Belgischer Nationalrekord	14	00
23. 10. 1934	Century of Progress 16 986	Mme. J. Piccard Prof. J. Piccard	Detroit USA	Cadiz USA	17 550	Schweizer Nationalrekord		
26. 7. 1935	U.S.S.R. Ibis 25 000	Prof. A. B. Werigo K. Ja. Sille Ju. G. Prilutzki	UdSSR	UdSSR	16 100	Besatzung mit Fallschirm gelandet	2	37
11. 11. 1935	Explorer II	A. Stevens O. Anderson	Rapid City USA	White Lake USA	22 066	Weltrekord für die USA	8	15
19.–20. 8. 1957	Manhigh II 47 600	D. Simons	USA	USA	31 090		32	00
4. 5. 1961	Strato-Lab V 238 000	M. Ross V. Prather	USA	USA	34 668		8	54

verkehrsunternehmen beflogenen oder über einem bestimmten Territorium verlaufenden Flugstrecken verwendet. Die *Gesamtflugstreckenlänge* (auch mit Flugstreckennetzlänge bezeichnet) ist die Summe der einzelnen Flugstreckenlängen. Die *mittlere Flugstreckenlänge* wird als Quotient aus der Länge aller Flugstrecken des Unternehmens und der Anzahl der Flugstrecken ermittelt.

Streckennetz: → Flugstreckennetz

Streifenkammer, engl. *Continuous-Strip-Camera:* Spezialkamera zur Aufnahme eines kontinuierlichen Streifenbilds des Geländes aus einem schnellfliegenden Luftfahrzeug für militärische Zwecke. Die fotografische Bildaufzeichnung erfolgt bei geöffnetem Verschluß mit einem starr angeordneten Objektiv durch einen fest vor der Bildebene eingebauten Spalt. Der Film wird dabei in Flugrichtung kontinuierlich so verschoben, daß der Abbildungsstrahl eines Objektpunkts den Film während der Belichtung stets an der gleichen Stelle trifft (Kompensation der → Bildwanderung).

Streuen: → Applikationsverfahren für Feststoffe zum Ausbringen granulierter oder kristalliner Agrochemikalien (Teilchengröße $>0{,}1$ mm, vorzugsweise Dünger) sowie von körnigem Saatgut vom Flugzeug oder Hubschrauber aus. Gegenüber dem → Stäuben hat es den Vorteil, daß die Abdrift gering ist. Die notwendigen hohen Aufwandmengen (50...250 kg/ha, in Ausnahmefällen bis 700 kg/ha) führen zu einer niedrigeren Flächenleistung je Flugstunde gegenüber der Flüssigkeitsapplikation. → Sprühen, → Spritzen

Streufächer: → Tunnelstreuanlage

Stringer: svw. → Pfette.

Stromfaden: → Strömung

Stromlinie: → Strömung

Stromlinienform: widerstandsarme Form von Körpern für niedrige Unterschallströmungen. Sie ist durch stark gerundete Vorderkante und spitz auslaufende Hinterkante gekennzeichnet und gewährleistet eine weitgehend wirbelfreie Umströmung des Körpers.

Stromregler: → Maximalrelais

Strömung: Bewegungen von Gasen oder Flüssigkeiten relativ zu einem beliebigen Bezugssystem. In einer S. wird die Darstellung der Bahn der Teilchen als *Bahnlinie* bezeichnet; die *Stromlinie* dagegen ist die Summe der Bewegungsrichtungen einer Reihe hintereinanderliegender Teilchen zum gleichen Zeitpunkt; als *Stromfaden* wird die Zusammenfassung mehrerer Stromlinien durch einen beliebigen Querschnitt bezeichnet; die Richtung der S.geschwindigkeit liegt dabei immer senkrecht zum Querschnitt eines Stromfadens. Man unterscheidet stationäre und nicht- oder instationäre S. In der *stationären S.* ist die Geschwindigkeit an einem bestimmten Ort zeitlich nach Richtung und Größe konstant, die Bahn- und Stromlinien fallen zusammen; in der *instationären S.* ist die Geschwindigkeit nicht konstant, d.h., sie kann sich nach Größe oder Richtung ändern.

Strömungslehre: Theorie von der Bewegung der Flüssigkeiten und Gase und den Wechselbeziehungen zwischen dem strömenden Medium und festen Körpern. Man unterscheidet die → Hydrodynamik und die → Gasdynamik, in denen gleiche Grundgesetze in unterschiedlichen Formen auftreten, wobei die Grenze zwischen beiden Bereichen durch den Einfluß der Kompressibilität des Mediums auf die Erscheinungen bestimmt wird. Die S. untersucht sowohl freie Strömungen (z. B. in der Atmosphäre) als auch geleitete Strömungen (z. B. in Kanälen und Rohren). Im Flugwesen spielen die → Aerodynamik und die → Hydraulik als Teilgebiete der S. eine große Rolle. Die Anfänge der modernen S. wurden von *Kutta* und → *Shukowski* (um 1900) sowie von → *Prandtl* (1918) mit der räumlichen Tragflügeltheorie und der Grenzschichttheorie gelegt. → Grenzschicht, → Zirkulation

Stromversorgungsgerät: Gerät zur Bodenversorgung von Luftfahrzeugen mit elektrischer Energie, die im Gerät umgeformt, dem elektrischen Netz des Flughafens entnommen, oder im Gerät selbst erzeugt wird (je nach Anforderung Wechsel- oder Gleichstrom). Das Gerät wird überwiegend auch als → Anlaßgerät verwendet.

Stufe: **1.** An der Unterseite der Schwimmer von Wasserflugzeugen oder des Rumpfes von Flugbooten vorhandene stufenförmige Einbuchtung, die den Start auf dem Wasser erleichtert. Dadurch ist am hinteren Teil des Schwimmers oder des Rumpfs in Normallage ein geringerer Tiefgang vorhanden. Das ist erforderlich, um zu verhin-

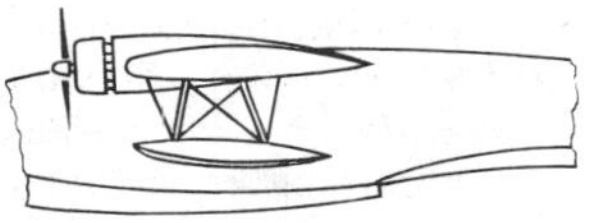

Stufe

dern, daß bei Einnahme eines gewissen Anstellwinkels im Startvorgang der hintere Teil tiefer eintaucht und einen hinter dem Schwerpunkt liegenden zusätzlichen Auftrieb im Wasser erzeugt, der das Flugzeug wieder mit dem Bug nach unten drückt und somit den Abhebevorgang erschwert. Gleichzeitig hilft die an der S. zwischen Schwimmerboden und Wasser eindringende Luft, die Kohäsionskräfte zu zerstören. Statt einer können an einem Schwimmer oder Rumpf auch mehrere S. vorhanden sein. – **2.** Bez. eines Strömungsmaschinenelements, im Verdichter: Laufrad und Leitrad, in der Turbine: Leitrad und Laufrad.

Sturzflug: Flug des Luftfahrzeugs auf einer Flugbahn, die um mehr als 30° gegenüber der Horizontalen nach unten geneigt ist. Das Abfangen des Flugzeugs aus dem S. ist je nach der S.geschwindigkeit mit großen Belastungen verbunden und erfordert die Einhaltung einer ausreichenden Ausleithöhe, um Kollisionen mit dem Boden zu vermeiden. → Bahnneigung

Sturzflugrolle: Kunstflugfigur, bei der die Rolle im Sturzflug ausgeführt wird.

Stuttgart; City-Code **STR:** internationaler Flughafen 48°41′18″ n. Br., 09°12′ 42″ ö. L.; Höhe 396 m. 14 km südlich von Stuttgart entfernt gelegen. 1 Start- und Landebahn mit 2550 m × 50 m. Moderne Funk- und Navigationsausrüstungen.

Stützschwimmer: Hilfsschwimmer bei Wasserflugzeugen unter den Tragflügeln, um das Eintauchen der Flügelspitzen und damit das Kentern zu vermeiden.

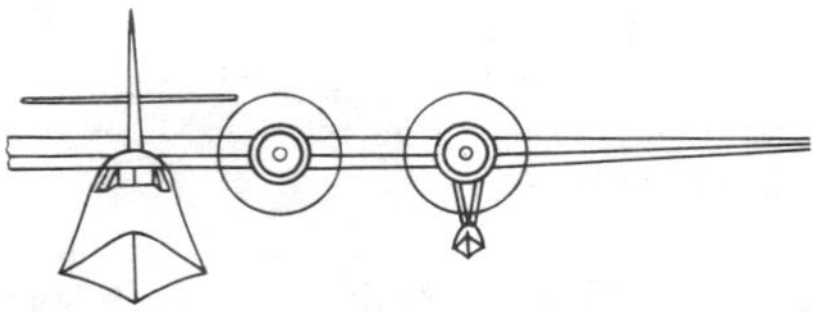

Stützschwimmer

Su: Typenbez. für Flugzeuge des sowjetischen Konstrukteurs *Pawel Ossipowitsch* → **Su**choi.

subsonische Geschwindigkeit: unter der Schallgeschwindigkeit liegender Fluggeschwindigkeitsbereich. → Fluggeschwindigkeit, → Aerodynamik

Suchoi, *Pawel Ossipowitsch:* sowjetischer Flugzeugkonstrukteur, Dr. der technischen Wissenschaften, 2mal Held der sozialistischen Arbeit, Lenin- und Staatspreisträger, geb. 10. (22.) Juli 1895 Glubokoje im Witebsker Gebiet, gest. 15. Sept. 1975 Moskau. Sohn eines Lehrers, Besuch des Gymnasiums in Gomel bis 1914, anschließend Studium an der Physikalisch-Mathematischen Fakultät der Universität Moskau, Übergang zur Technischen Hochschule Moskau. 1916 zur Armee einberufen, nach Demobilisierung Fortsetzung des Studiums, 1925 Abschluß. Schon vor Beendigung des Studiums an der Technischen Hochschule Moskau arbeitete er ab 1924 als Zeichner im → ZAGI und wurde in kurzer Zeit einer der leitenden

Pawel Suchoi

Jagdflugzeug Suchoi Su-9B

Jagdbomber Suchoi Su-20

Schlachtflugzeug Suchoi Su-25K

Mitarbeiter dieses Instituts. 1932 Abteilungsleiter im Konstruktionsbüro → *Tupolew* und bald stellvertretender Chefkonstrukteur. S. ist der Konstrukteur des Langstreckenflugzeugs RD (ANT-25 oder DB-1, → *Tschkalow*), der 2motorigen DB-2 «Rodina», mit der die sowjetischen Fliegerinnen *Grisodubowa, Ossipenko* und *Raskowa* 1938 ihren Rekordflug Moskau-Ferner Osten durchführten, und insbes. zahlreicher leichter und Langstrecken-Bombenflugzeuge sowie Jagd- und Erdkampfflugzeuge. Dazu zählen die Jagdflugzeuge I-14 (ANT-31), DIP (ANT-29), Su-1 und Su-9B, Schlachtflugzeuge und Jagdbomber BB-1, Sch-B, Su-2, Su-6, Su-8, Trainer UTB, Artillerieleitflugzeug Su-12 und Jagdbombenflugzeug Su-7B, Versuchs- und Rekordflugzeuge T-1, T-3, T-5, T-49, PT-7, PT-8, P 1 und T-405. Neuere Entwicklungen aus dem Konstruktionsbüro «Pawel Ossipowitsch Suchoi» sind die Kunstflugmaschine Su-26, die Jagdbomberserie Su-17/20/22, das Mehrzweckkampfflugzeug Su-24, das Schlachtflugzeug Su-25 und das Jagdflugzeug Su-27.

Sudan Airways: staatliches Luftverkehrsunternehmen des Sudan mit Sitz in Khartum. Gegr. 1946; Beginn des Flugverkehrs 1947. *Flugzeugpark* (1987):

5 Boeing 707, 2 Boeing 737, 2 DHC 6, 3 Fokker F27. Verkehrsdaten 1987: 417 200 beförderte Passagiere; 471 Mill. Pkm; 9 Mill. Fracht-tkm; 57,7 Mill. tkm Gesamtleistung; Streckennetz von 66 730 km Länge. Hauptstrecken: Europa, Mittlerer Osten; Inlandflugverkehr. IATA-Mitglied.

Sud-Aviation, *Société Nationale de Constructions Aéronautiques:* ehemaliges französisches Staatsunternehmen für Flugzeugbau in Form einer Aktiengesellschaft, Verwaltungssitz Paris. 1957 entstanden aus dem Zusammenschluß der Staatsunternehmen Sud-Est-Aviation (vormals S.N.C.A.S.E.) und Sud-Ouest-Aviation (vormals S.N.C.A.S.O.). Diese Gesellschaften hatten bereits vorher die Firmen S.N.C.A. du Sud bzw. S.N.C.A. de l'Ouest übernommen (nach Gesetz vom 4. Aug. 1936 über die Nationalisierung der Kriegsindustrie, durch das verschiedene private in staatliche Unternehmen verwandelt wurden). 1967 wurden die Potez-Werke (→ Potez) eingegliedert. Die S.-A. umfaßte Betriebe für Entwurf und Herstellung von Prototypen, Serienbau sowie Reparatur und Überholung in Toulouse, Marignane, Paris, Saint Nazaire, Bouguenais, La Carneuve, Rochefort, Bordeaux-Mérignac, Cannes-La Bocca. Außerdem verfügte sie über die Flugerprobungsstelle Melun-Villaroche und Spezialanlagen. Mit 22 000 Beschäftigten gehörte sie zu den größten Flugzeugfirmen der Welt. Eine ihrer Entwicklungen ist die *«Caravelle»* (erstes Flugzeug mit Hecktriebwerken); außerdem war S.-A. am britisch-französischen Überschallverkehrsflugzeug «Concorde» beteiligt. Daneben wurden gebaut: 4sitziges Ganzmetall-Reiseflugzeug Gardan GY-80 «Horizon», Militärflugzeuge (SO-9050 «Trident» II, SO 4050 «Vatour», SE 5000 «Baroudeur», SE 212 «Durandal»), Hubschrauber (SE 3130 «Alouette» II, SO 1221 «Djinn», SE 3200 «Frélon», SA 330 «Puma» und SA 341 «Gazelle»), Flugkörper und verschiedene Erzeugnisse für die Luftfahrt (Schleudersitze, Ausrüstungen, Geräte u. a.). 1945–1965 entwickelte S.-A. 40 verschiedene Flugzeugtypen, Hubschrauber und Flugkörper und baute mehr als 3 000 Stück in Serie. Auf dem Gebiet des Hubschrauberbaus wurde eine enge Zusammenarbeit (Regierungsabkommen) mit der britischen Firma Westland hergestellt. Seit dem 1. Jan. 1970 ist S.-A. Teil von → Société Nationale Industrielle Aérospatiale (SNIAS).

Süddeutsche Fluggesellschaft mbH, Kurzbez. **Südflug:** ehemaliges privates Unternehmen für Charterflugverkehr mit Sitz in Stuttgart, das vor allem Touristikflüge durchführte. Der Flugzeugpark bestand aus Douglas DC-7, DC-8, DC-9 und Fokker F.27 «Friendship». Am 1. Jan. 1968 wurde das Unternehmen von der → Deutschen Lufthansa A. G. aus Konkurrenzgründen erworben und 1969 in die → Condor Flugdienst GmbH eingegliedert.

Sudez, *Wladimir Alexandrowitsch:* sowjetischer Luftmarschall, geb. 10. (23.) Okt. 1904, gest. 6. Mai 1981. 1922/25 Schlosser; seit 1925 Angehöriger der Sowjetarmee. Absolvierte 1927 eine Technische Schule der Luftstreitkräfte, 1929 eine Fliegerschule. 1928/41 Staffel-, Regiments-, Divisions- und Korpskommandeur. Im zweiten Weltkrieg Kommandierender großer Fliegerverbände, die in den Kämpfen im Kursker Bogen, am Dnepr-Übergang, in Bulgarien, Jugoslawien, Budapest und Wien beteiligt waren. Am 28. April 1945 als Generaloberst und Kommandierender der 17. Luftarmee Held der Sowjetunion. Schloß 1950 die Generalstabsakademie ab, ab 1955 Marschall. Kandi-

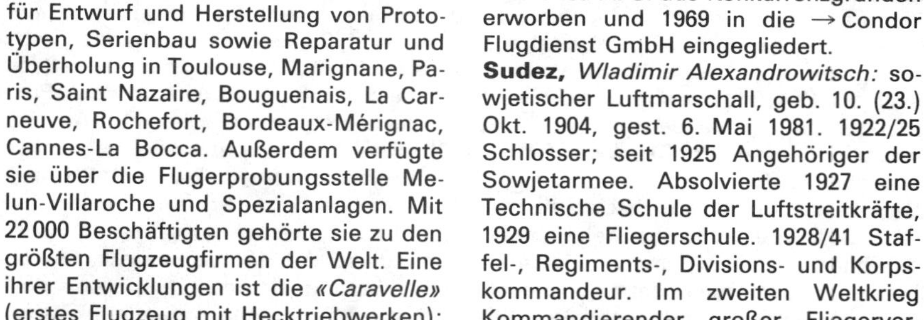

Sud-Aviation S.O.4050 «Vautor N»

dat des ZK der KPdSU, Deputierter des Obersten Sowjets der UdSSR.

Südflug: Abk. für → **Süd**deutsche **Flug**gesellschaft mbH.

Suidwes Lugdiens (Eiendoms) Beperk: Luftverkehrsunternehmen in Namibia mit Sitz in Windhuk. 1946 als «South West Airtransport» gegr., 1959 von der «Oryx Aviation» übernommen, die sich danach die ob. Bez. gab.

Summerzündung: Zusatzeinrichtung zur Zündanlage bei OTTO-Flugmotoren, die nur während des Anlaßvorgangs arbeitet. Durch einen besonderen Unterbrecher (WAGNERscher Hammer) wird der Primärkreis einer besonderen Anlaßzündspule in ununterbrochener Folge unterbrochen und wieder geschlossen. Dadurch entstehen in der Sekundärspule eine Vielzahl von Hochspannungsstößen, die über einen besonderen Verteilerfinger auf die entsprechenden Zündkerzen verteilt werden. So stehen zusätzlich zu dem einmaligen Zündfunken des Zündmagneten an jeder Zündkerze pro Arbeitsspiel eine Vielzahl von Zündfunken zur Einleitung der Verbrennung des Brennstoff-Luftgemisches zur Verfügung (→ Anlassen). S. werden auch zur Erstzündung von Gasturbinentriebwerken angewendet.

superkritisches Profil: svw. → überkritisches Profil.

Superprovision: vereinbarte → Provision, die in ihrer Höhe über den Rahmen der üblichen Beteiligung von anderen Luftverkehrsunternehmen, Agenten usw. an den erzielten Einnahmen (Erlösen) aus der Beförderung von Personen und Gütern hinausgeht. S. gewähren sich in der Regel Partner eines → Generalverkaufsagenturabkommens, um Werbekosten u. a. abzudecken.

Super Sonic Transport, Abk. **SST:** engl. Bez. für → Überschall-Luftverkehr; Überschall-Verkehrsflugzeug.

supersonische Geschwindigkeit: über der Schallgeschwindigkeit liegender Fluggeschwindigkeitsbereich. → Fluggeschwindigkeit, → Aerodynamik, → Schallgeschwindigkeit

Suprun, *Stepan Pawlowitsch:* sowjetischer Jagdflieger, geb. 20. Juli (2. Aug.) 1907 Sumsker Gebiet, gest. (im Luftkampf bei Moskau gefallen) 4. Juli 1941. Nach Abschluß der Fliegerschule Militärflieger und Versuchspilot. Als Freiwilliger 1939 nach China, Mai 1940 Held der Sowjetunion. Formierte in den ersten Tagen des Krieges, vor allem aus Versuchspiloten, das 401. Jagdfliegergeschwader, das MiG-3 erhielt. S. gelang es, im Luftkampf am 4. Juli aus einer Gruppe von 6 gegnerischen Flugzeugen 3 zu vernichten, bevor er selbst mit seiner MiG-3 abgeschossen wurde. Am 22. Juli 1941 wurde Oberstleutnant S. postum der 2. Goldene Stern des Helden der Sowjetunion verliehen.

Surge: engl. Terminus, der Schwierigkeiten bei der Führung des Lufteinlaufs für TL bezeichnet. Man versteht darunter das Abreißen der Strömung, die so stark zu flattern beginnt, daß gefährliche Schwingungen in den Triebwerken auftreten.

Svenska Flygmotor AB: schwedisches Flugmotorenwerk. 1930 gegr., zunächst Lizenzbau des Bristol Pegasus I als My VI, seit 1969 ganz der Volvo Corporation gehörendes Tochterunternehmen. Werk und Hauptverwaltung in Trollhättan, 2400 Beschäftigte. Fertigte vor allem Flugmotoren für die schwedischen Luftstreitkräfte (insgesamt 14 Triebwerkstypen). Baut gegenwärtig für das Strahlflugzeug «Viggen» das Triebwerk RM 8 (Lizenzbau des → Pratt & Whitney JT 8 D). Erweiterung des Produktionsprogramms geplant. Anfang 1970 in Volvo Flygmotor AB umbenannt.

Sverchzwukovoj Turboreaktivnyj Lainer, Abk. **STL:** russ. Bez. für → Überschallverkehrsflugzeug. Die ersten dieser Art sind die sowjetische Tu-144 (Erstflug 31. Dez. 1968) sowie das britisch-französische Gemeinschaftsprojekt «Concorde» (Erstflug 28. März 1969).

Svod: Bez. für ein sowjetisches Kurzstrecken-Navigationsverfahren, das ähnlich wie die Verfahren → VOR-DME und → TACAN eine Entfernung zur Bodenanlage und einen Winkel angibt. Zur Übermittlung der Navigationsangaben dient der Frequenzbereich 770...970 MHz. Er ist in die Bänder für Kursangabe und Abfrage- und Antwortfrequenzen zur Entfernungsmessung eingeteilt. Die Entfernungsmessung entspricht dem Verfahren → DME. Zur Kursangabe benutzt man ein Drehfunkfeuer mit 2 Sendern und 2 Antennenanlagen. Ein Sender gibt mit Hilfe einer rundstrahlenden Antenne eine Impulsfolge als Bezugssignal ab. Der zweite Sender arbeitet mit einer rotierenden Richtantenne (Drehzahl 100 U/min). Der

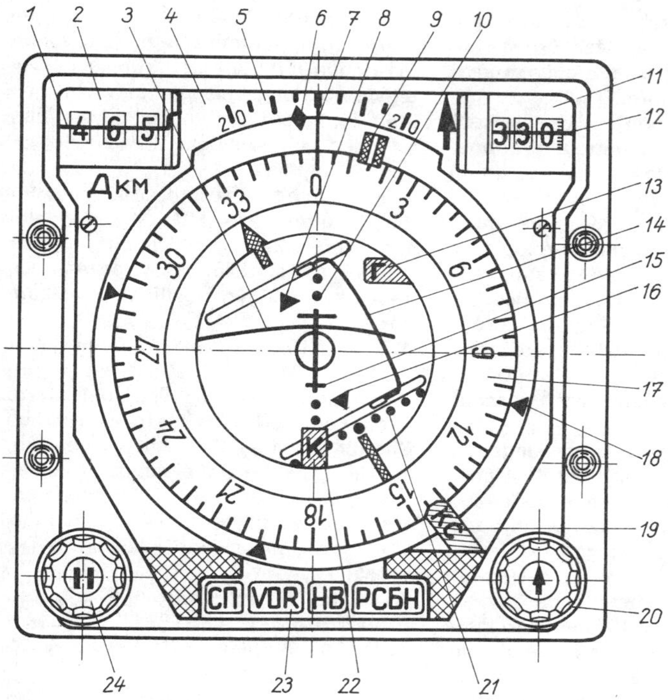

horizontal situation indicator (HSI) für das sowjetische System SVOD: 1 Ausfallwarnung für die Entfernungsanzeige; 2 Entfernungsanzeiger; 3 Gleitweganzeiger; 4 Zeiger für den vorgegebenen Wegwinkel; 5 Skale für Abdriftwinkel; 6 Marke für den Abdriftwinkel; 7 feste Marke für die Kursablesung; 8 Marke zur Signalisierung eines Funkfeueranflugs; 9 Marke für den vorgegebenen Kurs; 10 Gleitwegskale; 11 Anzeige für den vorgegebenen Wegwinkel; 12 Ausfallwarnung für die Wegwinkelanzeige; 13 Warnflagge für den Ausfall des Gleitwegempfängers; 14 Anzeiger für die Abweichung von der Gleitwegzone des Kurssenders; 15 Flugzeugsilhouette; 16 Marke zur Signalisation des Abflugs vom Funkfeuer; 17 Kursskala; 18 Marke; 19 Warnflagge für den Ausfall des Kurssystems; 20 Einstellknopf zur Vergabe des Wegwinkels; 21 Kurswegskale für Landeanflug; 22 Warnflagge für den Ausfall des Kursempfängers; 23 Leuchtfeld zur Anzeige der Betriebsweise; 24 Einstellknopf für die Kursvorwahl

Sender für die Bezugssignale wird von der Antennenstellung der rotierenden Antenne in seiner Abstrahlung beeinflußt, so daß bei bestimmten Antennenstellungen Impulse gesendet werden. An Bord von Luftfahrzeugen ergeben sich die Winkel zur S.-Bodenanlage aus einer Zeitmessung zwischen dem Eintreffen der Bezugssignale und der Signale der rotierenden Antenne. Die Anlagen haben bei Flughöhen von 10 km Reichweite um 360 km. Die Entfernungsmeßanlage kann gleichzeitig 100 Luftfahrzeuge bedienen. Zum System S. gehört zusätzlich noch eine Anlage zur Führung beim Instrumentenanflug, deren Anzeige wie beim → ILS auf einem Kreuzzeigergerät ablesbar ist. Die Landeführungsanlage arbeitet mit 1 Sender, 2 Modulatoren und 2 Richtantennen, deren Strahlungskeulen sich wie beim ILS auf der Anfluggrundlinie überschneiden. Im Überdeckungsgebiet jeder Strahlungskeule wird die Sendefrequenz mit einer anderen Modulation empfangen. Nur in der Nähe der Anfluggrundlinie sind die Spannungen mit den Modulationen gleich groß.

SVR: Abk. für engl. **S**lant **V**isual **R**ange; Schrägsicht. → Sicht

SW: Abk. für → **S**eabord **W**orld Airlines Inc.

SWC: Abk. für engl. **S**ignificant **W**eather **C**hart, Karte signifikanter Wettererscheinungen. → Flugwetterberatung

Swissair: → Schweizerische Luftverkehr AG.

Symmetrielinie: Profilmittellinie symmetrischer → Profile. → Profilgeometrie

Synoptik (griech. synoptikos = übersichtlich zusammengestellt): meteorologisches Arbeitsverfahren zur Prognose des Wetters auf der Grundlage vergleichender Betrachtung. Um ein umfassendes Bild von den Wettervorgängen in der Atmosphäre zu erhalten, werden zu international festgelegten Zeiten (00, 03, 06, 09, 12, 15, 18 und 21 UTC) meteorologische Beobachtungen *(synoptische Beobachtungen)* angestellt, wobei solche über Land durch Beobachtungen auf See ergänzt werden. Neben sporadischen Schiffsbeobachtungen erfolgen sie auch von speziellen, an vereinbarten Positionen verankerten *Wetterschiffen.* Dazu kommen Feststellungen von Flugzeugen und routinemäßigen *Wetterflügen.* Höhenbeobachtungen führen Radiosondenstationen zu den Terminen 00, 12 GMT, vereinzelt zu den Terminen

06 und 18 GMT durch. Zu diesen Terminen werden spezielle Meßkörper (Radiosonden) aufgelassen, die ihre Daten zur Erde senden. Ihre Ergebnisse werden durch Bilder von → *Wettersatelliten,* Beobachtungen mittels *Wetterradar* und (in einigen Ländern) durch *Wetterraketenaufstiege* verdichtet. Die Beobachtungsdaten werden über international koordinierte meteorologische Nachrichtenverbindungen, hauptsächlich Fernschreibverbindungen *(Wetterfernschreibnetz)* verbreitet. In Europa wurde das *International Meterological Teleprinter Network in Europa (IMTNE)* für den Wetterdatenaustausch geschaffen.

Die in den Flugwetterwarten eingehenden synoptischen und aerologischen Wettermeldungen werden in *Bodenwetterkarten, Höhenwetterkarten* und *spezielle Diagramme* eingetragen und durch Prognostiker analysiert. Das auf dieser Grundlage entstehende 3dimensionale Bild ist eine *Momentaufnahme* des Wetters. Durch vergleichende Betrachtung der alle 3 h folgenden Momentaufnahmen für ein bestimmtes Gebiet wird die weitere Entwicklung des atmosphärischen Zustands, Verlagerung von Hoch- und Tiefdruckgebieten, Fronten und Luftmassen abgeschätzt und in *Vorhersagen* dargelegt. Dieses Arbeitsverfahren bildet auch im → Flugwetterdienst die Grundlage für die meteorologische Betreuung der Luftfahrt, unterstützt durch *numerische Vorhersagen* nach mathematisch-physikalischen Methoden mit Hilfe elektronischer Datenverarbeitungsanlagen sowie durch *statistische Verfahren,* bei denen man an Hand von Analogiefällen zu Aussagen gelangt.

Syrian Arab Airlines, Abk. **Syrian Air,** 2-Letter-Code- **RB:** nationale syrische Luftverkehrsgesellschaft mit Sitz im Damaskus. 1946 als Syrian Airways gegr., seit 1961 verstaatlicht. *Flugzeugpark* (1988): 1 An 24, 5 An 26, 2 Jak-40, 4 IL 76, 6 Tu 134, 3 Tu 154M, 3 Boeing 727, 2 Boeing 747 SP, 2 «Caravelle». Verkehrsdaten 1987: 390 000 beförderte Passagiere, 792 Mill. km (einschließlich Charter Service); 14 Mill. Fracht-tkm; 85 Mill. tkm Gesamtleistung. Streckennetz von rd. 68 000 km. Hauptstrecken: Mittlerer Osten, Europa, Nordafrika, USA sowie Indien und Pakistan. IATA-Mitglied.

Système d'Attérisage à Trajectoires Multiples: → SATRAM

SZD: Abk. für poln. → **S**zybowcowy **Z**aklad **D**oswiadczalny.

Szybowcowy Zaklad Doswiadczalny, Abk. **SZD:** Zentrum für die Segelflugforschung, Konstruktion und Bau von Segelflugzeugen in Bielsko-Biala, offiziell im April 1946 als Instytut Szybownictwa gegr. Das SZD ist verantwortlich für den gesamten Segelflugzeugbau in Polen.

T

T: 1. Typenbez. der US-Luftstreitkräfte für Schluflugzeuge (engl. trainer), z. B. T-33. – **2.** Typenbez. der schwedischen Luftstreitkräfte für Torpedoflugzeuge. – **3.** Bei amerikanischen Triebwerksbezeichnungen (Abk.) für *turbosupercharged* – Motor mit Abgasturbolader. – **4.** → Brennstoff

TABSO: staatliches bulgarisches Luftverkehrsunternehmen, das Inlandlinien und außerdem Strecken nach mehreren Ländern Europas, einigen Orten in Afrika und Nahost beflog und auch Wirtschaftsflug betrieb. Der Flugzeugpark bestand aus IL-14, IL-18, An-2 und An-24. Die Bezeichnung rührte von der früheren bulgarisch-sowjetischen Gesellschaft «**T**ransportnoje **A**viacionnoje **B**olgarsko-**S**ovjetskoje **O**bschtschestwo» her. Im Mai 1968 entstanden daraus die → BALKAN–Bulgarien Airlines.

TACAN: Abk. für → **Ta**ctical **A**ir **N**avigation System.

Tactical Air Navigation System, Abk. **TACAN:** taktisches Luftfahrt-Navigationssystem. Kooperatives Funknavigationssystem (→ Funknavigation) für Mittelstrecken, mit dessen Hilfe der Standort aus dem Schnittpunkt der → Standlinien Kreis (aus einer Entfernungsmessung mit → DME) und Gerade (Ergebnis einer Winkelmessung über eine Phasendifferenz) ermittelt wird. Dazu strahlt die Bodenanlage über eine bes. rotierende Richtantenne die Entfernungsmeßimpulse ab. Wegen der Antennenrotation ergibt sich eine Amplitudenmodulation in der Hüllkurve der DME-Impulse, deren Frequenz von der Antennendrehzahl und der Form des Strahlungsdiagramms abhängt. Die TACAN-Antenne hat die Drehzahl von 15 U/s. Daher ist für eine → Grobortung der Phasenvergleich bei 15 Hz möglich und für die → Feinortung wegen des Antennendiagramms, das 9 Maxima hat, die Messung bei 135 Hz durchzuführen. Die Bezugsfrequenzen 15 Hz und 135 Hz werden im Empfänger hergestellt. Zu ihrer Synchronisation sendet die Bodenanlage bei Durchtritt des Hauptstrahlungsmaximums durch die Ostrichtung eine bes. Impulsgruppe aus. Das TACAN-Verfahren hat in der Militärluftfahrt der westlichen Länder große Bedeutung. Zur Anwendung der Bordanlagen für die Landeanflugnavigation wurde es zum Verfahren → SETAC (Abk. für Sektor-TACAN) weiterentwikkelt, bei dem das sonst für 360° vorhandene Antennendiagramm auf 36° «gestaucht» wurde (ermöglicht sehr genaue Kursführung für den Landeanflug). Zur Gleitwegführung sind zusätzliche Anlagen erforderlich. SETAC-Anlagen wurden bisher nur erprobt. Bei T.-Anlagen unter der Bez. DOTAC- handelt es sich um eine verbesserte Variante mit höherer Genauigkeit in der Winkelmessung, die den Dopplereffekt ausnutzt.

Tactical Approach and Landing Radar: → TALAR

TAF: Flugplatzwettervorhersage in verschlüsselter Form (TAF-Code-Form). → Flugwetterdienst

Tag der Luft- und Raumfahrt: Die Generalversammlung der FAI beschloß im Nov. 1968 in London, den 12. April jährlich als Tag der Luft- und Raumfahrt zu begehen (Gedenken an *Juri Gagarin*, der am 12. April 1961 als erster Mensch im Kosmos war).

Tagesflugplan: betriebliches Dokument der Flugsicherung, in dem alle an einem bestimmten Tag durchzuführenden Flüge verzeichnet sind.

Tagesflugzeit, Symbol t_{FC}: → Flugzeit oder Teil der Flugzeit (t_F) im Zeitraum zwischen Sonnenauf- und -untergang.

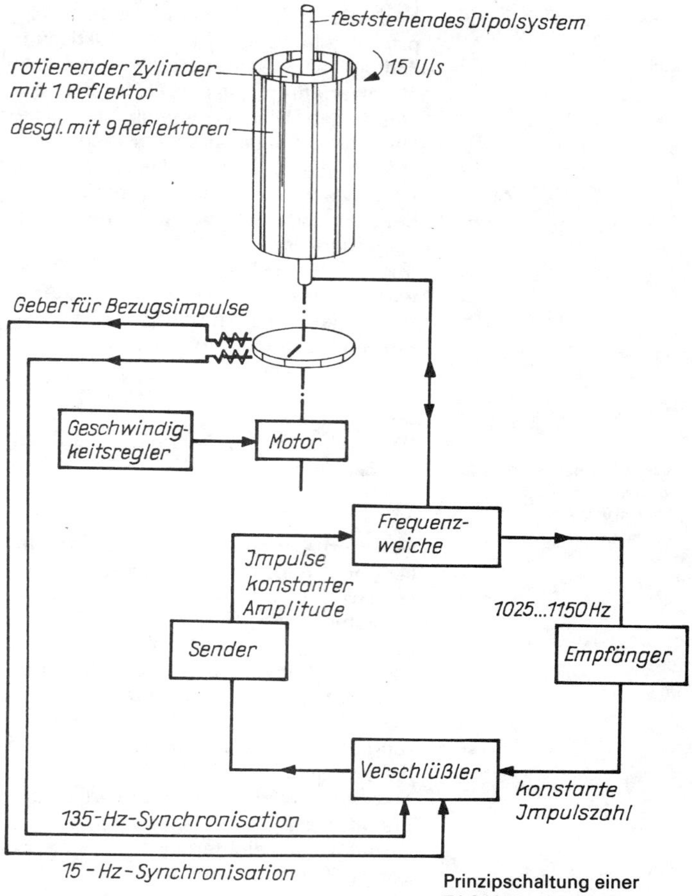

Prinzipschaltung einer TACAN-Bodenstation

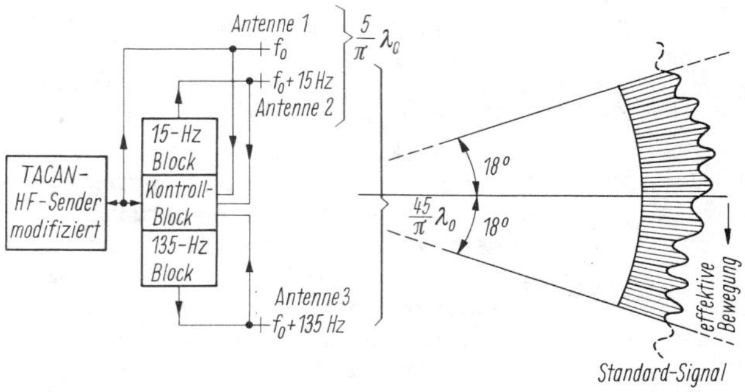

Bildung eines TACAN-ähnlichen Strahlungsdiagramms beim SETAC-A-Verfahren

tägliche Flugzeit, Symbol t_{FD}: Gesamtflugzeit eines Luftfahrzeugs innerhalb 24 h.

Taifun: → tropischer Wirbelsturm

Taileron: engl. für → Differentialhöhenruder.

Tailsitter: engl. Bez. für Heckstarter, → VTOL

Taktisches ILS: → TILS

TALAR: Abk. für engl. **T**actical **A**pproach and **L**anding **R**adar, Taktisches Anflug- und Landeradar. → Schwenkstrahlverfahren, das 1971 in den gewerblichen Dienst genommen wurde. Der Mikrowellenstrahl rotiert mit 100 U/s. Breite des Landestrahls ±2,5°, Reichweite des Senders 75 km. Die Landeführungsdaten sind auf dem → Kreuzzeigergerät des ILS ablesbar oder können auf den → Flugregler aufgeschaltet werden. Von den US-Luftstreitkräften wurde das T. zur Hubschrauberlandung in Dienst genommen.

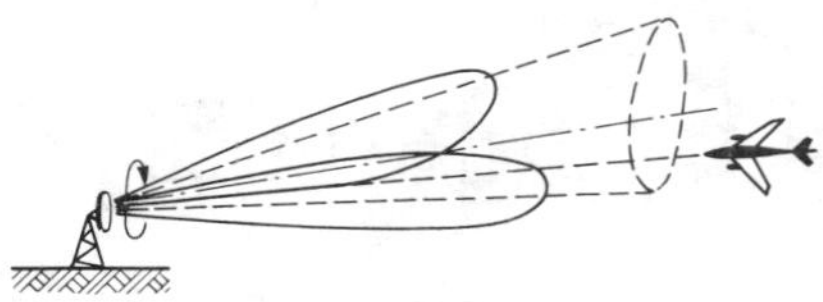

Die Antennendiagrammschwenkung beim Verfahren TALAR

Tandem-Anordnung: hintereinander liegende Bauteile oder Einrichtungen, so Sitze, Tragflügel, Triebwerke, Fahrwerksteile, Rotoren und Luftschrauben.

Tandem-Fahrwerk: Fahrwerk mit Tandemanordnung von meist 2 Hauptfahrwerkbeinen am Rumpf. Zur Verhinderung des seitlichen Abkippens beim Rollen sind zusätzlich meist an den Tragflächenenden Stützfahrwerke angebracht. Das hintere Fahrwerksbein vom T. hat zur Erleichterung des Startvorgangs oft eine verstellbare Höhe, die es gestattet, dem Flugzeug bereits vor dem Abheben des Bugrads einen bestimmten Anstellwinkel zu geben. Vorteil des T. ist vor allem die günstige Unterbringung im Rumpf, da bei Hochgeschwindigkeitsflugzeugen mit geringer Profildicke der Tragflügel die Unterbringung der Fahrwerke in eingefahrenem Zustand Schwierigkeiten bereitet. Trotzdem konnten sich T. allgemein nicht durchsetzen. Vielmehr wurden Zwischenlösungen in Form von → Bugradfahrwerken gefunden, bei denen die Hauptfahrwerke zum Teil in den Rumpf eingefahren werden und die trotzdem eine ausreichende Spurweite für die notwendige Standfestigkeit des Flugzeugs besitzen. Verwendung finden T. heute noch für → VTOL-Flugzeuge, um die Laufräder aus dem Gasstrahl der Hubtriebwerke herauszuhalten. → Heckradfahrwerk

Tank, *Kurt:* Professor Dr.-Ing. e. h., Flugzeugkonstrukteur, geb. 24. Febr. 1898 Bromberg-Schwedenhöhe, gest. 1983. Segelflieger bei den ersten Rhön-Wettbewerben; Studium an der Technischen Hochschule Berlin. Tätigkeiten bei *Rohrbach,* → *Messerschmitt,* → *Focke-Wulf,* dort Generaldirektor, Präsident der Luftfahrtforschungsanstalt Braunschweig, Leiter der Entwicklungsgruppe Schlechtwetter- und Nachtjagdflugzeuge, nach dem zweiten Weltkrieg leitende Funktionen in Argentinien und Indien. Seine bekanntesten Konstruktionen sind Fw 44 «Stieglitz», Fw 56 «Weihe», Fw 200 «Condor», Fw 189, Fw 190, Ta 152, Ta 154, Ta 183, TL-Jagdflugzeug «Pulqui II» (Argentinien), Überschallflugzeug HF-24 «Marut» (Indien). Bei allen Konstruktionen führte er selbst den Erstflug durch bis auf die HF-24 (T. war damals 63 Jahre alt).

Tank: Flüssigkeitsbehälter, insbes. für Brennstoff, Schmierstoff, Hydraulik- und Enteisungsflüssigkeiten. T. ist meist mit einer Vielzahl von Geräten und Armaturen ausgerüstet, wie Ventile, Entnahme- und Belüftungsleitungen, Pumpen, Füllstandsanzeiger usw.

TAP: Abk. für → **T**ransportes **A**éreos **P**ortugueses SARL.

Tarif, *Transporttarif:* Zusammenstellung von → Transportpreisen und deren Anwendungsbedingungen einschließlich ihrer Berechnungsgrundlagen. Auch die Transportpreise selbst werden oft unzulässigerweise mit T. bezeichnet. T. werden nach dem *Geltungsbereich* in internationale Tarife und Binnentarife, nach den *Anwendungsmöglichkeiten* in Regel- bzw. → Normaltarife und in → Spezialtarife (Ausnahmetarife, Transportpreisermäßigungen) eingeteilt. Alle Merkmale eines T., die die Höhe des Transportpreises bestimmen sowie die Tariftechnik, werden in ihrer Gesamtheit als *Tarifsystem* bezeichnet. Wichtige T. im Luftverkehr sind der Einheitliche Luftverkehrspassagiertarif (→ EAPT), der Einheitliche Luftfrachttarif (→ EAGT) und die verschiedenen → IATA-Tarife. T. des Luftverkehrs werden in Form von Heften, Tafeln, Tabellen, Preislisten usw. – dem *Tarifschema* – dargestellt.

Tarifentfernung: in Transporttarifen angegebene Entfernung in Kilometern, nach der das Beförderungsentgelt, insbes. im Frachttransport, zu bezahlen ist (→ Luftfrachtberechnung). Die T. kann

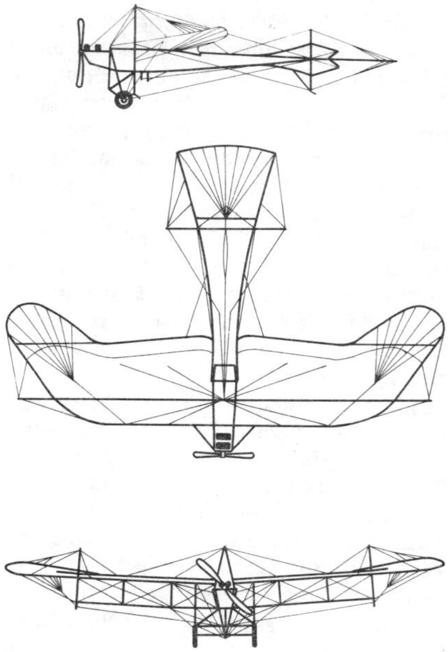

Etrich-Taube

von der tatsächlichen Beförderungs-/Transportentfernung abweichen. Sie ist daher die der Berechnung des Transportpreises zugrunde zu legende Kenngröße des Transportwegs, ausgedrückt in Tarifkilometern. Im Personenverkehr ist die T. in der Regel gleich der Transportentfernung. Im Güterverkehr ist die T. vielfach kürzer als die Transportentfernung.

Tarifkilometer: Maßgröße der → Tarifentfernung. T. sind die zur Berechnung des Transportpreises maßgebende Entfernung.

Tarifsystem: Gesamtheit aller in der Tarifpolitik festgelegten Grundsätze der Transportpreisbildung für einen bestimmten Transporttarif ausschließlich der zu ihrer Realisierung angewandten Tariftechnik. Wesentliche Elemente des T. sind die Preisbildungsparameter (z. B. Gutmenge/-masse, Gutart, Beförderungsklasse, Tarifentfernung) sowie deren Bewertung (Berechnungsmethoden und Tarifsätze).

TAROM: Abk. für → **T**ransporturile **Ae**riene **Rom**ine.

TAS: Abk. für engl. **T**rue **A**ir **S**peed, wahre Fluggeschwindigkeit. Anzeige des im Flugzeug eingebauten Anzeigegeräts, korrigiert um dessen Fehler, außerdem um den aerodynamischen Einbaufehler der Fahrtmeßanlage sowie um den Restfehler infolge Kompressibilität und um die Dichteänderung in der jeweiligen Flughöhe gegenüber der Dichte in Meereshöhe bei Normaltemperatur. Nach → INA ist in Meereshöhe TAS gleich → EAS und gleich → CAS

Tasman Empire Airways Ltd., Abk. **TEAL:** staatliches neuseeländisches Luftverkehrsunternehmen mit Sitz in Auckland, gegr. 1938 durch die Regierungen von Neuseeland, Australien und Großbritannien. Seit 1961 ist die TEAL ein rein neuseeländisches Staatsunternehmen.

Taube: 1910 von *Igo → Etrich* in Österreich entwickeltes Flugzeug mit (durch ein Handrad) verwindbaren Flügelenden. Die T. wurde vielfach kopiert, so von → *Rumpler*, → *D. F. W.*, und *Jeannin*. Insgesamt wurden etwa 500 Flugzeuge dieses Baumusters gefertigt, die meisten für die deutsche Fliegertruppe, wo sie noch in der ersten Kriegszeit für Ausbildungs- und Aufklärungszwecke verwendet wurden. Der Flügelgrundriß war nach dem Zanoniasamen entwickelt. Dadurch war das Flugzeug eigenstabil und trudelsicher. In der Luft hatte es Ähnlichkeit mit einer fliegenden T.

Taumelscheibe: → Schrägstellautomat

Tau-Zeit: Kriterium der Gefahrensituation für Luftfahrzeugzusammenstöße, das für → Kollisions-Warnsysteme benutzt wird. Als T. wird der Quotient aus Abstand und Relativgeschwindigkeit der beiden Kollisionspartner bezeichnet. Mit dieser Festlegung ist die T. die Zeit bis zum Erreichen des Minimalabstands zwischen den Kollisionspartnern.

TB: Abk. für russ. **t**jasholy **b**ombardirowstschik, in den 30er Jahren Typenbez. für sowjetische schwere Bombenflugzeuge, z. B. TB-3. → Tupolew

TCA: Abk. für → **T**rans-**C**anada **A**ir Lines.

TEAL: Abk. für → **T**asman **E**mpire **Air**ways **L**td.

technischer Pool: Kooperationsform zwischen Luftverkehrsunternehmen zur Organisierung der Zusammenarbeit der Halter von Luftfahrzeugen auf dem Gebiet der technischen Wartung von Luftfahrzeugen, der Ersatzteilwirtschaft u. ä. Im Gegensatz zum → Betriebspool (der grundsätzlich bilateral betrieben wird), beteiligen sich an einem t. P. meistens mehrere Luftverkehrsunternehmen. Beide Poolformen schließen einander nicht aus, sie sind oft eng miteinander verzahnt. Die Vorratshaltung wird i. d. R. über die Aufteilung von Lagerketten in Verantwortung jeweils eines Poolpartners an den verschiedenen gemeinsamen Ziel- und Zwischenlandeorten vorgenommen; Instandhaltungsarbeiten werden typenspezialisiert von einem oder wenigen Partnern für alle Betreiber des betreffenden Typs ausgeführt. Aufgaben aus dem t. P. können auch in Form der Ausbildung von Luftfahrtpersonal einem oder mehreren Partnern im Auftrage der Pool-Gemeinschaft übertragen werden.

Technisch-ökonomische Information der Zivilen Luftfahrt, Abk. **TIZL:** seit 1965 periodisch erscheinende Fachzeitschrift mit Beiträgen aus allen Gebieten der zivilen Luftfahrt.

Technometra: tschechoslowakische Werke in Prag-Hostivar, die zu dem Industrieverband → Aero gehören (Fahrwerke sowie hydraulische Anlagen für Flugzeuge).

Teilcharter: → Charterflugverkehr

Teledyne Continental Motors: → Continental Motors Corporation

Telegon: Abk. für **Tele**funken-**Gon**iometer-Peiler. Firmenbez. für einen Goniometer-Peiler. → Peilung

TELERAN: → Radar

Temperaturverhältnis: → thermodynamische Kennwerte

Terminal: 1. Internationale Bez. von Abfertigungsgebäuden für Fluggäste und/oder Luftfracht (Fracht-T.). T. existieren als Flughafen- oder als Stadt-T. (Stadtabfertigung), in letzterem Fall meist gekoppelt mit einem → Stadtbüro des betreffenden Luftverkehrsunternehmens. – **2.** Internationale Bez. für leistungsfähige Umschlagplätze im Transportwesen, insbes. im Zusammenhang mit dem Einsatz von Großbehältern (Container-T.).

Terminal Visual Omni Range: → TVOR

Terrainfolgeradar: → Radar

Tester: ein Gerät zur zerstörungsfreien Prüfung eines Erzeugnisses im installierten Zustand. Z. B. wird mit dem Radar-T. die Funktionstüchtigkeit der Radaranlage im Flugzeug überprüft.

Testpilot: Versuchspilot, der Prototypen erprobt oder neue Serienflugzeuge einfliegt. Als T. werden erfahrene Flugzeugführer (meist mit Ingenieurausbildung) eingesetzt. In der UdSSR gibt es für T. eine bes. Ausbildung. Langjährige erfolgreiche T. erhalten in der Sowjetunion den Titel: Verdienter Testpilot der UdSSR.

TEVAR: Abk. für engl. **T**otal-**E**nergie-**Var**iometer, Gesamtenergie-Variometer. Im Segelflug benutztes → Variometer.

Texas International Airlines Inc.: bekannt seit 1969 als «Trans-Texas Airways», die 1940 unter der Bezeichnung Avion Enterprises gegr. worden war. Sitz in Houston (Texas). Fusionierte 1982 mit Continental Airlines zur neuen Fluggesellschaft → «Continental».

Thai Airways International Ltd., Abk. **Thai International:** gegr. 1959 als Thai Airways Co, die 1960 mit dem Flugverkehr begann; mit ihrem Eintritt in den internationalen Flugverkehr gab sie sich den jetzigen Namen. *Flugzeugpark (1987):* 19 A 300, 3 Boeing 737, 8 Boeing 747, 3 DC 10, 4 Short 330, 2 Short 360. Verkehrsdaten 1987: 5,3 Mill. beförderte Passagiere; 13,0 Mrd. Pkm; 408 Mill. Fracht-tkm; 1,68 Mrd. tkm Gesamtleistung. Hauptstrecken: Asien, Australien, Europa.

The Flying Tiger Line Inc.: Luftverkehrsgesellschaft der USA mit Sitz in Los Angeles (Kalifornien); gegr. 1945 als «National Skyway Freight». Diese Gesellschaft organisierte als erste den Linien-Fracht-Flugverkehr in den USA; den jetzigen Namen führte sie seit 1946.

Thelen, *Robert:* deutscher Flugpionier und Konstrukteur, geb. 23. März 1884 Nürnberg, gest. 23. Febr. 1968 Berlin; Herbst 1909 Vertrag mit den «Deutschen Wright-Werken» über Kauf von Wright-Doppeldecker, Pilotenausbildung und Anstellung als Ingenieur. T. leitete die Wright-Fliegerschule in Berlin-Johannisthal, verbesserte die Wright-Flugzeuge durch Radfahrwerke. 11. Mai 1910 Pilotenzeugnis Nr. 9 des Deutschen Luftschifferverbands in Berlin-Johannisthal und Leitung der «Ad Astra-Fluggesellschaft» (Fliegerschule, Schau- und Passagierflüge). 1912 Nachfolger von → *Heinkel* als Chefkonstrukteur der → Albatros-Werke, dort auch technischer Direktor und Mitglied des Vorstands. Konstruierte u. a. Jagdeinsitzer Albatros D. V. Bei zahlreichen Flugwettbewerben und Überlandflügen in Europa erfolgreich. Am 11. Febr. 1914 Weltrekord mit Albatros-Doppeldecker in Johannisthal (mit 4 Flugzeugen

2 850 m Höhe). Nach dem ersten Weltkrieg Leiter der Prüfabteilung der Deutschen Versuchsanstalt für Luftfahrt in Adlershof.

Thermik: durch Sonneneinstrahlung hervorgerufener Aufwind. Als Folge der Sonneneinstrahlung entsteht tagsüber unmittelbar über dem Erdboden durch *Wärmeleitung* und *Kleinkonvektion* eine etwa 100 m mächtige Luftschicht mit *überadiabatischen Temperaturgradienten*. Dabei kommt es durch unterschiedliche Bodenverhältnisse, Bewuchs u. a. zu *horizontalen Temperaturunterschieden*. Die Punkte der Erdoberfläche, über denen sich die Luft stärker als in der Umgebung erwärmt, werden *T.quellen* genannt. Über ihnen bilden sich größere «Warmluftkörper», die aufgrund ihres Auftriebs aufsteigen, zusammenwachsen und ein *Aufwindgebiet* bilden. Löst sich ein «Warmluftpaket» in Form einer Blase aus der überadiabatischen Schicht ab, so spricht man von einer *T.blase*, bleibt es zusammenhängend, bezeichnet man es als *T.schlauch*. Der Durchmesser von T.blasen beträgt 200...300 m, die Ablösefrequenz 5...15 min. Durch Verschmelzen von T.blasen entstehen Aufwindgebiete mit Durchmessern bis zu 1 000 m. Die Aufwindgeschwindigkeiten unterhalb der Wolkenbasis von Quellwolken liegen bei 0,5...7 m/s (Mitteleuropa). Durchstößt eine T.blase das Kondensationsniveau, so bildet sich eine Quellwolke (→ Wolken). Die T. wird in Gestalt der Wolke «sichtbar». Die in der Wolke durch das Freiwerden von Kondensationswärme verstärkte T. wird als *Wolken-T.* bezeichnet. Die Aufwindgeschwindigkeiten in den Wolken können bis zu 30...40 m/s erreichen. – Von *Trocken-T.* oder *Blau-T.* spricht man bei T. ohne Wolkenbildung.

Bes. große Temperaturunterschiede entstehen durch die *Bebauung*. Städte und Industrieanlagen sind i. allg. gute T.quellen *(Industrie-T.)*. Auch ein sonnenbeschienener Hang erwärmt sich stärker als die Luft in gleicher Höhe in der freien Atmosphäre; die dem Hang unmittelbar aufliegende Luft gleitet dadurch hangaufwärts *(Hang-T.)*

In den Mittagsstunden bringt die rasche Zunahme der Bewölkung mitunter durch die Schattenwirkung der Wolken ein vorübergehendes Nachlassen der T. mit sich *(T.-flaute)*. Wälder und Seen speichern tagsüber die zugeführte Wärme und geben sie in den Abendstunden wieder ab: *Abend-T.* oder *Umkehr-T.* Segelflieger nutzen die T. zum motorlosen Flug. Dabei werden Entfernungen bei günstigen Bedingungen bis zu etwa 1 000 km zurückgelegt. → Aufwind

Thermikblase: → Thermik, → Segelflug

Thermikschieber: Rechenstab für den Segelflug, mit dem aus der mittleren Steiggeschwindigkeit eines durchflogenen Aufwindgebiets die Fluggeschwindigkeit für den weiteren Streckenflug errechnet werden kann. Statt des T. wird heute der → Mc-Ready-Ring benutzt.

Thermikschlauch: → Thermik, → Segelflug

thermodynamische Kennwerte: Kenngrößen zur Beurteilung der Kreisprozesse von Flugzeugtriebwerken, insbes. von OTTO-Prozeß und JOULE-Prozeß (für Gasturbinentriebwerke). *Thermischer Wirkungsgrad:* maximal möglicher (theoretischer) Wirkungsgrad bei einer bestimmten Führung des Kreisprozesses (Formelzeichen η_{th}). *Druckverhältnis:* Verhältnis von Maximal- (bei KTW Zünddruck) zu Minimaldruck (Außendruck) des Kreisprozesses; bei KTW unabhängig von der Fluggeschwindigkeit, bei Gasturbinentriebwerken mit wachsender Geschwindigkeit ebenfalls wachsend. Druckverhältnis bestimmt bei Gasturbinentriebwerken den theoretischen Wirkungsgrad (Formelzeichen π). *Verdichtungsverhältnisse:* Verhältnis der spezifischen Volumina des Arbeitsgases bei Beginn und Ende der Verdichtung. Verdichtungsverhältnis ist bei KTW unabhängig vom Betriebszustand und von der Fluggeschwindigkeit. Es bestimmt beim OTTO-Prozeß den theoretischen Wirkungsgrad (Formelzeichen ε). *Temperaturverhältnis:* Verhältnis von Maximal- zu Minimaltemperatur eines Kreisprozesses. Mit wachsendem Temperaturverhältnis wachsen Wir-

		η_{th}	π	ε	τ	T_{max}
Ottomotor	(Start)	0,56	60	8	9,0	2 300 °C
modernes großes ZTL	(Start)	0,62	30		5,5	1 350 °C
modernes großes ZTL	(Reiseflug)	0,66	45		7,0	1 200 °C

Reiseflug in 11 km Höhe mit einer Geschwindigkeit von 850 km/h.

kungsgrad und spezifische Leistung eines Gasturbinenprozesses (Formelzeichen τ). *Entspannungsverhältnis:* Verhältnis der spezifischen Volumina des Arbeitsgases bei Ende und Beginn der Entspannung.

Thermosphäre: → Atmosphäre

THY: Abk. für → **T**ürk **H**ava **Y**ollari Sirketi.

Ticket, engl. für *Fahrschein:* im Luftverkehr intern. übliche Bez. für → Flugschein.

Tief: umg.sprachl. für → Tiefdruckgebiet.

Tiefdecker: Flugzeug mit einem Tragflügel, der an der Unterseite des Rumpfes angebracht ist.

Tiefdruckgebiet, Kurzbez. **Tief,** *Zyklone:* Gebiet in der Atmosphäre, in dem der Luftdruck im gleichen Niveau relativ niedrig zur Umgebung ist. Ein solches Niveau ist z. B. für die Bodenwetterkarte das Meeresniveau. Ein T. wird in einer Bodenwetterkarte durch ein System von *Isobaren* dargestellt, die (relativ) niedrige Werte des Luftdrucks umschließen. Die Luftbewegung in einem T. ist → *zyklonal.* Dynamisch gesehen sind T. mächtige *Luftwirbel* um eine nahezu vertikale Achse, die sich langsam aufrichtet, wenn das T. stationär wird. An der Entstehung von T. (bevorzugt an der *Polarfront*) sind thermische und dynamische Ursachen beteiligt. Die auf der Vorderseite eines T. aufgleitende Warmluft wird in der Höhe aus dem T. herausgeführt. Dieses *«Auspumpen»* führt zu *Druckfall* an der Vorderseite. Die auf der Rückseite abgleitende Kaltluft strömt infolge Bodenreibung in das T. (Druckanstieg). Bei voll entwickelten T. ist in den unteren 3 km Einströmen, oberhalb 6 km Ausströmen der Luft festzustellen. Dazwischen herrschen annähernd geostrophische Verhältnisse. Das Wetter im T. wird im wesentlichen durch die beteiligten Luftmassen bestimmt (hauptsächlich konzentriert auf die → Fronten). Außerhalb der Polarfront entstehen T. aufgrund bes. erographischer Gegebenheiten (häufig nach ihrem Entstehungsgebiet benannt, z. B. Genua-, Skagerrak-Zyklone). Von bes. Bedeutung sind durch «Austropfen» von Kaltluft aus dem polaren Kältereservoir in der Höhe entstehende T., die im Bodenisobarenbild nur angedeutet oder gar nicht feststellbar sind. Ihre Verlagerung ist schwer vorauszusagen. – T. werden auf Bodenwetterkarten mit *«T»*, Tiefausläufer mit *«t»* gekennzeichnet.

Tieflieger: Luftkampfmittel (Bombenflugzeug, Jagdbombenflugzeug, Jagdflugzeug oder Flügelgeschoß), das sich im → Tiefflug oder in geringer Höhe bewegt.

Tiefflug: Flug in Höhe von 10...100 m, in der Militärluftfahrt von Bedeutung, da die Abwehr vor Probleme gestellt wird: durch geringe Reichweite der Funkmeßmittel, kurze Zeiten zum Richten der Flak, ungünstige Höhe für Fla-Raketen.

Tiefstflug: Flug in einer Höhe von max. 10 m; Anwendung im Agrarflug und für → Stauflügel-Flugzeuge.

TILS: Abk. für **T**aktisches **ILS**. → Schwenkstrahlverfahren, das von den schwedischen Luftstreitkräften als Instrumentenlandesystem für militärische Überschallflugzeuge benutzt wird.

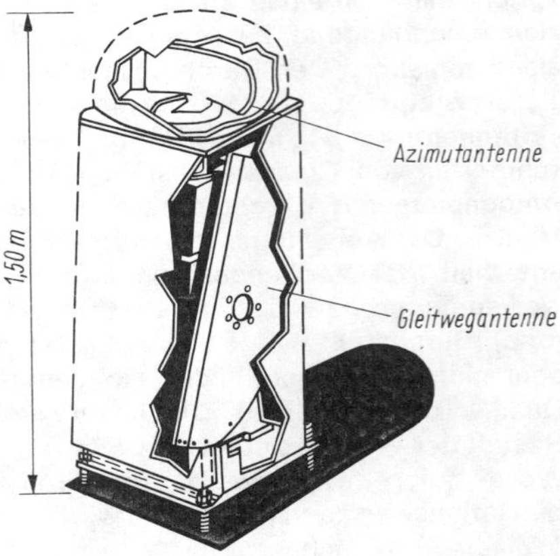

Bodenstation eines Schwenkstrahlsystems (TILS); die Station enthält die Energieversorgung, Elektronik- und Senderbaugruppen und die Antennen

Time referenced scanning beam-System: → Mikrowellen-Landesystem

Time Table: engl. Bez. für den Verkehrsflugplan.

Tipschwimmer: svw. → Stützschwimmer

Tiptank: → Zusatzbehälter für Brennstoff, die an den Tragflügelenden angebracht sind, deshalb auch oft als Flügelendtanks bezeichnet. Abb. S. 641

Tirana; Flughafen *Rinas;* City-Code **TIA:** internationaler Flughafen Alba-

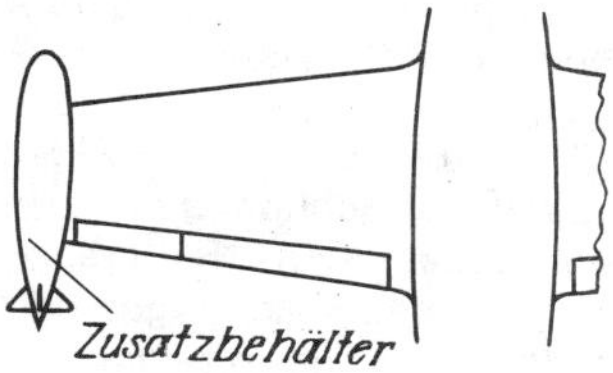

Tiptank

niens 41° 24′ 42″ n. Br., 19° 43′ ö. L., Höhe 36 m. 29 km von Tirana entfernt gelegen. 1 Start- und Landebahn mit 2750 m × 65 m.

Tirrill-Regler: nach dem Erfinder benannter Regler für Luftfahrzeug-Generatoren, dessen Hauptelemente vibrierende Kontakte sind. Dabei müssen T.-Spannungsregler und T.-Stromregler unterschieden werden. Um die Generatorspannung konstant zu halten und Überlastungen bei zu starkem Strom zu vermeiden, schaltet der T.-R. der parallel liegenden Erregerwicklung einen Widerstand vor. Die Schaltsegmente werden durch Elektromagneten, deren magnetisches Feld von Strom und Spannung des Generators abhängt, betätigt. Die durch magnetische Wirkung entstehende Kontaktkraft ist einer Federkraft entgegengesetzt, und es entsteht eine Vibration mit 30...60 Hz am Schaltsegment. Im gleichen Rhythmus ändern sich auch Strom und Spannung.

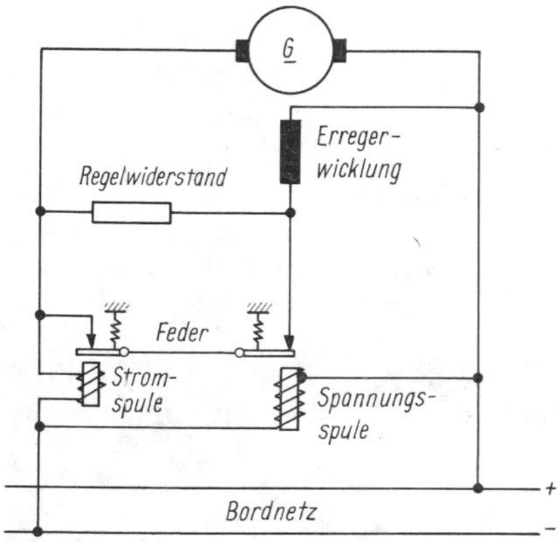

Schaltung eines Tirrill-Reglers

Tissandier, *H. Paul:* geb. 1881, gest. 1945, französischer Pilot und Testflieger, 1909 Pilotendiplom Nr. 10. Stellte zahlreiche Rekorde auf (mit Flugzeug und Ballon). Arbeitete in mehreren Luftfahrtinstitutionen. 1919–1945 Generalsekretär der → Fédération Aéronautique Internationale. Von der FAI wurde 1952 ein «Paul-Tissandier-Diplom» begr., das an diejenigen verliehen wird, die während der vergangenen Jahre der Luftfahrt i. allg. und der Privat- und Sportluftfahrt im bes. durch ihre Arbeit, Initiative oder auf andere Weise dienten.

TIZL: Abk. für → **T**echnisch-ökonomische **I**nformation der **Z**ivilen **L**uftfahrt.

tkm: Abk. für → **T**onnen**k**ilo**m**eter.

TL: Abk. für → **T**urbinen-**L**uftstrahltriebwerk (→ Triebwerk), auch in Zusammensetzungen gebräuchlich, z. B. TL-Verkehrsflugzeug.

TMA: 1. Abk. für → **T**rans-**M**editerranean **A**irways SAL. – **2.** *Flugsicherung* – Bez. für Nahverkehrsbereich (**T**er**m**inal Control **A**rea).

Tochterkompaß: → Kompaß

Tokioer Abkommen: Abkommen vom 14. Sept. 1963 über strafbare und bestimmte andere an Bord von Luftfahrzeugen begangene Handlungen. Es sieht vor: Anerkennung der Gerichtsbarkeit des Eintragungsstaats des Luftfahrzeugs für an Bord begangene strafbare Handlungen; Stärken der Stellung des Luftfahrzeugkommandanten durch Festlegen seiner Befugnisse bei an Bord begangenen strafbaren, sicherheitsgefährdenden oder die Ordnung und Disziplin an Bord beeinträchtigenden Handlungen; Zusammenarbeit der Staaten im Falle einer widerrechtlichen Inbesitznahme von Luftfahrzeugen, insbesondere beim Wiederherstellen des rechtmäßigen Zustands.

Tonnenkilometer, tkm: statistische Einheit zur Erfassung und Charakterisierung von Transportleistungen; Maßgröße der Leistung im Güterverkehr (Produkt aus Masse des beförderten Guts und Transportentfernung). Bezogen auf die Zeiteinheit, z. B. tkm pro Jahr, ist die Kenngröße T. eine der wichtigsten Leistungskennziffern für das Transportwesen (→ Transportleistung). Die Leistungsermittlung erfolgt anhand der → Beförderungspapiere für das Transportwesen insgesamt, für die Transportzweige, die Unternehmen des Transportwesens und für den Werkverkehr, aber auch getrennt nach Verkehrsarten, Strecken, Linien usw. Der T. wird nach Umrechnung von Pkm in tkm (Passagier-T.) mittels Umrechnungskoeffizienten insbes. im Luftverkehr als einheitlicher Maßausdruck der Transportleistung im Personen- und Güterverkehr in Form des → umgerechneten T. (utkm) auf den gesamten Luftverkehrsbetrieb, aber auch luftfahrzeugtyp- bzw. streckenbezogen, verkehrsrelationsbezogen oder linienbezogen pro Zeiteinheit ermittelt.

Tonnenrolle, engl. *Barrell Roll:* Kunstflugfigur, bei der das Flugzeug eine Rolle fliegt und sich dabei gleichzeitig wie auf einer Zylinderfläche bewegt.

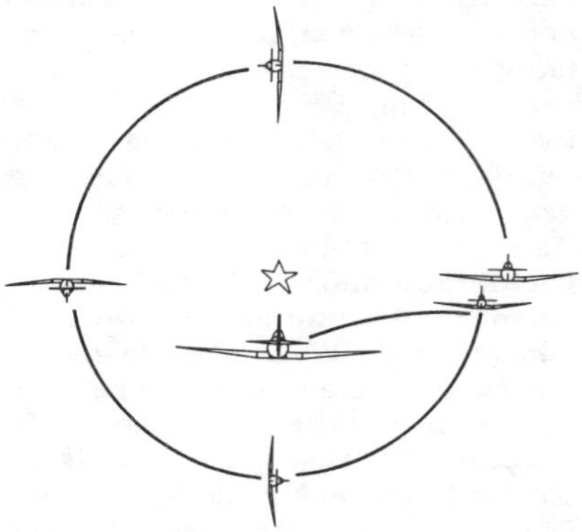

Tonnenrolle

Tornado: → Trombe

Torpedoflugzeug: Flugzeug, das einen oder mehrere Torpedos mit sich führt, um damit aus der Luft im Tiefflug feindliche Schiffe zu bekämpfen. Mit dem Aufkommen von Luft-Boden(Schiff)-Raketen veraltet, obwohl zunächst noch mit Strahlantrieb üblich (z. B. Il-28T).

Torsionskasten: durch die Stege zweier → Holme sowie die obere und untere Behäutung eines Tragflügels oder Leitwerks gebildete geschlossene Kontur, die das Torsionsmoment aufnimmt und dabei einer Schubbeanspruchung unterworfen wird. Ein Torsionsmoment entsteht dann, wenn die Wirkungslinie der Querkraft (bei Tragflügel und Leitwerk Auftriebs- und Gewichtskraft) nicht durch die Schubmittelpunktlinie (Torsionsachse) der Hauptbaugruppe verläuft. In den Wandungen der Kontur wird dann ein dem Torsionsmoment entgegengerichteter Schubfluß hervorgerufen, dessen Größe nach

$$q_t = \tau \cdot \delta = \frac{M_t}{2\,A_m}$$

berechnet wird. Der T. muß so bemessen sein, daß nicht nur die auftretenden Schubspannungen ertragen werden können, sondern darüber hinaus auch die Verdrillung des Tragflügels oder Leitwerks nicht zu groß wird (→ Aeroelastizität). Weist der Festigkeitsver-

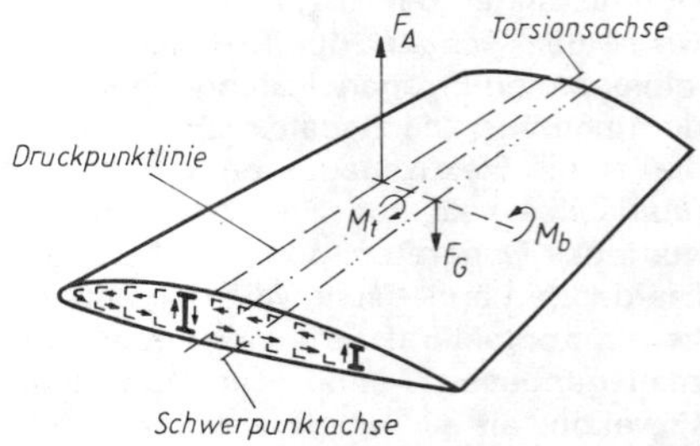

Belastung eines 2holmigen Tragflügels in Kastenbauart (M_t Torsionsmoment, M_b Biegemoment)

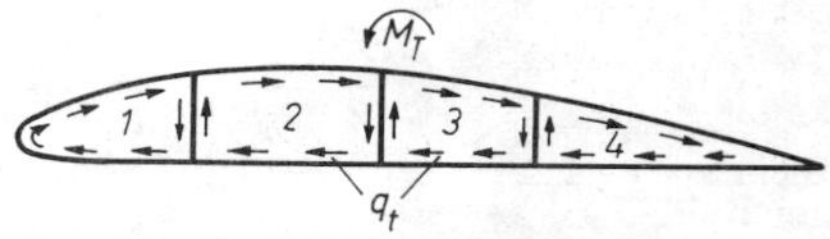

mehrfach geschlossener Torsionskasten (M_t Torsionsmoment, q_t Schubfluß)

Torpedoflugzeug Il-4T (UdSSR)

band mehrere Holme auf, wird ein mehrfach geschlossener T. gebildet. Das Torsionsmoment verteilt sich dann proportional den Blechdicken auf die einzelnen T., die von jeweils 2 Holmen gebildet werden.

Torsionsröhre: svw. → Torsionskasten mit rundem oder ovalem Querschnitt. Als T. ist z. B. der Flugzeugrumpf in großen Bereichen zu betrachten.

Torsionssteife: Eigenschaft von Bauelementen oder Konstruktionen, die dank einer geschlossenen Kontur Torsionsmomente aufnehmen können und dabei nur in zulässigen Grenzen verformt werden. Offene Profile oder Konturen sind nicht torsionssteif. → Torsionskasten

Totalenergievariometer: → TEVAR

Tower, engl. für Turm: Bez., bes. im Flugsprechfunk, für Kontrollturm. → Flughafen

Townend-Ring: bes. profilierte Form der Verkleidung von Sternmotoren zur Verringerung des Stirnwiderstands; heute nur noch selten angewendet.

Tp: Typenbez. der schwedischen Luftwaffe für Transportflugzeuge.

tragende Fläche: die für die Auftriebsberechnung in Betracht kommende normierte Fläche. Sie ist gewöhnlich die Projektion des Flügelumrisses auf eine Ebene, die senkrecht zur Symmetrieebene des Flugzeugs und parallel zur Sehne des größten Flügelprofils verläuft. Die t. F. bezieht die im Rumpf liegende, nur theoretisch vorhandene Flügelfläche mit ein.

Träger: tragende Elemente im Festigkeitsverband des Rumpfes; in Tragflügeln und Leitwerken als → Holme bezeichnet. T. bestehen aus kräftigen → Gurten und dazwischen angeordneten schubsteifen Elementen – fachwerkartig eingesetzte Streben oder dünne Bleche (→ Steg) – und haben je nach → Bauweise einen entspr. Teil von Querkraft, Biege- und Torsionsmoment zu ertragen. In modernen Rümpfen, die über eine schubsteife Behäutung verfügen, sind häufig nur die Gurte vorhanden, während die Rumpfbehäutung die Funktion des Steges übernimmt.

Trägerbauweise: Reparatur- und wartungsfreundliche → Bauweise, die heute noch, bes. im Militärflugzeugbau, weit verbreitet ist. Die kräftigen → Träger oder → Holme bieten günstige Möglichkeiten zur Einleitung und Übertragung großer Kräfte und Momente. Der Nachteil der T. besteht in höherem Masseaufwand und aufwendigerer Technologie gegenüber anderen Bauweisen (z. B. der → Schalenbauweise) sowie ungünstigerer Raumausnutzung.

Tragflügel, *Tragfläche:* Bauteil eines Flugkörpers mit starrem Tragwerk, dessen Hauptaufgabe in der Erzeugung dynamischen Auftriebs bei möglichst geringem Luftwiderstand ist. Zu diesem Zweck haben T. ganz bestimmte Formen, die in Abhängigkeit vom Geschwindigkeits- und Höhenbereich, in dem sie verwendet werden, aufgrund der Erkenntnisse der Aerodynamik optimiert sind. Die Form wird mit Hilfe der

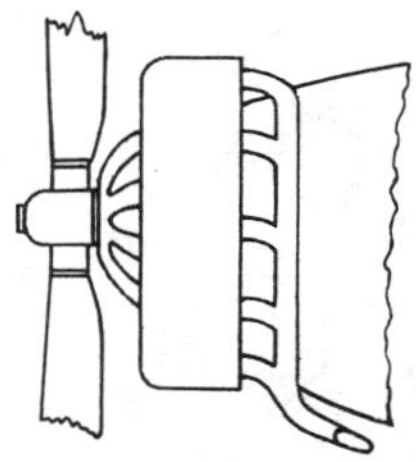

Townend-Ring

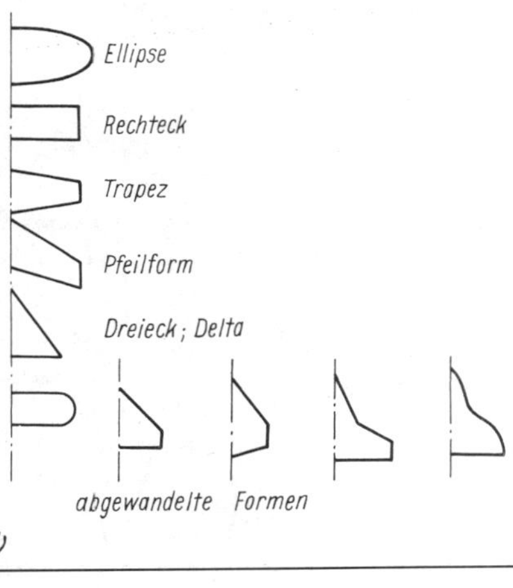

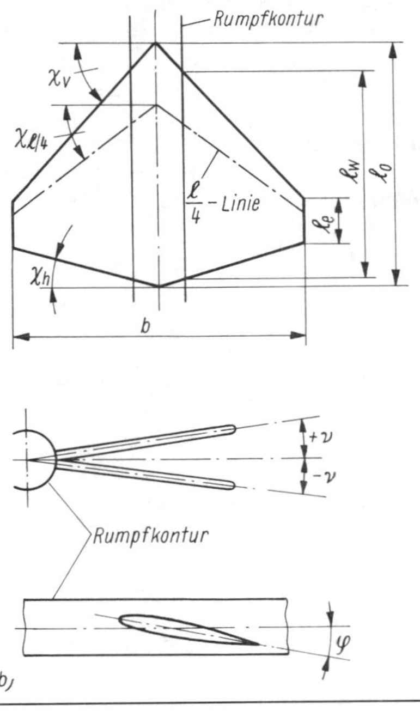

Tragflügel
a Grundformen,
b geometrische Merkmale

→ Profil- und der → Tragflügelgeometrie beschrieben. → Tragwerk

Tragflügelabwind: → Abwind, 2.

Tragflügelgeometrie: charakteristische geometrische Merkmale von Tragflügeln, deren Größe den Auftriebs- und den Widerstandsbeiwert sowie den Momentenbeiwert und deren Abhängigkeit von der Anströmgeschwindigkeit entscheidend beeinflußt; außerdem hat die T. einen starken Einfluß auf das Stabilitätsverhalten des Flugkörpers. Zur Verbesserung der Tragflügel-Eigenschaften in einem großen Geschwindigkeits- und Höhenbereich wurde in jüngster Vergangenheit oft eine → veränderliche Tragflügelgeometrie angewendet. Zu den wichtigsten *geometrischen Merkmalen des Tragflügels* gehören

- → Spannweite b
- tragende Fläche A_{TF}
- laufende Tiefe (von der theoretischen Wurzeltiefe l_o, über die mittlere aerodynamische Tiefe l_a bis zur Endtiefe l_e)
- Pfeilung χ (Vorderkanten-, $l/4$- und Hinterkantenpfeilung)
- Streckung $\lambda = \frac{b^2}{A_{TF}}$
- Verjüngung $\eta = \frac{l_o}{l_e}$

Die bis hierher genannten geometrischen Merkmale dienen zum Beschreiben der Tragflügel-Grundform in der horizontalen Symmetrieebene des Flugkörpers; daneben werden zu den geometrischen Merkmalen oft die V-Form ν, der Einstellwinkel des Tragflügels zum Rumpf φ und die geometische Schränkung $\varepsilon = \varphi_w - \varphi_e$ gezählt. → Profilgeometrie, → Auftriebsbeiwert, → Schlankheitsgrad

Trägheitshauptachsen: Achsen des Flugkörpers, um die seine Masse jeweils gleichmäßig verteilt ist. Die freie Drehung des Flugkörpers im Flug erfolgt stets um die T. Für Raketen und auch für Flugzeuge nimmt man oft vereinfachend an, daß die T. annähernd mit den konstruktiven → Achsen des Luftfahrzeugs zusammenfallen, wodurch Stabilitäts- und Steuerbarkeitsuntersuchungen wesentlich vereinfacht werden.

Tragkabel: Verspannungsdrähte, die bei verspannten Flugzeugen während des Flugs unter Belastung stehen.

Tragschraube: charakteristische Baugruppe aller → Rotorflugzeuge oder Drehflügler, gebräuchlich auch die Bezeichnung → *Rotor*, ungebräuchlich → *Drehflügel*. Bei herkömmlicher Bauweise besteht die T. aus der Rotornabe mit den Gelenken und 2...5 Blättern (→ Blatt). Zusätzlich sind meist Schwingungsdämpfer (→ Schwenkgelenk) und Durchhangbegrenzer (→ Schlaggelenk) vorhanden. Die Gelenke umfassen Axial-, Schlag- und Schwenkgelenke. Die Axialgelenke ermöglichen das Verstellen des → Einstellwinkels der Blätter (→ Blattverstellung). Sie bilden mit den Schlaggelenken die Voraussetzung, Größe und Richtung der Luftkraftresultierenden des Rotors (→ Steuerwerk von Hubschraubern) zu verändern. Schlag- und Schwenkgelenke vermindern die Belastung der Blattanschlüsse, der Rotornabe und der Tragschraubenwelle durch die sich periodisch ändernden Momente. Die periodischen Änderungen der Luftkräfte (Auftrieb und Widerstand) am Rotorblatt und der von ihnen verursachten Momente sind die Ursache starker Vibration. Schlag- und

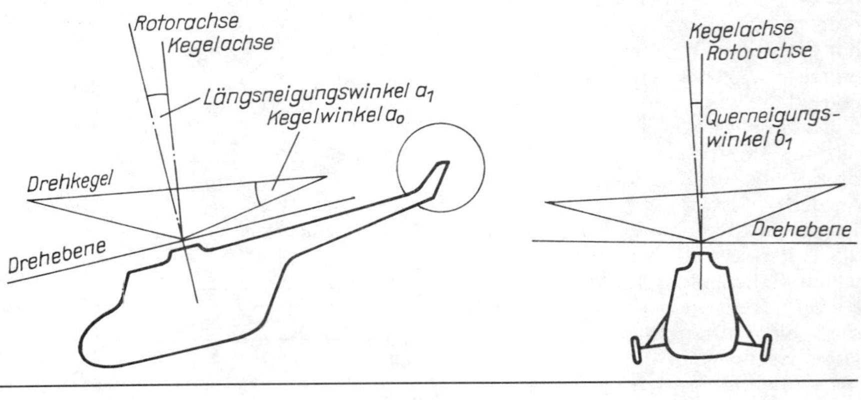

geometrische Merkmale einer Tragschraube

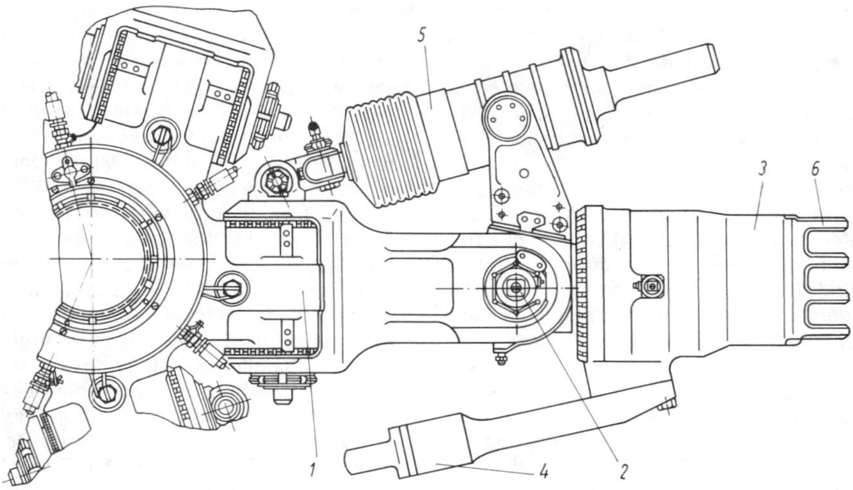

Tragschraubennabe eines Hubschraubers herkömmlicher Bauweise: 1 Schlaggelenk, 2 Schwenkgelenk, 3 Axialgelenk, 4 Blattverstellhebel, 5 hydraulischer Schwingungsdämpfer, 6 Blattanschluß

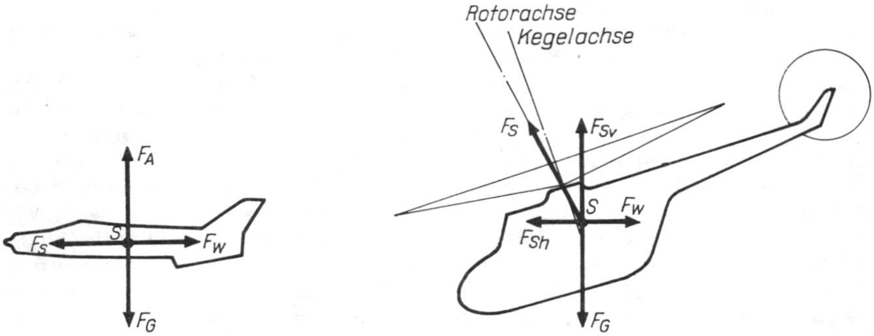

Vergleich der Kräfte am Starrflügler und Rotorflugzeug im Horizontalflug: F_A Auftrieb, F_W Widerstand, F_S Triebwerksschub, F_G Gewicht, S Schwerpunkt, F_{Sv} Vertikalkomponente des Rotorschubs, F_{Sh} Horizontalkomponente des Rotorschubs, F_W Widerstand

Schwenkgelenke galten lange Zeit als unentbehrliche Bestandteile von T.
T. ohne Schlag- und Schwenkgelenke werden als *starre Rotoren* bezeichnet. Ihr Bau wurde erst nach Bewältigung schwieriger Festigkeitsprobleme möglich. Sie zeichnen sich durch geringe Vibration aus, erhöhen die Stabilität des Rotorflugzeugs, erweitern dessen Manövrierfähigkeit (Rollen und Loopings möglich), beseitigen in weiten Grenzen die Empfindlichkeit des Rotorflugzeugs gegen Schwerpunktverschiebungen und ermöglichen höhere Fluggeschwindigkeiten. Deshalb gibt es starre Rotoren gegenwärtig vorrangig bei Kampf- bzw. Militärhubschraubern.
An den T.-Blättern entstehen wie beim Tragflügel Auftrieb und Widerstand, die die Luftkraftresultierende des T.-Blatts bilden. Bei schräger Anströmung der T. (→ Lufteinfallswinkel) ändern sich während einer Umdrehung zyklisch Anströmgeschwindigkeit, Anstellwinkel, Auftrieb und Widerstand des Rotorblatts. Das T.Blatt schlägt nach oben und unten. Gleichzeitig bewirkt die *Corioliskraft* eine Drehung um das Schwenkgelenk. Die Schwenkbewegung wird u. a. durch Schwingungsdämpfer gemindert. Bei axialer Anströ-

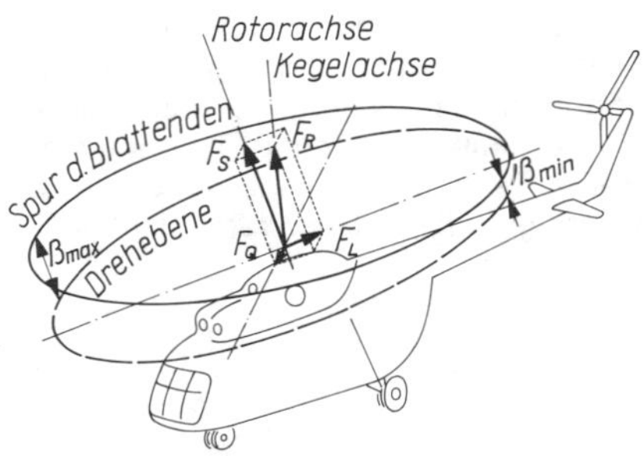

Lage des Drehkegels beim Flug mit Vorwärtsgeschwindigkeit und Zerlegung der Luftkraftresultierenden: F_R Luftkraftresultierende des Rotors, F_S Rotorschub, F_L Längskraft, F_Q Querkraft

mung des Rotors bleiben Auftrieb und Widerstand des Blattes unverändert. Schlag- und Schwenkbewegung fehlen. Eine Schlagbewegung kann auch bei axialer Anströmung durch eine zyklische → Blattverstellung ausgelöst werden (→ Steuerwerk von Hubschraubern). Das führt zum Neigen des Drehkegels und der Luftkraftresultierenden der T. und zu einer Drehung des Rotorflugzeugs um Längs- oder Querachse und zu einer seitlichen oder Vorwärtsbewegung. – Die Luftkraftresultierenden aller Blätter bilden die Luftkraftresultierende des Rotors und erzeugen sein Drehmoment. Die Luftkraftresultierende des Rotors (gleiche Richtung wie Achse des Drehkegels) wird in Rotorschub (in Richtung der Rotorachse), Längs- und Querkraft zerlegt. Bei Änderung der Durchströmrichtung des Rotors ändert sich die Querneigung der Luftkraftresultierenden (→ Autorotation). Die vertikal zur Flugbahn wirkende Komponente des Rotorschubs erfüllt die gleiche Funktion wie der Auftrieb eines starren Tragflügels. Die parallel zur Flugbahn wirkende Schubkomponente erfüllt die Funktion der Vortriebskraft (Triebwerksschub bei Starrflüglern).

Tragschraubenschritt: Bez. für den → Einstellwinkel eines Tragschraubenblatts.

Tragschrauber: → Rotorflugzeug

TN

Tragwerk: Baugruppe der → Zelle von Starrflügelflugzeugen, bestehend aus den → Tragflügeln einschließlich Auftriebshilfen, Querrudern oder anderen Steuerorganen, evtl. auch Streben, Stielen und Verspannungsdrähten. Das T. läßt sich nach Form (→ Tragflügelgeometrie), Anzahl und Anordnung sowie Mechanisierung der Tragflügel (→ Auftriebshilfen) unterscheiden. Nach der Anzahl der Tragflügel gibt es Eindecker, Anderthalbdecker, Doppeldecker u. a. Mehrdecker (Anordnung übereinander) sowie Tandem-T. (Anordnung zweier Tragflügel hintereinander). Eindecker haben sich allgemein durchgesetzt. Lediglich als Sport- und Landwirtschaftsflugzeuge oder Kleintransporter sind noch Anderthalb- oder Doppeldecker anzutreffen. Nach der Anordnung der Tragflügel zum Rumpf lassen sich Eindecker in Hoch-, Schulter-, Mittel- und Tiefdecker einteilen. Neben Auftriebshilfen und Steuerorganen können am bzw. im T. auch noch andere Bauteile oder Baugruppen angebracht sein, so Fahrwerksteile, Triebwerke, Brennstoffbehälter, Bewaffnung, Antennen u. a. m. Die Festigkeit des T. wird für bestimmte → Belastungsfälle ermittelt. Im Interesse der Sicherheit muß die Konstruktion eine Bruchfestigkeit aufweisen, die um den Sicherheitsfaktor größer ist als die sichere Höchstbelastung. Für T. werden i. allg. Sicherheitsfaktoren (Sicherheitszahlen) von 1,5 ... 1,8 gefordert. Der Tragflügel wird im Flug vor allem durch Luftkräfte (Auftrieb und Widerstand) belastet. Die Eigenmasse des T. sowie im und am Tragflügel befestigte Lasten wirken dieser Belastung entgegen, führen jedoch bei der Landung zu einer höheren Belastung des T., sofern sie nicht vorher beseitigt wurden (Verbrauch des Brennstoffs, Abwurf der Bomben u. ä.). Die Belastung durch diese Kräfte beansprucht die Konstruktionselemente des T. durch Querkräfte, Biege- und Torsionsmomente. → Flugzeugbau

Anordnung von Tragflügeln am Rumpf

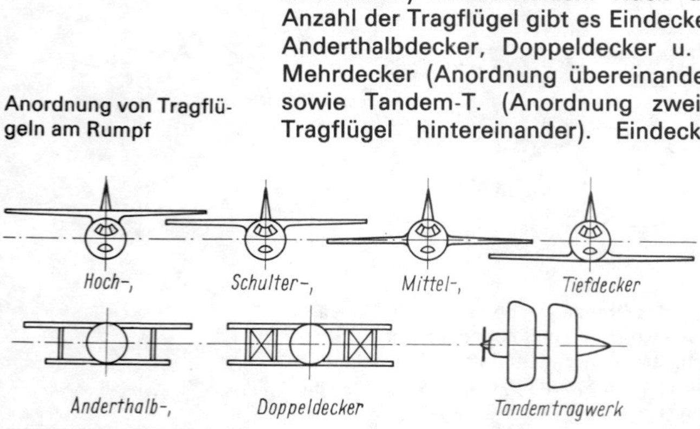

Trans-Australia Airlines, Abk. **TAA:** staatliches australisches Luftverkehrsunternehmen, 1946 gegr., mit Sitz in Melbourne. *Flugzeugpark:* 5 Airbus A300, 13 Boeing 727, 9 DC-9, 3 F. 27, 4 «Twin Otter», Britten-Norman «Islander» und Britten-Norman «Trislander». Verkehrsdaten 1985: 2,3 Mill. beförderte Passagiere; 2,2 Mrd. Pkm; 23000 t Luftfracht; 230 Mill. tkm Gesamtleistung. Hauptstrecken: ausschließlich Inlandflugverkehr. Betreibt außerdem den «Royal Flying Doctor Service». → Fliegende Doktoren

Transbrasil S. A. Linhas Aéreas, Kurzbez. **TRANSBRASIL,** 2-Letter-Code **TR:** brasilianische Inland-Fluggesellschaft mit Sitz in Brasilia. *Flugzeugpark (1988):* 3 Boeing 767-200, 9 Boeing 727-100, 4 Boeing 707-320. Verkehrsdaten 1987: 2,46 Mill. beförderte Passagiere; 3,11 Mrd. Pkm; 88,3 Mill.

TRANS BRASIL
Brasil é com a gente.

Fracht-tkm; 370 Mill. tkm Gesamtleistung. Streckennetz von 36000 km. Hauptstrecken: Inlandlinien.

Trans-Canada Air Lines, *Air Canada,* Abk. **TCA:** staatliches Luftverkehrsunternehmen Kanadas mit Sitz in Montreal, 1937 gegr., in den letzten Jahren meist nur noch als Air Canada bezeichnet. 1965 erfolgte die offizielle Umbenennung in → Air Canada.

Transfer: institutionell organisierte Beförderung von Einzel- oder Gruppenreisenden sowie deren Gepäck zu und von räumlich getrennten Aus- und Einstiegstellen der Fernverkehrsmittel (z. B. zwischen zwei unterschiedlichen Verkehren dienenden Flughäfen bzw. Abfertigungsgebäuden). Die Bez. T. wird auch auf die Fluggäste selbst übertragen, die sich im Transfer befinden bzw. auf den Weiterflug mit Flugzeugen eines anderen Luftverkehrsunternehmens warten (Transferfluggast, -gepäck). T. ist i. d. R. mit einem Wechsel des Transportmittels, meistens auch des Transportzweiges verbunden.

Transferfluggast, -gepäck, -fracht: → Transfer

Transit: 1. Durchgangsverkehr, Durchfuhr, Überflug. Form des grenzüberschreitenden Transports. Verkehr mit oder ohne Unterbrechung der Beförderung (Zwischenlandung usw.) über das Territorium eines Staats, der seinen Ausgangs- und Endpunkt in anderen Staaten hat. Transitverkehr ist oftmals mit einem Dienstleistungsexport verbunden. Der Begriff T. wird im übertragenen Sinne auch auf Reisende bzw. Luftfrachtsendungen angewandt, die sich im Transit-(verkehr) auf einem bestimmten Flughafen bzw. in einem bestimmten Flugzeug befinden (Transitfluggast, -gepäck, -fracht, -post). – **2.** → Satellitennavigation

Transitbereich: bes. Bereich in → Abfertigungsgebäuden (und Frachthöfen) auf internationalen Flughäfen, der unter Aufsicht der Grenzkontrollorgane steht und für die Aufnahme der abgefertigten abreisenden Fluggäste, der Transitfluggäste und der Transferfluggäste bestimmt ist.

Transitfluggast, -gepäck, -fracht: → Transit

Transition: Bez. der Flugphase des Übergangs vom Senkrechtflug in den Horizontalflug und umgekehrt bei → VTOL-Flugzeugen.

Transit-Warteraum: Raum innerhalb des → Abfertigungsgebäudes, in dem Transit- und Transferfluggäste (→ Transit, → Transfer) sowie abgefertigte abreisende Fluggäste auf die Fortsetzung bzw. den Beginn ihrer Reise warten.

Trans-Mediterranean Airways SAL, Abk. **TMA:** Fracht-Luftverkehrsgesellschaft mit Sitz in Beirut (Libanon). Gegr. 1953; bis 1971 ausschließlich Bedarfsflugverkehr. 1959 erhielt die TMA eine Konzession als Linien-Frachtgesellschaft. 1971 errichtete TMA nach langer Vorbereitung die erste Rund-um-die-Welt-Luftfrachtlinie von Beirut nach Tokio (via Südostasien) und von dort weiter nach New York (via Anchorage) und schließlich weiterführend über den Atlantischen Ozean nach Europa und zurück nach Beirut. Weltweiter Linien- und Bedarfs-(Charter-)Frachtflugverkehr.

Transmeridianflug, *Zeitzonenflug:* Flug über große Entfernungen in Ost-West- oder West-Ost-Richtung, bei dem durch größere Differenzen der Ortszeiten von Abflugs- und Bestimmungsort der Biorhythmus des Menschen (→ Desynchronose) gestört wird. Mit zunehmend größer werdender Geschwindigkeit der Flugzeuge gewann diese Erscheinung an Bedeutung. Im Überschallverkehrsflug sind Biorhythmusstörungen geringer, da die Flugzeiten extrem kurz sind.

Transmissometer: Anlage, die durch Messen der Übertragung eines Lichtstrahls die Durchlaßfähigkeit der Luft für Lichtwellen angibt, die in Sichtweite umgerechnet werden kann. Nach den Messungen des T. erfolgt häufig die Angabe der Sichtweite auf Flugplätzen. → Videometer

Transponder: Wortzusammensetzung aus englisch *trans*mit (senden) und re*spond* (antworten). Anlage zur Datenübertragung Bord–Boden zu Zwecken der Flugsicherungskontrolle. Der T. wird durch die bodenseitige Sekundärradaranlage automatisch abgefragt. Die Antwortsignale ergänzen die am Boden vorhandene Radarinformation, so daß die einzelnen Luftfahrzeuge vom Flugsicherungskontrollpersonal identifiziert werden können. Moderne T. geben außer der Kennung noch weitere Informationen ab (z. B. Höhe, Brennstoffvorrat, Geschwindigkeit).

Transporter, Transportflugzeug:

Transporter Antonow An-22

i. allg. großes Flugzeug, das zum Transport von Truppen und militärischen Ausrüstungen, Fahrzeugen und Frachten dient. Es hat i. allg. große Pforten in Bug oder/und Heck mit Auffahrrampen zum Verladen sperriger Güter, verstärkten Rumpfboden, Belade- und Verzurreinrichtungen. Bei kleineren Typen oft vergrößerte Seitentüren.

Transportes Aéreos de Angola SARL, Abk. **TAAG:** angolanisches Luftverkehrsunternehmen mit Sitz in Luanda; gegr. im Okt. 1973. Vorläufer war die DTA-Angola Airlines (Linhas Aereas de Angola), die 1973 von der Volksrepublik Angola reorganisiert wurde; am Kapital der TAAG ist der Staat mit 51 % beteiligt. *Flugzeugpark:* 6 Boeing 707, 4 Boeing 737, 2 L 100-20 , 5 F 27, 3 An-26 und 3 Jak-40. Verkehrsdaten 1983: 950 000 beförderte Passagiere; 111,9 Mill. tkm Gesamtleistung. Streckennetz 54 000 km. Mitglied der IATA.

TAP

Transportes Aéreos Portugueses SARL, Abk. **TAP:** portugiesische Luftverkehrsgesellschaft, 1944 gegr., 1946 erste kommerzielle Flüge; 1975 nationalisiert. *Flugzeugpark (1988):* 6 Boeing 707, 5 Boeing 737, 5 Fokker F 27, 1 L 100, 1 BN 2A, 3 Jak 40. Verkehrsdaten: 2,13 Mill. beförderte Passagiere (davon 1,2 Mill. intern. Fluggäste); 4,6 Mrd. Pkm (einschl. 0,4 Mrd. Pkm Charterleistungen); 170 Mill. Frachttkm; 597 Mill. tkm Gesamtleistung. Hauptstrecken: Europa, Nord- und Südamerika, Afrika.

Transportfliegerkräfte, Abk. **TFK:** Gattung der Luftstreitkräfte, die im Interesse anderer Flieger- oder Teilstreitkräfte Versorgungsgüter für Truppen (Verpflegung, Treibstoff, Munition, Waffen u. a.) befördert oder Luftlandetruppen absetzt (landet) bzw. Truppen bei Umgruppierungen transportiert. Der Flugzeugpark der TFK besteht aus speziellen Transportflugzeugen, früher auch → Lastenseglern und Hubschraubern.

Transportkapazität: höchstmögliches Leistungsvermögen (Produktionsleistungsfähigkeit) des Transportwesens insgesamt bzw. seiner Zweige (z. B. zivile Luftfahrt) im Personen- und Güterverkehr in einem bestimmten Zeitraum (etwa 1 Jahr) auf der Grundlage der vorhandenen materiellen und personellen Voraussetzungen. Die *Gesamt-T.* wird vom wichtigsten Betriebsabschnitt, der wichtigsten *Teilkapazität* (im Luftverkehr: Teilkapazität Luftfahrzeuge) bestimmt. Die *Gesamt-T.* wird im Luftverkehr gemessen in angebotenen (eigentlich: angebotenen → umgerechneten) Tonnenkilometern [a(u)tkm]. Als Voraussetzung für die Ermittlung der *Gesamt-T.* sind die Teil-T. im Fluggastverkehr (gemessen in → Platzkilometern [Plkm]) und im Güterverkehr (→ angebotene Tonnenkilometer [atkm]) zu ermitteln. Teilproduktionskapazitäten werden auch (und zwar mit bereichsspezifischen bzw. objektspezifischen Leistungskenngrößen) ermittelt für den Luftfahrzeugpark (Plkm, atkm), die Luftstraßen, Start- und Landebahnen und Rollwege («Durchlaßfähigkeit»; Flugbewegungen pro ZE [Anzahl der Luftfahrzeuge pro Zeiteinheit]), die Kapazität der Flugzeugstandplätze (Anzahl der abzufertigenden Luftfahrzeuge pro Zeiteinheit), die Anlagen der kommerziellen Abfertigung (Anzahl der abzufertigenden Personen bzw. Mengen-[Masse]-einheiten, Gut pro Zeiteinheit), die Instandhaltungsbereiche («Werftkapazität»), die Flugsicherung (Anzahl der pro Zeiteinheit zu leitenden Flugbewegungen) usw.

Transportleistung, *Beförderungsleistung, Verkehrsleistung:* Ausdruck für das im Transportprozeß bzw. durch das Transportwesen und seine Zweige sowie im Werkverkehr geschaffene Produkt (Transportprodukt) bei der Ortsveränderung von Personen und Gütern. Naturalkenngröße der Personenbeförderungsleistung ist der → Personenkilometer (Passagierkilometer, Pkm), bei der Güter-T. der → Tonnenkilometer (tkm), bei der gesamten T. (Personen- und Gütertransport) der Tonnenkilometer, im Luftverkehr der → umgerechnete Tonnenkilometer (utkm). Die T. wird ermittelt durch Multiplikation der Transportmenge (t bzw. Personen) und der Transportentfernung bzw. Verkehrsentfernung oder Reiseweite.

Transportpreis, *Beförderungspreis:* Entgelt für Transport- bzw. Beförderungsleistungen sowie damit im Zusammenhang stehende Nebenleistungen. Der T. wird im speziellen als *Beförderungspreis, Flugpreis* oder *Fahrpreis* bzw. *Gütertransportpreis, Fracht, Frachtbetrag* oder *Frachtsumme* bezeichnet. Für T. wird umg.sprachl. auch der Begriff Tarif verwendet. Der T. wird in → Transporttarifen, Preisanordnungen usw. veröffentlicht. Für die ökonomische Beurteilung der T. sind die Tarifsätze von großer Bedeutung. Im internationalen Luftverkehr zwischen den ehem. sozialistischen Ländern, die im Rahmen der → EAGT/→ EAPT-Vereinbarungen zusammenarbeiten, wurden die in diesen Vereinbarungen festgelegten T. angewendet. → IATA-Tarif, → Transporttarif

Transporttarif: Zusammenstellung von → Transportpreisen (→ Tarifsätzen bzw. Gesamtpreisen) und deren Anwendungsbedingungen für wiederholbare Transportleistungen. Die T. gliedern sich u. a. 1) nach den *Transportobjekten* in Personen-, Güter- (→ Luftfrachttarif), Tiertarife; 2) nach den *Transportzweigen* in Luftverkehrs-, Eisenbahn-, Kraftverkehrs-, Schiffahrtstarife sowie Tarife für den → kombinierten Verkehr; 3) nach dem *Geltungsbereich* in Binnen-(Inland-)tarife und Tarife für den internationalen Verkehr (einheitlicher Luftverkehrs-Passagiertarif, einheitlicher Luftfrachttarif, → IATA-Tarif); 4) nach der *Anwendungsmöglichkeit* in → Normaltarif (Regeltarif) und → Ausnahmetarif sowie → Ermäßigungen; 5) nach den *Anwendungsbereichen*, z. B. in → Lokaltarife, → Durchgangstarife, → Anschlußtarife; 6) nach dem Verhalten der in ihnen enthaltenen Transportpreise zu Niveau und Dynamik der Preisbildungsfaktoren in Lineartarife und Staffeltarife (letztere werden weiter in lineare, progressive und degressive und nach der Art der Tarifkonstruktion in durchgerechnete und aufgesetzte eingeteilt).

Transporturile Aeriene Romine, Abk. **TAROM:** seit 1954 staatlicher rumänischer Luftverkehrsbetrieb mit Sitz in Bukarest, gegr. 1935 und reorganisiert 1946. *Flugzeugpark (1988):* 30 An 24, 12 An 26, 14 Bac 1-11, 5 Rombac 1-11, 4 Boeing 707, 11 IL 18, 3 IL 62, 2 IL 62 M, 11 Tu 154 B. Verkehrsdaten 1985: 1,22 Mill. beförderte Passagiere; 1,46 Mrd. Pkm; 7000 t Luftfracht; 126 Mill. tkm Gesamtleistung. Hauptstrecken: Europa, Mittlerer und Ferner Osten; Inlandflugverkehr.

Transportvertrag: rechtswirksame Vereinbarung über die Beförderung von Personen und Frachtgütern. Im T. sind die Beziehungen zwischen dem Verkehrskunden und dem Transportunternehmen geregelt. Im → Luftverkehr ist der T. mit dem → Flugschein bzw. dem → Luftfrachtbrief gegeben. Nach dem → Gesetz über die zivile Luftfahrt der DDR kommt ein T. zustande, sobald der Flugschein ausgehändigt bzw. die Annahme des Frachtguts durch Unterzeichnung des → Luftfrachtbriefs bestätigt wurde. Im Luftverkehr ist T. Beförderungsvertrag oder → Luftfrachtvertrag.

Transportzeit, *Beförderungszeit:* **1.** Zeitdauer einer konkreten Beförderung; Zeit für eine Ortsveränderung vom Abgangsort bis zum Zielort unter Einschluß der Zeiten für Einsteigen/Beladen, Umsteigen/Umladen, Aussteigen/Ausladen sowie der damit verbundenen Warte-/Stillstandszeiten. T. wird auch *Gesamttransportzeit,* (Gesamt-)*Reisedauer,* im Güterverkehr auch *Lieferzeit* oder *Lieferfrist* genannt. Im Gegensatz dazu umfaßt die *Reisezeit* nur die Zeit zwischen Abfahrt und Ankunft einschließlich der Unterwegsaufenthalte und die *Fahrzeit (→ Flugzeit)* nur die Zeit, während der das Transportmittel wirklich bewegt wird. Die *komplexe Reisezeit* (→ *Flugreisezeit* für den Passagier) ist für den Verkehrsnutzer von bes.

Bedeutung. Die T. wird maßgeblich von Geschwindigkeit des Transportmittels, Transportentfernung und Gestaltung des Transportwegs sowie von der Organisation des Transportprozesses beeinflußt. – **2.** Zeitliche Lage (Termin) des Transports innerhalb eines bestimmten Zeitraums. Zeitdauer und zeitliche Lage des Transports dienen der näheren Bestimmung des Transportprodukts.

transsonische Geschwindigkeit: gerade unter bzw. etwas über der Schallgeschwindigkeit liegender Fluggeschwindigkeitsbereich. → Fluggeschwindigkeit, → Aerodynamik

Trans World Airlines Inc., Abk. **TWA:** eine der größten USA-Luftverkehrsgesellschaften mit Sitz in New York, 1930 unter dem Namen «Transcontinental and Western Air» gegr., hatte als Vorläufergesellschaft die 1925 gegr. «Western Air Express». Die jetzige Bezeichnung führt die TWA seit 1950. *Flugzeugpark (1987):* 76 Boeing 727, 18 Boeing 747, 11 Boeing 767, 33 L1001 «Tristar», 46 DC9, 25 MD82 und 4 MD83. Verkehrsdaten 1987: 25 Mill. beförderte Passagiere (davon 17 Mill. Inlandpassagiere); 53,5 Mrd. Pkm; 598 Mill. Fracht-tkm; 5,8 Mrd. tkm Gesamtleistung. Hauptstrecken: Europa, Afrika, Mittlerer Osten; Inlandflugverkehr. IATA-Mitglied.

Trapezflügel: gerader Tragflügel mit sich von der Wurzel nach außen hin verringernder Tiefe. → Tragflügelgeometrie

Trapezverhältnis: Verhältnis von Flügelwurzeltiefe zu Endtiefe bei Trapez- und ähnlichen Tragflügeln; svw. Verjüngung des Tragflügels. → Tragflügelgeometrie

Treibgas, *Ölgas, Blaugas:* Mischung aus Kohlenwasserstoffen der Äthylen- und Methanreihe mit Wasserstoff, die sich unter Druck (etwa 25 daN/cm²) leicht verflüssigen läßt. Die Dichte ist je nach Zusammensetzung geringfügig kleiner als Luft, der Heizwert beträgt je nach Zusammensetzung etwa 14 kWh/m³. T. hat eine hohe → Klopffestigkeit und wurde als Brennstoff für Luftschiffmotoren verwendet, um im → Luftschiff sonst nicht nutzbare Räume mit Brennstoff zu füllen. Wurden nach Verbrauch des T. diese Räume mit Luft geflutet, so ergab sich trotz Brennstoffverbrauchs nur eine unwesentliche Masseänderung des Luftschiffs. Ausschließlicher Betrieb mit T. kommt nicht in Frage, da der Volumenbedarf je Energieeinheit ca. 1 000mal so groß ist wie bei flüssigen Brennstoffen und sich dadurch unvertretbar große Außenabmessungen und Widerstände des Luftschiffkörpers ergäben.

Z-526A «Trener»

Z-526 «Universal»

Treibstoff (Begriff aus der Raketentechnik): Gemisch aus Brennstoff (meist Kerosin) und Oxydator (meist Flüssigwasserstoff) bei Flüssigkeitsraketen, das unter Druck in die Raketentriebwerke gefördert wird.

Trener: früher in der ČSFR gebaute Typenreihe 2sitziger Motorflugzeuge für Schulung, Kunstflug und Flugzeugschlepp. Aus dem T. Z-126 wurde die vielseitige Reihe entwickelt und in großen Serien gebaut. Flugzeuge der T.-Typen zählten zu den besten Kunstflugzeugen der Welt und waren bei mehreren Weltmeisterschaften im Kunstflug erfolgreich. → Moravan (Abb. S. 650)

Triebwerk: allg. Bez. für die Antriebsmaschine eines Luftfahrzeugs. Die Aufgabe der Antriebsanlage (Luftschraube und Wellenleistungs-T. oder Strahl-T.) eines Luftfahrzeugs mit statischem oder aerodynamischem Auftrieb besteht in der Erzeugung einer Vortriebskraft (Schub) zum Beschleunigen des Fahrzeugs im Start und zur Überwindung des Luft-, Beschleunigungs- und Steigungswiderstands im Flug. Bei Hubschraubern und Senkrechtstartern wird ein Teil der Leistung der Antriebs-Anlage zur Erzeugung einer Hubkraft verwendet. Die Wirkungsweise aller Antriebsanlagen von Luftfahrzeugen beruht auf dem Impulsprinzip: Einer bestimmten, pro Zeiteinheit erfaßten Luftmasse wird ein Geschwindigkeitszuwachs erteilt, aufgrund dessen als Reaktion die gewünschte Schubkraft entsteht.

Mit sehr wenigen Ausnahmen werden als T. Wärmekraftmaschinen verwendet, die den für die Verbrennung des Brennstoffs erforderlichen Sauerstoff der atmosphärischen Luft entnehmen. Die im Brennstoff in chemischer Form gebundene Energie wird durch Verbrennung in Wärme umgewandelt, die ihrerseits wieder vom T. zum Teil in mechanische Arbeit umgesetzt wird. Diese mechanische Arbeit dient entweder zum Antrieb einer Luftschraube, oder sie äußert sich bei Strahl-T. in der Erhöhung der kinetischen Energie der durch das T. durchgesetzten Gasmasse bzw. in der Erzeugung einer Impulsdifferenz zwischen ein- und austretendem Gasstrahl und damit einer Schubkraft.

Die wichtigsten Arten der Flugzeug-T. sind: → Kolbentriebwerk, → Propellerturbinenluftstrahltriebwerk, → Einstromturbinenluftstrahltriebwerk und → Zweistromturbinenluftstrahltriebwerk. Anforderungen an Flugzeugantriebsanlagen: Sie sollen bei geringster Masse, geringstem Volumen, Widerstand und Brennstoffverbrauch hohe äußere → Leistungen erzeugen, eine große Zuverlässigkeit, Lebensdauer und Be-

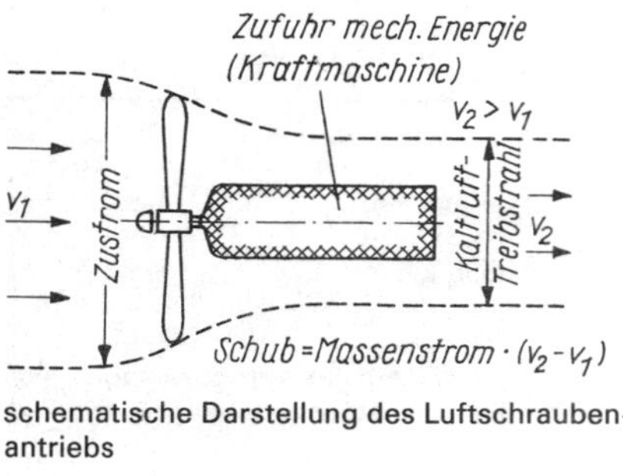

schematische Darstellung des Luftschraubenantriebs

Abkürzungen von Triebwerkskonstrukteuren und Triebwerksherstellern

Abkürzung	Konstrukteur	Hersteller
AI	*A. Iwtschenkow*	–
AL	*A. Ljulka*	–
AM	*A. Mikulin*	–
ASch	*A. Schwezow*	–
BMW	–	Bayerische Motorenwerke
BS	–	Bristol Siddeley
D	*Solowjow*	–
DB	–	Daimler-Benz AG
DH	–	De Havilland
GE	–	General Electric
HAL	–	Hindustan Aeronautics, LTD
IHI	–	Ishikawajima-Harima Jukogyo Kabushiki Kaisha
KHD	–	Klöckner-Humboldt-Deutz
MTU	–	Motoren-Turbinen-Union
NK	*N. Kusnetzow*	–
OKL	–	Osrodek Konstrukcji Lotniczych
P & W	–	Pratt & Whitney
RR	–	Rolls Royce
SNECMA	–	Société Nationale d'Etude et de Constructions de Moteurs d'Aviation
WK	*W. Klimow*	–

Wirkungsprinzip der Luftfahrzeugantriebe

Triebwerksart	Luftmasse/ Gasmasse	Geschwindigkeitszuwachs	Einsatzgeschwindigkeit
Luftschraubentriebwerke	groß	klein	bis 700 km/h
Zweistromtriebwerke	mittel	mittel	600…1 200 km/h, M 2…M 3
Einstromtriebwerke	klein	groß	M 1…M 3

triebsbereitschaft bei geringstem Wartungsaufwand haben. Betriebsverhalten der Flugzeugantriebsanlagen: Unter Betriebsverhalten versteht man die Abhängigkeit von Wirkungsgrad und Schub bzw. äußerer Leistung von den Parametern Drehzahl, Flughöhe und Fluggeschwindigkeit; entspr. unterscheidet man Drehzahl-, Höhen- und Geschwindigkeitscharakteristiken. Kolben- und Gasturbinen-T. bzw. Luftschrauben- und Strahl-T. unterscheiden sich in ihrem → Betriebsverhalten.

Geschichtliches: im 18. und 19. Jahrhundert wurden vielfältige Versuche unternommen, Freiballone und Luftschiffe mit Dampfmaschinen, Elektro- oder Verbrennungsmotoren anzutreiben. Erst die Weiterentwicklung des Ottomotors zu einer leichten, leistungsstarken und zuverlässigen Antriebsmaschine zu Beginn des 20. Jh. eröffnete reale Möglichkeiten, auch Luftfahrzeuge schwerer als Luft mit dieser Antriebsquelle auszurüsten. Erster Flug eines Luftfahrzeugs schwerer als Luft mit Antrieb am 17. Dez. 1903 durch die Brüder *Wright* (USA). Als Antriebsmaschine diente ein 4-Zylinder-4-Takt-Reihenmotor (Eigenbau) mit Wasserkühlung und etwa 9 kW (12 PS) Leistung bei etwa 100 kg Masse. Erster Motorflug in Deutschland am 28. Okt. 1908 durch *Hans → Grade* mit einem luftgekühlten 4-Zylinder-2-Takt-V-Motor (Eigenbau), etwa 12 kW (16 PS) Leistung bei etwa 50 kg Masse. In Vorbereitung und während des ersten Weltkriegs sprunghafte Entwicklung der Leistung auf etwa 150 kW (200 PS) bei Massen von etwa 300 kg. In Vorbereitung des zweiten Weltkriegs weiteres Forcieren der Flugmotorenentwicklung auf Kosten anderer Gebiete von Wissenschaft, Kultur und Kunst. Ende des zweiten Weltkriegs erreichten KTW etwa 1 500 kW (2 000 PS) bei 1 000 kg Masse. Die Entwicklung von Gasturbinentriebwerken wurde zu Beginn des zweiten Weltkriegs von deutschen Rüstungskonzernen bes. intensiv betrieben. Erster strahlgetriebener Flug am 27. Aug. 1939 durch *Warsitz* mit He 178, angetrieben durch ein ETL (He S-3) mit Radialverdichter und Radialturbine, 440 daN Schub, etwa 360 kg Masse. Erstes serienmäßig gefertigtes ETL 1944 JUMO 004 mit 880 daN Schub bei 750 kg Masse. Erster kommerzieller Einsatz von Gasturbinen-T. als ETL 2. Mai 1952 in der De Havilland «Comet I» mit 4 «Ghost 2»-T. (das Flugzeug mußte jedoch nach einer Serie von Katastrophen, deren Ursache nicht bei der Antriebsanlage lag, vorübergehend wieder außer Dienst gestellt werden). Der weitere Einsatz von Gasturbinen-T. als PTL 1953 in den Flugzeugen «Viscount» von Vickers und «Britannia» von Bristol, mit Rolls Royce «Dart» bzw. Bristol «Proteus»-T. – Seit etwa 1955 werden keine Neu- und Weiterentwicklungen großer KTW wegen der Fortschritte im Gasturbinenbau mehr betrieben. 1959 erster kommerzieller Einsatz von ZTL

Triebwerk

Art der Antriebsanlage	1	2	3	4	5	6	7
kl. KTW/Luftschraube	150...200	150	2,0...2,5	20...25	200...400	1 000	100
Gasturbine/Luftschraube	350...650	2 000	0,7...1,0	25...30	1 000...2 500	3 000	800
großes ZTL	750...900	12 000	0,30	30...35	2 000...3 000	6 000	2 000
großes ETL (Überschallflug)	2 000...2 200	20 000	0,15	40	10 000		

1 Reisegeschwindigkeitsbereich in km/h
2 max. äußere Leistung bei Reiseflug in kW
3 Masse-Leistungsverhältnis einschl. Luftschraube bei Reiseflug, Bezug: äußere Leistung
4 Gesamtwirkungsgrad bei Reiseflug in %
5 äußere Leistung bei Reiseflug bezogen auf die Stirnfläche in kW/m²
6 Laufzeit in Stunden bis zur Grundüberholung
7 spez. Werkstoffkosten des Triebwerks in $ pro kg

Gegenüberstellung wesentlicher Daten und Kenngrößen der wichtigsten Antriebsanlagen von Verkehrsflugzeugen (Einstromturbinenluftstrahltriebwerke für Unterschallgeschwindigkeit sind nicht mehr berücksichtigt)

(DC-8 mit 4 Rolls Royce RCo 12). Seit etwa 1960 keine Neuentwicklungen großer PTL aufgrund großer Fortschritte bei der ZTL-Entwicklung für Langstreckenverkehrsflugzeuge.

Triebwerksbelastung: Maß für das von einem → Wellenleistungstriebwerk abgegebene → Drehmoment. Bei Strahltriebwerken kann die Turbineneintrittstemperatur bzw. die Abgastemperatur als ein Maß für die Belastung angesehen werden. Vielfach wird die T. auch als Maß für die abgegebene Leistung verwendet.

Triebwerksbodenlaufzeit, Symbol t_M: Zeitdauer, während der die Triebwerke laufen und sich das Luftfahrzeug am Boden befindet. Die Elemente der T. sind *Anlaßzeit* (t_{MA}), Zeitdauer des Anlassens der Triebwerke; *Abbremszeit* (t_{MB}), Zeitdauer der Durchführung des Abbremsverfahrens; *Triebwerksauslaufzeit* (t_{MC}), Zeitdauer vom Abstellen der Triebwerke bis zu deren Stillstand. Es gilt $t_M = t_{MA} + t_{MB} + t_{MC}$.

Triebwerksgondel: Verkleidung eines Kolben- (Motorgondel) oder Turbinentriebwerks, das unter dem Tragflügel, am Rumpfheck von Flugzeugen oder an Luftschiffen angeordnet und mit dem Luftfahrzeug durch einen Stiel o. ä. verbunden ist.

Triebwerkslaufzeit: Laufzeit von Flugzeugtriebwerken zwischen zwei Grundüberholungen bzw. Gesamtlaufzeit bis zur Verschrottung. – Laufzeit von Kolbentriebwerken für Sport- und Agrarflugzeuge zwischen zwei Grundüberholungen je nach Einsatzbedingungen 500...1 500 h, für PTL-Triebwerke 2 000...5 000 h und für Strahltriebwerke 3 000...6 000 h im Verkehrsflugeinsatz; T. der Jagdflugzeuge und Jagdbombenflugzeuge ist wesentlich geringer.

Triebwerksprüfstand: Meß- und Kontrollanlage zum Untersuchen kompletter Flugzeugtriebwerke im Rahmen der Entwicklung bzw. von Abnahmeläufen instandgesetzter Triebwerke. T. besteht meist aus einem schallisolierten Raum mit Aufspannfundament und Vorrichtung für die Aufnahme des Triebwerks, Bremseinrichtung für Wellenleistungstriebwerke bzw. Schubmeßeinrichtung für Strahltriebwerke, Abgas-, Kühlmittel- und Luftkanälen und einer Vielzahl weiterer Anlagen für Brennstoff, Schmierstoff, Regelung sowie weiteren Meßwertaufnahmen. Zum T. gehört eine schallisolierte Meßkabine mit Bedienpult, das gleichzeitig die Anzeigeinstrumente für die zu messenden Größen enthält. Spezielle T. für die Untersuchung des Höhenverhaltens ermöglichen, durch aufwendige Zusatzeinrichtungen, Luftdruck und Lufttemperatur im Prüfraum zu verändern.

Triebwerksüberwachungsanlagen: zus.fass. Begriff für alle Anlagen, die zum Überwachen von Parametern der Triebwerke eines Luftfahrzeugs bzw. zur optimalen Einstellung ihres Betriebs dienen. Zu den T. gehören → Druckmesser (→ Ladedruckmesser), → Drehzahl-

Antonow An-26 mit 2 Triebwerksgondeln

messer, Thermometer (Zylinderkopftemperatur bei KTW, Abgastemperatur an Turbinentriebwerken), Brennstoffvorrats- und Verbrauchsmesser, Abgasanalysatoren (bei Erprobungen). Bei Turbinentriebwerken ist die Schwingungsmeßanlage, die Angaben über die an Triebwerken auftretenden Vibrationsbeschleunigungen liefert, zu den T. zu rechnen. In großen Verkehrsflugzeugen arbeiten alle T. mit elektrischer Fernübertragung, wobei fast alle Arten von → Gebern benutzt werden. Die Anzeige erfolgt meist auf Rundskalengeräten, wobei häufig mehrere Anzeigen an einem Gerät dargestellt werden. → Dreizeigergerät, → Zweizeigergerät

Triebwerkszuverlässigkeit: aus einer statistischen Menge gleichartiger → Triebwerke ermittelter Kennwert über die Zuverlässigkeit einer bestimmten Triebwerkskategorie bzw. eines bestimmten Triebwerkstyps. Angegeben in Betriebsstunden pro unplanmäßige Stillegung.

Trijet: Flugzeug mit 3 Strahltriebwerken.

Trimmanzeiger: → Nullanzeigegerät

Trimmen, *Trimmung:* Herstellen des Kräfte- und Momentengleichgewichts am Fluggerät in einer bestimmten, über einen längeren Zeitraum beizubehaltenden Fluglage, z. B. im geradlinigen Horizontalflug oder im Steigflug. Um den Flugzeugführer zu entlasten, soll die Haltekraft am Bedienelement (Steuerknüppel, Pedale) gleich Null sein. Eine Grundtrimmung von Fluggeräten wird mit Hilfe der neutralen Justierung der Ruder bei Neutralstellung der Bedienelemente und mit Hilfe des → Bügelns hergestellt. Während des Fluges geschieht es mit Hilfe von → Trimmern. Dieses T. ist sowohl bei der Änderung der Fluglage als auch infolge der → Schwerpunkt- und der → Neutralpunktwanderung erforderlich.

Trimmer: Vorrichtung zum → Trimmen von Flugkörpern. Bei Betätigen der Ruder eines Flugzeugs durch Muskelkraft erfolgt die Trimmung mit Hilfe von Trimmrudern. Werden die Ruder durch hydraulische Kraftverstärker bewegt, so geschieht die Trimmung über T.mechanismen in der Steuerung, die lediglich die am Steuerknüppel oder anderen Bedienelementen bei gegebenem Ruderausschlag vorhandene Kraftwirkung beseitigen, indem sie die Belastungsimitation ausschalten bzw. entlasten. I. w. S. zählen zu den T. auch → Trimmtanks und → Destabilisatoren. Aufgrund der Umkehrbarkeit der Handlung muß man T. auch als Steuerorgane mit begrenzter Steuerfunktion betrachten.

Trimmkante: an der Hinterkante von Tragflügeln, Flossen oder Rudern angebrachtes Blech, durch dessen Einstellung Momente, die bei Nullstellung von Steuerknüppel und Pedalen auftreten, ausgetrimmt werden. Die mit der T. durchgeführte Grundtrimmung bezeichnet man auch als *Bügeln.*

Trimmklappe: svw. → Trimmruder.

Trimmruder: → Trimmer in Form einer kleinen, am Ruderende angebrachten beweglichen Fläche. Sie gleicht die Kräfte am Bedienungselement der Steuerung bei für die jeweilige Trimmung erforderlichem Ruderausschlag aus. Bei Handlungsumkehrung kann mit Hilfe des T.-Ausschlags eine Steuerwirkung erreicht werden; durch Ausschlag des T. entsteht eine Kraft am Ruder, die dieses in entgegengesetzter Richtung ausschlägt und damit eine steuernde Wirkung am Flugzeug erzeugt.

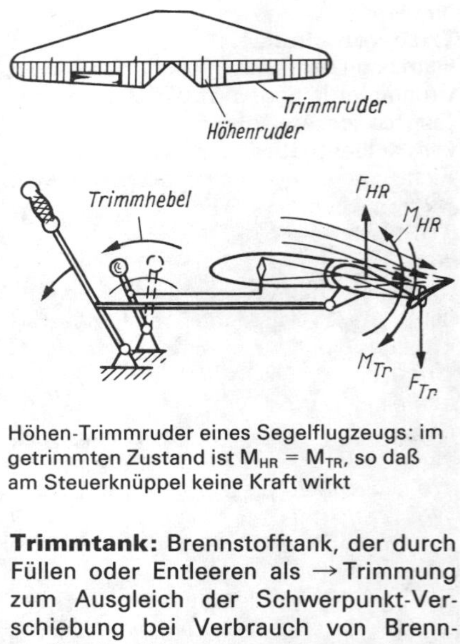

Höhen-Trimmruder eines Segelflugzeugs: im getrimmten Zustand ist $M_{HR} = M_{TR}$, so daß am Steuerknüppel keine Kraft wirkt

Trimmtank: Brennstofftank, der durch Füllen oder Entleeren als → Trimmung zum Ausgleich der Schwerpunkt-Verschiebung bei Verbrauch von Brennstoff oder Abwurf von Lasten, in der Hauptsache aber zum Verringern der erhöhten → Stabilitätsreserve im Überschallflug dient. Gleiches Ergebnis wird mit einem → Destabilisator erreicht.

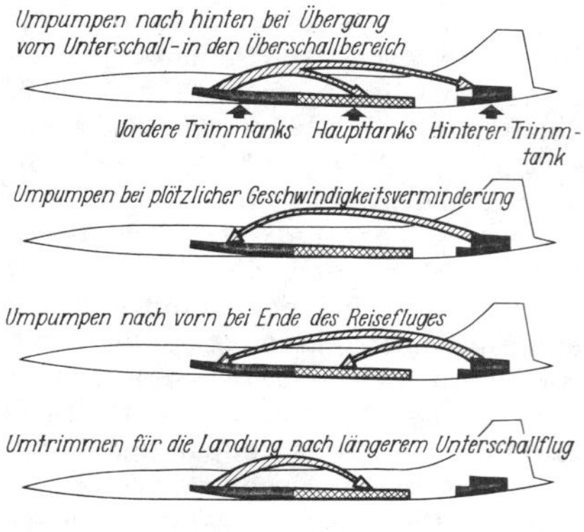

Brennstoffsystem der «Concorde» als Trimmsystem für den Ausgleich der Schwerpunktwanderung

Trimmung: svw. → Trimmen.

Trimmwiderstand: Teil des → Widerstands, der durch das → Trimmen eines Flugzeugs mit natürlicher → Stabilität, 1., entsteht. Je größer diese Stabilität, desto größer der T.; deshalb besteht das Bestreben aus ökonomischer Sicht, die natürliche Flugstabilität möglichst gering zu halten, was der Forderung nach Flugsicherheit z.T. widerspricht.

Trockencharter: → Charterflugverkehr

Trockenmasse: Masse eines Triebwerks ohne Brenn-, Schmier- und Kühlstoff sowie ohne diejenigen Nebenaggregate, die für die Versorgung des Flugzeugs notwendig, für den eigentlichen Betrieb des Triebwerks jedoch nicht notwendig sind, z. B. Kompressor, Hydraulikpumpen, Generator usw.

Trombe: intensiver Windwirbel. *Kleintromben* sind Luftwirbel geringer Ausmaße, die häufig über stark erhitztem Untergrund entstehen und auch als «Staubteufel» bezeichnet werden. *Großtromben* sind Windwirbel, die sich aus einer Cumulonimbus-Wolke heraus entwickeln. Sie sind erkennbar an einem aus der Wolke herausragenden Wolkenschlauch (Wolkensäule oder Wolkentrichter), der am unteren Ende in ein buschförmiges Gebilde übergeht. Dieses besteht über der Meeresoberfläche aus hochgerissenen Wassertröpfchen. Über Land werden vom Boden Staub, Sand und andere kleine Gegenstände hochgewirbelt. Über Land bezeichnet man die Großtromben als «Windhose», über See als «Wasserhose». Besonders intensive Großtromben treten über Nordamerika auf. Sie werden hier als «Tornado» bezeichnet.

Tropikluft: → Luftmasse

tropischer Wirbelsturm: Tiefdruckgebiet tropischen Ursprungs mit nur geringem Durchmesser und sehr starken Winden. T. entstehen über den tropischen Ozeanen zwischen 5° und 25° nördlicher bzw. südlicher Breite. Durchmesser: 400...800 km. Der Luftdruck im Zentrum sinkt bisweilen unter 900 hPa. Windgeschwindigkeiten: 200...300 km/h, vereinzelt bis 400 km/h. Die höchsten Windgeschwindigkeiten treten in einiger Entfernung vom Zentrum auf; im Zentrum («Auge») selbst ist es nahezu windstill. Das Zentrum ist ein wolkenarmes kreisförmiges Gebiet, Durchmesser: 20...50 km, auf Satellitenbildern gut erkennbar. Um dieses Zentrum ordnen sich die Wolken, häufig mit Cumulonimben durchsetzt, spiralförmig an. Aus ihnen kommt es zu wolkenbruchartigen Niederschlägen, manchmal von Gewittern begleitet. T. wandern nach ihrer Entstehung zunächst westwärts, biegen dann nach Norden um und werden häufig in die Westdrift der gemäßigten Breiten mit einbezogen, so daß sie schließlich eine Ortsverlagerung erhalten. Dabei wandeln sie sich vielfach in ein außertropisches Tiefdruckgebiet um, das sich kaum noch von den Tiefdruckgebieten der gemäßigten Breiten unterscheidet. Im amerikanischen Raum werden die T. als «Hurrican», über dem Stillen Ozean als «Taifun», in Indien als «Zyklon« und in Australien als «Willy-Willy» bezeichnet. Zur Kennzeichnung der einzelnen Wirbelstürme werden männliche und weibliche Vornamen in alphabetischer Reihenfolge benutzt.

Tropopause, Troposphäre: → Atmosphäre

TRSB: → Mikrowellen-Landesystem

Trübung: → Peiltrübung

Trudeln: Flugzustand, bei dem sich das Flugzeug nach dem Überziehen steil nach unten bewegt und dabei um eine Achse außerhalb der Längsachse rotiert. Das T. wird in der Flugzeugführerausbildung geübt und beim → Kunstflug als → Kunstflugfigur aus der Normal- und Rückenlage eingeleitet. Die T.eigenschaften der Flugzeugtypen sind unterschiedlich und von der Masseverteilung abhängig. Hecklastige Flugzeuge

Sergej Tschaplygin

neigen zum Flach-T., das mit bes. Steuerbewegungen nur schwer beendet werden kann. Solche Flugzeuge werden nur mit bes. Einschränkungen zum Fliegen zugelassen. Beim Flach-T. dreht sich das Flugzeug schnell in einem flachen Winkel zur T.-achse. Dadurch werden das Höhen- und Seitenruder teilweise oder ganz abgeschirmt, d. h., sie befinden sich in einer verwirbelten Luftströmung, so daß die Ruder nicht oder nur begrenzt wirksam werden. Die Beherrschung des T. ist für jeden Flugzeug- und Segelflugzeugführer wichtig, um das Flugzeug aus unbeabsichtigtem, durch Steuerfehler hervorgerufenem T. sicher herauszubringen.

Truppenluftabwehr: Waffengattung der Landstreitkräfte, um deren Verbände, Objekte, Fahrzeugkolonnen und Stellungen unmittelbar vor Luftangriffen zu schützen. Sie kann aus selbständigen Einheiten bestehen oder zu den motorisierten Schützen- oder Panzerverbänden gehören. Zum Bestand zählen Funkmeßgeräte, Rohrflak (meist auf gepanzerten Selbstfahrlafetten) sowie Fla-Raketen (auch Einmann-Fla-Raketen). Die T. wirkt meist zusammen mit Jagdfliegern. Oft können die Mittel der T. auch zur Panzerbekämpfung eingesetzt werden.

TS: 1. Bei amerik. Triebwerksbez. Abk. für *turbosupercharged* – Triebwerk mit Abgasturbolader. – **2.** Abk. für Flugzeuge von *Tadeusz* → *Soltyk*.

Tschaplygin, *Sergej Alexejewitsch:* sowjetischer Aerodynamiker, geb. 24. März (5. April) 1869 Ranenburg (Gouvernement Rjasan), gest. 8. Okt. 1942; Schüler N. J. → *Shukowskis*, Professor in Moskau. Mitbegründer des → ZAGI, nach Shukowskis Tod 1921 wissenschftlicher Leiter des ZAGI. Mit seiner Dissertation «Über Gasströmungen» (1902) an der Schaffung der Grundlagen für die Gasdynamik beteiligt, untersuchte vor allem subsonische Strömungen. Diese Forschungen erlangten Jahrzehnte später große Bedeutung, als die Flugzeuge diese Geschwindigkeiten erreichten. Die Lehren T. wurden von sowjetischen und ausländischen Aerodynamikern weiterentwickelt. Bedeutende Ergebnisse erzielte T. bei Untersuchungen der Umströmung des Tragflügels, wobei er schwierige Probleme der Aerodynamik und Luftfahrt löste. Außerdem führte T. neue mathematische Methoden ein. Seit 1929 Mitglied der Akademie der Wissenschaften der UdSSR, 1929 «Verdienter Wissenschaftler der RSFSR», 1941 «Held der sozialistischen Arbeit».

Tschkalow, *Waleri Pawlowitsch:* sowjetischer Flieger, geb. 2. Febr. 1904 Wassiljowo (Gebiet Gorki), gest. 15. Dez. 1938 (abgestürzt). Ausbildung an verschiedenen Fliegerschulen; 1930 Testpilot im Wissenschaftlichen Forschungsinstitut der Luftstreitkräfte, ab 1933 in einem Moskauer Flugzeugwerk. 1931 mit anderen Piloten Starts von fliegenden Flugzeugträgern

Waleri Tschkalow mit Gattin und Sohn

(→ Huckepackflugzeug). T. zeichnete sich auch als hervorragender Kunstflieger aus. T. erprobte etwa 70 Flugzeugmuster, wobei er mit den Konstrukteuren sowohl bei der Projektierung als auch bei der Verbesserung eng zusammenarbeitete. 1936 führte T. mit *Baidukow* u. *Beljakow* einen Nonstopflug Moskau–Petropawlowsk/Kamtschatka-Insel Udd durch (ohne Zwischenlandung mit ANT-25, 9 374 km in 56 h 20 min). Rückflug 7 670 km ohne Zwischenlandung in 48 h 25 min. 24. Juli 1936 «Held der Sowjetunion». 20. Juni 1937 Nonstopflug derselben Besatzung von Moskau nach Vancouver bei Portland (USA), über den Nordpol hinweg. Mehr als 12 000 km (Luftlinie mehr als 8 500 km) durchflogen sie unter schwierigen Wetterbedingungen in 63 h 25 min (Langstreckenrekord für Flüge ohne Zwischenlandung). Bei der Erprobung des neuen Jagdflugzeugs I-180 (→ *Polikarpow*) fand T. den Tod. In Vancouver gibt es ein Denkmal für den Nonstopflug. Es wird vom Tschkalow-Fan-Club der Stadt, in der es auch eine Tschkalow-Straße gibt, gepflegt. 1977 waren Sohn Igor T. (Offizier und Pilot) sowie Baidukow und Beljakow zu einem Jubiläumsmeeting in Vancouver.

Tu: Typenbez. für Flugzeuge des sowjetischen Konstrukteurs → *Tupolew*.

Tubusbauweise: Leichtbauweise, wobei ähnlich der Wabenbauweise Plaströhrchen aus flammenhemmendem Material längsseitig miteinander verklebt werden. Die Blöcke und Matten lassen sich für gekrümmte Bauteile räumlich verformen und sind mechanisch hoch beanspruchbar. Verwendet werden sie als Radarhauben, Fahrwerkverkleidungen, Kabinenfußböden, Vorflügel, Flügelendkanten usw. Das Verfahren wurde im Hamburger Flugzeugbau entwickelt.

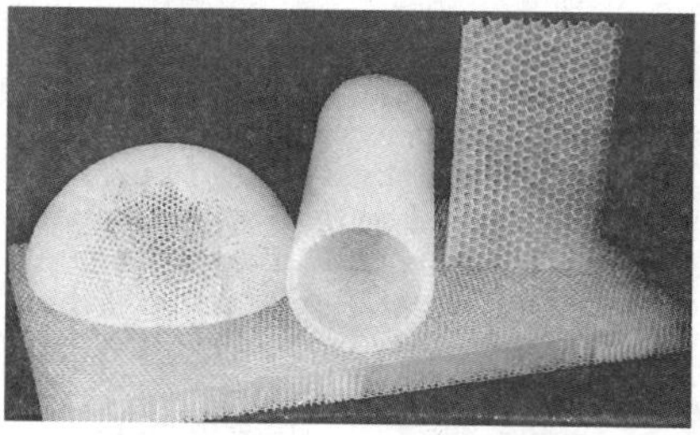

Tubusbauweise

Tuftingmethode: svw. → Wollfadenmethode.

Tunis Air, Société Tunisienne de l'Air: tunesische Luftverkehrsgesellschaft mit Sitz in Tunis, gegr. 1948. *Flugzeugpark:* 1 Airbus A 300 B 4, 6 Boeing 737-200 (davon 2 geleast); 8 Boeing 727-200. Verkehrsdaten 1985: 1,25 Mill. beförderte Passagiere (davon 1,12 im intern. Flugverkehr); 2,2 Mrd. Pkm (davon 0,7 Mrd. Pkm Charterleistungen); 15,9 Mill. Fracht-tkm; 215 Mill. tkm Gesamtleistung. Hauptstrecken: Nordafrika, Europa, Mittlerer Osten; Inlandflugverkehr. Mitglied der IATA.

Tunnel: svw. → Grotte.

Tunnelstreuanlage: auch «Streufä-

Tunnelstreuanlage

cher» genannt; landwirtschaftliche Anlage eines Agrarflugzeugs zur Feststoffausbringung, Düngung; einfache Blechkonstruktion mit Dosiereinrichtung. Ausbringung und Verteilung durch Luftschraubenstrahl. Nachteile: großer Widerstand, Abhängigkeit der Arbeitsbreite und Querverteilung von der Triebwerksleistungsstufe; im Gegensatz zur → Schleuderanlage jedoch leichter und billiger.

Andrej Tupolew

Tupolew, *Andrej Nikolajewitsch:* sowjetischer Flugzeugkonstrukteur, geb. 29. Okt. (10. Nov.) 1888 im Dorf Pustomasowo (Twersker Gouvernement), gest. 23. Dez. 1972 Moskau, Generaloberst der Flieger (Ing.); nahm schon als Mitglied des studentischen Luftfahrtzirkels der Moskauer Technischen Hochschule an der Konstruktion und dem Bau von Gleitflugzeugen teil, flog selbst mit. T. studierte bei N. J. → *Shukowski*, der ihn 1909 veranlaßte, einen Windkanal zu konstruieren. 1916 (noch als Student) Leiter der Abteilung Wasserflugzeuge der Flugzeugwerke «Dux» in Moskau. Nach der Oktoberrevolution Leiter der Abteilung Aerodynamik im Konstruktions- und Versuchsbüro der sowjetischen Luftfahrt. Ab 1. Sept. 1918 Leiter des Bereichs Aerodynamik im Institut für Verkehrswesen, gleichzeitig Dozent an der Technischen Hochschule Moskau. Als engster Mitarbeiter von *N. J. Shukowski* im Dez. 1918 an der Gründung des → ZAGI beteiligt, 1918/35 stellvertretender Leiter. 1922 wurde im ZAGI unter seiner Leitung ein Konstruktionsbüro geschaffen. Zunächst Konstruktion und Bau des 1sitzigen Leichtflugzeugs (Holz) ANT-1, des ersten in der UdSSR entwickelten Flugzeugs. 1923/24 Entwicklung der Duralumin-Bauweise. Aus diesem Material baute T. Gleitboote, Motorschlitten und das 2sitzige Flugzeug ANT-2. Begründer und Wegbereiter des Metallflugzeugbaus in

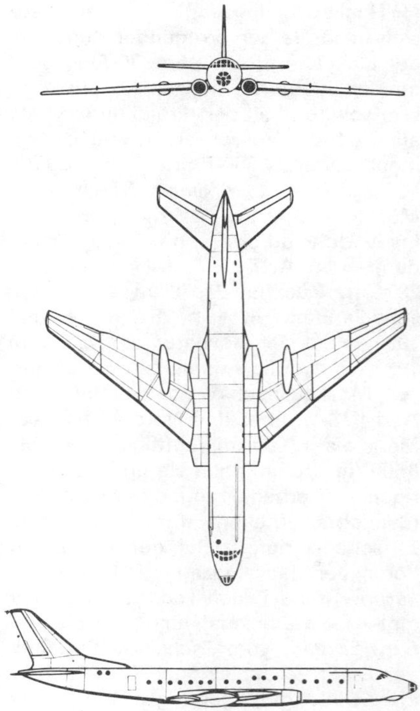

Tupolew Tu-104

Tupolew ANT-1 (1923)

Tupolew ANT-9 (1929)

Tupolew Tu-134

Tupolew Tu-154

Überschallverkehrsflugzeug Tupolew Tu-144

der UdSSR. Die Aufnahme der Serienproduktion verlangte Änderungen der Konstruktion und Technologie, bei deren Ausarbeitung T. und seine Mitarbeiter eine hervorragende Rolle spielten. T. entwarf mehr als 100 Flugzeuge, von denen eine große Anzahl in die Serienproduktion ging. Bekannt wurden vor allem die 2motorige ANT-4 (1925), mit der → *Schestakow* und Besatzung 1929 die 20 110 km lange Strecke Moskau–Sibirien–Aleuten-Seattle (USA) in 10 Tagen bewältigte, die 4motorige ANT-6 mit 40,5 m Spannweite das größte Ganzmetallflugzeug seiner Zeit, die 3motorige ANT-9, mit der *Gromow* 1929 einen Europaflug durchführte, die 8motorige ANT-20 «Maxim Gorki», 1934 das größte Landflugzeug der Erde, bei dessen Konstruktion T. auch spezielle Fragen des Baus von Großflugzeugen lösen mußte, die 1motorige ANT-25 (1934), mit der 1937 → *Tschkalow* und Besatzung sowie *Gromow* und Begleiter die ersten Transpolar-Fernflüge ausführten. Im modernen Flugzeugbau machten T. vor allem die Tu-104 sowie das PTL-Flugzeug Tu-114 (Weltausstellung Brüssel 1958, Goldmedaille) berühmt. Für Kurzstrecken entwickelte das T.-Kollektiv die Tu-124, für Mittelstrecken die Tu-134 und die Tu-154 mit 3 Strahltriebwerken am Heck für 128...164 Fluggäste. Aus seinem Konstruktionsbüro stammen auch Jagd-, Bomben-, Transport- und Marineflugzeuge, darunter die strahlgetriebene Tu-16 (Ausgangsversion für Tu-104). Ferner wurde das Überschallverkehrsflugzeug Tu-144 für eine Geschwindigkeit von M 2,3 entwickelt. – T. leistete auch Hervorragendes bei der Lösung von Problemen der aerodynamischen Berechnung, auf dem Gebiet der Festigkeitsberechnungen u. a. T. war ordentliches Mitglied der Akademie der Wissenschaften der UdSSR, Hervorragender Wissenschaftler, Techniker der RSFSR, Inhaber zahlreicher sowjetischer und ausländischer Auszeichnungen. T. bildete mehrere Generationen talentierter Konstrukteure heran, unter ihnen → *Archangelski*. Die neueste Entwicklung des T.-Konstruktionsbüros ist das Passagierflugzeug Tu-204. → Verkehrsflugzeug

Turbine, *Gasturbine:* Strömungsmaschine zur Umwandlung eines bestimmten Enthalpiegefälles in mechanische Arbeit zum Antrieb von → Verdichter oder (und) Luftschraube sowie anderer Aggregate (Wasser- und Dampf-T. nicht berücksichtigt). Ein *T.-Stufe* besteht aus dem feststehenden → Leitrad und dem rotierenden → Laufrad. Die T. kann aus 1 oder mehreren Stufen bestehen. Entspr. der Strömungsrichtung des Arbeitsmediums unterscheidet man *Radial-* und *Axial-T.*, nach der Art der Energieumsetzung in Leit- und Laufrad *Gleichdruck-* und *Überdruck-T.* In modernen Flugzeugtriebwerken werden ausschließlich mehrstufige Axial-Überdruck-T. angewendet. T. arbeiten mit hoher Drehzahl, demzufolge werden bei niedrigster Masse sehr hohe Leistungen erzeugt. Die Drehzahl wird so gewählt, daß sich entspr. dem Durchmesser eine Umfangsgeschwindigkeit der Schaufelspitzen von 400...500 m/s ergibt (5 000...50 000 U/min). Leit- und Laufrad einer T. sind sehr hohen thermischen Beanspruchungen ausgesetzt; das Laufrad unterliegt zusätzlich sehr hohen mechanischen Beanspruchungen durch die Fliehkräfte (Größenordnung 10^5 *g*), deshalb wird häufig Schaufelkühlung angewendet. Weitere Erhöhung von Umfangsgeschwindigkeit und T.eintrittstemperatur hängt von der Entwicklung neuer Werkstoffe und Kühlungsverfahren ab. Wichtige Kennwerte und Daten sind Wirkungsgrad, Reaktionsgrad, Laufzahl, Masse und Leistung.

Turbineneintrittstemperatur, *Frischgastemperatur:* Temperatur des die Brennkammer verlassenden, in den Leitapparat der Turbine eintretenden Arbeitsgases. Beeinflußt maßgeblich Leistung und Wirkungsgrad des Gasturbinentriebwerks. Max. Turbineneintrittstemperatur moderner ZTL für Verkehrsflugzeuge z. Z. etwa 1 700 K.

Turbinenluftstrahltriebwerk, Abk. **TL:** Sammelbez. für Gasturbinenflugzeugtriebwerke ohne Luftschraube, bei denen die Verdichtung der Luft durch einen speziellen, von einer Gasturbine angetriebenen Verdichter erfolgt. → Einstromturbinenluftstrahltriebwerke (ETL), seit 1952 im kommerziellen, seit 1944 im militärischen Einsatz. → Zweistromturbinenluftstrahltriebwerke (ZTL) seit 1959 im kommerziellen Einsatz.

Turbinentreibstoff: → Brennstoff

Turbofan: engl. Bez. für → Zweistromturbinenluftstrahltriebwerk.

Turbojet: Bez. für → Turbinenluftstrahltriebwerk, manchmal im Sinne von → Einstromturbinenstrahltriebwerk gebraucht.

Turbolader: Maschinengruppe zur → Aufladung von KTW, bestehend aus einer vom Abgas des Triebwerks angetriebenen Turbine und einem Verdichter (beide auf einer gemeinsamen Welle). T. laufen mit Drehzahlen von über 20000 U/min. Bei günstiger Ausnutzung der Abgasenergie kann die Abgasturbine des T. einen Teil ihrer Leistung auf die Kurbelwelle übertragen. Durch T. werden → Leistung und → Wirkungsgrad eines KTW erhöht.

Turboljot: unter Leitung von *A. N. Rafaeljanz* 1958 entwickeltes sowjetisches Versuchsfluggerät; diente zum Bestimmen der Eigenschaften von Flugzeugen Bei Senkrechtstart und -landung («Fliegender Prüfstand», «Fliegender Stuhl»). Das T. lag um eine fliegende Strahlturbine, die durch eine Kombination von 2 Ruderarten in der Lage war, senkrecht zu starten und zu landen sowie horizontal zu fliegen (Gasruder hinter der Schubdüse, außerdem Strahlruder). Startmasse 2340 kg, Antrieb Rd-9bL mit 2350 daN, Flugdauer 10 min. Testpiloten: *S. N.→ Anochin, F. J. Burzew, G. Sacharow.* Heute im Museum der Sowjetischen Luftstreitkräfte Monino. → Hubstrahler

Turboméca: franz. Triebwerkfirma mit Sitz in Bordes sowie Werken in Tarnos und Mézières (1985: 4262 Beschäftigte). Das Unternehmen wurde 1938 von *M. Szydlowski* gegr. und beschäftigt sich seit 1948 mit der Herstellung von Turbinentriebwerken. In der Herstellung befinden sich zivile und militärische TL, Turbomotoren, PTL und Industrieturbinen. Über 50% der Produktion werden in 88 Länder exportiert.

Turboméca-Triebwerk mit Luftschraube

Turboplan: → Hubstrahler

Turboprop: Kurzbez. für → Propellerturbinenluftstrahltriebwerk, auch in Zusammensetzungen, wie T.flugzeug und T.triebwerk, gebraucht.

Turbo-Union Ltd.: im Okt. 1969 gegr. Gesellschaft für Entwicklung und Bau des Mantelstromtriebwerks RB-199 für das Flugzeug MRCA «Tornado» (→ Panavia Aircraft GmbH). Teilhaber der Firma sind → Rolls Royce (40%), die → Motoren- und Turbinen-Union (MTU) in München (40%) und → Fiat (20%). Sitz der Gesellschaft ist in Großbritan-

Turboljot als Exponat von Monino

nien. Das Triebwerk RB-199 mit 3stufigem Axialverdichter und kurzem Nachbrenner wird als überraschend klein und mit günstigem Verhältnis von Schub zu Brennstoffverbrauch charakterisiert. Es hat eine geringe Störanfälligkeit, wiegt 816 kg und mißt in der Spannweite 0,86 m, in der Länge 3,20 m. Ist bei der Landung die Schubumkehr vorprogrammiert, so lösen Mikroschalter am Fahrwerk bei Bodenberührung die Schubumkehr aus.

Turboverdichter: Strömungsmaschine, Baugruppe von Gasturbinentriebwerken zur Verdichtung der Luft. Ausführung als → Radialverdichter, → Diagonalverdichter oder → Axialverdichter.

turbulente Strömung: *Aerodynamik* – Strömung, in der sich die Luftteilchen wirbelförmig bewegen, weil jedes Luftteilchen außer der Durchschnittsgeschwindigkeit der Strömung zusätzliche eine eigene Geschwindigkeit hat. (→ Laminarströmung: geradlinige Strömungsrichtung). Begriff bei der Untersuchung der → Grenzschicht.

Turbulenz: 1) *Luftunruhe* in der Atmosphäre, die i. allg. durch Wirbelbildung hervorgerufen wird. In der Atmosphäre gibt es keine geordneten *(laminare)*, sondern nur ungeordnete *(turbulente)* Strömungsverhältnisse. Nach der Entstehung teilt man die atmosphärische T. ein in

dynamische T.; Hauptursachen:

- Reibung an der Erdoberfläche (gewöhnlich bis 1 500 m)
- Wirbelbildung an Gebirgen (→ Leewellen)
- vertikale und horizontale Windscherung (→ Strahlstrom);

thermische T.; Hauptursachen:

- isobare Dichteunterschiede (→ Thermik)
- Niederschlagsverdunstung unter Wolken (angedeutet durch Fallstreifen)
- Abkühlung an Inversionen.

2) *Flugunruhe (Bockigkeit)*, die durch die atmosphärische T. hervorgerufen wird.

Einfluß der T.körper auf ein Flugzeug hängt von deren *Größe*, von der *Fluggeschwindigkeit* sowie dem *Flugzeugtyp* ab. Ein Flug verläuft ruhig, wenn die Durchmesser der durchquerten T.körper so klein sind, daß sie als solche nicht verspürt werden oder so groß, daß man den durch sie hervorgerufenen Bewegungsänderungen durch Ruderbewegungen entgegenwirken kann. T.körper in der Größenordnung 100...300 m rufen bei den heutigen Verkehrsflugzeugen meist T. hervor. Das Steigen und Fallen des Flugzeugs wird durch Vertikal- und Horizontalkomponenten *(Böen)* der T. hervorgerufen, wobei eine *Horizontalböe* etwa 4mal so stark sein muß wie eine *Vertikalböe*, um die gleiche vertikale Beschleunigung des Flugzeugs hervorzurufen. – Mit T. muß der Flugzeugführer vor allem in thermischen *Aufwinden* in und außerhalb von Wolken, im Bereich von *Leewellen*, in *Strahlströmen* und in der *Tropopause* rechnen. Die Skala der im Flugzeug spürbaren T.auswirkungen reicht von einem regelmäßigen Auf und Ab des Flugzeugs über einzelne oder häufige Stöße bzw. Schwingungen bis zum Auf- und Niedergeworfenwerden des Flugzeugs.

Türk Hava Yollari Anonim Sirketi *(THY Turkish Airlines)*, Abk. **THY:** türkisches Luftverkehrsunternehmen mit Sitz in Istanbul, das 1933 unter der Bez. «Devlet Hava Yollari» gegr. wurde. Die jetzige Bez. wurde 1956 eingeführt. *Flugzeugpark (1987):* 7 A 310, 9 Boeing 727, 9 DC 9. Verkehrsdaten 1987: 3,3 Mill. beförderte Passagiere (davon 1,55 Mill. Inlandpassagiere); 3,3 Mrd. Pkm; 46,9 Mill. Fracht-tkm; 320 Mill. tkm Gesamtleistung. Hauptstrecken: Europa; Inlandflugverkehr. Mitglied der IATA. Die «Kibris Türk Hava Yollari (Cypres Turkish Airlines)», gegr. 1974, ist ein Tochterunternehmen der THY.

Turm: → Tower, → Flughafen

Turn: → Kunstflugfigur, bei der das Flugzeug aus dem Horizontalflug senkrecht nach oben gezogen wird, am oberen Punkt durch kräftigen Seitenruderausschlag nach rechts oder links über die Fläche dreht und senkrecht nach unten in den Sturzflug übergeht, aus dem es dann in der Ausgangshöhe abgefangen wird. → Kunstflug

TVOR: Abk. für **T**erminal **V**isual **O**mni **R**ange → VOR für den Landeanflug, VOR-Anlage kleiner Leistung, die zur Landeanflugnavigation benutzbar ist.

TWA: Abk. für → **T**rans **W**orld **A**irlines Inc.

Twin-shaft-turboprop (turbojet): → Zweiwellentriebwerk (Turbinenluftstrahltriebwerk).

Two-spool-turboprop (turbojet):

Doppelverdichter, → Propellerturbinenluftstrahltriebwerk (Turbinenluftstrahltriebwerk).
Typenminima: Wettermindestbedingungen zur Durchführung von Schlechtwetterlandungen, die im Unterschied zu den von der staatlichen Flugsicherung festgelegten → Wetterminima von den Luftverkehrsbetrieben für einen bestimmten Luftfahrzeugtyp unter Berücksichtigung der Flugeigenschaften und Ausrüstung festgelegt werden.

U

U: 1. Typenbez. für sowjetische Schulflugzeuge, russ. **u**tschebny samoljot, z. B. U-1 (Nachbau der Avro 504). – **2.** Typenbez. von → Lockheed für amerikanische Spionageflugzeuge, z. B. **U**-2.
UAA: Abk. für → **U**nited **A**rab **A**irlines.
UAL: Abk. für → **U**nited **A**ir **L**ines Inc.
Überbuchung: bei der → Buchung und dem Verkauf von Lufttransportleistungen, in der im Hinblick auf die in der Regel eintretenden Annullierungen (→ Cancellation) mehr Fluggäste eine Platzgarantie bzw. für mehr Frachtsendungen eine Beförderungsgarantie gegeben wurde, als Sitzplätze bzw. Lademöglichkeiten im betreffenden Luftfahrzeug (zum betreffenden Flug) angeboten werden. Mit der Ü. wird eine hohe Ausnutzung der Kapazität angestrebt.
Überdeckung: → Radar
Überdruckturbine: Turbine, bei der vor dem Laufrad ein höherer Druck herrscht als dahinter, bei Turbinen für Flugzeuggasturbinen allgemein übliche Bauweise. In den Schaufelkanälen des Laufrads erfolgt sowohl eine Umlenkung, als auch eine relative Beschleunigung der Gasströmung, deshalb wird Ü. häufig auch als *Reaktionsturbine* bezeichnet. → Reaktionsgrad etwa 0,3... 0,5, optimale → Laufzahl: 1.
Überflugrecht: auf der Grundlage einer erteilten staatlichen Genehmigung bestehendes Recht für zivile Luftfahrzeuge, in den Luftraum eines Staats einzufliegen bzw. ihn zu durchfliegen (Durchflugrecht), wobei die dafür vorgesehenen → Luftstraßen und → Flughöhen einzuhalten sind. Dazu ist ein Antrag des Staats erforderlich, in dem das für den Flug vorgegebene Luftfahrzeug zugelassen ist. Nach erteilter Überfluggenehmigung ist der Flug beim Flugsicherungsdienst anzumelden.
Überflugzeit: 1) *Allgemein*, Zeitpunkt, zu dem ein Luftfahrzeug den betreffenden → Meldepunkt überfliegt. 2) *Aktuelle Überflugzeit*, Symbol *ATO*: Zeitpunkt, zu dem das betreffende Luftfahrzeug einen bestimmten Meldepunkt überfliegt. 3) *Voraussichtliche Überflugzeit*, Symbol *ETO*: Zeitpunkt, zu dem das betreffende Luftfahrzeug voraussichtlich einen bestimmten Meldepunkt überfliegen wird.
Übergangshöhe: festgelegte Höhe in der Umgebung eines Flugplatzes, in oder unter der die Flughöhe eines Luftfahrzeugs auf einen nach der internationalen Standardatmosphäre geeichten Höhenmesser, an welchem der Luftdruckwert des Flugplatzes eingestellt ist, bezogen wird. Oberhalb der Ü. ist der Höhenmesser auf → Standarddruck einzustellen. Die vertikale → Staffelung erfolgt dann in → Flugflächen.
Übergangsschicht: Luftraum zwischen der → Übergangshöhe und der niedrigsten benutzbaren → Flugfläche.
Übergangsgepäck, engl. Excess Baggage: das die festgelegte Freigepäckgrenze (→ Freigepäck) übersteigende → Gepäck eines Fluggastes. Der Transport des Ü. wird nach dem Übergepäcktarif gesondert in Rechnung gestellt. Ü. kann auf Wunsch des Flugreisenden auch als → Luftfracht befördert werden (→ unbegleitetes Gepäck). Die Menge des Ü. soll bei der → Buchung im voraus mit angegeben werden. Für Ü. wird ein Übergepäckschein ausgestellt.
überkritischer Flügel: Tragflügel mit → überkritischem Profil. Aufgrund des Vorteils dieses Profils im transsonischen Bereich können Flugzeuge, die vor allem in diesem Bereich operieren sollen, größere Wirtschaftlichkeit bzw. Flugweite oder -dauer erreichen als gleichartige Flugzeuge mit anderen Profilformen.

überkritisches Profil: → Profil mit fast gerader Oberseite und doppelt gewölbter Unterseite. Charakterisiert durch höhere aerodynamische Qualität im transsonischen Geschwindigkeitsbereich bei gleichzeitiger Verschlechterung dieses Werts in anderen Bereichen. → Profilgeometrie

Überschallflug: Flug mit einer Geschwindigkeit, die größer ist als die → Schallgeschwindigkeit und heute durch die → Mach-Zahl gekennzeichnet wird. Für den Ü. gelten die Gesetzmäßigkeiten der → Gasdynamik. Am Flugkörper bildet sich eine → Kopfwelle mit Mach-Kegel aus. Beim Übergang vom Unterschallflug zum Ü. treten qualitative Änderungen der → Stabilität und Steuerbarkeit sowie starke quantitative Änderungen der aerodynamischen → Beiwerte am Flugkörper auf. Da vor allem der Luftwiderstand (→ Widerstand) *beim Übergang zum Ü.* sehr stark anwächst, aber im *Ü.* wieder abfällt, spricht man bei diesem Vorgang auch bildhaft vom Durchstoßen der → Schallmauer. Die Konstruktion von Flugkörpern muß dem Ü. angepaßt sein. Ihre Formen sind durch große Schlankheit, spitze oder scharfe Vorderkanten, geringe Auftreffwinkel des Luftstroms u. a. gekennzeichnet. Evolutionen, d. h. Bewegungsänderungen, sind im Ü. mit großen Kraftwirkungen am Flugkörper verbunden, was große Festigkeit und Stabilität des Flugkörpers erfordert. Der große Schubbedarf (→ erforderlicher Schub) übersteigt die Kapazität von Propellerantrieben, so daß nur Strahlantriebe verwendet werden. Der erste Ü. eines bemannten Flugzeugs wurde am 14. Okt. 1947 von *Charles Yeager* (USA) mit einer Bell X-1 durchgeführt, wobei er *M = 1,04 erzielte. Heute fliegen Militärflugzeuge mit mehr als 3,5facher und die ersten Passagierflugzeuge (Tu-144 und «Concorde») mit bis zu 2,5facher Schallgeschwindigkeit.*

Überschallknall: Druckstörung in der Atmosphäre, die wahrgenommen wird, wenn man vom → Mach-Kegel eines mit Überschallgeschwindigkeit fliegenden Flugzeugs getroffen wird. Da der Machsche Kegel als Schleppe vom Flugzeug hinterhergezogen wird, kann man dieses früher sehen, als man den Ü. hört → Kopfwelle, → Schallmauer, → Aerodynamik

Überschall-Luftverkehr, *Überschallverkehr:* Bez. für die Beförderung von Personen und Gütern gegen Entgelt mittels staatlich dafür zugelassener Luftfahrzeuge (→ Luftverkehr), deren Fluggeschwindigkeit die des Schalls übersteigt (Überschallverkehrsflugzeug). Der Ü. wurde von der → Aeroflot mit der Tu-144 auf der Strecke Moskau–Alma-Ata–Moskau im Fracht- und Postverkehr am 26. Dez. 1975 eröffnet (Weltpremiere); von der → BA mit der «Concorde» auf der Strecke London–Bahrein–London im Passagierverkehr am 21. Jan. 1976. Der erste Einsatz der Tu-144 im planmäßigen Fluggastverkehr erfolgte am 1. Nov. 1977 auf der Strecke Moskau–Alma-Ata–Moskau. Der erste planmäßige Flug einer «Concorde» auf der Nordatlantikroute fand erst am 19. Okt. 1977 statt, weil die USA 2 Jahre lang den Überschall-Verkehrsflugzeugen «Concorde» der Luftverkehrsunternehmen BA und Air France die Landeerlaubnis verweigerten. Die Entwicklung des Ü. stagniert infolge zu geringer Reichweite der Überschallverkehrsflugzeuge (ca. 6 000 km), zu hohen Kraftstoffverbrauchs und zu geringer Blockgeschwindigkeit (ca. 1 200 km/h) wegen der Beschränkung des Überschallflugs auf Höhen *über* 13 km.

Überschlag: → Looping, → Kunstflug

Übertemperatur- und Brandwarnanlagen: → Brandwarnanlage

Überziehen: Steuerfehler des Piloten. Durch Ziehen des Steuerknüppels wird der Anstellwinkel des Tragflügels so erhöht, daß der kritische Anstellwinkel erreicht wird, bei dem die Strömung am Tragflügel sich abzulösen beginnt. Beim Ü. verringern sich Fluggeschwindigkeit und Ruderwirksamkeit. Wird das Ü. nicht durch Drücken des Steuerknüppels beendet, löst sich die Strömung am ganzen Tragflügel ab. Der Auftriebsverlust führt zum Durchsacken oder Abkippen des Flugzeugs über den Tragflügel. Wird das Abkippen nicht richtig beendet, kann das Flugzeug ins → Trudeln kommen. Durch kräftiges Nachdrücken und Geschwindigkeitszunahme wird der überzogene Flugzustand beendet.

Überzieh-Warnanlage: Anlage, die mit dem → Fahrtmesser, der Anstellwinkelmeßanlage und weiteren Gebern (z. B. für Klappenstellung) verbunden ist und dem Flugzeugführer durch akusti-

U-Boot-Such- und -Bekämpfungsflugzeug Lockheed S-3A «Viking»

sche (Klingel, Sirene) oder optische Signale (Warnlampe) bzw. durch Rütteln am → Steuerknüppel oder an der Steuersäule (→ stick-shaker) die Annäherung an die Überzieh-Geschwindigkeit signalisiert.

U-Boot-Suche und -Bekämpfung aus der Luft: geschieht mit Hilfe speziell ausgerüsteter Flugzeuge und Hubschrauber (Radarüberwachung, Abhören von Funk, Aufspüren von Abgasen der U-Boote, Messung von Veränderungen im umgebenen Magnetfeld, Auswerfen von hydroakustischen Bojen), ausgestattet mit Torpedos, Wasserbomben, Lenk- u. a. Bordwaffen.

UDF: Abk. für **un**ducted **f**an (→ Propfan). *Projekte:* Ge – gegenläufiger Druckpropeller ohne Getriebe, nicht ummantelt. P&W – gegenläufiger Zug/Druck-Propeller mit Getriebe, ohne/mit Ummantelung. RR – gegenläufiger Druckpropeller mit Getriebe, ohne/mit Ummantelung. Wirkungsgrad (über 90 %) für CRP (0,85...0,90). Umfangsgeschwindigkeiten bis 250 m/s SRP (singl rolating propfan) erheblich drallbehaftete Abströmung. CRP (counter rolating propfan) nahezu drallfreie Abströmung $\Lambda \approx 20 \ldots 50$; Getriebe sind notwendig für mehr als 8000 kW (10000 kW), je nach Fluggeugröße.

UFO: Abk. **U**nidentified **F**lying **O**bject (→ Unbekanntes Flug-Objekt).

Uganda Airlines, Abk. **UA:** ugandisches Luftverkehrsunternehmen mit Sitz in Kampala; gegr. 1976. Übernahm nach Auflösung der → EAL den ugandischen Anteil der EAL-Aufgaben. *Flugzeugpark:* 2 Boeing 707-320 C, 2 F. 27-600, eine «King Air» 100, C-130 «Hercules», 1 DC-3, 2 «Trislander», 1 Cessna 402. Beförderungsdaten 1985: etwa 60000 beförderte Passagiere; 15 Mill. Pkm; 6 Mill. Fracht-tkm; 22 Mill. tkm Gesamtleistung. Hauptstrecken: Charter- und Linienflugverkehr in Mittel- und Westafrika.

Uhrzeiten: im internationalen Luftverkehr werden die zur Flugplanung wesentlichen Zeiten entweder nach der Ortszeit oder nach GMT (→ MGZ) angegeben. Bei Angaben nach Ortszeit sind nachstehend angegebene Zeitverschiebungen zu berücksichtigen: 12.00 Uhr in Deutschland entspricht in

Ägypten	13.00 Uhr
Albanien	12.00 Uhr
Algerien	11.00 Uhr
Argentinien	7.00 Uhr
Äthiopien	14.00 Uhr
Australien (Sydney)	21.00 Uhr
Azoren	10.00 Uhr
Belgien	12.00 Uhr
Brasilien	8.00 Uhr
Bulgarien	13.00 Uhr
Burma	17.30 Uhr
Chile	7.00 Uhr
China (Peking)	19.00 Uhr
ČSFR	12.00 Uhr
Dänemark	12.00 Uhr
Finnland	13.00 Uhr
Frankreich	12.00 Uhr
Griechenland	13.00 Uhr
Großbritannien (MGZ, GMT)	11.00 Uhr
Hongkong	19.00 Uhr
Indien	16.30 Uhr
Indonesien (Djakarta)	18.30 Uhr
Irak	14.00 Uhr
Iran	14.30 Uhr
Irland	11.00 Uhr
Italien	12.00 Uhr
Japan	20.00 Uhr

Jordanien	13.00 Uhr
Jugoslawien	12.00 Uhr
KDVR	20.00 Uhr
Libanon	13.00 Uhr
Malaysia	18.30 Uhr
Marokko	11.00 Uhr
Niederlande	12.00 Uhr
Nigeria	12.00 Uhr
Norwegen	12.00 Uhr
Österreich	12.00 Uhr
Pakistan	16.00 Uhr
Panama	6.00 Uhr
Paraguay	7.00 Uhr
Peru	6.00 Uhr
Polen	12.00 Uhr
Portugal	11.00 Uhr
Rumänien	13.00 Uhr
Schweden	12.00 Uhr
Schweiz	12.00 Uhr
Spanien	11.00 Uhr
Sri Lanka	16.30 Uhr
Sudan	13.00 Uhr
Syrien	13.00 Uhr
UdSSR (Moskau)	14.00 Uhr
Ungarn	12.00 Uhr
Uruguay	8.00 Uhr
USA (New York)	6.00 Uhr
Venezuela (Caracas)	7.00 Uhr

UIR: Abk. für engl. **U**pper Flight **I**nformation **R**egion, oberes Fluginformationsgebiet. Luftraum von festgelegten Ausmaßen, in dem Fluginformations- und Alarmdienst ausgeübt werden. Die Höhe der UIR ist in einzelnen Gebieten unterschiedlich festgelegt.

UKW-Drehfunkfeuer: → VOR

UKW-Sichtfunk-Peiler, engl. **V**ery-High-Frequency-**D**irection-**F**inder, Abk. **VDF:** Sichtfunkpeiler (→ Funkpeiler), der im UKW-Gebiet arbeitet. Mit ihm geschieht die Peilung zu Luftfahrzeugen, in der Regel zur Flugsicherungskontrolle, unter Ausnutzen des UKW-Sprechverkehrs der Luftfahrzeuge.

UKW-Vierkursfunkfeuer: → Funkfeuer

Ultrakurzstreckenluftverkehr: → Kurzstreckenluftverkehr, → Nahluftverkehr

Ultraleichtflugzeug, Abk. **UL:** neuartige Kategorie extrem leichter und billiger Motorflugzeuge für Sport und Freizeit sowie für den kommerziellen Einsatz in vielen Bereichen der Volkswirtschaft, insbesondere im Pflanzenschutz. Das UL entstand aus dem → Drachenflugzeug. Abflugmasse 150...500 kg, Antriebsleistung 15...50 kW, Geschwindig-

Ultraleichtflugzeuge

Typ	Hersteller	Leistung	Leermasse	Startmasse	Spannweite	Flügelfläche	Reisegeschwindigk.	Sitze	Betankung
		kW	kg	kg	m	m²	km/h		l
Motte B2	BRD	16	90	215	8,2	11,70	60	1	20
Flightstar	USA	26	100	226	9,0	13,0	80	1	20
Fox-D	BRD	16	110	230	10,0	13,2	75	1	13
Bronco	BRD	20	115	220	10,1	12,0	75	1	20
Sirocco II	Frankreich	24	130	250	10,1	13,0	95	1	20
Sherpa II	BRD	28	140	330	10,5	15,7	65	2	30
Lo-120	BRD	28	150	340	12,0	18,0	85	2	30
Wildente 2	BRD	28	150	350	11,0	16,5	75	2	45
Albatros	USA	28	150	358	9,6	17,7	80	2	40

keit 50...100 km/h, Flächenbelastung 10...20 kg/m², Spannweite 8...13 m.
Bei Einsatz von UL für Pflanzenschutzarbeiten ergeben sich eine wesentlich höhere Flexibilität des Einsatzes bei plötzlichem Schädlingsbefall und eine erhebliche Einsparung an Kosten und Brennstoff gegenüber dem Einsatz konventioneller Agrarflugzeuge; die Produktivität (Leistung) derartiger Flugzeuge liegt bei 20...40 ha/Flugstunde, mit einem Flug können 20...50 ha bearbeitet werden. Auf sportlichem Gebiet werden mit UL Landesmeisterschaften, Europameisterschaften und Weltmeisterschaften ähnlich dem → Navigationsflug durchgeführt.

Ultra Low Volume Application, Abk. **ULV,** engl. svw. Ultra-Niedrig-Volumen-Anwendung: *Agrarflug* – engl. Bez. für das Feinstsprühen bei der Schädlingsbekämpfung, wobei aktive Chemikalien ohne Verwendung von Wasser oder eines anderen Trägerstoß versprüht werden. Durch die Feinstversprühung (Tröpfchen mit einem Durchmesser von ca. 100 µm) lassen sich die Bearbeitungskosten erheblich senken. Mit 1 Tankfüllung kann ein Flugzeug bei einer Aufwandsmenge von 0,5 l je Hektar große Flächen bearbeiten.

ultraviolette Gerätebeleuchtung: Art der Cockpitbeleuchtung, bei der die Anzeiger auf den Instrumentenbrettern mit ultraviolettem Licht angestrahlt werden, das die Leuchtziffern und -zeiger der Anzeiger zum Leuchten in sichtbarem Wellenbereich des Lichts anregt.

ULV: Abk. für → **U**ltra **L**ow **V**olume Application.

Umbehandlung, Weiterbehandlung: erneutes Abfertigen der mit durchgehendem → Luftfrachtbrief aufgegebenen Sendung auf der Grundlage des ursprünglichen Frachtbriefs durch den Transferflughafen (→ Transfer) bzw. den Luftfrachtspediteur. U. wird erforderlich, wenn eine durchgehende Abfertigung der Luftfrachtsendung vom → Abgangsflughafen bis zum Zielflughafen ausnahmsweise nicht möglich ist bzw. die Sendung nach einem anderen als ursprünglich im Luftfrachtbrief eingetragenen Bestimmungsort transportiert werden soll.

umgerechneter Tonnenkilometer (utkm): Kenngröße der (Gesamt-) → Transportleistung eines Luftverkehrsunternehmens, des Transportzweigs Zivile Luftfahrt bzw. der auf einer Strecke, Linie, Verkehrsrelation oder mit einem bestimmten Luftfahrzeugtyp usw. erbrachten Transportleistung. Die Anzahl der utkm ergibt sich aus der Addition der tkm aus der Güter- (Luftfracht-, Post-, Übergepäck-) Beförderung und den aus Umrechnung der Personenbeförderungsleistung (Pkm) in tkm entstehenden sog. Passagiertonnenkilometern. In der Praxis wird auf der Basis des Massevergleichs (1 beförderte Person einschließlich Freigepäck ≙ 75 kg; 13,3 Pkm ≙ 1 tkm) mit der Formel $Q = q_p k_v + q_G$ gerechnet. Q Gesamttransportleistung (utkm), q_P Personenbeförderungsleistung (Pkm), k_V Koeffizient zur Umrechnung der Pkm in tkm; q_G Güterbeförderungsleistung (im o. a. Fall $k_V = 0{,}075$). Der Begriff utkm wird vorzugsweise im Luftverkehr verwendet. Im Sinne der angebotenen utkm ist diese Kenngröße Maßausdruck der → Transportkapazität und ihrer möglichen sowie geplanten Ausnutzung.

Umkehr der Ruderwirksamkeit: Erscheinung, daß bei Ausschlag eines Ruders unerwartet die entgegengesetzte Drehung des Flugzeugs eintritt. Sie tritt vor allem an Querrudern entweder infolge → Ablösen der Strömung oder aufgrund aeroelastischer → Verwindung (→ Aeroelastizität) auf.

Umlaufmotor: veraltete Bauweise eines KTW mit sternförmiger Zylinderanordnung bei feststehender Kurbelwelle und umlaufendem, mit der Luftschraube verbundenem Gehäuse. U. (alte Bezeichnung Rotations-Flugmotor) wurden 1909/20 vorwiegend von Gnôme, Clerget, Motorenfabrik Oberursel und Siemens gebaut. Vorteile waren damals: niedriges Masse-Leistungs-Verhältnis, gute Eignung für Luftkühlung, gleichförmiger Lauf. Nachteile: starke Ansaugdrosselung, da Ansaugen durch die Kurbelwelle, erhöhte Kreiselmomente bei Flugmanövern. U. wurden für Flugzeuge im Leistungsbereich 30... 220 kW von Gnôme, Clerget, Oberursel und Siemens hergestellt.

Umschlagpunkt: → Grenzschicht

Umschreibung: Änderung im → Flugschein durch Luftverkehrsunternehmen oder ihre Agenten. U. sind notwendig, wenn die vorgesehene Flugreise und die Eintragungen im vorgelegten Flugschein nicht (mehr) übereinstimmen. Meist betrifft die U. die Reisestrecke

(Route), den Bestimmungsort, die Beförderungsklasse bzw. das Einlegen einer Reiseunterbrechung und erfolgt auf Wunsch des Kunden. U. ist aber auch erforderlich, wenn Flugschein und/oder Flugabschnitt unleserlich geworden sind. Die Prüfung der Notwendigkeit eines → Endorsements und die Prüfung hinsichtlich entstehender Flugpreisdifferenzen sowie deren Begleichung, der Gültigkeitstermine, der erforderlichen → Platzannullierungen bzw. Umbuchungen usw. sind Bestandteil der U.

Umsetzungsgrad: wichtiger Kennwert des Verbrennungsvorgangs in Flugzeugtriebwerken. U. ist das Verhältnis des tatsächlich verbrannten zum zugeführten Brennstoff. Der U soll mit Rücksicht auf die Brennstoffausnutzung möglichst hoch sein. Ottomotoren haben bei niedrigem U. einen hohen Ausstoß an giftigem Kohlenmonoxid, Gasturbinen erzeugen bei niedrigem U. Rauchfahnen. U. bei *Flugzeugottomotoren*: Startleistung 0,7...0,8; Reiseleistung 0,90... 0,98; bei *Flugzeuggasturbinen*: Startleistung 0,85...0,95; Reiseleistung 0,95... 0,98.

Umströmungskörper: → Verdrängungskörper

unbegleitetes Gepäck; engl. *Unaccompanied Baggage*: **1.** → Gepäck, das nicht in demselben Flugzeug befördert wird, das der Fluggast oder das Besatzungsmitglied benutzt, dem es gehört. – **2.** → aufgegebenes Gepäck

unbekanntes Flug-Objekt, engl. **U**nidentified **F**lying **O**bject, Abk. **UFO:** angeblich beobachtete Fluggeräte, über die in zahlreichen Ländern aus Sensationsgründen berichtet wird (sollen in der Luft stillstehen, senkrecht starten und landen, mehrfache Schallgeschwindigkeit entwickeln). Stark differierende Angaben über Flughöhe, Größe und Geschwindigkeit. Oft werden die UFO auch als «Fliegende Untertassen» bezeichnet: Beobachter wollen sie als flache, kreisförmige Gebilde erkannt haben. Nachprüfungen ergaben Sinnestäuschungen der Beobachter, psychologisch erklärbare Beeinflussung, natürliche Erklärungen wie Luft- oder Lichtspiegelungen, Wetterleuchten, Kugelblitze, Wolken oder hochfliegende Flugzeuge.

Unfallfunkfeuer, *Notfunk:* Sender, der in Einzelfällen konstruktiv mit einem Empfänger vereinigt ist und bei Luftfahrzeugunfällen herausgeschleudert wird. Durch den Stoß schaltet er sich automatisch ein und beginnt, Signale abzustrahlen, mit deren Hilfe der Such- und Rettungsdienst die Unfallstelle lokalisieren kann. U. sind meist schwimmfähig, wasserdicht und batteriegespeist. → COSPAS-SARSAT

Unfallhäufigkeit: Kenngröße der Sicherheit im Transportwesen, ausgedrückt als Anzahl der Unfälle, der Verunglückten und der Unfälle mit tödlichem Ausgang. Als Merkmal der Qualität von Transportleistungen (→ Beförderungsqualität) im Luftverkehr ist sie, international und zu Vergleichszwecken angewandt, insbes. als *relative U.* gebräuchlich. Die relative U. (auch Unfallrate genannt) ist der reziproke Wert der relativen → Verkehrssicherheit. Sie wird dargestellt als Quotient aus der Anzahl der Unfälle und der Flug- oder Transport- (Beförderungs)leistung, als Anzahl der Flugzeugunfälle je 10^8 Fkm, Anzahl der Flugzeugunfälle je 10^5 Fh, Anzahl der tödlich verunglückten Fluggäste je 10^8 Pkm, Anzahl der tödlich verunglückten Fluggäste je 10^5 Fh. Für den Luftgütertransport wird international die relative U. nicht ausgewiesen. Die U. wird von den gleichen Faktoren beeinflußt wie die Verkehrssicherheit.

Ungleichförmigkeitsgrad: 1. Kenngröße zur Beurteilung der max. Schwankung der Winkelgeschwindigkeit der Kurbelwelle von Kolbenmotoren im Verlauf eines Arbeitsspiels. – **2.** Kenngröße zur Beurteilung der Drehzahländerung 1welliger Gasturbinen zwischen Leerlauf und Nennleistung bei Nenndrehzahl.

Union de Transports Aériens, Abk. **UTA:** private französische Luftverkehrsgesellschaft, die 1963 aus dem Zusammenschluß der Unternehmen Aéromaritime de Transport (UAT) und Transports Aériens Intercontinentaux (TAI) entstand. Sitz Paris. *Flugzeugpark:* 5 Boeing 747, 6 DC-10, eine DC-8. Verkehrsdaten 1985: 850000 beförderte Passagiere (davon 750000 intern. Fluggäste); 5,2 Mrd. Pkm(einschl. 0,3 Mrd. Charterleistungen); 643 Mill. Fracht-tkm; 1,1 Mrd. tkm Gesamtleistung. Hauptstrecken: Afrika, Ferner Osten, Australien, USA; Inlandflugverkehr.

Union Syndicale des Industries Aéronautiques et Spatiales, Abk.

USIAS: Verband der französischen Luft- und Raumfahrtindustrie mit Sitz in Paris.

United Aircraft Corporation: bis 1. Mai 1975 Bezeichnung für den USA-Luft- und Raumfahrtkonzern United Technologies Corporation (UTC) mit Sitz in East Hartford (Connecticut). Zu den Abteilungen gehört die Firma für Flugtriebwerke →Pratt & Whitney in East Hartford (Connecticut), Hubschrauberfirma Sikorski Aircraft in Stratford (Connecticut), der Betrieb Hamilton Standard in Windsor Locks (Luftschrauben, Regler, Anlasser, elektronische Geräte, Stabilisierungsanlagen), die Abteilung Norden in Norwalk (spezialisiert auf Bordradargeräte und Anzeigesysteme für Piloten). Mit der Forschung und Entwicklung von Raketenmotoren (Fest-, Flüssig-, Hybrid-), Raketentreibstoffen und Werkstoffen beschäftigt sich das United Technology Research Center in Sunnyvale (Kalifornien).

United Air Lines Inc., Abk. **UAL:** größte US-amerikanische Inlandfluggesellschaft, die 1931 gegr. wurde; Sitz Chicago. Die private Gesellschaft UNITED war das Ergebnis einer Fusion der im Konkurrenzkampf unterlegenen 4 Luftverkehrsgesellschaften, die den nordamerikanischen Luftverkehr mitbegründeten: Boeing Air Transport, National Air Transport, Pacific Air Transport und Varney Air Lines, die bereits 1926 gegr. worden war. Die Capitol Airlines wurde 1961 in die UAL eingegliedert.

UNITED AIRLINES

Zur mächtigsten Inlandfluggesellschaft der USA gehören auch die «Western International Hotels» und die «GAB Business Services». UNITED ist die größte private Linienfluggesellschaft der Welt. *Flugzeugpark (1988):* 33 Boeing 747, 19 Boeing 767, 154 Boeing 727, 96 Boeing 737, 3 L1011 «Tristar», 56 DC10, 29 DC8. Verkehrsdaten 1987: 55,42 Mill. beförderte Passagiere; 106,7 Mrd. Pkm; 1,4 Mrd. Fracht-tkm; 11,4 Mrd. tkm Gesamtleistung. Hauptstrecken: Kontinentalflugverkehr Nordamerika. IATA-Mitglied.

United-Airlines-System: Weiterentwicklung des →Diamond-Dunmore-Verfahrens. Die Signale zur Kursführung wurden auf den →Flugregler aufgeschaltet, was den Flugzeugführer entlastete. Zur Entfernungskennzeichnung dienten Einflugzeichensender (Z-Funkfeuer) auf ca. 90 MHz mit einer Modulation von 60 Hz. Das U. wurde um 1935 in den USA eingeführt.

United Arab Airlines, Abk. **UAA:** arabische Luftverkehrsgesellschaft, die 1949 als «Misrair» gegr. wurde. Seit 1960 war die UAA das staatliche Luftverkehrsunternehmen der ARÄ. Ihre Aufgaben wurden von →EGYPTAIR übernommen.

United Technologies Corporation: →United Aircraft Corporation

Universal Air Travel Plan (engl.), Abk. **UATP:** internationales Kreditsystem zur Finanzierung von Flugreisen. →Air Travel Card

Unterflurtankanlage: →Betankung

USAF: Abk. für **U**nited **S**tates **A**ir **F**orce, Kurzbez. für die Luftstreitkräfte der USA.

USIAS: Abk. für →**U**nion **S**yndicale des **I**ndustries **A**éronautiques et **S**patiales.

UT: Typenbez. für sowjetische Schul- und Übungsflugzeuge, russ. **u**tschebno**t**renirowotschny samoljot, z. B. UT-2.

UTA: Abk. für →**U**nion de **T**ransports **A**ériens.

UTC: 1. Abk. für →**U**nited **T**echnologies **C**orporation. – **2.** Abk. für **U**niversal **T**ime **C**oordinated, koordinierte Weltzeit. Für den praktischen Gebrauch mit →GMT identisch.

UTI: Typenbez. für sowjetische Ausbildungsjagdflugzeuge, russ. **u**tschebno**t**renirowotschny **i**strebitel, z. B. MiG-15 UTI. →Strahltrainer

utkm: Abk. für →**u**mgerechneter **T**onnen**k**ilo**m**eter. →Tonnenkilometer, →Transportleistung

UTVA: jugoslawisches Flugzeugwerk; begann 1939 in Pančevo (nordöstlich Belgrad) als Fabrika Aviona UTVA mit dem Bau von Segelflugzeugen. Nach dem Krieg erweitert. Überholte zunächst nur Flugzeuge, darunter «Mosquito» und «Aero-2». Begann 1958 mit Eigenentwicklungen (erster Flugzeugtyp: Ganzmetallviersitzer U-56, Erstflug 22. April 1959). Entwickelte Landwirtschafts- und Sanitätsflugzeuge (z. B. U-65) sowie das Mehrzweckflugzeug UTVA-66. Daneben wurden zahlreiche Flugzeugentwürfe geschaffen. Seit 1976 wird das Mehrzweckflugzeug UTVA-75 (auch zu bewaffnen) gebaut.

Utva

V

v, V: Formelzeichen für Geschwindigkeit, in der Luftfahrt für → Fluggeschwindigkeit, → Anströmgeschwindigkeit u. a.

VAR: Abk. für engl. **V**ery-High-Frequency-**A**ural-**R**ange, UKW-Vierkursfunkfeuer. → Funkfeuer

VARIG – Viaçao Airea Rio-Grandese S.A., Abk. **VARIG,** 2-Letter-Code **RG:** brasilianisches Luftverkehrsunternehmen mit Sitz in Rio de Janeiro. Das Unternehmen wurde 1927 durch den Zusammenschluß der Unternehmen «VARIG», «S. A. Viacao Aérea Grandense», «Real S. A. Transportes Aéreos», «Nacional S. A. Transportes Aéreos», «Empresa de Transportes Aéreos Norte do Brasil S. A.» und «Empresa de Transportes Aérovias Brasilia» gegr. 1965 wurde auch noch die *«Panair do Brasil S. A.»* eingegliedert. *Flugzeugpark (1987):* 2 Airbus A 300, 5 Boeing 707, 10 Boeing 727, 16 Boeing 737, 5 Boeing 747, 6 Boeing 767, 14 L 188 «Elektra», 12 DC 10; gemietet ist 1 Boeing 747. Verkehrsdaten 1987: 5,74 Mill. beförderte Passagiere (davon 3,68 Mill. Inlandpassagiere); 11,67 Mrd. Pkm; 1,07 Mrd. Fracht-tkm; 1,8 Mrd. tkm Gesamtleistung. Hauptstrecken in Südamerika sowie nach USA, Europa, Asien, Afrika; Inlandflugverkehr. IATA-Mitglied.

Variometer: Gerät zur Anzeige der Steig- und Sinkgeschwindigkeit eines Luftfahrzeugs. Man benutzt *Dosen-V., Stauscheiben-V.* und *elektrische V.* Nach Art der Signalisation bezeichnet man bestimmte V.-Bauformen auch als *akustische V.* Dosen- und Stauscheiben-V. messen den Druckunterschied zwischen einem abgeschlossenen Raum und der Atmosphäre, wobei der abgeschlossene Raum über eine Kapillare (Dosen-V.) oder einen engen Spalt (Stauscheiben-V.) mit der Atmosphäre verbunden ist. Beim *Dosen-V.* wird eine Membrandose oder ein Dosenpaket zusammengedrückt oder ausgedehnt, wenn sich beim Sinken oder Steigen der statische Druck verändert. Der Dosenhub wird mit dem Übertragungsmechanismus abgegriffen, in eine Drehbewegung verwandelt und auf den Zeiger übertragen. Der Meßbereich kann durch die Größe des Luftvolumens im dichten Gehäuse bzw. im angeschlossenen Ausgleichsgefäß beeinflußt werden. Ausgleichsgefäße werden meist beim Segelflug am V. benutzt. Beim *Stauscheiben-V.* besteht die Meßkammer aus einer flachen Metalldose, die von einem beweglichen Flügel (Stauscheibe) in 2 Kammern geteilt wird. Eine Kammerseite ist mit dem atmosphärischen Druck verbunden, die zweite mit dem Luftvolumen des Gehäuses oder Ausgleichsgefäßes. An der Stauscheibe ist der Zeiger befestigt. Stauscheiben-V. haben kleinere Anzeigeverzögerungen (→ Nachhinkbeiwert) als Dosen-V., sind aber teurer in der Herstellung. *Elektrische V.* sind Zusatzgeräte zum Funkhöhenmesser bzw. gehören zum Geräte-

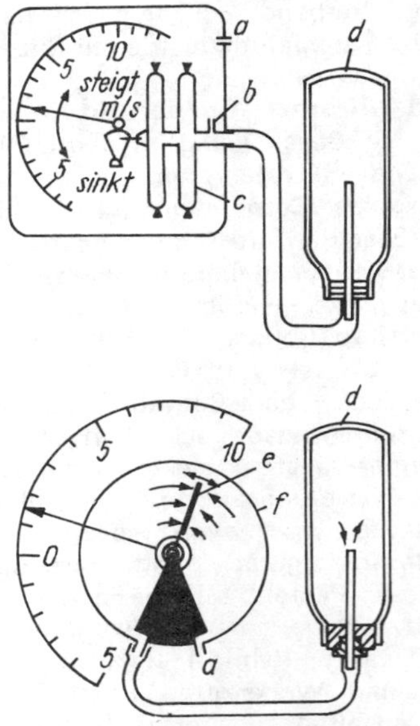

Schema des Dosen- (oben) und Stauscheibenvariometers (unten): a Abnahme des statischen Drucks, b Kapillare, c Membrandosen, d Ausgleichsgefäß, e Stauscheibe, Ringkammer

Variometer

satz der Anlage und ermitteln die Vertikalgeschwindigkeit aus der Differentiation der höhenabhängigen Spannung nach der Zeit. Die im Segelflug benutzten *akustischen V.* sind meist Dosen-V. Der Dosenhub beeinflußt die Frequenz eines elektronischen Tongenerators, so daß die Tonhöhe im Lautsprecher einer bestimmten Vertikalgeschwindigkeit entspricht. Alle genannten V. lassen sich unter dem Begriff *Absolut-V.* zusammenfassen, da sie die Vertikalgeschwindigkeit gegenüber dem Erdboden angeben. Die früher in der Luftfahrt benutzten Relativ-V. gaben die Vertikalgeschwindigkeit bezüglich der Luftschicht an, in der sich das Luftfahrzeug bewegte. Das Meßelement im *Relativ-V.* war ein Flügelrad, das auf den durch den Druckunterschied erzeugten Luftstrom ansprach. Das im Segelflug benutzte *Totalenergie-V.* (→ TEVAR) zeigt mittels einer bes. Meßdüse nur meteorologisches Steigen und Sinken an und nicht die durch Steuerausschläge entstehende Vertikalgeschwindigkeit.

VASIS: Abk. für engl. **V**isual **a**pproach **s**lope **i**ndicator **s**ystem; Gleitwinkelbefeuerung. Optisches Hilfsmittel zur Landeanflugführung, das aus 12 Feuereinheiten bestehen soll, die symmetrisch zur Mittellinie der Start- und Landebahn in Form von 2 Paaren Außenketten, die jeweils 3 Feuereinheiten enthalten, aufgestellt sind. Jede Feuereinheit soll einen Lichtstrahl erzeugen, der in seinem oberen Teil von weißer und in seinem unteren Teil von roter Farbe ist. Der Pilot soll alle Feuer in roter Farbe sehen, wenn er sich unterhalb des Gleitwegs befindet, alle Feuer in weißer Farbe, wenn er oberhalb des Gleitwegs fliegt. Die vorderen Feuer sollen in Weiß und die hinteren in Rot sichtbar sein, wenn sich das Luftfahrzeug auf dem Gleitweg befindet.

VASP: Abk. für → **V**iaçao **A**érea **S**ao **P**aulo S. A.

Vater-und-Sohn-Flugzeug: → Huckepackflugzeug

VDF: Abk. für engl. **V**ery-High-Frequency-**D**irection-**F**inder. → UKW-Sichtfunk-Peiler

Vektor-Ratio-Meter: Anzeigegerät für die Peilung beim früher benutzten → Navaglobe. → Navarho-Verfahren

Venezolana Internacional de Aviación S. A., Abk. **VIASA:** venezolanisches Luftverkehrsunternehmen mit Sitz in Caracas. Gegr. 1961. *Flugzeugpark (1988):* 5 DC-10-30, 1 Boeing 747F, und 1 DC-9. Verkehrsdaten 1985: 535 000 beförderte Passagiere (ausschließlich intern. Flugverkehr); 2,2 Mrd. Pkm (einschl. 85 Mill. Pkm Charterleistung); 102 Mill. Fracht-tkm; 310 Mill. tkm Gesamtleistung. Hauptstrecken: Nord- und Südamerika, Europa. IATA-Mitglied.

VIASA

Venturirohr: nach dem italienischen Gelehrten *Venturi* (1746–1822) benannter Druckgeber. Das V. ist eine aus 2 gegeneinander gesetzten trichterförmigen Rohrstücken gebildete Verengung. Man benutzt es zum Messen der Strömungsgeschwindigkeit, indem man Druckmessungen am weiten und engen Querschnitt vornimmt. → Fahrtmesser

veränderliche Flügelpfeilung: Änderung der Pfeilung eines Tragflügels durch dessen Schwenken um die Hochachse, wobei sich gleichzeitig seine Spannweite, die Streckung und z. T.

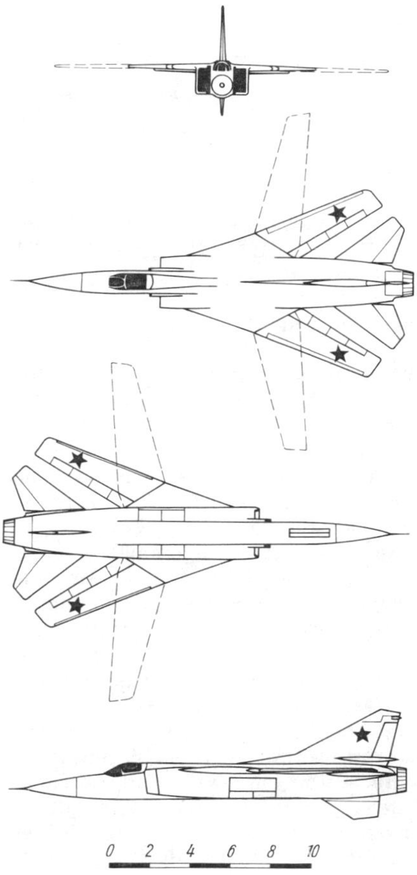

sowjetische Flugzeuge mit veränderlicher Flügelpfeilung: Prototyp des Jagdflugzeugs MiG-23

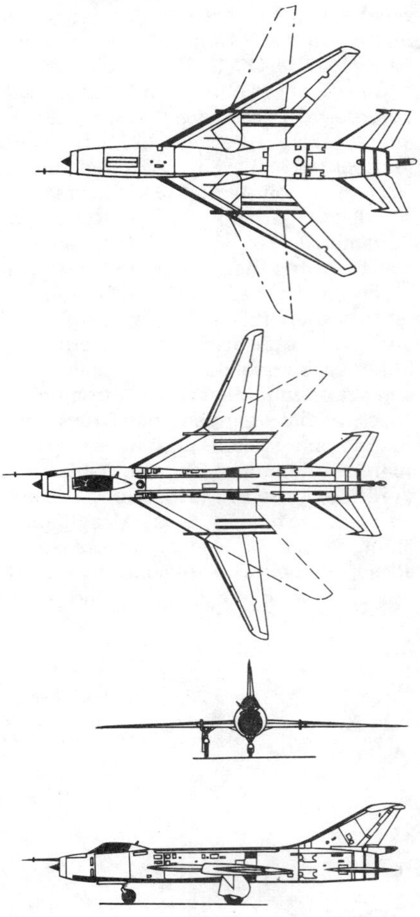

Prototyp des Jagdbombers Su-17

auch die tragende Fläche ändern. Durch v. F. werden im Flugzeug die guten Langsamflugeigenschaften des geraden Tragflügels mit großer Streckung und die guten Hochgeschwindigkeitseigenschaften des Tragflügels mit großer Pfeilung vereinigt. Das Prinzip ist lange bekannt, die konstruktive Verwirklichung bereitete jedoch aufgrund hoher Belastung der Lagerstellen große Schwierigkeiten. Geändert wird der Pfeilwinkel heute zwischen 0 und 80° meist elektro- oder hydromechanisch. → Tragflügelgeometrie, → Auftriebsbeiwert, → aerodynamische Qualität

veränderliche Geometrie: → veränderliche Tragflügelgeometrie

veränderliche Tragflügelgeometrie: i. e. S. für → veränderliche Flügelpfeilung; i. w. S. die Veränderung beliebiger Parameter der → Tragflügelgeometrie, z. B. auch das Ändern der Tragflügel-Profilwölbung mittels Kippnasen, Landeklappen u. a.

Verbindungsfliegerkräfte, Abk. **VFK:** Gattung (auch als *Hilfsfliegerkräfte* bezeichnet) der Luftstreitkräfte. Hält mit leichten Flugzeugen oder Hubschraubern die Kommandoverbindung sowie das Zusammenwirken (auch mit Land- und Seestreitkräften) aufrecht. Übernimmt den Kurierdienst, den Transport einzelner Personen, dient auch zu Überwachungs- und Kontrollaufgaben. In der UdSSR im zweiten Weltkrieg: Po-2, dann Jak-12, An-2, Mi-1; heute Mi-2, Mi-8, An-24/26.

Verbrennungsmotor: Wärmekraftmaschine, bei der die Verbrennung des Brennstoffs im V. selbst stattfindet im Gegensatz zu Dampfkraftmaschinen. Zu V. gehören Hubkolben- und Rotationskolbenmotoren, im weiteren Sinne auch Gasturbinentriebwerke.

Verbundflugzeug: svw. → Wandelflugzeug.

Verbundhubschrauber: → Rotorflugzeug

Verbundmotor, Kombinationstriebwerk: Kombination von 2 oder 3 verschiedenen Triebwerksarten zu einer organischen Einheit. Aus der Vielzahl möglicher Kombinationen haben folgende eine praktische Bedeutung erlangt: 1) *Kolbenmotor-Luftstrahltriebwerk* (Antrieb des Verdichters durch Kolbenmotor); ermöglicht sehr hohe Schubdüseneintrittstemperaturen, da die sonst zum Antrieb des Verdichters thermisch und mechanisch hoch beanspruchte Gasturbine entfällt. Wegen der erforderlichen hohen Verdichterantriebsleistungen sind nur kleine Einheiten möglich. 2) *Kolbenmotor-Abgasturbine* (Antrieb der Luftschraube durch Kolbenmotor und Abgasturbine etwa zu gleichen Teilen, realisiert bei dem Triebwerk «NOMAD» von Napier). 3) *Turbinenluftstrahltriebwerk – Staustrahltriebwerk* als Antriebsanlage für Flugzeuge mit großem Geschwindigkeitsbereich (Griffon 02 von → Nord-Aviation/SNECMA).

Verbundplattenbauweise: aus der → Schalenbauweise hervorgegangene moderne Methode, bei der der Hauptteil der Belastung durch die Sandwichbehäutung aufgenommen wird. Diese besteht aus 2 Außenschalen (Aluminium-, Titanlegierungen, nichtrostender Stahl, glasfaserverstärkte Plaste u. a.),

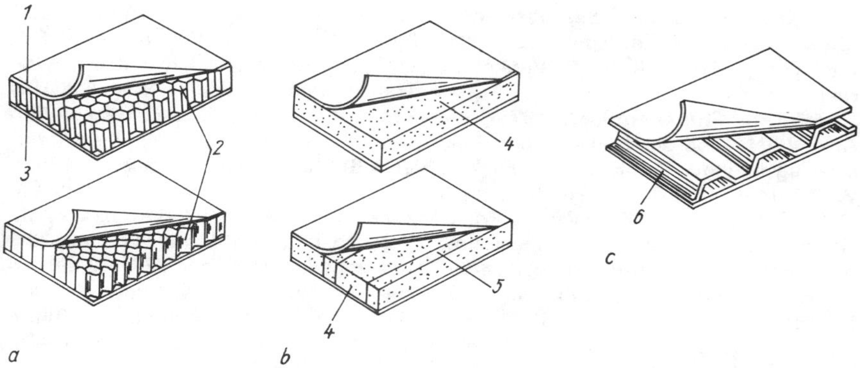

V 7
verschiedene Ausführungen von Sandwichschalen: a mit Wabenfüllung, b mit Schaumstoff- oder Gießharzfüllung, c mit gewelltem Füllmaterial; 1 obere Außenschale, 2 Wabenfüllung, 3 untere Außenschale, 4 Schaumstoff, 5 zusätzliche Armierungselemente, 6 Wellblech

die mit einem Füllstoff (Schaumstoff, Wabenmaterial, Gießharz, gewelltes Stahlblech u. a.) verklebt sind. Vorteile der V.: gute Anpassungsmöglichkeit an den Kräfteverlauf, hohe Konturtreue und Oberflächengüte, hohe Festigkeit bei geringster Masse. Der umfassenden Anwendung der V. im Serienbau stehen noch einige technologische und Festigkeitsprobleme (Temperaturbeständigkeit des Klebers und seine Anfälligkeit gegenüber Schubbeanspruchung) entgegen. In manchen Literaturquellen wird die V. der Schalenbauweise zugeordnet, häufig wird sie jedoch als selbständige → Bauweise behandelt.

Verbundwerkstoffe: → Faserverbundwerkstoffe

Verdichter: Strömungsmaschine zur Umwandlung mechanischer Arbeit in Druckenergie. Eine V.stufe besteht aus Laufrad und Leitrad (vor der ersten Stufe ist häufig noch ein Vorleitrad angeordnet). Der V. kann aus 1 oder mehreren Stufen bestehen. Entsprechend der Strömungsrichtung unterscheidet man Radial- und Axial-V. Für Kleingasturbinen und kleine Gasturbinenflugzeugtriebwerke werden 1stufige Radial-V., sonst vielstufige Axial-V. verwendet. *Radial-V.* erreichen ein Stufendruckverhältnis von etwa 4...5, *hochbelastete Axial-V.* großer ZTL 1,4...1,9. Wichtige Kennwerte und Daten eines V. sind → *Wirkungsgrad, Reaktionsgrad, Laufzahl, Druckverhältnis, Massedurchsatz* und *Eigenmasse.*

Verdichterleistung: von einem → Verdichter aufgenommene Leistung. Die V. ist abhängig von Durchsatz, Druckverhältnis, Wirkungsgrad und Eintrittstemperatur.

Verdichtungsraum, Kompressionsvolumen: bei Kolbentriebwerken der Raum oberhalb des Kolbens bei oT-Stellung, V. ist Bezugsgröße für die Bestimmung des → Verdichtungsverhältnisses.

Verdichtungsstoß: sprunghafte Verringerung der Geschwindigkeit einer Überschallströmung, wobei die Dichte, der Druck und die Temperatur ebenso sprunghaft ansteigen. Umwandlung kinetischer in potentielle Energie unter inneren Verlusten, d. h. teilweiser irreversibler Umwandlung mechanischer in innere Energie. V. entstehen bei plötzlicher Querschnittsverringerung der Strömung (konkave Ecke) oder auch bei Widersprüchen im Druckgefälle einer Überschallströmung. Man unterscheidet verschiedene Arten von V., z. B. die → Kopfwelle als Summe vieler V. an der Spitze eines Flugkörpers; örtliche V. (meist in Lambdaform λ) auf der Oberfläche umströmter Körper; nach ihrer Lage zum Strom schräge oder gerade V. u. a. m. Die Art und Lage der V. wird vor allem durch die Mach-Zahl der Strömung und die Form des Körpers bestimmt. → Auftrieb, → Wellenkrisis, → Widerstand

Verdichtungsverhältnis: → thermodynamische Kennwerte

Verdienter Militärflieger der UdSSR, Verdienter Testpilot der UdSSR, Verdienter Polarflieger der UdSSR: Ehrentitel in der sowjetischen Luftfahrt. Der Titel *Verdienter Polarflieger* bedingt 15 Jahre Tätigkeit in der sowjetischen Polarfliegerei.

Verdrängungskörper: an Verbindungsstellen zwischen Seitenleitwerk und hochgesetztem Höhenleitwerk angebrachte stromlinienförmige Verkleidung zur Verringerung des Interferenzwiderstands. → Interferenz 2.

Vereinbarung über die Zusammenarbeit der Luftverkehrsunterneh-

men auf dem Gebiet der betrieblichen, kommerziellen und finanziellen Tätigkeit: → Berliner Vereinbarung

Vereinigte Flugtechnische Werke, Abk. **VFW:** 1963 durch Fusion der Weser-Flugzeugbau GmbH und → Focke-Wulf GmbH in Bremen entstandenes Unternehmen, dem 1964 auch die Ernst Heinkel Flugzeugbau GmbH Speyer eingegliedert wurde. Hinzu kamen 1968/69 die Rhein-Flugzeugbau GmbH und die Henschel Flugzeugwerke AG Kassel. Am 1. Jan. 1970 Vereinigung mit → Fokker zur Zentralgesellschaft VFW-Fokker GmbH mit Sitz in Düsseldorf. 1980 wieder Trennung von VFW und Fokker. VFW ist mit 60 % an der Rhein-Flugzeugbau GmbH, mit 50 % an den Henschel-Flugzeugwerken AG, mit 20 % an der Deutschen Airbus GmbH und mit 50 % an der Hansa-Waggonbau GmbH beteiligt. Die VFW waren führend an der Entwicklung und Produktion des NATO-Transporters «Transall» beteiligt. Bis 1977 bauten sie 19 TL-Kurzstrecken-Verkehrsflugzeuge (nur 9 verkauft) VFW 614 für 4 t Fracht oder 36...44 Fluggäste. Für Forschungszwecke wurden in Zusammenarbeit mit Italien das VTOL-Versuchsflugzeug VAK 191 B und der Versuchsflugschrauber VFW H 2 entwikkelt. Die Firma arbeitet ferner auf dem Gebiet der Raumfahrttechnik und führte die Überholung und Wartung von C-160, CH-53 G «Seaking» und F-104 G durch.

Vereisung: Eisansatz an einem Luftfahrzeug beim Fliegen durch Wolken mit unterkühlten Wassertröpfchen, in unterkühltem Regen oder durch Sublimation. Vom Eisansatz sind inbes. die Vorderkanten von *Tragflügel* und *Leit-*

VFW RS 180 «Sportsman»

VFW 614

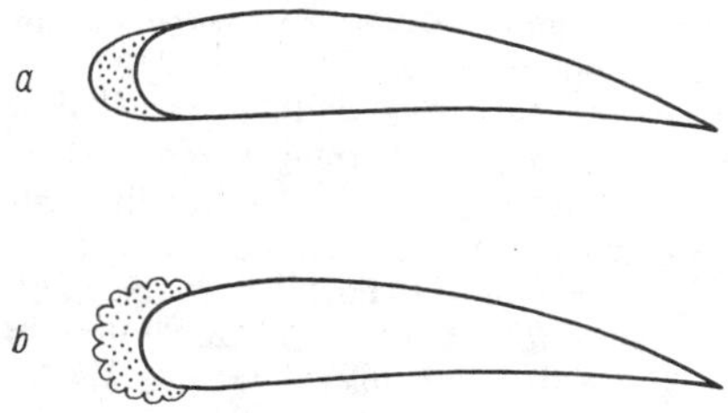

Formen der Vereisung an der Profilnase des Tragflügels: a Klareis, b Rauheis

werk, Luftschrauben, Rumpfnase, Cockpitscheiben, Antennen und *Staurohr* betroffen. Nach Art des Eisansatzes unterscheidet man *Rauheis, Klareis* und *Rauhreif.* – *Rauheis* entsteht beim Durchfliegen von Wolken mit sehr kleinen unterkühlten Tröpfchen, hat rauhe, körnig-poröse Struktur, ist milchig weiß und undurchsichtig. *Klareis* entsteht beim Flug durch cumuliforme Wolken mit großen unterkühlten Tröpfchen oder beim Durchfliegen unterkühlten Regens. Es bildet einen glasigen, durchsichtigen, fest haftenden Eisüberzug. *Rauhreif* entsteht, wenn ein Luftfahrzeug aus Luftschichten mit Temperaturen unter 0 °C in Luftschichten mit hoher Luftfeuchte einfliegt oder an am Boden während der Nacht abgestellten Luftfahrzeugen durch Sublimation; besteht aus feinen Eiskristallen. Zur Vereisung kommt es auch im Schneefall bei Temperaturen um 0 °C sowie bei Start und Landung auf mit Schneematsch bedeckten Start- und Landebahnen durch Ansatz an Fahrgestell, Triebwerk, Leitwerk und Steuerklappen. Eisansatz hat sowohl aerodynamische (Verschlechterung der Kennwerte) als auch technische Folgen (Vergrößerung der Masse, Einschlagen von abgehenden Eisstükken im Triebwerkstrakt u. a. m.), deshalb werden verschiedene Methoden der → Enteisung angewendet.

Verfahrenskurve: Flugbewegung, bei der eine Kurve, der sich eine Kurve in entgegengesetzter Richtung anschließt, auf einem bestimmten Flugweg so durchgeführt wird, daß das Luftfahrzeug den entgegengesetzten Kurs treffen und anschließend verfolgen kann. Entsprechend der anfänglichen Drehrichtung werden die V. mit links oder rechts bezeichnet. V. können für Instrumentenanflugverfahren im Horizontal- oder Sinkflug benötigt werden sowie zum Wenden in der Luftstraße.

Verfahrenszeit, Symbol t_{FV}: Teil der Flugzeit (t_F), während der sich ein Luftfahrzeug im Start-, Lande- oder Warteverf. befindet.

verfügbarer Schub: von der Antriebsanlage eines Flugzeugs bei einer bestimmten Geschwindigkeit, Höhe und Drehzahl erzeugter Schub. → Schubkraftdiagramm

Vergaser: Baugruppe kleiner Flugzeugottomotoren zur Herstellung eines den Betriebsbedingungen entspr. Brennstoff-Luft-Gemischs auf mechanisch-pneumatischem Weg. Dazu sind eine Reihe Zusatzeinrichtungen notwendig: Leerlaufeinrichtung, Beschleunigungseinrichtung, Vorwärmeinrichtung, Volllastanreicherung, Höhenkorrektor. Einfache V. sind in ihrer Arbeitsweise lageabhängig. Sonderkonstruktionen, Rückenflug- oder Kunstflug-V. sind lageunabhängig. Gemischbildung mit

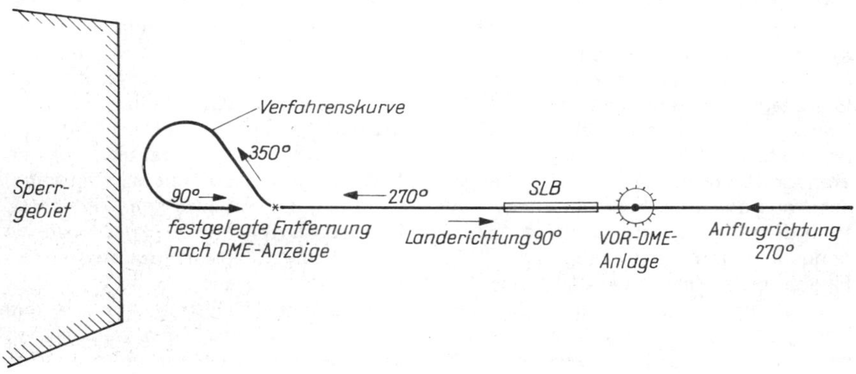

Anwendung einer Verfahrenskurve für das Anflugverfahren zu einem Flugplatz, der wegen eines Sperrgebiets (oder Hindernisses) nur aus einer Richtung (270°C) anzufliegen ist

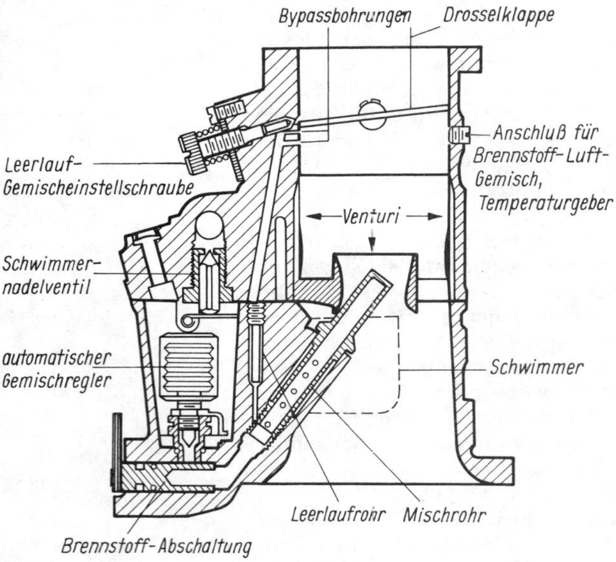

Vergaser

Hilfe von V. wird immer mehr durch Benzineinspritzung verdrängt.

Vergleichsprozeß: thermodynamischer Kreisprozeß, der zum Vergleich theoretischer thermodynamischer Kennwerte dient. Die wichtigsten Vergleichsprozesse sind Carnot-Prozeß, Otto-Prozeß, Diesel-Prozeß und Joule-Prozeß.

Verkehrsaufkommen: 1. → Transportbedarf. – **2.** Kenngröße der Verkehrsleistung eines Flughafens. Bez. für die Anzahl der in der Zeiteinheit abgefertigten Flugzeuge und die Anzahl der Fluggäste, die Menge Gepäck, Luftfracht und Luftpost, die in einem bestimmten Zeitintervall auf einem Flughafen sowohl von der Land- als auch von der Luftseite her eintreffen, dort abgefertigt werden und ihn nach der Luft- oder Landseite hin wieder verlassen.

Verkehrsentfernung: *Transportentfernung;* räumlicher Abstand zwischen Anfangs- und Endpunkt eines Transportprozesses, ausgedrückt in Kilometer. Grundlage zur Berechnung der → Verkehrsgeschwindigkeit und der Transportleistung (Transportmenge und Transportentfernung). Zusammengesetzt aus den Streckenelementen: Zentrum des Abgangsorts bis Flughafenabgangsort plus Flughafenabgangsort bis Flughafenbestimmungsort plus Flughafenbestimmungsort bis Stadtzentrum. Kenngrößen der V. sind die Versandweite und die Beförderungsweite im Gütertransport sowie die Reiseweite im Personenverkehr.

Verkehrsflugplan: 1) Bez. für das Programm eines Luftverkehrsunternehmens während einer bestimmten → Flugplanperiode; wichtigster technologischer Plan des Luftverkehrsbetriebs als *Verzeichnis der durchzuführenden Flüge,* klassifiziert nach Linien-/Bedarfsflug, Personen-/Frachtbeförderung, Abflug-/Zwischenlande-/Zielflughafen sowie nach Abflug/Ankunft. Hauptbestandteile des V. sind die Streckenpläne, Flugzeugrotationspläne und Stationsflugpläne (bzw. Pläne der Flugbewegungen auf den Flughäfen). 2) Im allgemeinen Sprachgebrauch werden als *Flugplan* (→ Time table) bezeichnet: a) Prospekte der Luftverkehrsunternehmen mit Bedienung ihrer Fluglinien (geordnet nach Flugstrecken), Abflug- und Ankunftzeiten, Anschriften von Buchungsstellen und Auslandsvertretungen, Auszügen aus → Beförderungsbedingungen und anderen für den Reisenden wichtigen Hinweisen; b) Aushänge; c) Arbeits- (Verkehrs)flugplan für Belange des → kommerziellen Verkehrs.

Verkehrsflugzeug: Luftfahrzeug zur Beförderung von Personen, Fracht- und Postsendungen. Zunehmend werden sog. *Nur-Frachtflugzeuge* eingesetzt, was eine Folge des schnellen Bedarfsanstiegs ist. Die Kategorisierung der V. wie die anderer Flugzeuge (z. B. nach Bauweise, Triebwerken u. a.) ist möglich; üblich ist jedoch die nach der *Reichweite* (infolge der raschen wissenschaftlich-technischen Entwicklung Verschiebung der Unterscheidungsdistanzen). 1) *Kurzstrecken-V.* dienen dem Luftverkehr auf Strecken mit Entfernungen bis zu 1 000 km; die Ausweitung auf 1 500 km entspricht dem Stand der Entwicklung. Der Einsatz von V. auf *Ultrakurzstrecken* bis zu 300 km ist unter best. Bedingungen vorteilhaft. Bei diesen Strecken sind die Anforderungen an Geschwindigkeit, Gipfelhöhe und Komfort geringer als bei anderen V.kategorien. Da auf Ultrakurzstrecken keine große Flughöhe erreicht werden kann, wird i. allg. auf Druckkabinen verzichtet. Kurzstrecken-V. stellen keine großen Anforderungen an die Bodenorganisation, so daß sie auch kleine Flugplätze ohne betonierte Pisten und sonstige Ausrüstungen anfliegen können. Neben dem Verkehr zwischen benachbarten

Städten dienen sie vor allem dem → Zubringerverkehr zu internationalen Flughäfen. Eine große Rolle spielen sie in wenig erschlossenen Gebieten, in denen keine ausgebauten Bodenverkehrsverbindungen bestehen und natürliche Hindernisse (Gebirge, Urwald, Wüste, Wasser) zu überwinden sind. Kolbenmotor-V. mit 1 oder 2 Triebwerken für etwa 30 Fluggäste werden in geringem Maß für diese Aufgabe eingesetzt. Es finden auch große 4motorige V. Anwendung, die durch die PTL- und TL-Flugzeuge von den Mittel- und Langstrecken verdrängt werden. Das Zweikreistriebwerk macht TL-Flugzeuge auch dafür geeignet. Im Kurzstreckenbereich wird auch der Hubschrauber immer mehr verwendet, vor allem in Gebieten, in denen nur kleine oder keine Flugplätze angelegt werden können, sowie im Verkehr von Zentrum zu Zentrum benachbarter Städte. In Entwicklung und Erprobung befinden sich → VTOL- und → STOL-Flugzeuge. 2) *Mittelstrecken-V.* verwendet man im Einsatzbereich 1 500...3 500 km. Da auf solchen Strekken in größerer Höhe geflogen wird, haben diese V. Druckkabinen. Die längere Flugdauer und der meist internationale Verkehr erfordern auch größeren Komfort. Flugzeuge mit KTW werden für diesen Bereich seit langem nicht mehr gebaut, sind allerdings noch im Einsatz. Die im Bau befindlichen modernen Mittelstrecken-V. haben 2...4 TL und befördern bis zu 450 Fluggäste. (Großraumflugzeuge, → Airbus). Die Entwicklung mehrerer Typen mit unterschiedlichem Sitzplatzangebot ist notwendig, da das Fluggastaufkommen auf einzelnen Strecken stark differiert. Der Einsatz kleinerer Flugzeuge ist auch gerechtfertigt, wenn die tageszeitliche Verteilung des Verkehrsbedürfnisses auf einer Strecke häufige Flüge zu verschiedenen Tageszeiten erfordert. 3) *Langstrek-*

Vergleichstabellen für in der Luftfahrt verwendete Maßeinheiten:

Umrechnung von Längeneinheiten

	Meter	Zoll	Fuß	Yard	Meile	naut. Meile
1	1	39,37	3,281	1,094	$6{,}215 \cdot 10^{-4}$	$5{,}4 \cdot 10^{-4}$
1 in	0,0254	1	0,0833	0,0278	$1{,}578 \cdot 10^{-5}$	$1{,}37 \cdot 10^{-5}$
1 ft	0,3048	12	1	0,333	$1{,}89 \cdot 10^{-4}$	$1{,}65 \cdot 10^{-4}$
1 yd	0,9144	36	3	1	$5{,}68 \cdot 10^{-4}$	$4{,}94 \cdot 10^{-4}$
1 mile	1 609	63 360	5 280	1 760	1	0,869
1 NM	1 852	72 914	6 076	2 025	1,151	1

Umrechnung von Krafteinheiten

	Newton	Kilopond	Pound-force	Ton-force
1 N	1	0,102	0,225	$1{,}004^{-4}$
1 kp	9,81	1	2,205	$9{,}843 \cdot 10^{-4}$
1 lbf	4,448	0,454	1	$4{,}464 \cdot 10^{-4}$
1 tonf	$9{,}964 \cdot 10^3$	$1{,}016 \cdot 10^3$	$2{,}24 \cdot 10^3$	1

Umrechnung von Volumeneineiten

	Liter	Quart	Gallone (US)	1 Gallone (UK)
1 dm^3	1	0,88	0,264	0,22
1 qt	1,136	1	0,3	0,25
1 gal (US)	3,785	3,33	1	0,832
1 gal (UK)	4,546	4	1,2	1

Umrechnung von Leistungseinheiten

	kW	kpm/s	PS	kcal/h	kcal/s
1 kW	1	102	1,36	859,8	0,239
1 kpm/s	$9{,}81 \cdot 10^{-3}$	1	$1{,}333 \cdot 10^{-2}$	8,432	$2{,}342 \cdot 10^{-3}$
1 PS	0,735	75	1	632,4	0,167
1 kcal/h	$1{,}163 \cdot 10^{-3}$	0,1186	$1{,}581 \cdot 10^{-3}$	1	$2{,}78 \cdot 10^{-4}$
1 kcal/s	4,178	427	5,692	3 600	1

Umrechnung von Druckeinheiten

	Pa	bar	kp/cm^2	kp/m^2	Torr	atm	Psi
1 N/m^2	1	10^{-5}	$0{,}102 \cdot 10^{-4}$	0,102	$750{,}1 \cdot 10^{-5}$	$0{,}987 \cdot 10^{-5}$	$1{,}45 \cdot 10^{-4}$
1 bar	10^5	1	1,02	10 197	750,1	0,987	14,504
1 kp/cm^2	$9{,}81 \cdot 10^4$	0,981	1	10^4	736	0,968	14,22
1 kp/m^2	9,81	$0{,}981 \cdot 10^{-5}$	10^{-4}	1	$736 \cdot 10^{-4}$	$0{,}968 \cdot 10^{-4}$	$1{,}422 \cdot 10^{-4}$
1 Torr	133,3	$133{,}3 \cdot 10^{-5}$	$13{,}6 \cdot 10^{-4}$	13,6	1	0,001316	$1{,}933 \cdot 10^{-2}$
1 atm	101 325	1,013	1,0332	10 332	760	1	14,7
1 lbf/in^2	6 895	0,06895	0,07032	703,2	51,72	0,06805	1

ken-V. haben einen Einsatzbereich von über 3500 km. Sie dienen dem transkontinentalen und interkontinentalen Verkehr und befördern 60...450 Fluggäste. Alle diese Flugzeuge haben 3 bzw. 4 ZTL. 4) *Überschall-V.* sind Ausdruck einer neuen Qualität in der Verkehrsluftfahrt aufgrund des wissenschaftlich-

Antonow An-24 (UdSSR)

Fokker F.27 «Friendship» (Niederlande)

L-410 (ČSFR)

Hawker Siddeley HS-748 (Großbritannien)

Jakowlew Jak-40 (UdSSR)

Douglas DC-9-30 (USA)

Fokker F.28 «Fellowship» (Niederlande)

BAC «One Eleven» (Großbritannien)

Sud Aviation «Caravelle» (Frankreich)

Tupolew Tu-104A (UdSSR)

Boeing 727 (USA)

Jakowlew Jak-42 (UdSSR)

Tupolew Tu-134 (UdSSR)

Iljuschin Il-62 (UdSSR)

BAC Super VC-10 (Großbritannien)

Douglas DC-8 Super 62 (USA)

Convair 880 (USA)

Sud Aviation/VAC «Concorde» (Frankreich/Großbritannien)

Iljuschin Il-76 (UdSSR)

Tupolew Tu-144 (UdSSR)

Airbus A 300 (BRD/ Frankreich)

Lockheed L-1011 (USA)

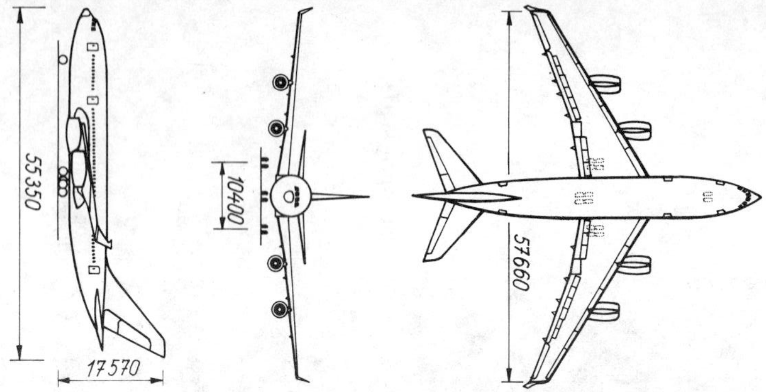

Iljuschin Il-96-300
(UdSSR)

Die wichtigsten Verkehrsflugzeugtypen

Bezeichnung	Zahl/Art der Triebwerke	Gesamtleistung daN od. kW	Spannweite m	Länge m	Höhe m	Abflugmasse kg	Fluggäste (Platzangebot)	Reisegeschwindigkeit km/h	Reichweite km	Startstrecke m
Airbus A 300 B 2	2 ZTL	45 335 daN	44,84	53,57	16,56	137 000	281–330	940	3 700	1 882
Airbus A 300 B 4	2 ZTL	45 335 daN	44,84	53,57	16,56	150 000	281–330	940	5 150	1 882
Airbus A 310-200	2 ZTL	43 160 daN	43,9	44,66	15,80	142 000	218	860	7 400	1 675
Airbus A 320	2 ZTL	19 620 … 33 360 daN	33,9	37,57	11,76	72 000	159	840	5 900	1 715
Antonow An-2	1 KM	735 kW	18,17	12,74	4,13	5 500	10	220	1 200	210
Antonow An-10	4 PTL	11 768 kW	38,00	36,97	9,78	55 000	84–132	650	3 500	650
Antonow An-14	2 KM	441 kW	22,00	11,32	4,63	3 500	6–9	190	780	100
Antonow An-22	4 PTL	44 130 kW	64,40	56,80	18,00	250 000	720	680	11 000	1 100
Antonow An-24	2 PTL	3 751 kW	29,20	23,53	8,32	21 000	44–50	450	2 000	500
Armstrong Whitworth «Argosy»	4 PTL	6 178 kW	35,05	26,44	8,23	40 000	75–89	450	2 700	1 400
BAC-111 («One eleven»)	2 ZTL	9 251 daN	27,00	28,70	7,24	35 600	65–79	885	1 300	1 980
BAC VC-10	4 ZTL	37 338 daN	42,70	48,40	12,04	141 521	108–151	900	8 328	2 250
BAC Super VC-10	4 ZTL	40 008 daN	42,73	53,30	12,04	152 000	163–180	900	8 617	2 800
Boeing 707-420	4 ZTL	32 007 daN	43,40	46,40	11,90	141 050	131–189	840	7 600	3 260
Boeing 720 B	4 ZTL	12 887 daN	39,90	41,55	12,60	103 870	149	860	5 100	2 260
Boeing 737-200	2 ZTL	18 669 daN	28,35	30,43	11,28	48 535	117	965	3 000	2 485
Boeing 727	3 ZTL	17 302 daN	32,92	41,96	10,24	68 950	70–114	930	2 600	1 520
Boeing 747	4 ZTL	77 300 daN	59,64	70,51	19,33	322 050	490	965	9 650	2 900
Boeing 757										
Boeing 767										
Bristol «Britannia»-320	4 PTL	13 091 kW	43,40	38,00	11,20	83 910	64–132	650	8 500	1 900
Convair-880	4 TL	19 914 daN	36,58	39,42	10,90	86 000	88–110	980	6 500	2 500
Convair-990	4 ZTL	28 616 daN	36,60	42,46	12,00	108 500	96–121	980	7 200	2 600
Douglas DC-3	2 KM	1 787 kW	29,00	19,70	5,20	11 400	18–28	270	1 200 bis 2 000	600

Douglas DC-4	4 KM	4 324 kW	35,80	28,30	8,40	33 100	44	360	4 500	1 800
Douglas DC-6 B	4 KM	7 355 kW	35,80	32,20	8,70	48 100	64–92	480	5 700	1 490
Douglas DC-7 C	4 KM	10 002 kW	38,90	34,20	9,40	64 865	48–105	550	7 400	1 700
Douglas DC-8-40	4 ZTL	31 654 daN	43,40	45,78	12,90	142 900	105–173	940	8 700	2 900
Douglas DC-8 Super 61	4 ZTL	31 948 daN	43,38	57,12	12,95	147 418	251	933	4 602	2 440
Douglas DC-8 Super 62	4 ZTL	32 034 daN	45,20	47,98	13,23	151 950	189	943	9 205	2 000
Douglas DC-8 Super 63	4 ZTL	32 034 daN	45,25	57,12	12,95	158 760	251	965	7 400	2 900
Douglas DC-9	2 ZTL	10 672 daN	26,60	31,80	8,35	35 245	65–90	900	1 520	1 630
Douglas DC-10	3 ZTL	52 920 daN	47,37	54,90	17,87	186 000	343	960	5 000	2 400
Fokker F.27 «Friendship»	2 PTL	2 971 kW	29,00	23,50	8,40	17 690	40–52	490	2 000	570
Fokker F.28	2 ZTL	7 260 daN	23,70	26,30	8,15	22 700	44–60	900	1 600	1 200
Handley Page «Herald»	2 PTL	3 140 kW	28,90	23,01	7,34	19 500	50–56	445	2 300	650
Hawker Siddeley 748	2 PTL	3 140 kW	30,02	20,42	7,54	19 731	40–58	430	2 400	650
Hawker Siddeley «Comet-4C»	4 TL	18 672 daN	35,00	36,00	9,00	73 485	72–101	820	5 350	2 060
Hawker Siddeley HS-121 «Trident»	3 ZTL	13 906 daN	27,38	34,95	8,23	48 500	76–100	950	2 000	1 930
Hawker Siddeley 1-E	3 ZTL	15 199 daN	28,95	34,98	8,23	60 780	115	965	3 150	1 900
Hawker Siddeley 2-E	3 ZTL	15 876 daN	29,87	34,98	8,23	64 640	115	974	3 800	1 900
Hawker Siddeley 3-B	3 + 1 ZTL	18 453 daN	29,87	40,00	8,60	68 040	170	935	2 000	1 800
Iljuschin Il-14	2 KM	2 795 kW	31,70	21,30	7,80	17 500	bis 32	320	1 500 bis 3 000	550
Iljuschin Il-18	4 PTL	12 503 kW	37,40	35,90	10,10	61 200	80–110	650	4 000 bis 5 400	1 200
Iljuschin Il-62 M-200	4 ZTL	45 000 daN	43,30	53,12	12,35	165 000	70–198	900	10 000	1 800
Iljuschin Il-76	4 ZTL	35 250 daN	50,50	49,60	14,80	157 000		850	4 800	850
Iljuschin Il-86	4 ZTL	35 250 daN	48,30	58,40	15,70	188 000	350–380	900	2 350	900
Iljuschin Il-96-300	4 ZTL	64 000 daN	57,66	56,35	17,57	230 000	300	900	7 500	3 200
Jakowlew Jak-40	3 ZTL	4 410 daN	25,00	20,36	6,50	13 700	24–31	550	1 000	400
Jakowlew Ja-42	3 ZTL	18 960 daN	34,20	36,98	9,80	55 000	100–120	820	2 700	500
Lockheed L-749 A «Constellation»	4 KM	7 399 kW	37,40	29,00	6,80	48 500	49–64	460	6 700	1 100
Lockheed L-1049 G «Super-Constellation»	4 KM	9 708 kW	37,50	34,60	7,50	62 400	63–94	540	8 000	1 310
Lockheed «Elektra»	4 PTL	11 032 kW	30,20	31,90	10,02	52 600	66–104	650	4 500	1 140
Lockheed L-1011	3 ZTL	53 900 daN	47,35	55,00	16,89	185 500	345	965	5 000	2 670
Nord «Noratlas»	2 KM	3 042 kW	32,50	21,96	6,00	20 600	40–45	320	3 000	900
Sud Aviation «Caravelle»-VIX R	2 TL	11 201 daN	34,30	32,01	8,72	50 000	64–80	840	2 670	2 030
Sud Aviation/BAC «Condorde»	4 TL	67 659 daN	25,60	62,17	12,19	176 450	128–144	2 335	6 500	2 900
Tupolew Tu-104	2 TL	18 620 daN	34,54	38,85	11,90	70 000	50	800	3 500	1 800
Tupolew Tu-104 A	2 TL	18 620 daN	34,54	38,85	11,53	54 500	70	800	3 200	2 000
Tupolew Tu-104 B	2 TL	18 620 daN	34,54	40,05	11,53	54 500	100	800	3 000	2 000
Tupolew Tu-114	4 PTL	35 304 kW	51,00	54,00	11,80	165 000	120–220	780	12 000	1 730
Tupolew Tu-124	2 ZTL	98 000 daN	25,50	30,58	8,10	38 000	44–56	900	1 500	1 002
Tupolew Tu-134	2 ZTL	11 368 daN	27,40	33,80	9,90	42 000	64–72	880	4 500	1 700
Tupolew Tu-134 A	2 ZTL	11 368 daN	29,00	37,10	9,10	47 000	76–80	850	3 500	1 700
Tupolew Tu-144	4 ZTL	58 800 daN	28,80	65,70	10,50	150 000	140	2 500	6 500	2 800
Tupolew Tu-154	3 ZTL	27 930 daN	37,55	47,90	11,40	90 000	164	950	4 500	1 400
Tupolew Tu-204	2 ZTL	32 000 daN	42,00	45,00	15,15	93 500	214	850	3 500	2 500
VFW Fokker F.27	2 ZTL	6 478 daN	21,50	19,40	7,05	19 950	40–44	520	1 200	600

technischen Fortschritts im Luftverkehr, der die hohen Geschwindigkeiten ermöglicht. Es wurden V. entwickelt, die mit Reisegeschwindigkeiten von Mach 2 (etwa 2300 km/h) den Zeitgewinn des Luftfahrzeugs noch verstärken sollte, was sich bisher jedoch infolge flugorganisatorischer Bedingungen nicht verwirklichen ließ. Bisher wurden in der UdSSR die Tu-144 von *Tupolew* und in Westeuropa von Großbritannien und Frankreich die «Concorde» entwickelt. Diese Maschinen befördern 120–140 Passagiere über Entfernungen bis zu 6500 km. 5) *Großraum-V.* ermöglichen eine Erhöhung der Beförderungsleistung bei gleichbleibender Anzahl der Flüge.
Der Luftverkehr hat auf vielen Strecken bereits einen derartigen Umfang erreicht, daß eine erhöhte Anzahl von Flugzeugen weder von der Flugsicherung auf den Luftstraßen noch von der An- und Abflugkontrolle auf den Flughäfen zu bewältigen ist. Aus diesem Grunde wurden Großraum-V. entwikkelt, so daß mit der gleichen Zahl der Flugzeuge bzw. Flüge die mehrfache Zahl an Passagieren befördert werden kann. Neben den großen Abmessungen zeichnen sich diese Flugzeuge vor allem durch einen breiten Rumpf aus, wodurch bis zu 9 Passagiere in einer Reihe nebeneinander sitzen können und 2 Kabinengänge zwischen den Sitzen vorhanden sind. Bisher wurden als Großraumflugzeuge die Boeing 747 «Jumbo Jet» (USA), McDonnell Douglas DC-10 (USA), Lockheed L-1011 (USA), Airbus A 300 B (BRD/Frankreich) und die Iljuschin IL-86 «Aerobus» (UdSSR) entwikkelt und von den Luftverkehrsbetrieben in Dienst gestellt. Verkehrsflugzeuge der neuen Generation, die seit 1985 eingesetzt werden bzw. sich in Vorbereitung befinden (z. B. Boeing 757, Boeing 767, Airbus A 310, Airbus A 320, Tu-204 und IL-96-300) zeichnen sich durch Verwendung energieökonomischer Triebwerke und einen hohen Automatisierungsgrad aus. 6) *Post-V.* befördern nur Postsendungen, um den bes. Anforderungen der Post (vor allem Zeitungsversand) zu entsprechen. Meist fliegen sie im sog. Nachtflugverkehr. Postflugzeuge stellen keine bes. Typen dar; es werden dafür geeignete Passagier- oder Frachtflugzeuge benutzt; die Auswahl erfolgt nach dem Entfernungsbereich. Im Liniendienst verkehrende Passagierflugzeuge befördern als Zuladungsfracht vornehmlich → Luftpost. 7) *Frachtflugzeuge* werden von Entwurf und Ausrüstung her entweder speziell für den Frachttransport entwickelt (z. B. An-12 und IL-76), oder es werden bewährte Passagierflugzeuge dafür modifiziert (F- oder C-Varianten). Sie können sperrige Güter befördern, sind robust und vielseitig verwendbar. Der geräumige Rumpf hat einen verstärkten Boden und ist mit Rollsegmenten, Flaschenzügen und Krananlagen zur schnellen Be- und Entladung ausgerüstet. Deshalb wird bei Nurfrachtflugzeugen Wert auf große Ladeluken gelegt. Zur Beförderung von empfindlichen Gütern haben moderne Frachtflugzeuge auch → Druckkabinen. Die mit KTW ausgerüsteten Frachtflugzeuge sind zumeist umgebaute Passagierflugzeuge; spezielle Frachtflugzeuge sind mit PTL, TL oder ZTL ausgerüstet. Moderne Passagier-V. haben variable Räume für Frachtzuladung. Mitunter wird auch ein Teil der Passagierkabine durch Ausbau von Sitzen u. a. Maßnahmen für Frachtbeförderung genutzt. Kombiniert einsetzbare V. sind so konstruiert, daß sie durch einfache Umbauten sowohl für die Passagierbeförderung als auch für den Frachttransport eingesetzt werden können.

Verkehrsgebiet: → Konferenzgebiet

Verkehrsgeschwindigkeit: durchschnittliche Geschwindigkeit der Beförderung von Personen, Gepäck, Fracht und Post vom Zentrum des Abgangsorts zum Zentrum des Bestimmungsorts unter Berücksichtigung evtl. Zwischenlandungen, des Wartens auf Anschlüsse usw. Die Ermittlung der V. ist wichtig für Vergleichszwecke zwischen den Verkehrsmitteln. → Verkehrsentfernung

Verkehrsrechte: die Freiheiten 3 bis 5 der → Freiheiten des Luftverkehrs. → Flugrechte

Verkehrsspitze: zeitlich begrenzte größte Leistunsanforderung an das Verkehrswesen i. allg. und den → Luftverkehr im bes. Für die damit verbundenen Höchstleistungen pro Zeiteinheit (z. B. Tag, Woche, Monat, Quartal) werden die erforderlichen Kapazitätsreserven vorgehalten. Die V. entsteht in der Fluggastbeförderung insbes. durch sehr hohe Transportanforderungen im Sommerreiseverkehr, der während der Sommerflugplanperiode zu realisieren ist. In dieser Zeit des Spitzenverkehrs vollbringen Luftverkehrsgesellschaften bis zu 75% ihrer Jahresleistung.

Verkleidung: Ummantelung von Flugzeugteilen, um den Luftwiderstand zu verkleinern. Eine V. erhielten früher vor allem die festen Fahrwerke (z.B. Hosenbein-V. der Ju 87). V. ist außerdem bei Triebwerken und Antennen üblich.

Verletzung des Luftraums: 1) Start eines Luftfahrzeugs ohne Genehmigung des zuständigen Flugsicherungsdienstes, Abweichen von der festgelegten Flugstrecke oder andere Verletzungen von Flugregeln und Bestimmungen oder 2) Einflug eines Luftfahrzeugs in das Hoheitsgebiet eines anderen Staates ohne Genehmigung. Verlassen der im Flugplan angegebenen Strecken und Höhen oder Nichtausführen von Anweisungen des Flugsicherungsdienstes. Flugzeuge der Luftverteidigung können den Luftraumverletzer zur Landung zwingen.

Verpuffungsstrahltriebwerk: → Pulsotriebwerk

Verpuffungstriebwerk: → Pulsotriebwerk

Verspannung: Befestigung von Tragflügel, Fahrwerk, Leitwerk u. a. am Rumpf durch Spanndrähte, um die Festigkeit zu erhöhen und die Lage zu fixieren.

Verspätung: Erscheinungsform der → Flugunregelmäßigkeit, zeitliche Verzögerung des Starts eines Verkehrsflugzeugs (Startverzögerung) oder analog der Landung (Landeverzögerung) gegenüber dem → Verkehrsflugplan. Der Begriff V. wird auch in bezug auf Verzögerungen gegenüber dem (Navigations-)Flugplan angewandt. V. treten insbes. aus meteorologischen und betrieblichen Gründen sowie (im Verkehrsflug) als Folgeverspätungen durch Abwarten von Anschlüssen usw. auf. → Pünktlichkeitsquote

Verstärkersteuerung: → hydraulischer Kraftverstärker

Verstellflügel: 1) → Veränderliche Flügelpfeilung. 2) Tragflügel mit veränderlichem Einstellwinkel von 0 bis 90°, d. h. mit möglicher Drehung des Tragflügels um die Querachse. Gewährleistet den Senkrechtstart mit Hilfe von am Tragflügel befestigten Triebwerken, z. B. Ling Temco-Vought XC-142 A (→ VTOL).

Verstellpropeller: Luftschraube, bei der der Einstellwinkel der Luftschraubenblätter während des Flugs nach einer bestimmten Vorschrift in Abhängigkeit von Drehzahl, Fluggeschwindigkeit und Zugkraft der Schraube verstellbar ist. Verstellkräfte können aufgebracht werden: *von Hand*, durch *Fliehkräfte* oder *aerodynamische Kräfte*, durch *Elektromotoren*, durch *hydraulisch* betätigte *Kolben*. Verstellung kann willkürlich durch den *Flugzeugführer* oder *automatisch* erfolgen. V. haben gegenüber starren Luftschrauben einen größeren Geschwindigkeitsbereich mit günstigem Wirkungsgrad. Sie ermöglichen größere Startbeschleunigung, größere Steig- und Höchstgeschwindigkeit bei gegebenem Flugzeug und Triebwerk. V. sind jedoch teurer, schwerer und störanfälliger als starre Luftschrauben.

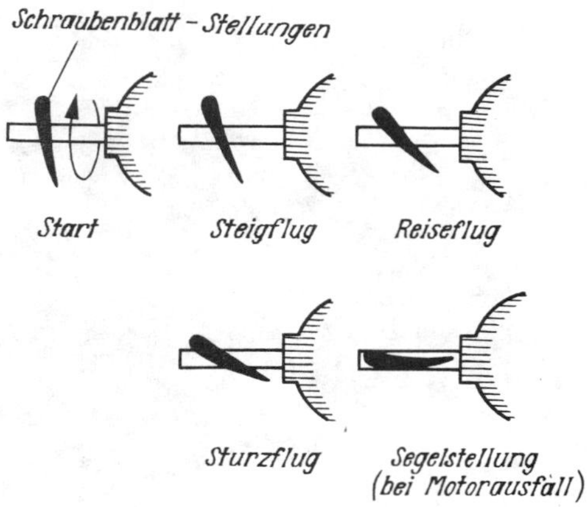

Verstelluftschraube in verschiedenen Betriebsstellungen

Verstellschubdüse: → Düse

Vertikalinstrument: Anzeiger in Luftfahrzeugen, auf dem der Meßwert nicht als Winkelausschlag eines Zeigers gegenüber einer festen Skale, sondern als Länge einer Säule gegenüber einer linearen Skale dargestellt wird. V. wurden um 1950 vorgeschlagen und werden seitdem verstärkt angewendet, ohne jedoch die herkömmlichen Rundskaleninstrumente verdrängen zu können.

Vertikalkreisel, *Lot-Kreisel:* → Kreisel zum Messen von Winkeln gegenüber der vertikalen Bezugsrichtung. → künstlicher Horizont

Vertol: Typenbez. für Hubschrauber der USA-Firma V. Aircraft Corporation, bis 1956 bekannt als Piasecki Helicopter Corporation. Baut seit 1945 Verbindungs- und Transporthubschrauber. Das bekannteste Modell ist der Hubschrauber V. H-21 «Work Horse» von

Vertol H21 «Work Horse»

1951. Ab 1957 entwickelte die Firma auch → VTOL-Flugzeuge.

Verwandlungshubschrauber: → Convertiplan, → Rotorflugzeug

Verwindung: 1. Auch *Schränkung*, Änderung des Einstellwinkels der Tragflügelprofile *(geometrische V.)* bzw. der Profilform *(aerodynamische V.)* über der Spannweite. Zweck der V. ist es, ein Ablösen der Strömung bei großen Anstellwinkeln zuerst im Mittelteil des Tragflügels zu erreichen, wobei die Querruder an den Tragflügelenden voll wirksam bleiben. Bei Erreichen → kritischer Anstellwinkel sackt dabei das Flugzeug durch, kippt jedoch nicht seitwärts ab, wodurch solche Flugzustände gefahrloser erkannt und beseitigt werden können. Um das zu erreichen, werden zum Außenflügel hin kleinere Einstellwinkel oder weniger ablösegefährdete Profile verwendet. Die V. wird auch zur Verbesserung der Auftriebsverteilung am Tragflügel im Normalflug benutzt. Sie wird häufig mit anderen ablösemindernden Mitteln kombiniert, z. B. am Pfeilflügel mit → Sägezahn, → Nasenkerbe oder → Grenzschichtzaun. – **2.** Veraltete Bez. für → Querruder, die darauf zurückgeht, daß bei den ersten Flugzeugkonstruktionen die Tragflügelenden zur Quersteuerung verwunden wurden. – **3.** Änderung des → Einstellwinkels von Luftschraubenblättern und Schaufelprofilen bei Axialverdichtern und -turbinen längs des Radius, um z. B. trotz unterschiedlicher Umfangsgeschwindigkeit einen längs des Radius konstanten → Anstellwinkel zu erhalten. Der Einstellwinkel nimmt von der Luftschraubennabe bzw. vom Schaufelfuß aus mit wachsendem Radius ab.

Very-High-Frequency-Aural-Range, Abk. **VAR:** UKW-Vierkursfunkfeuer. → Funkfeuer

Very Important Person, (engl.), Abk. **V. I. P.:** Bez. für bes. wichtige Person; zu den VIP gehört ein festgelegter Personenkreis, der auf Flughäfen und an Bord von Luftfahrzeugen bes. betreut wird.

V-Form: Anordnung der Tragflügel dergestalt, daß sie – von vorn gesehen – die Form eines flachen V haben, als nach den Enden zu ansteigend. Die V. erhöht die Stabilität um die Längsachse. Von *negativer V.* spricht man, wenn das V auf dem Kopf steht (z. B. Tu-104), die Tragflügelenden also geneigt sind. Die Stärke der V. wird als Winkel zwischen Querachse und Sehnenebene des Tragflügels angegeben. → Tragflügelgeometrie, → Knickflügel

VFR: Abk. für engl. **V**isual **F**light **R**ules. → Sichtflugregeln

VFW: Abk. für → **V**ereinigte **F**lugtechnische **W**erke.

VHF: Abk. für engl. **V**ery **H**igh **Fre**quency, Ultrakurzwellen (30...300 MHz). Im VHF-Bereich findet der größte Teil des Flugsicherungssprechverkehrs statt, im gleichen Bereich arbeiten auch die Funknavigationsanlagen → VOR und → ILS (Kursanlage).

Viaçao Aéra São Paulo S.A., Abk. **VASP:** brasilianische Luftverkehrsgesellschaft mit Sitz in São Paulo; gegr.

VASP

Vickers «Vimy»

1933, Flugbeginn 1934; eine der größten Inlandfluggesellschaften der Welt. *Flugzeugpark (1989):* 29 Boeing 737-200 (darunter 2 200F), eine Boeing 727-200, 3 Airbus A 300 B2 sowie 2 geleaste L-188 «Elektra». Verkehrsdaten 1988: 4,36 Mill. Passagiere; 4,0 Mrd. Pkm (einschl. 0,2 Mrd. Pkm Charterleistung); 126 Mill. Fracht-tkm; 410 Mill. tkm Gesamtleistung. Hauptstrecken: Inlandflugverkehr auf einem Streckennetz von 48 000 km Länge.

VIASA: Abk. für **V**enezolana **I**nternacional de **A**viación **S.A.**

Vickers-Armstrong Ltd.: eine der ältesten britischen Flugzeugfabriken; vor 1914 als Vickers Ltd. entstanden, 1928 umbenannt in Vickers (Aviation) Ltd., im gleichen Jahr Gründung der Tochtergesellschaft Supermarine, deren Flugzeugmuster unter den Bezeichnungen Supermarine oder Vickers-Supermarine erschienen. 1938 wurde das V.-Werk Teil des Konzerns Vickers-Armstrong (Bezeichnung der Flugzeuge V.-A.). 1915/17 baute die Firma Jagdflugzeuge (F. B. 9 «Gunbus»), 1918 den 2motorigen Doppeldecker-Bomber V. «Vimy» (→ *Alcock*, → *Brown*), ab 1919 Bomber, Transporter und Verkehrsflugzeuge («Vixen», «Valiant», «Victoria», «Vildebeest»), im zweiten Weltkrieg vor allem Bomber («Wellington»-Reihe, «Warwick»), danach Bomber mit Strahlantrieb («Valiant») und 4motorige Verkehrsflugzeuge («Vanguard»). 1960 → BAC

Videometer: Anlage zum Feststellen der Landebahnsichtweite. Dazu sind

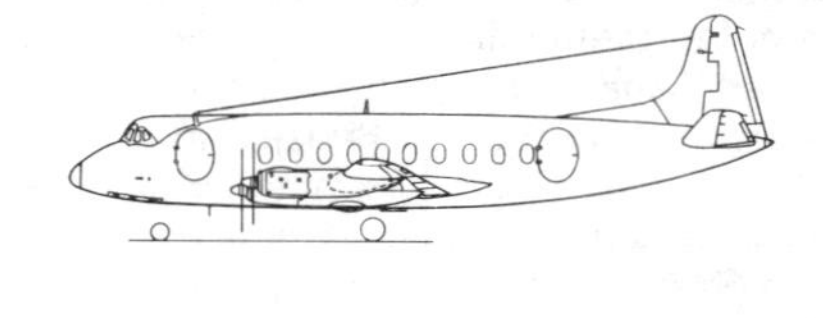

Vickers «Viscont 700 D»

Lampenreihen aufgebaut, die mit einer Fernsehkamera beobachtet werden. Aus der Anzahl der sichtbaren Lampen kann auf die Landebahnsichtweite geschlossen werden. Die Auswertung kann durch Bedienungspersonal an einem Fernsehbildschirm oder elektronisch vorgenommen werden.

Vidi-Dose: eine nach dem Erfinder *Vidi* (1805–1866) benannte evakuierte → Membrandose.

V. I. P.: Abk. für → **V**ery **I**mportant **P**erson.
Viscount: erstes PTL-Verkehrsflugzeug, gebaut von der britischen Firma → Vickers-Armstrong. Erstflug Prototyp 16. Juli 1948; Prototyp der 700er Serie am 19. April 1950, ab 19. April 1953 planmäßiger Liniendienst, beginnend mit Viscount 701 der BEA. Eines der erfolgreichsten Verkehrsflugzeuge der Welt, in etwa 500 Exemplaren gebaut und in zahlreichen Ländern eingesetzt. → Verkehrsflugzeug
Viskosität: → Zähigkeit
Vlaicu, *Aurel:* rumän. Flugpionier, geb. 6. Nov. 1882 Bintinti, gest. (abgestürzt) 13. Sept. 1913. Studium der Bautechnik in Budapest und München. Baute 1 Gleit- und 3 Motorflugzeuge nach eigenen Entwürfen. Juni 1912 Teilnahme am Internationalen Flugwettbewerb in Wien-Aspern mit selbstgebautem Flugzeug, errang 2 erste Preise. Abgestürzt beim Versuch, die Karpaten zu überfliegen. Zu Ehren des Konstrukteurs erhielt die Stadt Bintinti den Namen V.
V-Leitwerk: Kombination des Höhen- und des Seitenleitwerks in positiver → V-Form; werden die Ruder eines V-L. seitwärts gleichsinnig ausgeschlagen, wirken sie als Seitenruder, werden sie jedoch gegensinnig ausgeschlagen, als Höhenruder. → Leitwerk
VMC: Abk. für engl. **V**isual **M**eteorological **C**onditions, Sichtwetterbedingungen. Wetterverhältnisse – ausgedrückt in Werten für Sicht, Abstand von den Wolken und Hauptwolkenuntergrenze –, die den staatlich festgelegten Mindestwerten entsprechen oder darüber liegen.
Voisin, *Gabriel:* französischer Flugzeugkonstrukteur, geb. 5. Febr. 1880, gest. 1974, begann 1903 mit der Konstruktion von Flugzeugen. Unternahm mit seinem Bruder *Charles* mehrere mißlungene Gleitflugversuche. Mit dem ersten, für den Bildhauer Léon *Delagrange* gebauten «Drachenflieger» unternahm G. V. am 16. März 1907 ca. 80 m weite Luftsprünge. Mit ihrem 1906 in Billancourt eröffneten Geschäft waren die Brüder V. die ersten Europäer, die eine Flugzeugfabrikation begannen (zunächst eine Reihe von Motorflugzeugen nach dem Kastendrachenprinzip). Ihre ab 1909 gebauten Doppeldecker erwiesen sich als sehr gelungen. Viele erfolgreiche Piloten (so auch → *Farman*) begannen ihre Laufbahn mit V.-Flugzeugen (da diese oft nach den Käufern benannt wurden – u. a. → Farman, Delagrange – hielt man diese oft für die Konstrukteure der Maschinen). Ihre während des ersten Weltkriegs gebauten Kampfflugzeuge (10400 Aufklärer und Bomber) hatten meist einen Gitterrumpf, Druckschraube und eine mit einer Kanone bewaffnete Rumpfgondel. Nach dem ersten Weltkrieg Automobilbau.
vokales Bedienungssystem, sprachgestütztes Bedienungssystem: Anlage der Luftfahrzeugelektronik, die gespro-

Voisin-Doppeldecker der Roten Armee (1919) in Monino

chene Worte erkennt und Schalthandlungen auf akustische Kommandos ausführt. Moderne militärische Luftfahrzeuge werden mit den Händen am Steuerknüppel und Leistungshebel geflogen. Mit je 8 verschiedenen Tasten oder Schaltern an diesen Bedienungsorganen dürfte die Grenze der menschlichen Leistungsfähigkeit erreicht sein. Zur Entlastung der Piloten und zur Verringerung der Wahrscheinlichkeit von Fehlbedienungen erfolgt der Übergang zu v. B. Mit diesen Anlagen werden z. B. Frequenzen von Kommunikations- oder Navigationsanlagen geschaltet oder Bertriebsweisen der elektronischen Ausrüstung verändert. Voraussetzung für den Einsatz solcher Anlagen sind das Vorhandensein digitaler Sprachprozessoren und umfangreicher Speicher in der Datenverarbeitungsausrüstung des Luftfahrzeugs.

Vollast: Betriebszustand eines Flugzeugtriebwerks. Bei → Wellenleistungstriebwerken Betriebszustand mit dem für die jeweilige Drehzahl größtmöglichen Drehmoment. Z. B. für KTW mit Aufladung: Betrieb mit max. Ladedruck; für KTW ohne Aufladung: Betrieb mit max. Drosselhebelstellung. Für PTL und TL: Betrieb mit max. Abgastemperatur bzw. max. Brennstoffzufuhr für die jeweilige Drehzahl.

Vollcharter: → Charterflugverkehr, → Charterung

Volldruckhöhe, *Nennleistungshöhe:* Flughöhe, bis zu der ein bei einem aufgeladenen KTW am Boden eingestellter gedosselter Ladedruck durch Verringerung der Drosselung bei konstanter Drehzahl aufrecht erhalten werden kann. V. eines KTW differieren bei unterschiedlichen Drehzahlen und Ladedrücken.

Volscan: Abk. für engl. **Vol**ume-**Scan**ning, Raumübersicht. Früher übliche Bez. für eine bes. Zusammenschaltung von → Radar mit elektronischen Rechengeräten zu Flugsicherungszwekken. Mittels V. wurden nach Erfassen des Luftfahrzeugs von der Radaranlage die Zeit und der Weg (Kurs) zum Ausgangspukt des Landeanflugs errechnet und auf eine mögliche Kollision anhand der Daten anderer Radarziele geprüft.

Volume Scanning: → Volscan

VOR: Abk. für engl. **V**ery-High-Frequency-**O**mnidirectional-**R**ange, UKW-Ortung für jede Richtung. Kooperatives

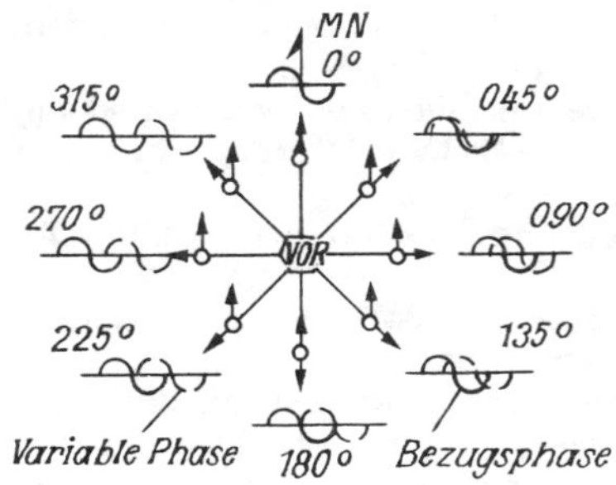

Arbeitsprinzips des UKW-Drehfunkfeuers (VOR)

Funkortungsverfahren (→ Funkortung), das als → Standlinie eine Gerade liefert. Die Bodenanlage ist ein Sender, dessen Signal von 2 Antennen abgestrahlt wird. Eine Richtantenne rotiert mit 30 Hz, wodurch eine Amplitudenmodulation im Funkfeld entsteht, deren Modulationsspannung eine richtungsabhängige Phasenlage hat. Um an Bord eine Phasendifferenzmessung zu ermöglichen, wird von einer Rundstrahlantenne ein Signal mit einer 30-Hz-Bezugsphase abgestrahlt. Aus der Phasendifferenz zwischen Bezugsphase und azimutabhängiger Phase ergibt sich in der Bordanlage der Winkel zwischen dem magnetischen Meridian und der Richtung zum Luftfahrzeug (von der Bodenstation aus gemessen). Die Sendefrequenz der Bodenanlage liegt im Bereich 108...112 MHz. Um an Bord die Spannung mit der Bezugsphase von der mit der azimutabhängigen Phase trennen zu können, ist die Spannung der Bezugsphase einem Subträger von etwa 10 kHz in Frequenzmodulation aufgeprägt, der seinerseits der UKW-Trägerschwingung in Amplitudenmodulation überlagert ist. Die Anzeige der VOR-Anlage ist auf dem → RMI ablesbar. Häufig ist noch eine Anzeige vorhanden, die den An- oder Abflug zu bzw. von der Bodenanlage angibt *(TO-FROM-Anzeige).* In vielen Fällen ist an der Anlage auch der Kurs vorwählbar, so daß von den Anzeigern nur die → Kursablage angegeben wird. Die Navigation mittels VOR ist z.Z. das wichtigste international angewandte Kurz- und Mittelstreckenverfahren in der Funknavigation, VOR-Bodenanlagen dienen zur Streckennavigation, zur Kennzeichnung von Meldepunkten, zur Festlegung von Warteverfahren und zum Landeanflug.

Voreinfindungszeit: → Check-in-time

Vorfahrt: Straßenseite des → Abfertigungsgebäudes

Vorfeld, engl. Apron, Ramp: Fläche auf dem → Flughafen zwischen → Abfertigungsgebäude und → SLB, auf der die luftfahrzeugbezogenen Abfertigungshandlungen erfolgen.

Vorfeldbus: → Vorfeld

Vorflügel: → Auftriebshilfen

Vorflugkontrolle: nach verbindlicher Technologie durchzuführende technische Kontrolle (Funktionsüberprüfung) an Luftfahrzeugen. Wird vor Eintreffen der → Besatzung zum Flug bzw. mit ihr zur Übergabe des Luftfahrzeugs vom Bodendienst an sie durchgeführt.

Vorkopf-Aufstellung: → Nose-in-System

Vorratsmesser: Anlage zum Messen von Flüssigkeitsvorräten in Luftfahrzeugen, hauptsächlich als Brenn- und Schmierstoff-V. Nach der Meßmethode unterscheidet man *mechanische, elektromechanische* und *elektrische V.* Mechanische V. werden in kleinen Sport- und Übungsflugzeugen benutzt. Meistens handelt es sich um Schwimmer-V. Bei ihnen wird die vom Flüssigkeitspegel abhängige Lage eines Schwimmers als Meßgröße für die Flüssigkeitsmenge angezeigt. Eine einfache Ausführung benutzt den sog. Drallschwimmer, der beim Ändern des Flüssigkeitspegels mittels Spiralführung eine Drehbewegung ausführt, die angezeigt wird. Elektromechanische V. haben prinzipiell den gleichen Aufbau wie mechanische, sind aber mit einer elektrischen Fernübertragung für den Meßwert versehen, die mit Hilfe von Drehmeldern arbeitet. In Verkehrsflugzeugen benutzt man elektrische V. mit kapazitiver Meßwerterfassung. Es wird die Kapazität von Kondensator-Gebern gemessen, die sich mit dem Flüssigkeitspegel ändert. Die in den Behältern des Luftfahrzeugs eingebauten Geber bestehen aus einigen koaxial angeordneten Röhren mit Zwischenräumen, in die der Betriebsstoff laufen kann. Da sich die Dielektrizitätskonstante des Betriebsstoffs von der der Luft bzw. des verwendeten Schutzgases (Stickstoff) unterscheidet, führt die Abnahme des Flüssigkeitsspiegels in den Zwischenräumen zu Änderungen der Geber-Kapazität. Diese wird laufend automatisch gemessen und angezeigt. Derartige V. liefern die Ausgangssignale für den Betrieb z. B. der Brennstoffanlage, so zur automatischen Steuerung von Pumpen, zur Restsignalisation (Restautonomie-Anzeige) und zur Signalisation der Betankung.

Anzeiger eines Vorratsmessers

VORTAC: Funknavigationssystem, das aus der Kombination der Systeme → VOR und → TACAN entstanden ist. Die Anlagenkombination wurde für zivile Flugzeuge geschaffen, die nicht mit den militärischen TACAN-Bordanlagen ausgerüstet sind, aber über eine VOR- und DME-Bordanlage verfügen. Der Luftfahrzeug-Führer erhält eine → Standlinie (Gerade) durch → VOR

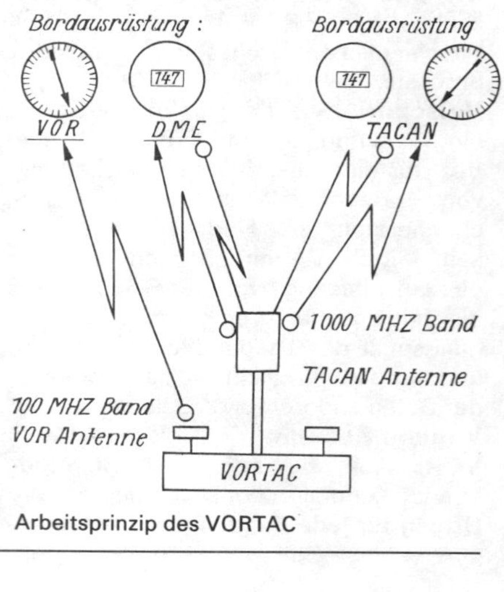

Arbeitsprinzip des VORTAC

und die zweite (Kreis) durch Entfernungsanzeige zu dieser Station vom DME-Teil der TACAN-Bodenanlage. Die Bodenanlagen sind gemeinsam aufgestellt.

Vortilons: Bez. für → Grenzschichtzäune an der Tragflügelunterseite.

Vortriebsleistung: anderer Ausdruck für äußere → Leistung.

Vortriebsregelung: Anlage zum selbsttätigen Einstellen der Vortriebsregelanlage (Gashebel) aufgrund eigener Rechenvorgänge und Signalrückführungen (Rückkopplungen) aus entspr. Datenquellen. Die V. ist Bestandteil des → Flugreglers.

Vortriebswirkungsgrad: anderer Ausdruck für äußeren → Wirkungsgrad.

Vorwärmgerät: selbstfahrendes oder als Anhänger ausgelegtes – Bodengerät zur Erzeugung von Warmluft, mit der insbes. die Kabinen der Passagierflugzeuge vorgewärmt werden.

VOT: Abk. für **VO**R-**T**estsender. V. sind auf verschiedenen Flugplätzen vorhanden und dienen zur Überprüfung der → VOR-Anlage an Bord der Luftfahrzeuge. Nach Einstellung der Frequenz soll die Anzeige auf dem → RMI 180° betragen. Diese Anzeige ist unabhängig vom Standort. Die Kennung besteht entweder aus einer gleichmäßigen Punktfolge oder aus einem 1020-Hz-Dauerton. Die zulässige Anlagentoleranz bei der Überprüfung beträgt ±4°. Die Frequenzen der VOT sind im Streckenhandbuch, das die Besatzung mitführt, bei den Flugplatzangaben veröffentlicht.

Voyager: spezielles US-amerikanisches Rekordflugzeug in Entenbauweise des Konstrukteurs *Burt Rutan* für einen Non-Stop-Flug ohne Nachzutanken um die Erde. Nach mehreren Versuchsflügen erfolgte der Start am 14. 12. 1986 von Edwards AFB, mit *Dick Rutan* und *Jeana Yeager* als Piloten. Nach einer Flugzeit von 216 h und einer zurückgelegten Strecke von 40253 km landete die Maschine wieder am Startort. Start: 14.12.1986, 8.02 Uhr, Edwards AFB, Landung: 23.12.1986, 8.06 Uhr, Edwards AFB.

V/STOL: zus.fass. Bez. für → VTOL und → STOL, d. h. Synonym für Flugzeuge mit Kurz- und Senkrechtstart- und -landeeigenschaften. Je nach Zuladung, gegebener Start- und Landebahn sowie meteorologischen Bedingungen führen solche Flugzeuge den Kurz- oder Senkrechtstart aus, da der Kurzstart zwar ökonomischer ist, aber eine, wenn auch kurze, → SLB benötigt.

VTOL: Abk. für **V**ertical **T**ake-**o**ff and **L**anding, engl. Bez. für Senkrechtstart und -landung. Als VTOL-Flugzeuge werden alle Starrflügler bezeichnet, die senkrecht starten und landen können, jedoch nicht die → Rotorflugzeuge. Entscheidende Voraussetzung für Start bzw. Landung solcher Flugzeuge ist eine vertikale Hub- oder Schubkomponente, die größer ist als das Gewicht des Flugzeugs. Dies konnte erst in den letzten Jahren zufriedenstellend erfüllt werden. Nach der Lage des Flugzeugs bei Start und Landung unterscheidet man → Heckstarter und Normalstarter, von denen sich erstere vor allem infolge der im Landeprozeß komplizierten Übergangsphase von der horizontalen zur vertikalen Lage nicht durchsetzen konnten. Für Normalstarter verwendet man heute vielfältige Antriebssysteme, von denen jedoch die meisten aufgrund geringer Ökonomie nur im Versuchsstadium existieren. Sie haben als Grundlage ETL, ZTL und PTL mit einem Schub-Masse-Verhältnis bis zu 250 N/

Voyager bei der Erdumkreisung über 44000 km; die bis dahin gültige Weltbestleistung beim Langstreckenflug ohne Nachtanken aus dem Jahre 1962 betrug 20163 km

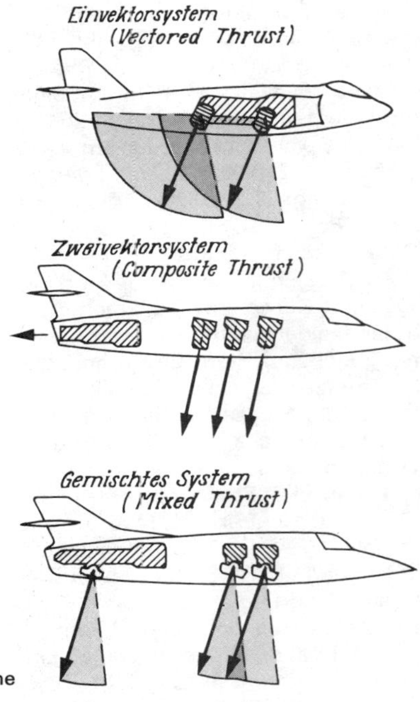

Strahlantrieb-VTOL-Systeme

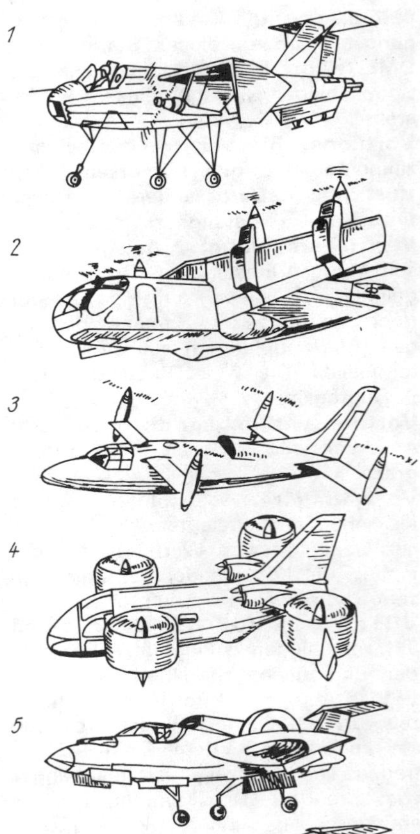

Varianten von VTOL-Flugzeugen: 1 Ryan «Vertiplane», 2 Vought XL 142A, 3 Curtiss Wright X 19, 4 Bell X 22A, 5 Ryan XV 5A, 6 Lockheed «Hummingbird» (USA), 7 AMD «Balzac» (Frankreich), 8 Hawker «Siddeley» P-1227 (Großbritannien), 9 VJ 101 (BRD)

kg. Eine Gruppe der VTOL-Flugzeuge sind die → Convertiplane, deren Triebwerke an den Tragflügeln – oder auch Tragflügel mit Triebwerken – zum senkrechten Start um 90° nach oben gedreht werden können (z. B. Ling-Temco-Vought XC-142A). Eine weitere Gruppe nutzt die normale Antriebsanlage in der Start- und Landephase zum Antrieb von großflächigen Ventilatoren in den Tragflügeln (z. B. Ryan XV-5A). Am weitesten verbreitet sind jedoch VTOL-Flugzeuge, die entweder eine Auslenkung des Gasstrahls der Marschtriebwerke nach unten oder den Gasstrahl separater Hubtriebwerke zur Schaffung einer vertikalen Schubkomponente benutzen. Danach unterscheidet man *Einvektor-*, *Zweivektor-* und *gemischte Systeme*. Vor allem für militärische Zwecke bieten sich VTOL-Flugzeuge an, da sie von großen, schlecht zu tarnenden Flugplatzanlagen unabhängig sind. Bes. Schwierigkeiten bereitet die Gewährleistung der Stabilität und Steuerbarkeit von VTOL-Flugzeugen in der Start- und Landephase, während derer aerodynamische Ruder wirkungslos sind und durch reaktive Ruder (→ Steuerorgane) ersetzt werden müssen. Nachteilig ist der hohe Brennstoffverbrauch beim reinen Senkrechtstart. Deshalb wird nach Möglich-

Jakowlew Jak-36 (UdSSR)

Ling-Temco-Vough XC-142A (USA)

keit ein Normalstart unternommen (Reichweite bei Senkrechtstart: z. T. nur 25% gegenüber Normalstart).

Vuia, *Trajan:* rumänischer Flugpionier, geb. 29. Aug. 1872 in Bujos, gest. 2. Sept. 1950. Studium der Rechtswissenschaften in Budapest, Dr. jur. Seit 1903 beschäftigt mit der Konstruktion von Flugmaschinen. Denkschrift an Akademie der Wissenschaften in Paris (1903) mit Nachweis der Möglichkeit, mit einem Apparat «schwerer als Luft» zu fliegen. Baute ein FLugzeug mit 9 m Spannweite und einem Karbidmotor (Leistung 18 kW) mit 4 Fahrradrädern. Zunächst wenig erfolgreich, ab Juni 1906 Versuche in Issy-les-Moulineaux. Am 1. Juli 1906 konnte er das Flugzeug 25 cm vom Boden abheben. Vor Kommission des Aeroclubs von Frankreich am 8. Okt. 1906 kein Erfolg. 5. Juli 1907 mit Antoinette-Motor Flug von 20 m. Er leistete auch wertvolle Beiträge für die Hubschrauber-Theorie. 1926 Hubschrauberprojekt.

Vultee: Kurzform und Typenbez. für Flugzeuge der USA-Flugzeugfirma V. Aircraft Incorporated (ursprünglich: Airplane Development Corporation). Vereinigte sich 1943 mit → Consolidated zur C. V. Aircraft Inc. V. baute ab 1933 Verkehrs- (V-1A), Bomben- (V-11), Schul- (V-51 «Valiant») und Jagdflugzeuge (P-66 «Vanguard»).

W

WAAC: Abk. für → **W**est **A**frican **A**irways **C**orporation (Nigeria) Ltd.

Wabenbauweise: spezielle Form der → Verbundplattenbauweise mit einer Wabenfüllung zwischen den beiden Deckplatten.

WAFC: Abk. für engl. **W**orld **A**rea **F**orecast **C**entre. → Weltzentrum für Gebietsvorhersagen

WAFS: Abk. für engl. **W**orld **A**rea **F**orest **S**ystem. → Weltgebietsvorhersagesystem

Wakefield Klasse: Klasse der Flugmodelle mit Gummiantrieb.

Waldbrandbekämpfung: → Löschflugzeug

Walter: 1. Raketentriebwerke, die von *H. Walter* in den «Walter-Werken» in Kiel (1933/1945) entwickelt wurden. Bekanntestes *Triebwerk:* Flüssigkeitsraketentriebwerk HWK-R/203 mit 5,88 kN Schub für das Raketenflugzeug → Heinkel He 176 mit dem am 20.6.1939 der erste rein strahlgetriebene Flug durchgeführt wurde. Eine leistungsgesteigerte Version mit 16,6 kN Schub bei 177 kg Eigenmasse (heißes Verfahren) diente als Antrieb des Abfangjägers Me 163B (1943). Bei einer Brenndauer von 4,5 min erreichte das Flugzeug eine maximale Höhe von 15 km und eine maximale Geschwindigkeit von etwa 1 000 km/h. Walter-Triebwerke dienten auch als Antrieb von Treibstofförderpumpen von Raketenmotoren.
Durch chemische Zersetzung von konzentriertem Wasserstoffsuperoxid (H_2O_2) mittels eines Katalysators (Kaliumpermanganat, Silber) entsteht ein Sauerstoff-Wasserdampf-Gemisch von etwa 480 °C (kaltes Verfahren) zur Speisung der Antriebsturbine für die Treibstofförderpumpen; Leistungssteigerung durch Verbrennung eines Brennstoffs mit dem frei gewordenen Sauerstoff infolge von Temperaturerhöhung des Arbeitsgases auf etwa 700 °C (heißes Verfahren). – **2.** Bekannte Flugmotoren der ČSFR.

Wandelflugzeug: Luftfahrt mit Konstruktionselementen von Starrflüglern (Tragflügel, Luftschrauben- oder Strahltriebwerk) und von Rotorflugzeugen (Rotoren). → Rotorflugzeug, → Convertiplan

Wandelgeometrie: → veränderliche Tragflügelgeometrie. → Verstellflügel

Wärmebarriere, Wärmemauer: → Hitzemauer

Wärmebildsensor: → Forward looking infrared-system

Wärmerückgewinnung, *Abgasverwertung:* Verfahren zur Verbesserung des Wirkungsgrads bei Gasturbinentriebwerken durch Voraufheizung der aus dem Verdichter austretenden Luft durch das aus der Turbine austretende Abgas in bes. Wärmeübertragern. Bei PTL wegen des großen Raums und Massenbedarfs des Wärmetauschers nur versuchsweise angewendet, bei TL gar nicht.

Wärmetauscher: Wärmeübertrager, Gerät, das für einen Wärmeaustausch zwischen 2 Medien benutzt wird. Das wärmere Medium gibt Wärme an das kältere ab. W. werden in Klimaanlagen von Luftfahrzeugen eingesetzt. Die speziellen W. für Schmierstoff und Kühlmittel an Triebwerken bezeichnet man als Kühler. → Kühlung

Wärmeübertrager aus hartgelötetem Inconel und rostfreiem Stahl für Bréguet/BAC «Jaguar»

Warmfront: → Front, durch deren Verlagerung an einem festen Ort kältere Luft durch wärmere ersetzt wird; jedoch nicht durch → Okklusion entstanden. Häufig mit typischen Wettererscheinungen wie Regen, Sprühregen bzw. Schneefall. Bei einer W. gleitet gewöhnlich eine Tropikluftmasse (→ Luftmasse) längs einer geneigten Grenzfläche (W.fläche) auf eine Polarluftmasse auf, sie wird deshalb auch als *Aufgleitfront* bezeichnet. Neigung der Frontfläche 1:100...1:300. Das langsame Aufgleiten der Warm- auf die Kaltluft führt zu Schichtbewölkung in der Reihenfolge. Ci, Cs, As, Ns (→ Wolken) und Niederschlag, der etwa 300...500 km vor der Schnittstelle zwischen Frontfläche und Erdboden *(Bodenfront)* einsetzt. Häufig kommt es im unmittelbaren Bereich der Bodenfront zu starkem, den Flugverkehr behindernden Sichtrückgang, Nebel und tiefen Wolken. Ist die Warmluft feuchtlabil geschichtet, sind in die W.bewölkung *konvektive Wolkenformen* (Cu, Cb) eingebettet, dabei kann es zu schauerartigem Niederschlag und ggf. Gewittern kommen. Diese sind auf den Bodenradargeräten infolge der Abschattung durch den Niederschlag nur schwer erkennbar. Oberhalb der Null-Grad-Grenze tritt häufig starke *Vereisung* auf. Beim Passieren der W. dreht der Wind i. allg. nach rechts, die Temperatur steigt an, und der Luftdruck bleibt gleich oder fällt schwächer. – Auf Bodenwetterkarten wird die W. durch eine rot ausgezogene Linie, auf einfarbigen Karten durch eine ausgezogene Linie mit aufgesetzten Halbkreisen dargestellt.

Warschau: Flughafen *Okęcie*, City-Code **WAW:** bedeutendster internationaler Flughafen Polens 52°10′ n. Br., 20°58′06″ ö. L., Höhe 110 m. 10 km vom Stadtzentrum entfernt gelegen. 2 Start- und Landebahnen mit 3690 m × 60 m und 2800 m × 50 m. Moderne Funk- und Navigationsausrüstungen. Jahresverkehrsleistung 1988 – 18,5 Mill. Fluggäste.

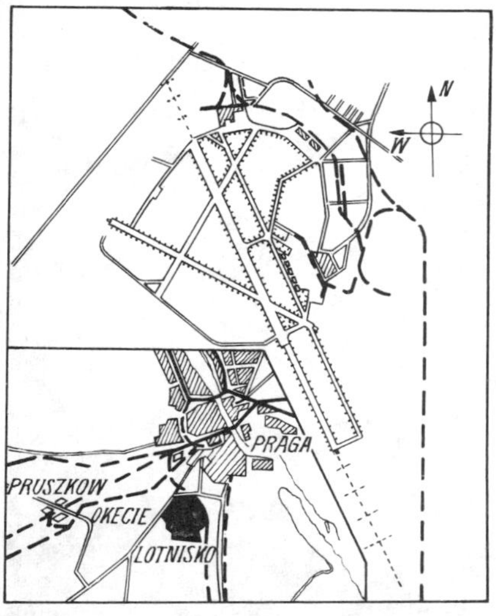

Flughafen Warschau-Okęcie

Warschauer Abkommen: → Abkommen zur Vereinheitlichung von Regeln über die Beförderung im internationalen Luftverkehr.

«Warszawa»: ältester Truppenteil der polnischen Fliegerkräfte. Genaue Bez. 1. Jagdfliegergeschwader der Luftverteidigung des Landes «Warszawa». Die erste Einheit des Geschwaders wurde mit Hilfe der sowjetischen Regierung am 20. Aug. 1943 in Grigorjewskoje (UdSSR) aufgestellt. Sie erhielt am 6. Okt. 1943 die Bezeichnung W. W., nahm im Zusammenwirken mit dem 611. Schlachtfliegergeschwader am 23. Aug. 1944 im Raum Warka die Gefechtstätigkeit auf, die es bis zum 7. Mai 1945 über Warschau nach Berlin führte. Am 22. Aug. 1945 wurde das Geschwader mit dem Militärkreuz ausgezeichnet. Kontinuierlich hat sich W. weiterentwikkelt und ist gegenwärtig mit MiG-23 ausgerüstet.

Warteliste: von Buchungsstellen angewendetes Hilfsmittel zur Sicherung einer hochgradigen Ausnutzung der Platzkapazität in Verkehrsflugzeugen; Vormerkliste. Die W. ist eine Aufstellung über Verkehrskunden, die für einen bestimmten Flug Sitzplätze oder Laderaum reservieren wollen, aber zum aktuellen Zeitpunkt keine Zusage erhalten können. Auf der W. verzeichnete Kunden erhalten die Möglichkeit einer festen (OK-)Buchung, sobald Fluggäste oder Frachtkunden ihre Buchung stornieren. → Cancelling

Wartepunkt: festgelegter Punkt, optisch oder anderweitig bestimmbar, in dessen Nähe sich Luftfahrzeuge am Boden oder im Flug – gemäß einer Anweisung der → Flugsicherung aufhalten.

Warteraum: Teil des Luftraums, in dem sich die Luftfahrzeuge bei einem vorgeschriebenen Warteverfahren aufhalten. Dabei sind die Abmessungen des W. unter Berücksichtigung aller wichtigen Einflußgrößen, die zu Abweichungen vom Soll-Flugweg des Warteverfahrens führen können, festgelegt. Für Form und Größe des W. werden Windgeschwindigkeit (von der Höhe abhängig), Lufttemperatur in den Wartehöhen und Eigenschaften der Luftfahrzeugtypen berücksichtigt.

Warteverfahren: ein vorher bestimmtes Verfahren, durch das ein Luftfahrzeug in einem festgelegten Luftraum gehalten wird, während es auf weitere Freigaben wartet. Flugzeuge müssen W. fliegen, wenn die Zahl der anfliegenden Luftfahrzeuge die Aufnahmekapazität des Flugplatzes übersteigt. Aus den W.,

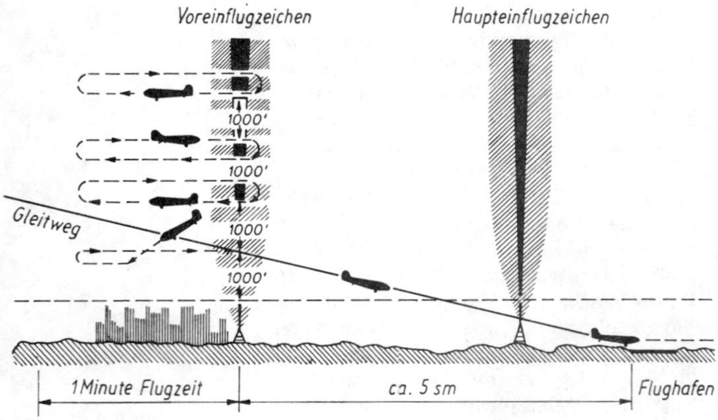

Abruf eines Flugzeugs aus dem Warteverfahren zur Landung

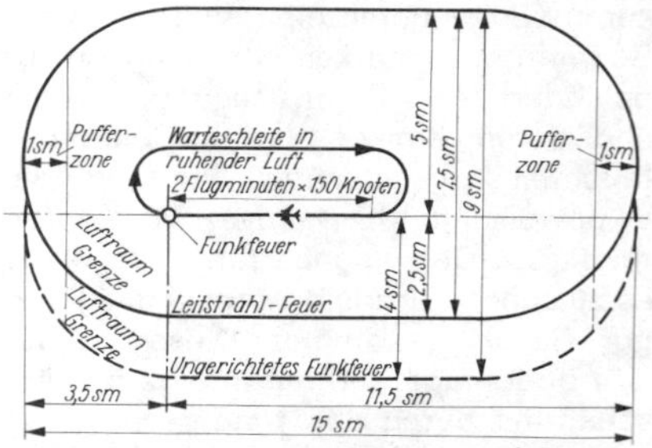

Warteverfahren und erforderlicher Luftraum

die im Warteraum zu fliegen sind, werden die Luftfahrzeuge zur Landung abgerufen.

Wartezone: festgelegter Luftraum, der für die vorgeschriebenen Warteverfahren vorgesehen ist.

Wartung: Komplex aller planmäßig vorbeugenden technischen, technologischen und organisatorischen Maßnahmen, um die Einsatzbereitschaft der Luftfahrzeuge zu sichern; wesentliches Element sowohl der → Nutzung als auch der → Instandhaltung. Zur W. gehört auch das Versorgen des Luftfahrzeugs mit Betriebsstoffen. Sie ist verbunden mit einem umfangreichen Kontroll- und Überprüfungssystem; dabei werden Wartungskontrollen von periodischen u. a. Kontrollen unterschieden. Während Wartungskontrollen und -arbeiten meistens vor oder nach einem Flug durchgeführt werden, erfolgen z. B. periodische Kontrollen entweder jeweils nach Ablauf eines vorgegebenen Nutzungszyklus (nach Flugzeiten 25 h, 50 h, ...) oder nach bestimmten Zeitabständen (z. B. am Wechsel von der Sommer- zur Winternutzungsperiode u. ä.).

Wartungskarte: Auszug aus der für ein Luftfahrzeug verbindlichen Wartungsvorschrift. In dieser Unterlage sind die durchzuführenden Instandhaltungsarbeiten vorgeschrieben. Die ausgeführten Arbeiten werden durch Signumstempel oder Unterschrift bestätigt. W. ist ein Dokument zum Nachweis der Lufttüchtigkeit eines Luftfahrzeugs.

Wasserabwurf: Verfahren zur Brandbekämpfung aus der Luft durch spe-

Wasserabwurf durch eine PZL M-18A und

Wasserabwurf durch eine Fiat G.222

zielle Feuerlöschflugzeuge oder Agrarflugzeuge. Vorwiegend angewandt bei der Waldbrandbekämpfung.

Wasserbomber: → Löschflugzeug

Wassereinspritzung: → Schubverstärkung

Wasserflugmodelle: Flugmodelle, die vom Wasser aus starten können, wobei auf dem Land gelandet werden kann. Der Start geschieht auf dem Wasser ruhend, ohne jeden Anstoß. Dabei unterscheidet man folgende Klassen: Klasse Hydro I – Wasserflugmodelle mit Verbrennungsmotor; Klasse Hydro II (Wakefield) – Wasserflugmodelle mit Gummiantrieb; Klasse Hydro III (RC III) und Klasse Hydro IV (RC V) – Wasserflugmodelle mit Fernlenkung.

Wasserflugzeug: Luftfahrzeug, das zur Landung auf Wasserflächen statt des Radfahrwerks entweder Schwimmer hat *(Schwimmerflugzeug)* oder dessen unterer Rumpfteil wie ein Bootsrumpf (mit starker Kimm, *Flugboot*) ge-

Schwimmermaschine He 59

Flugboot Grumman HU-16 «Albatros»

staltet ist. Zur Erhöhung der Stabilität auf dem Wasser weisen Flugboote oft an den Tragflügelenden seitliche, mitunter einziehbare Stützschwimmer oder Flossenstummel am Bootsrumpf auf. In bezug auf Widerstand und Seetüchtigkeit sind Flugboote den Schwimmerflugzeugen überlegen, sie werden aber nur noch wenig, z. B. als U-Boot-Such- und Bekämpfungsflugzeuge, Radarwarnflugzeuge sowie für den Seenotrettungsdienst verwendet. Heute sind auch Hubschrauber für maritime Zwecke oft mit einem Bootsrumpf ausgestattet (z. B. Mi-14). → Amphibienflugzeug

Wasserhose: → Trombe

Wasserkuppe: Berg (950 m) in der Hohen Rhön des Hessischen Berglands, bekannt als «Geburtsstätte des Segelflugs». → Rhön

WEAA: Abk. für **W**estern **E**uropean **A**irport **A**ssociation.

Wechselkennung: → Kennlicht

Weißkopf: → Whitehead

«Welkes Blatt»: schwierige → Kunstflugfigur, bei der man das Flugzeug seitlich über den Tragflügel abrutschen läßt, dann wieder fängt, nach der anderen Seite abrutschen läßt, wieder fängt usw.

Wellenantrieb: gegenwärtig vorherrschende Antriebsart von → Tragschrauben. Beim W. wird die erforderliche Leistung von einem KTW oder Strahltriebwerk erzeugt und über Wellen und Getriebe der Rotorwelle zugeführt. Mit dem geringeren Leistungs-Masse-Verhältnis und der Erhöhung seiner Wirtschaftlichkeit hat die Gasturbine das KTW als Antrieb stark zurückgedrängt. Da die Drehzahlen der Triebwerke, bes. der Gasturbinen, sehr hoch sind und die wirksamen → Anströmgeschwindigkeiten an den Blattenden in jedem Fall kleiner als die Schallgeschwindigkeit bleiben müssen, machen sich große Untersetzungsgetriebe notwendig. Der Masseanteil des W. (Triebwerke und Elemente der Leistungsübertragung) an

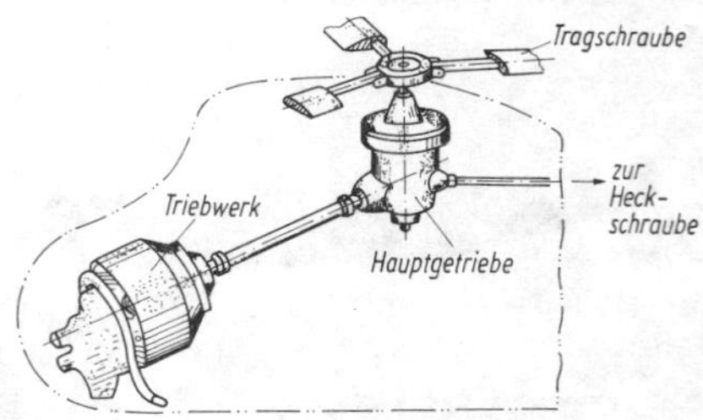

Wellenantrieb mit KTW

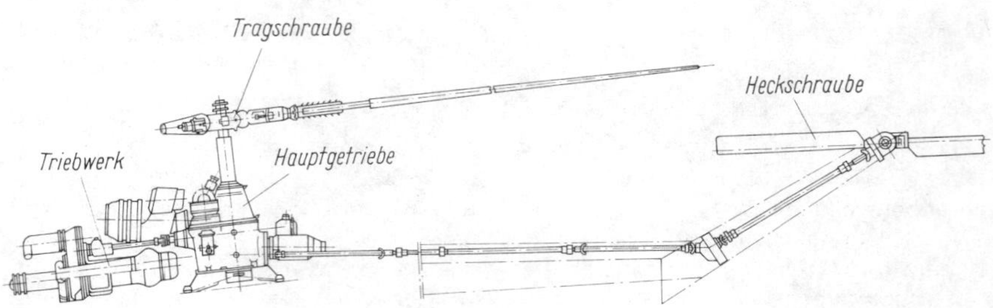

Wellenantrieb mit Strahltriebwerk

der Rüstmasse des Rotorflugzeugs beträgt etwa 25...30%. Das beträchtliche Antriebsmoment an der Tragschraubenwelle hat ein gleichgroßes entgegengesetzt drehendes Rückdrehmoment zur Folge. Zu dessen Ausgleich macht sich bei 1motorigen Rotorflugzeugen mit W. eine Heckschraube erforderlich. → Blattantrieb

Wellenaufwind: → Leewelle

Wellenbauweise: leichte → Bauweise, verwendet eine außen glatte und innen gewellte Haut (beide miteinander verbunden) aus Plast. Die Wellen verlaufen bei Tragflügeln und Leitwerken in Richtung der Rippen, bei Rümpfen in Richtung der Spanten. Diese Halb-Sandwichbauweise ist zur Aufnahme von Torsionsmomenten geeignet, Biegemomente müssen durch zusätzliche Holme oder Pfetten aufgenommen werden.

Wellenkrisis: Begriff, der alle Erscheinungen zusammenfaßt, die mit dem Überschreiten der → kritischen Mach-Zahl zusammenhängen; dazu gehören das Schwanken des → Auftriebsbeiwerts, das starke Anwachsen des → Widerstandsbeiwerts sowie die Wanderung des → Neutralpunkts. Möglichkeiten zur Bekämpfung der W. bestehen in der Pfeilung der Tragflügelvorderkante und der Verringerung der Profildicke; durch sie werden die W. in den Bereich höherer Geschwindigkeiten verschoben und gleichzeitig ihre negativen Erscheinungen vermindert.

Wellenleistungstriebwerk: Flugzeugtriebwerk, das den größten Teil seiner Leistung als Wellenleistung abgibt (KTW, PTL).

Wellenvergleichsleistung, *äquivalente Leistung:* mit KTW vergleichbare Leistungsangabe von PTL.

Bei *Startbedingungen* ($v = 0$)

$$P_{ä} = P_W + \frac{F_{SR}}{\beta}$$

bei *Flugbedingungen*

$$P_{ä} = P_W + \frac{F_{SR} \cdot v}{100 \cdot \eta_{LS}}.$$

$P_{ä}$ W. in kW; P_W Leistung an der Luftschraubenwelle in kW; F_{SR} Restschub in daN; v Fluggeschwindigkeit in m/s; 100 daN · m/s · kW Umrechnungsfaktor; η_{LS} Luftschraubenwirkungsgrad; β Umrechnungsfaktor in daN/kW (UdSSR: 1,47, Großbritannien: 1,50, USA: 1,57). Für die Bedingung $P_W = 0$ sind obige Beziehungen auch für die Bestimmung der W. von TL zum Vergleich mit KTW anwendbar. Anstelle von η_{LS} ist der jeweilige äußere Wirkungsgrad zu setzen.

Wellpropeller: Vortriebsorgan für Luft- und Wasserflugzeuge, das eine Wellenleistung in eine beliebig senkrecht zur Längsachse des W. gerichtete Kraft umwandelt, z. Z. noch im Versuchsstadium, da wesentliche konstruktive Fragen und Probleme des Betriebsverhaltens, insbes. großer W., nicht gelöst sind.

Wellrohr: Meßfühler in → Druckmessern

Weltgebietsvorhersagesystem, engl. World Area Forecast System, Abk. **WAFS:** weltweites System, in dem Welt- und Regionalzentren für Gebietsvorhersagen flugmeteorologische Vorhersagen für Flugstrecken in einem standardisierten Format liefern. Weltzentren sind Washington und London. Sie liefern ihre Vorhersageprodukte an 15 Regionalzentren für Gebietsvorhersagen. Diese wiederum versorgen die Flugwetterdienste in den einzelnen Staaten bzw. Territorien (Versorgungsgebiete). Im einzelnen sind dies die Regionalzentren Moskau (Versorgungsgebiet 1), Delhi und Tokyo (Versorgungsgebiet 2), Melbourne und Wellington (Versorgungsgebiet 3), Nairobi (Versorgungsgebiet 4), Brasilia und Buenos Aires (Versorgungsgebiet 5), Dakar und Las Palmas (Versorgungsgebiet 6), Cairo, Frankfurt, London und Paris (Versorgungsgebiet 7), Washington (Versorgungsgebiet 8). → Weltzentrum für Gebietsvorhersagen, → Regionalzentrum für Gebietsvorhersagen

Weltluftverkehrskursbuch: → ABC World Airways Guide

Weltorganisation für Meteorologie, engl. World Meteorological Organization, Abk. **WMO:** Spezialorganisation der Vereinten Nationen *(UN)* zur internationalen Zusammenarbeit auf dem Gebiet der Meteorologie und Hydrologie; Sitz Genf. Fragen der Flugmeteorologie werden in der *Commission for Aeronautical Meteorology* (CAeM), einer der Technischen Kommissionen der WMO beraten.

Weltzentrum für Gebietsvorhersagen, engl. World Area Forecast Centre,

Abk. **WAFC:** meteorologisches Zentrum, bestimmt für die Erarbeitung von Höhenwettervorhersagen in digitaler Form im globalen Rahmen und für die Lieferung dieser Höhenwettervorhersagen an Regionalzentren für Gebietsvorhersagen. Weltzentren sind London und Washington. → Weltgebietsvorhersagesystem

Wendehorizont: Bordgerät für den Instrumentenflug, Kombination von → Wendezeiger und → künstlichem Horizont.

Wendekreisel: → Kreisel

Wendekurve, auch *Arbeitsflugkurve:* beim Kehrflugverfahren im Agrarflug angewandtes Flugmanöver für eine Flugrichtungsänderung um 180°. Die W. besteht aus folgenden *Elementen:* Nach dem Arbeitsdurchflug Steigflug, Auskurven im Steigflug, Horizontalflugkurve um reichlich 180° in 30...40 m Höhe mit einer Schräglage von maximal 45°, Sinkflug zum erneuten Arbeitsdurchflug. Dauer der W. 50...60 s. → Wendezeit

Wendel, *Fritz:* deutscher Flugkapitän und Testpilot, geb. Febr. 1915, gest. 8. Febr. 1975 in Augsburg. Mit einer Messerschmitt Bf 109 R (Me 209 VI) mit Daimler-Benz-Motor DB 601 von 750 kW stellte er am 26. April 1939 in Augsburg einen Geschwindigkeitsweltrekord von 755,138 km/h auf, der bis 1969 galt. Startete am 18. Juli 1942 erstmals mit einer Me 262.

Wendemoment: → Gieren, → negatives Wendemoment, → Momente am Luftfahrzeug

Wendepunkt: bekannter oder markierter Orientierungspunkt, der bei Wettbewerben angeflogen und ausgemacht werden muß. W. sind bei Dreiecksflügen im Segelflug zu umfliegen, wobei das Umfliegen optisch vom Boden aus oder durch Zielfotografie bzw. Wendezeichen, die von den Piloten auszumachen sind, kontrolliert wird.

Wende-Rollmoment: Moment um die Längsachse des Flugzeugs, entsteht bei einer Drehung um die Hochachse, weil dabei am Seitenleitwerk eine außerhalb und im rechten Winkel zur Längsachse wirkende Kraft entsteht. → Momente am Luftfahrzeug, → Seitenstabilität

Wendezeiger: Gerät im Luftfahrzeug, das die Drehgeschwindigkeit um die Hochachse angibt. Das empfindliche Element im W. ist ein Wendekreisel

Anzeigegerät des Wendezeigers

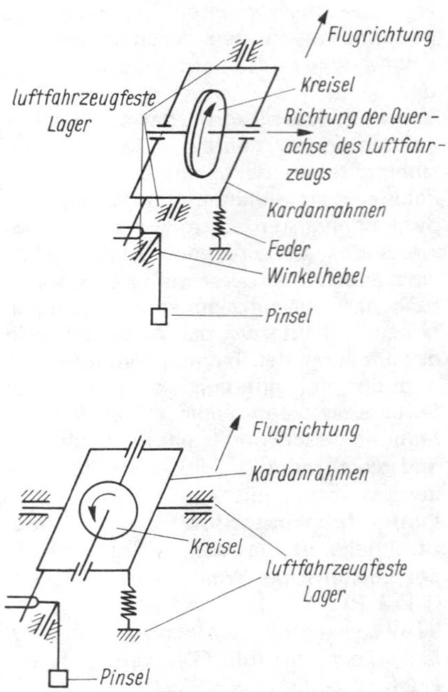

Wendezeigerbauformen: oben Wendezeiger mit in Querachsenrichtung, unten mit in Längsachsenrichtung zeigender Kreiselachse

(→ Kreisel), dessen Präzessionsbewegung bei einer Drehung des Luftfahrzeugs um die Hochachse angezeigt wird. Nach Lage der Kreiselachse gibt es 2 W.bauformen. Da in die Anzeige des W. außer der Drehgeschwindigkeit auch die Querneigung des Luftfahrzeugs eingeht, wurde am W. auf eine Skale verzichtet. Die Winkelgeschwindigkeit kann durch Abschätzen des Aus-

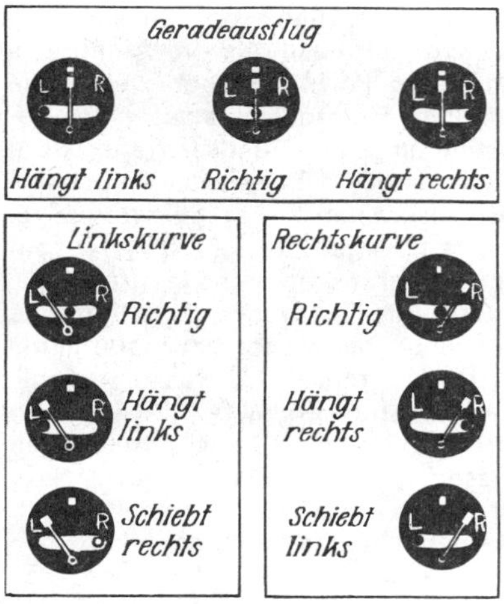

Anzeige des Wendezeigers bei verschiedenen Flugzuständen

schlags in Vielfachen der Zeigerbreite («Pinselbreite») angegeben werden, wenn man Richtungsänderungen stets mit gleicher Querlage fliegt. Mit dem W. ist häufig die Kugellibelle (Relativ → Querneigungsmesser) in einem Gehäuse vereint. Die Anzeige beider Geräte ist für den Instrumentenflug außerordentlich wichtig, da Drehgeschwindigkeit und Drehsinn sowie die Lage des Luftfahrzeugs gegenüber dem resultierenden Beschleunigungsvektor ablesbar sind.

Wendezeit: beim Agrarflugeinsatz die Zeitdauer, die ein Agrarflugzeug nach einem Arbeitsdurchflug bis zum Wiederbeginn des nächsten benötigt; außerdem Zeit für eine → Wendekurve, beginnend bei Überflug des Feldendes nach einem Arbeitsdurchflug bis zum Überflug des Feldanfangs beim nächstfolgenden Arbeitsdurchflug.

Werbeflug: Leistungsart des Wirtschaftsflugs.

Werkstattflug: Kontrollflug als Bestandteil von Prüfungen des Halters von Luftfahrzeugen oder des Reparaturbetriebs. W. dienen zum Nachweis der Luftfahrttauglichkeit eines Luftfahrzeugs gegenüber den Verantwortlichen des Halters oder Reparaturbetriebs und sind von Personen durchzuführen, die dazu vom Halter bzw. vom Reparaturbetrieb die Berechtigung erhalten haben. W. können zugleich Prüfflüge sein, wenn sie dem Flugprogramm für Prüfflüge entsprechen, keine wesentlichen Beanstandungen aufgetreten sind und wenn der Prüfer am Flug teilgenommen hat oder der Pilot oder ein Besatzungsmitglied mit der Berechtigung als Prüfer fungierte. Die Bestimmungen für W. sind in der → Flugbetriebsvorschrift festgelegt.

Werkstoffermüdung: bei wechselnder oder schwellender Belastung über einen längeren Zeitraum auftretender Verlust der Festigkeit und Elastizität von Werkstoffen. Die W. ist wesentliche Ursache für die Notwendigkeit, die → Betriebsfestigkeit von Flugzeugkonstruktionen zu untersuchen.

Werschinin, *Kostantin Andrejewitsch:* sowjetischer Hauptmarschall der Flieger (1959), geb. 21. Mai (3. Juni) 1900, gest. 20. Dez. 1973 Moskau. 1914–1919 Tischler, seit 1919 Angehöriger der Sowjetarmee. Absolvierte 1933 die Shu-

Konstantin Werschinin (2.v.r.) mit den Kosmonauten Juri Gagarin (r.) und German Titow sowie dem damaligen Chef der Kosmonautengruppe Nikolai Kamanin

kowski-Akademie. Führende Funktionen in den Luftstreitkräften. Im zweiten Weltkrieg Befehlshaber der Fliegerkräfte verschiedener Fronten. Am 19. Aug. 1944 als Generaloberst und Kommandierender der 4. Luftarmee Held der Sowjetunion. 1946/49 Oberbefehlshaber der sowjetischen Luftstreitkräfte. Bis 1957 Befehlshaber des Luftverteidigungsgebiets Baku, danach Stellvertretender Verteidigungsminister und längere Zeit Oberbefehlshaber der Luftstreitkräfte. Seit 1956 Mitglied des ZK der KPdSU. Mehrmals Deputierter des Obersten Sowjets der UdSSR. Träger zahlreicher hoher Auszeichnungen. 1975: «Die 4. Luftarmee» (Moskau, russ.)

Wertoljot: sowj. Bez. für Rotorflugzeug, im Konstruktionsbüro → Mil als Abk. (W) Bez. für Hubschrauber, die noch nicht in Serie gebaut werden, z. B. Prototyp W-8, Serienmuster Mi-8.

West African Airways Corporation (Nigeria) Ltd., Abk. **WAAC:** staatliches Luftverkehrsunternehmen von Nigeria, das früher ein Gemeinschaftsunternehmen von Gambia, Ghana, Nigeria und Sierra Leone war. Sitz war Lagos. Neben Inlandlinien wurden Strecken in Westafrika und nach Europa beflogen. → *Nigeria Airways Ltd.*

Western European Airports Association, Abk. **WEAA:** Vereinigung westeuropäischer Flughafenverwaltungen, die 1948 unter der Bezeichnung Western European Airport Authorities Conference (WEAAC) gegr. wurde. Sie dient dem Erfahrungsaustausch und der Abstimmung in Grundsatzfragen. Die Mitglieder der WEAA treten jährlich einmal zusammen; die Sekretariatsgeschäfte führt jeweils der Flughafen, auf dem die Jahreskonferenz stattfand.

Westland: Typenbez. für Flugzeuge und Hubschrauber der britischen Firma Westland Aircraft Ltd. Das ursprüngliche Flugzeugwerk W. wurde 1915 von der Firma Petters in Yeovil zum Bau von Wasserflugzeugen für die Royal Navy gegr., 1935 umgebildet und umbenannt. 1947 nahm W. die Lizenzproduktion von 133 Hubschraubern → Sikorsky S-51 (als W. «Dragonfly») auf. 1959 kaufte W. die Saunders-Roe Ltd. auf, 1960 die Helicopter Division of Bristol Aircraft Ltd. sowie → Fairey Aviations Ltd. Im Ergebnis der Konzentration der Herstellerfirma entstand so der britische Hubschrauberkonzern, der ab 1. Okt. 1966 Westland Helicopters Ltd. heißt. Gebaut wurden die Hubschrauber W. «Sea King» und W. «Commando», gemeinsam mit Aérospatiale (Frankreich) WG-13 «Lynx», SA 330 «Puma» und SA 341 «Gazelle». Zu W. gehören außer W. Helicopters auch die British Hovercraft Corporation (Luftkissenfahrzeuge), die Normalair-Garrett Ltd. (gegr. 1947, Sauerstoffausrüstungen und Klimaanla-

Mehrzweckhubschrauber AH Mk 1 «Lynx»

gen) und die Westland Engineers. Nach finanziellen Schwierigkeiten wurde die Firma am 13. Febr. 1986 an das Unternehmen → Sikorsky verkauft.

Wetterminima: festgelegte Grenzwerte für Start und Landung sowie zu Planungszwecken in Abhängigkeit von der Art des Luftfahrzeugs, der Verfügbarkeit der Navigations- und Befeuerungsanlage sowie unter Beachtung der festgelegten Hindernisfreigrenze. W. werden wie folgt angegeben 1) für den Start (Startminima): Hauptwolkenuntergrenze/Vertikalsicht und Sicht, 2) für den Geradeaus-Anflug: a) Entscheidungshöhe und Sicht bei Präzisionsanflügen (nach ILS oder MLS), b) Mindestsinkhöhe und Sicht bei Nichtpräzisionsanflügen (nach PAR, VOR, NDB), 3) für den Platzrunden-Anflug: Mindestsinkhöhe und Sicht, 4) für die Planung eines Flugplatzes als Ausweichflugplatz (Ausweichminima): Hauptwolkenuntergrenze und Sicht. Es kann aus flugbetrieblichen Gründen notwendig oder von der zuständigen Behörde vorgeschrieben sein, daß zusätzlich zu der Sicht eine min. Hauptwolkenuntergrenze/Vertikalsicht erforderlich ist.

Wetterradar: Gerät zur Ortung meteorologischer Ziele durch Ausnutzung der Reflexion elektromagnetischer Wellen. Das W. besteht aus einem Sender, einem Empfänger und einem Sichtgerät. Vom Sender werden kurze Hochfrequenzimpulse ausgestrahlt. Diese werden von Wassertröpfchen oder Eisteilchen reflektiert und vom Empfänger während der Impulspausen wieder aufgefangen. Da die Ausbreitungsgeschwindigkeit (c) der elektromagnetischen Wellen bekannt ist ($c \approx 300\,000$ km/s), läßt sich aus der Laufzeit des Radarimpulses die Entfernung des meteorologischen Ziels bestimmen. Auf dem Bildschirm des Sichtgeräts ist die Lage des Radarzieles als Leuchtfleck erkennbar. In der Regel rotiert bei Bodenwetterradargeräten die Antenne. Der Bildmittelpunkt des Bildschirms entspricht dem Standort des W. Meteorologische Ziele, die den Funkstrahl reflektieren, sind auf dem Bildschirm winkeltreu und in richtiger Entfernung zu erkennen. Eingeblendete Entfernungsringe erleichtern das Ablesen der Entfernung. Eine derartige Darstellung wird als *Plan Position Indication (PPI)* bezeichnet. Aus Form und Helligkeit des Leuchtflecks kann die Art der meteorologischen Erscheinung bestimmt werden. So ergeben z. B. Schauer- und Gewitterwolken auf dem Bildschirm helle unregelmäßige Flecke.

Ausschlaggebend für die Ortbarkeit eines meteorologischen Ziels ist die Art und Größe der reflektierenden Teilchen. Sie ist von der Wellenlänge des W. abhängig und um so größer, je kürzer die Wellenlänge ist. Dabei nimmt jedoch mit kürzerer Wellenlänge auch die Dämpfung auf dem Weg und im Ziel selbst zu. Bei W. werden meistens Wellenlängen von 3 cm oder 10 cm benutzt. Je größer die Niederschlagströpfchen, desto stärker reflektieren sie den Radarstrahl. Wassertröpfchen reflektieren stärker als Eisteilchen. Am stärksten wird er von schmelzenden festen Niederschlagsteilchen reflektiert (helles Band unterhalb der Nullgradgrenze). Dazu ist es jedoch erforderlich, die Antenne in der Vertikalen zu schwenken. Die Änderung des Höhenwinkels *(Elevation)* kann bei modernen Geräten bei festem Azimut oder programmgesteuert erfolgen. Die Darstellung erfolgt auf einem zweiten Bildschirm, bei dem die waagerechte Achse die Entfernung und die senkrechte Achse die Höhe angibt. Eine derartige Darstellung wird als *Range Hight Indication (RHI)* bezeichnet. Die vertikale Schwenkbarkeit erlaubt auch die Messung der Höhe der Obergrenzen von Schauer- und Gewitterwolken. Im Flugwetterdienst verwendet man Bodenwetterradargeräte vor allem zur Ortung von Schauern, Gewittern und zur Lokalisierung und Verfolgung von Fronten, ausgedehnten und ergiebigen Regengebieten, tropischen Wirbelstürmen und Tornados. In Flugzeugen eingebaute *Bordwetterradargeräte* sind dem Luftfahrzeugführer eine wertvolle Hilfe beim Durchfliegen von Schlechtwettergebieten. → Radar

Wettersatellit: künstlicher Erdsatellit, der meteorologische Beobachtungen ausführt und diese zur Erde übermittelt. Nach der Umlaufbahn gibt es W. mit *polnahen* Umlaufbahnen (650 km bis 1 000 km) und *geostationäre* W. (etwa 36 000 km). Während die ersteren die gesamte Erdoberfläche in 24 h 2mal meßtechnisch erfassen, wobei der Satellit immer wieder zur gleichen Zeit das gleiche Gebiet überfliegt, vermag ein geostationärer W. (Bahnneigung 0°) ein großes Gebiet beiderseits des Äquators kontinuierlich zu überwachen, da er über diesem Gebiet «ortsfest» ist. Zur komplexen Überwachung des Wetters ist daher ein System von mehreren geostationären und polnah umlaufenden W. vorgesehen. – Die mit Spezialkameras für den sichtbaren und infraroten Bereich ausgestatteten W. senden in erster Linie Wolkenaufnahmen zur Erde, die eine wertvolle Ergänzung der Bodenbeobachtungen darstellen. → Wettersatellitenbild

Wettersatellitenbild: Fernseh- oder Infrarotaufnahme eines Ausschnitts von Erde/Atmosphäre durch einen Wettersatelliten. Um größere Ausschnitte des Systems Erde/Atmosphäre zu erhalten, setzt man mehrere Satellitenfotos mosaikartig zusammen.

Aus Reflexionsvermögen, Form, Struktur und Anordnung der sich hell abbildenden Wolken sind Rückschlüsse auf die Wolkengattung, bei Infrarotaufnahmen auch auf die Höhe der Wolkenobergrenze möglich (je heller die Bewölkung, desto «wetterintensiver» ist sie). So bilden sich Fronten, aktive Gewitterherde und tropische Wirbelstürme markant auf W. ab.

Die W. werden auch im Flugwetterdienst weltweit angewendet, so zur

- Verbesserung der *Bodenanalyse*, insbes. über Gebieten mit nur wenigen Bodenbeobachtungen (Ozeane, Wüsten),
- Ausarbeitung von *Significant Weather Charts (SWC)*,
- Feststellung der Lage der Achse von → *Strahlströmen*,
- Feststellung der Lage der *Innertropischen Konvergenz (ITC)*,
- Identifizierung von *tropischen Wirbelstürmen* und aktiven *Gewitterherden*,
- Feststellung von *Leewellen* und der mit ihnen verbundenen *Turbulenzzonen*.

An vielen Flugwetterwarten werden mosaikartig zusammengesetzte und mit zusätzlichen, erläuternden Informationen versehene W. den Luftfahrzeugführern bei der Beratung vorgelegt.

Wettschinkin, *Wladimir Petrowitsch:* sowjetischer Aerodynamiker, geb. 17. (29.) Juni 1888, Kutno, gest. 6. März 1950, Moskau; als Student an der Technischen Hochschule Moskau enger Mitarbeiter und späterer Fortsetzer des Werks von → *Shukowski*, mit dem er bereits an der Theorie der Luftschrauben arbeitete (1913). Initiierte 1916 an dieser Schule ein Rechen- und Erprobungsbüro. Unternahm dort Festigkeitsberechnungen für Flugzeuge und Projektierungen für Luftschrauben. Löste die Aufgaben der komplexen aerodynamischen und festigkeitsmäßigen Berechnung der Luftschraube. Veröffentlichungen: «Dynamik der Flüge» (1927), «Dynamik des Flugzeugs» (1933). Berechnete die Überbelastung des Flugzeugs im Kunstflug, führte Festigkeitsberechnungen der Flugzeuge durch, veröffentlichte Arbeiten auf den Gebieten Flugnavigation, Astronomie, Ballistik und Strahlflug. W. las als Professor

Wladimir Wettschinkin

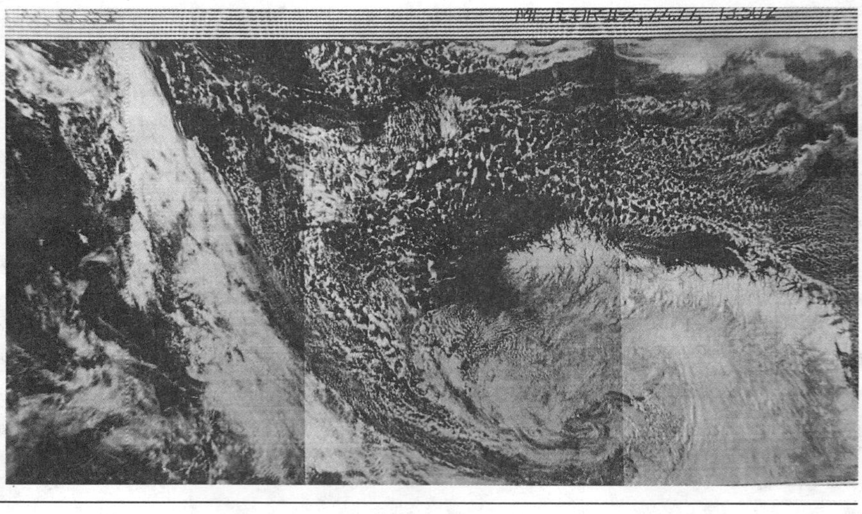

Aufnahme des sowjetischen Wettersatelliten Meteor II-2 vom 7. April 1977, 14,50 Uhr MEZ, direkt empfangen an der Zentralen Wetterdienststelle des Meteorologischen Dienstes der DDR während des Satellitenüberflugs; oben von rechts nach links: der Wolkenwirbel eines Tiefdruckzentrums, das schneebedeckte skandinavische Gebirge und wechselnde Bewölkung (bienenwabenförmig) mit Schauern; unten: die Kaltfront des Tiefs (von Nordost nach Südwest verlaufend)

über Mechanik, Theorie der Luftschraube, Dynamik des Flugzeugs und Festigkeit des Flugzeugs an der Technischen Hochschule «N. E. Baumann», an der Luftfahrtakademie «N. J. Shukowski» und am Luftfahrtinstitut «S. Ordshonikidse» in Moskau. War Mitglied der Akademie der Wissenschaften der UdSSR, Staatspreisträger, Verdienter Wissenschaftler und Techniker der RSFSR.

Whitehead, *Gustav:* Flugpionier, geb. 1. Jan. 1873 Leutershausen an der Altmühl (Mittelfranken) mit Namen *Weißkopf.* Baute in der Zeit zwischen 1900 und 1904 Gleitflugzeuge (darunter Ein-, Zwei- und Dreidecker). Ihm glückten am 14. Aug. 1901 in einem selbstgebauten Eindecker mit selbstkonstruiertem Azetylenmotor in Bridgeport (Conn., USA) unter Zeugen 2 Flüge von etwa 800 m Weite und am 17. Jan. 1902 ein Flug von 11,2 km Weite in etwa 135 m Höhe im Sund von Long Island. Obwohl die Flüge lange vor denen der Brüder *Wright* stattfanden, hatten sie keinen Einfluß auf die Entwicklung der Luftfahrt. Die amerikanischen Zeitungsberichte über sie wurden erst 1937 wiederentdeckt und veröffentlicht. W. baute 1906 einen Doppeldecker und 1911 einen Hubschrauber mit 60 Luftschrauben.

Whittle, *Sir Frank:* britischer Triebwerkskonstrukteur, geb. 1. Juni 1907 Coventry, beschäftigte sich vor allem mit Rückstoßtriebwerken; 1929 lehnte das britische Luftfahrtministerium seine Projekte ab. 1930 erhielt er ein Patent für ein TL, gründete die Firma Power Jets, um TL-Triebwerke zu bauen. 1940 erhielt eine Flugzeugzelle der Firma «Gloster» ein W.-Triebwerk. 1941 gelangen der Gloster-Whittle E.28/39 einige Sprünge. Erster Flug am 15. Mai 1941 in Cranwell durch *Gerry Sayer.* 1942 ging W. in die USA, um bei General Electric am Bau seines Triebwerks mitzuwirken. 1944 Verstaatlichung der Firma Power Jets; 1948 Abschied W. aus der Royal Air Force.

Wibault, *Michel:* französischer Flugzeugkonstrukteur, geb. 5. Juni 1897 Douai, gest. 23. Jan. 1963 Paris. 1919 Konstruktion der Jagdflugzeuge 3 C 1, J C 1, 10 C 1, 13 C 1 (C 1 bedeutet: Avion de Chasse – einstiges Jagdflugzeug); W. entwickelte später mehrere erfolgreiche Militär- und Verkehrsflugzeuge. 1934 ging sein Werk in den Besitz von → *Bréguet* über. Dort konstruierte W. das Transportflugzeug Bréguet-Wibault 670 und projektierte 1938 ein Verkehrsflugzeug für 72 Fluggäste. 1940 Flucht in die USA, Arbeit bei Republic. Nach Befreiung Frankreichs zahlreiche Luftfahrtpatente.

Widerstand, *aerodynamischer Widerstand, Luftwiderstand, Strömungswiderstand:* die Komponente der → Luftkraft, die der Bewegung des Körpers im Luftstrom entgegengerichtet ist. Der Gesamt-W. hängt von der Geschwindigkeit und Dichte der Luft sowie der Form und Oberflächenbeschaffenheit des Flugkörpers ab. Die Größe des W. ermittelt man als

$$F_W = c_W \frac{\varrho \cdot v^2}{2} A_{TF}$$

c_W Widerstandsbeiwert
ϱ Luftdichte
v Geschwindigkeit
A_{TF} tragende Flügelfläche

Der W. des Körpers setzt sich aus dem W. seiner Teile, z. B. des Rumpfes, des Tragflügels, des Leitwerks, des Fahrwerks u. a. im Strom liegender Teile des Flugzeugs zusammen. Dabei ist aufgrund der aerodynamischen → Interferenz (2.) der Gesamt-W. meist größer als die Summe der Teil-W. Die Teil-W. haben verschieden große Bestandteile, je nach Ursache ihrer Entstehung. Man unterscheidet am Tragflügel und ähnlichen Bauteilen den *Profil-W.* und den *induzierten W.* Der Profil-W. setzt sich seinerseits aus *Reibungs-W.* (auch Oberflächen-W.) und *Form-W.* (auch Druck-W.) zusammen. Der Reibungs-W. hängt in erster Linie von der Oberflächenbeschaffenheit, d. h. der Rauhigkeit des Körpers und der → Reynoldsschen Zahl ab. Er ist bei laminarer Strömung in der → Grenzschicht kleiner als bei tur-

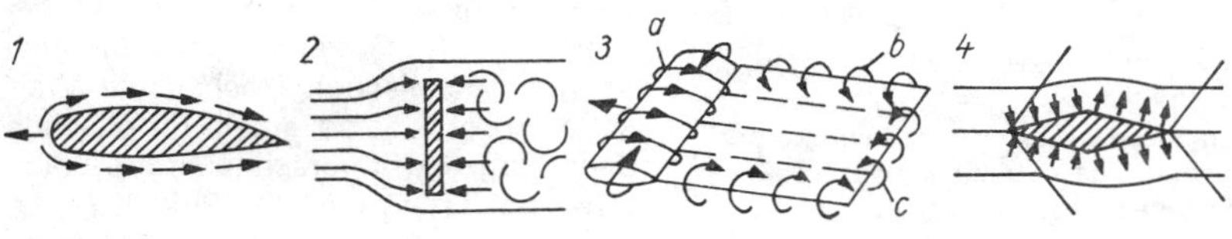

Widerstand: 1 Reibungswiderstand, 2 Formwiderstand, 3 induzierter Widerstand (a gebundene Wirbel, b abgehende Wirbel/Wirbelzöpfe, c Anfahrwirbel), 4 Wellenwiderstand

bulenter Strömung. Der Form-W. entsteht durch die Druckänderung in der Strömung beim Umfließen des Körpers (→ Bernoullische Gleichung). Er ist geringer, wenn der Körper ohne Wirbelbildung umströmt wird, z. B. bei → Stromlinienform des Körpers im Unterschallbereich, und größer, wenn durch → Ablösen der Grenzschicht Wirbel entstehen. Als *Wellen-W.* bezeichnet man eine Komponente des Form-W., die bei Überschallgeschwindigkeit infolge der sprungartigen Druckerhöhung an → Verdichtungsstößen bzw. Druckminderung in Verdünnungszonen auftritt. Als induzierten W. des Tragflügels bezeichnet man den auftriebsabhängigen, durch das Wirbelsystem aus gebundenem und abgehendem oder Randwirbeln erzeugtem W. Ursache dieser Komponente sind die Druckunterschiede zwischen Unter- und Oberseite des Tragflügels, in deren Folge es zu einer Umströmung der Flügelenden von unten nach oben kommt. Durch große Streckung des Flügels, durch Endscheiben (Winglets) und andere konstruktive Maßnahmen kann man den induzierten W. begrenzt beeinflussen. Der W. anderer Baugruppen wird meistens unter dem Begriff Rest-W. zusammengefaßt. Den W. aller Teile eines Flugzeugs, die keinen Auftrieb erzeugen, bezeichnet man traditionell als *schädlichen W.* I. w. S. ist der gesamte, nicht an die Auftriebserzeugung gebundene W. des Flugzeugs als schädlich zu bezeichnen.

Widerstandsbeiwert: in der Widerstandsgleichung die dimensionslose Größe c_W. Sie ist abhängig von der Form, der Oberflächenbeschaffenheit und den Ausmaßen eines Körpers, von seiner Lage im Strom sowie der Geschwindigkeit, Dichte und Zähigkeit des umströmenden Mediums. Der W. kann, ebenso wie der → Widerstand, in seinen Bestandteilen untersucht werden.

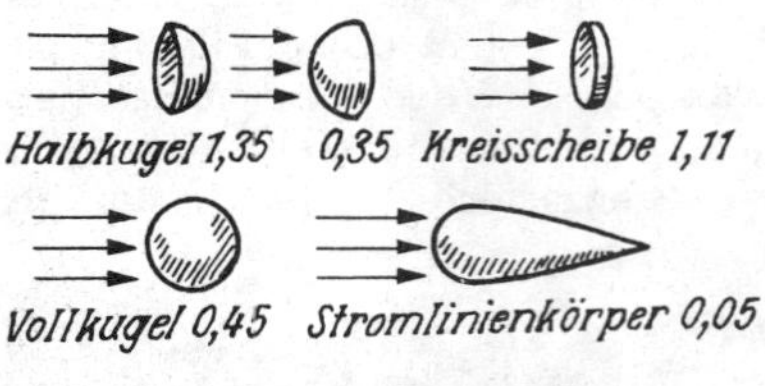

Widerstandsbeiwerte verschiedener Körper mit gleichem Querschnitt bei gleich großer und konstanter Geschwindigkeit

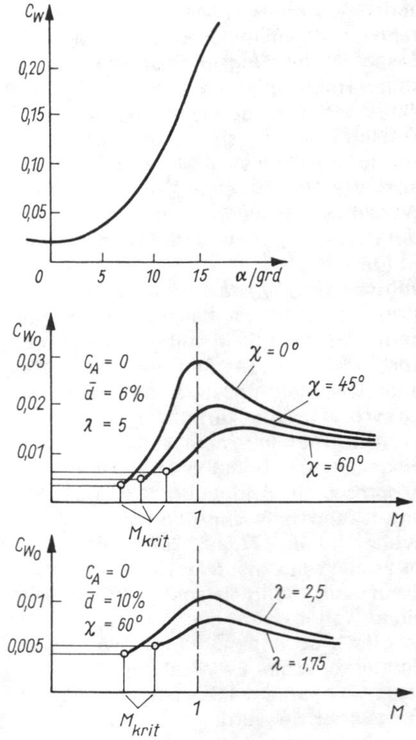

Abhängigkeit des Widerstandsbeiwerts von Anstellwinkel, Machzahl M, Pfeilung und Streckung des Tragflügels

In der Flugmechanik ist es üblich, den W. in 2 Komponenten zu zerlegen, den *Beiwert des Profilwiderstands* (c_{WO} bei $c_A = 0$) und den auftriebsabhängigen W. $c_{W_\alpha} = f(c_A)$. → Auftriebsbeiwert, → Beiwert, → Polare

Wiedererhitzung: → Nachverbrennung

Wien; Flughafen *Schwechat,* City-Code **VIE:** bedeut. internationaler Flughafen Österreichs 48°06′39″ n. Br., 16° 34′12″ ö. L., Höhe 183 m. 18 km südöstlich von Wien gelegen. 2 Start- und Landebahnen mit 3600 m × 45 m und 3000 m × 45 m. Jahresverkehrsleistung 1987 3,93 Mill. Fluggäste. Moderne Funk- und Navigationsausrüstungen.

Wigura, *Stanislaw:* polnischer Flugzeugkonstrukteur, geb. 9. April 1901, gest. (abgestürzt) 11. Sept. 1932 bei Cierlick (ČSR). Studierte Maschinenbau an der Technischen Hochschule Warschau, 1929 Staatsexamen. Im gleichen Jahr Flugzeugführerschein im Studenten-Aeroklub Warschau. Seit 1927 Arbeit mit → *Rogalski* und → *Drzewiecki* in der Konstruktionsgruppe RWD. War Sieger im Europarundflug 1932 (→ Challenge) mit der RWD-6.

Willy-Willy: → tropischer Wirbelsturm

WIML: Abk. für polnisch **W**ojskowy **I**nstitut **M**edycyny **L**otniczij; Militärinstitut für Luftfahrtmedizin. An der Peripherie Warschaus gelegene Einrichtung zur Untersuchung von Flugbewerbern auf Tauglichkeit, zur medizinischen Betreuung des fliegenden Personals der Luftstreitkräfte (in bes. Fällen auch von Angehörigen anderer Armeen) sowie zum Test neuer Geräte, z. B. in der Zentrifuge. Das Institut wurde 1928/29 als Untersuchungszentrum für Luftfahrtmedizin gegr. Im Lauf der Zeit wechselte die Bezeichnung mehrmals. Durch den Kriegsbeginn 1939 wurde die erfolgreiche Tätigkeit des Instituts (es veröffentlichte z. B. 1928/39 183 bedeut. Arbeiten, von denen 14 im Ausland publiziert wurden) unterbrochen. In den polnischen Fliegerkräften, die ab 1943 in der UdSSR gebildet wurden (→ Warszawa), entstand der «Selbständige Fliegergesundheitsdienst», der im Nov. 1944 das Fliegerhospital Nr. 1763 mit 200 Betten erhielt. Mit den sich ändernden Aufgaben des Hospitals wandelten sich seine Bezeichnungen, bis aus ihm 1958 endgültig das WIML entstand und der heutige Gebäudekomplex 1960 bezogen werden konnte. WIML war beteiligt an der Entwicklung von Trainingsgeräten (z. B. Katapult-Simulatoren), Schutzanzügen für Piloten sowie an der Auswahl der polnischen Kosmonautenkandidaten.

Windenstart: Segelflug-Startart. Von einer mit Benzin- oder Dieselmotor ausgerüsteten ortsbeweglichen Schleppwinde wird das Segelflugzeug mittels eines 1000...1200 m langen Schleppseils gestartet und auf die vorgesehene oder höchstmögliche Schlepphöhe gezogen. Ist diese Höhe erreicht, wird das Schleppseil vom Piloten oder automatisch ausgekuppelt. Es fällt an einem kleinen Fallschirm, der die Fallgeschwindigkeit des Schleppseils verringert, zu Boden und wird mittels des Rückschleppseils und der Rückholwinde bzw. durch ein Kraftfahrzeug wieder zum Startplatz gezogen. Die Schleppwinden sind mit Motoren mit einer Leistung von mehr als 75 kW ausgerüstet.

Windfahne: → Windsack

Windgeber: Eingabeteil für Windstärke und Richtung bei einem automatischen Koppelrechner oder bei anderen Navigationsanlagen, zu denen ein Koppelrechner gehört.

Windhose: → Trombe

Windkanal: Anlage, die dazu dient, Strömungsvorgänge an Körpern zu untersuchen. Dazu werden *Geschwindigkeiten, Drücke, Kräfte* und *Momente*

Windkanal T 101 des ZAGI in Moskau mit dem Modell der Tu-144

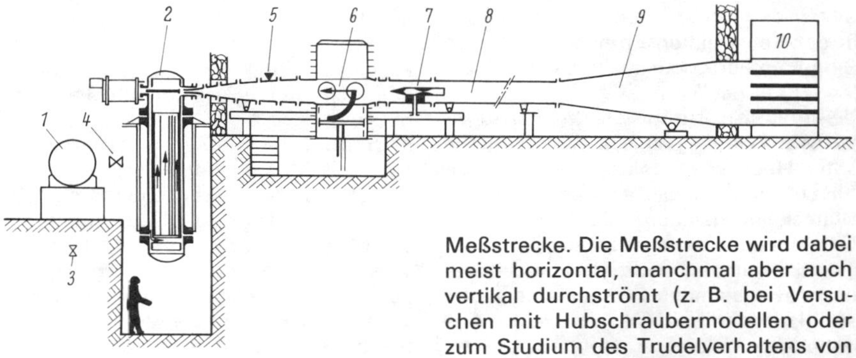

schematische Darstellung des Windkanals in Poitiers (Frankreich); Geschwindigkeit der Luftströmung bis M 8,15; Re bis 25 Mill.; 1 Druckbehälter, 2 Luftvorwärmer, 3 Einspritzdüsen-Regelventil, 4 Vorwärmer-Regelventil, 5 Eintrittsdüse, Meßkammer mit 0,63 m Durchmesser (mit Modell), 7 Einspritzdüse, 8 Mischkammer, 9 Austrittsdüse, 10 Geräuschfilter. Der Kanal kann während eines Tages 150 s in Betrieb sein.

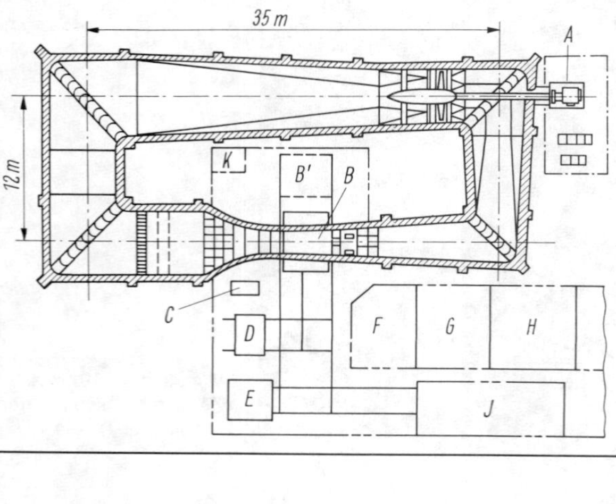

Turbulenz-Windkanal des japanischen Luft- und Raumfahrtlaboratoriums Tokio, ausgelegt zur Erforschung stark turbulenter Strömungen an Flugzeugteilen; A Antriebsmotor, B Wagen in Versuchsposition, B' Wagen in ausgezogener Position, C Steuerbank, D Waage für 6 Freiheitsgrade, E konventioneller Wagen, F Instrumentierung, G Rechnerraum, H Instrumenten-Einstellraum, J Modellraum, K Hydraulik-Versorgung

am Körper gemessen sowie Störungen durch *Wollfäden* (→ Tufting-Methode), *Rauchfahnen, Schlierenaufnahmen* und andere Methoden sichtbar gemacht. Je nach Größe des W. können Originale oder Modelle des Untersuchungsobjekts getestet werden. Die Nutzung von Modellen für W.-Versuche erfordert die Einhaltung von → Ähnlichkeitsgesetzen. Als Untersuchungsobjekte dienen heute sowohl Fluggeräte als auch Bauwerke, wie Stadtteile, Fernsehtürme u. ä. Bei der Untersuchung von Fluggeräten in W. besteht der Vorteil darin, daß sich das Untersuchungsobjekt gegenüber dem Beobachter in relativer Ruhe befindet und mit stationären Meßvorrichtungen verbunden ist. Zu beachten ist, daß die Strömung am Untersuchungsobjekt durch den W. und seine Teile gestört werden kann, was nach Möglichkeit vermieden werden muß. Es gibt heute W. für alle erfliegbaren Höhen- und Geschwindigkeitsbereiche in unterschiedlichsten Bauarten. Man unterscheidet W. mit offener Meßstrecke (Messung im Freistrahl) und mit geschlossener Meßstrecke. Die Meßstrecke wird dabei meist horizontal, manchmal aber auch vertikal durchströmt (z. B. bei Versuchen mit Hubschraubermodellen oder zum Studium des Trudelverhaltens von Flugzeugen). Als W. mit einseitig offenem Kreislauf bezeichnet man W., bei denen die Luft entweder aus der Atmosphäre über die Meßstrecke in einen Unterdruckbehälter gesaugt wird (Unterdruckkanal), oder aus einem Überdruckbehälter über die Meßstrecke in die Atmosphäre geblasen wird (Überdruckkanal). Daneben gibt es beidseitig offene und geschlossene W. Je nach der in der Meßstrecke erreichbaren Strömungsgeschwindigkeit unterscheidet man Unterschall-, Überschall- und Hyperschall-W.

Windmühlenbetrieb: Bez. für einen Betriebszustand von Luftschraubenantriebsanlagen – insbes. PTL – bei dem im Flug von der Luftschraube Leistung zum Triebwerk übertragen wird. W. tritt bei Leistungsabfall des Triebwerks oder bei vollständigem Triebwerksausfall auf, wenn die Luftschraube nicht in → Segelstellung gebracht wird. W. ist ein gefährlicher Betriebszustand, da ein großer zusätzlicher Widerstand entsteht, der zu Geschwindigkeitsverlust und zu zusätzlicher Belastung der übrigen Triebwerke führt.

Windmühlenflugzeug: veraltete Bez. für Tragschrauber. → Rotorflugzeug

Windrose: Ehrenabzeichen, vom Internationalen Komitee für Luftschiff-Fahrt und Raumflüge für hervorragende Leistungen auf dem Gebiet der Luftfahrt oder Raumflüge verliehen. In der UdSSR erhielten der Flieger-Kosmonaut *Wladimir Komarow,* der Verdiente Testpilot *Wladimir → Kokkinaki* und – im Internationalen Jahr der Frau – die Flieger-Kosmonautin *Walentina Nikolajewa-Tereschkowa* diese Ehrenauszeichnung.

Windsack, *Windfahne:* Gerät zur Anzeige der Bodenwindrichtung auf Flugplätzen. Der W. ist ein rot-weiß gestreifter Stoffschlauch, der drehbar befestigt ist. Beim Hindurchstreichen der Luft strafft er sich und dreht in die Windrichtung.

Windscherung: Änderung des Windvektors über eine kurze Distanz. Von *horizontaler W.* spricht man, wenn sich die Windrichtung und/oder Windgeschwindigkeit längs einer horizontalen Strecke ändert. Die *vertikale W.* ist die Änderung von Windrichtung und/oder Windgeschwindigkeit in der Vertikalen. W. ist in der Luftfahrt von besonderer Bedeutung. Verringert sich z. B. der Gegenwind während der Landung plötzlich (s. Abb.), so gerät das Luftfahrzeug unter den beabsichtigten Gleitweg, so daß eine Leistungskorrektur zur Fahrterhöhung notwendig ist. Als Folge davon gerät das Luftfahrzeug meistens wieder über den vorgesehenen Gleitweg, und die Triebwerksleistung muß wieder gedrosselt werden. Der gleiche Effekt tritt bei zunehmendem Rückenwind auf. Die umgekehrten Verhältnisse ergeben sich bei zunehmendem Gegenwind (s. Abb.) bzw. abnehmendem Rückenwind. W. wird vor allem bei markanten Temperaturinversionen in Bodennähe, an Fronten und Luftmassengrenzen und unter Gewittern angetroffen. W. unter Gewittern ist besonders gefährlich. Die dabei aus der Wolke herabstürzende Kaltluft breitet sich gewöhnlich oberhalb des Erdbodens radial nach allen Seiten aus. Eine solche W.situation bezeichnet man als «downburst». Geschieht dies auf engstem Raum (Durchmesser 0,4 km...4 km), so spricht man von «microburst». Gerät ein Luftfahrzeug z. B. nach dem Start in eine solche «microburst»-Situation (s. Abb.), so erfährt es infolge starken Gegenwinds eine zusätzlichen Auftrieb (1). Nur wenige Sekunden später läßt der Gegenwind nach (2) und geht in einen Abwind (3) und kurz danach in einen Rückenwind (4) mit Auftriebsverlust über. Die Position (5) zeigt die Situation kurz vor einer Bodenberührung. Mehrere Luftfahrtkatastrophen konnten auf «microbrust»-Situationen zurückgeführt werden. Gegenmaßnahmen bestehen in einer verbesserten Erfassung der Windscherung

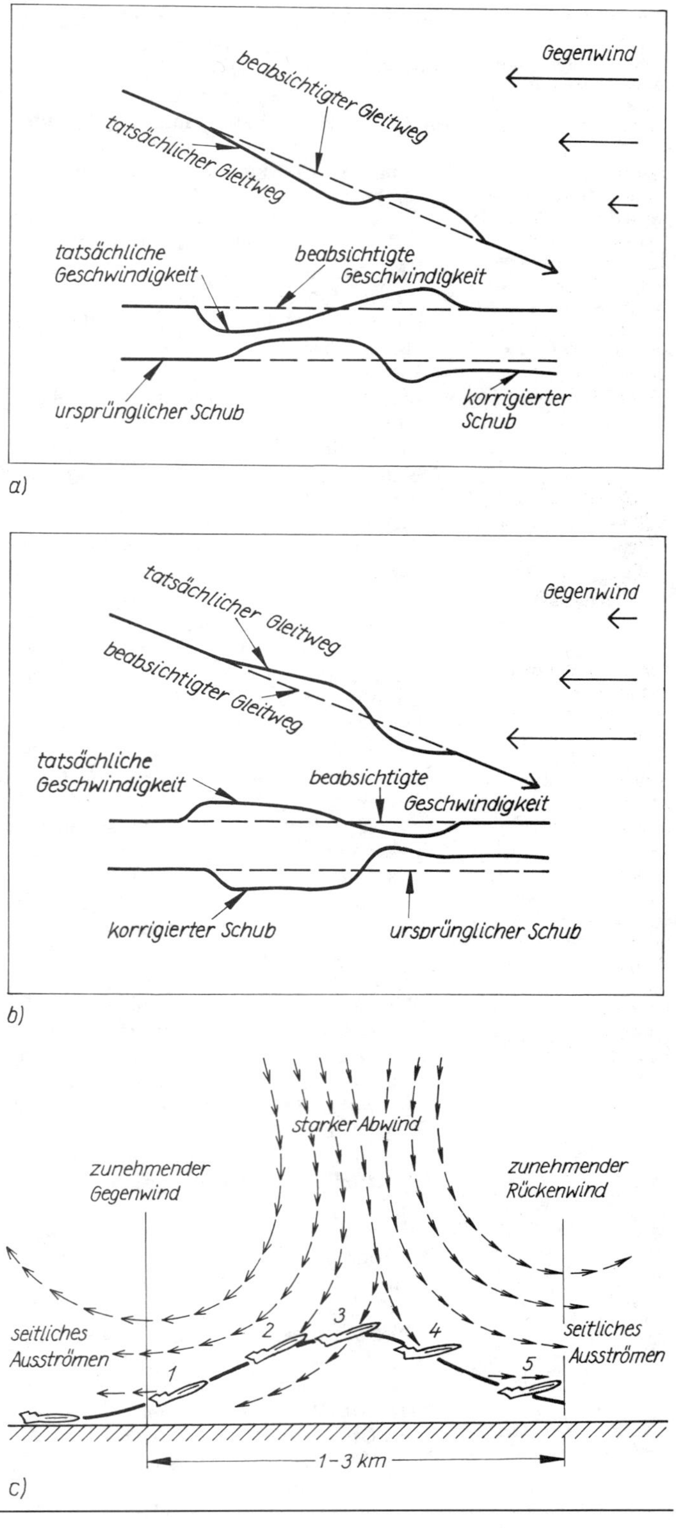

a Landung bei abnehmendem Gegenwind, b Landung bei zunehmendem Gegenwind, c schematische Darstellung einer MICROBURST-Situation während des Starts (nach W. Frost)

vom Boden sowie vom Luftfahrzeug aus und in einem entsprechenden Training der Luftfahrzeugbesatzungen.

Windscherungsmessung: Das Meßprinzip besteht in der Geschwindigkeitsmessung der in der Luft enthaltenen feinsten Tröpfchen oder Teilchen. Die Meßverfahren werden als Laser-Anemometrie (Laser-Windmessung) bezeichnet. Man benutzt Laser-Intereferenz-Anemometer oder Laser-Doppler-Anemometer. Laser-Interferenz-Anemometer messen die Zeitspanne, die die kleinen Teilchen benötigen, um eine Reihe von Interferenzstreifen zu passieren, die von 2 Strahlen eines Lasers gebildet werden. Auf diese Weise lassen sich in einem sehr kleinen Volumen (Kubikmillimeter) die 3 rechtwinkling aufeinander stehenden Komponenten des Strömungsvektors sehr genau bestimmen. Laser-Doppler-Anemometer messen die Frequenz des von den Aerosolen rückgestreuten Laserstrahls durch Vergleich mit der geseneten Frequenz. Infolge der Luftbewegung tritt eine Dopplerverschiebung (→ Doppler-Navigation) auf, aus der die Geschwindigkeit abgeleitet werden kann. Diese Anlagen werden sowohl für den ortsfesten Gebrauch als auch für den Einsatz in Flugzeugen gefertigt. Ältere Anlagen zur W. benutzen Türme, an denen mit herkömmlichen → Anemometern die Windgeschwindigkeit in verschiedenen Höhen gemessen wird. Die Signale der Anemometer werden auf einen Rechner gegeben, der die Größe der → Windscherung auf einem Bildschirm anzeigt.

Winglet; engl. svw. «Flügelchen»: nach oben bzw. nach oben und nach unten gezogene Tragflügelenden zum Glätten des Randwirbels (→ Wirbeltheorie) und damit zur Verringerung des induzierten → Widerstands. W. sind eine moderne Form der → Endscheiben.

Winterflugplan: → Flugplanperiode, → Verkehrsflugplan

Wintokryl: russische Wortzusammensetzung zur Bez. für Kombinationsflugschrauber, z. B. Ka-22. → Rotorflugzeug, → Kamow

Wirbelkeule: an den Enden von Tragflügeln oder Leitwerksteilen angebrachte stromlinienförmige Körper, die den Druckausgleich zwischen Unter- und Oberseite und damit den abgehenden Wirbelzopf glätten sollen, wodurch der induzierte Widerstand verringert wird. An Tragflügelenden oft als → Tiptank, an Leitwerksflächen dagegen als → Massenausgleich ausgebildet.

Wirbelschleppe, engl. *trailing vortex:* eine Aneinanderreihung von Sogwirbeln unter den Tragflächenenden eines Luftfahrzeugs. → Wirbelschleppenturbulenz

Wirbelschleppenturbulenz: engl. *wake turbulence:* durch Sogwirbel hinter einem Luftfahrzeug hervorgerufene Turbulenz. → Wirbelschleppe

Wirbeltheorie: System von Lehrsätzen zum theoretischen Erfassen der Drehbewegung von Flüssigkeiten und Gasen. Die Rotation von Flüssigkeiten und Gasen unterliegt anderen Gesetzmäßigkeiten als die von festen Körpern. Während bei der Rotation des festen Körpers der Quotient aus Umfangsgeschwindigkeit u und Abstand zum Rotationsmittelpunkt r, die Winkelgeschwindigkeit, entlang dem Radius konstant ist ($\omega = u/r$), bleibt bei der Rotation von Flüssigkeiten und Gasen das Produkt aus induzierter Geschwindigkeit v_i (Äquivalent der Umfangsgeschwindigkeit) und Abstand vom Rotationsmittelpunkt r konstant, $v_i \cdot r = \text{konst.}$ Nach dieser Gesetzmäßigkeit müßte im Mittelpunkt einer rotierenden Flüssigkeit die Geschwindigkeit unendlich groß sein, was praktisch nicht möglich ist. Dieser Widerspruch wird dadurch gelöst, daß jeder Wirbel, wie ein System rotierender Flüssigkeits- oder Gasteilchen bezeichnet wird, einen Wirbelkern besitzt, dessen Rotation den Gesetzen eines festen Körpers folgt. Das Produkt aus Winkelgeschwindigkeit ω und

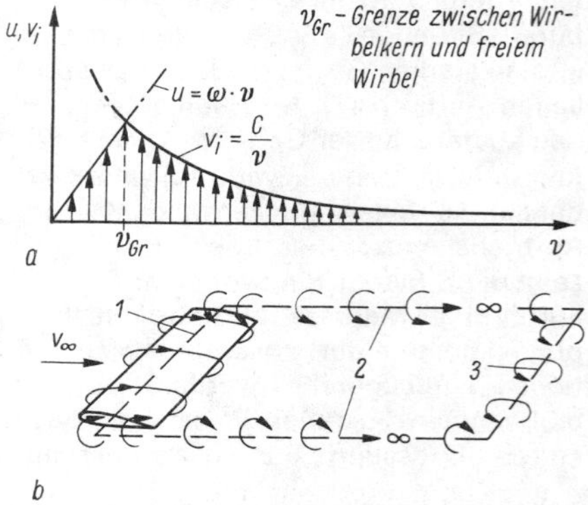

a Geschwindigkeitsverteilung im ebenen Potentialwirbel; b Wirbelsystem am endlichen Tragflügel; 1 tragender oder gebundener Wirbel, 2 freie oder Randwirbel, 3 Anfahrwirbel

Querschnittsfläche des Wirbelkerns σ wird als Intensität I des Wirbels bezeichnet ($I = \omega\sigma$). Die doppelte Intensität wird als Zirkulation Γ ($\Gamma = 2I$) bezeichnet. Außerhalb des Wirbelkerns beträgt die Zirkulation einer geschlossenen Wirbelkontur $\Gamma = 2 \cdot \pi \cdot r \cdot v_i$. Für die Nutzung der W. sind die *Helmholtzschen Wirbelsätze* von bes. Bedeutung; der 1. Satz *(räumlicher Erhaltungssatz)* besagt, daß die Zirkulation entlang eines Wirbelfadens (räumliche Betrachtung erforderlich) konstant ist, woraus folgt, daß ein Wirbelfaden in einem abgeschlossenen Flüssigkeitsgebiet nur als geschlossener Wirbelring oder aber als Hufeisenwirbel mit 2 in das Unendliche ausgedehnten Schenkeln existieren kann; der 2. Satz *(zeitlicher Erhaltungssatz)* sagt aus, daß die Zirkulation zeitlich unveränderlich ist, was bedeutet, daß Wirbelfäden weder aus der Ruhe heraus entstehen, noch plötzlich verschwinden können. Die Ursache der Entstehung von Wirbeln ist in der Reibungsspannung zwischen 2 Strömen mit starker Geschwindigkeitsdifferenz (nach Größe oder Richtung) zu suchen, so z. B., wenn sich die Ströme von Tragflügelunter und -oberseite an der Tragflügelhinterkante treffen. Im Jahre 1906 wies *N. J. Shukowski* nach, daß die Zirkulation Voraussetzung für das Vorhandensein einer Auftriebskraft am Profil ist ($F_A = \varrho_\infty \cdot V_\infty \cdot \Gamma \cdot b$) und daß somit der am Tragflügel bei seiner Umströmung entstehende Wirbel die Ursache der Auftriebskraft darstellt.

Wirbelwalze, Wirbelzopf: → Widerstand, → Wirbeltheorie

Wirkungsgrad: physikalischer Begriff, Kennziffer für Energieumwandlungsprozesse, Quotient aus Nutzen und Aufwand, ist stets eine Zahl zwischen 0 und 1 bzw. 0 und 100 %. W. ist eine wichtige Kenngröße für Flugzeugtriebwerke, er beeinflußt Nutzmasse, mitzuführende Brennstoffmasse bzw. Reichweite eines Flugzeugs. W. ist umgekehrt proportional dem → spezifischen Brennstoffverbrauch. Bei Flugzeugsantriebsanlagen wird zwischen innerem und äußerem W. unterschieden. *Innerer W.:* Quotient aus innerer → Leistung und der pro Zeiteinheit dem Triebwerk mit dem Brennstoff zugeführten chemischen Energie. Der innere W. ist das Produkt aus dem theoretischen W., dem Gütegrad und dem mechanischen W. (innerer W. 30...50 %). *Äußerer W.:* Quotient aus → äußerer Leistung und innerer Leistung. Bei KTW ist der äußere W. identisch mit dem Luftschrauben-W. Äußerer W. häufig als Flugwirkungsgrad bezeichnet (äußerer W. 50...80 %). Gesamt-W. einer Flugzeugantriebsanlage ist das Produkt aus innerem und äußerem W., er liegt für die verschiedenen Antriebsanlagen bei Reiseflugbedingungen zwischen 15 % und 40 % → Triebwerke (Tab., Spalte 4). Theoretischer W.: W. des theoretischen Vergleichsprozesses, im wesentlichen abhängig von → Druckverhältnis, → Temperaturverhältnis, → Verdichtungsverhältnis und Art des Kreisprozesses (theoretischer W. 50...70 %). Gütegrad: Quotient aus indizierter Leistung und theoretischer Leistung des Vergleichsprozesses (Gütegrad 50...70 %). *Mechanischer W.:* Quotient aus der von der Maschine abgegebenen und der in der Maschine erzeugten Leistung, Maß für die Leistung zur Deckung der Reibungsverluste und zum Antrieb der Hilfsaggregate (KTW 75...85 %, Gasturbinen 95...98 %). Gesamt-W. der Flugzeugtriebwerke ist nicht konstant, sondern abhängig von Konzeption (KTW, PTL, ETL, ZTL), konstruktiven Größen (Verdichtungsverhältnis, Art des Kreisprozesses), Betriebsgrößen (Drehzahl, Belastung, → Luftverhältnis, Fluggeschwindigkeit, Flughöhe) und → Betriebsverhalten.

Wirtschaftsflug, engl. *Aerial Work:* Teil der kommerziellen zivilen Luftfahrt; Bez. für alle Leistungen der Luftfahrt außer Luftverkehrsleistungen, die gegen Entgelt mit staatlich dafür zugelassenen → Luftfahrzeugen erbracht werden. Träger des W. sind entweder eigens dafür geschaffene Unternehmen oder → Luftverkehrsgesellschaften, die den W. neben der Beförderung von Fluggästen, Luftfrachten und Luftpostsendungen durchführen.

WIT: Typenbez. für sowjetische Jagdflugzeuge zur Panzerbekämpfung (russ. **w**osduschny **i**strebitel **t**ankow), z. B. WIT-1.

WMO: Abk. für **W**orld **M**eteorological **O**rganization. → Weltorganisation für Meteorologie

W-Motor: Bauform von Kolbenflugmotoren mit W-förmiger Anordnung dreier Zylinderreihen. → Kolbentriebwerk

Wodopjanow, *Michail Wassiljewitsch:* sowjet. Polarflieger, Generalmajor der Flieger (1943), geb. 6. (18.) Nov. 1899, gest. 11. 8. 1980. 1919 Armee, Teilnahme am Bürgerkrieg, erhielt 1929 das Flugzeugführerdiplom, flog dann zunächst Passagierflugzeuge. Beteiligte sich im Jahre 1934 an der schwierigen Rettung der Tscheljuskin-Besatzung, wofür er am 20. April 1934 Held der Sowjetunion wurde. Landete als erster Pilot der Welt im Rahmen der wissenschaftlichen *Papanin*-Expedition am 7. Okt. 1937 auf dem Nordpol. Während des Krieges Kommandeur der Fernbomberdivision, mit der er 1942 Flüge bis Berlin unternahm. Autor der Bücher: «Die Eroberung des Nordpols», «Der Traum des Piloten» und «Der Flieger Tschkalow».

Wölbungsklappe: → Auftriebshilfen

Wolken: Ansammlung von *Wassertröpfchen* und/oder *Eisteilchen,* die aufgrund ihrer geringen Masse in der Luft schweben. W. entstehen überall dort, wo der in der Luft vorhandene Wasserdampf unter den Taupunkt abgekühlt wird *(Kondensation).* Dies geschieht in der Natur vor allem durch *Hebungsvorgänge,* wie *thermische Konvektion,* Aufsteigen an Hindernissen (Hügel, Gebirge) und Aufgleiten von wärmerer auf kältere Luft (→ Front). Voraussetzung für Kondensation ist das Vorhandensein von *Kondensationskernen,* winzigen, meist hygroskopischen Partikeln, wie Rußteilchen, Salzkristalle u. a. Bei Temperaturen unter 0 °C treten an die Stelle von Kondensationskernen *Gefrierkerne,* feste, wasserunlösliche, benetzbare Partikel. Die wolkenbildenden Wassertröpfchen haben Durchmesser von $10^{-3}...10^{-2}$ mm. Das Stadium der Anlagerung von H_2O-Molekülen an die Kondensationskerne wird als Vorkondensation bezeichnet. Bei langsamen Hebungsprozessen können einmal entstandene Wassertröpfchen längere Zeit bei Temperaturen unter 0 °C bestehen *(Gefrierverzug).* Unterkühlte Wassertröpfchen in W. rufen beim Durchfliegen → *Vereisung* hervor. *Unterscheidung der W.:* 1) Nach dem Vorhandensein von Wassertröpfchen und/oder Eisteilchen spricht man von *Wasser-W., Eis-W.* und *Misch-W.* 2) Nach ihrer Höhenlage unterteilt man in *tiefe, mittelhohe, hohe* und solche mit großer *Vertikalstreckung,* die über mehrere W.-Stockwerke reichen. 3) Nach der Struktur gibt es *Quell-W.* (auch *Haufen-W.* genannt), *Schicht-W.* und *Haufenschicht-W.* 4) Der *internationalen W.klassifikation* liegen morphologische Gesichtspunkte zugrunde. Die internationale W.klassifikation bildet die Grundlage für eine weltweit einheitliche W.beobachtung. Sie wird auch im Flugwetterdienst angewendet. In ihr werden 10 *W.gattungen* unterschieden:

- *Cirrus (Ci)*
  einzelne zarte, weiße W. aus Eiskristallen in Form von Federn oder Büscheln
- *Cirrocumulus (Cc)*
  kleine weiße Flocken oder Ballen, in Gruppen oder Reihen angeordnet
- *Cirrostratus (Cs)*
  feiner weißer Schleier, den ganzen Himmel oder Teile desselben bedeckend
- *Altocumulus (Ac)*
  aus Wassertröpfchen bestehende Ballen, Flocken oder Lamellen mit hellem Rand und beschattetem dunklem Innenteil
- *Altostratus (As)*
  formlose, seltener faserige, weißliche oder graue Schicht-W., durch welche Sonne oder Mond wie durch eine Mattglasscheibe hindurchscheint; aus Wassertröpfchen und Eisteilchen
- *Nimbostratus (Ns)*
  dicke, graue, meist dunkle formlose W.schicht, unter der häufig niedrige W.fetzen ziehen; typisch für anhaltenden Regen oder Schneefall
- *Stratus (St)*
  strukturlose, gleichförmige W.schicht aus Wassertröpfchen, bei tiefen Temperaturen aus Eisteilchen; bisweilen fallen aus St Sprühregen oder Eisteilchen
- *Cumulus (Cu)*
  Quell-W., die in verschiedenen Entwicklungsstadien vorkommt, vom Fracto-Cumulus, der zerissenen fetzenartigen W. unter Regenbewölkung oder als Vorstufe der weiter quellenen Cumulus-W. über den *Schönwetter-Cumulus* mit schon scharfer Untergrenze bis zum blumenkohlförmig aufgequollenen *Cumulus congestus*
- *Cumulonimbus (Cb)*
  aus einem *Cumulus congestus* durch Vereisung der oberen Teile infolge weiterer Vertikalentwicklung entstandene Quell-W., sich häufig in ihren oberen Teilen amboßförmig ausbrei-

tend; typische *Schauer-* und *Gewitter-W.*

Die W.gattungen werden noch weiter in *Arten* und *Unterarten* unterteilt, wenn dies zu ihrer Unterscheidung notwendig ist. Im Flugwetterdienst haben *castellanus (cas)* = zinnen- oder türmchenförmig, *lenticularis (lent)* = linsenförmig und *fractus (fra)* = W.fetzen bes. Bedeutung. Das Auftreten von *cas*-Formen (z. B. *Ac cas*) ist ein Anzeichen von labiler Luftschichtung und deutet auf Gewitter hin. Die *lent*-Formen zeigen *Absinkvorgänge* an. Sie sind charakteristisch bei *Leewellen.* Die *fra*-Form (z. B. *St fra*) tritt in den meisten Fällen bei länger anhaltendem *Regen* auf. Sie bildet sich bei hoher *Luftfeuchte* und durch *turbulente Hebungsvorgänge* an Fronten und kann dann Flugverkehr erheblich behindern.

Wolkenflug: 1) Flug eines Segelflugzeugs in den Wolken zur Ausnutzung des Aufwinds in der Wolke und Umsetzung in Höhengewinn. W. ist wegen seiner Gefahren in vielen Ländern verboten. Gefahr der Vereisung, des Zusammenstoßes mit anderen Segelflugzeugen, Gefahr der Überbelastung des Flugzeugs. 2) Flug eines Motorflugzeugs unter Instrumentenflugbedingungen (→ Instrumentenflug) in den Wolken.

Wolkengattung: → Wolken

Wolkenhöhenmesser: Anlage zur Messung der Höhe von Wolkenuntergrenzen. Früher verwendete man Wolkenhöhenscheinwerfer, die senkrecht nach oben strahlten und deren Leuchtfleck auf der Wolkenunterseite von einem Theodoliten ausgemessen wurde. Neuere W. arbeiten elektrisch, indem ein Lichtimpuls senkrecht nach oben abgestrahlt wird und das an der Wolkenunterseite reflektierte Licht mit einer Fotozelle empfangen wird, die einen elektrischen Impuls liefert. Aus der Zeit zwischen Abstrahlung und Empfang ergibt sich die Wolkenhöhe. Elektrische W. lassen sich auch am Tage einsetzen. Weiterentwickelte Anlagen gestatten die laufende Registrierung der Wolkenhöhe.

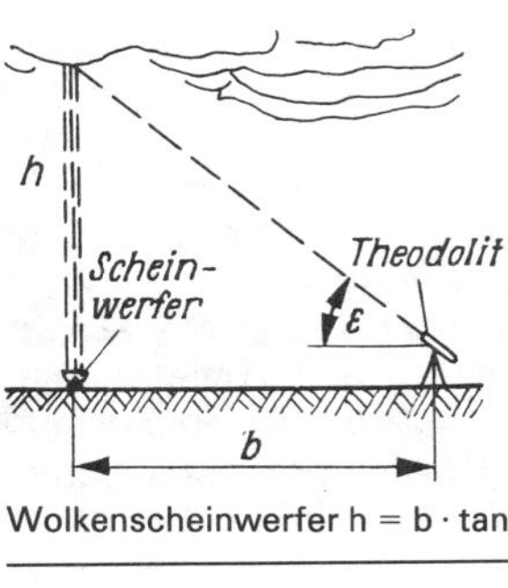

Wolkenscheinwerfer h = b · tan ε

Wolkenklassifikation: → Wolken

Wolkenthermik: → Thermik

Wollfadenmethode, *Tufting-Methode:* Methode zum Festellen und Sichtbarmachen von Strömungsverhältnissen an Körpern durch Anbringen von Wollfäden. Die auf der untersuchten Fläche gleichmäßig verteilten Fäden richten sich nach der Strömung aus und geben in ihrer Gesamtheit das Strömungsbild an der Körperoberfläche wieder. Nachteil der W.-M. ist die Beeinflussung der Strömung selbst durch die Wollfäden. → Windkanal

Woordward-Anlage: Bez. für ein früher übliches englisches Funknavigations-Verfahren, das ähnlich wie → VOR arbeitete.

World Area Forecast Centre, Abk. **WAFC:** → Weltzentrum für Gebietsvorhersagen

World Area Forecast System, Abk. **WAFS:** → Weltgebietsvorhersagesystem

Woroshekin, *Arseni Wassiljewitsch:* sowjetischer Generalmajor, 2facher Held der Sowjetunion, geb. 15. (28.) Okt. 1912 Prokofjewo Gebiet Gorki, 1931 Armee-Einheit. Flog nach Abschluß der Fliegerschule (1937) I-153. Kämpfte 1939 gegen die Japaner am Chalchin Gol, danach an der sowjetisch-finnischen Front, im Kursker Bogen, im polnischen Raum sowie über der Tschechoslowakei. Am 4. Febr. 1944 als Hauptmann und Staffelkommandeur im 728. Jagdfliegergeschwader und am 19. Aug. 1944 als Major und stellvertretender Kommandeur des 32. Gardejagdfliegerregiments Held der Sowjetunion. Nach dem Krieg Geschwader- und Divisionskommandeur, 1. Stellvertreter des Chefs der Luftstreitkräfte der Schwarzmeerflotte. 1957 Reserve. Leninorden und andere hohe Auszeichnungen. Autor von Büchern, in denen er seine Erfahrungen im Luftkrieg darlegt: «Jagdflieger» (Berlin 1974), «Vor uns Berlin».

Wright: *Orville W.,* geb. 19. Aug. 1871 Dayton/Ohio, gest. 30. Jan. 1948 Dayton/Ohio, und *Wilbur,* geb. 16. April 1867 Millville/Indiana, gest. 30. Mai

Doppeldecker der Brüder Wright

1912; amerikanische Flugpioniere, werteten die Versuche *Lilienthals* aus und verwirklichten erstmals den Traum vom Motorflug. Am 17. Dez. 1903 gelangen ihnen nach mehrjährigen Vorbereitungen gesteuerte Motorflüge (erster Flug 53 m in 12 s, vierter Flug 260 m in 59 s) mit einem Doppeldecker von 355 kg Flugmasse, dessen 2 Luftschrauben durch einen kleinen Flugmotor angetrieben wurden. Zur Erreichung der Querstabilität erfanden sie die → Verwindung der Tragflügel. 1904 glückte ihnen der erste Kreisflug, 1905 ein Streckenflug von 45 km in 38 min. Die Brüder W. gelten aufgrund der Tatsache, daß sie ihre Flugzeuge immer mehr vervollkommneten, immer längere Flüge unternahmen, verschiedene Rekorde erzielten und eine Fliegerschule errichteten, als die Pioniere des Motorflugs, obwohl → Whitehead bereits in den Jahren 1901/02 Motorflüge durchführte. – **2.** US-amerikanischer Flugmotorenhersteller.

Wulf, *Georg:* deutscher Flugzeugführer, geb. 17. Mai 1885, gest. (abgestürzt) 29. Sept. 1927. Mitbegründer der → Focke-Wulf-Flugzeugbau GmbH. Tödlich abgestürzt bei Erprobung des zweimotorigen → Entenflugzeugs F 19.

Wurzeltiefe: → Tragflügelgeometrie

X

X: Typenbez. der USA für Forschungs- und Versuchsflugzeuge (z. B. X-15). → Raketenflugzeug

X-Motor: Bauform von Kolbenflugmotoren mit X-förmiger Anordnung von 4 Zylinderreihen. Entsteht durch spiegelbildliches Zusammenschalten zweier V-Motoren, z. B. Rolls Royce Vulture.

Y

Yemen Airway Corporation, Abk. **Yemenia:** Luftverkehrsgesellschaft der Jemenitischen Arabischen Republik, die 1972 entstand durch Umbenennung der Yemen Airlines, welche bereits 1962 nationalisiert wurde. *Flugzeugpark (1988):* 4 Boeing 727, 1 Boeing 737, 2 DHC 7. Verkehrsdaten 1987: 418 000 beförderte Passagiere (davon 318 000 intern. Fluggäste); 525 Mill. Pkm; 7,3 Mill. Frachttkm; 60,7 Mill. tkm Gesamtleistung. Streckennetz von 50 000 km. Hauptstrecken: Europa, USA und Mittlerer Osten. Mitglied der IATA.

Z

Z: Bez. für tschechoslowakische Schul-, Sport- und Übungsflugzeuge, abgeleitet von dem Ort **Z**lin. → Trener

ZAGI: Abk. für russ. **Z**entralny **A**ero-**G**idrodinamitscheski **I**nstitut, Zentrales Aero- und Hydrodynamisches Institut. Wissenschaftliches Forschungszentrum der UdSSR, gegr. aufgrund eines Beschlusses des Rates der Volkskommissare, der die Unterschrift von *W. I. Lenin* trug. Beginn der Tätigkeit: 1. Dez. 1918. Obwohl Bürgerkrieg und feindliche Interventionen tobten, wurden hier die wissenschaftlichen Grundlagen für den Aufbau der sowjetischen Luftfahrt geschaffen. Erster Leiter war Prof. *N. J. → Shukowski,* der auch die Vorlage für den Rat der Volkskommissare ausgearbeitet hatte. Zu seinen Mitarbeitern zählten *S. A. → Tschaplygin* und *A. N. → Tupolew.* Nach Shukowskis Tod (1921) wissenschaftlicher Leiter bis 1929 Tschaplygin. Im ZAGI arbeiteten damals die weltberühmten Gelehrten *Lawrentjew, → Wettschinkin* und *Sabinin* (bahnbrechende Arbeiten auf dem Gebiet der experimentellen Aerodynamik). 1923: Bau neuer Laboratorien, die alle Einrichtungen für die Luftfahrtforschung anderer Länder in Größe und Ausrüstung übertrafen. Der Windkanal war damals größter der Welt (8eckiger Querschnitt, Länge fast 50 m, Kanaldurchmesser 4...6 m); großes Forschungs-Versuchsbassin von 200 m Länge. Das ZAGI war immer eng mit der sowjet. Luftfahrtindustrie verbunden. Selbständiger Sektor bis Mitte der 30er Jahre: Versuchsflugzeugbau (von *Tupolew* geleitet). Ab 1935 neuer Gebäudekomplex außerhalb Moskaus für das ZAGI errichtet, Ende 1939 dort neuer Windkanal im Betrieb (2motorige Bomber waren im Original unterzubringen und mit unter Vollast laufenden Triebwerken zu untersuchen). Versuchshallen, um Flugzeuge jeder Größe auf Festigkeit unter allen möglichen Belastungen sowie Flugtriebwerke unter Vollastbedingungen zu überprüfen. Die Einrichtungen des ZAGI u. die wissenschaftl. Ergebnise waren Grundlage für die Spitzenleistungen der sowjetischen

Windkanal des ZAGI von 1933

Wasserkanal zur Ermittlung zweckmäßiger Formen von Schwimmern und Flugbootrümpfen (1933)

Tupolews ANT-1 war 1933 im ZAGI Ausstellungsstück

Luftfahrtindustrie. Nach 1945 bes. mit dem Problemen des Hochgeschwindigkeitsflugs beschäftigt. Ab 1985 geleitet von Prof. Swischtschow, Akademiemitglied.

Zähigkeit, *Viskosität:* Eigenschaft einer Flüssigkeit oder eines Gases, der gegenseitigen Verschiebung benachbarter Schichten einen Widerstand entgegenzusetzen. Von bes. Bedeutung sind die Z. und ihre Temperaturabhängigkeit bei Schmierstoffen, aber auch bei Turbinenbrennstoffen. Dynamische Z. oder absolute Z. η ist Proportionalitätsfaktor im Newtonschen Schubspannungsansatz für Flüssigkeiten und wird angegeben in «Poise». $1\,P = 1 \cdot 10^{-6}$ $daNs/cm^2$. Die kinematische Z. ν ist die dynamische Z. bezogen auf die Dichte und wird angegeben in «Stoke». $1\,St = 1\,cm^2/s$.

Zambia Airways Corporation Ltd.: staatliches Luftverkehrsunternehmen der Republik Sambia mit Sitz in Lusaka, das 1967 gegr. wurde. *Flugzeugpark:* 2 ART 42, 2 Boeing 707, 1 Boeing 737, 2 HS 748, 1 DC 10. Verkehrsdaten 1987: 260 000 beförderte Passagiere (davon 140 000 intern. Fluggäste); 620 Mill. Pkm; 24,4 Mill. Fracht-tkm; 80,7 Mill. tkm Gesamtleistung. Streckennetz von rd. 42 000 km. Hauptstrecken: Ostafrika, Europa; Inlandverkehr. Die Z. ist IATA-Mitglied.

Zborowski, *Graf Helmut von:* Triebwerkskonstrukteur, geb. 21. Aug. 1905 Theresienstadt; 1934 Mitarbeiter von BMW bei der Luftfahrtforschungsanstalt Braunschweig, dann Prüfstandleiter des Raketenflugtechnischen Instituts der Luftwaffe in Trauen (Lüneburger Heide). 1939 Bau der ersten demontierbaren Raketenbrennkammer mit auswechselbaren Teilen. Schlug als erster Salpetersäure als Sauerstoffträger für Raketentreibstoffe vor. 1946 Mitarbeiter im französischen Luftfahrtministerium. 1952 eigenes Büro in Frankreich, wo Z. für die französische Industrie Flugzeuge und Triebwerke entwikkelte. Bes. beschäftigte er sich mit Ringflügelflugzeugen *«Coléoptère»* (→ *Coleopter*).

Zeitanflug: zeitgenauer Überflug eines bestimmten Punkts oder einer Linie senkrecht zur Flugrichtung. Im wettkampfmäßigen Navigationsflug beträgt die Toleranz bei bekannten und unbekannten Zeitkontrollen ± 2 s zur Sollzeit. Für jede Sekunde außerhalb dieser Toleranz erhält der Wettkämpfer Strafpunkte.

Zeitcharter Art der Charterung. → Charterflugverkehr, → Charterung

Zelle: Einheit von Rumpf-, Trag- und Leitwerk; Teil des → Flugwerks.

Zellon: Spannlack, der in der Flugzeugindustrie zum Straffen und Spannen so-

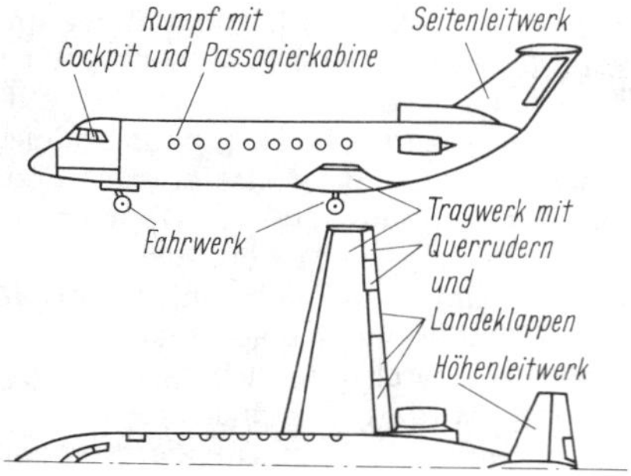

Zelle am Beispiel der Jakowlew Jak-40

wie Imprägnieren der mit Stoff bespannten Teile verwendet wird. Z.-Lösung von Zellulose in Azeton.

zentrale Abfertigung: technologisches Verfahren zum Abfertigen von Fluggästen auf Flughäfen (→ Abfertigung). Dafür ist typisch, daß alle zu unterschiedlichen Zeiten und mit unterschiedlichen → Fluglinien reisenden Fluggäste an einer (zentralen) Stelle des → Abfertigungsgebäudes abgefertigt werden. Gegensatz dazu ist die dezentrale Abfertigung.

Zentralgesellschaft VFW-Fokker mbH: im Mai 1969 gegr. Firma, durch Zusammenschluß der → Vereinigten Flugtechnischen Werke GmbH, Bremen, und der → N. V. Koninklijke Nederlandse Vliegtuigenfabriek Fokker Amsterdam entstanden. Sitz Düsseldorf, beide Firmen waren mit je 50% beteiligt. Tochtergesellschaften: die davor selbständigen Betriebe Fokker-VFW N. V., Amsterdam, und → Vereinigte Flugtechnische Werke – Fokker GmbH, Bremen. Die Leitung der Zentralgesellschaft war paritätisch besetzt. Beteiligt mit 60% an ERNO-Raumfahrttechnik GmbH, Bremen, und mit 50% an belgischer Flugzeugwerft SABCA, Brüssel. Neben militärischen Erzeugnissen wurden die Verkehrsflugzeuge F.28 «Fellowship» und F.27 hergestellt sowie Militärflugzeuge gewartet. 1980 aufgelöst.

Zeppelin, *Graf Ferdinand von:* Generalmajor, Diplomat, Luftschiffkonstrukteur, geb. 8. Juli 1838 Konstanz, gest. 8. März 1917 Berlin. Erfinder der nach ihm «Zeppelin» benannten lenkbaren Starrluftschiffe mit Ganzmetallgerüst, die sich gegenüber anderen Luftschiffkonstruktionen erfolgreich durchsetzten; Verfechter des militärischen Einsatzes der Luftschiffe im ersten Weltkrieg, obwohl diese sich als sehr verlustreich erwiesen hatten. Gründer der «Luftschiffbau Zeppelin GmbH» in Friedrichshafen am Bodensee. → Luftschiff («Graf Ferdinand von Zeppelin», Leipzig BSB Teubner 1987).

Zero Fuel Weight, Abk. **ZFW,** engl. für Leertankmasse: Masse des Luftfahrzeugs ohne die Massen der Betriebsstoffe (Brenn- und Schmierstoffe), d. h. die Leertankmasse ergibt sich aus: Masse des Luftfahrzeugs einschließlich der Standardausrüstung, Masse der nicht ausfliegbaren Betriebsstoffe, Masse der Zweckausrüstung, Masse der Dienstlasten (Besatzung, Bordbuffet) und der Nutzmasse. Die Größe ZFW ist ein wesentlicher Parameter zum Berechnen der Beladung und Betankung im Verkehrsflug. → Abflugmasse

Zero-Reader: engl. Firmenbez. für einen früher verwendeten kombinierten Anzeiger (Kreuzzeigergerät), auf dem wahlweise die Meßwerte des künstlichen Horizonts, des Kreiselmagnet-Kompasses und des Höhenmessers dargestellt werden. Beim Landeanflug werden auf dem Z.-R. die Landeführungsdaten des → ILS angezeigt.

Z-Funkfeuer, *Z-Marker-Beacon:* → Markierungsfunkfeuer, das zum Kennzeichnen des Standorts eines 4-Kurs-Funkfeuers dient, da über diesem Standort kein Signal des 4-Kursfunkfeuers empfangen werden kann (Schweigekegel oder Nullkegel). Das Z-F. strahlt im Schweigekegel ein Signal in einem kegelförmigen vertikalen Antennendiagramm aus. Modulationsfrequenz 3000 Hz.

ZFW: Abk. für → **Z**ero **F**uel **W**eight.

ZIAM: Abk. für russ. **Z**entralny **I**nstitut **A**wiazionnogo **M**otorostrojenia, Zentralinstitut für Flugmotorenbau (UdSSR).

Ziehen: Bewegung des Steuerknüppels oder der Steuersäule in Richtung zum Körper. Dadurch wird das Höhenruder nach oben verstellt, und durch die Veränderung der Umströmung des Höhenleitwerks wird das Rumpfende nach unten bewegt, und das Flugzeug steigt. Durch Z. wird das Flugzeug beim Start in die richtige Steigfluglage und bei der Landung in die richtige Lage zum Aufsetzen gebracht.

Zielflug: Streckenflug mit dem Segelflugzeug zu einem vorher bekannten Ziel (Ort oder Flugplatz). → Segelflug, → Silber C, → Gold C

Zielfluggerät: → Funkkompaß

Zielflughafen: Flughafen, auf dem lt. Angabe in den → Beförderungspapieren die betreffende Reise (Transport) endet; nicht identisch mit → Bestimmungsort.

Zielflugpeiler: früher übl. Bez. für einen → Funkhalbkompaß.

Zielflugverfahren, *Homing:* stetige Annäherung eines Luftfahrzeugs an einen Sender unter Benutzung von Bord-Funknavigationsmitteln.

Zielgeräte-Navigations-Komplex, Abk. **ZNK:** in modernen Kampfflugzeugen Komplex der Ausrüstung, welcher sowohl eine Navigation unter schwierigen meteorologischen und führungstechnischen Bedingungen als auch automatisierte Zielerfassungs-, erkennungs- und -bekämpfungsaufgaben gewährleistet. Zentrale Einheit eines ZNK sind ein oder mehrere Bordrechner.

Ziellandung: 1. Landung eines Flugzeugs an einem vorher bezeichneten Punkt oder in einem begrenzten Landefeld. Bei der Ausbildung wird die Z. geübt, um die Flugzeugführer zu befähigen, das Flugzeug im Landefeld sicher zu landen. Beim Ziellande-Wettbewerb werden die Landungen im Landefeld sowie die Qualität der Landung bewertet, und so die Sieger ermittelt. – **2.** Genaue Landung, reguläres Aufsetzen des Sportflugzeugs mit dem Hauptfahrwerk in einem vorgegebenen Feld von 12 m Breite und einer Ausdehnung von bis zu 0,5 m in Flugrichtung. Für jeden Meter zu kurz oder zu weit erhält der Wettkämpfer Strafpunkte, dabei wird die «zu kurze Landung» doppelt bestraft.

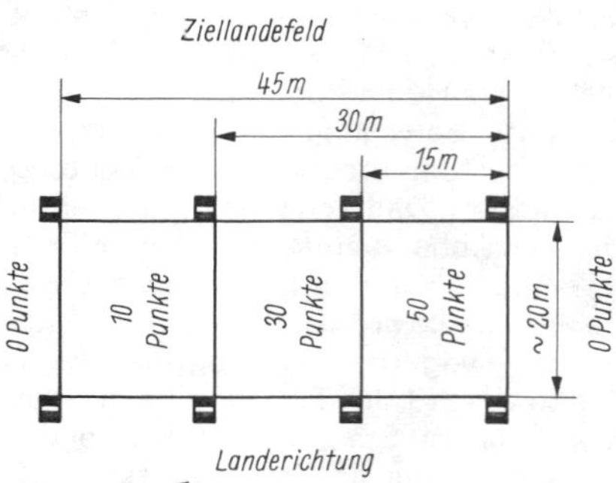

Ziellandefeld

Zikada: sowjetisches → Satellitennavigationssystem. Die Satelliten befinden sich auf annähernden Kreisbahnen in etwa 1000 km Höhe (83° Inklination, 105 min Umlaufdauer). Die Bahndaten werden im 24-h-Abstand neu erfaßt und übertragen. Die Satelliten senden auf den Frequenzen 150 MHz (Ephemeridenübertragung und Zeitreferenz) und 400 MHz (unmoduliert zur Dopplerfrequenzmessung) mit einer Leistung von 3 W. Der Empfänger führt in der vorgebenen Bandbreite eine automatische Signalsuche durch. Der angeschlossene Rechner wird zur Signalverarbeitung und zur automatischen Standortberechnung benutzt. Satelliten in Elevationswinkeln von 15° bis 75° sind benutzbar. In der Seefahrt wurde ein Fehlerkreisradius von 0,5 nm für 95 % aller Standortbestimmungen ermittelt. Die Ortungsgenauigkeit hängt von der Genauigkeit der Ermittlung der Geschwindigkeit des Fahrzeugs ab.

Zindel, *Ernst:* Flugzeugkonstrukteur, geb. 23. Jan. 1897 Mistelbach b. Bayreuth; studierte Schiffbau an der TH Berlin-Charlottenburg, nach Abschluß als Diplomingenieur dort am Institut für Schiffbau Assistent. Okt. 1920 zur Junkers Flugzeug- und Motorenbau AG in Dessau (→ Junkers). Dort Mitarbeiter von Chefkonstrukteur Dipl.-Ing. *Otto Reuter,* der die F 13 konstruiert hatte. 1927 verantwortlicher Leiter für technische Entwicklung im Konstuktionsbüro, 1932 Gesamtleitung des Konstruktionsbüros. Mit seinem Namen verbunden sind die Junkers-Konstruktionen G 24, G 31, W 33, W 34, G 38, J 49, Ju 52, Ju 88 und Ju 90.

Ziolkowski, *Konstantin Eduardowitsch:* russisch-sowjetischer Gelehrter und Erfinder, geb. (5.) 17. Sept. 1857 Ishewskoje (Gouvernement Rjasan), gest. 19. Sept. 1935 Kaluga. Beschäftigte sich zuerst mit Bau von Flugzeugen und Ganzmetalluftschiffen, dessen Rauminhalt je nach Flughöhe und Temperatur veränderlich sein sollte, (gleichmäßige Auftriebskraft). Keine staatliche Unterstützung. Mit eigenen bescheidenen Mitteln veröffentlichte er die Arbeit «Das lenkbare Metalluftschiff», in der die Methoden der hydrostatischen Erprobung von Luftschiffen zur Bestimmung der Stabilität und Widerstandsfähigkeit dünner Hüllen begründet wurden. 1894 publizierte er in einer wissenschaftlichen Zeitschrift das Projekt «Der Aeroplan oder die vogelähnliche Flugmaschine» (Ganzmetallflugzeug mit freitragendem Trag- und Radfahrwerk).

Z. große Bedeutung leitet sich jedoch vor allem aus der Begründung der Raketendynamik her, an der er ab 1896 arbeitete. 1903 begründete er in: «Die Erforschung der Welträume mit rückstoßgetriebenen Apparaten» die Möglichkeiten für Mehrstufenraketen. Z. beschäftigte sich sowohl mit dem Raketen- als auch mit Luftstrahlantrieb. 1930 wurden «Der rückstoßgetriebene Aeroplan» und «Das Raketenflugzeug» veröffentlicht. Z. arbeitete bereits am Prinzip des Luftschraubenantriebs durch Gasturbinen. Seine Erkenntnisse waren vor allem für die Entwicklung der Raumfahrt wichtig.

Zirkulation: → Wirbeltheorie

ZBK: Abk. für russ. **Z**entralnoje **k**onstruktorskoje **B**juro, Zentrales Konstruktionsbüro. 1933 aus dem → ZAGI herausgelöste Konstruktionsbrigaden von → *Iljuschin,* → *Polikarpow* und → *Grigorowitsch.* Da *Iljuschin* das Büro praktisch leitete, wurden die von ihm entwickelten Flugzeuge zunächst mit dieser Typenbez. versehen. (z. B. ZKB-26 – Prototyp der Il-4, ZKB-55 – erster Prototyp der Il-2).

ZM: Abk. für **Z**ero **M**arker (Z-Markierungsfunkfeuer). → Z-Funkfeuer

Z-Marker-Beacon: → Z-Funkfeuer

ZNK: Abk. für → **Z**ielgeräte-**N**avigations-**K**omplex.

Zollabfertigung: Tätigkeit einer Zolldienststelle, die in der Regel umfaßt: Prüfung auf Einhalten der Genehmigungsvorschriften und -verfahren, auf Übereinstimmung der Angaben im Zollantrag (Deklaration) mit dem Zollgut u. ä.; Anbringen der Zollvermerke, Zollerhebung, Freigabe abgefertigter Güter, Zollkontrolle aus- und einreisender Personen auf internationalen Flughäfen. → Abfertigung

Zoom: engl. Bez. für das Hochziehen aus der im Horizontalflug erreichten Maximalgeschwindigkeit, wobei das Flugzeug durch die kinetische Energie eine größere Gipfelhöhe erreicht. Z. wird vor allem bei Höhenrekordflügen angewendet.

ZTL: Abk. für → **Z**weitstrom**t**urbinen**l**uftstrahltriebwerk.

ZUA: Abk. für poln. **Z**AKLAD **U**SLUG **A**GROLOTNICZYCH. Dem poln. Flugzeugwerk WSK «PZL-Warszawa-Okecie» zugeordneter Betrieb für Agrarflugdienste. Einsatz in Polen und im Ausland (Ägypten, Sudan, Äthiopien, Iran, Ungarn, ČSFR, DDR). Flugzeugpark: An-2, PZL-106-Typen, PZL M-18, PZL-104. Außerdem werden Hubschrauberleistungen mit Mi-2 durch das Werk WSK «PZL-Swidnik» im In- und Ausland ausgeführt.

Zubringerdienst: spezielle, meistens von Luftverkehrsunternehmen organisierte, oft aber nicht von ihnen selbst durchgeführte Form der Personen- und Güterbeförderung im Vor- bzw. Nachlauf zur Beförderung mit Luftfahrzeugen. Zweck des der Beförderung von Personen (Fluggäste und Begleiter) und ihrem Gepäck zwischen dem Stadtzentrum und dem Flughafen bzw. dem Flughafen und dem Stadtzentrum dienenden Z. ist die Sicherung einer schnellen und bequemen, oftmals mit der → Abflug- bzw. → Einfindungszeit und/oder → Ankunftszeit koordinierten Beförderung. Z. wird im Luftfrachtverkehr zwischem dem Frachtbüro des Luftverkehrsunternehmens (des Luftfrachtführers) bzw. des Luftfrachtspediteurs oder -versenders und dem Abgangs- oder Bestimmungsflughafen durchgeführt.

Zubringerzeit: Zeitaufwand für die Fahrt vom Stadtzentrum (bzw. vom Abgangsort des Passagiers/der Luftfrachtsendung) zum Flughafen. Sie ist Bestandteil der → Reisezeit. → Zubringerdienst

Zugschraube: → Luftschraube, die auf das Luftfahrzeug eine Zugkraft ausübt.

Zuladung: Summe der Massen (in Kilogramm) von Besatzung, Nutzmasse, Kraft- und Schmierstoffen, die ein Luftfahrzeug aufnehmen kann. → Abflugmasse

Zündeinrichtung: Einrichtung zur Erzeugung eines oder mehrerer kräftiger Zündfunken zur Entzündung des Brennstoff-Luftgemisches in Gasturbinen- und Kolbentriebwerken. In Gasturbinentriebwerken genügt eine einmalige Zündung während des Anlaßvorgangs. Z. ist entsprechend einfach und besteht im wesentlichen nur aus Spannungsquelle, Unterbrecher, Zündspule und Zündkerze. Die Z. für Kolbentriebwerke ist komplizierter, da bei jedem Arbeitsspiel das Brennstoff-Luftgemisch erneut zu einem ganz bestimmten Zeitpunkt in jedem Zylinder gezündet werden muß und zusätzlich noch eine Anlaßzündung erforderlich ist. Die Z. besteht aus 2 Zündmagneten mit Zündspule, Unterbrecher und Zündverteiler, 2 Zündkerzen je Zylinder und der Anlaßsummerzündanlage. → Summerzündung

Zündkerze: Bauteil der Zündanlage von Flugzeugtriebwerken zur ein- oder mehrmaligen Entzündungen des Brennstoff-Luftgemischs. Die Z. bei Kolbentriebwerken ist sehr hohen mechanischen und thermischen Beanspruchungen ausgesetzt. Bei KTW hat sie im Gegensatz zu Kfz-Z. zur Erhöhung der Sicherheit 4 Masseelektroden. Betriebstemperaturen gemessen am Kerzenring: 180...220 °C, an den Elektroden: 550...650 °C. Z. von Gasturbinentriebwerken dienen nur zur einmaligen Zündung des Brennstoff-Luftgemischs in der Brennkammer während des Anlaßvorgangs, sie werden im Normalbetrieb abgeschaltet. Verwendet werden in Gasturbinentriebwerken Niederspannungs-Kondensatorzündanlagen mit Halbleiterkerzen und mit Oberflächenentladung.

Zündzeitpunkt: 1) Zeitpunkt des Überspringens des Zündfunkens an der Zündkerze bei Kolbenflugmotoren, angegeben als Abstand vom oberen Totpunkt (o. T.) des Kolbens in Millimeter oder Grad Kurbelwinkel z. B. bei ASch-82 T 21° vor o. T. Um optimale Betriebsbedingungen im gesamten Last- und Drehzahlbereich zu gewährleisten, wird der Z. während des Betriebs nach einem bestimmten Programm automatisch verstellt. 2) Zeitpunkt der Zündung des Brennstoff-Luftgemischs bei Gasturbinentriebwerken gerechnet vom Beginn des Anlaßvorgangs (ca. 10 s). Nach der Zündung wird bei Gasturbinentriebwerken die Zündanlage automatisch abgeschaltet.

Zürich; City-Code **ZRH:** bedeutendster internationaler Flughafen der Schweiz 47°27′36″ n. Br., 08°33′ ö. L., Höhe 432 m. 12 km nördlich von Zürich gelegen. 3 Start- und Landebahnen mit 3 700 m × 60 m, 3 300 m × 60 m und 2 500 m × 60 m. Jahresverkehrsleistung 1988: 10,6 Mill. Fluggäste. Moderne Funk- und Navigationsausrüstungen.

Zusatzbehälter: zusätzlich mitgeführte Brennstoffbehälter im oder unter dem Rumpf, unter den Tragflügeln und an den Tragflügelenden (→ Tiptanks), um die Reichweite zu vergrößern. Die Brennstoffanlage eines Flugzeugs muß zur Aufnahme von Z. ausgelegt sein, d. h., sie muß Entnahmestutzen und weitere notwendige Ausrüstungen haben. I. allg. können Z. nach Entleerung oder auch im Notfall abgeworfen werden. In bestimmten Fällen werden sie auch abgeschossen, um eine Kollision mit Teilen des Flugzeugs zu verhindern.

Zustandsänderung: Begriff aus der Thermodynamik, der die Änderung einer oder mehrerer Zustandsgrößen des Arbeitsgases einer Wärmekraftmaschine beschreibt. *Polytrope:* Allgemeine Z. eines Gases, die der Polytropengleichung $p \cdot V^n = \text{konst.}$ gehorcht, n Polytropenexponent, V spezifisches Volumen, p Druck. Besondere Z.: *Adiabate:* Z. ohne Wärmezu- oder -abfuhr von außen ($n = \varkappa$). *Isobare:* Linie gleichen Drucks, z. B. bei der Brennstoffverbrennung in der Brennkammer von Gasturbinen oder auf Wetterkarten ($n = 0$). *Isotherme:* Linie gleicher Temperatur, z. B. bei der Verdichtung beim Ericson-Prozeß, oder auf Wetterkarten ($n = 1$). *Isotrope:* Linie gleicher Entropie, z. B. bei der adiabaten Verdichtung eines idealen Gases ($n = \varkappa$). *Isochore:* Linie gleichen spezifischen Volumens ($n = \infty$). Die Z. umfaßt den Zusammenhang zwischen den Zustandsgrößen Temperatur, Druck, Volumen und Enthalpie.

Zuverlässigkeit der Flugtechnik: Eigenschaft der Flugtechnik, ihre vorgegebenen Funktionen unter festgelegten Bedingungen der → Nutzung, → Instandhaltung, Lagerung und des Transports über ein bestimmtes Zeitintervall oder eine festgelegte Betriebsdauer (Flugzeit) ohne Ausfall zu erfüllen. Die Z. ist ein komplexer Begriff, der die Qualität der Flugtechnik kennzeichnet. Man unterscheidet eine Entwurfs-Z. von einer Prüf-Z. und einer Betriebs-Z.; letztere ist für den Nutzer von besonderer Bedeutung, weil sie seitens der Technik über die vorhandene → Flugsicherheit entscheidet.

Zweilettercode (2-Letter-Code): Kombination aus Buchstaben bzw. aus Ziffern und Buchstaben, die → Luftverkehrsgesellschaften in vereinfachter Kurzform bezeichnet. Die beschränkten Variationsmöglichkeiten und die eingeschränkte Eindeutigkeit des Z. führten zur Vorbereitung eines *Dreilettercodes* (3-Letter-Code), der ab 1987 schrittweise eingeführt wurde, und zwar zunächst für Zwecke der Flugsicherung, später (nach 1990) auch für den kommerziellen Bereich. Nachfolgend ausge-

Name des Unternehmens		2-Letter-Code	3-Letter-Code
ADRIA AIRWAYS	(Jugoslawien)	IP	IAA
AER LINGUS P.L.C.	(Irland)	EI	EIN
AEROFLOT	(UdSSR)	SU	AFL
AEROLINEAS ARGENTINAS	(Argentinien)	AR	ARG
AEROMEXICO	(Mexico)	AM	AMX
AERONICA	(Nikaragua)	RL	ANI
AEROPERU	(Peru)	PL	PLI
AERO VIRGIN ISLANDS	(U.S. Jungferninseln)	QY	PQY
AIR AFRIQUE	(Elfenbeinküste)	RK	RKA
AIR ALGERIE	(Algerien)	AH	DAH
AIR ATLANTA INC.	(USA)	CC	CRB
AIR BOTSWANA PZY.LTD.	(Botswana)	BP	BOT
AIR CAL	(USA)	OC	ACL
AIR CANADA	(Kanada)	AC	ACA
AIR DJIBOUTI	(Djibouti)	DJ	DJI
AIR FRANCE	(Frankreich)	AF	AFR
AIR GABON	(Gabun)	GN	AGN
AIR GUINEE	(Guinea)	GI	GIB
AIR INDIA	(Indien)	AI	AIC
AIR INTER	(Frankreich)	IT	ITF
AIR IVOIRE	(Elfenbeinküste)	VU	AIV
AIR JAMAICA LTD.	(Jamaika)	JM	AJM
AIR LANKA LTD.	(Sri Lanka)	UL	ALK
AIR LIBERIA INC.	(Liberia)	NL	ALI
AIR LITTORAL	(Frankreich)	FU	LIT
AIR MADAGASCAR	(Madagaskar)	MD	MDG
AIR MALAWI LTD.	(Malawi)	QM	AML
AIR MALI	(Mali)	MY	AIM
AIR MALTA	(Malta)	KM	AMC
AIR MAURITANIE	(Mauretanien)	MR	MRT
AIR MAURITIUS LTD.	(Mauritius)	MK	MAU
AIR NEW ZEALAND LTD. INTERNATIONAL	(Neuseeland)	TE	ANZ
AIR NEW ZEALAND LTD. DOMESTIC	(Neuseeland)	NZ	ANZ
AIR NIUGINI	(Papua-Neuguinea)	PX	ANG
AIR N.S.W.	(Australien)	WX	NSW
AIR ONTARIO LTD.	(Kanada)	GX	ONT
AIR PANAMA INTERNACIONAL	(Panama)	OP	API
AIR SENEGAL	(Senegal)	DS	DSB
AIR TANZANIA CORPORATION	(Tansania)	TC	ATC
AIR TOGO SA	(Togo)	ER	ATG
AIR UK	(Großbritannien)	UK	UKA
AIR ZAIRE	(Zaire)	QC	AQC
AIR ZIMBABWE CORPORATION	(Simbabwe)	UM	AZI
ALASKA AIRLINES INC.	(USA)	AS	ASA
ALISARDA S.p.A.	(Italien)	IG	ISS
ALITALIA	(Italien)	AZ	AZA
ALL NIPPON AIRWAYS CO.LTD.	(Japan)	NH	ANA
ALM	(Niederländ. Antillen)	LM	ALM

Name des Unternehmens		2-Letter-Code	3-Letter-Code
ALYEMDA – DEMOKRATIC YEMEN AIRLINES	(VDR Jemen)	DY	DYA
AMERICAN AIRLINES	(USA)	AA	AAL
ANSETT AIRLINES OF AUSTRALIA	(Australien)	AN	AAA
ANSETT N.T.	(Australien)	BT	ANT
ANSETT W.A.	(Australien)	MV	AWA
ATI – AERO TRANSPORT ITALIANI	(Italien)	BM	ATI
ATLANTIC SOUTHEAST AIRLINES INC.	(USA)	EV	ASE
AUSTRAL (LINEAS AEREAS)	(Argentinien)	AU	AUT
AUSTRALIAN AIRLINES	(Australien)	TN	TAA
AUSTRIAN AIRLINES	(Österreich)	OS	AUA
AUSTRIAN AIR SERVICES	(Österreich)	SO	AAS
AVENSA	(Venezuela)	VE	AVE
AVIACO	(Spanien)	AO	AYC
AVIANCA	(Kolumbien)	AV	AVA
BAKHTAR AFGHAN AIRLINES	(Afghanistan)	FG	FGA
BALKAN	(Bulgarien)	LZ	LAZ
BIMAN BANGLADESH AIRLINES	(Bangladesh)	BG	BBC
BIRMINGHAM EXECUTIVE AIRWAYS	(Großbritannien)	VB	BEX
BRAATHENS S.A.F.E. AIRTRANSPORT	(Norwegen)	BU	BRA
BRANIFF INC.	(USA)	BN	BNF
BRITISH AIRWAYS	(Großbritannien)	BA	BAW
BRITISH CALEDONIAN AIRWAYS	(Großbritannien)	BR	BCA
BRITISH MIDLAND	(Großbritannien)	BD	BMA
BRYMON AIRWAYS	(Großbritannien)	BC	BRY
BURMA AIRWAYS CORPORATION	(Burma)	UB	UBA
BUSINESS EXPRESS	(USA)	HQ	GAA
BWIA INTERNATIONAL TRINIDAD & TOBAGO AIRWAYS CORPORATION	(Trinidad und Tobago)	BW	BWA
CAAC	(VR China)	CA	CCA
CAMEROON AIRLINES	(Kamerun)	UY	UYC
CANADIAN AIRLINES INTERNATIONAL LTD.	(Kanada)	CP	CPC
CATHAY PACIFIC AIRWAYS LTD.	(Großbritannien Hongkong)	CX	CPX
CHOSONMINHANG	(Korea; KDVR)	IS	KCA
CONTINENTAL AIRLINES INC.	(USA)	CO	COA
COPA	(Panama)	CM	CMP
CROSSAIR AG	(Schweiz)	LX	CRX
CRUZEIRO DO SUL S.A.	(Brasilien)	SC	CRZ
ČSA	(ČSFR)	OK	CSA
CUBANA	(Kuba)	CU	CUB
CYPRUS AIRWAYS LTD.	(Zypern)	CY	CYP

Name des Unternehmens		2-Letter-Code	3-Letter-Code
DANAIR A/S	(Dänemark)	DX	DEN
DAN-AIR SERVICES LTD.	(Großbritannien)	DA	DAN
DELTA AIR LINES INC.	(USA)	DL	DAL
DEUTSCHE LUFTHANSA AG (LUFTHANSA)	(BRD)	LH	DLH
DLT – DEUTSCHE LUFTVERKEHRS-GmbH	(BRD)	DW	DLT
DOMINICANA DE AVIACION	(Dominikanische Republik)	DO	DOA
EAGLE AIR (ARNARFLUG)	(Island)	IS	ISL
EASTERN AIR LINES INC.	(USA)	EA	EAL
EAST-WEST AIRLINES LTD.	(Australien)	EW	EWA
ECUADORIANA	(Ekuador)	EU	EEA
EGYPTAIR	(Ägypten)	MS	MSR
EMIRATES	(Verein. Arab. Emirate)	EK	UAE
ETHIOPIAN AIRLINES S.C.	(Äthiopien)	ET	ETH
FINNAIR	(Finnland)	AY	FIN
FINNAVIATION	(Finnland)	FA	FAV
FIRST AIR	(Kanada)	ZF	FAB
GARUDA INDONESIA	(Indonesien)	GA	GIA
GHANA AIRWAYS CORPORATION	(Ghana)	GH	GHA
GULF AIR	(Bahrein)	GF	GFA
GUAYANA AIRWAYS CORPORATION	(Guayana)	GY	GAC
HANG KHONG VIỆT NAM	(Vietnam)	VN	HVN
HELI AIR MONACO	(Monaco)	YO	MCM
IBERIA	(Spanien)	IB	IBE
ICELANDAIR (FLUGLEIDIR)	(Island)	FI	ICE
INDIAN AIRLINES	(Indien)	IC	IAC
INTERFLUG	(DDR/BRD)	IF	IFL
IRANAIR	(Iran)	IR	IRA
IRAQI AIRWAYS	(Irak)	IA	IAW
JAPAN AIRLINES (JAL)	(Japan)	JL	JAL
JAPAN ASIA AIRWAYS CO.LTD.	(Japan)	EG	JAA
JAMAHIRYA LIBYAN ARAB AIRLINES	(Libyen)	LN	LAA
JAT	(Jugoslawien)	JU	JAT
KARAIR O/Y	(Finnland)	KR	KAR
KENYA AIRWAYS	(Kenia)	KQ	KQA
KLM – ROYAL DUTCH AIRLINES	(Niederlande)	KL	KLM
KUWAIT AIRWAYS CORPORATION	(Kuwait)	KU	KAC
LAB – LLOYD AEREO BOLIVIANO S.A.	(Bolivien)	LB	LLB
LACSA	(Kostarika)	LR	LRC
LAM – LINHAS AEREAS DE MOCAMBIQUE	(Mocambique)	TM	LAM
LAN – CHILE S.A.	(Chile)	LA	LAN
LAO AVIATION	(Laos)	QV	LAO
LAV – LINEA AEROPOSTAL VENEZOLANA	(Venezuela)	LV	LAV
LESOTHO AIRWAYS CORP.	(Lesotho)	QL	LAI

Name des Unternehmens		2-Letter-Code	3-Letter-Code
LIAT (1974) LTD.	(Antigua)	LI	LIA
LINA CONGO	(Kongo)	GC	GCB
LINHAS AEREAS DA GUINÉ-BISSAU	(Guinea-Bissau)	YZ	GBU
LOT – POLISH AIRLINES	(Polen)	LO	LOT
LUXAIR	(Luxemburg)	LG	LGL
MAERSK AIR	(Dänemark)	DM	DMA
MALAYSIAN AIRLINE SYSTEM BERHAD	(Malaysia)	MH	MAS
MALEV (HUNGARIAN AIRLINES)	(Ungarn)	MA	MAH
MANX AIRLINES	(Großbritannien)	JE	MNX
MEA – MIDDLE EAST AIRLINES	(Libanon)	ME	MEA
MERPATI NUSANTARA AIRLINES	(Indonesien)	MZ	MNA
MEXICANA	(Mexiko)	MX	MXA
MIAT	(Mongolische VR)	OM	
MOUNT COOK AIRLINES	(Neuseeland)	NM	NZM
NETHERLINES B.V.	(Niederlande)	WU	NET
NEW YORK HELICOPTER CORPORATION	(USA)	HD	NYH
NIGERIA AIRWAYS LTD.	(Nigeria)	WT	NGA
NIHON KINKYORI AIRWAYS	(Japan)	EL	NKK
NLM – DUTCH AIRLINES	(Niederlande)	HN	NLM
NORDAIR METRO LTD.	(Kanada)	ND	NDR
NORTHWEST AIRLINES INC.	(USA)	NW	NWA
OLYMPIC AIRWAYS	(Griechenland)	OA	OAL
PACIFIC SOUTHWEST AIRLINES	(USA)	PS	PSA
PACIFIC WESTERN AIRLINES LTD.	(Kanada)	PW	PWA
PAKISTAN INTERNATIONAL AIRLINES	(Pakistan)	PK	PIA
PAN AMERICAN WORLD AIRWAYS INC.	(USA)	PA	PAA
PBA – PROVINCETOWN BOSTON AIRLINE	(USA)	PT	PBA
PENNSYLVANIA AIRLINES	(USA)	AL	PCA
PHILIPPINE AIRLINES	(Philippinen)	PR	PAL
PIEDMONT AVIATION INC.	(USA)	PI	PAI
PLUNA	(Uruguay)	PU	PUA
QANTAS AIRWAYS LTD.	(Australien)	QF	QFA
QUEBECAIR	(Kanada)	QB	QBA
RANSOME PAN AM EXPRESS	(USA)	RZ	RAN
ROYAL AIR INTER	(Marokko)	RN	RAI
ROYAL AIR MAROC	(Marokko)	AT	RAM
ROYAL JORDANIAN	(Jordanien)	RJ	RJA
ROYAL NEPAL AIRLINES CORP.	(Nepal)	RA	RNA
ROYAL SWAZI NATIONAL AIRWAYS CORP.	(Swasiland)	ZC	RSN

Name des Unternehmens		2-Letter-Code	3-Letter-Code
SABENA	(Belgien)	SN	SAB
SAM	(Kolumbien)	MM	SAM
SAS	(Schweden)	SK	SAS
SAUDIA	(Saudi-Arabien)	SV	SVA
SIERRA LEONE AIRLINES	(Sierra Leone)	LJ	SLA
SINGAPORE AIRLINES	(Singapur)	SQ	SIA
SKYWEST AIRLINES	(Australien)	YT	SLL
SKY WEST AIRLINES	(USA)	OO	SKW
SOMALI AIRLINES	(Somalia)	HH	MSO
SOUTH PACIFIC ISLAND AIRWAYS	(USA)	HK	SPI
SOUTHWEST AIRLINES	(Japan)	NU	SWL
SUDAN AIRWAYS	(Sudan)	SD	SUD
SURINAM AIRWAYS LTD.	(Surinam)	PY	SLM
SWISSAIR	(Schweiz)	SR	SWR
SYRIAN ARAB AIRLINES	(Syrien)	RB	SYR
TAAG – ANGOLA AIRLINES	(Angola)	DT	DTA
TACA INTERNATIONAL AIRLINES S.A.	(El Salvador)	TA	TAI
TALAIR PTY.LTD.	(Papua-Neuguinea)	GV	TAL
TAME	(Ekuador)	EQ	EQU
TAN	(Honduras)	TX	TAN
TAP AIR PORTUGAL	(Portugal)	TP	TAP
TAROM	(Rumänien)	RO	ROT
TAT – TRANSPORT AERIEN TRANSREGIONAL	(Frankreich)	IJ	TAT
THAI AIRWAYS CO.LTD.	(Thailand)	TH	TAC
THAI AIRWAYS INTERNATIONAL LTD.	(Thailand)	TG	THA
THY – TURKISH AIRLINES	(Türkei)	TK	THY
TIME AIR LTD.	(Kanada)	KI	TAF
TOA DOMESTIC AIRLINES	(Japan)	JD	TDA
TRANSBRASIL S/A LINHAS AEREAS	(Brasilien)	TR	TBA
TRANSPORTES AEREOS DE CABO VERDE	(Kapverdische Inseln)	VR	TCV
TRANS WORLD AIRLINES	(USA)	TW	TWA
TUNIS AIR	(Tunesien)	TU	TAR
TUNISAVIA	(Tunesien)	TT	TAJ
TYROLEAN AIRWAYS	(Österreich)	VO	TYR
UGANDA AIRLINES CORP.	(Uganda)	QU	UGA
UNITED AIRLINES INC.	(USA)	UA	UAL
U.S.AIR INC.	(USA)	AL	USA
UTA	(Frankreich)	UT	UTA
VARIG – BRAZILIAN AIRLINES	(Brasilien)	RG	VRG
VASP	(Brasilien)	VP	VSP
VIASA	(Venezuela)	VA	VIA
WESTAIR COMPUTER AIRLINES INC.	(USA)	OE	WCA
WIDEROE'S FLYVESELSKAP A/S	(Norwegen)	WF	WIF
YEMENIA YEMEN AIRWAYS	(Jemen)	IY	IYE
ZAMBIA AIRWAYS CORP.	(Sambia)	QZ	ZAC

Zweistromturbinenluftstrahltriebwerke (ZTL)

Typ	Hersteller	Bauart	S daN	Λ	M kg	$\dot{m}$ kg/s	π	T_3 °C	S_M daN/kg	b_s kg/daNh
JT 15 D 4	Kanada	2W; 1A, 1A+1A/1R−1A+2A	1 030	2,6	253	34,5	10,7	1 016	4,38	0,56
Larzac-04	Frankreich	2W; 2A+4A−1A+1A	1 320	1,13	275	27,6	10,6	1 125	4,8	0,71
AI-25	UdSSR	2W; 3A+8A−1A+2A	1 470	2,3	350	44,8	9	950	3,9	0,60
TF 34	USA	2W; 1A+14A−2A+4A	4 120	6,2	645	153	21	1 205	6,4	0,37
D-36	UdSSR	3W; 1A+7A+6A−1A+1A+3A	6 380	5	1 110	220	20	1 180	5,7	0,36
JT8D-209	USA	2W; 1A/6A+7A−1A+3A	8 225	1,7	2 002	238	18,1	1 020	4,1	0,50
CFM 56-5A1	international	2W; 1A/3A+9A−1A+4A	11 125	6	2 205	386	30	1 260	5,0	0,36
CF6-32	USA	2W; 1A+16A−2A+4A	16 225	4,9	3 220	485	24,3	1 272	5,0	0,37
PW 2037	USA	2W; 1A/4A+12A−2A+5A	16 700	5,8	3 030	541	30	1 396	5,5	0,32
RB 211-535 E 4	GB	3W; 1A+6A+6A−1A+1A+3A	17 840	4,5	3 310	522	28,5	1 237	5,4	
D 18-T	UdSSR	3W; 1A+7A+7A−1A+1A+4A	22 970	5	4 100	770	27,5	1 290	5,6	0,37
RB 211-524 D 4	GB	3W; 1A+7A+6A−1A+1A+3A	23 600	4,4	4 480	703	29	1 277	5,3	0,36
JT9D-7R4A	USA	2W; 1A/4A+11A−2A+4A	24 925	4,7	4 200	769	26,7	1 436	5,9	
PW 4000	USA	2W; 1A/4A+11A−2A+4A	25 490	5,2	4 180	767	26,9	1 330	6,1	
CF6-80 C 2	USA	2W; 1A/4A+14A−2A+5A	26 800	5,2	4 100	796	30,4	1 330	6,5	0,33

S Schub
Λ By-pass-Verhältnis
M Masse
$\dot{m}$ Luftdurchsatz
π Druckverhältnis
T_3 Turbineneintrittstemperatur
S_M spezif. Schub (auf Masse bezogen)
b_s spezif. Brennstoffverbrauch

wählte Luftverkehrsgesellschaften, die überwiegend in der Passagierbeförderung tätig und z. T. unter ihrem Namen im Lexikon zu finden sind:

Zweistromturbinenluftstrahltriebwerk, Abk. **ZTL:** aus dem → Einstromturbinenluftstrahltriebwerk (ETL) hervorgegangene moderne Flugzeugantriebsanlage, die nahezu ausschließlich in der Zweiwellenbauart ausgeführt ist und seit 1959 im Liniendienst eingesetzt wird. Das ZTL ist in Aufbau und Arbeitsweise prinzipiell dem ETL ähnlich. Der Unterschied besteht lediglich darin, daß der Luftstrom hinter dem → Niederdruckverdichter in einen inneren (heißen) und in einen äußeren (kalten) Strom geteilt wird. Der innere Strom durchläuft die gleichen Zustandsänderungen wie beim ETL, der äußere Strom wird entweder dem inneren kurz vor dem Austritt wieder zugemischt, oder er entspannt sich in einer besonderen Ringschubdüse. ZTL arbeiten i. allg. bei

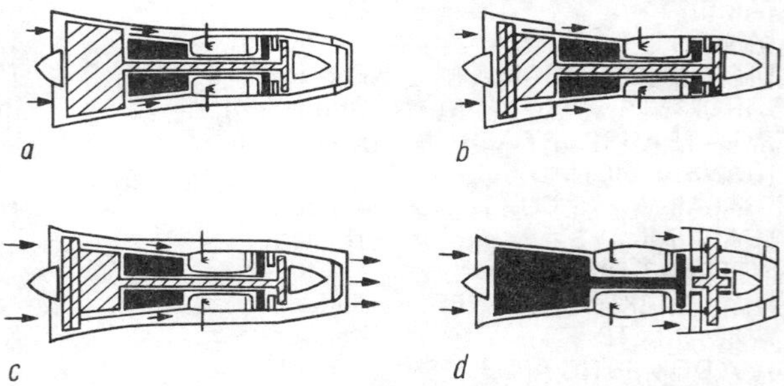

a Zweistrom-Strahlturbine, b Front-Zweistrom-Strahlturbine mit offenem Mantel, c Front-Zweistrom-Strahlturbine mit geschlossenem Mantel, d Heck-Zweistrom-Strahlturbine

höherem Druck- und Temperaturverhältnis als das ETL für Unterschallgeschwindigkeit und erreichen deshalb höhere thermische Wirkungsgrade (s. Tab.). Durch niedrigere Düsenaustrittsgeschwindigkeit ist der äußere Wirkungsgrad deutlich höher als beim ETL bei Unterschallgeschwindigkeiten, deshalb ist der Gesamtwirkungsgrad bei hohen Unterschallgeschwindigkeiten etwa 10 %...15 % höher als beim ETL. Demgegenüber sind ZTL komplizierter, spezifisch schwerer und teurer als ETL. Eine wichtige Kenngröße ist das → Nebenstromverhältnis, das um so größer gewählt werden kann, je höher die Turbineneintrittstemperatur ist und je größer die vorgesehene Reichweite sein

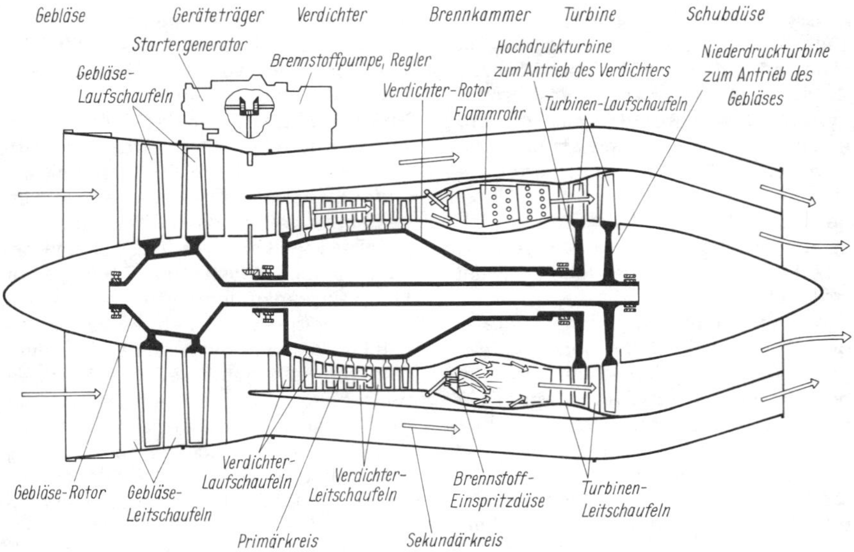

Zweistromturbinenluftstrahltriebwerk, schematische Darstellung

soll. Der günstige Geschwindigkeitsbereich für ZTL liegt zwischen 600 und 1 200 km/h. → Betriebsverhalten

Zweitaktmotor: → Kolbentriebwerk

Zweiwellentriebwerk: Gasturbinenbauart mit 2 mechanisch nicht verbundenen Turbinen. Erste oder Hochdruckturbine treibt über eine Hohlwelle den Hochdruckverdichter an. Zweite oder Niederdruckturbine treibt über eine zweite Welle, die durch die Hohlwelle hindurchgeführt ist, bei PTL entweder die Luftschraube oder Luftschraube und Niederdruckverdichter und bei TL Niederdruckverdichter oder Niederdruckverdichter und Bläser an. Z. zeichnen sich gegenüber Einwellentriebwerken durch besseres Betriebsverhalten aus. Große ZTL werden zeitweilig schon in Dreiwellenbauweise ausgeführt (z. B. RB-207 von Rolls Royce). Besondere Konstruktionen des Z., z. B. das PTL PT6A, kommen ohne Hohlwelle aus.

Zweizeigergerät: in Luftfahrzeugen Anzeiger, auf dem 2 physikalische Größen mittels zweier Zeiger über 1 oder 2 Skalen dargestellt werden. Z. werden zur Anzeige gleichartiger Parameter verwendet, um die Zahl der zu überwachenden Anzeigegeräte klein zu halten. Z. dienen z. B. zur Anzeige der beiden Ladedrücke eines 2motorigen Flugzeugs.

Zwillingsflugzeug: **1.** Luftfahrzeug, aus 2 Normalflugzeugen an Innentragflügeln und Höhenleitwerk zusammengebaut, meist zur Reichweitenvergrößerung. Beide Rümpfe und Außenflügel bleiben erhalten. Unterschied zum Doppelrumpfflugzeug, das aus bestimmten Gründen mit 2 Rümpfen entworfen wurde. Beispiele für Z.: Im zweiten Weltkrieg He 111 Z und North American F-82 «Twin Mustang»; **2.** → Huckepackflugzeug

Zwirko, *Franciszek:* polnischer Hauptmann und Flugzeugführer, geb. 1895, gest. (abgestürzt) 11. Sept. 1932 in der ČSR. Z. stellte 1929 mit Kocjan einen Höhenrekord (RWD-2, 4 004 m) auf. Im gleichen Jahr mit → *Wigura* Europaflug (→ Challenge) mit RWD-2. Beim Europaflug 1932 mit Wigura (Flugzeugtyp RWD-6) abgestürzt.

Zwischenlandung: Bez. für die geplante (im Flugplan ausgewiesene) Unterbrechung des Flugs eines Luftfahrzeugs auf einem Flugplatz/Flughafen zwischen dem → Abgangs-(Start-) und dem Ziel-(End-, Bestimmungs-)flughafen für kommerzielle und/oder technische Zwecke. Im weiteren Sinne werden alle Unterbrechungen des Flugs auf Flugplätzen/Flughäfen aus kommerziellen, technischen, meteorologischen, organisatorischen, flugbetrieblichen oder Sicherheitsgründen mit Z. bezeichnet.

Zwischenrollzeit, Symbol t_{RA}: Teil der → Rollzeit (t_{RO}); Zeitdauer des Abrollens des Luftfahrzeugs vom → Standplatz bis zum Erreichen des Startkontrollpunkts.

Zwischenverfahrenszeit, Symbol t_{FZ}: Teil der → Flugzeit (t_F) des Luftfahrzeugs zwischen 2 → Verfahrenskurven.

Zyklon: → tropischer Wirbelsturm

zyklonal: dem Rotationssinn der Erde entsprechender Drehsinn um eine vertikale Achse, d. h. bei Draufsicht auf der Nordhalbkugel entgegen dem Uhrzeigersinn, auf der Südhalbkugel im Uhrzeigersinn; nicht definiert am Äquator. → Zyklone, → Tiefdruckgebiet, → antizyklonal

Zyklone Gebiet in der Atmosphäre mit großräumiger → zyklonaler Luftbewegung. Da eine zyklonale Luftbewegung gewöhnlich mit (relativ) niedrigem Luftdruck verbunden ist, wird i. allg. nicht zwischen «Zyklone» und → «Tiefdruckgebiet» unterschieden.

ZZ-Verfahren: älteres Anflug-Verfahren, das auf der Grundlage der → Funkpeilung arbeitete. Waren die Wettermindestbedingungen für das → Durchstoßverfahren nicht mehr erfüllt, so wurde das Z. angewendet. Mit Hilfe von Funkpeilungen wurde das Luftfahrzeug zum Flugplatz geleitet, und der durch Motorengeräusche festgestellte Standort über dem Flugplatz wurde dem Luftfahrzeugführer durch Funk übermittelt. Unter Einhaltung eines bestimmten Kurses entfernte sich das Luftfahrzeug nun so weit vom Landeort, daß für den anschließenden Rückflug ca. 7 min bis zur Flugplatzgrenze benötigt wurden. Nach einer festgelegten Kehrtkurve wurde das Luftfahrzeug mit Hilfe der Übermittlung von Peilergebnissen im Anflugsektor gehalten. Bei erneutem Ertönen der Motorengeräusche beurteilte der Peilflugleiter die Möglichkeit zur Landung und sendete für eine Landeerlaubnis das Signal ZZ, anderenfalls JJ. Die Landung mußte unter Sichtflugbedingungen erfolgen.

Daten zur Geschichte der Luftfahrt

um 750 v. u. Z.	Entstehung der Sage von Dädalus und Ikarus
um 900	Sage von Wieland dem Schmied
um 1500	Studien von Leonardo da Vinci zur Konstruktion von Schwingenflugzeugen, Rotorflugzeugen und Fallschirmen
um 1600	Galileo Galilei (1564–1642) beweist, daß Luft Gewichtskraft hat
1616	Fauste Veranzio (auch Fausto Vrancic, 1551 bis 1617) beschreibt in seinem Werk «Codice Atlanteo» seinen als «Homo volants» bezeichneten Fallschirm, mit dem er einen Sprung von einem Turm unternommen haben soll
1644	Nachweis des Luftdrucks durch Torricelli
1654	Otto von Guerickes Versuch mit den «Magdeburger Halbkugeln»
1711	Joseph Montgolfier (1740 bis 1810) stürzt sich vom Dach seines Elternhauses in Annonay/Südfrankreich mit einem selbst gebauten Fallschirm in die Tiefe. Das Experiment verläuft erfolgreich
1766	Entdeckung des Wasserstoffs durch den englischen Chemiker Henry Cavendish (1731–1816)
1783	5. Juni, Aufstieg eines unbemannten Heißluftballons der Brüder Montgolfier vor den Landständen in Vivarais; 27. Aug., Aufstieg eines unbemannten Wasserstoffballons des Professors Charles und der Brüder Robert in Paris; 19. Sept., Luftfahrt einer Ente, eines Hammels und eines Hahns mit einem Heißluftballon; 21. Nov., erster Aufstieg von Menschen (Pilâtre de Rozier und Marquis d'Arlandes) mit einem Heißluftballon (Montgolfière) in Paris; 1. Dez., erster Aufstieg von Menschen (Professor Charles und sein Gehilfe Robert) mit einem Wasserstoffballon (Charlière)
1784	ein Heißluftballon mit Rozier und Proust erreicht 4000 m Höhe; 19. Sept., Robert und Colin Hullin fahren mit einem Ballon mehr als 100 km weit (Paris–Beuvry 186 km)
1785	7. Jan., erstmalige Überquerung des Kanals in der Luft von Dover nach Guines durch Blanchard und Jeffries; 15. Juni, erste Todesopfer der Luftfahrt; Rozier und Romain stürzen im Ballon ab; 21. Nov., der Franzose Jean Pierre Blanchard rettet sich mit seinem Fallschirm bei einem Ballonaufstieg in Gent
1786	10./11. Juni, erster Nachtflug; Tettu-Brissy fliegt mit Ballon von Paris nach Breteuil
1794	26. Juni, die französische Revolutionsarmee verwendet den Fesselballon erstmalig militärisch bei der Belagerung von Maubeuge durch den Offizier Coutelle
1797	22. Okt., A. J. Garnerin führt den ersten freiwilligen Fallschirmabsprung aus einem Heißluftballon durch (aus etwa 1000 m Höhe)
1798	10. Nov., erster Ballonflug zweier Frauen (La Grosse und Henry)
1799	G. Cayley skizziert ein Gleitflugzeug mit Höhen- und Seitenleitwerk
1803	3./4. Okt., Garnerin fährt von Meshan aus mit einem Freiballon über 300 km weit; 18. Juli, in Hamburg erreichen Robertson und Lhoest im Freiballon über 7000 m Höhe
1804	Cayley baut das erste erfolgreiche Gleitflugmodell
1807	J. Degen macht Versuche

mit Ventilklappenschlagflügeln

1811 31. Mai, A. L. Berblinger, der «Schneider von Ulm», fällt mit Schlagflügeln von der Adlerbastei in die Donau

1814 4. April, Elisabeth Garnerin führt als erste Frau einen Fallschirmabsprung von einem Ballon aus durch

1821 19. Juli, Charles Green benutzt erstmalig Leuchtgas zur Ballonfüllung für einen Flug über London

1836 7./8. Nov., Green, Holland und Mason fahren erstmalig mit einem Ballon über 500 km (London—Weilburg, 722 km)

1838 J. Wise führt die Reißbahn ein

1839 Green und Spencer erreichen 7 900 m Höhe im Freiballon

1842 der englische Ingenieur W. S. Henson entwirft ein Motorflugzeug mit Dampfmaschinenbetrieb

1849 erster Bombenangriff aus der Luft mittels kleiner unbemannter Ballone, die die Österreicher auf Venedig treiben lassen

1852 Gründung der ersten Gesellschaft zur Förderung der Luftfahrt: Société Aérostatique de France; erstes Luftschiff mit Dampfmaschinenantrieb von H. Giffard

1855 Joseph Pline gebraucht erstmalig das Wort «Aéroplane»

1857 Motorflugzeug-Patent von du Temple; Gleitflugversuch von Le Bris

1859 erste Ballonfahrt über 1 000 km Entfernung; J. Wise und 3 Begleiter, St. Louis—Henderson (USA), 1 292 km; der Franzose Nadar fotografiert Paris mittels eines Ballons erstmals aus der Luft

1863 Gabriel de La Landelle prägt das Wort «Aviation»

1866 Gründung der ersten aeronautischen Gesellschaft in London; British Aeronautic Society; Erstes Patent für ein strahlgetriebenes Luftfahrzeug; der Engländer R. Boymann läßt sich das Projekt eines Ganzmetall-Luftschiffs mit Strahlantrieb patentieren

1868 erste Luftfahrtausstellung im Kristallpalast, London

1870/71 Verwendung von Freiballonen im belagerten Paris

1871 erstes freifliegendes Flugmodell mit Gummimotor von A. Pénaud; Wenham und Browning verwenden erstmalig einen Windkanal zu aerodynamischen Versuchen (Großbritannien)

1872 2. Febr., das muskelkraftgetriebene Luftschiff von de Lôme erreicht bis zu 11 km/h Geschwindigkeit; 13. Dez., in Brünn erprobt Paul Haenlein das erste Luftschiff mit Gasmotor

1876 Patent für ein Motorflugzeug von Penaud und Gauschot

1877 29. Juni, der Modellhubschrauber mit Dampfantrieb von Forliani erreicht 13 m Höhe

1880 Hermann Ganswindt projektiert ein Luftfahrzeug mit Pulverraketenantrieb

1881 A. F. Moshaiski bekommt ein Patent für ein Motorflugzeug mit Dampfmaschinenantrieb

1883 Moshaiski erprobt das Motorflugzeug; G. Daimler erfindet den schnellaufenden Verbrennungsmotor

1883/84 Luftschiffe mit Elektromotoren der Brüder Tissandier und von Renard und Krebs

1886 18. Juli, der Deutsche Hermann Lattemann (1852—1894) erprobt in Charlottenburg bei Berlin einen Fallschirmballon

1890/97 Clément Ader (Frankreich) macht Versuche mit einem Motorflugzeug

1891/96 Otto Lilienthal gelingt es als erstem, systematische Gleitflüge durchzuführen und die Anfänge des Fliegens zu legen

1893 Käthe Paulus (1868–1935) führt als erste deutsche Frau einen Fallschirmsprung von einem Ballon aus (1 200 m Höhe). Wurde durch ihre Doppelsprünge weltberühmt; produzierte für die kaiserliche deutsche Heeresleitung etwa 7 000 Rettungsfallschirme für Ballonbeobachter

1894 Großflugzeug von H. S. Maxim wird bei Rollversuchen beschädigt

1897 11./14. Juli, Andrée, Strindberg und Fraenkel versuchen, von Spitzbergen aus mit dem Freiballon «Oernen» den Nordpol zu überfliegen, alle 3 finden den Tod; 3. Nov., Schwarz steigt erstmalig mit einem Ganzmetall-Luftschiff auf

1900 2. Juli, erster Aufstieg eines Zeppelin-Luftschiffs

1900/03 Gleitflüge der Brüder Wright

1901 Professor Langley gelingen erstmalig Flüge mit einem Motorflugmodell mit Benzinmotor; 31. Juli, Berson und Süring starten in Berlin mit dem Ballon «Preußen» und erreichen 10 800 m Höhe

1902 Weißkopf und Watson machen Versuche mit Motorflugzeugen; Shukowski baut einen Windkanal und unternimmt aerodynamische Untersuchungen

1903 K. Jatho gelingen mit seinem Motorflugzeug kurze Luftsprünge; 17. Dez., die Brüder Wright machen die ersten Motorflüge in der Geschichte der Luftfahrt

1904 D.R.P. Nr. 165 546 von C. Hülsmeyer, das die Grundzüge der Funkortung (Radar) enthält; mit der damaligen Technik waren die Vorstellungen jedoch nicht zu realisieren; 20. Sept., Wilbur Wright gelingt der erste Kreisflug

1905 14. Okt., Gründung der Fédération Aéronautique Internationale (FAI) in Paris

1906 30. Sept., erstes Gordon-Bennett-Freiballonrennen, Sieger F. S. Lahm (USA) mit 647 km in 22 h 5 min (Paris–Scarborough); 12. Nov., Santos-Dumont gelingt in Paris ein Flug über 220 m

1907 29. Sept., erster Aufstieg eines bemannten Hubschraubers Bréguet-Richet Nr. 1 mit dem Piloten Volumard in Douai; 15. Okt., H. Farman gelingt ein Flug in 23 s über 771 m

1908 13. Jan., erster offizieller Kreisflug von 1 km Länge durch Henry Farman auf einem Voisin Doppeldekker in Issy-les-Moulineaux; 28. März, Delagrange fliegt mit Farman (erster Passagierflug in Europa); 9. Sept., Orville Wright fliegt als erster über eine Stunde (1 h 14 min 24 s); 28. Okt., Hans Grade gelingt als erstem Deutschen ein Motorflug in Magdeburg

1909 25. Juli, L. Blériot überfliegt als erster den Ärmelkanal von Calais nach Dover in 27 min; erste Flugwoche in Berlin-Johannisthal und Frankfurt/Main

1910 Junkers erhält ein Patent für ein Nurflügelflugzeug; 2. Jan., N. J. Shukowski veranstaltet in Moskau Flugmodellwettbewerb (beste Weite 17 m); 7. Jan., H. Latham erreicht als erster mit einem Flugzeug die 1 000-m-Marke; 8. März, die Französin Laroche erhält als erste Frau der Welt das Diplom zum Führen eines Flugzeugs; 27. April, L. Paulhan fliegt 178 km weit in 2 h 39 min (erster Flug über mehr als 100 km in gerader Linie); 9. Juli, L. Morane erreicht 106 km/h (erste Überschreitung von 100 km/h

Geschwindigkeit);
14. Nov., der Amerikaner Eugene Ely startet erstmals von einem Schiff (Curtiss-Flugzeug von provisorisch ausgerüstetem Kreuzer «Birmingham»)

1911 5. März, Leutnant Bague (Frankreich) fliegt von Nizza aus 200 km weit über das Mittelmeer (Rekord im Flug über Wasser);
9. März, Busson (Frankreich) erreicht mit 3 Fluggästen 50 km, am Tag darauf mit 4 Fluggästen 87,2 km/h – 2 Weltrekorde; der Amerikaner Grant Morton führt den ersten Absprung aus einem Flugzeug aus (Flugzeugtyp Wright-Model B; über Venice Beach/Kalifornien); der Russe Gleb Jewgenewitsch Kotelnikow (1872bis 1944) begann mit Modellversuchen für einen Flieger-Rettungsfallschirm. Nach Festigkeitsversuchen hinter einem fahrenden Auto und Puppenabwürfen von einem Ballon im Jahre 1912 folgte 1913 der erste Personenabsprung mit dem RK-1 (Russki Kotelnikow) von einer Seinebrücke in Frankreich und 1915 der erste Einsatz von einem Flugzeug aus

1912 1. März, der Absprung von Albert Berry aus einer Benoist Pusher über St. Louis/USA gilt als erster Fallschirmabsprung von einem Flugzeug (Absprunghöhe: 450 m; Fluggeschwindigkeit: 80 km/h)

1913 31. Mai, in Großbritannien wird das Royal Flying Corps gebildet; H. Gutermuth fliegt in der Rhön mit einem Doppeldecker-Gleitflugzeug 843 m weit;
24. Jan., der Schweizer Oscar Bider überfliegt auf Blériot-Eindecker die Pyrenäen; 19. Aug., erster Sprung eines Europäers aus dem Flugzeug durch Adolphe Pegoud über Chateaufort aus 300 m Höhe (Flugzeugtyp: Blériot); erster Absprung einer Frau aus einem Flugzeug durch Georgia Thomson (Tiny) Broadwick über Los Angeles; 1. Sept., A. Pégoud gelingt der erste Rückenflug; 9. Sept., der russische Leutnant P. N. Nestjerow fliegt in Kiew mit Nieuport-Doppeldecker den ersten Looping

1914 8.–10. Febr., Berliner, Haase und Nikolai fahren im Freiballon von Bitterfeld nach Perm (3052,7 km); 10./11. Juli, erster Flug über 24 h durch R. Boehm mit «Albatros» in Berlin-Johannisthal

1917 1. Mai, erster Flugzeugabsprung eines Deutschen durch Otto Heinicke mit selbstgebautem Fallschirm

1919 5. Febr., Eröffnung der ersten Luftverkehrslinie durch die «Luftreederei» mit Motorflugzeugen auf der Linie Berlin–Leipzig –Weimar; 8. Febr., erster internationaler Luftverkehr zwischen Paris und London; 28. April, erster Freifallsprung eines Menschen durch den amerikanischen Fallschirmkonstrukteur Leslie Irvin über McCook Field in Dayton. (Flugzeugtyp: De Havilland Biplane D.H. 9; Absprunghöhe: 457 m; Freifallstrecke: 152 m) erleidet bei der Landung einen Knöchelbruch; erste internationale Fallschirmsprungveranstaltung in Atlantic City mit Teilnehmern aus den USA, Italien, England, Frankreich und Belgien; 16./17. Mai, Captain Read überquert erstmalig den Atlantischen Ozean mit einem Flugboot (Neufundland–Azoren–Lissabon); 14./15. Juni, Alcock und Whitten-Brown überqueren den Nordatlantik im Nonstopflug mit einem Landflugzeug Vickers «Vimy» von Neufundland nach Clifden (Irland); 2./6. Juli und 10./13. Juli, Atlantiküberquerungen des englischen Luftschiffs R-34 (England –USA–England); 24. Aug., das Luftschiff «Bodensee» eröffnet den Luftverkehr Friedrichshafen–Berlin

1920 erster Rhön-Segelflugwettbewerb; 27. Febr., Major Schroeder (USA) erreicht erstmalig mit einem Motorflugzeug mehr als 10 000 m Höhe

1921 13. Sept., in der Rhön segelt F. Harth 21 min 37 s

1922 Erster Freifall-Rettungssprung von einem flugunfähigen Flugzeug durch Harold R. Harris; erster internationaler Zielsprungwettkampf mit Teilnehmern aus Italien, Deutschland, England und Frankreich in Rom, der Sieger Maddaluno/Italien erreicht eine Landeentfernung von 79 m; 30. Juli, der Schweizer Dourafour landet als erster mit einem Flugzeug auf dem Gletscher des Mont Blanc; 30. März bis 5. Juni, erste Überquerung des Südatlantik mit einem Fairey-Wasserflugzeug durch die Portugiesen Sacadura Cabral und Gago Coutinho; 18. Aug., A. Martens segelt mit dem «Vampyr» auf der Wasserkuppe (Rhön) im Hangaufwind 1 h 4 min

1923 23. Mai, die Leutnante O. Kelly und McReady überfliegen im Nonstopflug den nordamerikanischen Kontinent mit Fokker T-2 von New York nach San Diego in 26 h 50 min 3 s

1924 Errichtung der ersten Fallschirmwart-Schule der Welt in Lakehurst/New Jersey; 19. März bis 28. Sept., erster Weltrundflug mit 2 Flugzeugen Douglas «World Cruiser» durch Lowell Smith und Leslie Arnold sowie Erick Nelson und John Harding; 4. Mai, erster Flug eines Hubschraubers über 1 km in geschlossenem Kreis durch Oehmichen in Valentigney; 12./15. Okt., Amerikafahrt des Luftschiffs ZR-III (LZ 126) unter Führung von H. Eckener.

1925 Erster nationaler Zielsprungwettbewerb in Hamburg mit acht Teilnehmern. Der Sieger g. Bähr erzielt eine Landeentfernung von 24 m; 3./4. Febr., die Franzosen Lemaittre und Arracharat überfliegen erstmals auf gerader Strecke mit 3 166 km die 3 000-km-Marke; 2. Okt., erster Segelflug über 12 h Dauer durch F. Schulz auf der Krim (12 h 7 min)

1926 Erster Fallschirmabsprung mit zusätzlicher Kameraausrüstung durch James Clark; 12./14. April, Chamberlin und Acosta halten sich 51 h 12 min in der Luft auf; 9. Mai, Richard Byrd und Floyd Bennett wollen von Spitzbergen aus mit einer 3motorigen Fokker erstmalig den Nordpol überflogen haben; 11./14. Mai, R. Amundsen überfliegt mit dem Luftschiff «Norge» den Nordpol (Spitzbergen–Nordpol –Alaska); Cierva konstruiert einen Tragschrauber (Autogiro); 21. Mai, französisches Patent über ein Verfahren zum Erzeugen eines elektromagnetischen Interferenzfeldes: Grundlage für den Aufbau von Hyperbel-Navigationsverfahren

1927 20./21. Mai, erster Nonstopflug von New York nach Paris mit einem

Ryan-Hochdecker durch Charles Lindbergh in 33½ h; erstes Drehfunkfeuer in der UdSSR und erste Astronautische Ausstellung in Moskau; Nobiles Luftschiff-Expedition zum Nordpol

1928 30. März, Bernardi übertrifft erstmalig mit einem Wasserflugzeug Macchi M-52 bis in Venedig die 500-km-Marke (512,7 km/h); 12./13. April, erste Atlantiküberquerung von Ost nach West durch H. Köhl, E. G. von Hünefeld und J. Fitzmaurice mit einer Junkers W 33 von Dublin (Irland) nach Greenly (Labrador); 31. Mai/10. Juni, erster Pazifikflug von USA nach Australien durch Kingsford-Smith und 3 Begleiter mit Fokker F-VII «Southern Cross»; 11. Juni, erster Flug eines Segelflugzeugs mit Raketenantrieb durch Fritz Stamer auf der Wasserkuppe

1929 25. April, J. Nehring erreicht als erster mit einem Segelflugzeug mehr als 1 000 m Startüberhöhung (1 209 m); 15. Mai, R. Kronfeld fliegt als erster an den Hängen des Teutoburger Waldes im Segelflugzeug mehr als 100 km in gerader Linie; 20. Juli, R. Kronfeld erreicht auf der Wasserkuppe erstmalig in einem Segelflugzeug eine Startüberhöhung von 2 000 m (2 025 m); 29. Aug., Weltrundfahrt des Luftschiffs LZ 127 «Graf Zeppelin» über 34 200 km mit 114 km/h Durchschnitt in 4 Etappen: Friedrichshafen–Tokio–Los Angeles–Lakehurst–Friedrichshafen unter Leitung von Hugo Eckener; erster Instrumentenflug durch J. Doolittle; erstes Drehfunkfeuer in England (Orfordhess); 30. Sept., Fritz von Opel fliegt mit einem Flugzeug mit Pulverraketenantrieb über 3 km; 23. Okt., Do X fliegt mit 169 Passagieren über den Bodensee; die Besatzung S. A. Schestakow fliegt in mehreren Etappen von Moskau nach New York mit einer ANT-4; 28./29. Nov., Richard Byrd, B. Balchen und 2 Begleiter überfliegen mit einer 3motorigen Fokker als erste den Südpol

1930 26. Juli, Beginn des ersten Fallschirmsportwettkampfes in der UdSSR, gilt als Tag des Beginns des Fallschirmspringens in der UdSSR; 1./2. Sept., Costes und Bellonte fliegen nonstop von Paris nach New York

1931 4. Mai, erster Segelflug über mehr als 200 km (G. Groenhoff, München–Kaaden/ČSR, 272 km); 25. Mai, Professor A. Piccard und Ingenieur Kipfer erreichen im Stratosphärenballon 15 781 m; 23. Juni/1. Juli, Weltflug der Amerikaner W. Post und H. Gatty von New York über Neufundland, Großbritannien, Deutschland, Polen, UdSSR, Japan, Kamtschatka, Alaska, Kanada nach New York über 24 900 km in 8 d 15 h 51 min; 29. Aug., das Luftschiff LZ 127 «Graf Zeppelin» eröffnet den Luftverkehr zwischen Deutschland und Brasilien; 13. Sept., erster Flug schneller als 600 km/h durch G. H. Stainforth mit dem Wasserflugzeug Supermarine S-6 in Calshot (610 km/h); 18./19. Dez., in Honolulu segelt W. A. Cocke 21 h 36 min lang

1932 Erster Fallschirmsport-Wettkampf (National Air Race in Roosevelt/New York) mit 40 Teilnehmern; 20./21. Mai, erster Alleinflug einer Frau über den

Nordatlantik: Amélia Earhart mit Lockheed «Vega» von Harbour Grace (Neufundland) nach Londonderry (Irland)

1933 Erster Massenabsprung in der UdSSR mit 62 Fallschirmspringern aus 3 Flugzeugen; 3. April, erster Überflug des Mount Everest durch Marquis de Clydesdale und Leutnant McIntyre mit 2 Westland «Wallace»; 15./22. Juli, erster Alleinflug um die Welt durch Wiley Post mit Lockheed «Vega» in 7 d 18 h 49 min; 3./4. Aug., erster Segelflug über 30 h durch K. Schmidt (36 h 30 min); regelmäßige Luftpostdienste der Deutschen Lufthansa nach Südamerika (Landflugzeuge Berlin—Bathurst, dann mit Flugbooten Dornier Do 18 über den Südatlantik nach Natal)

1934 30. Jan., der Stratosphärenballon «Osoaviachim I» erreicht mit P. F. Fedossenko, J. D. Usyskin und A. W. Wassenko 22000 m Höhe, durch Abriß der Gondel kommen alle 3 beim Abstieg ums Leben; 26. Juli, erster Segelflug über mehr als 300 km durch Wolf Hirth, Wasserkuppe—Görlitz (352 km); 24. Okt., Agello (Italien) fliegt mit Wasserflugzeug 709,20 km/h

1935 Inbetriebnahme des ersten Fallschirmsprungturmes (38 m hoch) in Hightstown/New Jersey; 21. Juli, erster Segelflug über 400 km (474 km) von L. Hofmann, Wasserkuppe—Olsnice (ČSR); 29. Juli, die Segelflieger Öltzschner, Braeutigam, Heinemann und Steinhoff fliegen 500 km weit, Wasserkuppe—Brno (504,2 km); 11./13. Nov., erste Überquerung des Südatlantiks durch eine Frau: Jean Batten mit Percival «Gull» von Lympne (England) nach Natal (Brasilien) in 13 h 15 min; 18. Dez., Erstflug der DC-3

1936 Eröffnung des Luftpostdienstes mit Flugbooten der Deutschen Lufthansa über den Nordatlantik; 23. Juli, Tschkalow, Baidukow und Beljakow fliegen mit ANT-25 in 56 h 20 min 9374 km weit; Inbetriebnahme von 559 Fallschirmsprungtürmen in der UdSSR; 24. Aug., während der Ratstagung der FAI in Warschau beantragt der sowjetische Delegierte die Anerkennung des Fallschirmspringens als Sport

1937 6. Mai, das Luftschiff LZ 129 verbrennt in Lakehurst; 7. Mai, Höhenrekord durch M. Pezzi mit 15655 m; 15. Mai, Segelflug über 600 km durch W. Rasstorgujew (602,2 km); 27. Mai, erste Landung auf dem Nordpol durch den sowjetischen Piloten M. Wodopjanow, erstmals Bremsschirm benutzt; erste Fernflüge mit Dieselflugmotoren (Junkers Ju 86: 6500 km); 2. Mai, Segelflughöhenrekord mit 5760 m durch P. Steinig; 18./20.. Juni, Tschkalow, Baidukow und Beljajew fliegen als erste über den Nordpol von Moskau nach Portland (USA) – 9130 km in 63 h; 12./14. Juli, erster Flug über 10000 km in gerader Linie: Gromow, Jumaschew und Danilin von Moskau über den Nordpol nach Djacinto, Kalifornien (10148 km) in 62 h 17 min; Erprobung des ersten einsatzfähigen Hubschraubers Fa 61, er erreicht mehr als 100 km/h, 1000 m Höhe und 100 km Entfernung; 23. Aug., erste automatische Landung wird durch Crane und Holloman (USA) erprobt; 11. Nov., Wurster fliegt mit einer Messerschmitt Me 109 610 km/h (erstmalig fliegt ein Landflugzeug schneller als 600 km/h); erstes sowjetisches Hyperbelnavigationsverfahren von Schtschegolew mit Dauerstrichsendungen

1938 erstes sowjetisches Hyperbelnavigationsverfahren von Rubtschinski, das im Impulsbetrieb arbeitet; 10./15. Aug., Flugkapitän Henke fliegt mit 3 Begleitern mit einer Focke-Wulf Fw 200 nonstop von Berlin nach New York und nach 2 d zurück

1939 30. März, Dieterle erreicht mit dem Landflugzeug Heinkel He 100 746,6 km/h; 25. April, Kokkinaki und Brjundinski fliegen von Moskau über den Atlantik nach New York in 22 h 56 min; 26. April, Weltrekordflug von Wendel mit einer Messerschmitt Me 109R (Me 209): 755,1 km/h; 3. Juli, Erstflug der Heinkel He 176, des ersten Raketenflugzeugs mit Flüssigkeitsraketenantrieb; 27. Aug., Erstflug der Heinkel He 178, des ersten TL-Flugzeugs der Welt; 15. Sept., Olga Klepikowa fliegt als erste Frau mit einem Segelflugzeug weiter als 700 km, Moskau –Otradnoje (749,2 km)

1940 8. Aug., Erstflug eines Verkehrsflugzeugs mit Druckkabine im Liniendienst: Boeing 307 B «Stratoliner» von Burbank/Kalifornien nach Long Island/New York; 28. Febr., W. Fjodorow (von Schleppmaschine auf Höhe gebracht) fliegt erstmals mit dem Raketengleiter RP-318-1 (Konstr.: Koroljow, Antrieb: Rakete von Duschkin)

1941 14. Mai, Erstflug der Gloster-Whittle E-28/39 in Cranwell

1942 erste Gee-Stationen werden in Betrieb genommen; erste LORAN-Stationen in Betrieb; 15. Mai, G. Bachtschiwandschi fliegt erstmals mit dem sowjetischen Raketenjäger BI

1943 4. Juli, erstmalig schleppt ein Motorflugzeug ein motorloses Flugzeug über den Atlantik (5600 km); 22./24. Sept., E. Jachtmann segelt 55 h 51 min

1944 erste Decca-Stationen in Betrieb

1945 6. Aug., eine Boeing B-29 wirft die erste Atombombe auf Hiroshima; 9. Aug., eine Boeing B-29 wirft die zweite Atombombe auf Nagasaki; 14. Okt., W. Romanjuk springt als erster Mensch aus der Stratosphäre mit einem Fallschirm ab (13108 m)

1946 24. April, Start der ersten sowjetischen TL-Jagdflugzeuge MiG-9 und Jak-15; 29. Sept.–1. Okt., Entfernungsrekord in gerader Linie durch Th. D. Davies mit Lockheed P-2V-1: Perth/Australien–Columbus/USA: 18080 km

1947 19. Juni, erster Flug mit mehr als 1000 km/h mit einem TL-Flugzeug: Oberst Boyd (USA) mit Lockheed P-80 «Shooting Star»; Juli, Erstflug der De Havilland «Comet», des ersten TL-Verkehrsflugzeugs der Welt; 21./22. Sept., erster automatischer Flug über den Nordatlantik durch eine Douglas «Skymaster» von Stephenville (Neufundland) nach Brize-Norton (England); 17. Okt., erster Überschallflug durch Ch. E. Yeager mit Bell X-1 in Murco (USA); 30. Dez., Erstflug der MiG-15

1948 16. Juli, Erstflug der Vikkers VC-630, des Prototyps

der «Viscount», des ersten PTL-Verkehrsflugzeugs der Welt

1949 28. Febr.–3. März, erste Nonstop-Erdumrundung mit Luftauftankung durch Gallagher mit Boeing B-50 «Lucky Lady II» in 94 h 1 min; 26. April, Landung nach dem ersten Dauerflug mit mehr als 1000 h durch Bill Harris und Dick Riddell mit Aeronca «Sunkist Lady» (1008 h 2 min); 4. Sept., die Generalkonferenz der FAI beschließt die Bildung der CIP, der Internationalen Fallschirmsport-Kommission mit den Mitgliedern Biasutti/Italien, Cartier/Frankreich, Brouwer/Niederlande, Marissal/Belgien, Latschajew/UdSSR, Crane/USA und Lanazabal/Spanien

1950 24. Febr., die erste Konferenz der CIP wählt das Büro: Präsident: Cartier/Frankreich, Vizepräsident: Biasutti/Italien, Sekretär: Brouwer/Niederlande; 29. Juli, erster Linienflug mit einem PTL-Verkehrsflugzeug Vickers «Viscount»

1951 Erprobung des ersten Flugzeugs mit Schwenkflügeln Bell X-5; erste Weltmeisterschaft im Fallschirmspringen vom 15.–22. Aug. in Lesce-Bled/Jugoslawien, erster Weltmeister: Pierre Lard/Frankreich

1952 2. Mai, das erste TL-Verkehrsflugzeug De Havilland «Comet» wird übereilt in Dienst gestellt

1953 18. Mai, als erste Frau fliegt Jacqueline Cochran mit F-86 «Sabre» schneller als der Schall; erstmaliger Bau eines Schrägdeck-Flugzeugträgers: «Antictam» der US-Navy

1954 De Havilland «Comet» erhält wegen konstruktiver Mängel, die Abstürze bewirkten, Startverbot; SAS eröffnet die Großkreisroute über die Arktis mit DC-6B von Kopenhagen nach Los Angeles

1955 17. Juni, Erstflug von Tupolew Tu-104

1956 Indienststellung der Tupolew Tu-104, des ersten betriebssicheren TL-Verkehrsflugzeugs; 10. März, der Engländer Peter Twiss fliegt mit Fairey FD-2 in 11600 m: 1822 km/h; 16. Sept., Frank Everest erzielt mit Bell X-2 eine Geschwindigkeit von über 4000 km/h; 20. Nov., erste Landung auf dem Südpol durch Shinn und Curtis (USA)

1957 18. Jan., erste Nonstop-Erdumrundung mit TL-Flugzeugen; 3 Boeing B-52 in 45 h 19 min; Indienststellung der Bristol «Britannia», des ersten PTL-Langstrecken-Verkehrsflugzeugs; SAS eröffnet die Linie Kopenhagen–Tokio über den Nordpol mit Douglas DC-7C; 3. Okt., Erstflug der Tupolew Tu-114 des damals größten Verkehrsflugzeugs

1958 in Algerien führt Frankreich erstmalig taktische Einsätze von Luftlandetruppen mit Hubschraubern durch; 1. Okt., erster Verkehrseinsatz von TL-Verkehrsflugzeugen auf dem Nordatlantik. BOAC setzt dafür gleichzeitig von New York nach London und von London nach New York De Havilland «Comet-IV» ein; Indienststellung der Boeing 707 auf Nordatlantikroute durch Pan Am; erstmalig reisen in diesem Jahr mehr Passagiere mit dem Flugzeug als mit dem Schiff über den Nordatlantik

1959 Indienststellung der Douglas DC-8; Indienststellung der Sud Aviation «Caravelle», des ersten TL-Verkehrsflugzeugs mit Hecktriebwerken; 14. Juli, Wladimir Iljuschin steigt mit Suchoi T-431 auf 28 852 m Höhe; 31. Okt., Georgi Mossolow erreicht mit E-66 auf 15/25-km-Basis 2 388 km/h; mit Mjassichtschews Bomber 103-M wird auf einer 1 000-km-Trasse mit 27 000 kg Nutzmasse eine Geschwindigkeit von 1 028 km/h erreicht (201-M: 10 t/15 317 m, 55 t/13 121 m)

1960 28. Juni, die Tupolew Tu-114 fliegt erstmalig Nonstop von Moskau nach New York in 11 h 6 min; 16. Sept., Konstantin Kokkinaki erreicht mit der MiG-21-Version E-66 auf einer geschlossenen 100-km-Strecke 2 148,66 km/h; Boris Adrianow erreicht mit Suchoi T-405 auf einer geschlossenen 100-km-Strecke 2 092 km/h

1961 die Tupolew Tu-114, das letzte Langstrecken-Verkehrsflugzeug mit PTL, wird in Dienst gestellt; Krise im westlichen Luftverkehr durch den Kapazitätsüberschuß, der durch die massierte Indienststellung der wesentlich leistungsfähigeren TL-Flugzeuge herbeigeführt wurde; 28. April, Georgi Mossolow steigt mit einer E-66 A auf 34 714 m; 7. Okt., Alexander Fedotow erreicht mit der E-166 auf einer geschlossenen 100-km-Strecke 2 401 km/h

1962 Frankreich und Großbritannien unterzeichnen ein Abkommen über den Bau des Überschallverkehrsflugzeugs «Concorde»; die ICAO legt die Kategorien für Instrumentenlandungen fest; die US-Navy stellt ihre Luftschiffe außer Dients; Anatoli Kosnow fliegt mit einer Suchoi T-431 auf einer geschlossenen 500-km-Strecke 2 337 km/h; 7. Juli, Georgi Mossolow erreicht mit der E-166 über 15/25 km 2 681 km/h; 11. Sept., R. Ostapenko steigt mit der E-166 auf 22 670 m; Durchführung der ersten DDR-Meisterschaften im Fallschirmsport an der GST-Fliegerschule Schönhagen

1964 Indienststellung der ersten 3strahligen TL-Verkehrsflugzeuge für Mittelstrecken: Hawker Siddeley «Trident» und Boeing 727; Indienststellung des TL-Langstrecken-Verkehrsflugzeugs mit 4 Hecktriebwerken Vickers VC-10

1965 16. März, A. Fedotow fliegt mit E-266 auf einer geschlossenen 1 000-km-Strecke 2 318,12 km/h; Indienststellung von TL-Verkehrsflugzeugen auf Kurzstrecken: BAC-111, McDonnell Douglas DC-9; die UdSSR baut das Transportflugzeug An-22 für 80 t Fracht; auf dem Pariser Luftfahrtsalon stellt sie ein Modell der Tu-144 aus

1966 Der Aeroklub der DDR veranstaltet erstmals eine FAI-Weltmeisterschaft, die der Fallschirmspringer in Leipzig; zwei Jahre später die im Motorkunstflug in Magdeburg

1967 Indienststellung des ersten sowj. TL-Langstrecken-Verkehrsflugzeugs Iljuschin IL-62; in den USA erreicht William Knight mit dem Raketenflugzeug X-15 (Nr. 2) in 30 000 m Höhe 7 300 km/h; 5. Okt., A. Fedotow steigt mit einer E-266 auf 30 010 m; 2. Nov., M. Komarow erreicht auf einer geschlossenen 500-km-Strecke mit E-266 2 930 km/h

1968 31. Dez., Erstflug der Tupolew Tu-144, des ersten

Überschall-Verkehrsflugzeugs der Welt

1969 9. Febr., Erstflug der Boeing 747 (Jumbo Jet), des ersten Großraum-Verkehrsflugzeugs; 22. Febr., W. Koloschenko stellt mit Mil-Hubschrauber W-12 mehrere Rekorde auf (31 030 kg Zuladung auf 2 000 m Höhe; 15, 20, 25 und 30 t auf 2 9512 m); 2. März, Erstflug des Überschall-Verkehrsflugzeugs «Concorde»; Juni, die Tu-144 fliegt erstmalig mit Überschallgeschwindigkeit

1970 die UdSSR tritt der ICAO bei; Eröffnung der transsibirischen Luftlinie Europa—Japan; die Überschall-Verkehrsflugzeuge Tu-144 und «Concorde» fliegen mit doppelter Schallgeschwindigkeit; neue Krise im westlichen Luftverkehr durch Kapazitätsüberschuß und wirtschaftliche Rezession; 29. Aug., Erstflug des 3strahligen Großraumflugzeugs McDonnell Douglas DC-10; 16. Nov., Erstflug des 3strahligen Großraumflugzeugs Lockheed L-1011 «Tri Star»; der sowjetische Hubschrauber W-12 steigt mit 40 204,5 kg auf 2 250 m Höhe

1971 25. März, Erstflug des Großraum-Frachtflugzeugs Iljuschin Il-76; 19./26. Sept., erstmalige Durchführung einer Hubschrauberweltmeisterschaft in Bückeburg, BRD

1972 19. Febr., Marina Popowitsch stellt mit ihrer An-22-Besatzung 5 internationale Rekorde auf: 30, 35, 40, 45 und 50 t Nutzlast und 580 km/h über 2 000 km; 3. März, Walter Neubert (BRD) erreicht mit dem Segelflugzeug Glasflügel-604 im 300-km-Dreieck 153 km/h; April, in der UdSSR lösen Tu-154 die Tu-104 und Il-18 ab; 25. April, Hans Werner Grosse (BRD) fliegt mit ASW-12 Langstrecken-Segelflugrekord (1 450 km); 21. Juni, mit 12 440 m Hubschrauber-Höhenrekord (Jean Boulet auf SA-315 B «Lama», Frankreich); 28. Okt., Erstflug des Großraumflugzeugs Airbus A 300 B

1973 10./17. Febr., 1. Heißluftballon-Weltmeisterschaften (Albuquerque, USA); Juli, 1. Europameisterschaft im Freiballon-Sport (Augsburg, BRD)

1974 17. Febr., der US-Amerikaner Thomas Gatch versucht, mit einem Ballon den Atlantik zu überqueren, seit März gilt er als verschollen; März, TASS veröffentlicht Modellfotos von Jak-42 und Il-86; April, 5 neue Rekorde werden mit dem sowjetischen Amphibienflugzeug M-12 von Berijew aufgestellt; Hans-Werner Grosse (BRD) erreicht mit dem Segelflugzeug ASW-17 die Entfernung von 1 280 km

1975 erste Weltmeisterschaft im Fallschirmsport-Formationsspringen in Wahrendorf/BRD; erste Europameisterschaften im Fallschirmsport (klassische Disziplinen) in Portoroz/Jugoslawien; 2. April, Vorstellung der Jak-42; 16. Mai, A. Fedotow und P. Ostapenko erreichen mit E-226 M 3 neue Geschwindigkeitsweltrekorde im Steigflug auf 25, 30 und 35 km; 12. Aug., mit dem sowjetischen Frachtflugzeug Il-76 werden 25 Weltrekorde aufgestellt

1976 21. Jan., eine «Concorde» startet zum ersten Linienflug nach Rio de Janeiro; 14./18. April, 1. Heißluft-Europameisterschaft in Skövede (Schweden), kein Sieger ermittelt; 25. Juni, der amerikanische Hobby-Pilot Karl Thomas startet mit einem Heliumballon in den USA zum Flug nach Frankreich, nach 6 d wird er 500 km nördlich der Bermudas verletzt geborgen; 10./15. Sept., 1. Gasballon-Weltmeisterschaft (Augsburg, BRD); Sept., parallel zu den Flügen von Sojus 22 mit einer MKF-6 an Bord unternimmt eine An-30 mit einer gleichen Kamera Fotoflüge über der DDR; 3. Nov., England und Frankreich geben die Einstellung der «Concorde»-Produktion wegen Unrentabilität bekannt (16 Maschinen gebaut)

1977 19. Febr., auf dem Rücken einer Boeing 747 startet erstmals ein Raumtransporter «Space Shuttle» zum Probeflug; 10. März, der sowjetische Aerobus Il-86 schließt die erste Etappe der Flugerprobung (Erstflug: 22. Dez. 1976) ab; 1. Nov., nach intensiver Erprobung mit Frachtbeförderung nimmt die Aeroflot den Passagierverkehr mit der Tu-144 auf der Linie Moskau –Alma-Ata auf (15 gebaut)

1978 11./17. Aug., 1. Atlantiküberquerung durch Ben Abbruzzo, Maxie Anderson und Larry Newman im Ballon

1981 9./13. Nov., 1. Pazifiküberquerung durch Ben Abruzzo, Larry Newman, Ron Clark und Rocky Aoki im Ballon; erster Weltpokal-Wettbewerb im Fallschirmsport (klassische Disziplinen) in Siena/Italien

1982 10./12. Sept., Internationale Luftschiffertage Mannheim (Gasballon-Wettfahrt mit 42 Ballonen); Sieger Willy Heppeler jun., Heißluftwettfahrt wegen Hubschrauberabsturz abgesagt

1983 2./3. März, 1. Mittelmeerüberquerung (HL) durch Hélène Dorigny und Michèl Arnould

1984 2. Febr., Uwe Claussen fährt 673 km (HL); 13. Febr., Wulf Bergner fährt 1 091 km (Gas); 20./21. Juli, Wilhelm Eimers fährt 1 097 km (Gas); 15./18. Sept., Joseph W. Kittinger überquert als erster Alleinfahrer den Atlantik

1985 28./30. Sept., Wilhelm Eimers/Klaus Marienfeld fahren 44 h 22 min (Gas); 28. Sept., vor 200 Jahren begann die Ballonfahrt in Deutschland: Gasballonwettfahrt mit 30 Ballonen in Frankfurt am Main; Sieger Lothar Ratzlaff/Jo Herter

1986 1. März, BRD-Freiballonsport-Verband besteht aus 97 Vereinen mit über 500 Piloten, die 60 Gasballone und über 150 Heißluftballone fahren; erste Weltmeisterschaft im Fallschirm-Kappenformationsspringen in Gatton/Australien; 14.–23. Dez., der ehemalige Kampfflieger Dick Rutan und die Amateurfliegerin Jeana Yeager umfliegen mit dem unkonventionellen Flugapparat «Voyager» ohne Zwischenlandung von der Luftwaffenbasis Edwards in den USA die Erde. Bis zur Landung in Edwards überwanden sie auf den 40 525 Kilometern zahlreiche Unbilden und Havarien

1987 erster internationaler Zielsprungwettkampf in einem Stadion (4. Weltpokalwettbewerb im Olympic Main Stadium in Seoul/Südkorea); erste Weltmeisterschaft in der Fallschirmsport-Disziplin Para-Ski in Sarajevo/Jugoslawien; 15. Okt., ein neues USA-Kampfflugzeug stürzt bei einem Testflug ab. Agenturmeldungen zufolge handelt es sich bei dem Flugzeug um eine «Stealth»-Maschine, deren Entwicklung und Erprobung der höchsten Geheimhaltung unterliegt; der 24jährige Amateurpilot Mark Hirt aus Kansas City (USA) scheitert bei dem Versuch, den Nonstop-Atlantikflug von Charles Lindbergh (1927) mit einer einmotorigen Propellermaschine zu wiederholen

1988 Januar, der letzte von 100 geplanten strategischen Bombern B-1 B der USA-Luftwaffe ist vom Konzern Rockwell International fertiggestellt worden; die Überschallbomber sind auf vier Stützpunkten in den USA stationiert; 18. März, die von Sewernaja Semlja in Richtung Nordpol gestartete sowjetisch-kanadische Expedition wird aus einer An-74 per Fallschirm mit Lebensmitteln, Arzneimitteln und Brennstoffen versorgt; 25. April, ein Versuchsflugzeug Tu-155 startet zum Erstflug, getestet wird erstmals die Verwendbarkeit von Kryogen mit dem dafür geschaffenen Triebwerk NK-88, das sich dafür als geeignet erwies; 29. Sept., der sowjetische Airbus Il-96-300 startet zum 40minütigen Erstflug; 23. Okt., die USA-Luftwaffe führt der Öffentlichkeit in Palmdale/Kalifornien den Stealth-Bomber B-2 vor; 28. Okt., eine UNO-Flugzeugstudie stellt fest, daß fliegende Busse im Kommen sind; 21. Dez., Erstflug des mit 6 Strahltriebwerken versehenen sowjetischen Frachters An-225

1989 2. Jan., Erstflug des sowjetischen Passagierflugzeuges Tu-204; 3. Jan., Erstflug des ČSFR-Passagierflugzeuges L-610